第 1 章　SketchUp 2013 软件基础

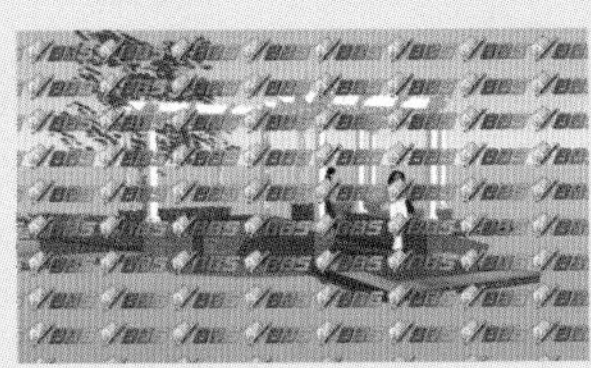

第 2 章　制作室内家具及灯具模型

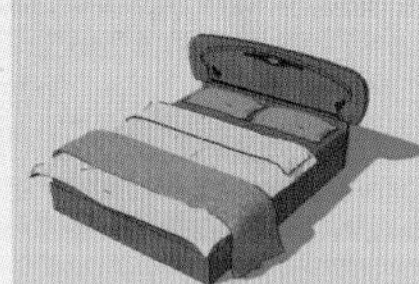

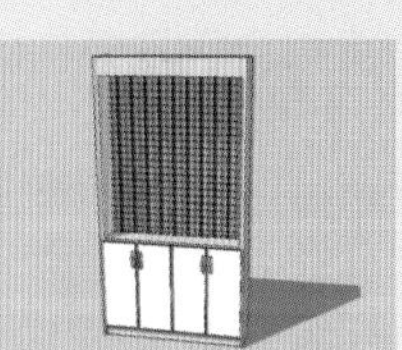

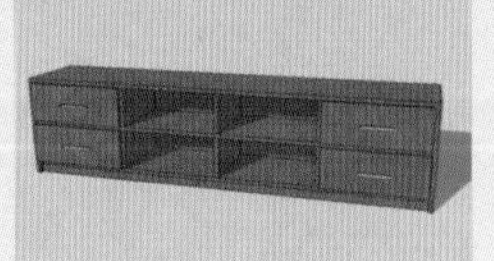

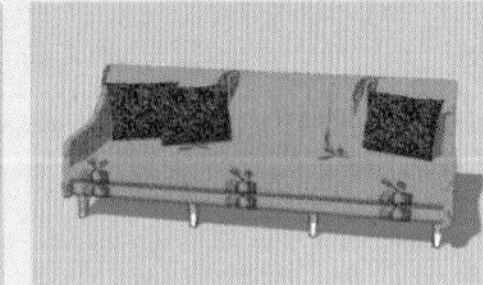

第 3 章　制作室内电器、厨具及洁具模型

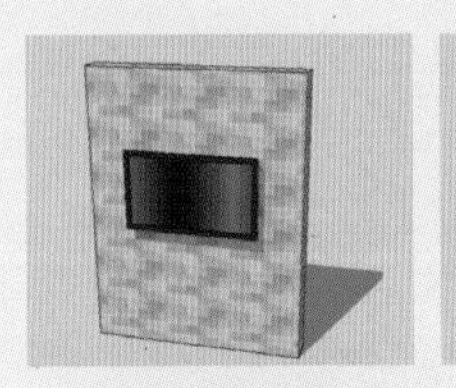
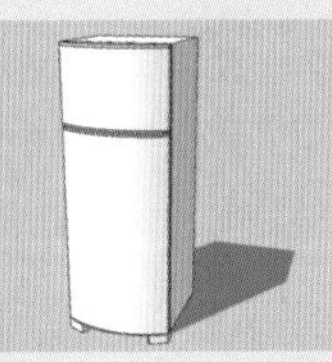

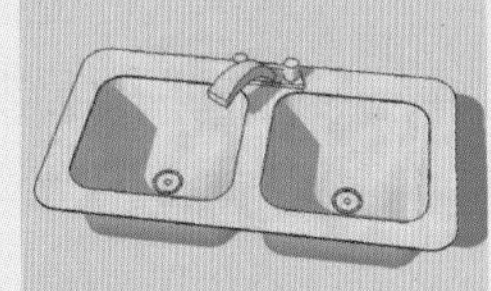
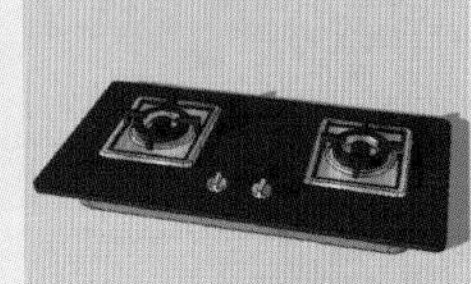

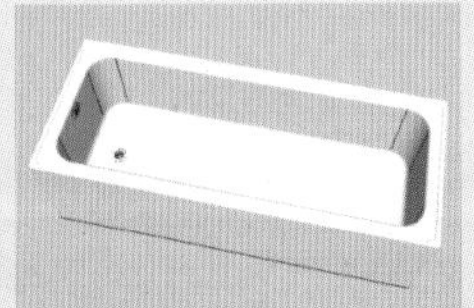
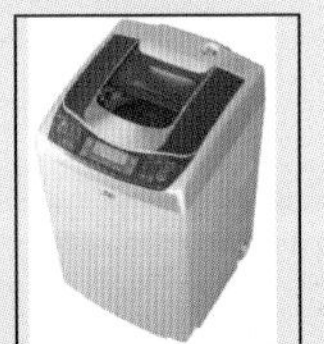

第 4 章　室内各功能间模型的创建

第 5 章　客厅写实效果图的制作

第 6 章　基本建筑元素建模

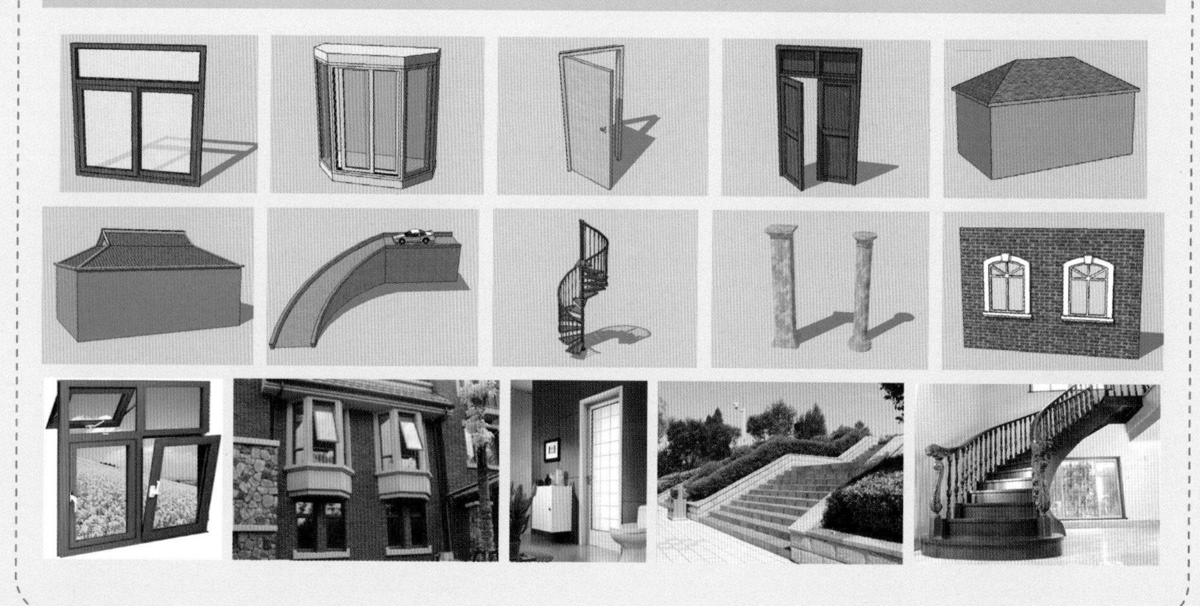

第 7 章　建筑实例建模

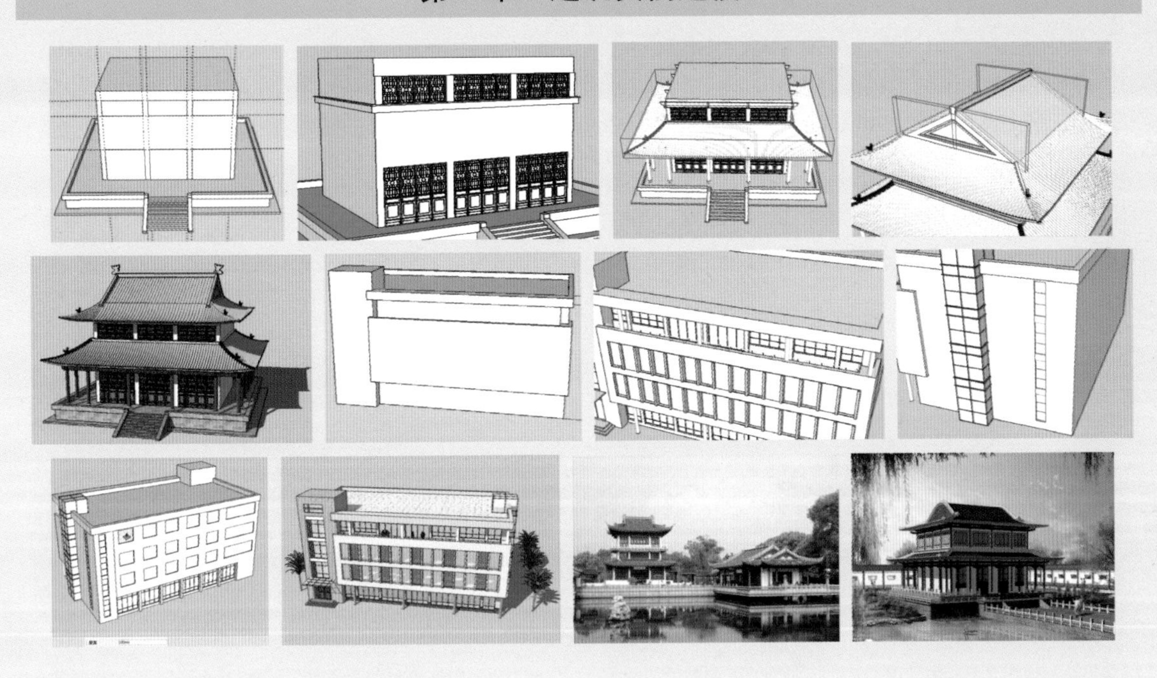

第 8 章　别墅室外效果图的制作

第 9 章　创建地形场景模型

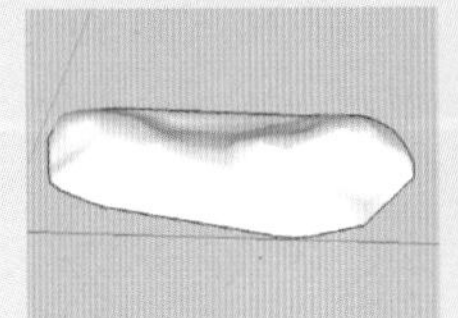

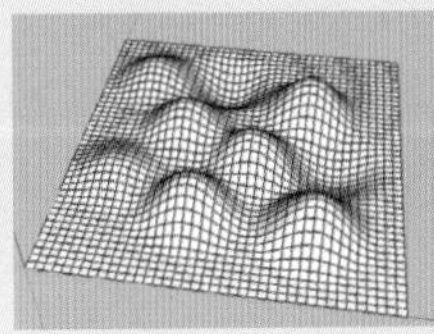

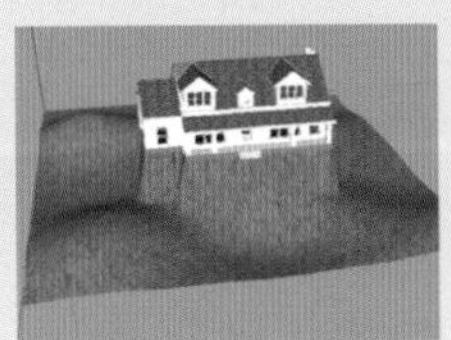

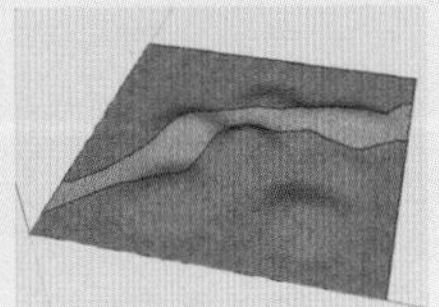

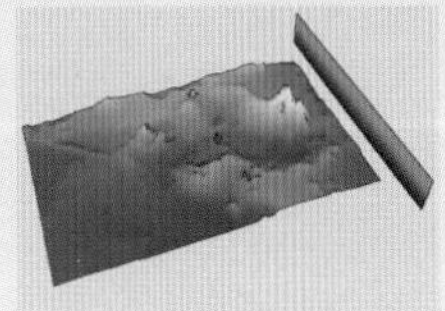

第 10 章　创建园林景观小品模型

第 11 章　湖边小广场景观设计

技能应用速成系列

SketchUp 2013 建筑、室内、园林景观设计从入门到精通

李　波　等编著

電子工業出版社
Publishing House of Electronics Industry
北京 • BEIJING

内 容 简 介

Google SketchUp 是一套直接面向设计方案创作过程的设计工具，其创作过程不仅能够充分表达设计师的思想，而且完全满足与客户即时交流的需要，它能使设计师可以直接在计算机上进行十分直观的构思，是三维建筑设计方案创作的优秀工具软件。其设计领域应用广泛，包括建筑、室内、园林景观、城市规划等。

本书以 SketchUp 2013 版本为基础，全书分 4 个部分，共 11 章。第 1 章讲解 SketchUp 2013 软件基础；第 2～5 章讲解室内模型的创建，包括室内家具、灯具、电器、洁具、厨具等配景元素，以及室内各功能间模型的创建和客厅写实效果图的制作；第 6～8 章讲解建筑模型的创建，包括建筑各构件及小品模型的创建、中国古典建筑和办公大楼模型的创建及别墅室外效果图的制作；第 9～11 章讲解了园林景观模型的创建，包括园林地形的创建，园林水景、植物、景观、设施、照明等小品模型的创建和广场景观模型的综合创建实例。在附录中给出了 SketchUp 快捷键列表。

本书案例丰富，讲解详细，且在配套光盘中提供了所有案例的素材和视频讲解，便于读者快速掌握所学知识。

本书适合室内设计、建筑设计、城市规划设计、景观设计的工作人员和相关专业的大中专院校师生学习。

图书在版编目（CIP）数据

SketchUp 2013 建筑、室内、园林景观设计从入门到精通/李波等编著. —北京：电子工业出版社，2014.6

（技能应用速成系列）

ISBN 978-7-121-23002-8

Ⅰ. ①S… Ⅱ. ①李… Ⅲ. 建筑设计－计算机辅助设计－应用软件 Ⅳ. ①TU201.4

中国版本图书馆 CIP 数据核字（2014）第 079855 号

策划编辑：许存权
责任编辑：许存权　　特约编辑：冯彩茹
印　　刷：涿州市京南印刷厂
装　　订：涿州市京南印刷厂
出版发行：电子工业出版社
　　　　　北京市海淀区万寿路 173 信箱　　邮编 100036
开　　本：787×1 092　1/16　印张：29　字数：710 千字　彩插：2
印　　次：2014 年 6 月第 1 次印刷
印　　数：3 500 册　　定价：79.00 元（含 DVD 光盘 1 张）

凡所购买电子工业出版社图书有缺损问题，请向购买书店调换。若书店售缺，请与本社发行部联系，联系及邮购电话：（010）88254888。

质量投诉请发邮件至 zlts@phei.com.cn，盗版侵权举报请发邮件至 dbqq@phei.com.cn。

服务热线：（010）88258888。

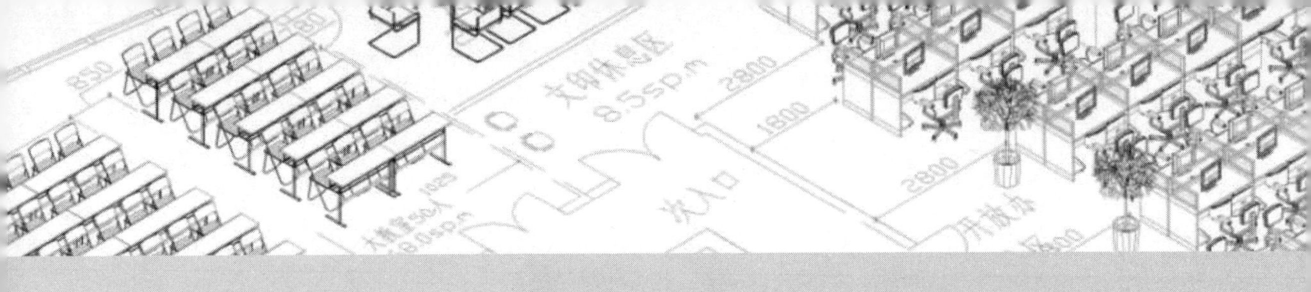

前　言

SketchUp 由@Last Software 出品，现已被 Google 收购。谷歌草图大师中文版（SketchUp Pro 2013）是一套直接面向设计方案创作过程的设计工具，它使得设计师可以直接在计算机上进行十分直观的构思，是三维建筑设计方案创作的优秀工具；其设计领域应用广泛，包括建筑、室内、园林景观、城市规划等。

本书以 SketchUp 2013 简体中文版为基础，全书分 4 个部分，共 11 章。首先从软件基础开始，然后对各模型小品的建模，再到大型模型场景的创建与处理（包括从 CAD 平面图的导入、SketchUp 模型的创建、3ds Max 和 VR 的渲染、PhotoShop 图像的后期处理等）进行讲解。

第 1 章，讲解 SketchUp 2013 软件基础，包括 SketchUp 软件简介、工作界面、对象的选择与显示、绘图环境的设置等。

第 2～5 章，讲解室内模型的创建，包括室内家具、灯具、电器、洁具、厨具等配景元素，以及室内各功能间模型的创建和客厅写实效果图的制作。

第 6～8 章，讲解建筑模型的创建，包括建筑各构件及小品模型的创建、中国古典建筑和办公大楼模型的创建及别墅室外效果图的制作。

第 9～11 章，讲解园林景观模型的创建，包括园林地形的创建，园林水景、植物、景观、设施、照明等小品模型的创建和广场景观模型的综合创建实例。

另外，在本书的附录部分给出了 SketchUp 快捷键列表，方便读者快速掌握相应的快捷键操作，提高绘图速度。

本书适合以下人员学习：

（1）SketchUp 软件的初、中级读者。

（2）使用 SketchUp 进行设计的爱好者。

（3）相关专业的大中专院校师生。

（4）广大室内设计、建筑设计、景观设计及城市规划设计的工作人员。

（5）房地产开发策划人员、效果图与动画公司的从业人员。

本书主要由李波、师天锐编写，另外参与编写的人员还有冯燕、李松林、荆月鹏、牛姜、徐作华、郝德全、王利、汪琴、刘冰、黄妍、王洪令、雷芳、李友等。

感谢您选择本书，希望我们的努力对您的工作和学习有所帮助，也希望把您对本书的意见和建议告诉我们（邮箱：helpkj@163.com）。书中难免有疏漏与不足之处，敬请专家和读者批评指正。

编　者

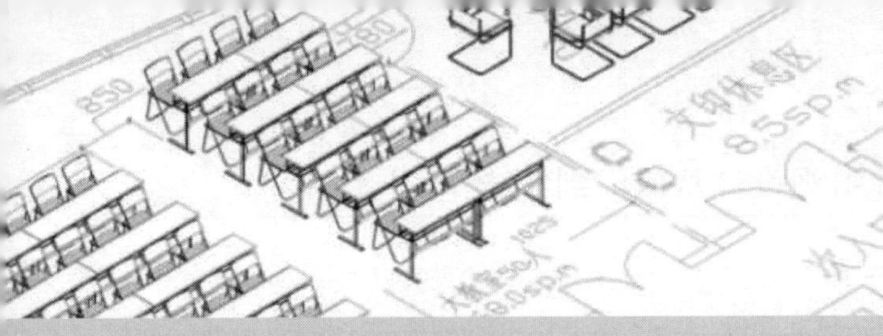

目 录

第1章 SketchUp 2013 软件基础

本章导读

本章主要对 SketchUp 2013 软件的基础知识进行讲解，使读者对该软件的相关功能及基本操作有一个大致的了解，从而为后面的深入学习打下基础。

主要内容

- SketchUp 简介
- 熟悉 SketchUp 2013 的向导界面
- 熟悉 SketchUp 2013 的工作界面
- 对象的选择与删除
- 对象的显示
- 设置天空、地面与雾效
- 绘图环境的设置

效果预览

1.1 SketchUp 简介

SketchUp 是一款极受欢迎且易于使用的 3D 设计软件，官方网站将它比喻为电子设计中的“铅笔”。其开发公司@Last Software 成立于 2000 年，规模虽小，但却以 SketchUp 而闻名。

为了增强 Google Earth 的功能，让用户可以利用 SketchUp 创建 3D 模型并放入 Google Earth 中，使得 Google Earth 所呈现的地图更具立体感，更接近真实世界，Google 于 2006 年 3 月宣布收购 3D 绘图软件 SketchUp 及其发展公司@Last Software。使用者可以通过 Google 3D Warehouse 的网站（http://sketchup.google.com/3dwarehouse）寻找与分享各式各样利用 SketchUp 创建的模型，如图 1-1 所示。

图 1-1

SketchUp 也是全球最受欢迎的 3D 模型之一，早在 2011 年就构建了 3000 万个模型，SketchUp 在 Google 经过多次更新并呈指数增长，不过考虑到 Google 涉足的领域太多，而 Trimble 则专注于一种用于定位、建筑、海上导航等设备的位置与定位技术，也许更适合 SketchUp。但不可否认的是，Google 确实将 SketchUp 的技术带给了许多人，比如木工艺术家、电影制作人、游戏开发商、工程师，让更多人知道了 SketchUp 有这么一种技术。

由于 SketchUp 软件具有以下十大特点，所以它很快就被不少设计人员所接受：

（1）界面简洁，易学易用，命令极少。完全避免了其他各类设计软件的复杂性，甚至不必懂得英语也可顺利操作。

（2）直接面向设计过程，使得设计师可以直接在计算机上进行十分直观的构思，随着构思的不断清晰，细节不断增加，最终形成的模型可以直接交给其他具备高级渲染能力的软件进行最终渲染。这样，设计师可以最大限度地控制设计成果的准确性。

（3）直接针对建筑设计和室内设计，尤其是建筑设计。设计过程的任何阶段都可以作为直观的三维成品，甚至可以模拟手绘草图的效果，完全解决了及时与业主交流的问题。

（4）形成的模型为多边形建模类型，但是极为简洁，全部是单面。其模型可以十分方便地导给其他渲染软件。

（5）在软件内可以为表面赋予材质、贴图，并且有 2D、3D 配景（也可以自己制作）。形成的图面效果类似于钢笔淡彩，使得设计过程的交流完全可行。

（6）可以惊人方便地生成任何方向的剖面并可以形成可供演示的剖面动画。

（7）准确定位的阴影。可以设定建筑所在的城市、时间，并可以实时分析阴影，形成阴影的演示动画。

（8）完整的定制可能。可为所有命令定义快捷键，使得工作流程十分流畅。

（9）惊人简单的漫游动画制作流程。只需确定关键帧页面，动画自动实时演示，设计师与客户交流成了极其便捷的事情。

（10）便捷一键的虚拟现实漫游，与玩 3D 游戏一样可以给客户演示和交流，轻松分析空间和流线。

1.2　熟悉 SketchUp 2013 的向导界面

安装好 SketchUp 2013 后，双击桌面上的快捷图标启动软件，首先出现的是“欢迎使用 SketchUp”向导界面，如图 1-2 所示。

图 1-2

在向导界面中包含了“添加许可证”按钮 添加许可证 、“选择模板”按钮 选择模板 、“开始使用 SketchUp”按钮 开始使用 SketchUp 和“始终在启动时显示”复选框。

提 示 注 意 技 巧 专业技能 软件知识

“欢迎使用 SketchUp”向导界面中各按钮和选项的功能介绍如下。

✧ “添加许可证”按钮：为软件添加许可证。

✧ “选择模板”按钮：选择软件启动时的模板文件。

✧ “开始使用 SketchUp”按钮：启动 SketchUp 软件。

✧ “始终在启动时显示”复选框：勾选此复选框后，每次启动软件时都会弹出向导界面。

进入 SketchUp 2013 工作界面后，通过“帮助”菜单下的“欢迎使用 SketchUp”命令可以打开向导界面，如图 1-3 所示。

图 1-3

1.3 熟悉 SketchUp 2013 的工作界面

SketchUp 2013 的初始工作界面主要由标题栏、菜单栏、工具栏、绘图区、数值框、状态栏构成，如图 1-4 所示。

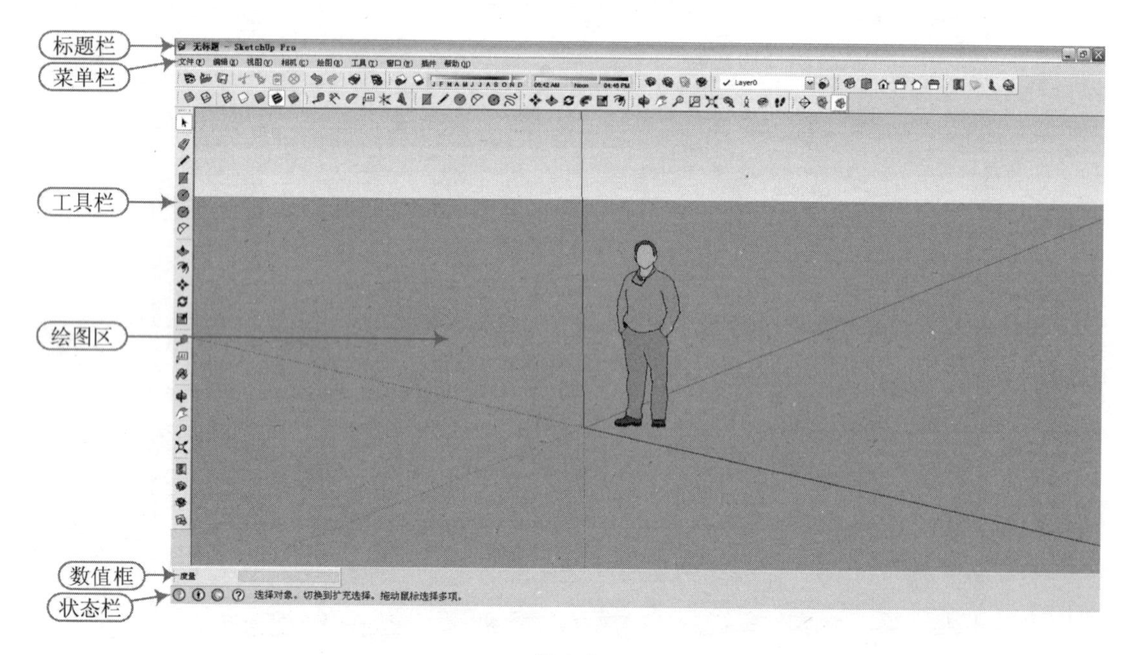

图 1-4

1.3.1　标题栏

标题栏位于界面的最顶部，最左端是 SketchUp 的标志，往右依次是当前编辑的文件名称（如果文件还没有保存命名，这里则显示为“无标题”）、软件版本和窗口控制按钮，如图 1-5 所示。

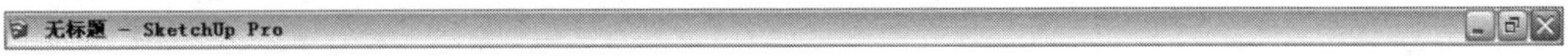

无标题 - SketchUp Pro

图 1-5

1.3.2　菜单栏

菜单栏位于标题栏下面，包含“文件”、“编辑”、“视图”、“相机”、“绘图”、“工具”、“窗口”、“插件”和“帮助”9 个主菜单，如图 1-6 所示。

文件(F)　编辑(E)　视图(V)　相机(C)　绘图(R)　工具(T)　窗口(W)　插件　帮助(H)

图 1-6

1. 文件

“文件”菜单用于管理场景中的文件，包括“新建”、“打开”、“保存”、“打印”、“导入”和“导出”等常用命令，如图 1-7 所示。

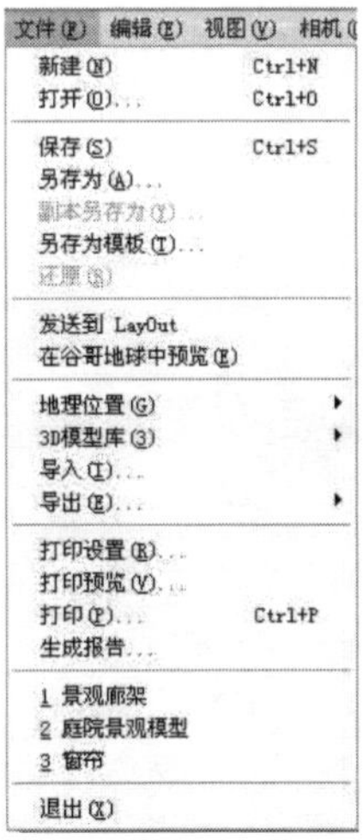

文件(F)　编辑(E)　视图(V)　相机(C)
新建(N)　Ctrl+N
打开(O)...　Ctrl+O
保存(S)　Ctrl+S
另存为(A)...
副本另存为(Y)...
另存为模板(T)...
还原(R)
发送到 LayOut
在谷哥地球中预览(E)
地理位置(G)
3D模型库(3)
导入(I)...
导出(E)...
打印设置(R)...
打印预览(V)...
打印(P)...　Ctrl+P
生成报告...
1 景观廊架
2 庭院景观模型
3 窗帘
退出(X)

图 1-7

“文件”菜单中各选项功能介绍如下。

- 新建：快捷键为【Ctrl+N】，执行该命令后将新建一个 SketchUp 文件，并关闭当前文件。如果用户没有对当前修改的文件进行保存，在关闭时将会得到提示。如果需要同时编辑多个文件，则需要打开另外的 SketchUp 应用窗口。
- 打开：快捷键为【Ctrl+O】，执行该命令可以打开需要进行编辑的文件。同样，在打开时将提示是否保存当前文件。
- 保存：快捷键为【Ctrl+S】，该命令用于保存当前编辑的文件。

✧ 另存为：快捷键为【Ctrl+Shift+S】，该命令用于将当前编辑的文件另行保存。
✧ 副本另存为：该命令用于保存过程文件，对当前文件没有影响。在保存重要步骤或构思时，非常便捷。此选项只有在对当前文件命名之后才能激活。
✧ 还原：该命令用于将当前文件另存为一个 SketchUp 模板。
✧ 返回上次保存：执行该命令后将返回最近一次的保存状态。
✧ 发送到 LayOut：执行该命令可以将场景模型发送到 LayOut 中进行图纸的布局与标注等操作。
✧ 在谷歌地球中预览/地理位置：这两个命令结合使用可以在谷歌地图中预览模型场景。
✧ 3D 模型库：该命令可以从网上的 3D 模型库中下载需要的 3D 模型，也可以将模型上传，如图 1-8 所示。

图 1-8

✧ 导入：该命令用于将其他文件插入 SketchUp 中，包括组件、图像、DWG/DXF 文件和 3DS 文件等。
✧ 导出：该命令的子菜单中包括 4 个命令，分别为“三维模型”、“二维图形”、“剖面”和“动画”，如图 1-9 所示。

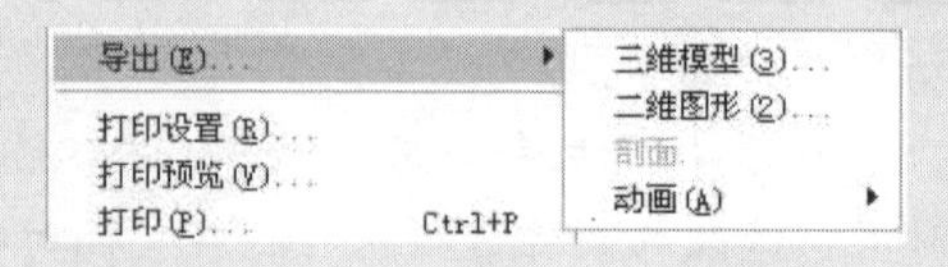

图 1-9

- 三维模型：执行该命令可以将模型导出为 DXF、DWG、3DS 和 VRML 格式。
- 二维图形：执行此命令可以导出 2D 光栅图像和 2D 矢量图形。基于像素的图形可以导出为 JPEG、PNG、TIFF、BMP、TGA 和 Epix 格式，这些格式可以准确地显示投影和材质，和在屏幕上看到的效果一样；用户可以根据图像的大小调整像素，以更高的分辨率导出图像；当然，更大的图像会需要更多的时间；输出图像的尺寸最好不要超过 5000×3500 像素，否则容易导出失败。矢量图形可以导出为 PDF、EPS、DWG 和 DXF 格式，矢量输出格式可能不支持一定的显示选项，例如阴影、透明度和材质。需要注意的是，在导出立面、平面等视图时要关闭“透视显示”模式。

- 剖面：执行该命令可以精确地以标准矢量格式导出 2D 剖切面。
- 动画：该命令可以将用户创建的动画页面序列导出为视频文件。用户可以创建复杂模型的平滑动画，并可用于刻录 VCD。

✧ 打印设置：执行该命令可以打开“打印设置”对话框，在该对话框中可以设置打印所需的设备和纸张大小。

✧ 打印预览：使用指定的打印设备后，可以预览当前要打印的图像。

✧ 打印：该命令的快捷键为【Ctrl+P】，用于打印当前绘图区显示的内容。

✧ 退出：该命令用于关闭当前文档和 SketchUp 应用窗口。

2．编辑

“编辑”菜单用于对场景中的模型进行编辑操作，包括“剪切”、“复制”、“粘贴”、“隐藏”等命令，如图 1-10 所示。

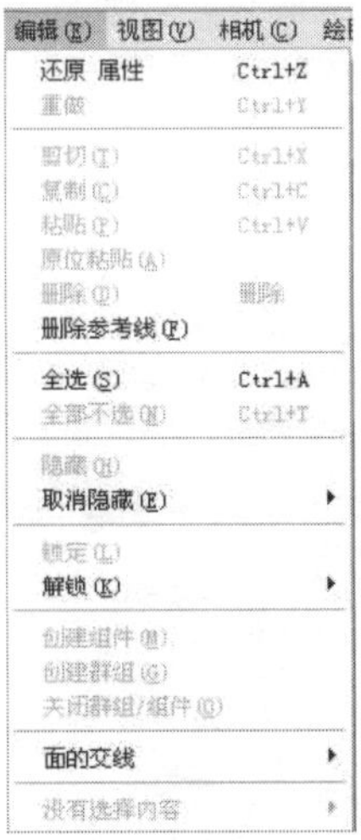

图 1-10

提　示　注　意　技　巧　专业技能　软件知识

“编辑”菜单中各选项功能介绍如下：

✧ 还原 属性：该命令的快捷键为【Ctrl+Z】，执行该命令将返回上一步的操作。注意，只能还原创建物体和修改物体的操作，不能还原改变视图的操作。

✧ 重做：该命令的快捷键为【Ctrl+Y】，用于取消“还原”命令。

✧ 剪切/复制/粘贴：这 3 个命令的快捷键依次为【Ctrl+X】、【Ctrl+C】和【Ctrl+V】，利用这 3 个命令可以让选中的对象在不同的 SketchUp 程序窗口之间进行移动。

✧ 原位粘贴：该命令用于将复制的对象粘贴到原坐标。

✧ 删除：该命令的快捷键为【Delete】，用于删除场景中的所有可选物体。

✧ 删除参考线：该命令用于删除场景中所有的参考线。

✧ 全选：该命令的快捷键为【Ctrl+A】，用于选择场景中的所有可选物体。

✧ 全部不选：与“全选”命令相反，该命令用于取消对当前所有元素的选择，快捷键为【Ctrl+T】。

✧ 隐藏：快捷键为【H】，用于隐藏所选物体。该命令可以帮助用户简化当前视图，或者对封闭的物体进行内部的观察和操作。

✧ 取消隐藏：该命令的子菜单中包含 3 个命令，分别是“所选的”、“最后隐藏的”和“全部隐藏的”，如图 1-11 所示。

- 所选的：用于显示所选的隐藏物体。隐藏物体的选择可以执行“视图”→“虚显隐藏的几何图形”命令，如图 1-12 所示。
- 最后隐藏的：该命令用于显示最近一次隐藏的物体。
- 全部隐藏的：执行该命令后，所有显示图层的隐藏对象将被显示，对不显示的图层无效。

✧ 锁定/解锁：“锁定”命令用于锁定当前选择的对象，使其不能被编辑；而“解锁”命令则用于解除对象的锁定状态。在右键菜单中也可以找到这两个命令，如图 1-13 所示。

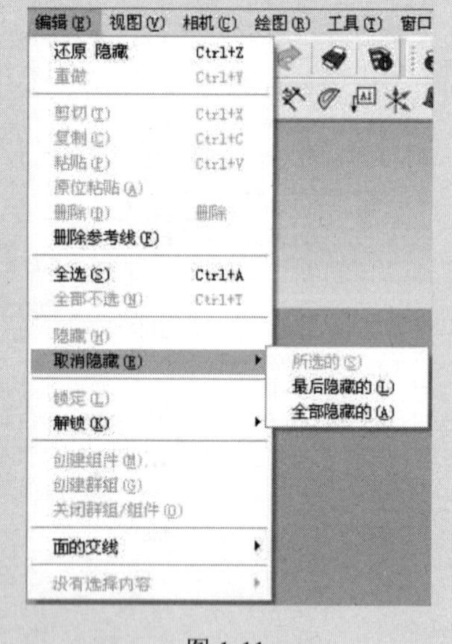

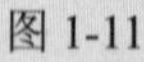

图 1-11

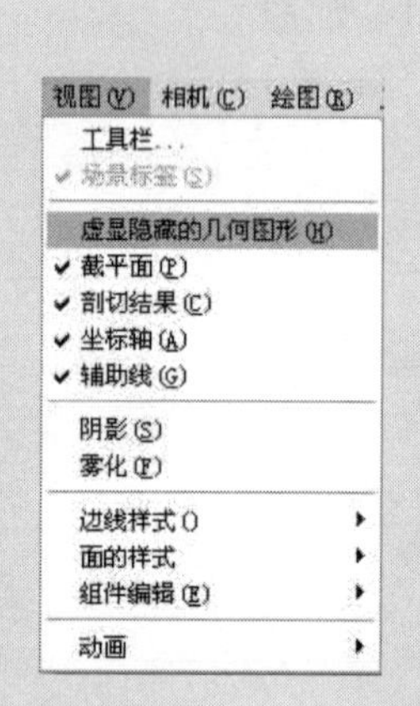

图 1-12

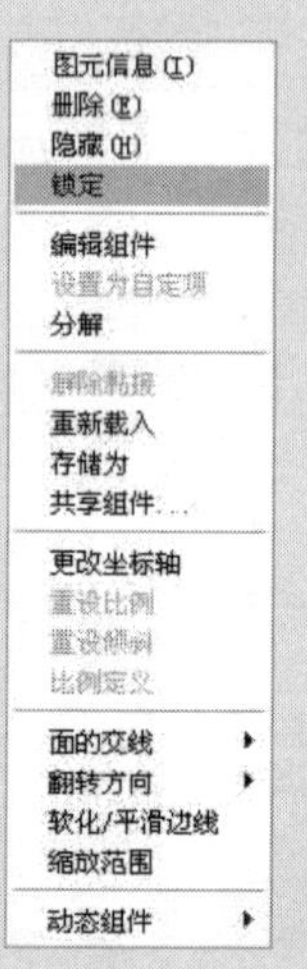

图 1-13

3. 视图

“视图”菜单包含了模型显示的多个命令，如图 1-14 所示。

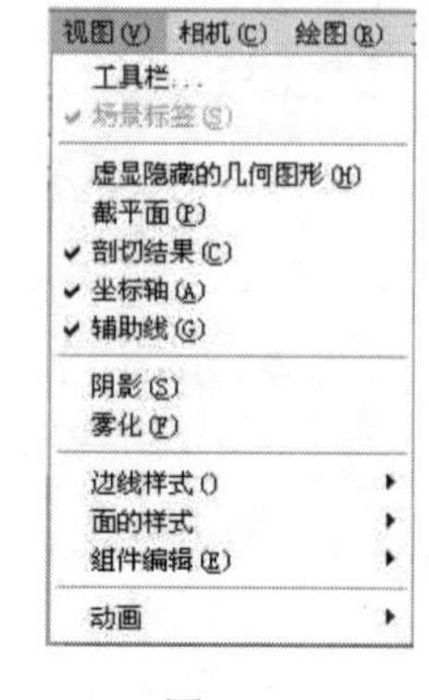

图 1-14

提 示 注 意 技 巧 专业技能 软件知识

"视图"菜单中各选项功能介绍如下：

✧ 工具栏：执行该命令后，将弹出"工具栏"对话框，勾选对话框中的相应复选框，将在绘图区中显示出相应的工具栏，如果安装了插件，也会在这里进行显示，如图 1-15 所示。

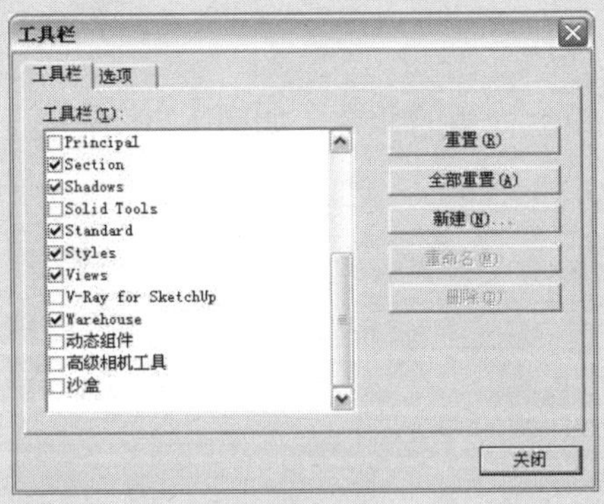

图 1-15

✧ 场景标签：用于在绘图窗口的顶部激活页面标签。
✧ 虚显隐藏的几何图形：该命令可以将隐藏的物体以虚线的形式显示。
✧ 截平面：该命令用于显示模型的任意剖切面。
✧ 剖切结果：该命令用于显示模型的剖面。
✧ 坐标轴：该命令用于显示或隐藏绘图区的坐标轴。
✧ 辅助线：该命令用于查看建模过程中的辅助线。
✧ 阴影：该命令用于显示模型在地面的阴影。
✧ 雾化：该命令用于为场景添加雾化效果。
✧ 边线样式：该命令包含了 5 个子命令，其中"边线"和"后边线"命令用于显示模型的边线，"轮廓"、"深度暗示"和"延长边线"命令用于激活相应的边线渲染模式，如图 1-16 所示。
✧ 面的样式：该命令包含了 6 种显示模式，分别为"X-射线"模式、"线框"模式、"隐藏线"模式、"明暗"模式、"有纹理的明暗"模式和"黑白"模式，如图 1-17 所示。

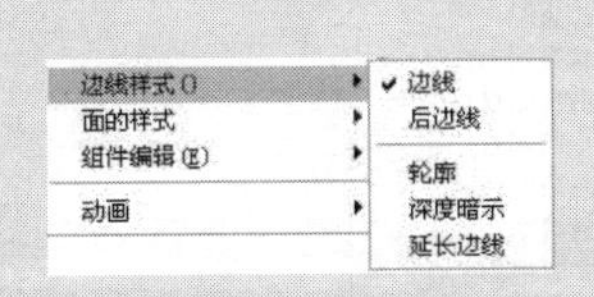

图 1-16

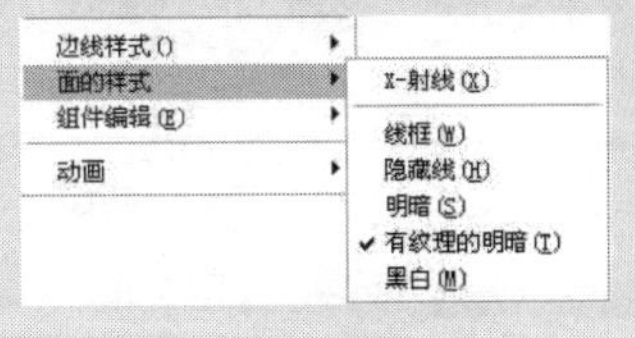

图 1-17

✧ 组件编辑：该命令包含的子命令用于改变编辑组件时的显示方式，如图 1-18 所示。
✧ 动画：该命令同样包含了一些子命令，如图 1-19 所示，通过这些子命令可以添加或者删除页面，也可以控制动画的播放和设置，有关动画的具体操作会在后面章节进行详细的讲解。

图 1-18　　图 1-19

4．相机

“相机”菜单包含了改变模型视角的命令，如图 1-20 所示。

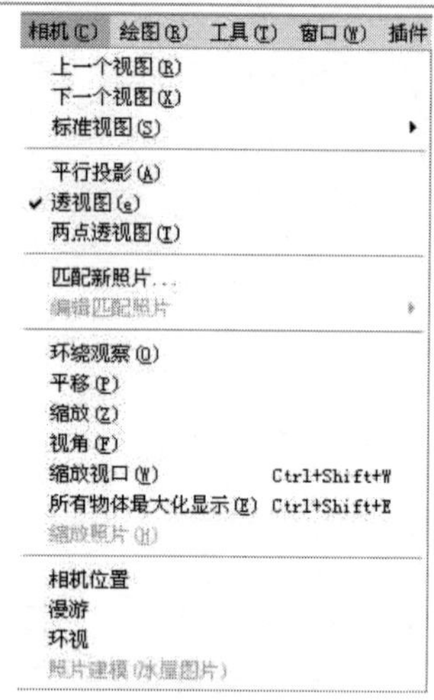

图 1-20

“相机”菜单中各选项功能介绍如下：

- ✧ 上一个视图：该命令用于返回观看上次使用的视角。
- ✧ 下一个视图：在观看上一视图之后，单击该命令可以往后观看下一视图。
- ✧ 标准视图：SketchUp 提供了一些预设的标准角度的视图，包括俯视图、仰视图、前视图、后视图、左视图、右视图和正等轴测图。通过该命令的子菜单可以调整当前视图，如图 1-21 所示。

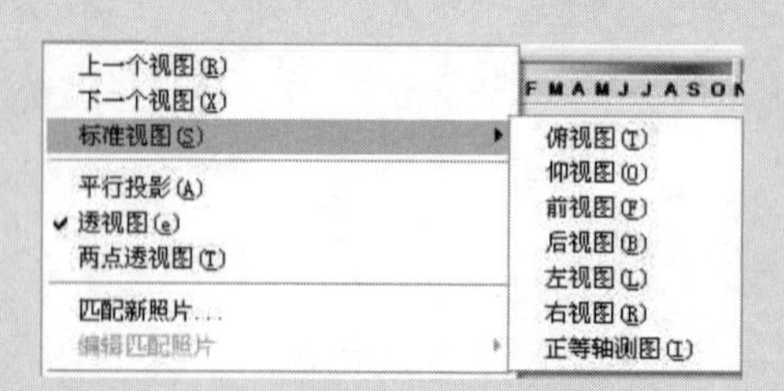

图 1-21

- ✧ 平行投影：该命令用于调用“平行投影”显示模式。
- ✧ 透视图：该命令用于调用“透视”显示模式。
- ✧ 两点透视图：该命令用于调用“两点透视”显示模式。

- ✧ 匹配新照片：执行该命令可以引入照片作为材质，对模型进行贴图。
- ✧ 编辑匹配照片：该命令用于对匹配的照片进行编辑修改。
- ✧ 环绕观察：执行该命令可以对模型进行旋转查看。
- ✧ 平移：执行该命令可以对视图进行平移。
- ✧ 缩放：执行该命令后，按住鼠标左键在屏幕上进行拖动，可以进行实时缩放。
- ✧ 视角：执行该命令后，按住鼠标左键在屏幕上进行拖动，可以使视野加宽或者变窄。
- ✧ 缩放视口：该命令用于放大窗口选定的元素。
- ✧ 所有物体最大化显示：该命令用于使场景充满绘图窗口。
- ✧ 缩放照片：该命令用于使背景图片充满绘图窗口。
- ✧ 相机位置：该命令可以将相机镜头精确放置到眼睛高度或者置于某个精确的点。
- ✧ 漫游：该命令用于调用“漫游”工具。
- ✧ 环视：该命令用于调用“环视”工具。
- ✧ 照片建模（冰屋图片）：使用建筑模型制作工具制作的建筑物会以 SKP 的文件格式导入到 SketchUp 中，在这些文件中，用于制作建筑物的每个图像都有一个场景。SketchUp 的照片建模（冰屋图片）功能可让用户轻松浏览这些图像，并可与“匹配照片”功能搭配使用，以进一步制作模型的细节。

5. 绘图

“绘图”菜单包含了绘制图形的几个命令，如图 1-22 所示。

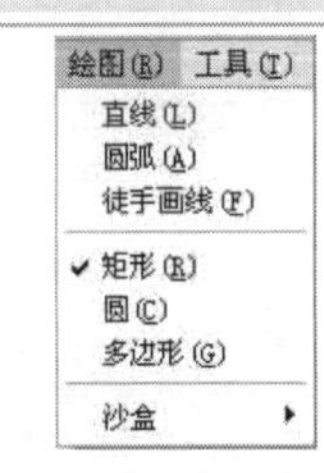

图 1-22

提 示　注 意　技 巧　专业技能　软件知识

“绘图”菜单中各选项功能介绍如下：

- ✧ 直线：执行该命令可以绘制线、相交线或者闭合的图形。
- ✧ 圆弧：执行该命令可以绘制圆弧，圆弧一般是由多个相连的曲线片段组成的，但这些图形可以作为一个弧整体进行编辑。
- ✧ 徒手画线：执行该命令可以绘制不规则的、共面相连的曲线，从而创造出多段曲线或者简单的徒手画物体。
- ✧ 矩形：执行该命令可以绘制矩形。
- ✧ 圆：执行该命令可以绘制圆。
- ✧ 多边形：执行该命令可以绘制规则的多边形。
- ✧ 沙盒：通过该命令的子命令可以利用等高线或网格创建地形，如图 1-23 所示。

图 1-23

6. 工具

“工具”菜单主要包括对物体进行操作的常用命令，如图 1-24 所示。

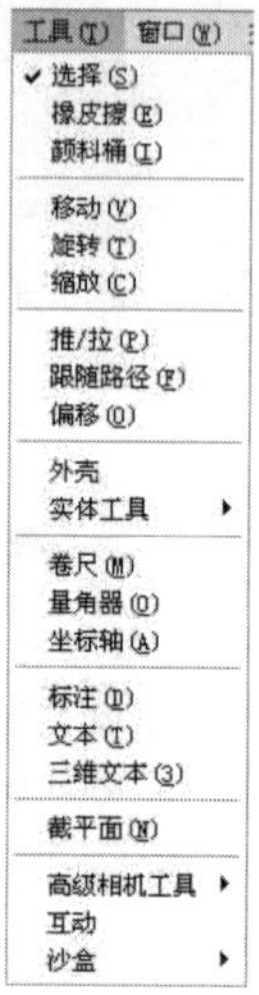

工具(T) 窗口(W)
选择(S)
橡皮擦(E)
颜料桶(I)
移动(V)
旋转(T)
缩放(C)
推/拉(P)
跟随路径(F)
偏移(O)
外壳
实体工具
卷尺(M)
量角器(O)
坐标轴(A)
标注(D)
文本(T)
三维文本(3)
截平面(N)
高级相机工具
互动
沙盒

图 1-24

提 示 注 意 技 巧 专业技能 **软件知识**

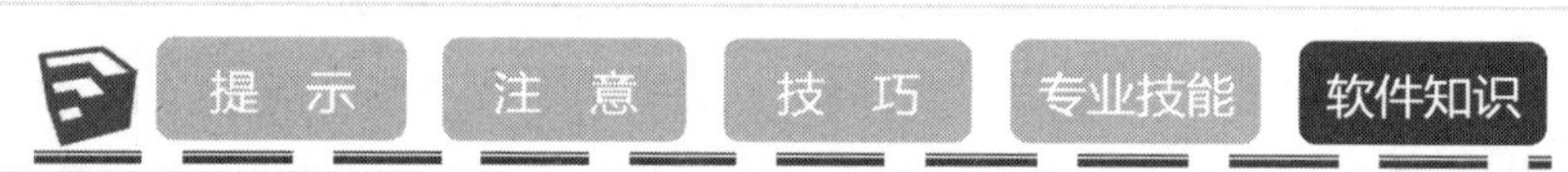

“工具”菜单中各选项功能介绍如下：

- ✧ 选择：选择特定的实体，以便以实体进行其他命令的操作。
- ✧ 橡皮擦：该命令用于删除边线、辅助线和绘图窗口的其他物体。
- ✧ 颜料桶：执行该命令将打开“材质”编辑器，用于为面或组件赋予材质。
- ✧ 移动：该命令用于移动、拉伸和复制几何体，也可以用来旋转组件。
- ✧ 旋转：执行该命令将在一个旋转面里旋转绘图要素、单个或多个物体，也可以选中一部分物体进行拉伸和扭曲。
- ✧ 缩放：执行该命令将对选中的实体进行缩放。
- ✧ 推/拉：该命令用来扭曲和均衡模型中的面。根据几何体特性的不同，该命令可以移动、挤压、添加或者删除面。
- ✧ 跟随路径：该命令可以使面沿着某一连续的边线路径进行拉伸，在绘制曲面物体时非常方便。
- ✧ 偏移：该命令用于偏移复制共面的面或者线，可以在原始面的内部和外部偏移边线，偏移一个面会创造出一个新的面。
- ✧ 外壳：该命令可以将两个组件合并为一个物体并自动成组。
- ✧ 实体工具：该命令下包含了 5 种布尔运算功能，可以对组件进行交集、并集、差集、保留计算体并计算差集以及保留计算体并计算交集，如图 1-25 所示。

实体工具
卷尺(M)
量角器(O)
坐标轴(A)
标注(D)
交集
并集
差集
保留计算体并计算差集
保留计算体并计算交集

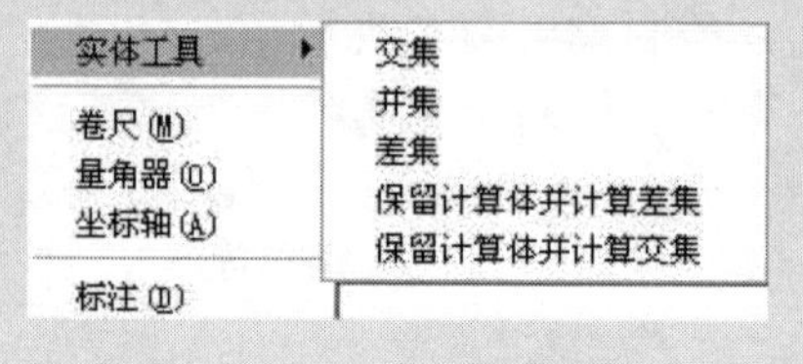

图 1-25

- ✧ 卷尺：该命令用于绘制辅助测量线、使精确建模操作更简便。
- ✧ 量角器：该命令用于绘制一定角度的辅助量角线。
- ✧ 坐标轴：用于设置坐标轴，也可以进行修改。该命令对绘制斜面物体非常有效。
- ✧ 标注：用于在模型中标识尺寸。
- ✧ 文本：用于在模型中输入文字。
- ✧ 三维文本：用于在模型中放置 3D 文字，可设置文字的大小和挤压厚度。
- ✧ 截平面：用于显示物体的剖切面。
- ✧ 高级相机工具：该命令包含 8 个子命令，分别是“创建相机”、“仔细查看相机”、“锁定/解锁当前相机”、“显示/隐藏所有相机”、“显示/隐藏相机视锥线”、“显示/隐藏相机视锥体”、“重置相机”及“选择相机类型”，如图 1-26 所示。
- ✧ 互动：通过设置组件属性，给组件添加多个属性，比如多种材质或颜色。运行动态组件时会根据不同属性进行动态变化显示。
- ✧ 沙盒：该命令包含 5 个子命令，分别为“曲面拉伸”、“曲面平整”、“曲面投射”、“添加细部”和“翻转边线”，如图 1-27 所示。

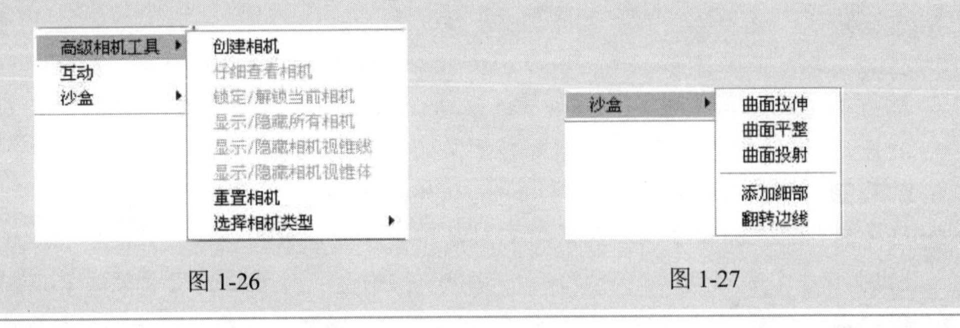

图 1-26　　图 1-27

7. 窗口

“窗口”菜单中的命令代表不同的编辑器和管理器，如图 1-28 所示。通过这些命令可以打开相应的浮动窗口，以便快捷地使用常用编辑器和管理器，而且各个浮动窗口可以相互吸附对齐，单击即可展开，如图 1-29 所示。

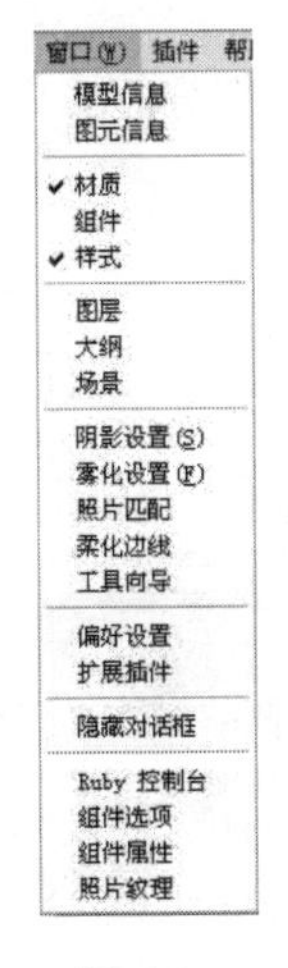

图 1-28

图 1-29

提 示　注 意　技 巧　专业技能　软件知识

"窗口"菜单中各选项功能介绍如下：

✧ 模型信息：单击该命令将弹出"模型信息"管理器。
✧ 图元信息：单击该命令将弹出"图元信息"浏览器，用于显示当前选中实体的属性。
✧ 材质：单击该命令将弹出"材质"编辑器。
✧ 组件：单击该命令将弹出"组件"编辑器。
✧ 样式：单击该命令将弹出"样式"编辑器。
✧ 图层：单击该命令将弹出"图层"管理器。
✧ 大纲：单击该命令将弹出"大纲"浏览器。
✧ 场景：单击该命令将弹出"场景"管理器，用于突出当前页面。
✧ 阴影设置：单击该命令将弹出"阴影设置"编辑器。
✧ 雾化设置：单击该命令将弹出"雾化"对话框，用于设置雾化效果。
✧ 照片匹配：单击该命令将弹出"照片匹配"对话框。
✧ 柔化边线：单击该命令将弹出"柔化边线"编辑器。
✧ 工具向导：单击该命令将弹出"工具向导"编辑器。
✧ 偏好设置：单击该命令将弹出"系统使用偏好"对话框，可以通过设置 SketchUp 的应用参数来为整个程序编写各种不同的功能。
✧ 扩展插件：单击该命令将弹出"扩展插件"对话框。
✧ 隐藏对话框：该命令用于隐藏所有对话框。
✧ Ruby 控制台：单击该命令将弹出"Ruby 控制台"对话框，用于编写 Ruby 命令。
✧ 组件选项/组件属性：这两个命令用于设置组件的属性，包括组件的名称、大小、位置和材质等。通过设置属性，可以实现动态组件的变化显示。
✧ 照片纹理：该命令可以直接从谷歌地图上截取照片纹理，并作为材质贴图赋予模型物体的表面。

8．插件

"插件"菜单如图 1-30 所示，包含了用户添加的大部分插件，还有部分插件可能分散在其他菜单中。

9．帮助

通过"帮助"菜单中的命令可以了解软件各个部分的详细信息和学习教程，如图 1-31 所示。

提 示　注 意　技 巧　专业技能　软件知识

"帮助"菜单中各选项功能介绍如下：

✧ 欢迎使用 SketchUp：单击该命令将弹出"欢迎使用 SketchUp"对话框。
✧ 帮助中心：单击该命令将弹出 SketchUp 帮助中心的网页。
✧ 联系我们：单击该命令将弹出 SketchUp 相关网页。
✧ 许可证：单击该命令将弹出软件授权的信息。

- ✧ 检查更新：单击该命令将自动检测最新的软件版本，并对软件进行更新。
- ✧ 关于 SketchUp：单击该命令将弹出显示已安装软件的信息对话框。
- ✧ Ruby 帮助：单击该命令将弹出 Ruby 帮助的相关网页。

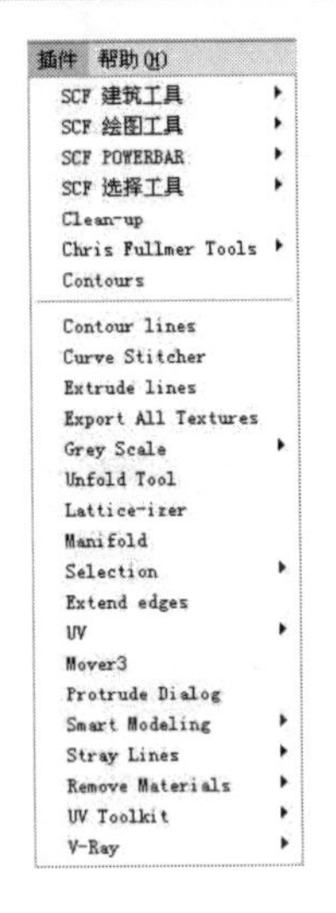

图 1-30

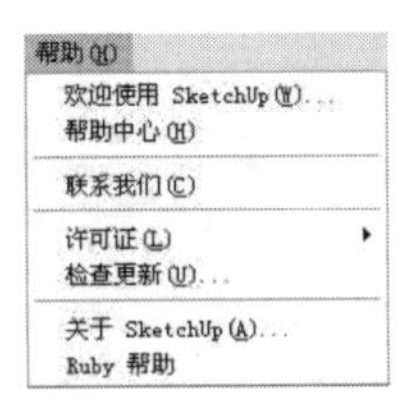

图 1-31

1.3.3　工具栏

工具栏包含了常用的工具，用户可以自定义这些工具的显隐状态或显示大小等，如图 1-32 所示。

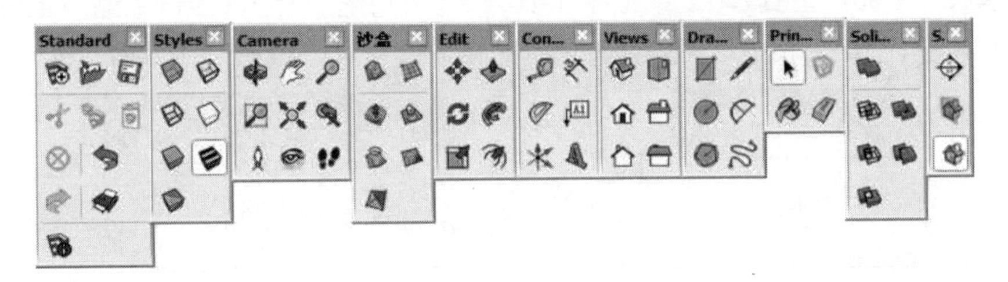

图 1-32

1．“标准”工具栏

“标准”（Standard）工具栏主要是完成对场景文件的打开、保存、复制以及打印等命令。包括“新建文件”工具、“打开文件”、“保存文件”工具、“剪切”工具、“复制”工具、“粘贴”工具、“橡皮擦”工具、“撤销”工具、“重做”工具、“打印”工具和“模型信息”工具，如图 1-33 所示。

2．“主要”工具栏

“主要”（Principal）工具栏是一些对模型进行选择、制作组件以及材质赋予的常用命令。包括“选择”工具、“制作组件”工具、“颜料桶”工具和“擦除”工具，如图 1-34 所示。

图 1-33

Principal

图 1-34

3.“绘图”工具栏

“绘图”(Drawing)工具栏主要是创建模型的一些常用工具。包含 6 个工具，分别为“矩形”工具、“直线”工具、“圆”工具、“圆弧”工具、“多边形”工具和“徒手画”工具，如图 1-35 所示。

4.“修改”工具栏

“修改”(Edit)工具栏是对模型进行编辑的一些常用工具。包含 6 个工具，分别为“移动/复制”工具、“推/拉”工具、“旋转”工具、“跟随路径”工具、“缩放”工具和“偏移”工具，如图 1-36 所示。

图 1-35

图 1-36

5.“构造”工具栏

“构造”(Construction)工具栏是对模型进行测量以及标注的工具。包括 6 个工具，分别为“卷尺”工具、“标注”工具、“量角器”工具、“文本”工具、“坐标轴”工具和“三维文本”工具，如图 1-37 所示。

6.“相机”工具栏

“相机”(Camera)工具栏主要是对模型进行查看的工具。包含 9 个工具，分别为“环绕观察”工具、“平移”工具、“缩放”工具、“窗口缩放”工具、“缩放范围”工具、“上一个”工具、“定位相机”工具、“环视”工具及“漫游”工具，如图 1-38 所示。

图 1-37

Camera

图 1-38

7.“剖面”工具栏

“剖面”(Section)工具栏中的工具可以控制全局剖面的显示和隐藏，该工具栏共有 3 个工具，分别为“截平面”工具、“显示截平面”工具和“显示截面切割”工具，如图 1-39 所示。

8.“视图”工具栏

“视图”工具栏中主要是对场景中几种常用视图的切换工具。包含 6 个工具，分别为“等坐标轴”工具、“俯视图”工具、“主视图”工具、“右视图”工具、“后视图”工具和“左视图”工具，如图 1-40 所示。

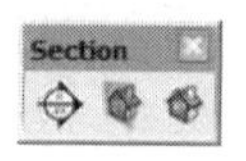

图 1-39

Views

图 1-40

9. “实体工具”工具栏

在“实体工具”（Solid Tools）工具栏中包含了强大的模型交错功能，可以在组与组之间进行并集、交集等布尔运算。包括“外壳”工具、“交集”工具、“并集”工具、“差集”工具、“保留计算体并计算差集”及“保留计算体并计算交集”工具，如图 1-41 所示。

10. “沙盒”工具栏

“沙盒”工具栏主要是创建山地模型的工具。包含 7 个工具，分别是“根据等高线创建”工具、“根据网格创建”工具、“曲面拉伸”工具、“曲线平整”工具、“曲面投射”工具、“添加细部”工具和“翻转边线”工具，如图 1-42 所示。

图 1-41

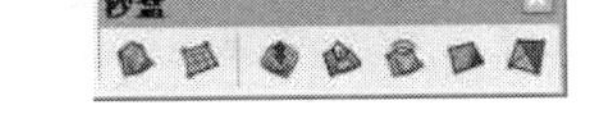

图 1-42

1.3.4 绘图区

绘图区又叫绘图窗口，占据了界面中最大的区域，在这里可以创建和编辑模型，也可对视图进行调整。在绘图窗口中还可以看到绘图坐标轴，分别用红、绿、蓝 3 种颜色显示。

如果需要取消光标处的坐标轴光标，只需执行“窗口”→“偏好设置”命令，然后在“系统使用偏好”对话框的“绘图”面板中取消勾选“显示十字准线”复选框即可，如图 1-43 和图 1-44 所示。

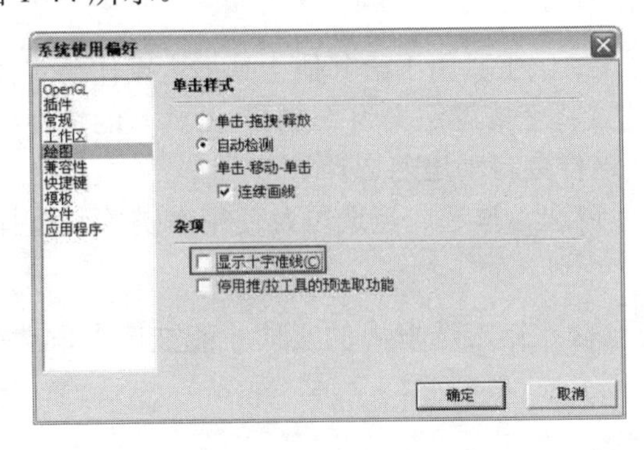

图 1-43

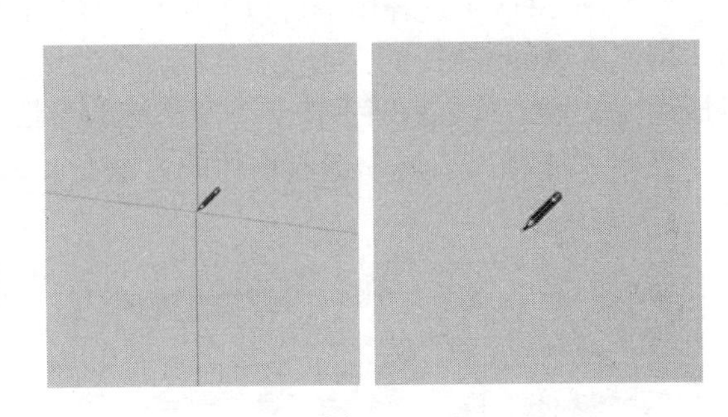

图 1-44

1.3.5 数值框

绘图区的左下方是数值框，这里会显示绘图过程中的尺寸信息，也可通过键盘直接输入数值。

数值框支持所有的绘制工具，其工作特点如下：

✧ 用鼠标指定的数值会在数值框中动态显示。如果指定的数值不符合系统属性里指定的数值精度，在数值前面会加上“~”符号，这表示该数值不够精确。

- ✧ 用户可以在命令完成之前输入数值，也可以在命令完成后、还没有开始其他操作之前输入数值。输入数值后，按【Enter】键确定。
- ✧ 当前命令仍然生效时（开始新的命令操作之前），可以持续不断地改变输入的数值。
- ✧ 一旦退出命令，数值框就不会再对该命令起作用。
- ✧ 输入数值之前不需要单击数值框，可以直接通过键盘输入，数值框随时待命。

提 示 | 注 意 | 技 巧 | 专业技能 | 软件知识

用鼠标单击数值框没有任何反应，这是初学者最容易碰到的问题，在 SketchUp 中不必单击数值框，直接通过键盘输入数据即可。

1.3.6 状态栏

状态栏位于界面的底部，用于显示命令提示和状态信息，是对命令的描述和操作的提示，这些信息会随着对象的不同而改变。

1.4 对象的选择与删除

1.4.1 选择对象

在 SketchUp 中选择图形可以使用“选择”工具，该工具用于给其他工具指定操作的实体，对于用惯了 AutoCAD 的人来说，可能会不习惯，建议将空格键定义为“选择”工具的快捷键，养成用完其他工具之后随手按一下空格键的习惯，这样会自动进入选择状态。

使用“选择”工具选取物体的方法有 4 种：窗选、框选、点选以及使用右键关联选择。

1. 窗选

窗选的方式为从左往右拖动鼠标，只有完全包含在矩形选框内的实体才能被选中，选框呈实线显示。

窗选方式常常用来选择场景中的某几个指定物体。

2. 框选

框选的方式为从右下往左上拖动鼠标，这种方式选择的图形包括选框内和选框接触到的所有实体，选框呈虚线显示。

3. 点选

点选方式就是在物体元素上单击进行选择；在选择一个面时，如果双击该面，将同时选中这个面和构成面的线；如果在一个面上三击，将选中与这个面相连的所有面、线和被隐藏的虚线（组和组件不包括在内），如图 1-45 所示。

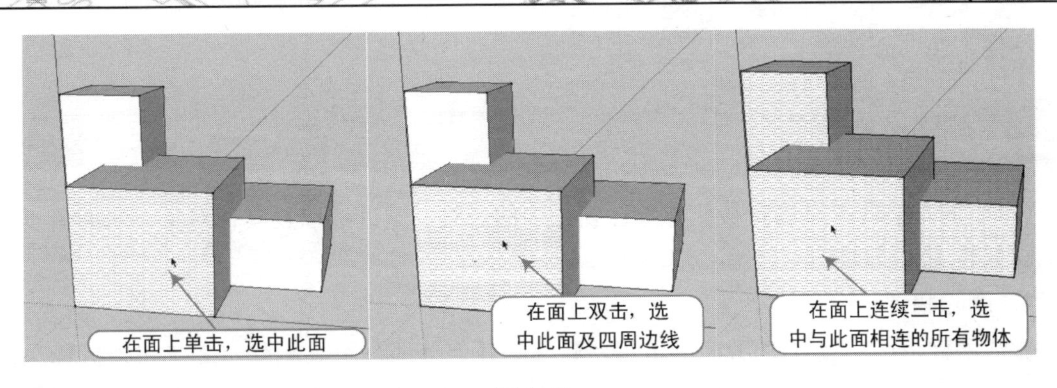

图 1-45

4. 右键关联选取

激活“选择”工具后，在某个物体元素上右击，将会弹出一个快捷菜单，在“选择”子菜单中可以进行扩展选择，如图 1-46 所示。

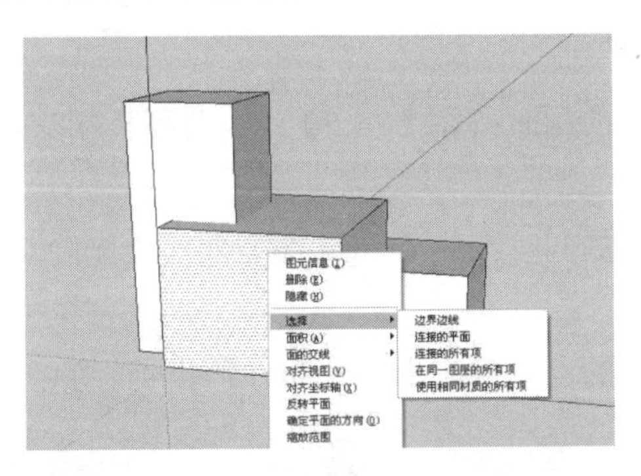

图 1-46

提 示　注 意　技 巧　**专业技能**　软件知识

使用“选择”工具并配合键盘上相应的按键也可以进行不同的选择，如下所述：

- ✧ 激活“选择”工具后，按住【Ctrl】键可以进行加选，此时鼠标的形状变为。
- ✧ 激活“选择”工具后，按住【Shift】键可以交替选择物体的加减，此时鼠标的形状变为。
- ✧ 激活“选择”工具后，按住【Ctrl+Shift】组合键可以进行减选，此时鼠标的形状变为。
- ✧ 如果要选择模型中的所有可见物体，除了执行“编辑”→“全选”命令，还可以使用【Ctrl+A】组合键。
- ✧ 如果要取消当前的所有选择，可以在绘图窗口的任意空白区域单击，也可以执行“编辑”→“全部不选”命令，或者使用【Ctrl+T】组合键。

1.4.2 取消选择

如果要取消当前的所有选择，可以在绘图窗口的任意空白区域单击；也可以执行“编辑”

→“全部不选”命令。

1.4.3 删除对象

“橡皮擦”工具可以直接删除绘图窗口中的边线、辅助线以及实体对象。它的另一个功能是隐藏和柔化边线。

1．删除物体

激活“橡皮擦”工具后，单击想要删除的几何体即可将其删除。如果按住鼠标左键不放，然后在需要删除的物体上拖动，此时被选中的物体会呈高亮显示，松开鼠标左键即可全部删除；如果偶然选中了不想删除的几何体，可以在删除之前按【Esc】键取消删除操作。

当鼠标移动过快时，可能会漏掉一些线，这时只需重复拖动的操作即可。

如果要删除大量的线，更快的做法是先用“选择”工具进行选择，然后按【Delete】键删除。

2．隐藏边线

使用“橡皮擦”工具的同时按住【Shift】键，将不再删除几何体，而是隐藏边线。

3．柔化边线

使用“橡皮擦”工具的同时按住【Ctrl】键，将不再删除几何体，而是柔化边线。

4．取消柔化效果

使用“橡皮擦”工具的同时按住【Ctrl+Shift】组合键可以取消柔化效果。

1.5 对象的显示

SketchUp 包含很多种显示模式，主要通过“样式”编辑器进行设置。“样式”编辑器中包含了背景、天空、边线和表面的显示效果，通过选择不同的显示样式，可以让用户的画面表达更具艺术感，体现强烈的独特个性。

执行“窗口”→“样式”命令，弹出“样式”编辑器，如图 1-47 所示。

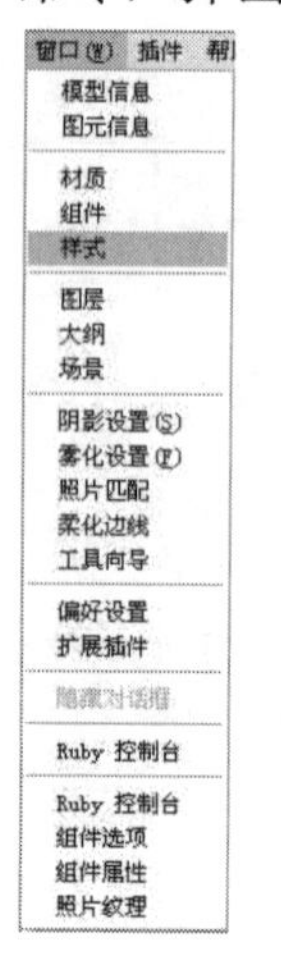

图 1-47

1.5.1 选择样式

SketchUp 2013 自带了 7 个样式目录，分别是“混合样式”、“颜色集”、“直线”、“手绘边线”、“照片建模”、“预设样式”、“Style Builder 竞赛获奖者”，用户可以通过单击样式缩略图将其应用于场景中。

在进行样式预览和编辑时，SketchUp 只能自动存储自带的样式，在若干次选择和调整后，用户可能找不到过程中某种满意的样式。在此建议使用模板，不管是风格设置、模型信息或者系统设置，都可以在设置完成后生成一个惯用的模板（执行“文件”→“另存为模板”命令），当需要使用保存的模板时，在向导界面中单击“选择模板”按钮进行选择即可。也可以使用 Style Builder 软件创建自己的风格（该软件在安装 SketchUp 2013 时会自动安装），然后添加到 Styles 文件夹中即可随时调用。

1.5.2 编辑风格样式

1. 边线设置

在“样式”编辑器中选择“编辑”选项卡，即可看到 5 个不同的设置面板，其中最左侧的是“边线设置”面板，该面板中的选项用于控制几何体边线的显示、隐藏、粗细以及颜色等，如图 1-48 所示。

图 1-48

提 示 注 意 技 巧 专业技能 **软件知识**

“编辑”选项卡各选项功能介绍如下：

✧ 显示边线：开启此选项会显示物体的边线，关闭则隐藏边线，如图 1-49 所示。

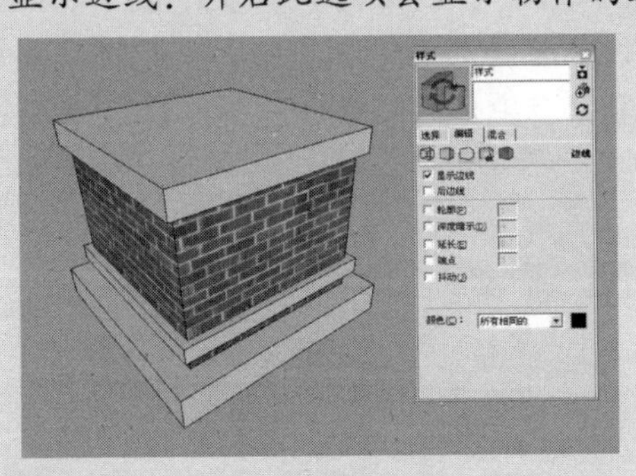

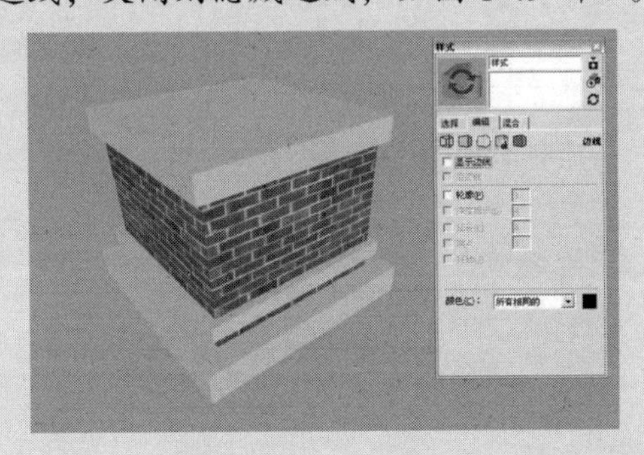

图 1-49

✧ 后边线：开启此选项会以虚线的形式显示物体背部被遮挡的边线，关闭则隐藏，如图 1-50 所示。

✧ 轮廓：该选项用于设置轮廓线是否显示（借助于传统绘图技术，加重物体的轮廓线显示，突出三维物体的空间轮廓），也可以调节轮廓线的粗细，如图 1-51 所示。

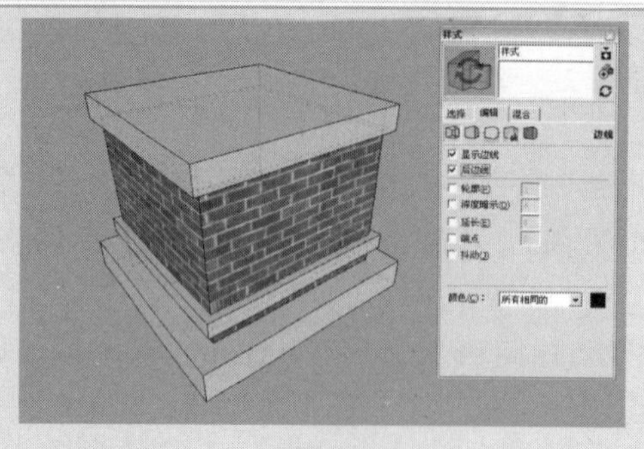

图 1-50

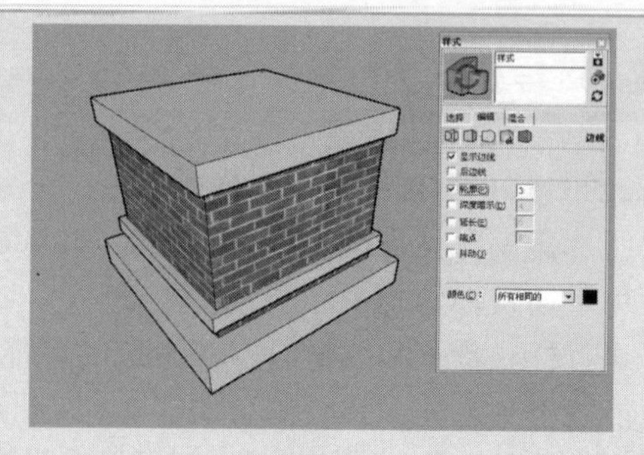

图 1-51

✧ 深度暗示：该选项用于强调场景中的物体前景线要强于背景线，类似于画素描线条的强弱差别。离相机越近的深粗线越强，越远则越弱。可以在数值框中设置深粗线的粗线，如图 1-52 所示。

✧ 延长：该选项用于使每一条边线的端点都向外延长，给模型一个“未完成的草图”的感觉。延长线纯粹是视觉上的延长，不会影响边线端点的参考捕捉。可以在数值框中设置边线出头的长度，数值越大，延伸越长，如图 1-53 所示。

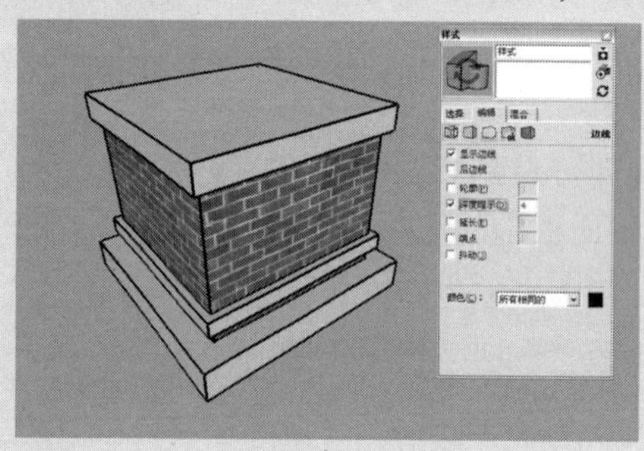

图 1-52

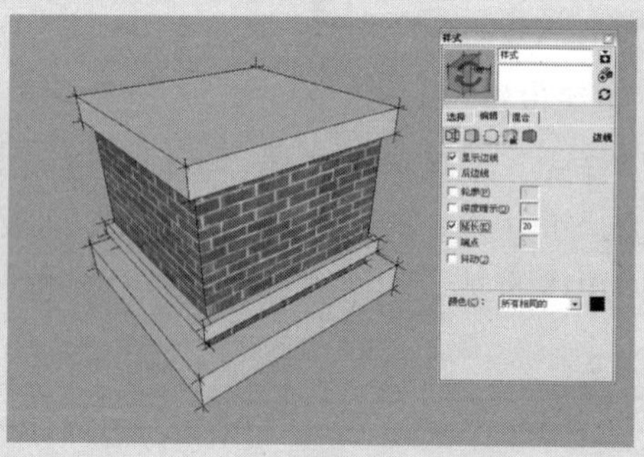

图 1-53

✧ 端点：该选项用于使边线在结尾处加粗，模拟手绘效果图的显示效果。可以在数值框中设置端点线长度，数值越大，端点延伸越长，如图 1-54 所示。

✧ 抖动：该选项可以模拟草稿线抖动的效果，渲染出的线条会有所偏移，但不会影响参考捕捉，如图 1-55 所示。

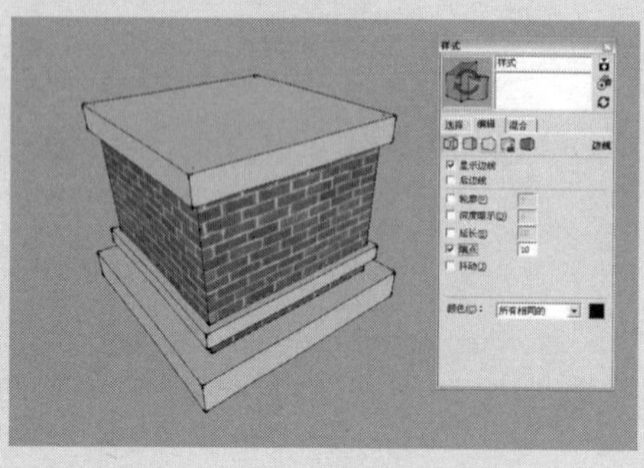

图 1-54

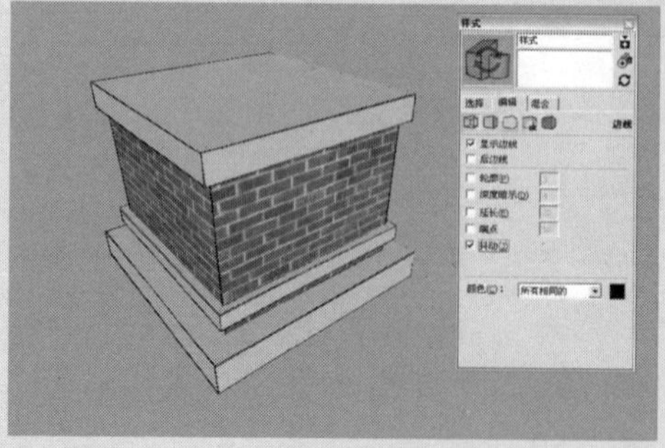

图 1-55

✧ 颜色：该选项可以控制模型边线的颜色，包含了 3 种颜色显示方式，如图 1-56 所示。

- 所有相同的：用于使边线的显示颜色一致。默认颜色为黑色，单击右侧的颜色块可以为边线设置其他颜色，如图 1-57 所示。

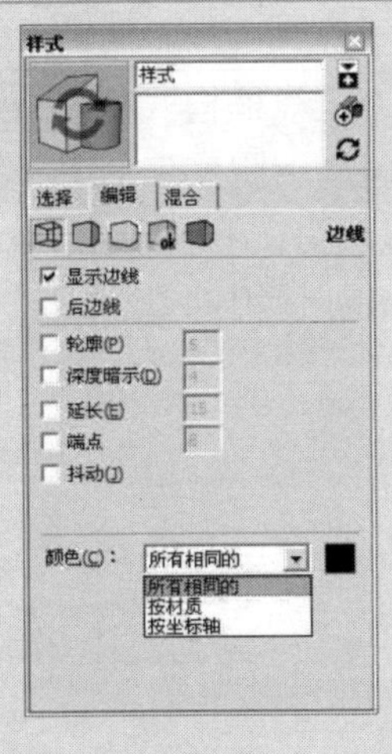

图 1-56

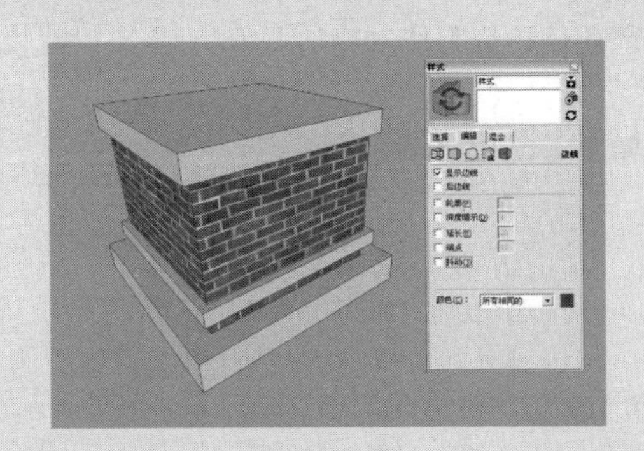

图 1-57

- 按材质：可以根据不同的材质显示不同的边线颜色。如果选择线框模式显示，就能很明显地看出物体的边线是根据材质的不同而不同，如图 1-58 所示。
- 按坐标轴：通过边线对齐的轴线不同而显示不同的颜色，如图 1-59 所示。

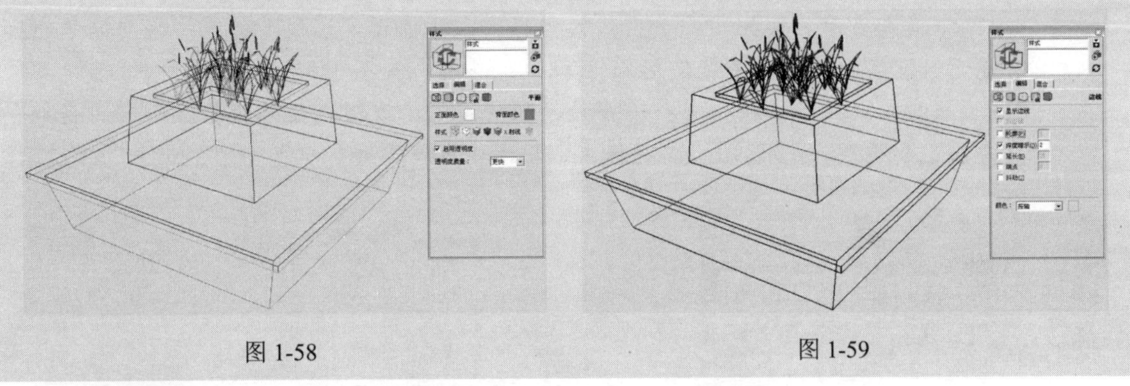

图 1-58　　　　图 1-59

提　示　　注　意　　技　巧　　专业技能　　软件知识

场景中的黑色边线无法显示时，可能是在“样式”编辑器中将边线的颜色设置成了“按材质”显示，选择“所有相同的”选项即可，如图 1-60 所示。

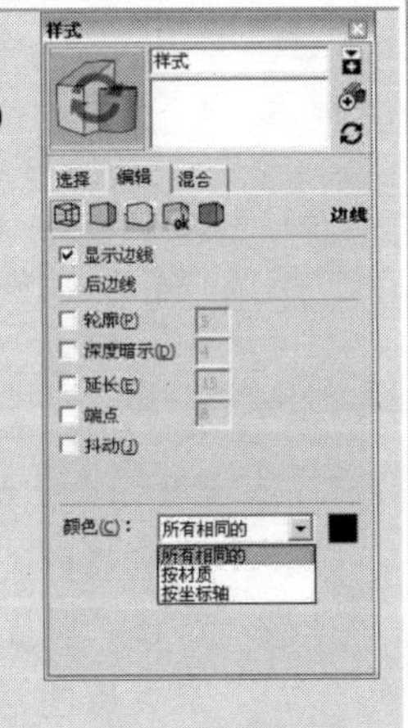

图 1-60

2. 平面设置

“平面设置”面板中包含了 6 种表面显示模式，分别是“以线框模式显示”、“以隐藏线模式显示”、“以阴影模式显示”、“使用纹理显示阴影”、“使用相同的选项显示有阴影的内容”和“以 X 射线模式显示”，另外，在该面板中还可以修改材质的正面颜色和背面颜色（SketchUp 使用的是双面材质），如图 1-61 所示。

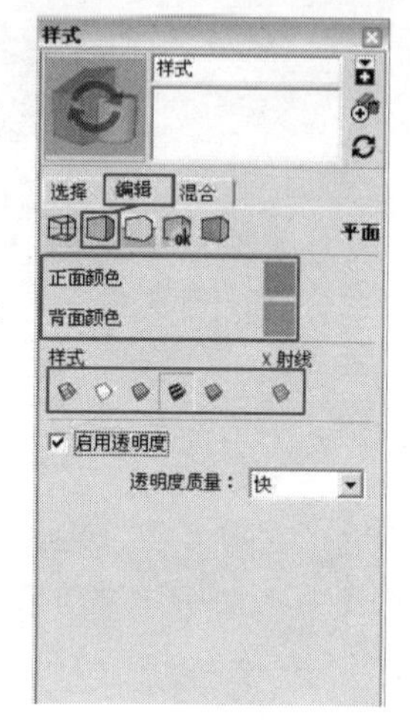

图 1-61

提 示　注 意　技 巧　专业技能　**软件知识**

显示模式的切换：

✧ “以线框模式显示”按钮：单击该按钮将进入线框模式，模型将以一系列简单的线条显示，没有面，并且不能使用“推/拉”工具，如图 1-62 所示。

✧ “以隐藏线模式显示”按钮：单击该按钮将以消隐线模式显示模型，所有的面都会有背景色和隐线，没有贴图。这种模式常用于输出图像进行后期处理，如图 1-63 所示。

图 1-62

图 1-63

✧ “以阴影模式显示”按钮：单击该按钮将会显示所有应用到面的材质，以及根据光源应用的颜色，如图 1-64 所示。

✧ “使用纹理显示阴影”按钮：单击该按钮将进入贴图着色模式，所有应用到面的贴图都将被显示出来，如图 1-65 所示。在某些情况下，贴图会降低 SketchUp 操作的速度，所以在操作过程中也可以暂时切换到其他模式。

✧ “使用相同的选项显示有阴影的内容”按钮：在该模式下，模型就像线和面的集合体，跟消隐模式有点相似。此模式能分辨模型的正反面来默认材质的颜色，如图 1-66 所示。

✧ “以 X 射线模式显示”按钮：X 光模式可以和其他模式联合使用，将所有的面都显示成透明，这样就可以透过模型编辑所有的边线，如图 1-67 所示。

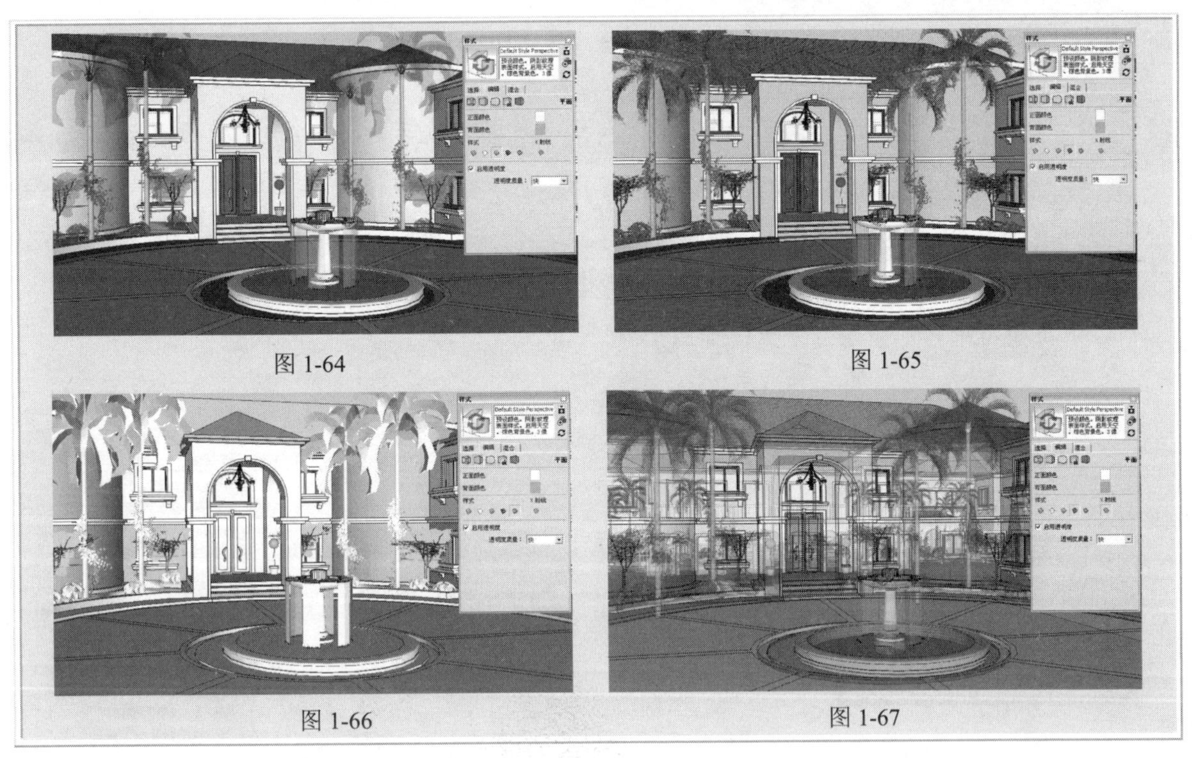

图 1-64　　图 1-65

图 1-66　　图 1-67

3．背景设置

在“背景设置”面板中可以修改场景的背景色，也可以在背景中展示一个模拟大气效果的天空和地面，并显示地平线，如图 1-68 所示。

4．水印设置

水印特性可以在模型周围放置 2D 图像，用来创造背景，或者在带纹理的表面上（如画布）模拟绘图的效果。放在前景里的图像可以为模型添加标签。“水印设置”面板如图 1-69 所示。

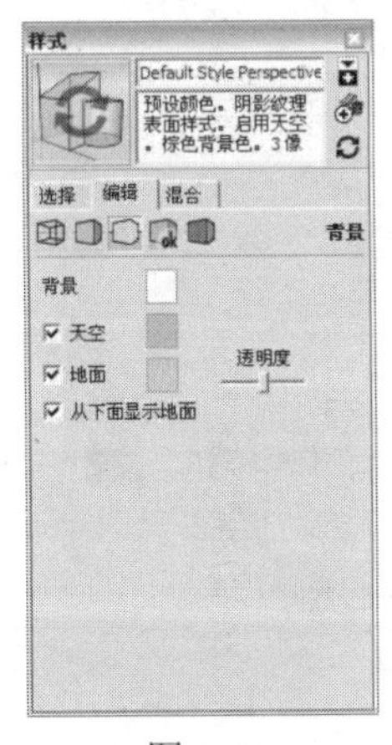

图 1-68

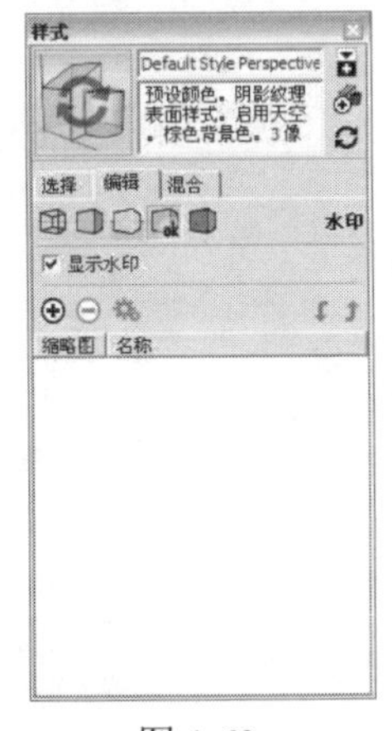

图 1-69

水印设置的相关知识：

- "添加水印"按钮⊕：单击该按钮可以添加水印。
- "删除水印"按钮⊖：单击该按钮可以删除水印。
- "编辑水印设置"按钮：单击该按钮可以对水印的位置、大小等进行调整。
- "下移水印"按钮/"上移水印"按钮：这两个按钮用于切换水印图像在模型中的位置。
- 在水印的图标上右击，可以在快捷菜单中执行"输出水印图像"命令，将模型中的水印图片导出，如图 1-70 所示。

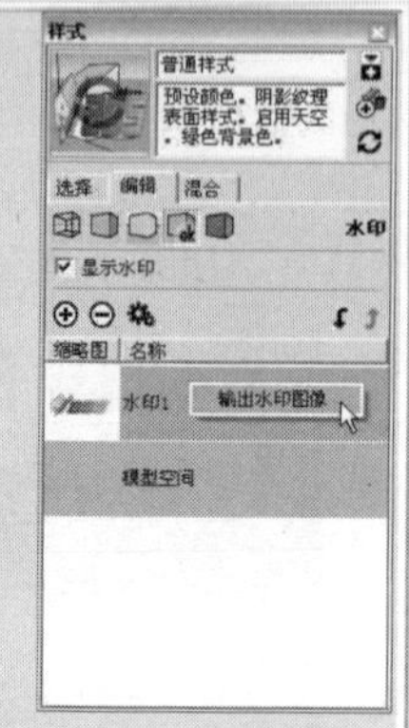

图 1-70

5. **建模设置**

在"建模设置"面板可以修改模型中的各种属性，例如选定物体的颜色、被锁定物体的颜色等，如图 1-71 所示。

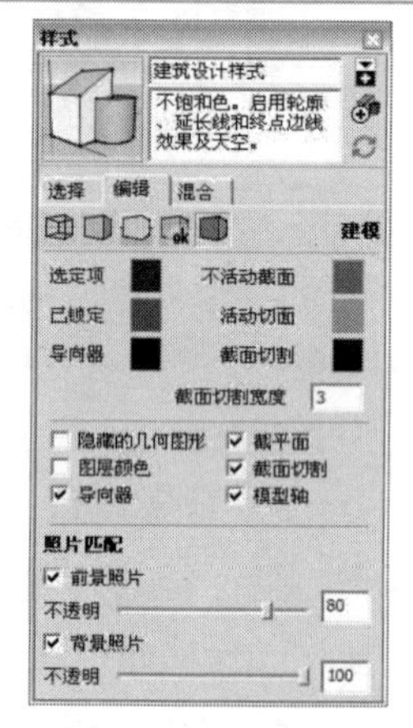

图 1-71

1.5.3 混合风格样式

首先在"混合"选项卡的"选项"面板中选择一种风格（进入任意一个风格目录后，当鼠标指标指向各种风格时会变成吸取状态，单击即可吸取，然后匹配到"边线设置"选项后，会变成填充状态），接着再选取另一种风格匹配到"平面设置"中，即完成几种风格的混合设置，如图 1-72 所示。

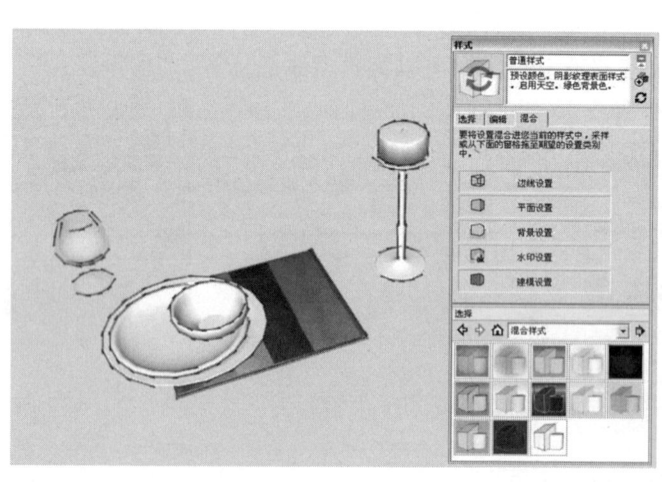

图 1-72

案例\01\素材文件\练习 1-1.skp、水印图片.png
案例\01\最终效果\练习 1-1.skp

下面通过实例，讲解在打开场景文件的右下角添加一个水印图片，操作步骤如下：

（1）启动 SketchUp 软件，打开“案例\01\素材文件\练习 1-1.skp”场景文件，如图 1-73 所示。

图 1-73

（2）执行“窗口”→“样式”命令，弹出“样式”编辑器，切换到“编辑”选项卡。然后单击“水印设置”按钮，再单击“添加水印”按钮，弹出“选择水印”对话框。在该对话框中选择作为水印的图片（案例\01\素材文件\水印图片.png）文件，再单击“打开”按钮，如图 1-74 所示。

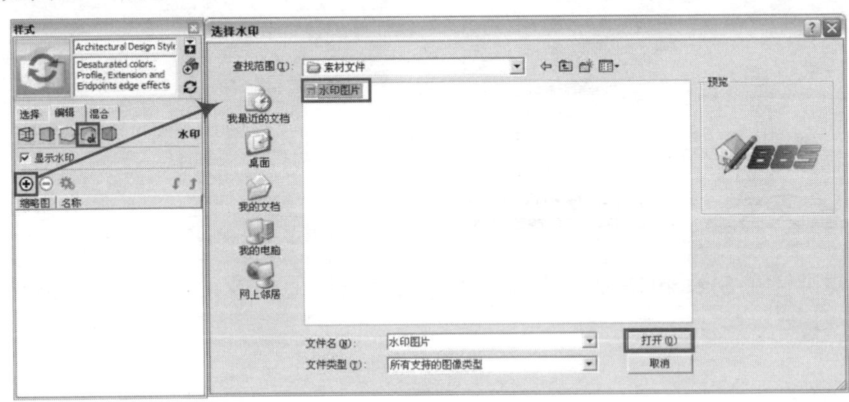

图 1-74

（3）此时水印图片出现在模型中，同时弹出“创建水印”对话框，在此选择“覆盖”单选按钮，然后单击“下一步”按钮，如图 1-75 所示。

（4）在“创建水印”对话框中会出现“您可以使用颜色的亮度来创建遮罩的水印”以及“您可以更改透明度以使图像与模型混和”的提示，在此不创建蒙版，将透明度的滑块移到最右端，不进行透明显示，然后单击“下一步”按钮，如图 1-76 所示。

（5）接下来会弹出“您希望如何显示水印”的相关提示，在此选择“在屏幕中定位”单选按钮，然后在右侧的定位按钮上单击右下角的点，单击“完成”按钮，如图 1-77 所示。

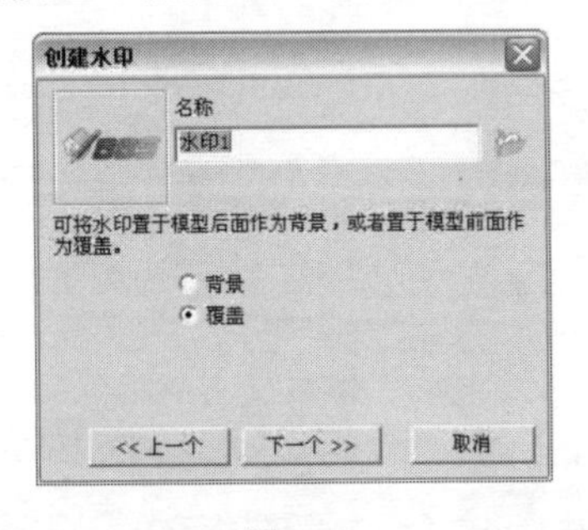

图 1-75

图 1-76

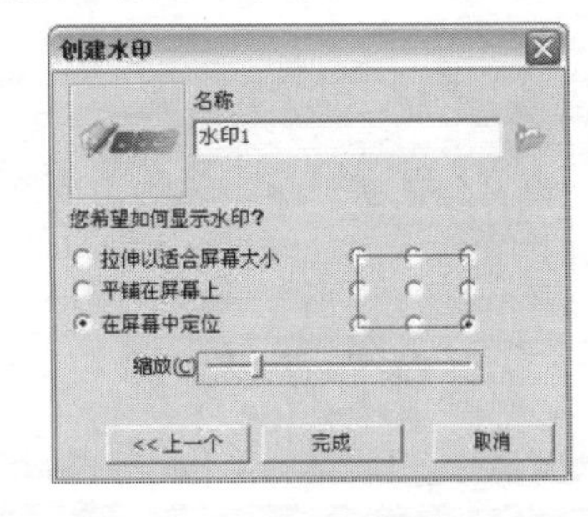

图 1-77

当移动模型视图时，水印图片的显示将保持不变，导出图片时水印也保持不变，这就为导出的多张图片增强了统一感。

（6）水印图片已经位于界面的右下角，如图 1-78 所示。

（7）如果对水印图片的显示不满意，可以单击“编辑水印设置”按钮进行重新设置。如图 1-79 所示是将水印进行缩小并平铺显示的效果。

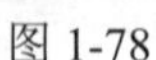
图 1-78

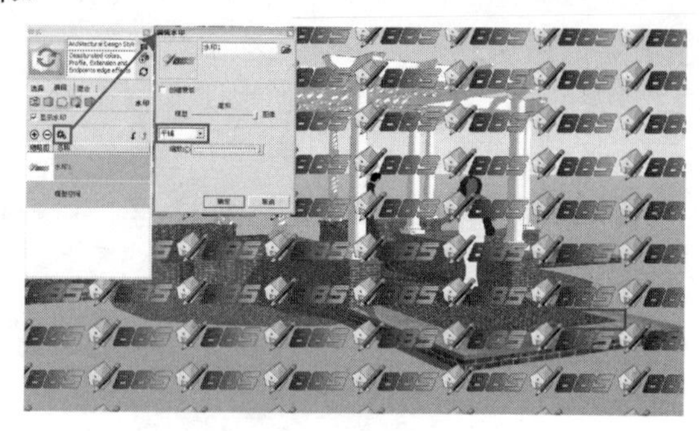
图 1-79

1.6 设置天空、地面与雾效

本节主要讲解在 SketchUp 软件中如何设置天空与地面的效果，以及添加场景雾效功能的方法与操作技巧。

1.6.1 设置天空与地面

在 SketchUp 中，用户可以在背景中展示一个模拟大气效果的渐变天空和地面，并显示出地平线，如图 1-80 所示。

背景的效果可以在“样式”编辑器中设置，在“编辑”选项卡中单击“背景设置”按钮，展开“背景设置”面板，对背景颜色、天空和地面进行设置，如图 1-81 所示。

图 1-80

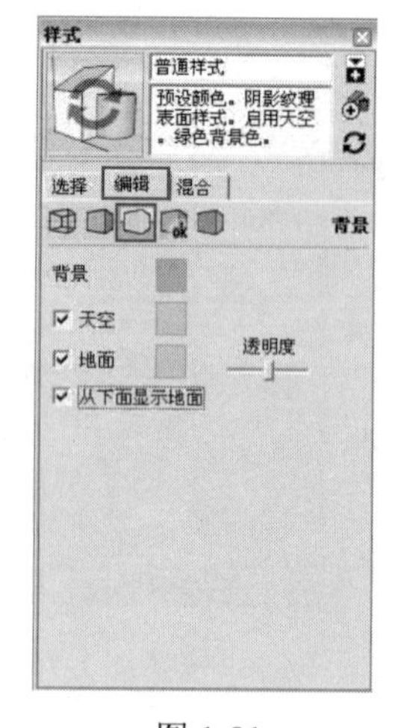

图 1-81

背景设置功能详解：

✧ 背景：单击该项右侧的色块，弹出“选择颜色”对话框，在对话框中可以改变场景中的背景颜色，但是前提是取消选择“天空”和“地面”复选框，如图 1-82 所示。

✧ 天空：勾选该复选框后，场景中将显示渐变的天空效果，用户可以单击该项右侧的色块调整天空的颜色，选择的颜色将自动应用渐变，如图 1-83 所示。

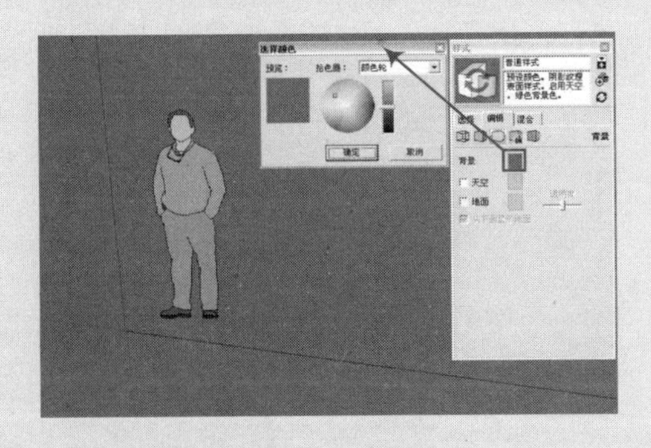

图 1-82

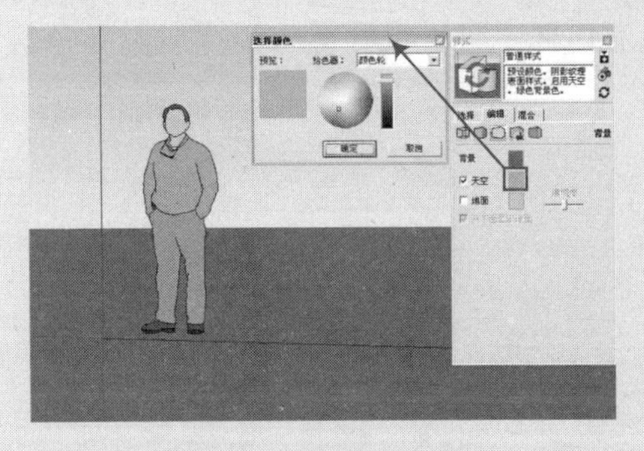

图 1-83

✧ 地面：勾选该复选框后，在背景处从地平线开始向下显示指定颜色渐变的地面效果。此时背景色会自动被天空和地面的颜色所覆盖，如图 1-84 所示。

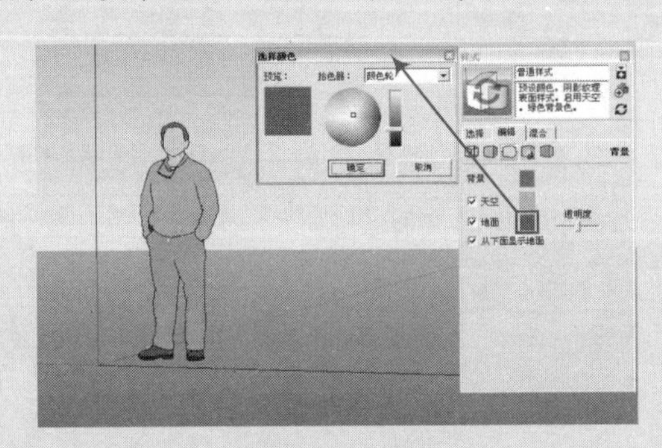

图 1-84

✧ “透明度”滑块：该滑块用于显示不同透明等级的渐变地面效果，可以让用户看到地平面以下的几何体。

✧ “从下面显示地面”复选框：勾选该复选框后，当照相机从地平面下方往上看时，可以看到渐变的地面效果，如图 1-85 所示。

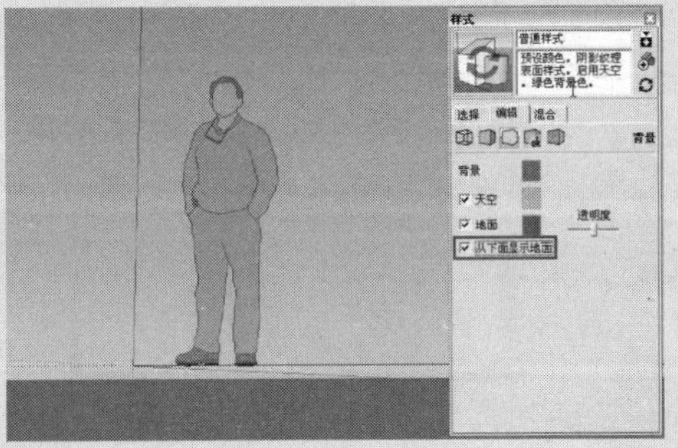

图 1-85

1.6.2 添加雾效

在 SketchUp 中可以为场景添加大雾环境的效果，执行“窗口”→“雾化设置”命令，弹出“雾化设置”编辑器，在该对话框中可以设置雾的浓度以及颜色等，如图 1-86 所示。

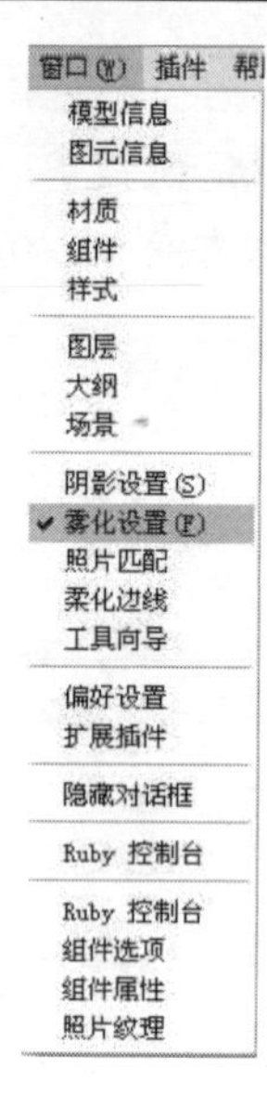

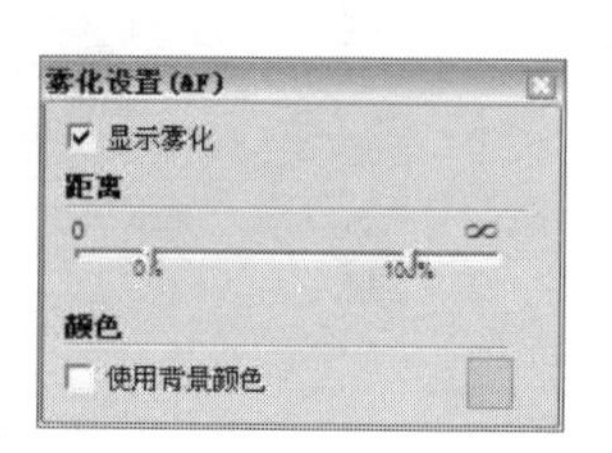

图 1-86

提 示　注 意　技 巧　专业技能　软件知识

雾化功能介绍如下。

- ✧ 显示雾化：勾选该复选框可以显示雾化效果，取消勾选该复选框则隐藏雾化效果。如图 1-87 所示为显示雾化与取消雾化的对比效果图。

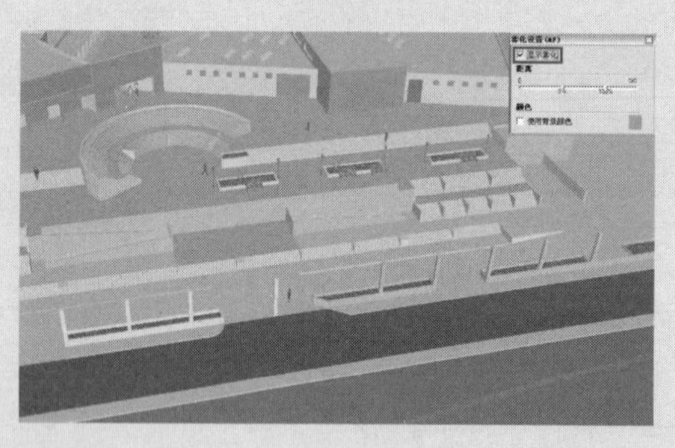

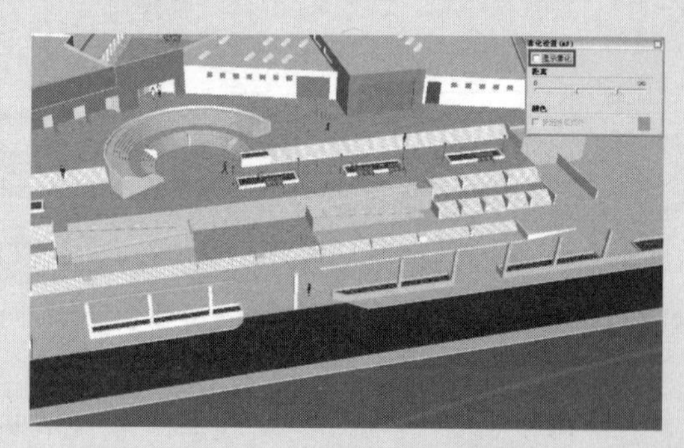

图 1-87

- ✧ “距离”滑块：该滑块用于控制雾效的距离与浓度。数字 0 表示雾效相对于视点的起始位置，滑块左移则雾化相对视点较近，右移则较远。无穷尽符号 ∞ 表示雾效开始与结束时的浓度，滑块左移则雾化相对视点浓度较高，右移则浓度较低。
- ✧ 使用背景颜色：勾选该复选框后，将会使用当前背景颜色作为雾效的颜色。

案例\01\素材文件\练习 1-2.skp
案例\01\最终效果\练习 1-2.skp

下面通过实例，讲解为打开的场景文件添加一种特定颜色的雾化效果，操作步骤如下：

（1）启动 SketchUp 软件，打开“案例\01\素材文件\练习 1-2.skp”场景文件，然后执行“窗口”→“雾化设置”命令，如图 1-88 所示。

（2）弹出“雾化设置”编辑器，勾选“显示雾化”复选框，然后取消勾选“使用背景颜色”复选框，并单击该项右侧的色块，如图 1-89 所示。

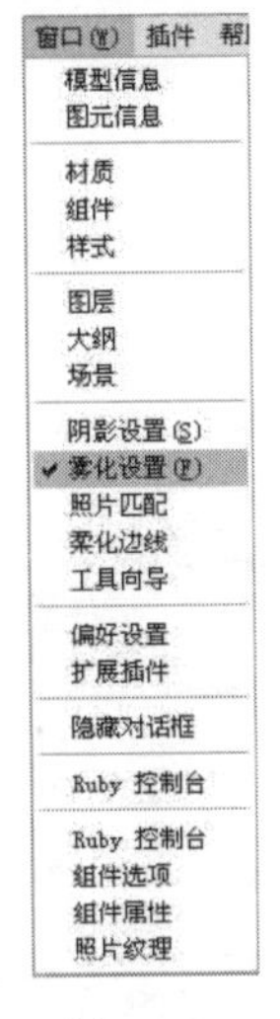

图 1-88

图 1-89

（3）在弹出的“选择颜色”对话框中选择所需的颜色，此时场景即显示该颜色的雾化效果，如图 1-90 所示。

图 1-90

1.7　绘图环境的设置

本节主要讲解在 SketchUp 软件中如何设置绘图的环境，包括设置模型信息、设置硬件加速以及设置快捷键等的方法与相关知识点。

1.7.1　设置模型信息

执行“窗口”→“模型信息”命令，如图 1-91 所示，弹出“模型信息”管理器。下面对“模型信息”管理器中的各个选项面板进行介绍。

图 1-91

1. 尺寸标注

“尺寸”面板中的各项设置用于改变模型尺寸标注的样式，包括文字、引线和尺寸标注的形式等，如图 1-92 所示。

2. 单位

“单位”面板用于设置文件默认的绘图单位和角度单位。

3. 地理位置

“地理位置”面板用于设置模型所处的地理位置和太阳的方位，以便更准确地模拟光照和阴影效果，如图 1-93 所示。

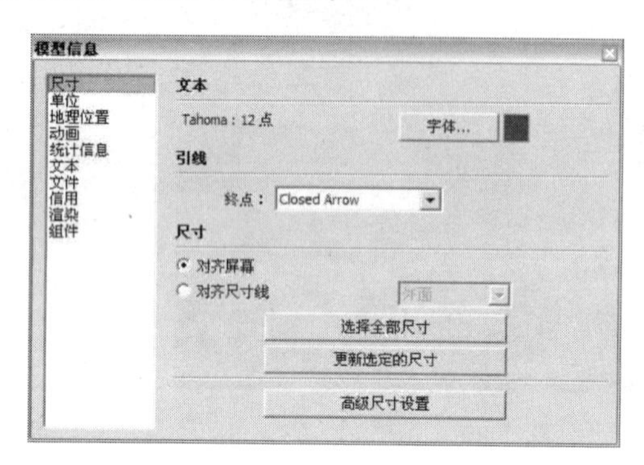

图 1-92

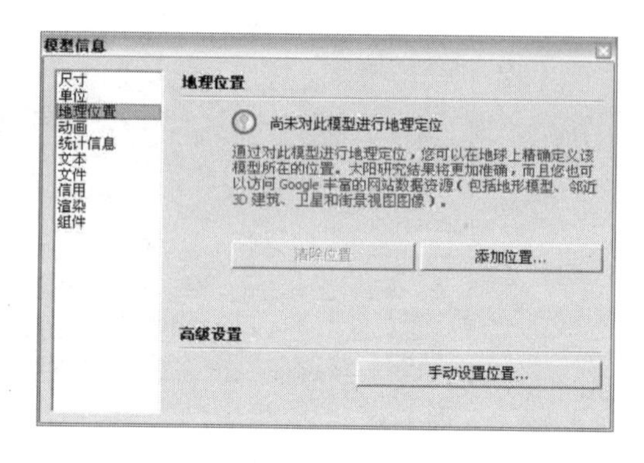

图 1-93

地理位置功能介绍：

单击“添加位置”按钮即可设置模型所处的地理位置。另外，在“地理位置”面板中还可以设置太阳的方位，单击“手动设置位置”按钮，然后在弹出的对话框中进行设置即可，如图 1-94 所示。

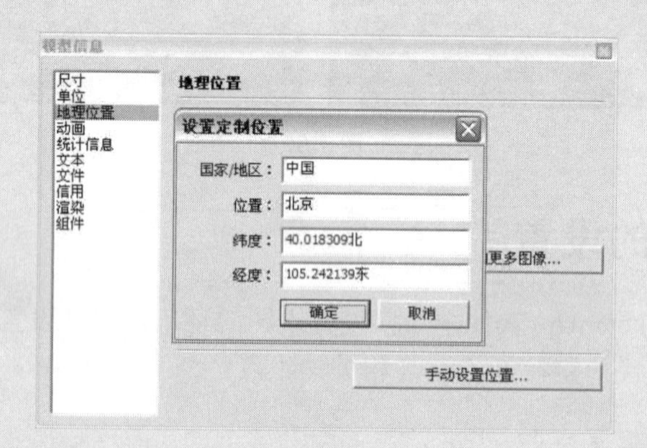

图 1-94

如果需要得到准确的日照和阴影，执行“窗口”→“模型信息”命令，弹出“模型信息”管理器，在“地理位置”面板中添加地理经纬度信息；接着打开“阴影设置”编辑器，并对日照时间和光影明暗进行调整，最后激活“显示/隐藏阴影”按钮显示场景阴影，即能实时显示较为准确的日照分析效果，如图 1-95 所示。

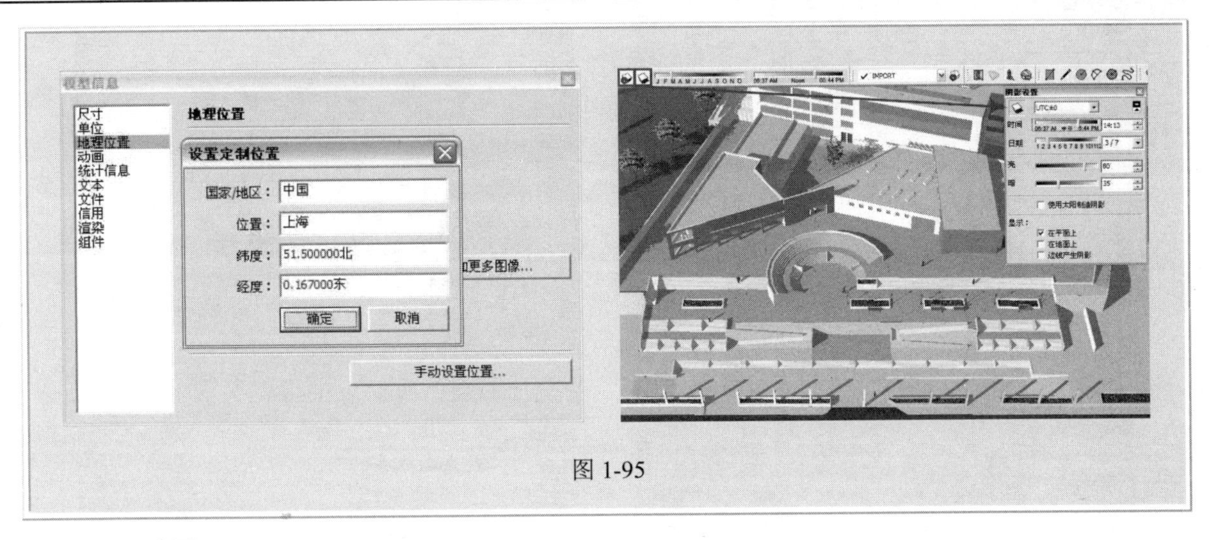

图 1-95

4．动画

“动画”面板用于设置页面切换的过渡时间和场景延时时间，如图 1-96 所示。

5．渲染

“渲染”面板用于提高纹理的性能和质量，如图 1-97 所示。

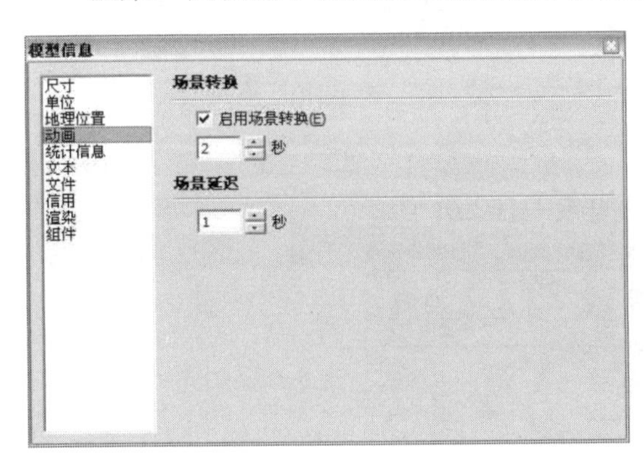

图 1-96

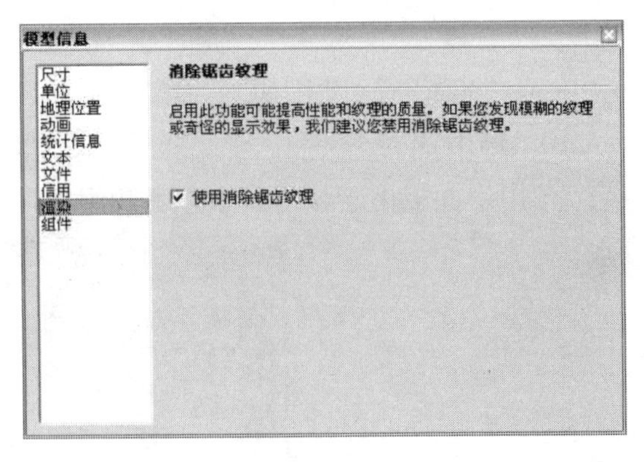

图 1-97

6．统计信息

“统计信息”面板用于统计当前场景中各种元素的名称和数量，并可清理未使用的组件、材质和图层等多余元素，可以大大减少模型量，如图 1-98 所示。

7．文件

“文件”面板包含了当前文件所在位置、使用版本、文件大小和注释等，如图 1-99 所示。

8．文本

“文本”面板可以设置屏幕文字、引线文字和引线的字体颜色、样式和大小等，如图 1-100 所示。

9．组件

“组件”面板可以控制相似组件或其他模型的显隐效果，如图 1-101 所示。

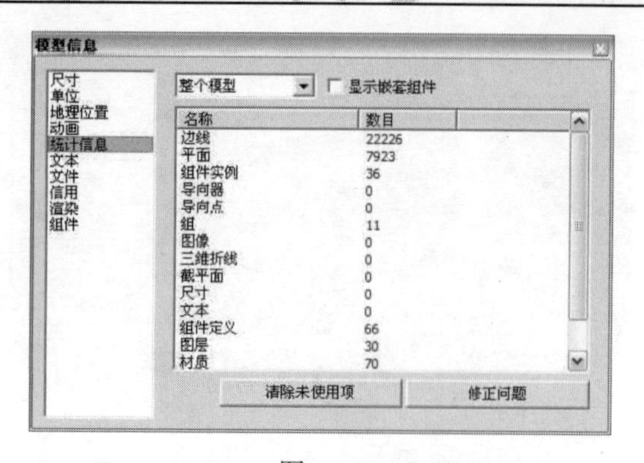

图 1-98

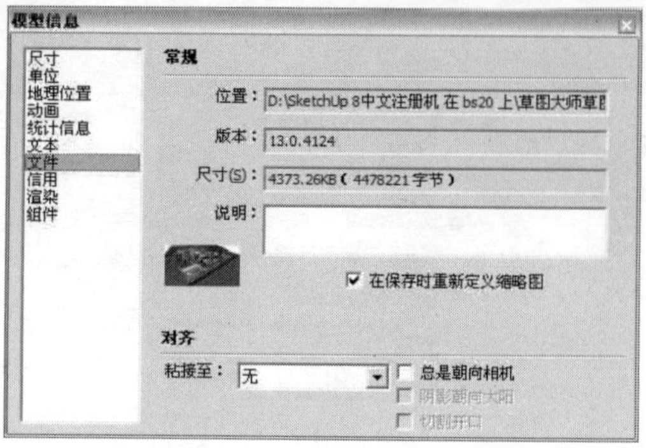

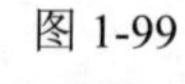

图 1-99

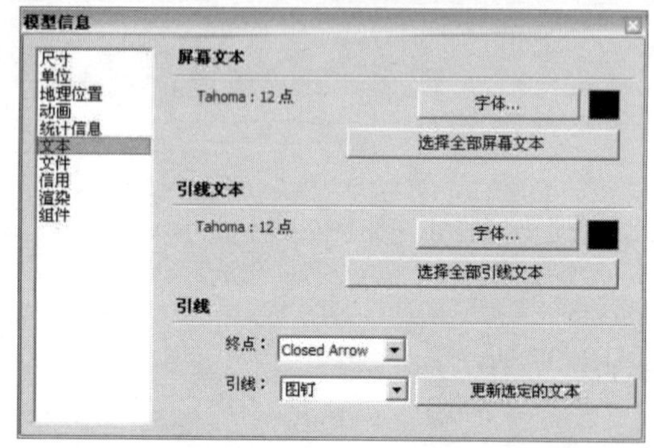

图 1-100

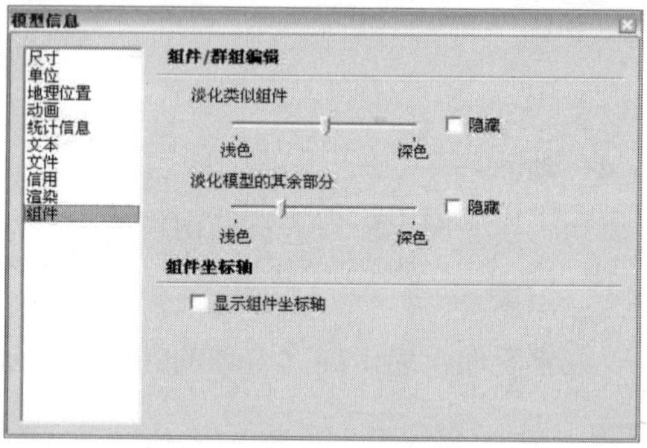

图 1-101

10．信用

“信用”面板用于显示模型作者和组件作者，如图 1-102 所示。

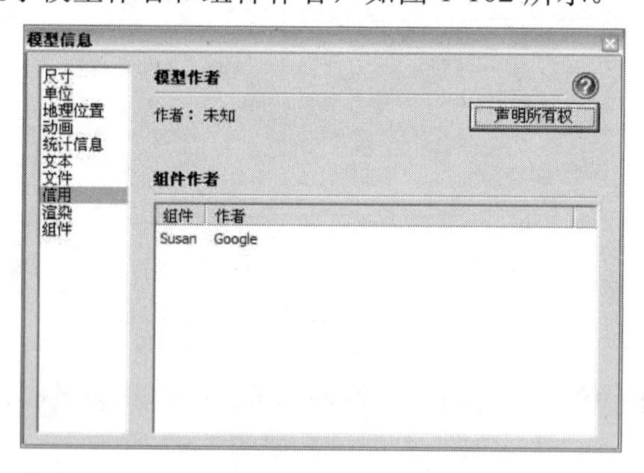

图 1-102

1.7.2 设置硬件加速

本节主要讲解如何在 SketchUp 软件中设置硬件加速功能，从而更流畅地运行 SketchUp 软件。

1．硬件加速和 SketchUp

SketchUp 是十分依赖内存、CPU、3D 显卡和 OpenGL 驱动的三维应用软件，运行 SketchUp

需要 100%兼容的 OpenGL 驱动。

提 示 注 意 技 巧 专业技能 软件知识

关于 OpenGL：

OpenGL 是众多游戏和应用程序进行三维对象实时渲染的工业标准，Windows 和 Mac OS X 都内建了基于软件加速的 OpenGL 驱动。OpenGL 驱动程序通过 CPU 计算来“描绘”用户的屏幕。不过，CPU 并不是专为 OpenGL 设计的硬件，因此并不能很好地完成这个任务。

为了提升 3D 显示性能，一些显卡厂商为他们的产品设计了 GPU（图形处理器）来分担 CPU 的 OpenGL 运算。GPU 比 CPU 更能胜任这个任务，能大幅提高性能（最高达 3000%），是真正意义上的“硬件加速”。

安装好 SketchUp 后，系统默认是使用 OpenGL 软件加速。如果计算机配备了 100%兼容 OpenGL 硬件加速的显卡，就可以在“系统使用偏好”对话框的 OpenGL 面板中进行设置，以充分发挥硬件加速性能，如图 1-103 所示。

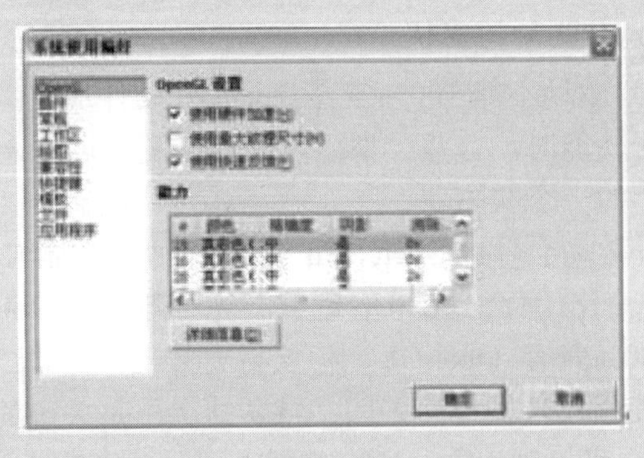

图 1-103

提 示 注 意 技 巧 专业技能 软件知识

模型材质的显示：

SketchUp 2013 在“系统使用偏好”对话框的 OpenGL 面板中增加了“使用最大纹理尺寸”选项。可以看到没有勾选“使用最大纹理尺寸”复选框时的场地贴图比较模糊，如图 1-104 所示。

勾选“使用最大纹理尺寸”复选框后的场地贴图比较清晰，如图 1-105 所示。

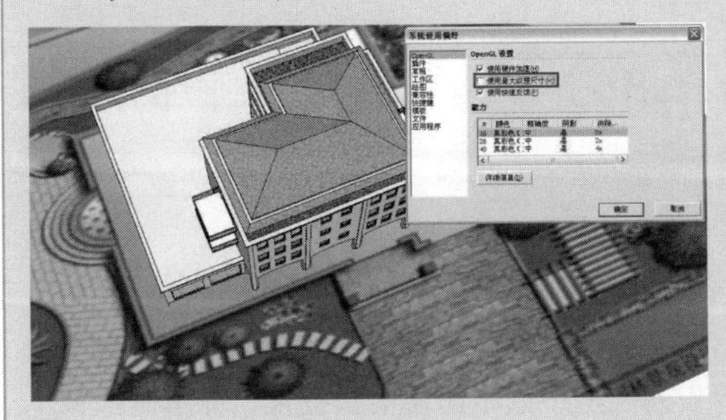

图 1-104

图 1-105

2．显卡与 OpenGL 的兼容性问题

如果显卡 100%兼容 OpenGL，那么 SketchUp 的工作效率将比软件加速模式要快得多，此时会明显感觉到速度的提升。如果确定显示 100%兼容 OpenGL 硬件加速，但 SketchUp 中的选项却不能使用，就需要把颜色质量设为 32 位色，因为有些驱动不能很好地支持 16 位色的 3D 加速。

如果不能正常使用一些工具，或者渲染时会出错，那么显示可能就不是 100%兼容 OpenGL。出现这种情况时，最好在“系统属性”对话框的 OpenGL 面板中关闭“使用硬件加速”选项。

如果在 SketchUp 模型中投影了纹理，并且使用的是 ATI Rage Pro 或 Matrox G400 图形卡，那么纹理可能会显示不正确，禁用“使用硬件加速”功能可以解决这个问题。

3．性能低下的 OpenGL 驱动的症状

以下症状表明 OpenGL 驱动不能 100%兼容 OpenGL 硬件加速：

- ✧ 开启表面接受投影功能时，有些模型出现条纹或变黑。这通常是由于 OpenGL 软件加速驱动的模板缓存的一个缺陷。
- ✧ 简化版的 OpenGL 驱动会导致 SketchUp 崩溃。有些 3D 显卡驱动只适合玩游戏，因此，OpenGL 驱动就被简化，而 SketchUp 则需要完全兼容的 OpenGL 驱动。有些厂商宣称他们的产品能 100%兼容 OpenGL，但实际却不行。如果发现了这种情况，可以在 SketchUp 中将“使用硬件加速”关闭（默认情况下是关闭的）。
- ✧ 在 16 位色模式下，坐标轴消失，所有的线都可见且变成虚线，出现奇怪的贴图颜色，这种现象主要出现在使用 ATI 显示芯片的便携式计算机上。这一芯片的驱动不能完全支持 OpenGL 加速，可以使用软件加速。
- ✧ 图像翻转，一些显示芯片不支持高质量的大幅图像，可以试着把要导入的图像尺寸改小。

4．双显示器显示

当前，SketchUp 不支持操作系统运行双显示器，这样会影响 SketchUp 的操作和硬件加速功能。

5．抗锯齿

一些硬件加速设备（如 3D 加速卡等）可以支持硬件抗锯齿，这能减少图形边缘的锯齿显示。

1.7.3　设置快捷键

SketchUp 默认设置了部分命令的快捷键，但这些快捷键是可以进行修改的，例如在“过滤”文本框中输入“矩形”文字，然后在“命令”列表框中选中出现的快捷键，并单击按钮 - 将其删除，接着在“添加快捷方式”文本框中输入自己习惯的命令（如 B），再单击按钮 + 即完成快捷键的修改，如图 1-106 所示。

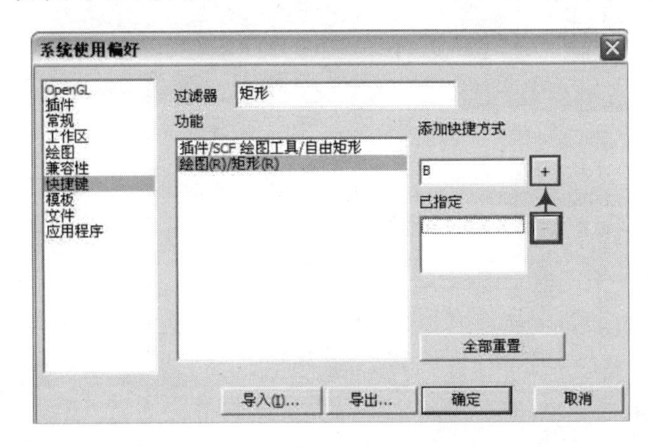

图 1-106

设置完常用的快捷键之后，可以将快捷键导出，以便需要时直接导入使用。

导出快捷键的操作步骤如下：

（1）在桌面的“开始”菜单中执行“运行”命令，然后在弹出的“运行”对话框中输入 regedit，如图 1-107 所示。

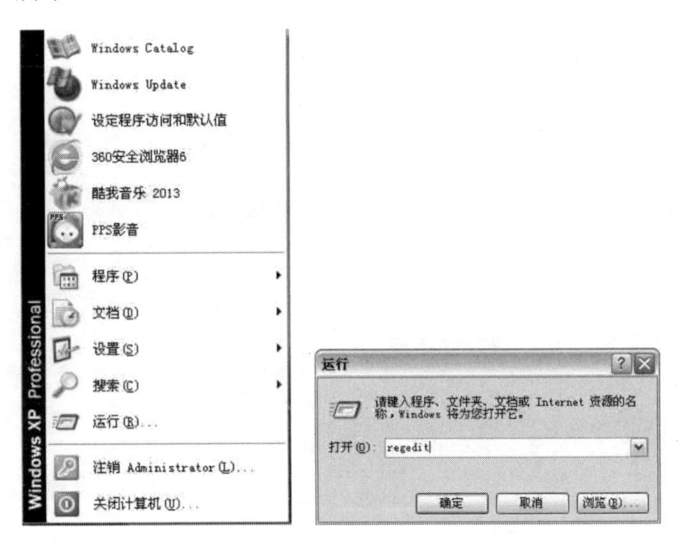

图 1-107

（2）单击“确定”按钮，弹出“注册表编辑器”对话框，然后找到 HKEY_CURRENT_USER\Software\SketchUp\SketchUp 2013\Settings 选项，接着在左侧的 Settings 文件夹上右击，并在弹出的快捷菜单中执行“导出”命令，如图 1-108 所示。

（3）在“导出注册表文件”对话框中设置好文件名和导出路径，其中“导出范围”设置为“所选分支”，如图 1-109 所示。

（4）完成注册表文件的保存后，便得到一个 reg 格式的文件，如图 1-110 所示。

（5）在另外一台计算机上安装该快捷键时，只需要在运行 SketchUp 之前，双击该注册表文件即可导入这套快捷键，如图 1-111 所示。

图 1-108

图 1-109

图 1-110

图 1-111

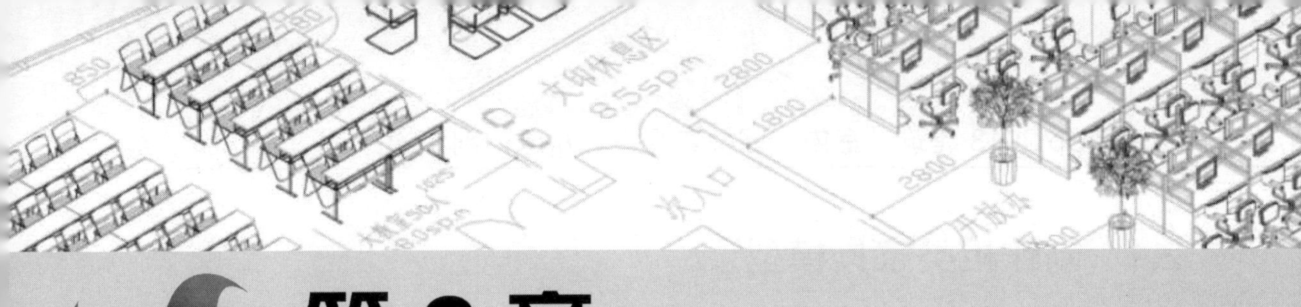

第 2 章 制作室内家具及灯具模型

本章导读

在进行室内装潢施工图的设计过程中，室内的家具、灯具等对象是必不可少的装修元素。本章通过 SketchUp 2013 软件讲解创建室内柜具、室内灯具、室内家具模型的方法，为后面的室内布置提供相应的元素模型。

主要内容

- 制作柜类家具模型
- 制作室内灯具模型
- 制作室内主要家具模型

效果预览

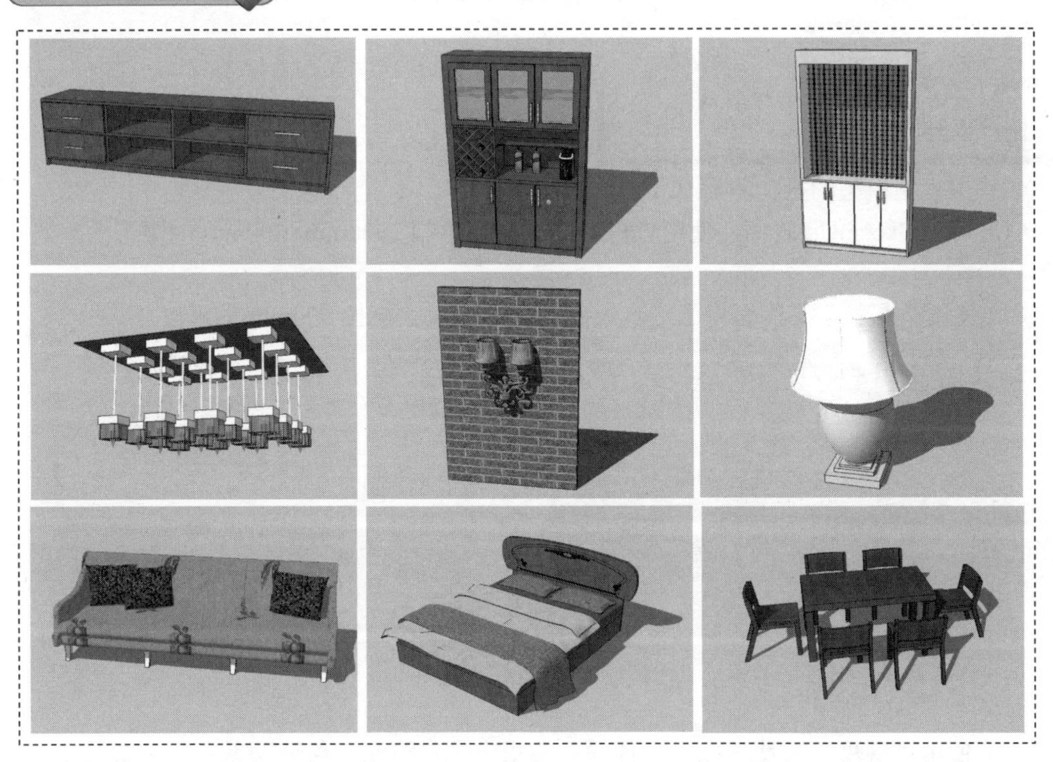

2.1 制作柜类家具模型

柜类家具主要是指以木材、人造板或金属等材料制成的各种用途不同的柜子。在家庭居住环境中柜类家具占据很大一部分比重，主要包括电视柜、酒柜、鞋柜、衣柜等，本节就针对这些主要柜类家具的模型创建进行详细讲解。

2.1.1 制作电视柜模型

电视柜是家具中的一个种类，因人们不满足把电视随意摆放而产生的家具，也有称为视听柜。随着人民生活水平的提高，与电视相配套的电器设备也相应出现，导致电视柜的用途从单一向多元化发展，集电视、机顶盒、DVD、音响设备、碟片等产品的收纳和摆放，更兼顾展示的用途，如图 2-1 所示。

图 2-1

视频\02\制作电视柜模型.avi
案例\02\练习 2-1.skp

制作电视柜模型的操作步骤如下：

（1）启动 SketchUp 软件，使用“矩形”工具绘制 2000mm×400mm 的矩形面，如图 2-2 所示。

（2）使用“推/拉”工具将上一步绘制的矩形面向上推拉 500mm 的高度，如图 2-3 所示。

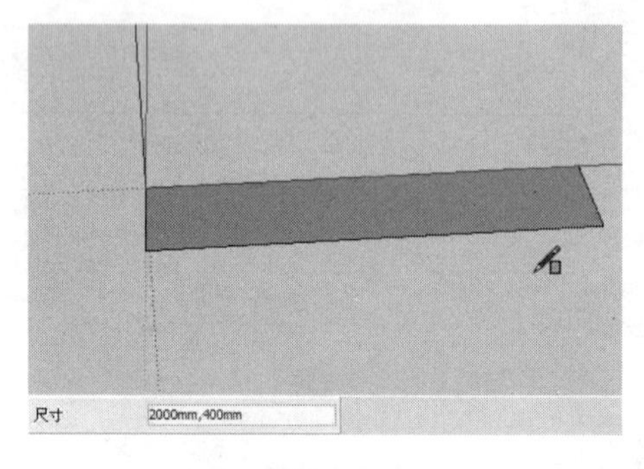

图 2-2

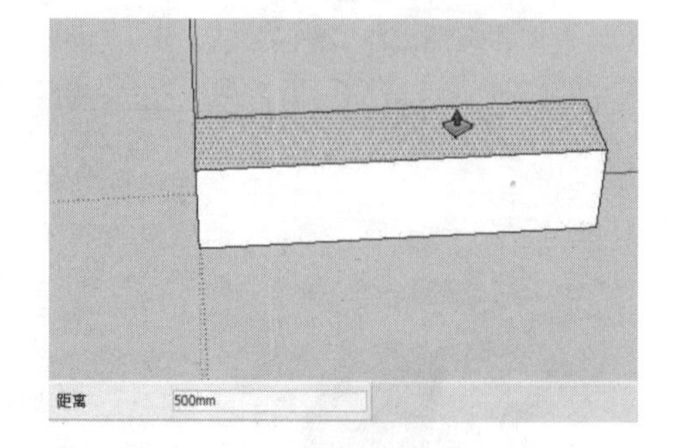

图 2-3

（3）使用“卷尺”工具在立方体的下侧相应位置绘制一条辅助参考线，如图 2-4 所示。

（4）借助上一步绘制的辅助参考线，使用“直线”工具在立方体的外侧面上补上一条线段，如图 2-5 所示。

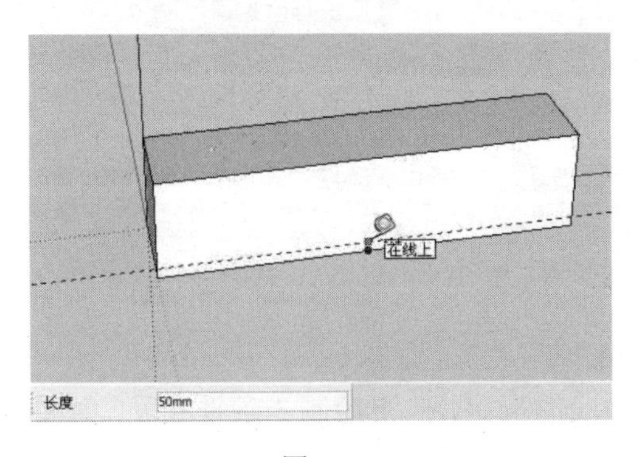

图 2-4

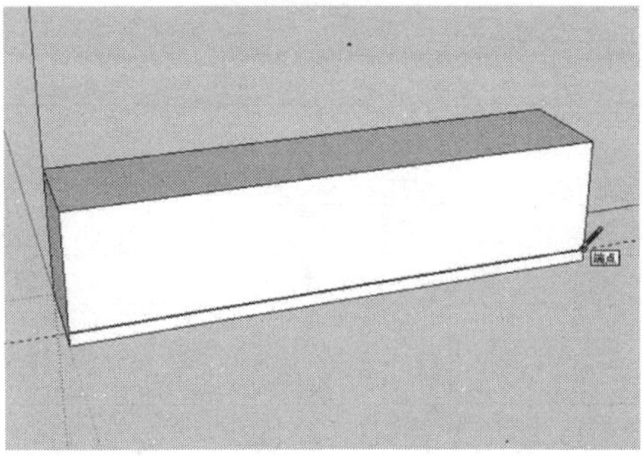

图 2-5

（5）使用“偏移”工具将立方体上的相应面向内偏移 20mm 的距离，如图 2-6 所示。

（6）使用“直线”工具在图中相应的面上补上两条垂线段，然后将前面绘制的辅助线删除，如图 2-7 所示。

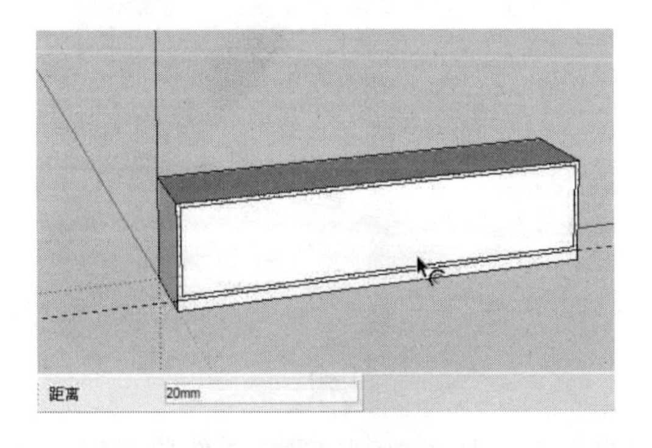

图 2-6

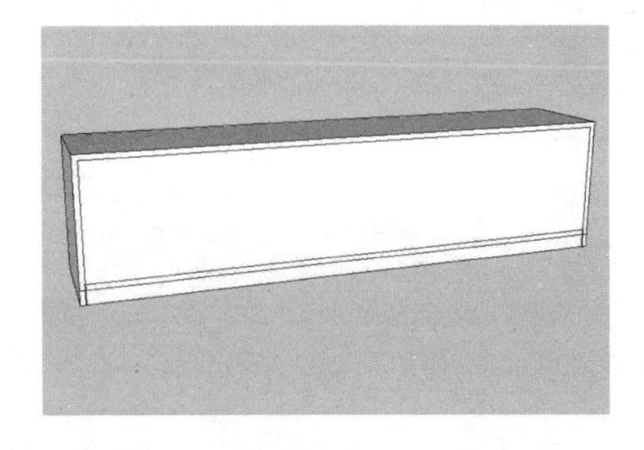
图 2-7

（7）使用“推/拉”工具将立方体下侧相应的面向内推拉 20mm 的距离，如图 2-8 所示。

（8）使用“橡皮擦”工具将图中多余的线段删除掉，如图 2-9 所示。

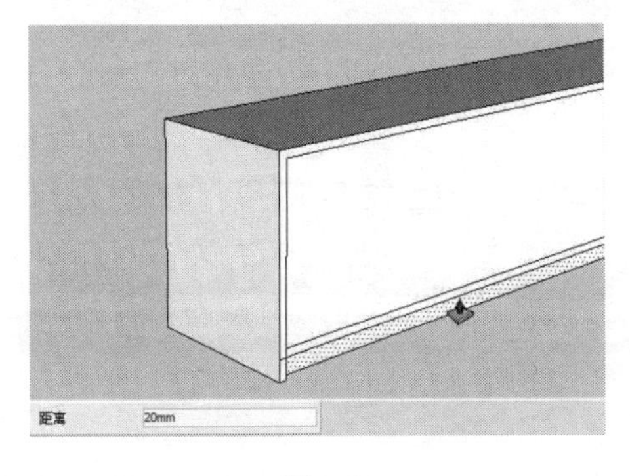

图 2-8

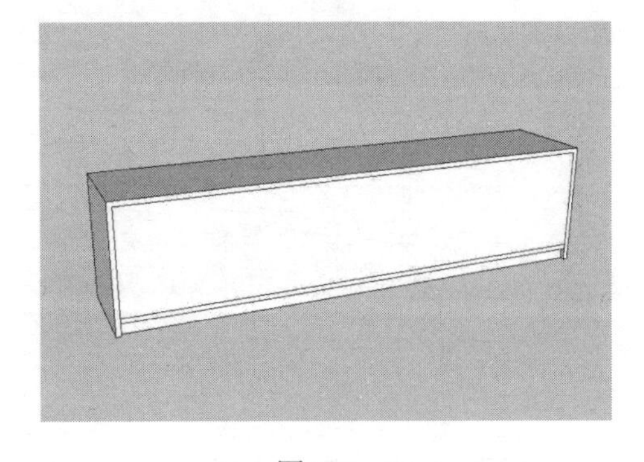
图 2-9

（9）使用“选择”工具，选中上侧的相应线段并右击，在快捷菜单中执行“拆分”命令，然后在数值框中输入 4，从而将该条线段拆分为 4 段长度相等的线段，如图 2-10 所示。

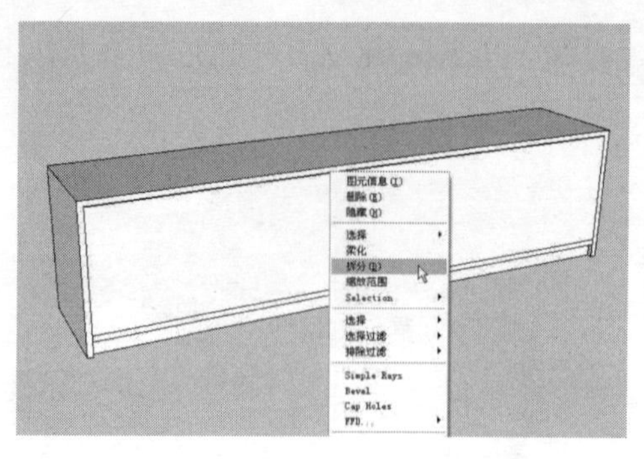

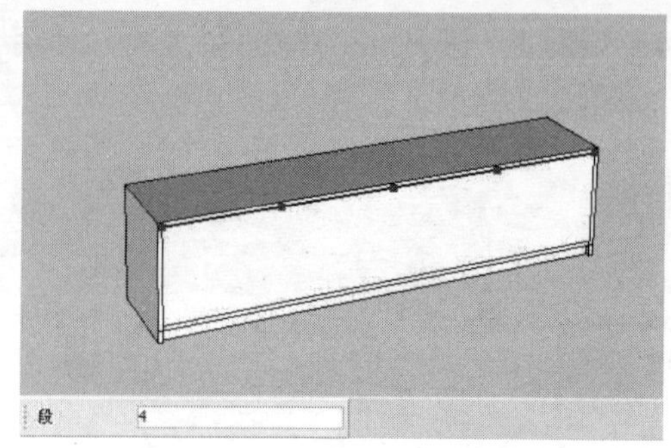

图 2-10

（10）使用“直线”工具捕捉到上一步拆分线段的端点，向下绘制 3 条垂线段，如图 2-11 所示。

（11）使用“卷尺”工具分别绘制出与上一步绘制的 3 条垂线段距离为 10mm 的辅助线，如图 2-12 所示。

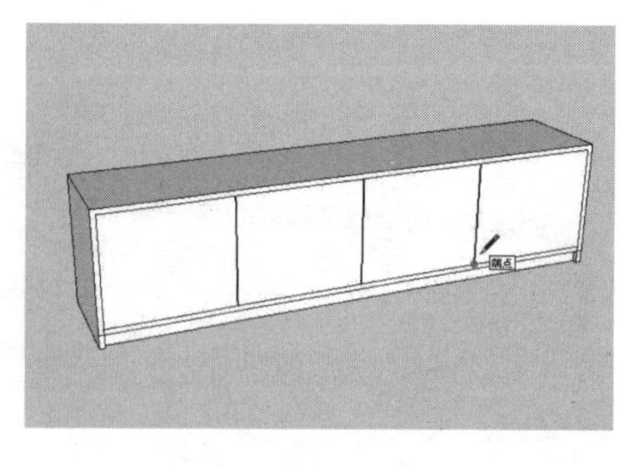

图 2-11

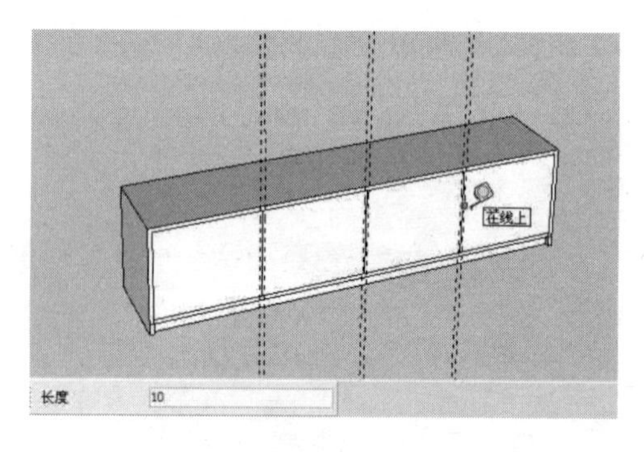

图 2-12

（12）利用上一步绘制的多条辅助线，使用“直线”工具绘制出多条垂线段，然后将绘制的辅助线删除，并将绘制的两条垂线段内侧的垂线段删除，如图 2-13 所示。

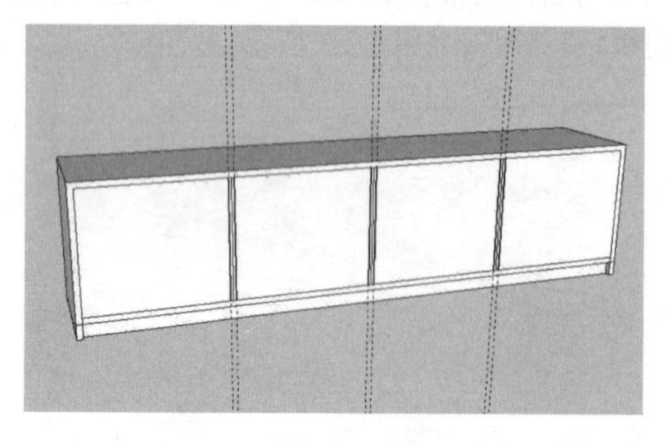

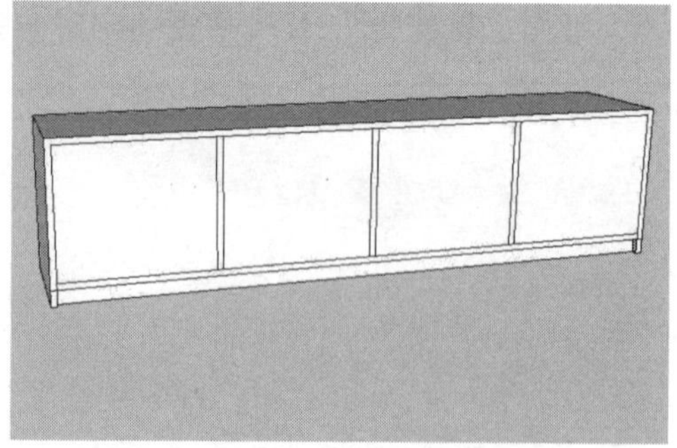

图 2-13

（13）使用“直线”工具捕捉相应垂线段上的点绘制一条水平的直线段，如图 2-14 所示。

（14）使用“卷尺”工具绘制与上一步绘制的水平直线段距离为 10mm 的上下两条辅助线，如图 2-15 所示。

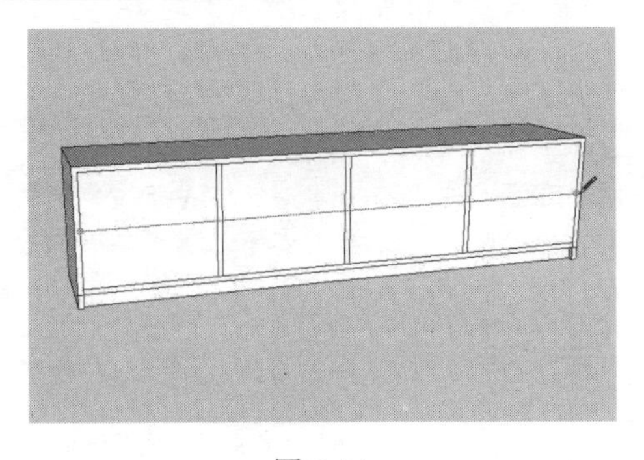
图 2-14

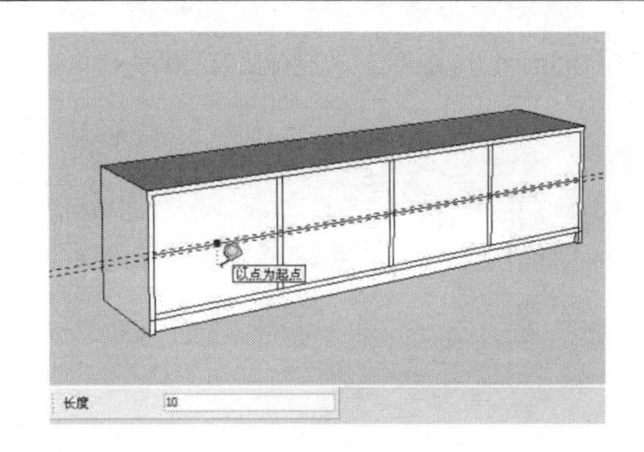

图 2-15

（15）利用上一步绘制的两条辅助线，使用“直线”工具绘制两条水平线段，如图 2-16 所示。

（16）将图中的两条辅助线删除，然后将图中多余的线段删除，如图 2-17 所示。

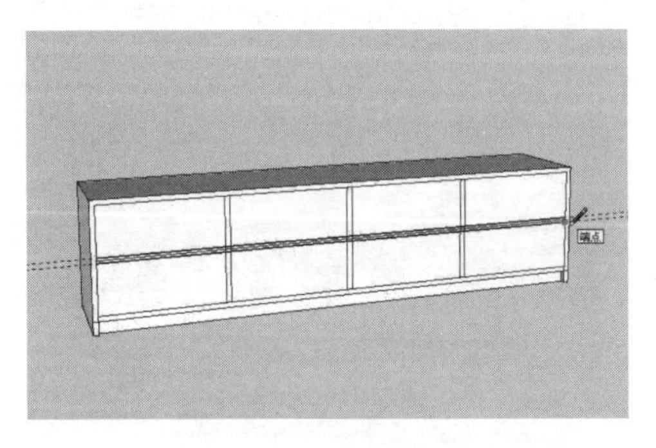
图 2-16

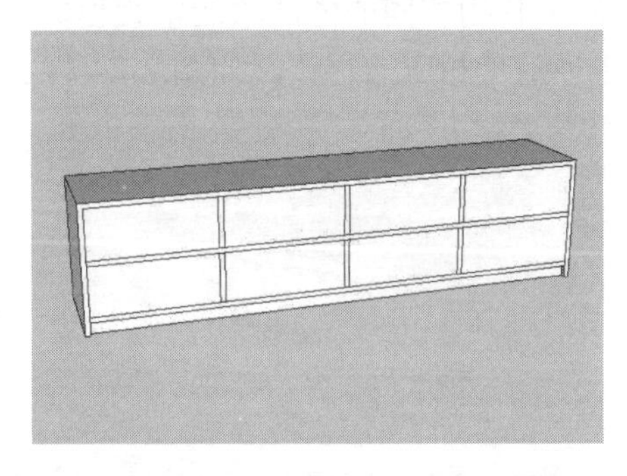
图 2-17

（17）使用“推/拉”工具将图中相应的 4 个面向内推拉 380mm 的距离，如图 2-18 所示。

（18）继续使用“推/拉”工具将图中相应的 4 个面向外推拉 20mm 的距离，如图 2-19 所示。

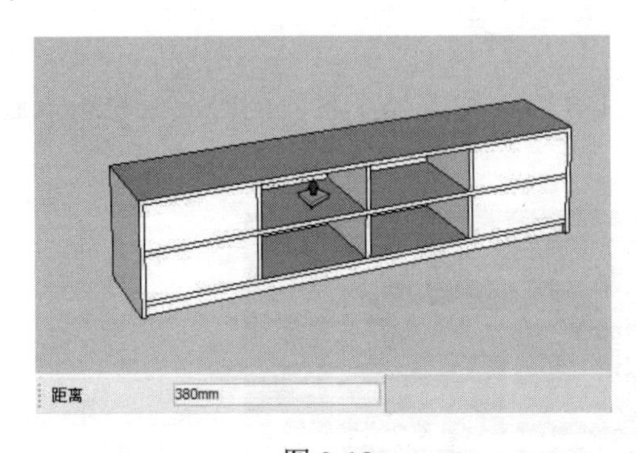

图 2-18

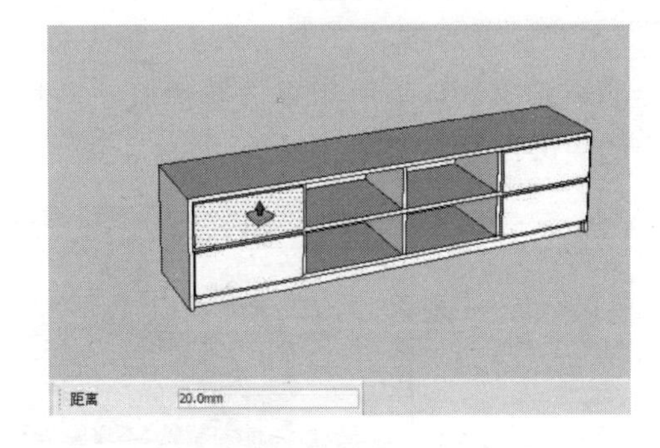

图 2-19

（19）使用“矩形”工具在电视柜的柜门上绘制一个 150mm×10mm 的矩形面，如图 2-20 所示。

（20）双击上一步绘制的矩形面，然后右击，在快捷菜单中执行“创建群组”命令，将矩形创建为群组，如图 2-21 所示。

（21）双击上一步创建的组，进入组的内部进行编辑操作。使用“推/拉”工具将矩形向外推拉 15mm 的距离，如图 2-22 所示。

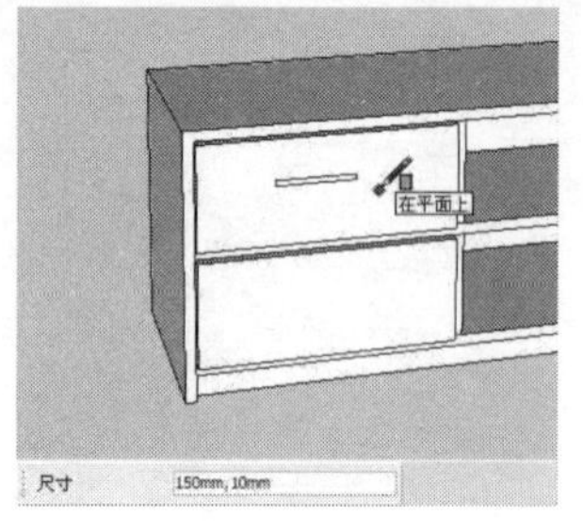

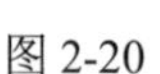

图 2-20

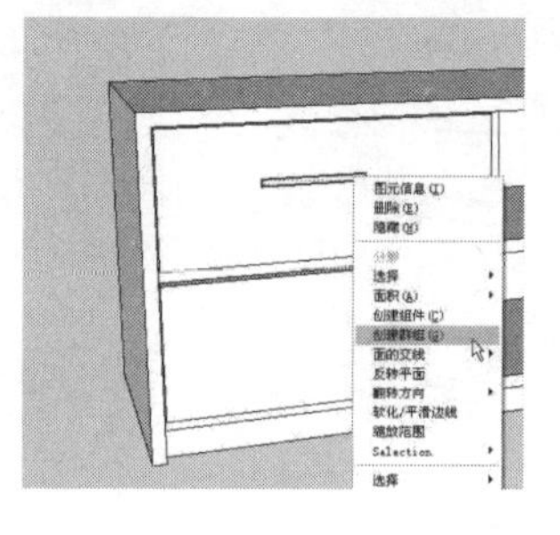

图 2-21

图 2-22

（22）使用“直线”工具捕捉电视柜柜门的上、下水平线段中点并绘制一条垂线段作为辅助线，然后使用“移动”工具捕捉拉手的中点将其移动到辅助线的中点处，如图 2-23 所示。

（23）使用相同的方法绘制电视柜其他柜门上的拉手，然后将绘制的辅助垂线段删除，并为电视柜赋予相应的材质，如图 2-24 所示。

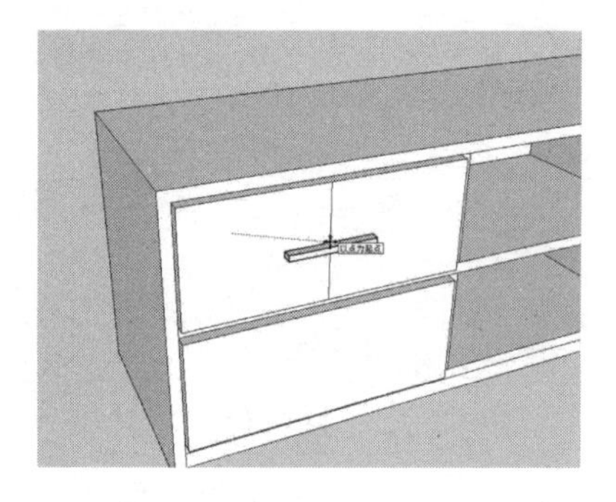

图 2-23

图 2-24

2.1.2 制作酒柜模型

酒柜是家居环境中用来放置酒瓶、酒杯、餐具等的一种柜类家具，同时酒柜也可以起到一定的装饰作用，如图 2-25 所示。

图 2-25

视频\02\制作酒柜模型.avi
案例\02\练习 2-2.skp

制作酒柜模型的操作步骤如下：

（1）启动 SketchUp 软件，使用“矩形”工具绘制 1440mm×400mm 的矩形，如图 2-26 所示。

（2）使用“推/拉”工具将上一步绘制的矩形面向上推拉 2200mm 的高度，如图 2-27 所示。

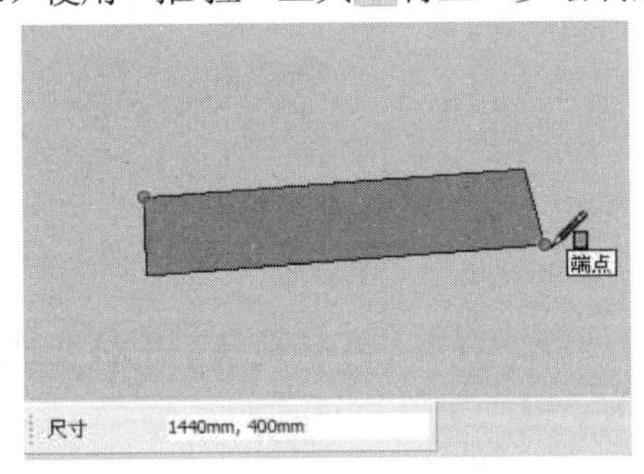

图 2-26

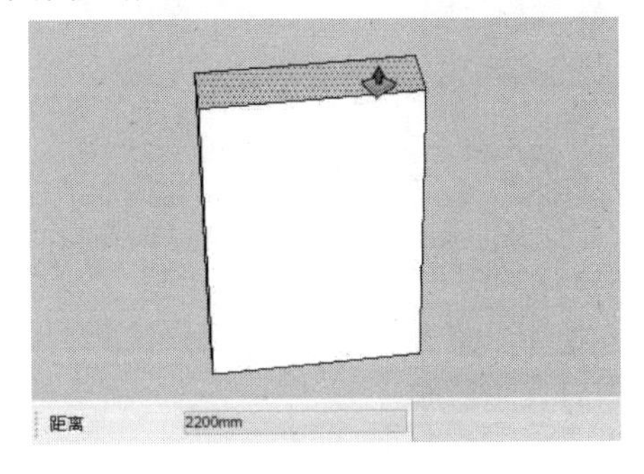

图 2-27

（3）使用“卷尺”工具在立方体的外侧相应面上绘制一条辅助参考线，如图 2-28 所示。

（4）借助上一步绘制的辅助参考线，使用“直线”工具在立方体的相应位置补上一条线段，如图 2-29 所示。

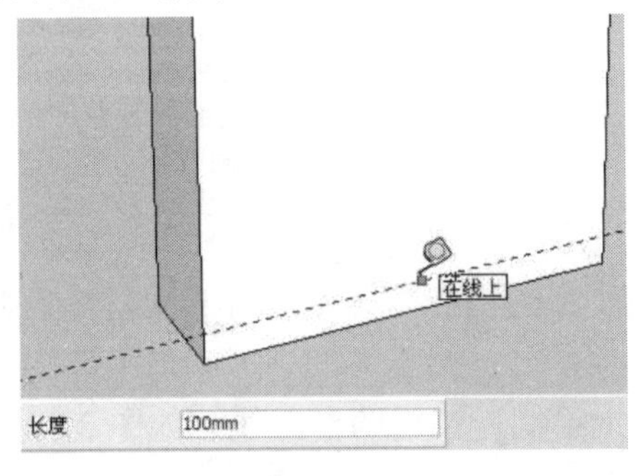

图 2-28

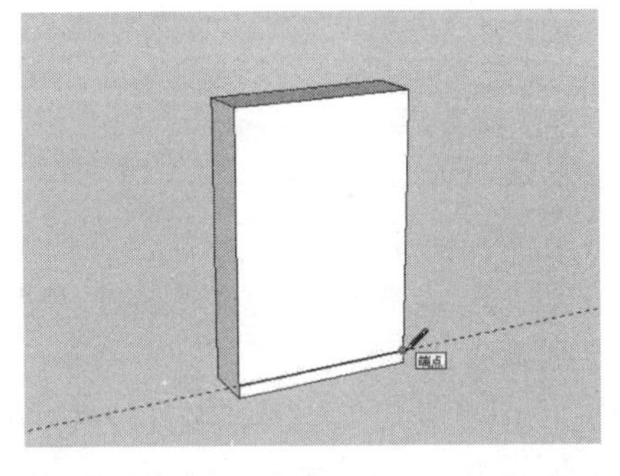

图 2-29

（5）使用“偏移”工具将立方体上的相应面向内偏移 70mm 的距离，如图 2-30 所示。

（6）使用“直线”工具在立方体的外侧面上补上两条垂线段，然后将前面绘制的辅助线删除，如图 2-31 所示。

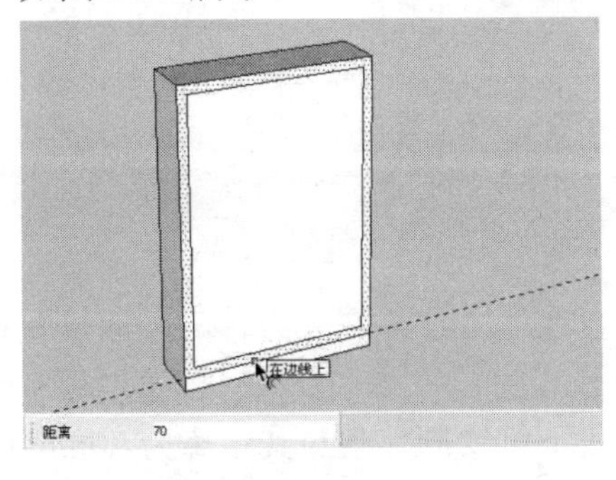

图 2-30

图 2-31

（7）使用“橡皮擦”工具擦除立方体外侧面上的相应线段，如图 2-32 所示。

（8）使用“推/拉”工具将立方体外侧的相应面向内推拉 20mm 的距离，如图 2-33 所示。

图 2-32

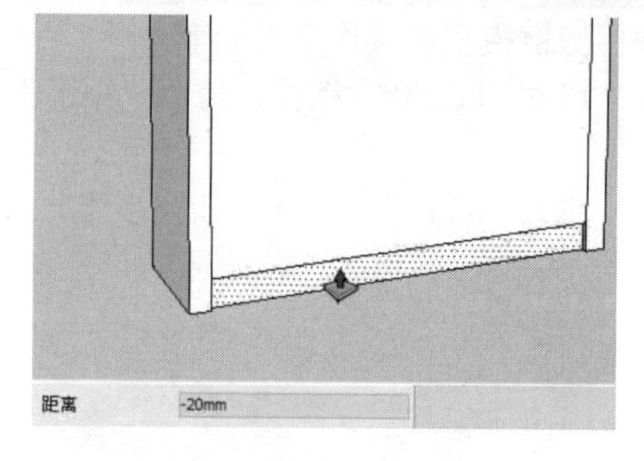

图 2-33

（9）使用“选择”工具选择立方体上的相应线段并右击，在快捷菜单中执行“拆分”命令，然后在数值框中输入数字 3，将该线段拆分为 3 段，如图 2-34 所示。

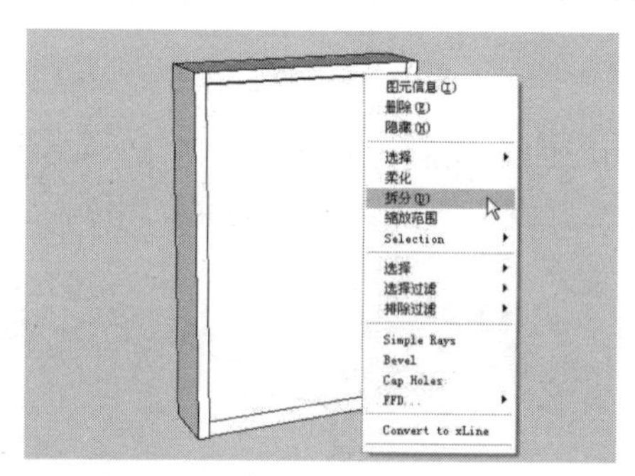

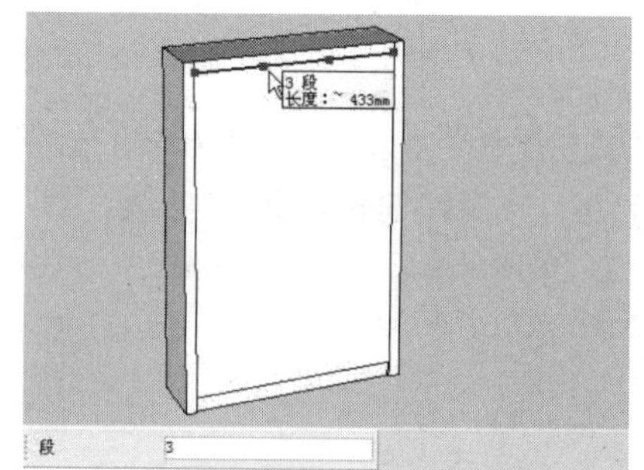

图 2-34

（10）使用“直线”工具捕捉上一步拆分线段上的相应拆分点，向下绘制两条垂线段，如图 2-35 所示。

（11）使用“卷尺”工具在立方体的外侧面上绘制一条辅助参考线，如图 2-36 所示。

图 2-35

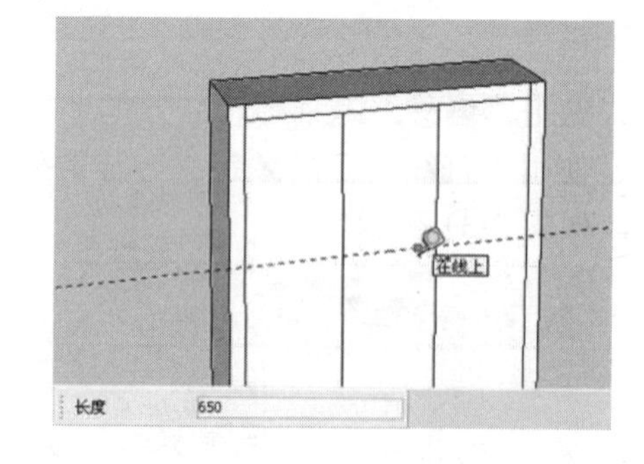

图 2-36

（12）借助上一步绘制的辅助参考线，使用“直线”工具在立方体的相应位置补上一条线段，如图 2-37 所示。

（13）使用“卷尺”工具在上一步绘制的线段下侧绘制一条与其距离为 30mm 的辅助参考线，如图 2-38 所示。

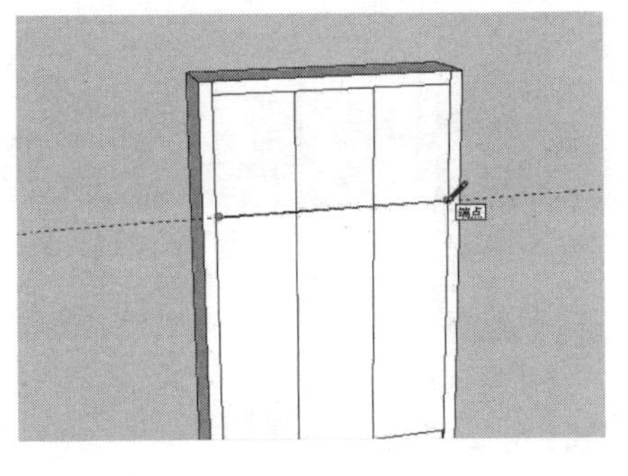

图 2-37

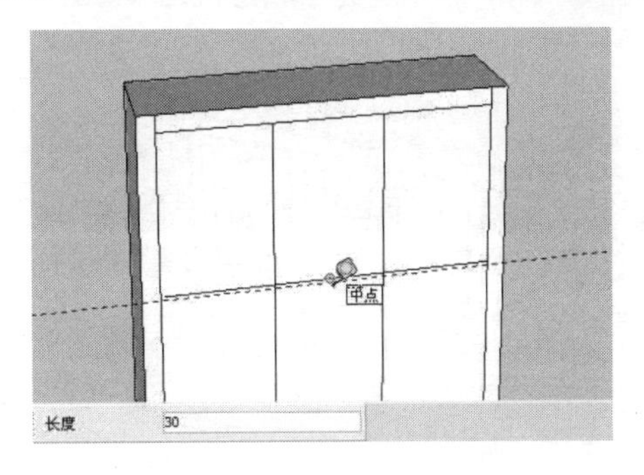

图 2-38

（14）借助上一步绘制的辅助参考线，使用“直线”工具在立方体的相应位置补上一条线段，如图 2-39 所示。

（15）使用“卷尺”工具分别在中间两条垂线段的左右两侧绘制一条与其距离为 5mm 的辅助参考线，如图 2-40 所示。

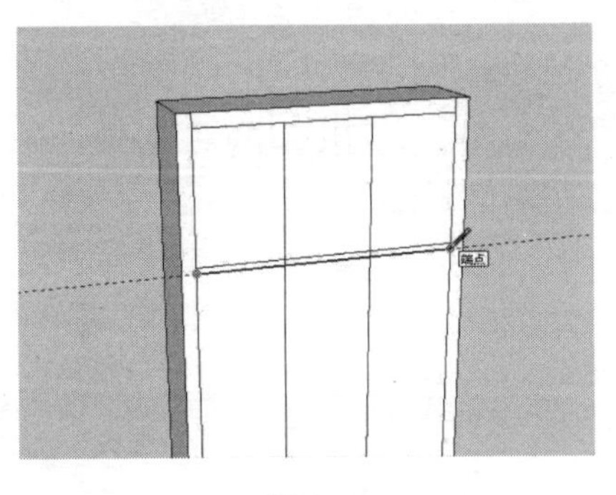

图 2-39

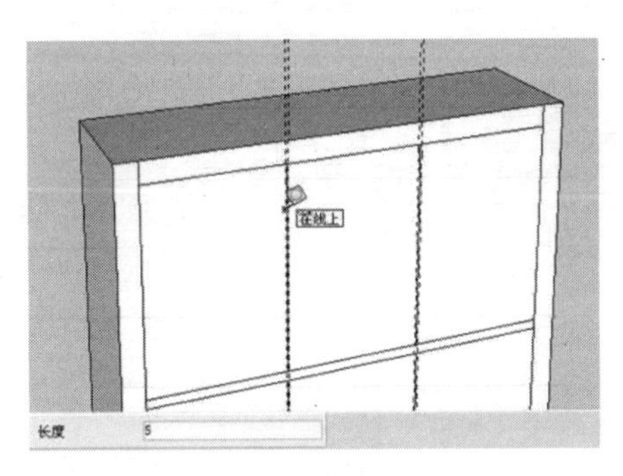

图 2-40

（16）借助上一步绘制的辅助参考线，使用“直线”工具绘制 4 条垂线段，如图 2-41 所示。

（17）使用“偏移”工具将图中相应的 3 个面向内偏移 60mm 的距离，如图 2-42 所示。

图 2-41

图 2-42

（18）使用“推/拉”工具将立方体上的相应造型面向外推拉 20mm 的距离，如图 2-43 所示。

（19）使用“卷尺”工具在立方体的下侧相应位置绘制两条辅助参考线，如图 2-44 所示。

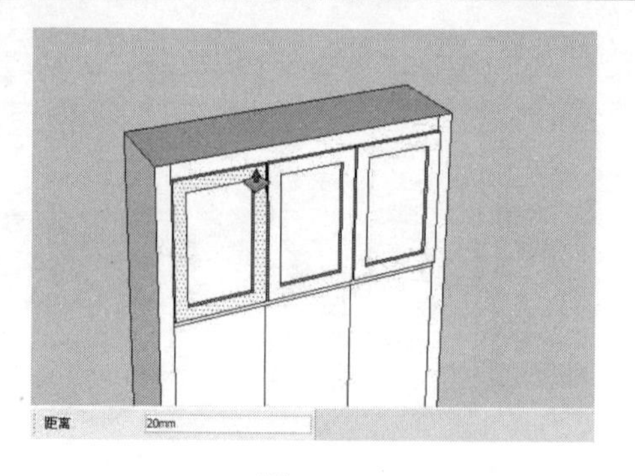

图 2-43

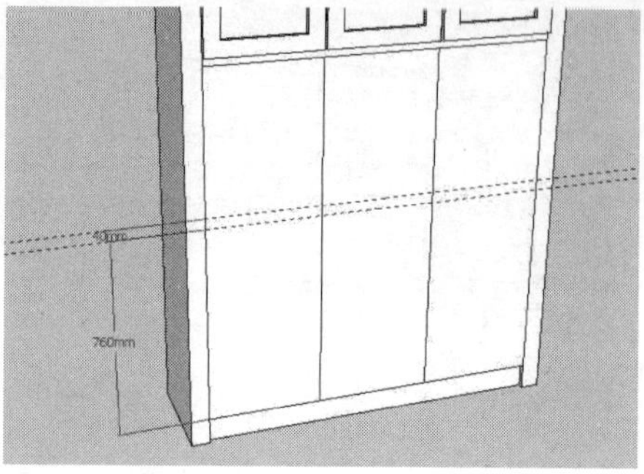

图 2-44

（20）借助上一步绘制的辅助参考线，使用“直线”工具在立方体上补上两条线段，如图 2-45 所示。

（21）使用“橡皮擦”工具擦除立方体外侧面上的相应线段，如图 2-46 所示。

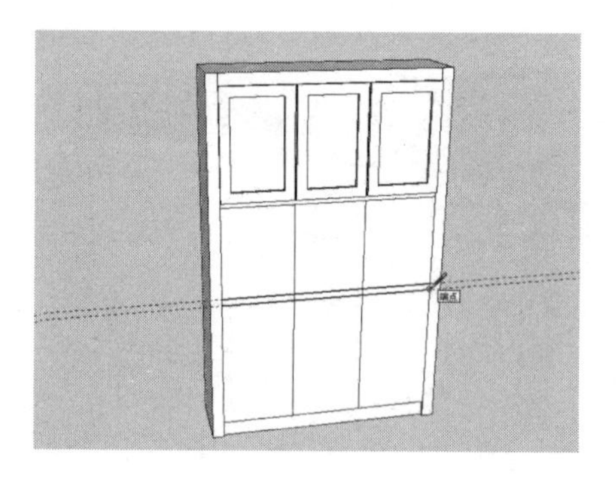

图 2-45

图 2-46

（22）使用“卷尺”工具分别在中间两条垂线段的左右两侧绘制一条与其距离为 5mm 的辅助参考线，如图 2-47 所示。

（23）借助上一步绘制的辅助参考线，使用“直线”工具在立方体上补上 4 条垂线段，如图 2-48 所示。

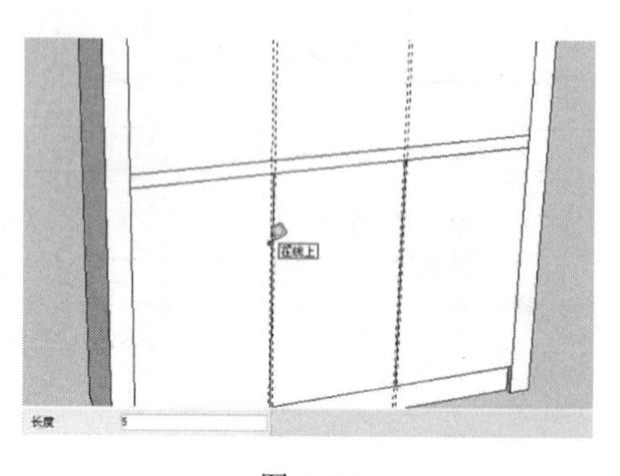

图 2-47

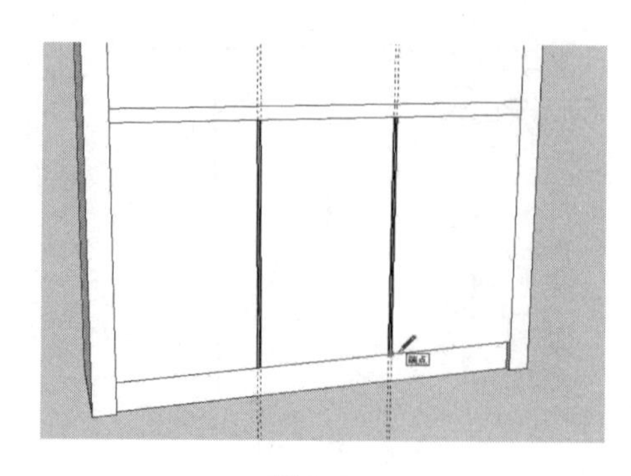

图 2-48

（24）使用“推/拉”工具将立方体下侧相应的 3 个面向外推拉 20mm 的距离，如图 2-49 所示。

（25）使用“直线”工具在立方体的外侧面上绘制如图 2-50 所示的线段。

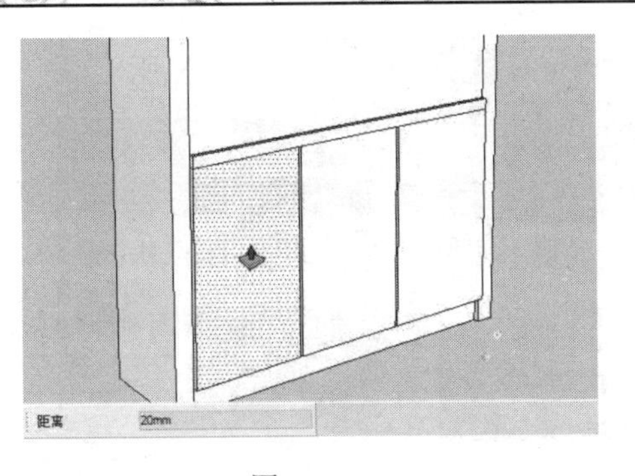

图 2-49

图 2-50

（26）使用“推/拉”工具，将图中相应的面向内推拉 380mm 的距离，如图 2-51 所示。

（27）结合“直线”工具及“推/拉”工具，在酒柜的柜门上绘制如图 2-52 所示的拉手造型，并将其创建为组。

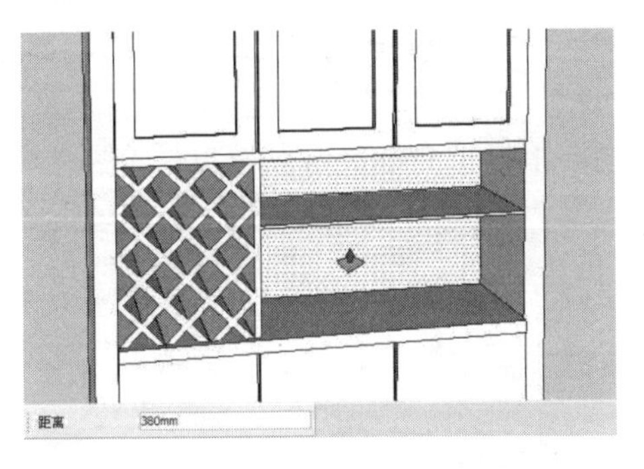

图 2-51

图 2-52

（28）按住【Ctrl】键，使用“移动”工具将上一步绘制的拉手移到酒柜柜门上的相应位置处，如图 2-53 所示。

（29）使用“颜料桶”工具为制作的酒柜模型赋予相应的材质，如图 2-54 所示。

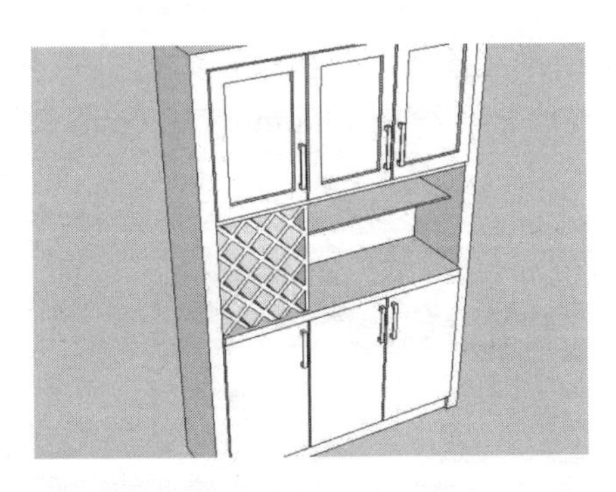

图 2-53

图 2-54

2.1.3　制作鞋柜模型

鞋柜的主要用途是陈列闲置的鞋，随着社会的进步和人类生活水平的提高，从早期的木鞋柜演变成现在多种款式和材质的鞋柜，如木质鞋柜、电子鞋柜、消毒鞋柜等，如图 2-55 所示。

图 2-55

视频\02\制作鞋柜模型.avi
案例\02\练习 2-3.skp

制作鞋柜模型的操作步骤如下：

（1）启动 SketchUp 软件，使用“矩形”工具绘制 1200mm×300mm 的矩形，如图 2-56 所示。

（2）使用“推/拉”工具将上一步绘制的矩形面向上推拉 2400mm 的高度，如图 2-57 所示。

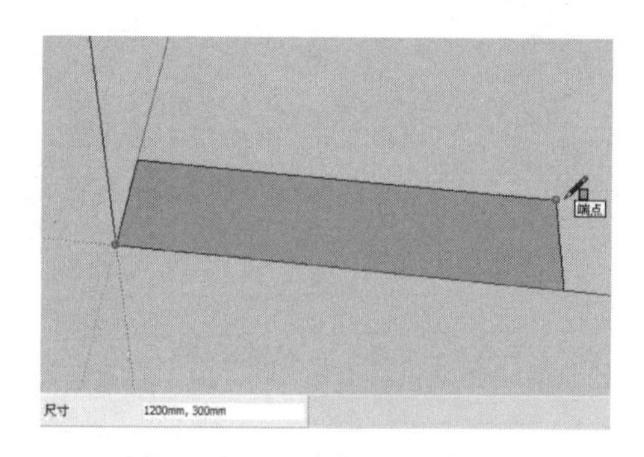

图 2-56

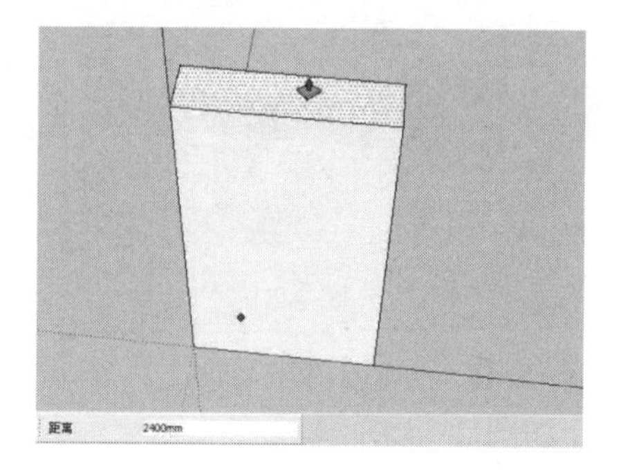

图 2-57

（3）使用“卷尺”工具在立方体的外侧面上绘制几条辅助参考线，如图 2-58 所示。

（4）使用“矩形”工具捕捉辅助参考线上的相应交点绘制 1350mm×1120mm 的矩形面，如图 2-59 所示。

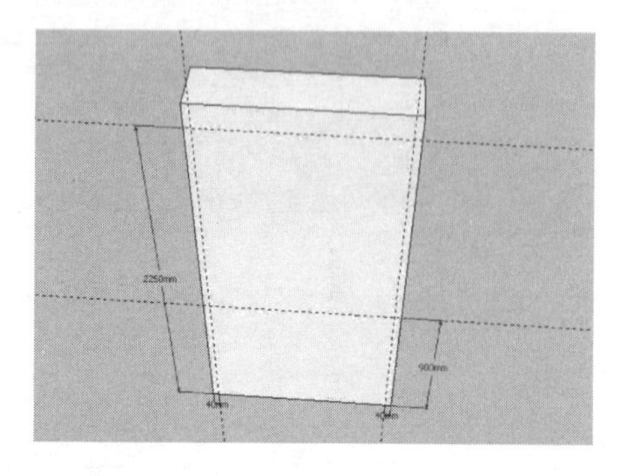

图 2-58

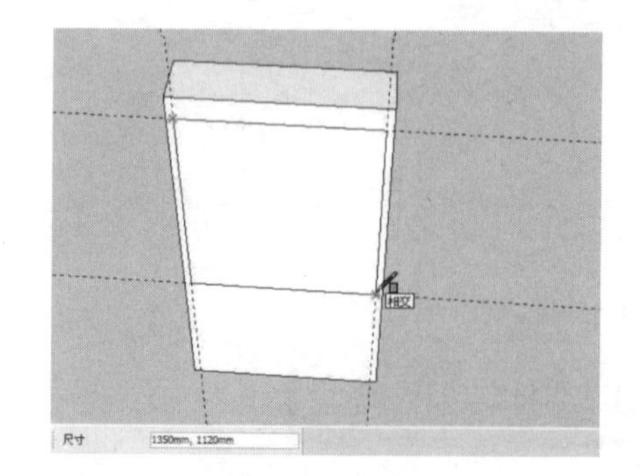

图 2-59

（5）使用“推/拉”工具将图中相应的矩形面向内推拉 280mm 的距离，如图 2-60 所示。

（6）使用“卷尺”工具在立方体的下侧绘制几条辅助参考线，如图 2-61 所示。

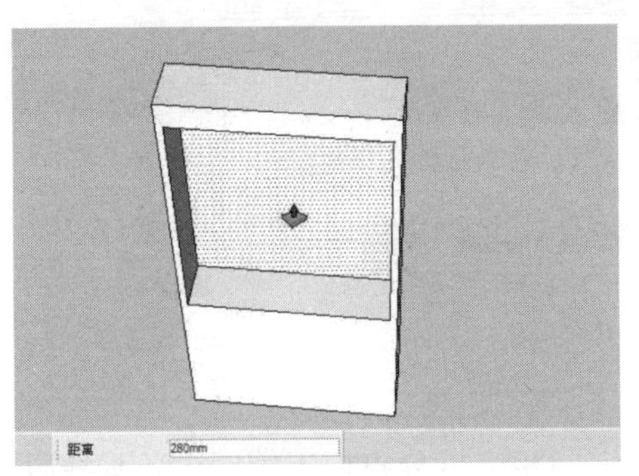
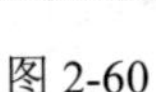

图 2-60

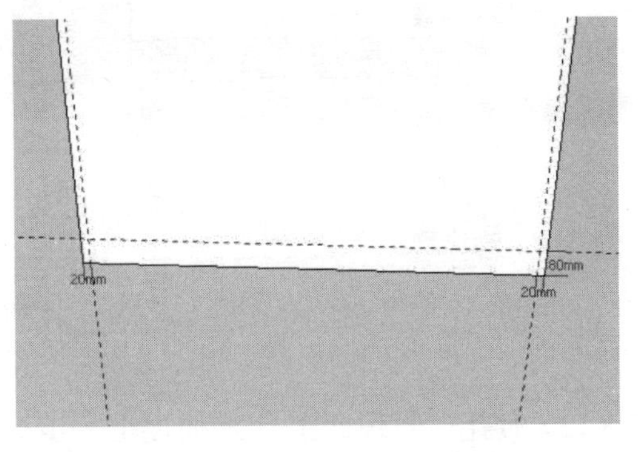

图 2-61

（7）使用“直线”工具在立方体的外侧面上绘制如图 2-62 所示的几条线段。

（8）使用“推/拉”工具将图中相应的矩形面向内推拉 20mm 的距离，如图 2-63 所示。

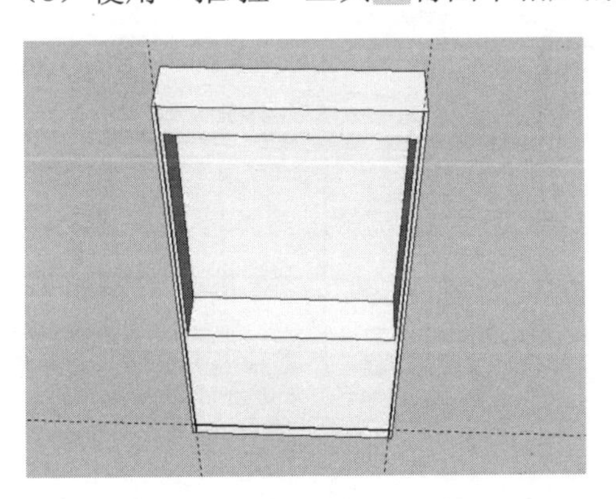

图 2-62

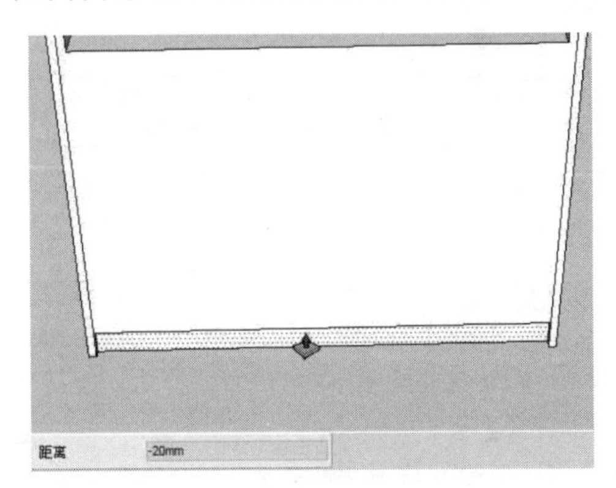

图 2-63

（9）使用“卷尺”工具在鞋柜的下侧绘制两条辅助参考线，如图 2-64 所示。

（10）使用“直线”工具借助绘制的辅助参考线在立方体的外侧面上绘制如图 2-65 所示的两条线段。

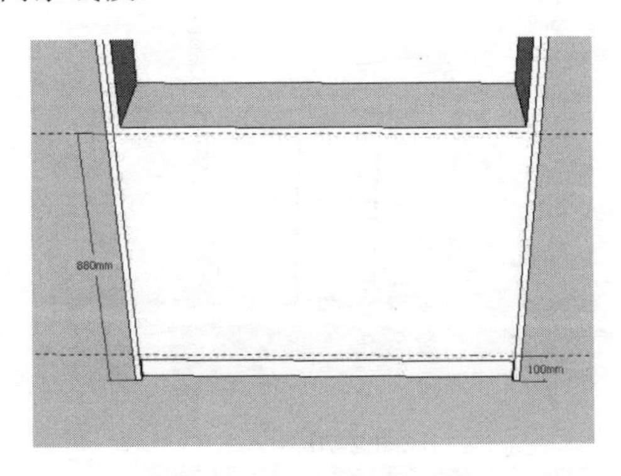

图 2-64

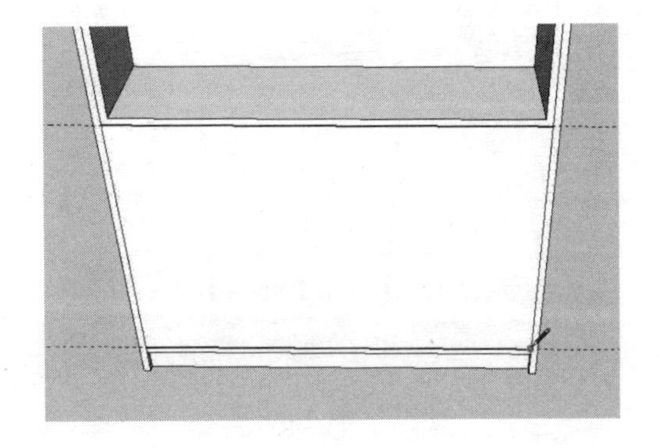

图 2-65

（11）使用“选择”工具选择鞋柜上的相应线段并右击，在快捷菜单中执行“拆分”命令，然后在数值框中输入数字 4，将该线段拆分为 4 段，如图 2-66 所示。

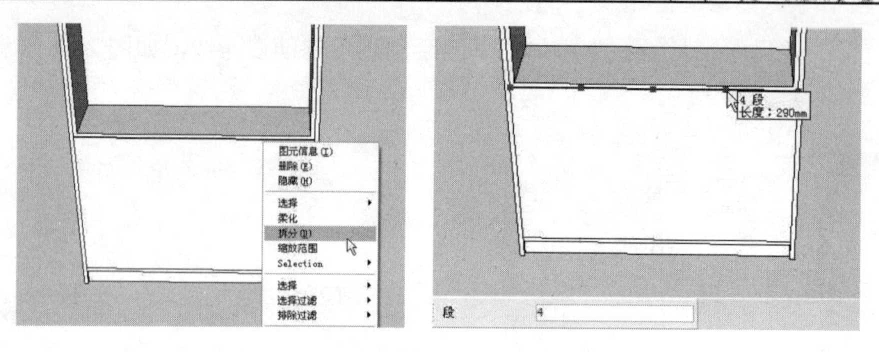

图 2-66

（12）使用“直线”工具捕捉上一步拆分线段上的相应拆分点向下绘制 3 条垂线段，如图 2-67 所示。

（13）使用“卷尺”工具分别在上一步绘制的 3 条垂线段的左右两侧绘制与其距离为 5mm 的辅助参考线，如图 2-68 所示。

图 2-67

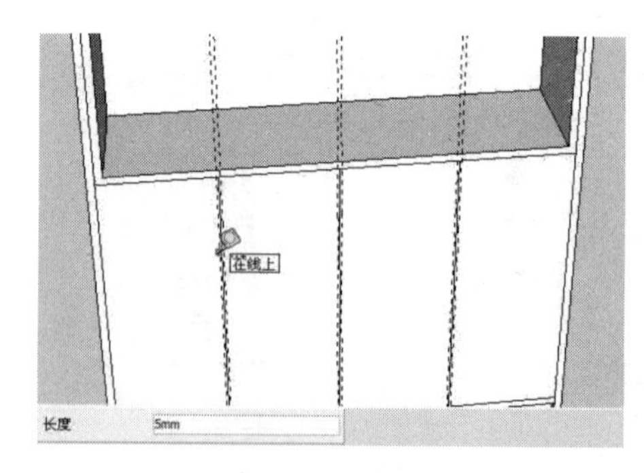

图 2-68

（14）借助上一步绘制的辅助参考线，使用“直线”工具在立方体的外侧面上补上 6 条垂线段，如图 2-69 所示。

（15）使用“推/拉”工具将图中相应的 4 个矩形面向外推拉 15mm 的距离，如图 2-70 所示。

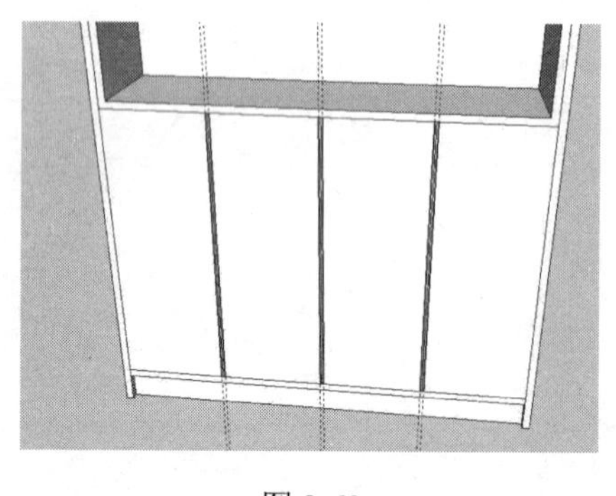

图 2-69

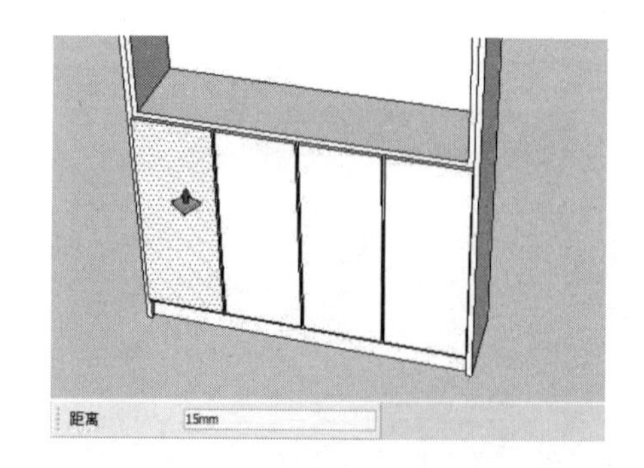

图 2-70

（16）使用“矩形”工具绘制 30mm×150mm 的矩形面，如图 2-71 所示。

（17）使用“圆弧”工具捕捉上一步绘制矩形面上的相应点绘制一段圆弧，如图 2-72 所示。

（18）使用“偏移”工具将上一步绘制的圆弧向左偏移 7mm 的距离，如图 2-73 所示。

（19）将矩形面上的多余线面删除，然后使用“推/拉”工具将剩下的造型面向外推拉 15mm 的厚度，如图 2-74 所示。

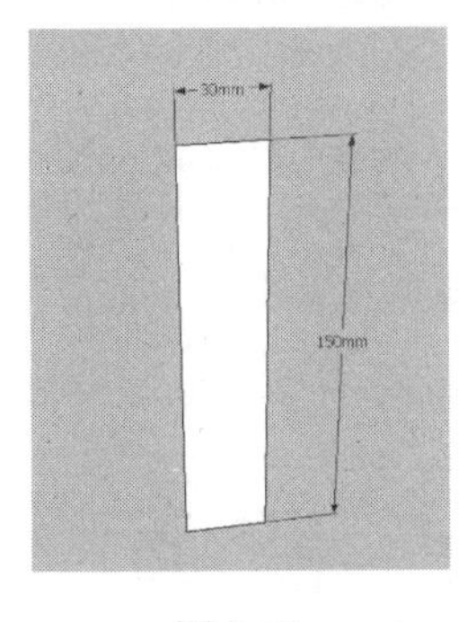

图 2-71

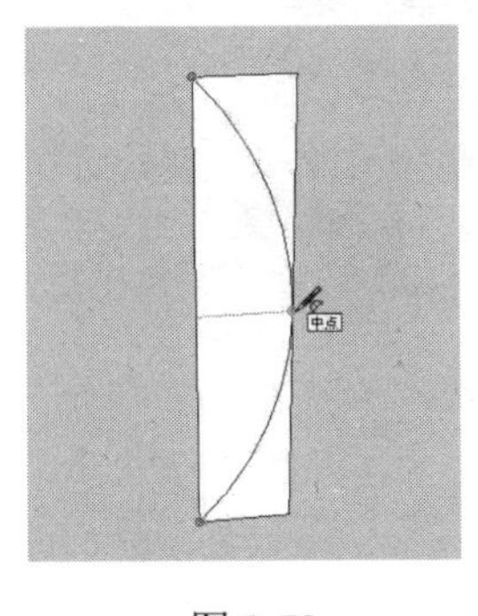

图 2-72

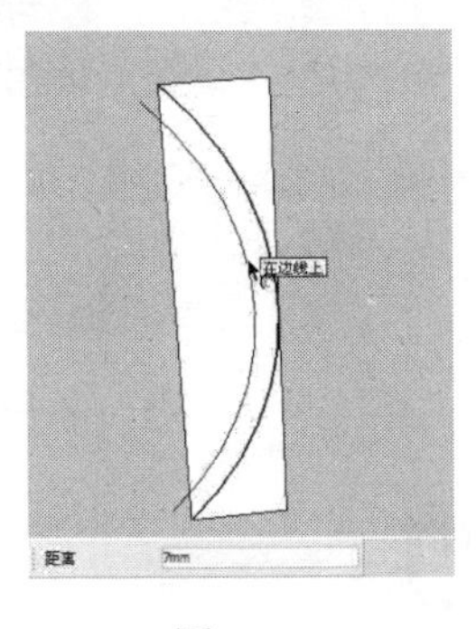

图 2-73

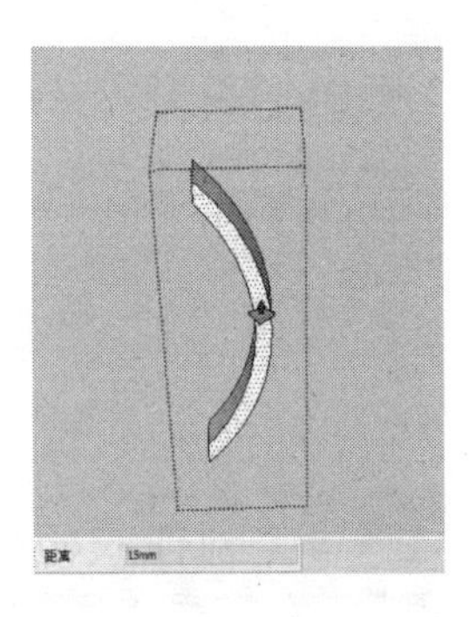

图 2-74

（20）结合“矩形”及“推/拉”工具，在鞋柜的柜门上绘制 4 个立方体作为鞋柜的拉手造型，如图 2-75 所示。

（21）使用“圆”工具绘制一个适当大小的圆面，再结合“直线”及“圆弧”工具，在绘制的圆上绘制放样的截面造型，如图 2-76 所示。

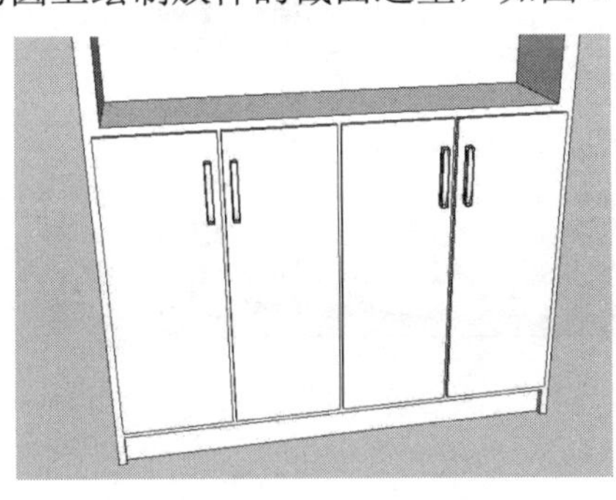
图 2-75

图 2-76

（22）使用“跟随路径”工具对上一步绘制的截面进行放样，如图 2-77 所示。

（23）将上一步放样后的造型创建为组，然后使用“移动“工具对其进行复制，作为鞋柜的玻璃珠帘效果，如图 2-78 所示。

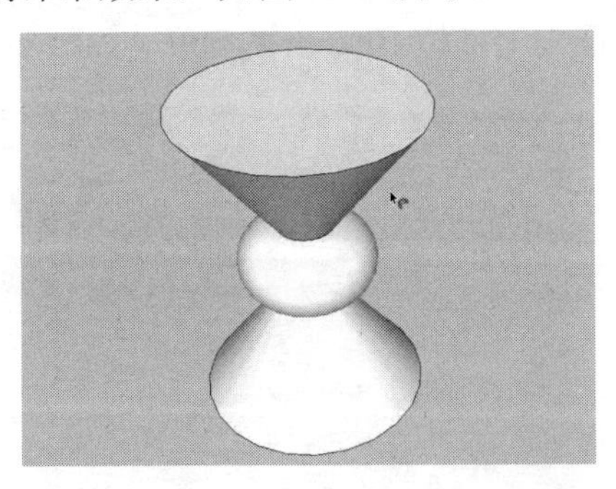
图 2-77

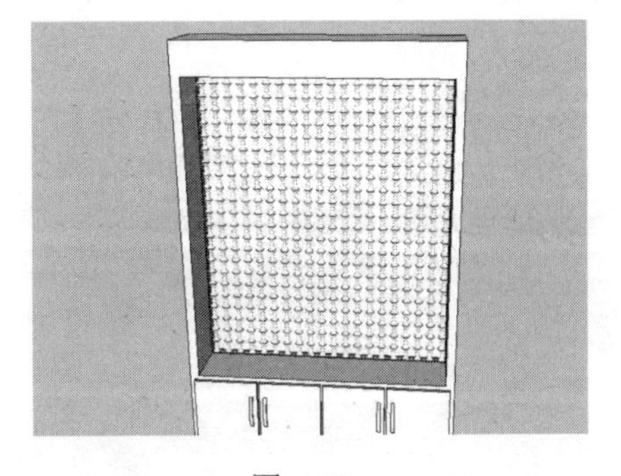
图 2-78

（24）使用“颜料桶”工具为制作的鞋柜模型赋予相应的材质，如图 2-79 所示。

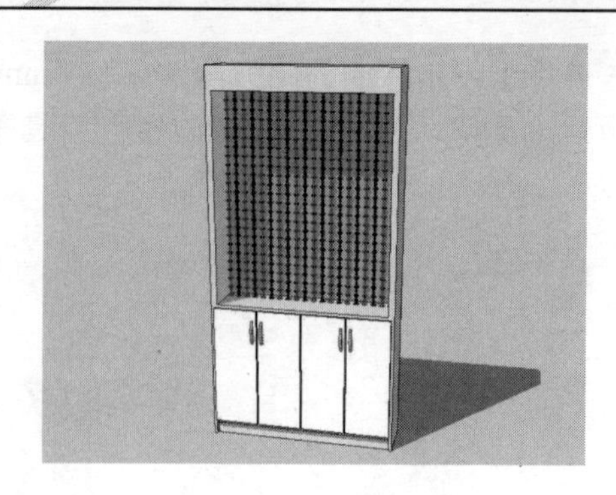

图 2-79

2.1.4 制作衣柜模型

衣柜是存放衣物的柜式家具，一般分为单门、双门、嵌入式等，是家庭常用的家具之一，如图 2-80 所示。

图 2-80

视频\02\制作衣柜模型.avi
案例\02\练习 2-4.skp

制作衣柜模型的操作步骤如下：

（1）启动 SketchUp 软件，使用“矩形”工具绘制 2000mm×525mm 的矩形面，如图 2-81 所示。

（2）使用“推/拉”工具将上一步绘制的矩形面向上推拉 100mm 的高度，如图 2-82 所示。

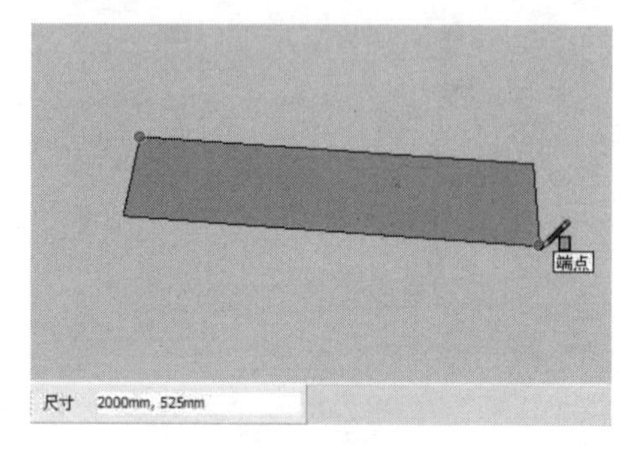

图 2-81

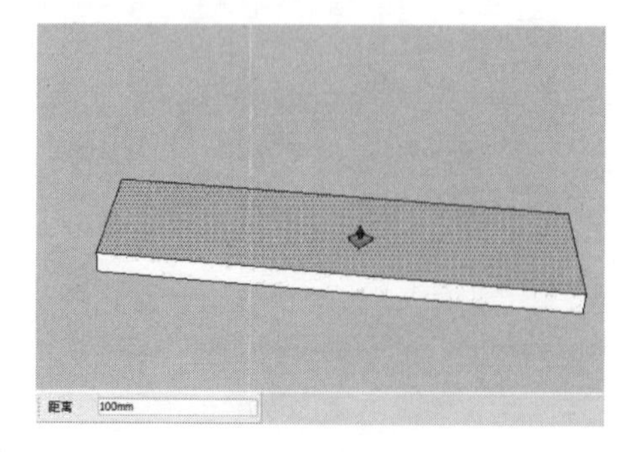

图 2-82

（3）使用“矩形”工具在立方体的上侧矩形面上绘制 20mm×525mm 的矩形面，如图 2-83 所示。

（4）首先将上一步绘制的矩形面创建为组，双击创建的组进入组的内部编辑状态，然后使用“推/拉”工具将该矩形面向上推拉 1800mm 的高度，如图 2-84 所示。

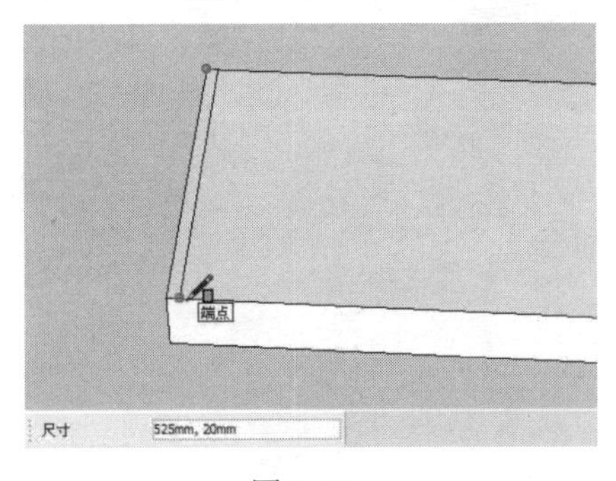

图 2-83

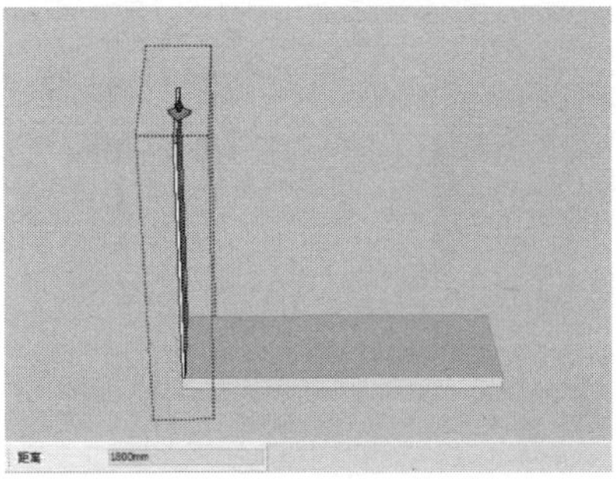

图 2-84

（5）按住【Ctrl】键，使用“移动”工具将上一步拉伸后的立方体水平向右复制一份，如图 2-85 所示。

（6）使用“矩形”工具捕捉相应立方体上的相应点绘制 2000mm×525mm 的矩形面，如图 2-86 所示。

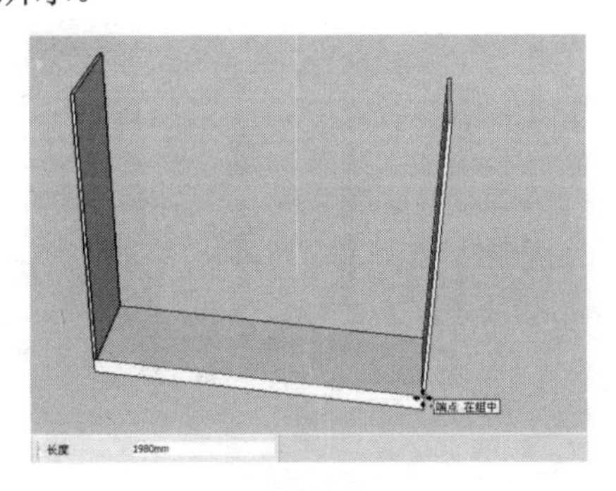

图 2-85

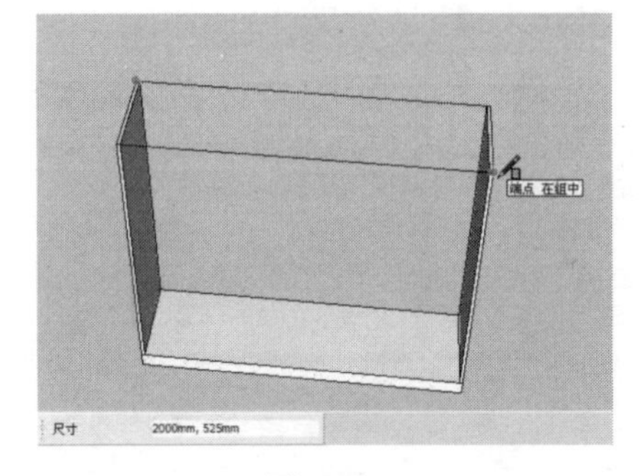

图 2-86

（7）首先将上一步绘制的矩形面创建为组，双击创建的组进入组的内部编辑状态，然后使用“推/拉”工具将该矩形面向上推拉 20mm 的高度，如图 2-87 所示。

（8）结合“矩形”工具及“推/拉”工具，在衣柜的背面绘制一个立方体作为衣柜的背板造型，如图 2-88 所示。

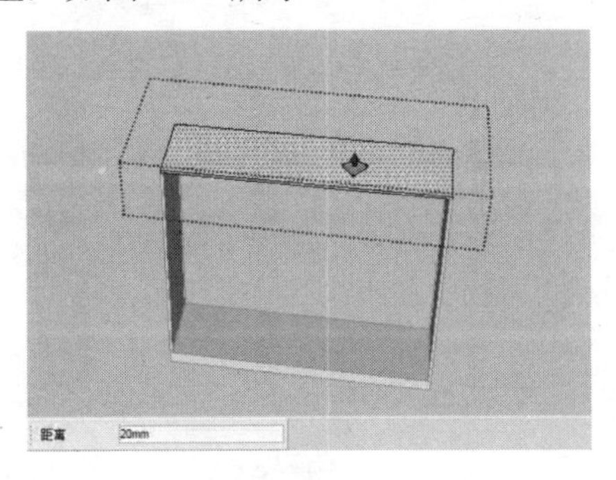

图 2-87

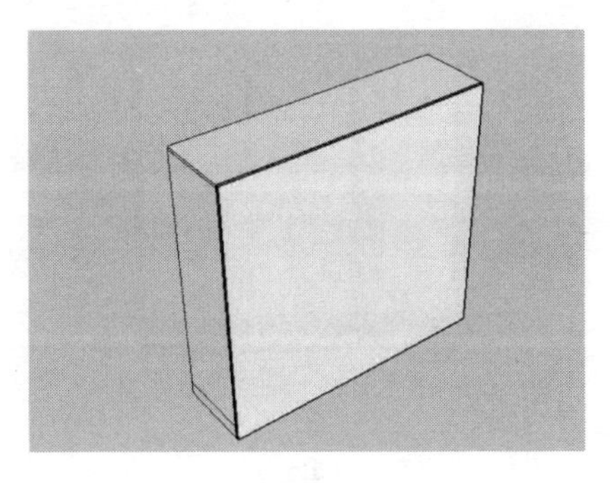

图 2-88

（9）使用“卷尺”工具在图中相应面上绘制一条辅助参考线，如图 2-89 所示。

（10）使用“矩形”工具捕捉上一步绘制的辅助参考线与衣柜模型的交点为起点绘制 450mm×20mm 的矩形面，如图 2-90 所示。

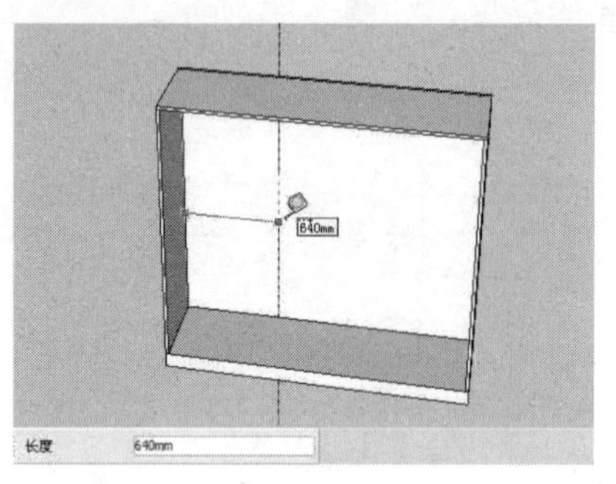

图 2-89

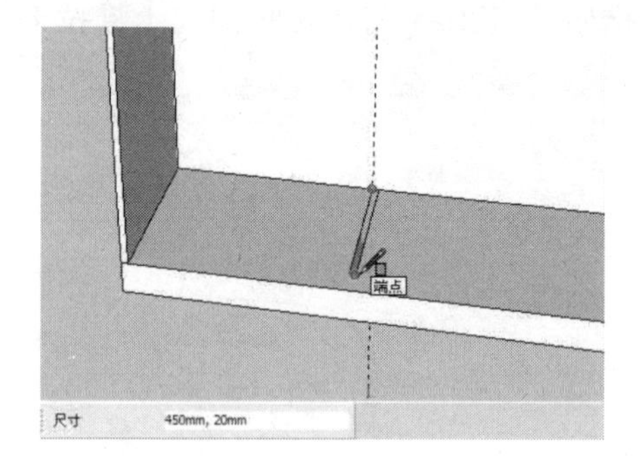

图 2-90

（11）首先将上一步绘制的矩形面创建为组，双击该组进入组的内部编辑状态，然后使用“推/拉”工具将该矩形面向上推拉 1800mm 的高度，如图 2-91 所示。

（12）按住【Ctrl】键，使用“移动”工具将上一步拉伸后的立方体水平向右复制一份，其移动的距离为 660mm，如图 2-92 所示。

图 2-91

图 2-92

（13）使用“卷尺”工具在图中相应面上绘制一条辅助参考线，如图 2-93 所示。

（14）使用“矩形”工具在上一步绘制的辅助参考线的下侧绘制 450mm×20mm 的矩形面，如图 2-94 所示。

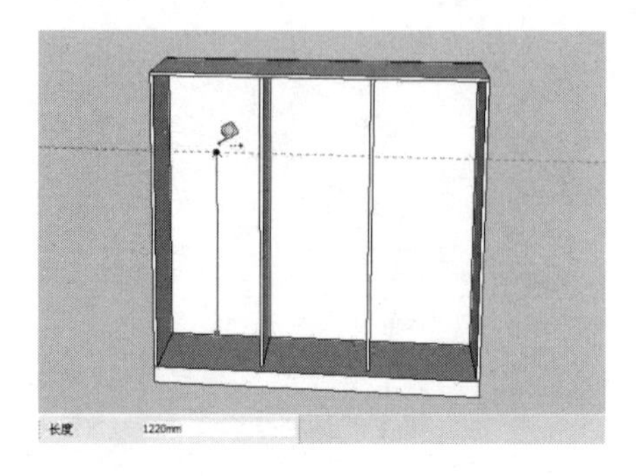

图 2-93

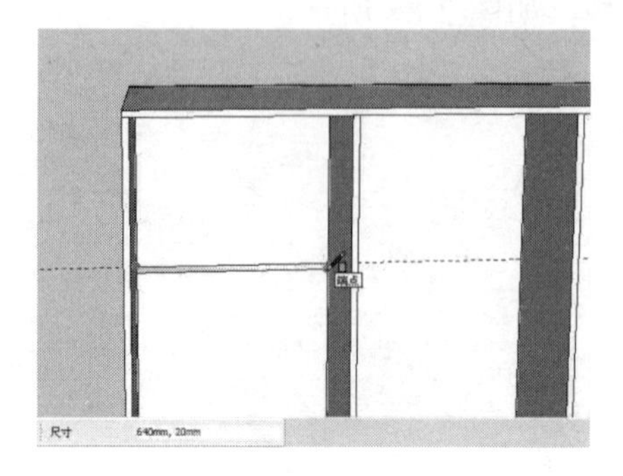

图 2-94

（15）首先将上一步绘制的矩形面创建为组，双击该组进入组的内部编辑状态，然后使用“推/拉”工具将该矩形面推拉捕捉至衣柜隔板的相应边线上，如图 2-95 所示。

（16）使用相同的方法创建衣柜内部的其他两个隔板，如图 2-96 所示。

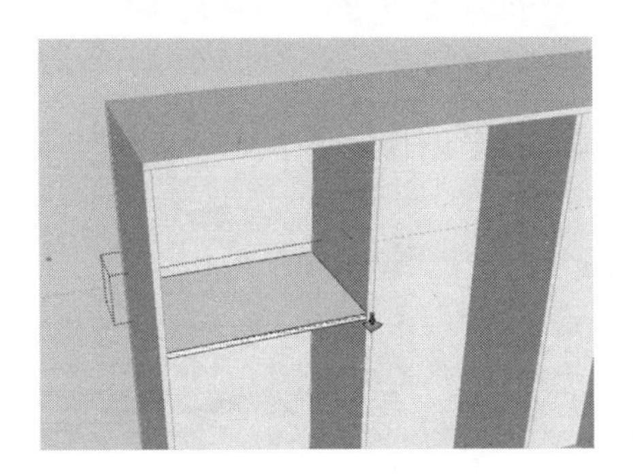

图 2-95

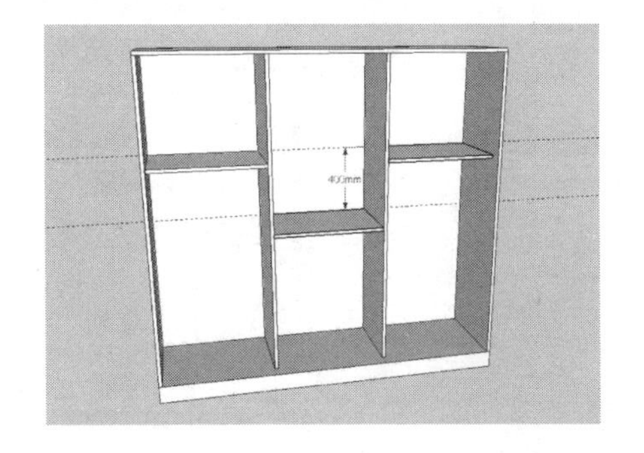

图 2-96

（17）使用“矩形“工具在中间的隔板下侧绘制 640mm×150mm 的矩形面，如图 2-97 所示。

（18）首先将上一步绘制的矩形面创建为组，双击该组进入组的内部编辑状态，然后使用“推/拉”工具将该矩形面推拉捕捉至衣柜隔板的相应边线上，如图 2-98 所示。

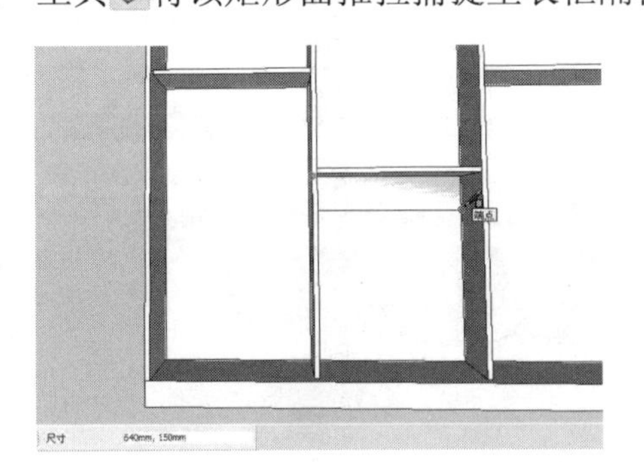

图 2-97

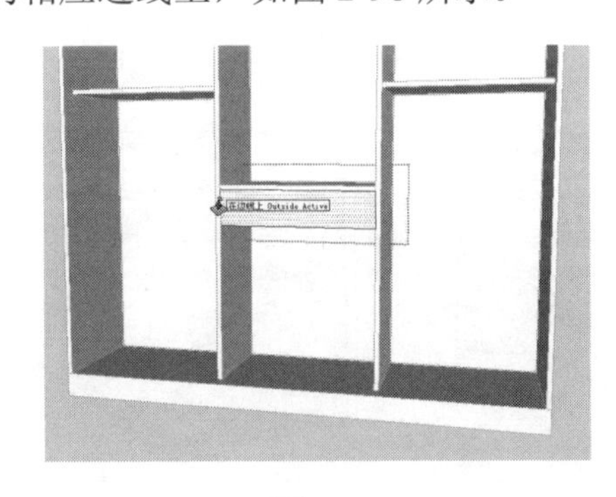

图 2-98

（19）结合“圆”工具及“推/拉”工具，在衣柜内部的相应位置创建几个圆柱体作为挂衣杆，如图 2-99 所示。

（20）使用“矩形”工具在衣柜的外部相应位置绘制 1800mm×700mm 的矩形面，如图 2-100 所示。

图 2-99

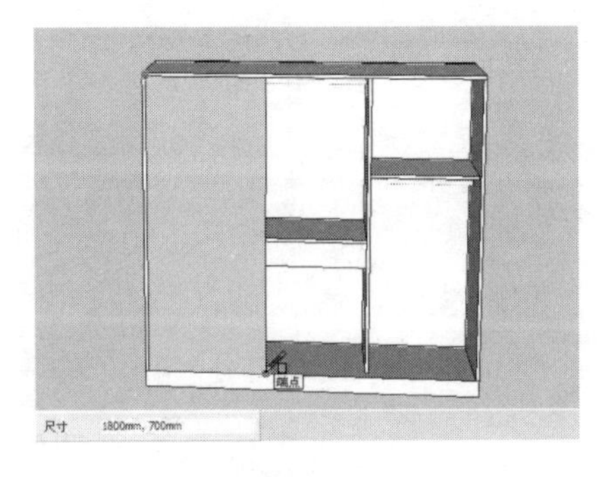

图 2-100

（21）首先将上一步绘制的矩形面创建为组，双击该矩形面进入组的内部编辑状态，然后按住【Ctrl】键，使用“移动”工具将立方体左右两侧的垂直边向内复制一份，移动的距离为 50mm，如图 2-101 所示。

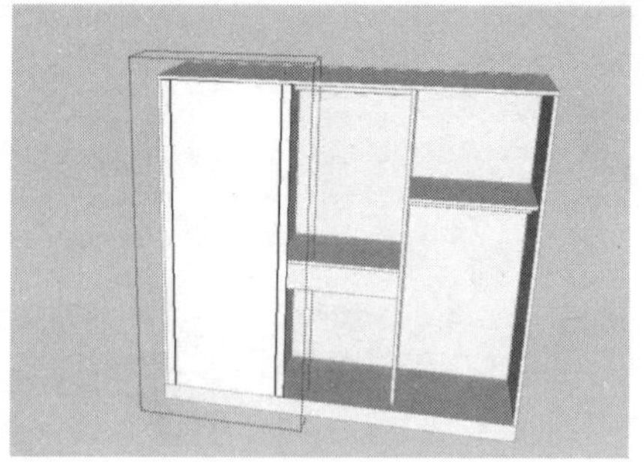

图 2-101

（22）使用“推/拉”工具将衣柜门两侧的矩形面向外推拉 25mm 的厚度，如图 2-102 所示。

（23）使用“推/拉”工具将衣柜门中间的矩形面向外推拉 20mm 的厚度，如图 2-103 所示。

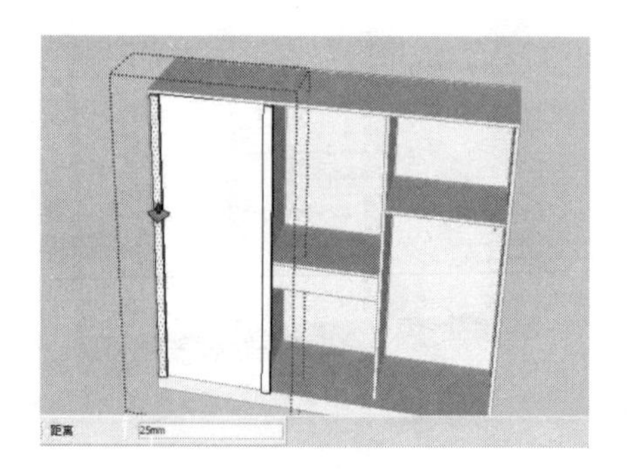

图 2-102

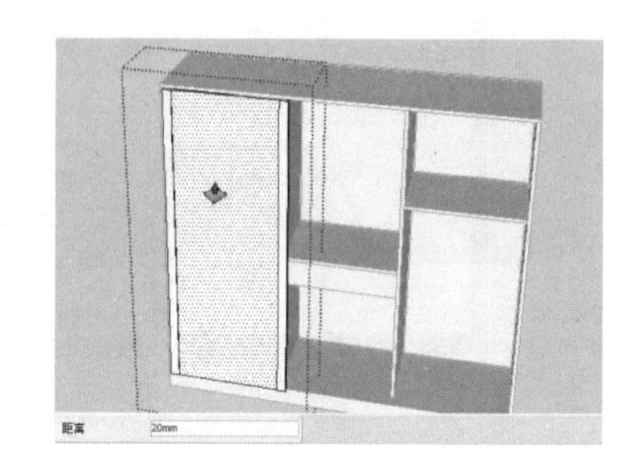

图 2-103

（24）按住【Ctrl】键，使用“移动”具将创建的衣柜推拉门复制两份，如图 2-104 所示。

（25）结合“矩形”工具及“推/拉”工具，在衣柜的上下侧相应位置绘制一个立方体作为衣柜推拉门的挡板，如图 2-105 所示。

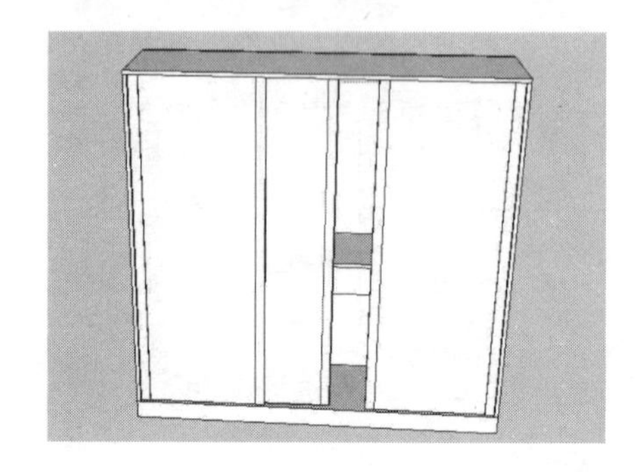

图 2-104

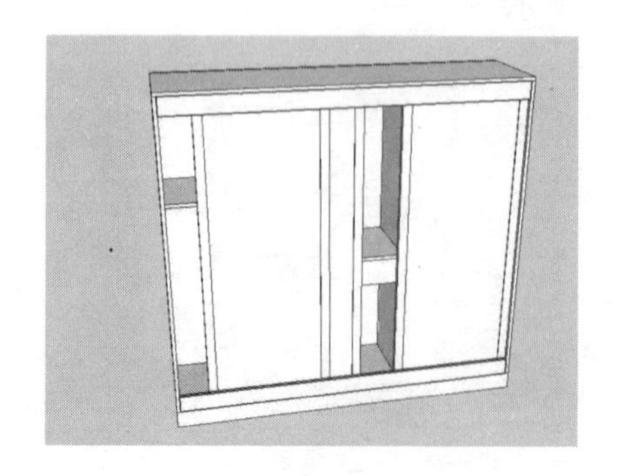

图 2-105

（26）使用“颜料桶”工具为制作的衣柜模型赋予相应的材质，如图 2-106 所示。

图 2-106

2.2　制作室内灯具模型

室内灯具是室内照明的主要设施，为室内空间提供装饰效果及照明功能，不仅能给较为单调的顶面色彩和造型增加新的内容，同时还可以通过室内灯具造型的变化、灯光强弱的调整等手段，达到烘托室内气氛、改变房间结构感觉的作用。

2.2.1　制作室内吊灯模型

吊灯是吊装在室内天花板上的高级装饰用照明灯。吊灯无论是以电线还是以铁支垂吊，都不能吊得太矮，避免阻碍人正常的视线或令人觉得刺眼。以饭厅的吊灯为例，理想的高度是要在饭桌上形成一池灯光，但又不会阻碍桌上众人互望的视线。现是吊灯吊支已装上弹簧或高度调节器，可适应不同高度的楼底和要求，如图 2-107 所示。

图 2-107

视频\02\制作室内吊灯模型.avi
案例\02\练习 2-5.skp

制作室内吊灯模型的操作步骤如下：

（1）启动 SketchUp 软件，使用“矩形”工具绘制 1200mm×1200mm 的矩形面，如图 2-108 所示。

（2）使用“推/拉”工具将上一步绘制的矩形面向上推拉 5mm 的厚度，如图 2-109 所示。

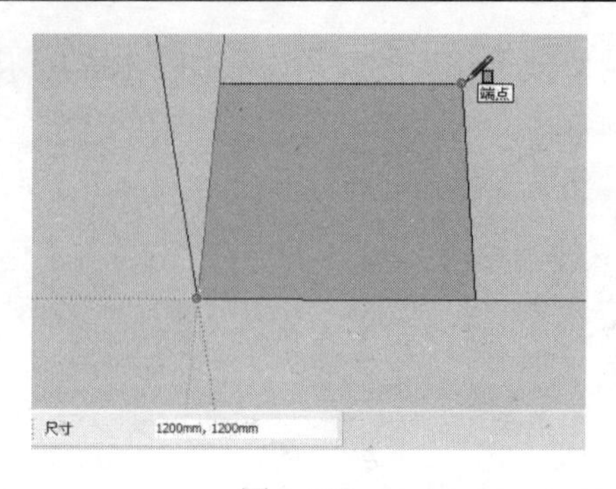

图 2-108

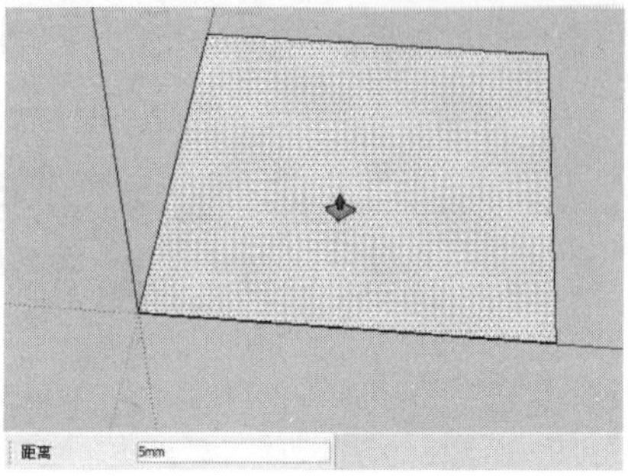

图 2-109

（3）使用“矩形”工具绘制 125mm×125mm 的矩形面，然后使用“推/拉”工具将矩形面向上推拉 45mm 的距离，如图 2-110 所示。

（4）使用“卷尺”工具捕捉立方体上的相应端点绘制两条斜向的辅助参考线，然后使用“圆”工具以辅助参考线的交点为圆心绘制半径为 6mm 的圆，如图 2-111 所示。

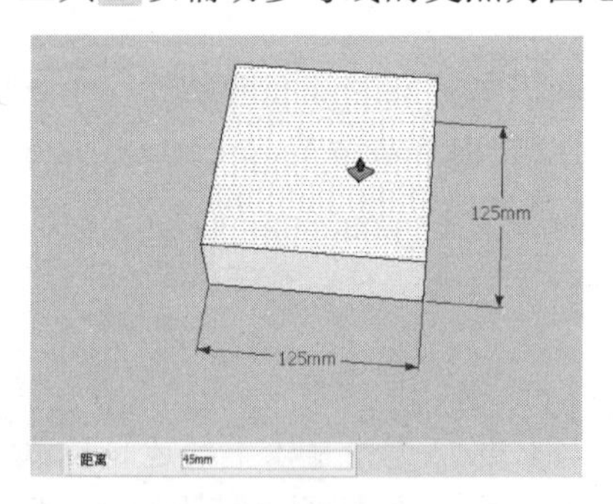

图 2-110

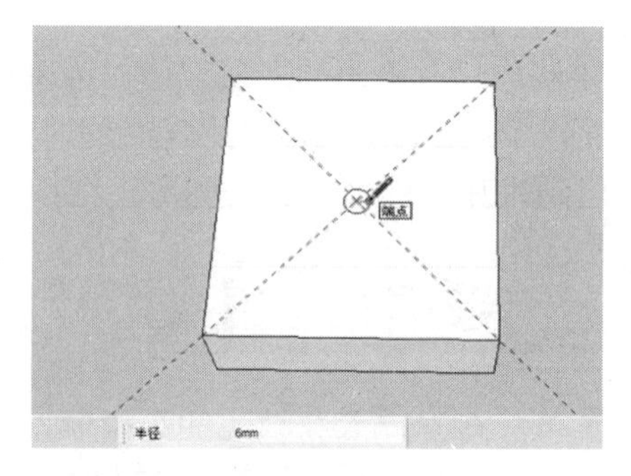

图 2-111

（5）首先删除绘制的辅助参考线，然后使用“推/拉”工具将上一步绘制的圆向上推拉 360mm 的高度，如图 2-112 所示。

（6）按住【Ctrl】键，使用“移动”工具将立方体垂直向上复制一份，其移动的距离为 405mm，如图 2-113 所示。

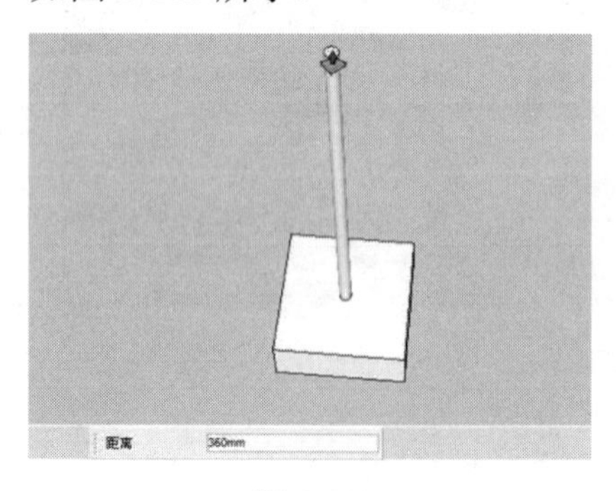

图 2-112

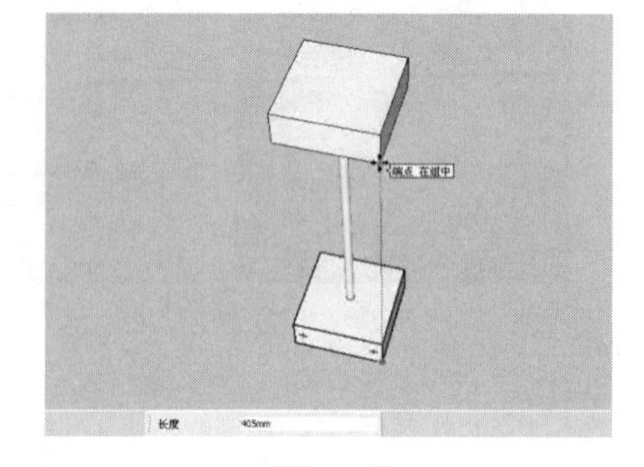

图 2-113

（7）使用“矩形”工具捕捉上侧立方体上的相应端点绘制 125mm×125mm 的矩形面，如图 2-114 所示。

（8）继续使用“矩形”工具捕捉图中相应的端点绘制 18mm×18mm 的矩形面，如图 2-115 所示。

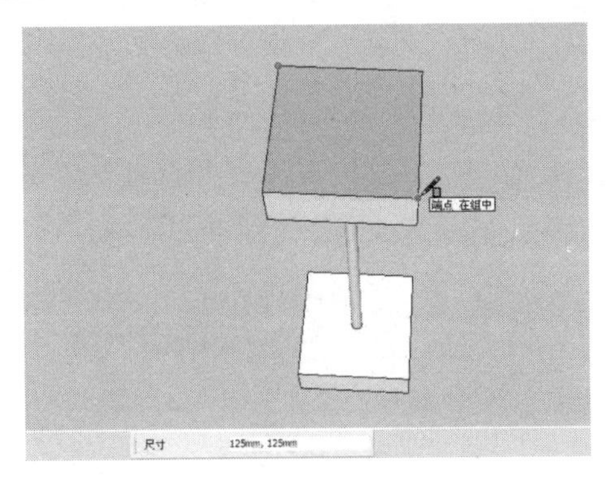

图 2-114

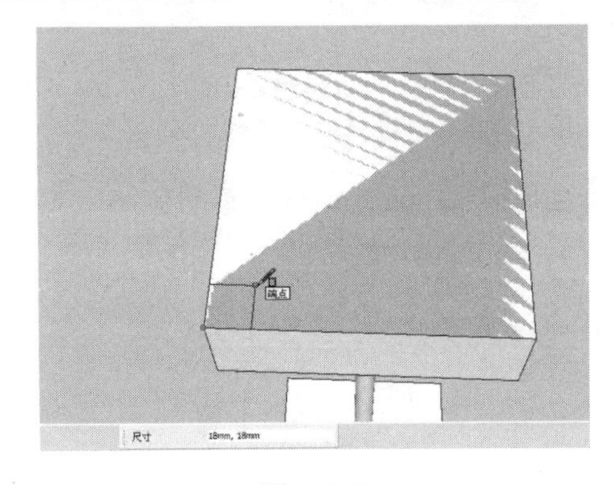

图 2-115

（9）使用“圆”工具捕捉上一步绘制矩形上的相应端点，绘制半径为 18mm 的圆，如图 2-116 所示。

（10）使用相同的方法，绘制立方体其他几个角上的矩形面及圆，如图 2-117 所示。

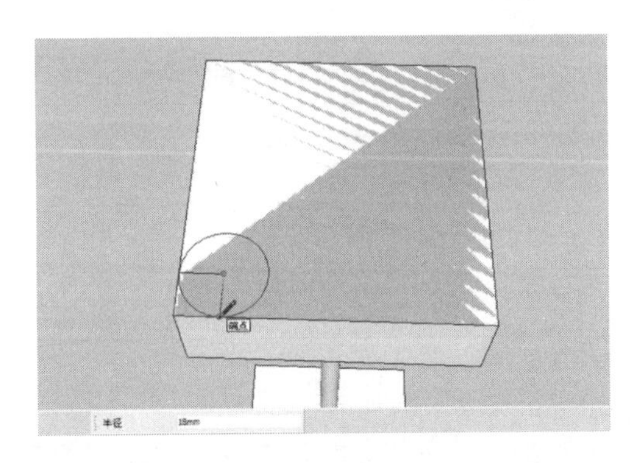

图 2-116

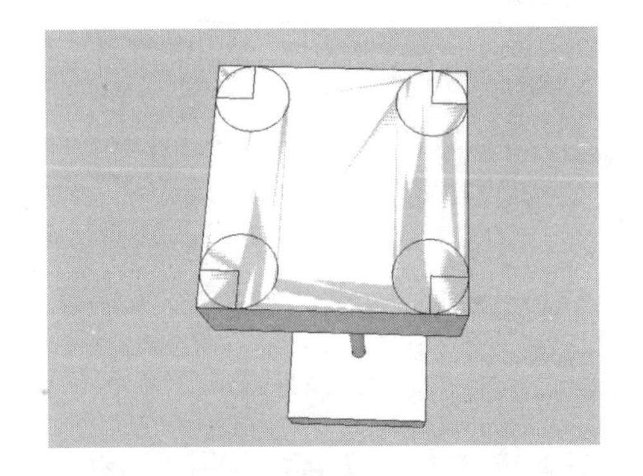

图 2-117

（11）使用“橡皮擦”工具删除图中相应的线面，如图 2-118 所示。

（12）参考相同的方法，在其内部绘制一个圆角矩形，如图 2-119 所示。

图 2-118

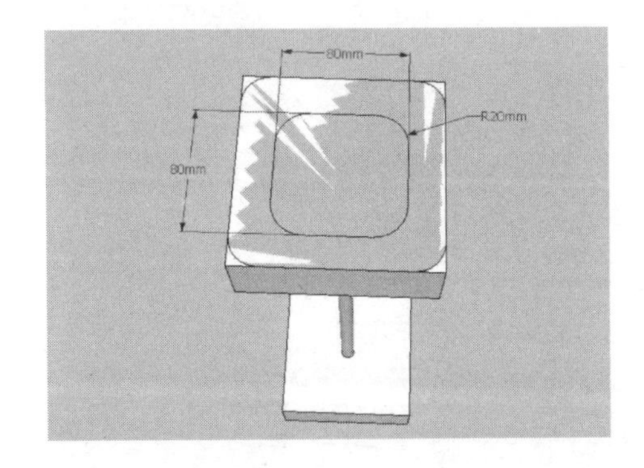

图 2-119

（13）使用“推/拉”工具将图中相应的造型面向上推拉 80mm 的高度，如图 2-120 所示。

（14）使用“圆”工具绘制半径为 20mm 的圆，然后结合“直线”及“圆弧”工具，在圆上绘制灯泡及灯头的截面造型，如图 2-121 所示。

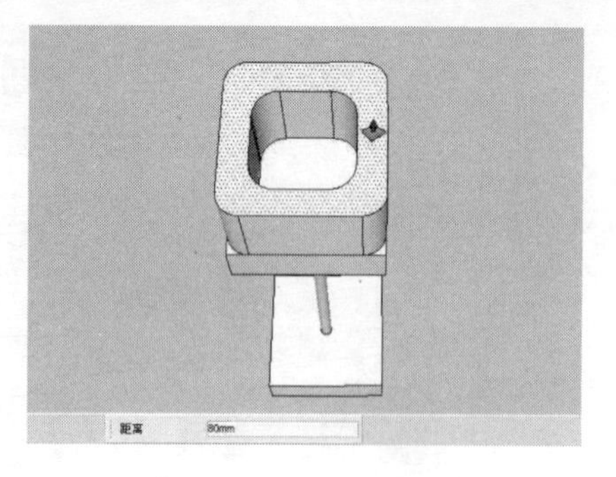
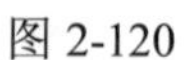

图 2-120

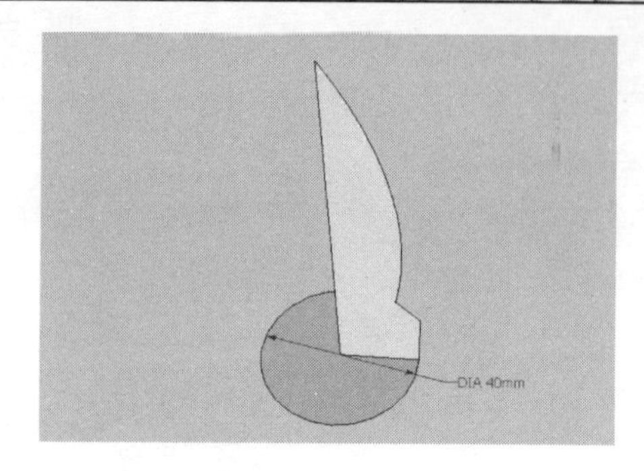

图 2-121

（15）使用“跟随路径”工具对上一步的截面造型进行放样，并将其创建为组，如图 2-122 所示。

（16）使用“移动”工具将创建的灯泡移到灯座内部的相应位置，如图 2-123 所示。

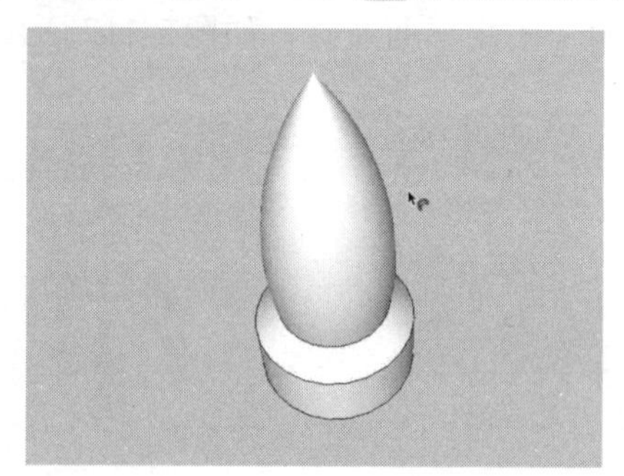

图 2-122

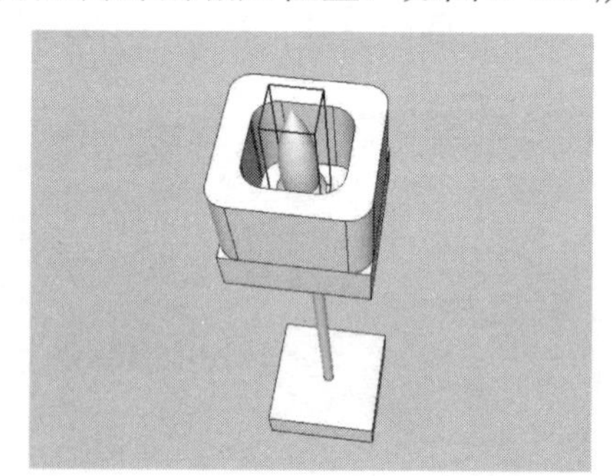

图 2-123

（17）按住【Ctrl】键，使用“移动”工具将创建的灯座及灯泡模型在灯盘上进行复制，如图 2-124 所示。

（18）使用“旋转”工具将创建完成的吊灯模型进行旋转，然后使用“颜料桶”工具为制作的吊灯模型赋予相应的材质，如图 2-125 所示。

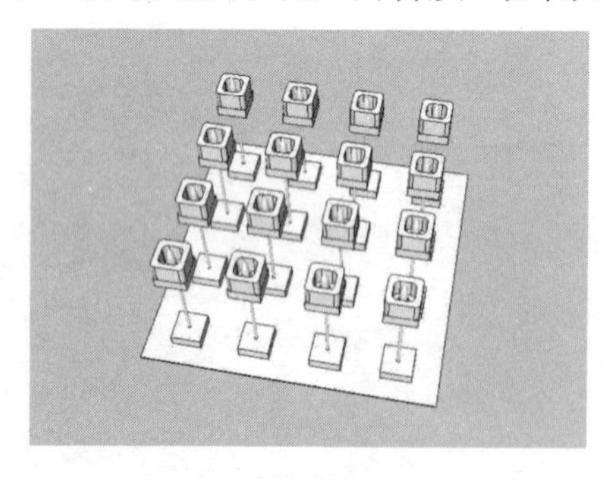

图 2-124

图 2-125

2.2.2 制作室内壁灯模型

壁灯是安装在室内墙壁上的辅助照明装饰灯具，一般多配用乳白色的玻璃灯罩。灯泡功率多为 15～40 瓦，光线淡雅和谐，可把环境点缀得优雅、富丽，尤其特别适合新婚居室。壁灯的种类和样式较多，一般常见的有吸顶灯、变色壁灯、床头壁灯、镜前壁灯等，如图 2-126 所示。

图 2-126

视频\02\制作室内壁灯模型.avi
案例\02\练习 2-6.skp

制作室内壁灯模型的操作步骤如下：

（1）启动 SketchUp 软件，使用“圆”工具绘制半径为 50mm 的立面圆，如图 2-127 所示。

（2）使用“推/拉”工具将上一步绘制的立面圆向外推拉 5mm 的厚度，如图 2-128 所示。

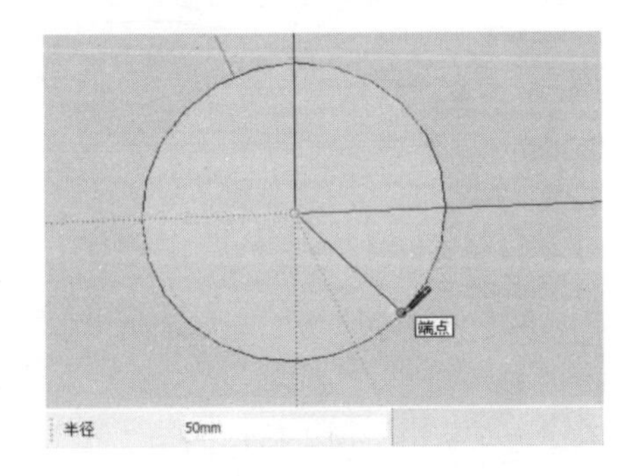

图 2-127

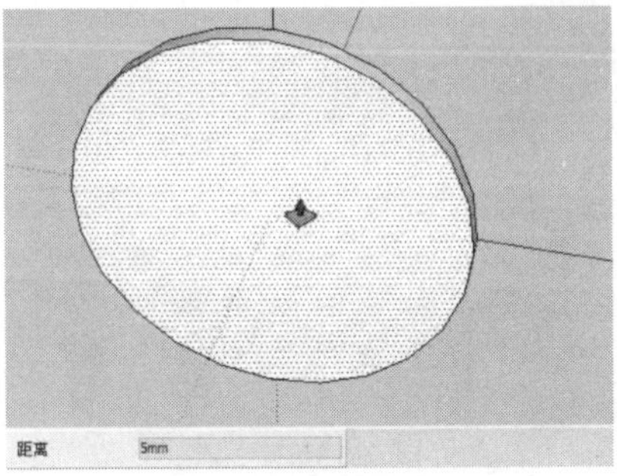

图 2-128

（3）使用“偏移”工具将圆柱体的外侧圆向内偏移 40mm 的距离，如图 2-129 所示。

（4）使用“推/拉”工具将图中内侧的小圆向外推拉 40mm，如图 2-130 所示。

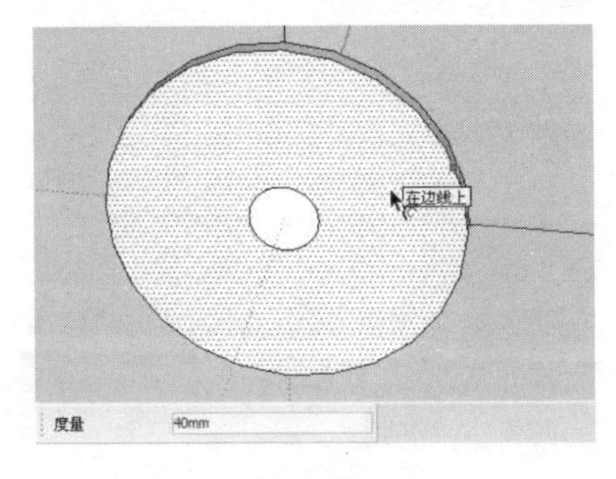

图 2-129

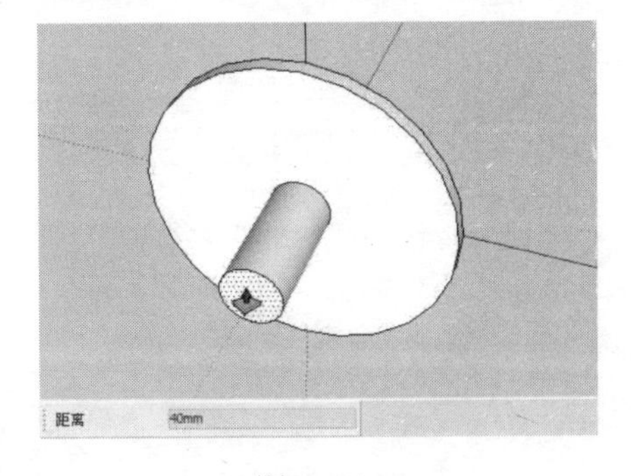

图 2-130

（5）使用“圆”工具绘制半径为 25mm 的平面圆，如图 2-131 所示。

（6）结合“圆”工具及“拉伸”工具，在上一步绘制的圆上侧再绘制一个适当大小的椭圆形，如图 2-132 所示。

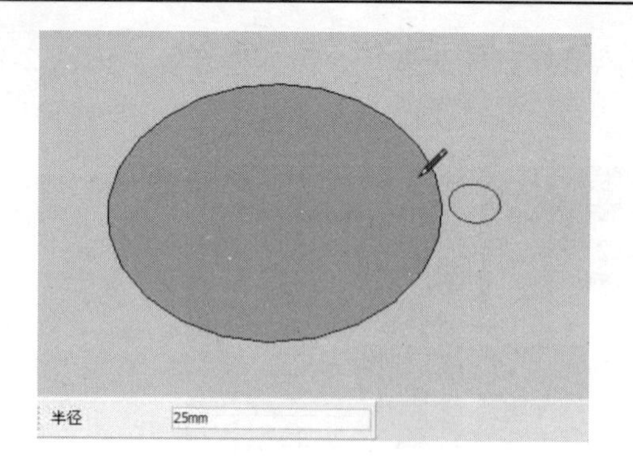

图 2-131

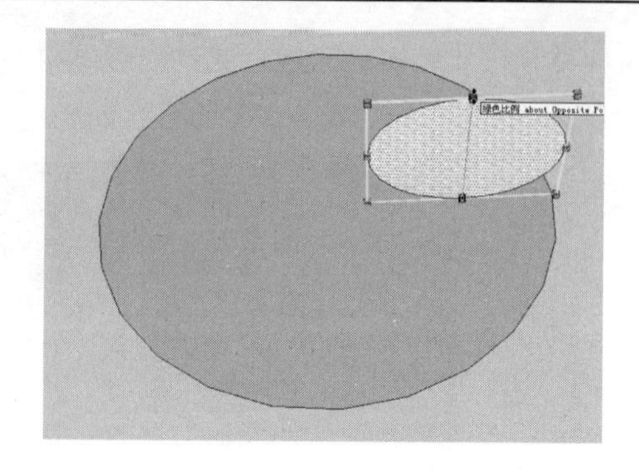

图 2-132

（7）使用“跟随路径”工具对上一步绘制的椭圆截面进行放样，如图 2-133 所示。

（8）使用相同的方法，在上一步放样圆环的上下侧分别绘制一个圆环，并将其整体创建为组，如图 2-134 所示。

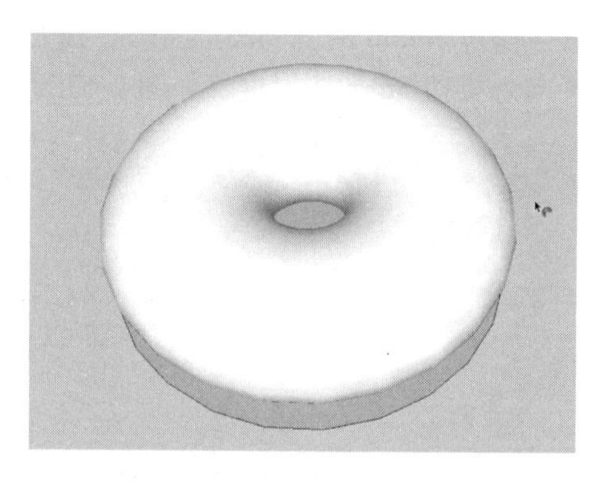

图 2-133

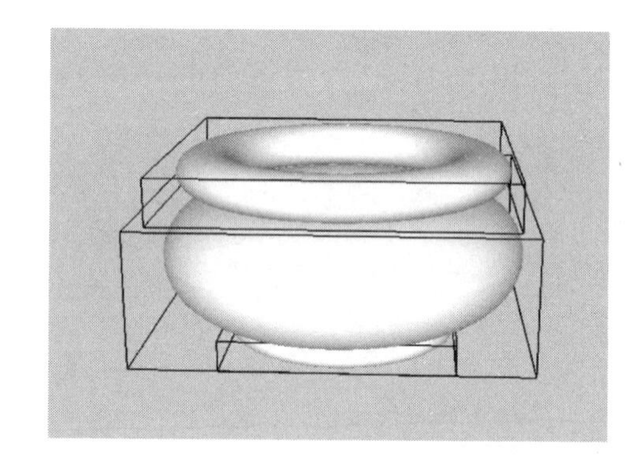

图 2-134

（9）使用“移动”工具将上一步创建的组移到台灯灯座上的相应位置，如图 2-135 所示。

（10）使用“矩形”工具绘制 130mm×200mm 的立面矩形面，如图 2-136 所示。

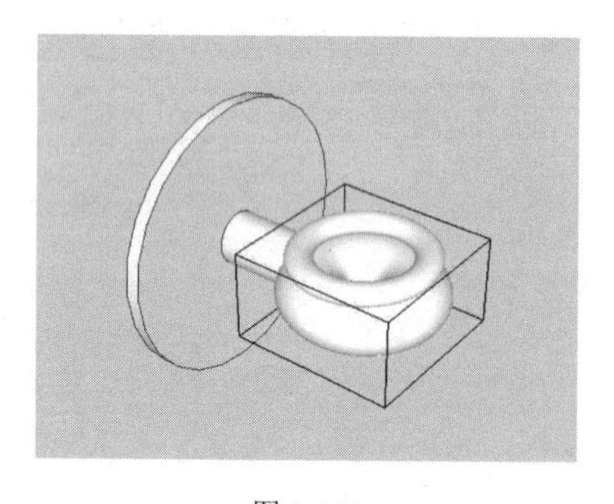

图 2-135

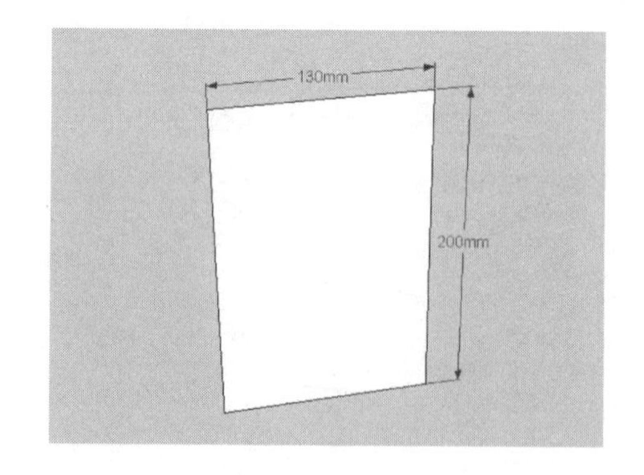

图 2-136

（11）使用“圆弧”工具在上一步绘制的立面矩形上绘制如图 2-137 所示的图案。

（12）结合“移动”工具及“旋转”工具，将绘制的矩形及图案向左镜像复制一份，如图 2-138 所示。

图 2-137

图 2-138

（13）使用“橡皮擦”工具删除图中多余的线面，如图 2-139 所示。

（14）使用“推/拉”工具将造型面向外推拉 5mm 的厚度，并将其创建为组，如图 2-140 所示。

图 2-139

图 2-140

（15）使用“移动”工具将上一步推拉后的花纹图案移到壁灯灯座上的相应位置，如图 2-141 所示。

（16）使用“圆”工具绘制半径为 35mm 的平面圆，再结合“直线”工具及“圆弧”工具在平面圆的上侧绘制如图 2-142 所示的放样截面造型。

图 2-141

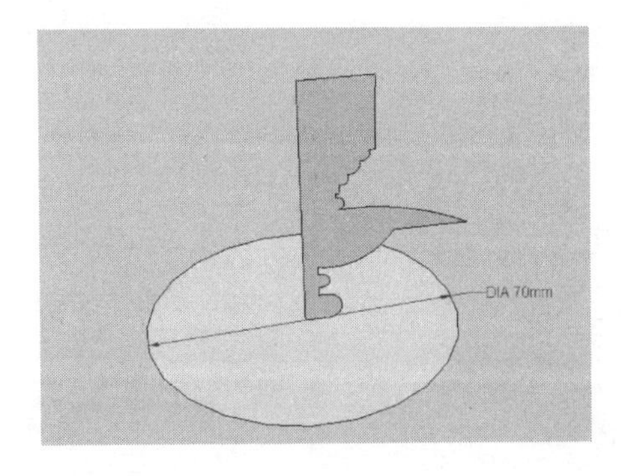

图 2-142

（17）使用“跟随路径”工具对上一步绘制的截面进行放样，如图 2-143 所示。

（18）结合“直线”工具及“圆弧”工具，在上一步放样后的模型上侧绘制如图 2-144 所示的放样截面。

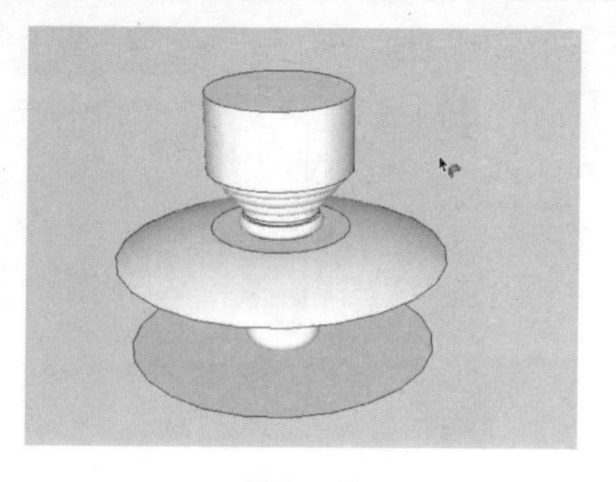

图 2-143

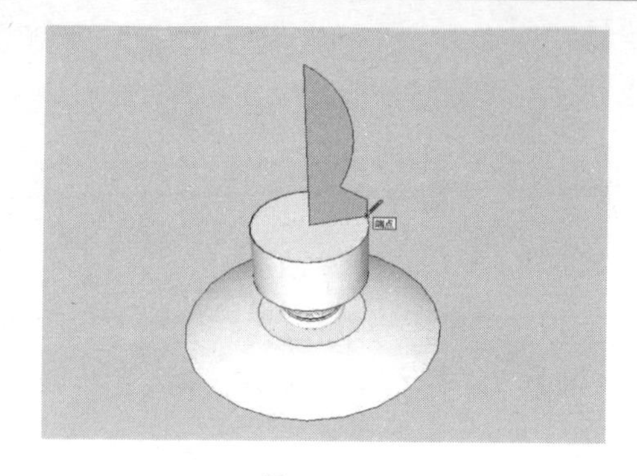

图 2-144

（19）使用“跟随路径”工具对上一步绘制的截面进行放样，作为壁灯的灯头效果，如图 2-145 所示。

（20）将创建的壁灯灯座及灯头创建为组，然后将其移到壁灯支架上的相应位置处，并对其进行复制操作，如图 2-146 所示。

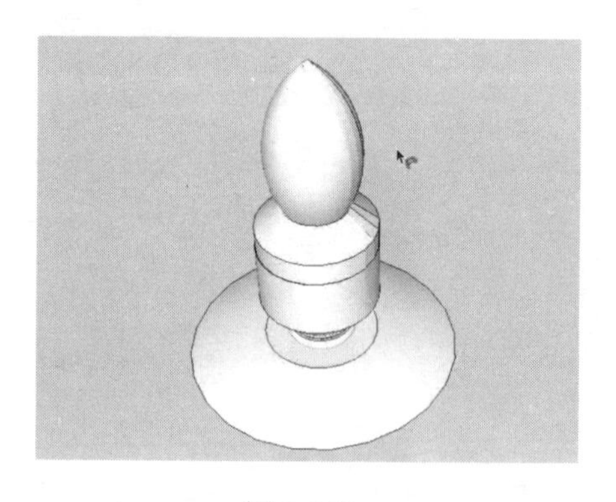

图 2-145

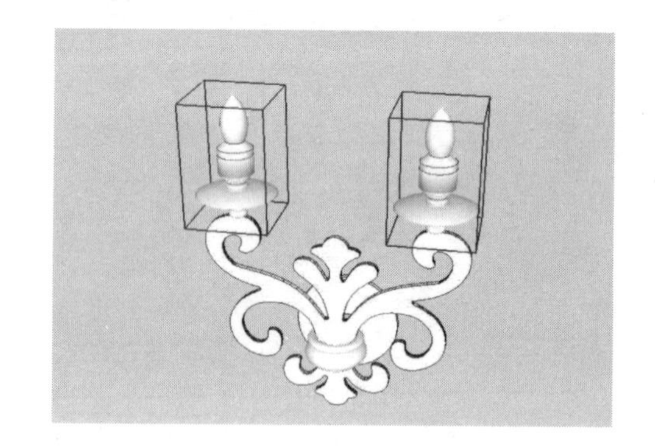

图 2-146

（21）使用“圆”工具绘制半径为 60mm 的平面圆，如图 2-147 所示。

（22）使用“偏移”工具将上一步绘制的圆向内偏移 3mm 的距离，如图 2-148 所示。

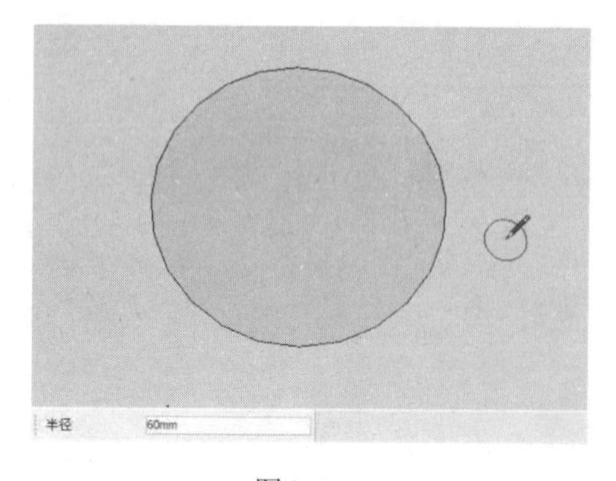

图 2-147

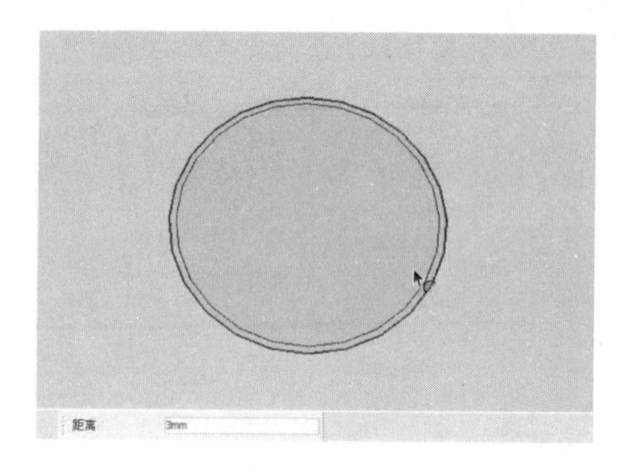

图 2-148

（23）首先将内侧的圆删除，然后使用“推/拉”工具将圆环面向上推拉 120mm 的高度，如图 2-149 所示。

（24）使用“拉伸”工具对上侧的圆环面进行缩放，缩放比例为 0.75，如图 2-150 所示。

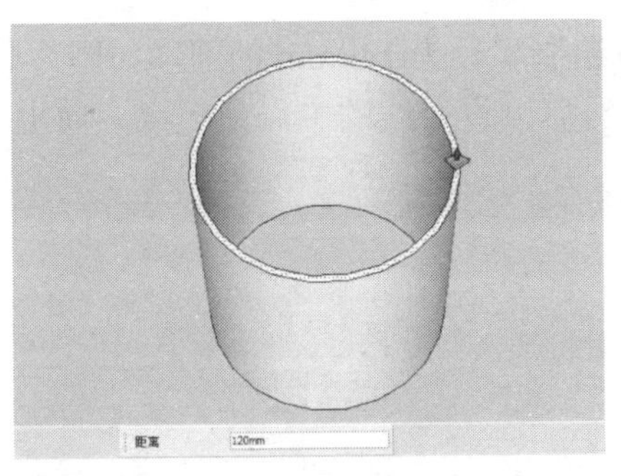

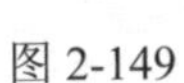

图 2-149

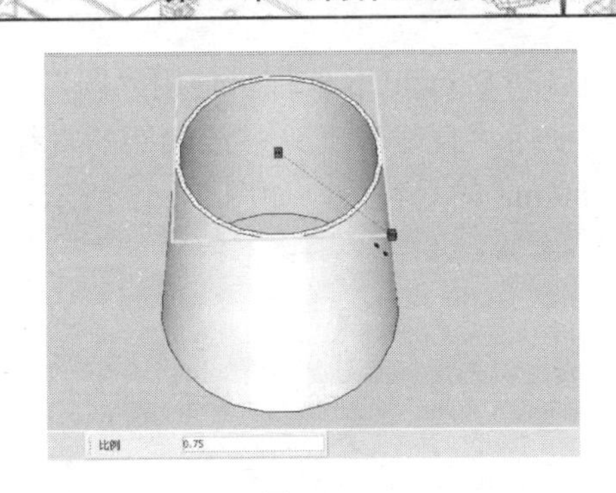

图 2-150

（25）将缩放后的壁灯灯罩移到壁灯的灯座上侧，并对其进行复制操作，如图 2-151 所示。

（26）使用“颜料桶”工具为制作的壁灯模型赋予相应的材质，如图 2-152 所示。

图 2-151

图 2-152

2.2.3　制作室内台灯模型

台灯是人们生活中用来照明的一种家用电器，一般分为两种：立柱式、夹置式。它的功能是把灯光集中在一小块区域内，便于工作和学习。一般台灯用的灯泡是白炽灯、节能灯泡，以及市面上流行的护眼台灯，部分台灯还有“应急功能”，即自带电源，用于停电时照明应急，如图 2-153 所示。

图 2-153

视频\02\制作室内台灯模型.avi
案例\02\练习 2-7.skp

制作室内台灯模型的操作步骤如下：

（1）启动 SketchUp 软件，使用“圆”工具绘制半径为 140mm 的圆，如图 2-154 所示。

（2）使用“直线”工具绘制圆的直径线，然后以直径线的中点为起点，向上绘制一条长度为 180mm 的垂线段，如图 2-155 所示。

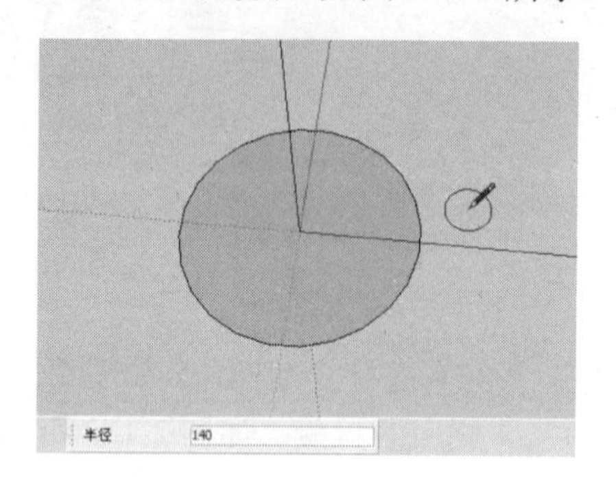

图 2-154

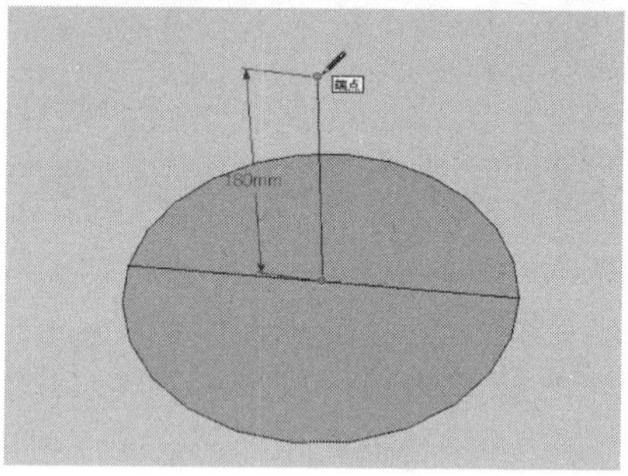

图 2-155

（3）使用“圆”工具以上一步绘制垂直线的上侧端点为圆心绘制半径为 100mm 的圆，如图 2-156 所示。

（4）使用“矩形”工具捕捉图中相应的点绘制一个立面矩形，如图 2-157 所示。

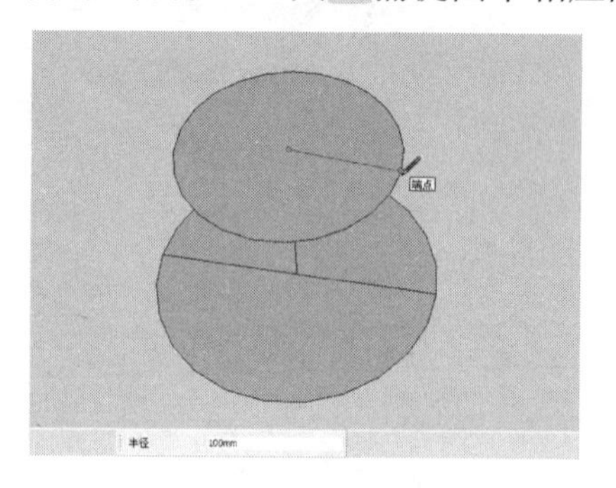

图 2-156

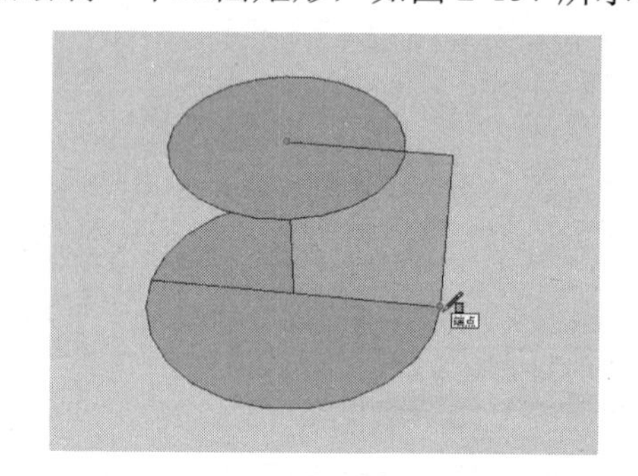

图 2-157

（5）使用“圆弧”工具捕捉图中相应的点在上一步绘制的矩形面上绘制一条圆弧，如图 2-158 所示。

（6）使用“橡皮擦”工具删除图中多余的线面，如图 2-159 所示。

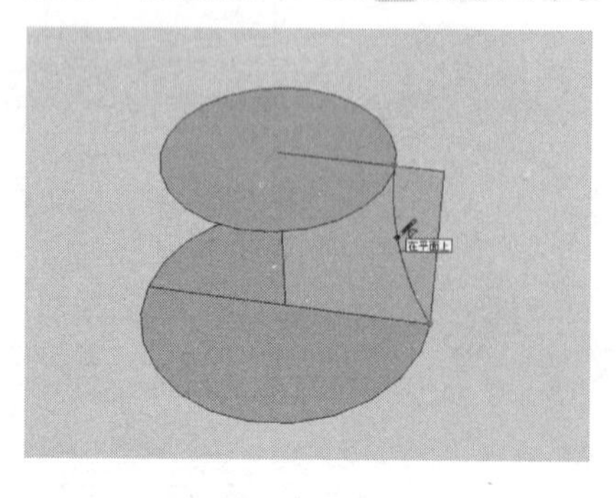

图 2-158

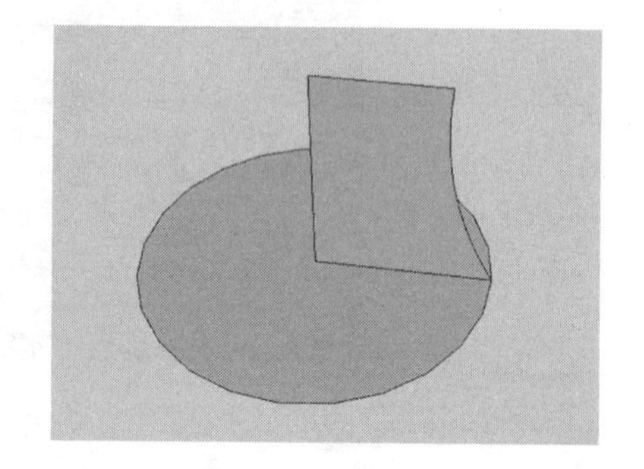

图 2-159

（7）使用“跟随路径”工具对上一步的圆及截面造型进行放样，放样后的效果如图 2-160 所示。

（8）使用“圆”工具在灯罩的上侧圆弧上绘制半径为 2mm 的圆，作为放样的截面，如图 2-161 所示。

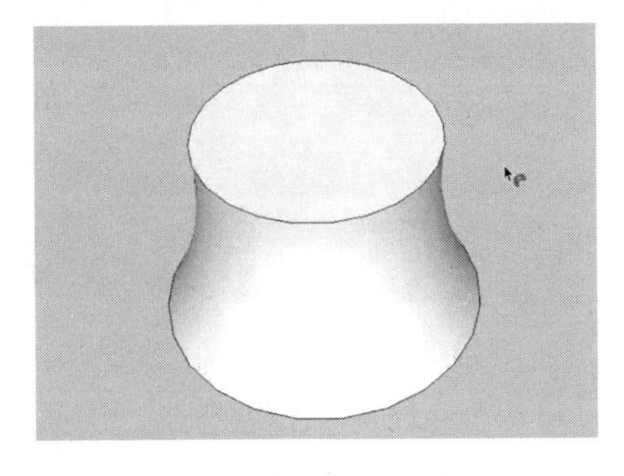

图 2-160

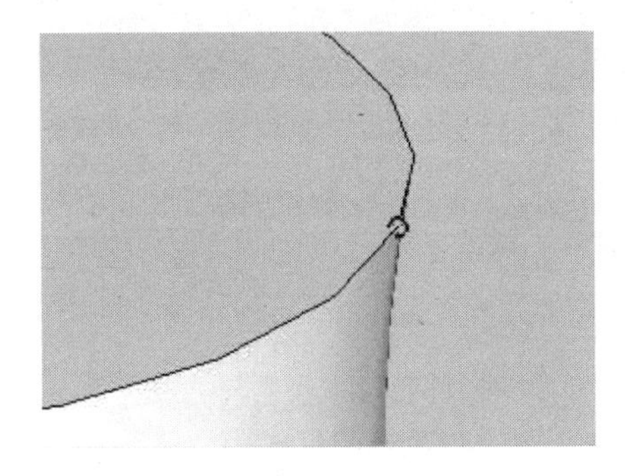

图 2-161

（9）使用“选择”工具选择灯罩上侧的圆线，然后使用“跟随路径”工具单击上一步绘制的放样圆面，对其进行放样，放样后的效果如图 2-162 所示。

（10）使用“圆弧”工具在灯罩上绘制一条放样的路径，然后使用“圆”工具在圆弧的末端绘制半径为 2mm 的圆面作为放样的截面，如图 2-163 所示。

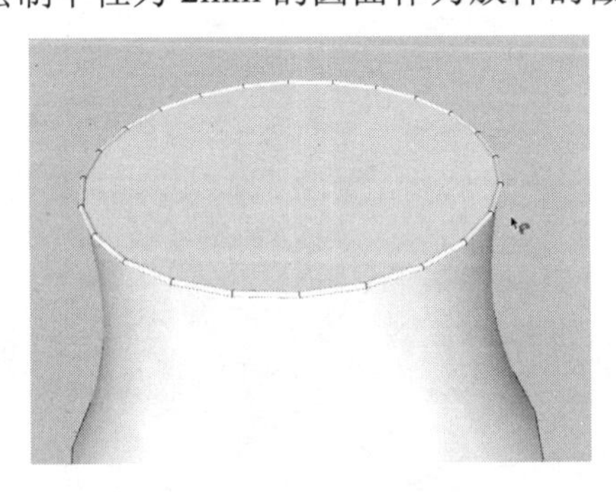

图 2-162

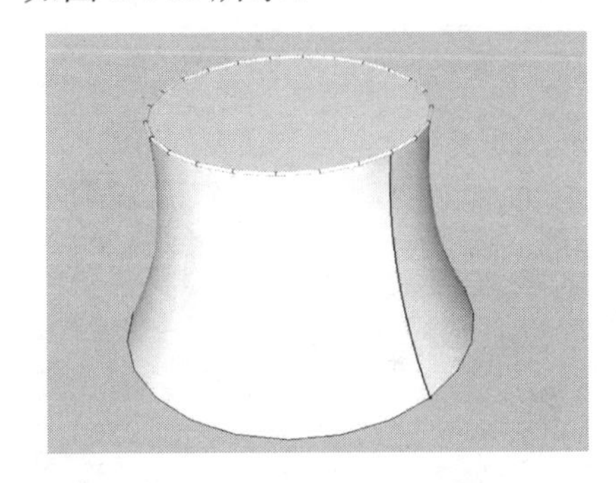

图 2-163

（11）使用“跟随路径”工具对上一步绘制的圆弧路径及圆面截面进行放样操作，并将放样后的圆弧线条创建为组，如图 2-164 所示。

（12）按住【Ctrl】键，使用“旋转”工具将上一步放样的圆弧线条绕着上侧圆的圆心进行旋转复制，一共复制 5 份，如图 2-165 所示。

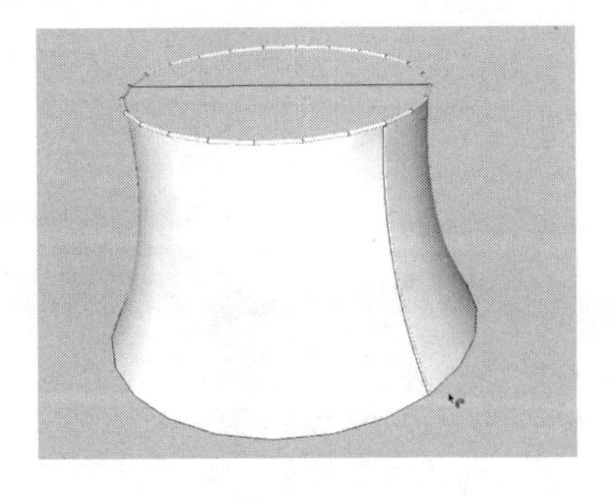

图 2-164

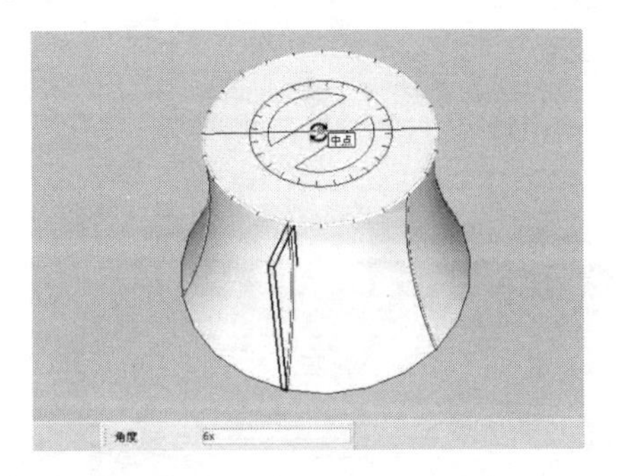

图 2-165

（13）参考相同的方法，创建出灯罩下侧的装饰圆线，如图 2-166 所示。

（14）全选创建的灯罩模型，然后右击，在快捷菜单中执行“软化/平滑边线”命令，在弹出的“柔化边线”对话框中对其进行边线柔化操作，如图 2-167 所示。

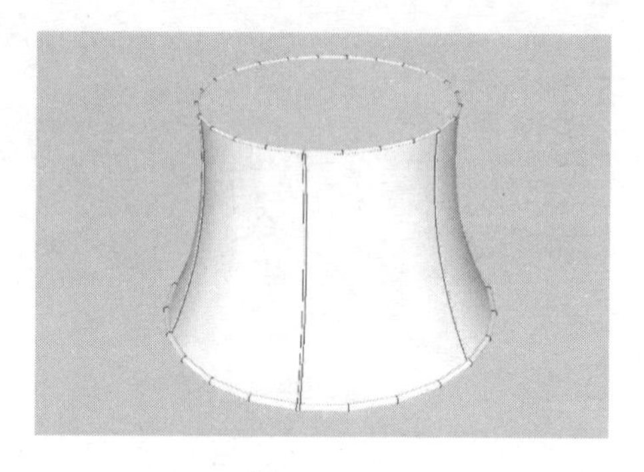

图 2-166

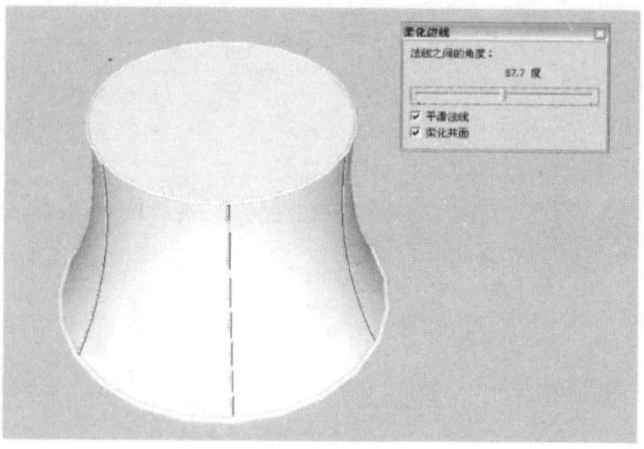

图 2-167

（15）结合“矩形”工具、“偏移”工具及“推/拉”工具，创建出台灯的底座造型，如图 2-168 所示。

（16）使用“圆”工具在上一步创建的台灯底座上绘制半径为 95mm 的圆，再结合“直线”工具及“圆弧”工具，在圆上绘制出放样的截面造型，如图 2-169 所示。

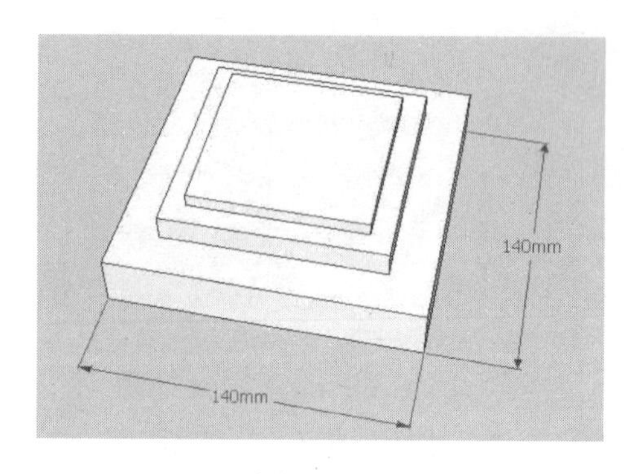

图 2-168

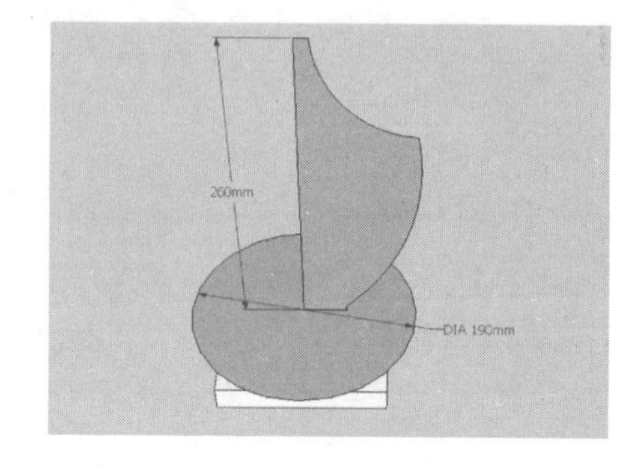

图 2-169

（17）使用“跟随路径“工具对上一步绘制的圆面及截面进行放样操作，如图 2-170 所示。

（18）使用“颜料桶”工具为制作的台灯模型赋予相应的材质，如图 2-171 所示。

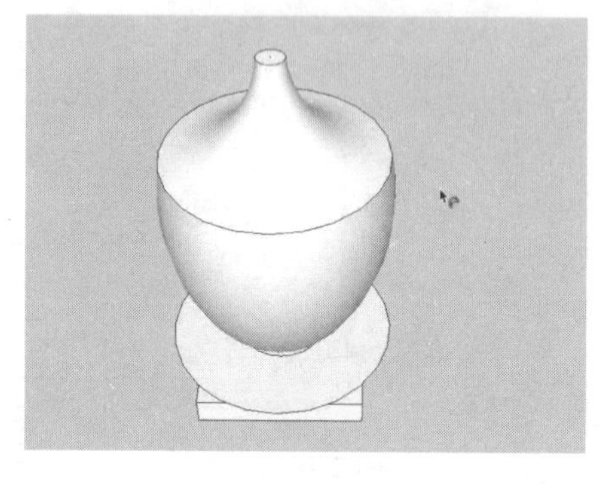

图 2-170

图 2-171

2.3　制作室内主要家具模型

在家庭居住环境中，家具是必不可少的使用设备，其主要室内家具有沙发、床、餐桌等，本节就针对家居环境中主要家具设备的模型创建进行详细讲解。

2.3.1　制作客厅沙发模型

沙发为装有弹簧或厚泡沫塑料等的靠背椅，两边有扶手。构架是用木材或钢材内衬棉絮及其他泡沫材料等做成的椅子，整体比较舒适，如图 2-172 所示。

图 2-172

视频\02\制作客厅沙发模型.avi
案例\02\练习 2-8.skp

制作客厅沙发模型的操作步骤如下：

（1）启动 SketchUp 软件，使用“矩形”工具绘制 2600mm×700mm 的矩形面，如图 2-173 所示。

（2）使用“推/拉”工具将上一步绘制的矩形面向上推拉 150mm 的高度，如图 2-174 所示。

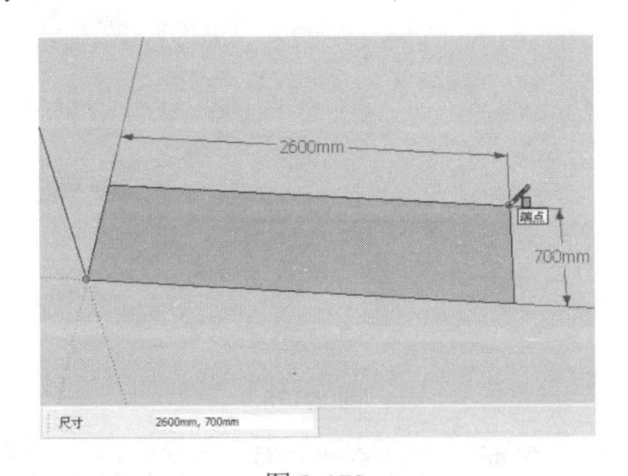

图 2-173

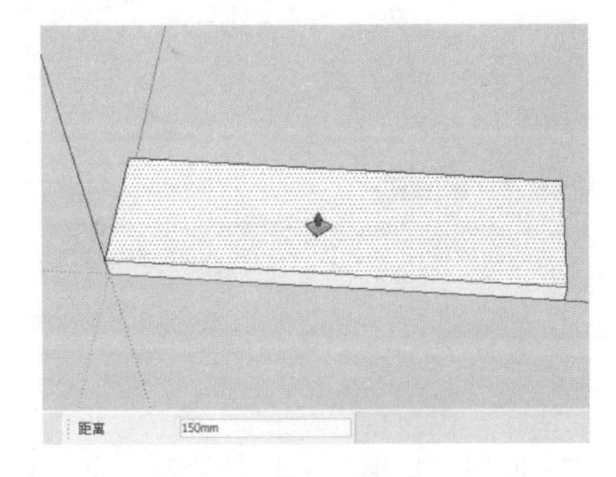

图 2-174

（3）单击插件 Round Corner 工具栏中的“倒圆角”按钮，设置偏移参数为 40，段数为 3，单击“确定”按钮，再按【Enter】键完成沙发垫的倒角操作，如图 2-175 所示。

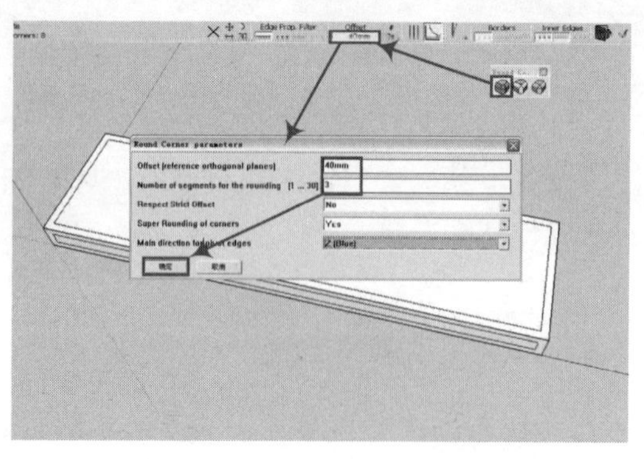

图 2-175

（4）将上一步倒圆角后的沙发垫创建为群组，并向上复制一份，如图 2-176 所示。

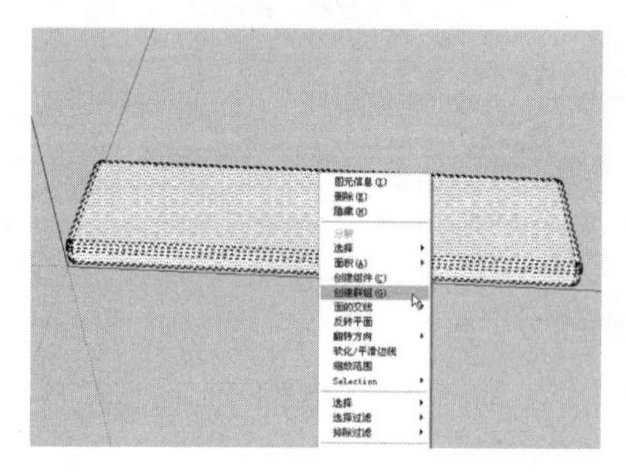

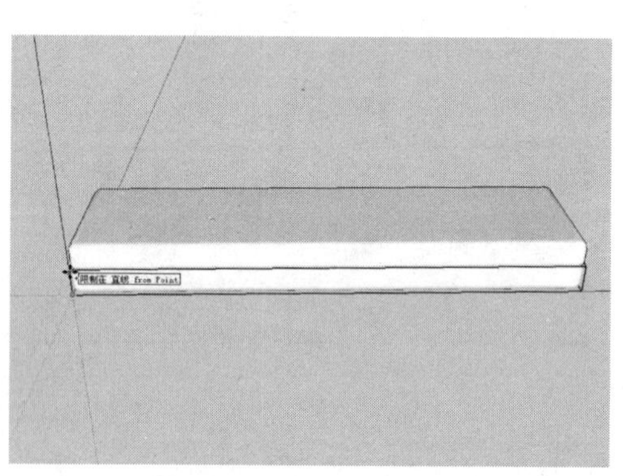

图 2-176

（5）使用“缩放”工具对上一步复制的沙发垫进行缩放操作，如图 2-177 所示。

（6）按住【Ctrl】键，使用“移动”工具对上一步缩放后的沙发垫进行复制，如图 2-178 所示。

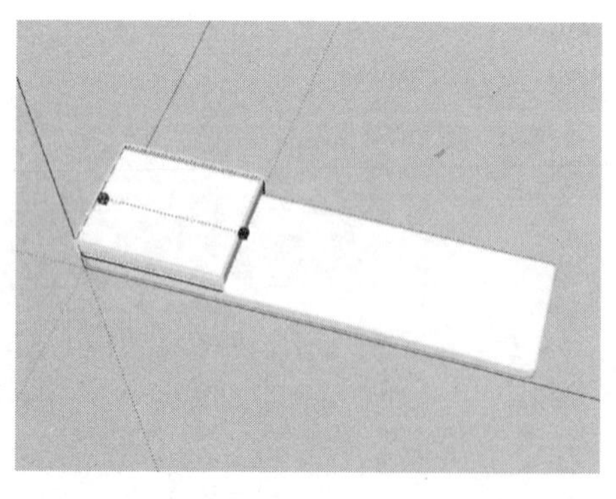

图 2-177

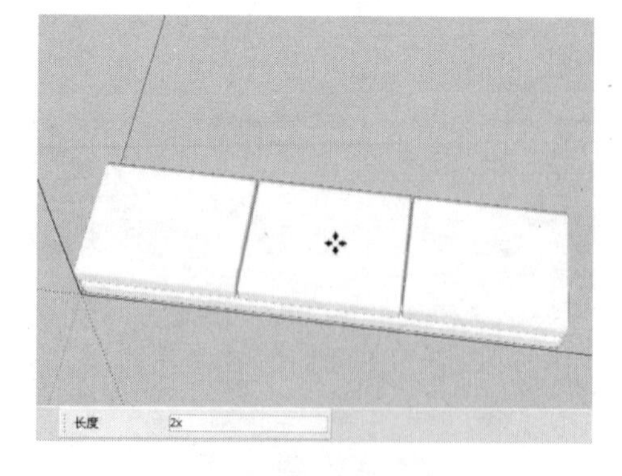

图 2-178

（7）使用“矩形”工具绘制一个竖直的矩形参考面，再结合“直线”工具及“圆弧”工具绘制出沙发靠背的截面造型，如图 2-179 所示。

（8）删除图中相应的线面，然后使用“推/拉”工具将沙发截面推拉出 800mm 的厚度，如图 2-180 所示。

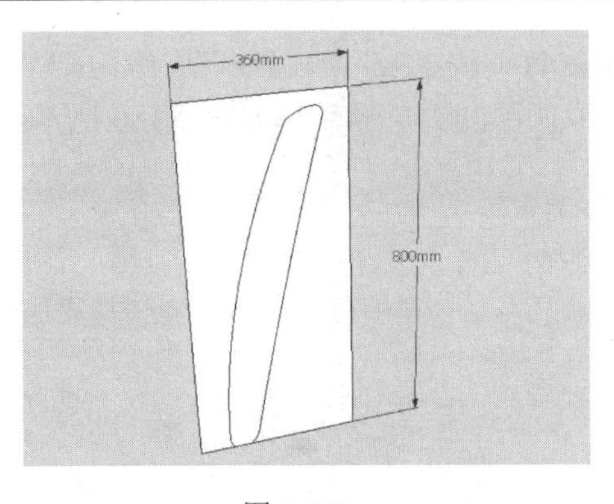

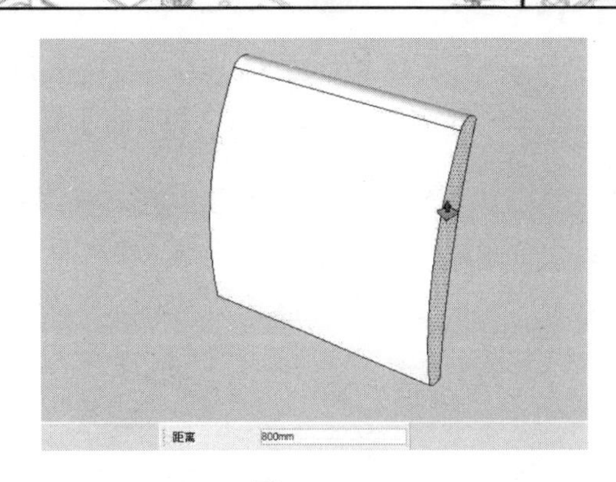

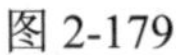
图 2-179

图 2-180

（9）单击插件 Round Corner 工具栏中的“倒圆角”按钮，设置偏移参数为 15，段数为 3，单击“确定”按钮，再按【Enter】键完成沙发靠背的倒角操作，如图 2-181 所示。

（10）双击上一步倒角后的沙发靠背，然后右击，在快捷菜单中选择“创建群组”命令，将其创建为群组，如图 2-182 所示。

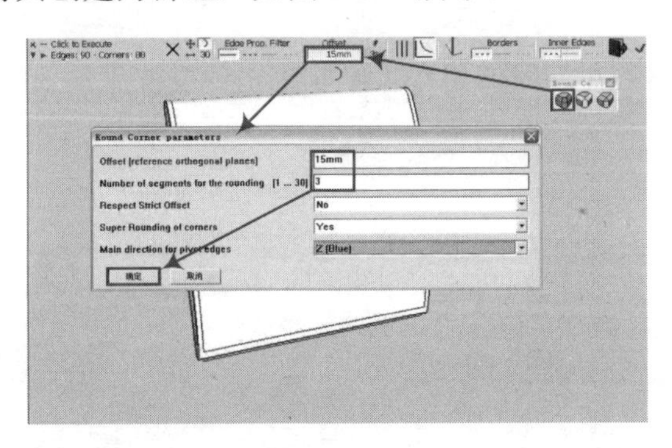

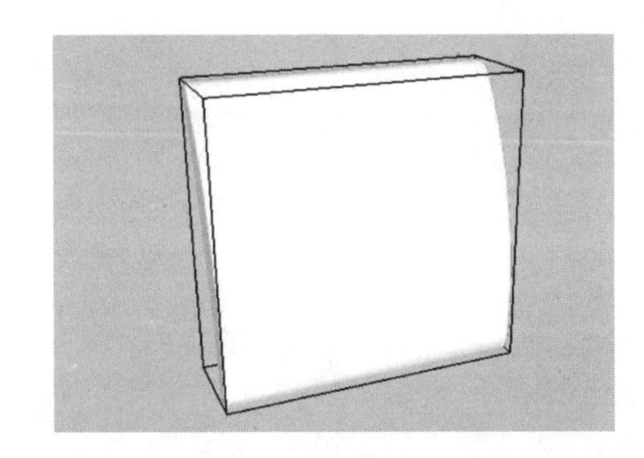

图 2-181

图 2-182

（11）按住【Ctrl】键，使用“移动”工具对沙发的靠背进行复制操作，如图 2-183 所示。

（12）使用“矩形”工具绘制一个竖直的矩形参考面，再结合“直线”工具及“圆弧”工具绘制出沙发扶手的截面造型，如图 2-184 所示。

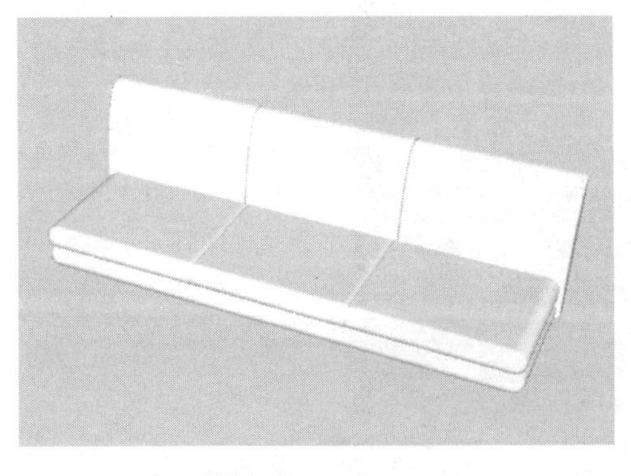

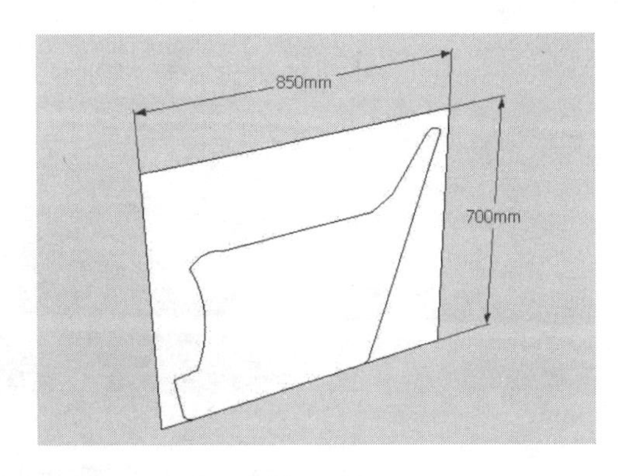

图 2-183

图 2-184

（13）删除图中多余的线面，然后使用“推/拉”工具将沙发扶手推拉出 70mm 的厚度，如图 2-185 所示。

（14）单击插件 Round Corner 工具栏中的“倒圆角”按钮，设置偏移参数为 25，段数为 5，单击“确定”按钮，再按【Enter】键完成沙发扶手的倒角操作，如图 2-186 所示。

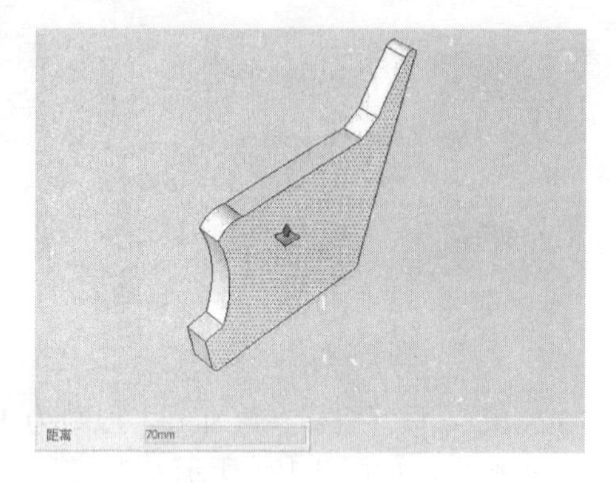

图 2-185

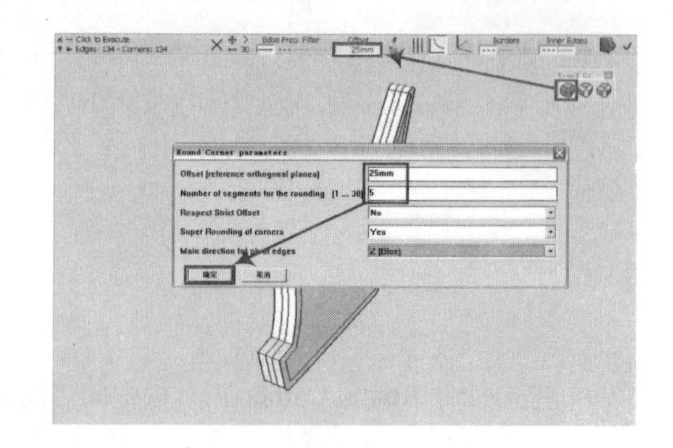

图 2-186

（15）按住【Ctrl】键，使用“移动”工具对倒角后的沙发扶手进行复制，并将其放置到沙发的两侧，如图 2-187 所示。

（16）在沙发的下侧制作出沙发角的造型，然后在沙发的坐垫上侧制作出沙发枕头的效果，如图 2-188 所示。

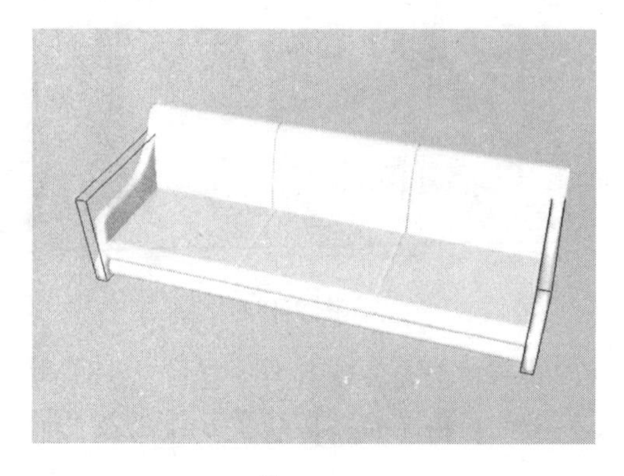

图 2-187

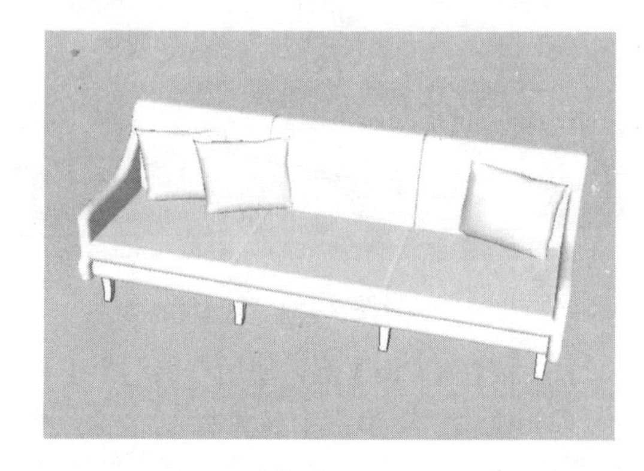

图 2-188

（17）使用“颜料桶”工具为制作的三人沙发模型赋予相应的材质，如图 2-189 所示。

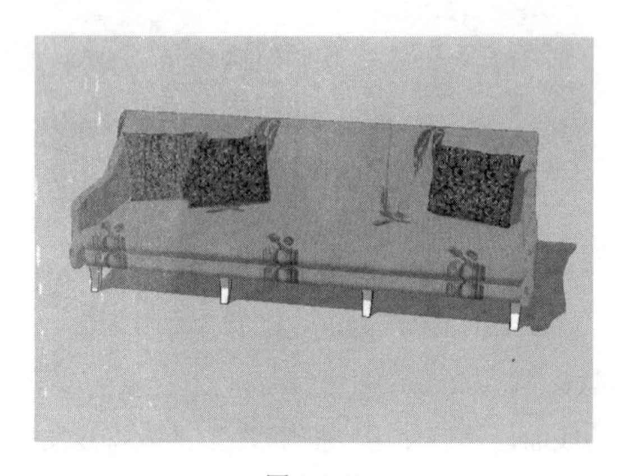

图 2-189

2.3.2　制作双人床模型

床是供人躺在上面睡觉的家具。经过千百年的演化，床不仅是睡觉的工具，也成为家庭装饰品之一。床的种类有平板床、四柱床、双层床、日床等，如图 2-190 所示。

图 2-190

视频\02\制作双人床模型.avi
案例\02\练习 2-9.skp

制作双人床模型的操作步骤如下：

（1）启动 SketchUp 软件，使用“矩形”工具绘制 2000mm×1600mm 的矩形面，如图 2-191 所示。

（2）使用“推/拉”工具将上一步绘制的矩形面推拉 250mm 的高度，如图 2-192 所示。

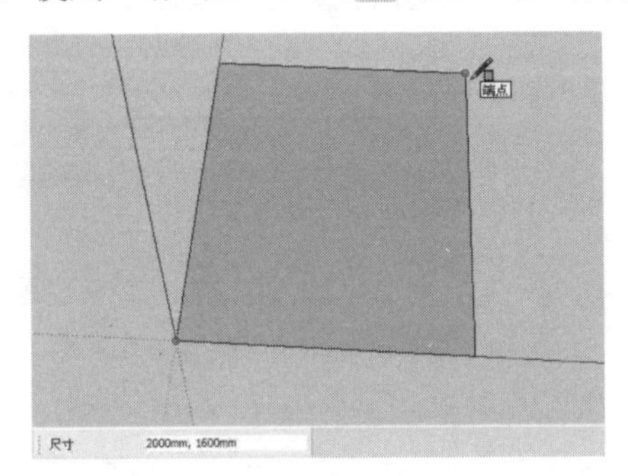

图 2-191

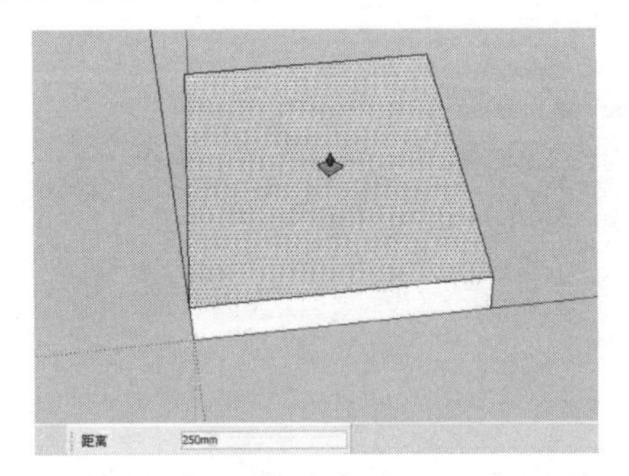

图 2-192

（3）使用“矩形”工具在床尾绘制 1600mm×25mm 的矩形面，如图 2-193 所示。

（4）使用“推/拉”工具将上一步绘制的矩形面推拉 450mm 的高度，如图 2-194 所示。

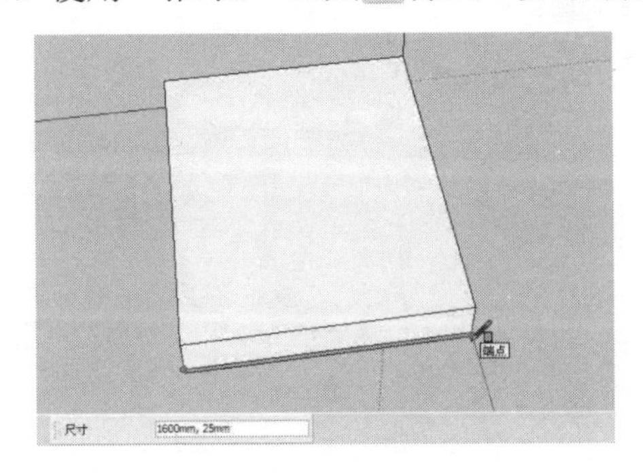

图 2-193

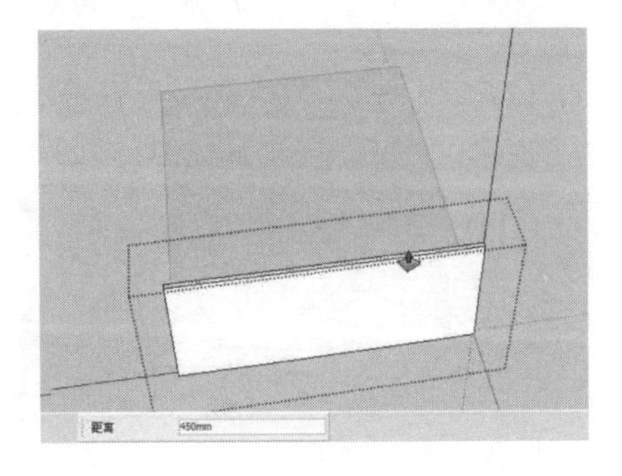

图 2-194

（5）使用“矩形”工具在上一步推拉的立方体上绘制 1950mm×550mm 的矩形面，如图 2-195 所示。

（6）使用“圆弧”工具在上一步绘制的矩形面上绘制出床尾的背板效果，如图 2-196 所示。

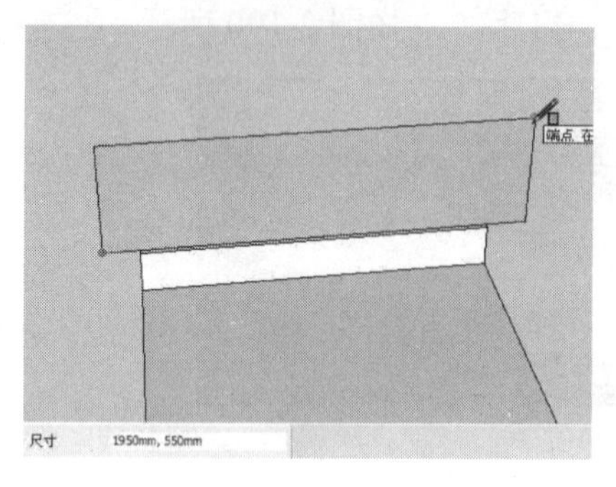

图 2-195

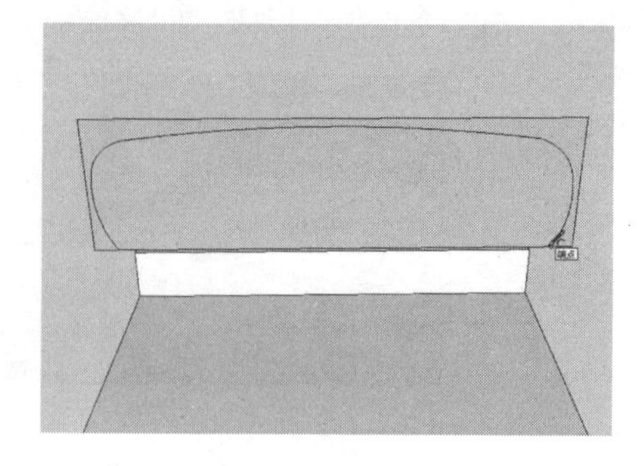

图 2-196

（7）使用“橡皮擦”工具删除图中多余的线面，然后使用“推/拉”工具将造型面推拉 40mm 的厚度，如图 2-197 所示。

（8）结合“圆弧”工具及“推/拉”工具，绘制出床尾背板的细节造型，并将其创建为组，如图 2-198 所示。

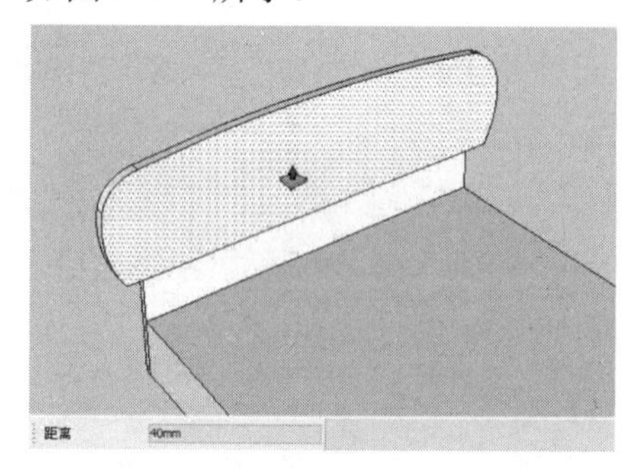

图 2-197

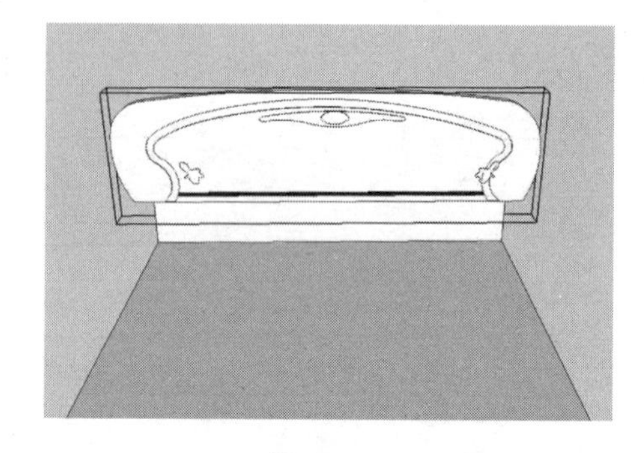

图 2-198

（9）使用“矩形”工具捕捉图中相应模型上的端点绘制 2000mm×1600mm 的矩形面，如图 2-199 所示。

（10）使用“推/拉”工具将上一步绘制的矩形面向上推拉 150mm 的高度，如图 2-200 所示。

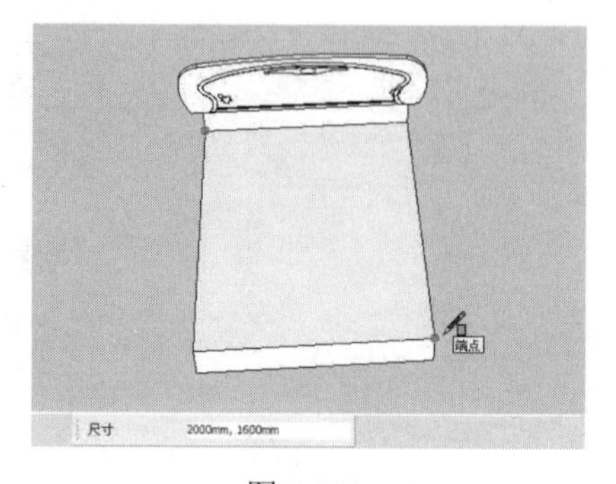

图 2-199

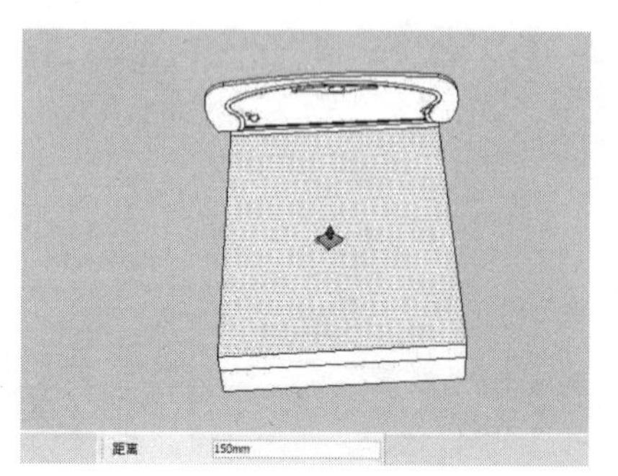

图 2-200

（11）双击上一步推拉后的立方体，然后单击插件 Round Corner 工具栏中的“倒圆角”按钮，设置偏移参数为 40，段数为 10，单击“确定”按钮，再按【Enter】键完成床垫的倒角操作，如图 2-201 所示。

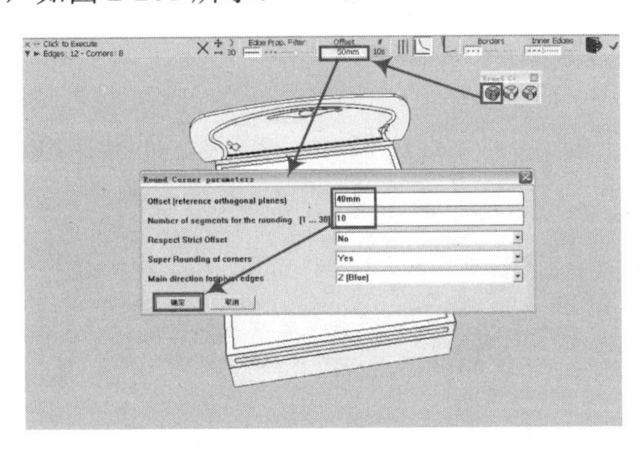

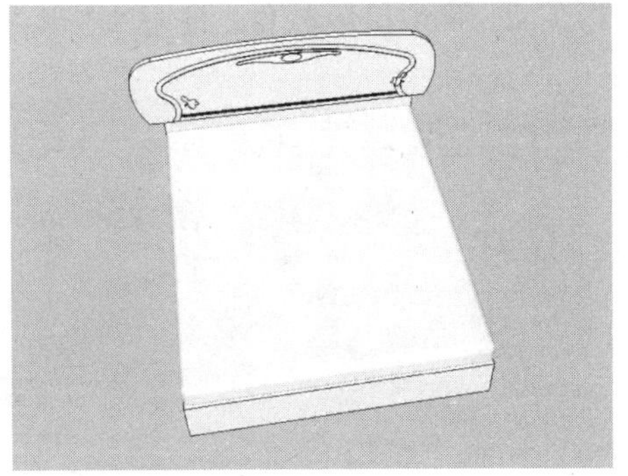

图 2-201

（12）制作双人床上的枕头及床单模型，其创建完成的效果如图 2-202 所示。

（13）使用“颜料桶”工具为制作完成的双人床模型赋予相应的材质，如图 2-203 所示。

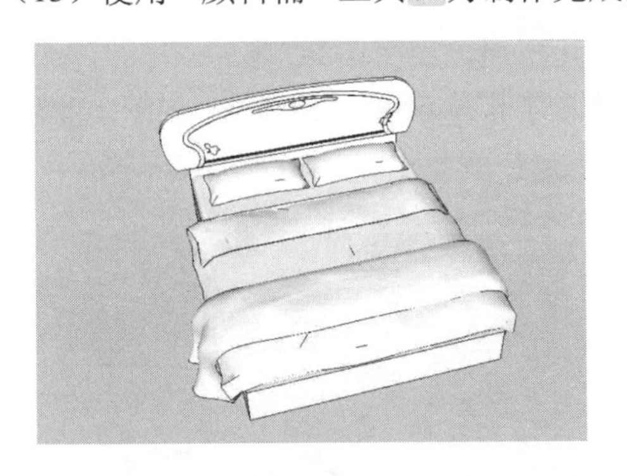

图 2-202

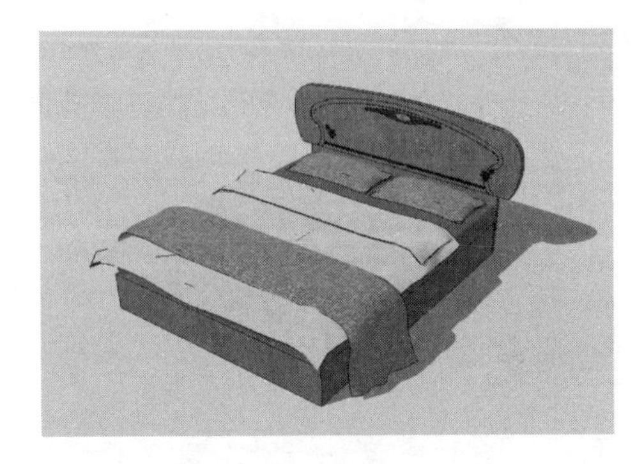

图 2-203

2.3.3 制作六人餐桌模型

餐桌的原意是指专供吃饭用的桌子。按材质可分为实木餐桌、钢木餐桌、大理石餐桌、大理石餐台、大理石茶几、玉石餐桌、玉石餐台、玉石茶几、云石餐桌等，如图 2-204 所示。

图 2-204

视频\02\制作六人餐桌模型.avi
案例\02\练习 2-10.skp

制作六人餐桌模型的操作步骤如下：

（1）启动 SketchUp 软件，使用“矩形”工具绘制 1400mm×800mm 的矩形面，如图 2-205 所示。

（2）使用“推/拉”工具将上一步绘制的矩形面向上推拉 80mm 的高度，如图 2-206 所示。

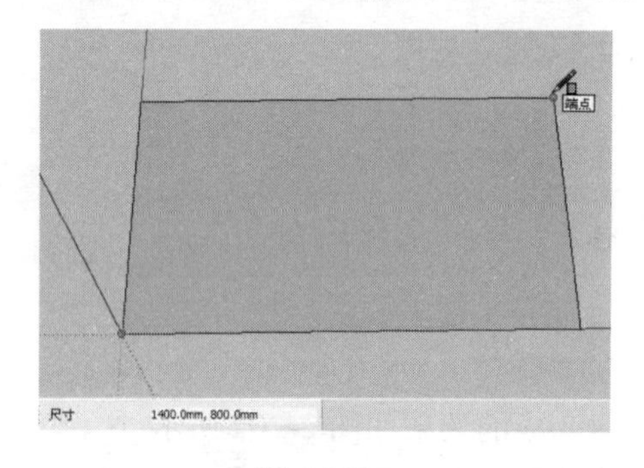

图 2-205

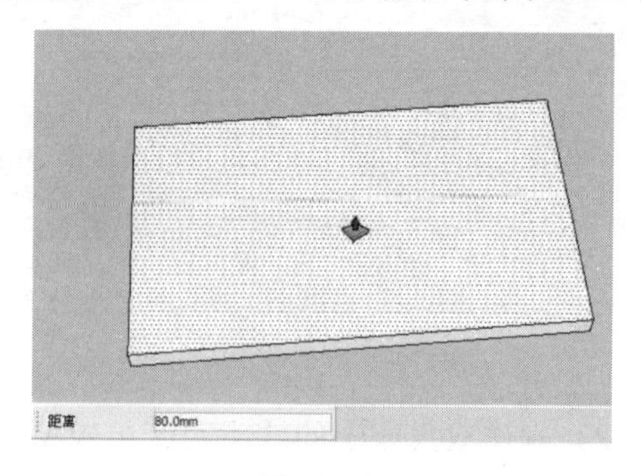

图 2-206

（3）使用“矩形”工具绘制 80mm×80mm 的矩形面，如图 2-207 所示。

（4）使用“推/拉”工具将上一步绘制的矩形面向上推拉 660mm 的高度，如图 2-208 所示。

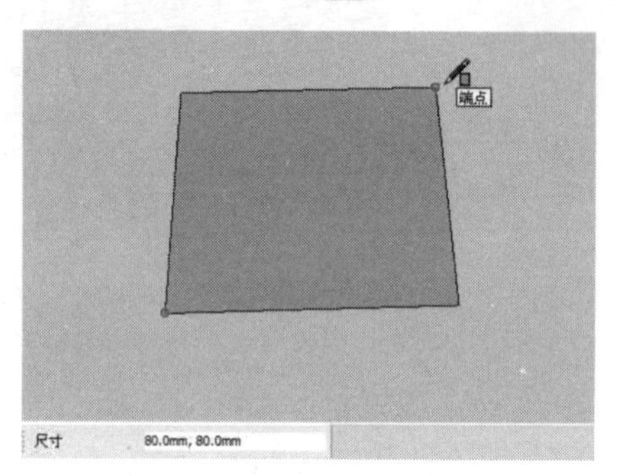

图 2-207

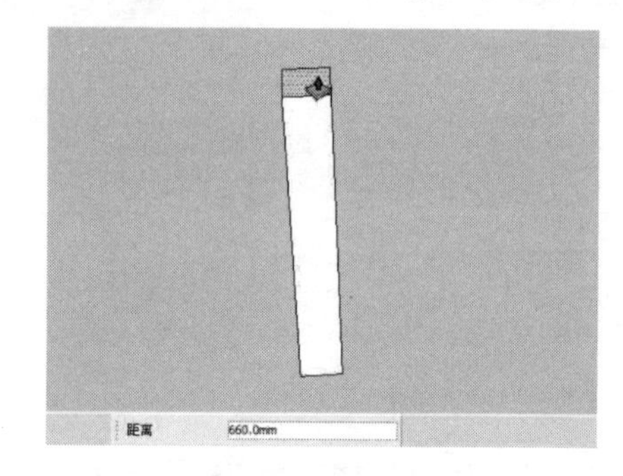

图 2-208

（5）使用“偏移”工具将立方体上侧的矩形面向内偏移 10mm 的距离，如图 2-209 所示。

（6）使用“推/拉”工具将偏移后的内侧矩形面向上推拉 10mm 的高度，并将创建的餐桌腿创建为群组，如图 2-210 所示。

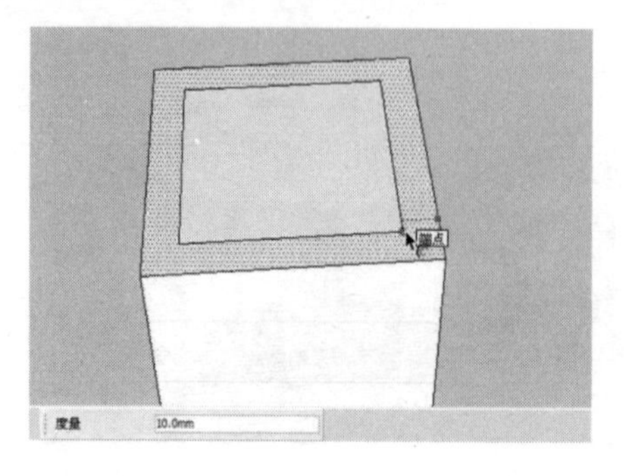

图 2-209

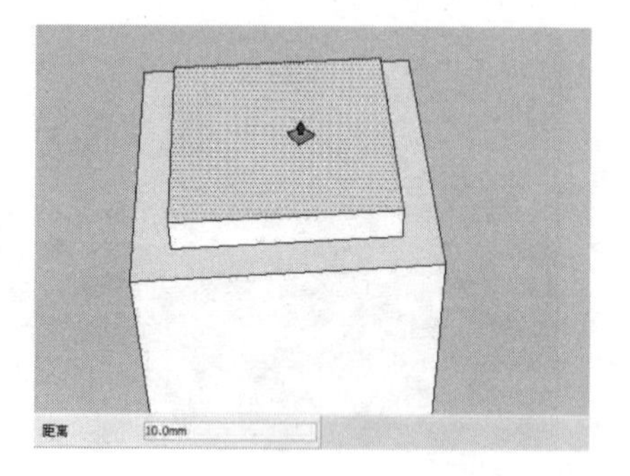

图 2-210

(7) 按住【Ctrl】键，使用“移动”工具将创建的餐桌腿复制并放置到餐桌台面的下侧，如图 2-211 所示。

(8) 使用“矩形”工具绘制 450mm×380mm 的矩形面，如图 2-212 所示。

图 2-211

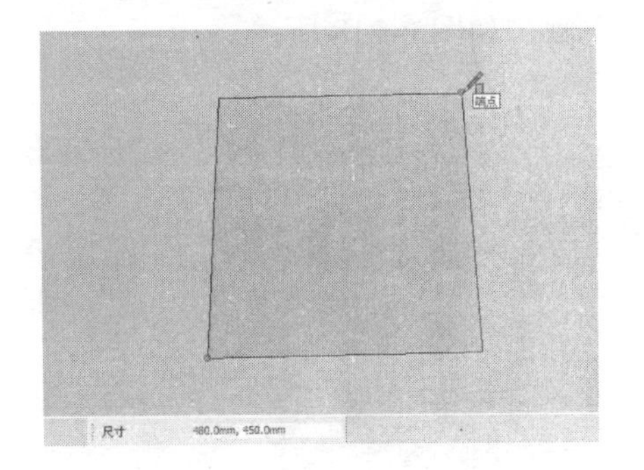

图 2-212

(9) 使用“推/拉”工具将上一步绘制的矩形面向上推拉 25mm 的高度，如图 2-213 所示。

(10) 使用“矩形”工具在上一步推拉后的立方体下侧绘制一个 450mm×430mm 的矩形面，如图 2-214 所示。

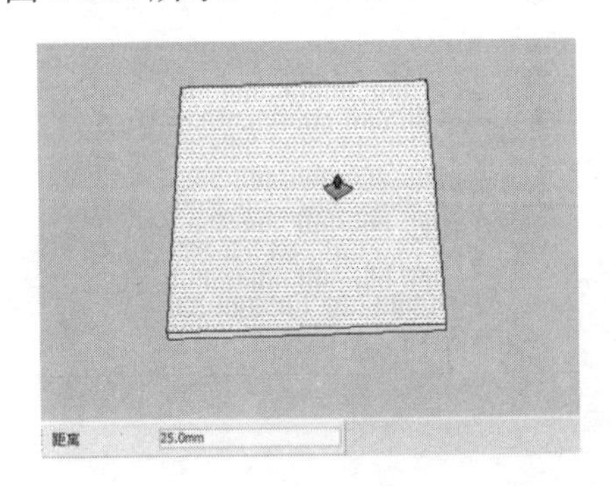

图 2-213

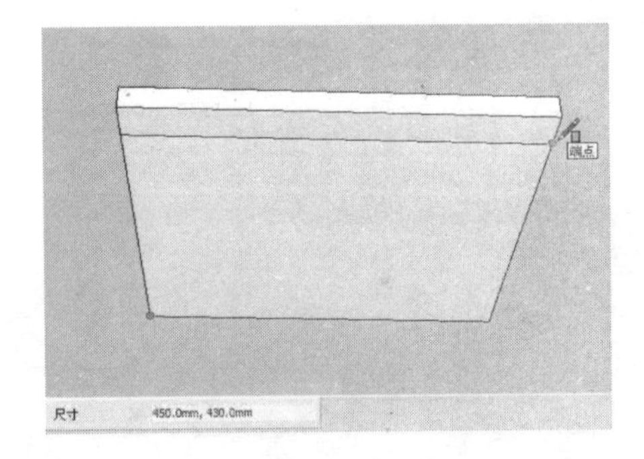

图 2-214

(11) 使用“推/拉”工具将上一步绘制的矩形面向下推拉 50mm 的高度，如图 2-215 所示。

(12) 使用“矩形”工具在图中的相应位置绘制 50mm×50mm 的矩形面，如图 2-216 所示。

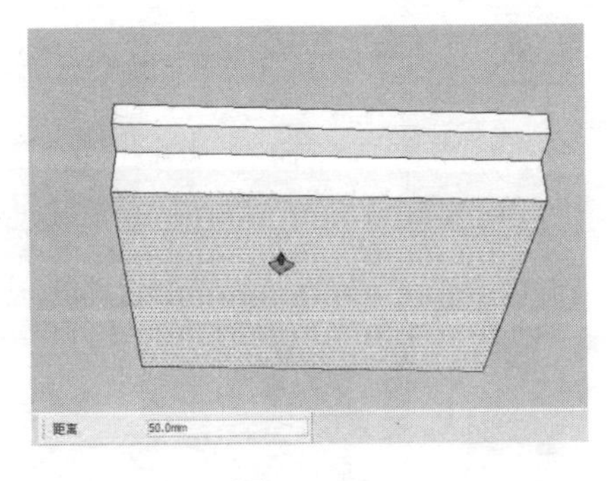

图 2-215

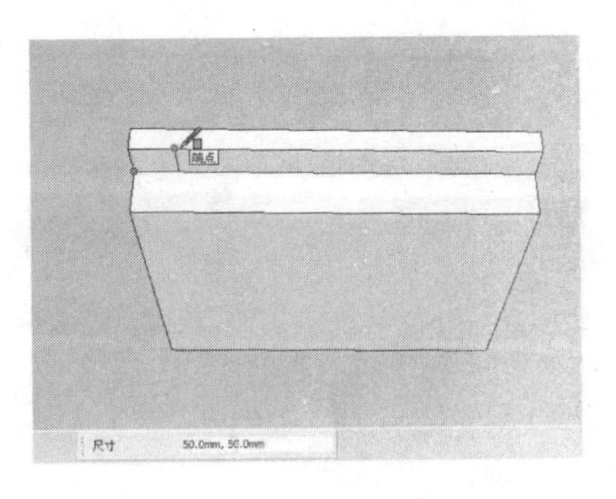

图 2-216

（13）使用“推/拉”工具将上一步绘制的矩形面向下推拉 450mm 的距离，并将推拉后的立方体创建为群组，如图 2-217 所示。

（14）按住 Ctrl 键，使用“移动”工具将上一步创建为群组后的椅子腿复制一份并移到坐凳的右侧，如图 2-218 所示。

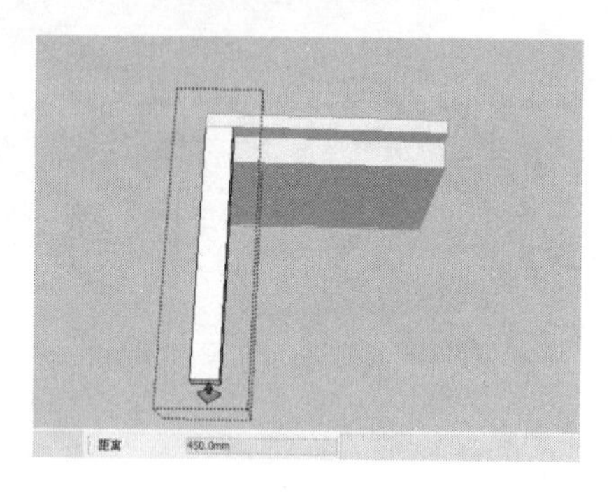

图 2-217

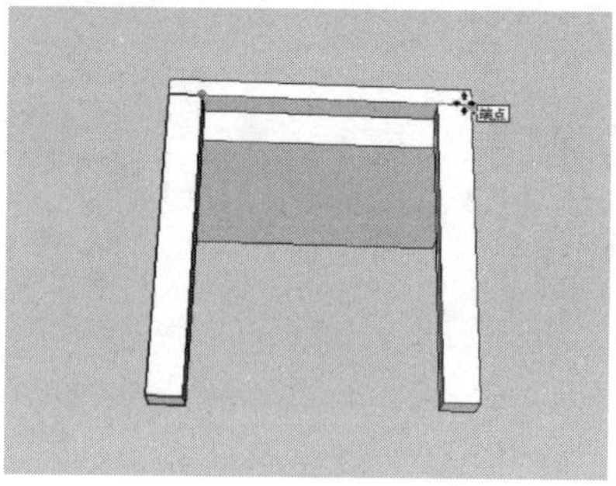

图 2-218

（15）使用“直线”工具绘制如图 2-219 所示的造型截面。

（16）使用“推/拉”工具将上一步绘制的造型面推拉出 30mm 的厚度，并将其创建为群组，如图 2-220 所示。

图 2-219

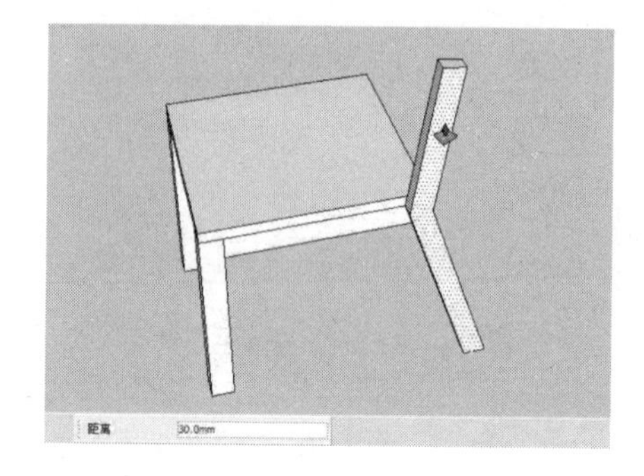

图 2-220

（17）按住【Ctrl】键，使用“移动”工具将上一步创建的群组水平向左复制一份并移到坐凳的左侧，如图 2-221 所示。

（18）使用“矩形”工具在图中的相应位置绘制 450mm×50mm 的矩形面，如图 2-222 所示。

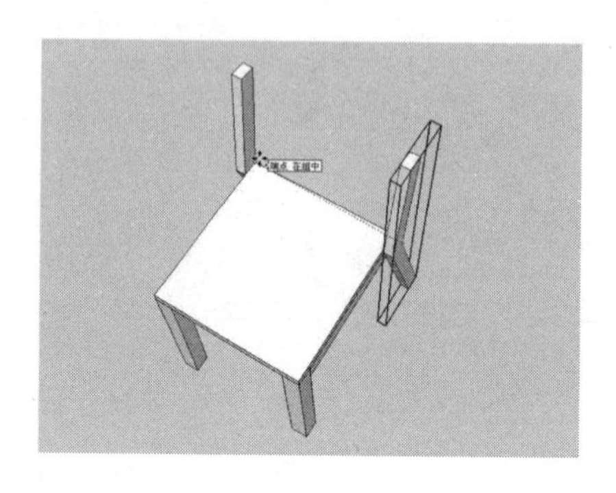

图 2-221

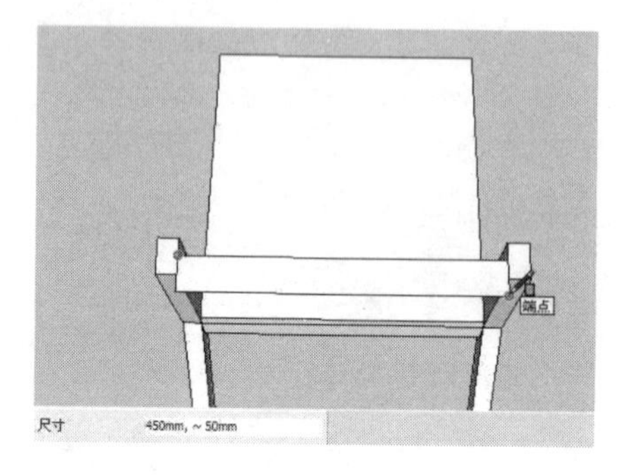

图 2-222

（19）使用“圆弧”工具捕捉图中相应的端点绘制一段圆弧，如图 2-223 所示。

（20）使用“偏移”工具将上一步绘制的圆弧向内偏移 25mm 的距离，如图 2-224 所示。

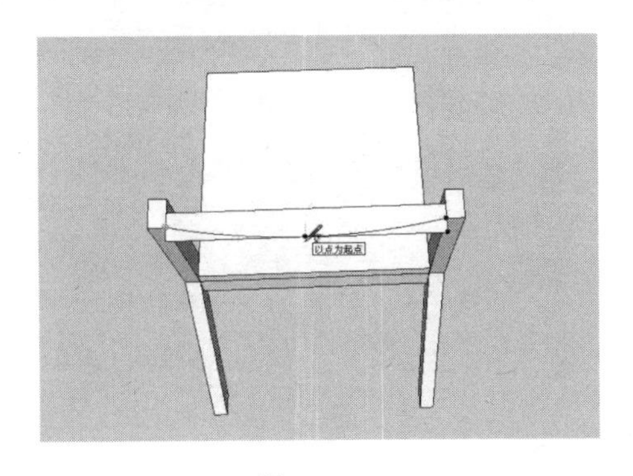

图 2-223

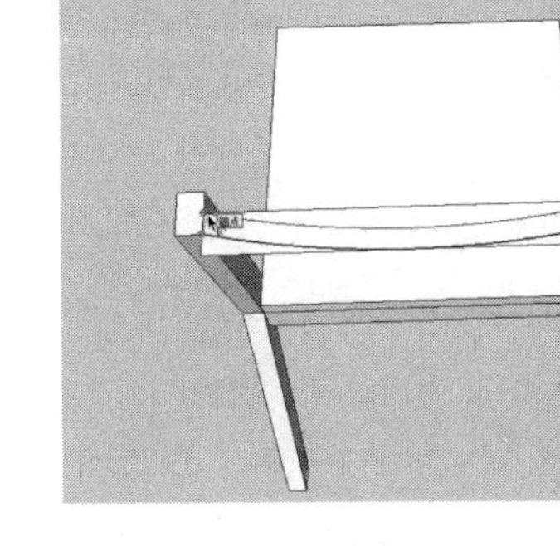

图 2-224

（21）删除图中多余的线面，然后将圆弧面创建为群组，如图 2-225 所示。

（22）双击上一步创建的群组，进入组的内部编辑状态，然后使用“推/拉”工具将圆弧面向下推拉 250mm 的距离，如图 2-226 所示。

图 2-225

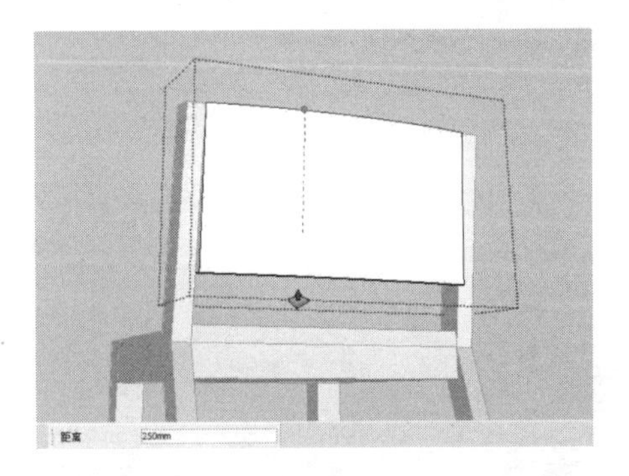

图 2-226

（23）使用“选择”工具选择推拉模型上的相应边线，然后使用“移动”工具将其向内进行移动，如图 2-227 所示。

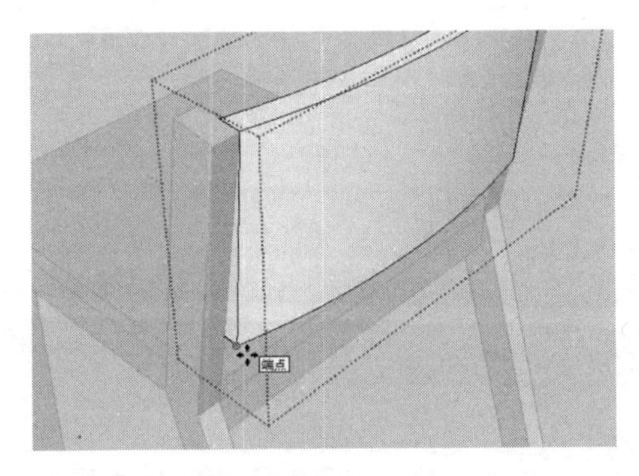

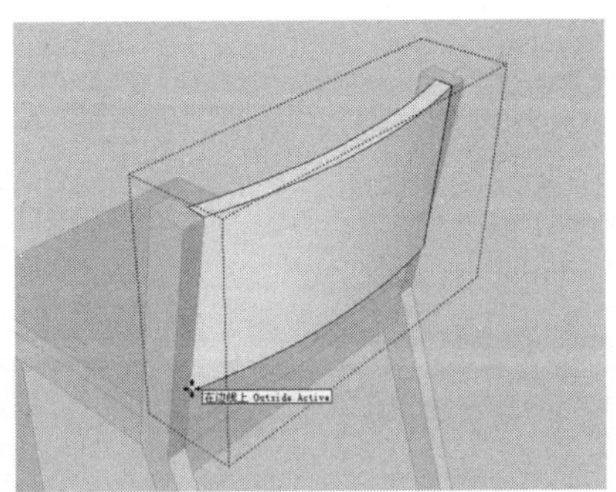

图 2-227

（24）将创建完成的餐桌椅创建为群组，然后结合“移动”工具及“旋转”工具，对其进行复制并将其布置到餐桌四周相应位置，如图 2-228 所示。

（25）使用“颜料桶”工具为制作完成的六人餐桌模型赋予相应的材质，如图 2-229 所示。

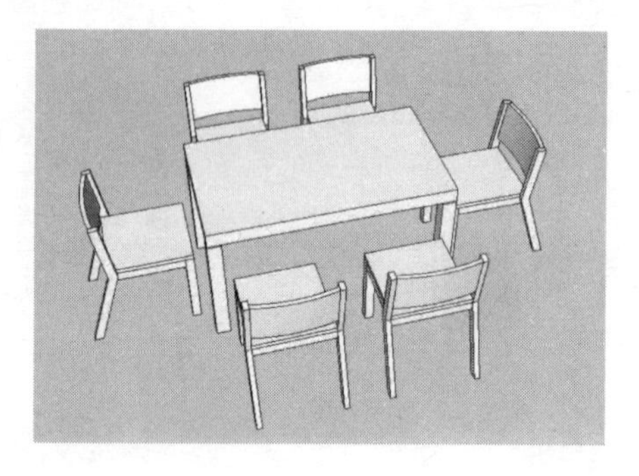

图 2-228

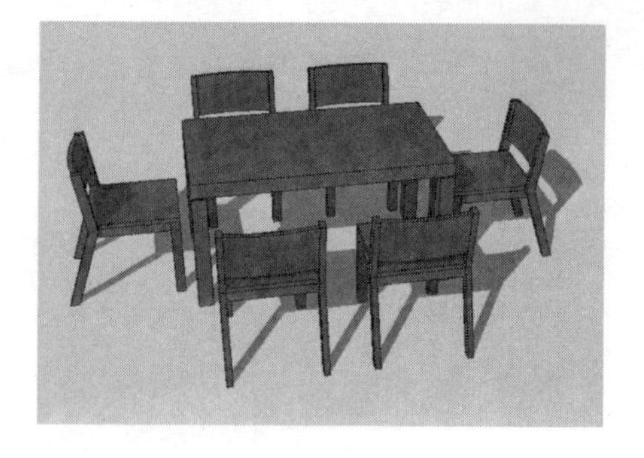

图 2-229

第3章 制作室内电器、厨具及洁具模型

本章导读

在进行室内装潢施工图的设计过程中，室内的电器、厨具及洁具等对象，同样也是必不可少的装修元素。本章通过 SketchUp 2013 软件来讲解创建室内电器、厨具和洁具模型的方法，为后面的室内布置提供相应的元素模型。

主要内容

- 制作室内电器模型
- 制作室内厨具模型
- 制作卫浴洁具模型

效果预览

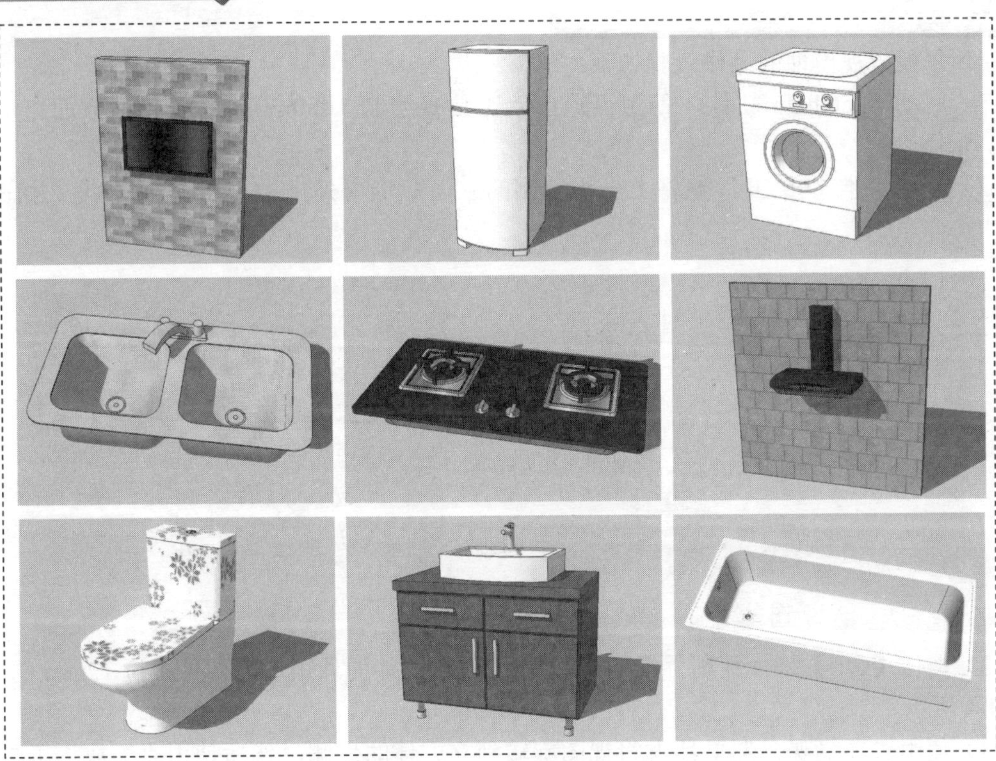

3.1 制作室内电器模型

室内电器是家庭生活的必需品，它给人们的日常生活带来便捷与舒适的享受，其主要的家居电器设备有电视机、电冰箱、洗衣机及空调等，本节主要对家庭常用的电器模型的制作进行详细讲解。

3.1.1 制作平板电视模型

电视是利用电子技术及设备传送活动的图像画面和音频信号，即电视接收机，也是重要的广播和视频通信工具，如图 3-1 所示。

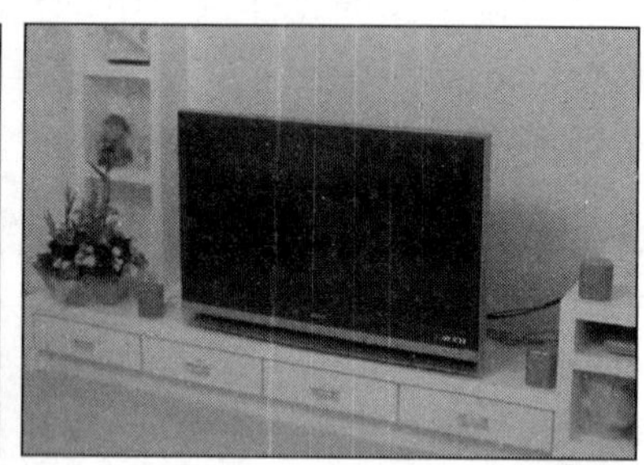

图 3-1

视频\03\制作平板电视模型.avi
案例\03\练习 3-1.skp

制作平板电视模型的操作步骤如下：

（1）启动 SketchUp 软件，使用“矩形”工具绘制 1000mm×600mm 的立面矩形，如图 3-2 所示。

（2）使用“推/拉”工具将上一步绘制的立面矩形向外推拉 90mm 的厚度，如图 3-3 所示。

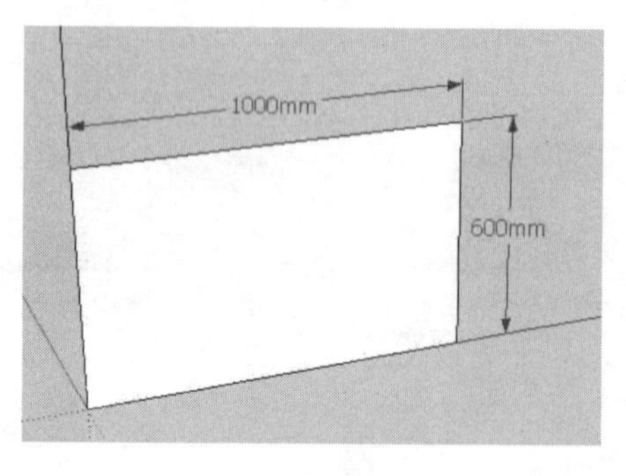

图 3-2

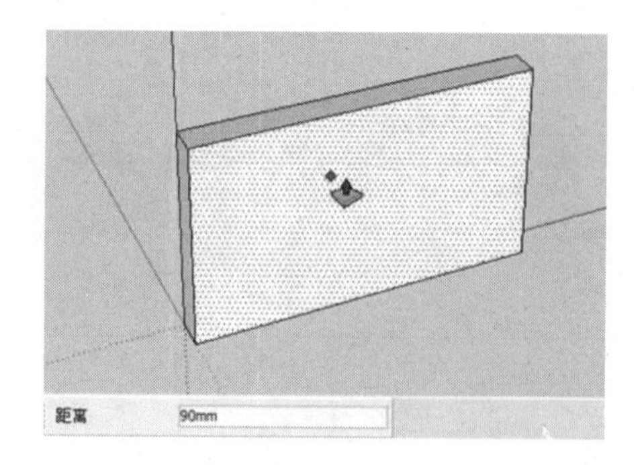

图 3-3

（3）按住【Ctrl】键，使用“推/拉”工具将立方体的外矩形面向外推拉 12mm 的厚度，如图 3-4 所示。

（4）使用“环绕观察”工具将视图旋转到立方体的后侧，然后使用“缩放”工具并按住【Ctrl】键对立方体后侧的矩形面进行等比缩放，如图 3-5 所示。

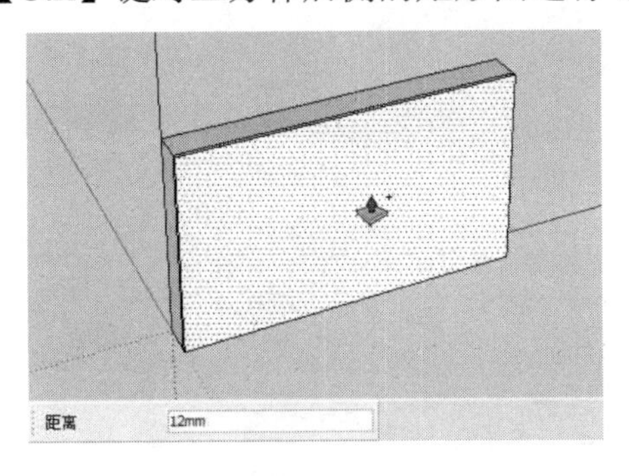

图 3-4

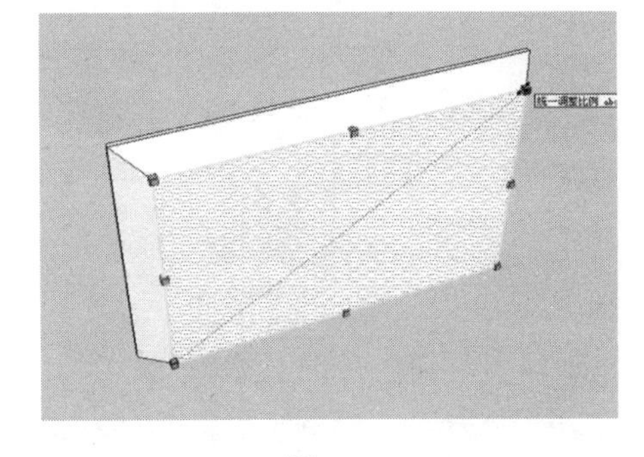

图 3-5

（5）使用“环绕观察”工具将视图旋转到电视机的前侧，然后使用“偏移”工具将电视机前侧的矩形面向内偏移 38mm 的距离，如图 3-6 所示。

（6）使用“推/拉”工具将图中相应的矩形面向内推拉 10mm 的厚度，如图 3-7 所示。

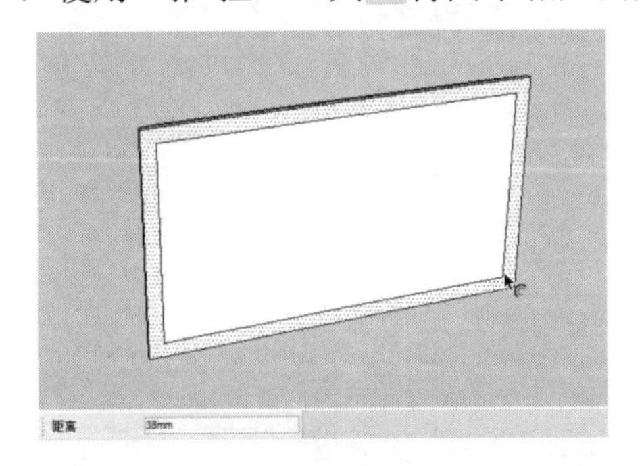

图 3-6

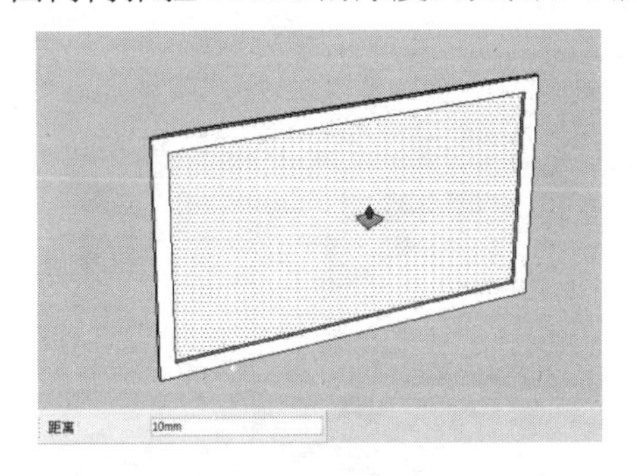

图 3-7

（7）全选前面创建的电视机主体模型，然后右击，在快捷菜单中执行“创建群组”命令，将其创建为组，如图 3-8 所示。

（8）使用“矩形”工具在电视机的右下侧相应位置绘制 18mm×18mm 的矩形面，如图 3-9 所示。

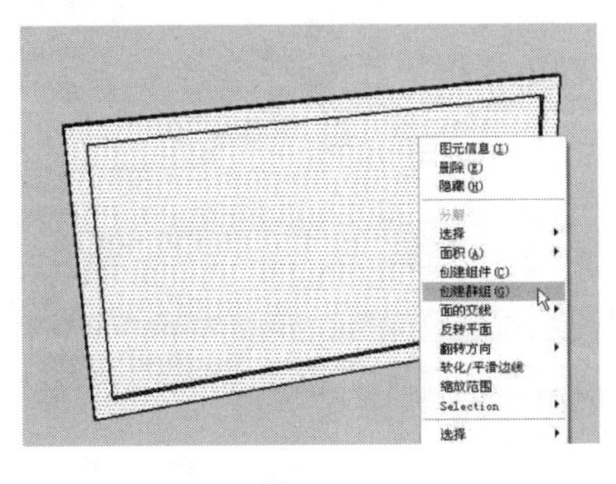

图 3-8

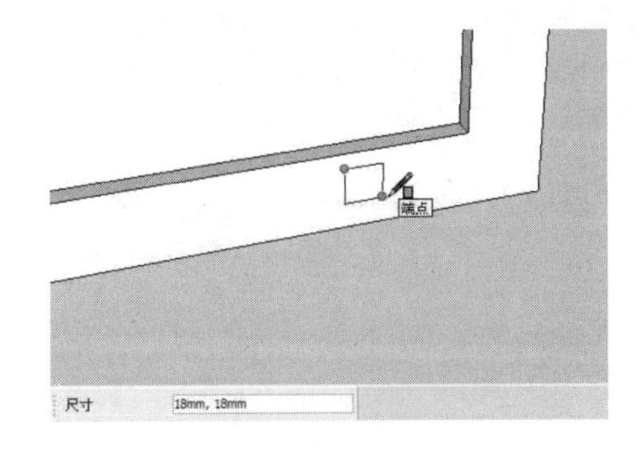

图 3-9

（9）双击上一步绘制的矩形面，然后右击，在快捷菜单中执行“创建群组”命令，将其创建为组，如图 3-10 所示。

（10）双击上一步创建的组，进入组的内部编辑状态，然后使用“推/拉”工具将矩形面向外推拉 2mm 的厚度，如图 3-11 所示。

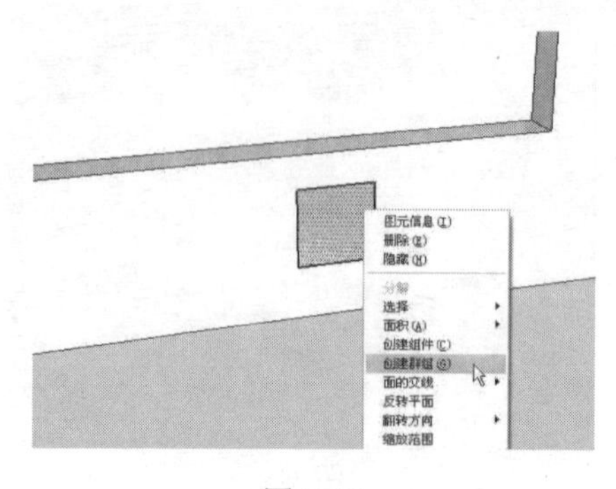

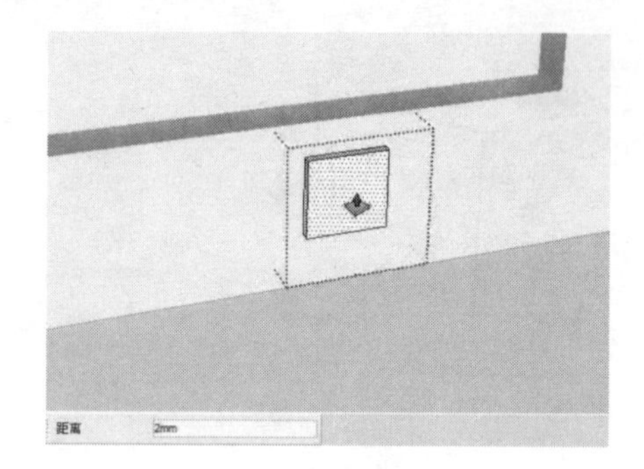

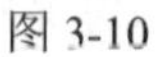

图 3-10　　　　图 3-11

（11）按住【Ctrl】键，使用“缩放”工具对立方体前侧的矩形面进行等比缩放，如图 3-12 所示。

（12）使用“移动”工具将上一步进行等比缩放后的电视机按钮水平向左复制 4 个，如图 3-13 所示。

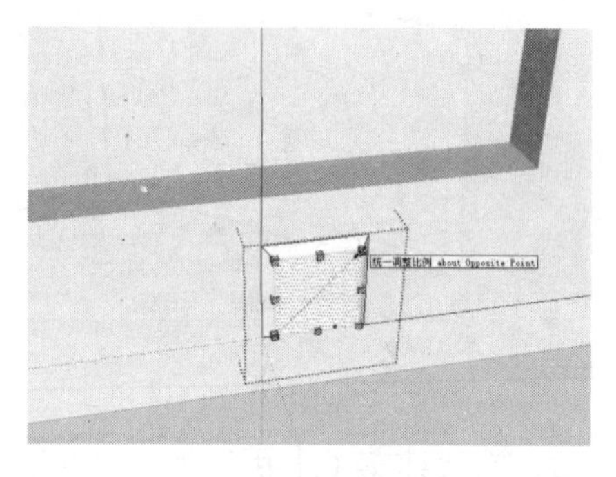

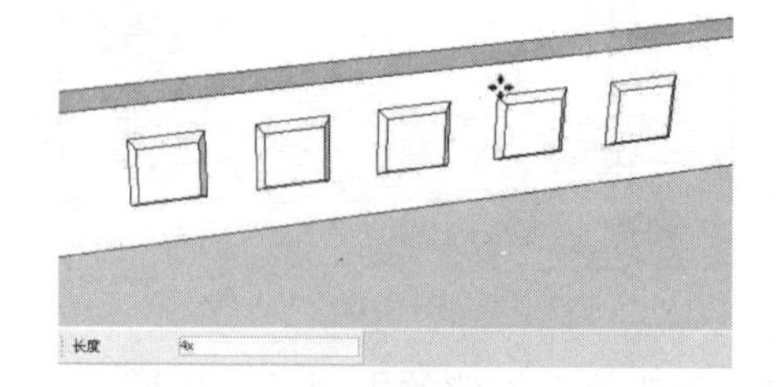

图 3-12　　　　图 3-13

（13）单击“三维文本”工具，弹出“放置三维文本”对话框，然后在下侧的文本框中输入文字内容“SONY”，并设置好下侧的相关参数，最后单击“放置”按钮，将文字插入电视机下侧的相应位置，如图 3-14 所示。

（14）结合“矩形”工具及“推/拉”工具，在电视机的后侧绘制一个立方体作为电视机背景墙效果，如图 3-15 所示。

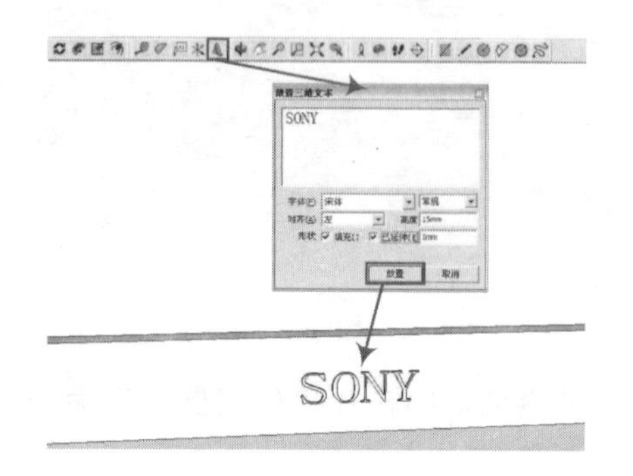

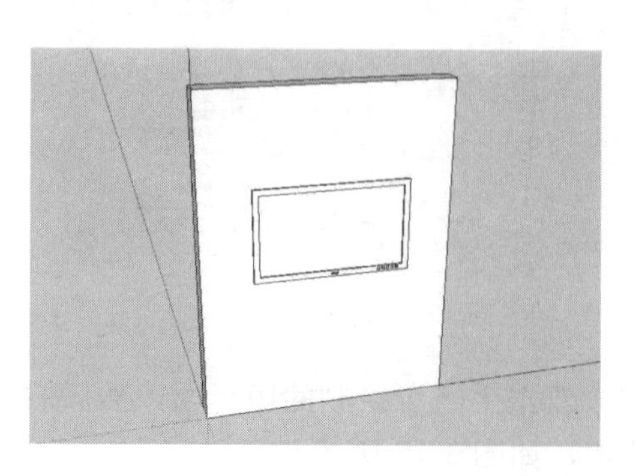

图 3-14　　　　图 3-15

（15）使用“颜料桶”工具为制作的电视机及背景墙赋予相应的材质，并打开阴影显示，如图 3-16 所示。

图 3-16

3.1.2 制作电冰箱模型

电冰箱是持恒定低温的一种制冷设备，也是一种使食物或其他物品保持恒定低温冷态的民用产品。冰箱箱体内有压缩机、制冰机用以结冰的柜或箱，带有制冷装置的储藏箱，如图 3-17 所示。

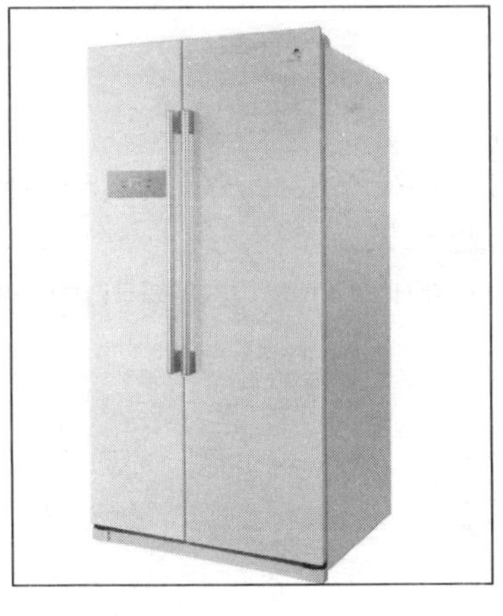

图 3-17

视频\03\制作电冰箱模型.avi
案例\03\练习 3-2.skp

制作电冰箱模型的操作步骤如下：

（1）启动 SketchUp 软件，使用“矩形”工具绘制 670mm×570mm 的矩形面，如图 3-18 所示。

（2）使用“推/拉”工具将上一步绘制的矩形面向上推拉 1780mm 的高度，如图 3-19 所示。

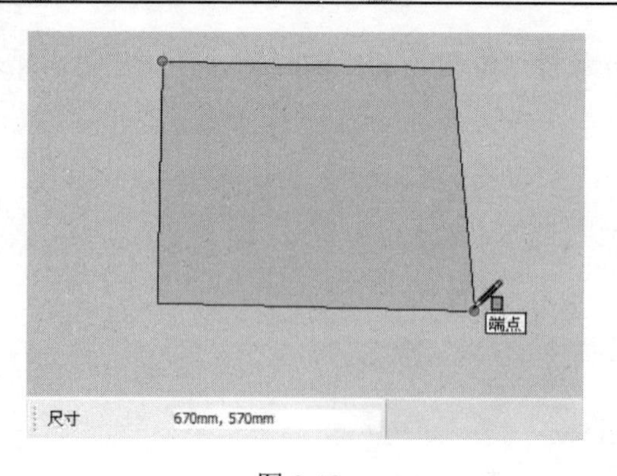

图 3-18

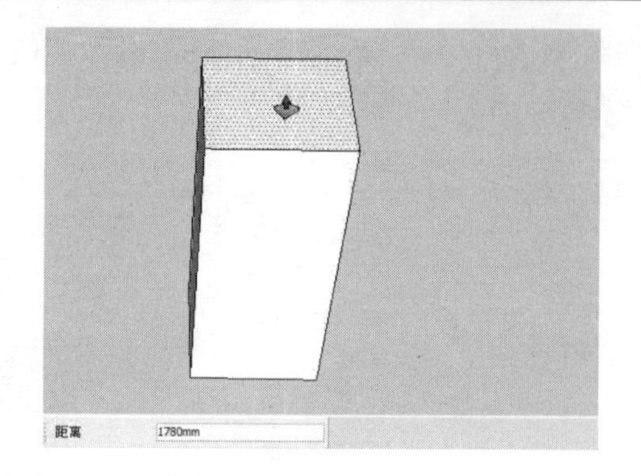

图 3-19

（3）使用“偏移”工具将立方体的外侧矩形面向内偏移 50mm 的距离，如图 3-20 所示。

（4）使用“卷尺“工具在立方体的外侧矩形面上绘制两条辅助参考线，如图 3-21 所示。

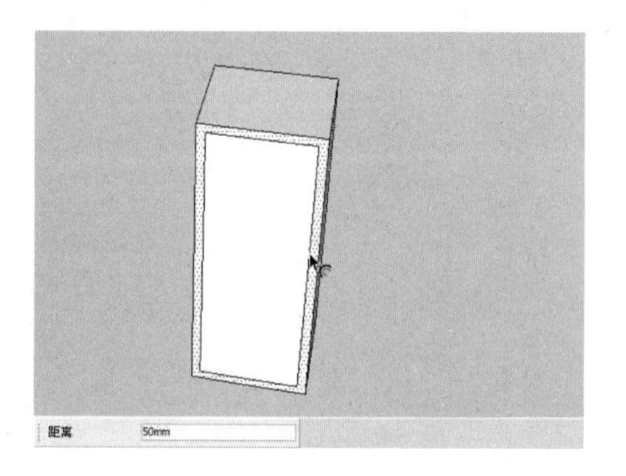

图 3-20

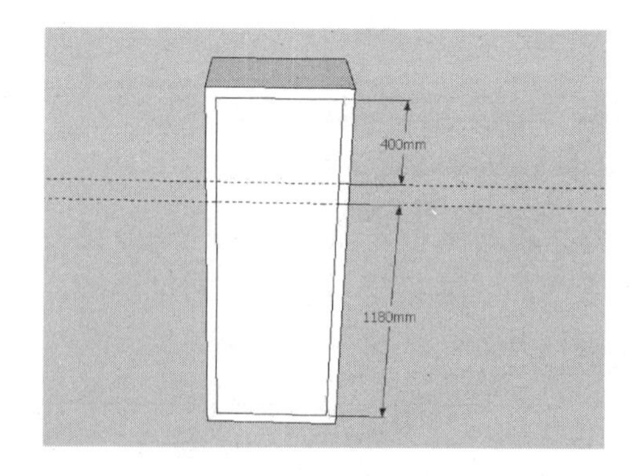

图 3-21

（5）使用“直线”工具借助上一步绘制的参考线，在立方体的外侧矩形面上补上两条线条，如图 3-22 所示。

（6）使用“推/拉”工具将图中相应的矩形面向内推拉 520mm 的距离，如图 3-23 所示。

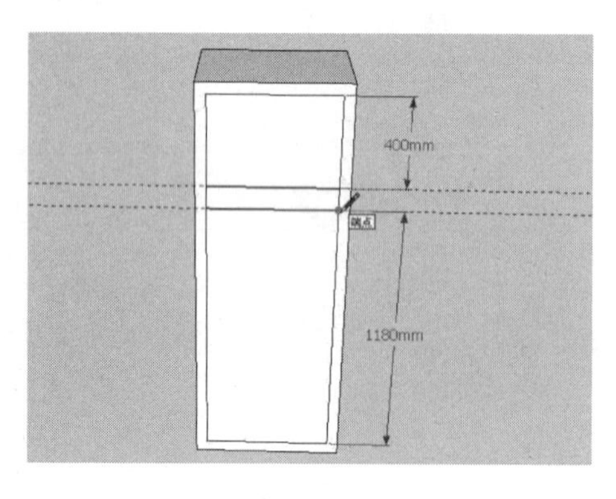

图 3-22

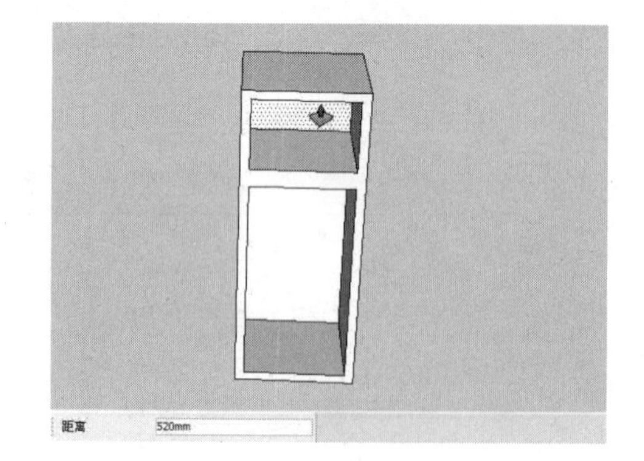

图 3-23

（7）使用“偏移”工具将图中相应的几条线段向外偏移 20mm 的距离，如图 3-24 所示。

（8）继续使用“偏移”工具将上一步偏移后的线段再向外偏移 20mm 的距离，如图 3-25 所示。

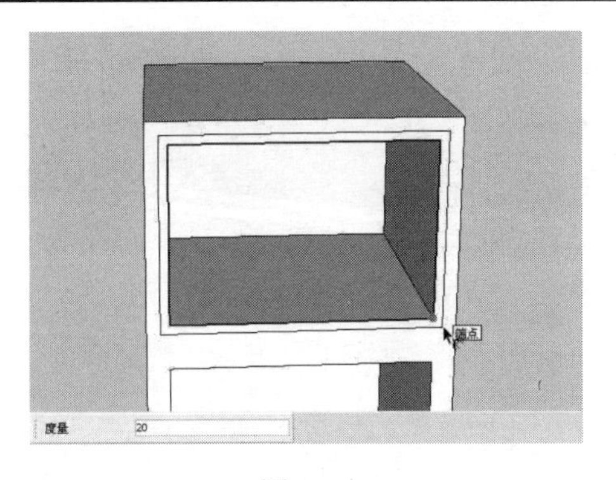

图 3-24

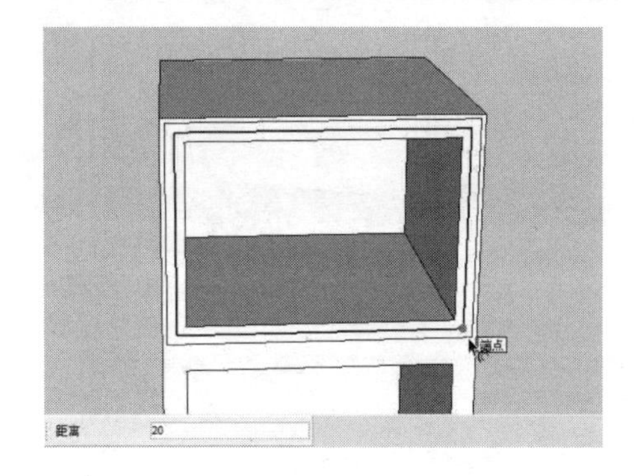

图 3-25

（9）双击偏移线段所形成的面，然后右击，在快捷菜单中执行“创建群组”命令，将其创建为组，如图 3-26 所示。

（10）双击上一步创建的组，进入组的内部编辑状态，然后使用“推/拉”工具将造型面向外推拉 12mm 的厚度，如图 3-27 所示。

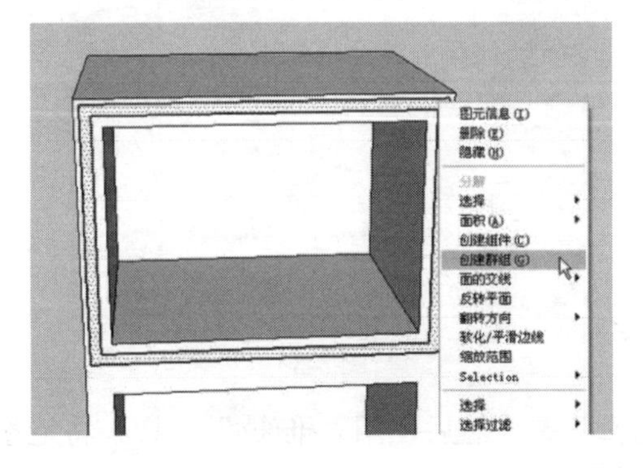

图 3-26

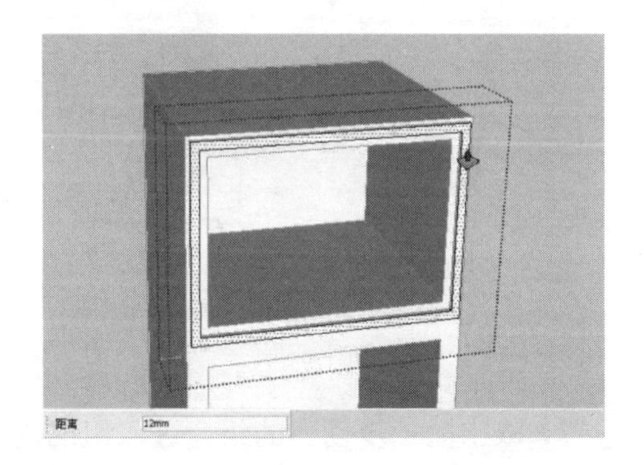

图 3-27

（11）使用相同的方法创建出冰箱下侧的橡胶垫，如图 3-28 所示。

（12）使用“矩形”工具在冰箱柜体下侧绘制 670mm×125mm 的矩形面，如图 3-29 所示。

图 3-28

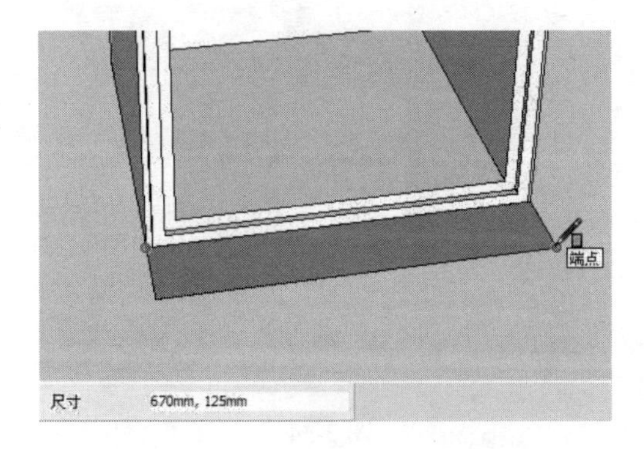

图 3-29

（13）按住【Ctrl】键，使用“移动”工具将上一步绘制的矩形面内侧的线条复制一份，移动距离为 35mm，如图 3-30 所示。

（14）使用“圆弧”工具捕捉矩形面上相应的端点及中点绘制一段圆弧，如图 3-31 所示。

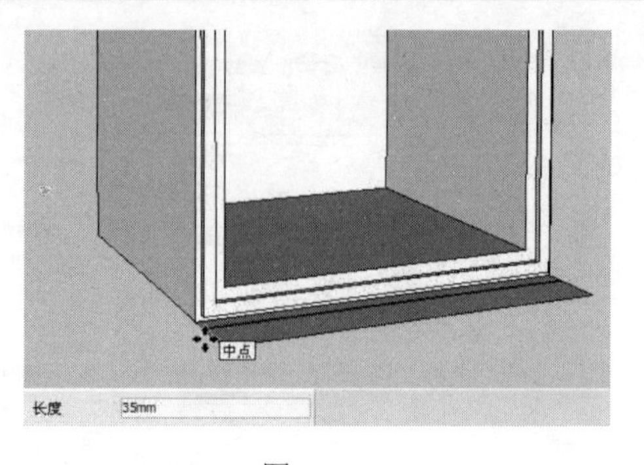

图 3-30

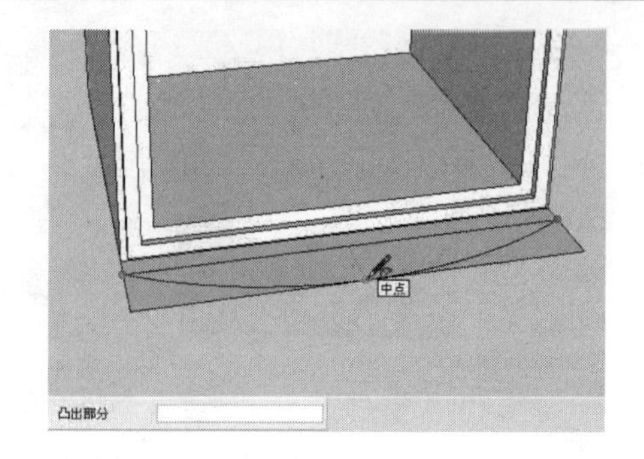

图 3-31

（15）使用“橡皮擦”工具删除图中相应的线面，如图 3-32 所示。

（16）双击图中相应的造型面，然后右击，在快捷菜单中执行“创建群组”命令，将其创建为组，如图 3-33 所示。

图 3-32

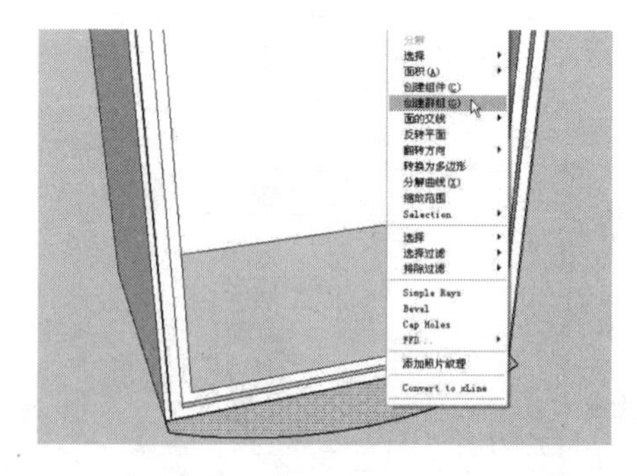

图 3-33

（17）双击上一步创建的组，进入组的内部编辑状态，然后使用“推/拉”工具将造型面向上推拉 1280mm 的高度，拉伸后的模型作为冰箱柜门，如图 3-34 所示。

（18）将上一步创建的冰箱柜门向上复制一份，然后使用“缩放”工具将冰箱柜门向下进行拉伸操作，使其符合要求，如图 3-35 所示。

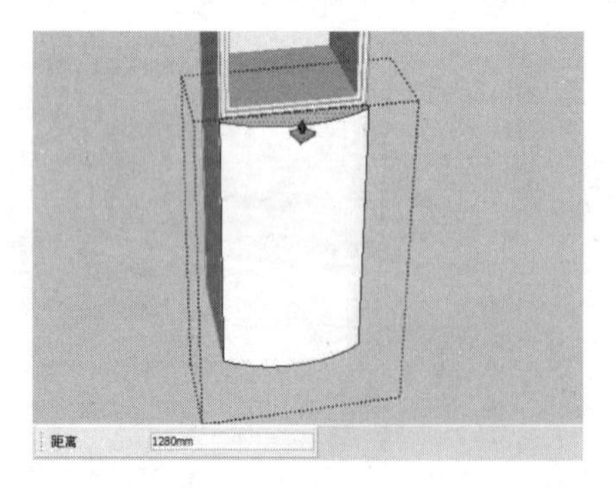

图 3-34

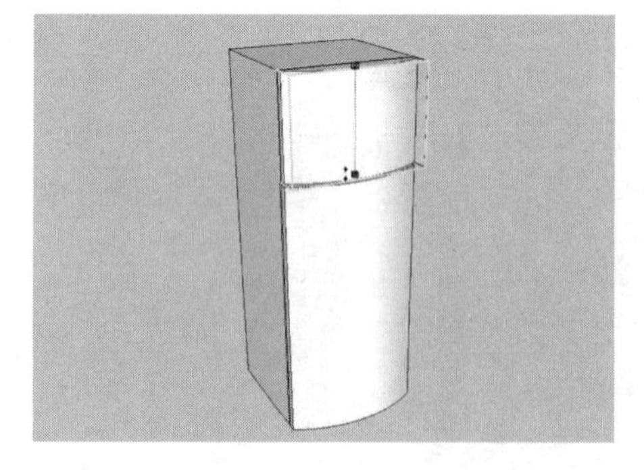

图 3-35

（19）结合“直线”工具及“推/拉”工具，在冰箱的下侧创建出 4 个冰箱的柜角造型，如图 3-36 所示。

（20）使用“颜料桶”工具为制作的电冰箱模型赋予相应的材质，并打开阴影显示，如图 3-37 所示。

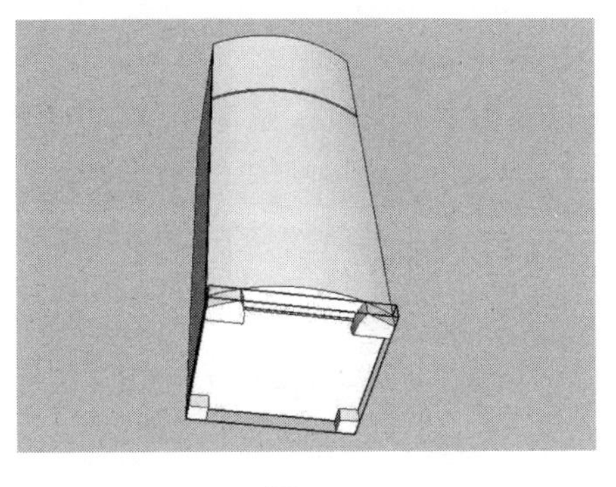

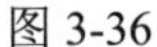

图 3-36

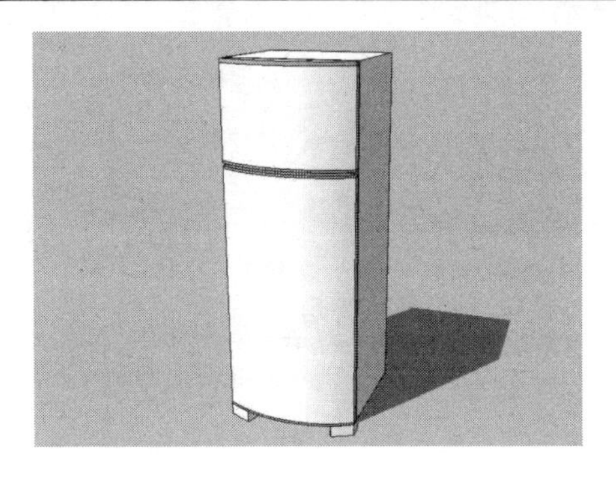

图 3-37

3.1.3 制作洗衣机模型

洗衣机是利用电能产生机械作用来洗涤衣物的清洁电器，按其额定洗涤容量分为家用和集体用两类。中国规定洗涤容量在 6 千克以下的属于家用洗衣机，家用洗衣机主要由箱体、洗涤脱水桶（有的洗涤和脱水桶分开）、传动和控制系统等组成，有的还装有加热装置。洗衣机一般专指使用水作为主要的清洗液体，有别于使用特制清洁溶液及通常由专人负责的干洗，如图 3-38 所示。

图 3-38

视频\03\制作洗衣机模型.avi
案例\03\练习 3-3.skp

制作洗衣机模型的操作步骤如下：

（1）启动 SketchUp 软件，使用“矩形”工具绘制 680mm×670mm 的矩形面，如图 3-39 所示。

（2）使用“推/拉”工具将上一步绘制的矩形面向上推拉 900mm 的高度，如图 3-40 所示。

（3）使用“卷尺”工具绘制一条与立方体外表面下侧水平边距离为 180mm 的辅助参考线，如图 3-41 所示。

（4）继续使用“卷尺”工具分别绘制一条与立方体外表面左右两侧垂直边距离为 10mm 的辅助参考线，如图 3-42 所示。

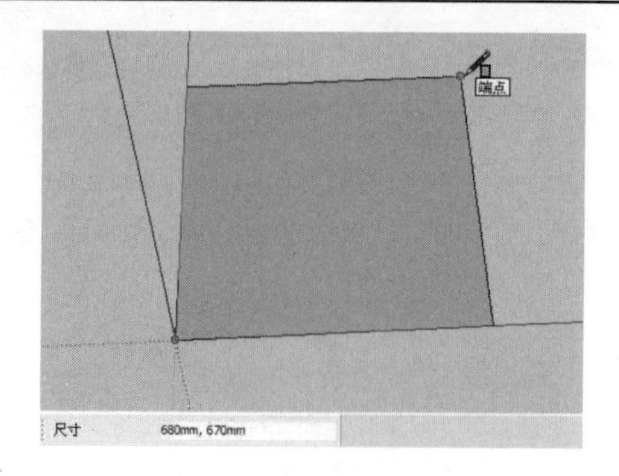

图 3-39

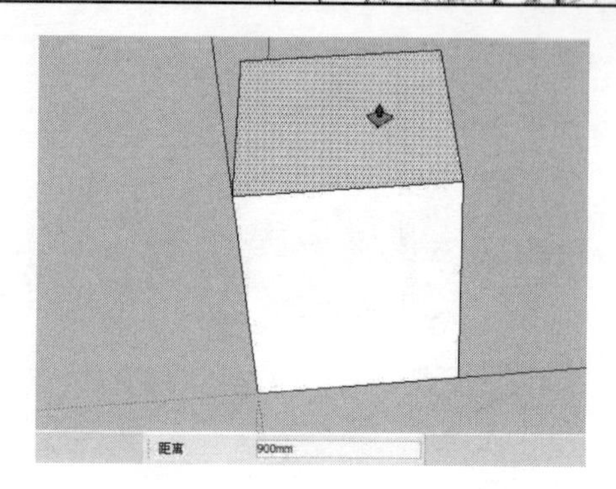

图 3-40

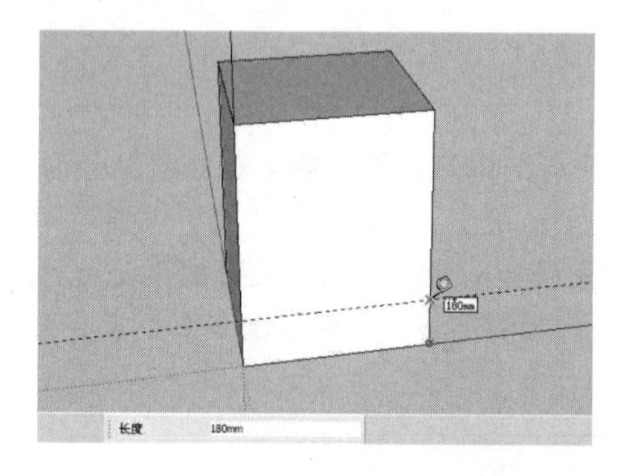

图 3-41

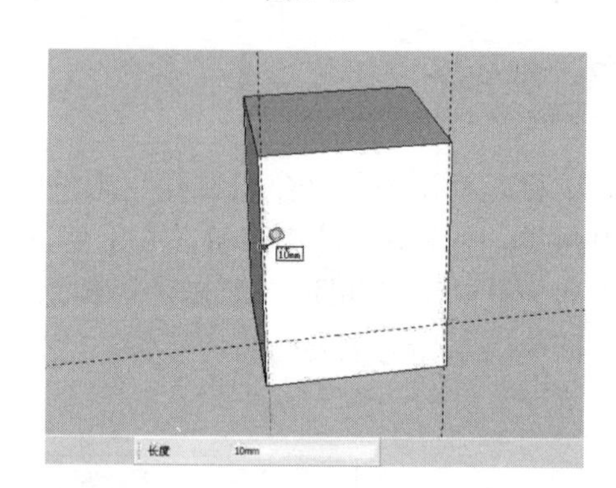

图 3-42

（5）使用“直线”工具借助上一步绘制的辅助参考线在立方体的外表面上绘制几条线段，如图 3-43 所示。

（6）使用“推/拉”工具将洗衣机左侧相应的面向内推拉 50mm 的距离，如图 3-44 所示。

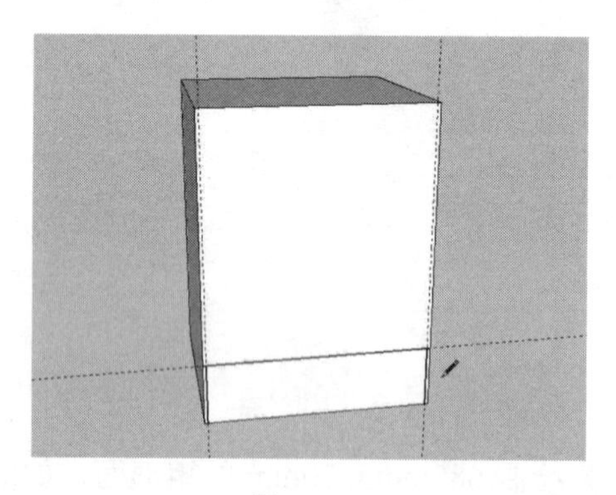

图 3-43

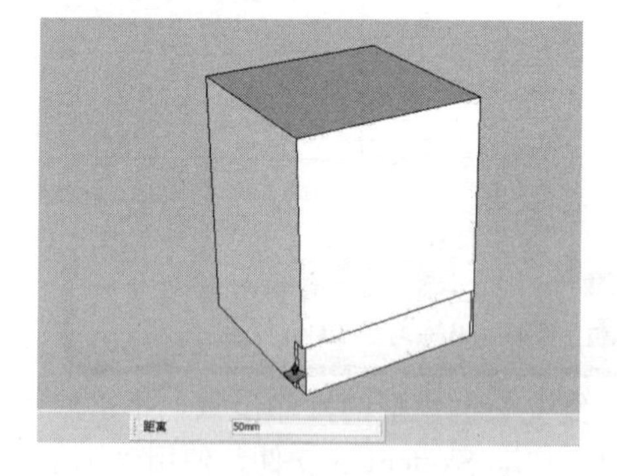

图 3-44

（7）继续使用“推/拉”工具将洗衣机右侧相应的面向内推拉 50mm 的距离，如图 3-45 所示。

（8）使用“卷尺”工具绘制一条与立方体外表面上侧水平边距离为 180mm 的辅助参考线，如图 3-46 所示。

（9）使用“直线”工具借助上一步绘制的辅助参考线绘制一条线段，如图 3-47 所示。

（10）使用“推/拉”工具将图中的相应面向外推拉 5mm 的距离，如图 3-48 所示。

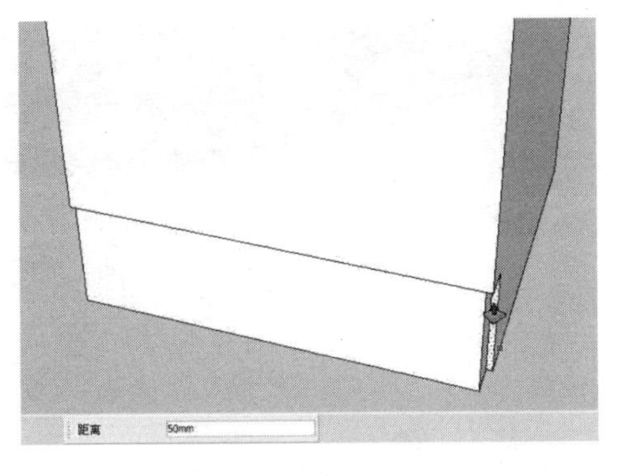

图 3-45

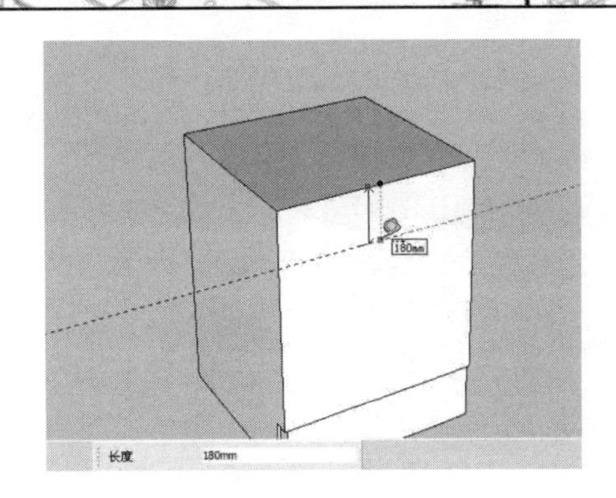

图 3-46

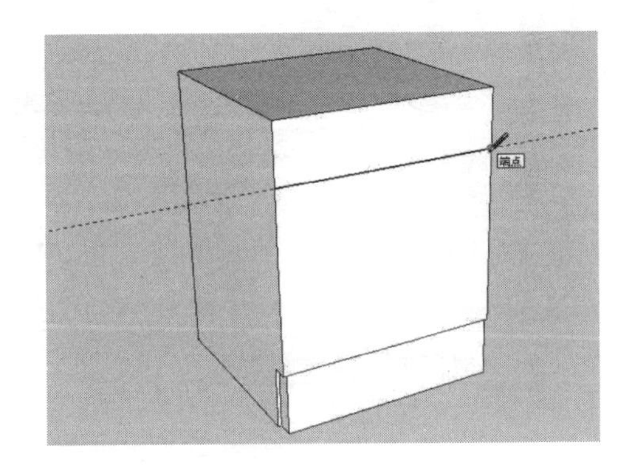

图 3-47

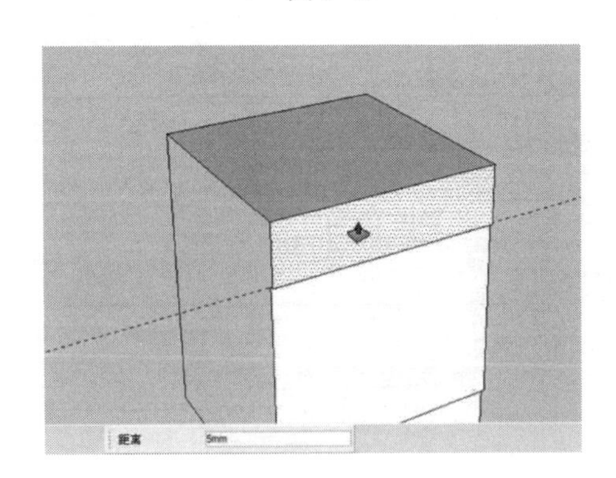

图 3-48

（11）使用“卷尺”工具在图中的相应位置绘制几条辅助参考线，如图 3-49 所示。

（12）使用“直线“工具借助上一步绘制的辅助参考线绘制几条线段，如图 3-50 所示。

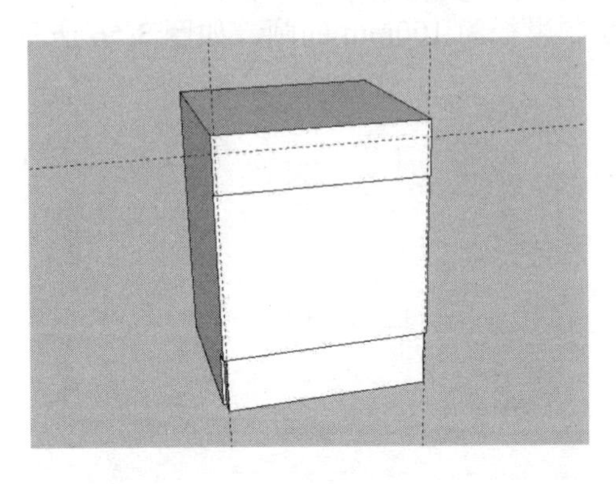

图 3-49

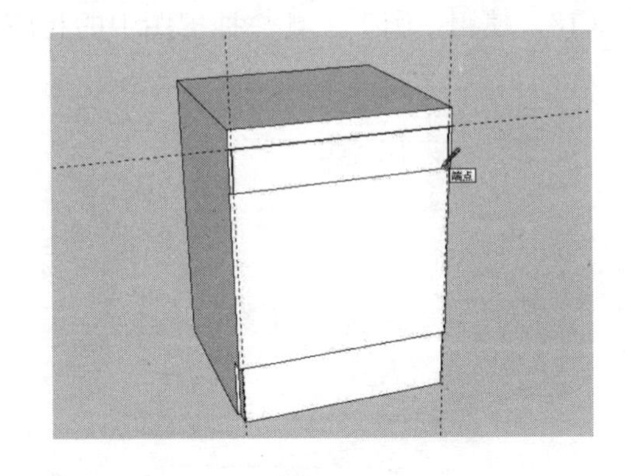

图 3-50

（13）使用“推/拉”工具将洗衣机左侧的相应面向内推拉 45mm 的距离，如图 3-51 所示。

（14）使用“推/拉”工具将洗衣机右侧的相应面向内推拉 45mm 的距离，如图 3-52 所示。

（15）使用“卷尺”工具在洗衣机的上侧面上绘制如图 3-53 所示的几条辅助参考线。

（16）使用“矩形”工具捕捉辅助参考线上的相应交点绘制一个矩形面，如图 3-54 所示。

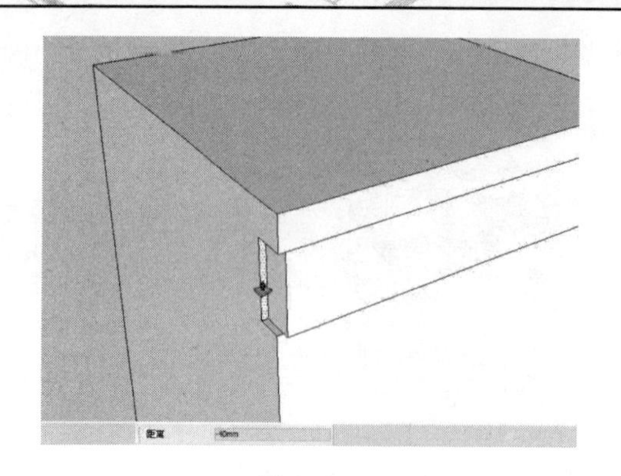

图 3-51

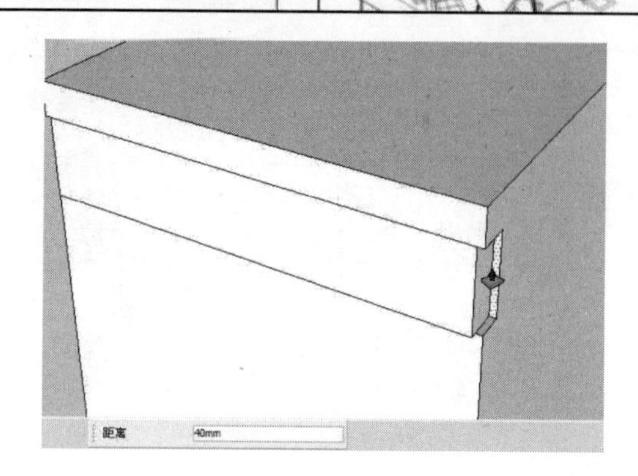

图 3-52

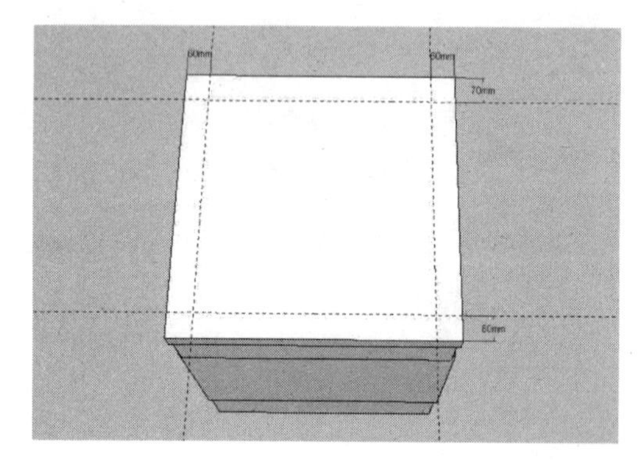

图 3-53

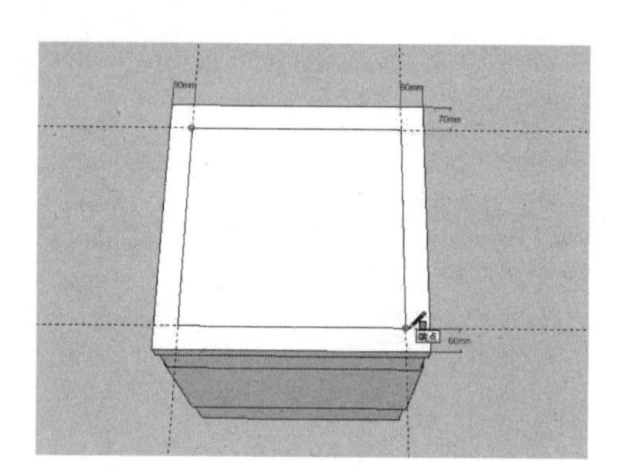

图 3-54

（17）使用“矩形”工具在图中的相应位置绘制 100mm×100mm 的矩形面，如图 3-55 所示。

（18）使用“圆”工具捕捉图中的相应点绘制半径为 100mm 的圆，如图 3-56 所示。

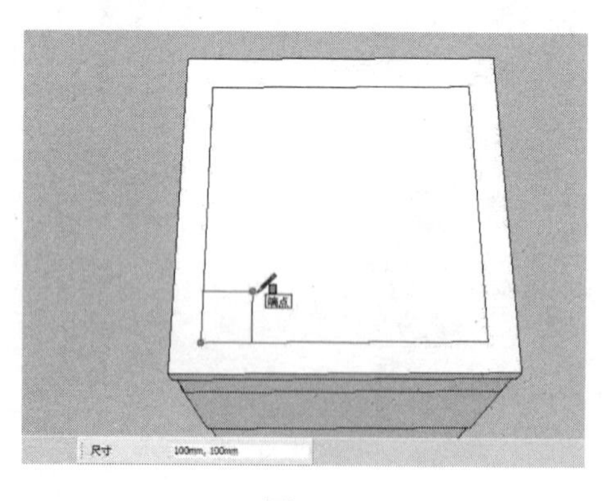

图 3-55

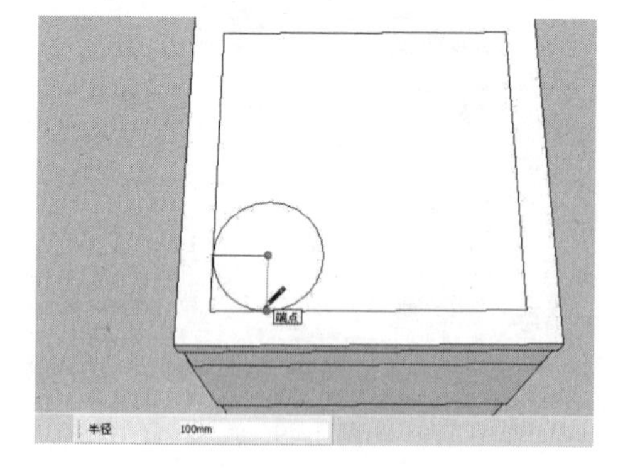

图 3-56

（19）使用相同的方法绘制如图 3-57 所示的几个圆及矩形。

（20）使用“橡皮擦”工具删除图中多余的线面，如图 3-58 所示。

（21）使用“推/拉”工具将洗衣机上侧的相应面向上推拉 2mm 的高度，如图 3-59 所示。

（22）结合“矩形”工具、“圆”工具、“直线”工具及“推/拉”工具，在洗衣机的正面相应位置创建出洗衣机的开关按钮造型，如图 3-60 所示。

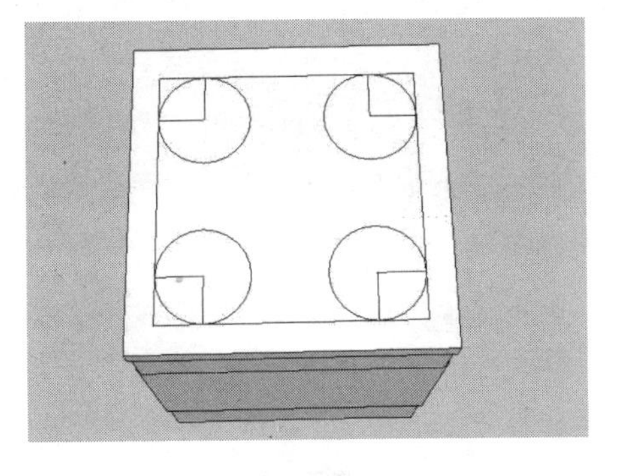
图 3-57

图 3-58

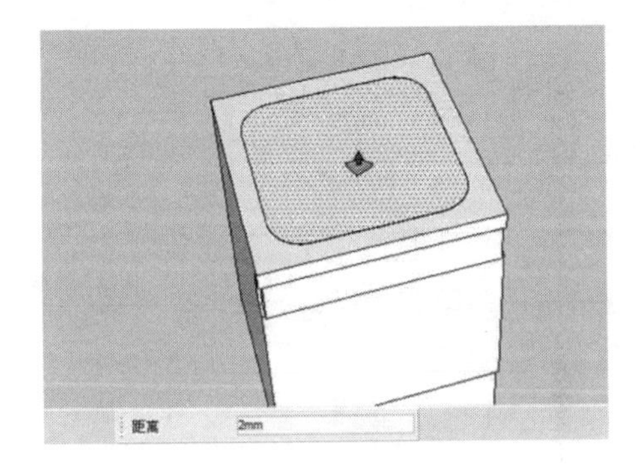

图 3-59

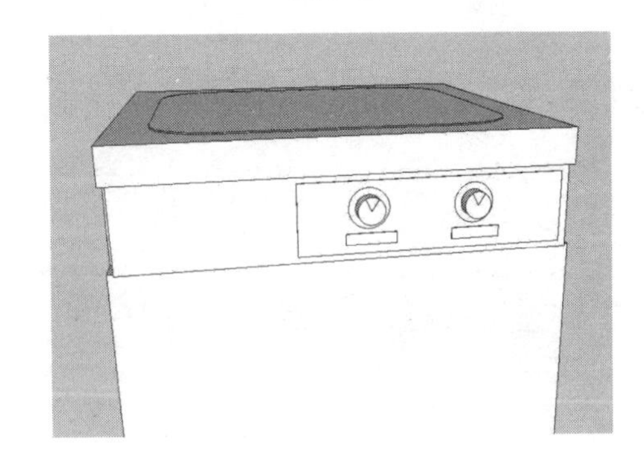
图 3-60

（23）使用“卷尺”工具捕捉模型上的相应端点绘制如图 3-61 所示的两条斜向辅助参考线。然后使用“圆”工具以绘制的辅助参考线的交点为圆心，绘制半径为 150mm 的圆。

（24）使用“偏移”工具将上一步绘制的圆依次向外偏移 10mm、40mm 及 10mm 的距离，如图 3-62 所示。

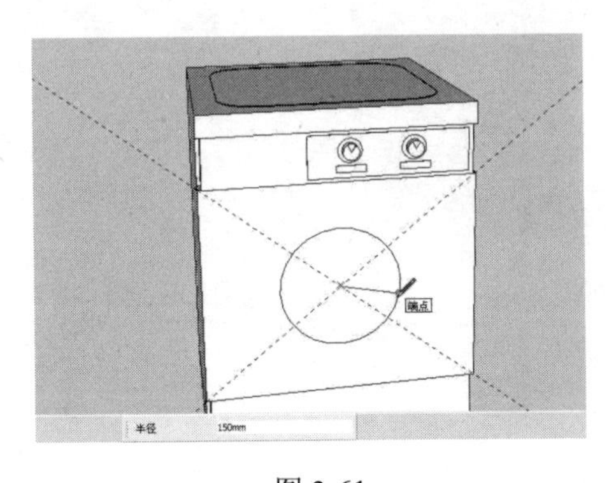

图 3-61

图 3-62

（25）继续使用“偏移”工具将最内侧的圆向内偏移 25mm 的距离，如图 3-63 所示。

（26）使用“推/拉”工具将图中的相应圆面向内推拉 50mm 的距离，如图 3-64 所示。

（27）使用“选择”工具选择最内侧的圆线，然后使用“缩放”工具并按住【Ctrl】键对选择的圆线进行等比缩放，如图 3-65 所示。

（28）使用“颜料桶”工具为制作的洗衣机模型赋予相应的材质，并打开阴影显示，如图 3-66 所示。

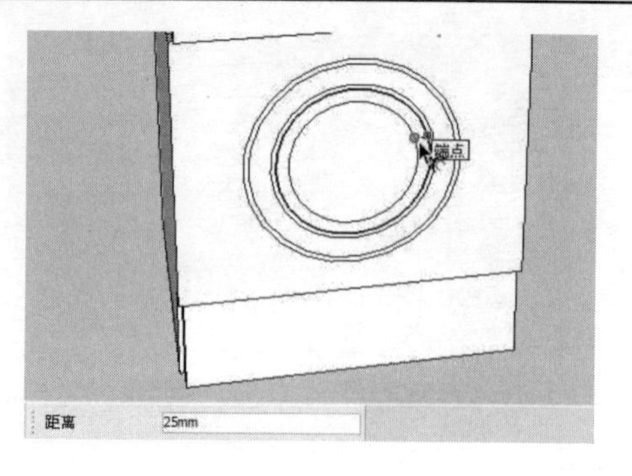

图 3-63

图 3-64

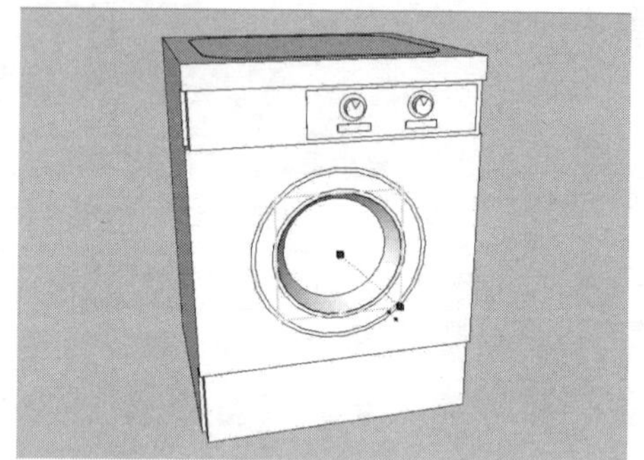

图 3-65

图 3-66

3.2 制作室内厨具模型

厨具为厨房用具的通称。厨房用具主要包括以下五大类：储藏用具，洗涤用具，调理用具，烹调用具及进餐用具。

3.2.1 制作不锈钢洗碗槽模型

洗碗槽是厨房空间中常见的洗涤用具，人们常使用此设备清洗碗碟、水果、蔬菜等进餐用具及食物，如图 3-67 所示。

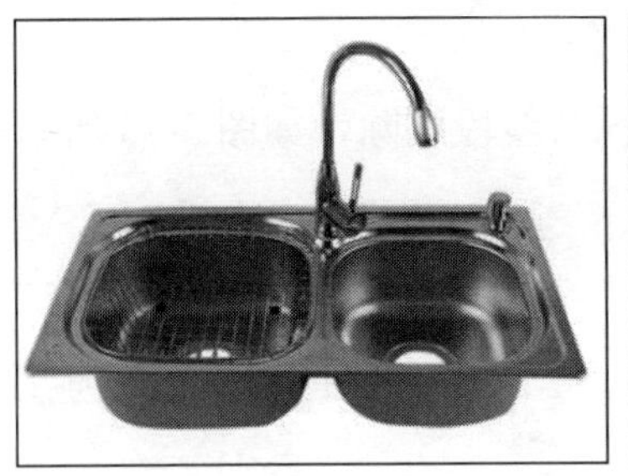

图 3-67

视频\03\制作不锈钢洗碗槽模型.avi
案例\03\练习 3-4.skp

制作不锈钢洗碗槽模型的操作步骤如下：

（1）启动 SketchUp 软件，使用“矩形”工具绘制 750mm×400mm 的矩形面，如图 3-68 所示。

（2）使用“卷尺”工具在上一步绘制的矩形面上绘制几条辅助参考线，如图 3-69 所示。

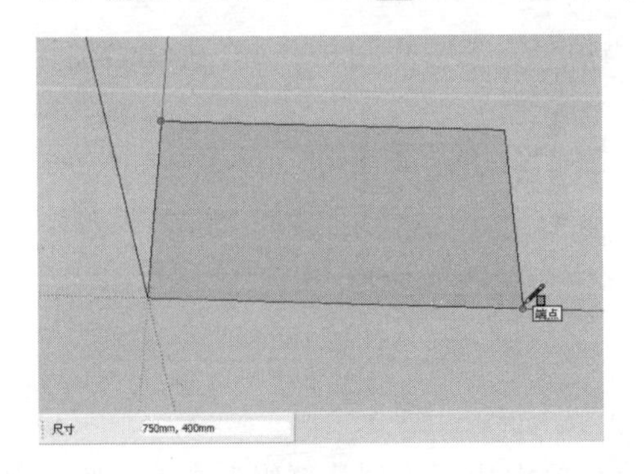

图 3-68

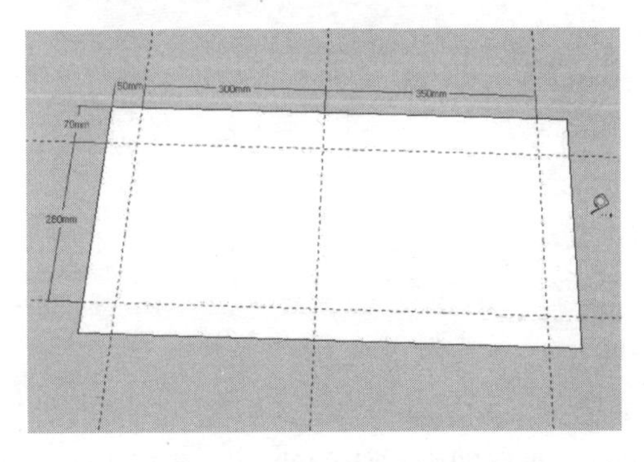

图 3-69

（3）使用“矩形”工具捕捉上一步绘制辅助参考线上的相应交点绘制 300mm×280mm 的矩形面，如图 3-70 所示。

（4）继续使用“矩形”工具以上一步绘制矩形的左下角端点为起点绘制 50mm×50mm 的矩形面，如图 3-71 所示。

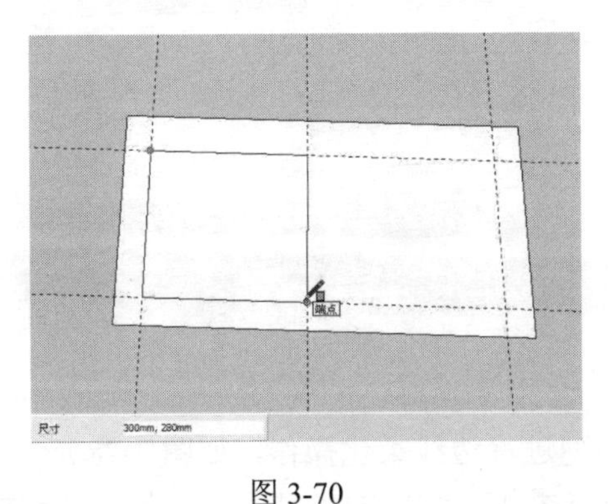

图 3-70

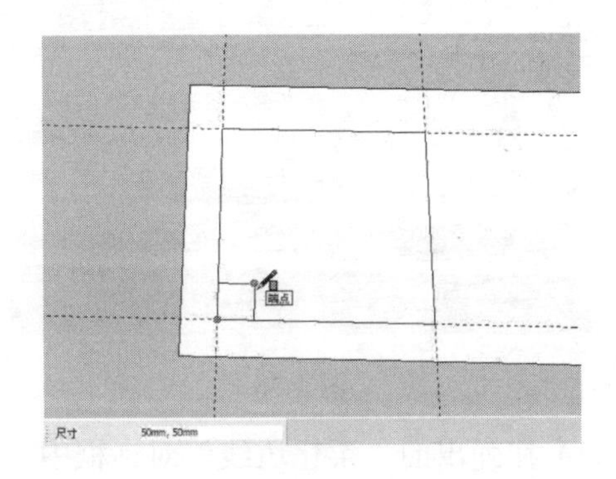

图 3-71

（5）使用“圆”工具捕捉上一步绘制矩形的右上角端点为圆心，然后捕捉矩形的右下角端点，绘制半径为 50mm 的圆，如图 3-72 所示。

（6）将图中的几条辅助参考线及相应的圆弧与线段删除，如图 3-73 所示。

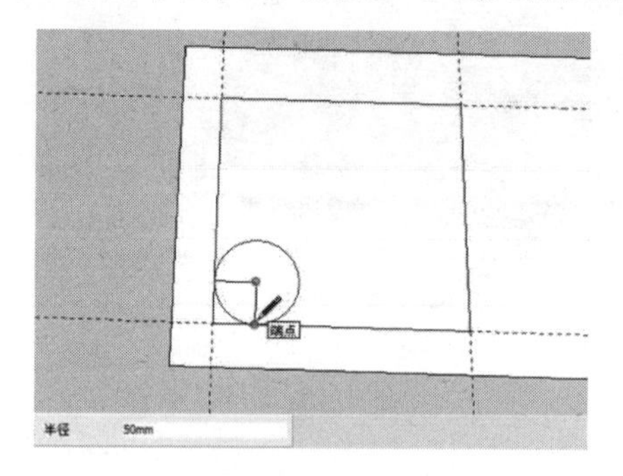

图 3-72

图 3-73

（7）使用相同的方法，绘制出矩形其他几个角上的圆弧造型，如图 3-74 所示。

（8）使用“推/拉”工具将图中相应的面向下推拉 150mm 的厚度，如图 3-75 所示。

图 3-74

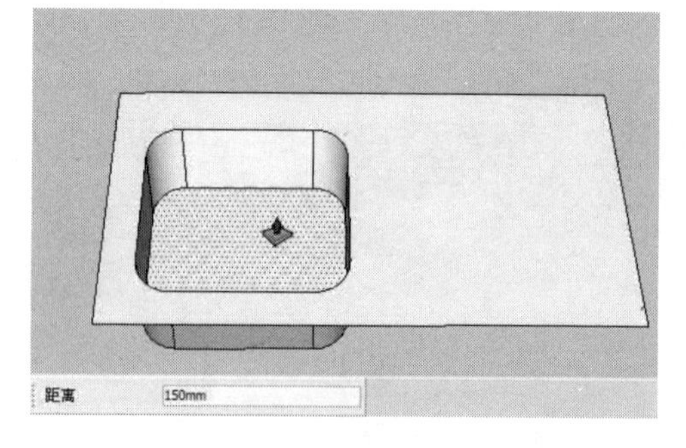

图 3-75

（9）选择图中相应的线面，然后右击，在快捷菜单中执行“创建群组”命令，将其创建为组，如图 3-76 所示。

（10）选择上一步创建的组，然后右击，在快捷菜单中执行“软化/平滑边线”命令，如图 3-77 所示。

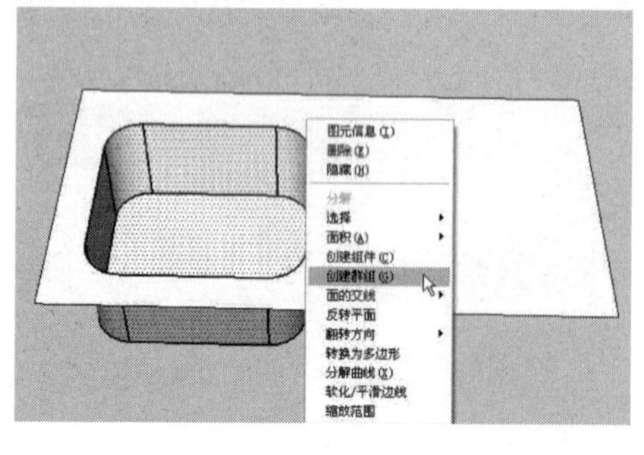
图 3-76

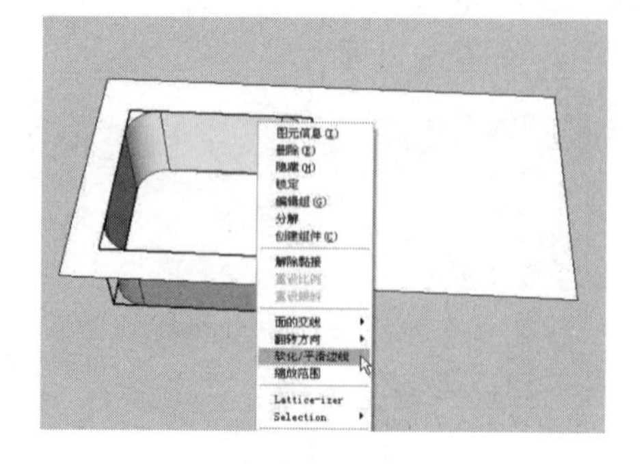
图 3-77

（11）在弹出的“柔化边线”对话框中，对模型进行边线柔化操作，如图 3-78 所示。

（12）按住【Ctrl】键，使用“移动”工具将柔化边线后的模型复制一份到洗碗槽的右侧，如图 3-79 所示。

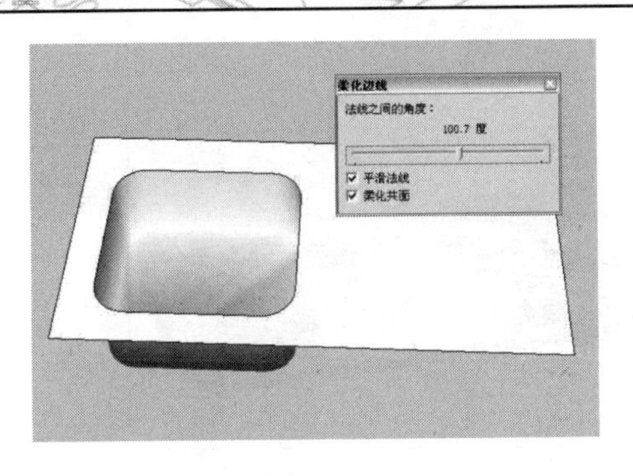

图 3-78

图 3-79

（13）参照前面的方法，对洗碗槽的 4 个角进行圆角操作，圆角半径为 50mm，如图 3-80 所示。

（14）使用“推/拉”工具将洗碗槽的台面向上推拉 3mm 的厚度，如图 3-81 所示。

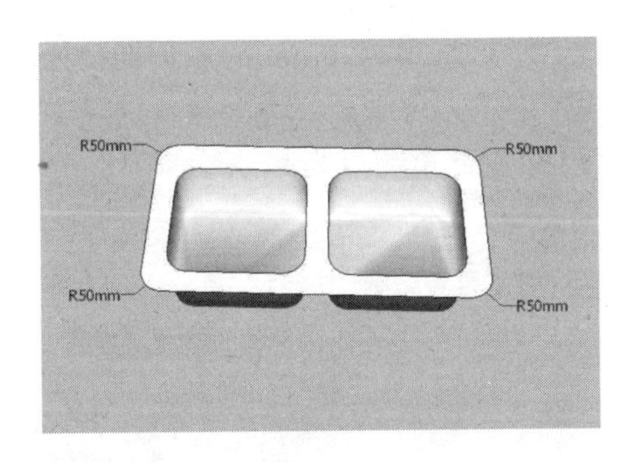

图 3-80

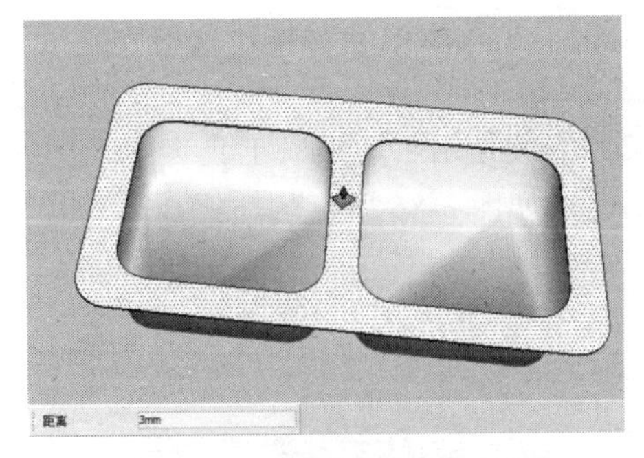

图 3-81

（15）结合“圆弧”工具、“直线”工具、“圆”工具及“推/拉”工具，在洗碗槽的上侧相应位置创建出水龙头的造型效果，如图 3-82 所示。

（16）使用“颜料桶”工具为制作的洗碗槽模型赋予相应的材质，如图 3-83 所示。

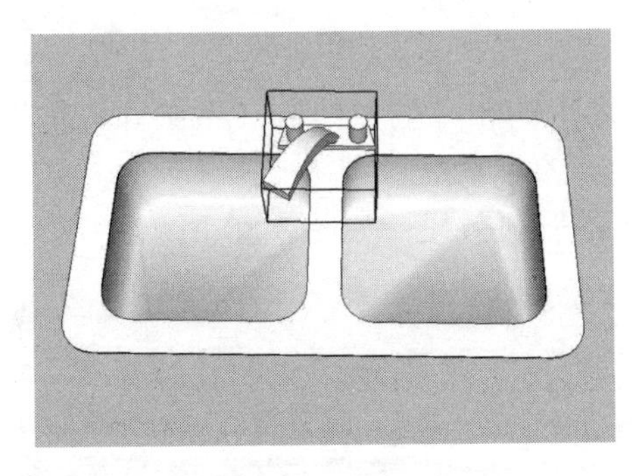
图 3-82

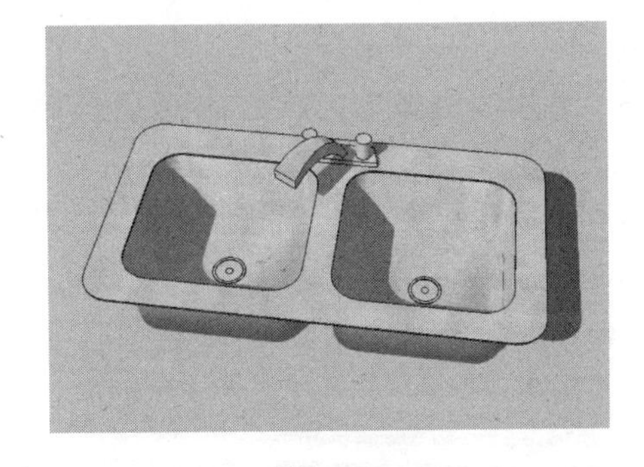
图 3-83

3.2.2 制作双眼燃气灶模型

所谓燃气灶，是指以液化石油气、人工煤气、天然气等气体燃料进行直火加热的厨房用具。按气源讲，燃气灶主要分为液化气灶、煤气灶、天然气灶；按灶眼讲，燃气灶又分为单灶、双灶和多眼灶，如图 3-84 所示。

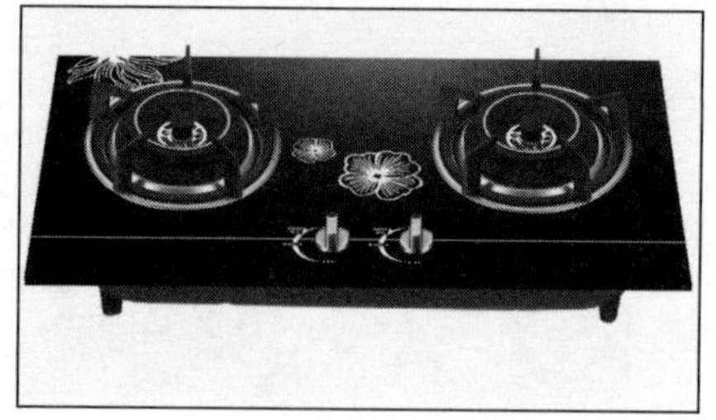
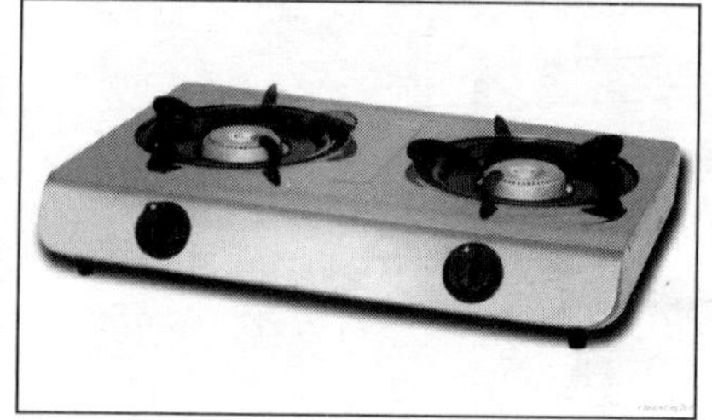

图 3-84

视频\03\制作双眼燃气灶模型.avi
案例\03\练习 3-5.skp

制作双眼燃气灶模型的操作步骤如下：

（1）启动 SketchUp 软件，使用“矩形”工具绘制 780mm×420mm 的矩形面，如图 3-85 所示。

（2）继续使用“矩形”工具以上一步绘制矩形的左下角端点为起点绘制 18mm×18mm 的矩形面，如图 3-86 所示。

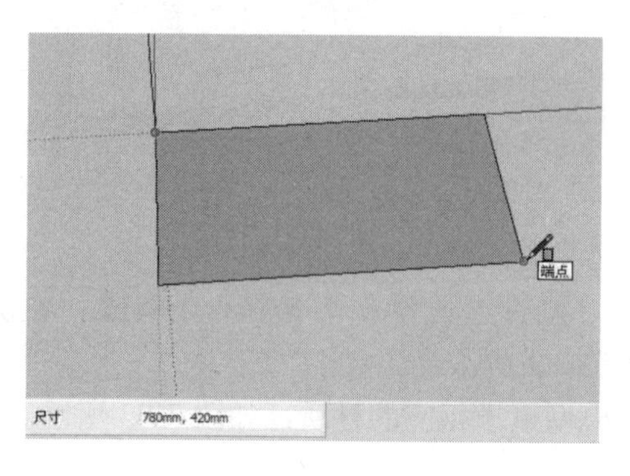

图 3-85

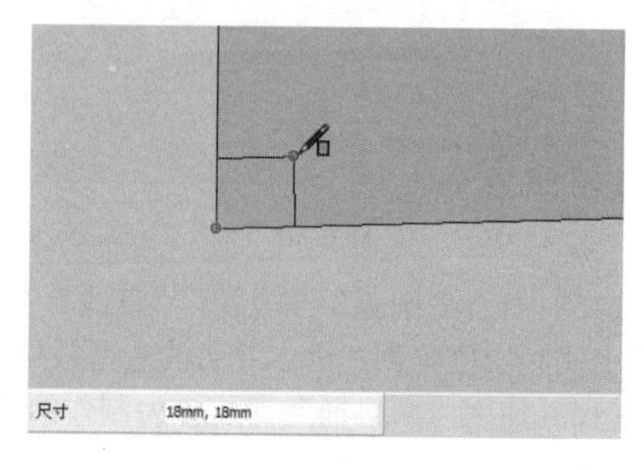

图 3-86

（3）使用“圆弧”工具捕捉上一步绘制矩形上的相应端点绘制一条圆弧，如图 3-87 所示。

（4）使用相同的方法绘制出矩形其他几个角上的圆弧效果，如图 3-88 所示。

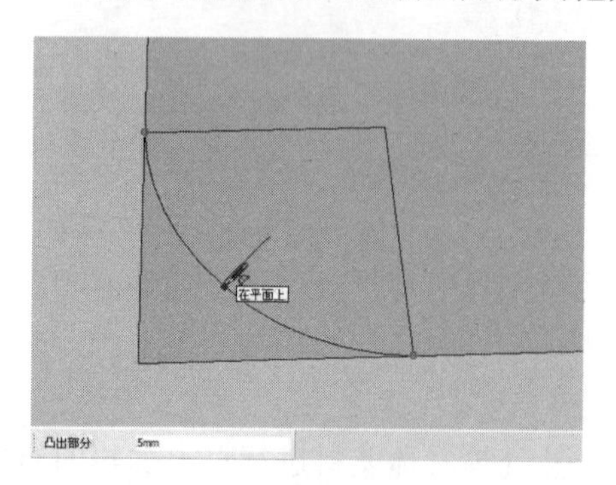

图 3-87

图 3-88

（5）使用“橡皮擦”工具删除图中相应的线面，如图 3-89 所示。

（6）使用“推/拉”工具将造型面向上推拉 12mm 的厚度，并将推拉后的模型创建为组，如图 3-90 所示。

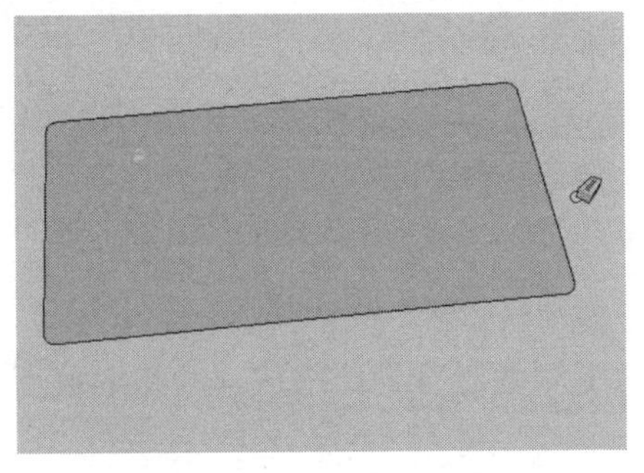

图 3-89

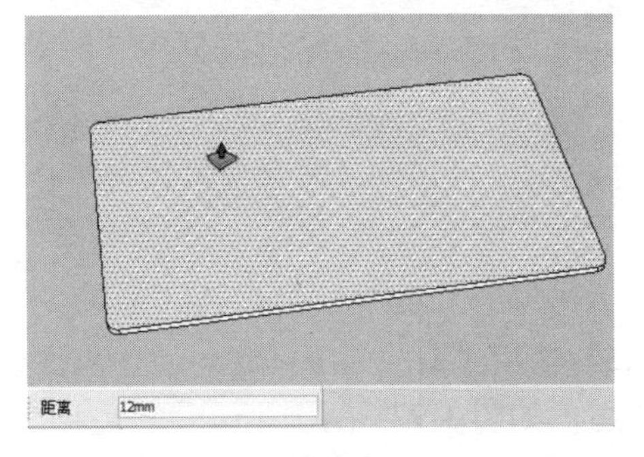

图 3-90

（7）使用“矩形”工具绘制 700mm×350mm 的矩形面，如图 3-91 所示。

（8）继续使用“矩形”工具以上一步绘制矩形的左下角端点为起点绘制 44mm×44mm 的矩形面，如图 3-92 所示。

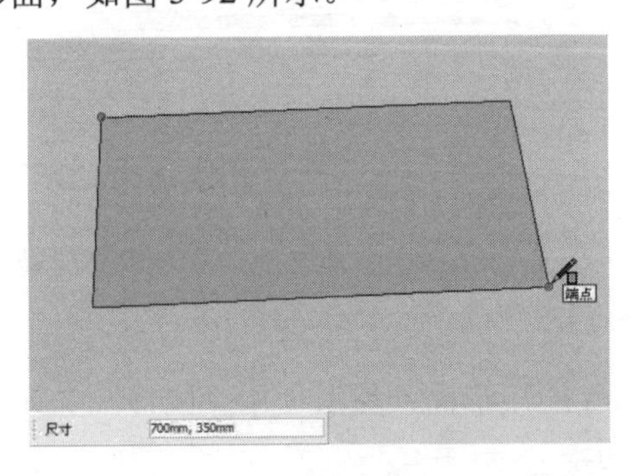

图 3-91

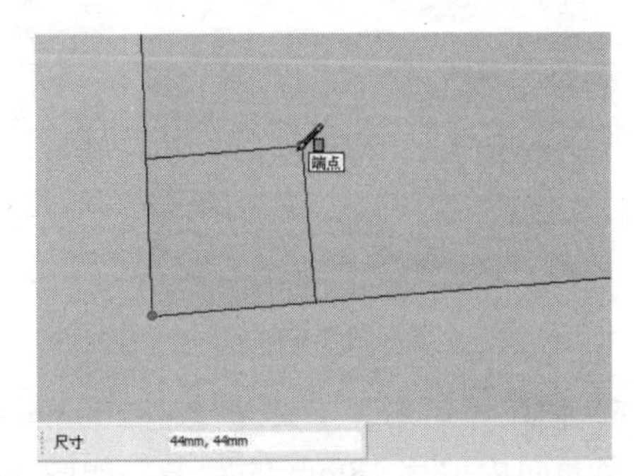

图 3-92

（9）使用“圆弧”工具捕捉上一步绘制矩形上的相应端点绘制一条圆弧，如图 3-93 所示。

（10）使用相同的方法在矩形的其他几个角上绘制几条圆弧，如图 3-94 所示。

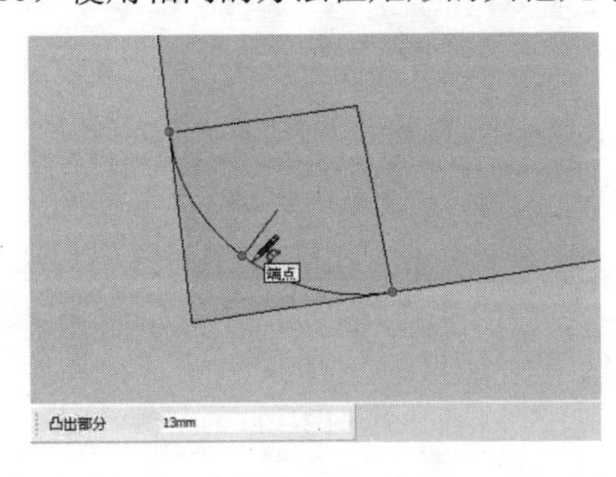

图 3-93

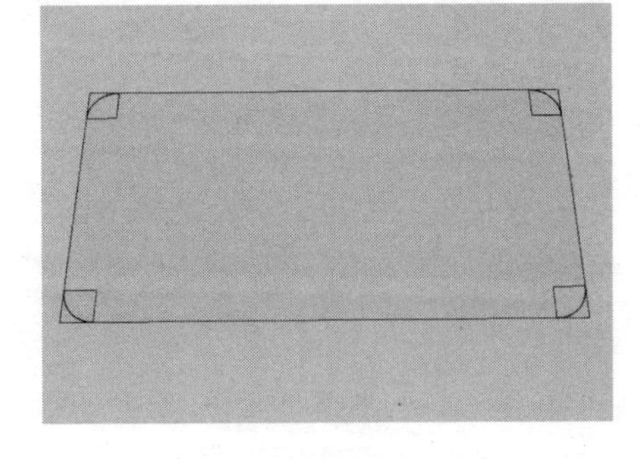

图 3-94

（11）使用“橡皮擦”工具删除图中相应的线面，如图 3-95 所示。

（12）使用“推/拉”工具将造型面向上推拉 55mm 的厚度，如图 3-96 所示。

图 3-95

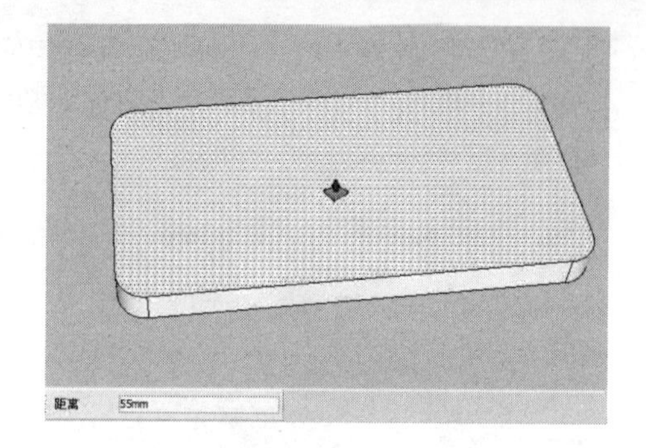

图 3-96

（13）使用“缩放”工具对上一步推拉模型的下侧面进行等比缩放，并将缩放后的模型创建为组，如图 3-97 所示。

（14）使用“移动”工具对前面创建的模型进行组合操作，如图 3-98 所示。

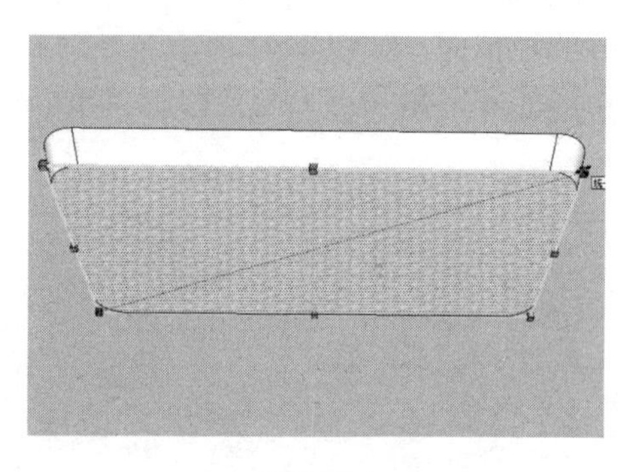

图 3-97

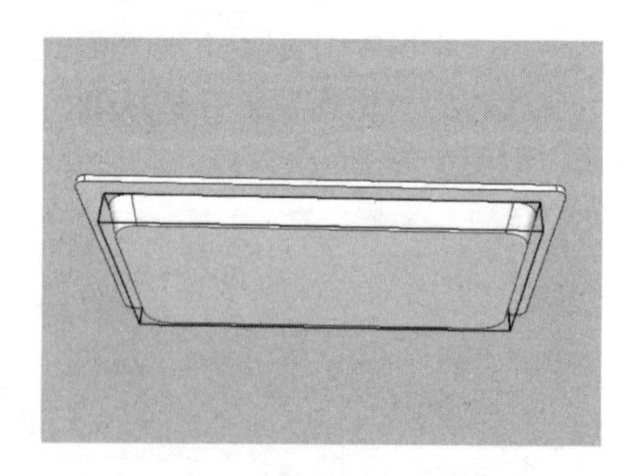

图 3-98

（15）使用“矩形”工具绘制 200mm×240mm 的矩形面，然后使用“偏移”工具将绘制的矩形面向内偏移 18mm 的距离，如图 3-99 所示。

（16）使用“矩形”工具在前面绘制矩形面的左下侧绘制 15mm×15mm 的矩形面，如图 3-100 所示。

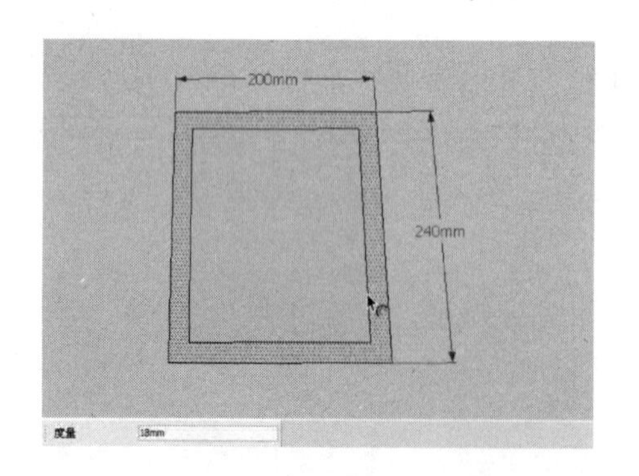

图 3-99

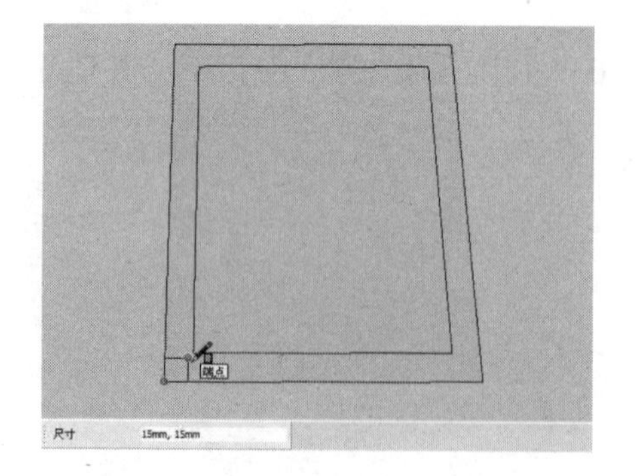

图 3-100

（17）使用“圆”工具捕捉上一步绘制矩形上的相应点绘制半径为 15mm 的圆，如图 3-101 所示。

（18）使用“橡皮擦”工具删除图中相应的线面，如图 3-102 所示。

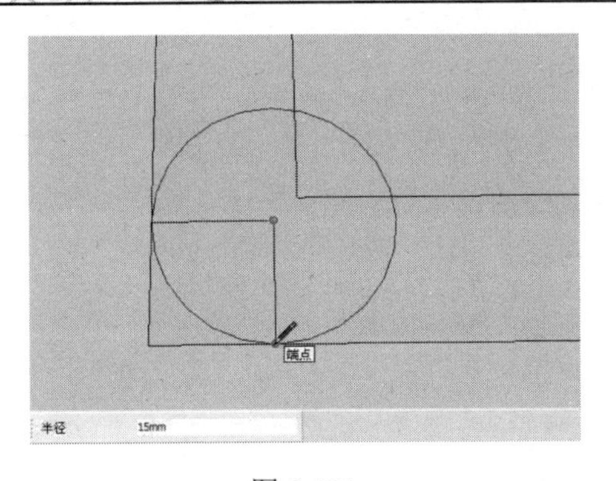

图 3-101

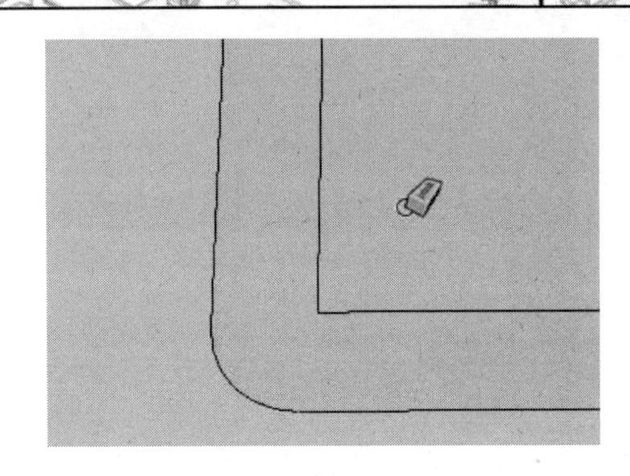

图 3-102

（19）使用相同的方法绘制出外侧矩形其他几个角上的圆弧造型，如图 3-103 所示。

（20）使用相同的方法绘制出内侧矩形 4 个角上的圆弧造型，如图 3-104 所示。

图 3-103

图 3-104

（21）全选圆角后的造型面，然后右击，在快捷菜单中执行“创建群组”命令，将其创建为组，如图 3-105 所示。

（22）使用“偏移”工具将内侧的圆角矩形向内偏移 4mm 的距离，如图 3-106 所示。

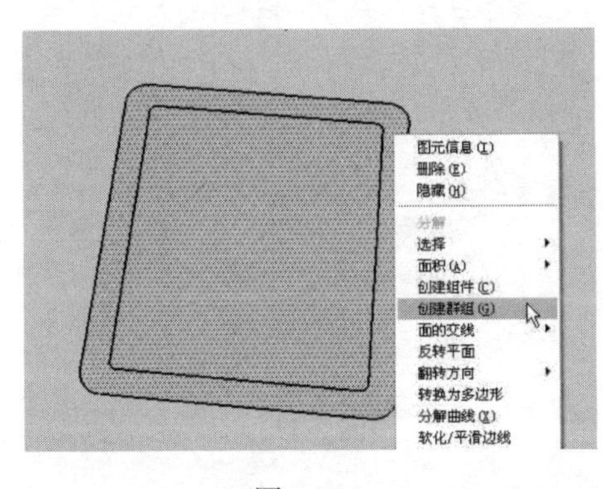

图 3-105

图 3-106

（23）使用“推/拉”工具将外侧的造型面向上推拉 8mm 的高度，如图 3-107 所示。

（24）继续使用“推/拉”工具将内侧的造型面向上推拉 5mm 的高度，如图 3-108 所示。

（25）使用“选择”工具选择模型上的相应边线，然后使用“缩放”工具将边线向外进行缩放操作，如图 3-109 所示。

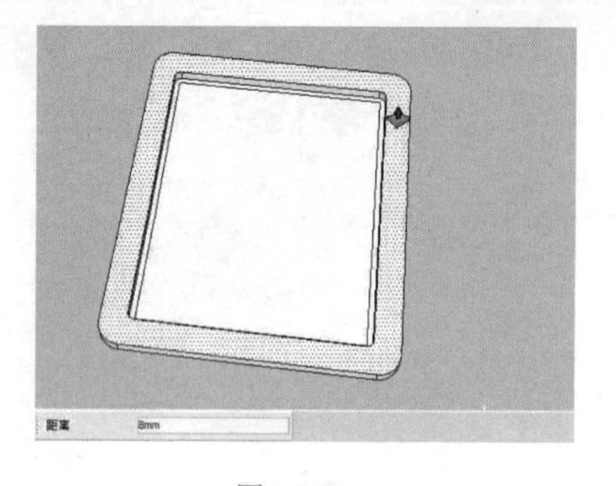

图 3-107

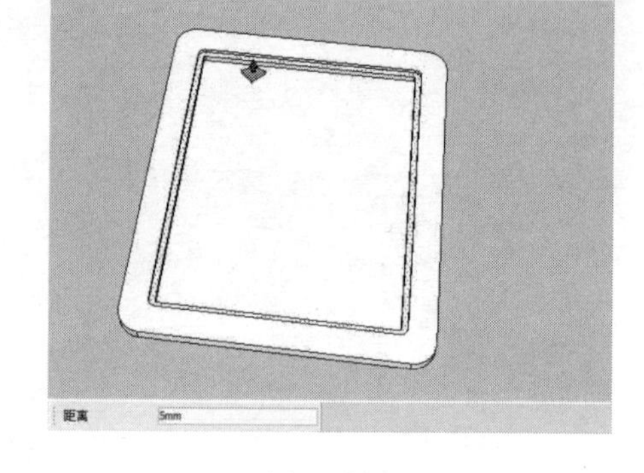

图 3-108

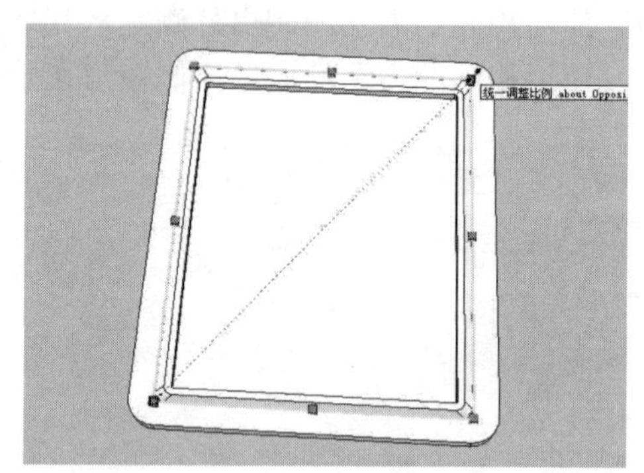

图 3-109

（26）使用“选择”工具选择模型上的相应边线，然后使用“缩放”工具将边线向内进行缩放操作，如图 3-110 所示。

（27）使用“卷尺”工具在模型上的相应位置绘制两条辅助参考线，如图 3-111 所示。

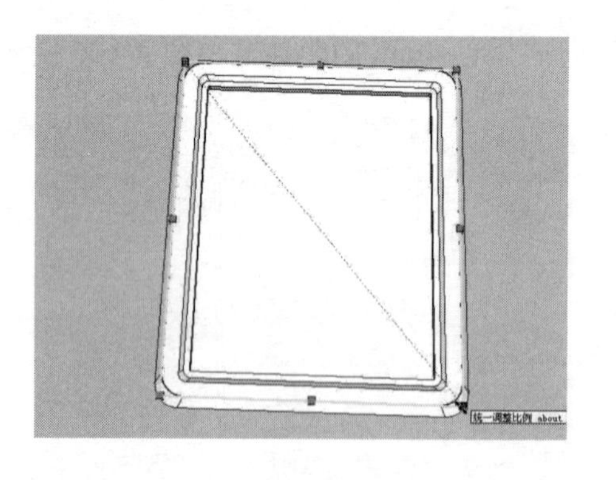

图 3-110

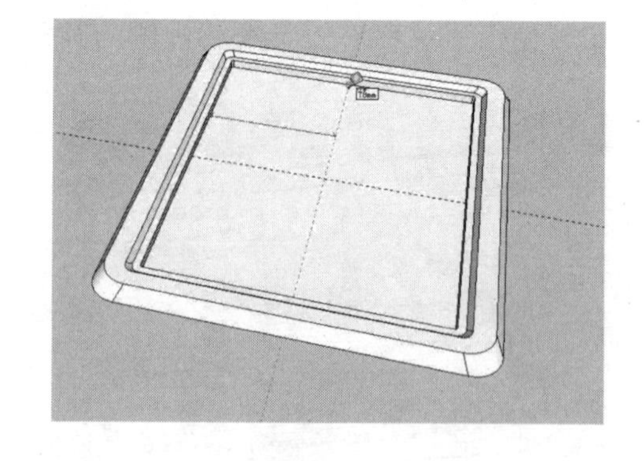

图 3-111

（28）使用“圆”工具捕捉上一步绘制的两条辅助参考线的交点为圆心绘制半径为 70mm 的圆，如图 3-112 所示。

（29）使用“推/拉”工具将上一步绘制的圆向上推拉 5mm 的高度，如图 3-113 所示。

（30）使用“缩放”工具对推拉后的圆柱体上侧圆面进行等比缩放，如图 3-114 所示。

（31）结合“圆”工具及“推/拉”工具，创建出燃气灶的炉盘造型，如图 3-115 所示。

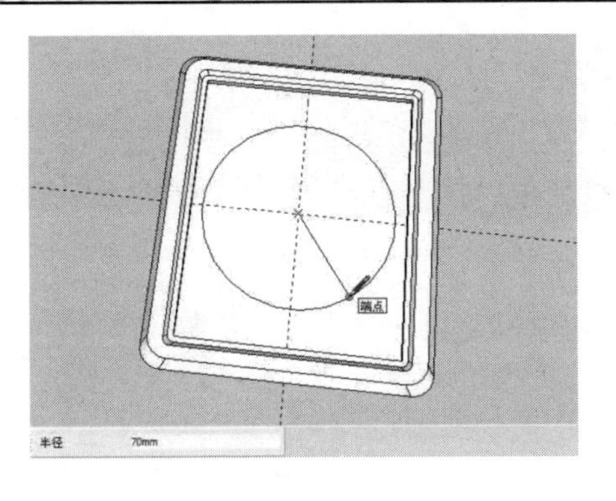

图 3-112

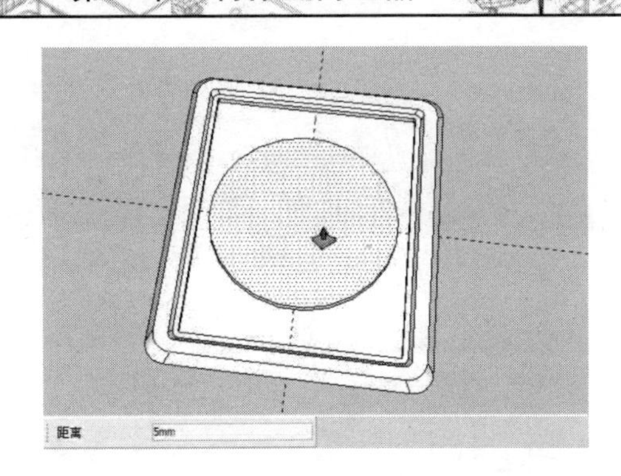

图 3-113

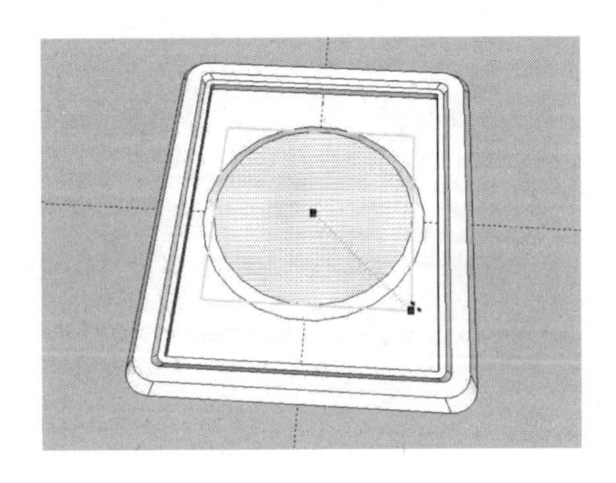

图 3-114

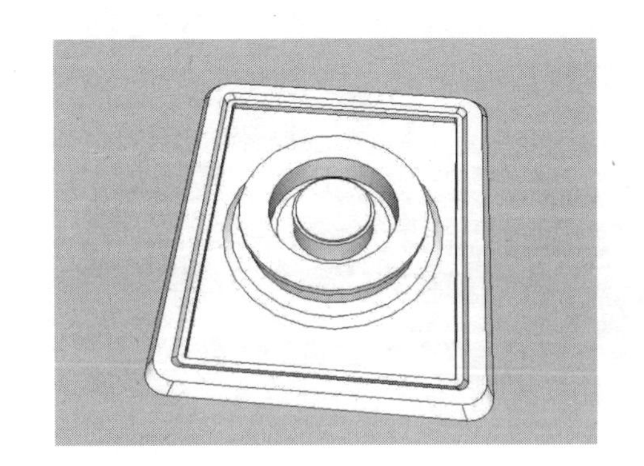

图 3-115

（32）使用“直线”工具绘制出如图 3-116 所示的截面造型，并将其创建为组。

（33）双击上一步创建的组，进入组的内部编辑状态，然后使用“推/拉”工具将其推拉 10mm 的厚度，如图 3-117 所示。

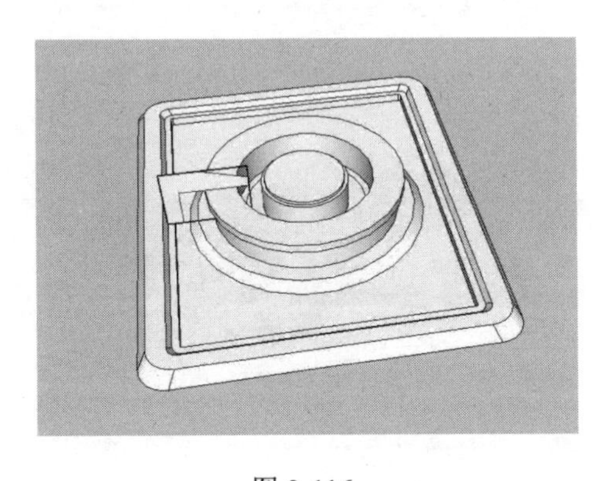

图 3-116

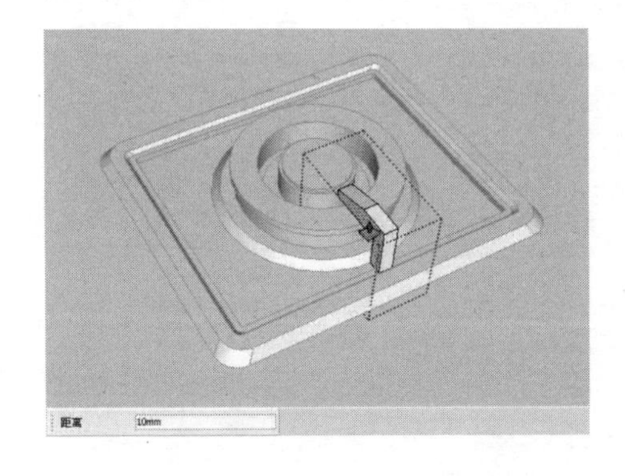

图 3-117

（34）按住【Ctrl】键，使用“旋转”工具将上一步创建的组绕着中间圆的圆心旋转复制 3 份，如图 3-118 所示。

（35）将前面绘制的燃气灶灶盘创建为组，然后将其移到燃气灶基座上方相应位置，如图 3-119 所示。

（36）结合“圆”工具、“直线”工具及“推/拉”工具，在燃气灶的下侧创建出燃气灶的开关模型，如图 3-120 所示。

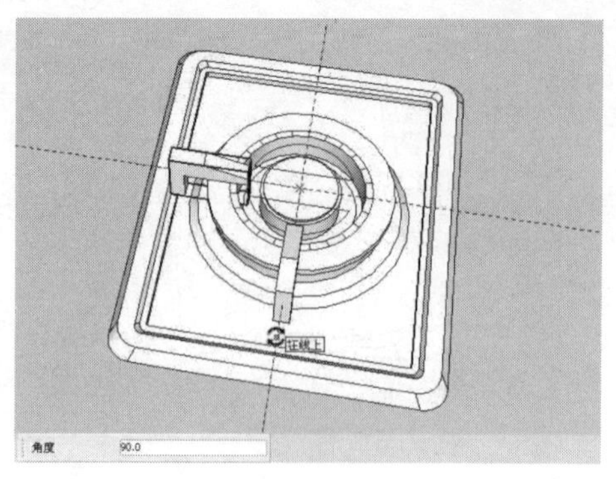
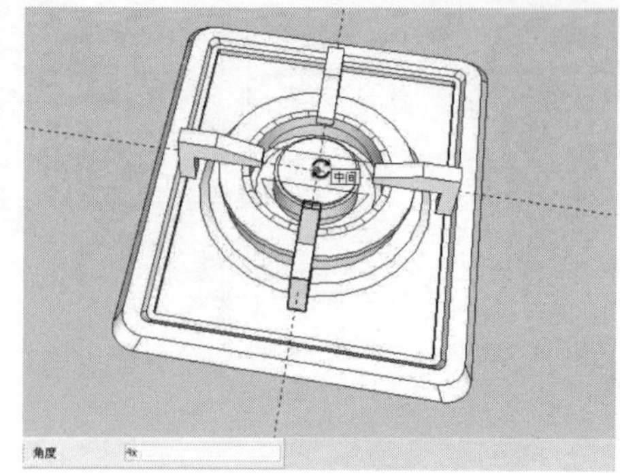

图 3-118

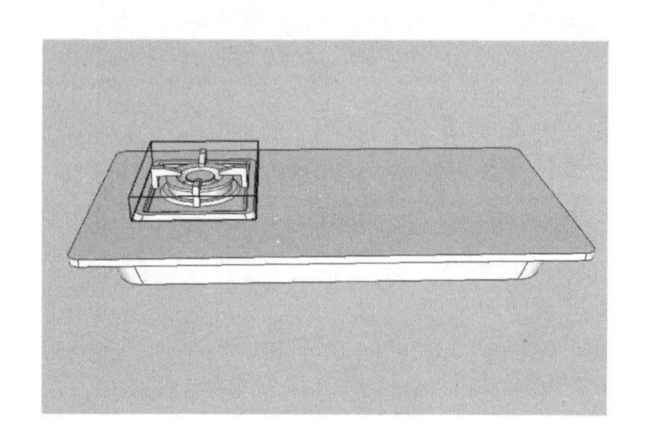

图 3-119

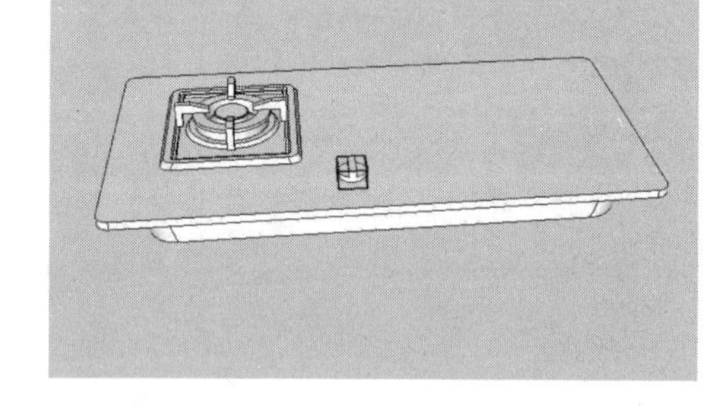

图 3-120

（37）按住【Ctrl】键，使用“移动”工具将燃气灶的灶盘及开关向右复制一份，如图 3-121 所示。

（38）使用“颜料桶”工具为制作的燃气灶模型赋予相应的材质，如图 3-122 所示。

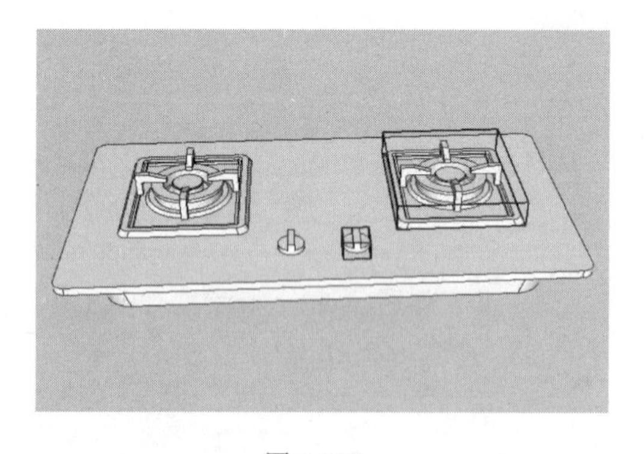

图 3-121

图 3-122

3.2.3 制作壁挂式抽油烟机模型

抽油烟机又叫吸油烟机，是一种净化厨房环境的厨房电器。它安装吸油烟机炉灶上方，能将炉灶燃烧的废物和烹饪过程中产生的对人体有害的油烟迅速抽走，排出室外，减少污染，净化空气，并有防毒、防爆的安全保障作用，如图 3-123 所示。

图 3-123

视频\03\制作壁挂式抽油烟机模型.avi
案例\03\练习 3-6.skp

制作壁挂式抽油烟机模型的操作步骤如下：

（1）启动 SketchUp 软件，使用“矩形”工具绘制 450mm×130mm 的立面矩形，如图 3-124 所示。

（2）结合“直线”工具及“圆弧”工具，在上一步绘制的立面矩形内部绘制如图 3-125 所示的轮廓造型。

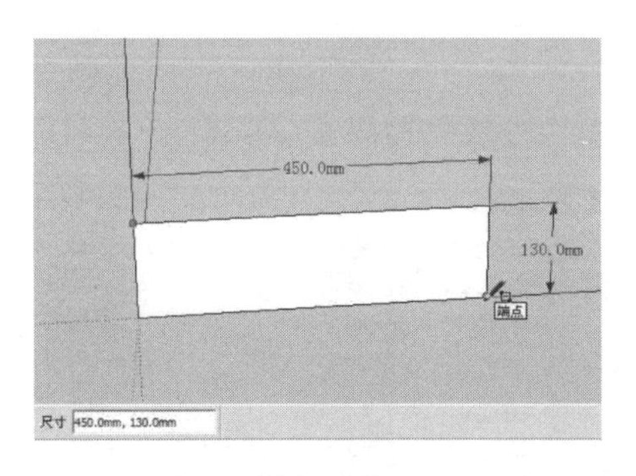

图 3-124

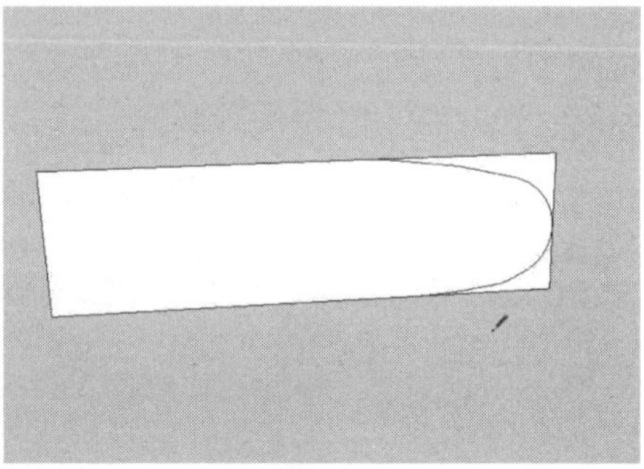

图 3-125

（3）首先删除矩形上的相应线面，然后使用“推/拉”工具将造型面推拉 800mm 的厚度，如图 3-126 所示。

（4）使用“旋转”工具将上一步推拉后的模型旋转 90°，如图 3-127 所示。

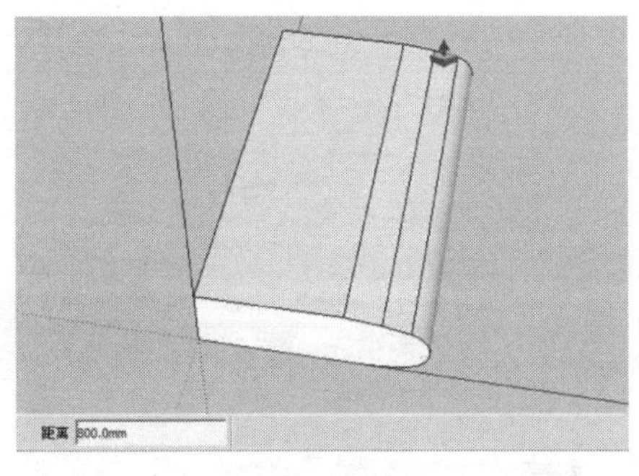

图 3-126

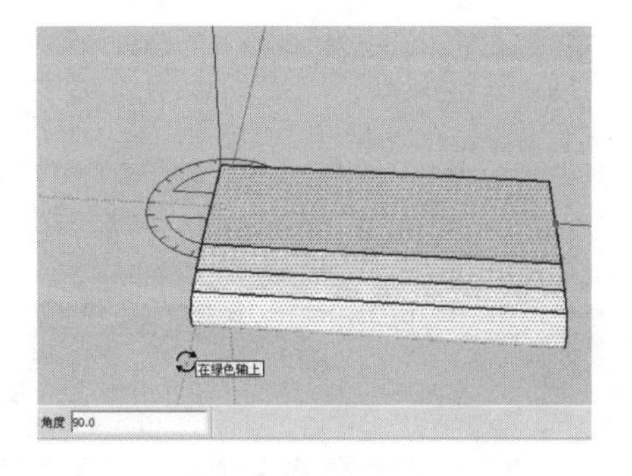

图 3-127

（5）使用“矩形”工具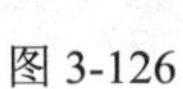及“推/拉”工具，创建出如图 3-128 所示的 3 个立方体，并将其创建为组。

（6）使用“移动”工具将上一步创建的组移到抽油烟机机体的内部相应位置，如图 3-129 所示。

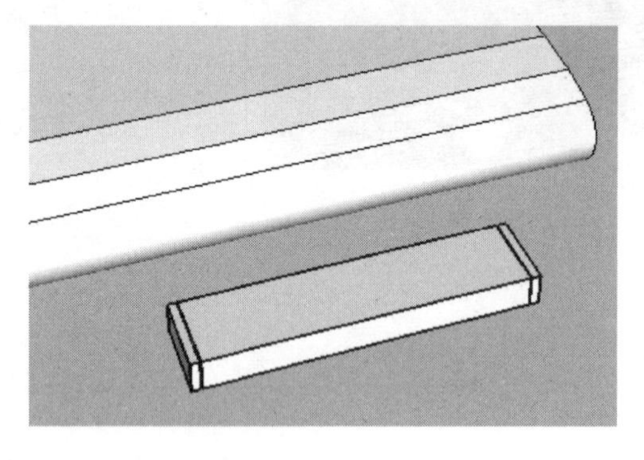

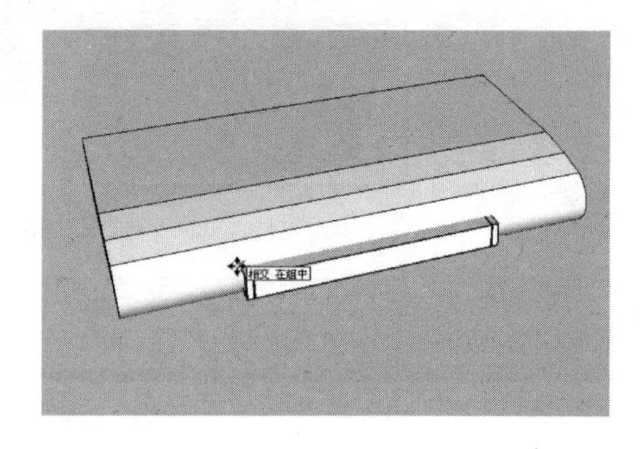

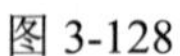

图 3-128　　图 3-129

（7）全选创建的模型，然后右击，在快捷菜单中执行“相交面”→“与模型”命令，使模型与模型相交的位置产生交线，如图 3-130 所示。

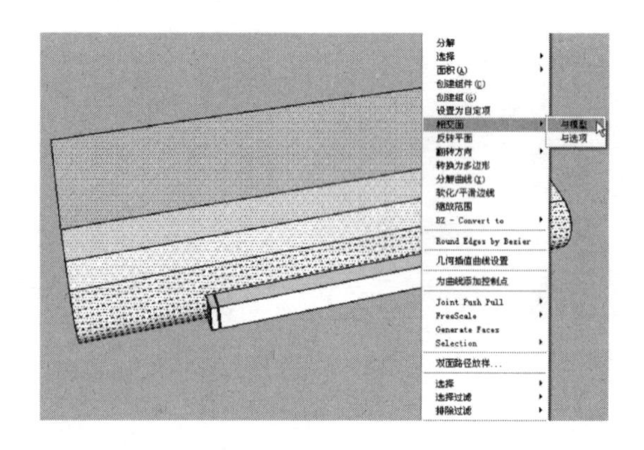

图 3-130

（8）首先删除图中相应的线面，然后使用“组合表面推拉”（Joint Push Pull）插件中的“组合推拉”工具将弧形面向外推拉 3mm 的厚度，如图 3-131 所示。

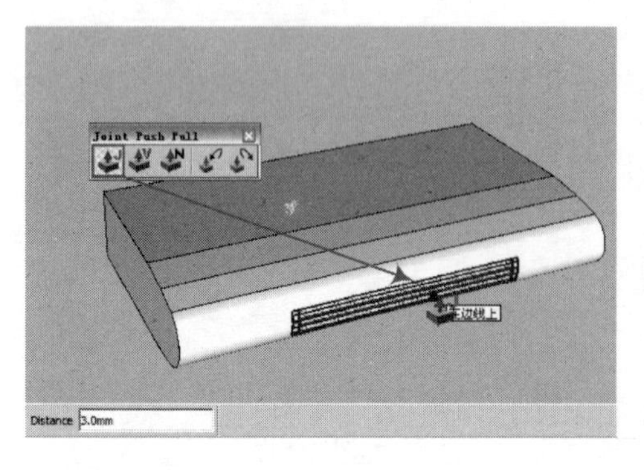

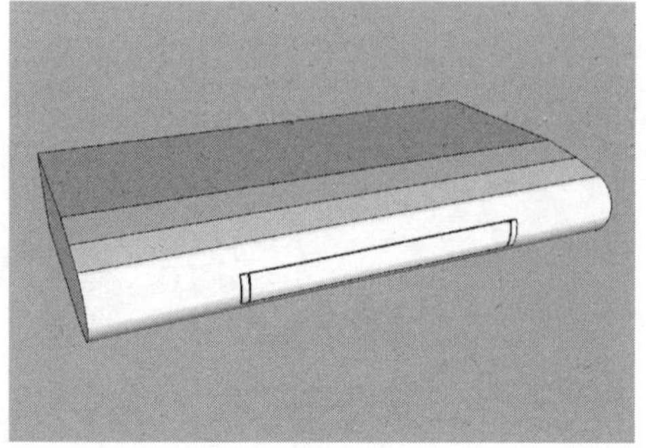

图 3-131

（9）使用“矩形”工具绘制 370mm×20mm 的立面矩形，如图 3-132 所示。

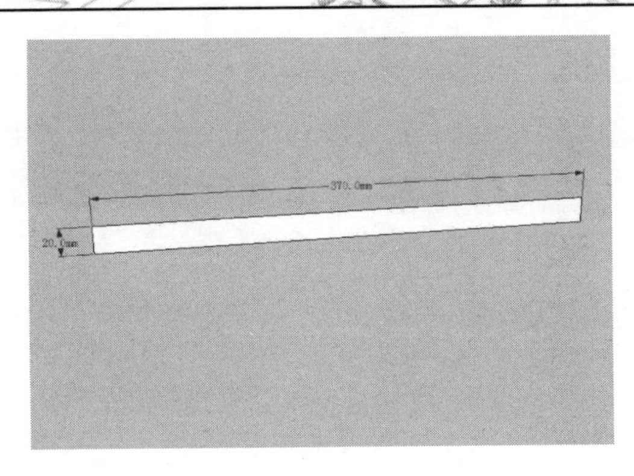

图 3-132

（10）使用“圆弧”工具捕捉上一步绘制矩形上的相应点绘制一段圆弧，如图 3-133 所示。

（11）首先删除矩形面上的相应线面，然后使用“直线”工具捕捉上侧圆弧及下侧水平线的中点绘制一条垂线段，如图 3-134 所示。

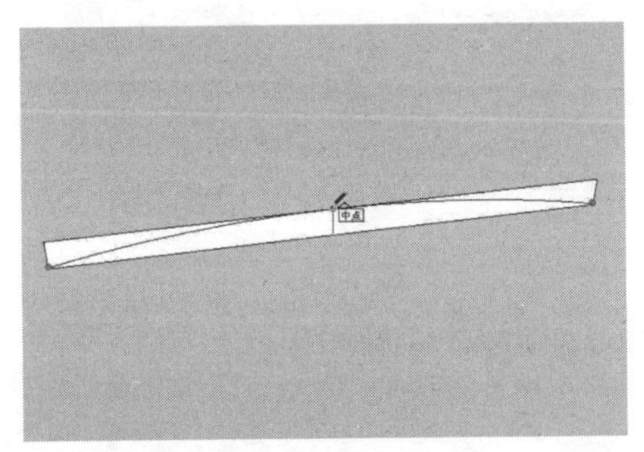

图 3-133

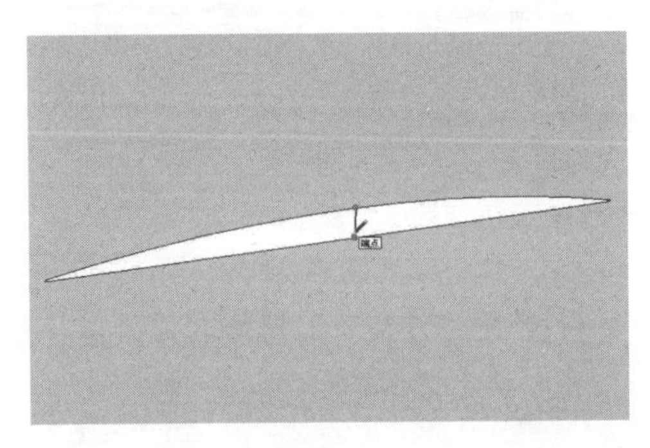

图 3-134

（12）按住【Ctrl】键，使用“移动”工具将上一步绘制的垂线段分别向左及向右复制多条，如图 3-135 所示。

（13）使用“橡皮擦”工具删除图中多余的线段，如图 3-136 所示。

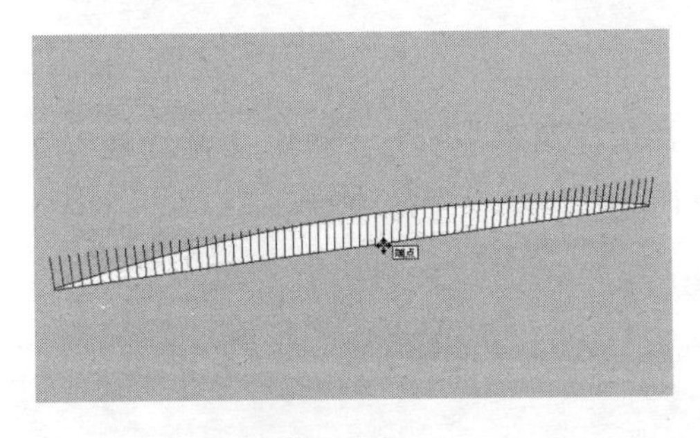

图 3-135

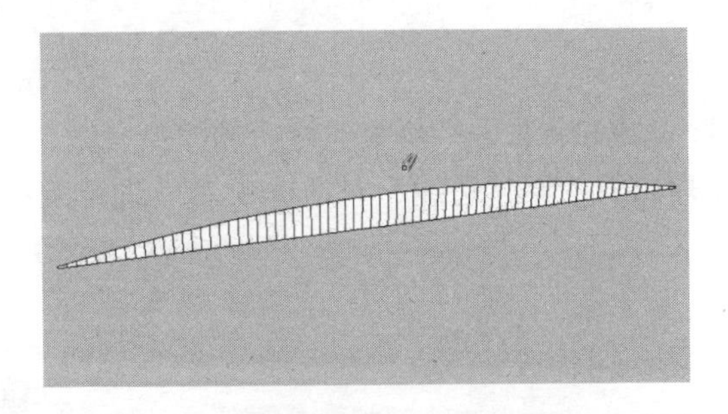

图 3-136

（14）全选图中相应的线面，然后右击，在快捷菜单中执行“创建组”命令，将其创建为组，如图 3-137 所示。

（15）双击上一步创建的组，进入组的内部编辑状态，然后删除组中多余的线面，如图 3-138 所示。

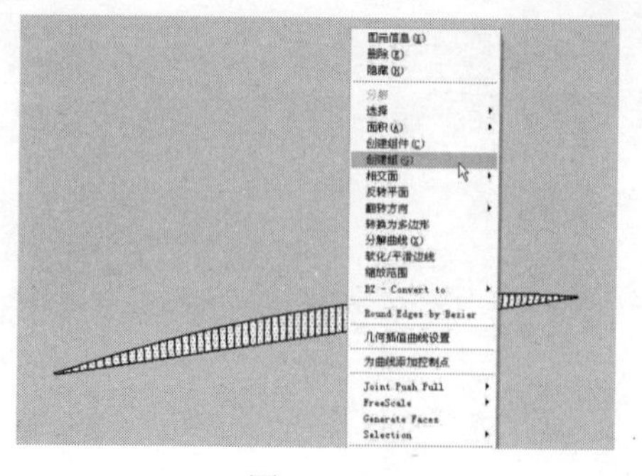

图 3-137

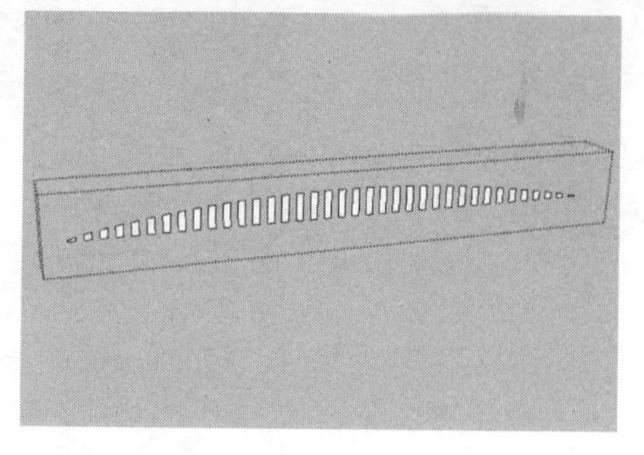

图 3-138

（16）使用“推/拉”工具将造型面推拉 100mm 的厚度，如图 3-139 所示。

（17）使用“移动”工具将创建的模型进行组合，如图 3-140 所示。

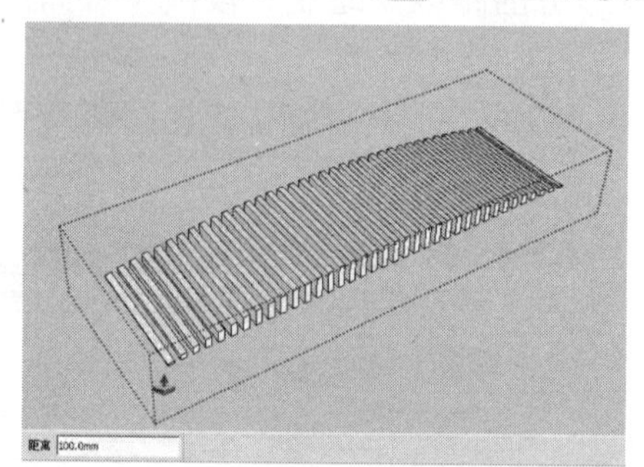

图 3-139

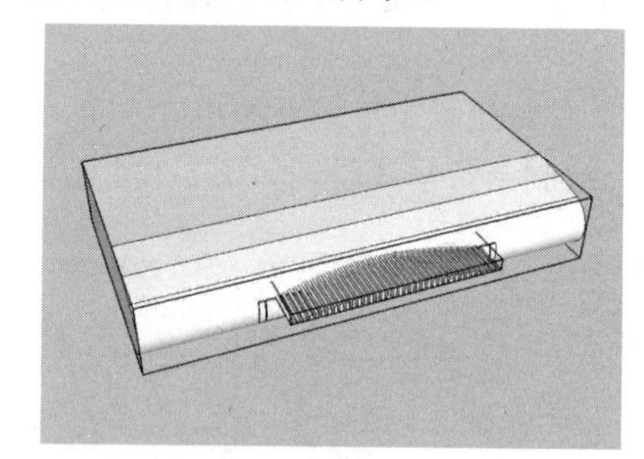

图 3-140

（18）使用“差集”工具对模型进行差集运算，如图 3-141 所示。

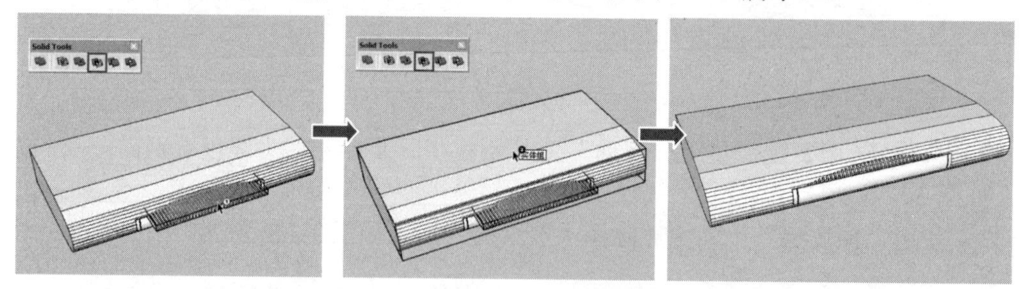

图 3-141

（19）全选进行差集运算后的模型，然后右击，在快捷菜单中执行“软化/平滑边线”命令，在弹出的“柔化边线”对话框中对其进行柔化边线操作，如图 3-142 所示。

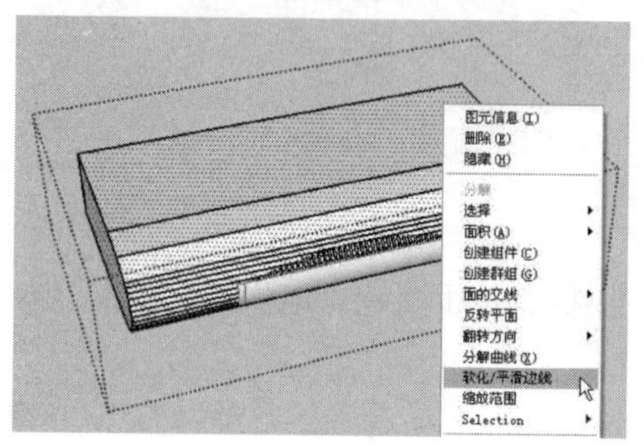

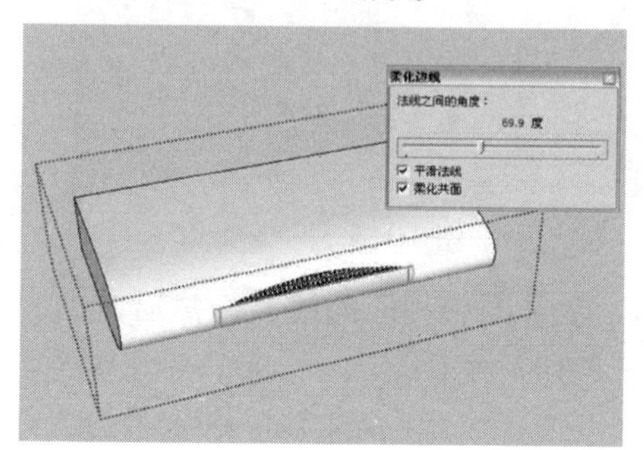

图 3-142

（20）选择模型上的相应边线，然后单击插件 Round Corner 工具栏中的“倒圆角”按钮，将偏移参数设置为设为 15mm，段数 10，单击“确定”按钮，然后按【Enter】键完成模型边线的倒圆角操作，如图 3-143 所示。

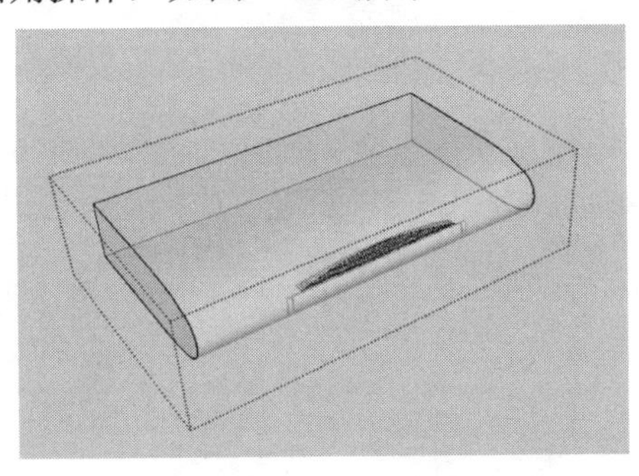

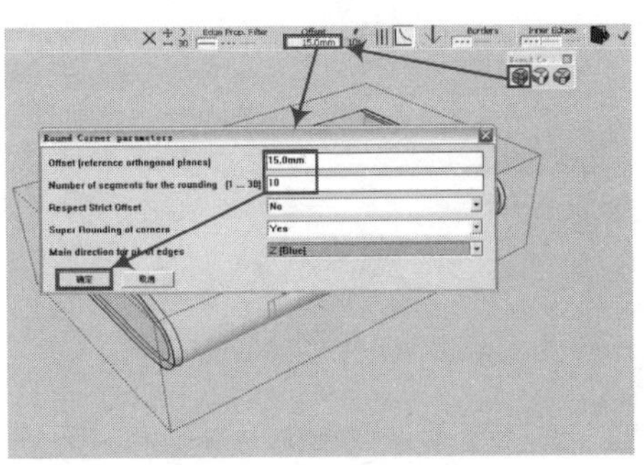

图 3-143

（21）使用“圆”工具在抽油烟机机体的右下侧相应位置绘制半径为 5mm 的圆，如图 3-144 所示。

（22）首先将上一步绘制的圆创建为组，接着双击创建的组进入组的内部编辑状态，然后使用“推/拉”工具将圆向外推拉 2mm 的厚度，如图 3-145 所示。

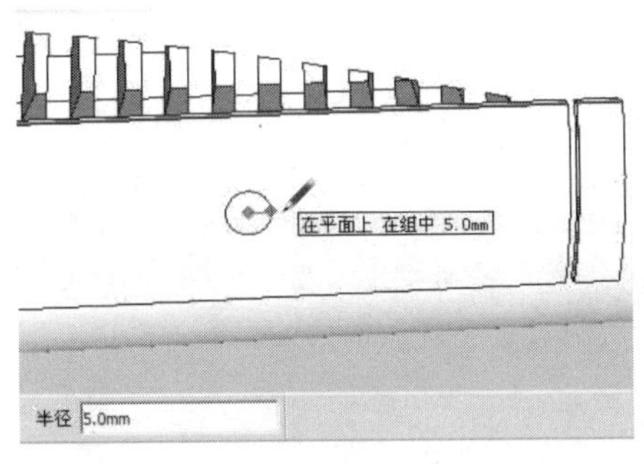

图 3-144

图 3-145

（23）按住【Ctrl】键，使用“移动”工具将上一步推拉后的圆柱体向左复制 5 个，如图 3-146 所示。

（24）单击“三维文本”工具，弹出“放置三维文本”对话框，在文本框中输入文字内容“BRASTCMPR”，并设置好下侧的相关参数，最后单击“放置”按钮，将文字插入抽油烟机机体中间的相应位置，如图 3-147 所示。

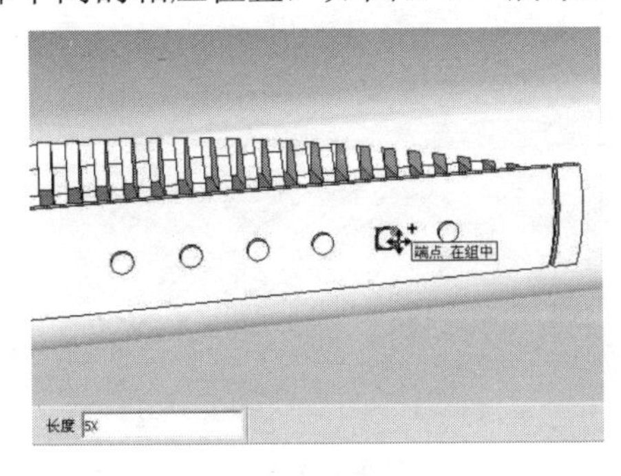

图 3-146

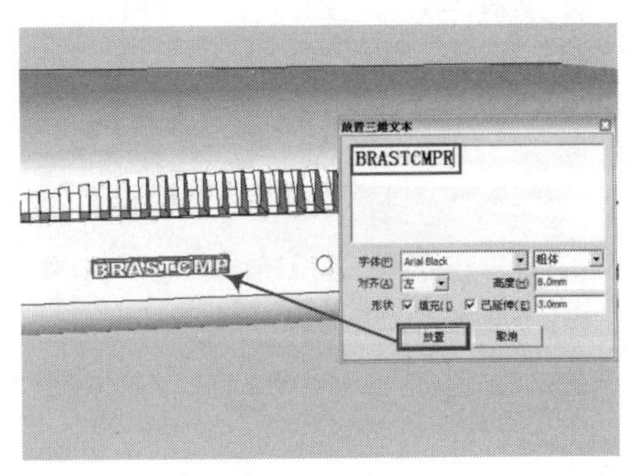

图 3-147

（25）使用“矩形”工具在抽油烟机机体的上侧相应位置绘制 200mm×190mm 的矩形面，并将其创建为组，如图 3-148 所示。

（26）双击上一步创建的组，进入组的内部编辑状态，然后使用“推/拉”工具将该矩形面向上推拉 450mm 的高度，如图 3-149 所示。

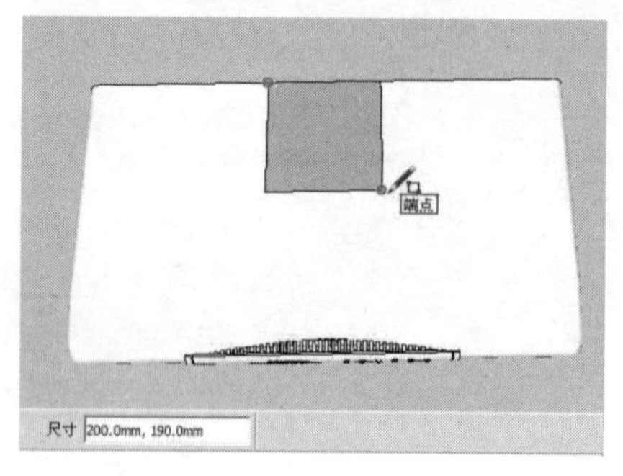

图 3-148

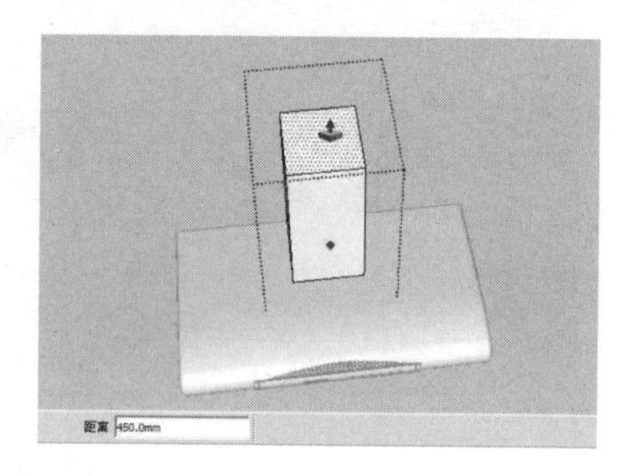

图 3-149

（27）选择模型上的相应边线，然后单击插件 Round Corner 工具栏中的“倒圆角”按钮，将偏移参数设置为 60mm，段数设为 10，单击“确定”按钮，然后按【Enter】键完成模型边线的倒圆角操作，如图 3-150 所示。

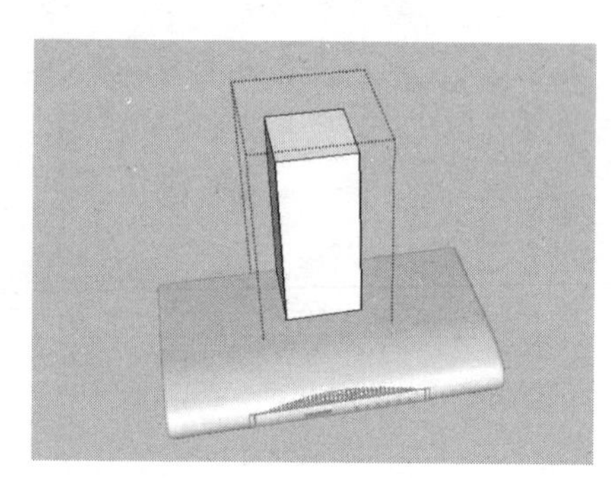

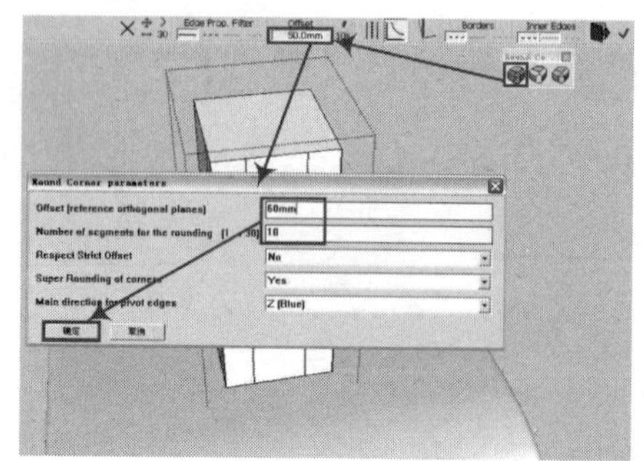

图 3-150

（28）按住【Ctrl】键，使用“移动”工具将上一步倒圆角后的排气管垂直向上复制一份，然后使用“缩放”工具对其进行拉伸，使其符合要求，如图 3-151 所示。

（29）在抽油烟机的下侧完成其他构件的创建，如图 3-152 所示。

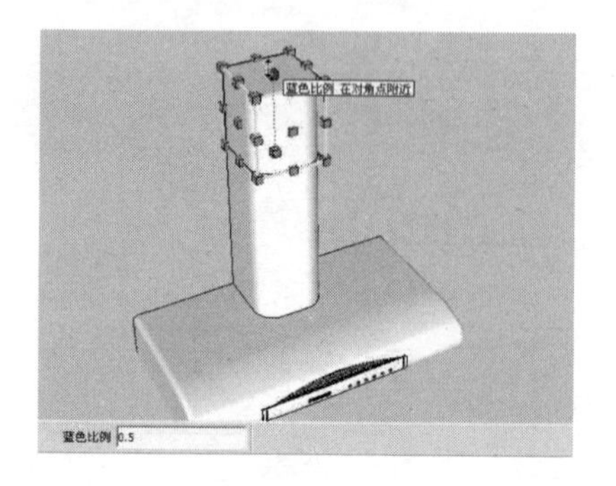

图 3-151

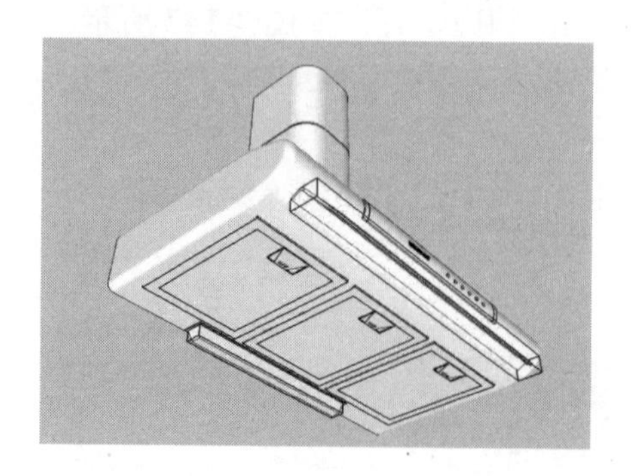

图 3-152

（30）使用“颜料桶”工具为制作的抽油烟机模型赋予相应的材质，如图 3-153 所示。

图 3-153

3.3　制作卫浴洁具模型

卫浴洁具一般指卫浴用品。卫浴俗称卫生间，是供居住者进行日常卫生活动的空间及用品。

3.3.1　制作坐式马桶模型

马桶正式名称为座便器，是大小便用的有盖的桶，如图 3-154 所示。马桶的发明被称为一项伟大的发明，它解决了人自身吃喝拉撒的进出问题，但也有人认为抽水马桶是万恶之源，因为它消耗了大量的生活用水。马桶的分类很多，有分体的，有连体的。随着科技的发展，还出现了许多新奇的品种。

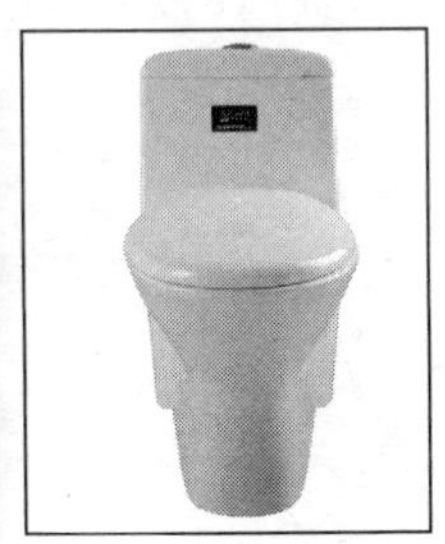

图 3-154

视频\03\制作坐式马桶模型.avi
案例\03\练习 3-7.skp

制作坐式马桶模型的操作步骤如下：

（1）启动 SketchUp 软件，使用“矩形”工具绘制 720mm×370mm 的矩形面，如图 3-155 所示。

（2）按住【Ctrl】键，使用“移动”工具将图中的相应边线向上复制一份，其移动的距离为 170mm，如图 3-156 所示。

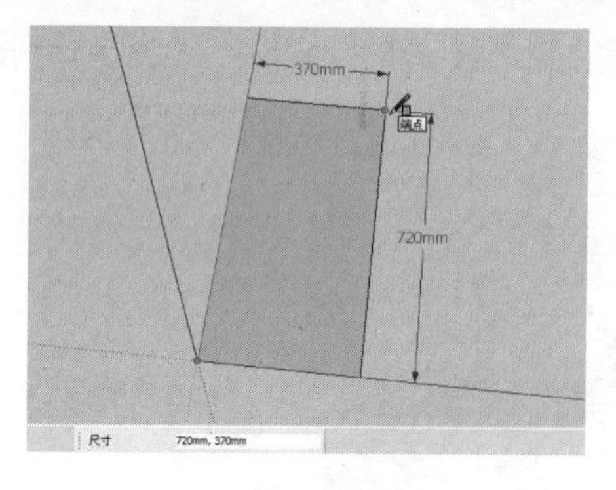

图 3-155

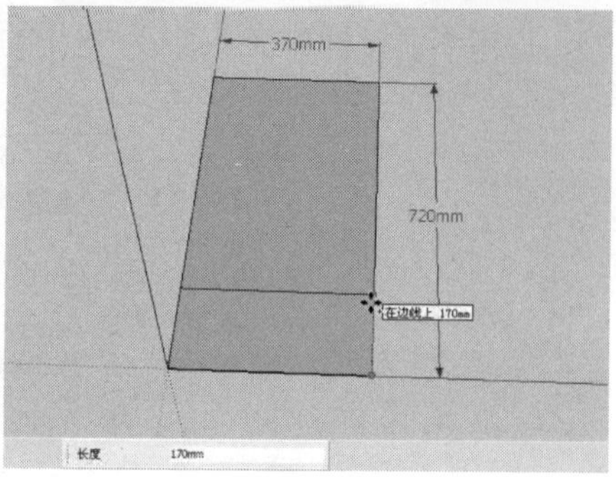

图 3-156

（3）使用“圆弧”工具捕捉图中相应的端点及中点绘制一条圆弧，如图 3-157 所示。

（4）使用“橡皮擦”工具删除图中多余的线面，如图 3-158 所示。

（5）使用“推/拉”工具将图中的造型面向上推拉 390mm 的高度，如图 3-159 所示。

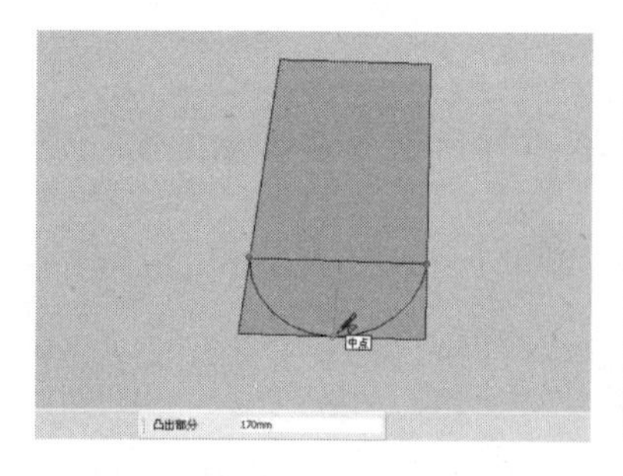

图 3-157

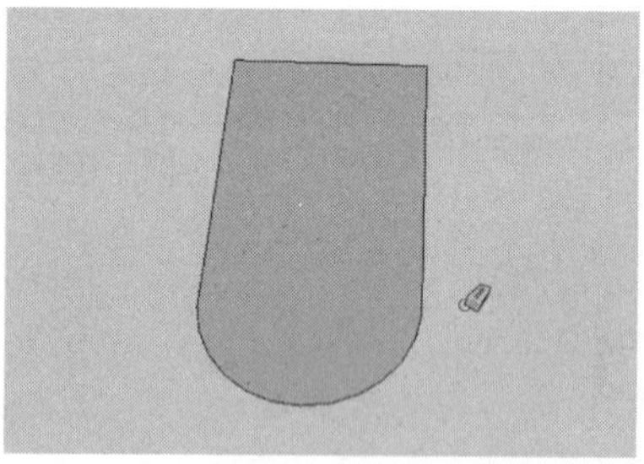

图 3-158

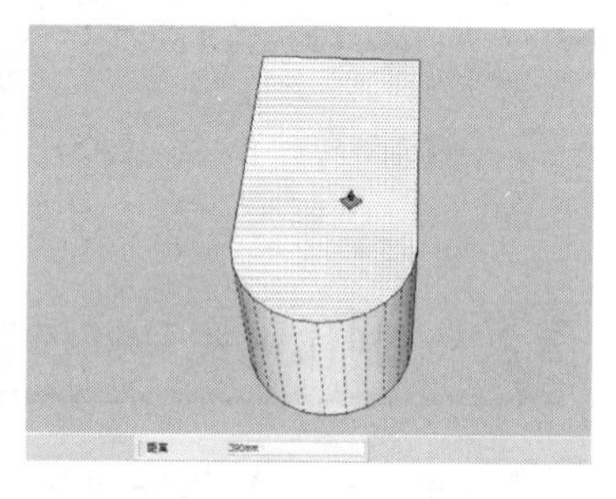

图 3-159

（6）使用“选择”工具选择图中相应的边线，接着使用“移动”工具并按住【Ctrl】键将边线垂直向下复制一份，其移动的距离为 20mm。然后在数值框中输入文字内容“18x”，将边线垂直向下复制 18 份，如图 3-160 所示。

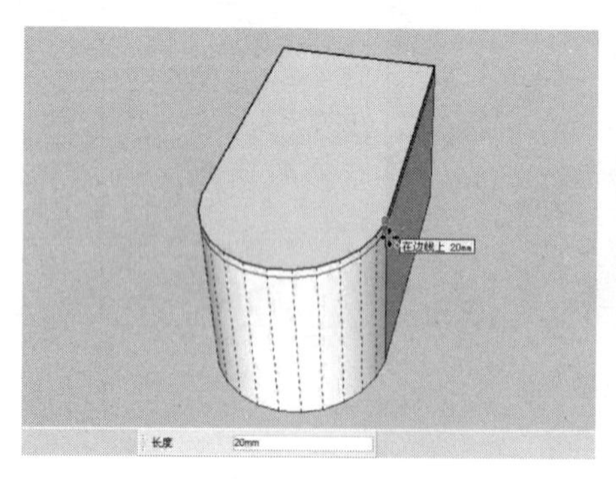

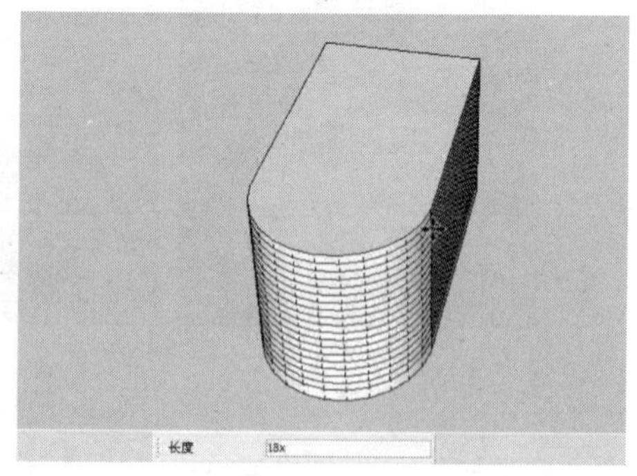

图 3-160

（7）使用“选择”工具选择模型下侧相应的圆弧线，再结合“缩放”工具及“移动”工具对圆弧线进行编辑，如图 3-161 所示。

（8）使用相同的方法对模型上的多条圆弧线进行编辑，使其符合要求，如图 3-162 所示。

（9）全选创建的马桶底座模型，然后右击，在快捷菜单中执行“软化/平滑边线”命令，在弹出的“柔化边线”对话框中对模型进行边线柔化操作，如图 3-163 所示。

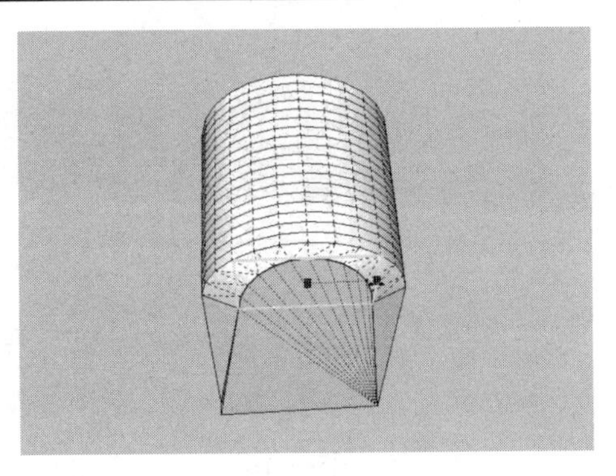

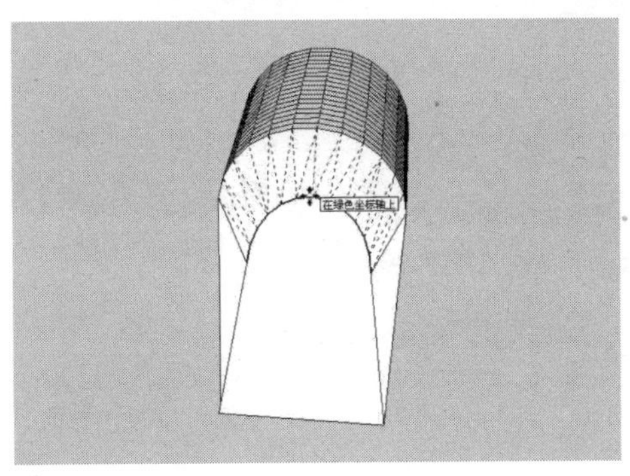

图 3-161

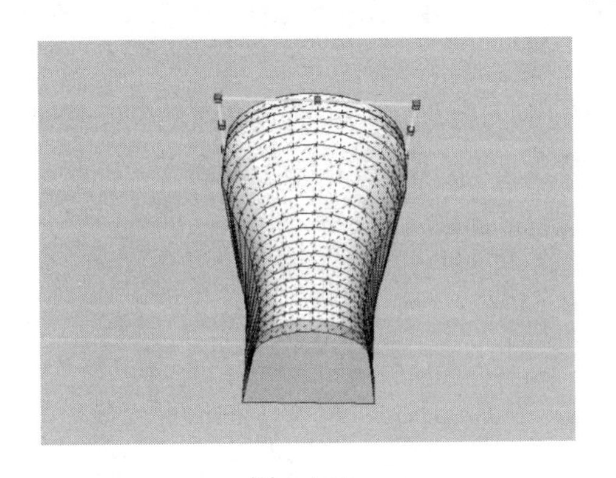

图 3-162

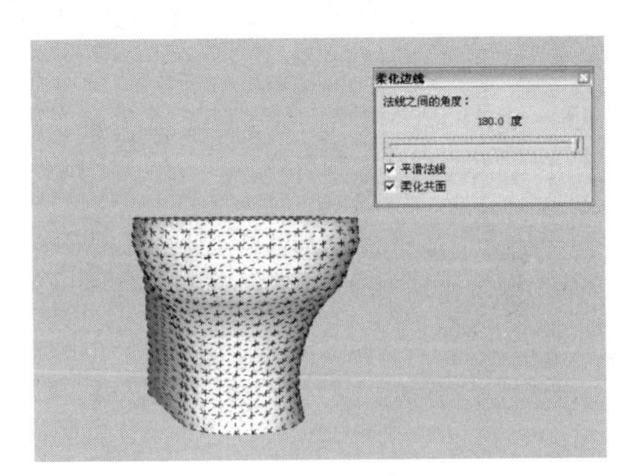

图 3-163

（10）使用“选择”工具选择马桶底座上侧的相应造型面，然后使用“移动”工具并按住【Ctrl】键将该造型面垂直向上复制一份，如图 3-164 所示。

（11）使用“选择”工具选择上一步复制的造型面上的相应边线，然后使用“移动”工具并按住【Ctrl】键将该边线向左复制一份，其移动的距离为 200mm，如图 3-165 所示。

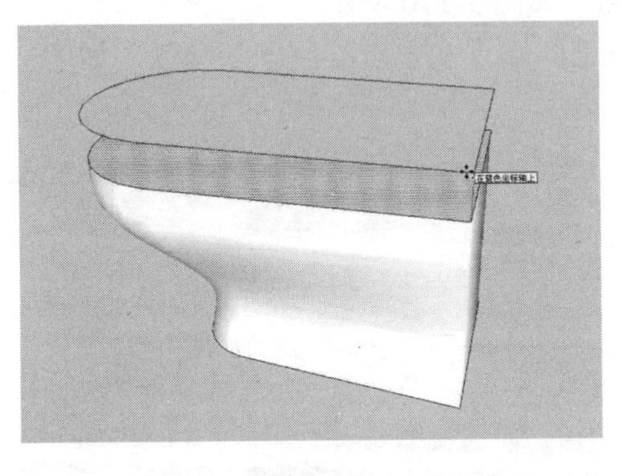

图 3-164

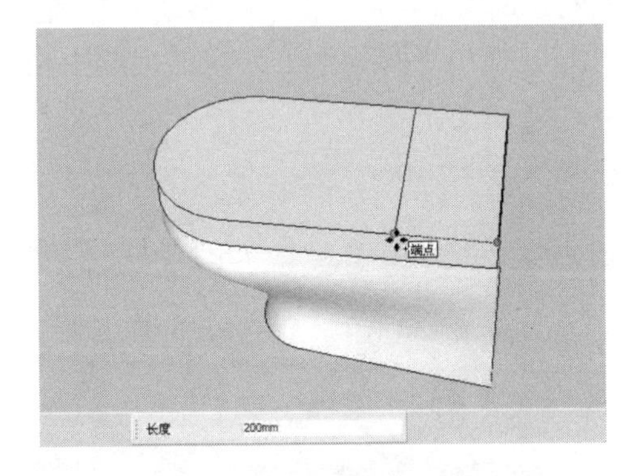

图 3-165

（12）使用“橡皮擦”工具删除上侧造型面上的相应线面，然后使用“推/拉”工具将造型面向上推拉 30mm 的厚度，如图 3-166 所示。

（13）选择上一部推拉后的马桶盖上的相应边线，然后单击插件 Round Corner 工具栏中的“倒圆角”按钮，将偏移参数设置为 2mm，段数设为 6，单击“确定”按钮，然后按【Enter】键完成模型边线的倒圆角操作，并将其创建为群组，如图 3-167 所示。

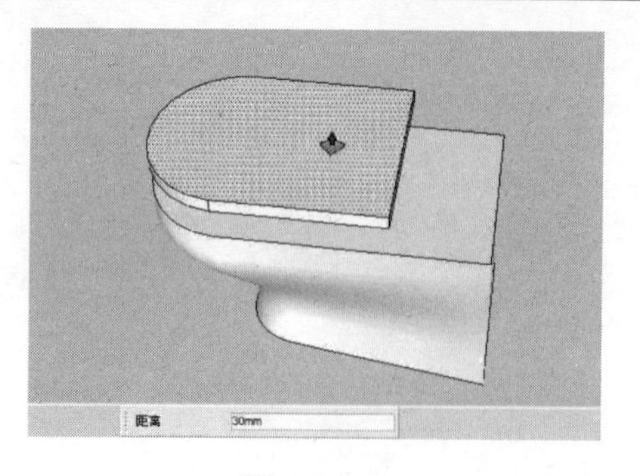

图 3-166

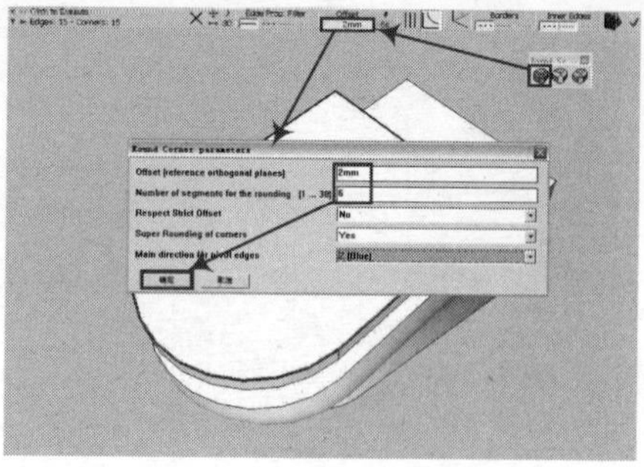

图 3-167

（14）使用“移动”工具将创建的马桶盖移到马桶底座上侧的相应位置，如图 3-168 所示。

（15）使用“选择”工具选择马桶底座上侧的相应边线，然后使用“移动”工具并按住【Ctrl】键将该边线向左复制一份，其移动的距离为 150mm，如图 3-169 所示。

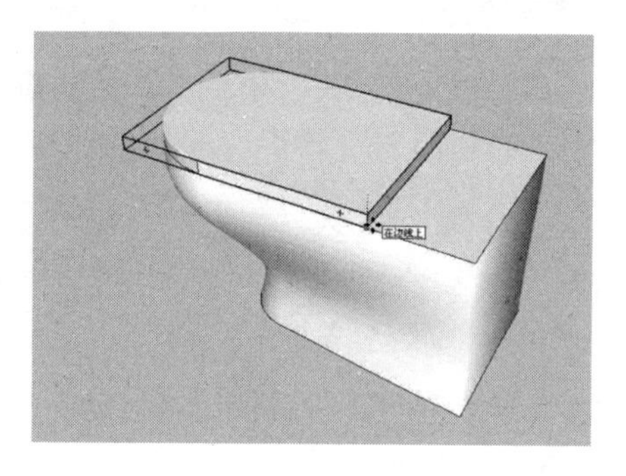

图 3-168

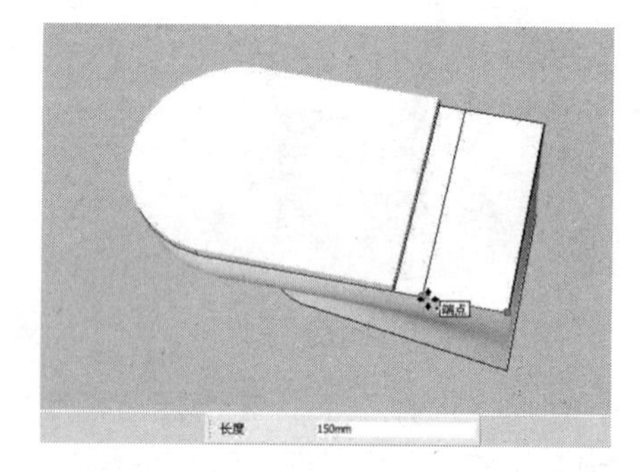

图 3-169

（16）使用“选择”工具选择上一步复制的线条，然后使用“移动”工具并按住【Ctrl】键将该线条向右复制一份，其移动的距离为 10mm，如图 3-170 所示。

（17）使用“圆弧”工具捕捉图中相应线段上的端点及中点绘制一条圆弧，如图 3-171 所示。

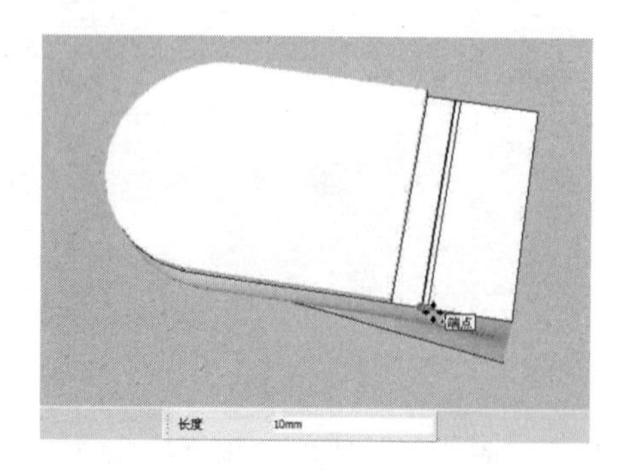

图 3-170

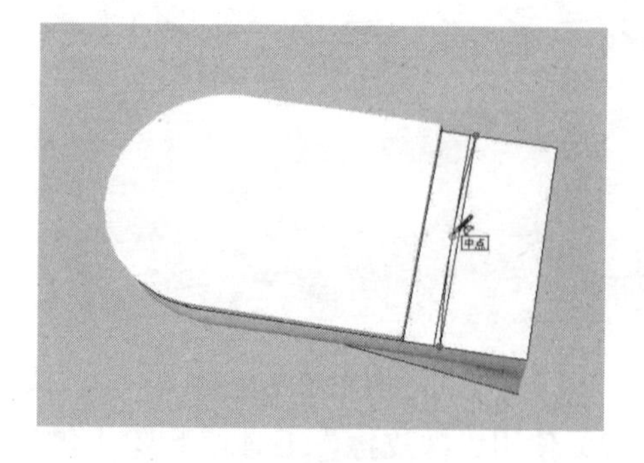

图 3-171

（18）使用“推/拉”工具将图中相应的造型面向上推拉 320mm 的高度，如图 3-172 所示。

（19）按住【Ctrl】键，使用“推/拉”工具将上一步推拉模型的上侧造型面向上推拉复制一份，其推拉复制的高度为 30mm，如图 3-173 所示。

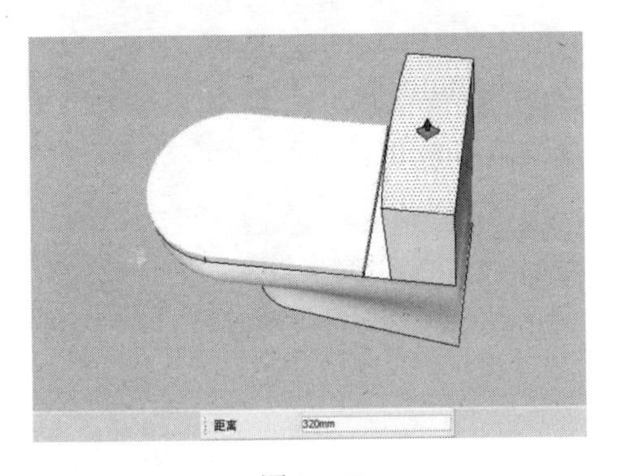

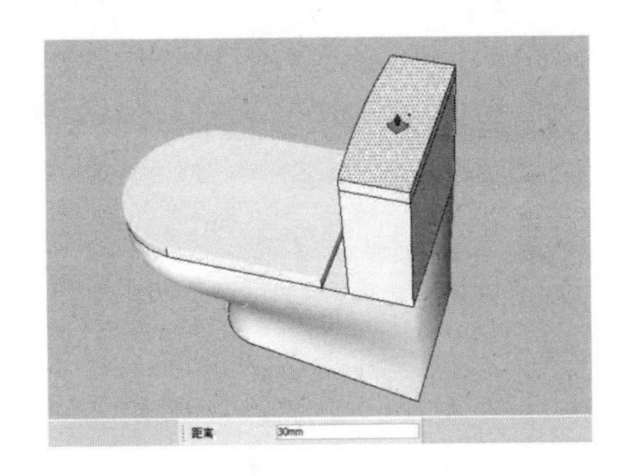

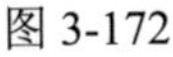

图 3-172　　　　图 3-173

（20）选择马桶水箱上的相应边线，然后单击插件 Round Corner 工具栏中的“倒圆角”按钮，将偏移参数设置为 2mm，段数设为 6，单击“确定”按钮，然后按【Enter】键完成模型边线的倒圆角操作，如图 3-174 所示。

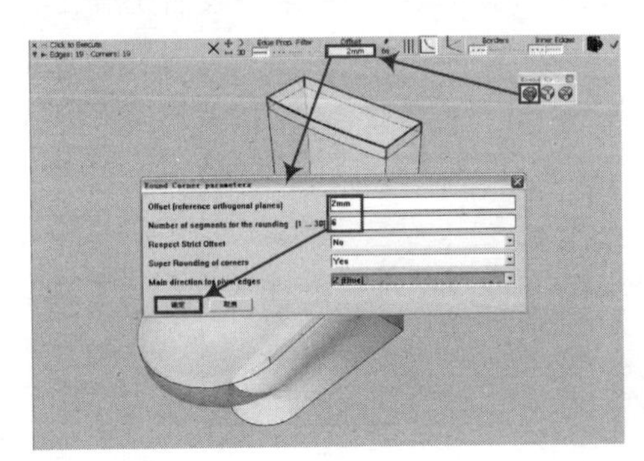

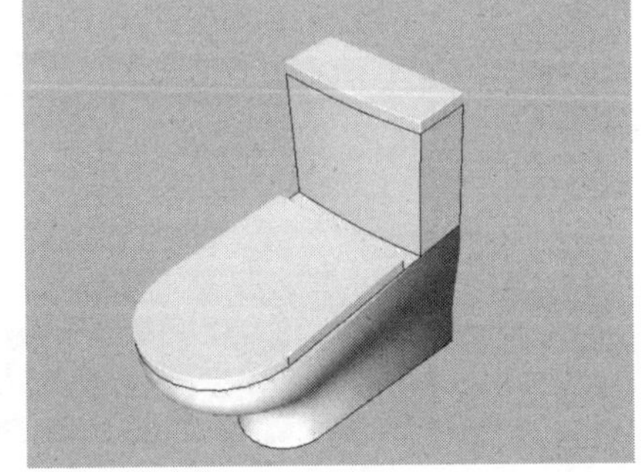

图 3-174

（21）使用“选择”工具选择图中相应的线面，然后右击，在快捷菜单中执行“软化/平滑边线”命令，在弹出的“柔化边线”对话框中对模型进行边线柔化操作，如图 3-175 所示。

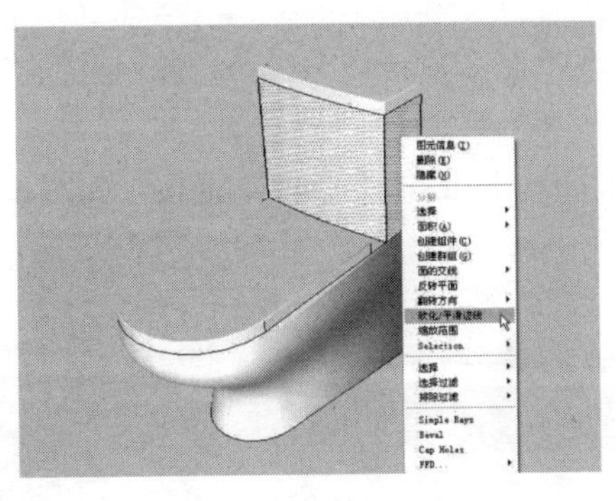

图 3-175

（22）结合“圆”工具、“圆弧”工具、“推/拉”工具，在马桶水箱盖的上侧创建出开关按钮造型，如图 3-176 所示。

（23）使用“颜料桶”工具为制作的马桶模型赋予相应的材质，如图 3-177 所示。

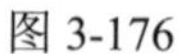

图 3-176

图 3-177

3.3.2 制作洗脸盆模型

洗脸盆是人们日常生活中不可缺少的卫生洁具，洗脸盆的材质使用最多的是陶瓷、搪瓷生铁、搪瓷钢板、水磨石等。随着建材技术的发展，国内外已相继推出玻璃钢、人造大理石、人造玛瑙、不锈钢等新材料。洗脸盆的种类繁多，但对其共同的要求是表面光滑、不透水、耐腐蚀、耐冷热，易于清洗和经久耐用等，如图 3-178 所示。

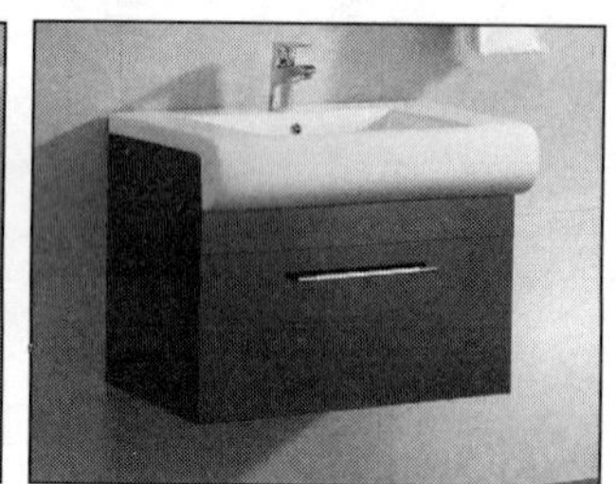

图 3-178

视频\03\制作洗脸盆模型.avi
案例\03\练习 3-8.skp

制作洗脸盆模型的操作步骤如下：

（1）启动 SketchUp 软件，使用“矩形”工具绘制 800mm×430mm 的矩形面，如图 3-179 所示。

（2）使用“推/拉”工具将上一步绘制的矩形面向上推拉 500mm 的高度，如图 3-180 所示。

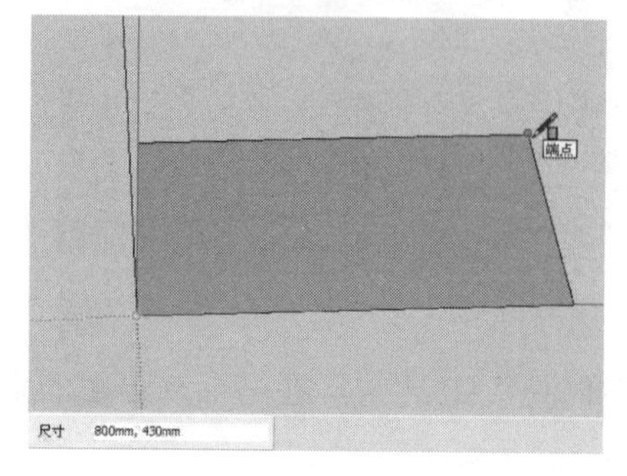

图 3-179

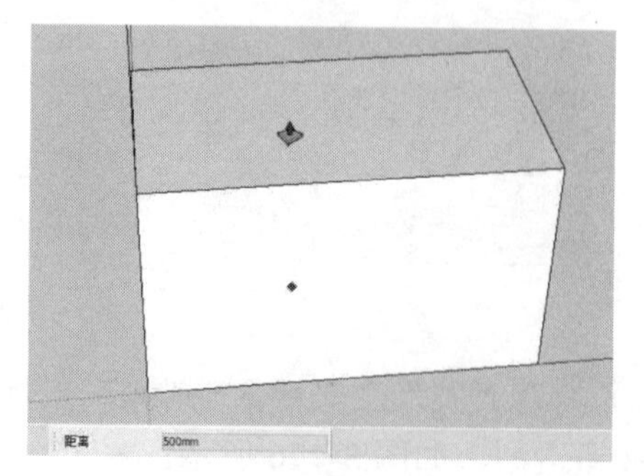

图 3-180

（3）使用“直线”工具捕捉立方体外立面上的上下侧边中点，绘制一条垂直线段，如图 3-181 所示。

（4）使用“卷尺”工具在上一步绘制垂直线段的左右两侧分别绘制一条与其距离为 5mm 的辅助参考线，如图 3-182 所示。

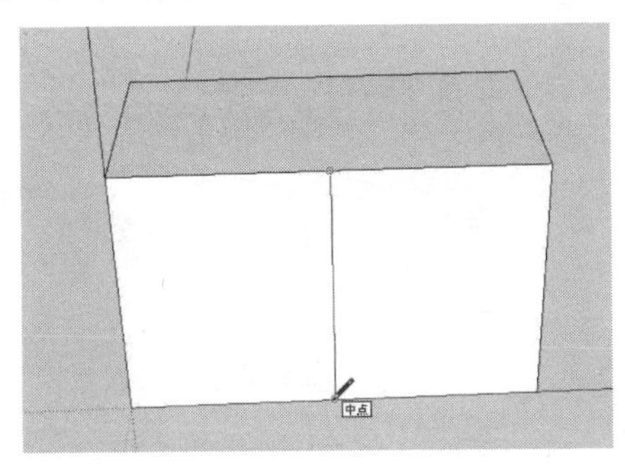

图 3-181

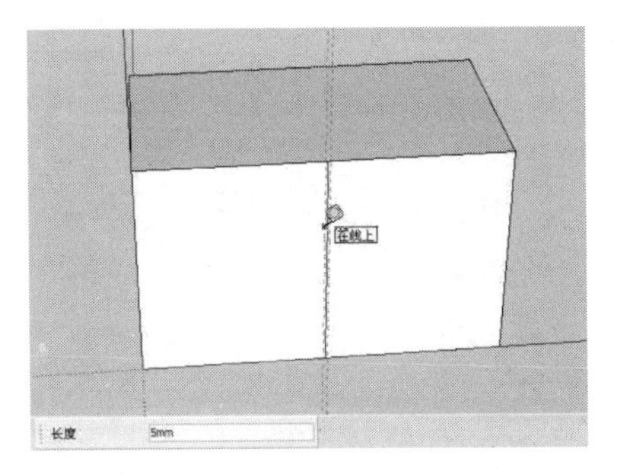

图 3-182

（5）使用“卷尺”工具绘制一条与下侧水平边线距离为 345mm 的辅助参考线，如图 3-183 所示。

（6）继续使用“卷尺”工具在立方体的外立面上绘制多条与其边线距离为 10mm 的辅助参考线，如图 3-184 所示。

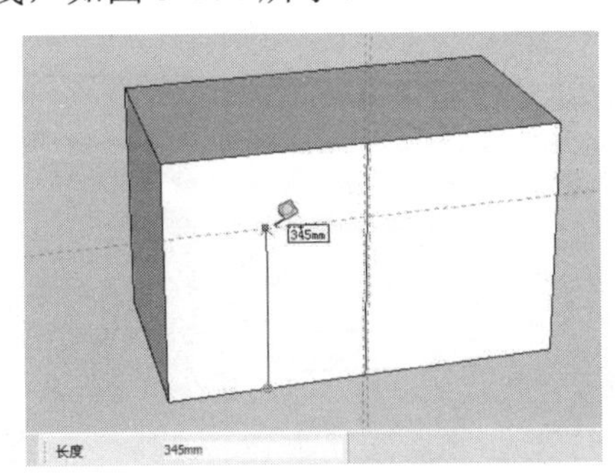

图 3-183

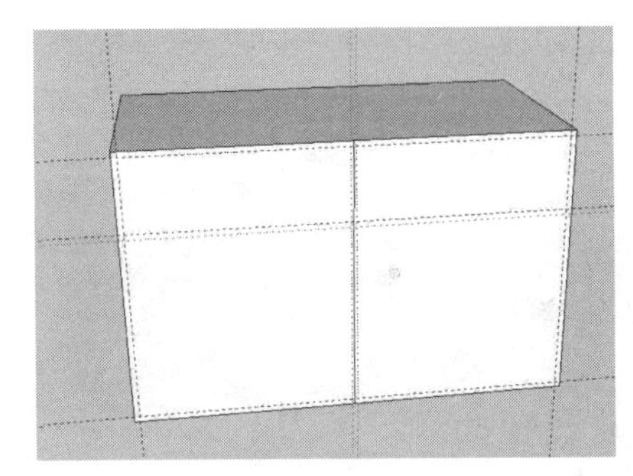

图 3-184

（7）使用“直线”工具借助前面绘制的辅助参考线在立方体的外立面上绘制多条线段，如图 3-185 所示。

（8）使用“推/拉”工具将图中的多个面向外推拉 15mm 的厚度，以形成洗脸盆地柜的柜门效果，如图 3-186 所示。

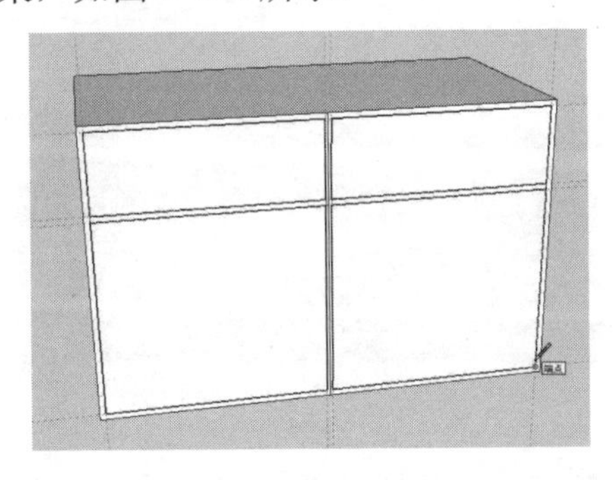

图 3-185

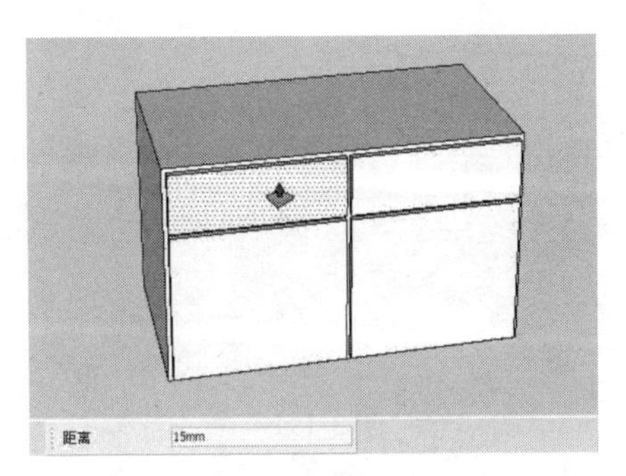

图 3-186

（9）使用“推/拉”工具将洗脸盆柜的上侧矩形面向上推拉 40mm 的厚度，如图 3-187 所示。

（10）按住【Ctrl】键，使用“推/拉”工具将图中相应的矩形面向外推拉复制 30mm 的距离，如图 3-188 所示。

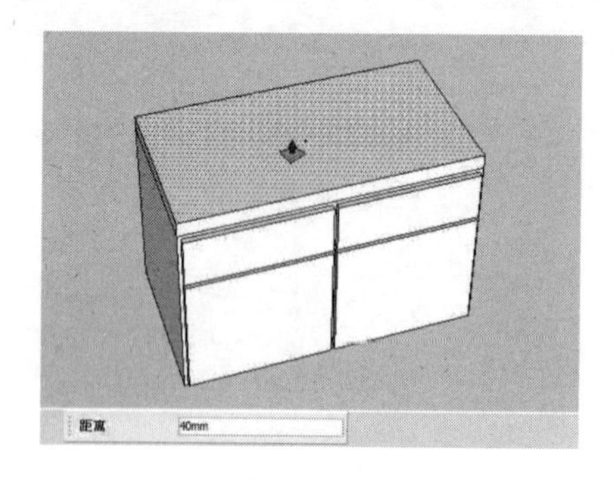

图 3-187

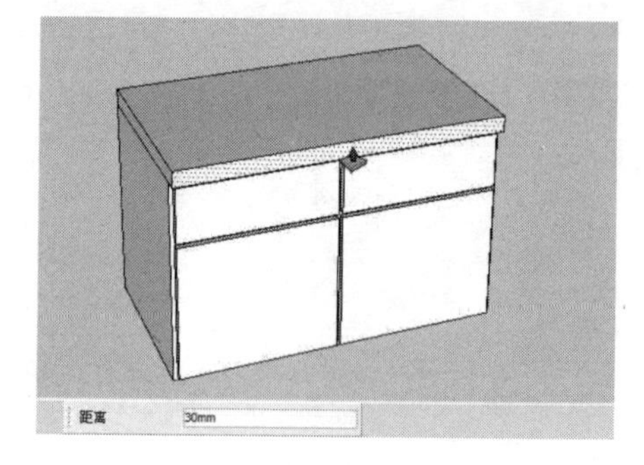

图 3-188

（11）使用“矩形”工具绘制 480mm×380mm 的矩形面，如图 3-189 所示。

（12）选择上一步绘制矩形的下侧水平边，然后使用“移动”工具并按住【Ctrl】键将其垂直向上复制一份，移动的距离为 50mm，如图 3-190 所示。

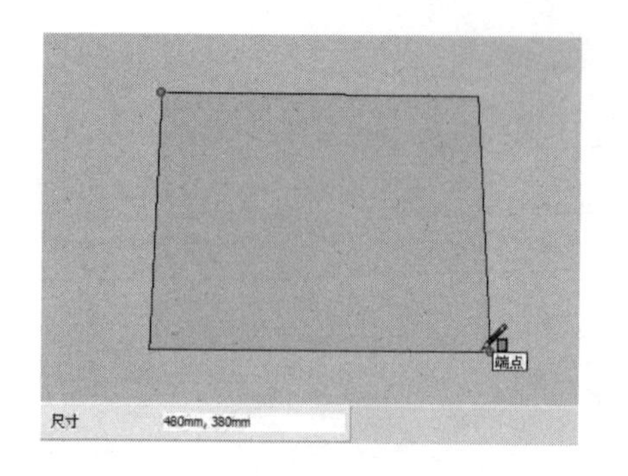

图 3-189

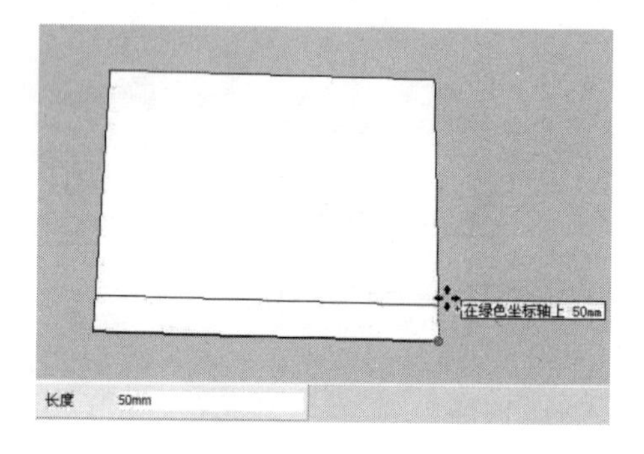

图 3-190

（13）使用“圆弧”工具捕捉相应线段上的端点及中点绘制一段圆弧，如图 3-191 所示。

（14）使用“橡皮擦”工具删除图中多余的线面，如图 3-192 所示。

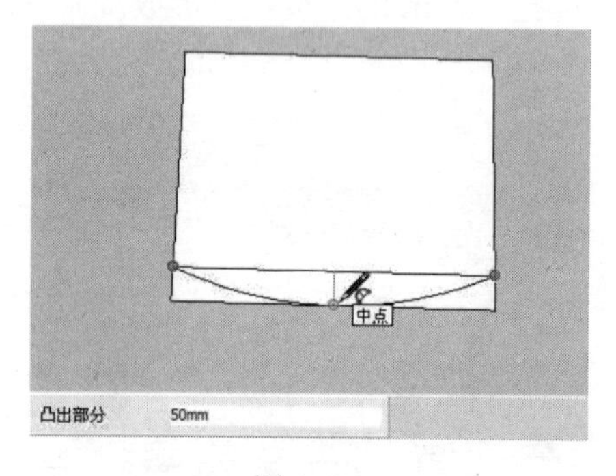

图 3-191

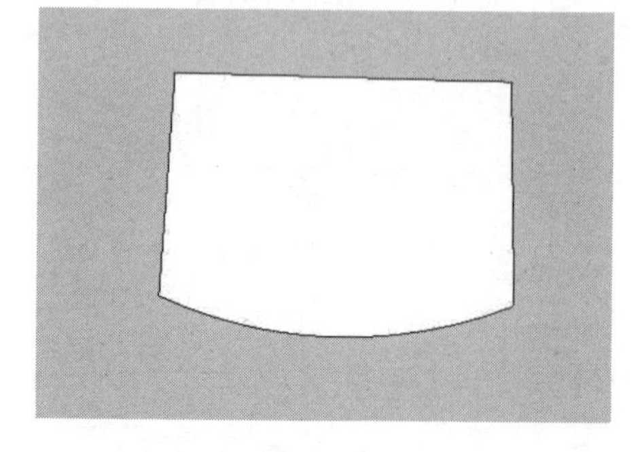

图 3-192

（15）选择图中相应的边线，然后使用“移动”工具并按住【Ctrl】键将其向下移动复制一份，移动的距离为 30mm，如图 3-193 所示。

（16）使用“偏移”工具将下侧的造型面向内偏移 30mm 的距离，如图 3-194 所示。

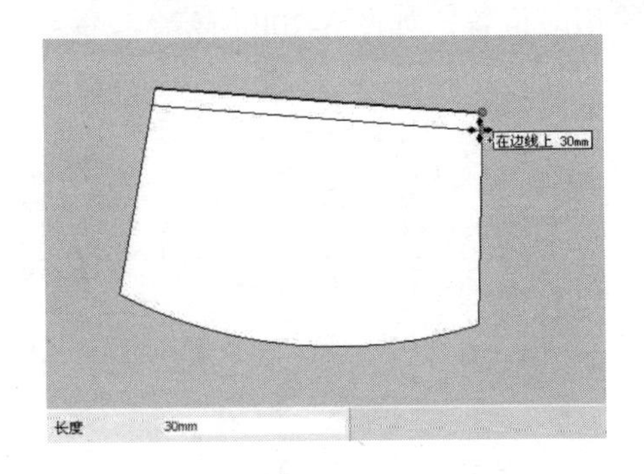

图 3-193

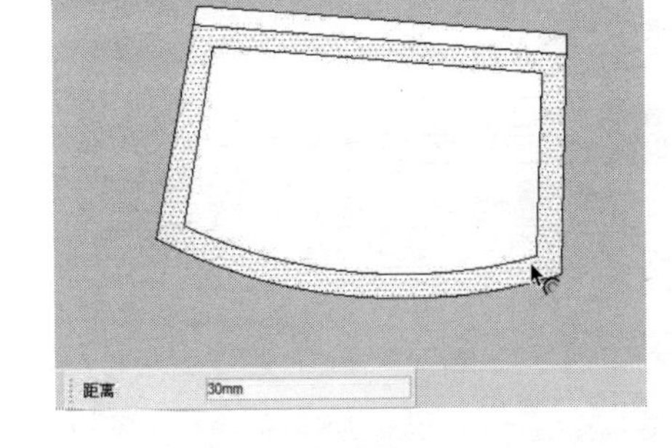

图 3-194

（17）使用“推/拉”工具将图中相应的造型面向上推拉 100mm 的距离，如图 3-195 所示。

（18）继续使用“推/拉”工具将图中相应的造型面向上推拉 20mm 的距离，如图 3-196 所示。

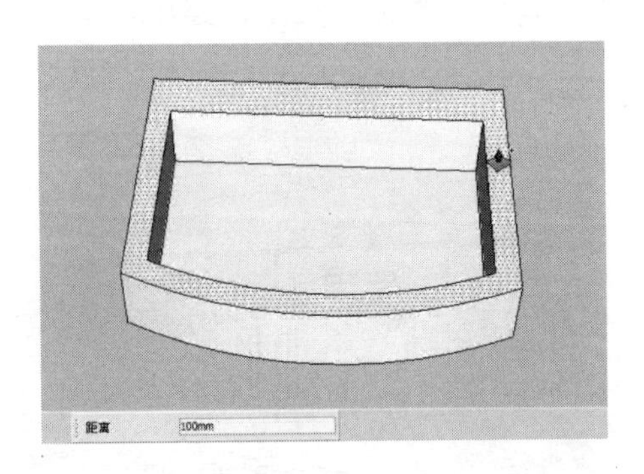

图 3-195

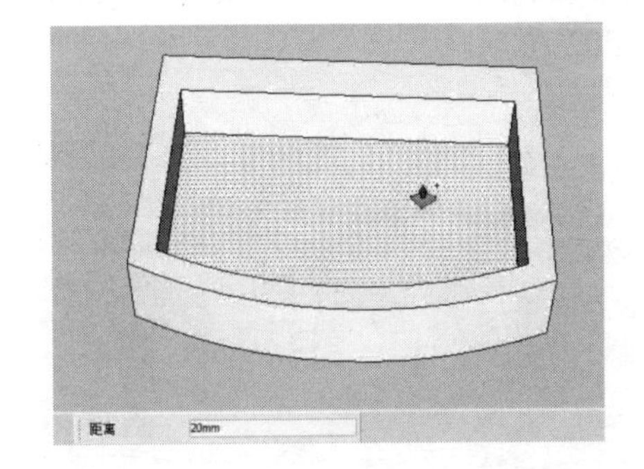

图 3-196

（19）使用“缩放”工具将洗脸盆的内侧造型面进行缩放，缩放比例为 0.85，如图 3-197 所示。

（20）选择洗脸盆上的相应边线，然后使用“偏移”工具将其向外偏移 5mm 的距离，如图 3-198 所示。

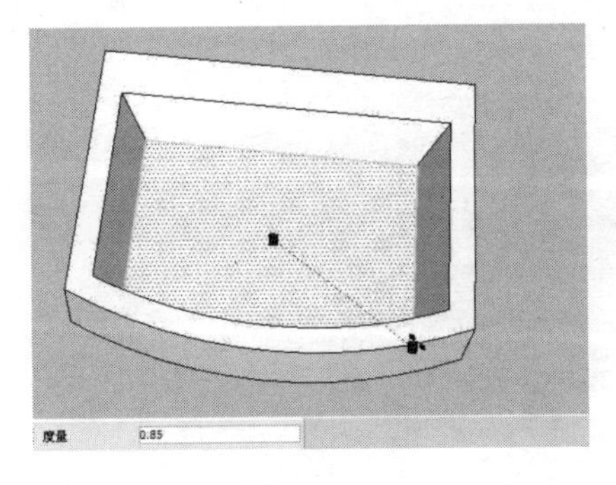

图 3-197

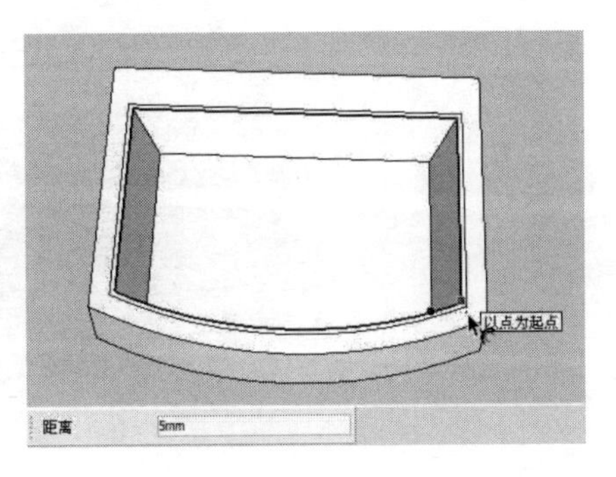

图 3-198

（21）单击“视图”工具栏上的“主视图”按钮，将当前视图切换为主视图，然后使用“移动”工具将边线垂直向下移动 5mm 的距离，如图 3-199 所示。

（22）将创建的洗脸盆造型移到洗脸柜上侧的相应位置，如图 3-200 所示。

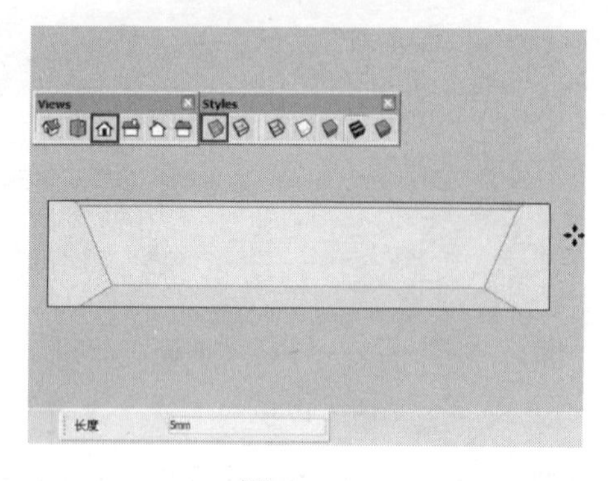

图 3-199

图 3-200

（23）结合“圆”工具及“推/拉”工具，在洗脸盆的上侧相应位置创建出水龙头及出水孔的造型，并将其创建为组，如图 3-201 所示。

（24）结合“矩形”工具及“推/拉”工具，在洗脸柜的柜门上创建出多个拉手造型，如图 3-202 所示。

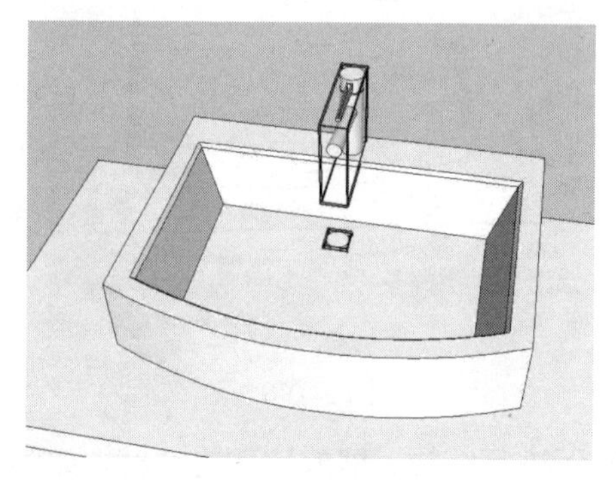

图 3-201

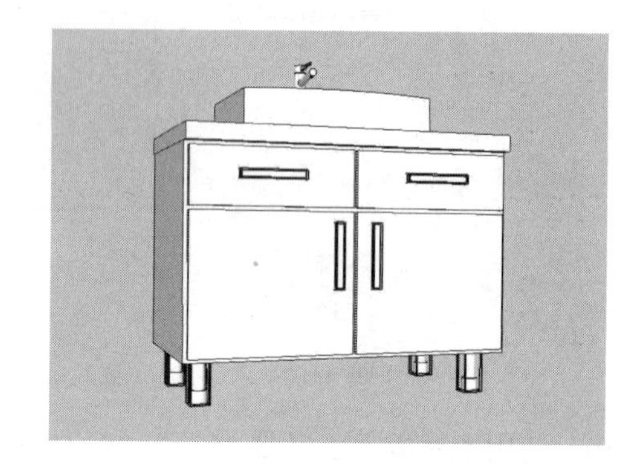

图 3-202

（25）使用“颜料桶”工具为制作的洗脸盆模型赋予相应的材质，如图 3-203 所示。

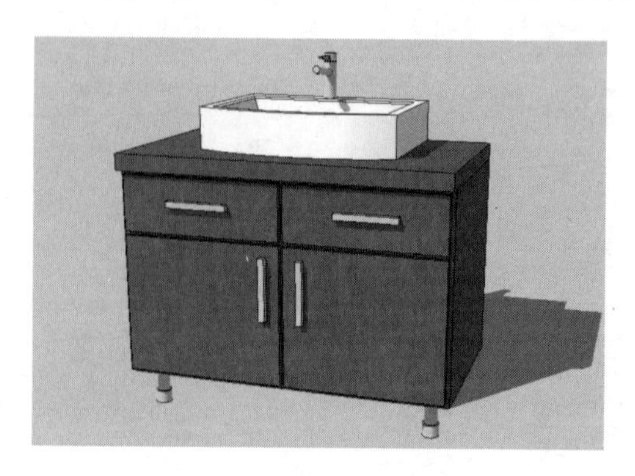

图 3-203

3.3.3 制作浴缸模型

浴缸是一种水管装置，供沐浴或淋浴之用，通常装置在家居浴室内。现代的浴缸大多以亚加力（亚克力）或玻璃纤维制造，也有以包上陶瓷的钢铁制造，近几年木质浴缸也渐渐盛行，主要以四川地区的香柏木为基材制造，因而也叫柏川木桶。旧式西方浴缸通常由防锈处理过的钢或铁制造。一直以来，大部分浴缸皆属长方型，近年由于亚加力加热式浴缸逐渐普及，开始出现各种不同形状的浴缸。浴缸最常见的颜色是白色，亦有其他如粉色等色调。多数浴缸底部皆有去水位，亦在上部设有防漫泻的去水位。一些则把水喉安装在浴缸边缘位置，如图 3-204 所示。

图 3-204

视频\03\制作浴缸模型.avi
案例\03\练习 3-9.skp

制作浴缸模型的操作步骤如下：

（1）启动 SketchUp 软件，使用“矩形”工具绘制 700mm×1700mm 的矩形面，如图 3-205 所示。

（2）使用“推/拉”工具将上一步绘制的矩形面向上推拉 490mm 的高度，如图 3-206 所示。

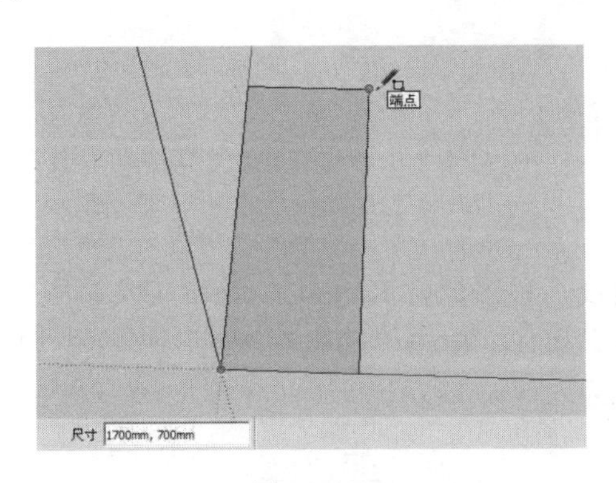

图 3-205

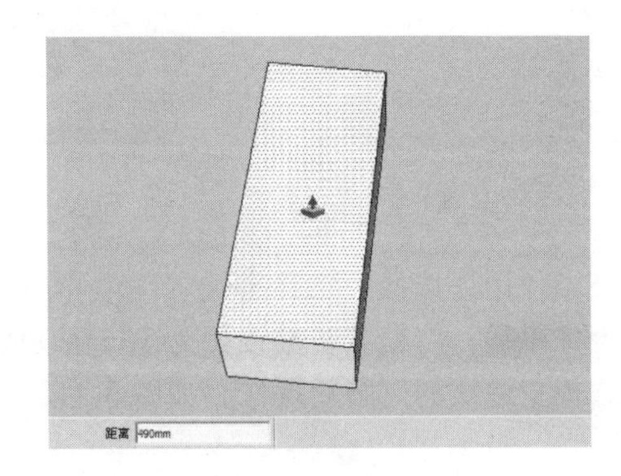

图 3-206

（3）使用“偏移”工具将立方体上侧的矩形面向内偏移 70mm 的距离，如图 3-207 所示。

（4）使用“矩形”工具捕捉立方体上的相应端点绘制 100mm×100mm 的矩形面，如图 3-208 所示。

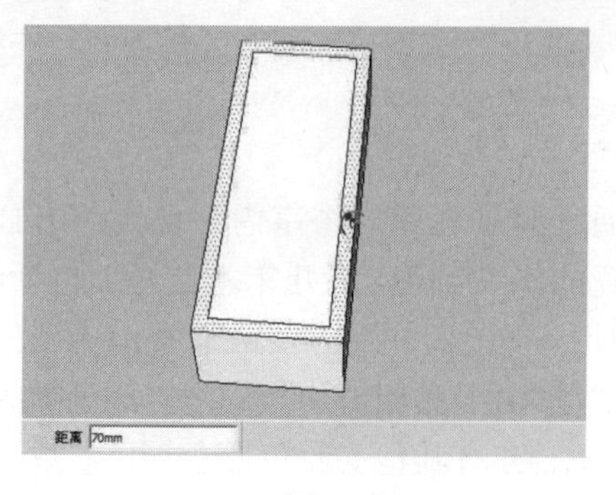

图 3-207

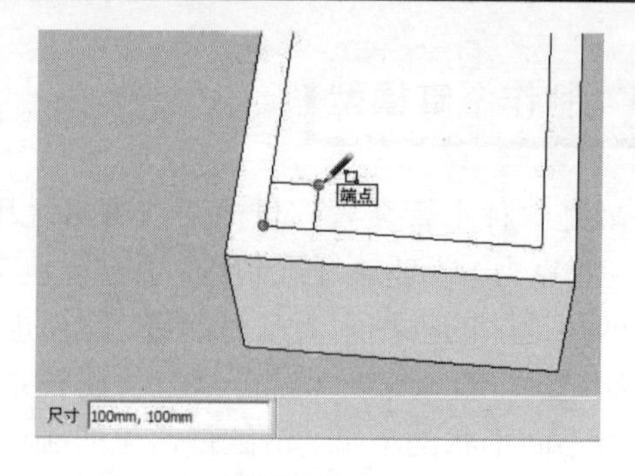

图 3-208

（5）使用“圆”工具捕捉矩形上相应的端点绘制半径为 100mm 的圆，如图 3-209 所示。

（6）继续使用“圆”工具在图中的相应位置绘制其他几个圆，如图 3-210 所示。

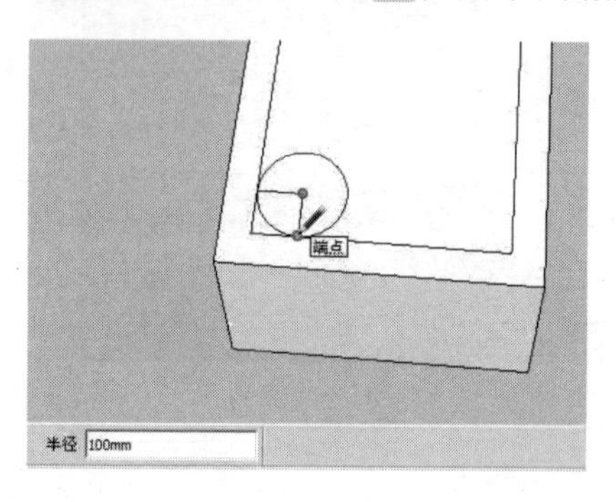

图 3-209

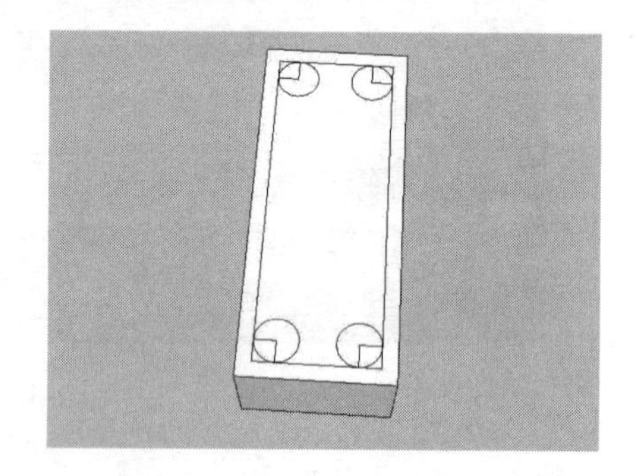

图 3-210

（7）使用“推/拉”工具将图中相应的造型面向内推拉 400mm 的厚度，如图 3-211 所示。

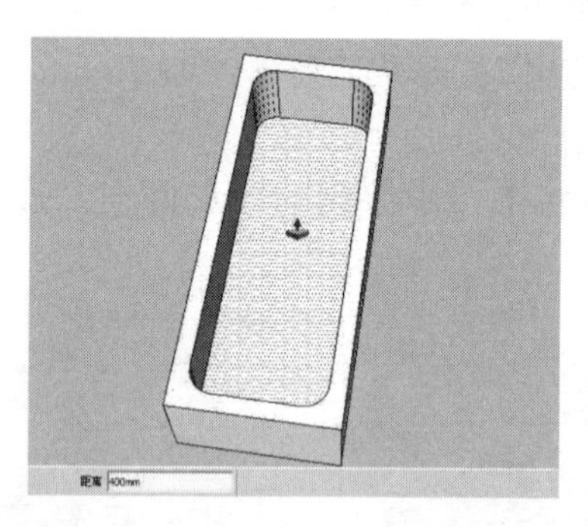

图 3-211

（8）使用“选择”工具选择图中相应的边线，单击插件 Round Corner 工具栏中的“倒圆角”按钮，将偏移参数设置为 15mm，段数设为 10，单击“确定”按钮，然后按【Enter】键完成模型边线的倒圆角操作，如图 3-212 所示。

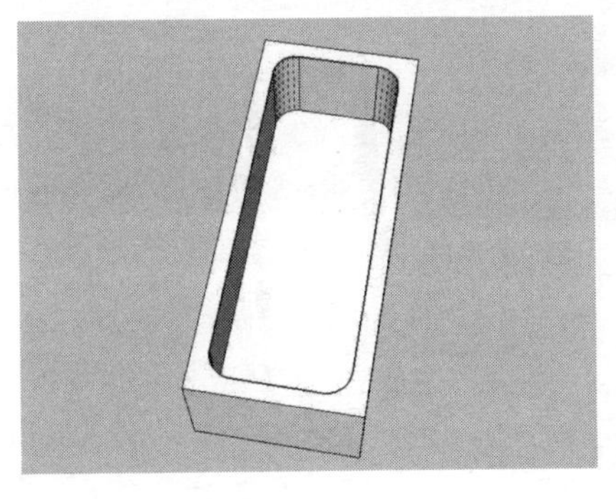

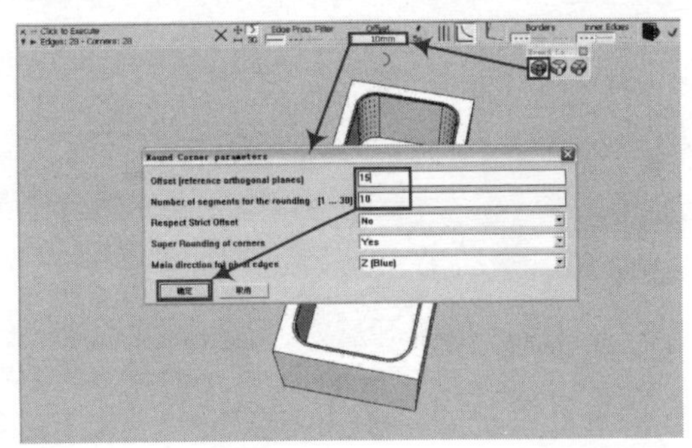

图 3-212

（9）使用“选择”工具选择图中相应的边线，单击插件 Round Corner 工具栏中的“倒圆角”按钮，将偏移参数设置为 40mm，段数设为 15，单击“确定”按钮，然后按【Enter】键完成模型边线的倒圆角操作，如图 3-213 所示。

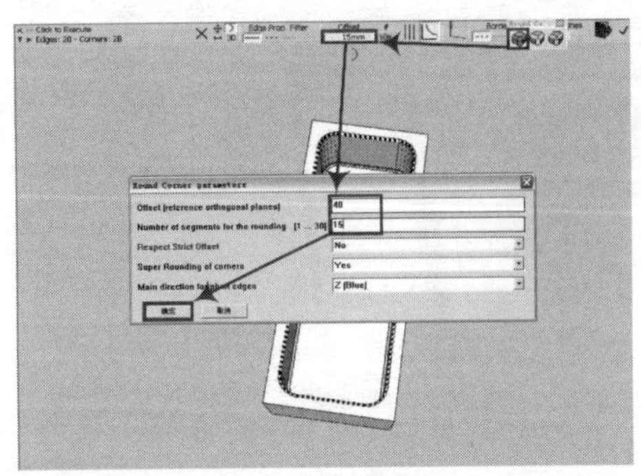

图 3-213

（10）使用“偏移”工具将浴缸的上侧表面向内偏移 20mm 的距离，如图 3-214 所示。

（11）使用“矩形”工具捕捉立方体上的相应端点绘制 40mm×40mm 的矩形，如图 3-215 所示。

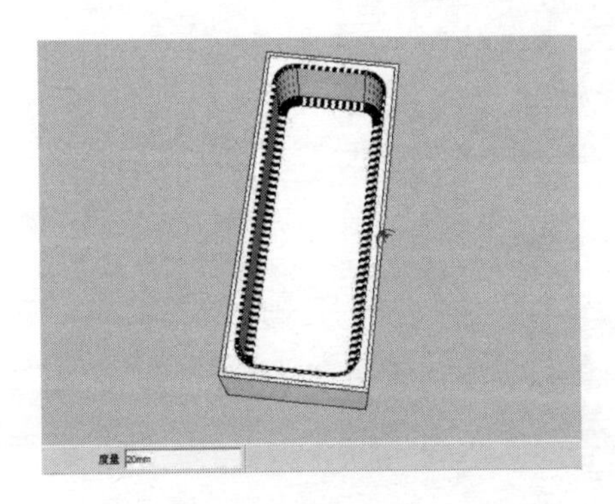

图 3-214

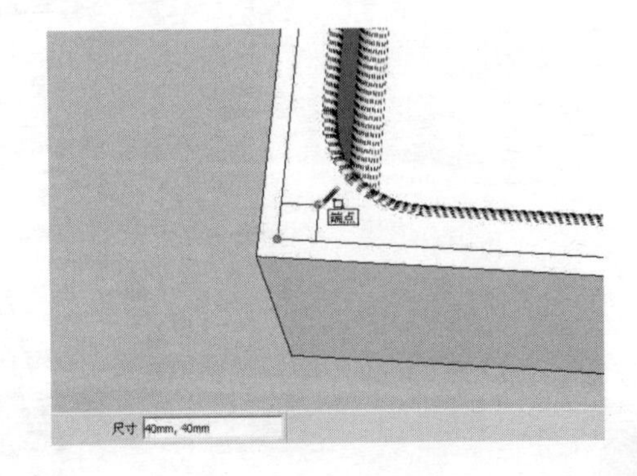

图 3-215

（12）使用“圆”工具捕捉图中相应的点为圆心绘制半径为 40mm 的圆，如图 3-216 所示。

（13）使用相同的方法在浴缸的上侧表面上绘制其他几个圆，如图 3-217 所示。

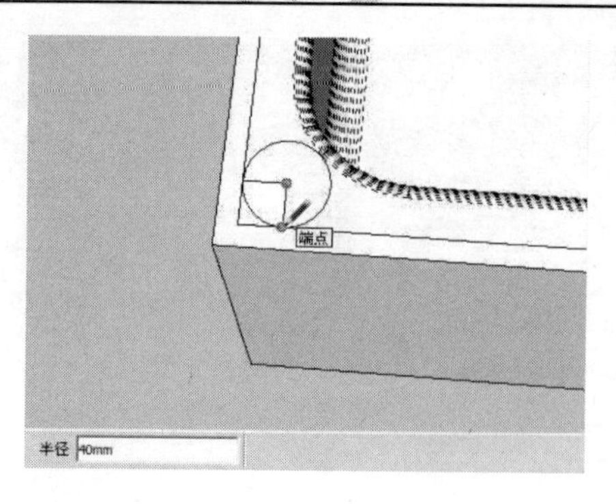

图 3-216

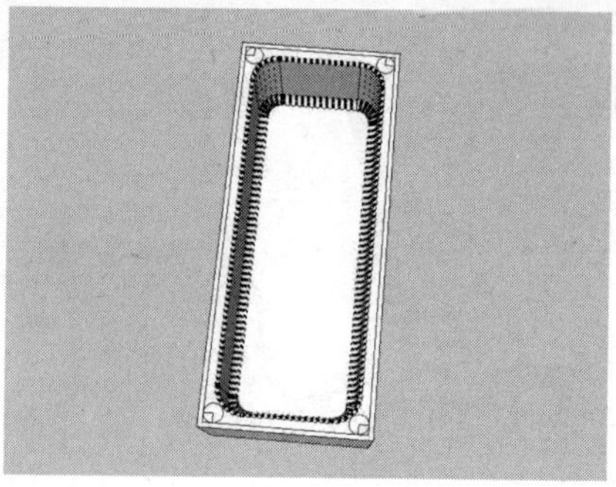

图 3-217

（14）使用“橡皮擦”工具删除图中多余的边线，如图 3-218 所示。

（15）使用“推/拉”工具将浴缸上侧的相应造型面向上推拉 5mm 的高度，如图 3-219 所示。

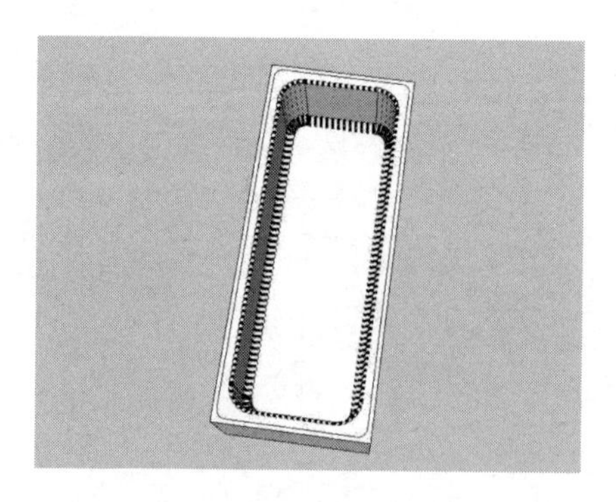

图 3-218

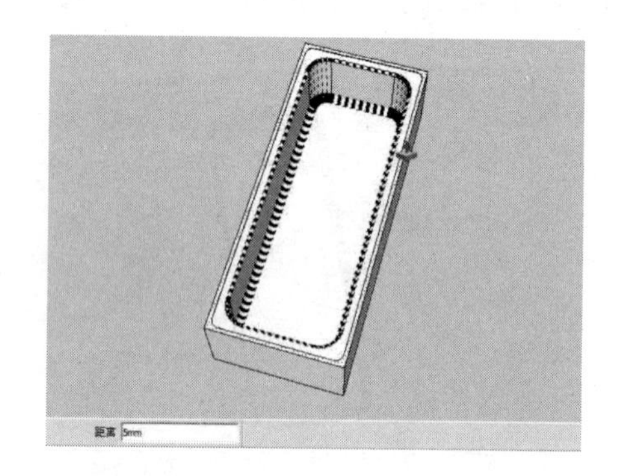

图 3-219

（16）使用“选择”工具选择图中相应的边线，单击插件 Round Corner 工具栏中的“倒圆角”按钮，将偏移参数设置为 5mm，段数设为 5，单击“确定”按钮，然后按【Enter】键完成模型边线的倒圆角操作，如图 3-220 所示。

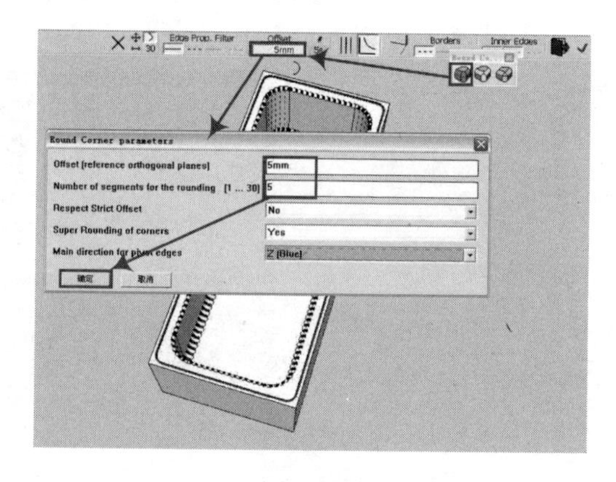

图 3-220

（17）使用“选择”工具选择图中相应的边线，单击插件 Round Corner 工具栏中的“倒圆角”按钮，将偏移参数设置为 15mm，段数设为 10，单击“确定”按钮，然后按【Enter】键完成模型边线的倒圆角操作，如图 3-221 所示。

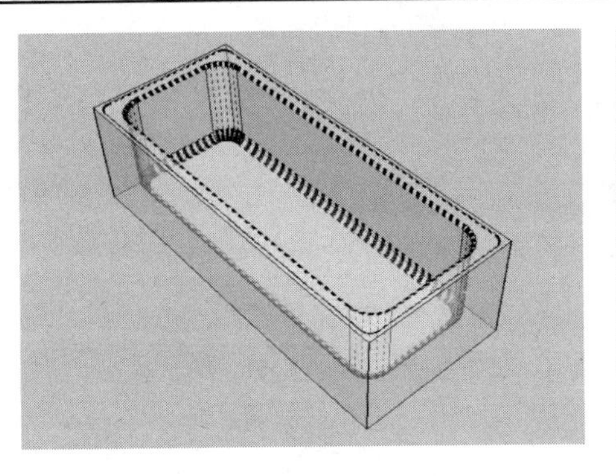

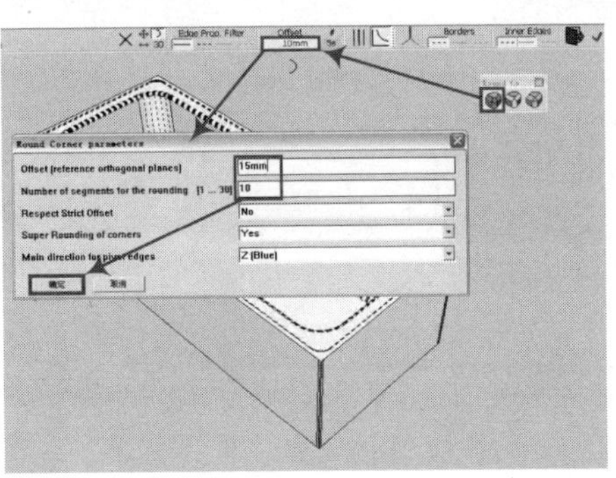

图 3-221

（18）使用“选择”工具选择浴缸上的相应边线，单击插件 Round Corner 工具栏中的“倒圆角”按钮，将偏移参数设置为 5mm，段数设为 5，单击“确定”按钮，然后按【Enter】键完成模型边线的倒圆角操作，如图 3-222 所示。

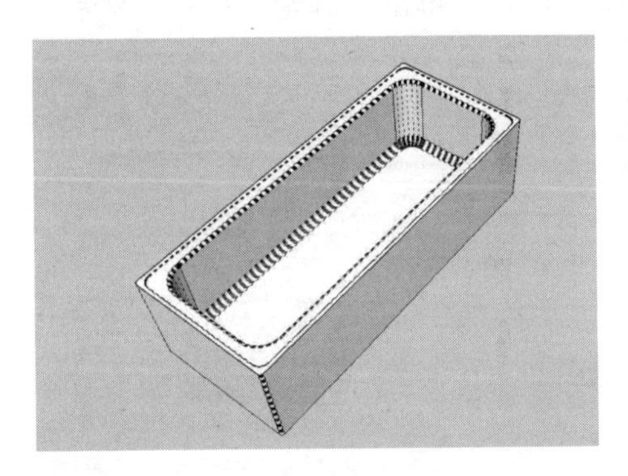

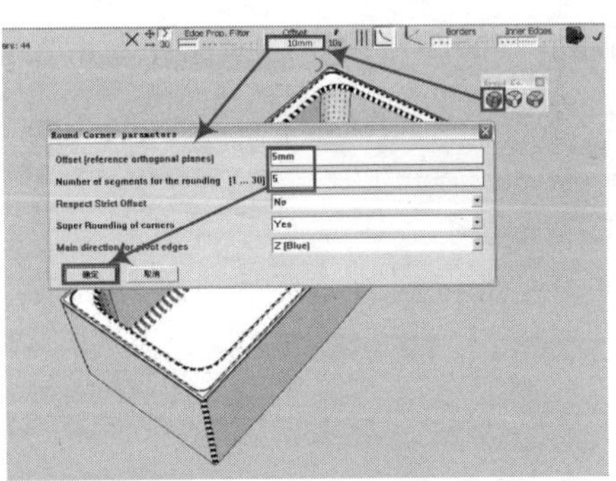

图 3-222

（19）使用“圆”工具在浴缸内部的相应位置绘制半径为 40mm 的圆，如图 3-223 所示。

（20）使用“偏移”工具将上一步绘制的圆依次向内偏移 2 次，偏移距离为 3mm，如图 3-224 所示。

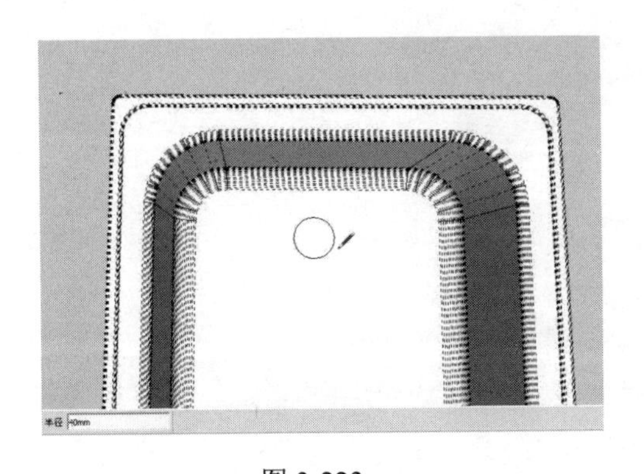

图 3-223

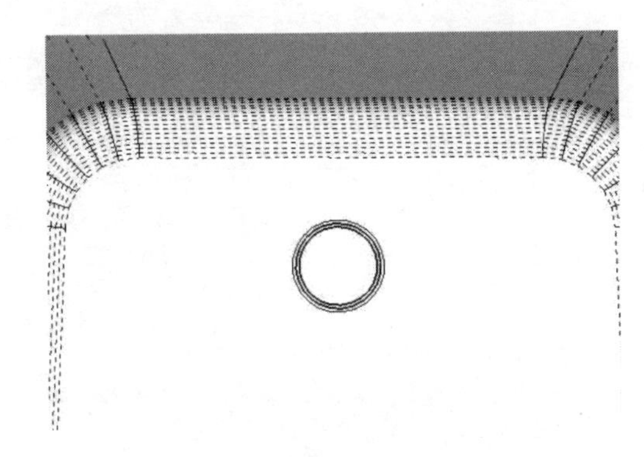

图 3-224

（21）使用“推/拉”工具将偏移后的内侧圆向内推拉 6mm 的距离，如图 3-225 所示。

（22）继续使用“推/拉”工具将图中相应的圆环向内推拉 3mm 的距离，如图 3-226 所示。

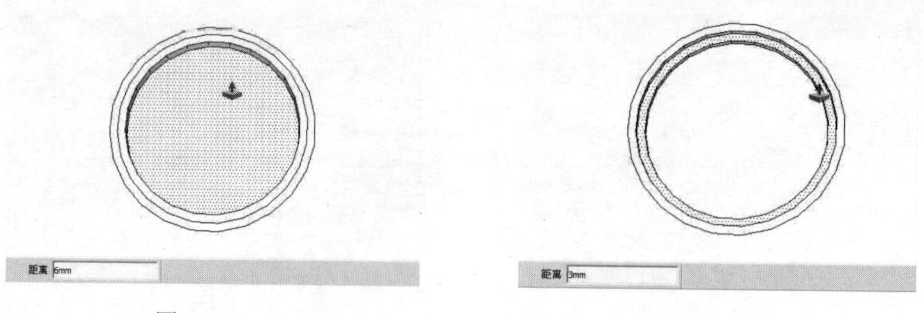

图 3-225　　　　图 3-226

（23）使用“选择”工具选择图中相应的圆线，单击插件 Round Corner 工具栏中的“倒圆角”按钮，将偏移参数设置为 3mm，段数设为 10，单击“确定”按钮，然后按【Entcr】键完成圆边线的倒圆角操作，如图 3-227 所示。

（24）使用“选择”工具选择内侧相应的圆线，单击插件 Round Corner 工具栏中的“倒圆角”按钮，将偏移参数设置为 3mm，段数设为 10，单击“确定”按钮，然后按【Enter】键完成圆边线的倒圆角操作，如图 3-228 所示。

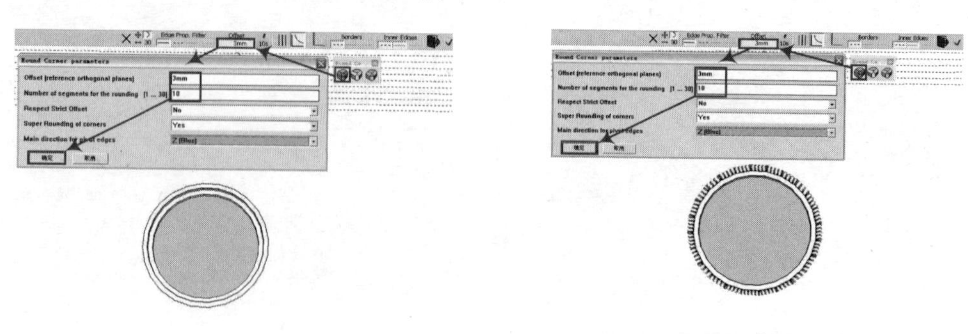

图 3-227　　　　图 3-228

（25）使用相应的绘图工具完成浴缸出水孔及排水孔的创建，如图 3-229 所示。

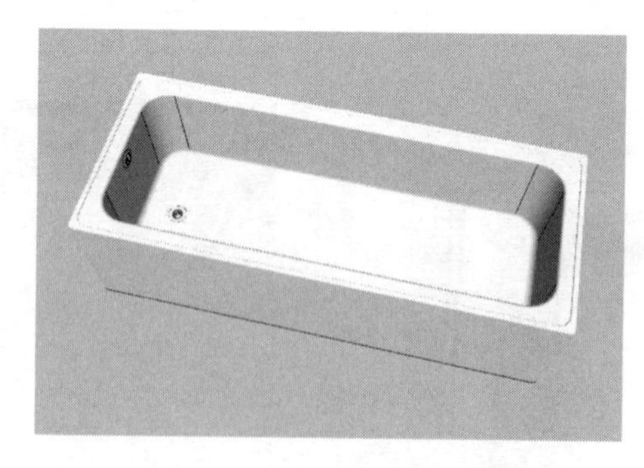

图 3-229

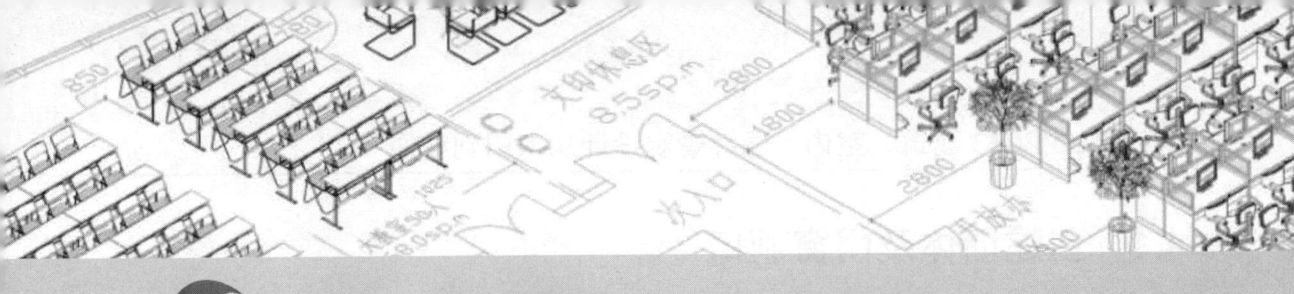

第4章 室内各功能间模型的创建

本章导读

本章通过某一家居室内空间，详细讲解该室内各功能间模型的创建，其中包括创建墙体及门窗洞口、客厅模型的创建、厨房模型的创建、书房模型的创建、儿童房模型的创建、卫生间模型的创建、主卧室模型的创建等相关内容。

主要内容

- 创建墙体及门窗洞口
- 客厅模型的创建
- 厨房模型的创建
- 书房模型的创建
- 儿童房模型的创建
- 卫生间模型的创建
- 主卧室模型的创建

效果预览

4.1 创建墙体及门窗洞口

视频\04\创建墙体及门窗洞口.avi
案例\04\最终效果\家装模型.skp

本节主要讲解如何在 SketchUp 软件中，创建该套家装模型的室内墙体及在创建的墙体上开启门窗洞口的方法及操作技巧。

4.1.1 创建室内墙体

创建室内墙体的操作步骤如下：

（1）启动 SketchUp 软件，新建一个空白的场景文件。

（2）执行“文件”→“导入”命令，在弹出的“打开”对话框中选择导入“案例\04\素材文件\墙体线.dwg”文件，然后单击“选项”按钮，在弹出的对话框中将单位改成“毫米”，单击“确定”按钮返回“打开”对话框，再单击“打开”按钮，如图 4-1 所示。

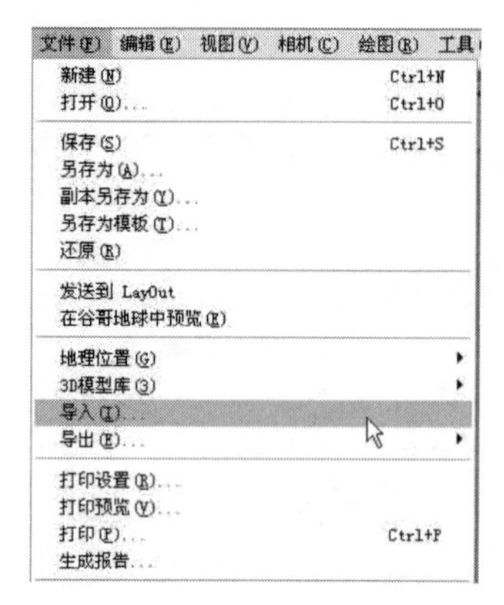

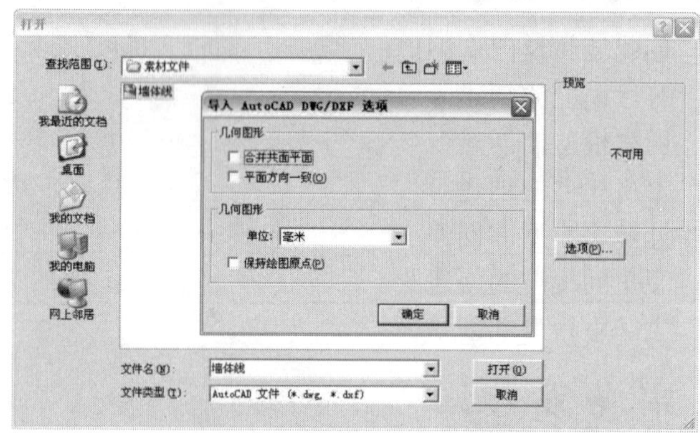

图 4-1

（3）将 CAD 图像导入 SketchUp 软件中，如图 4-2 所示。

（4）使用“直线”工具捕捉导入 CAD 图像中的相应端点绘制出室内平面图的墙体线，如图 4-3 所示。

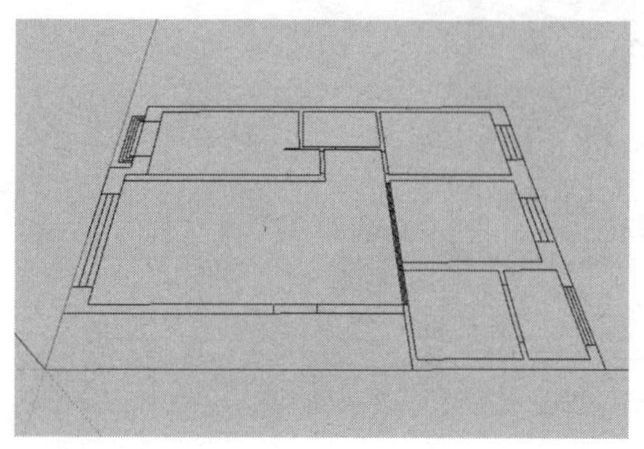

图 4-2

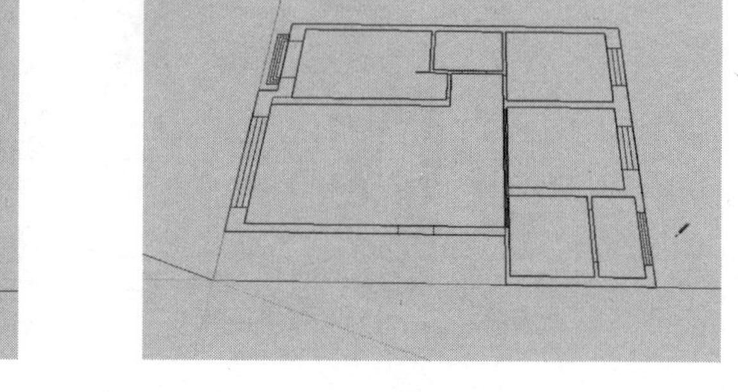

图 4-3

（5）全选上一步绘制的墙体线，执行“插件”→“线面工具”→“生成面域”命令，如图 4-4 所示。

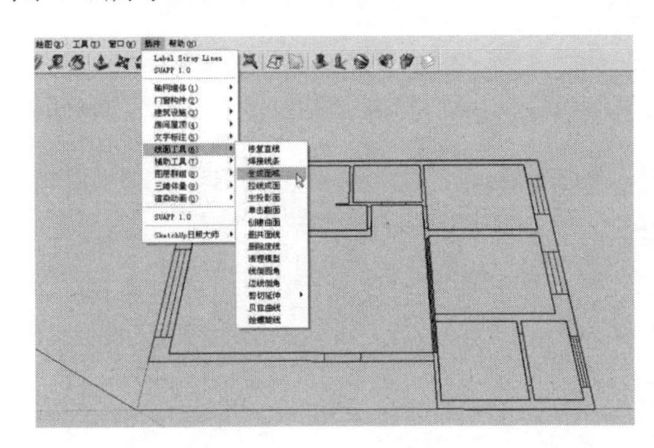

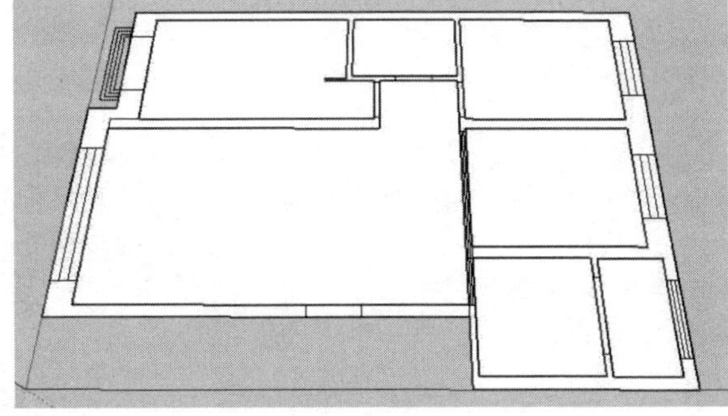

图 4-4

（6）使用“推/拉”工具将图中的墙体面域向上推拉 2900mm 的高度，如图 4-5 所示。

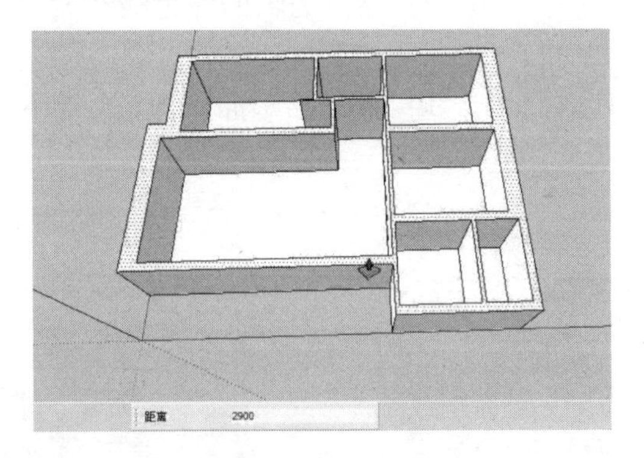

图 4-5

4.1.2　开启门窗洞口

开启门窗洞口的操作步骤如下：

（1）使用“移动”工具将推拉墙体下侧的 CAD 平面图垂直移到墙体的上方，如图 4-6 所示。

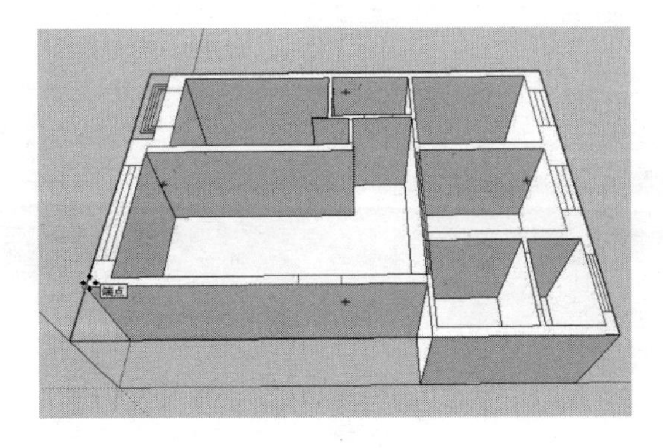

图 4-6

（2）使用“卷尺”工具捕捉CAD平面图上相应门洞口线上的端点绘制两条垂直的辅助参考线，然后捕捉墙体上侧的相应边线向下绘制一条与其距离为900mm的辅助参考线，如图4-7所示。

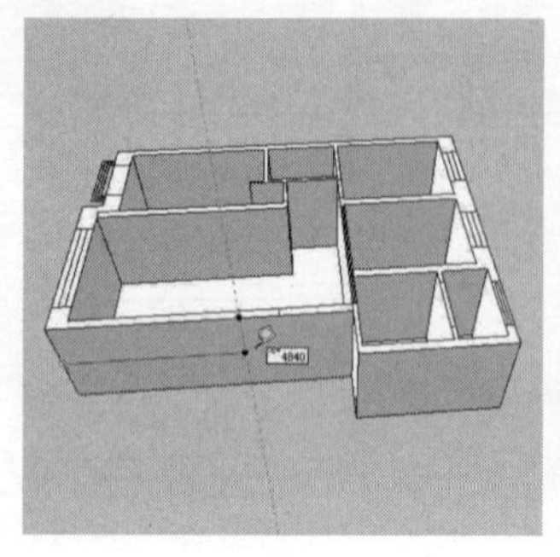
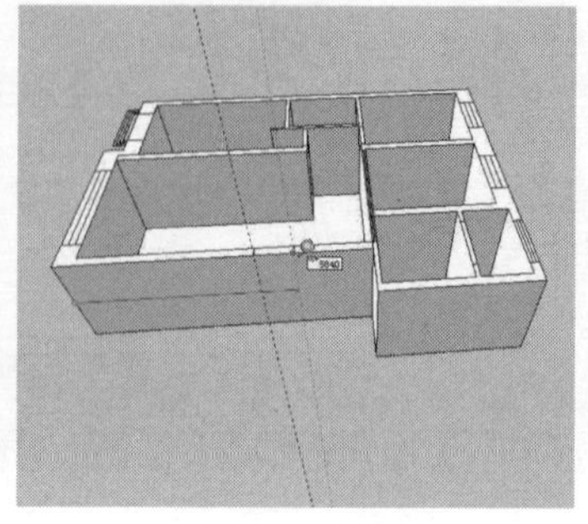
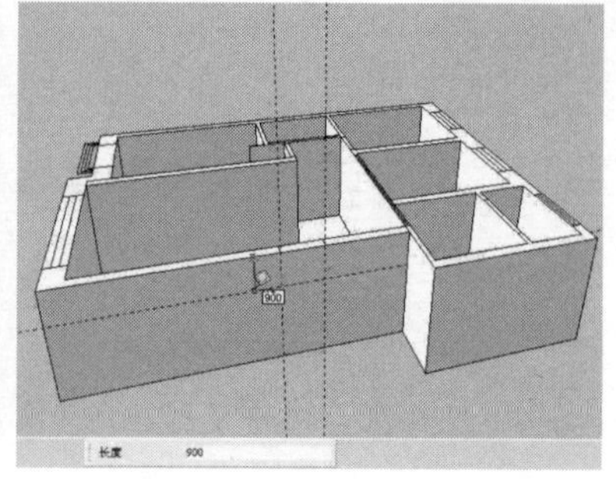

图 4-7

（3）使用“矩形”工具借助上一步绘制的辅助参考线在相应的墙体表面上绘制一个矩形，如图4-8所示。

（4）使用“推/拉”工具将上一步绘制的矩形面向内进行推拉，从而开启一个门洞口，如图4-9所示。

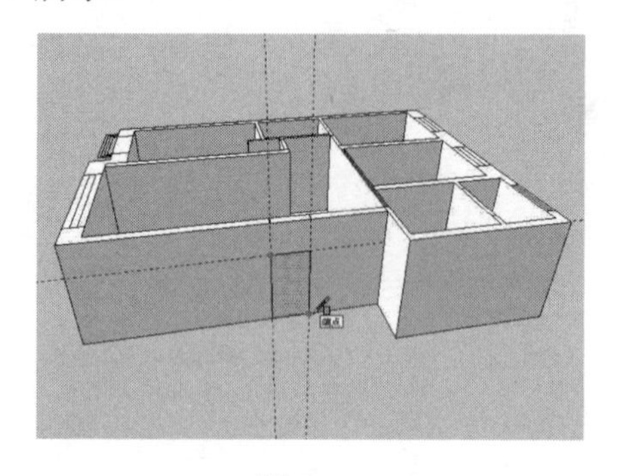

图 4-8

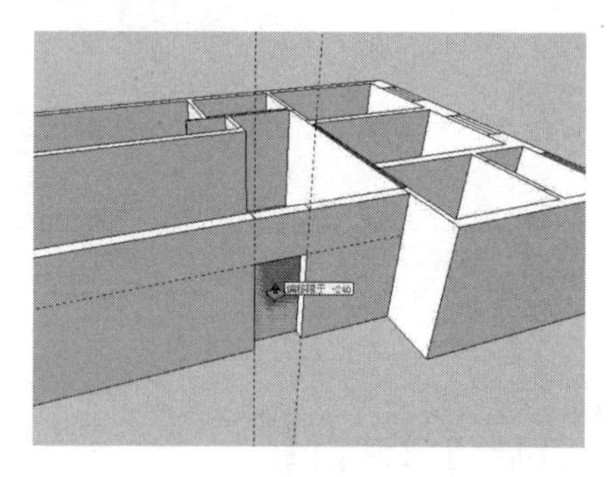

图 4-9

（5）使用“矩形”工具在前面开启的门洞口下侧绘制一个矩形面作为门槛石，如图4-10所示。

（6）使用“卷尺”工具捕捉客厅位置CAD平面图相应窗洞口线上的端点绘制两条垂直的辅助参考线，如图4-11所示。

图 4-10

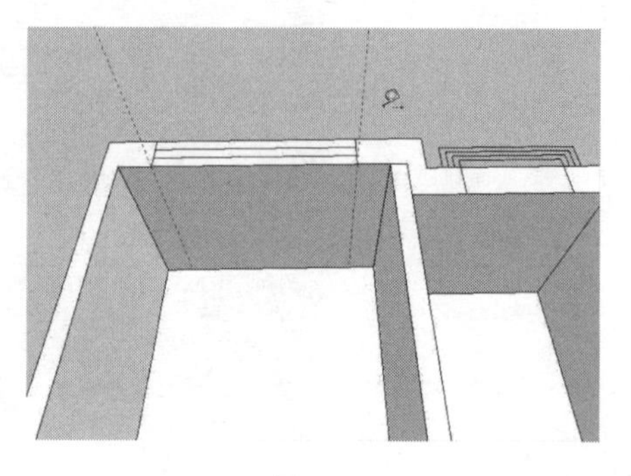

图 4-11

（7）继续使用“卷尺”工具捕捉墙体上侧的相应边线向下绘制两条水平辅助参考线，如图 4-12 所示。

（8）使用“矩形”工具借助上一步绘制的辅助参考线在相应的墙体表面上绘制一个矩形面，如图 4-13 所示。

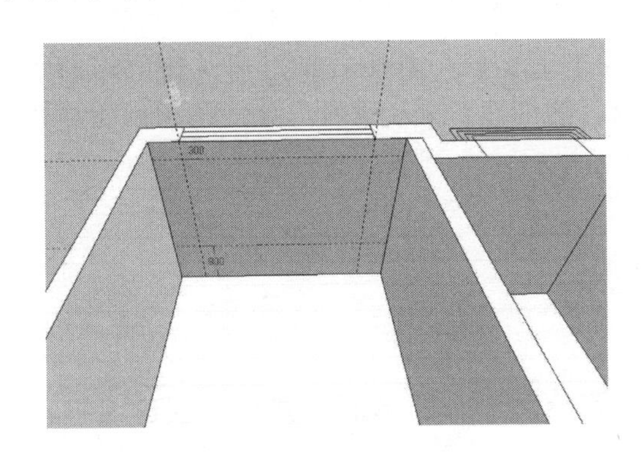

图 4-12

图 4-13

（9）使用“推/拉”工具将上一步绘制的矩形面向外进行推拉，从而开启一个窗洞口，如图 4-14 所示。

（10）使用相同的方法完成其他房间的门窗洞口开启，如图 4-15 所示。

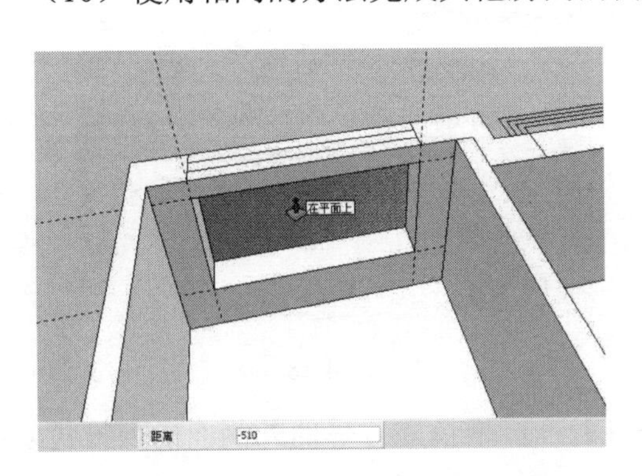

图 4-14

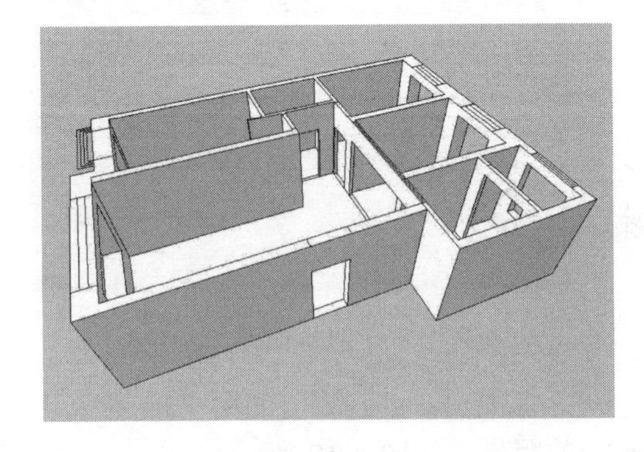

图 4-15

（11）打开“材质”编辑器，使用“颜料桶”工具为客厅的墙面赋予一种墙纸材质，为客厅地面赋予一种地砖材质，然后为门洞下侧的门槛石赋予一种石材材质，如图 4-16 所示。

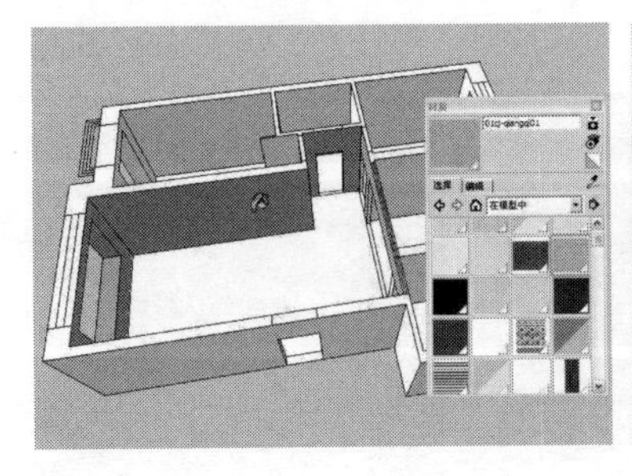

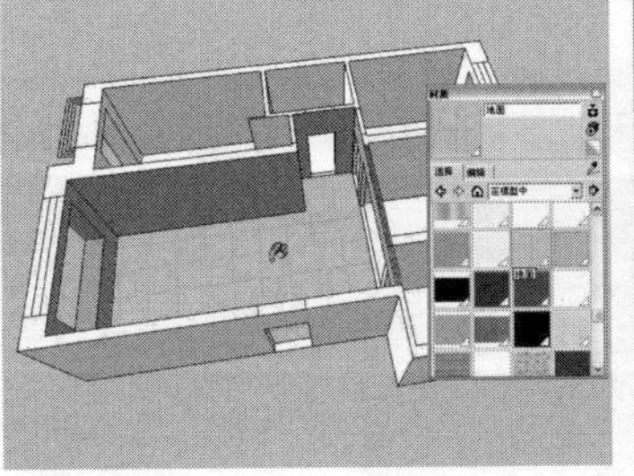

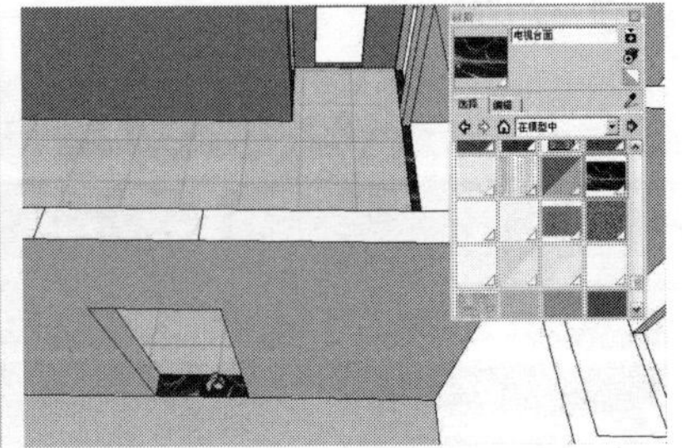

图 4-16

4.2 客厅模型的创建

视频\04\客厅模型的创建.avi
案例\04\最终效果\家装模型.skp

本节主要讲解该套家装模型中客厅内部相关模型的创建，其中包括窗户及窗帘的创建、客厅电视墙及沙发背景墙的创建、厨房及书房推拉门的创建、插入室内门及创建踢脚线等相关内容。

4.2.1 创建客厅窗户及窗帘

创建客厅窗户及窗帘的操作步骤如下：

（1）使用“矩形”工具在客厅的窗洞口位置绘制一个矩形面，并将其创建为组，如图 4-17 所示。

（2）双击上一步创建的组，进入组的内部编辑状态，然后使用“推/拉”工具将上一步绘制的矩形面向上推拉 40mm 的厚度，如图 4-18 所示。

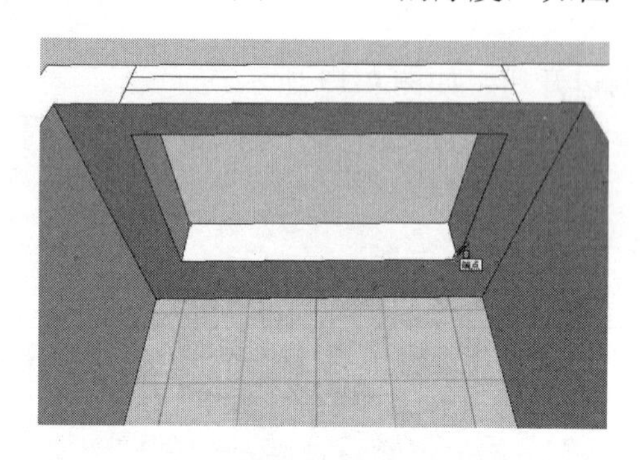
图 4-17

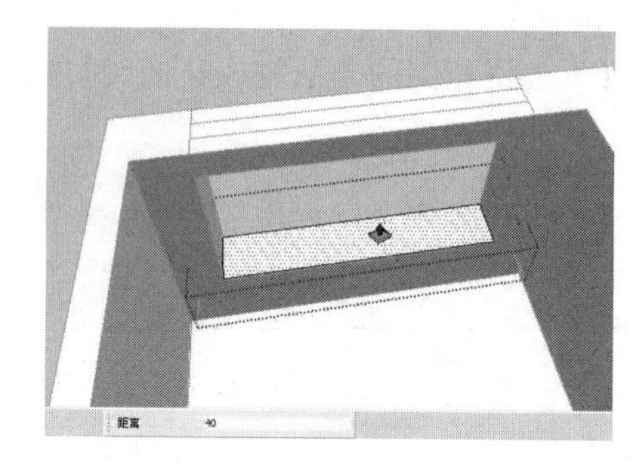
图 4-18

（3）按住【Ctrl】键，使用“推/拉”工具将上一步推拉立方体的外侧面向外推拉复制 40mm 的距离，如图 4-19 所示。

（4）继续使用“推/拉”工具将左侧的相应面向外推拉 100mm 的距离，如图 4-20 所示。

（5）继续使用“推/拉”工具将右侧的相应面向外推拉 100mm 的距离，如图 4-21 所示。

（6）打开“材质”编辑器，使用“颜料桶”工具为创建的窗台赋予一种石材材质，如图 4-22 所示。

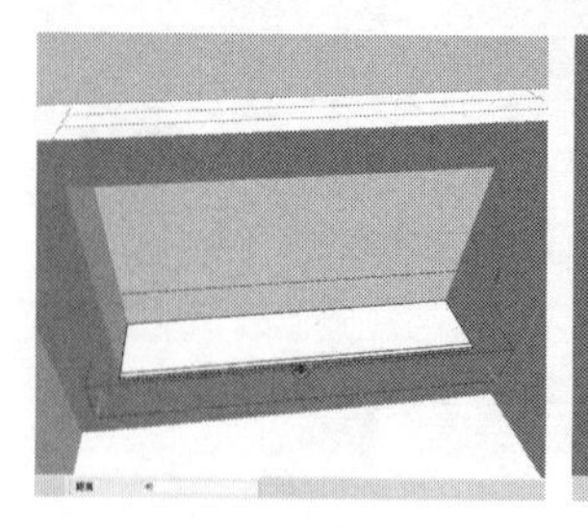
图 4-19

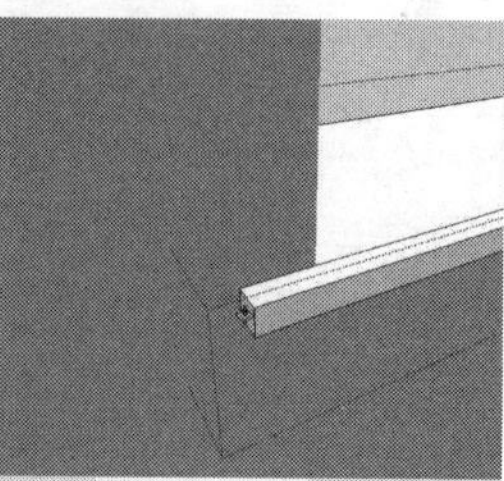
图 4-20

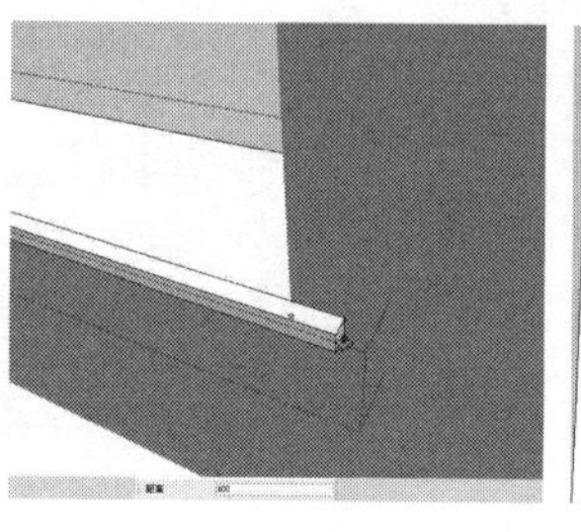
图 4-21

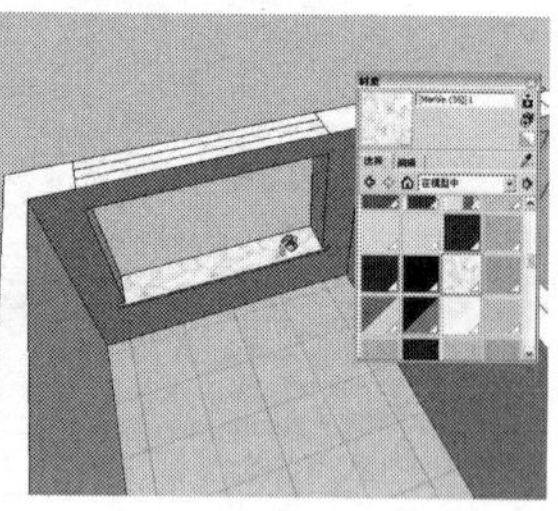
图 4-22

（7）使用“矩形”工具绘制 3000mm×1800mm 的立面矩形，如图 4-23 所示。

（8）结合“偏移”工具及“移动”工具，在上一步创建的矩形内部绘制出窗框的轮廓，如图 4-24 所示。

图 4-23

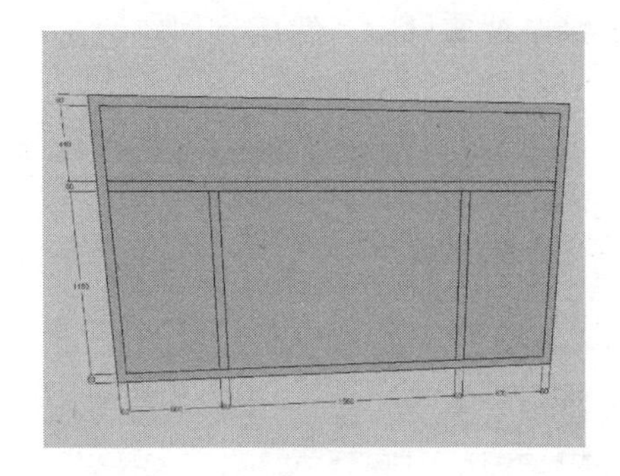

图 4-24

（9）首先删除窗框内部多余的面，然后使用“推/拉”工具将窗框推拉 40mm 的厚度，如图 4-25 所示。

（10）使用“矩形”工具捕捉窗框上的相应端点绘制一个矩形面，并将绘制的矩形面创建为组，如图 4-26 所示。

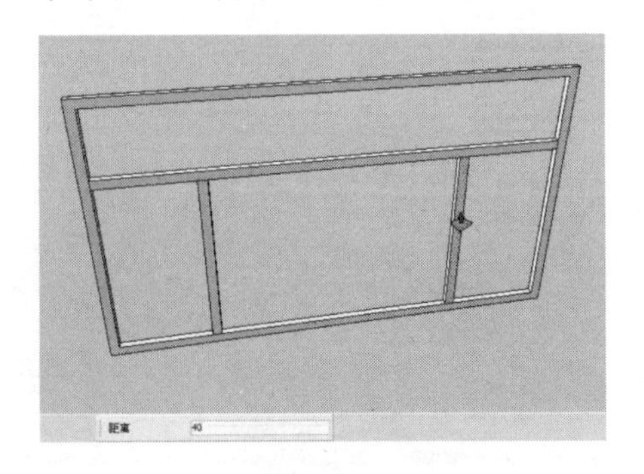

图 4-25

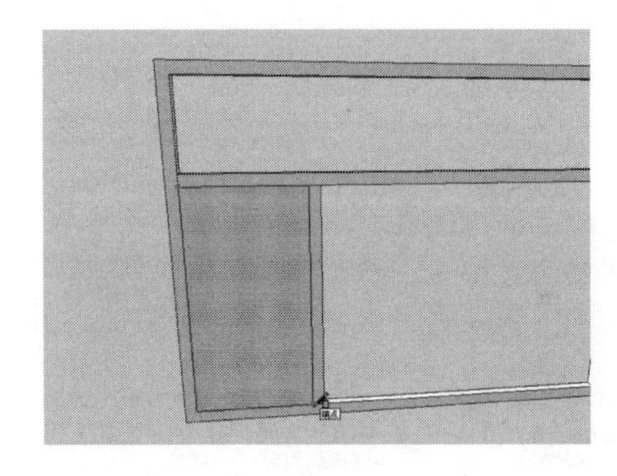

图 4-26

（11）双击上一步创建的组，进入组的内部编辑状态，然后使用“偏移”工具将矩形面向内偏移 60mm 的距离，如图 4-27 所示。

（12）首先将内侧的矩形面删除掉，然后使用“推/拉”工具将窗框推拉 80mm 的厚度，如图 4-28 所示。

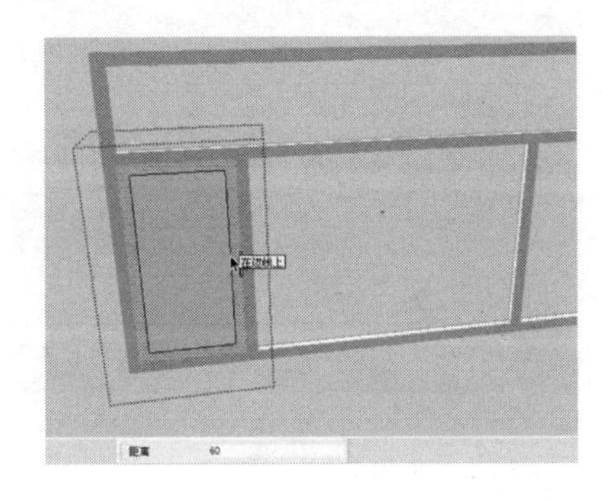

图 4-27

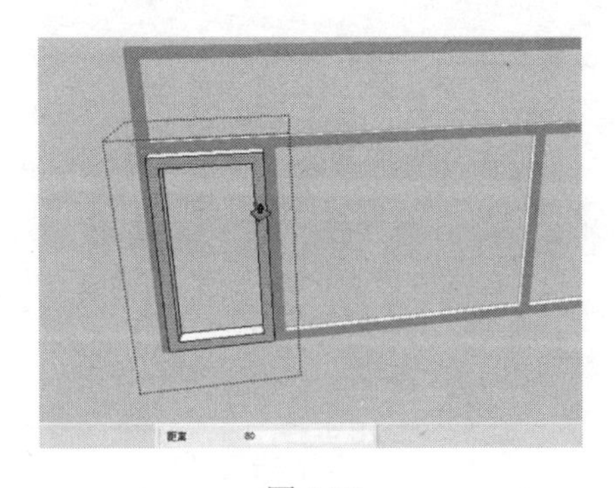

图 4-28

（13）按住【Ctrl】键，使用“移动”工具将上一步推拉的窗框向右复制一份，如图 4-29 所示。

（14）使用“矩形”工具及“推/拉”工具在创建的窗框内部创建出窗玻璃，并为创建的窗玻璃赋予玻璃材质，然后将创建的窗户移动到客厅的窗洞口位置，如图 4-30 所示。

图 4-29

图 4-30

（15）使用“徒手画”工具绘制出窗帘的截面轮廓曲线，如图 4-31 所示。

（16）全选上一步绘制的窗帘截面轮廓曲线，执行“插件”→“线面工具”→“拉线成面”命令，如图 4-32 所示。

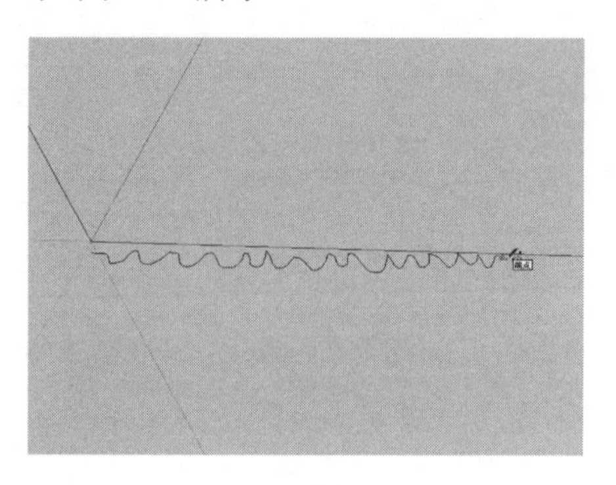

图 4-31

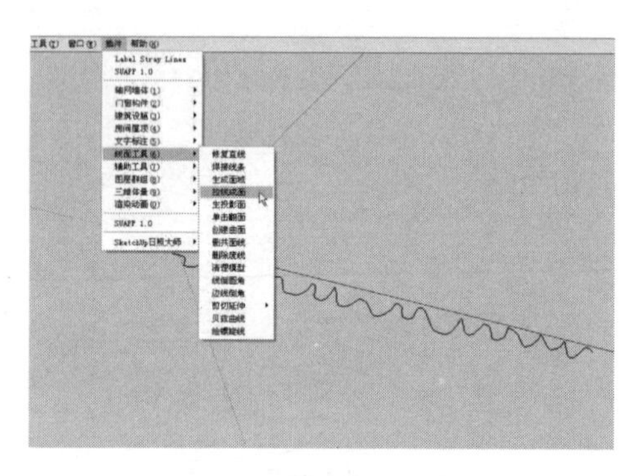

图 4-32

（17）单击线上某一点并向上移动，然后输入高度 2700mm，如果 4-33 所示。并在“自动成组选项”对话框中设置“自动成组”为 Yes，如图 4-34 所示。

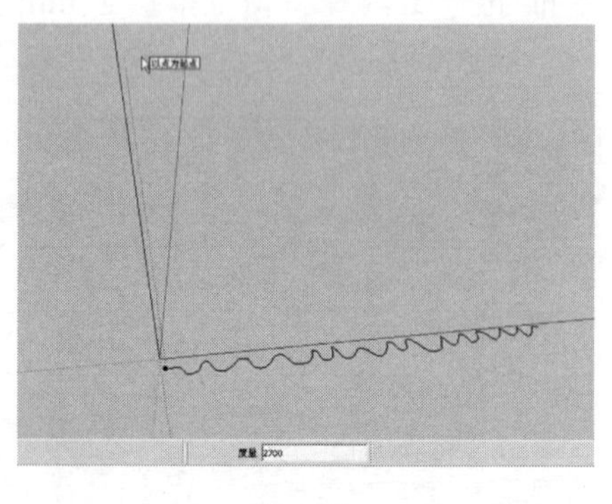

图 4-33

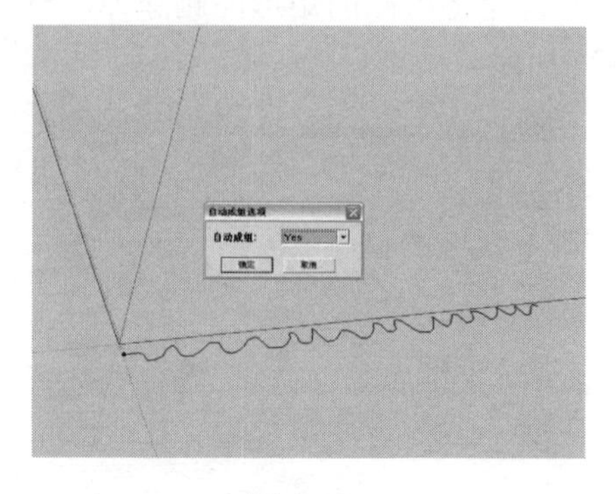

图 4-34

（18）单击“确定”按钮生成曲面窗帘造型，如图 4-35 所示。

（19）按住【Ctrl】键，使用“移动”工具将创建的窗帘移到客厅的窗户位置，并将其复制一份到窗户的另一侧；再结合“矩形”工具及“推/拉”工具，在窗帘的上侧创建出窗帘盒的效果，如图 4-36 所示。

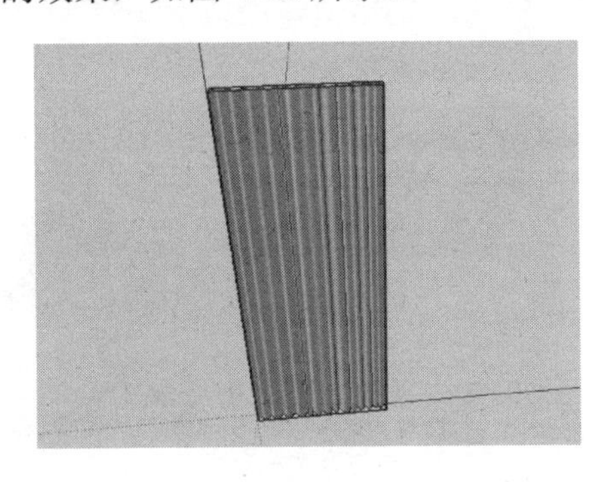

图 4-35

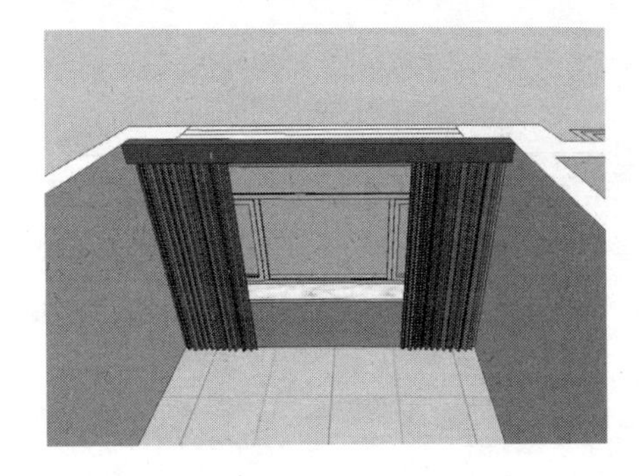

图 4-36

4.2.2　创建客厅电视墙及沙发背景墙

创建客厅电视墙及沙发背景墙的操作步骤如下：

（1）使用“矩形”工具创建 3000mm×2900mm 的立面矩形，如图 4-37 所示。

（2）使用“推/拉”工具将上一步绘制的立面矩形推拉 50mm 的厚度，如图 4-38 所示。

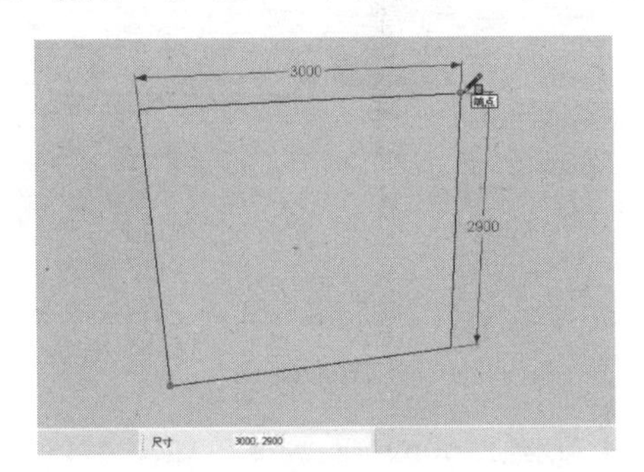

图 4-37

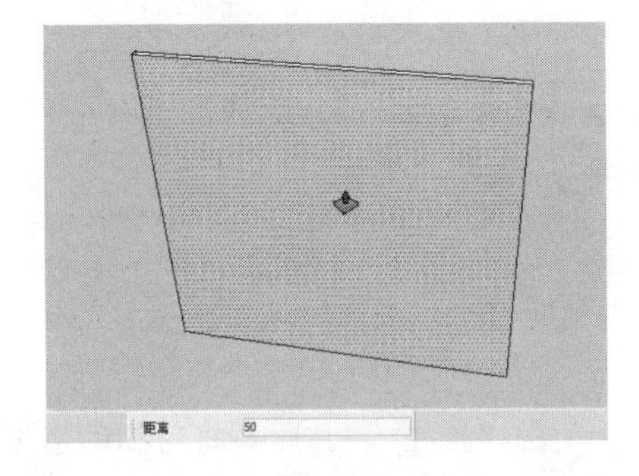

图 4-38

（3）使用“圆弧”工具在上一步推拉的表面上绘制出如图 4-39 所示的花纹图案。

（4）使用“推/拉”工具将上一步绘制的花纹图案向内推拉 10mm 的距离，如图 4-40 所示。

图 4-39

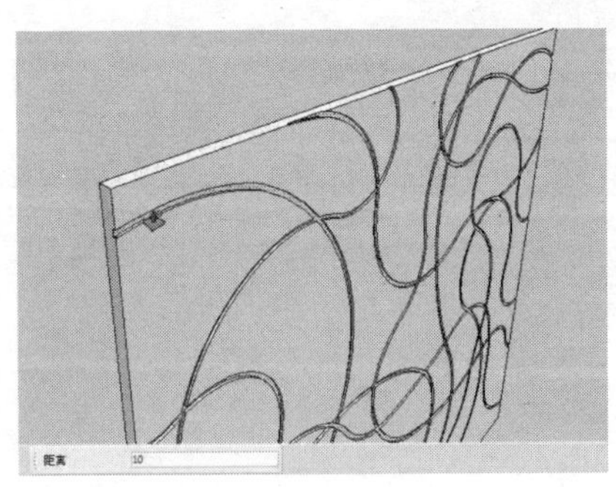

图 4-40

（5）打开“材质”编辑器，使用“颜料桶”工具为创建的电视墙赋予一种颜色材质，如图 4-41 所示。

（6）使用“直线”工具在客厅沙发背景墙的下侧绘制如图 4-42 所示的线段。

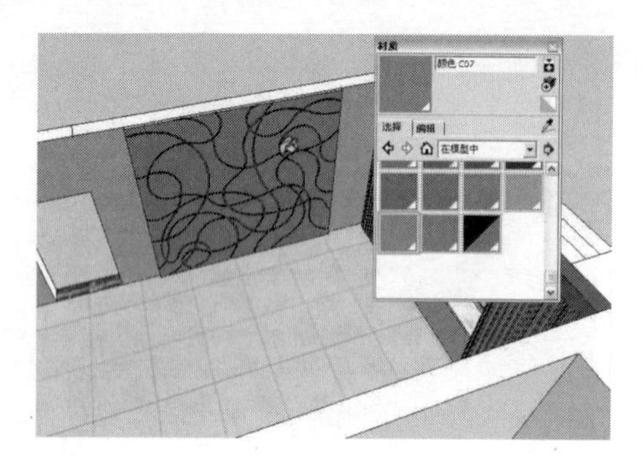

图 4-41

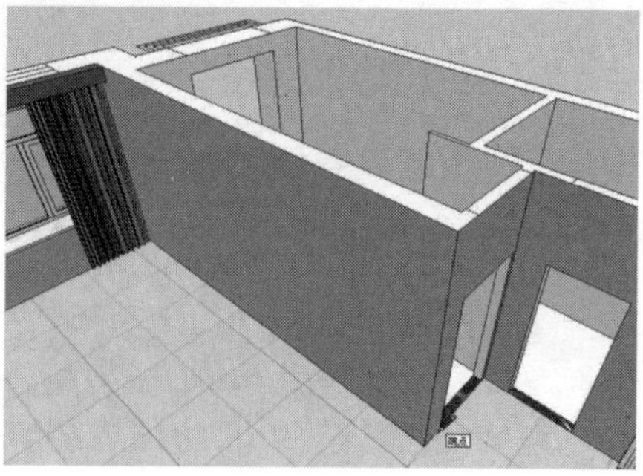

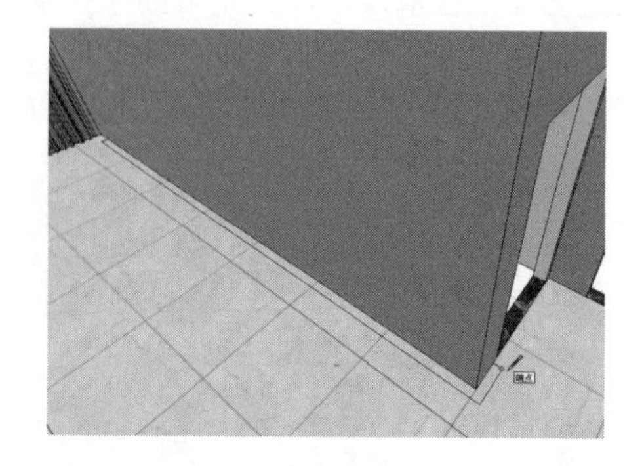

图 4-42

（7）使用“偏移”工具将上一步绘制的线段向外偏移复制一份，其偏移复制的距离为 80mm，如图 4-43 所示。

（8）使用“直线”工具对前面绘制线段的末端进行封闭，如图 4-44 所示。

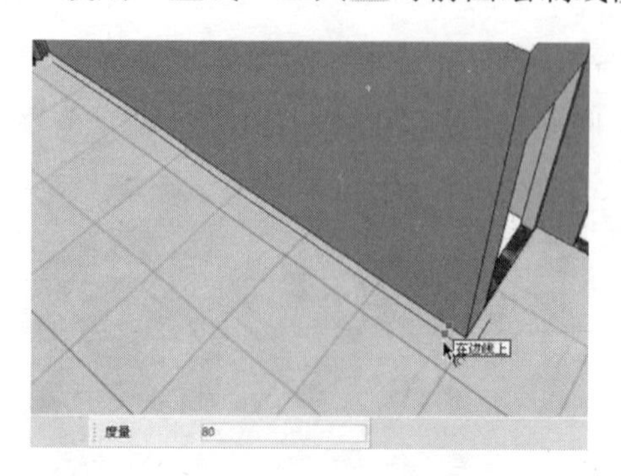

图 4-43

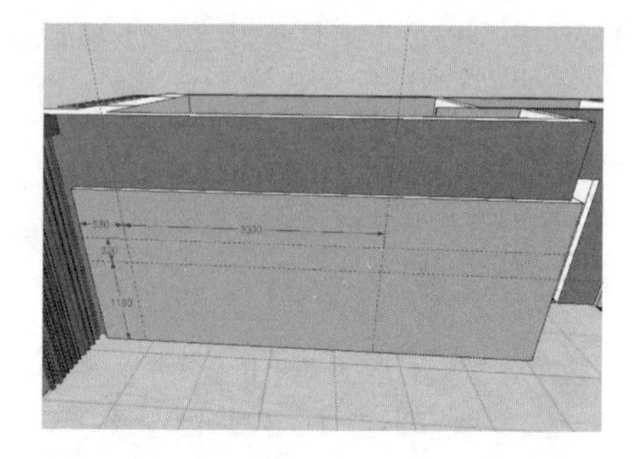

图 4-44

（9）使用“推/拉”工具将封闭的造型面向上推拉 2100mm 的高度，如图 4-45 所示。

（10）使用“卷尺”工具在上一步推拉模型的外表面上绘制如图 4-46 所示的几条辅助参考线。

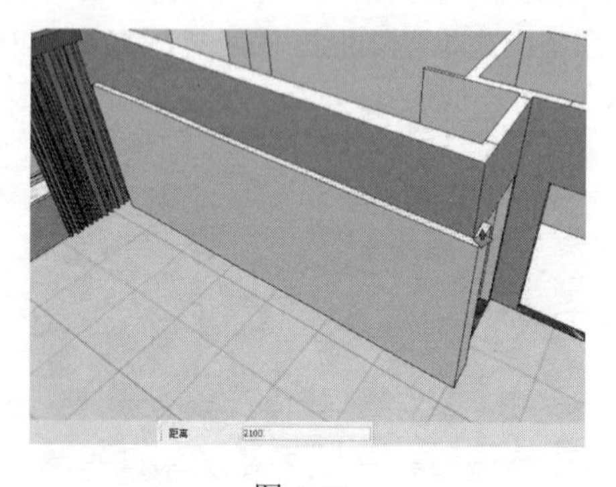

图 4-45

图 4-46

（11）使用“矩形”工具借助上一步绘制的辅助参考线在相应的模型表面上绘制一个矩

形面，如图 4-47 所示。

（12）使用“推/拉”工具将上一步绘制的矩形面向内推拉 150mm 的距离，如图 4-48 所示。

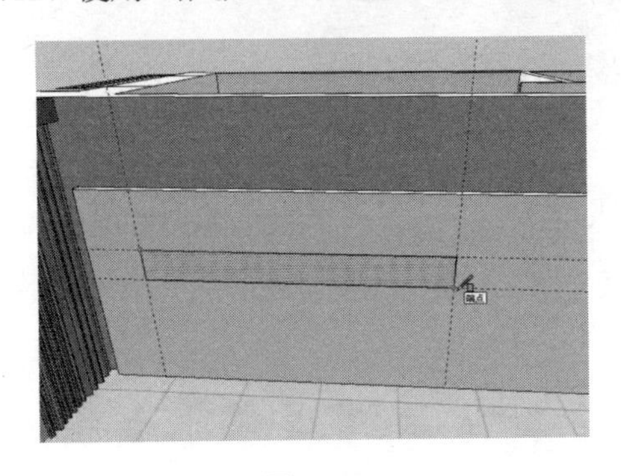

图 4-47

图 4-48

（13）使用“矩形”工具在上一步推拉的表面上绘制 3000mm×40mm 的矩形面，如图 4-49 所示。

（14）使用“推/拉”工具将上一步绘制的矩形面向外推拉 190mm 的厚度，如图 4-50 所示。

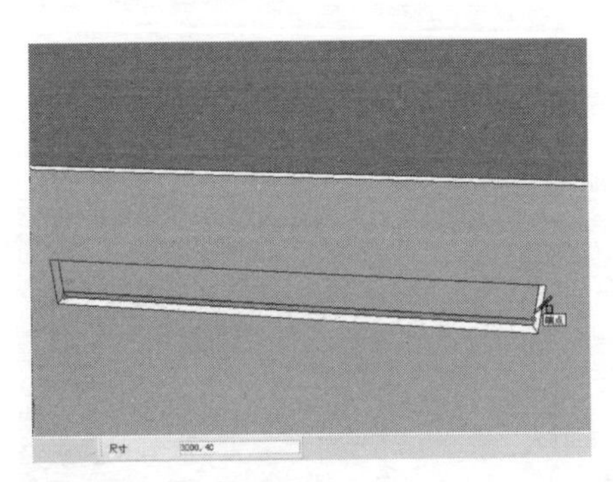

图 4-49

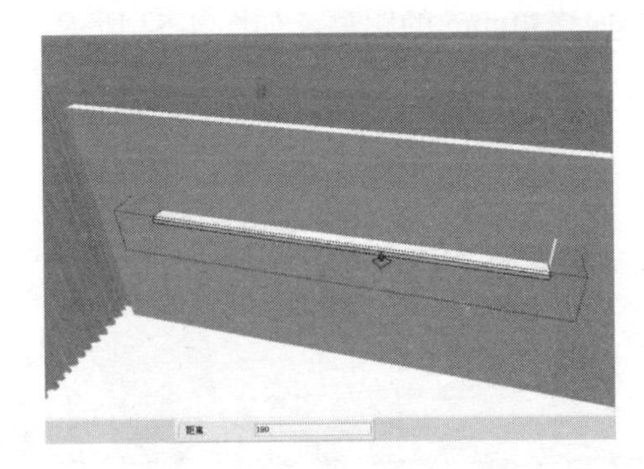

图 4-50

（15）使用“选择”工具选择模型下侧相应的两条边线，然后使用“移动”工具并按住【Ctrl】键将其垂直向上复制 6 份，如图 4-51 所示。

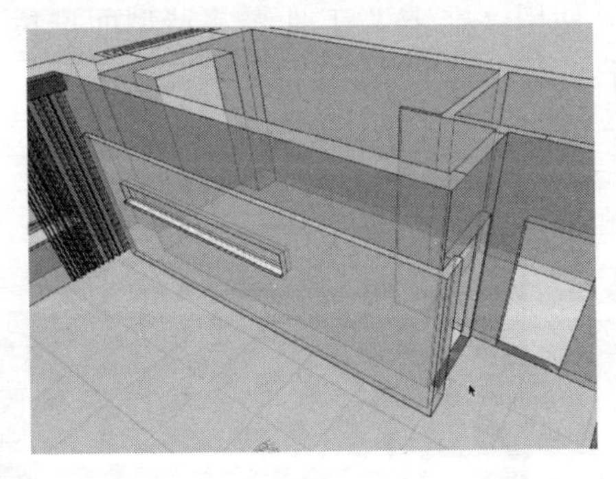

图 4-51

（16）打开“材质”编辑器，使用“颜料桶”工具为创建的沙发背景墙赋予相应的材质，如图 4-52 所示。

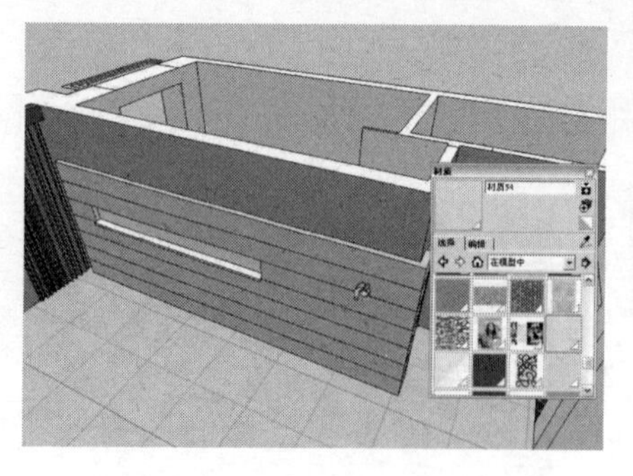
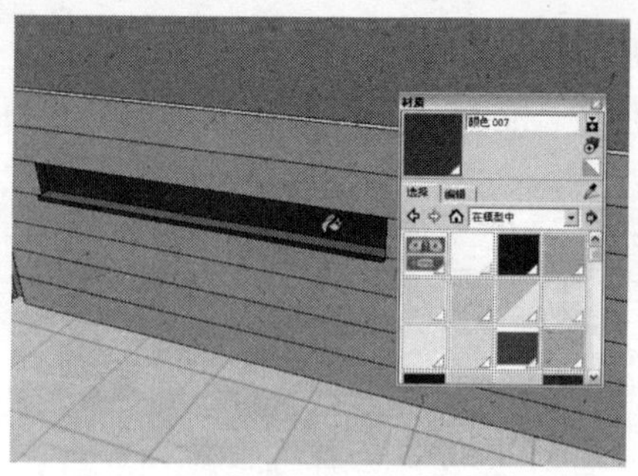

图 4-52

4.2.3 创建厨房及书房推拉门

创建厨房及书房推拉门的操作步骤如下：

（1）使用“矩形”工具捕捉厨房门洞口位置模型上的相应端点绘制一个立面矩形，并将创建为群组，如图 4-53 所示。

（2）双击上一步创建的群组，进入组的内部编辑状态，然后使用“偏移”工具将矩形面向内偏移 40mm 的距离，如图 4-54 所示。

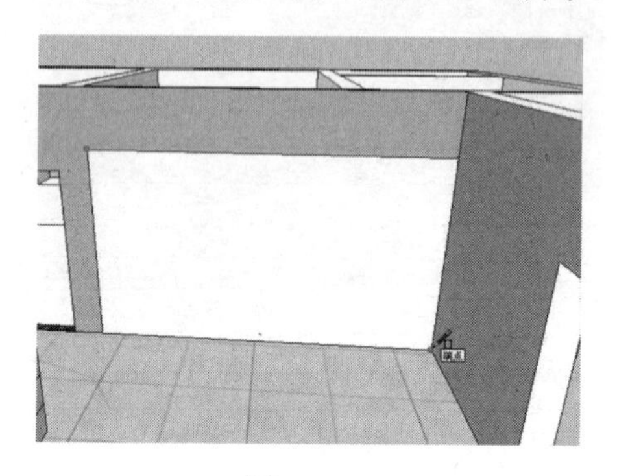

图 4-53

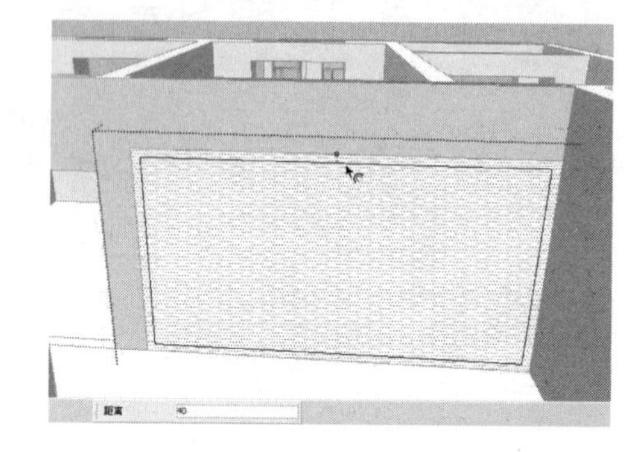

图 4-54

（3）使用“直线”工具在立面矩形的下侧相应位置补上两条垂线段，如图 4-55 所示。

（4）首先删除立面矩形上多余的线面，然后使用“推/拉”工具将造型面推拉 160mm 的厚度，从而形成厨房门框的效果，如图 4-56 所示。

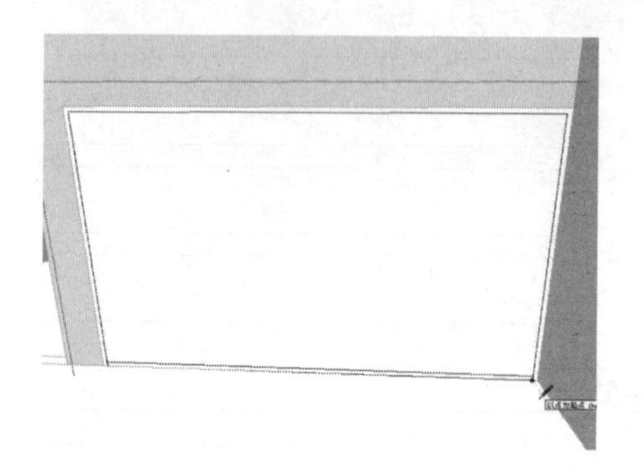

图 4-55

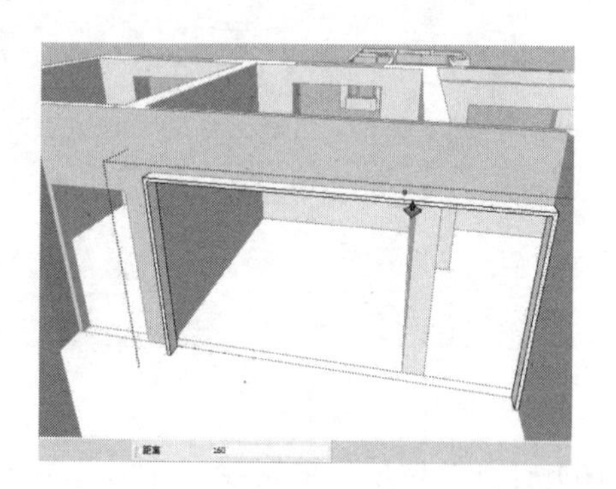

图 4-56

（5）使用“矩形”工具绘制 1000mm×2200mm 的立面矩形，如图 4-57 所示。

（6）使用“偏移”工具将矩形面向内偏移 60mm 的距离，如图 4-58 所示。

（7）使用“偏移”工具将矩形面内的相应边线向上进行偏移复制，如图 4-59 所示。

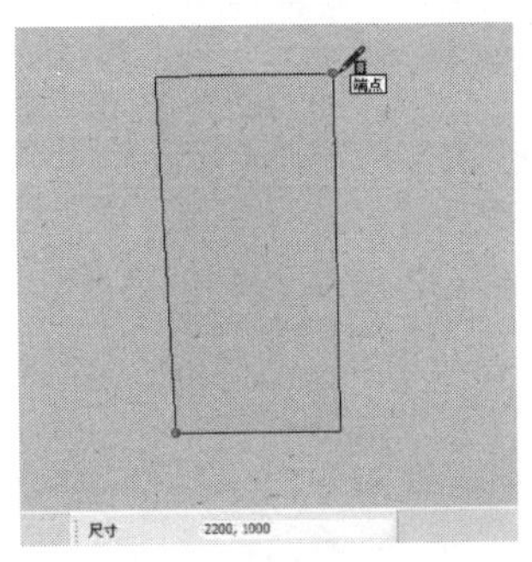

图 4-57

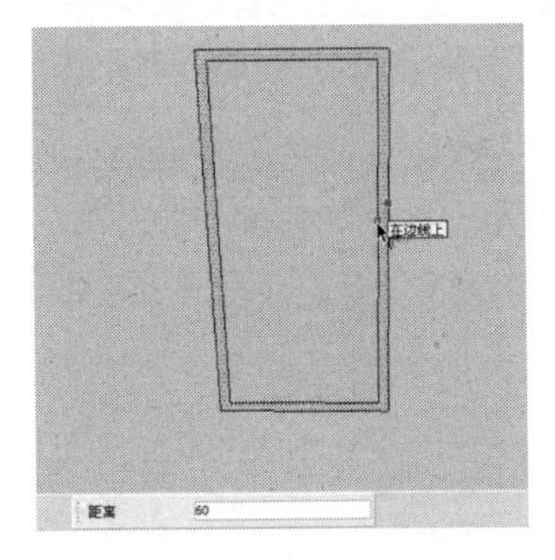

图 4-58

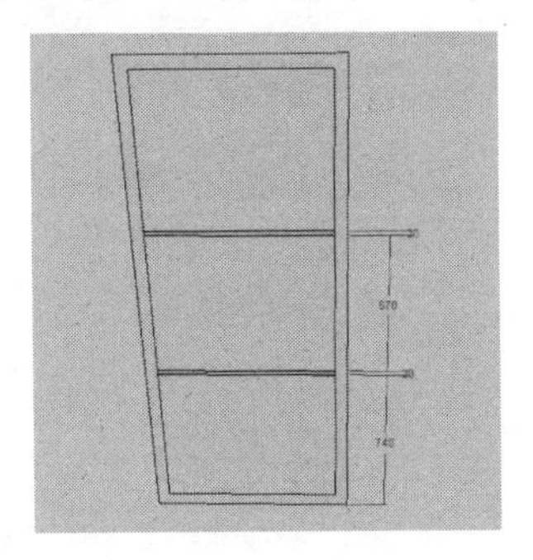

图 4-59

（8）首先删除矩形内的相应线面，然后使用“推/拉”工具将剩余的面推拉 60mm 的厚度，如图 4-60 所示。

（9）结合“矩形”工具及“推/拉”工具，在门框内部创建几个立方体，如图 4-61 所示。

（10）使用“颜料桶”工具，为创建完成的推拉门赋予相应的材质，并将其创建为群组，如图 4-62 所示。

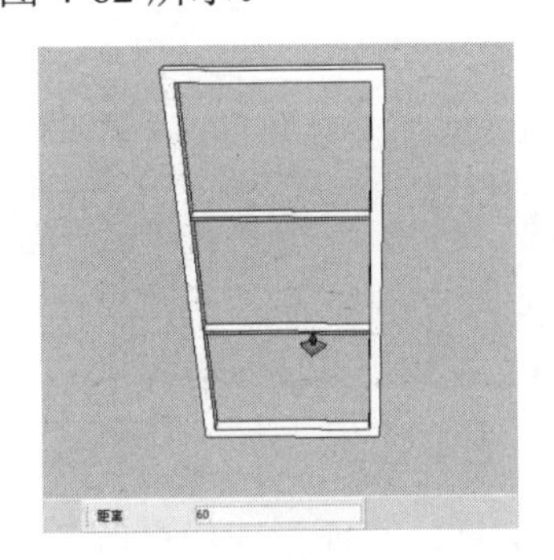

图 4-60

图 4-61

图 4-62

（11）使用“移动”工具将创建的推拉门布置到相应的门洞口位置，并将其复制到门洞口的右侧，如图 4-63 所示。

（12）使用“矩形”工具绘制 70mm×80mm 的立面矩形，如图 4-64 所示。

图 4-63

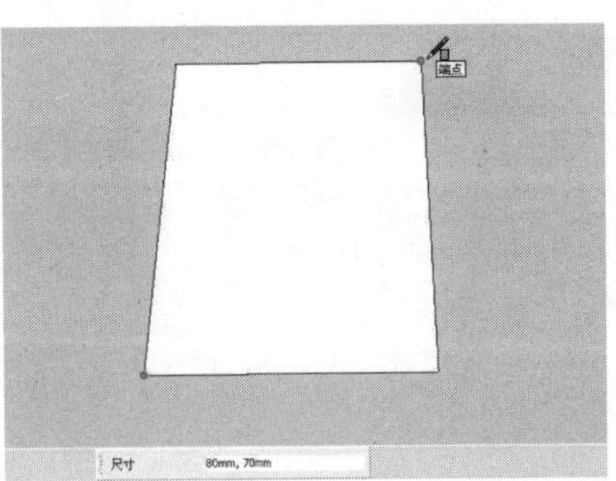

图 4-64

（13）使用“直线”工具及“圆弧”工具，在上一步绘制的矩形面上绘制如图 4-65 所示的轮廓。

（14）使用“橡皮擦”工具将矩形面上多余的线面删除掉，如图 4-66 所示。

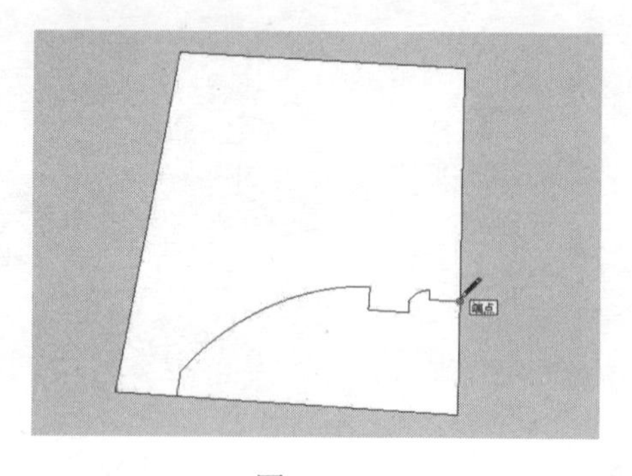

图 4-65

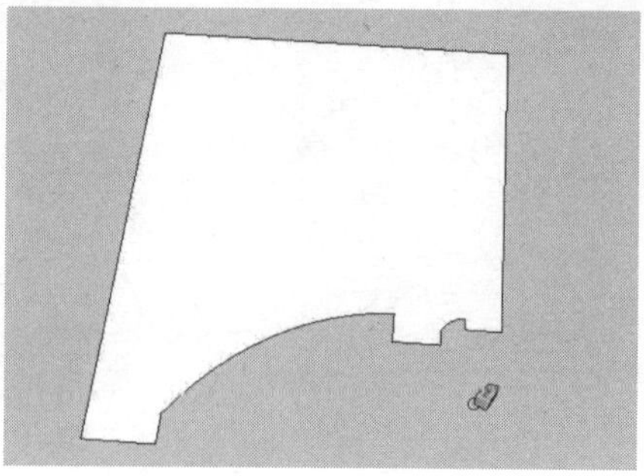

图 4-66

（15）使用“矩形”工具绘制 1880mm×2200mm 的立面矩形，如图 4-67 所示。

（16）使用“橡皮擦”工具将立面矩形上多余的线面删除，然后使用“直线”工具及“圆弧”工具在轮廓线的下侧绘制一个放样截面，如图 4-68 所示。

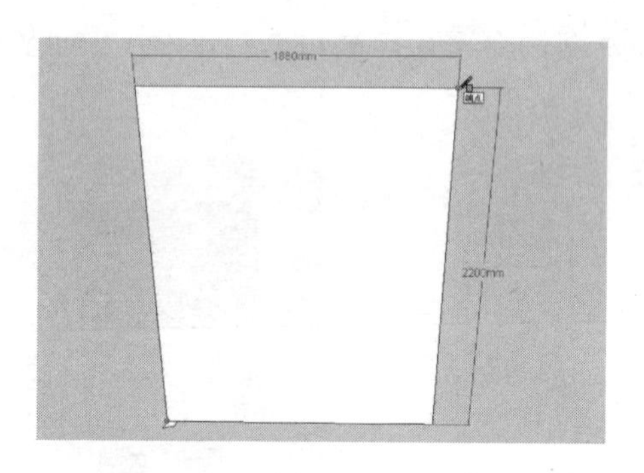

图 4-67

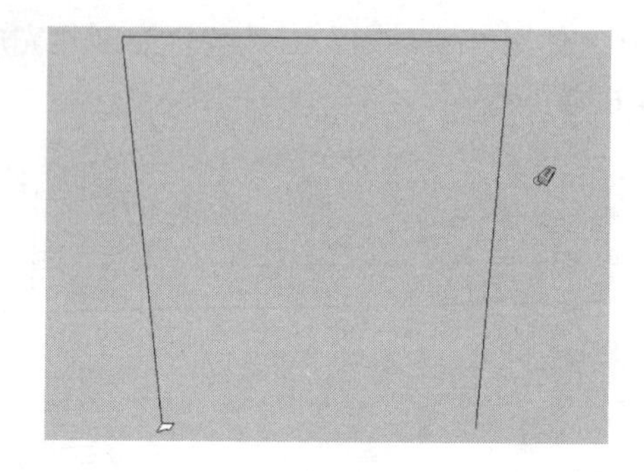

图 4-68

（17）使用“跟随路径”工具对上一步的路径及截面进行放样，从而形成门框的效果，如图 4-69 所示。

（18）使用“矩形”工具捕捉门框上的相应轮廓绘制 2130mm×1740mm 的立面矩形，如图 4-70 所示。

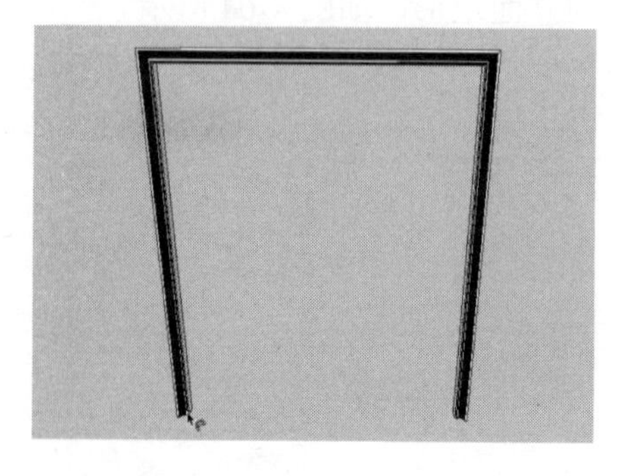

图 4-69

图 4-70

（19）使用“推/拉”工具将绘制的立面矩形向外推拉出 30mm 的厚度，如图 4-71 所示。

（20）使用相应的绘图工具创建出矩形面上的细节造型效果，如图 4-72 所示。

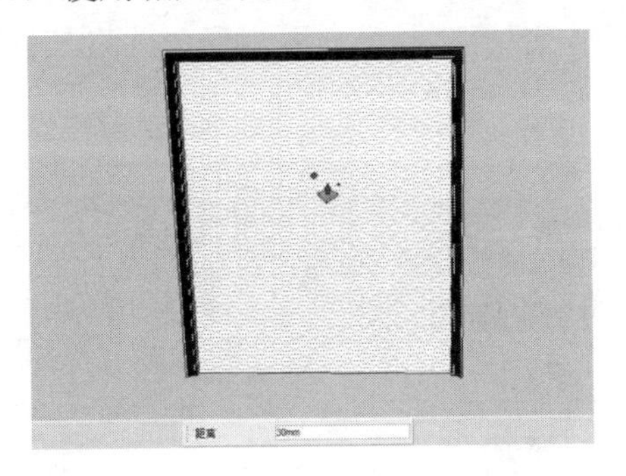

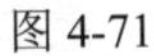

图 4-71　　　　图 4-72

（21）使用“颜料桶”工具为创建完成的餐厅装饰墙赋予相应的材质，并将其创建为群组，如图 4-73 所示。

（22）使用“移动”工具将创建的装饰造型布置到厨房相应的门洞口位置，如图 4-74 所示。

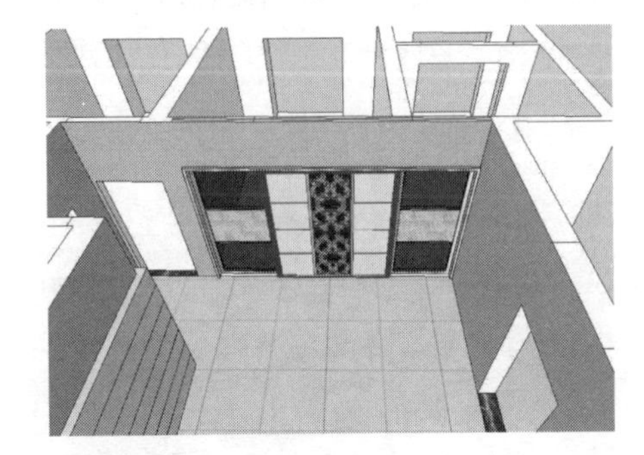

图 4-73　　　　图 4-74

4.2.4　插入室内门及创建踢脚线

插入室内门及创建踢脚线的操作步骤如下：

（1）执行“文件”→“导入”命令，弹出“打开”对话框，然后导入本书配套光盘中的“案例\04\素材文件\室内门.3ds”文件，如图 4-75 所示。

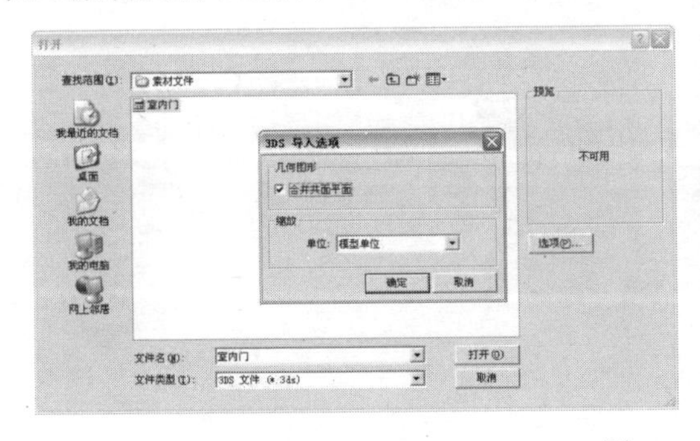

图 4-75

（2）结合“移动”工具及“旋转”工具，将上一步插入的室内门布置到图中相应的门洞口位置，如图 4-76 所示。

（3）使用“矩形”工具捕捉墙体下侧的相应轮廓绘制一个立面矩形，并将其创建为群组，如图 4-77 所示。

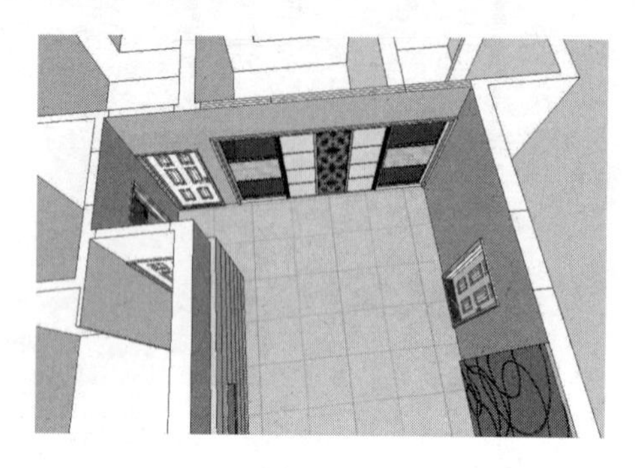

图 4-76

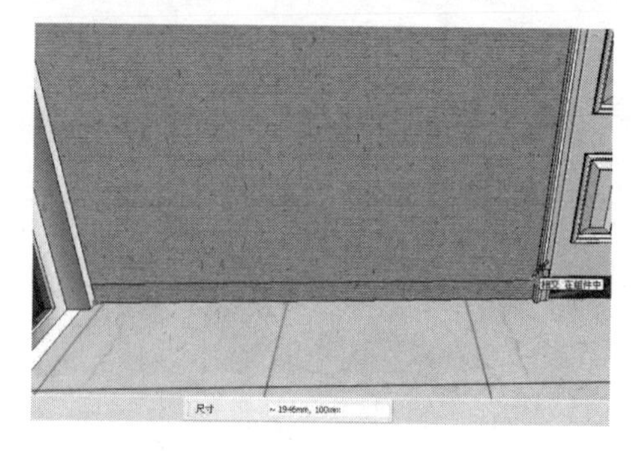

图 4-77

（4）双击上一步创建的群组，进入组的内部编辑状态，然后使用“推/拉”工具将上一步绘制的立面矩形向外推拉出 20mm 的厚度，如图 4-78 所示。

（5）使用“颜料桶”工具为创建完成的踢脚线模型赋予一种白颜色材质，如图 4-79 所示。

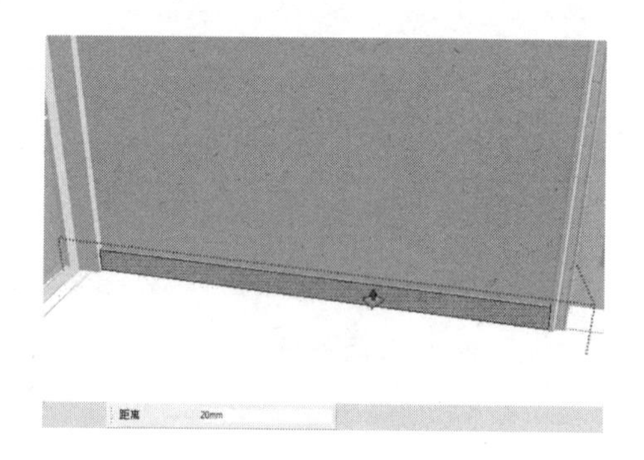

图 4-78

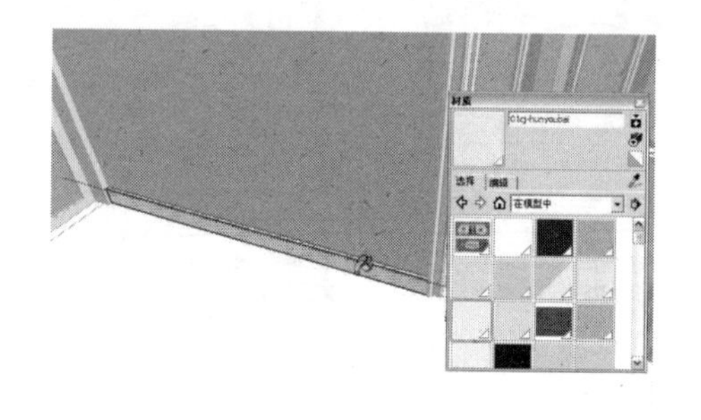

图 4-79

（6）使用相同的方法创建出墙体下侧的踢脚线效果，如图 4-80 所示。

（7）执行“文件”→“导入”命令，导入本书配套光盘相关章节中的模型，如图 4-81 所示。其导入模型后的效果，如图 4-82 所示。

图 4-80

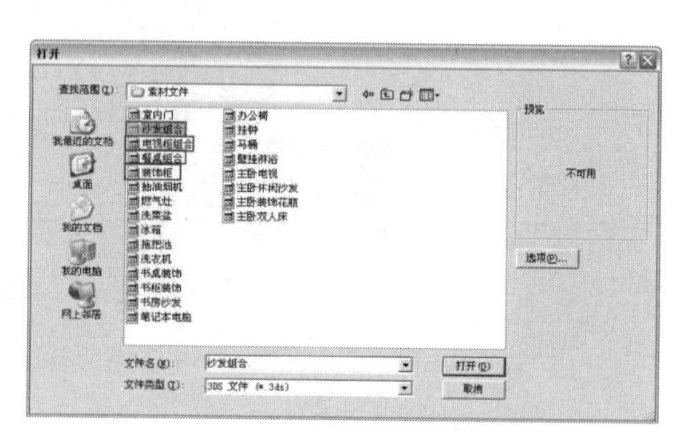

图 4-81

图 4-82

4.3　厨房模型的创建

视频\04\厨房模型的创建.avi
案例\04\最终效果\家装模型.skp

本节主要讲解该套家装模型中厨房内部相关模型的创建，其中包括创建厨房门框、橱柜、导入相关厨房电器设备等。

4.3.1　创建厨房门框及橱柜

创建厨房门框及橱柜的操作步骤如下：

（1）使用"矩形"工具在厨房内部相应的门洞口位置绘制一个矩形面，并将其创建为组，如图 4-83 所示。

（2）双击上一步创建的矩形面，进入组的内部编辑状态，然后使用"偏移"工具将矩形面向内偏移 100mm 的距离，如图 4-84 所示。

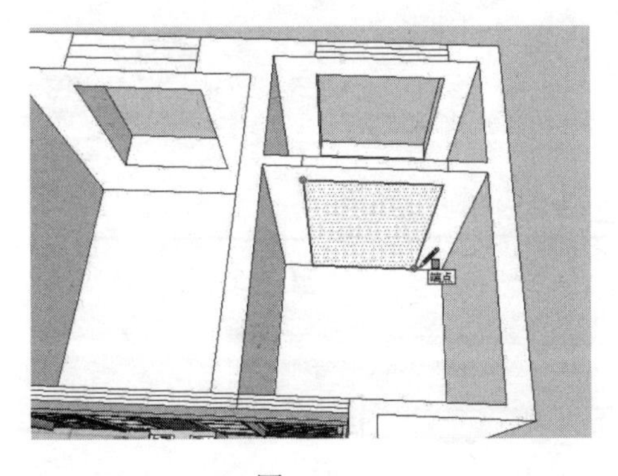

图 4-83

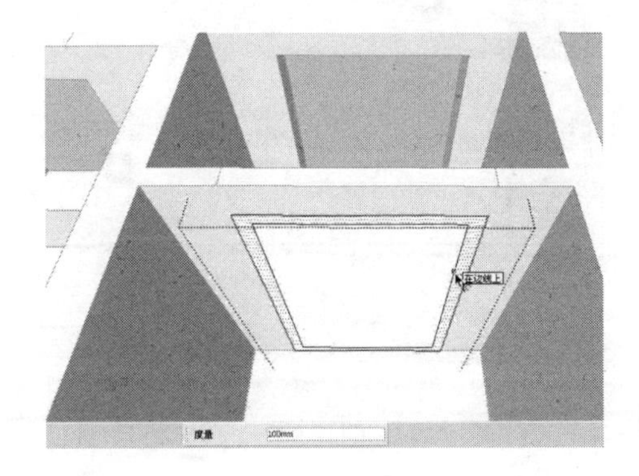

图 4-84

（3）使用"直线"工具在模型表面的相应位置补上几条线段，如图 4-85 所示。

（4）首先删除立面矩形上的相应线面，然后使用"推/拉"工具将其向外推拉出 160mm 的厚度，从而形成门框的效果，如图 4-86 所示。

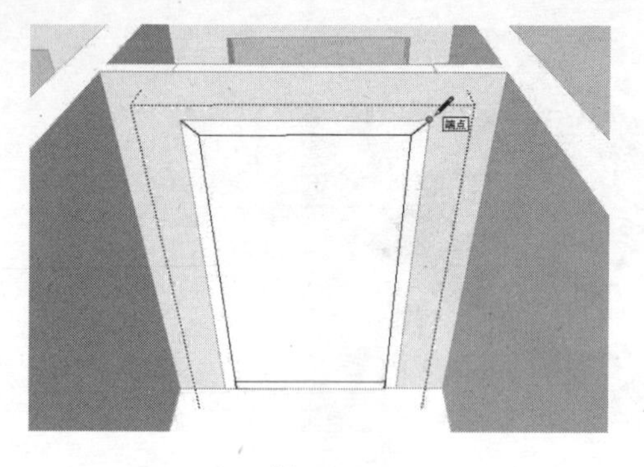

图 4-85

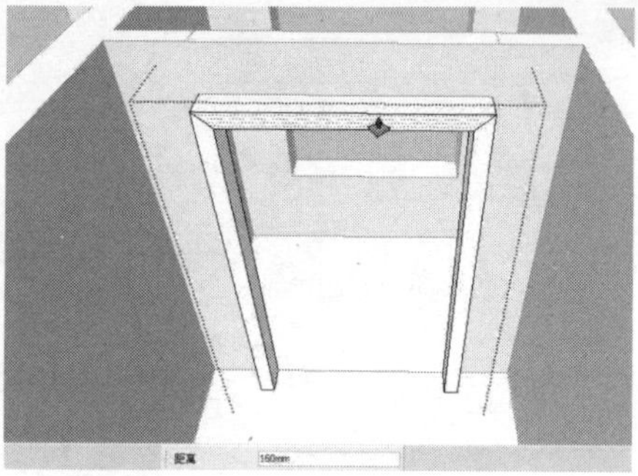

图 4-86

（5）使用“移动”工具将创建的门框布置到厨房内部相应的门洞口位置，如图 4-87 所示。

（6）使用“颜料桶”工具为厨房地面赋予一种地砖材质，如图 4-88 所示。

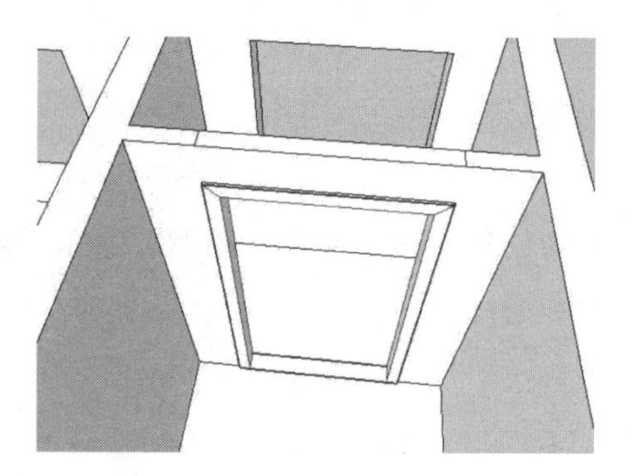

图 4-87

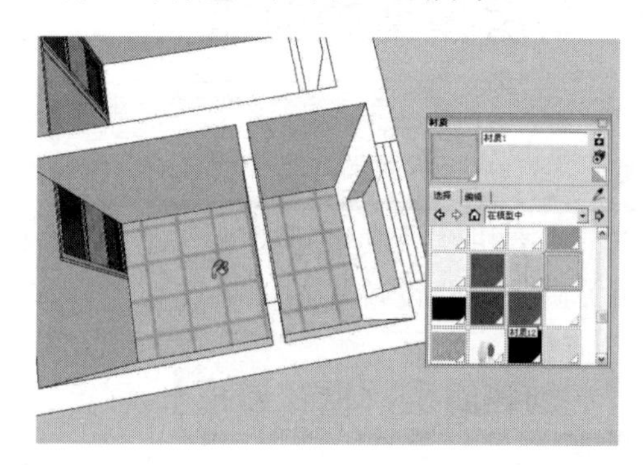

图 4-88

（7）继续使用“颜料桶”工具为厨房墙面赋予一种墙砖材质，如图 4-89 所示。

（8）继续使用“颜料桶”工具为前面创建的厨房门框赋予一种颜色材质，如图 4-90 所示。

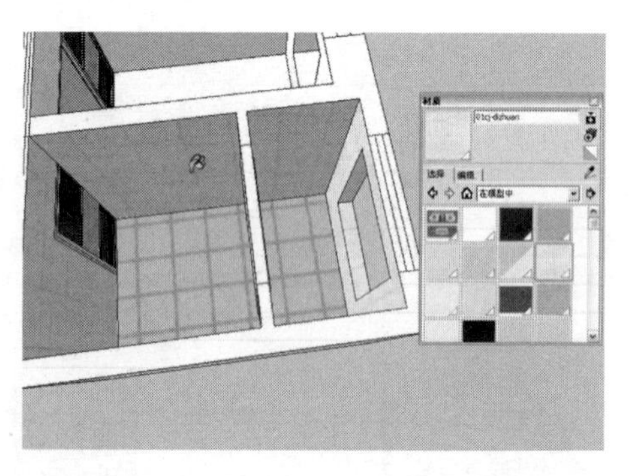

图 4-89

图 4-90

（9）使用“矩形”工具在厨房内部相应的墙面上绘制 2280mm×870mm 的立面矩形，并将其创建为组，如图 4-91 所示。

（10）双击上一步创建的立面矩形，进入组的内部编辑状态，然后使用“推/拉”工具将立面矩形向外推拉 500mm 的厚度，如图 4-92 所示。

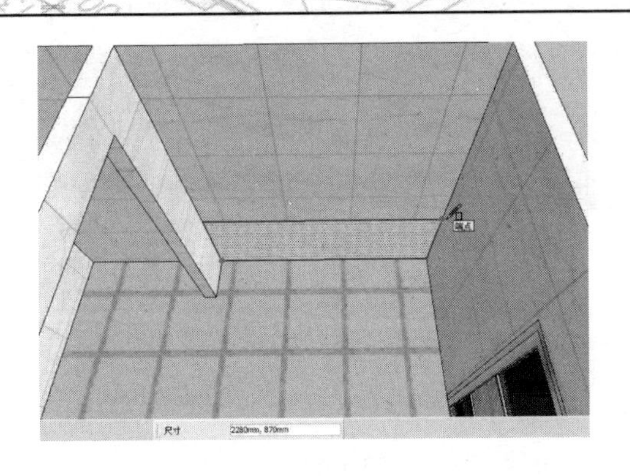

图 4-91

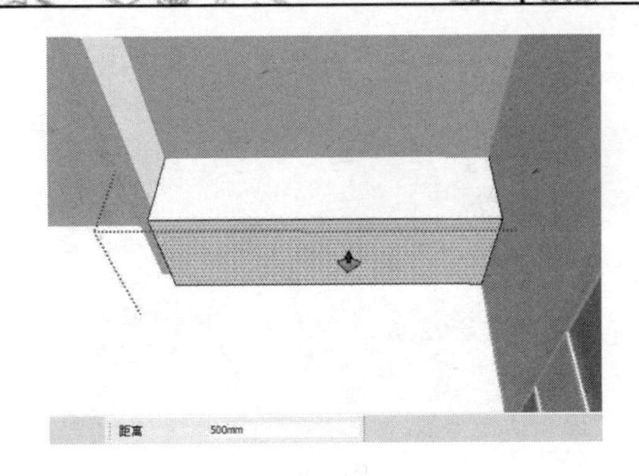

图 4-92

（11）结合“直线”工具及“偏移”工具，在推拉的立方体上绘制多条轮廓，如图 4-93 所示。

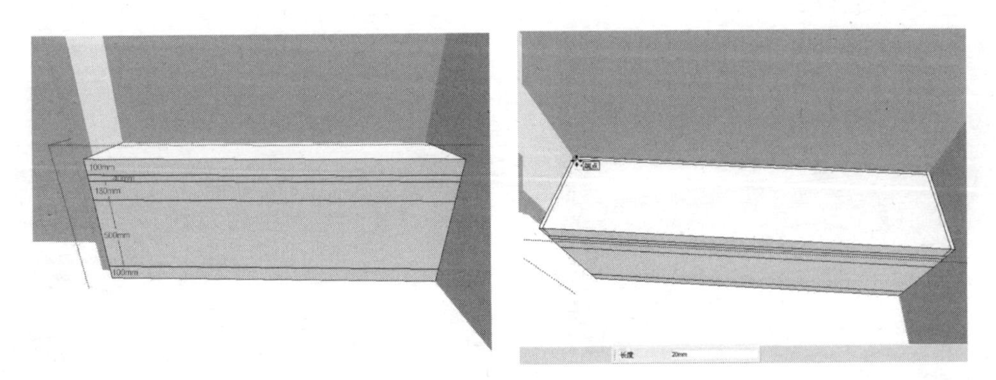

图 4-93

（12）使用“推/拉”工具将图中相应的造型面向内推拉 480mm 的距离，如图 4-94 所示。

（13）按住【Ctrl】键，使用“移动”工具将图中相应的边线向下复制一份，其移动的距离为 5mm，如图 4-95 所示。

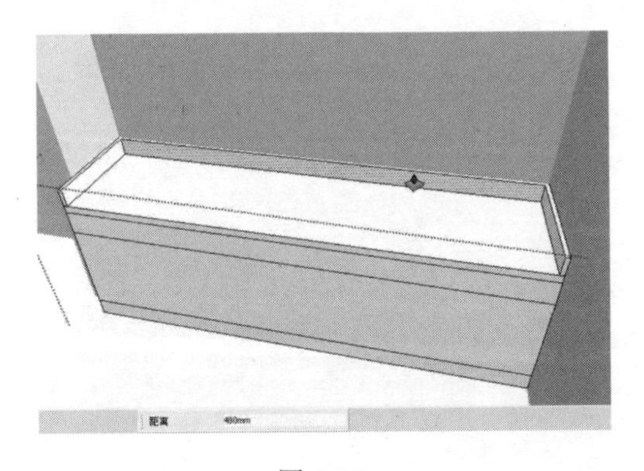

图 4-94

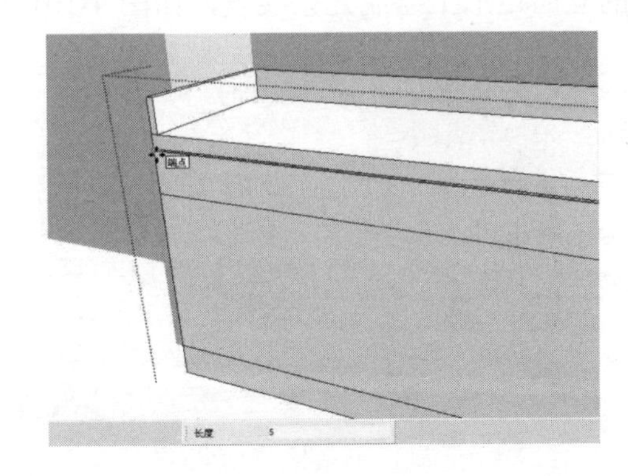

图 4-95

（14）使用“推/拉”工具将图中相应的造型面向内推拉 20mm 的距离，以形成橱柜凹槽的效果，如图 4-96 所示。

（15）选择橱柜下侧的相应边线并右击，在快捷菜单中执行“拆分”命令，如图 4-97 所示。

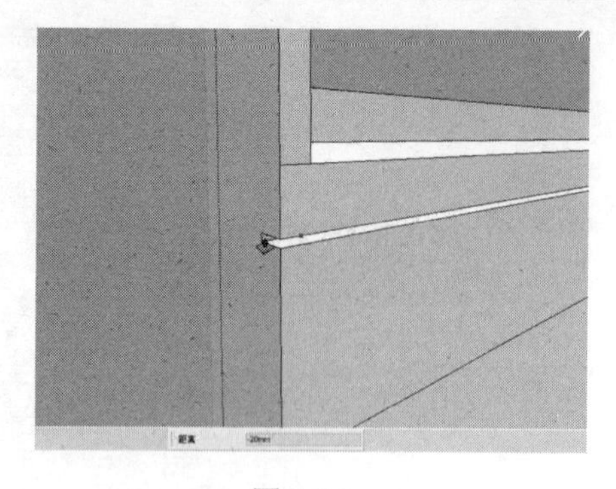

图 4-96

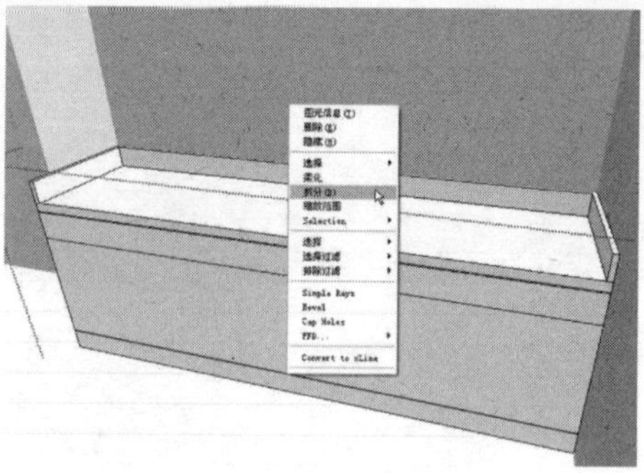

图 4-97

（16）在数值框中输入 5，将线段拆分为 5 条等长的线段，如图 4-98 所示。

（17）使用“直线”工具捕捉上一步拆分线段上的拆分点向上绘制多条垂线段，如图 4-99 所示。

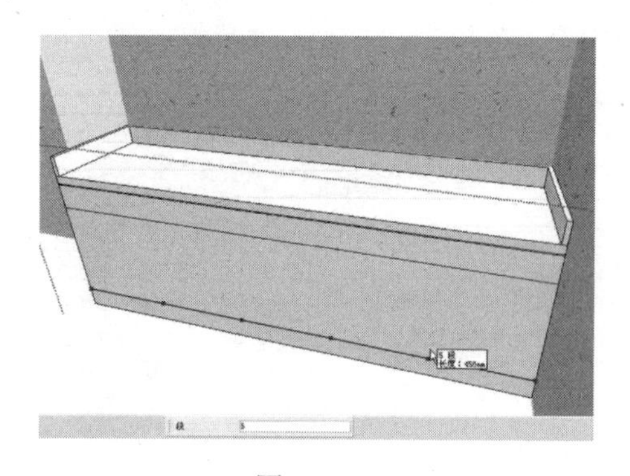

图 4-98

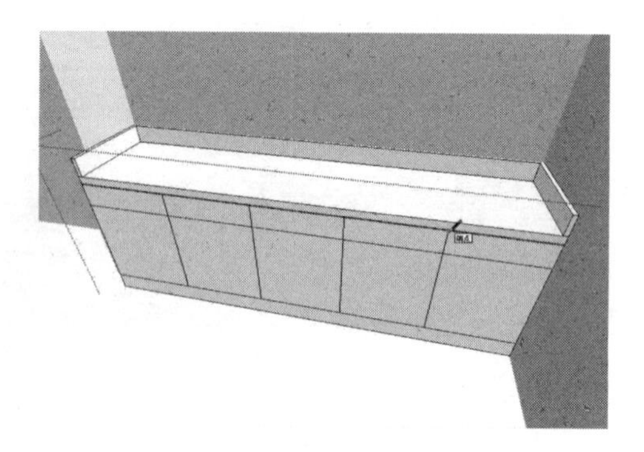

图 4-99

（18）使用“推/拉”工具将橱柜下侧相应造型面向内推拉 25mm 的距离，如图 4-100 所示。

（19）使用“矩形”工具绘制 20mm×20mm 的立面矩形，然后使用“直线”工具在绘制的立面矩形上绘制几条线段，如图 4-101 所示。

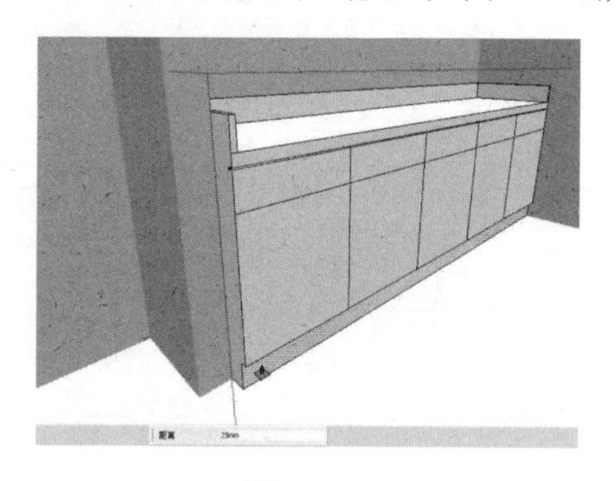

图 4-100

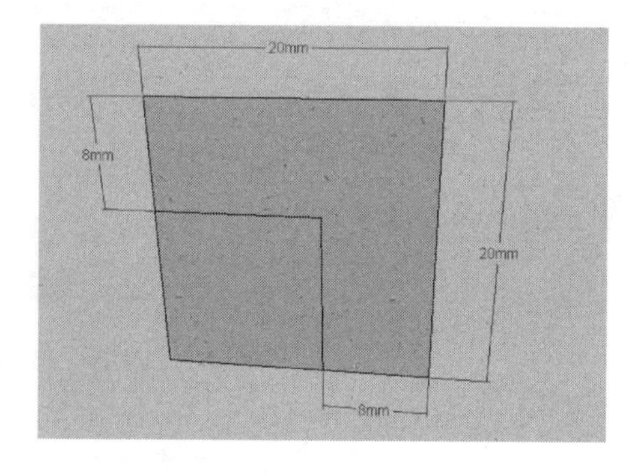

图 4-101

（20）使用“橡皮擦”工具将立面矩形上多余的线面删除，如图 4-102 所示。

（21）使用“推/拉”工具将造型面推拉出 140mm 的厚度，从而形成橱柜拉手的造型，并将其创建为群组，如图 4-103 所示。

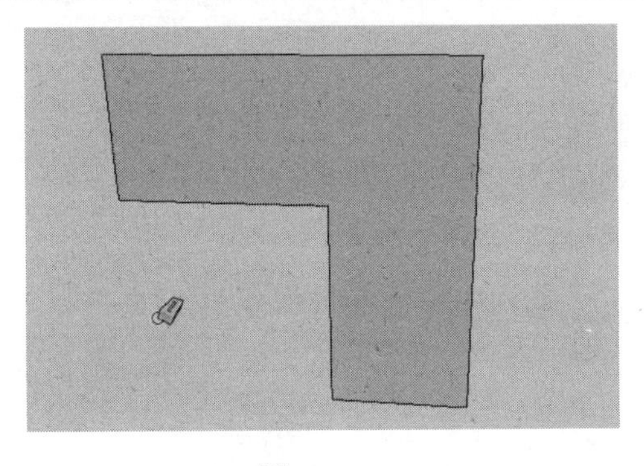

图 4-102

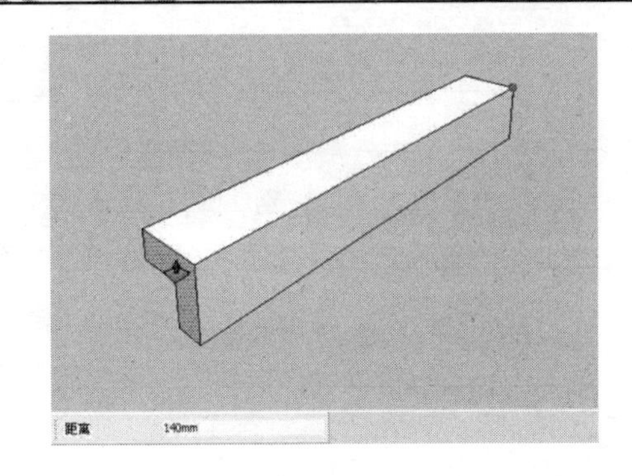

图 4-103

（22）按住【Ctrl】键，使用“移动”工具复制多个创建的拉手，并将其布置到橱柜上的相应位置，如图 4-104 所示。

（23）使用“矩形”工具在地柜上侧的相应墙面上绘制 1200mm×600mm 的立面矩形，并将其创建为群组，如图 4-105 所示。

图 4-104

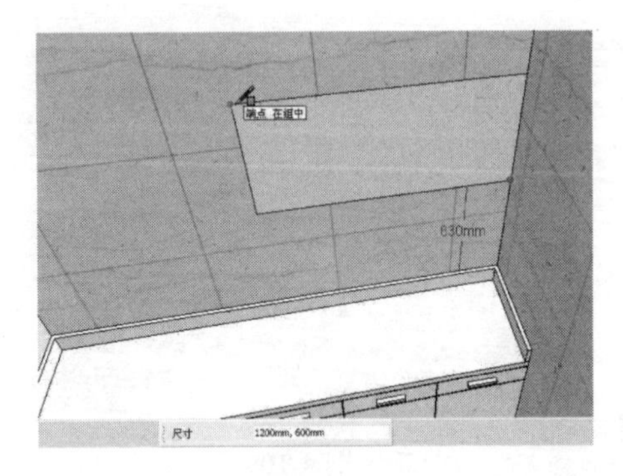

图 4-105

（24）双击上一步创建的立面矩形，进入组的内部编辑状态，然后使用“推/拉”工具将立面矩形向外推拉 300mm 的厚度，如图 4-106 所示。

（25）按住 Ctrl 键，继续使用“推/拉”工具将立方体的外侧矩形面向外推拉复制一份，其推拉复制的距离为 20mm，如图 4-107 所示。

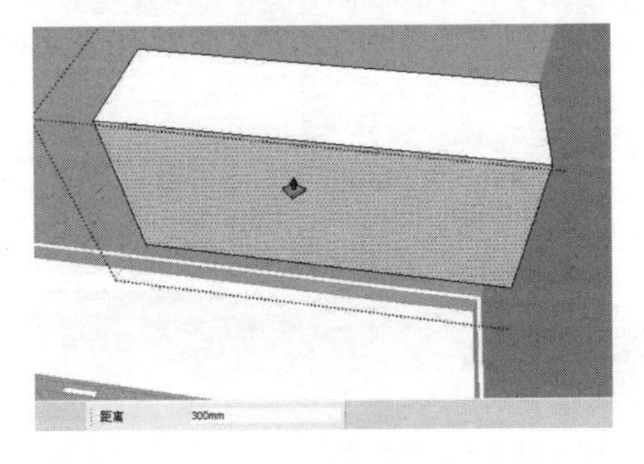

图 4-106

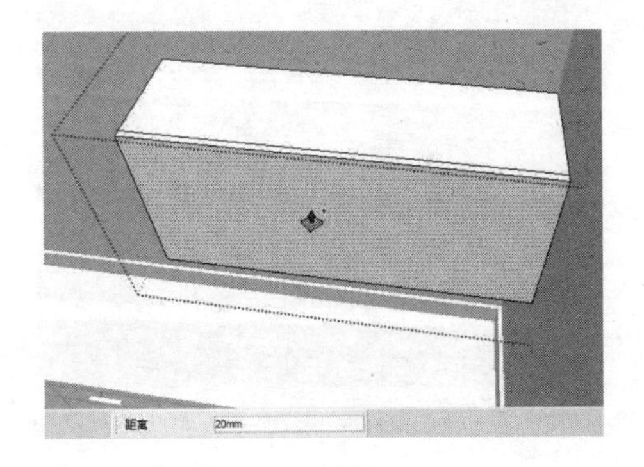

图 4-107

（26）选择橱柜模型上的相应边线并右击，在快捷菜单中执行“拆分”命令，然后在数值框中输入 3，将其拆分为 3 条等长的线段，如图 4-108 所示。

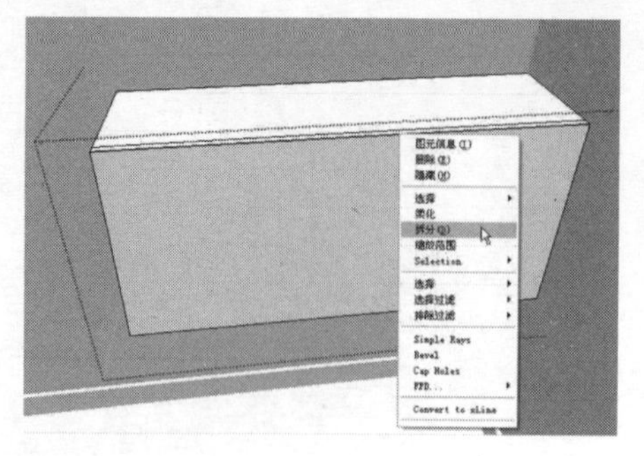
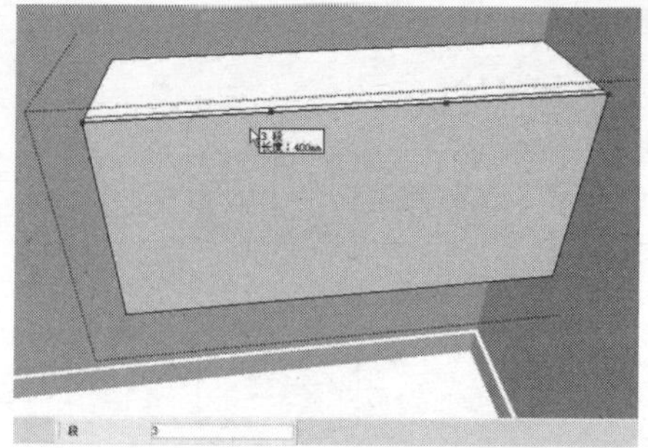

图 4-108

（27）使用“直线”工具捕捉上一步拆分线段上的拆分点向下绘制两条垂线段，如图 4-109 所示。

（28）使用“卷尺”工具在上一步绘制的两条垂线段的左右两侧分别绘制一条与其距离为 2.5mm 的辅助参考线，如图 4-110 所示。

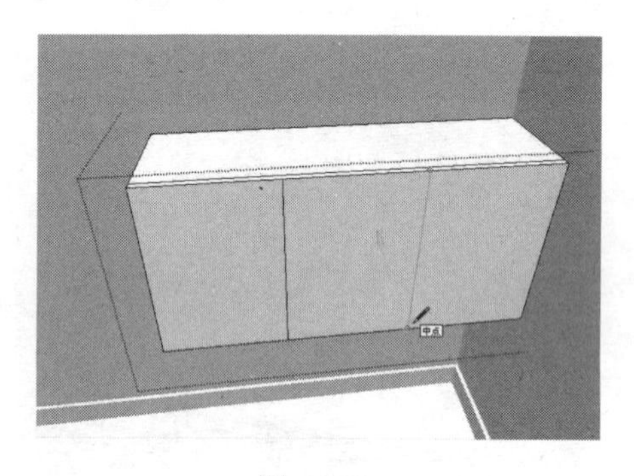

图 4-109

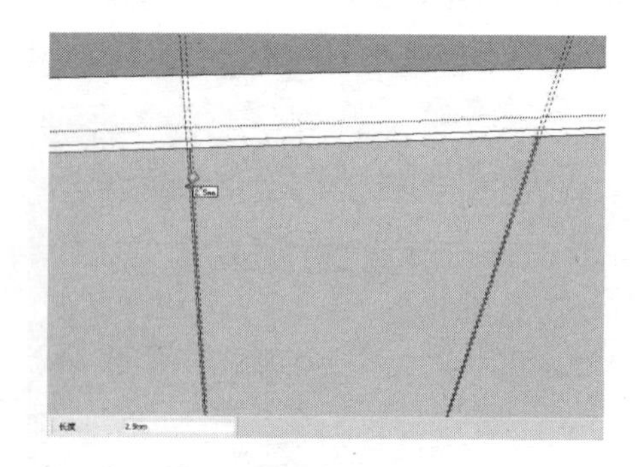

图 4-110

（29）使用“直线”工具借助上一步绘制的辅助参考线在模型表面上绘制 4 条垂线段，并将中间的那条垂直线段删除，如图 4-111 所示。

（30）使用“推/拉”工具将图中相应的面向内推拉 20mm 的距离，从而形成吊柜凹槽的效果，如图 4-112 所示。

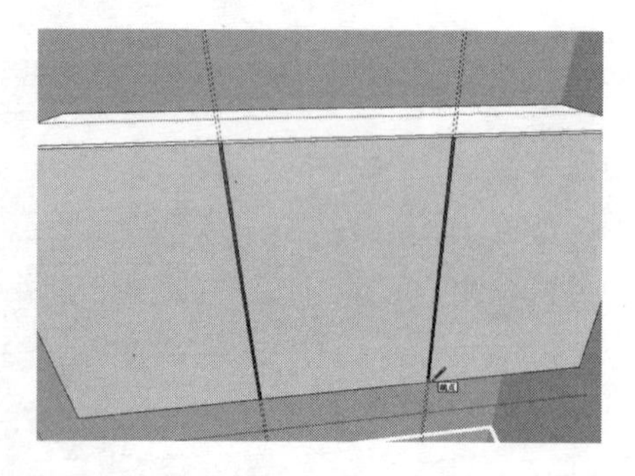

图 4-111

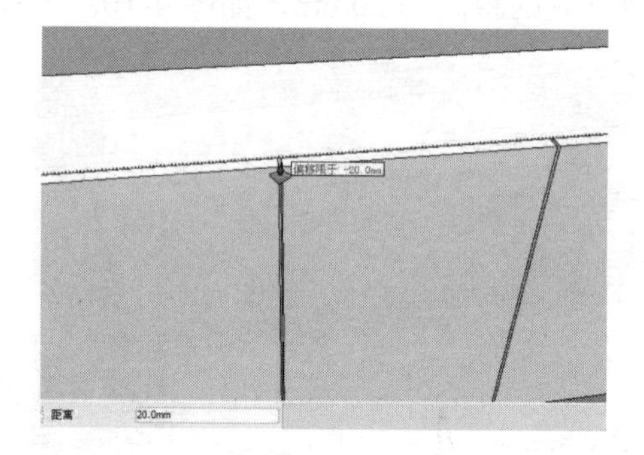

图 4-112

（31）按住【Ctrl】键，使用“移动”工具将前面创建的橱柜拉手复制几个到吊柜上的相应位置，如图 4-113 所示。

（32）使用“颜料桶”工具为创建的厨房橱柜赋予相应的材质，如图 4-114 所示。

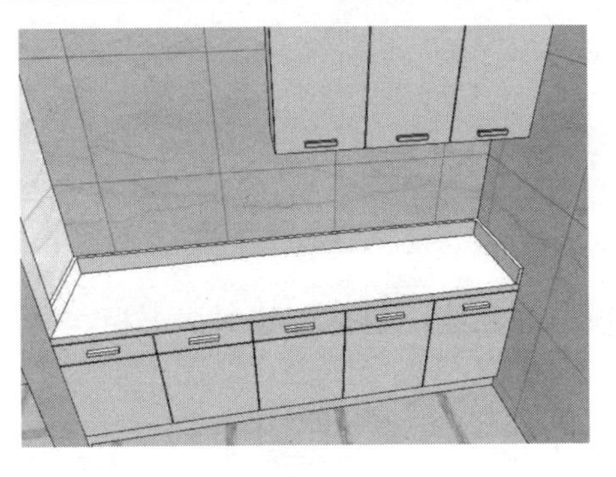

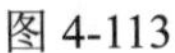
图 4-113

图 4-114

4.3.2　导入相关厨房电器设备

导入相关厨房电器设备的操作步骤如下：

（1）执行“文件”→“导入”命令，弹出“打开”对话框，导入本书配套光盘相关章节中的模型，如图 4-115 所示。

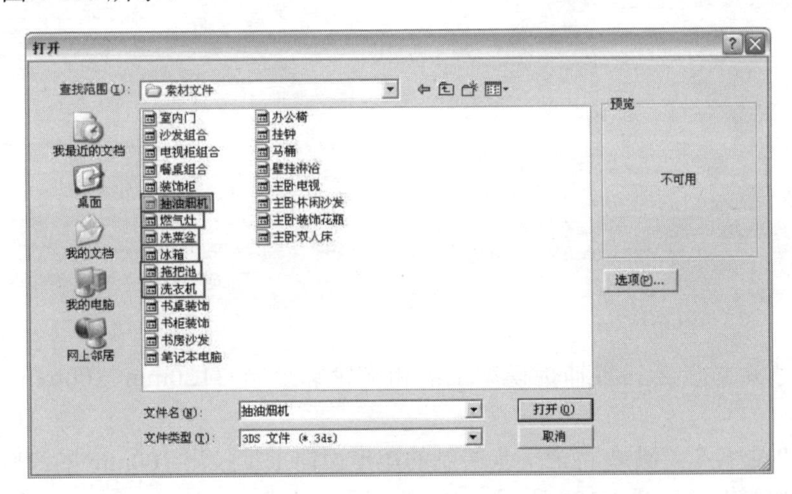

图 4-115

（2）导入模型后的效果如图 4-116 所示。

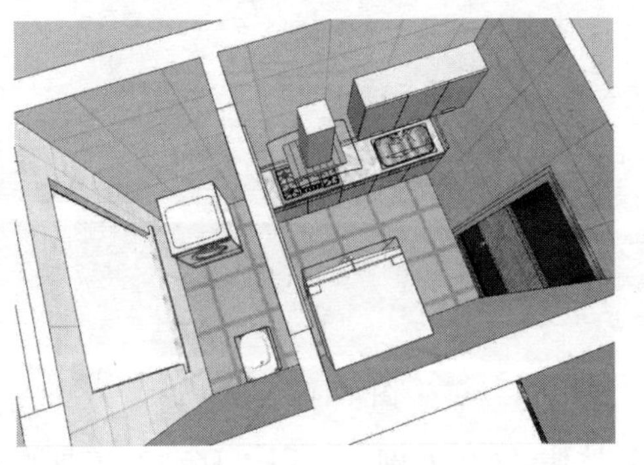

图 4-116

4.4 书房模型的创建

视频\04\书房模型的创建.avi
案例\04\最终效果\家装模型.skp

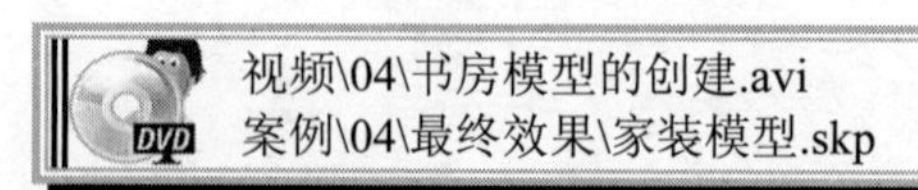

本节主要讲解该套家装模型中书房内部相关模型的创建，包括创建书房书柜、书房书桌以及书房其他装饰物等。

4.4.1 创建书房书柜

创建书房书柜的操作步骤如下：

（1）使用“矩形”工具绘制 320mm×150mm 的矩形，如图 4-117 所示。

（2）使用“推/拉”工具将上一步绘制的矩形面向上推拉出 2200mm 的高度，如图 4-118 所示。

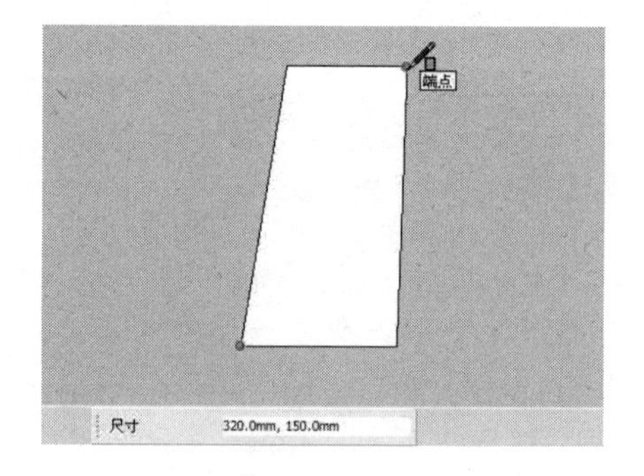

图 4-117

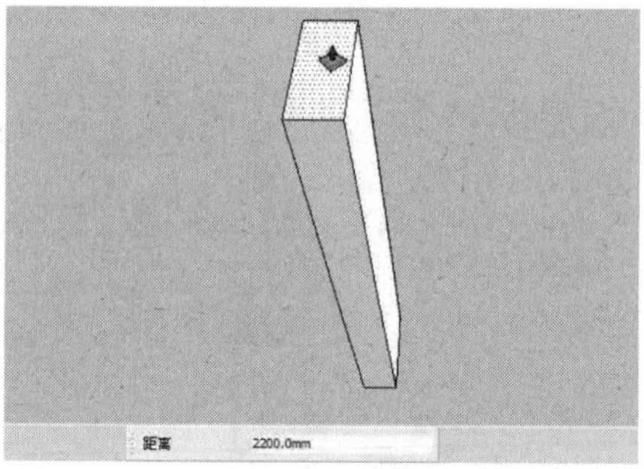

图 4-118

（3）使用“矩形”工具捕捉模型上的相应轮廓绘制 3120mm×300mm 的矩形面，如图 4-119 所示。

（4）使用“推/拉”工具将上一步绘制的矩形面向上推拉出 100mm 的高度，并将推拉后的立方体创建为群组，如图 4-120 所示。

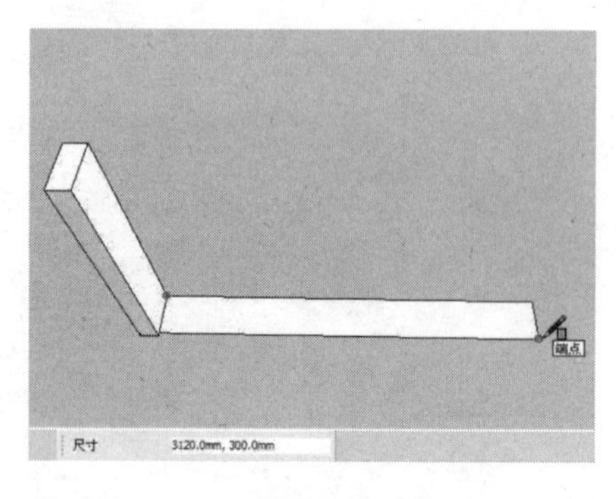

图 4-119

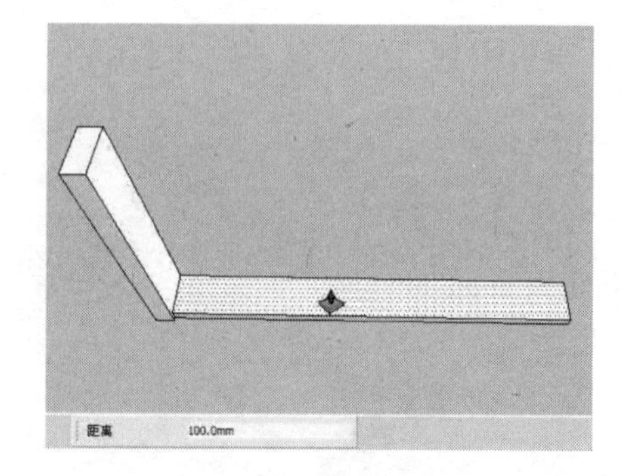

图 4-120

（5）按住【Ctrl】键，使用“移动”工具将上一步推拉后的立方体垂直向上复制 4 份，如图 4-121 所示。

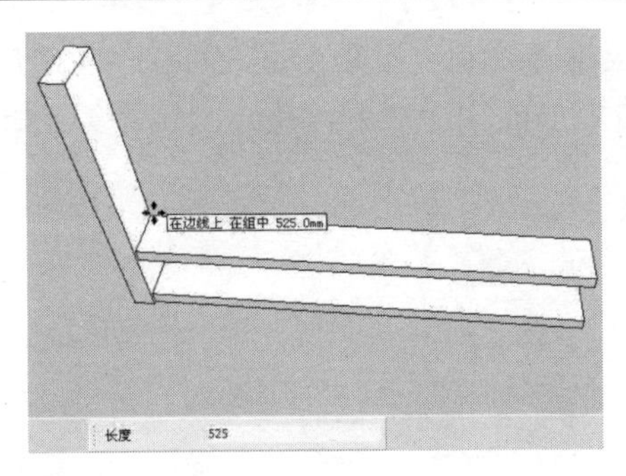

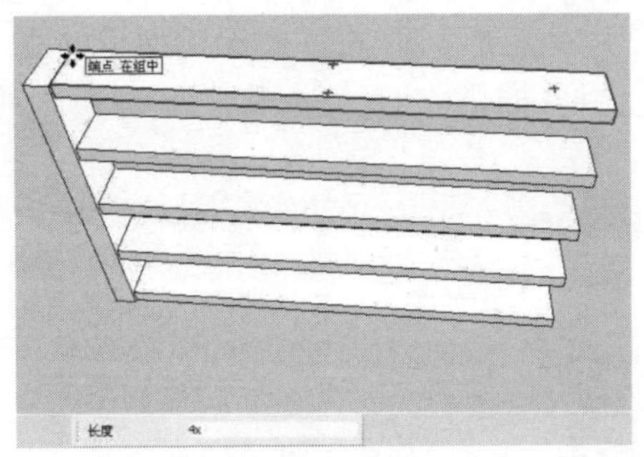

图 4-121

（6）按住【Ctrl】键，使用“移动”工具将书柜左侧的挡板复制一份到书柜的右侧，如图 4-122 所示。

（7）使用“颜料桶”工具为创建的书柜赋予一种木纹材质，如图 4-123 所示。

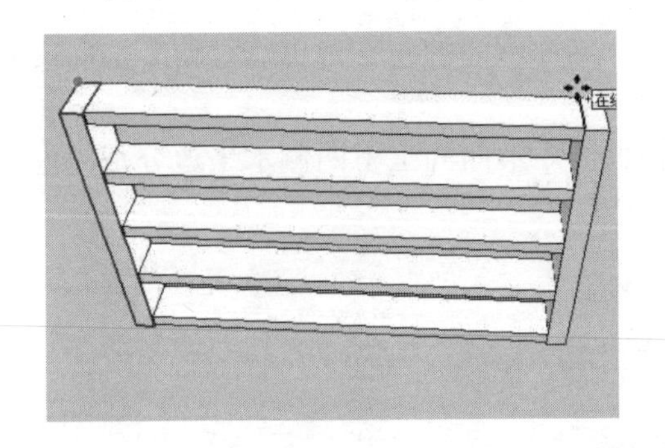

图 4-122

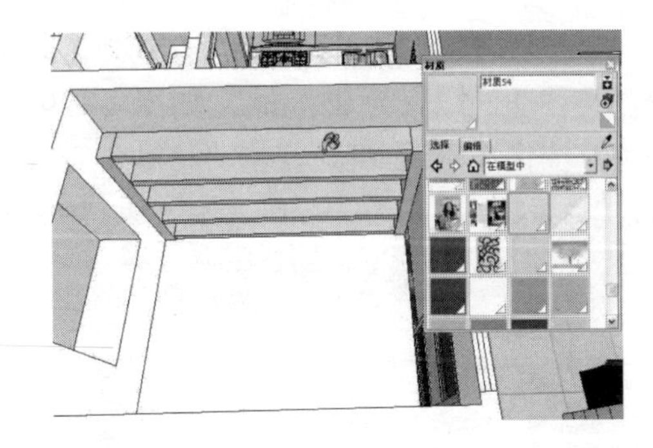

图 4-123

4.4.2　创建书房书桌

创建书房书桌的操作步骤如下：

（1）使用“矩形”工具绘制 700mm×60mm 的矩形面，如图 4-124 所示。

（2）使用“推/拉”工具将上一步绘制的矩形面向上推拉 690mm 的高度，并将推拉后的立方体创建为群组，如图 4-125 所示。

（3）按住【Ctrl】键，使用“移动”工具将创建的立方体水平向右复制一份，其移动的距离为 1740mm，如图 4-126 所示。

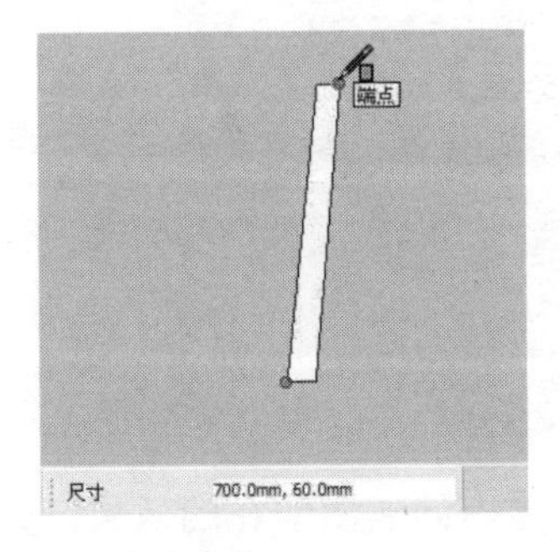

图 4-124

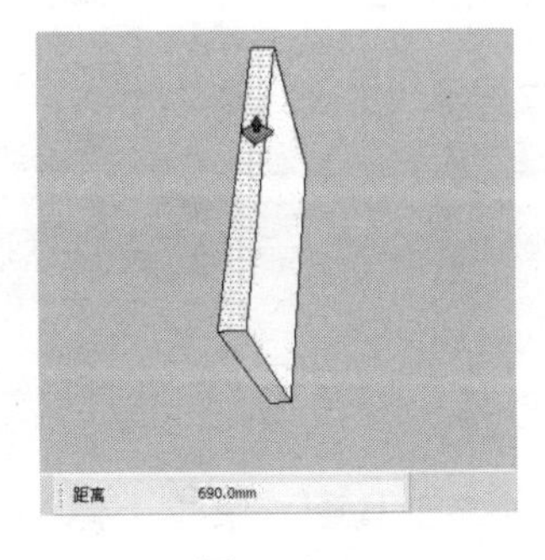

图 4-125

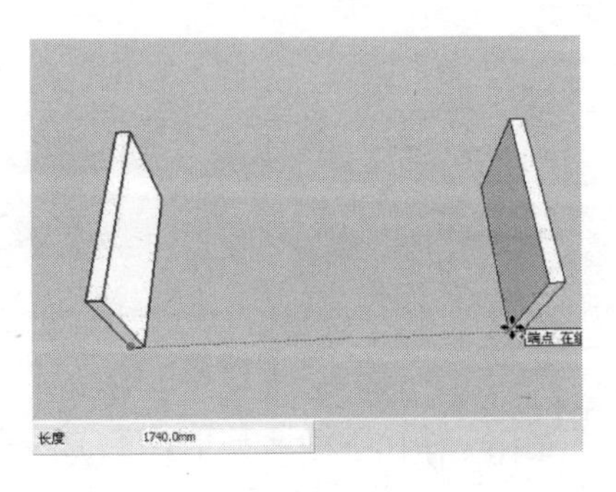

图 4-126

（4）使用“矩形”工具捕捉模型上的相应轮廓绘制一个矩形面，如图 4-127 所示。

（5）使用“推/拉”工具将上一步绘制的矩形面向上推拉 60mm 的高度，如图 4-128 所示。

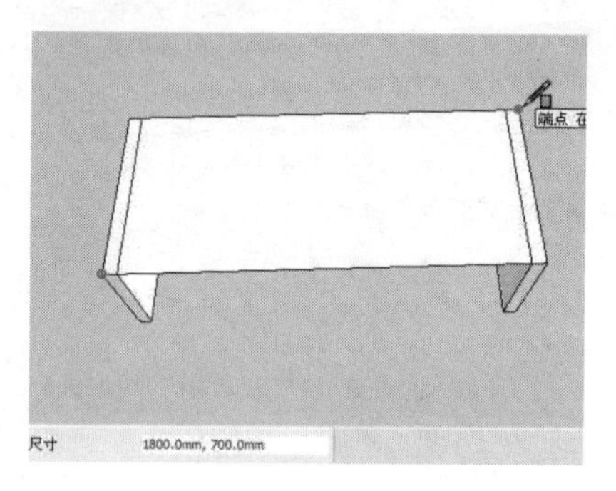

图 4-127

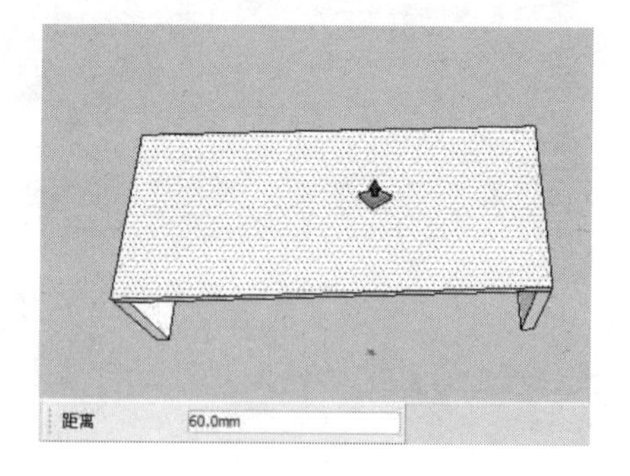

图 4-128

（6）按住【Ctrl】键，使用“移动”工具将上侧矩形面的左右两侧垂直边分别向内复制一份，其移动的距离为 250mm，如图 4-129 所示。

（7）按住【Ctrl】键，使用“移动”工具将上侧矩形面的上下两侧水平边分别向内复制一份，其移动的距离为 25mm，如图 4-130 所示。

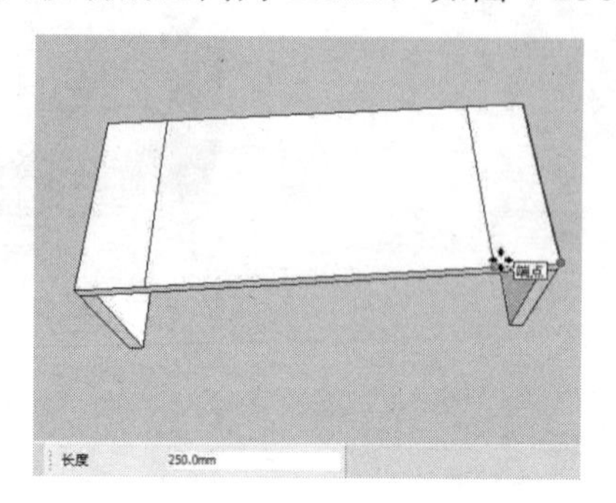

图 4-129

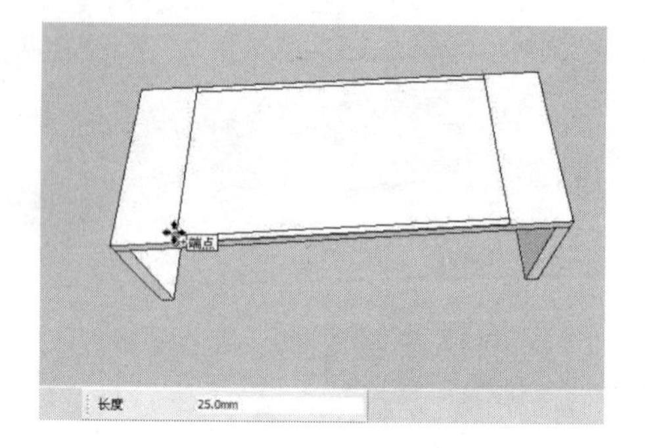

图 4-130

（8）使用“橡皮擦”工具将矩形面上的多余线段删除，如图 4-131 所示。

（9）使用“推/拉”工具将图中的相应矩形面向下推拉 25mm 的距离，如图 4-132 所示。

图 4-131

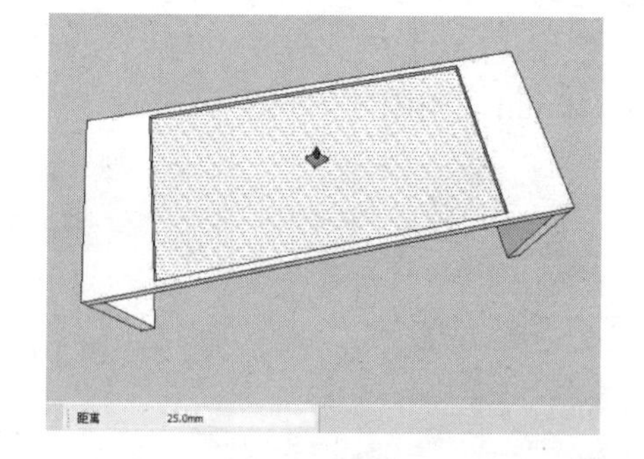

图 4-132

（10）使用“圆弧”工具及“推/拉”工具在书桌上侧的凹槽内创建出雕花的效果，如图 4-133 所示。

（11）使用“矩形”工具绘制 1300mm×650mm 的矩形面；然后使用“推/拉”工具将上一步绘制的矩形面向上推拉 8mm 的高度，并将推拉后的立方体创建为群组，如图 4-134 所示。

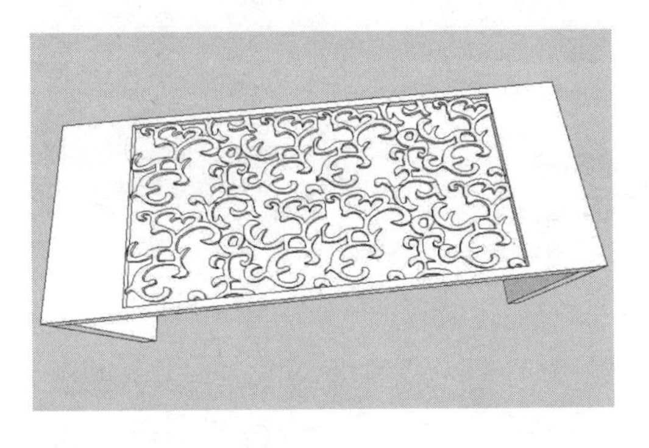

图 4-133

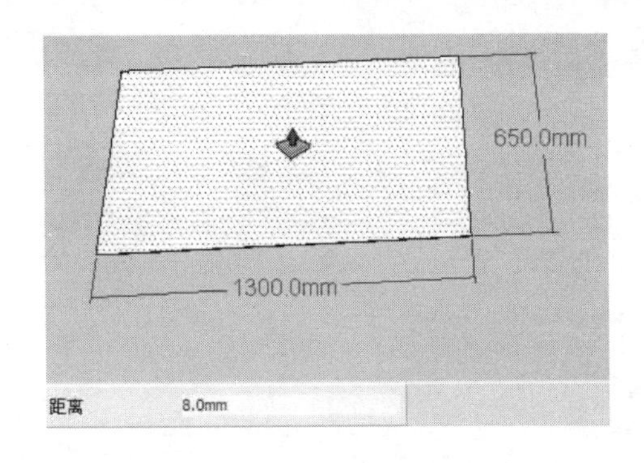

图 4-134

（12）使用“移动”工具将上一步创建的立方体移到书桌上侧相应位置，如图 4-135 所示。

（13）使用“颜料桶”工具为创建的书桌赋予相应的材质，并将其移到书房内相应的位置处，如图 4-136 所示。

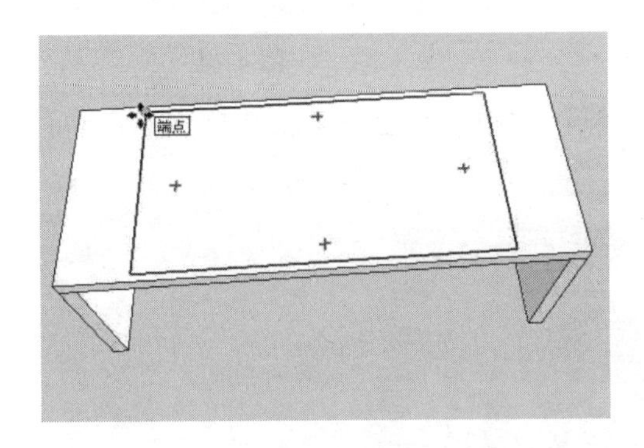

图 4-135

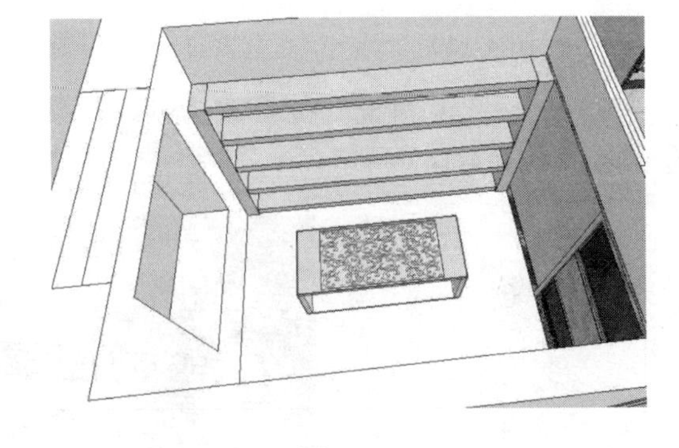

图 4-136

4.4.3　创建书房装饰物

创建书房装饰物的操作步骤如下：

（1）使用“矩形”工具绘制 300mm×40mm 的矩形面，如图 4-137 所示。

（2）按住【Ctrl】键，使用“移动”工具将上一步绘制矩形的下侧边线向上复制一份，其移动的距离为 20mm，如图 4-138 所示。

（3）使用“圆弧”工具捕捉相应线段上的端点及中点绘制一条圆弧，如图 4-139 所示。

（4）使用“橡皮擦”工具将矩形面上的多余线面删除，如图 4-140 所示。

（5）使用“推/拉”工具将造型面向上推拉 300mm 的高度，并将创建的装饰块创建为群组，如图 4-141 所示。

（6）结合“移动”工具及“旋转”工具，复制几个创建的装饰块，并对其进行组合，如图 4-142 所示。

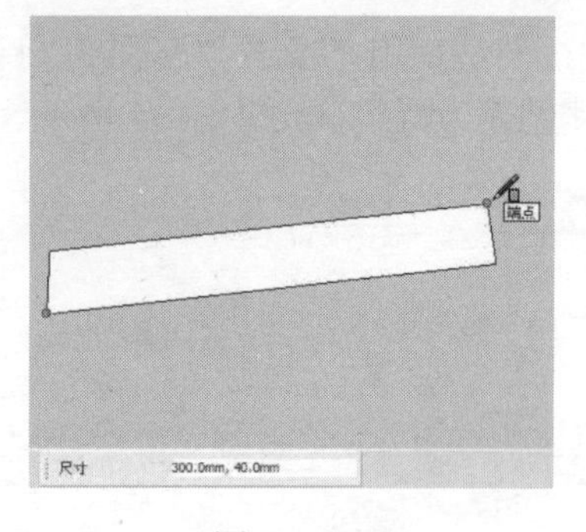

图 4-137

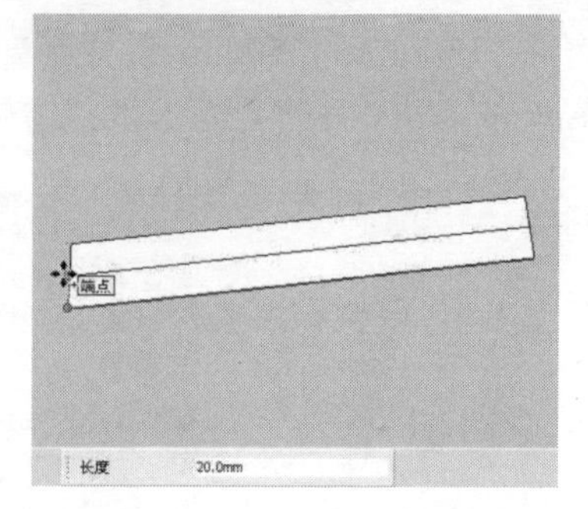

图 4-138

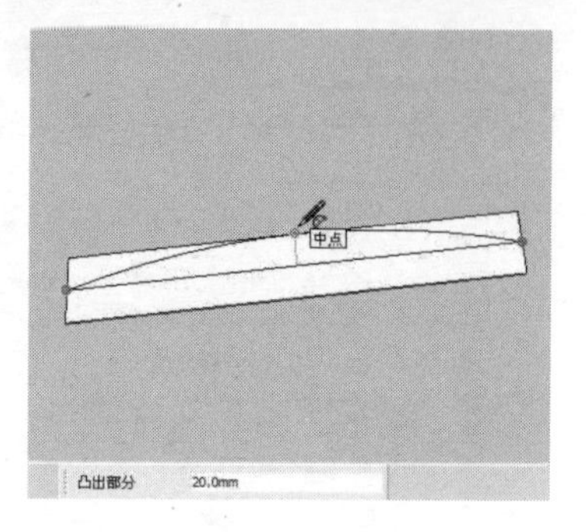

图 4-139

图 4-140

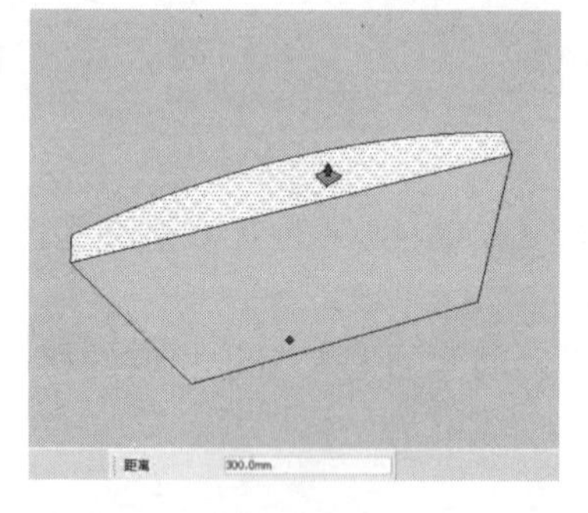

图 4-141

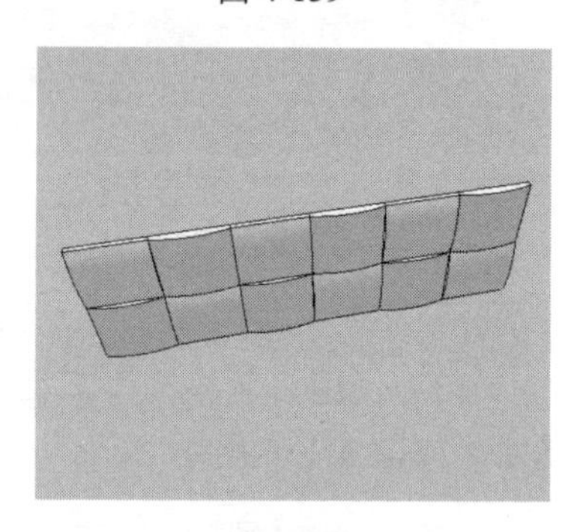

图 4-142

（7）使用“颜料桶”工具为创建的装饰造型赋予相应的材质，并将其移到书房内相应的位置，如图 4-143 所示。

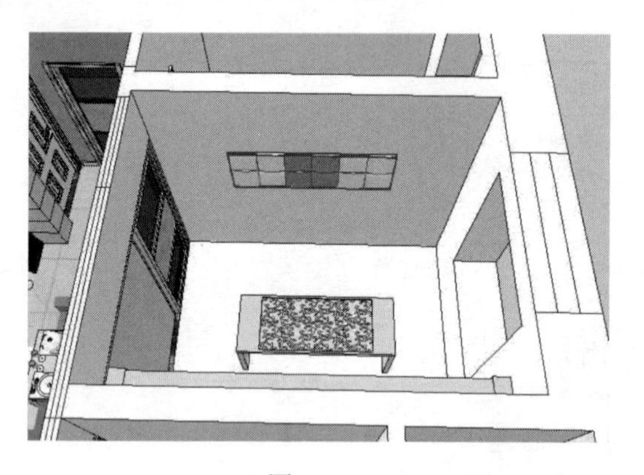

图 4-143

（8）使用“矩形”工具绘制 640mm×860mm 的立面矩形，如图 4-144 所示。

（9）使用“推/拉”工具将上一步绘制的矩形面向外推拉 5mm 的厚度，如图 4-145 所示。

（10）按住【Ctrl】键，使用“推/拉”工具将立方体的外侧矩形面向外推拉复制 15mm 的距离，如图 4-146 所示。

（11）使用“缩放”工具对推拉后的外侧矩形面进行缩放，如图 4-147 所示。

（12）结合“偏移”工具及“推拉”工具，制作出画框内部的细节造型，如图 4-148 所示。

（13）使用“颜料桶”工具为创建的装饰画赋予相应的材质，如图 4-149 所示。

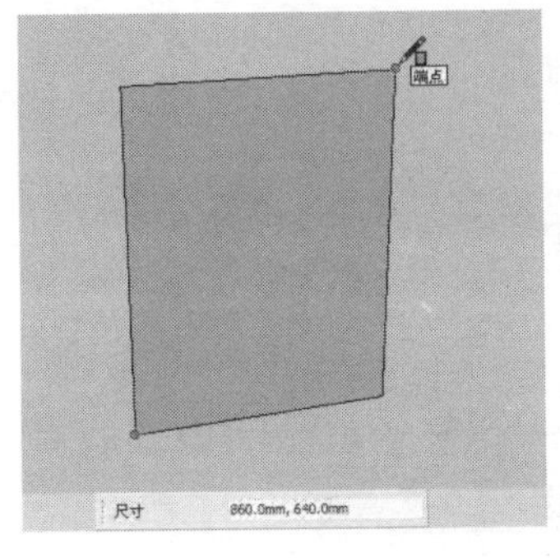

图 4-144

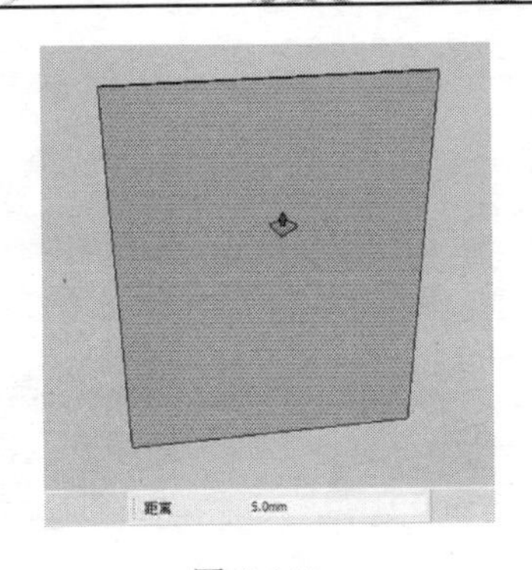

图 4-145

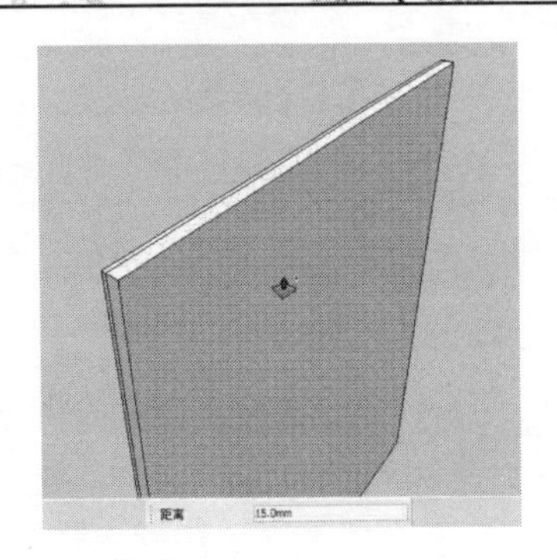

图 4-146

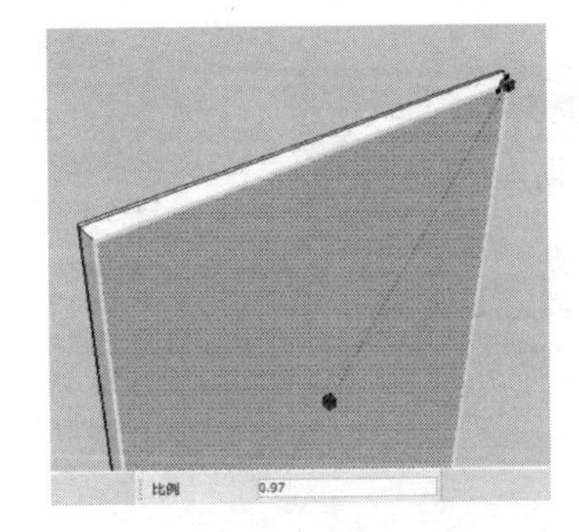

图 4-147

图 4-148

图 4-149

（14）使用“移动”工具将创建完成的装饰画模型布置到书房内相应的位置，如图 4-150 所示。

（15）使用“颜料桶”工具为书房的地面赋予一种地板材质，如图 4-151 所示。

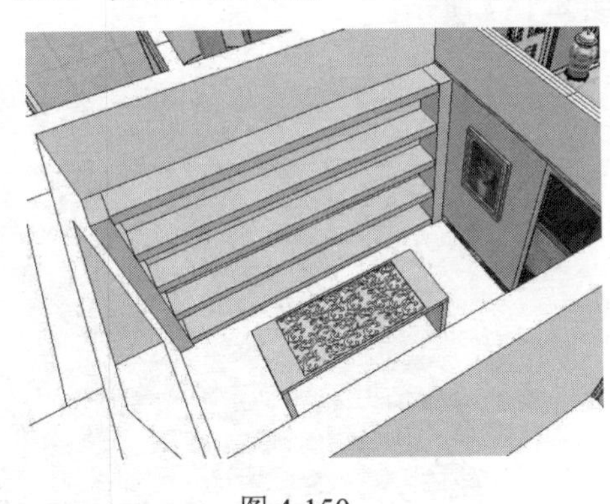

图 4-150

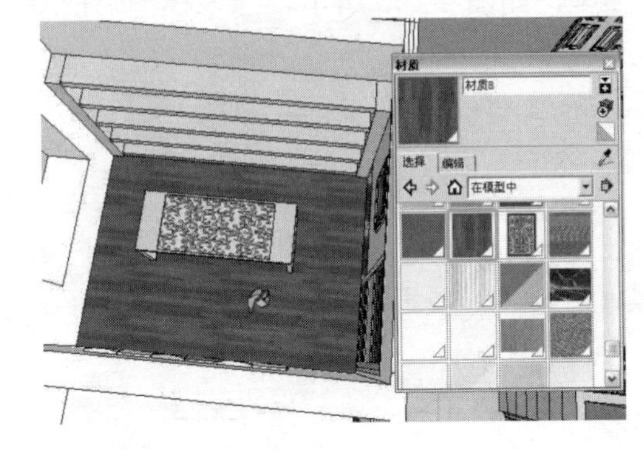

图 4-151

（16）继续使用“颜料桶”工具为书房的墙面赋予一种黄色乳胶漆材质，如图 4-152 所示。

（17）按住【Ctrl】键，使用“选择”工具选择书房墙体下侧相应的两条边线，如图 4-153 所示。

（18）按住【Ctrl】键，使用“移动”工具将上一步选择的两条边线垂直向上复制一份，其移动的距离为 100mm，如图 4-154 所示。

（19）使用“推/拉”工具将复制边线后所产生的下侧面向外推拉 20mm 的距离，从而形成书房踢脚线的效果，如图 4-155 所示。

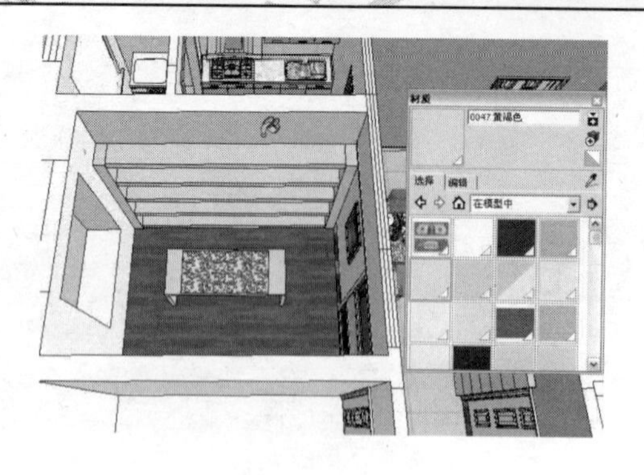

图 4-152

图 4-153

图 4-154

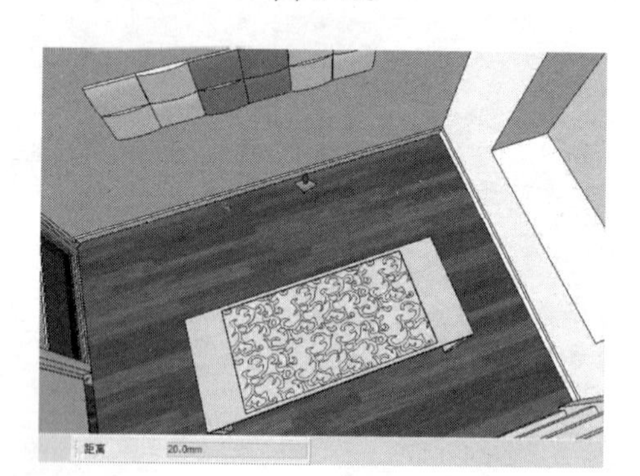

图 4-155

（20）执行“文件”→“导入”命令，弹出“打开”对话框，导入本书配套光盘相关章节中的模型，如图 4-156 所示。导入模型后的效果如图 4-157 所示。

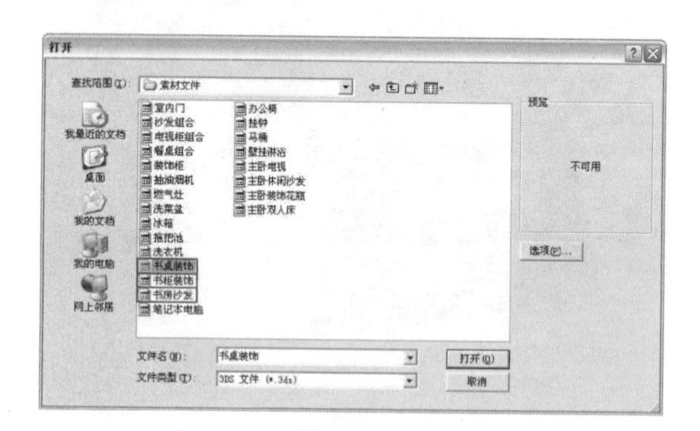

图 4-156

图 4-157

4.5　儿童房模型的创建

视频\04\儿童房模型的创建.avi
案例\04\最终效果\家装模型.skp

本节主要讲解该套家装模型中儿童房内部相关模型的创建，包括创建儿童房单人床、儿童房电脑桌、儿童房衣柜等。

4.5.1　创建儿童房单人床

创建儿童房单人床模型的操作步骤如下：

（1）使用“矩形”工具绘制 2760mm×1200mm 的矩形面，如图 4-158 所示。

（2）使用“推/拉”工具将上一步绘制的矩形面向上推拉 400mm 的高度，如图 4-159 所示。

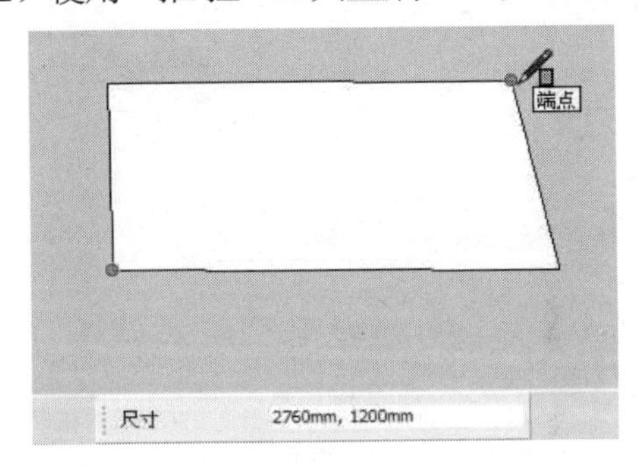

图 4-158

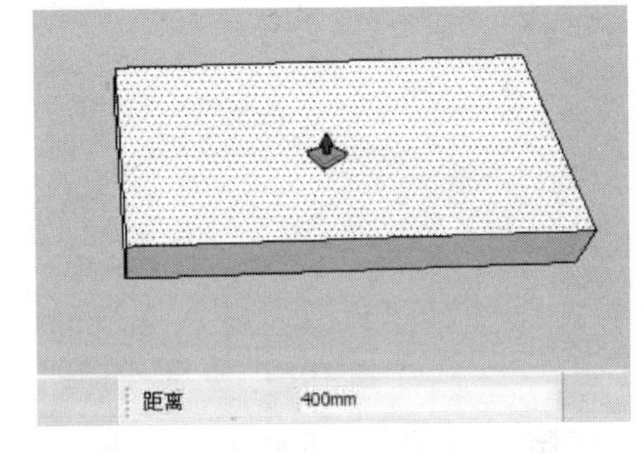

图 4-159

（3）按住【Ctrl】键，使用“移动”工具将立方体上相应的边线垂直向上复制一份，其移动的距离为 320mm，如图 4-160 所示。

（4）使用“推/拉”工具将图中相应的面向内推拉 40mm 的距离，如图 4-161 所示。

（5）按住【Ctrl】键，使用“移动”工具将立方体上相应的边线垂直向上复制一份，其移动的距离为 80mm，如图 4-162 所示。

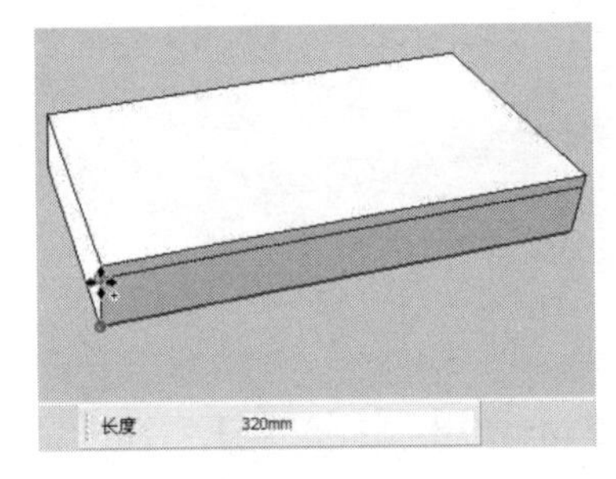

图 4-160

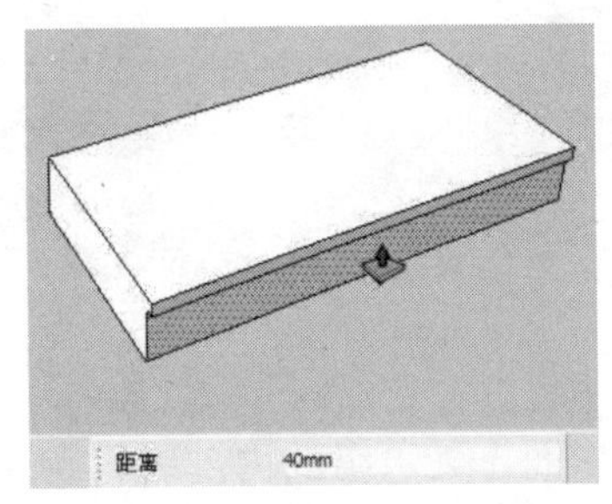

图 4-161

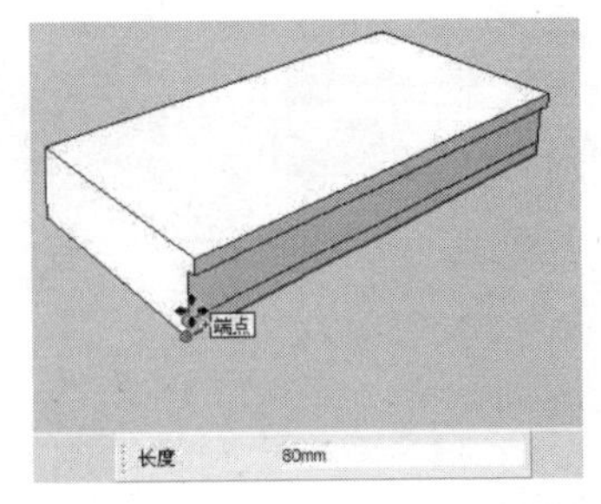

图 4-162

（6）按住【Ctrl】键，使用“移动”工具将立方体上相应的边线水平向左复制 5 份，如图 4-163 所示。

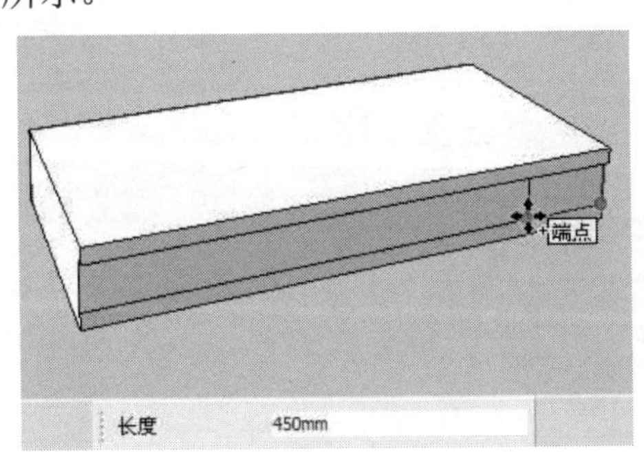

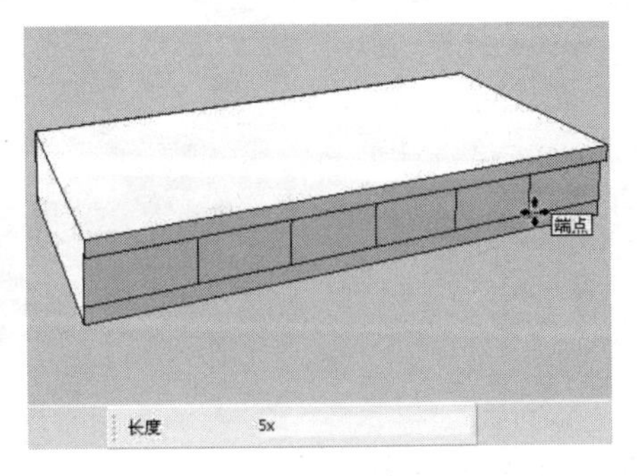

图 4-163

（7）结合“矩形”工具及“推/拉”工具，在床上的相应位置创建几个立方体作为抽屉上的拉手，如图 4-164 所示。

（8）按住【Ctrl】键，使用“移动”工具将图中相应的边线水平向右复制一份，其移动的距离为 400mm，如图 4-165 所示。

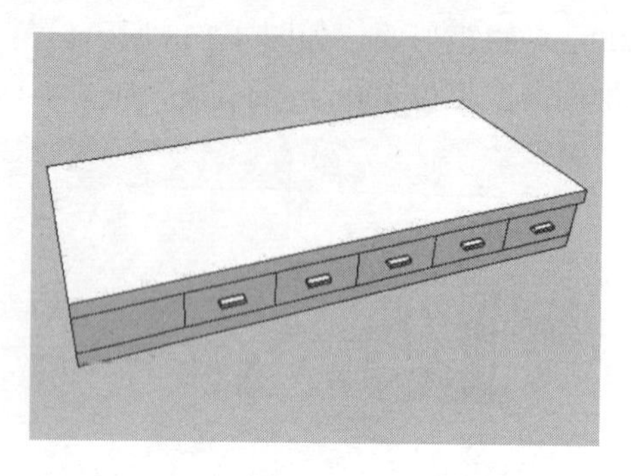

图 4-164

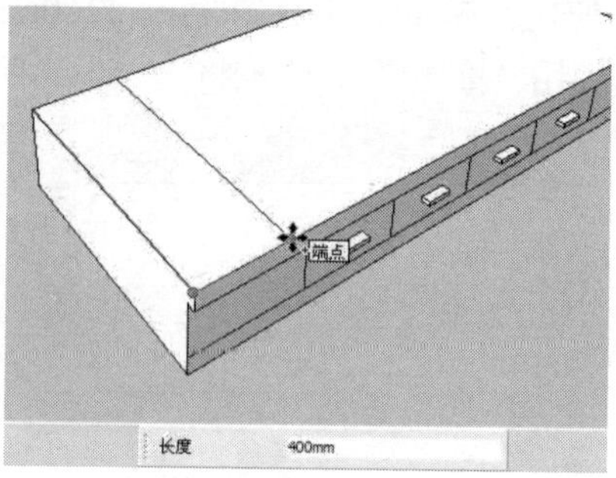

图 4-165

（9）使用“推/拉”工具将图中相应的面向上推拉 700mm 的高度，如图 4-166 所示。

（10）使用“矩形”工具捕捉图中相应的轮廓绘制 1200mm×85mm 的矩形面，并将绘制的矩形面创建为群组，如图 4-167 所示。

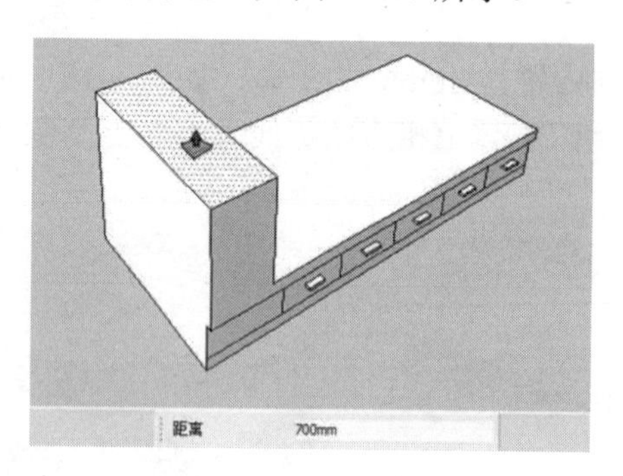

图 4-166

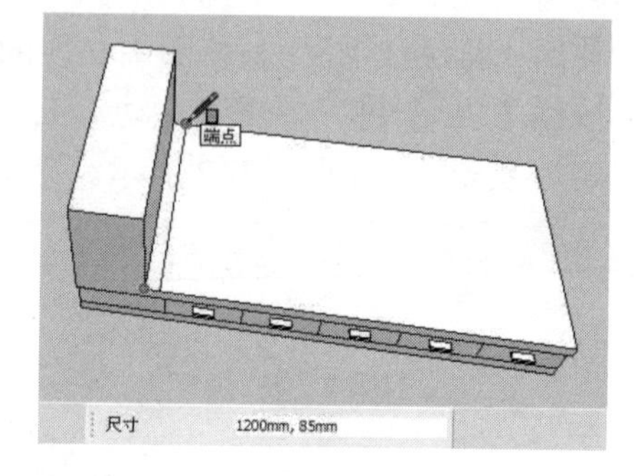

图 4-167

（11）双击上一步绘制的矩形面，进入组的内部编辑状态，然后使用“推/拉”工具将上一步绘制的矩形面向上推拉 700mm 的高度，如图 4-168 所示。

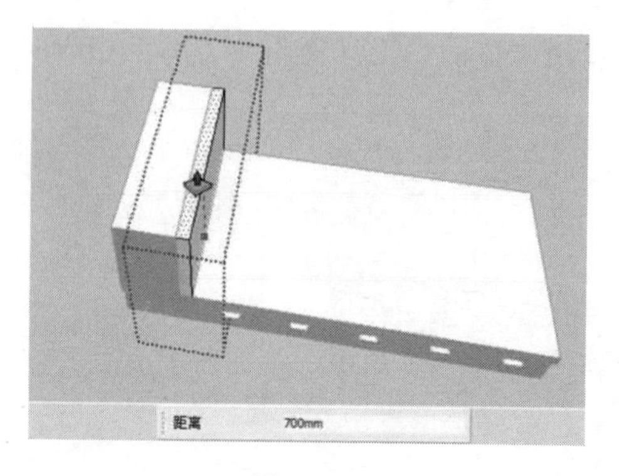

图 4-168

（12）双击上一步推拉后的立方体，然后单击插件 Round Corner 工具栏中的“倒圆角”按钮，设置偏移参数为 15，段数为 6，单击“确定”按钮，再按【Enter】键完成床头模型的倒角操作，如图 4-169 所示。

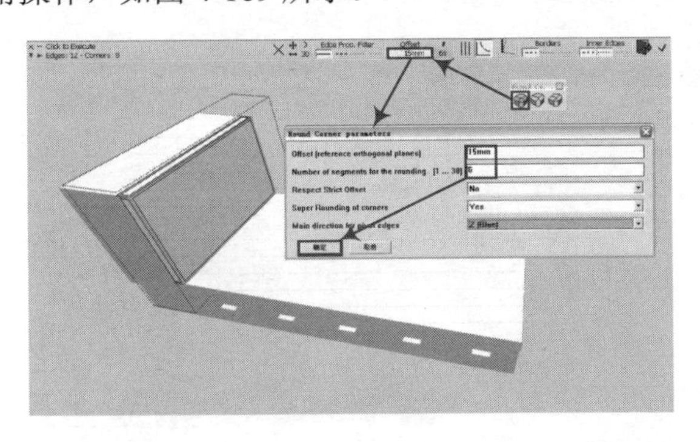

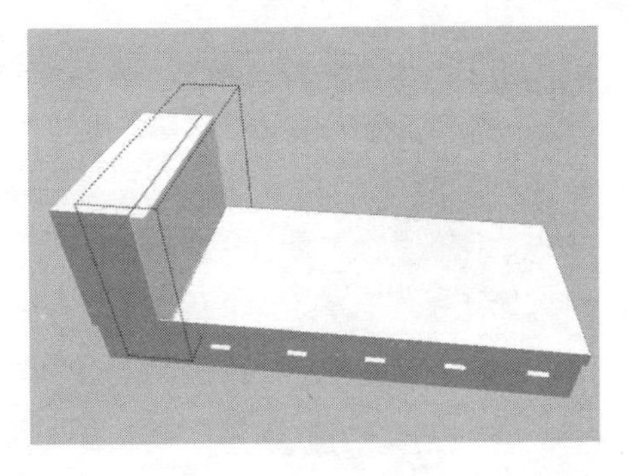

图 4-169

（13）使用“矩形”工具捕捉图中相应的轮廓绘制 2000mm×1200mm 的矩形面，并将绘制的矩形面创建为群组，如图 4-170 所示。

（14）双击上一步绘制的矩形面，进入组的内部编辑状态，然后使用“推/拉”工具将上一步绘制的矩形面向上推拉 160mm 的高度，如图 4-171 所示。

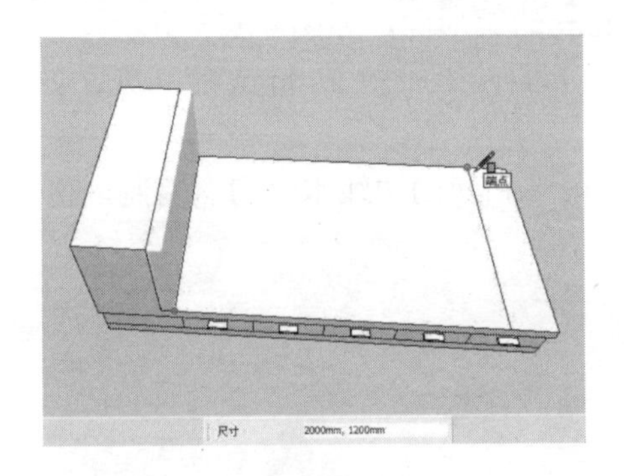

图 4-170

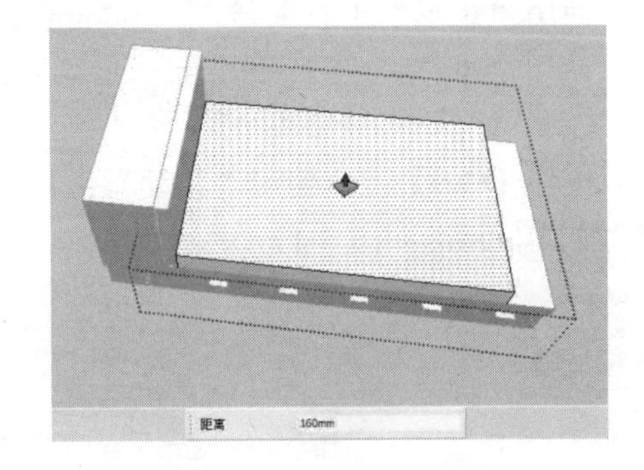

图 4-171

（15）双击上一步推拉后的立方体，然后单击插件 Round Corner 工具栏中的“倒圆角”按钮，设置偏移参数为 45，段数为 6，单击“确定”按钮，再按【Enter】键完成床垫模型的倒角操作，如图 4-172 所示。

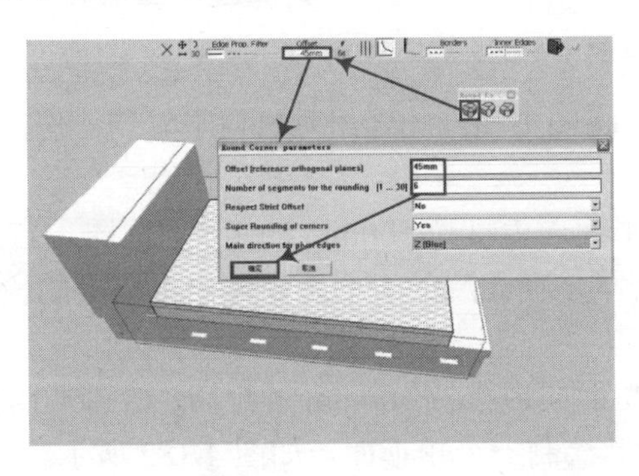

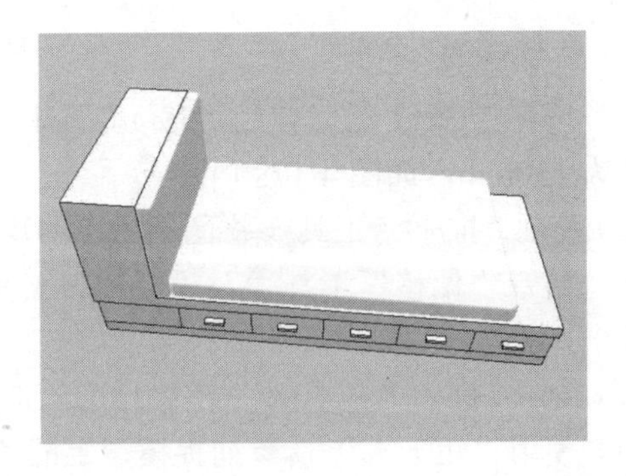

图 4-172

（16）使用“颜料桶”工具为创建的单人床模型赋予相应的材质，并将其创建为群组，如图 4-173 所示。

（17）使用“移动”工具将创建的单人床布置到儿童房内的相应位置，如图 4-174 所示。

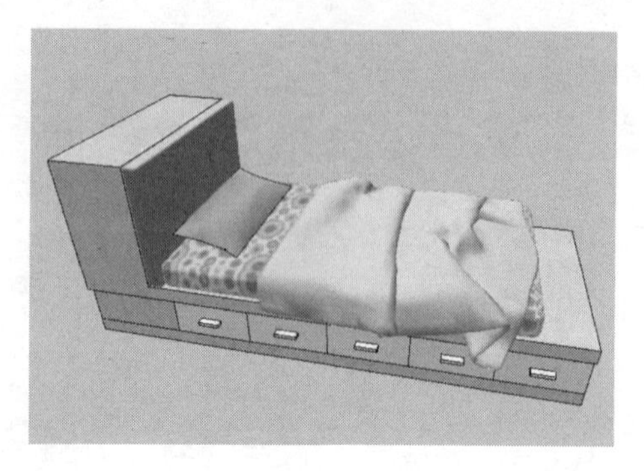
图 4-173

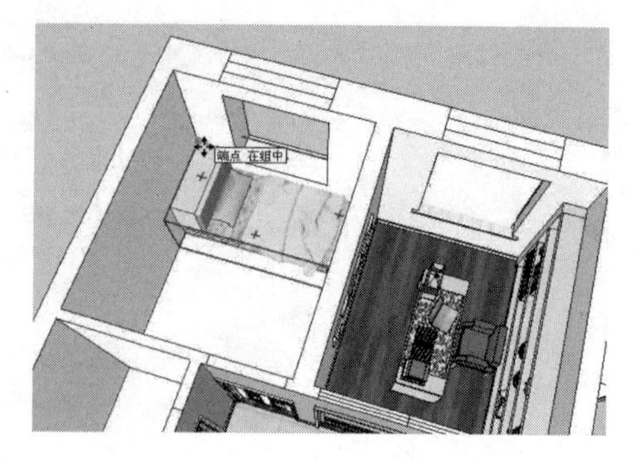

图 4-174

4.5.2 创建儿童房电脑桌

创建儿童房电脑桌模型的操作步骤如下：

（1）使用“矩形”工具绘制 1700mm×500mm 的矩形面，如图 4-175 所示。

（2）使用“推/拉”工具将上一步绘制的矩形面向上推拉 700mm 的高度，如图 4-176 所示。

（3）按住【Ctrl】键，使用“移动”工具将图中相应的边线水平向右复制一份，其移动的距离为 1130mm，如图 4-177 所示。

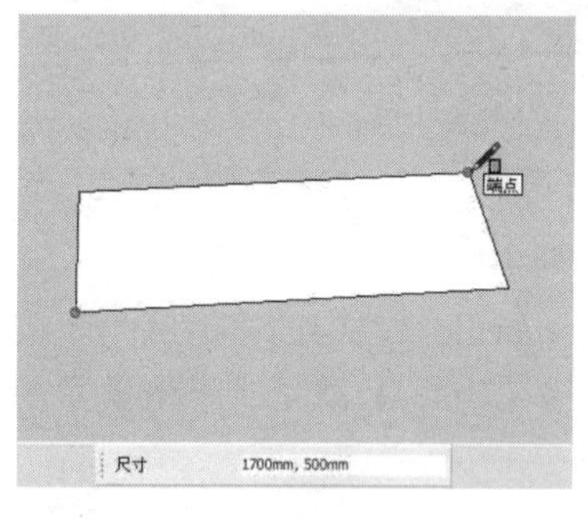

图 4-175

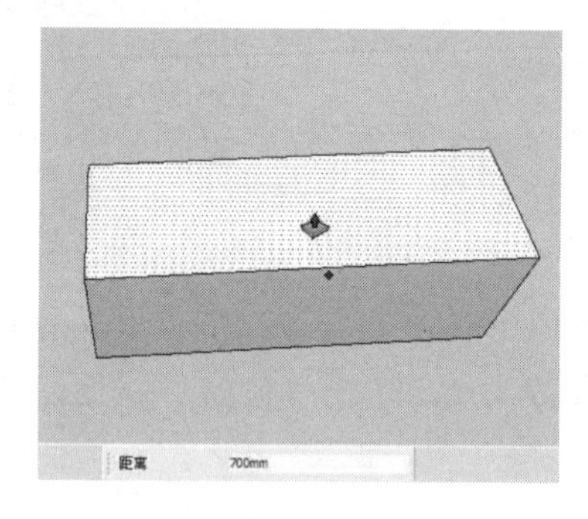

图 4-176

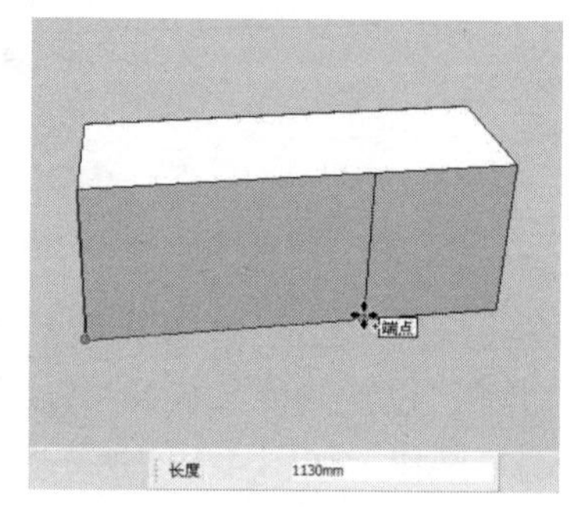

图 4-177

（4）按住【Ctrl】键，使用“移动”工具将图中相应的边线垂直向下复制一份，其移动的距离为 150mm，如图 4-178 所示。

（5）使用“推/拉”工具将图中相应的矩形面向内推拉 500mm 的距离，如图 4-179 所示。

（6）结合“偏移”工具及“直线”工具，在相应的表面上绘制出电脑桌的轮廓，如图 4-180 所示。

（7）使用“推/拉”工具将图中相应的造型面向内推拉 500mm 的距离，如图 4-181 所示。

（8）使用“矩形”工具捕捉模型上的轮廓绘制一个矩形面，如图 4-182 所示。

（9）使用“推/拉”工具将上一步绘制的矩形面推拉捕捉至相应的边线上，如图 4-183 所示。

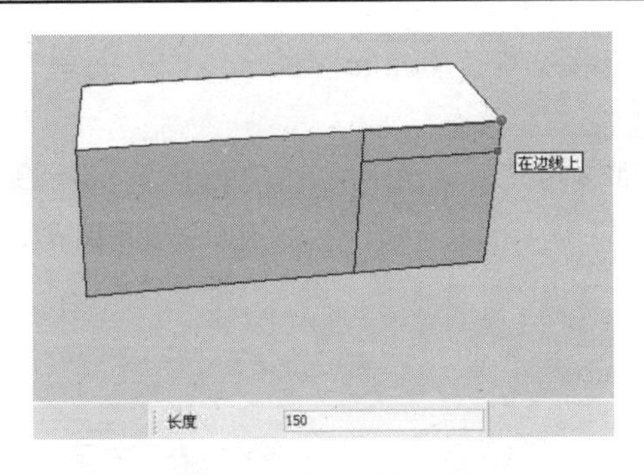

图 4-178

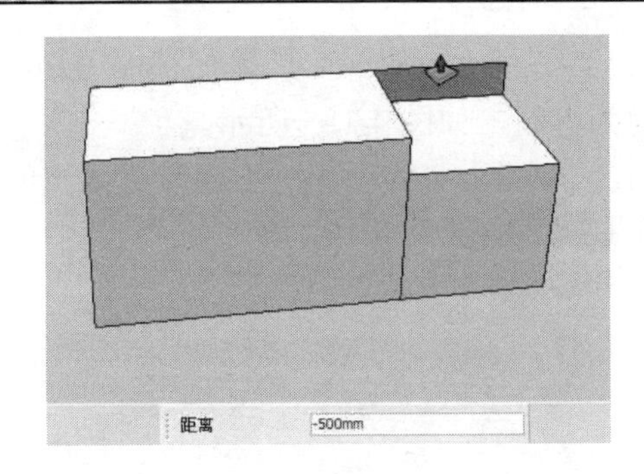

图 4-179

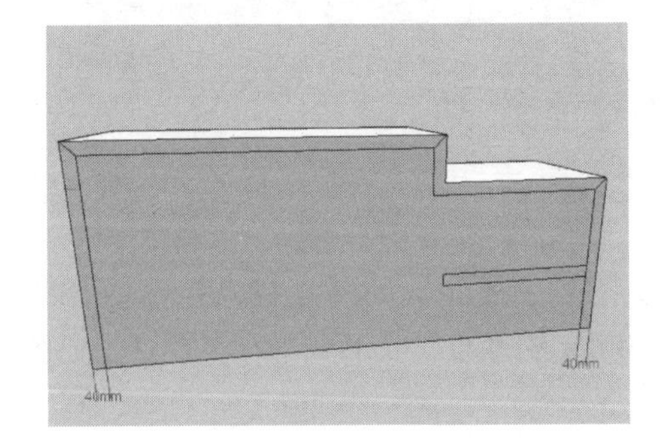

图 4-180

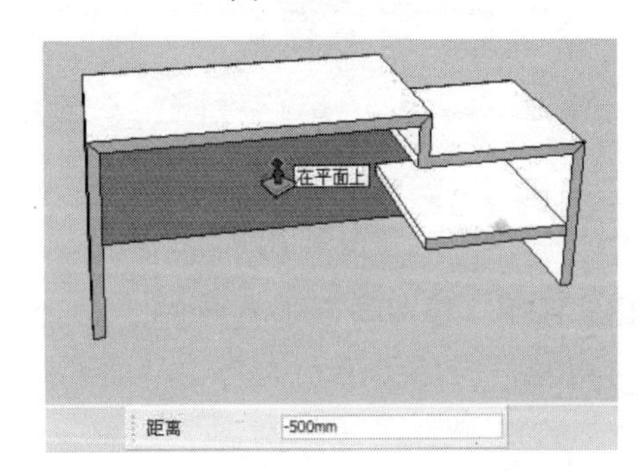

图 4-181

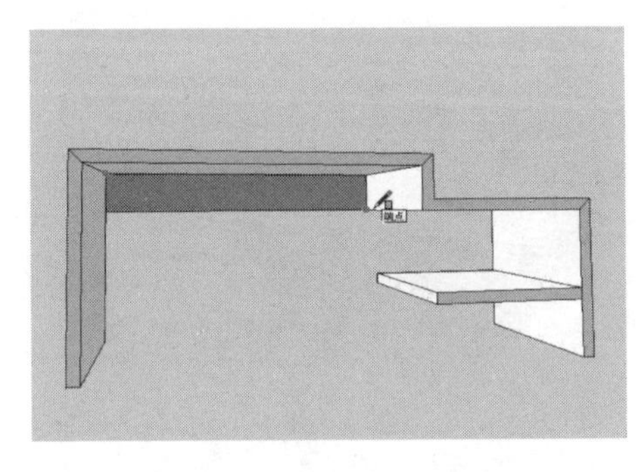

图 4-182

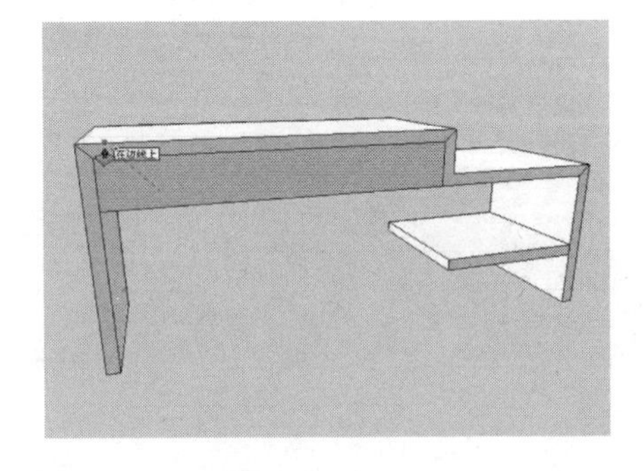

图 4-183

（10）按住【Ctrl】键，使用“移动”工具将模型上相应的边线水平向右复制 2 份，如图 4-184 所示。

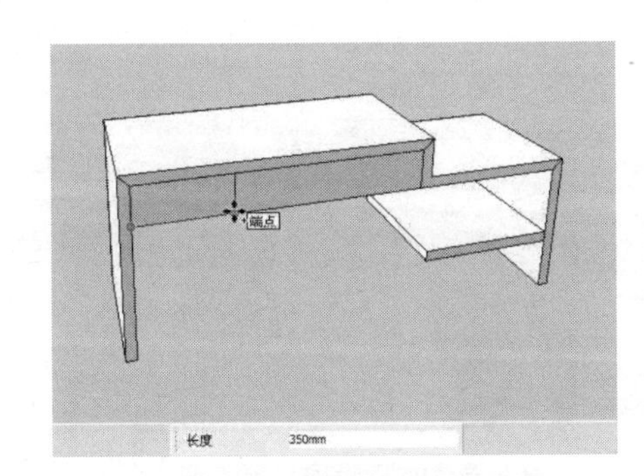

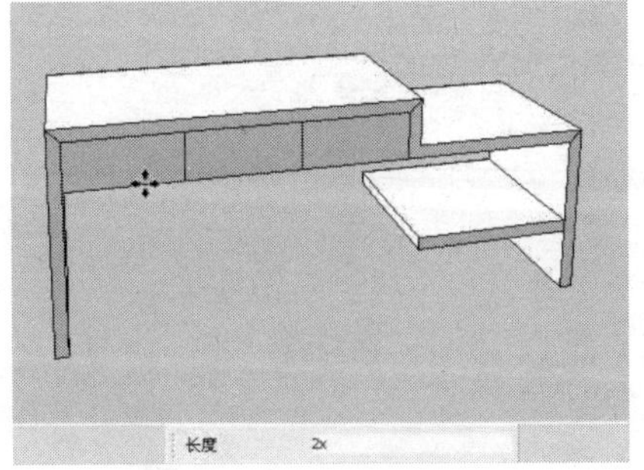

图 4-184

（11）使用“矩形”工具捕捉图中相应的轮廓绘制 1700mm×460mm 的立面矩形，并将其创建为群组，如图 4-185 所示。

（12）双击上一步创建的群组，进入组的内部编辑状态，然后结合“偏移”工具及“直线”工具，在上一步绘制的立面矩形内部绘制出书架的轮廓造型，如图 4-186 所示。

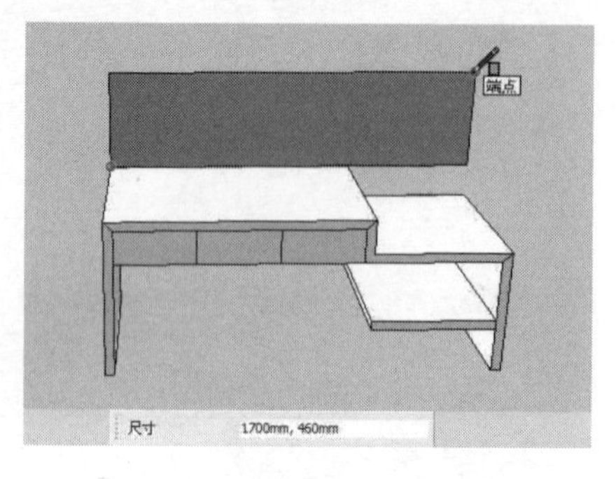

图 4-185

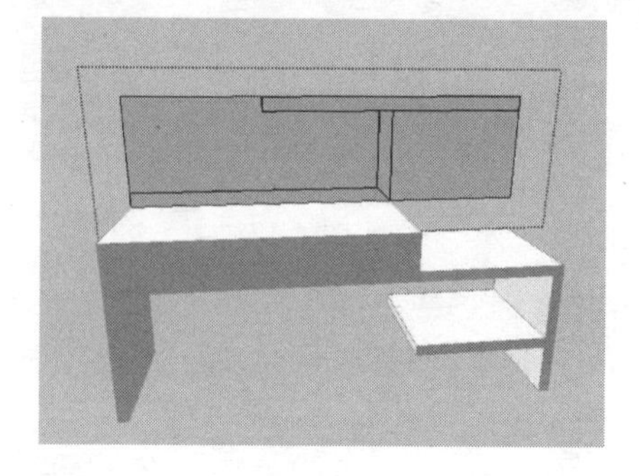
图 4-186

（13）使用“橡皮擦”工具删除立面矩形上的多余线面，如图 4-187 所示。

（14）使用“推/拉”工具将造型面推拉出 250mm 的厚度，以形成书架的造型，如图 4-188 所示。

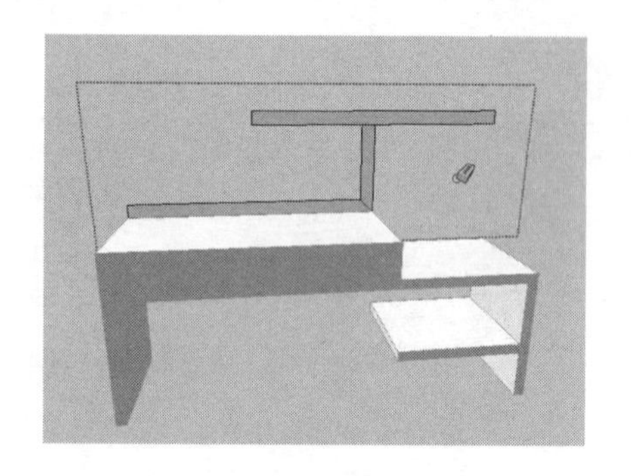
图 4-187

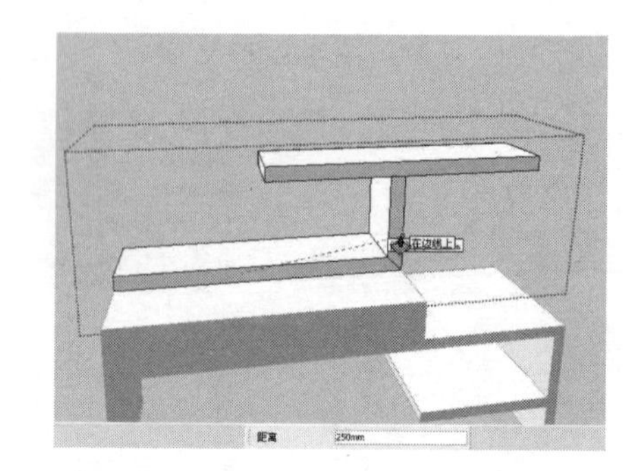

图 4-188

（15）使用“移动”工具将创建的书架模型垂直向上移动 500mm 的距离，如图 4-189 所示。

（16）使用“移动”工具将创建的书架移到儿童房中的相应位置，并为其赋予相应的材质，如图 4-190 所示。

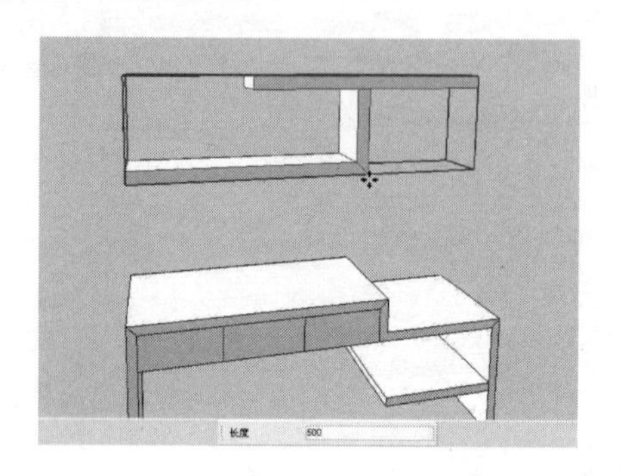

图 4-189

图 4-190

4.5.3　创建儿童房衣柜

创建儿童房衣柜的操作步骤如下：

（1）使用“矩形”工具绘制 1700mm×500mm 的矩形面，如图 4-191 所示。

（2）使用“推/拉”工具将矩形面向上推拉 2200mm 的高度，如图 4-192 所示。

（3）按住【Ctrl】键，使用“移动”工具将图中相应的两条水平边线向内复制一份，其移动的距离为 100mm，如图 4-193 所示。

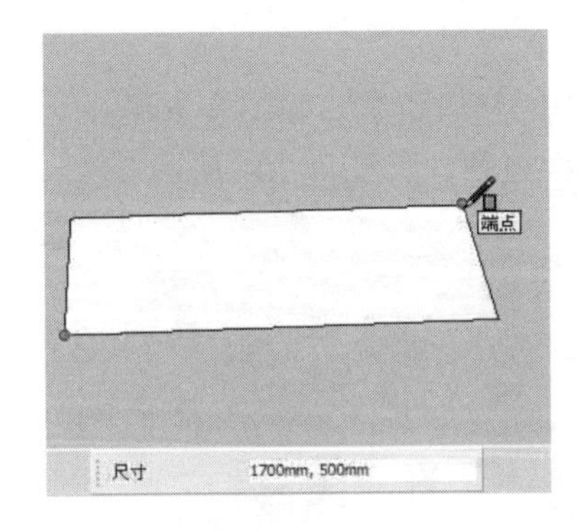

图 4-191

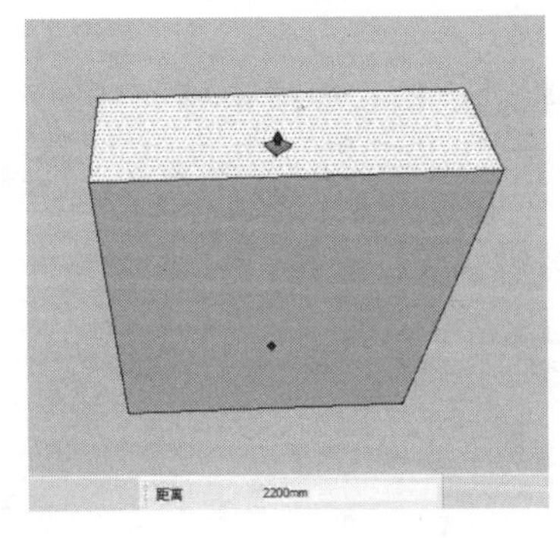

图 4-192

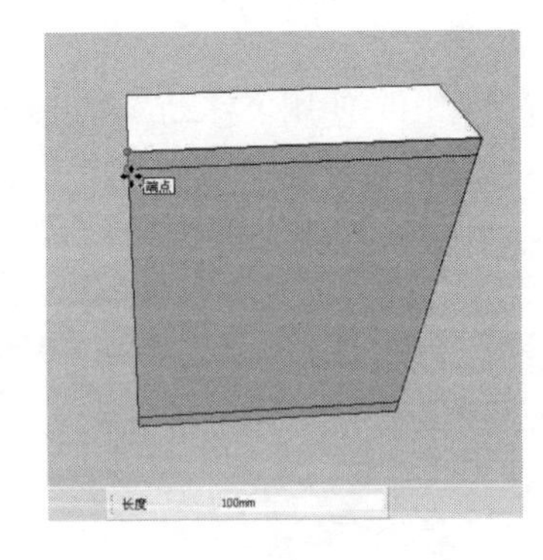

图 4-193

（4）使用“推/拉”工具将图中相应的矩形面向内推拉 20mm 的距离，如图 4-194 所示。

（5）按住【Ctrl】键，使用“移动”工具将图中相应的两条垂直边线分别向内复制一份，其移动的距离为 20mm，如图 4-195 所示。

（6）使用“推/拉”工具将图中相应的矩形面向内推拉 30mm 的距离，如图 4-196 所示。

图 4-194

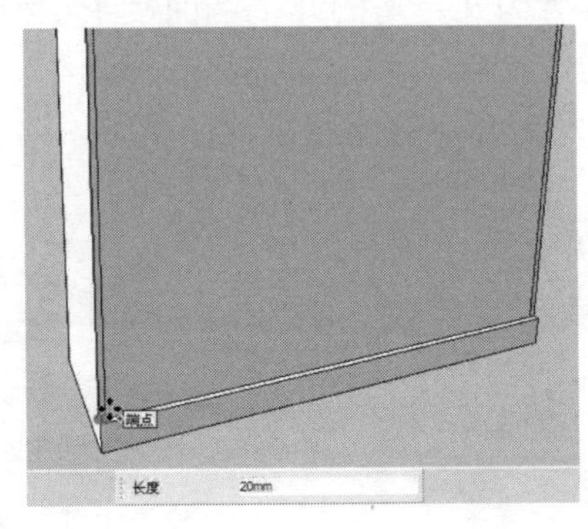

图 4-195

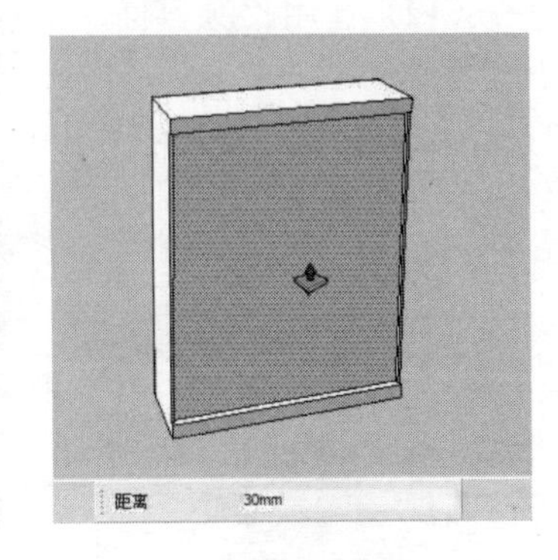

图 4-196

（7）按住【Ctrl】键，使用“移动”工具将图中相应的两条垂直边线分别向内复制一份，其移动的距离为 553mm，如图 4-197 所示。

（8）使用“推/拉”工具将图中相应的矩形面向外推拉 30mm 的距离，如图 4-198 所示。

（9）使用“颜料桶”工具为创建的儿童房衣柜模型赋予相应的材质，并将其创建为群组，如图 4-199 所示。

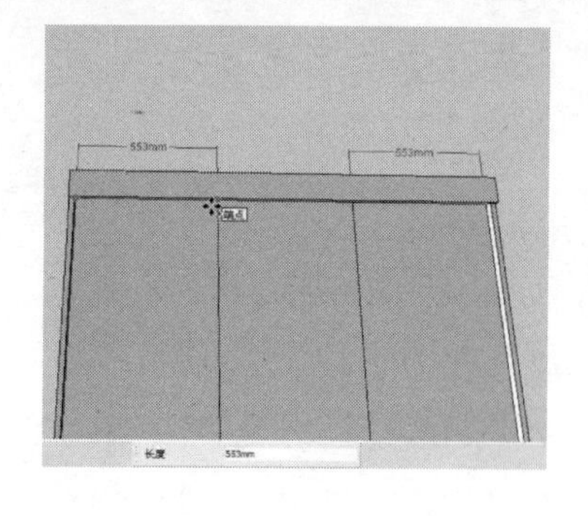

图 4-197

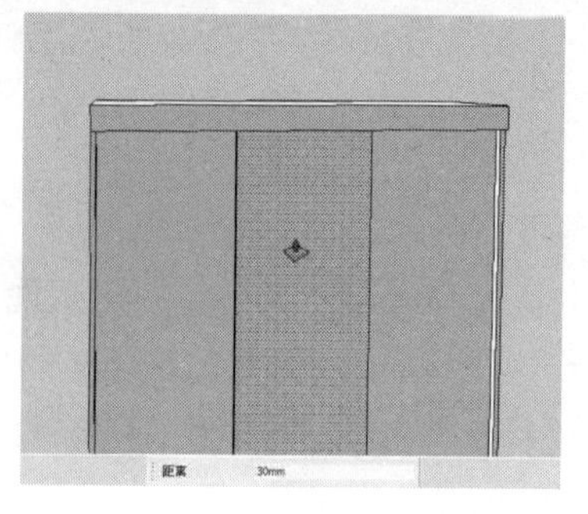

图 4-198

图 4-199

（10）使用“移动”工具将创建的衣柜模型移到儿童房中的相应位置，如图 4-200 所示。

（11）使用“颜料桶”工具为儿童房的地面赋予一种地板材质，如图 4-201 所示。

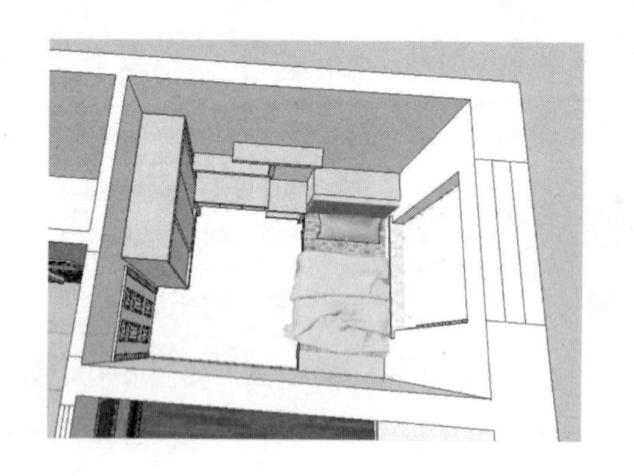

图 4-200

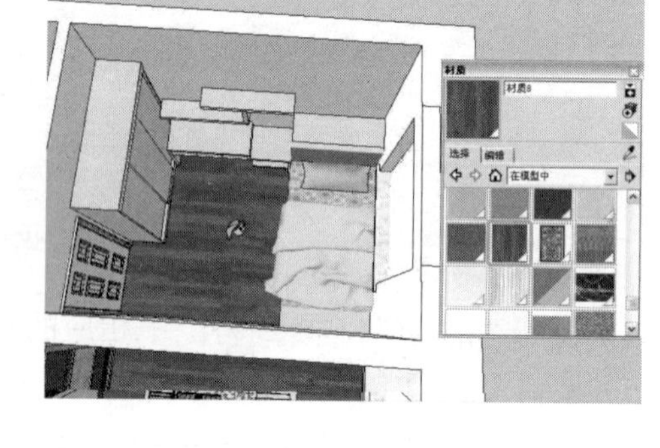

图 4-201

（12）使用“颜料桶”工具为儿童房的几个墙面赋予一种黄色乳胶漆材质，如图 4-202 所示。

（13）使用“颜料桶”工具为儿童房的相应墙面赋予一幅装饰画材质，如图 4-203 所示。

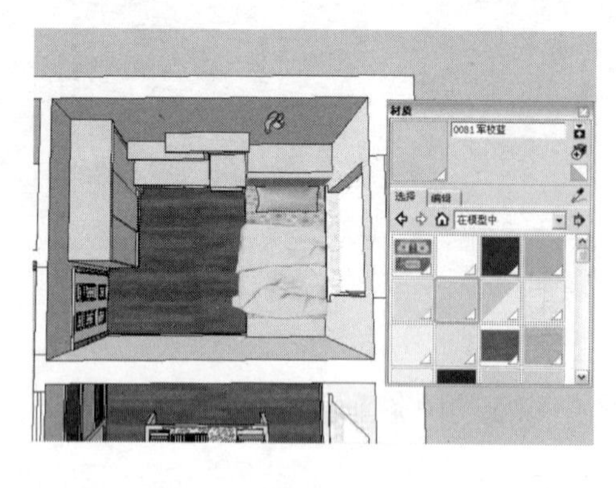

图 4-202

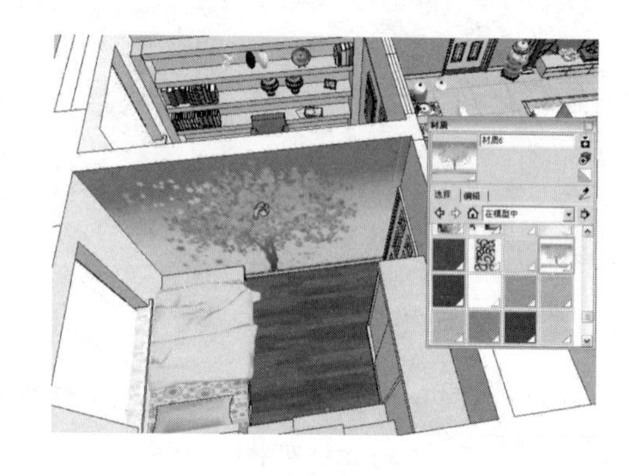

图 4-203

（14）执行“文件”→“导入”命令，弹出“打开”对话框，导入本书配套光盘相关章节中的模型，如图 4-204 所示。导入模型后的效果如图 4-205 所示。

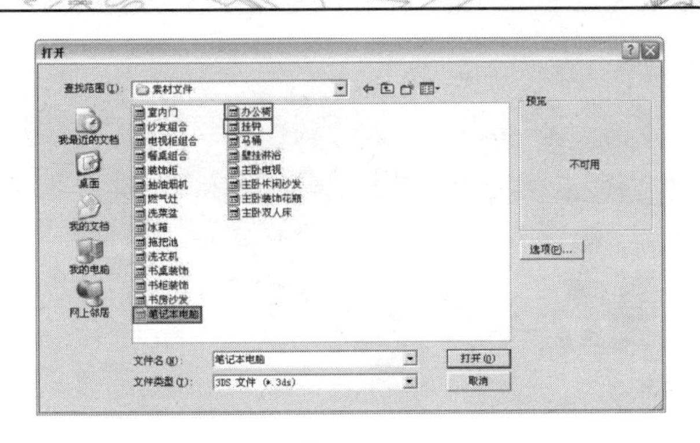

图 4-204

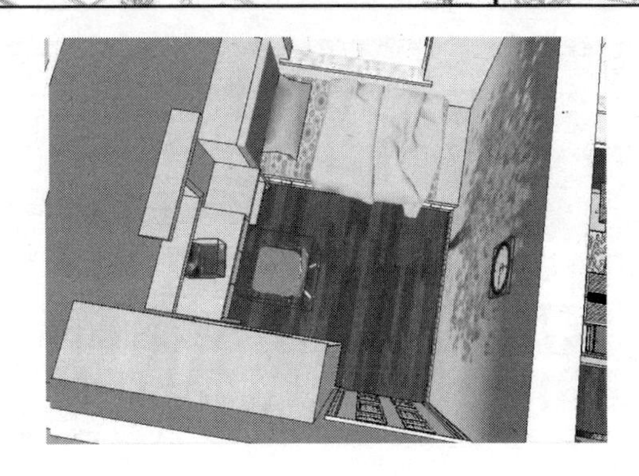

图 4-205

4.6　卫生间模型的创建

视频\04\卫生间模型的创建.avi
案例\04\最终效果\家装模型.skp

本节主要讲解该套家装模型中卫生间内部相关模型的创建，包括创建卫生间玻璃隔断及浴缸、卫生间洗脸盆及装饰柜等。

4.6.1　创建卫生间玻璃隔断及浴缸

创建卫生间的玻璃隔断及浴缸的操作步骤如下：

（1）使用“矩形”工具捕捉卫生间内的相应轮廓绘制 1620mm×720mm 的矩形面，并将绘制的矩形面创建为群组，如图 4-206 所示。

（2）使用“偏移”工具将上一步绘制的矩形面向内偏移 80mm 的距离，如图 4-207 所示。

（3）使用“推/拉”工具将图中相应的造型面向上推拉 100mm 的高度，如图 4-208 所示。

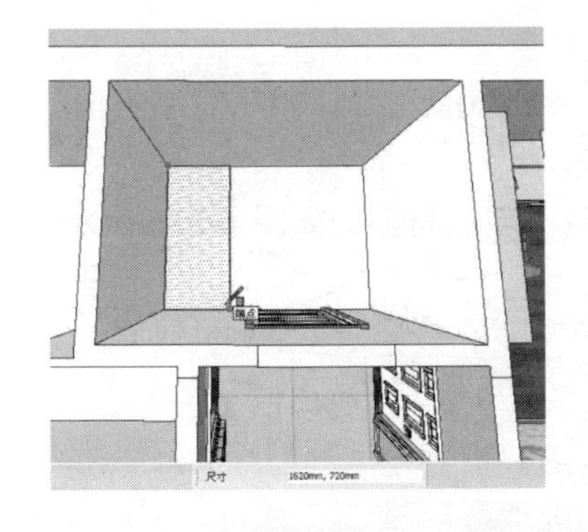

图 4-206

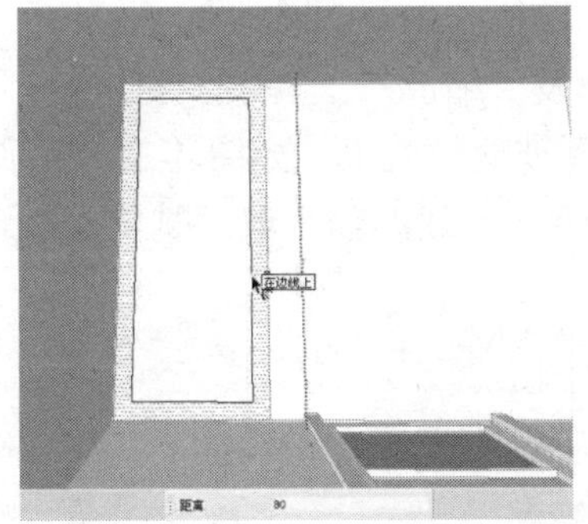

图 4-207

图 4-208

（4）使用“推/拉”工具将图中相应的矩形面向上推拉 20mm 的高度，如图 4-209 所示。

（5）使用“颜料桶”工具为图中相应的表面赋予一种马赛克材质，如图 4-210 所示。

（6）使用“矩形”工具捕捉图中的相应轮廓绘制 1620mm×80mm 的矩形面，并将其创建为群组，如图 4-211 所示。

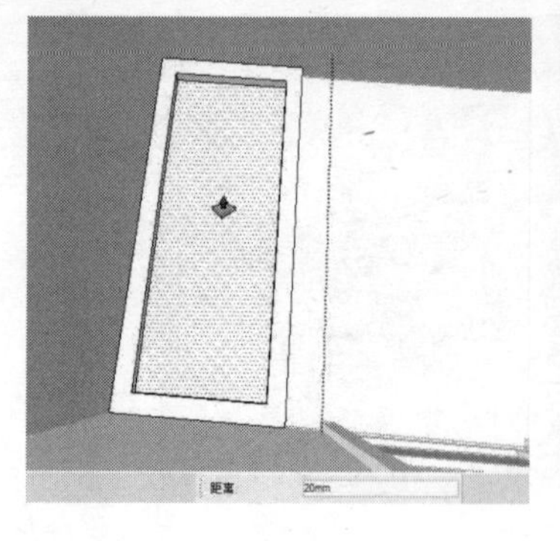

图 4-209

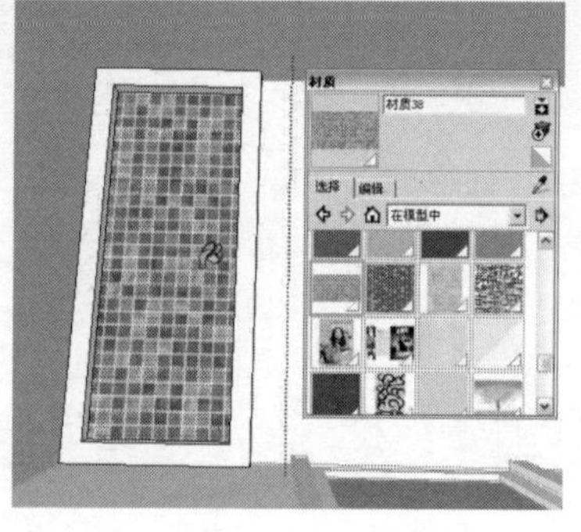

图 4-210

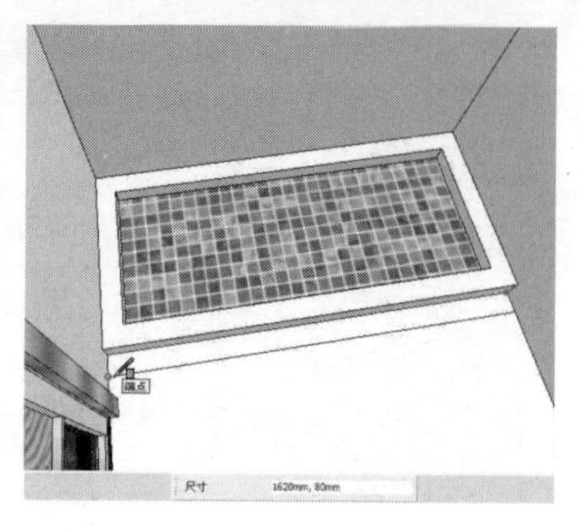

图 4-211

（7）双击上一步创建的矩形面，进入组的内部编辑状态，然后使用“推/拉”工具将矩形面向上推拉 100mm 的高度，如图 4-212 所示。

（8）使用“矩形”工具捕捉图中的相应轮廓绘制 700mm×20mm 的矩形面，并将其创建为群组，如图 4-213 所示。

（9）双击上一步创建的矩形面，进入组的内部编辑状态，然后使用“推/拉”工具将矩形面向上推拉 2200mm 的高度，如图 4-214 所示。

图 4-212

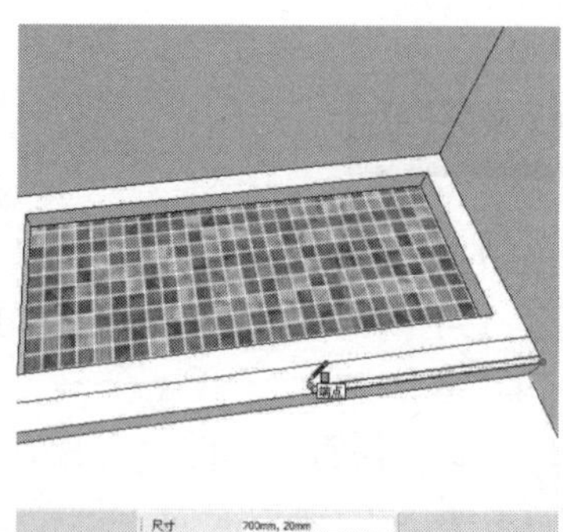

图 4-213

图 4-214

（10）结合“移动”工具及“缩放”工具，将上一步推拉后的立方体向左复制两份，并对其进行缩放，从而形成隔断玻璃的效果，如图 4-215 所示。

（11）使用“颜料桶”工具为创建的隔断玻璃赋予一种透明玻璃材质，如图 4-216 所示。

图 4-215

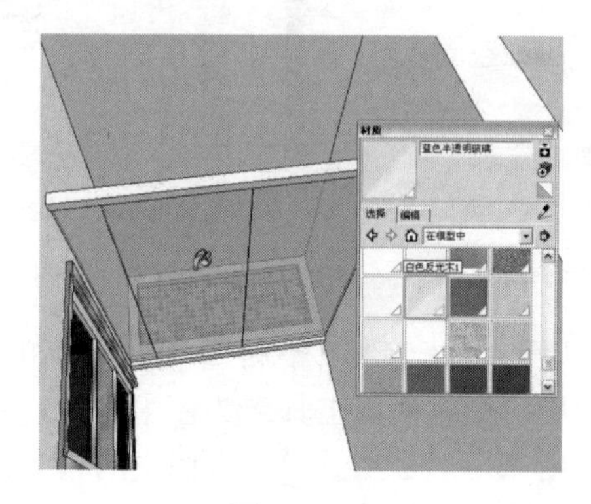

图 4-216

4.6.2　创建卫生间洗脸盆及装饰柜

创建卫生间洗脸盆及装饰柜的操作步骤如下：

（1）使用“矩形”工具▨在卫生间内的相应墙面上绘制 1620mm×110mm 的矩形面，并将绘制的矩形面创建为群组，如图 4-217 所示。

（2）使用“移动”工具✥将上一步绘制的矩形面垂直向上移动 440mm 的距离，如图 4-218 所示。

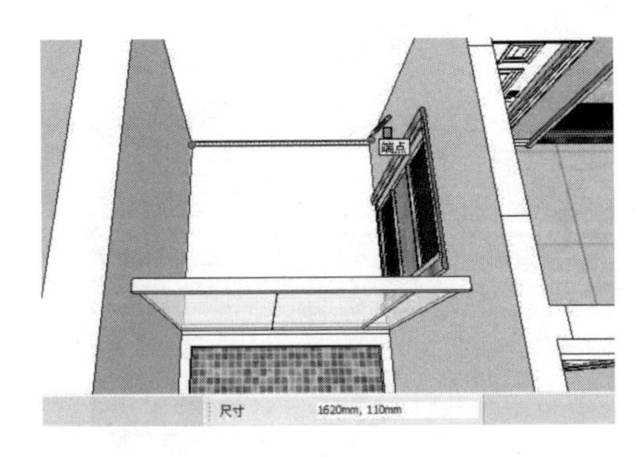

图 4-217

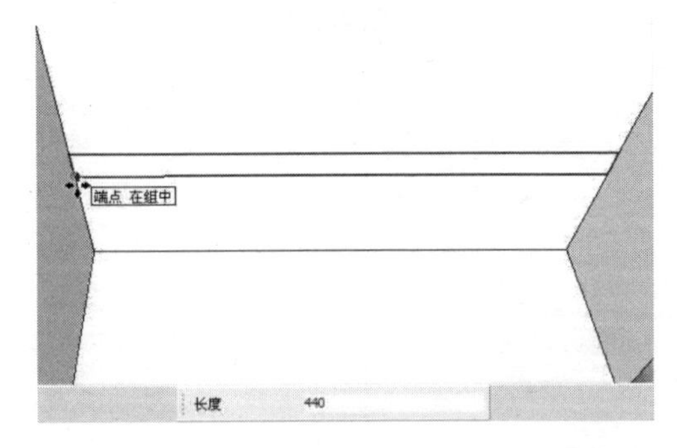

图 4-218

（3）双击上一步创建的矩形面，进入组的内部编辑状态，然后使用“推/拉”工具◆将其向外推拉 400mm 的距离，如图 4-219 所示。

（4）使用“矩形”工具▨捕捉图中相应的轮廓绘制 650mm×180mm 的矩形面，并将其创建为群组，如图 4-220 所示。

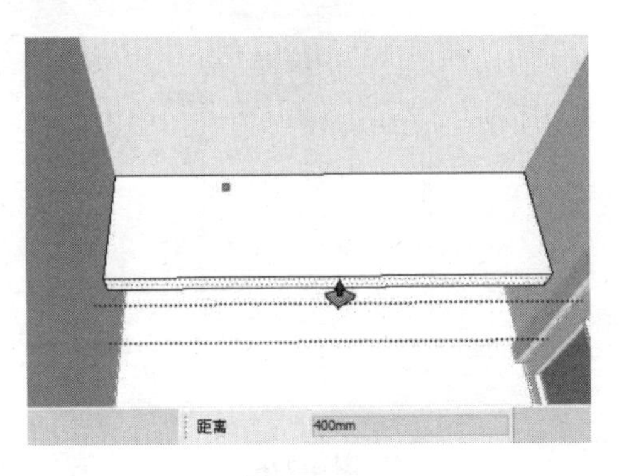

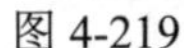
图 4-219

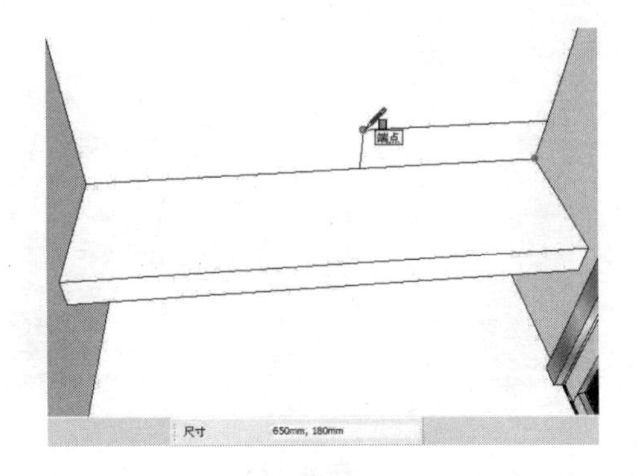

图 4-220

（5）双击上一步创建的群组，进入组的内部编辑状态，然后使用“移动”工具✥并按住【Ctrl】键将矩形面的上侧水平边垂直向下复制一份，其移动的距离为 160mm，如图 4-221 所示。

（6）使用“圆弧”工具◠捕捉矩形面相应边线上的端点及中点绘制一段圆弧，如图 4-222 所示。

（7）使用“橡皮擦”工具✐删除图中多余的线面，如图 4-223 所示。

（8）使用“推/拉”工具◆将造型面向外推拉出 500mm 的厚度，如图 4-224 所示。

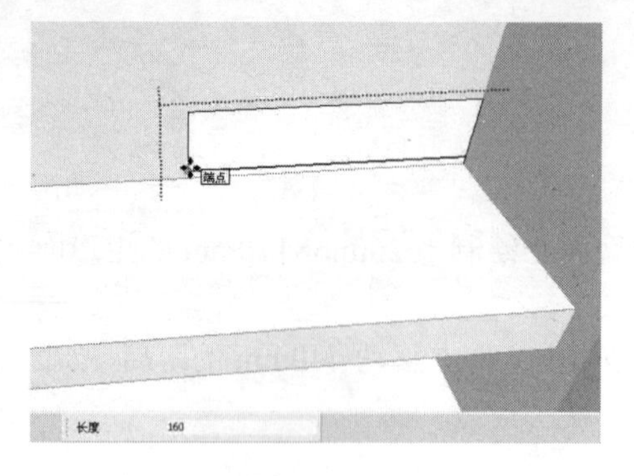

图 4-221

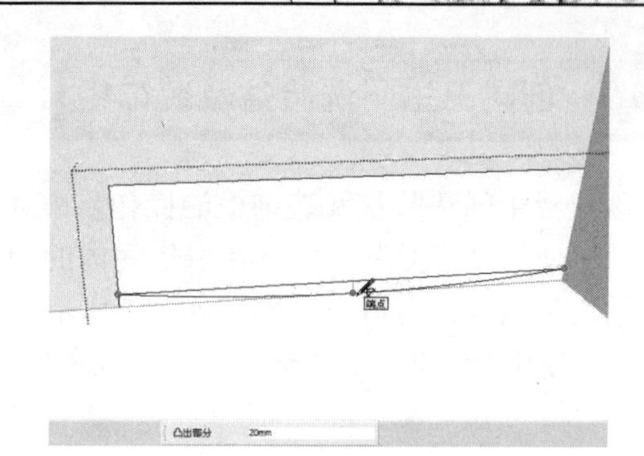

图 4-222

图 4-223

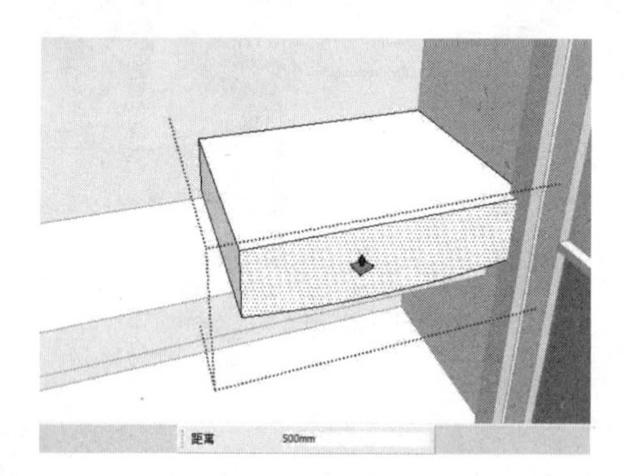

图 4-224

（9）使用“移动”工具将创建的洗脸盆模型向左移动 360mm 的距离，如图 4-225 所示。

（10）使用“偏移”工具将图中的相应矩形面向内偏移 20mm 的距离，如图 4-226 所示。

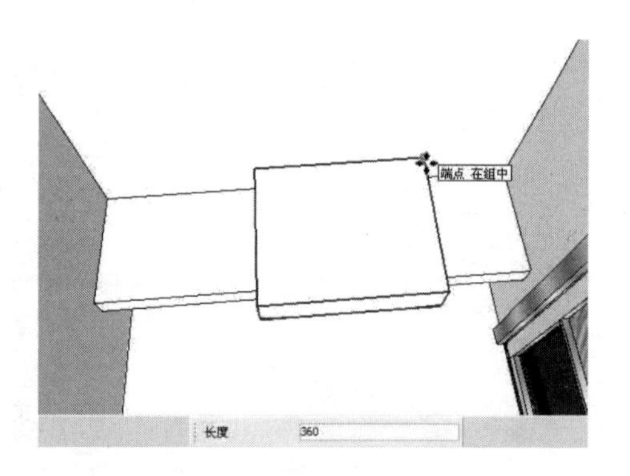

图 4-225

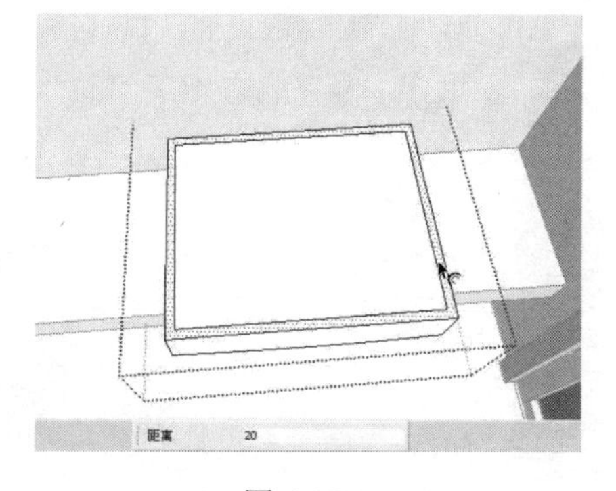

图 4-226

（11）按住【Ctrl】键，使用“移动”工具将图中相应的边线向下复制一份，其移动的距离为 140mm，如图 4-227 所示。

（12）删除图中多余的边线，然后使用“推/拉”工具将图中相应的造型面向下推拉 140mm 的距离，如图 4-228 所示。

（13）使用“缩放”工具对洗脸盆内相应的面进行缩放，如图 4-229 所示。

（14）使用“颜料桶”工具为创建完成的洗脸盆模型赋予相应的材质，并结合相应的绘图工具在洗脸盆上侧创建出水龙头造型，如图 4-230 所示。

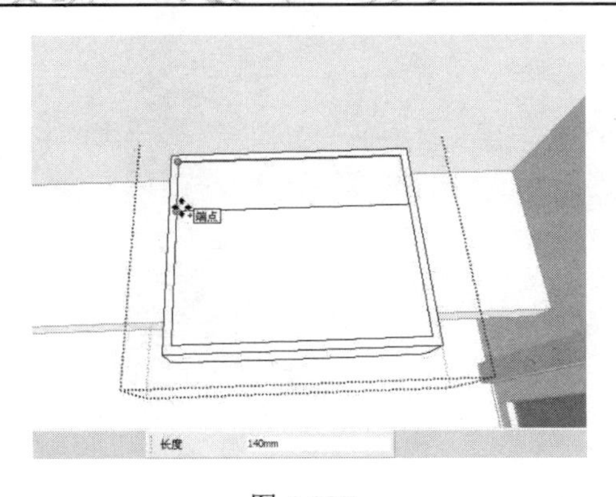

图 4-227

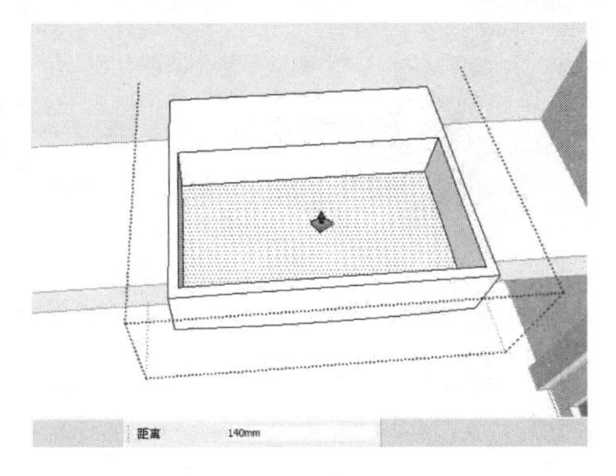

图 4-228

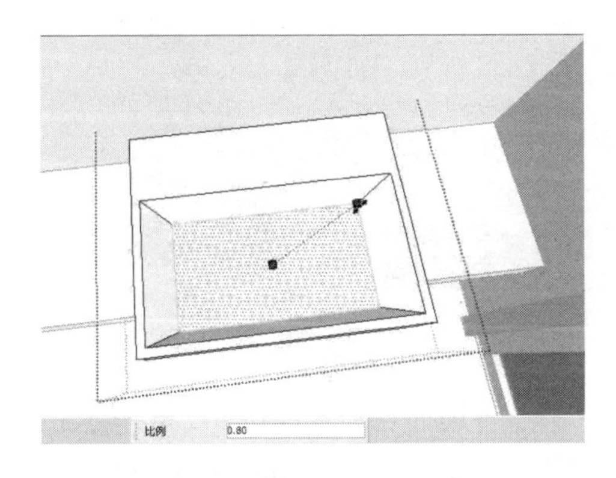

图 4-229

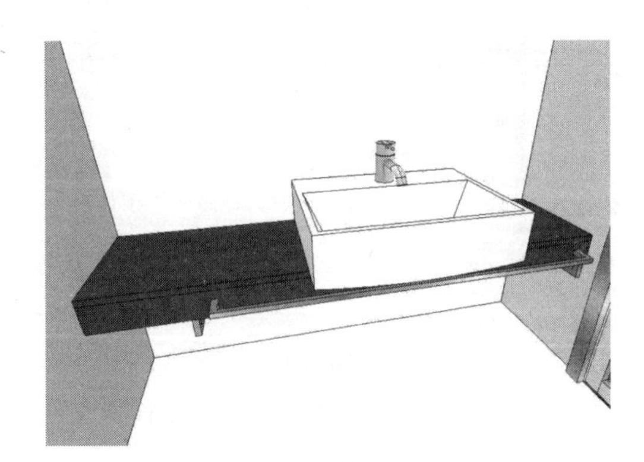

图 4-230

（15）使用“矩形”工具在洗脸盆上的相应位置绘制 1620mm×800mm 的矩形面，并将其创建为群组，如图 4-231 所示。

（16）双击上一步创建的群组，进入组的内部编辑状态，然后使用“推/拉”工具将矩形面向外推拉 150mm 的距离，如图 4-232 所示。

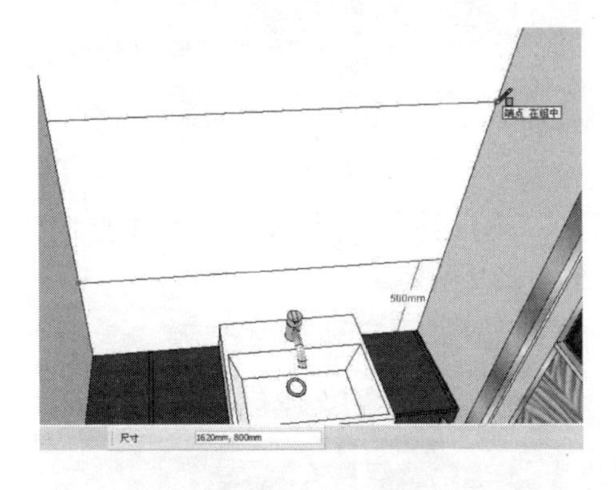

图 4-231

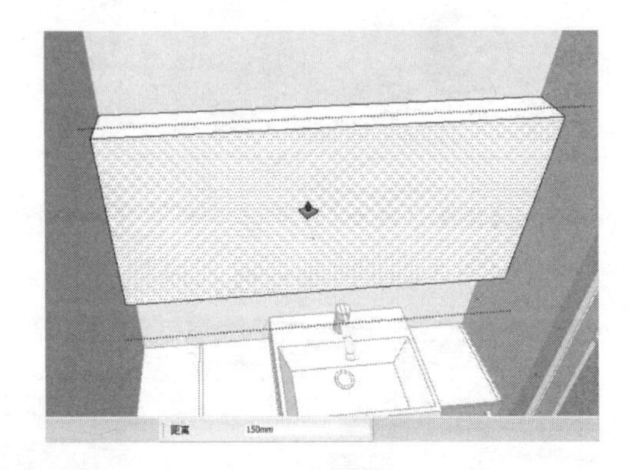

图 4-232

（17）选择模型上的相应边线并右击，在快捷菜单中执行“拆分”命令，然后在数值框中输入 3，将其拆分为 3 条等长的线段，如图 4-233 所示。

（18）使用“直线”工具捕捉上一步的拆分点向下绘制两条垂线段，如图 4-234 所示。

（19）使用“颜料桶”工具为制作的洗脸盆吊柜赋予相应的材质，如图 4-235 所示。

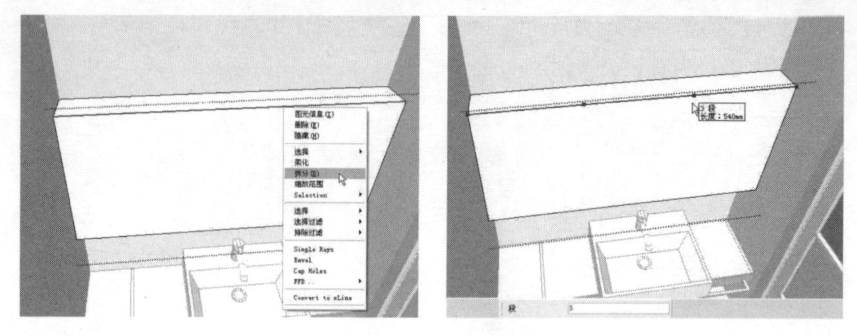

图 4-233

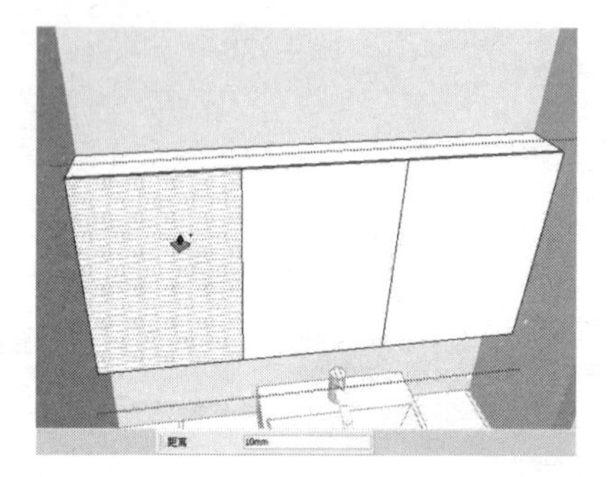

图 4-234

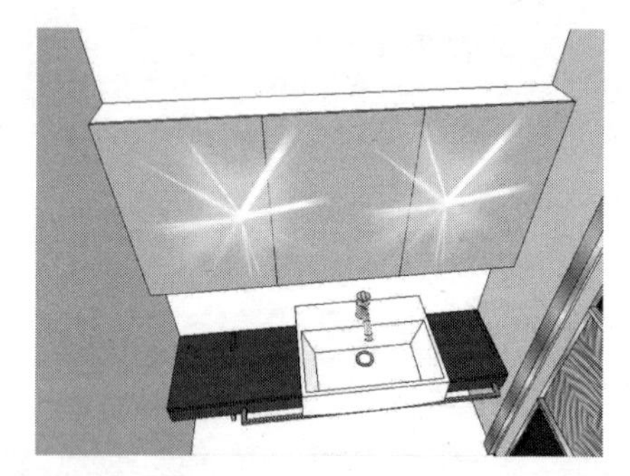

图 4-235

（20）使用“颜料桶”工具为卫生间的地面赋予一种地砖材质，如图 4-236 所示。

（21）使用“颜料桶”工具为卫生间的墙面赋予一种墙砖材质，如图 4-237 所示。

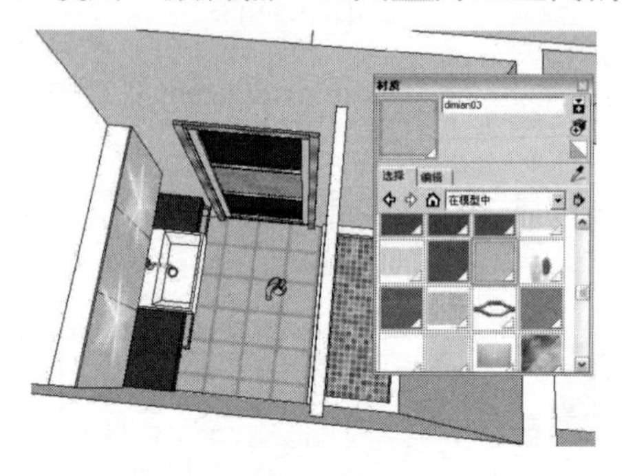

图 4-236

图 4-237

（22）执行“文件”→“导入”命令，弹出“打开”对话框，导入本书配套光盘相关章节中的模型，如图 4-238 所示。导入模型后的效果如图 4-239 所示。

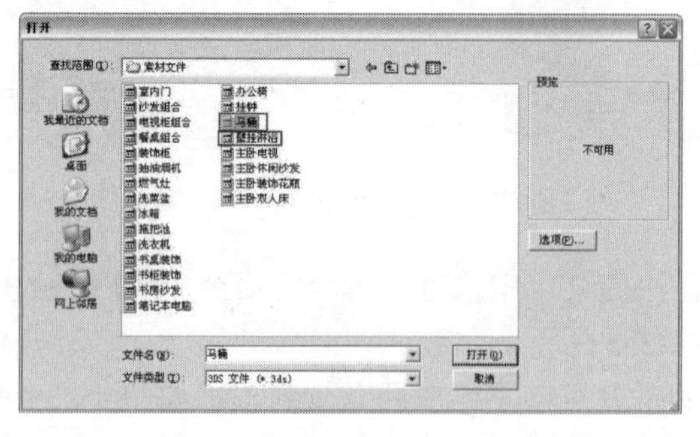

图 4-238

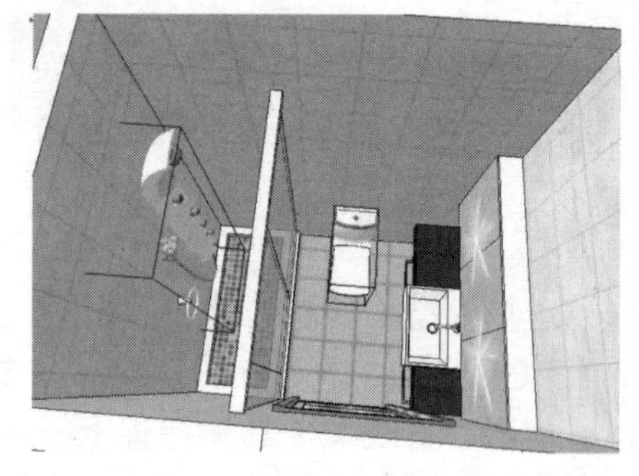

图 4-239

4.7　主卧室模型的创建

视频\04\主卧室模型的创建.avi
案例\04\最终效果\家装模型.skp

本节主要讲解该套家装模型中主卧室内部相关模型的创建，包括创建主卧室凸窗及门框造型、主卧室电视柜及床头软包以及主卧大衣柜等。

4.7.1　创建主卧室凸窗及门框造型

创建主卧室凸窗及门框造型的操作步骤如下：

（1）使用“矩形”工具捕捉主卧室窗户上侧相应的图纸内容绘制一个矩形面，并将其创建为组，如图 4-240 所示。

（2）双击上一步创建的组，进入组的内部编辑状态，然后使用“推/拉”工具将上一步绘制的矩形面向下推拉 300mm 的厚度，如图 4-241 所示。

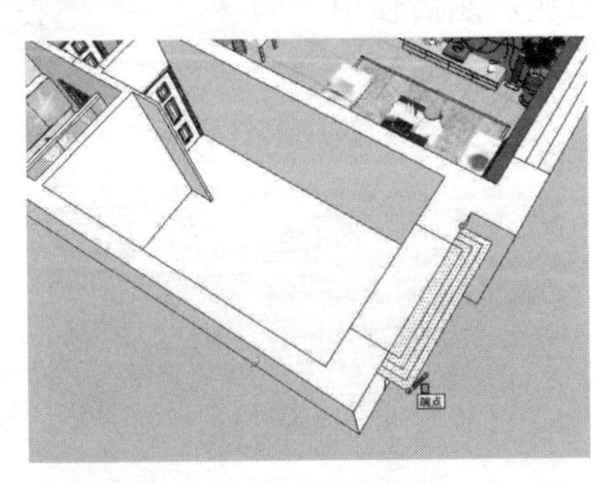

图 4-240

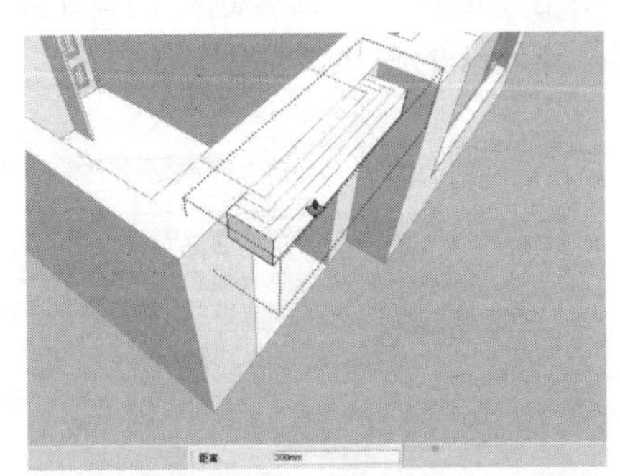

图 4-241

（3）按住【Ctrl】键，使用“移动”工具将上一步推拉后的立方体向下复制一份，如图 4-242 所示。

（4）双击上一步复制的立方体，进入组的内部编辑状态，然后使用“推/拉”工具将立方体的上侧矩形面向上推拉 500mm 的高度，如图 4-243 所示。

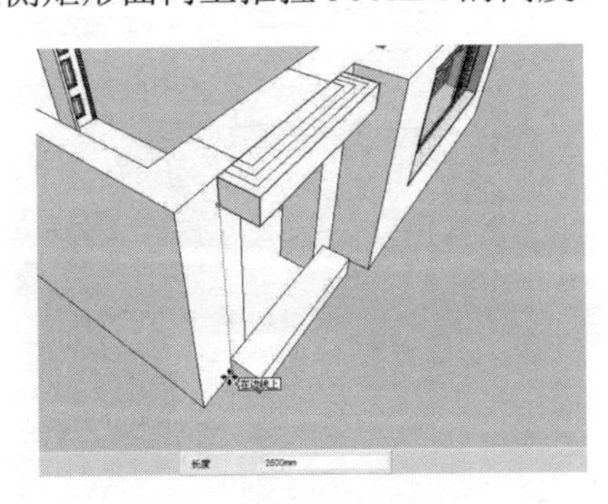

图 4-242

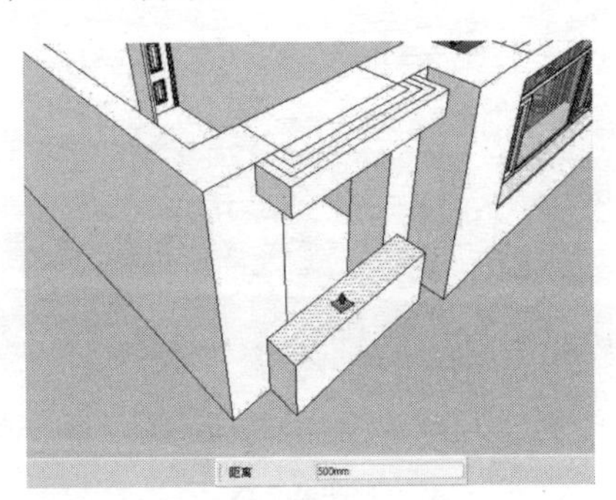

图 4-243

（5）使用“推/拉”工具将上一步推拉立方体的内侧矩形面向外推拉 140mm 的距离，如

图 4-244 所示。

（6）结合“矩形”工具、“偏移”工具、“推/拉”工具，创建出窗户的窗框及窗玻璃造型，如图 4-245 所示。

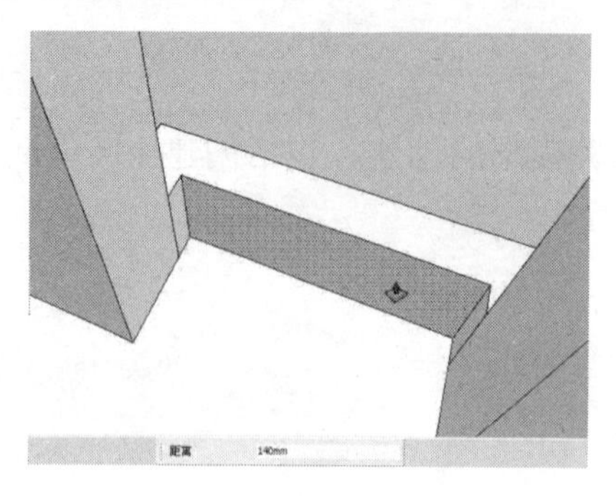

图 4-244

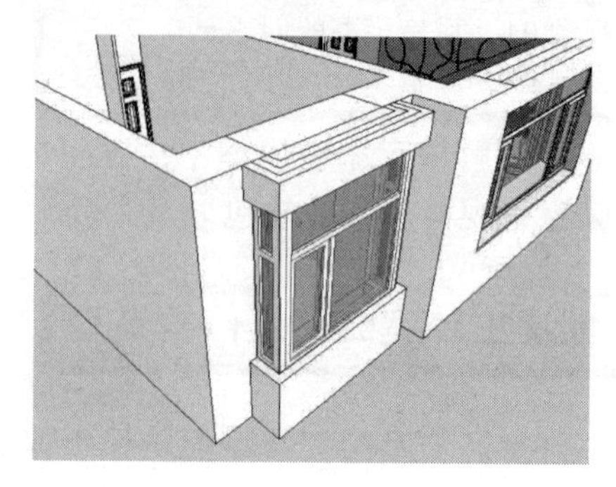

图 4-245

（7）结合“矩形”工具及“推/拉”工具，创建出窗户上侧的窗台造型，并将其赋予一种石材材质，如图 4-246 所示。

（8）使用“选择”工具选择门框上的相应边线，然后使用“偏移”工具将选择的边线向外偏移 40mm 的距离，如图 4-247 所示。

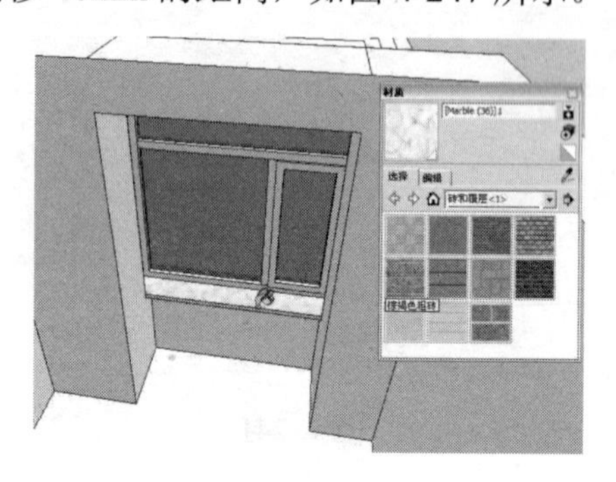

图 4-246

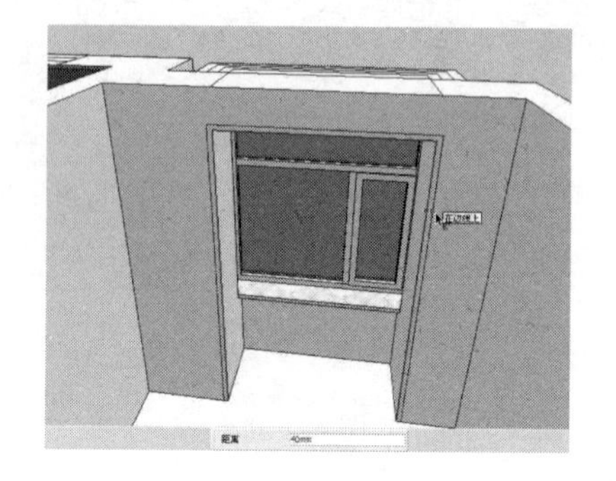

图 4-247

（9）使用“直线”工具在上一步偏移线段的上侧补上两条垂线段，如图 4-248 所示。

（10）使用“推/拉”工具将绘制的门框造型面向外推拉 20mm 的厚度，如图 4-249 所示。

图 4-248

图 4-249

（11）使用“颜料桶”工具为前面创建的门框赋予一种木纹材质，如图 4-250 所示。

（12）使用“矩形”工具及“推/拉”工具创建出主卧室的踢脚线造型，如图 4-251 所示。

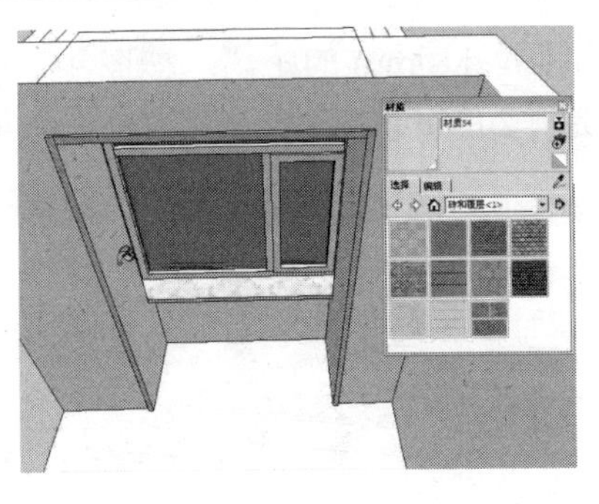

图 4-250

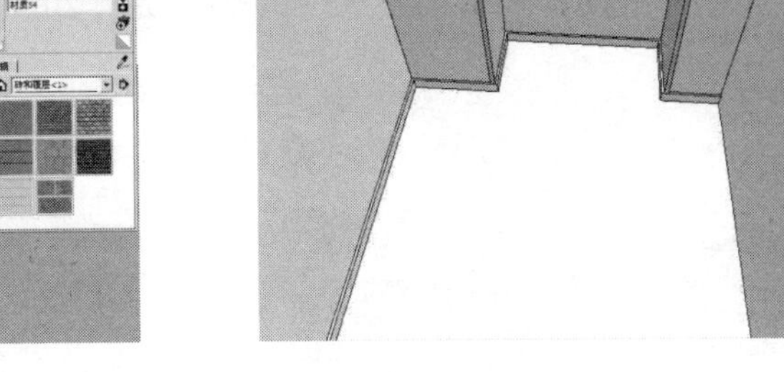

图 4-251

4.7.2　创建主卧电视柜及床头软包造型

创建主卧电视柜及床头软包造型的操作步骤如下：

（1）使用“卷尺”工具在主卧室电视背景墙的墙面右侧分别绘制一条水平及垂直的辅助参考线，如图 4-252 所示。

（2）使用“矩形”工具以上一步两条辅助参考线的交点为起点绘制 2040mm×290mm 的矩形面，如图 4-253 所示。

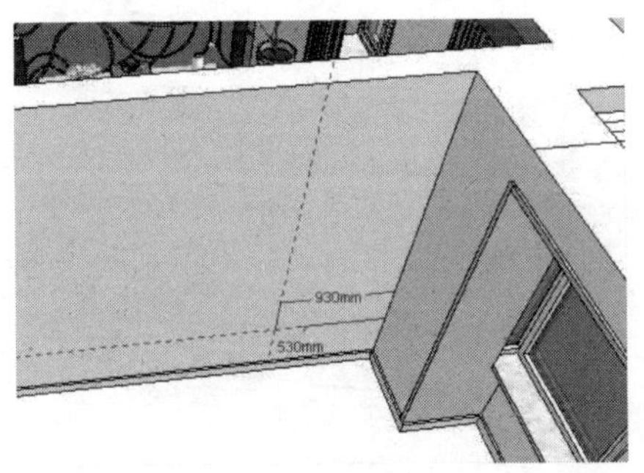

图 4-252

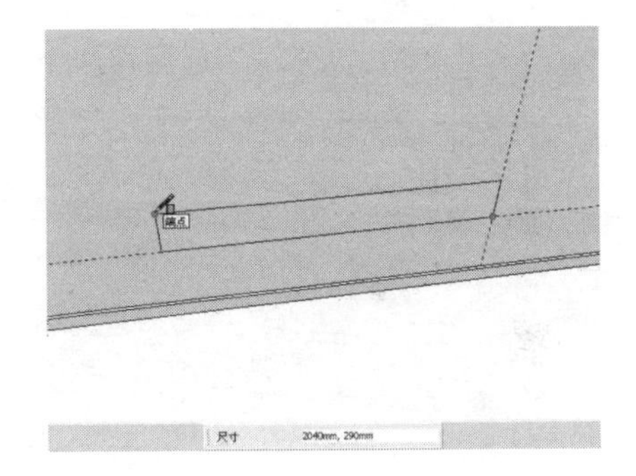

图 4-253

（3）使用“推/拉”工具将上一步绘制的矩形面向外推拉 10mm 的厚度，如图 4-254 所示。

（4）使用“偏移”工具将上一步推拉模型的外侧面向内偏移 20mm 的距离，如图 4-255 所示。

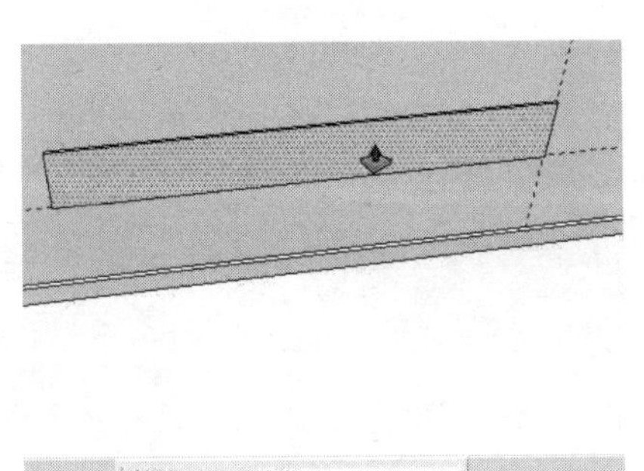

图 4-254

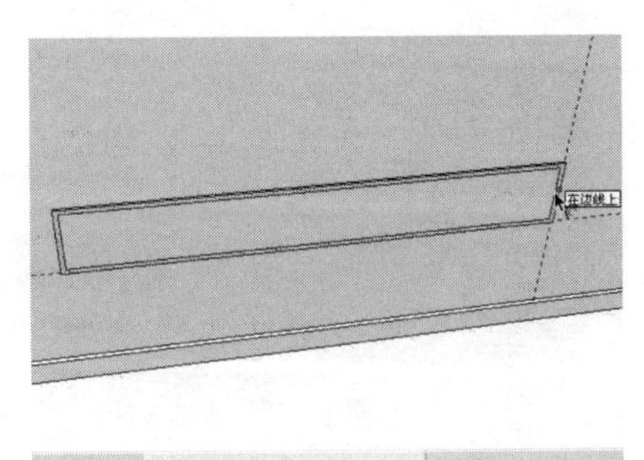

图 4-255

（5）使用“推/拉”工具将图中相应的面向内推拉 110mm 的距离，如图 4-256 所示。

（6）使用“矩形”工具捕捉图中相应的端点绘制 2000mm×190mm 的矩形面，如图 4-257 所示。

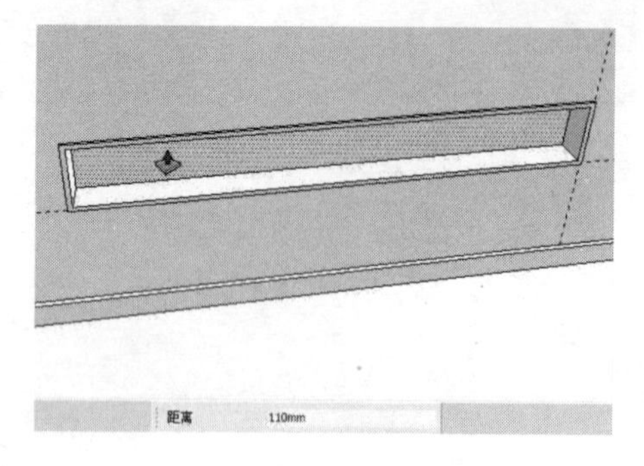

图 4-256

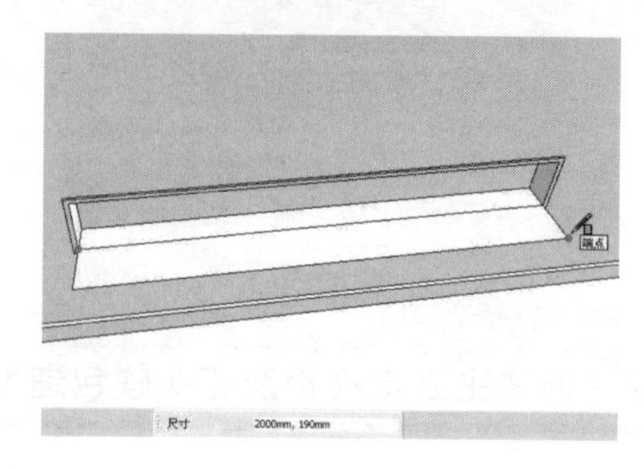

图 4-257

（7）使用“矩形”工具捕捉图中相应的端点绘制 100mm×100mm 的矩形面，如图 4-258 所示。

（8）使用“圆”工具以上一步绘制矩形的右上角端点为圆心绘制半径为 100mm 的圆，如图 4-259 所示。

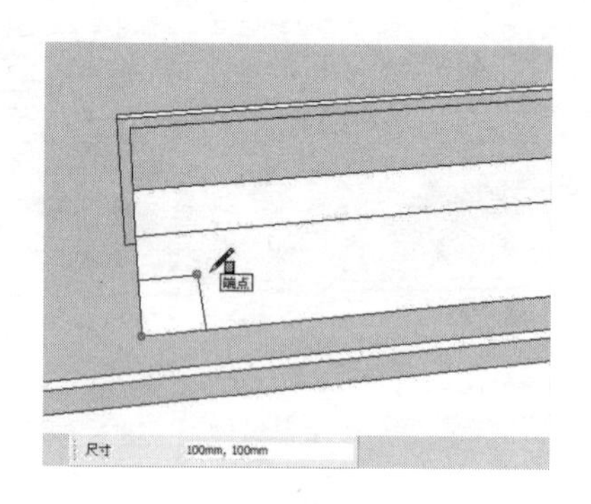

图 4-258

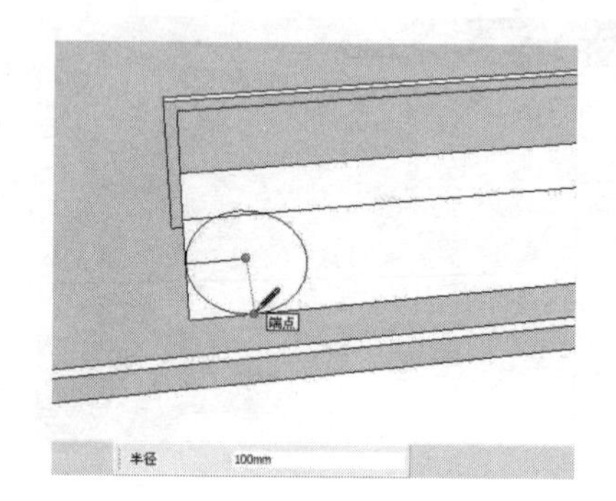

图 4-259

（9）使用“橡皮擦”工具删除图中多余的边线及面域，如图 4-260 所示。

（10）使用相同的方法创建出矩形右侧角上的圆弧造型效果，如图 4-261 所示。

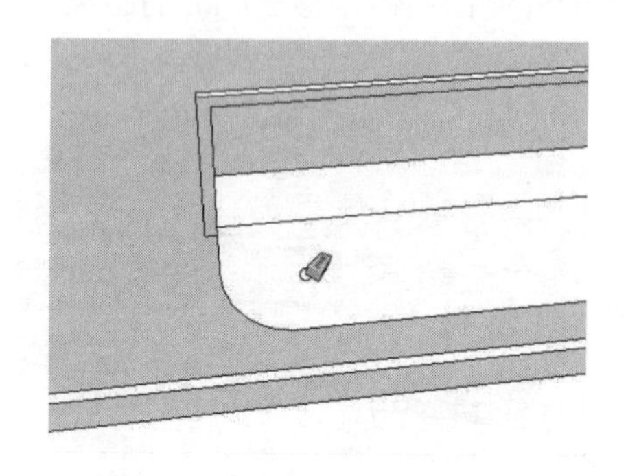

图 4-260

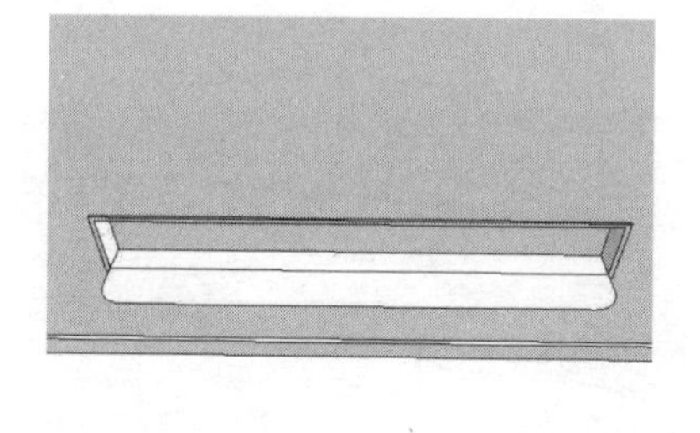

图 4-261

（11）使用“推/拉”工具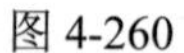将图中相应的面域向上推拉 40mm 的厚度，以形成电视柜台面

的效果，如图 4-262 所示。

（12）使用“颜料桶”工具为创建的主卧电视柜造型赋予一种木纹材质，如图 4-263 所示。

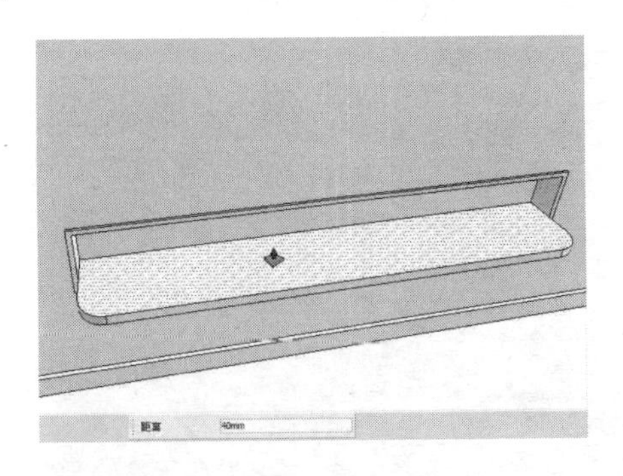

图 4-262

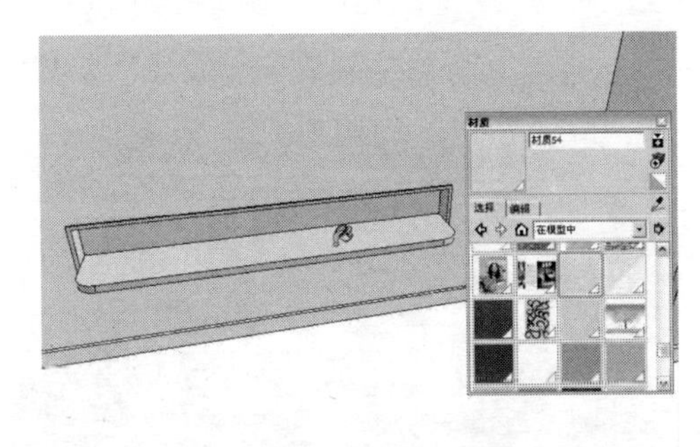
图 4-263

（13）使用“矩形”工具在主卧的床头背景墙面上绘制 2000mm×2200mm 的矩形面，并将其创建为群组，如图 4-264 所示。

（14）双击上一步绘制的矩形面，进入群组的内部编辑状态，然后使用“推/拉”工具将矩形面向外推拉 30mm 的厚度，图 4-265 所示。

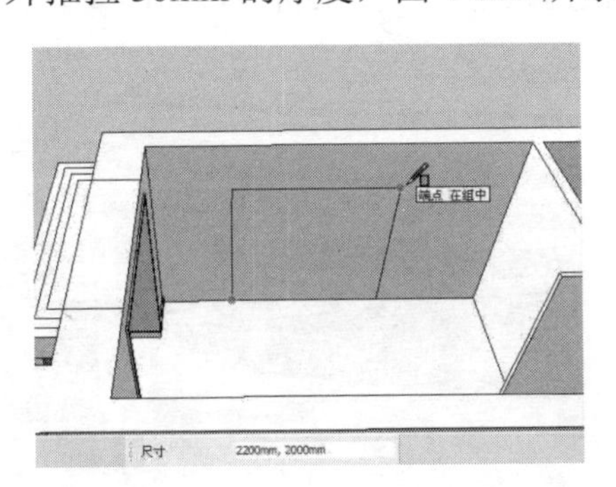

图 4-264

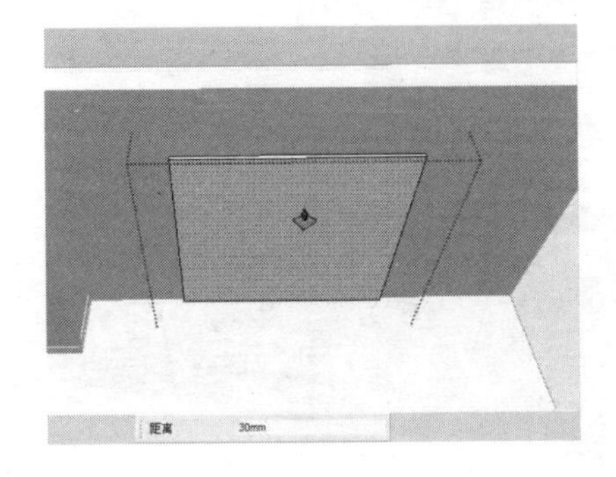

图 4-265

（15）使用“矩形”工具在上一步推拉立方体的左上角绘制 1000mm×440mm 的矩形面，并将该矩形面创建为群组，如图 4-266 所示。

（16）双击上一步绘制的矩形面，进入群组的内部编辑状态，然后使用“推/拉”工具将矩形面向外推拉 20mm 的厚度，如图 4-267 所示。

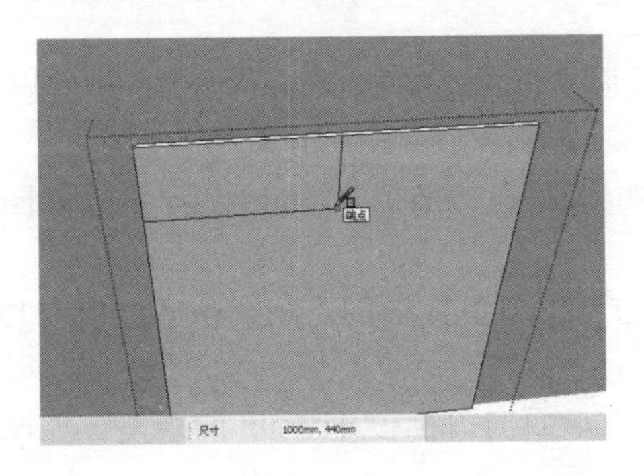

图 4-266

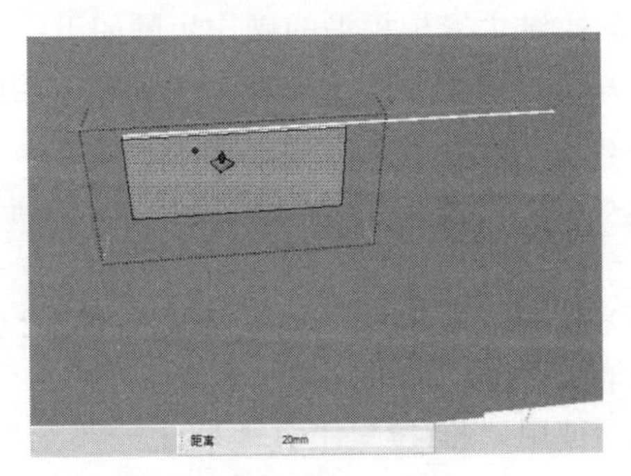

图 4-267

（17）使用“选择”工具选择上一步推拉立方体外侧面上的边线，单击插件 Round Corner 工具栏中的“倒圆角”按钮，将偏移参数设置为 20mm，段数设为 6，单击“确定”按钮，然后按【Enter】键完成模型边线的倒圆角操作，如图 3- 268 所示。

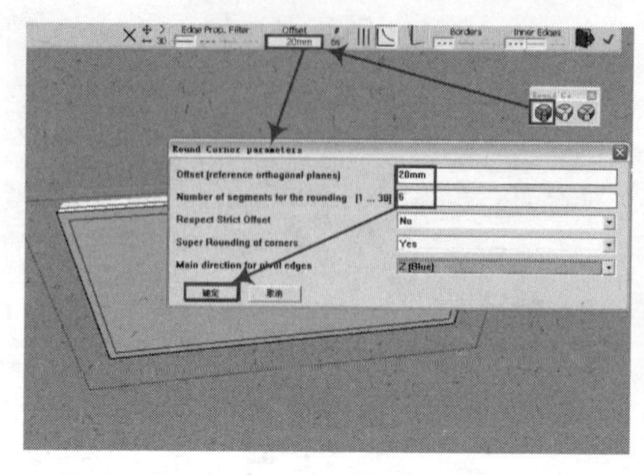

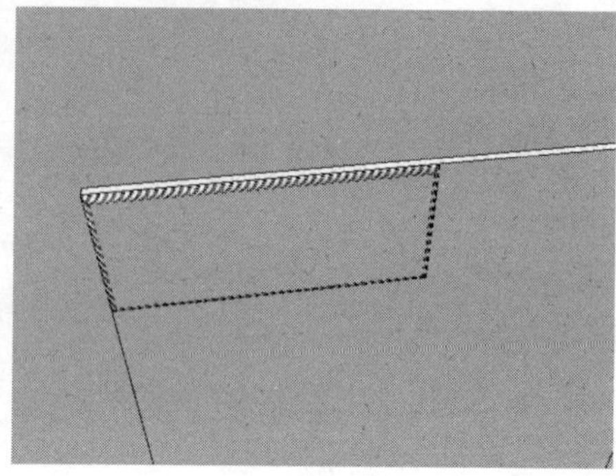

图 4-268

（18）按住【Ctrl】键，使用“移动”工具将上一步倒圆角后的立方体进行复制，以形成床头软包的造型效果，如图 4-269 所示。

（19）使用“颜料桶”工具为创建的床头软包赋予一种布纹材质，如图 4-270 所示。

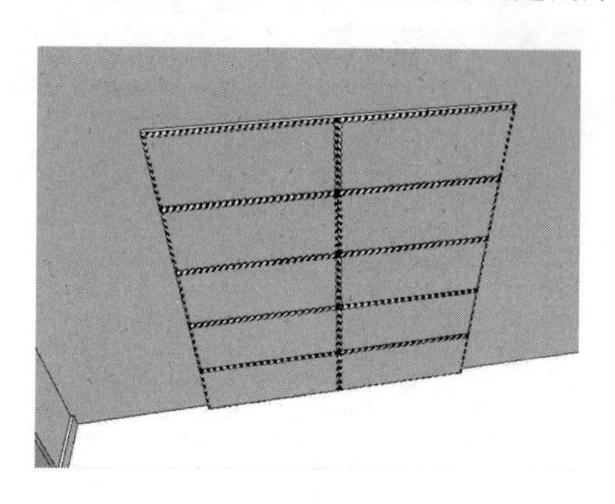

图 4-269

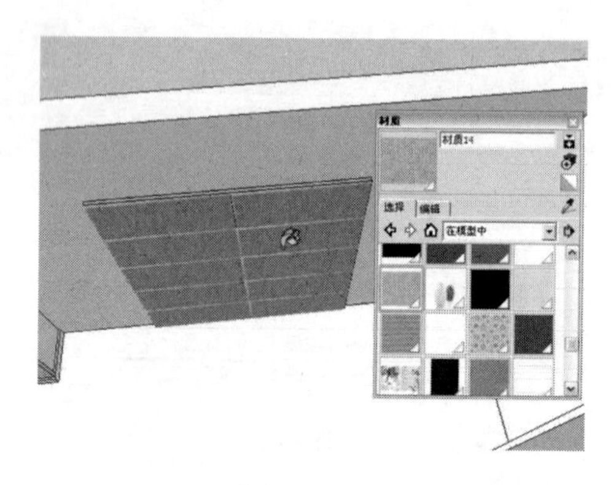

图 4-270

4.7.3 创建主卧大衣柜

创建主卧大衣柜模型的操作步骤如下：

（1）使用“矩形”工具在主卧室的相应墙面上位置绘制 2300mm×1695mm 的矩形面，如图 4-271 所示。

（2）使用“推/拉”工具将上一步绘制的矩形面向外推拉 410mm 的厚度，如图 4-272 所示。

（3）使用“矩形”工具在上一步推拉立方体的外侧表面的右下角位置绘制 1130mm×300mm 的矩形面，如图 4-273 所示。

（4）使用“推/拉”工具将上一步绘制的矩形面向内推拉 410mm 的距离，如图 4-274 所示。

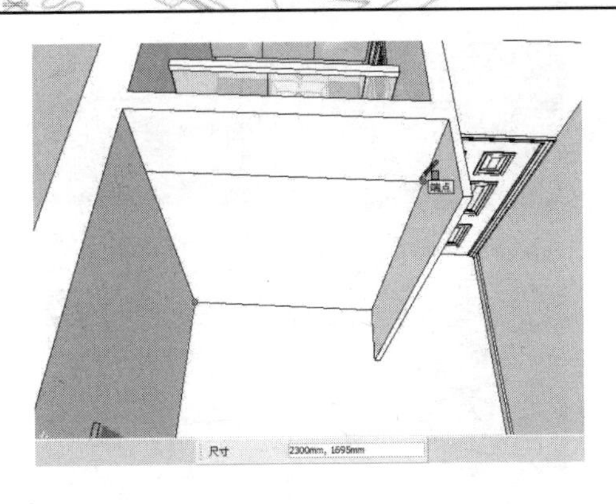

图 4-271

图 4-272

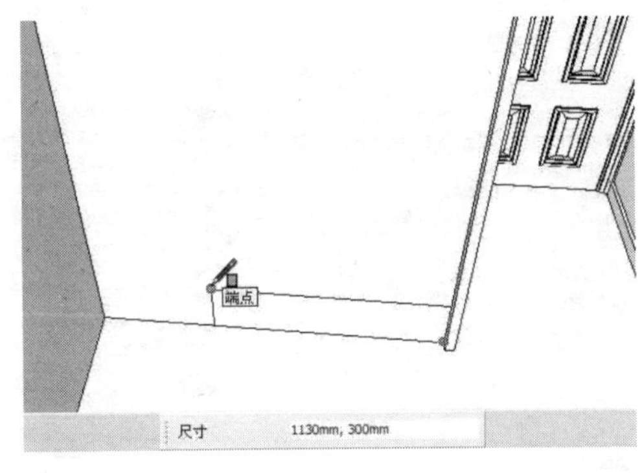
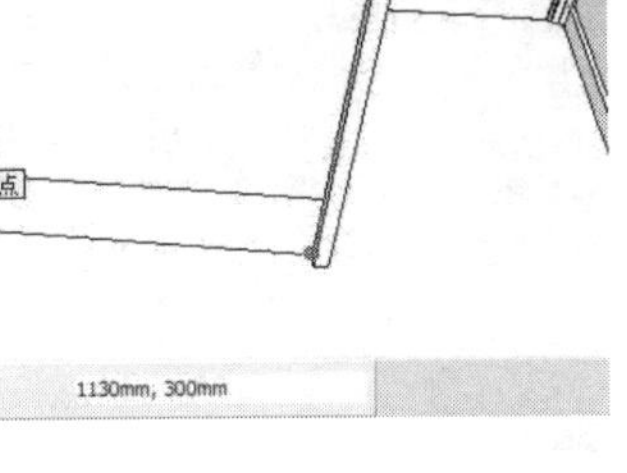

图 4-273

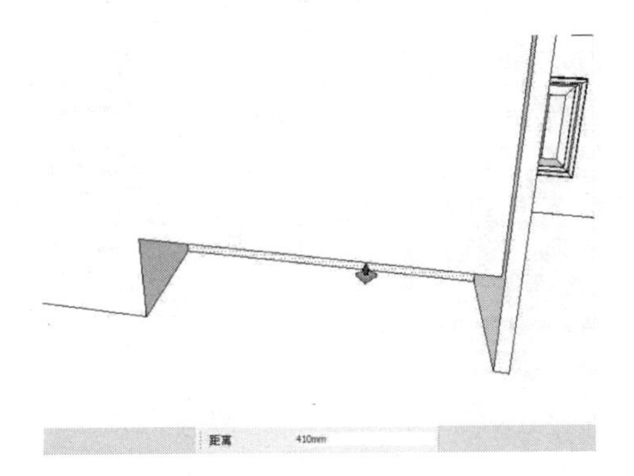

图 4-274

（5）使用“选择”工具选择衣柜上侧的相应边线，然后右击，在快捷菜单中执行“拆分”命令，并在数值框中输入数字 3，将其拆分为 3 段等长的线条，图 4-275 所示。

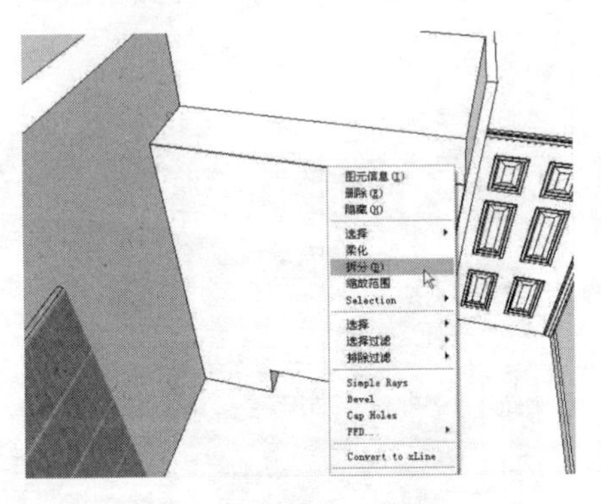

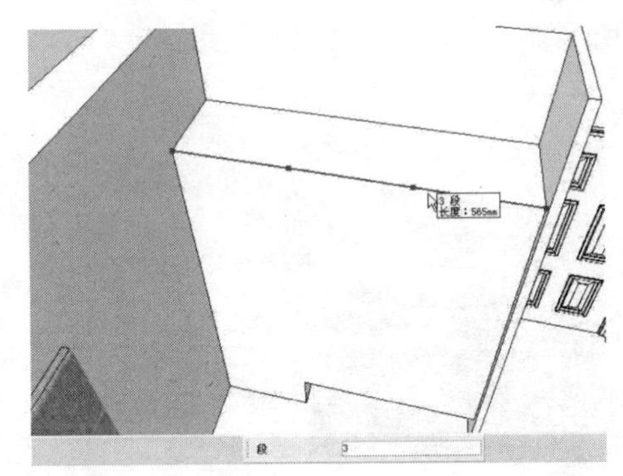

图 4-275

（6）使用“直线”工具捕捉上一步拆分线条上的等分点，向下绘制两条垂线段，如图 4-276 所示。

（7）使用“矩形”工具在绘制的垂线段上绘制两个适当大小的矩形面作为衣柜拉手的位置，如图 4-277 所示。

（8）使用“推/拉”工具将上一步绘制的矩形面向内推拉 40mm 的距离，图 4-278 所示。

（9）使用“颜料桶”工具为创建的衣柜模型赋予一种木纹材质，如图 4-279 所示。

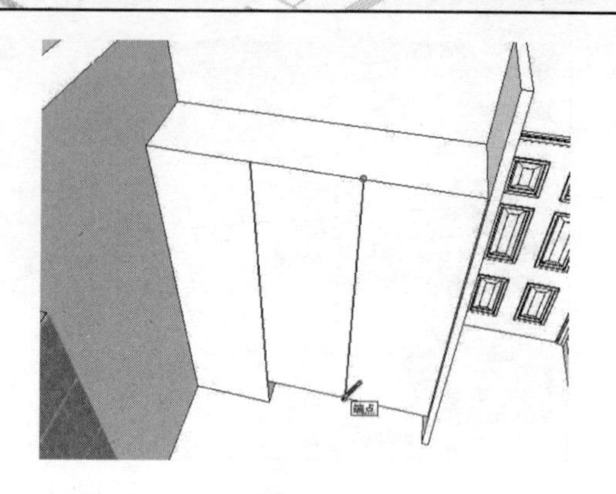

图 4-276

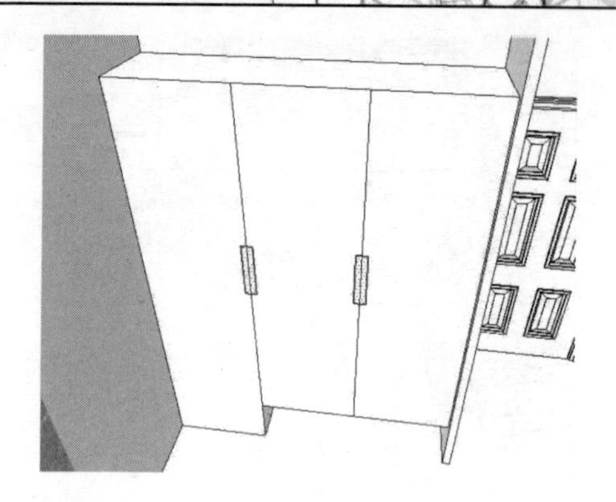

图 4-277

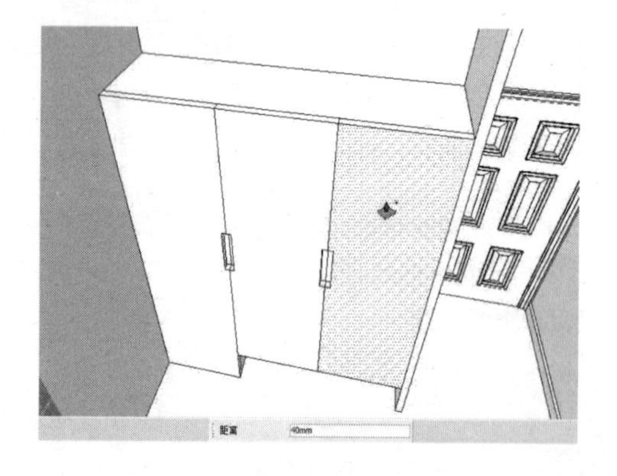

图 4-278

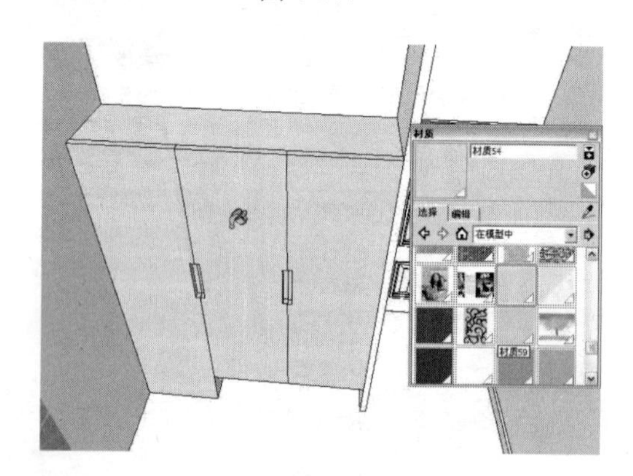

图 4-279

（10）继续使用“颜料桶”工具为主卧室的地面赋予一种地板材质，如图 4-280 所示。

（11）继续使用“颜料桶”工具为主卧室的床头背景赋予一种深灰色的乳胶漆材质，如图 4-281 所示。

图 4-280

图 4-281

（12）继续使用“颜料桶”工具为主卧室的其他墙面赋予一种墙纸材质，如图 4-282 所示。

（13）执行“文件”→“导入”命令，弹出“打开”对话框，导入本书配套光盘相关章节中的模型，从而完成主卧室的创建，如图 4-283 所示。

图 4-282

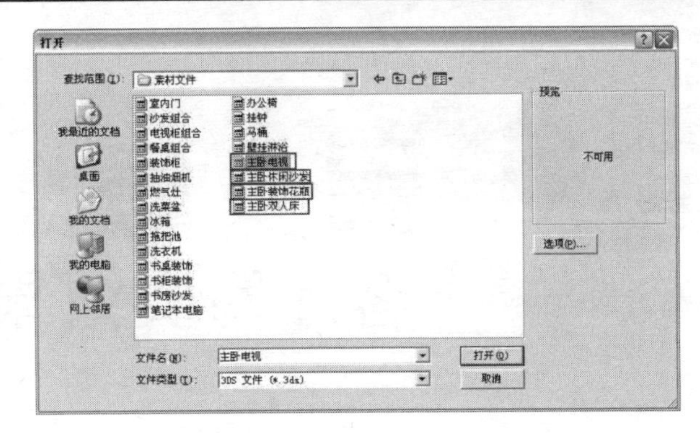

图 4-283

图 4-284

第5章 客厅写实效果图的制作

本章导读

本章通过某客厅空间为例，详细讲解该客厅空间写实效果图的制作，包括如何在 SketchUp 软件中建立客厅模型，以及如何在 3ds Max 软件中进行模型的渲染等相关内容。

主要内容

- 在 SketchUp 中建立客厅模型
- 导入 3ds Max 软件中进行渲染
- 为场景添加灯光系统
- 为模型赋予相应的材质
- 渲染最终图像

效果预览

5.1　在 SketchUp 中建立客厅模型

视频\05\在 SketchUp 中建立客厅模型.avi
案例\05\最终效果\客厅 SU 模型.jpg

本节主要讲解如何将 CAD 图纸文件导入 SketchUp 软件中，然后在 SketchUp 软件中建立客厅的相关模型。

5.1.1　将 CAD 图纸导入 SketchUp 软件中

将 CAD 图纸导入 SketchUp 软件中的操作步骤如下：

（1）启动 SketchUp 软件，新建一个空白的场景文件。

（2）执行“文件”→“导入”命令，弹出“打开”对话框，选择要导入的“案例\05\素材文件\CAD 图\客厅框架图.dwg”文件，然后单击“选项”按钮，如图 5-1 所示。

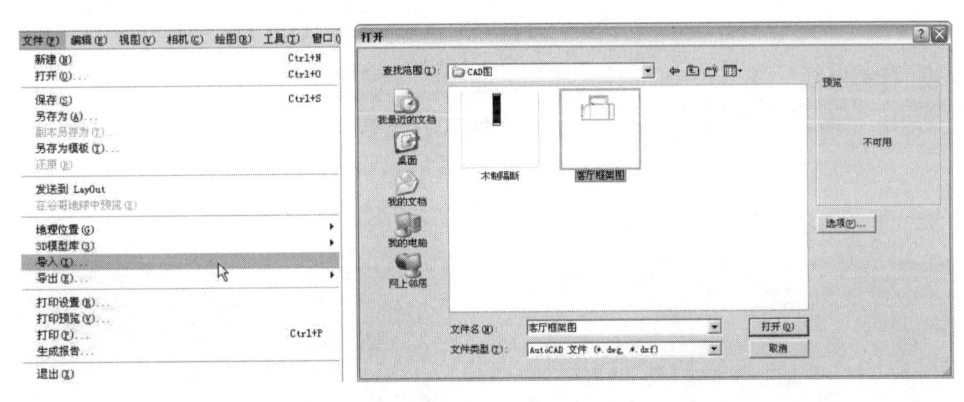

图 5-1

（3）在弹出的“导入 AutoCAD DWG/DXF 选项”对话框中，将单位设为“毫米”，如图 5-2 所示，然后单击“确定”按钮返回“打开”对话框，单击“打开”按钮，完成 CAD 图形的导入。

（4）CAD 图形导入 SketchUp 后的效果如图 5-3 所示。

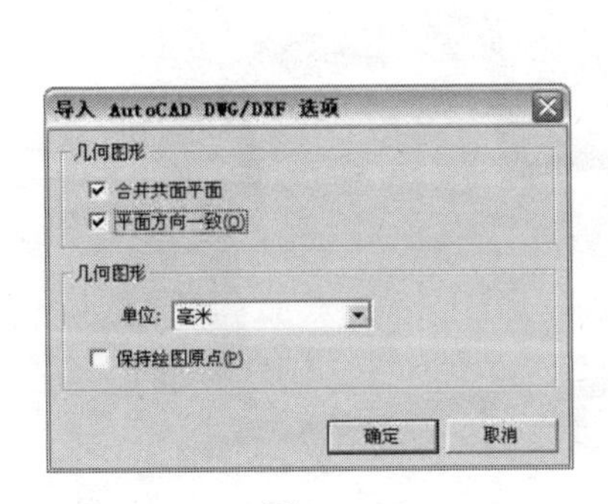

图 5-2

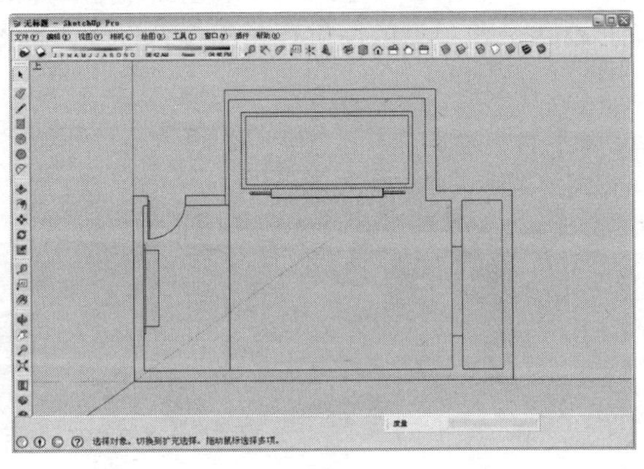

图 5-3

5.1.2 创建客厅墙体及吊顶造型

本节主要对客厅的墙体及吊顶造型的相关模型进行创建，操作步骤如下：

（1）全选导入的图纸信息并右击，在快捷菜单中执行“创建群组”命令，将其创建为群组，如图 5-4 所示。

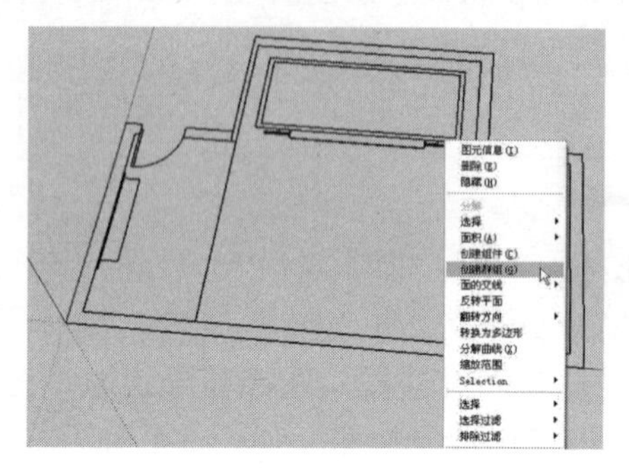
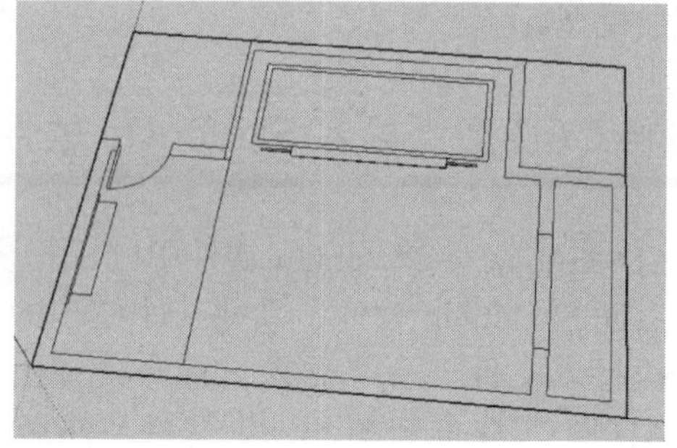

图 5-4

（2）使用“直线”工具捕捉导入图纸上的相应端点绘制如图 5-5 所示的造型面。

（3）使用“推/拉”工具将上一步绘制的造型面向上推拉 2650mm 的高度，如图 5-6 所示。

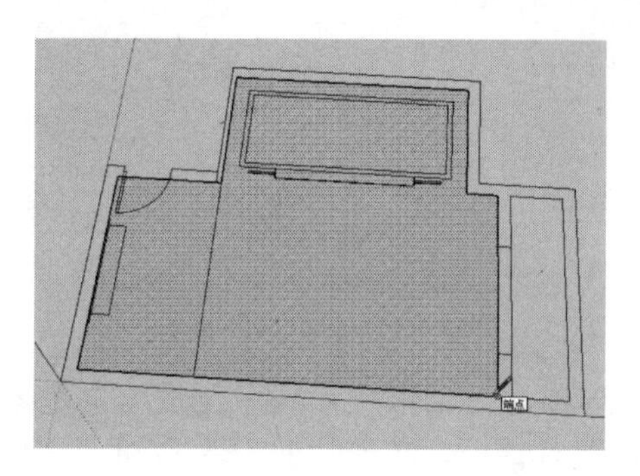

图 5-5

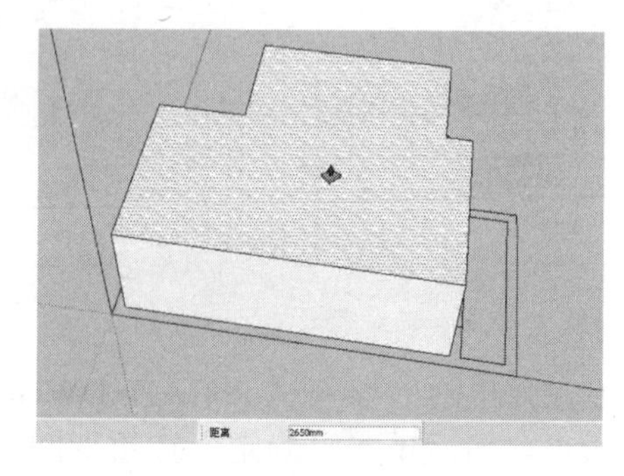

图 5-6

（4）将上一步推拉模型的上侧造型面删除，然后全选模型并右击，在快捷菜单中执行“反转平面”命令，将模型的面进行平面反转操作，如图 5-7 所示。

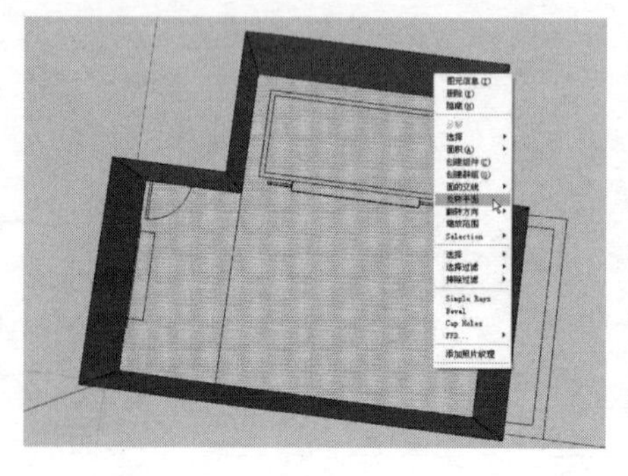
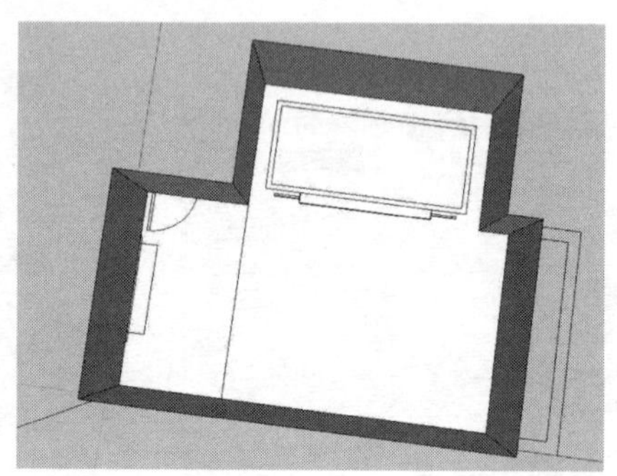

图 5-7

（5）使用“卷尺”工具在客厅的大门位置捕捉相应的边线绘制一条与其距离为 100mm 的垂直辅助参考线，如图 5-8 所示。

（6）继续使用“卷尺”工具在客厅的大门位置捕捉相应的边线绘制一条与其距离为 1000mm 的垂直辅助参考线，如图 5-9 所示。

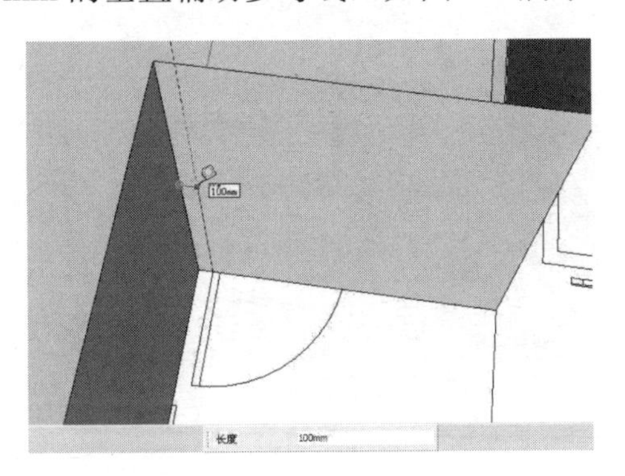

图 5-8

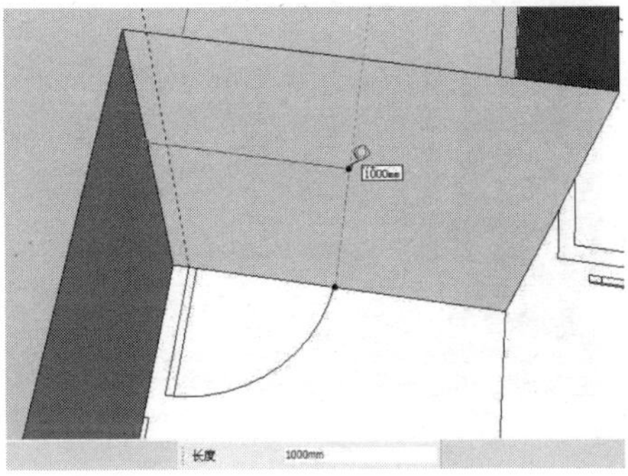

图 5-9

（7）继续使用“卷尺”工具在客厅的大门位置捕捉相应的边线绘制一条与其距离为 2100mm 的水平辅助参考线，如图 5-10 所示。

（8）使用“矩形”工具借助前面绘制的辅助参考线绘制一个矩形面，如图 5-11 所示。

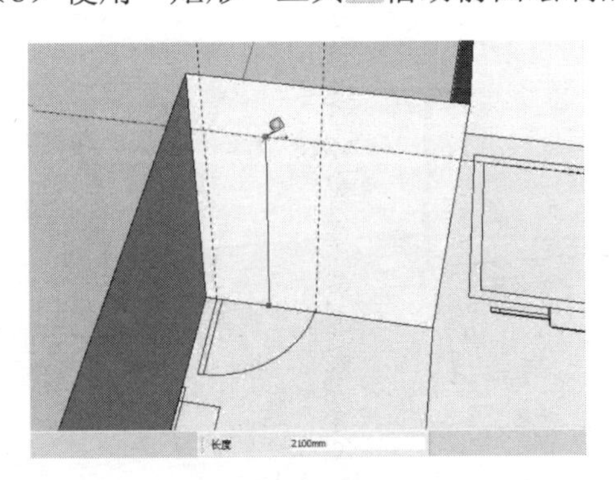

图 5-10

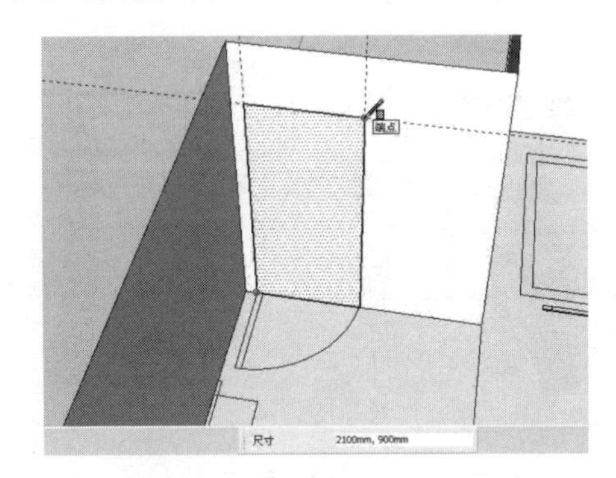

图 5-11

（9）使用“推/拉”工具将上一步绘制的矩形面向内推拉 240mm 的距离，然后按【Delete】键将上一步绘制的矩形面删除，开启客厅入口位置的门洞口，如图 5-12 所示。

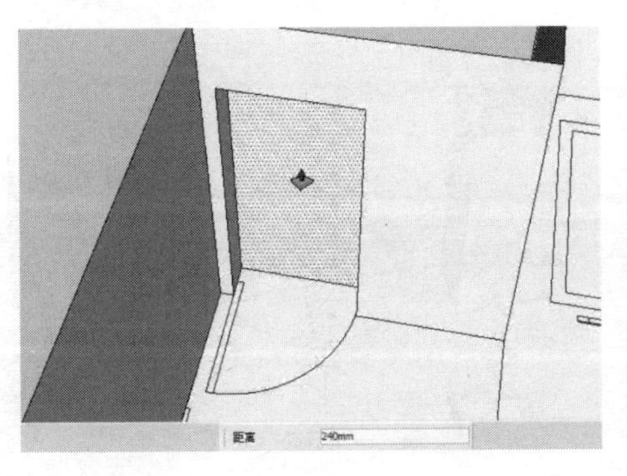

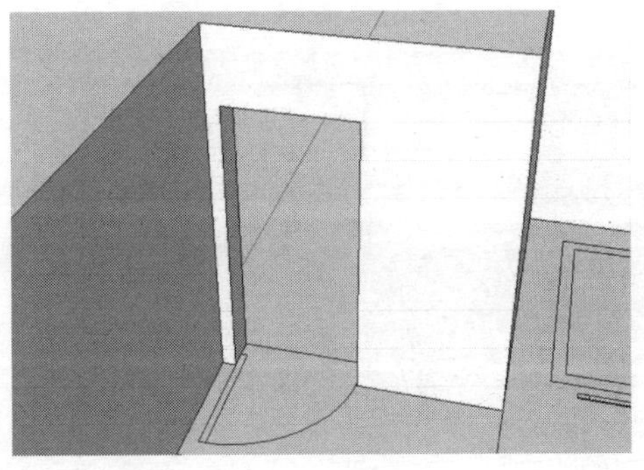

图 5-12

（10）使用“直线”工具捕捉门口位置的相应轮廓绘制一条线段，如图 5-13 所示。

（11）使用“卷尺”工具捕捉图中相应的边线绘制一条与其距离为 1080mm 的垂直辅助参考线，如图 5-14 所示。

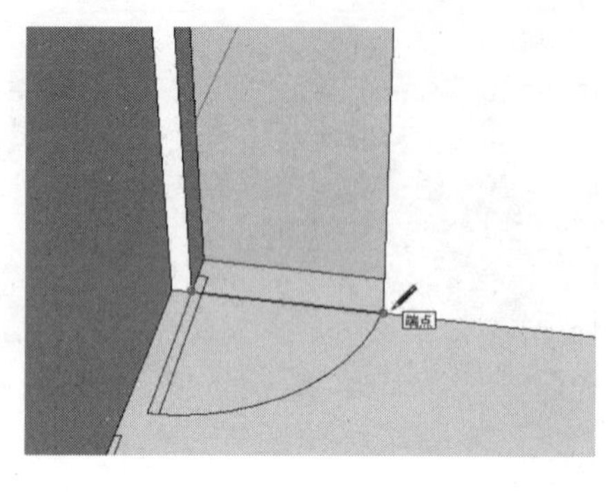

图 5-13

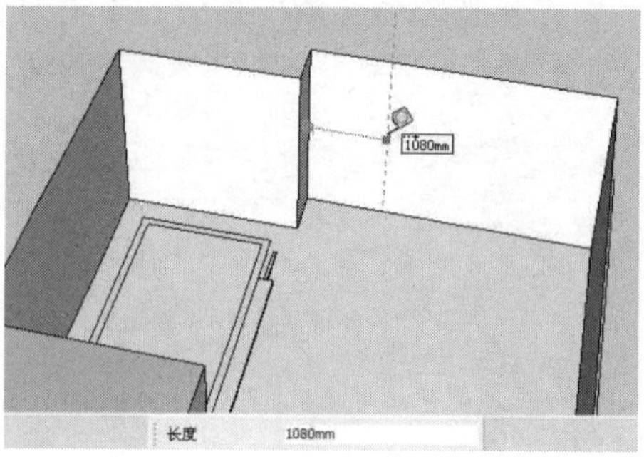

图 5-14

（12）使用“卷尺”工具捕捉图中相应的边线绘制一条与其距离为 780mm 的垂直辅助参考线，如图 5-15 所示。

（13）继续使用“卷尺”工具捕捉图中相应的边线绘制一条与其距离为 2300mm 的水平辅助参考线，如图 5-16 所示。

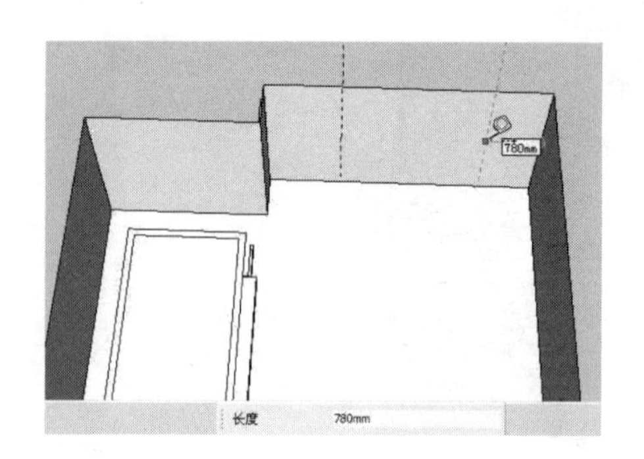

图 5-15

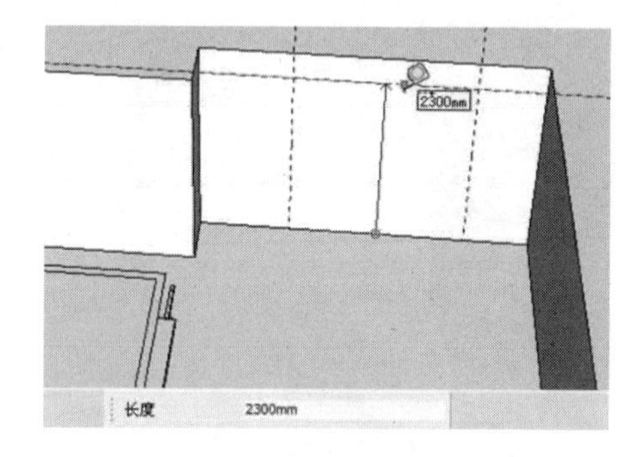

图 5-16

（14）使用“矩形”工具借助前面绘制的辅助参考线绘制一个矩形面，如图 5-17 所示。

（15）使用“推/拉”工具将上一步绘制的矩形面向内推拉 240mm 的距离，如图 5-18 所示。

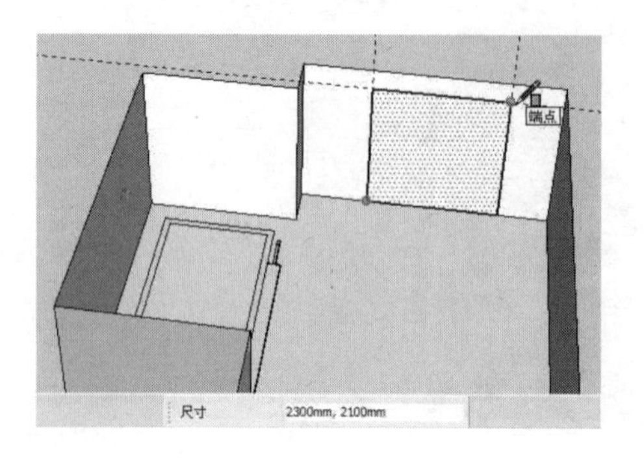

图 5-17

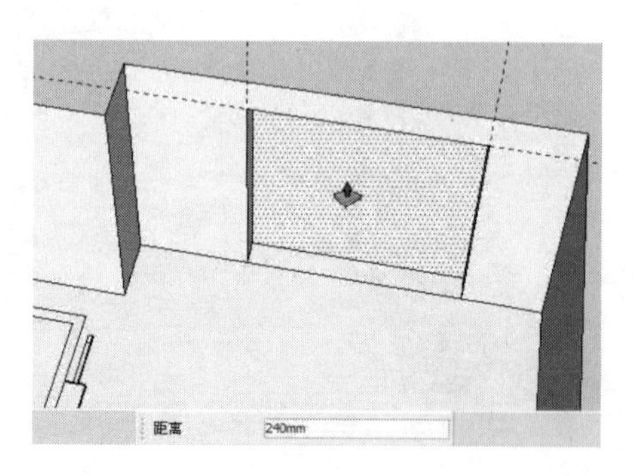

图 5-18

（16）按【Delete】键将上一步绘制的矩形面删除，开启客厅阳台位置的推拉窗洞口，如图 5-19 所示。

（17）使用“直线”工具捕捉门口位置的相应轮廓绘制一条线段，如图 5-20 所示。

图 5-19

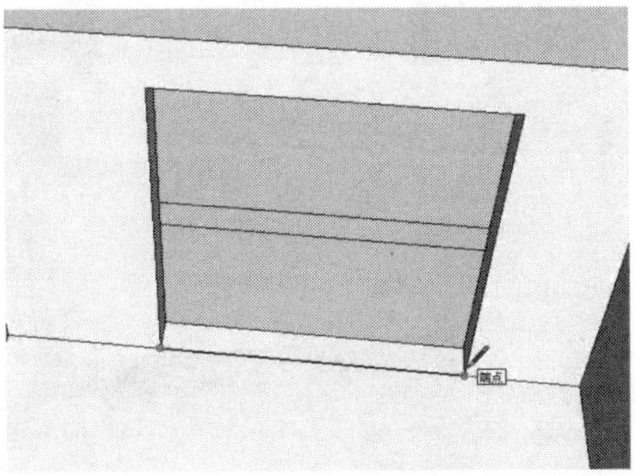

图 5-20

（18）使用“矩形”工具捕捉图纸上的相应轮廓绘制一个矩形面，如图 5-21 所示。

（19）使用“推/拉”工具将上一步绘制的矩形面向上推拉 300mm 的高度，并将推拉后的立方体创建为群组，如图 5-22 所示。

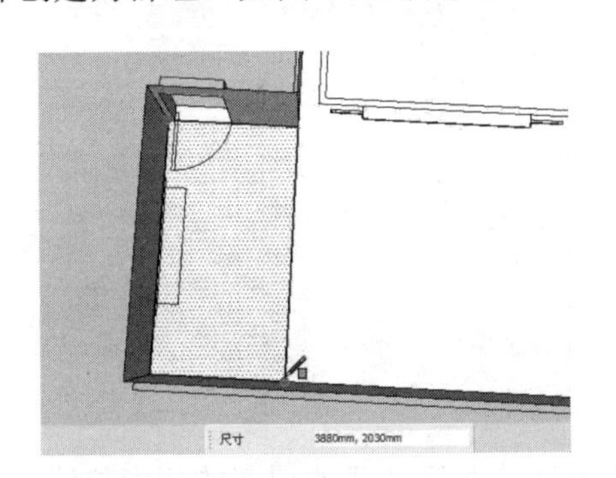

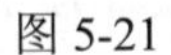

图 5-21

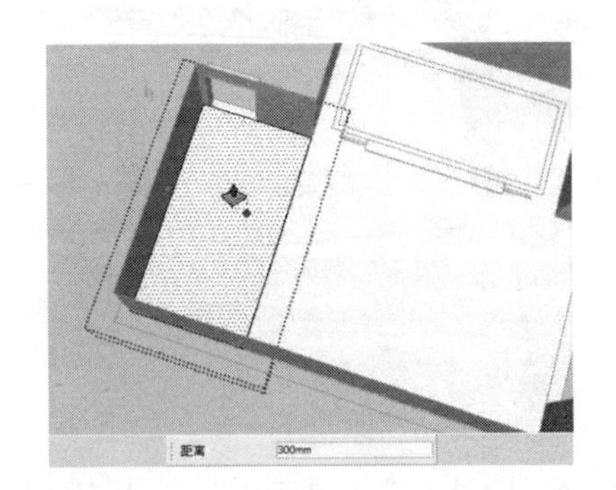

图 5-22

（20）使用“移动”工具将上一步推拉后的立方体移到墙体上方的相应位置，如图 5-23 所示。

（21）使用“直线”工具捕捉图中相应的轮廓绘制如图 5-24 所示的造型面，并将其创建为群组。

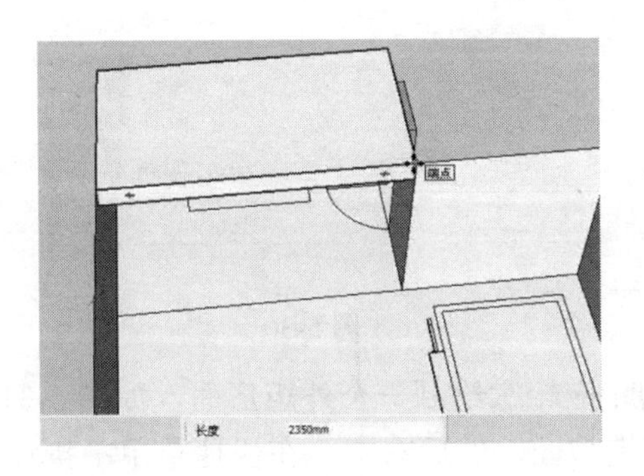

图 5-23

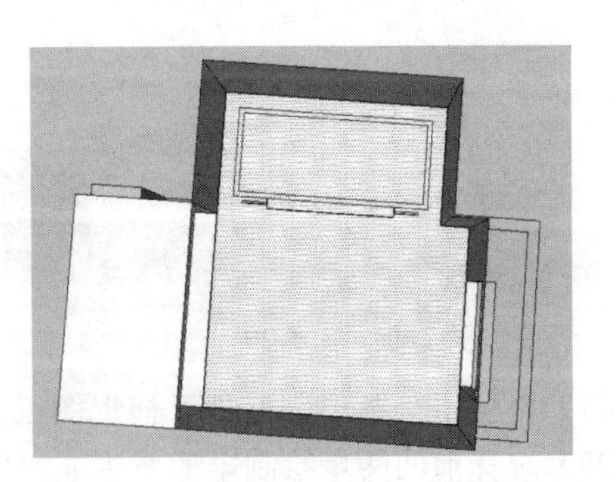

图 5-24

（22）双击上一步创建的群组，进入组的内部编辑状态，然后使用“移动”工具将上一步绘制造型面上的下侧相应边线向上移动 3560mm 的距离，如图 5-25 所示。移动后的效果如图 5-26 所示。

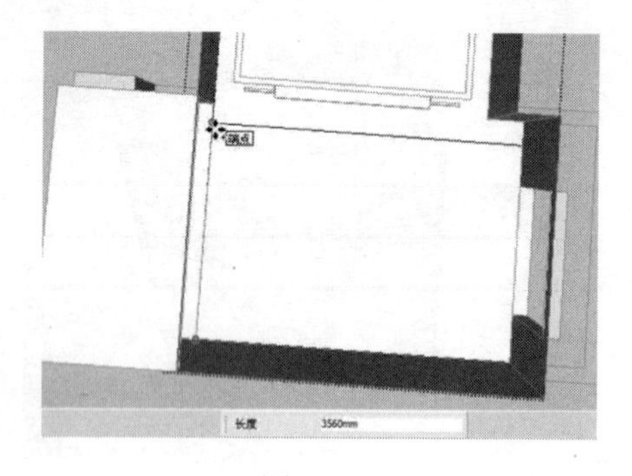

图 5-25

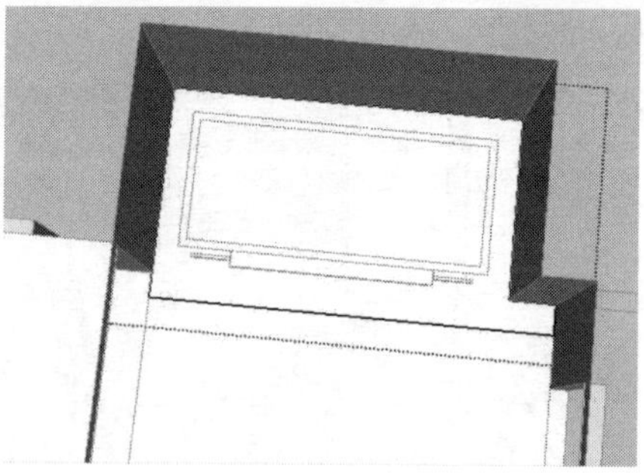

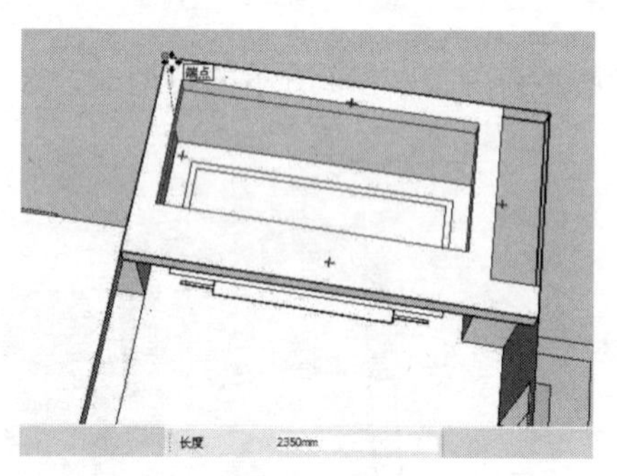

图 5-26

（23）使用“矩形”工具捕捉图纸上的相应轮廓绘制一个矩形面，如图 5-27 所示。

（24）使用“推/拉”工具将绘制的吊顶轮廓向上推拉 300mm 的高度，如图 5-28 所示。

图 5-27

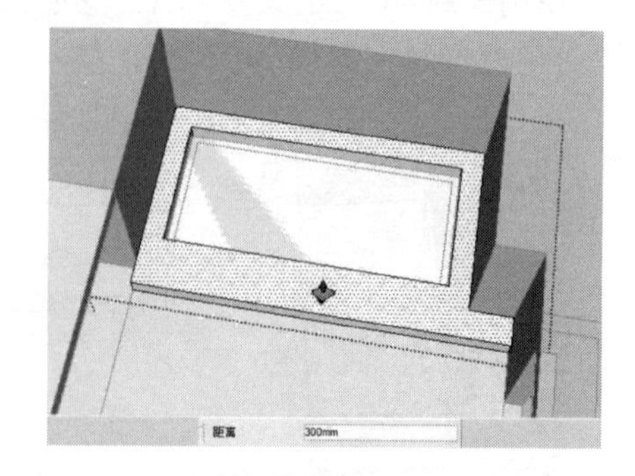

图 5-28

（25）使用“移动”工具将上一步推拉后的吊顶造型移到墙体顶部的相应位置，如图 5-29 所示。

（26）使用“矩形”工具捕捉图纸上的相应轮廓绘制一个矩形面，如图 5-30 所示。

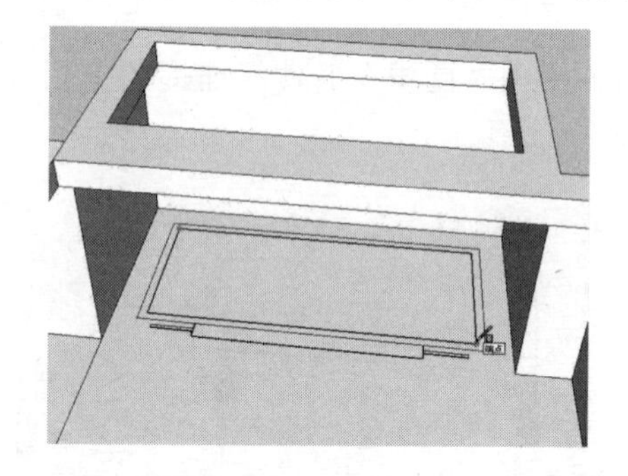

图 5-29

图 5-30

（27）再使用“矩形”工具捕捉图纸上的相应轮廓绘制一个外矩形面，如图 5-31 所示。

（28）选择前面两步绘制矩形所生成的内部造型面，然后右击，在快捷菜单中执行“创建群组”命令，将其创建为群组，如图 5-32 所示。

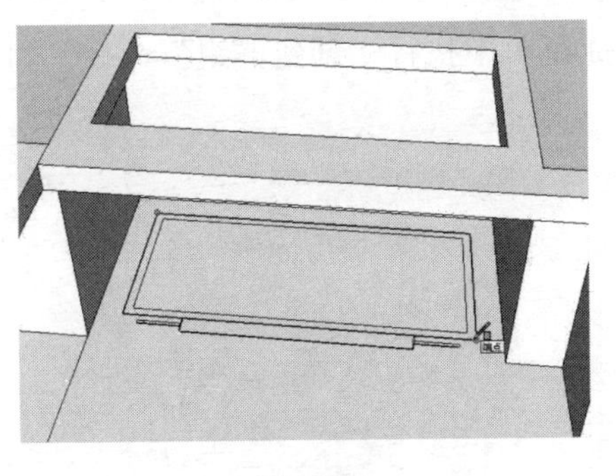

图 5-31

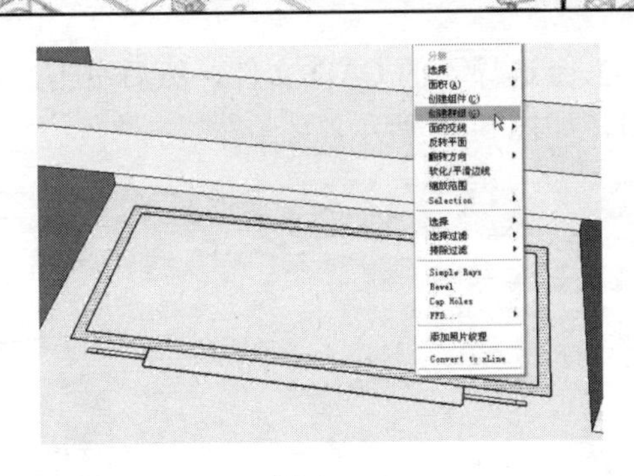

图 5-32

（29）双击上一步创建的群组，进入组的内部编辑状态，使用“推/拉”工具将其向上推拉 100mm 的高度，如图 5-33 所示。

（30）使用“移动”工具将上一步推拉后的造型移到吊顶上相应的位置，如图 5-34 所示。

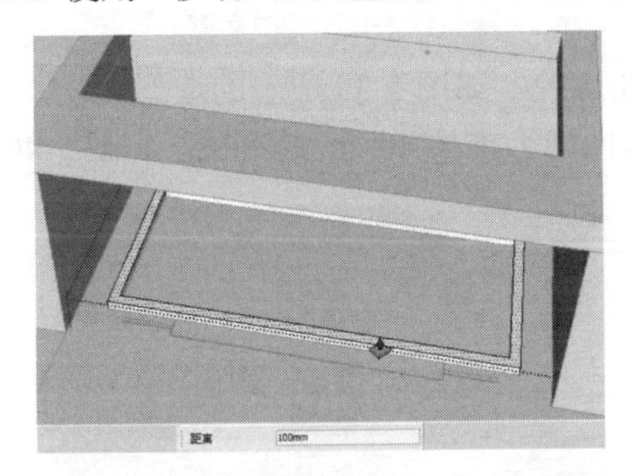

图 5-33

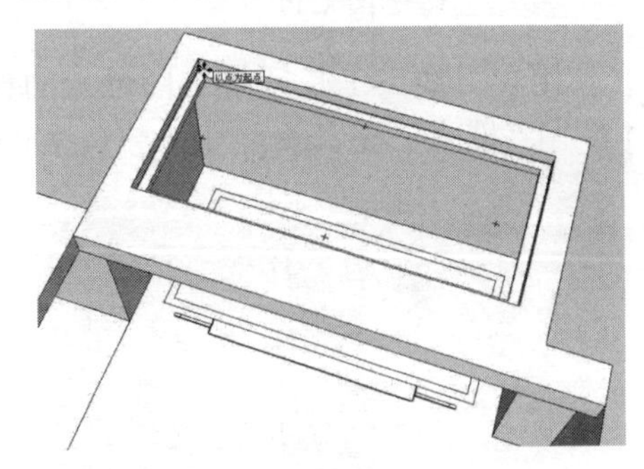

图 5-34

5.1.3　创建实体隔断墙及木制隔断

创建实体隔断墙及木制隔断的操作步骤如下：

（1）使用“矩形”工具捕捉图中相应的图纸内容绘制一个矩形面，如图 5-35 所示。

（2）使用“推/拉”工具将上一步绘制的矩形面向上推拉 2350mm 的高度，如图 5-36 所示。

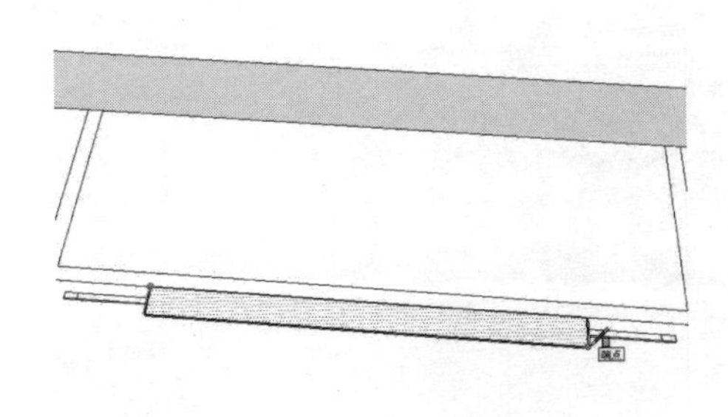

图 5-35

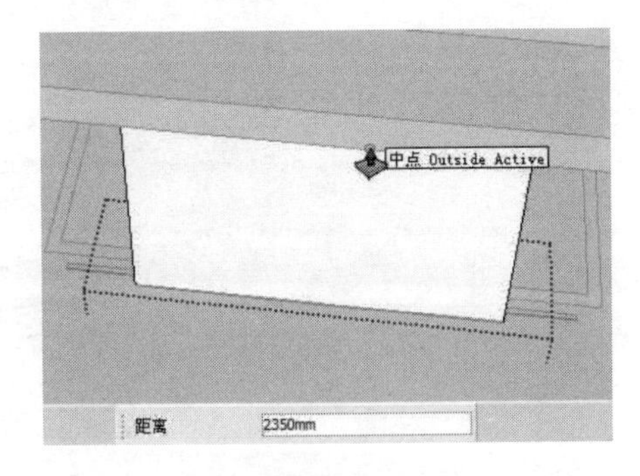

图 5-36

（3）执行“文件”→“导入”命令，弹出“打开”对话框，选择本书配套光盘中的“案例\05\素材文件\CAD 图\木制隔断.dwg”文件，单击“打开”按钮，导入文件，如图 5-37 所示。

（4）全选导入的 CAD 文件，然后右击，在快捷菜单中执行“创建群组”命令，将其创建为群组，如图 5-38 所示。

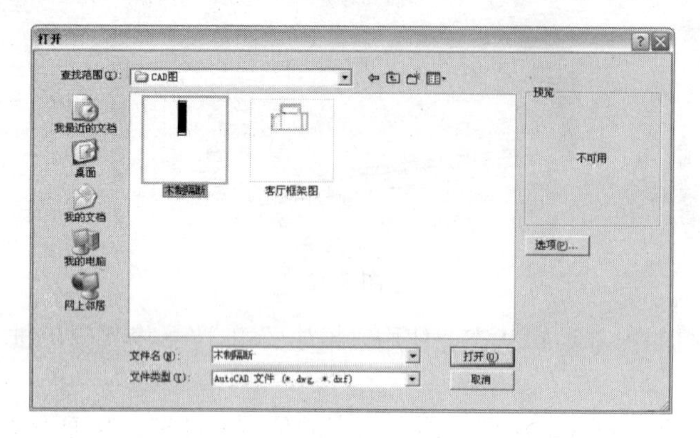

图 5-37

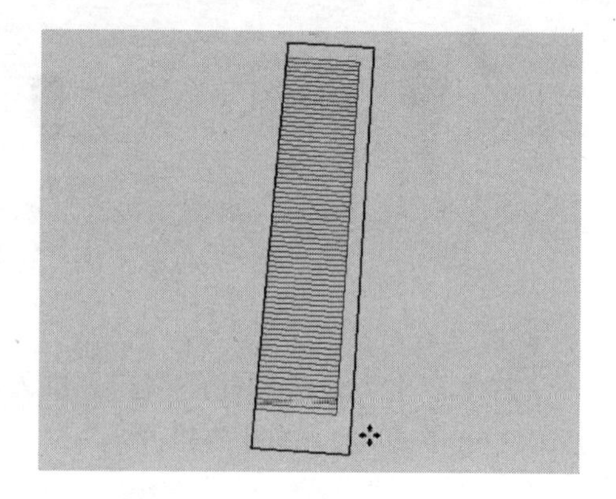

图 5-38

（5）使用“直线”工具捕捉图纸上的相应轮廓绘制如图 5-39 所示的造型面。

（6）使用“推/拉”工具将上一步绘制的造型面向上推拉 40mm 的高度，如图 5-40 所示。

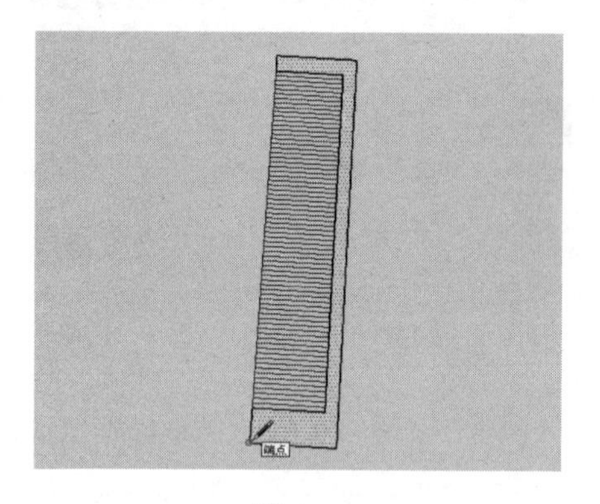

图 5-39

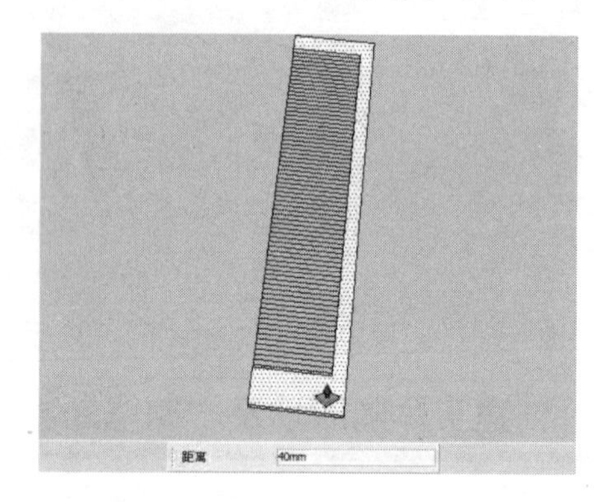

图 5-40

（7）按住【Ctrl】键，继续使用“推/拉”工具将推拉模型的上表面向上推拉复制一份，其推拉复制的距离为 10mm，如图 5-41 所示。

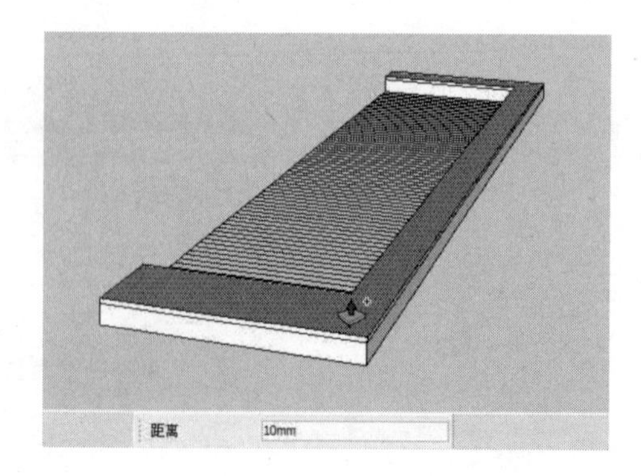

图 5-41

（8）选择上侧造型面的外侧边线，然后单击插件 Round Corner 工具栏中的“倒圆角”按钮，设置偏移参数为 5，单击“确定”按钮，完成边线的倒角操作，如图 5-42 所示。

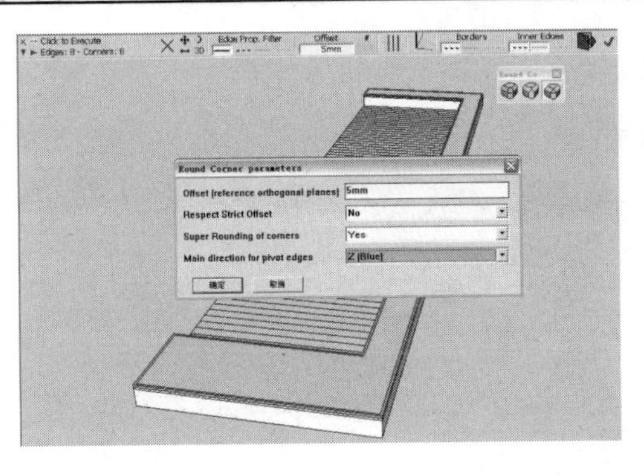

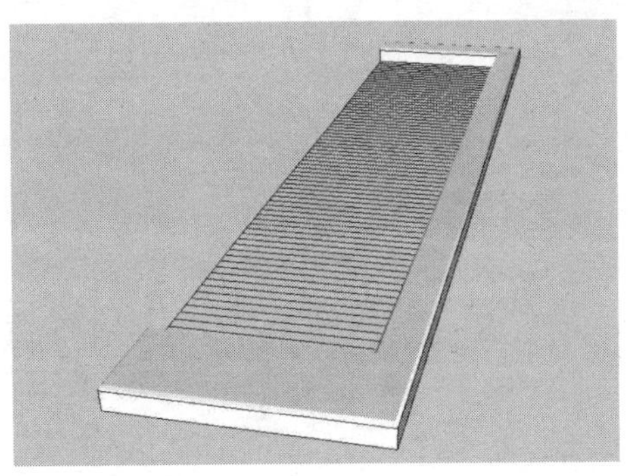

图 5-42

（9）使用“矩形”工具▨捕捉图中相应的图纸内容绘制一个矩形面，并将绘制的矩形面创建为群组，如图 5-43 所示。

（10）双击上一步创建的群组，进入组的内部编辑状态，然后使用“推/拉”工具◈将上一步绘制的矩形面向上推拉 5mm 的高度，作为隔断上的木条造型，如图 5-44 所示。

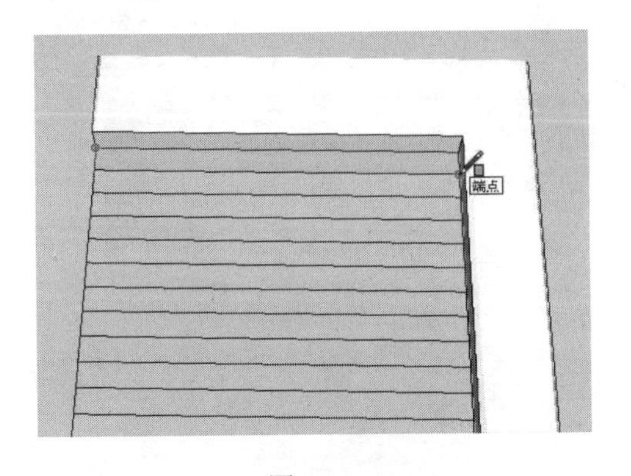

图 5-43

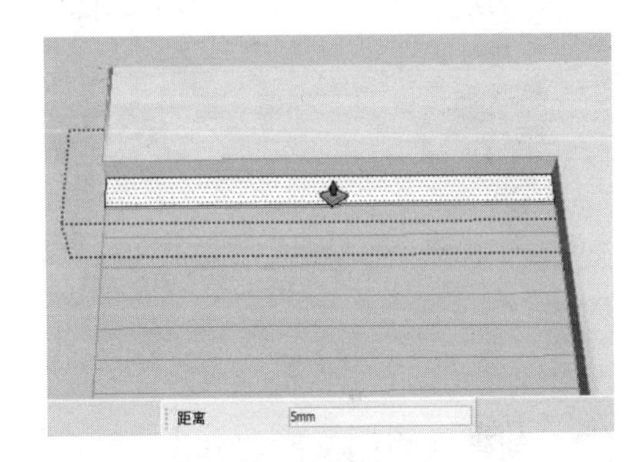

图 5-44

（11）使用“移动”工具✥将上一步推拉后的木条垂直向上移动一段距离，如图 5-45 所示。

（12）使用“旋转”工具↻将木条旋转 30°，如图 5-46 所示。

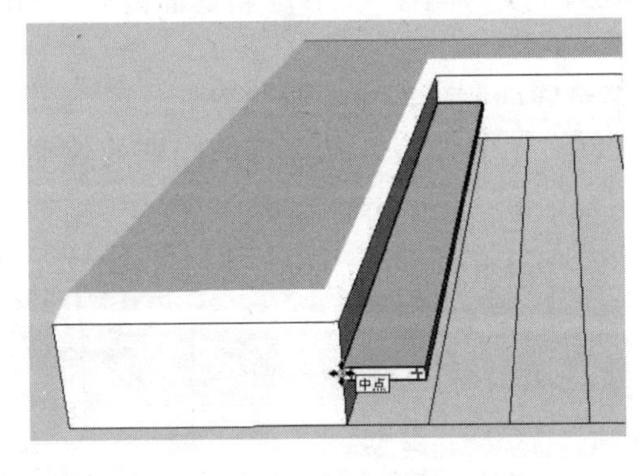

图 5-45

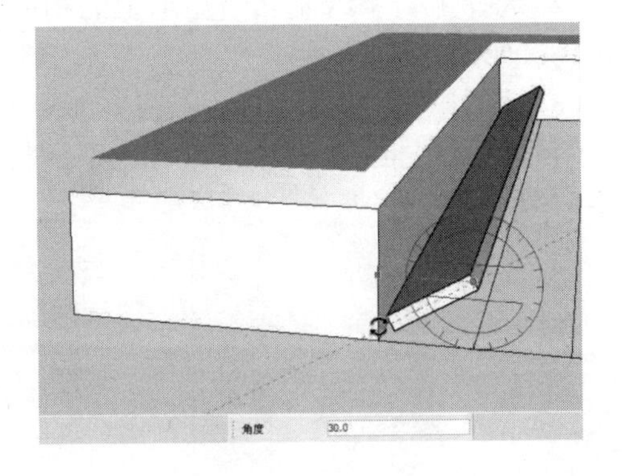

图 5-46

（13）按住【Ctrl】键，使用“移动”工具✥将旋转后的隔断木条进行复制操作，然后将创建完成的木制隔断造型创建为群组，如图 5-47 所示。

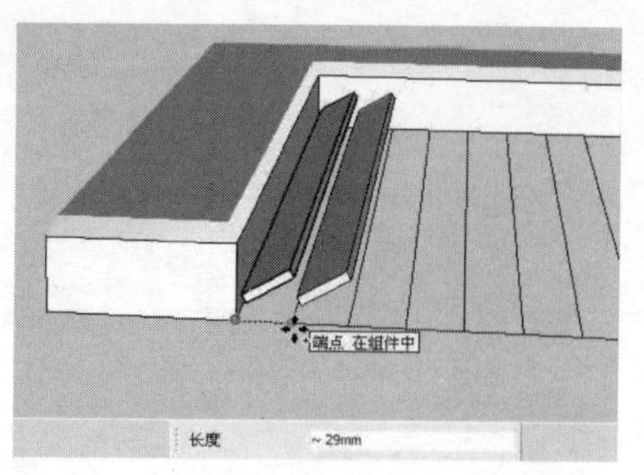

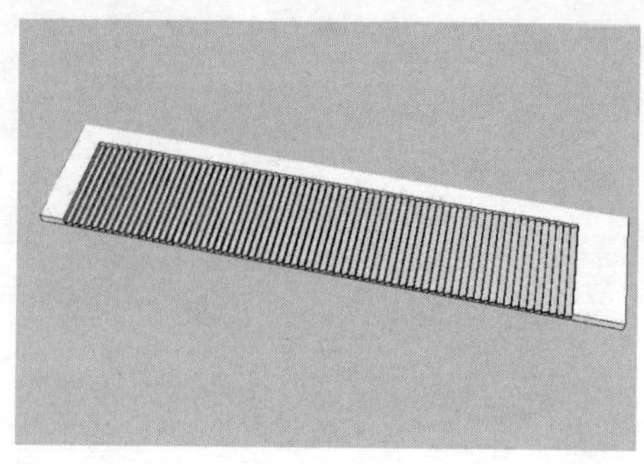

图 5-47

（14）结合“旋转”工具及“移动”工具，将创建的木制隔断移到图中相应的位置，如图 5-48 所示。

（15）结合“旋转”工具及“移动”工具，将创建的木制隔断复制一份到电视墙的左侧位置，如图 5-49 所示。

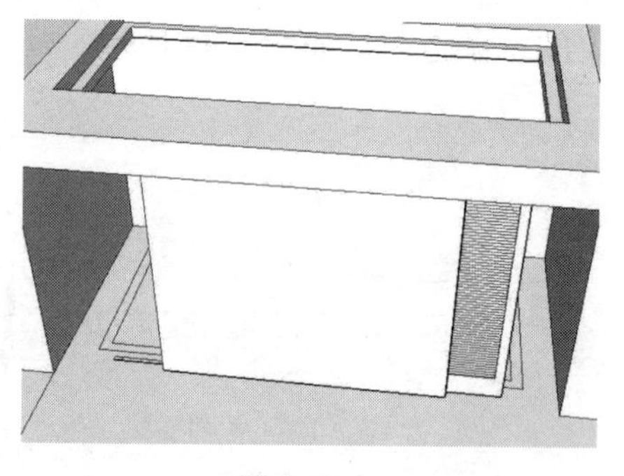

图 5-48

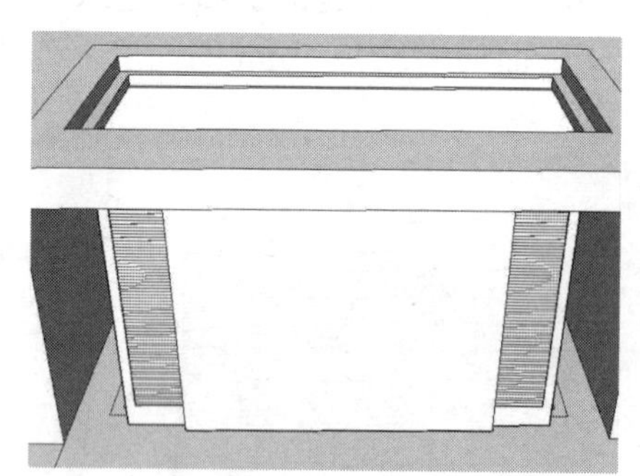

图 5-49

5.1.4 创建入户门及踢脚线

创建入户门及踢脚线的操作步骤如下：

（1）使用“矩形”工具绘制 2100mm×900mm 的立面矩形，如图 5-50 所示。

（2）选择上一步绘制立面矩形上的相应几条边线，使用“偏移”工具将其向内偏移 60mm 的距离，如图 5-51 所示。

（3）使用“橡皮擦“工具将立面矩形上的多余线面删除，如图 5-52 所示。

（4）使用“推/拉”工具将造型面推拉出 280mm 的厚度，从而形成门框的效果，如图 5-53 所示。

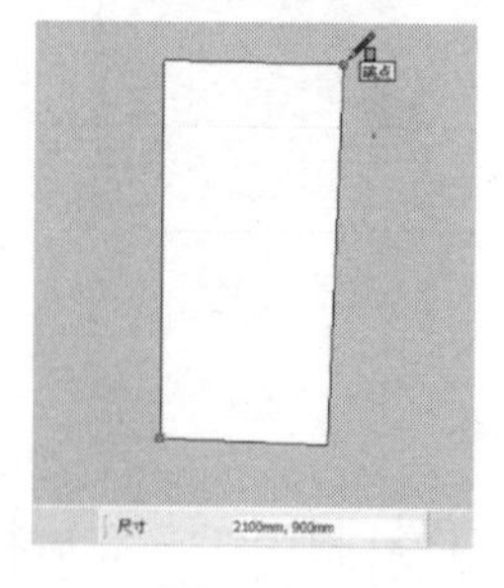

图 5-50

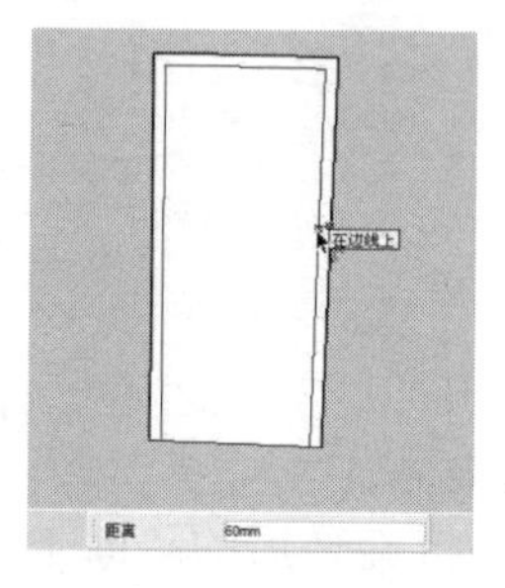

图 5-51

图 5-52

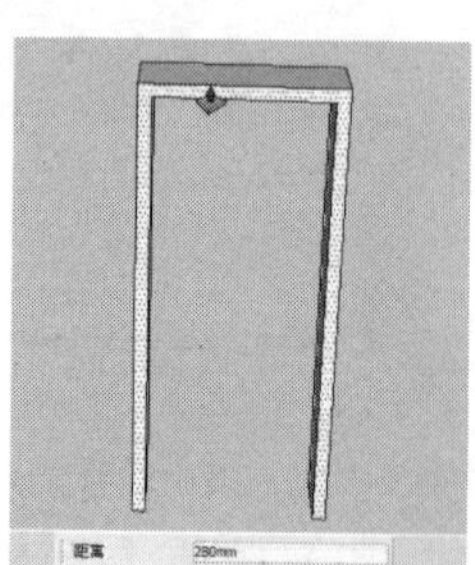

图 5-53

（5）使用“矩形”工具捕捉门框上的相应端点绘制一个矩形面，并将绘制的矩形面创建为群组，如图 5-54 所示。

（6）双击上一步创建的群组，进入组的内部编辑状态，使用“偏移“工具将矩形上的相应几条边线向内偏移 20mm 的距离，如图 5-55 所示。

（7）使用“橡皮擦”工具删除组内多余的线面，然后使用“推/拉”工具将剩下的造型面推拉出 240mm 的厚度，如图 5-56 所示。

（8）使用“移动”工具将上一步推拉后的模型移到门框的中间位置，如图 5-57 所示。

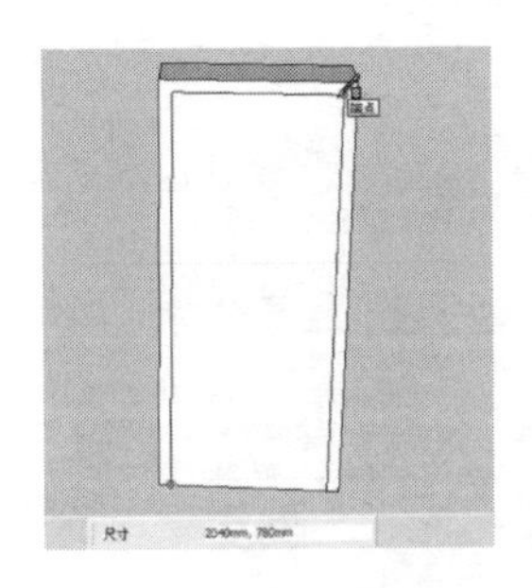
图 5-54

图 5-55

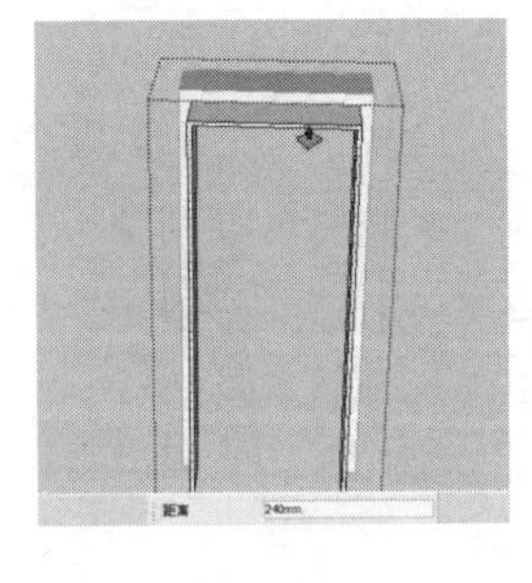
图 5-56

图 5-57

（9）使用“矩形”工具捕捉门框上的相应端点绘制一个矩形面，并将绘制的矩形面创建为群组，如图 5-58 所示。

（10）双击上一步创建的群组，进入组的内部编辑状态，使用“移动”工具将矩形的下侧水平边线垂直向上移动 10mm 的距离，如图 5-59 所示。

（11）使用“推/拉”工具将矩形面推拉出 60mm 的厚度，如图 5-60 所示。

（12）使用“移动”工具将上一步推拉后的模型移到门框上的相应位置，然后将创建的入户门创建为群组移到客厅的入口位置，如图 5-61 所示。

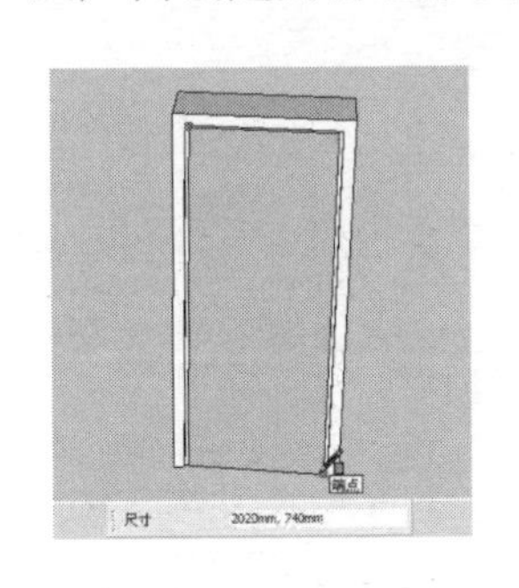
图 5-58

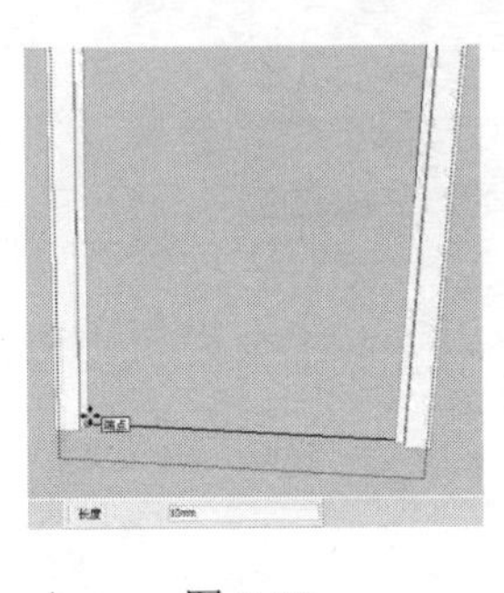
图 5-59

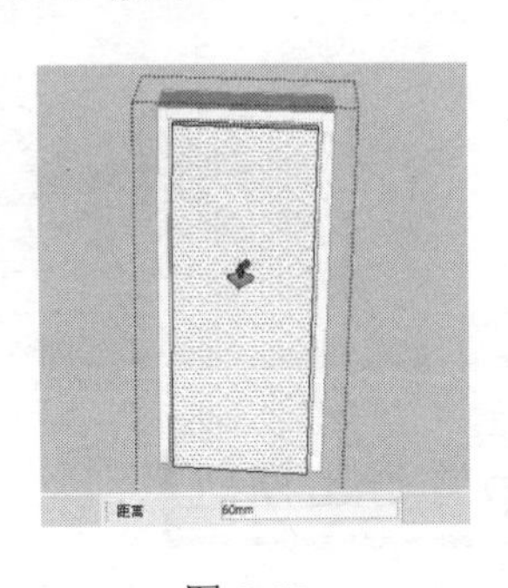
图 5-60

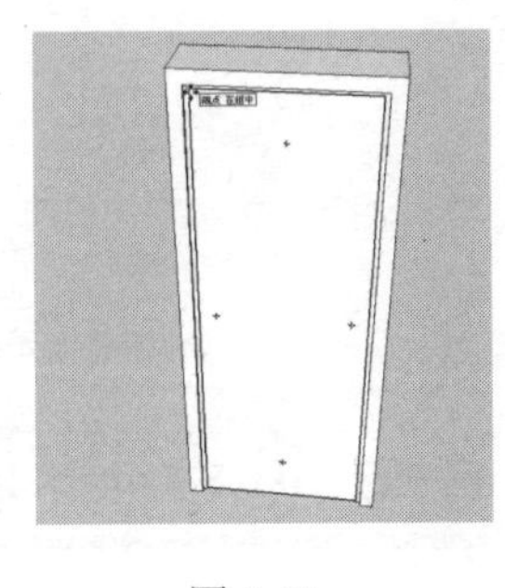
图 5-61

（13）按住【Ctrl】键，使用“选择”工具选择墙体下侧的多条边线，如图 5-62 所示。

（14）按住【Ctrl】键，使用“移动”工具将上一步选择的边线垂直向上复制一份，其移动的距离为 80mm，如图 5-63 所示。

（15）使用“推/拉”工具将上一步复制边线所产生的面推拉出 20mm 的厚度，形成踢脚线效果，如图 5-64 所示。

（16）使用“直线”工具对模型的顶部进行封面，如图 5-65 所示。

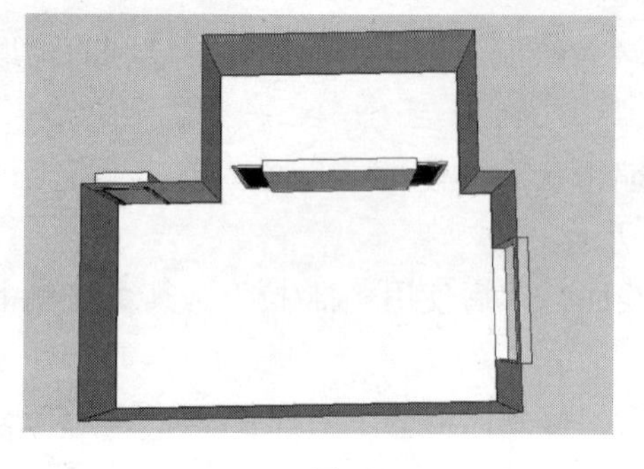

图 5-62

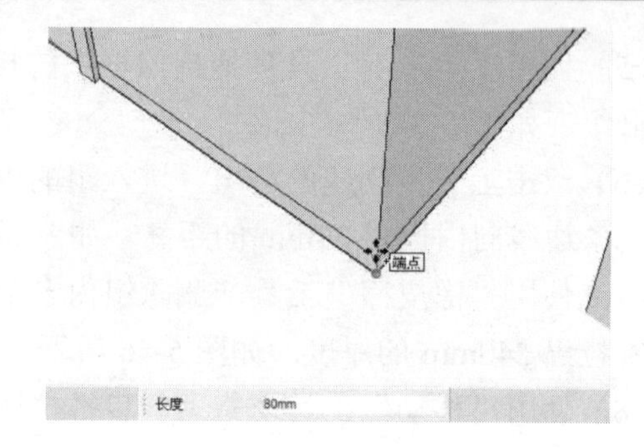

图 5-63

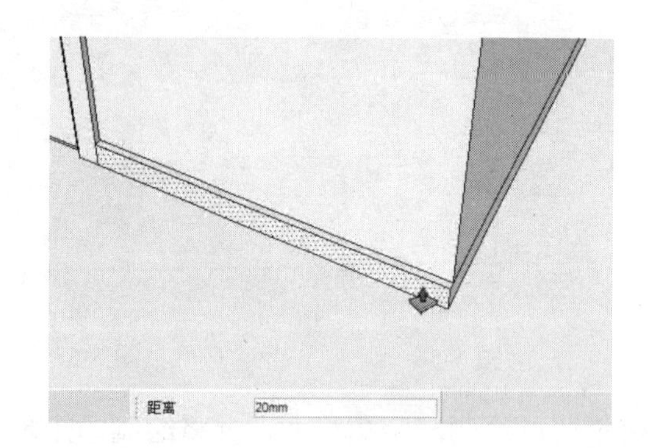

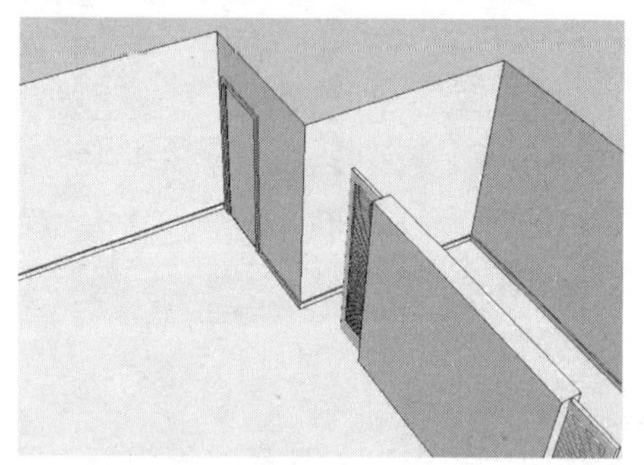

图 5-64

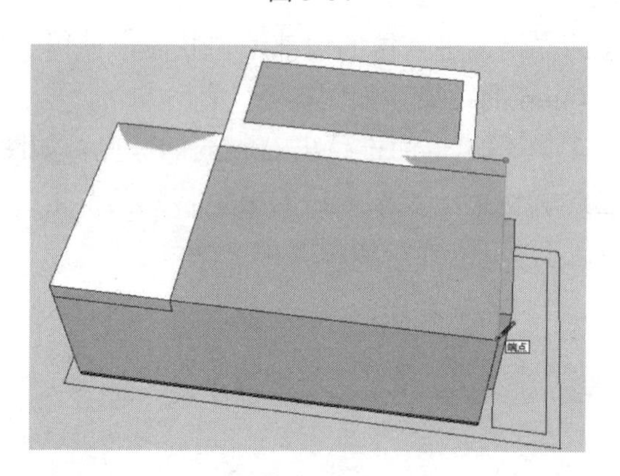

图 5-65

5.1.5 从 SketchUp 中导出模型

本节主要讲解如何将创建好的客厅模型导出为相应的格式文件，以便在 3ds Max 中进行操作，操作步骤如下：

（1）执行“文件”→“导出”→“三维模型”命令，弹出“输出模型”对话框，在其中输入文件名“客厅 SU 模型”，文件格式为“3DS 文件（*.3ds）”，如图 5-66 所示。

（2）单击“选项”按钮，弹出“3DS 导出选项”对话框，在其中设置相关的选项，单击“确定”按钮，返回“输出模型”对话框，然后单击“输出”按钮，将文件输出到相应的存储位置，如图 5-67 所示。

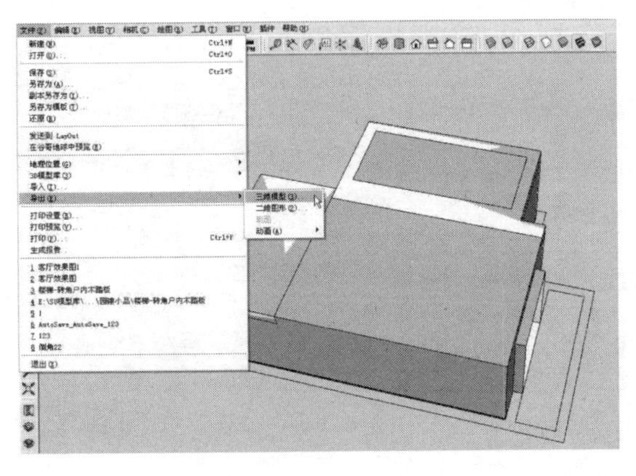
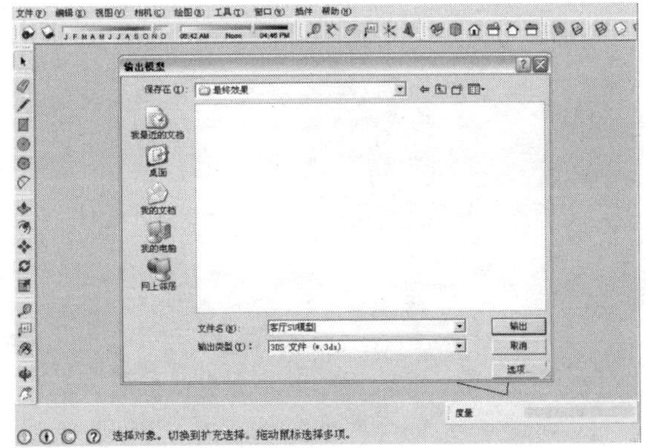

图 5-66

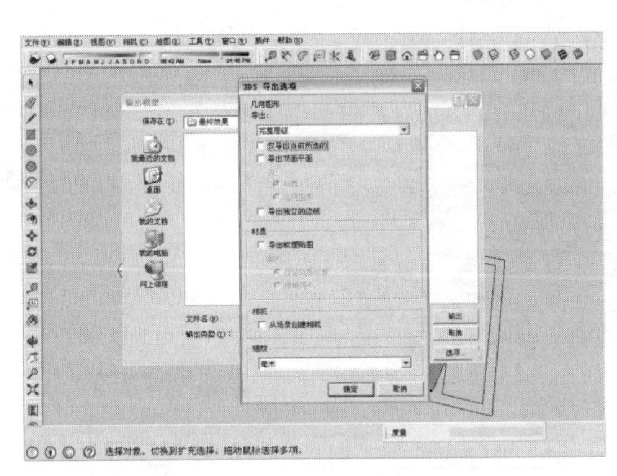
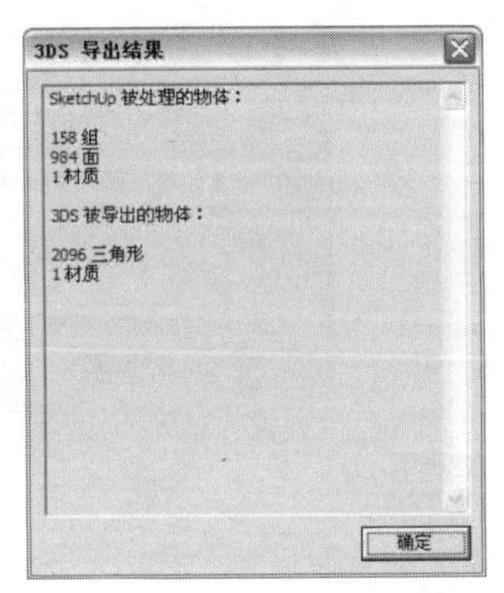

图 5-67

5.2　导入 3ds Max 软件中进行渲染

视频\05\导入 3ds Max 软件中进行渲染.avi
案例\05\最终效果\客厅效果图 PS 后.jpg

本节主要讲解如何将在 SketchUp 软件中导出的模型导入 3ds Max 软件中，并在 3ds Max 软件中为客厅场景添加相机、布置场景灯光、设置场景材质以及渲染最终图像等。

5.2.1　在 3ds Max 中导入模型

在 3ds Max 中导入模型的操作步骤如下：

（1）启动 3ds Max 2012 软件，新建一个空白的场景文件。

（2）执行“自定义”→“单位设置”命令，在弹出的“单位设置”对话框中设置系统单位，如图 5-68 所示。

（3）单击界面左上角的软件图标，然后在下拉菜单中执行“导入”→“导入”命令，在弹出的对话框中选择“案例\05\最终效果\客厅 SU 模型.3DS”文件，导入效果如图 5-69 所示。

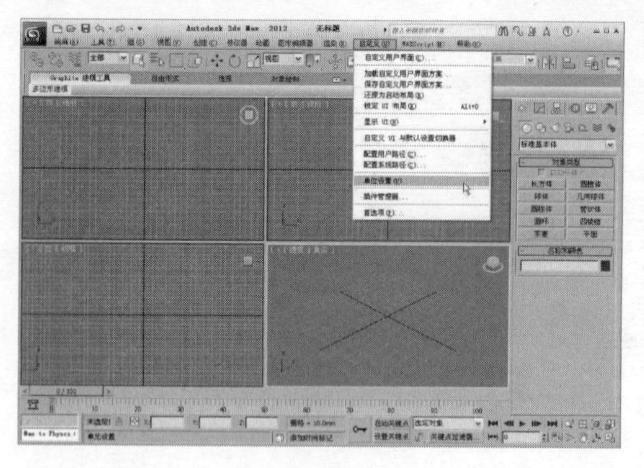

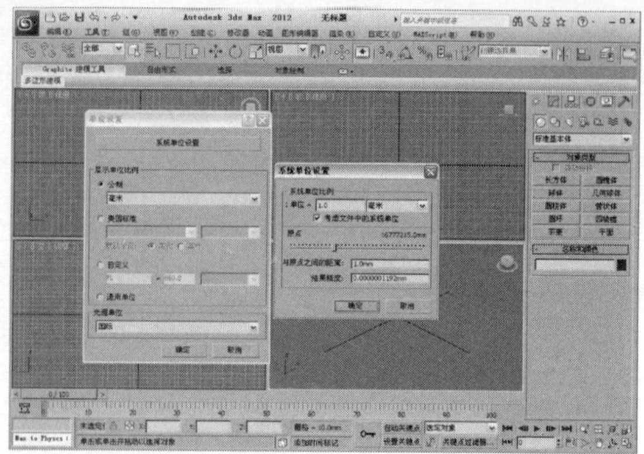

图 5-68

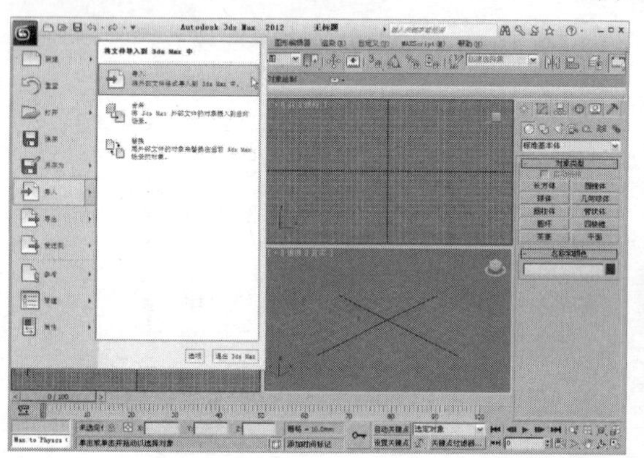

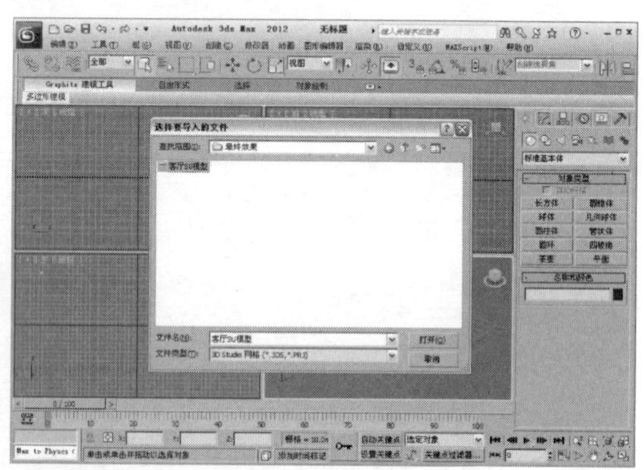

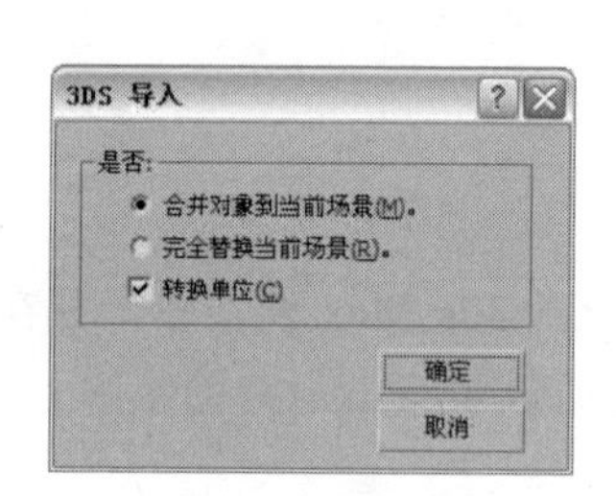

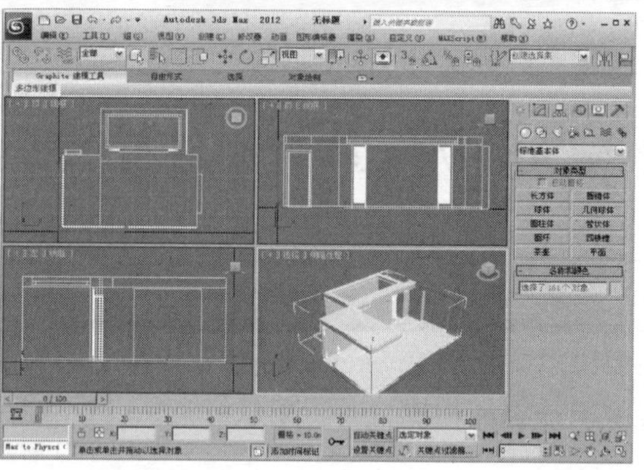

图 5-69

5.2.2 合并场景素材

合并场景素材的操作步骤如下：

（1）单击界面左上角的软件图标，然后在下拉菜单中执行“导入”→“合并”命令，将“案例\05\素材文件\合并模型\边桌组合.Max”文件合并到当前场景中，如图 5-70 所示。

（2）全选导入的边桌组合模型，执行“组”→“成组”命令将其成组，如图 5-71 所示。

（3）使用“选择并平移”工具在顶视图及前视图中将边桌模型移到图中相应的位置，如图 5-72 所示。

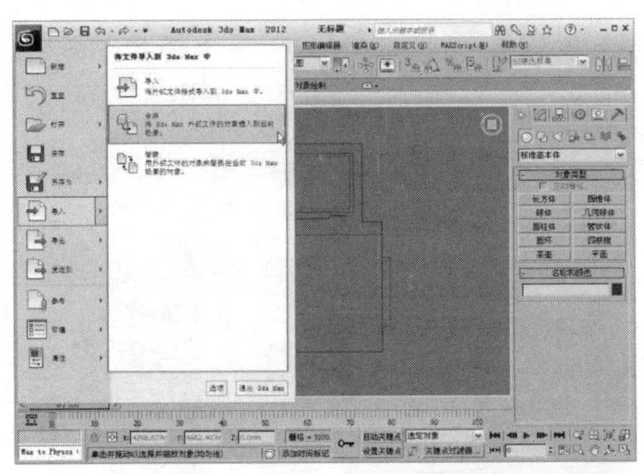

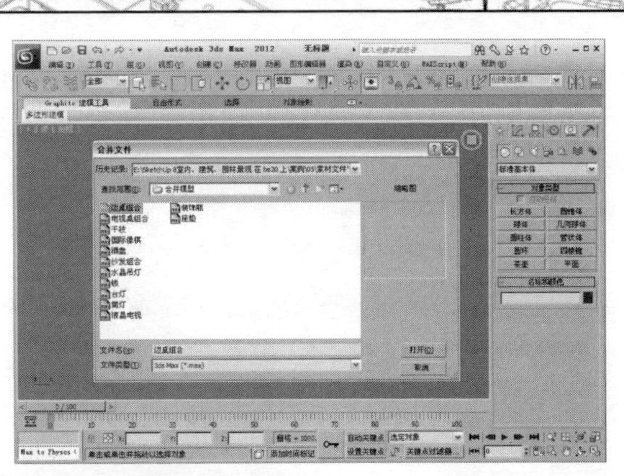

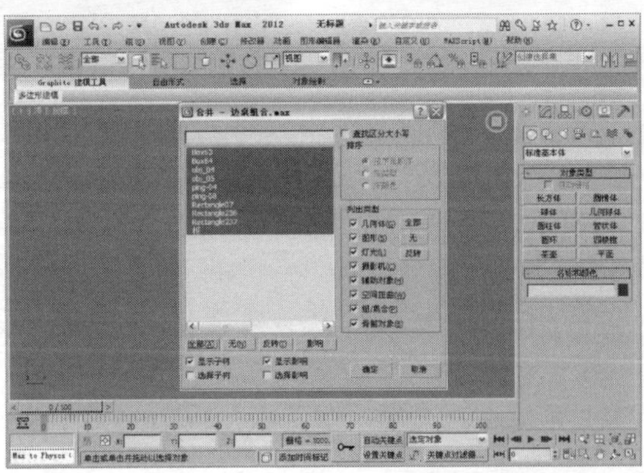

图 5-70

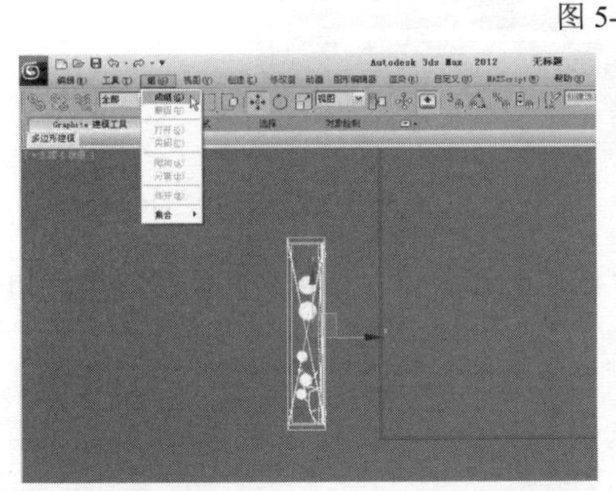

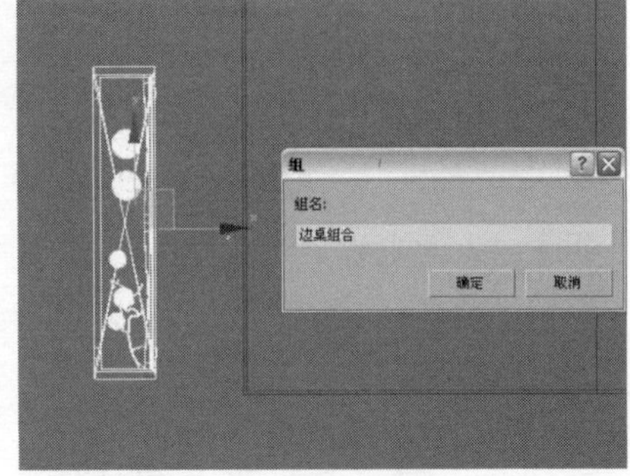

图 5-71

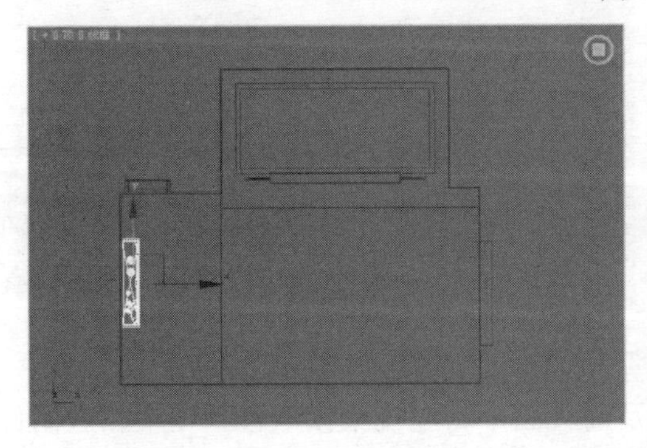

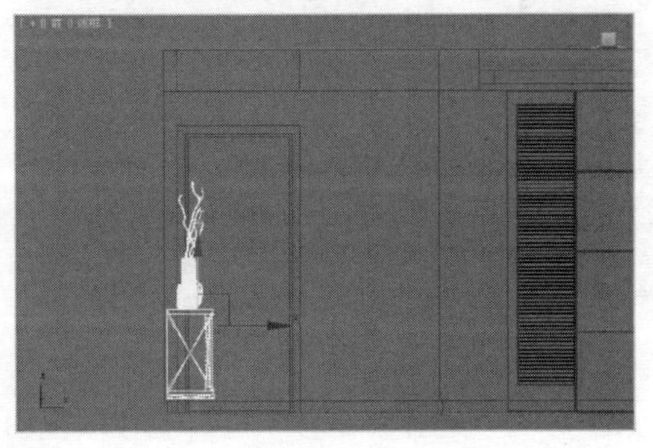

图 5-72

（4）单击界面左上角的软件图标，然后在下拉菜单中执行“导入”→“合并”命令，将“案例\05\素材文件\合并模型\电视桌组合.Max”文件合并到当前场景中，如图 5-73 所示。

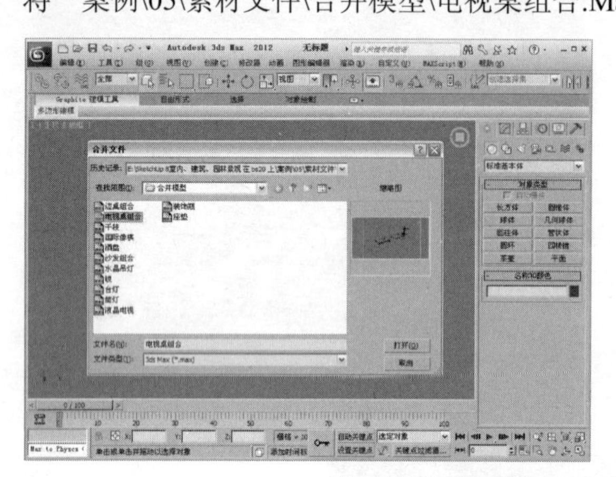

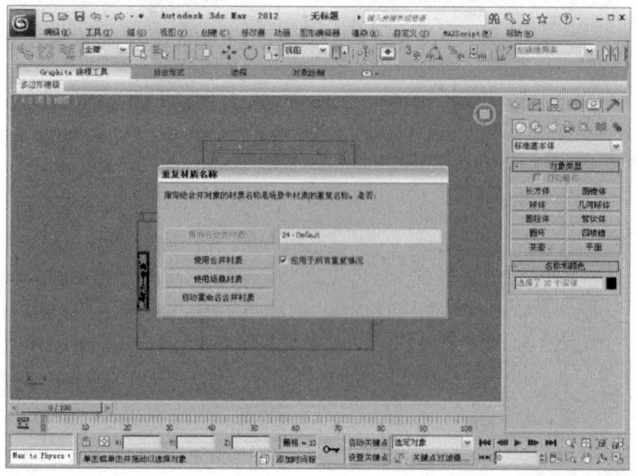

图 5-73

（5）全选导入的电视桌组合模型，执行“组”→“成组”命令将其创建成组，如图 5-74 所示。

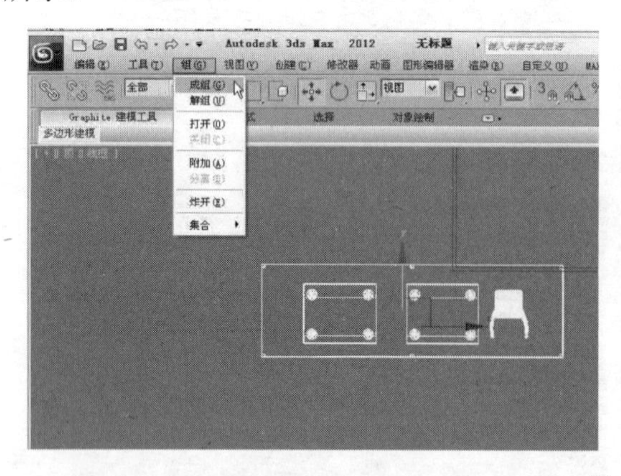

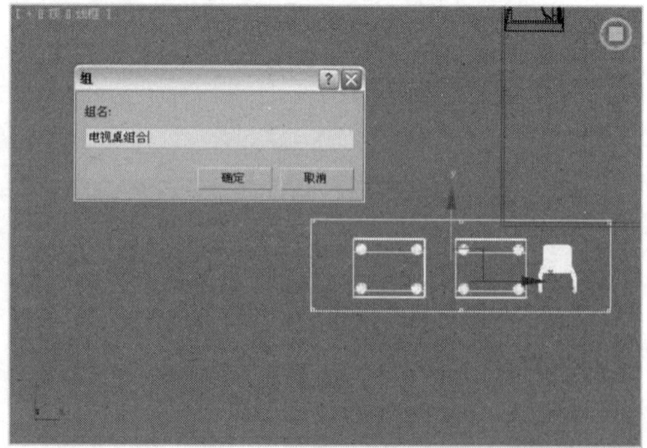

图 5-74

（6）使用“选择并平移”工具在顶视图及前视图中将电视桌模型移到图中相应的位置，如图 5-75 所示。

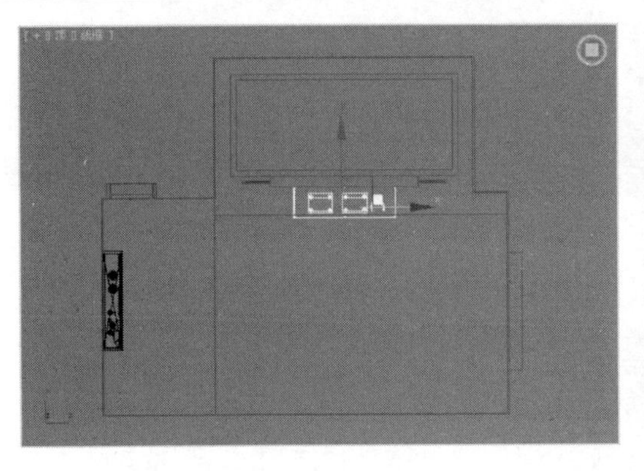
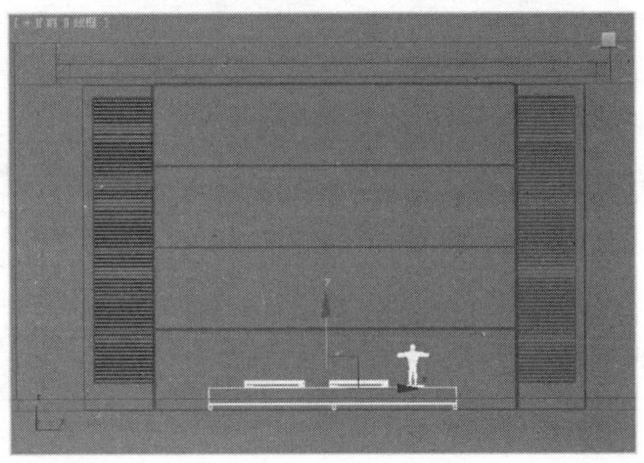

图 5-75

（7）使用相同的方法将其他模型合并到当前场景中，如图 5-76 所示。

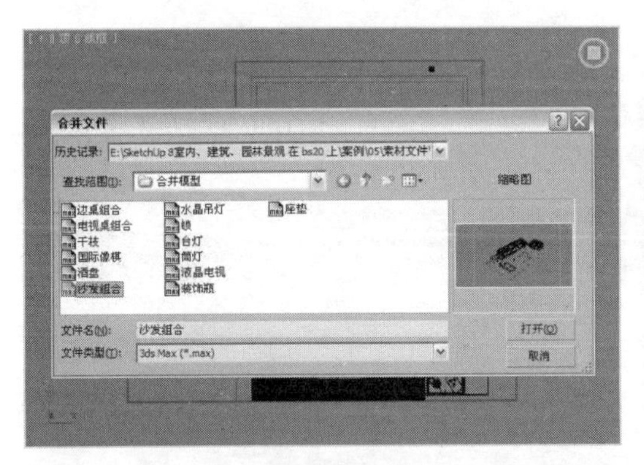

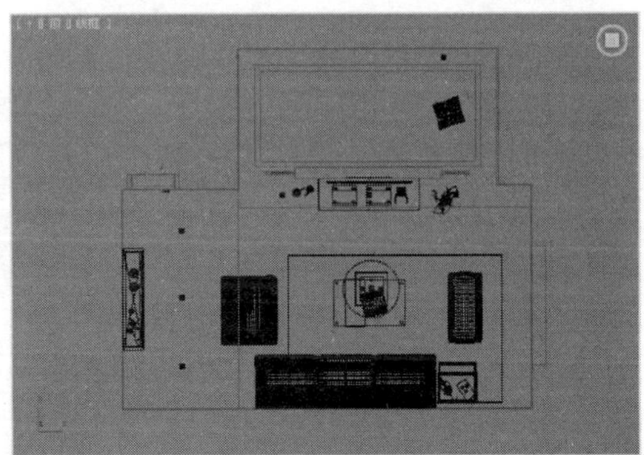

图 5-76

（8）单击命令面板中的“创建”→“几何体”→“长方体”按钮，在顶视图中创建 2100mm×30mm×500mm 的长方体；然后使用“选择并平移”工具在顶视图及前视图中调整长方体的位置，使其作为客厅入口位置的装饰画造型，如图 5-77 所示。

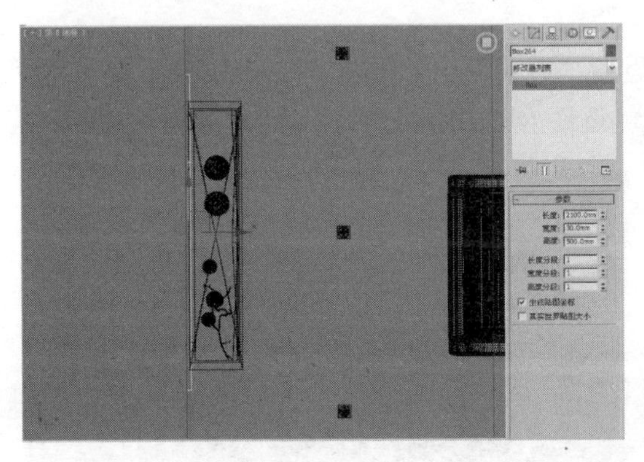
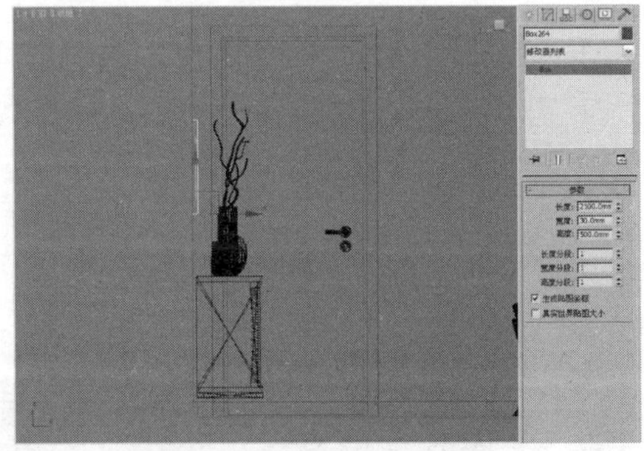

图 5-77

（9）单击命令面板中的“创建”→“几何体”→“长方体”按钮，在顶视图中创建 40mm×900mm×1200mm 的长方体；然后使用“选择并平移”工具在顶视图及前视图中调整长方体的位置，使其作为客厅电视墙后面的装饰画造型，如图 5-78 所示。

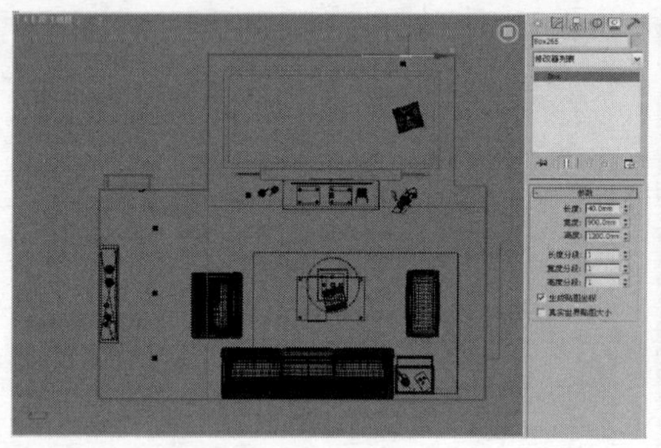
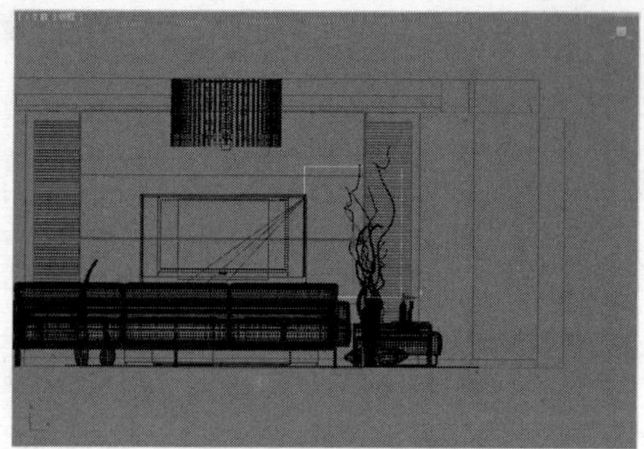

图 5-78

5.2.3 创建场景摄像机

创建场景摄像机的操作步骤如下：

（1）单击命令面板中的“创建”→“摄像机”→“目标”按钮，在顶视图中创建一架目标摄像机，如图 5-79 所示。

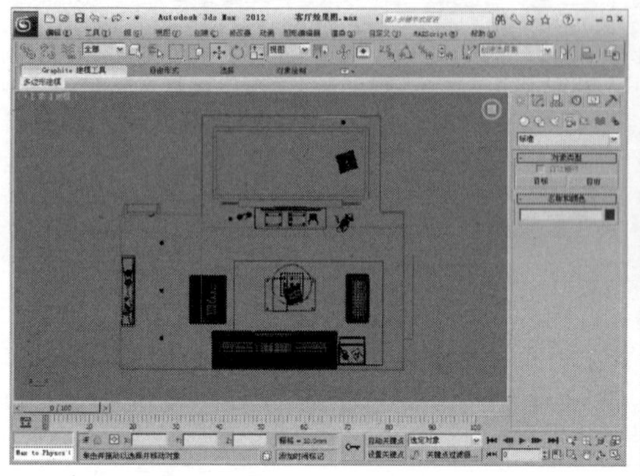
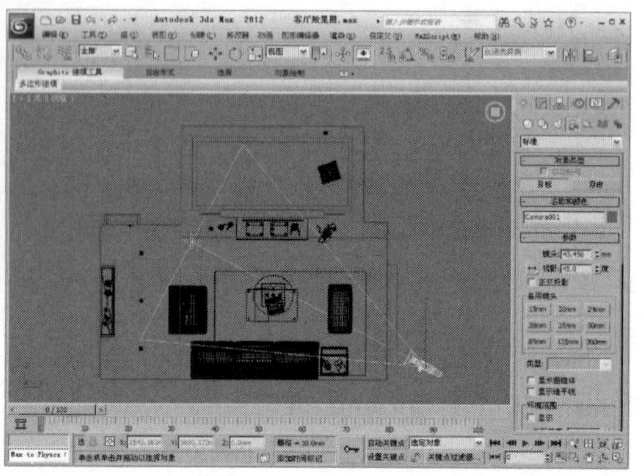

图 5-79

（2）单击命令面板中的“修改”按钮，设置“镜头”为 28mm，视野为 65.47，勾选“剪切平面”中的“手动剪切”复选框，并设置下侧近距及远距剪切的参数，如图 5-80 所示。

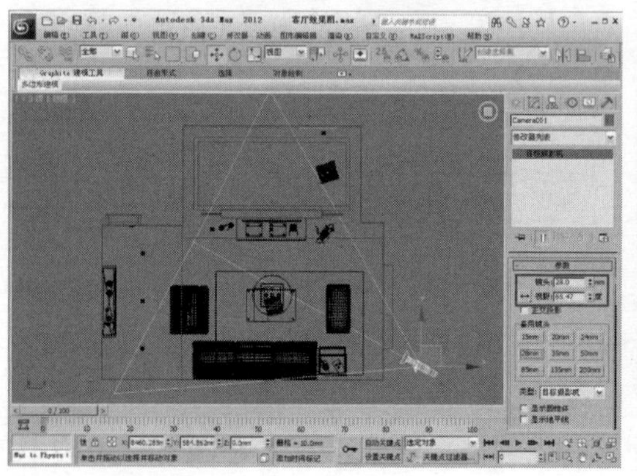
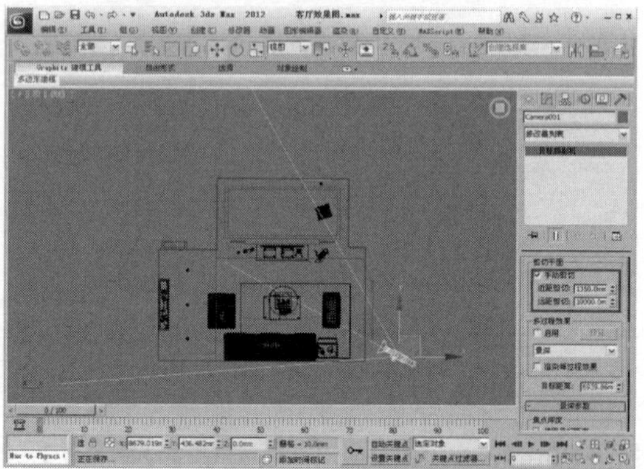

图 5-80

（3）选择创建的目标摄像机，然后右击“选择并平移”工具，在弹出的“移动变换输入”对话框中将摄像机向上移动 900mm 的高度，如图 5-81 所示。

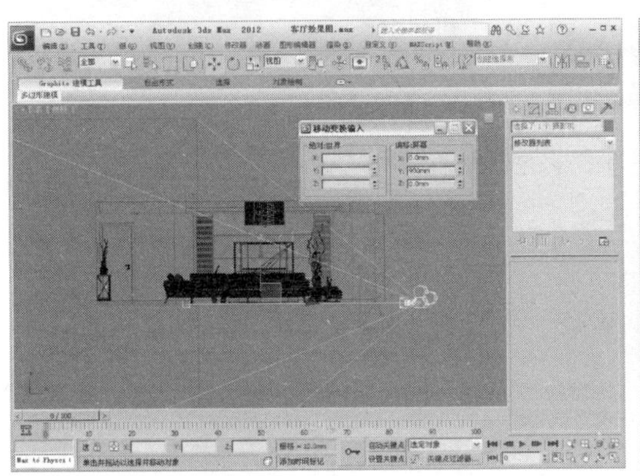

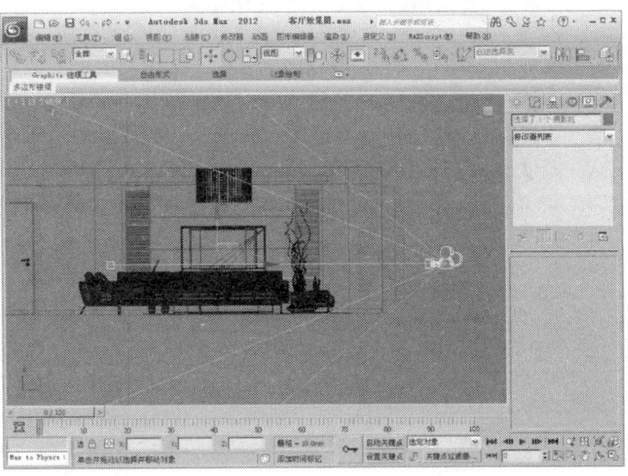

图 5-81

（4）右击视图左上角的文字，在弹出的快捷菜单中执行“显示安全框”命令，如图 5-82 所示。

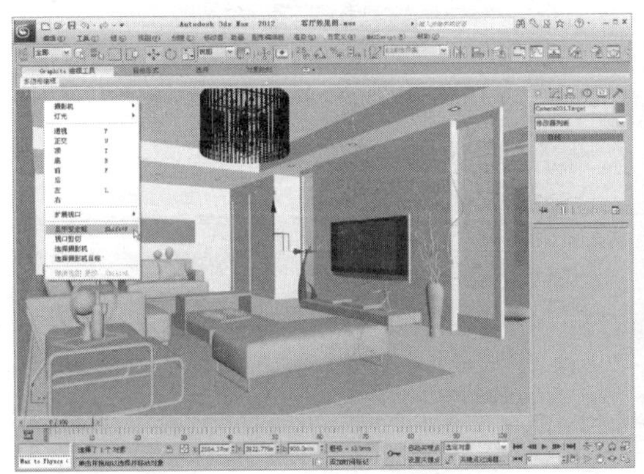

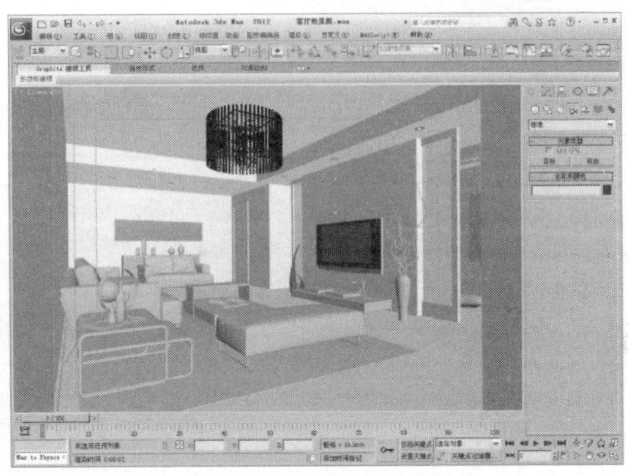

图 5-82

5.2.4　调节布光测试参数

调节布光测试参数的操作步骤如下：

（1）按【F10】键打开“渲染设置”对话框，切换到“公用”选项卡，在“公用参数”卷展栏中设置图像的输出宽高比为 400×300，如图 5-83 所示。

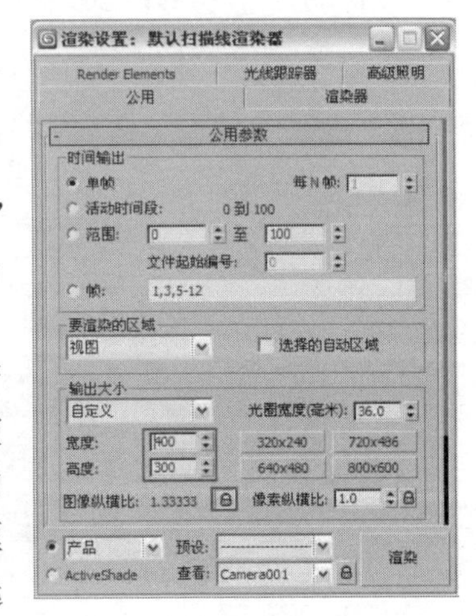

图 5-83

（2）在“公用”选项卡的“指定渲染器”卷展栏中单击“产品级”右侧的（选择渲染器）按钮，然后在弹出的“选择渲染器”对话框中选择安装好的“V-Ray Adv 2.10.01”渲染器，如图 5-84 所示。渲染器设置为 V-Ray 渲染器后，渲染场景对话框的界面发生了变化，打开其中的“V-Ray”选项卡可以看到已选择好的“V-Ray 渲染器”面板，如图 5-85 所示。

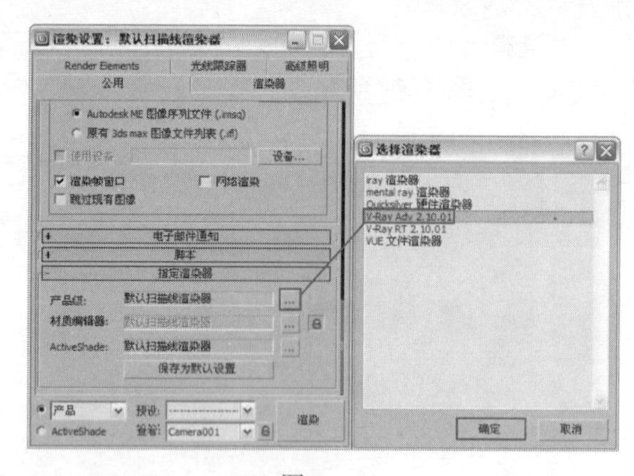

图 5-84

图 5-85

（3）在“V-Ray：全局开关［无名］”卷展栏中，设置参数如图 5-86 所示。

（4）在“V-Ray：图像采样器（反锯齿）”卷展栏中，设置参数如图 5-87 所示。

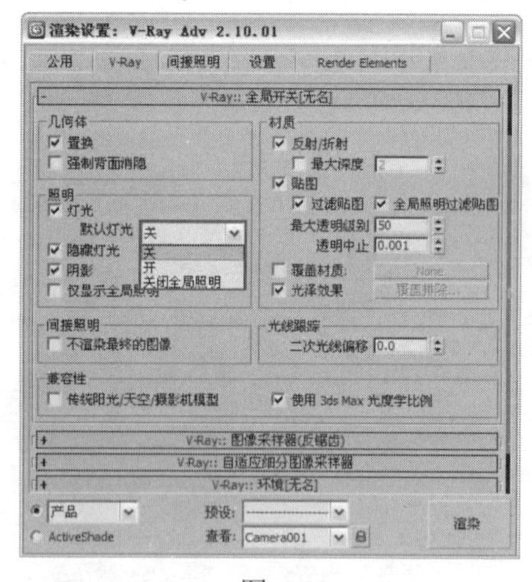

图 5-86

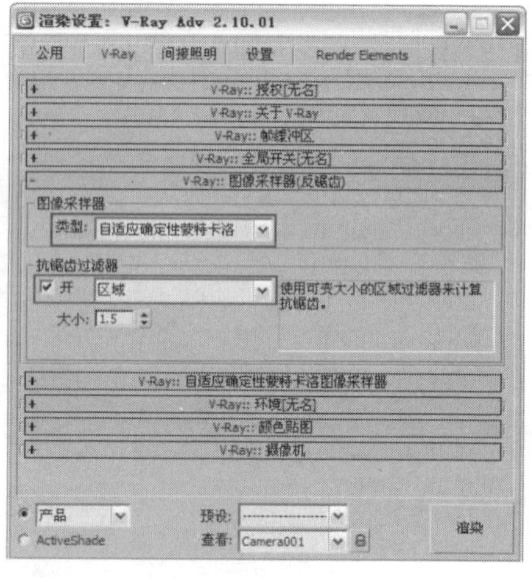

图 5-87

（5）在“V-Ray：间接照明（GI）”卷展栏中，设置参数如图 5-88 所示。

（6）在“V-Ray：发光图［无名］”卷展栏中，设置参数如图 5-89 所示。

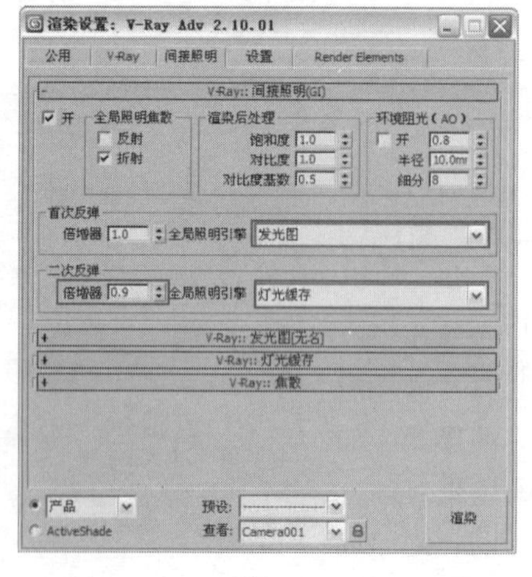

图 5-88

图 5-89

（7）在“V-Ray：确定性蒙特卡洛采样器”卷展栏中，设置参数如图 5-90 所示。

（8）在“V-Ray：颜色贴图”卷展栏中，设置参数如图 5-91 所示。

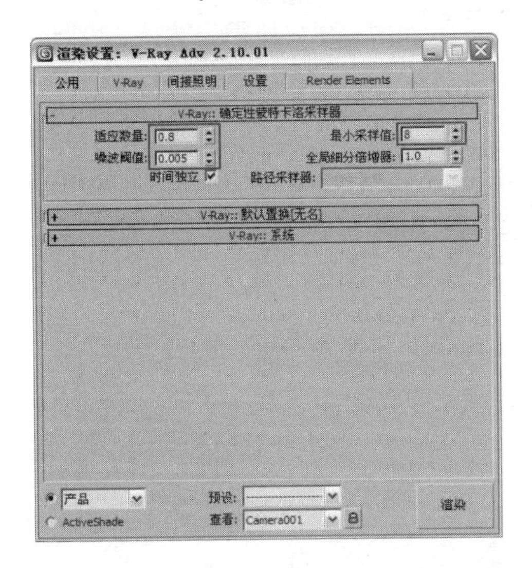

图 5-90

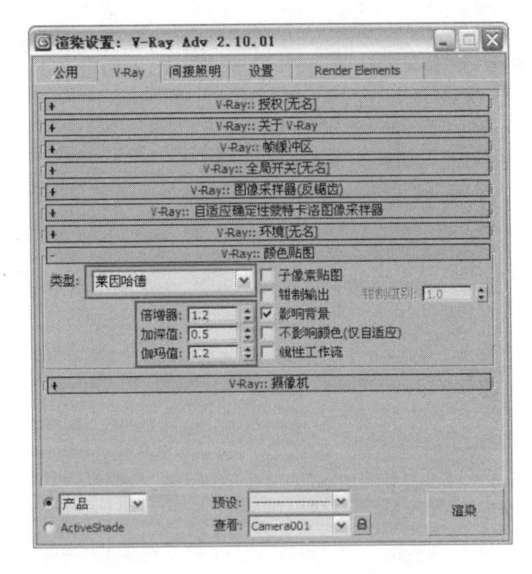

图 5-91

预设测试渲染参数是根据自身的经验和计算机本身的硬件配制得到的一个相对低的渲染设置，读者在这里可以作为参考，也可以自行尝试其他的参数设置。

（9）按【M】键打开“材质编辑器”对话框，选择一个空白材质球，单击 Standard （标准）按钮，在弹出“材质/贴图浏览器”对话框中选择“VR 材质”，并将材质命名为“白模”，具体参数设置如图 5-92 所示。

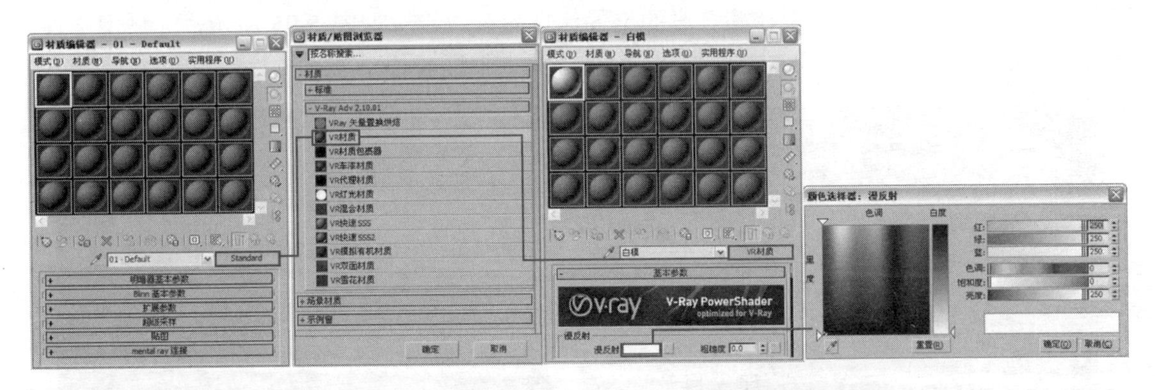

图 5-92

漫反射为物体的漫反射颜色，即物体的表面颜色。通过单击色块可以调整它自身的颜色。单击“漫反射”右侧的贴图按钮可以选择不同的贴图类型。

（10）按【F10】键打开“渲染设置”对话框，进入“V-Ray”选项卡，在“V-Ray：全局开关［无名］”卷展栏中勾选“覆盖材质”复选框，然后进入“材质编辑器”对话框，将“白模”的材质球拖到“覆盖材质”右侧的 None 贴图通道按钮上，并以“实例”的方法进行关联复制，具体参数设置如图 5-93 所示。

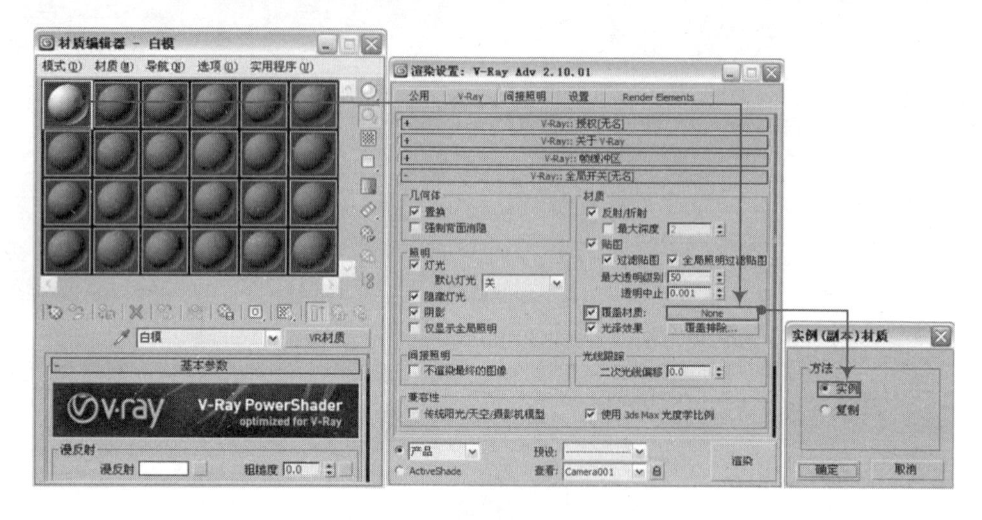

图 5-93

5.3 为场景添加灯光系统

本场景光线来源主要为室外天光和室内灯光，操作步骤如下：

（1）首先创建客厅入口位置的筒灯灯光，在顶视图中单击（创建）按钮，进入“创建命令”面板，单击（灯光）按钮，在下拉列表框中选择“光度学”选项。然后在“对象类型”卷展栏中单击“自由灯光”按钮，在如图 5-94 所示的位置创建一盏自由灯光来模拟筒灯灯光，并在顶视图及前视图中调整灯光的位置，灯光参数设置如图 5-95 所示，光域网文件为本书配套光盘中的“案例\05\素材文件\光域网\竹筒牛眼灯.ies”文件。

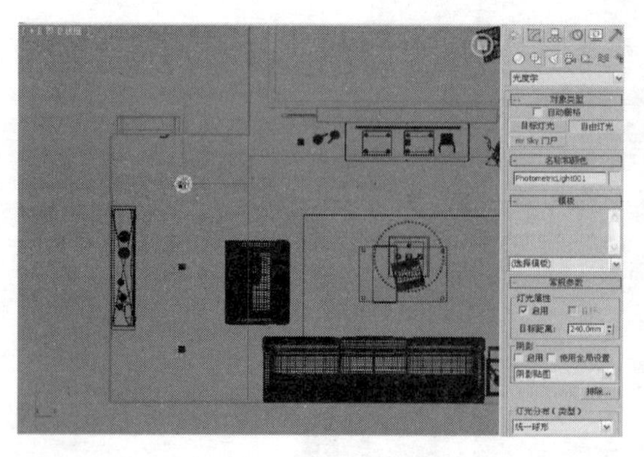
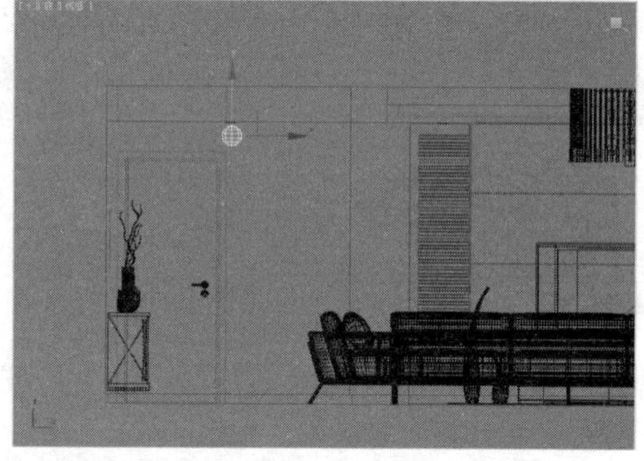

图 5-94

（2）使用“选择并平移”工具将上一步创建的筒灯以实例的方式复制两盏到场景中的相应位置，如图 5-96 所示。

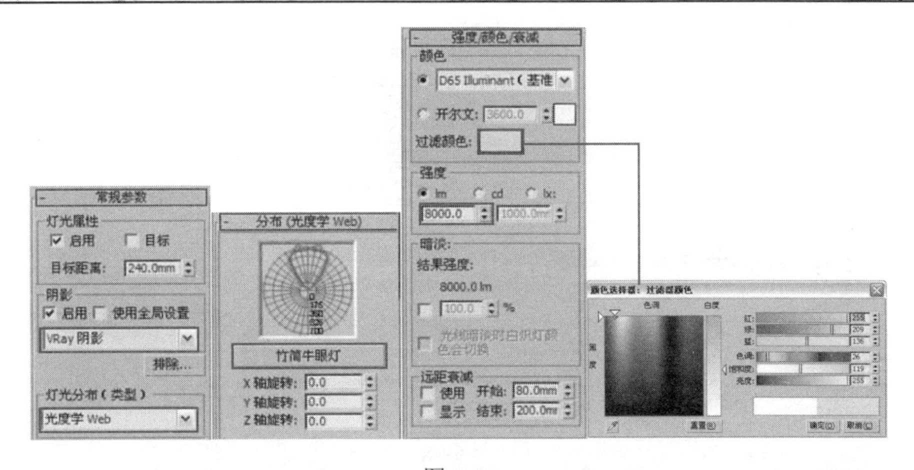

图 5-95

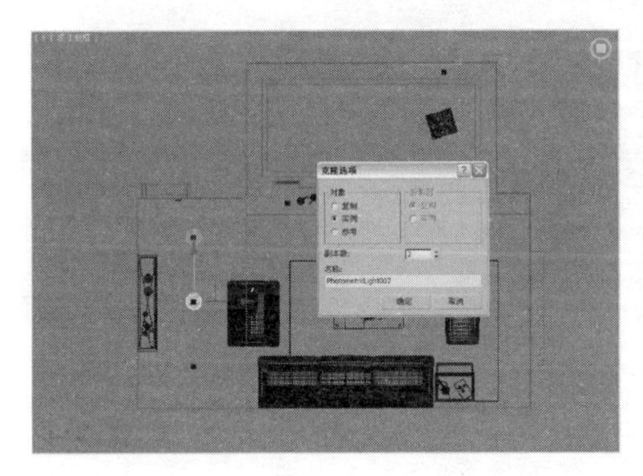

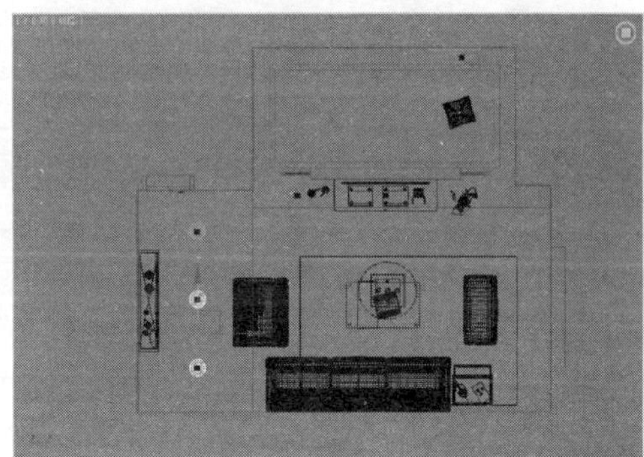

图 5-96

（3）创建客厅吊顶位置的筒灯灯光。在顶视图中单击 （创建）按钮，进入“创建命令”面板，单击 （灯光）按钮，在下拉列表框中选择“光度学”选项。然后在“对象类型”卷展栏中单击“自由灯光”按钮，在如图 5-97 所示的位置创建一盏自由灯光来模拟筒灯灯光，并在顶视图及前视图中调整灯光的位置，灯光参数设置如图 5-98 所示。光域网文件为本书配套光盘中的“案例\05\素材文件\光域网\筒灯.ies”文件。

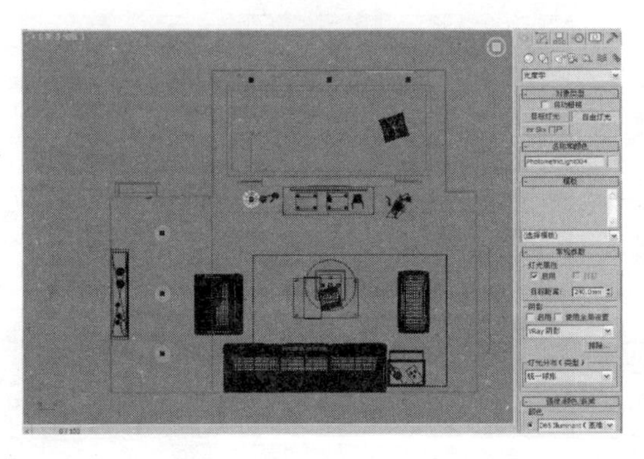

图 5-97

（4）使用“选择并平移”工具 将上一步创建的筒灯以实例的方式复制 5 盏到场景中的相应位置，如图 5-99 所示。

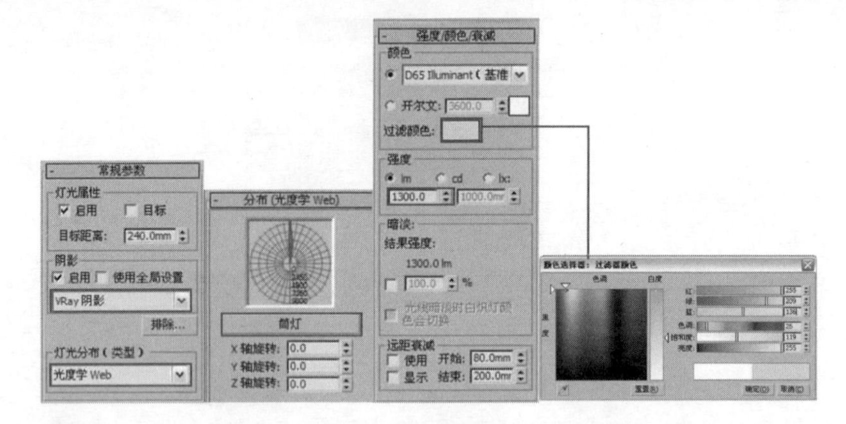

图 5-98

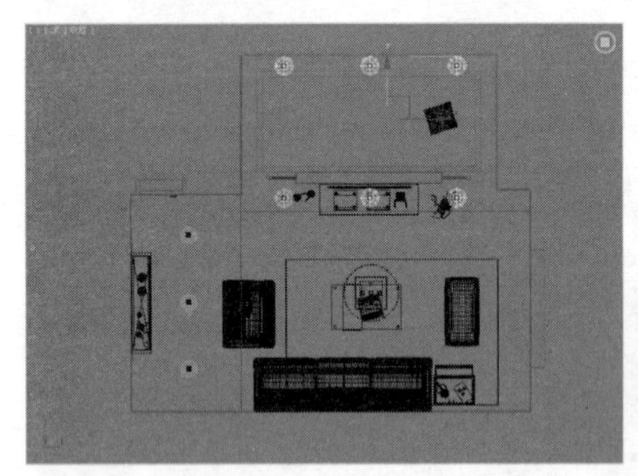

图 5-99

（5）按【F9】键对摄像机视图进行渲染，此时场景中的灯光效果如图 5-100 所示。

（6）使用“选择并平移”工具将前面创建的 6 盏筒灯在顶视图中调整到如图 5-101 所示的位置。

图 5-100

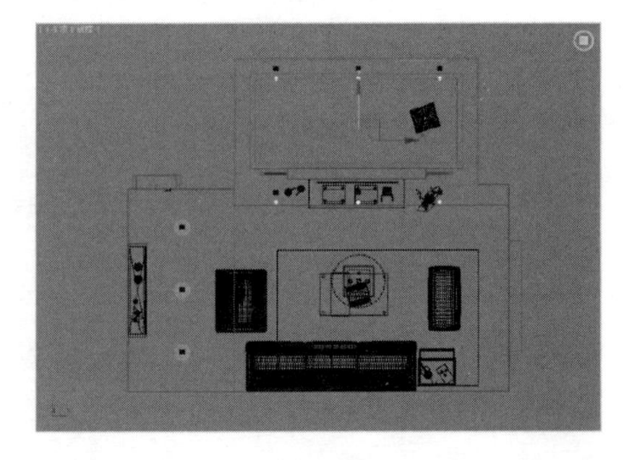

图 5-101

（7）创建筒灯下侧发光灯片的灯光。在顶视图中单击（创建）按钮，进入“创建命令”面板，单击（灯光）按钮，在下拉列表框中选择“VRay”选项。然后在“对象类型”卷展栏中单击“VR 灯光”按钮，在如图 5-102 所示的位置创建一盏 VRay 灯光，并在顶视图及前视图中调整发光灯片的位置，灯光参数设置如图 5-103 所示。

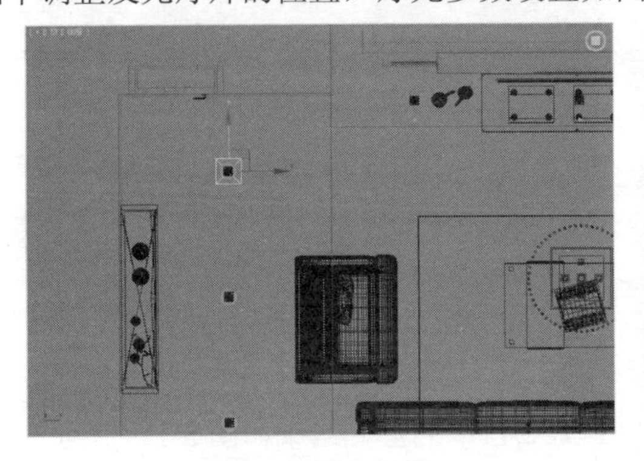

图 5-102

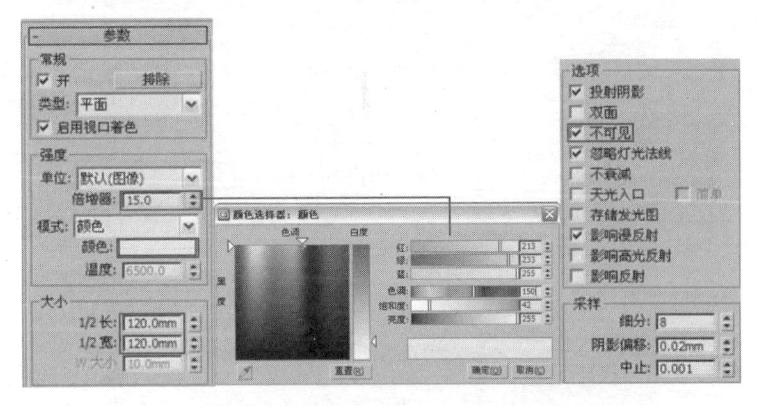

图 5-103

（8）使用“选择并平移”工具将上一步创建的 VRay 灯光复制 8 盏并布置到如图 5-104 所示的位置。

（9）选择前面创建的 9 盏 VRay 灯光，然后单击主工具栏上的“镜像”按钮，将其镜像复制一份，如图 5-105 所示。

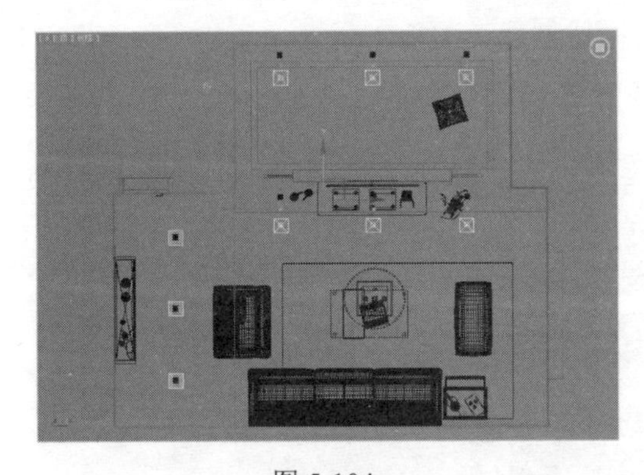

图 5-104

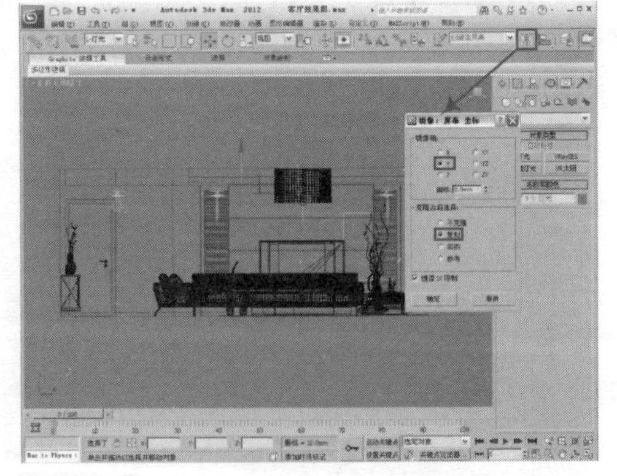

图 5-105

（10）使用“选择并平移”工具。在顶视图及前视图中调整镜像复制的 9 盏发光灯片的位置，如图 5-106 所示。

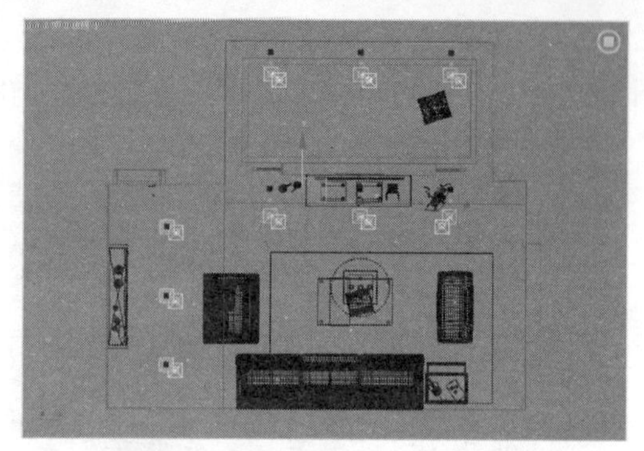

图 5-106

（11）按【F9】键对摄像机视图进行渲染，此时场景中的灯光效果如图 5-107 所示。

图 5-107

（12）创建吊灯下侧发光灯片的灯光。在顶视图中单击（创建）按钮，进入“创建命令”面板，单击（灯光）按钮，在下拉列表框中选择“VRay”选项。然后在“对象类型”卷展栏中单击“VR 灯光”按钮，在如图 5-108 所示的位置创建一盏 VRay 灯光，并在顶视图及前视图中调整发光灯片的位置，灯光参数设置如图 5-109 所示。

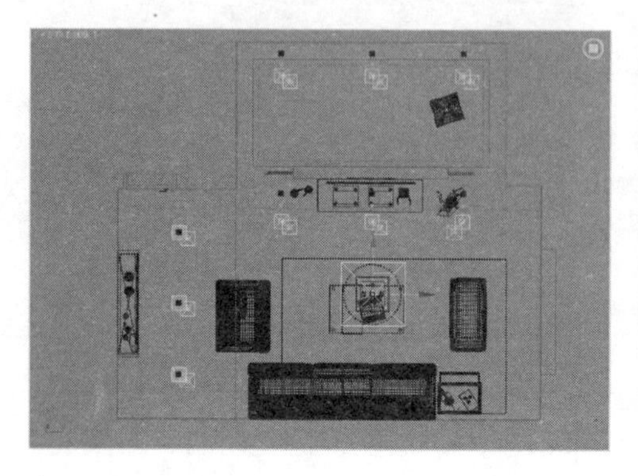
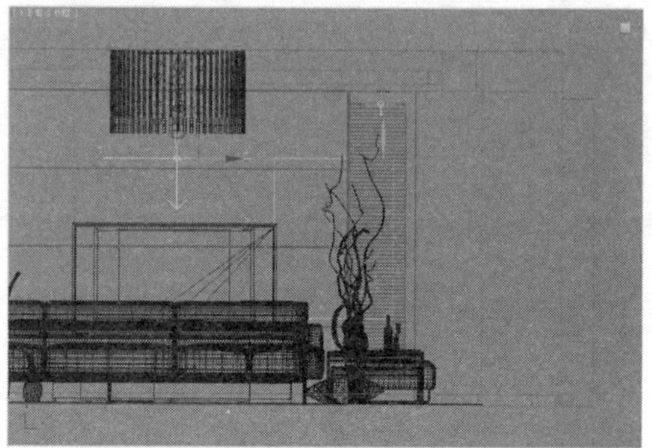

图 5-108

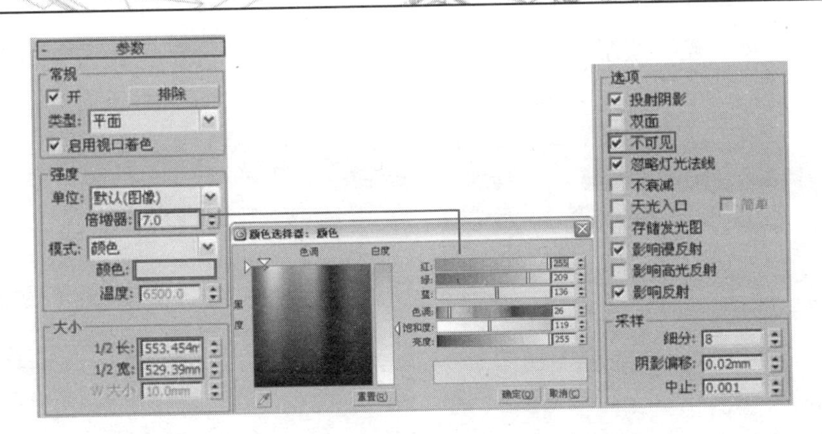

图 5-109

（13）创建台灯内部的灯光。在顶视图中单击（创建）按钮，进入“创建命令”面板，单击（灯光）按钮，在下拉列表框中选择“VRay”选项。然后在“对象类型”卷展栏中单击“VR 灯光”按钮，在如图 5-110 所示的位置创建一盏 VRay 球体灯光，并在顶视图及前视图中调整灯光的位置，灯光参数设置如图 5-111 所示。

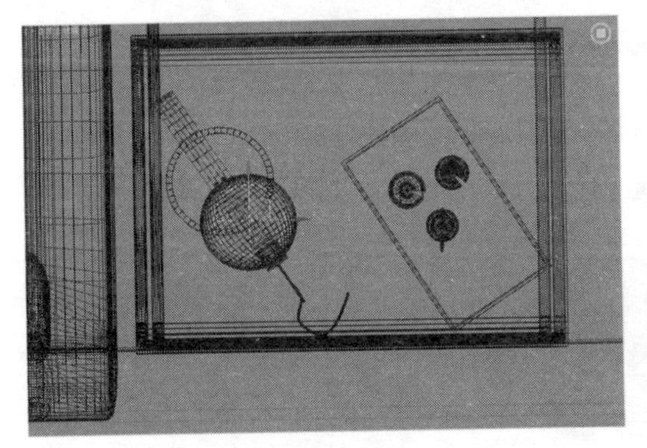
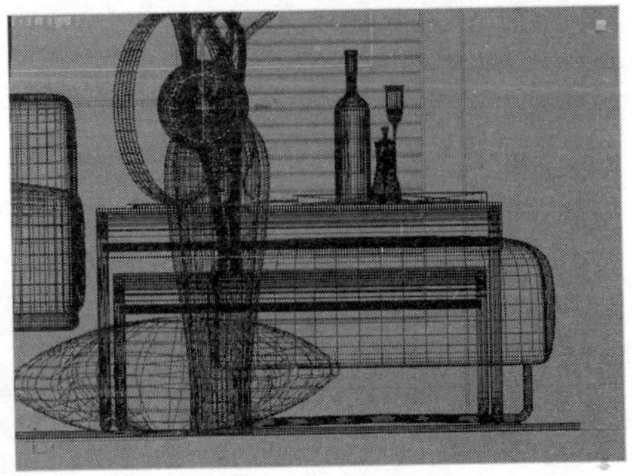

图 5-110

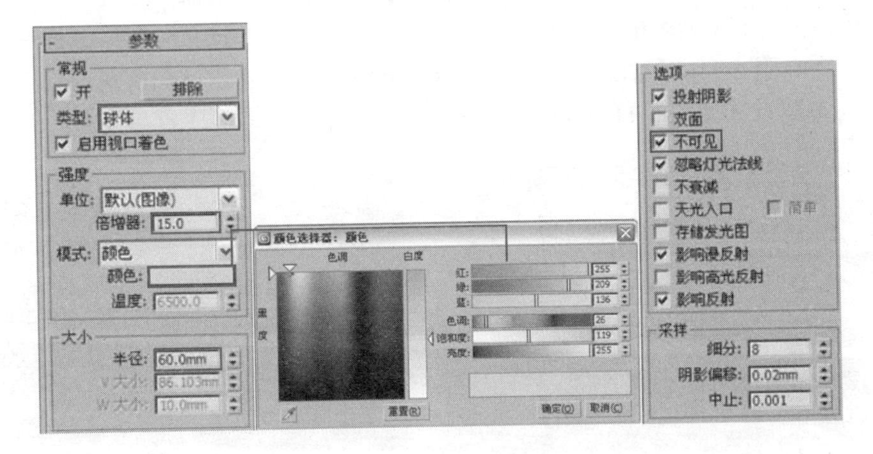

图 5-111

（14）创建吊顶灯槽内发光灯片的灯光。在顶视图中单击（创建）按钮，进入“创建命令”面板，单击（灯光）按钮，在下拉列表框中选择“VRay”选项。然后在“对象类型”

卷展栏中单击“VR 灯光”按钮，在如图 5-112 所示位置创建一盏 VRay 灯光，并在顶视图及前视图中调整发光灯片的位置，灯光参数设置如图 5-113 所示。

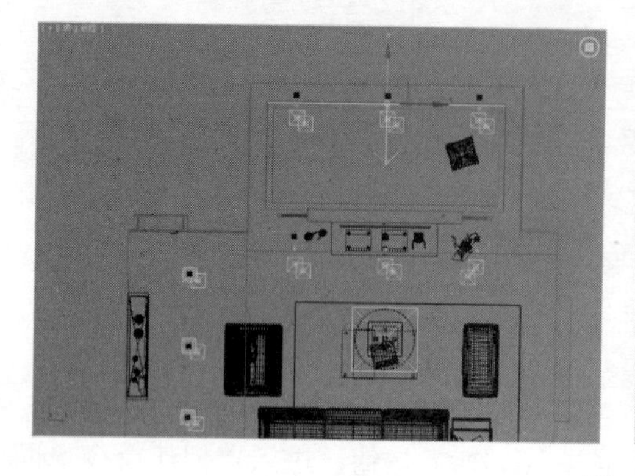

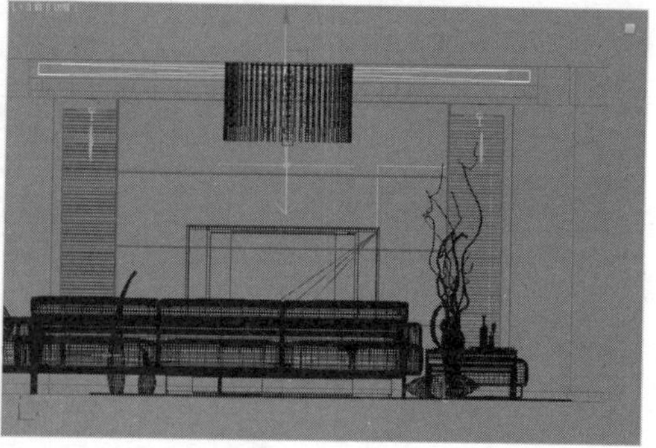

图 5-112

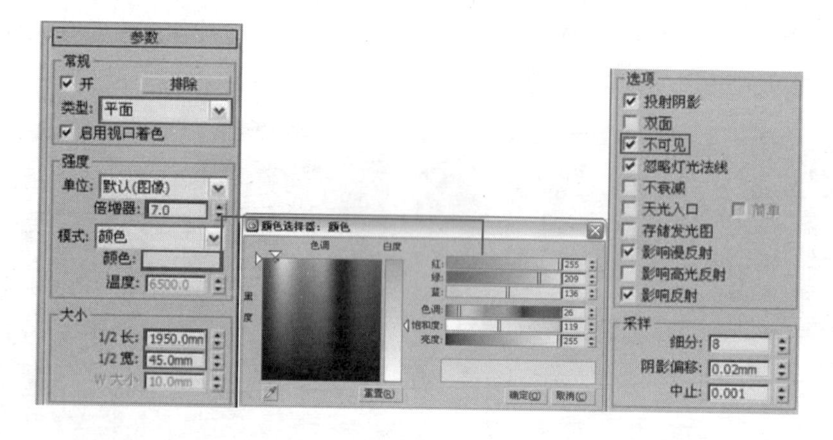

图 5-113

（15）最后创建室外部分的自然光，单击 （创建）按钮，进入“创建命令”面板，单击 （灯光）按钮，在下拉列表框中选择“VRay”选项。然后在“对象类型”卷展栏中单击“VR 灯光”按钮，在如图 5-114 所示的位置创建一盏 VRay 灯光，并在顶视图及前视图中调整发光灯片的位置，参数设置如图 5-115 所示。

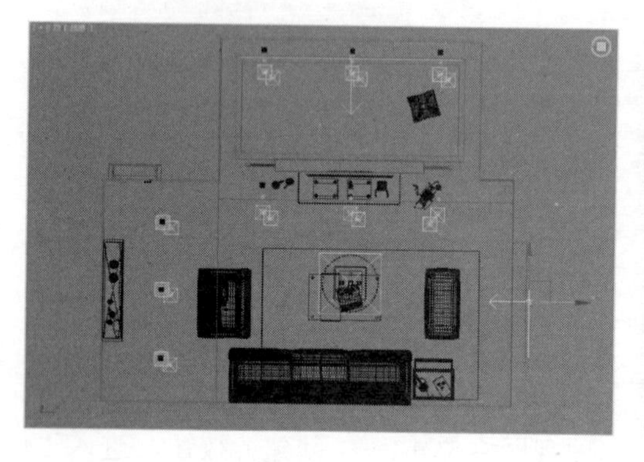

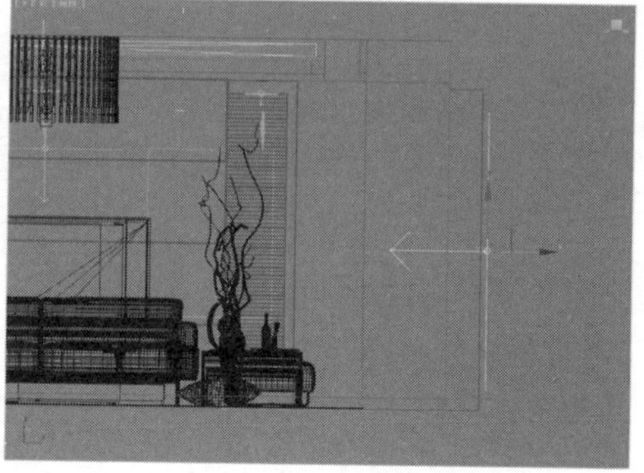

图 5-114

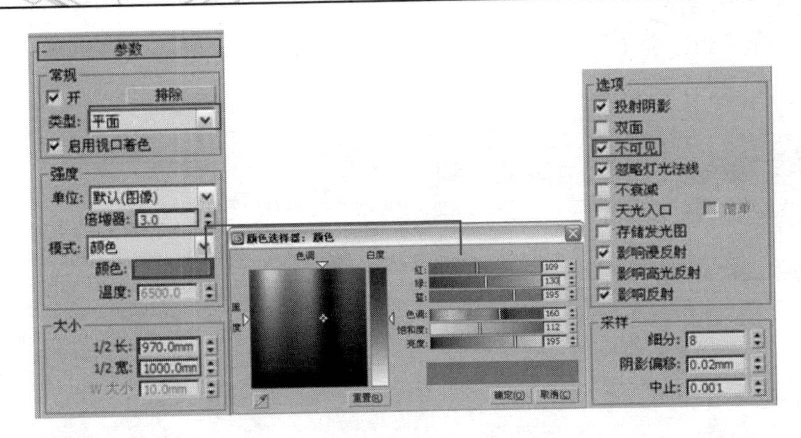

图 5-115

（16）按【F9】键对摄像机视图进行渲染，此时场景中的灯光效果如图 5-116 所示。

图 5-116

5.4　为模型赋予相应的材质

该客厅场景的材质比较丰富，主要集中在地面瓷砖、墙面涂料及木质等材质的设置上。设置场景材质的操作步骤如下：

（1）在设置场景材质前，首先要取消前面对场景物体的材质替换状态，按【F10】键打开“渲染设置”对话框，在“V-Ray：全局开关［无名］”卷展栏中取消勾选“覆盖材质”复选框，如图 5-117 所示。

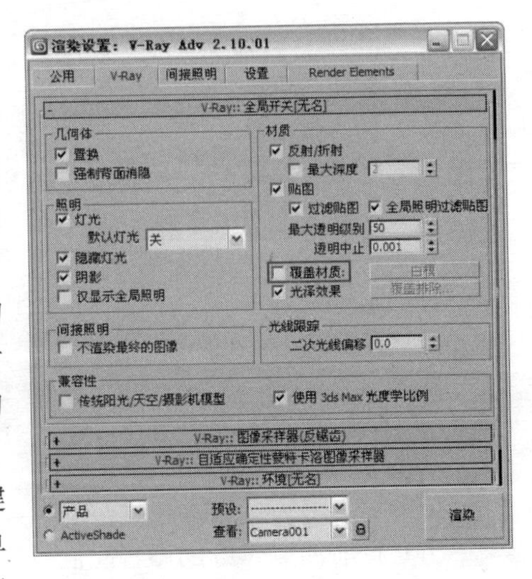

图 5-117

（2）首先设置墙面及吊顶的涂料材质，按【M】键打开“材质编辑器”对话框，选择一个空白材质球，单击 Standard （标准）按钮，在弹出的“材质/贴图浏览器”对话框中选择“VR 材质”，并将材质命名为“白乳胶漆”，具体参数设置如图 5-118 所示。

图 5-118

（3）参考上一步的方法，创建出其他两种乳胶漆材质，分别为“黄乳胶漆”及“枯黄乳胶漆”，具体参数设置如图 5-119 和图 5-120 所示。

图 5-119

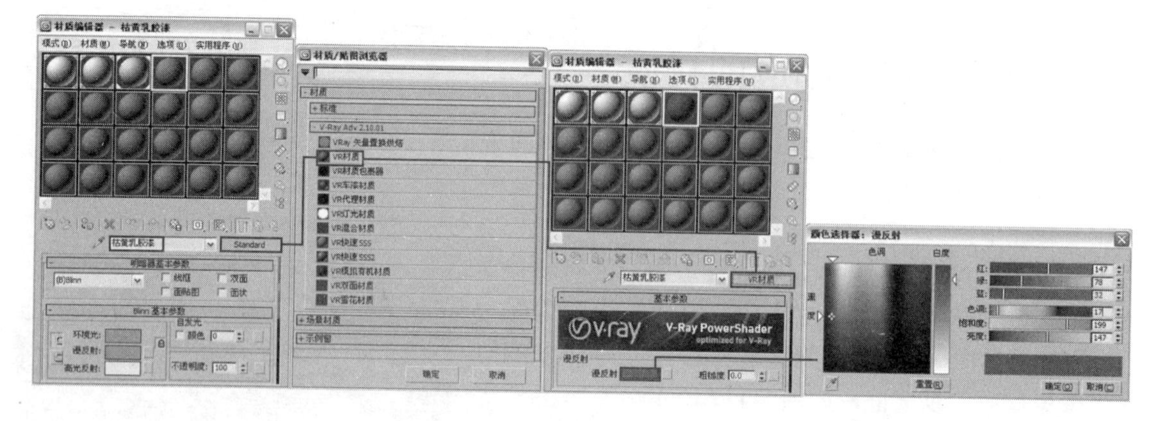

图 5-120

（4）将前面制作好的 3 种乳胶漆材质分别赋予客厅的相应墙面及吊顶，然后按【F9】键对摄像机视图进行渲染，此时场景的效果如图 5-121 所示。

图 5-121

（5）设置电视墙及地面的光面大理石材质。在“材质编辑器”中选择一个空白材质球，接着将其设置为“VR 材质”，并将材质命名为“光面大理石”。单击“漫反射”右侧的贴图通道按钮，为其添加一个“位图”贴图，具体参数设置如图 5-122 所示。贴图文件为本书配套光盘相关章节中的“大理石.jpg”文件。

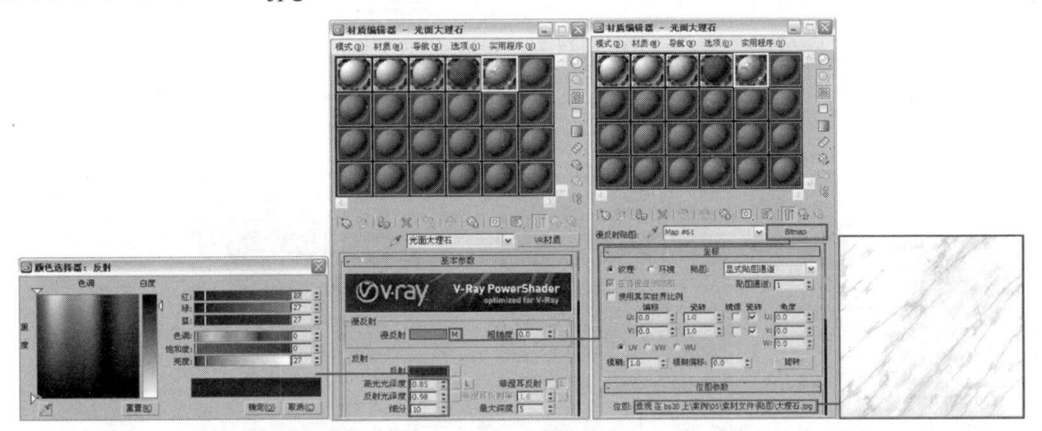

图 5-122

（6）将前面制作好的“光面大理石”材质指定给电视墙及客厅地面，如图 5-123 所示。

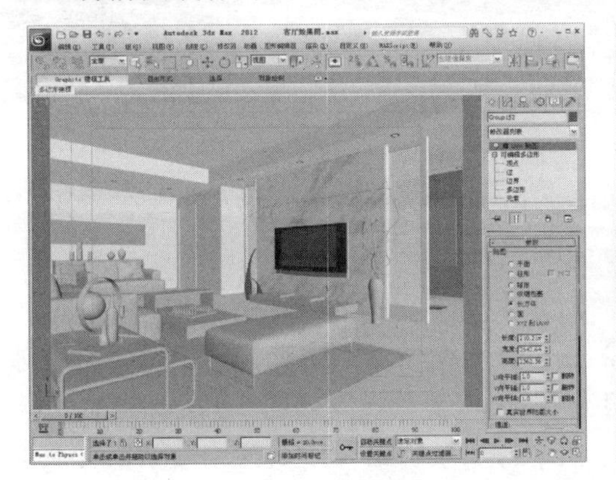

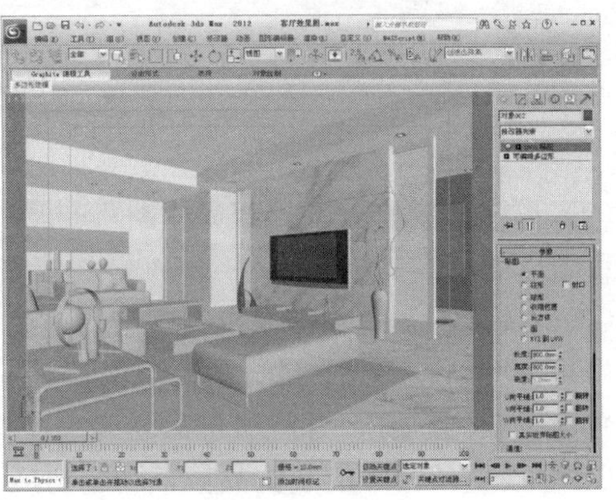

图 5-123

（7）按【F9】键对摄像机视图进行渲染，光面大理石材质的效果如图 5-124 所示。

图 5-124

（8）设置场景中的亚光木材材质。在“材质编辑器”中选择一个空白材质球，将其设置为“VR 材质”，并将材质命名为“亚光木材”。单击“漫反射”右侧的贴图通道按钮，为其添加一个“位图”贴图，具体参数设置如图 5-125 所示。贴图文件为本书配套光盘相关章节中的“紫檀木.tif”文件。

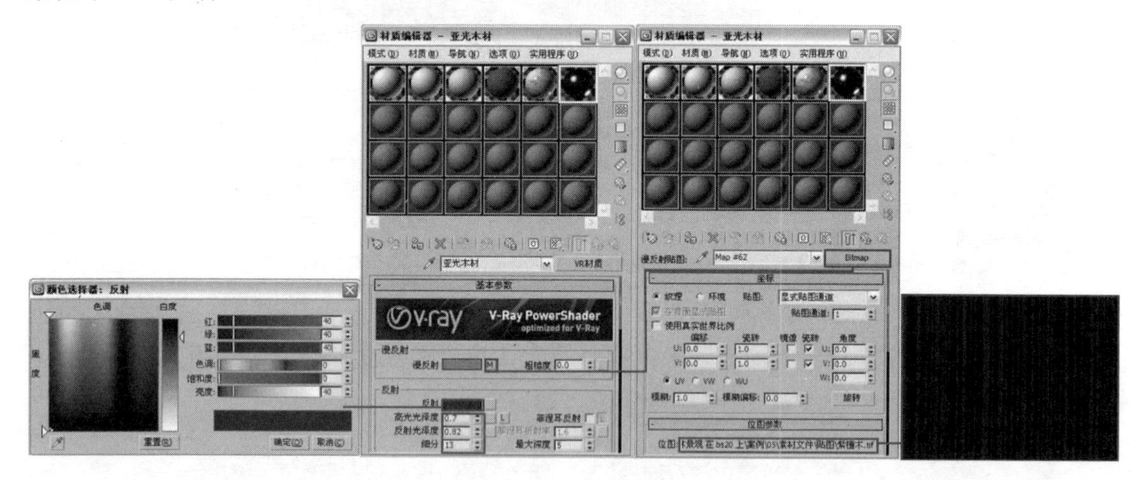

图 5-125

（9）将前面制作好的“亚光木材”材质指定给电视墙两侧的木隔断、电视柜、茶几、装饰柜模型，如图 5-126 所示。

（10）按【F9】键对摄像机视图进行渲染，亚光木材材质的效果如图 5-127 所示。

（11）设置场景中的装饰品白色陶瓷材质。在“材质编辑器”中选择一个空白材质球，将其设置为“VR 材质”，并将材质命名为“白陶瓷”，具体参数设置如图 5-128 所示。

（12）设置场景中的装饰品黑色陶瓷材质。在“材质编辑器”中选择一个空白材质球，将其设置为“VR 材质”，并将材质命名为“黑陶瓷”，具体参数设置如图 5-129 所示。

图 5-126

图 5-127

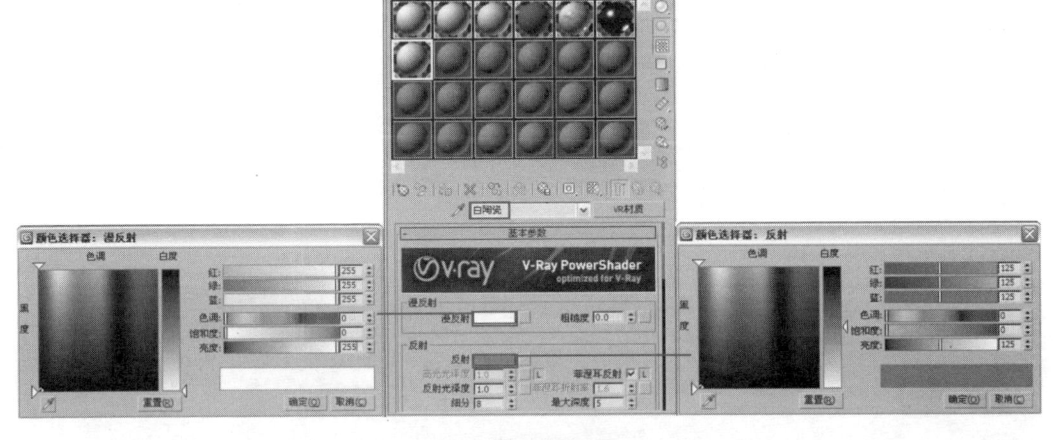
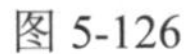

图 5-128

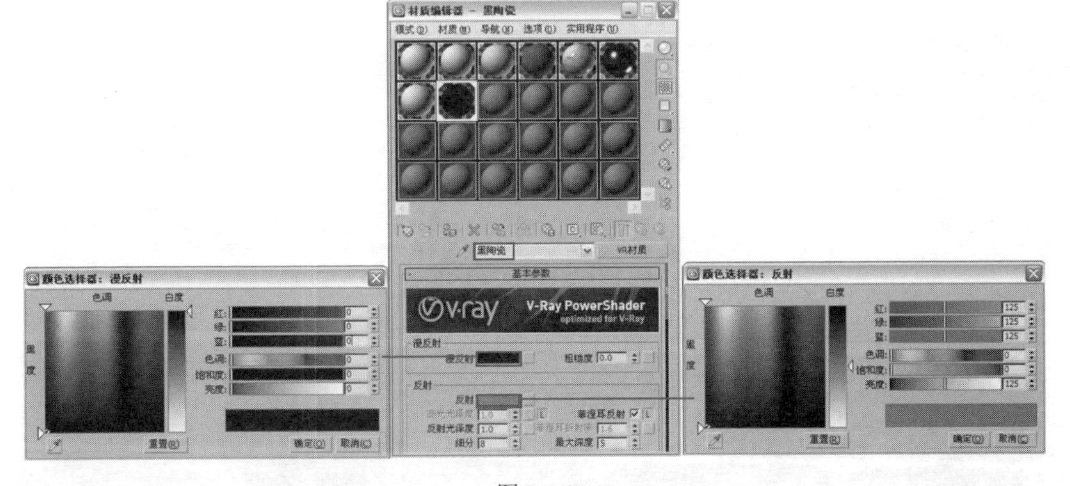

图 5-129

（13）将前面制作好的“白陶瓷”及“黑陶瓷”材质指定给图中的装饰瓶模型，按【F9】键对摄像机视图进行渲染，陶瓷材质的效果如图 5-130 所示。

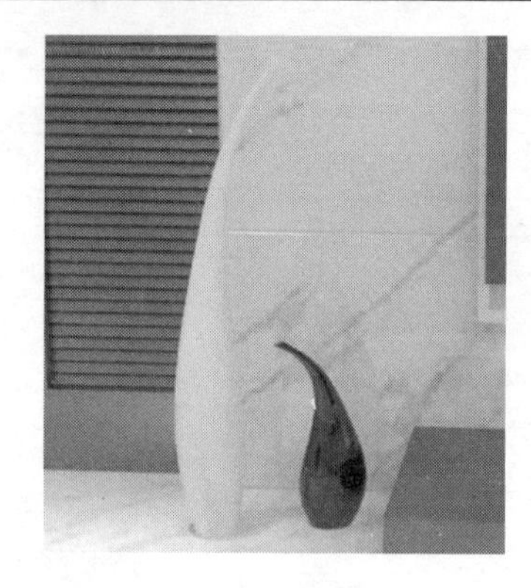

图 5-130

（14）设置场景中的白木材质。在“材质编辑器”中选择一个空白材质球，将其设置为“VR材质”，并将材质命名为“白木”，具体参数设置如图 5-131 所示。

图 5-131

（15）设置场景中的黑木材质。在“材质编辑器”中选择一个空白材质球，将其设置为“VR材质”，并将材质命名为“黑木”，具体参数设置如图 5-132 所示。

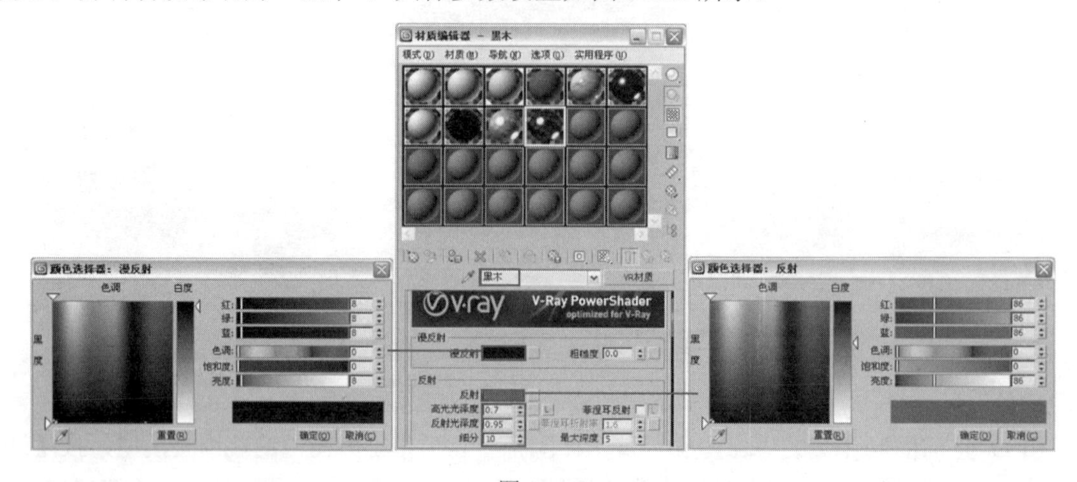

图 5-132

（16）将前面制作好的“白木”及“黑木”材质指定给图中相应的模型，按【F9】键对摄像机视图进行渲染，材质的效果如图 5-133 所示。

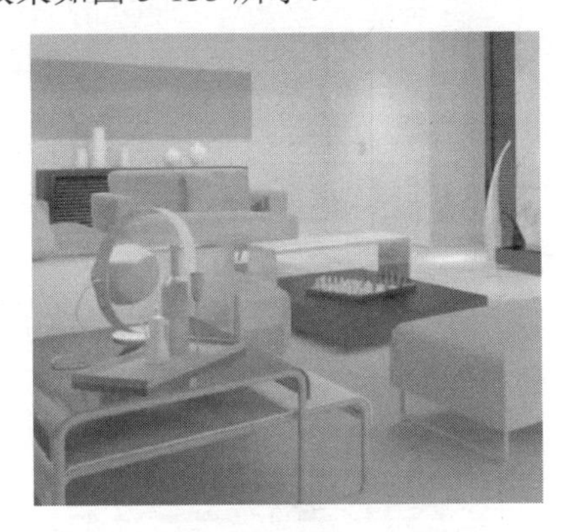

图 5-133

（17）设置场景中的不锈钢材质。在“材质编辑器”中选择一个空白材质球，将其设置为“VR 材质”，并将材质命名为“黑色不锈钢”，具体参数设置如图 5-134 所示。

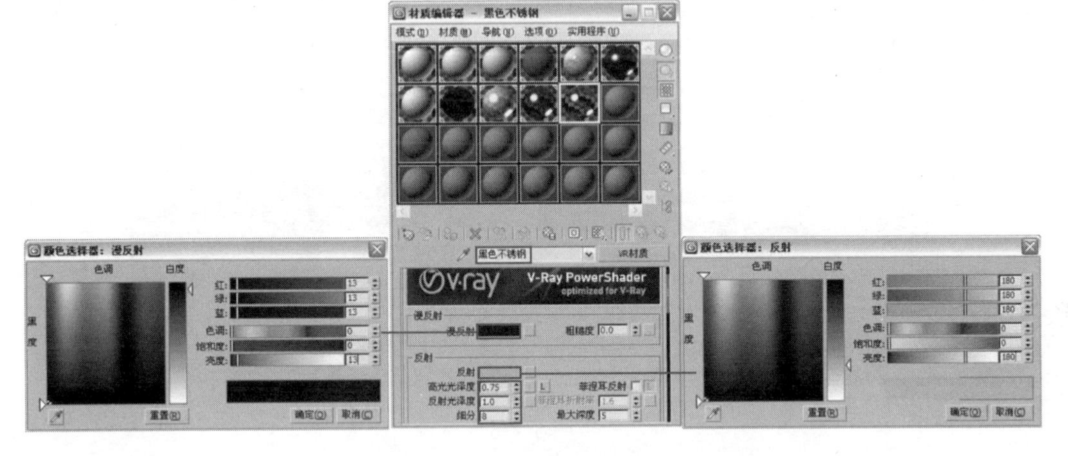

图 5-134

（18）将前面制作好的黑色不锈钢材质指定给图中相应的模型，按【F9】键对摄像机视图进行渲染，材质的效果如图 5-135 所示。

图 5-135

（19）设置场景中台灯的灯罩材质。在“材质编辑器”中选择一个空白材质球，将其设置为“VR 材质”，并将材质命名为“白灯罩”。单击“折射”右侧的贴图通道按钮，为其添加一个“衰减”贴图，具体参数设置如图 5-136 所示。

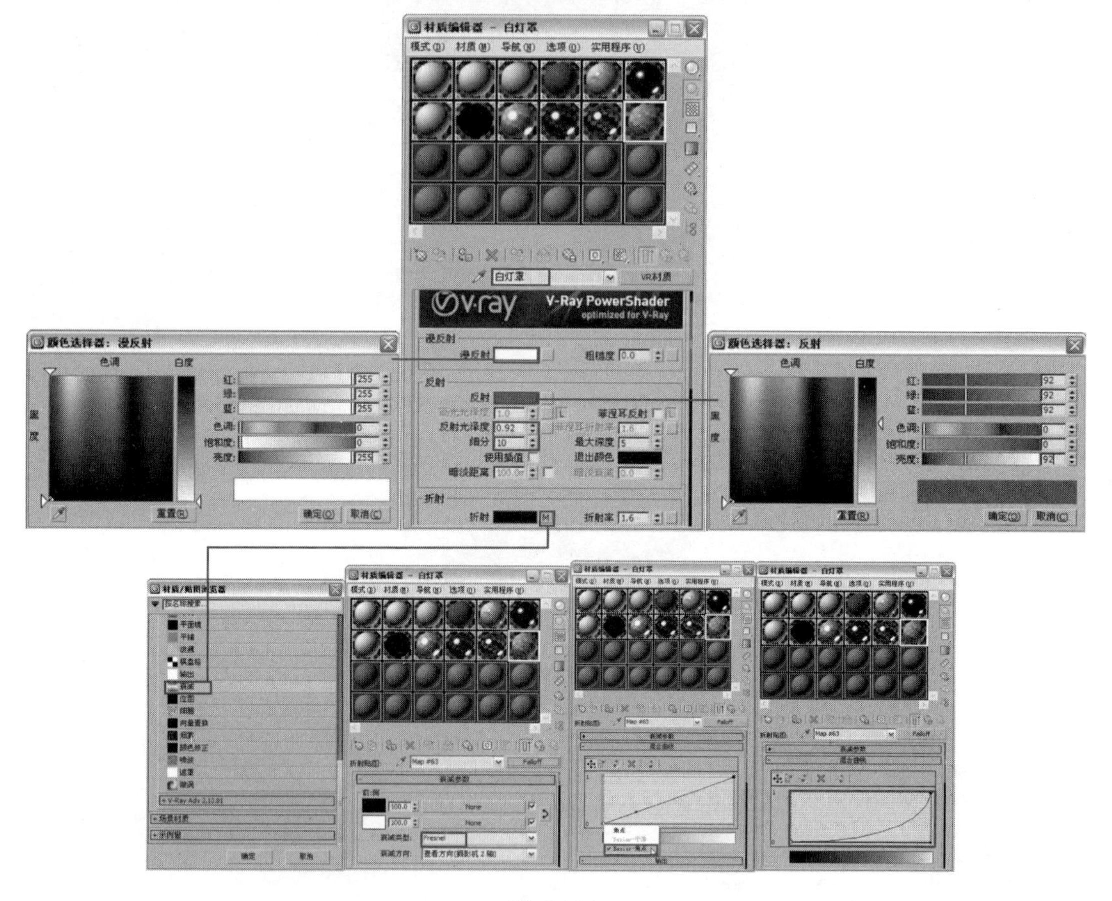

图 5-136

（20）将前面制作好的白灯罩材质指定给图中的台灯灯罩，按【F9】键对摄像机视图进行渲染，材质的效果如图 5-137 所示。

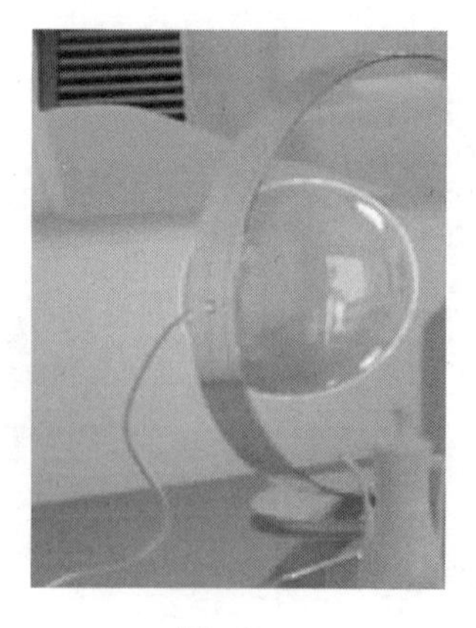

图 5-137

（21）设置沙发的沙发布材质。在“材质编辑器”中选择一个空白材质球，将其设置为“VR材质”，并将材质命名为“沙发布”，取消勾选“选项”卷展栏中的“跟踪反射”复选框，具体参数设置如图 5-138 所示。

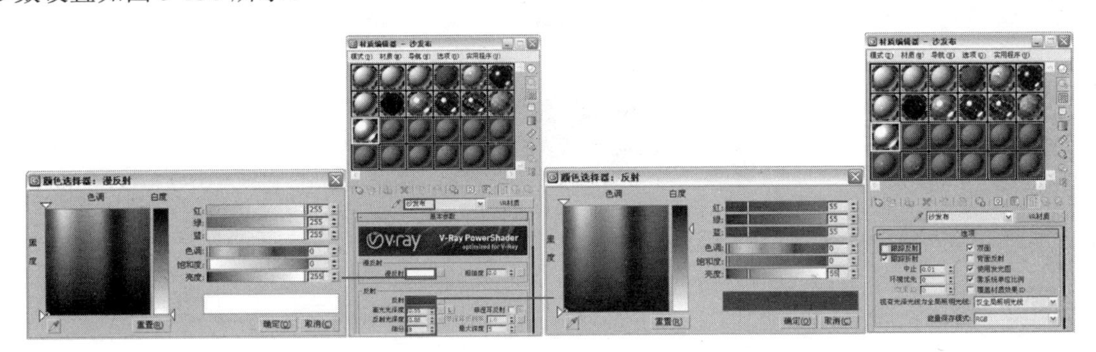

图 5-138

（22）将前面制作好的沙发布材质指定给图中的客厅沙发，按【F9】键对摄像机视图进行渲染，材质的效果如图 5-139 所示。

图 5-139

（23）设置沙发的靠垫材质。在“材质编辑器”中选择一个空白材质球，将其设置为“VR材质”，并将材质命名为“靠垫”。单击“漫反射”右侧的贴图通道按钮，为其添加一个“衰减”贴图，具体参数设置如图 5-140 所示。

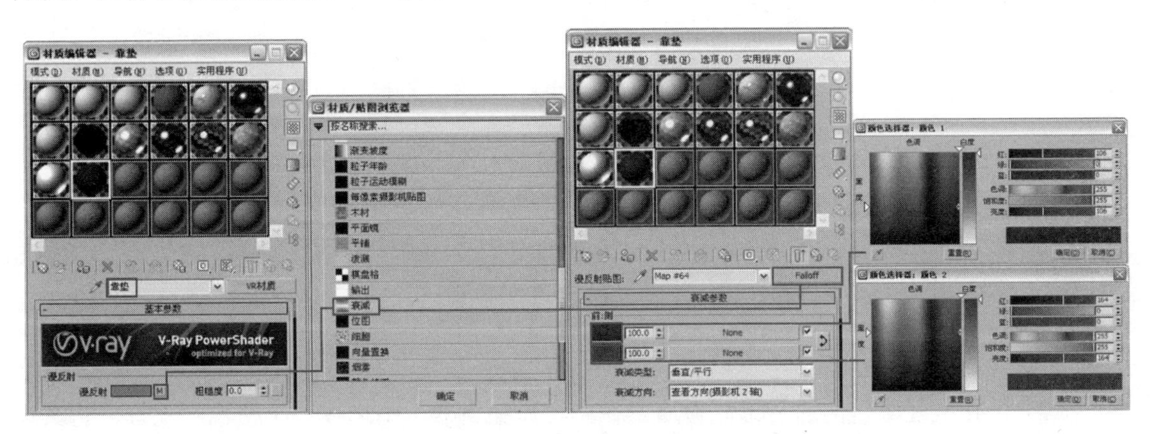

图 5-140

（24）将前面制作好的靠垫材质指定给图中的沙发靠垫，按【F9】键对摄像机视图进行渲染，材质的效果如图 5-141 所示。

图 5-141

（25）接下来设置装饰柜上方的装饰画材质，在“材质编辑器”中选择一个空白材质球，接着将其设置为“VR 材质”，并将材质命名为“画一”。单击“漫反射”右侧的贴图通道按钮，为其添加一个“位图”贴图，具体参数设置如图 5-142 所示。贴图文件为本书配套光盘相关章节中的“无框画.jpg”文件。

图 5-142

（26）将前面制作好的装饰画材质指定给装饰柜上方的装饰画模型，按【F9】键对摄像机视图进行渲染，材质的效果如图 5-143 所示。

图 5-143

（27）设置电视墙后侧的装饰画材质。在“材质编辑器”中选择一个空白材质球，将其设置为“VR 材质”，并将材质命名为“画二”。单击“漫反射”右侧的贴图通道按钮，为其添加一个“位图”贴图，具体参数设置如图 5-144 所示。贴图文件为本书配套光盘相关章节中的“挂画.jpg”文件。

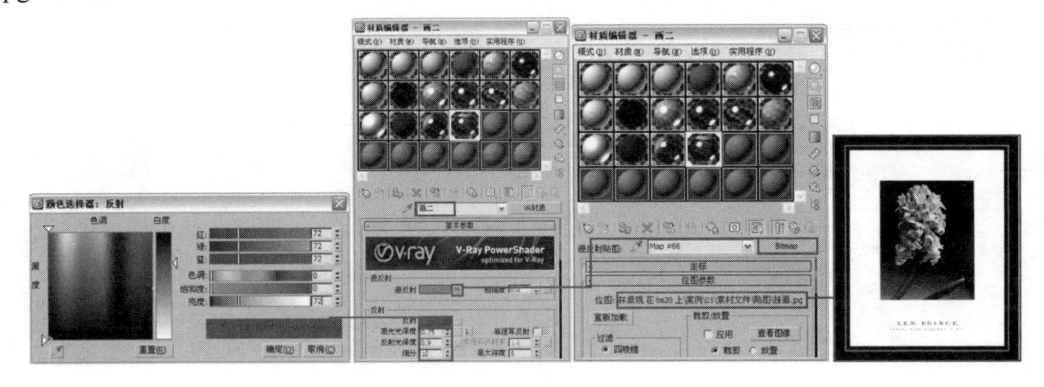

图 5-144

（28）将上一步制作好的装饰画材质指定给电视墙后侧的装饰画模型，按【F9】键对摄像机视图进行渲染，材质的效果如图 5-145 所示。

图 5-145

（29）设置沙发下侧的地毯材质。在“材质编辑器”中选择一个空白材质球，将其设置为“VR 材质”，并将材质命名为“地毯”。单击“漫反射”右侧的贴图通道按钮，为其添加一个“位图”贴图，具体参数设置如图 5-146 所示。贴图文件为本书配套光盘相关章节中的“绒毛地毯.jpg”文件。

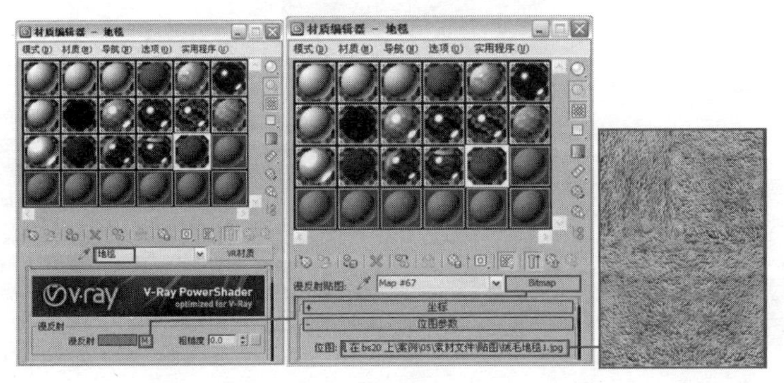

图 5-146

（30）将制作的绒毛地毯材质赋予沙发下侧的地毯模型，然后在“修改器列表”中分别为其添加“UVW 贴图”及“VRay 置换模式”修改器，具体参数设置如图 5-147 所示。

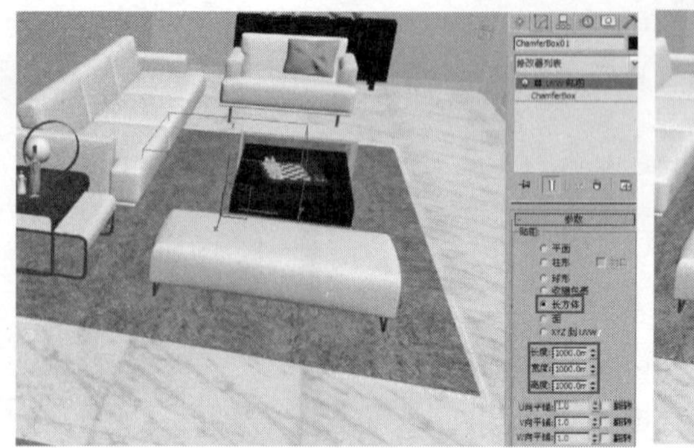

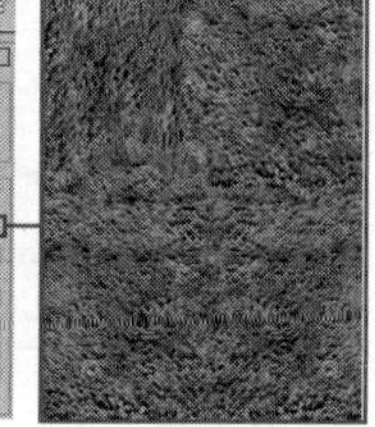

图 5-147

（31）按【F9】键对摄像机视图进行渲染，地毯材质的效果如图 5-148 所示。

图 5-148

（32）设置吊灯的水晶材质。在“材质编辑器”中选择一个空白材质球，将其设置为“VR 材质”，并将材质命名为“水晶”，具体参数设置如图 5-149 所示。

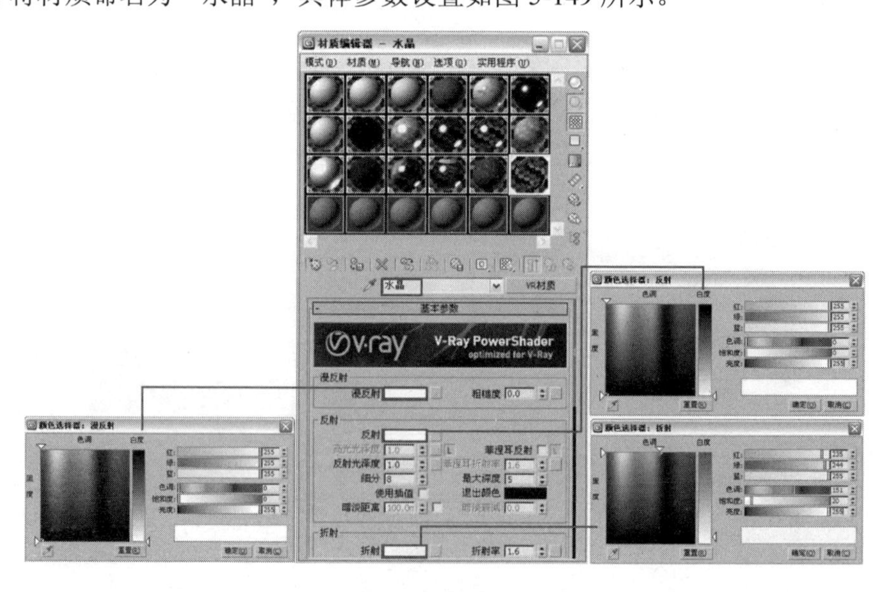

图 5-149

（33）将上一步制作好的水晶材质指定给吊灯模型，按【F9】键对摄像机视图进行渲染，水晶材质的效果如图 5-150 所示。

图 5-150

（34）设置装饰瓶上的干枝材质。在“材质编辑器”中选择一个空白材质球，将其设置为“VR 材质”，并将材质命名为“干枝”，具体参数设置如图 5-151 所示。

图 5-151

（35）将上一步制作干枝材质指定给装饰瓶上侧的干枝模型，按【F9】键对摄像机视图进行渲染，干枝材质的效果如图 5-152 所示。

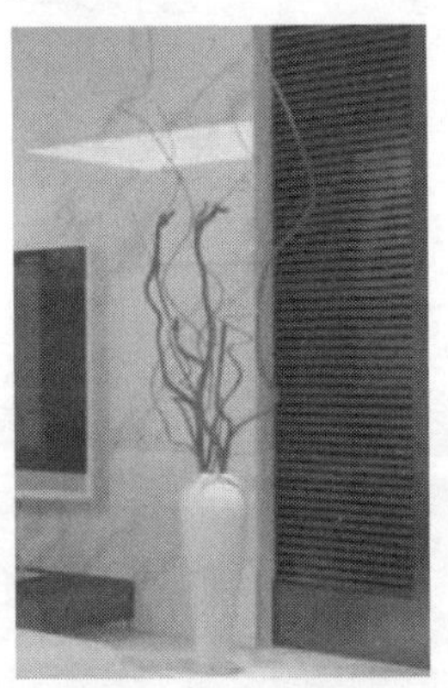

图 5-152

（36）设置地面上的竹编枕头材质。在“材质编辑器”中选择一个空白材质球，将其设置为“VR 材质”，并将材质命名为“竹编枕头”。单击“漫反射”右侧的贴图通道按钮，为其添加一个“位图”贴图，具体参数设置如图 5-153 所示。贴图文件为本书配套光盘相关章节中的“竹编.jpg”文件。

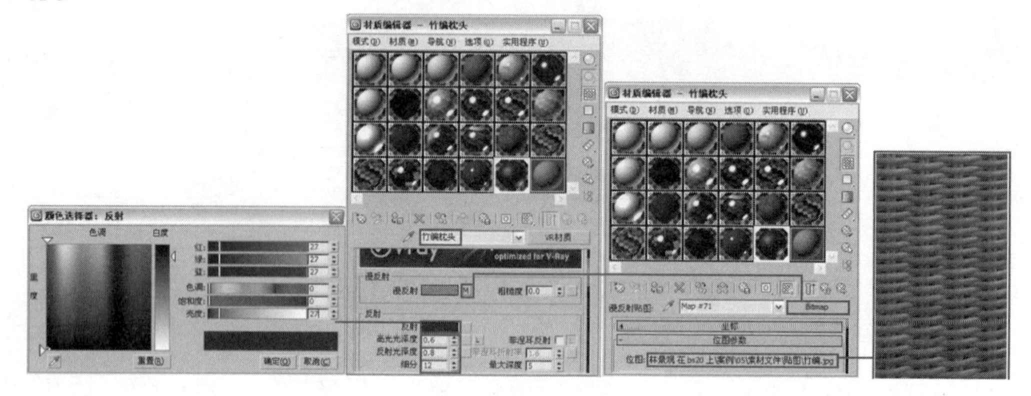

图 5-153

（37）在“贴图”卷展览下将“漫反射”右侧贴图通道中的贴图文件复制到“凹凸”右侧的贴图通道中，并设置“凹凸”的大小值为 100，如图 5-154 所示。

（38）将制作好的竹编材质赋予地面上的枕头模型，并为其添加一个“UVW 贴图”修改器，如图 5-155 所示。

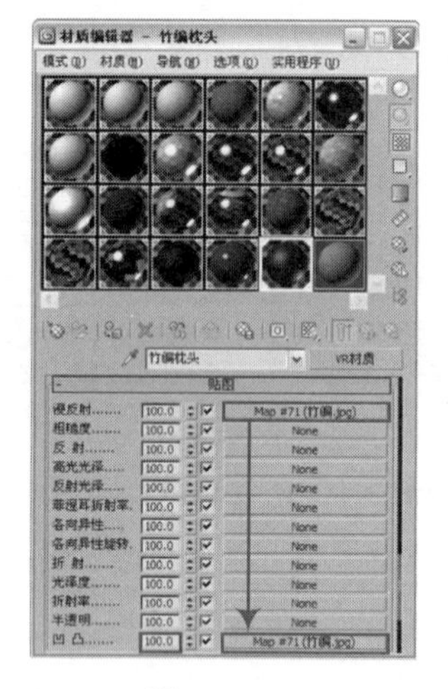

图 5-154

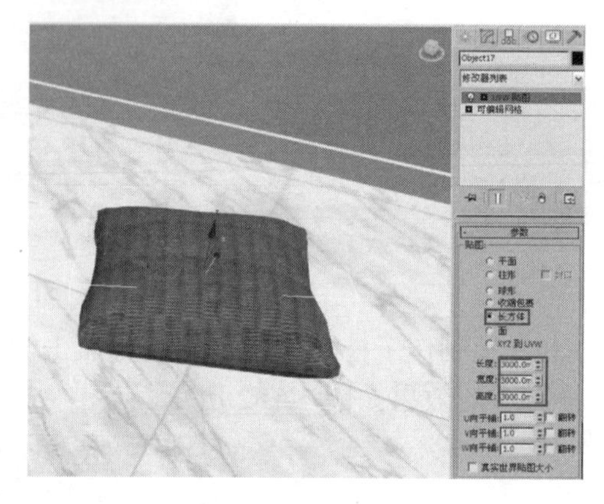

图 5-155

（39）按【F9】键对摄像机视图进行渲染，竹编材质的效果如图 5-156 所示。至此场景中所有模型的材质全部制作完成。

图 5-156

5.5　渲染最终图像

本节主要讲解如何设置场景的最终渲染参数，以及渲染最终图像并将渲染的图像文件保存到相应的位置，操作步骤如下：

（1）按【F10】键打开“渲染设置”对话框，切换到“公用”选项卡，在“公用参数”卷展栏中设置图像的输出大小为 1500×1125，如图 5-157 所示。

（2）在“V-Ray：图像采样器（反锯齿）”卷展栏中，设置参数如图 5-158 所示。

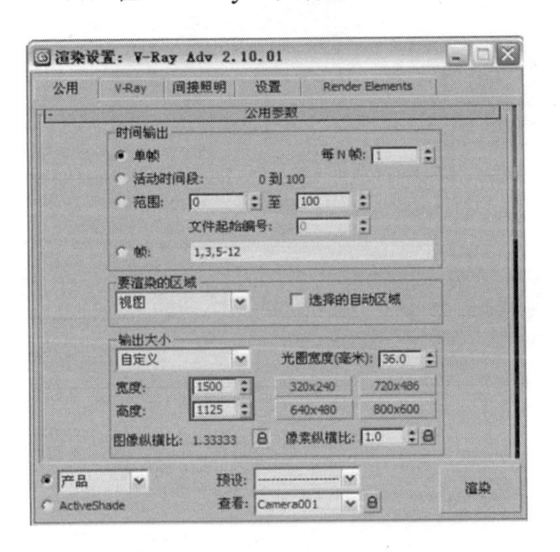

图 5-157

图 5-158

（3）在“V-Ray：间接照明（GI）”卷展栏中，设置参数如图 5-159 所示。

（4）在“V-Ray：发光图［无名］”卷展栏中，设置参数如图 5-160 所示。

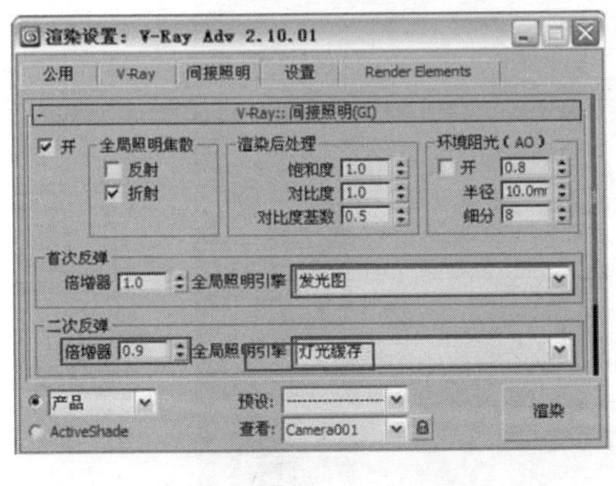

图 5-159

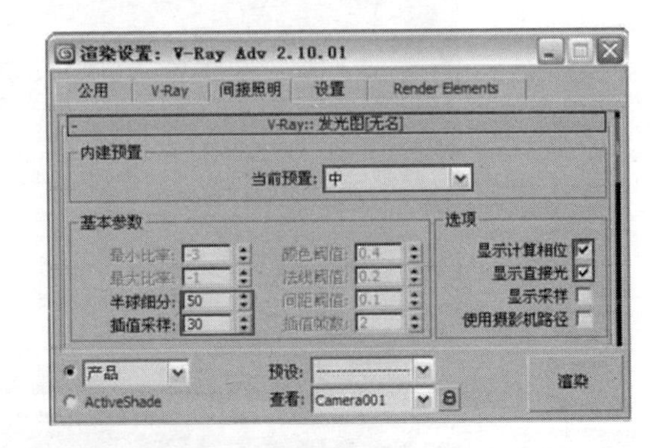

图 5-160

（5）在“V-Ray：灯光缓存”卷展栏中，设置参数如图 5-161 所示。

（6）在“V-Ray：确定性蒙特卡洛采样器”卷展栏中，设置参数如图 5-162 所示。

（7）切换到“公用”选项卡，在“渲染输出”中勾选“保存文件”按钮，单击“文件”按钮将文件保存到相应的存储位置，如图 5-163 所示。

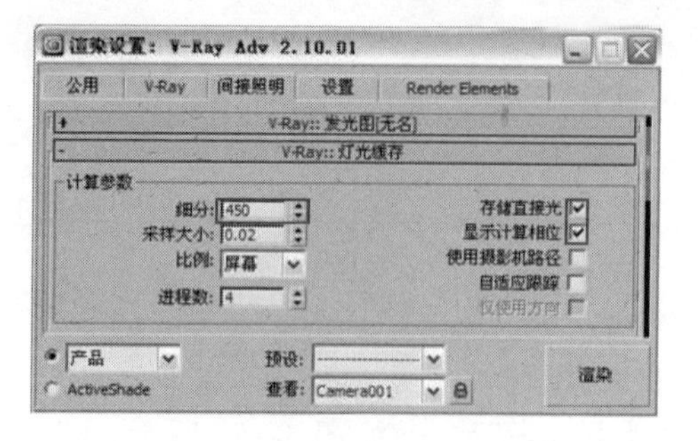

图 5-161

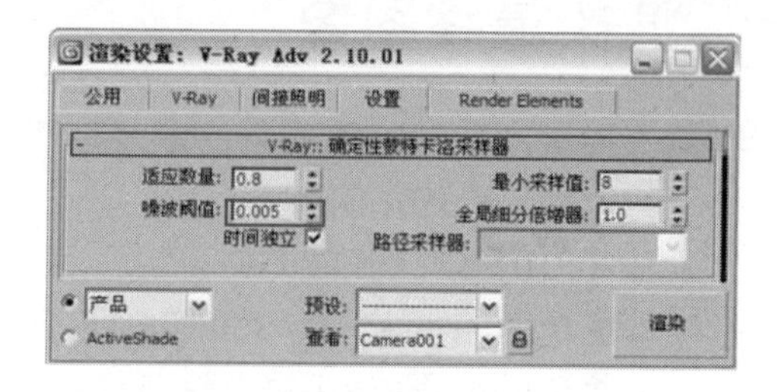

图 5-162

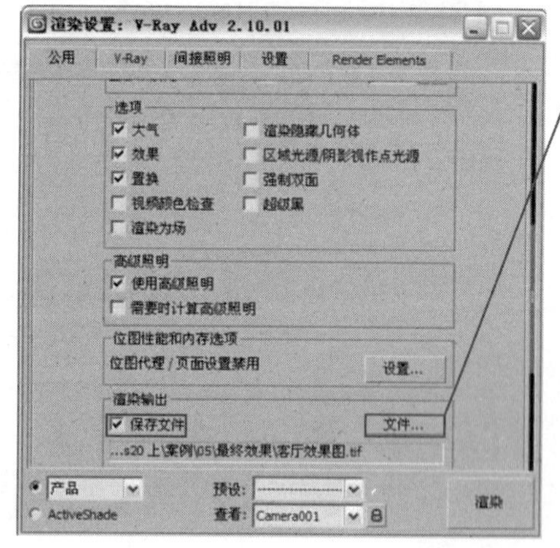

图 5-163

（8）单击“渲染设置”面板中的“渲染”按钮，开始进行图像的渲染，渲染完成后的效果如图 5-164 所示。

图 5-164

（9）最后使用 PhotoShop 软件对图像的亮度、对比度以及饱和度进行调整，使效果更加生动、逼真。经过后期处理的最终效果如图 5-165 所示。

图 5-165

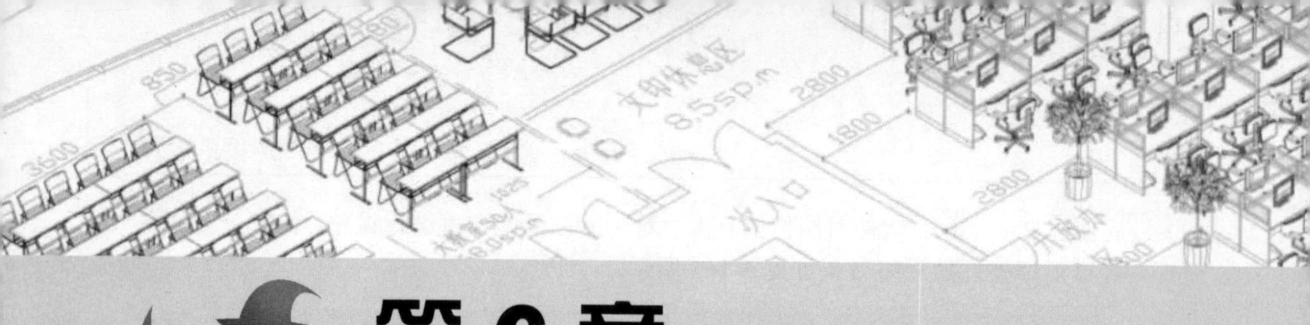

第6章 基本建筑元素建模

本章导读

本章主要讲解如何创建一些建筑元素模型，包括创建门窗的模型、创建建筑屋顶的模型，台阶、坡道和楼梯的模型以及欧式建筑构件的模型。

主要内容

- 建筑门窗的建模
- 建筑屋顶的建模
- 台阶、坡道和楼梯的建模
- 欧式建筑构件的建模

效果预览

6.1 建筑门窗的建模

本节主要针对建筑门窗模型的创建进行详细讲解，包括创建推拉窗、飘窗、单开门及双开门模型。

6.1.1 创建推拉窗

推拉窗分左右、上下推拉两种。推拉窗有不占室内空间的优点，外观美丽、价格经济、密封性较好。采用高档滑轨，轻轻一推，开启灵活。配上大块的玻璃，既增加室内的采光，又改善建筑物的整体形貌。窗扇的受力状态好、不易损坏，但通气面积受一定限制，如图6-1所示。

图6-1

视频\06\创建推拉窗.avi
案例\06\最终效果\练习6-1.skp

创建推拉窗的操作步骤如下：

（1）启动SketchUp软件，使用“矩形”工具绘制1500mm×1600mm的立面矩形，如图6-2所示。

（2）使用“偏移”工具将上一步绘制的立面矩形向内偏移50mm的距离，如图6-3所示。

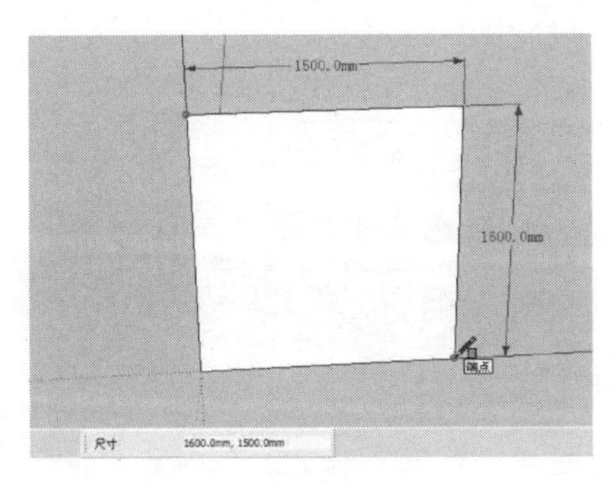

图6-2

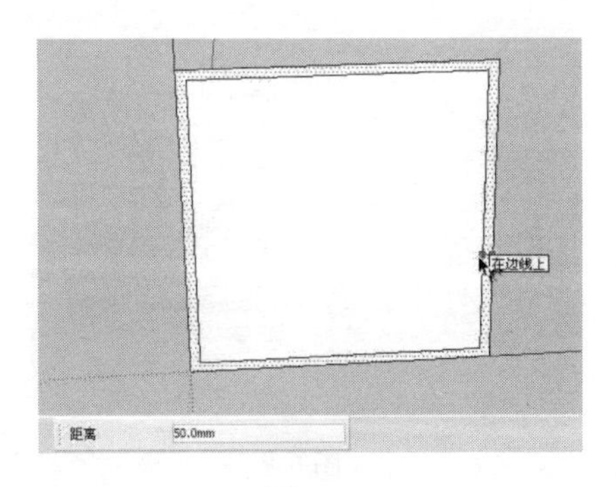

图6-3

（3）使用“卷尺”工具在立面矩形上绘制两条辅助参考线，如图6-4所示。

（4）使用“直线”工具借助上一步绘制的辅助参考线绘制两条线段，如图 6-5 所示。

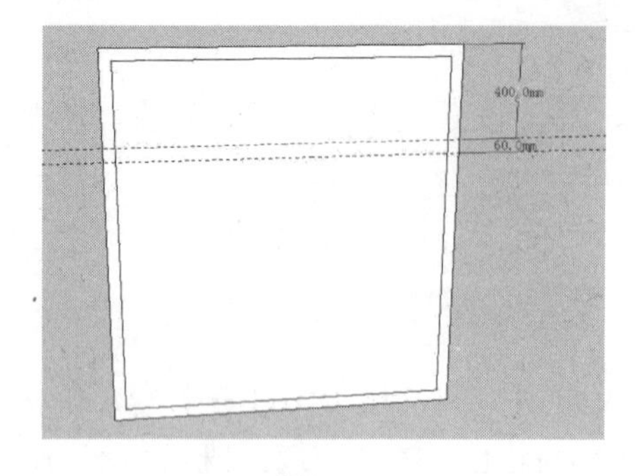

图 6-4

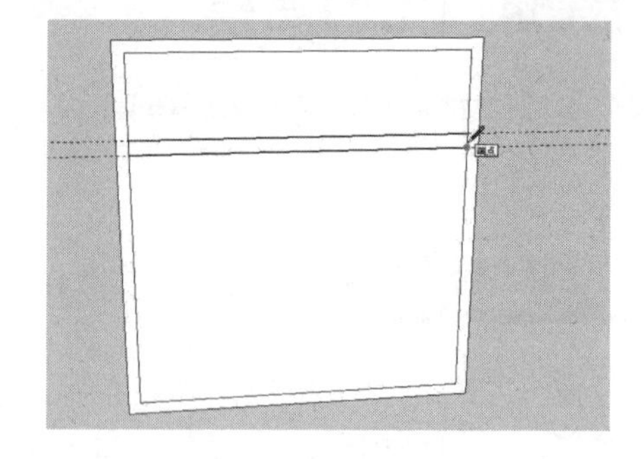

图 6-5

（5）删除图中多余的面，然后使用“推/拉”工具将造型面推拉 100mm 的厚度，以形成窗框的效果，如图 6-6 所示。

（6）使用“矩形”工具捕捉窗框上的相应端点为起点绘制 700mm×1090mm 的距离，并将其创建为群组，如图 6-7 所示。

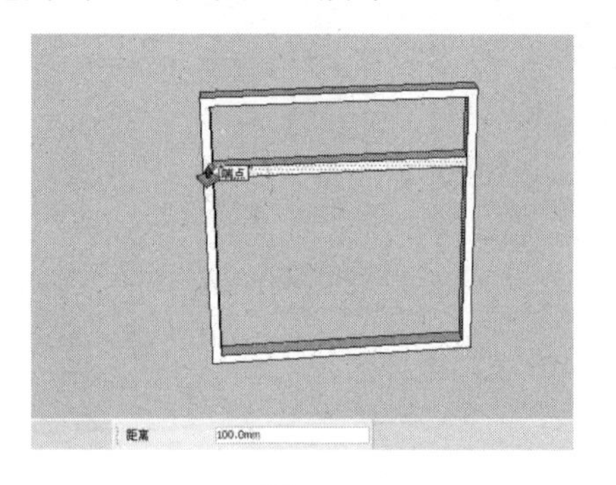

图 6-6

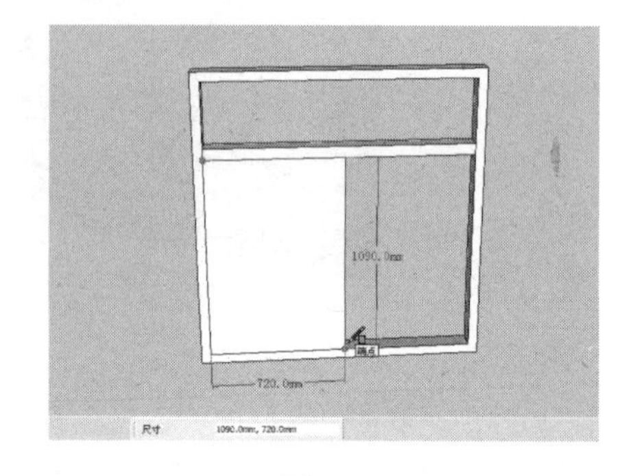

图 6-7

（7）双击上一步创建的组，进入组的内部编辑状态，然后使用“偏移”工具将矩形向内偏移 60mm 的距离，如图 6-8 所示。

（8）使用鼠标中键将视图旋转到窗户的背面，然后使用“推/拉”工具将图中的相应面推拉 40mm 的厚度，如图 6-9 所示。

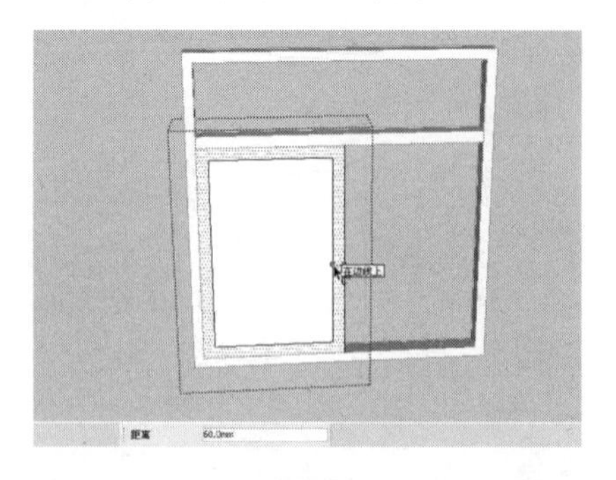

图 6-8

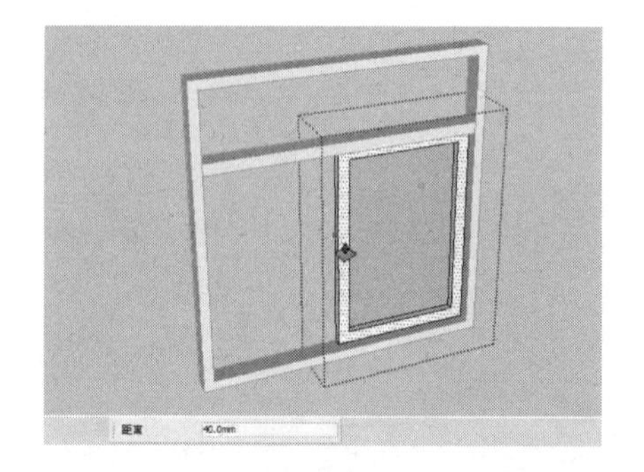

图 6-9

（9）使用鼠标中键将视图旋转到窗户的正面，然后使用“偏移”工具将图中的相应面向内偏移 10mm 的距离，如图 6-10 所示。

（10）使用“推/拉”工具将图中的相应面向内推拉 10mm 的厚度，如图 6-11 所示。

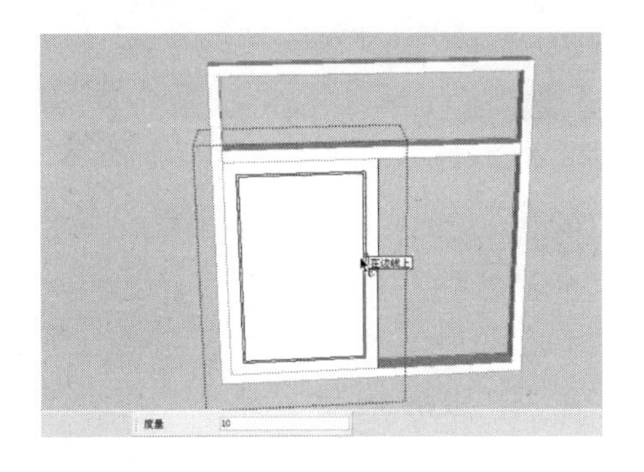

图 6-10

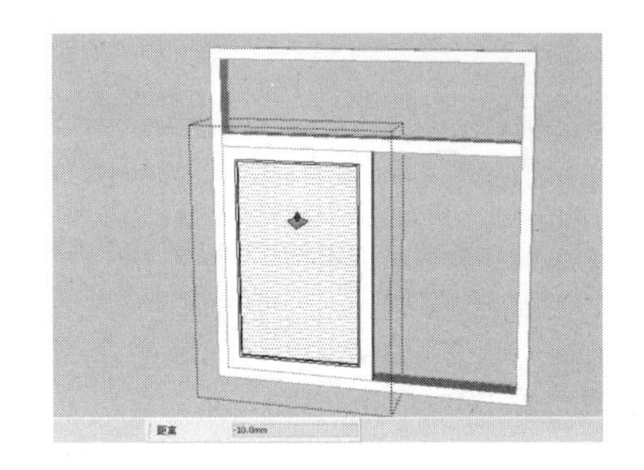

图 6-11

（11）按住【Ctrl】键，使用“选择”工具选择图中相应的边线，如图 6-12 所示。

（12）按住【Ctrl】键，使用“缩放”工具对上一步选择的边线进行水平及垂直方向上的缩放，如图 6-13 所示。

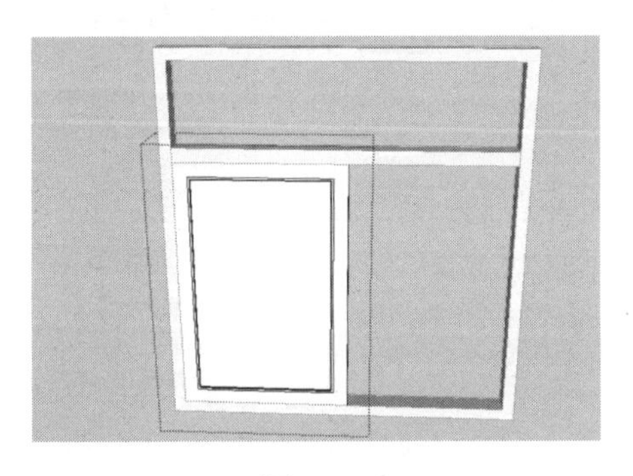

图 6-12

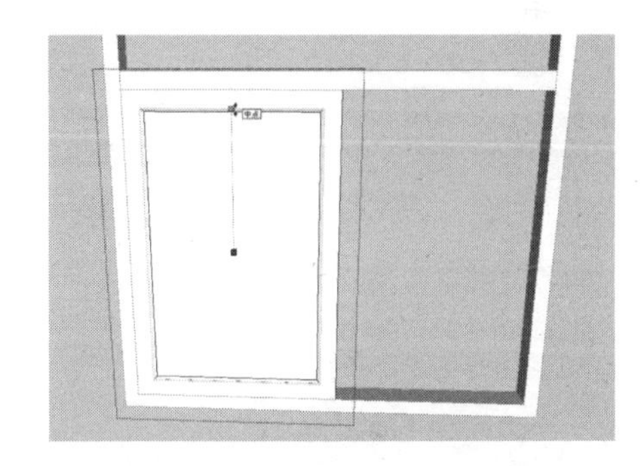

图 6-13

（13）使用“推/拉”工具将图中的相应面向内推拉 10mm 的厚度，如图 6-14 所示。

（14）使用鼠标中键将视图旋转到窗户的背面，然后使用“矩形”工具捕捉窗户轮廓上的相应端点绘制一个矩形面，如图 6-15 所示。

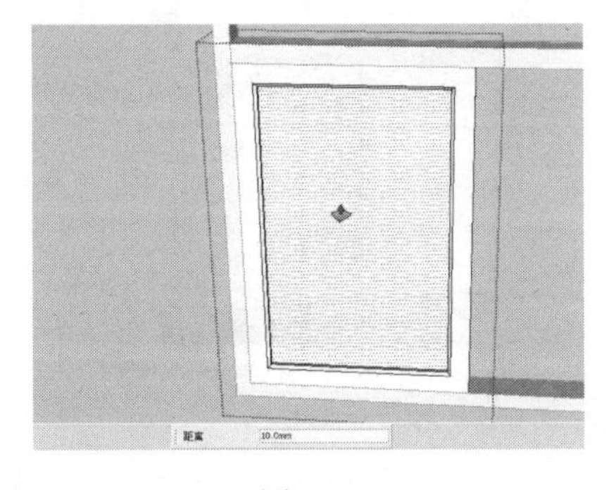

图 6-14

图 6-15

（15）参考前面制作窗户正面轮廓的方法制作窗户背面的细节轮廓，如图 6-16 所示。

（16）按住【Ctrl】键，使用“移动”工具将制作好的窗户造型向右复制一份，如图 6-17 所示。

图 6-16

图 6-17

（17）使用“矩形”工具在图中的相应位置补上一个矩形面，并将其创建为群组，如图 6-18 所示。

（18）双击上一步创建的群组，然后使用“偏移”工具将矩形面向内偏移 10mm 的距离，如图 6-19 所示。

图 6-18

图 6-19

（19）使用“推/拉”工具将图中的相应面向内推拉 10mm 的厚度，如图 6-20 所示。

（20）使用“颜料桶”工具为制作的推拉窗模型赋予相应的材质，并打开阴影显示，如图 6-21 所示。

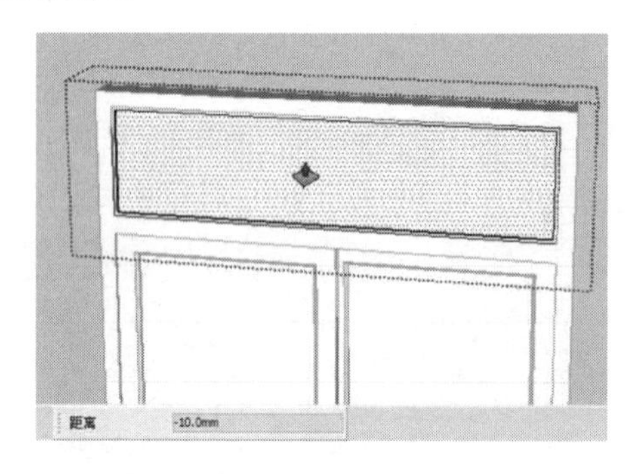

图 6-20

图 6-21

6.1.2 创建飘窗

飘窗一般呈矩形或梯形向室外凸起，3 面都装有玻璃。大块采光玻璃和宽敞的窗台，使视野更开阔，更赋予生活以浪漫的色彩，如图 6-22 所示。

图 6-22

视频\06\创建飘窗.avi
案例\06\最终效果\练习 6-2.skp

创建飘窗的操作步骤如下：

（1）启动 SketchUp 软件，使用“矩形”工具绘制 1460mm×675mm 的立面矩形，如图 6-23 所示。

（2）按住【Ctrl】键，使用“移动”工具将上一步绘制矩形的上侧水平边向下复制一份，其移动的距离为 325mm，如图 6-24 所示。

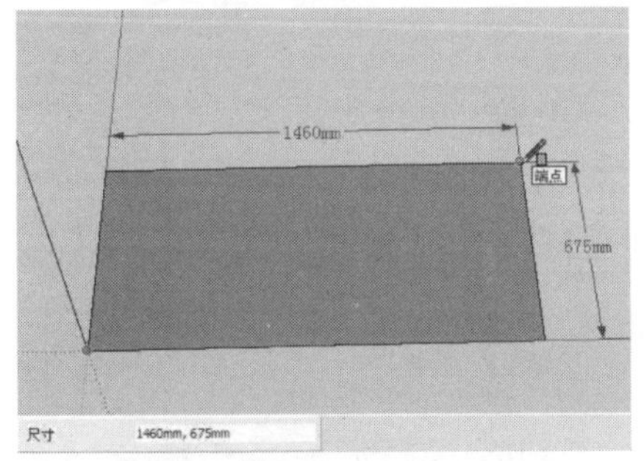

图 6-23

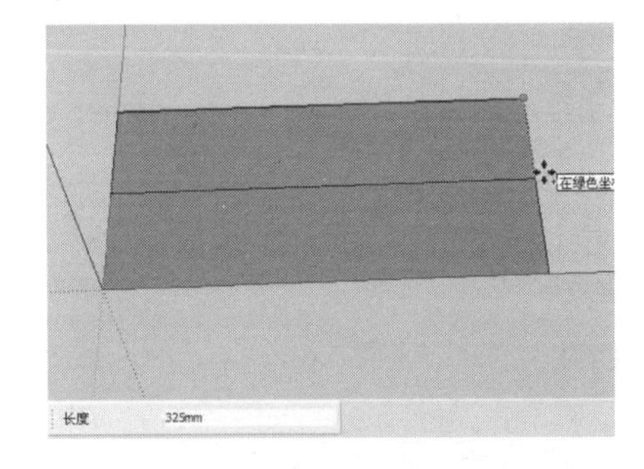

图 6-24

（3）按住【Ctrl】键，使用“移动”工具将矩形左右两侧的垂直边分别向内复制一份，其移动的距离为 300mm，如图 6-25 所示。

（4）使用“直线”工具捕捉图中的端点绘制两条斜线段，如图 6-26 所示。

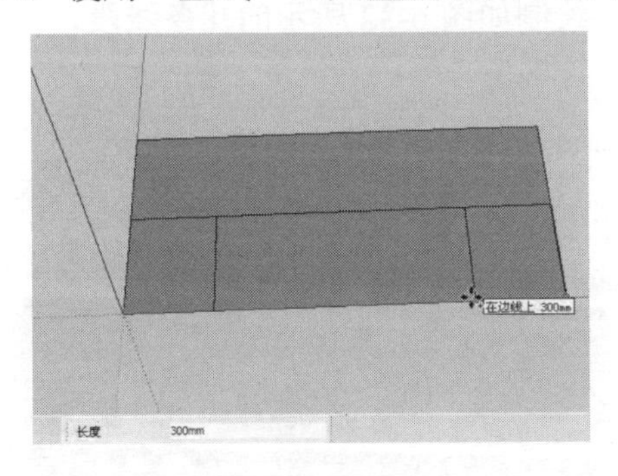

图 6-25

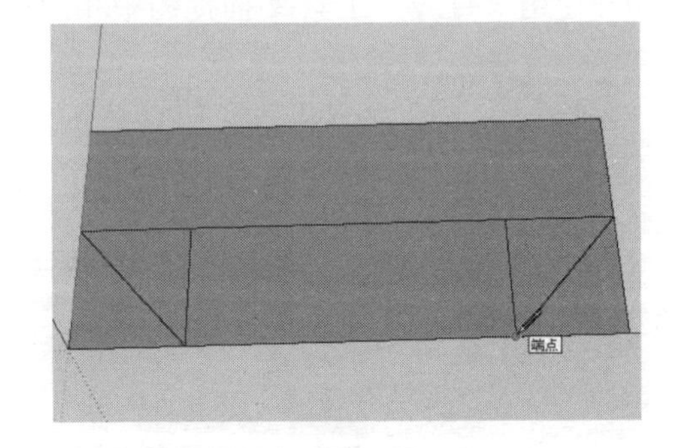

图 6-26

（5）删除图中相应的线面，然后使用“推/拉”工具将造型面推拉 100mm 的高度，如图 6-27 所示。

（6）使用“矩形”工具捕捉图中相应的端点为起点，绘制 100mm×325mm 的矩形，并将绘制的矩形创建为群组，如图 6-28 所示。

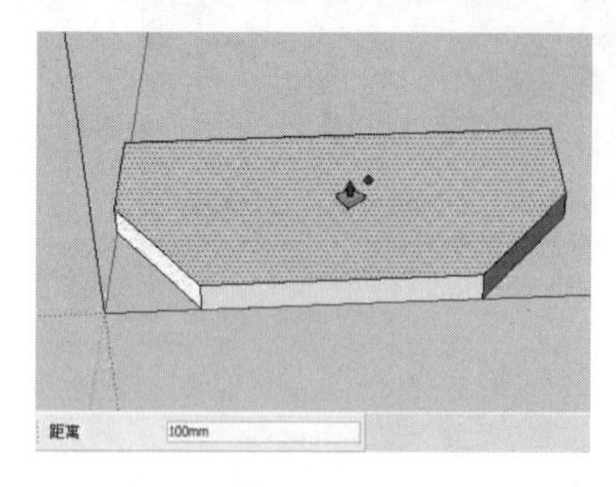

图 6-27

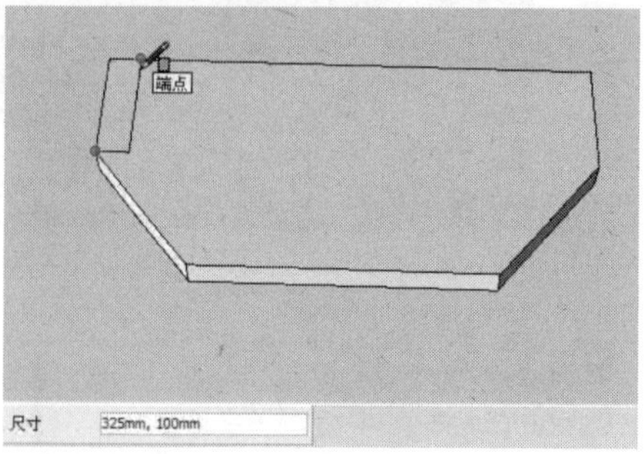

图 6-28

（7）双击上一步创建的群组，进入组的内部编辑状态，然后使用“推/拉”工具将矩形向上推拉 1350mm 的高度，如图 6-29 所示。

（8）按住【Ctrl】键，使用“移动”工具将上一步拉伸的立方体向右复制一份，如图 6-30 所示。

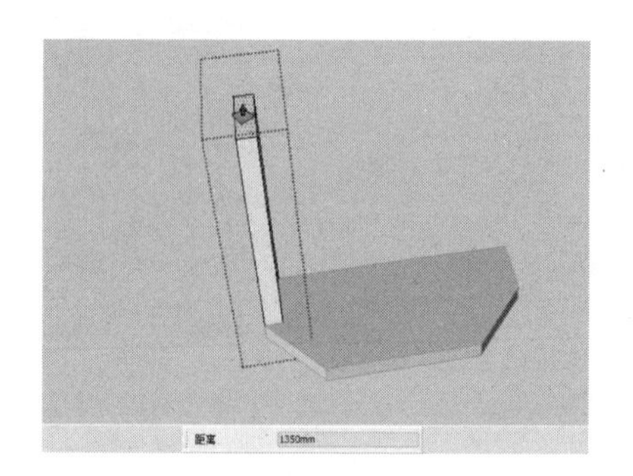

图 6-29

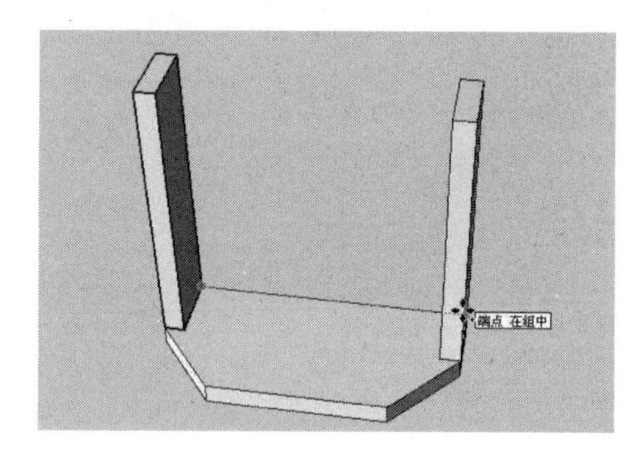

图 6-30

（9）按住【Ctrl】键，使用“移动”工具将下侧的飘窗基座垂直向上复制一份，如图 6-31 所示。

（10）使用“直线”工具捕捉图中相应的端点绘制如图 6-32 所示的几条线段。

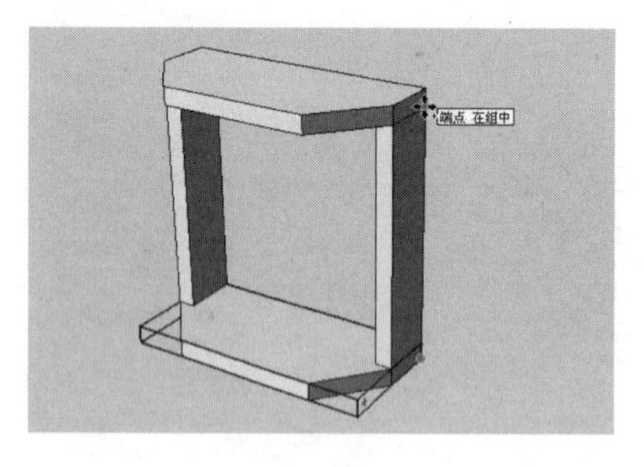

图 6-31

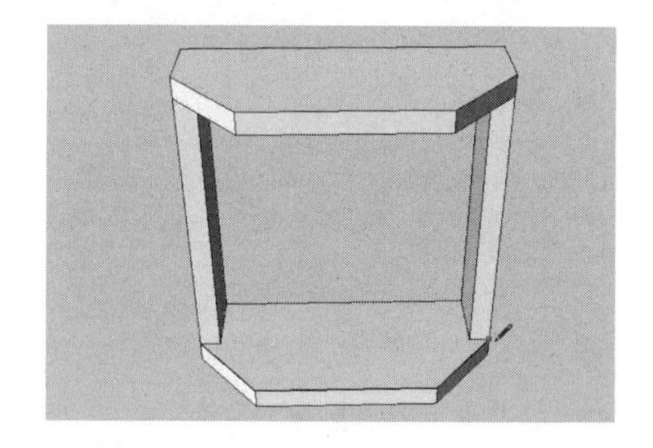

图 6-32

（11）使用“偏移”工具将上一步绘制的线段向内偏移 60mm 的距离，如图 6-33 所示。

（12）使用“直线”工具捕捉图中相应的端点绘制两条线段，将模型进行封面，如图 6-34 所示。

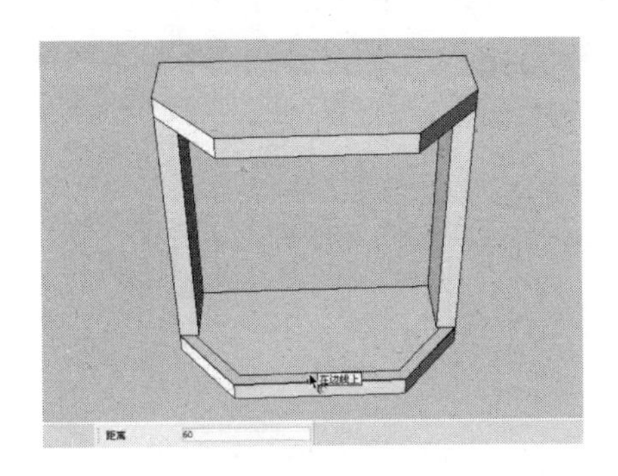

图 6-33

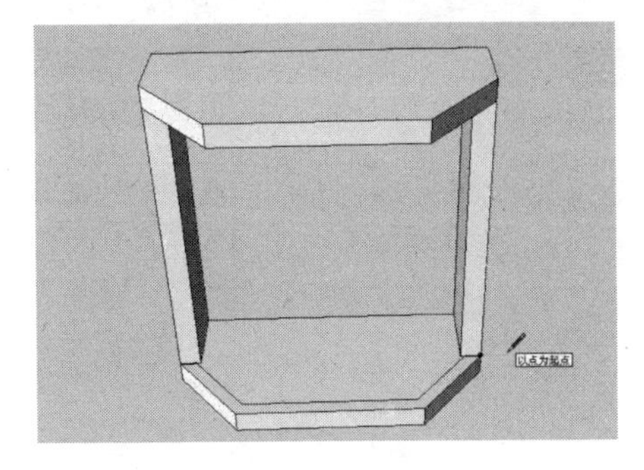

图 6-34

（13）使用“推/拉”工具将造型面向上推拉 30mm 的高度，如图 6-35 所示。

（14）使用“直线”工具在上一步推拉的模型面上绘制多条小短线，如图 6-36 所示。

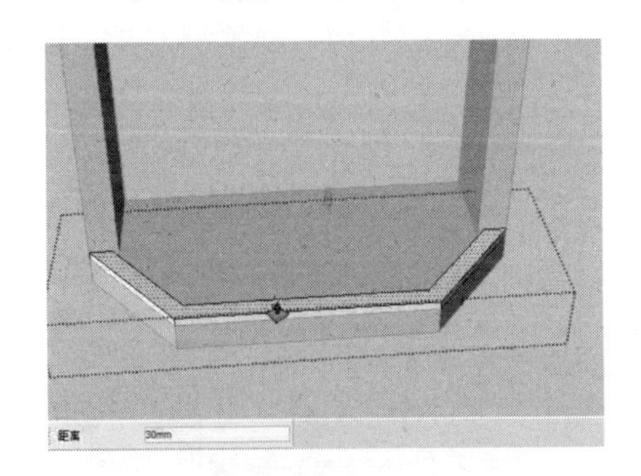

图 6-35

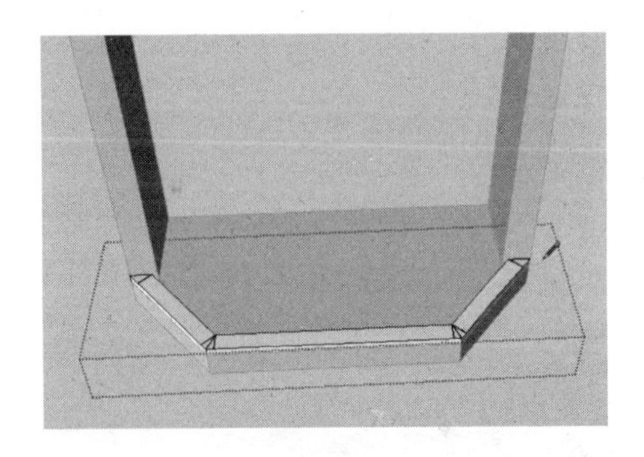

图 6-36

（15）按住【Ctrl】键，使用“移动”工具将下侧的窗框模型垂直向上复制一份，如图 6-37 所示。

（16）双击下侧的窗框模型，进入组的内部编辑状态，然后使用“推/拉”工具将相应的面向上进行推拉，如图 6-38 所示。

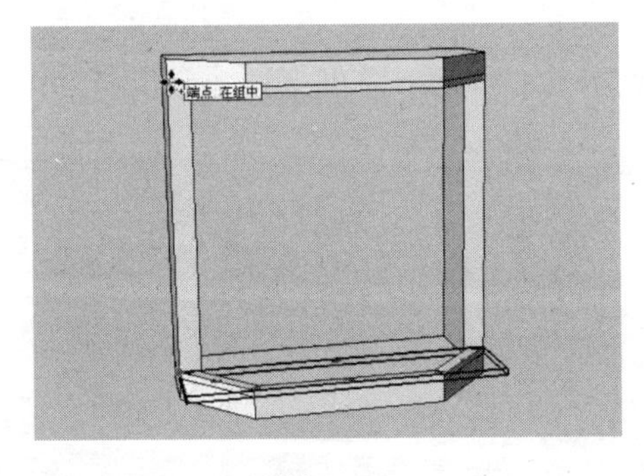

图 6-37

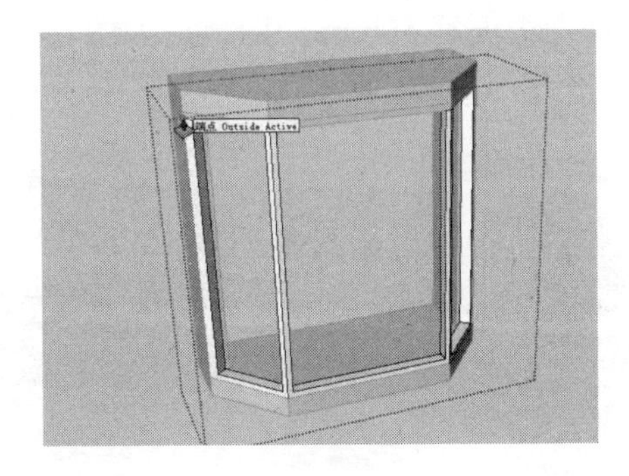

图 6-38

（17）使用“矩形”工具捕捉模型上的相应端点绘制 805mm×1290mm 的矩形面，如图 6-39 所示。

（18）使用“偏移”工具将上一步绘制的矩形面向内偏移 25mm，如图 6-40 所示。

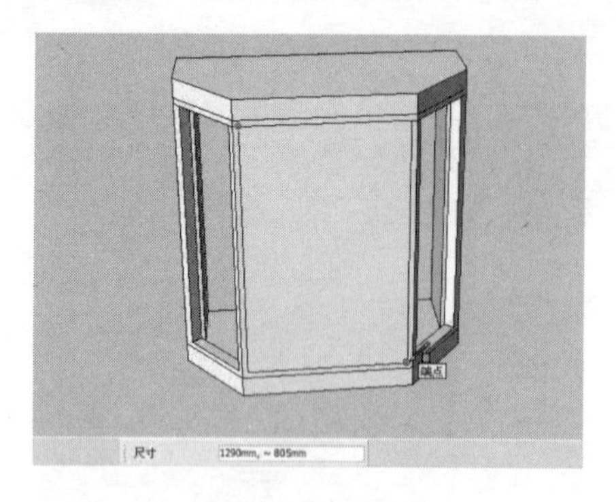

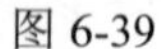
图 6-39

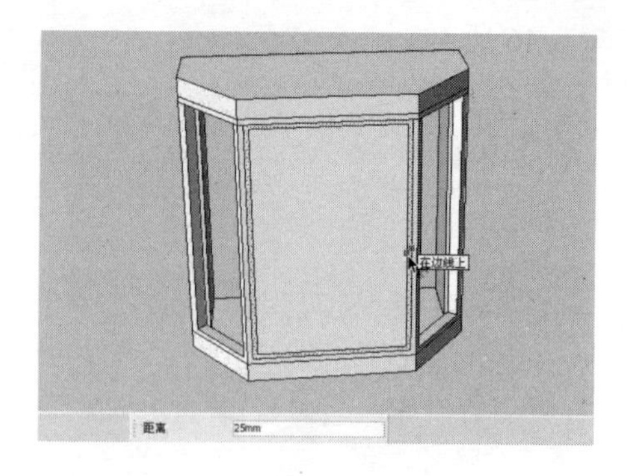

图 6-40

（19）首先将内侧的矩形面删除，然后使用“推/拉”工具将窗框面向内推拉 30mm 的厚度，如图 6-41 所示。

（20）按住【Ctrl】键，使用“移动”工具将创建的窗框模型向内复制一份，如图 6-42 所示。

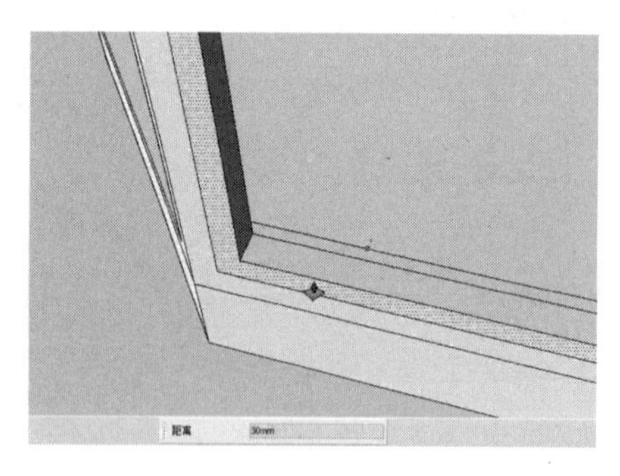

图 6-41

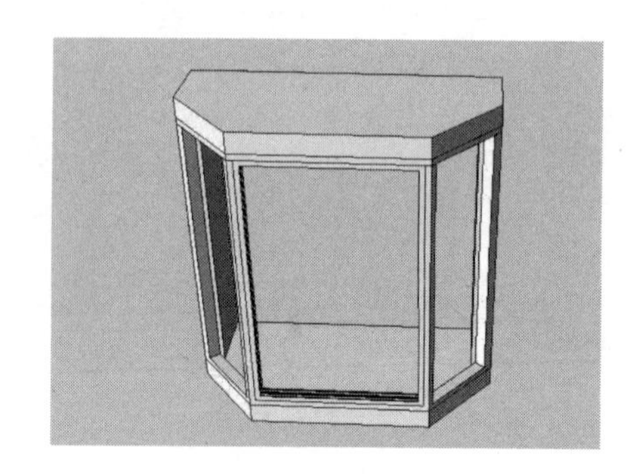

图 6-42

（21）使用“矩形”工具绘制 400mm×1280mm 的立面矩形，并将其创建为群组，如图 6-43 所示。

（22）双击上一步创建的组，进入组的内部编辑状态，使用“偏移”工具将上一步绘制的矩形面向内偏移 50mm 的距离，如图 6-44 所示。

（23）使用“推/拉”工具将图中相应的面向外推拉 20mm 的距离，如图 6-45 所示。

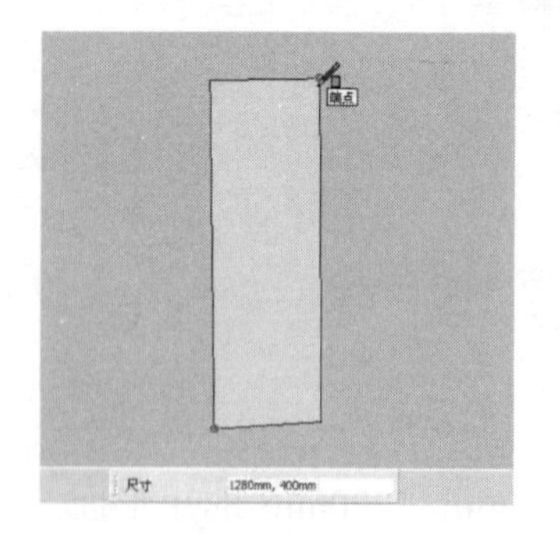

图 6-43

图 6-44

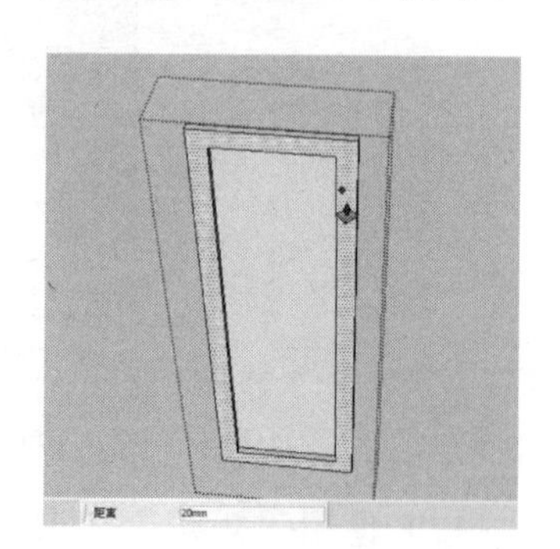

图 6-45

（24）使用“移动”工具将创建好的窗户模型移到窗框内部的相应位置，并对其进行复制，如图 6-46 所示。

（25）结合“矩形”工具、“偏移”工具、“推/拉”工具创建出飘窗侧面的两个窗户造型，如图 6-47 所示。

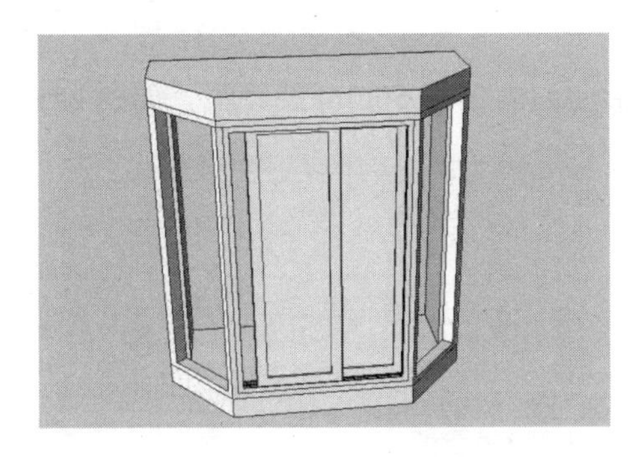

图 6-46

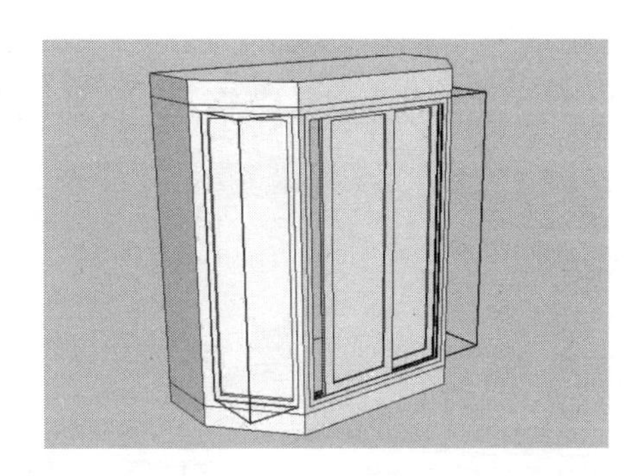

图 6-47

（26）使用“颜料桶”工具为制作的飘窗模型赋予相应的材质，如图 6-48 所示。

图 6-48

6.1.3　创建单开门

单开门是指只有一扇门板，一侧作为门轴，另一侧可以开和关的门，如图 6-49 所示。

图 6-49

视频\06\创建单开门.avi
案例\06\最终效果\练习 6-3.skp

创建单开门的操作步骤如下：

（1）启动 SketchUp 软件，使用“矩形”工具绘制 900mm×2050mm 的立面矩形，如图 6-50 所示。

（2）使用“偏移”工具将上一步绘制的矩形面向内偏移 50mm 的距离，如图 6-51 所示。

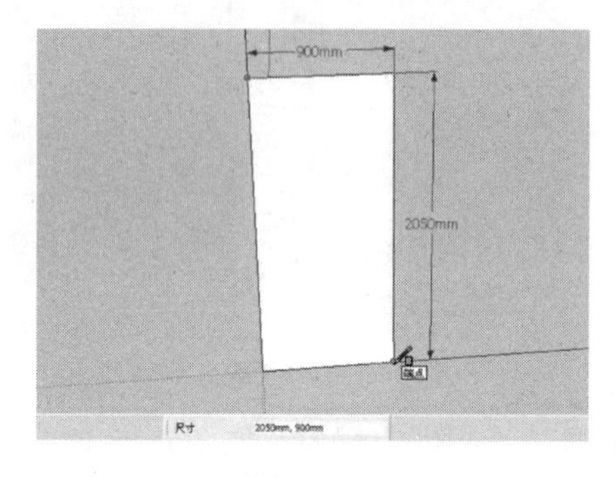

图 6-50

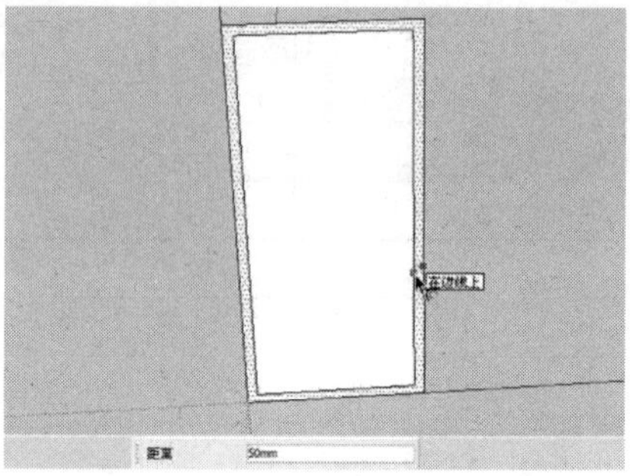

图 6-51

（3）使用“直线”工具在图中的相应位置补上两条垂线段，如图 6-52 所示。

（4）使用“橡皮擦”工具删除图中多余的线面，如图 6-53 所示。

图 6-52

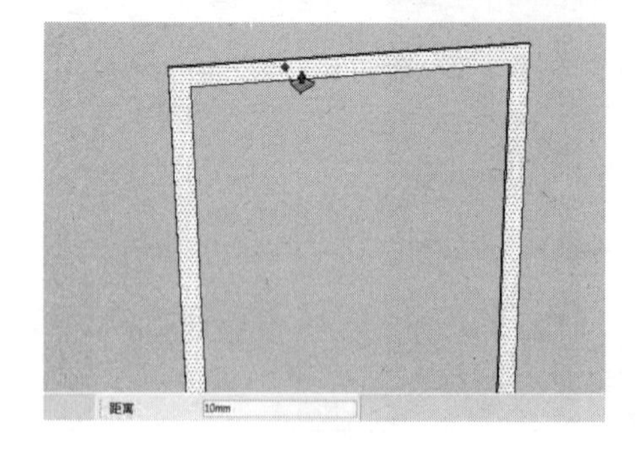

图 6-53

（5）使用“推/拉”工具将造型面推拉出 10mm 的厚度，如图 6-54 所示。

（6）使用“偏移”工具将图中相应的几条线段向外偏移 10mm 的距离，如图 6-55 所示。

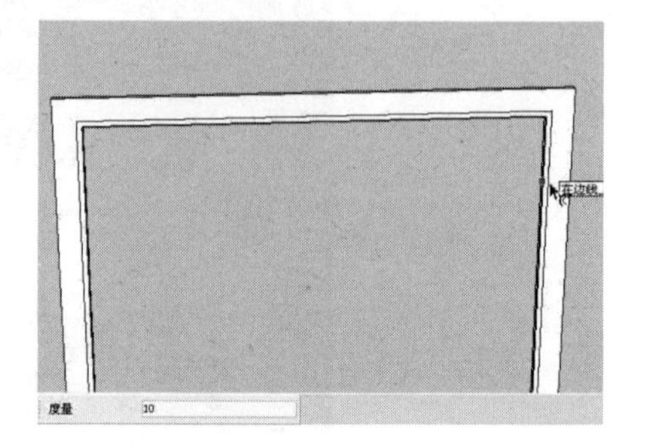

图 6-54

图 6-55

（7）使用“推/拉”工具将图中相应的面向外推拉 140mm 的距离，如图 6-56 所示。

（8）使用“矩形”工具捕捉门框上的相应端点绘制 800mm×2000mm 的矩形面，如图 6-57 所示。

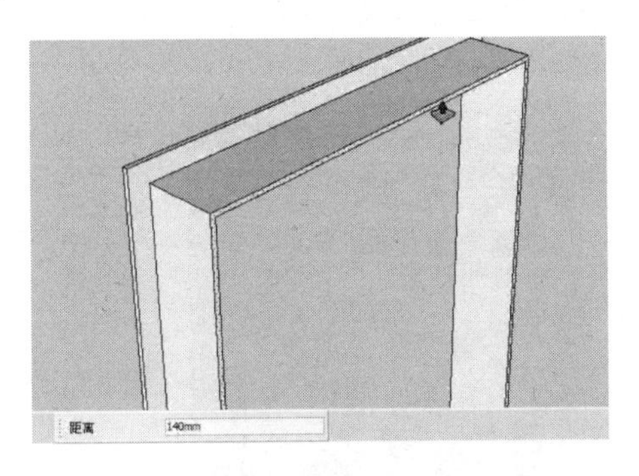

图 6-56

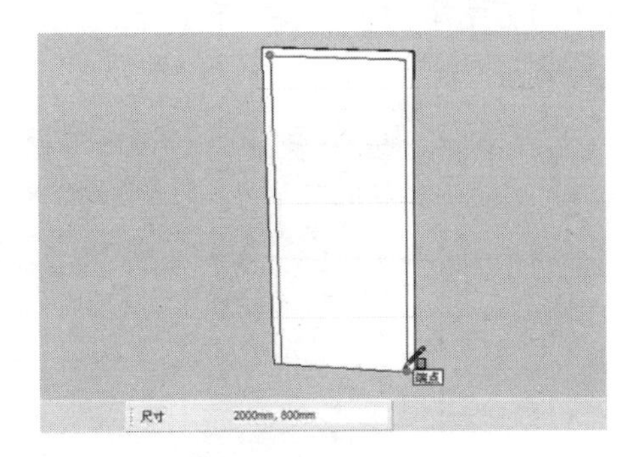

图 6-57

（9）使用“推/拉”工具将上一步绘制的矩形面推拉 40mm 的厚度，并将推拉后的门板创建为组，如图 6-58 所示。

（10）使用“移动”工具将门板移到门框的中间位置，如图 6-59 所示。

图 6-58

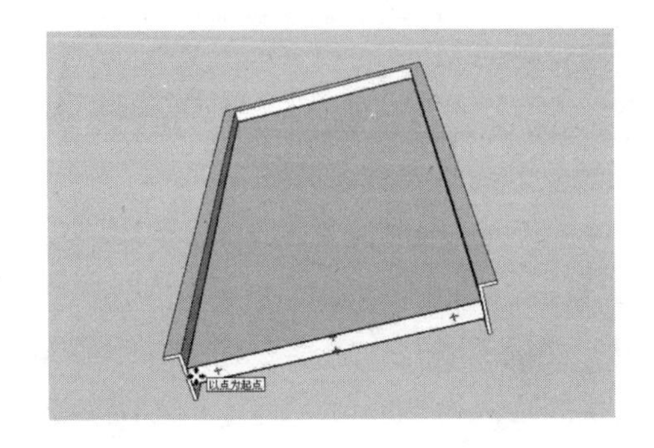

图 6-59

（11）结合“圆”工具、“推/拉”工具和“缩放”工具，创建出单开门的门把手造型，如图 6-60 所示。

（12）使用“颜料桶”工具为制作的单开门模型赋予相应的材质，并打开阴影显示，如图 6-61 所示。

图 6-60

图 6-61

6.1.4 创建双开门

双开门有两扇门板，各自有自己的门轴，向两个方向开启，如图 6-62 所示。

图 6-62

视频\06\创建双开门.avi
案例\06\最终效果\练习 6-4.skp

创建双开门的操作步骤如下：

（1）启动 SketchUp 软件，使用“矩形”工具绘制 1400mm×2400mm 的立面矩形，如图 6-63 所示。

（2）使用“卷尺”工具在上一步绘制的立面矩形上绘制多条辅助参考线，其辅助参考线与边线的距离为 50mm，如图 6-64 所示。

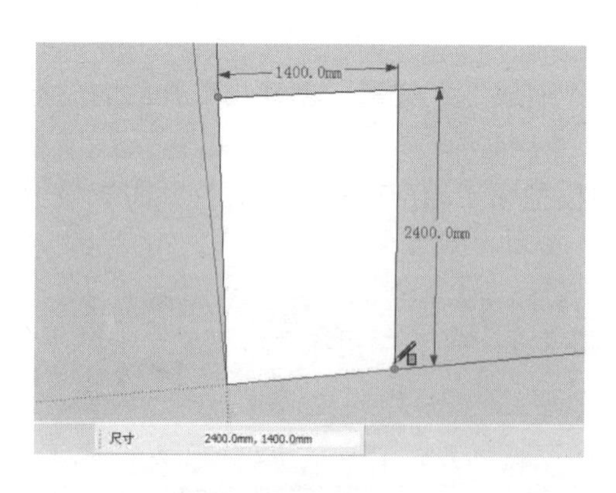

图 6-63

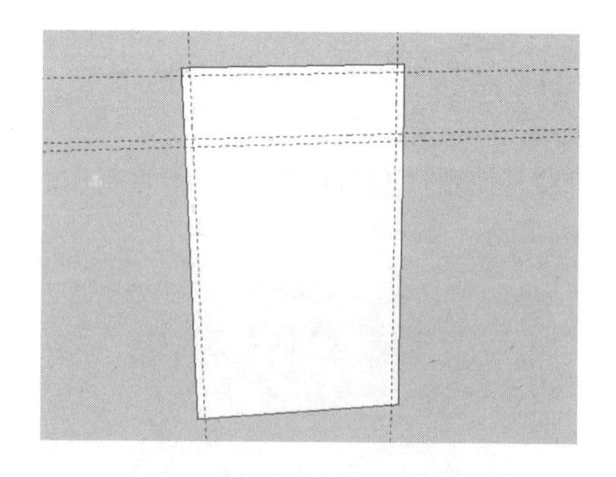

图 6-64

（3）使用“直线”借助上一步绘制的辅助参考线在立面矩形上绘制多条线段，如图 6-65 所示。

（4）删除多余的面，然后使用“推/拉”工具将图中的造型面向外推拉出 100mm 的厚度，如图 6-66 所示。

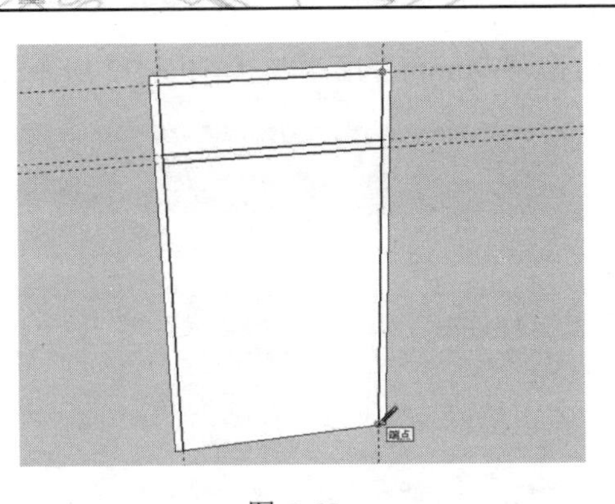

图 6-65

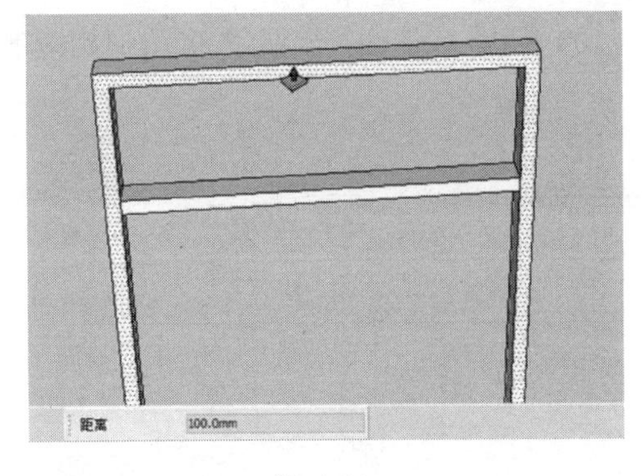

图 6-66

（5）使用“卷尺”工具在门框的外侧面上绘制两条辅助参考线，如图 6-67 所示。

（6）使用“矩形”工具捕捉上一步绘制辅助参考线与模型面的交点绘制一个矩形面，如图 6-68 所示。

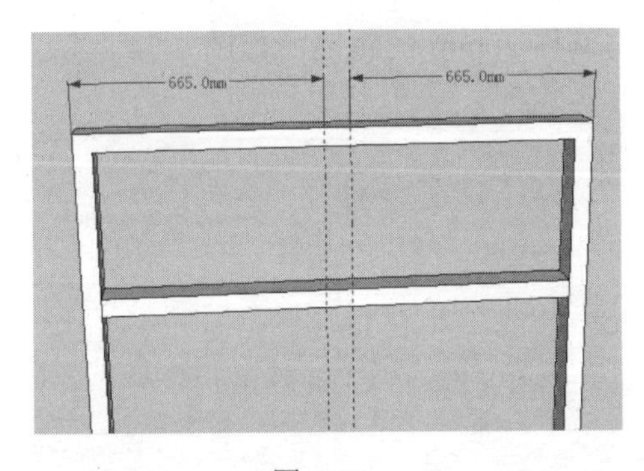

图 6-67

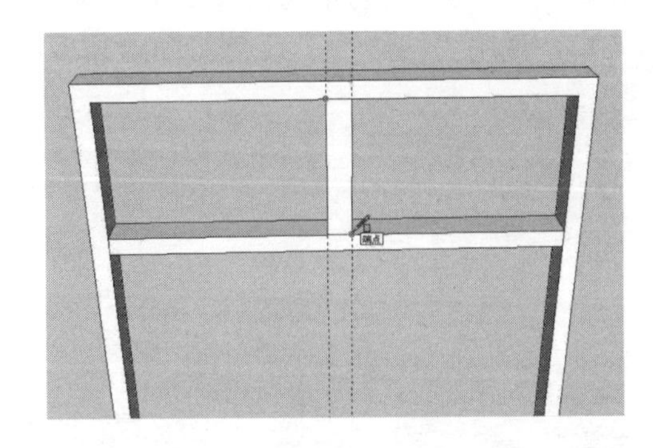

图 6-68

（7）使用“推/拉”工具将上一步绘制的矩形面推拉捕捉至门框的相应边线上，如图 6-69 所示。

（8）使用“矩形”工具捕捉图中相应的端点为起点绘制 650mm×1900mm 的矩形面，并将其创建为群组，如图 6-70 所示。

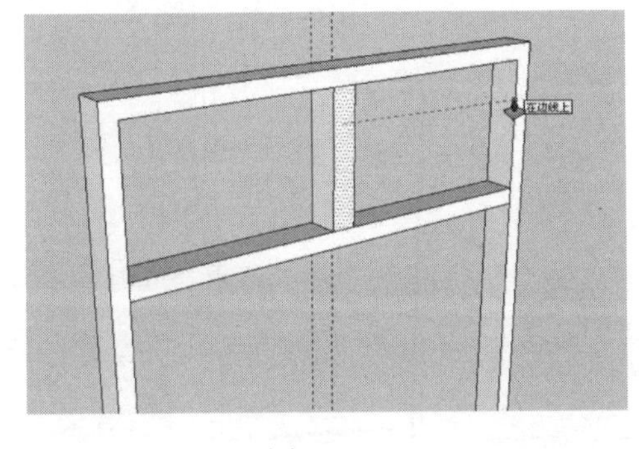

图 6-69

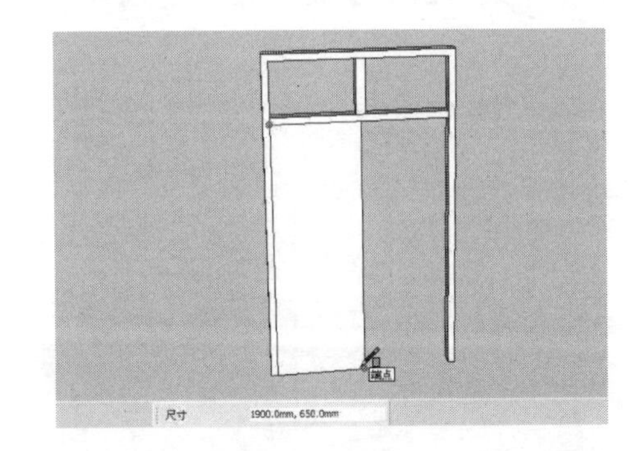

图 6-70

（9）双击上一步创建的组，然后使用“推/拉”工具将矩形面推拉出 50mm 的厚度，如图 6-71 所示。

（10）使用“偏移”工具将图中相应的面向内偏移 90mm 的距离，如图 6-72 所示。

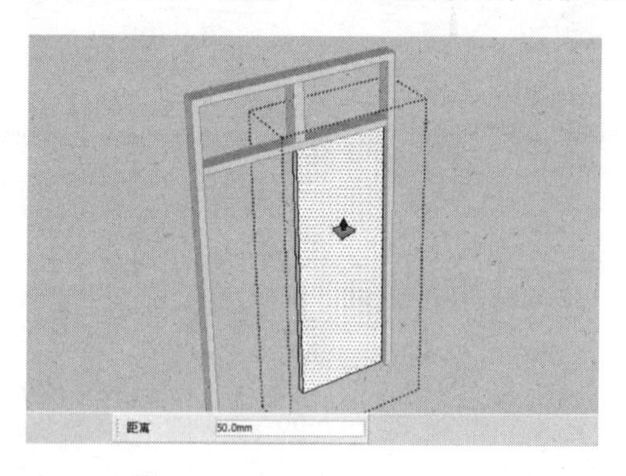

图 6-71

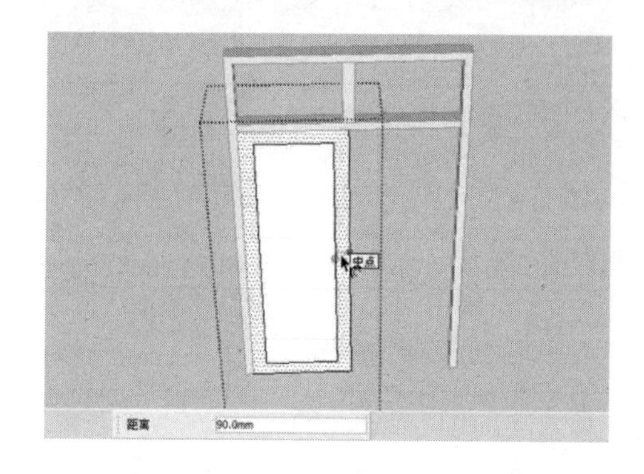

图 6-72

（11）按住【Ctrl】键，使用“移动”工具将上一步偏移后的矩形的上下侧边线分别向内复制一条，其移动的距离为 815mm，如图 6-73 所示。

（12）使用“偏移”工具将图中相应的面向内偏移 20mm 的距离，如图 6-74 所示。

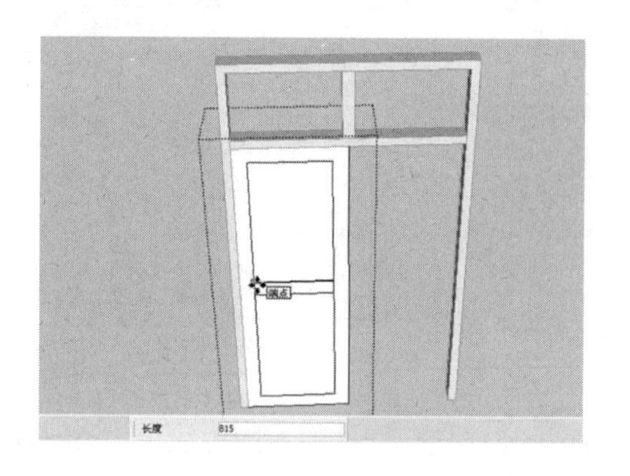

图 6-73

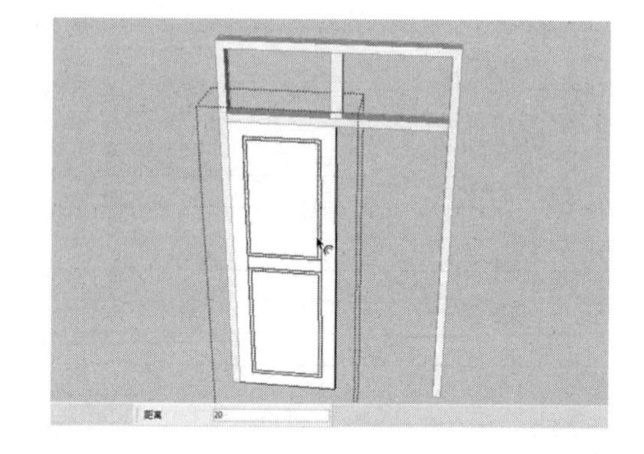

图 6-74

（13）使用“推/拉”工具将图中相应的面向内推拉 15mm 的距离，如图 6-75 所示。

（14）按住【Ctrl】键，使用“选择”工具选择图中相应的边线，如图 6-76 所示。

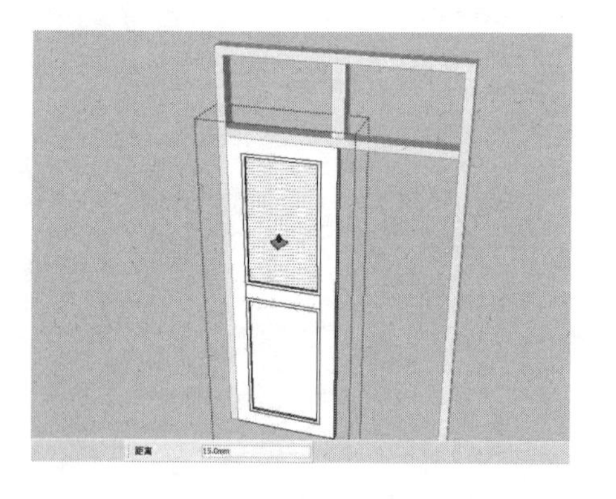

图 6-75

图 6-76

（15）按住【Ctrl】键，使用“缩放”工具对上一步选择的边线进行水平及垂直方向上的缩放，如图 6-77 所示。

（16）使用“推/拉”工具将图中相应的面向内推拉 5mm 的厚度，如图 6-78 所示。

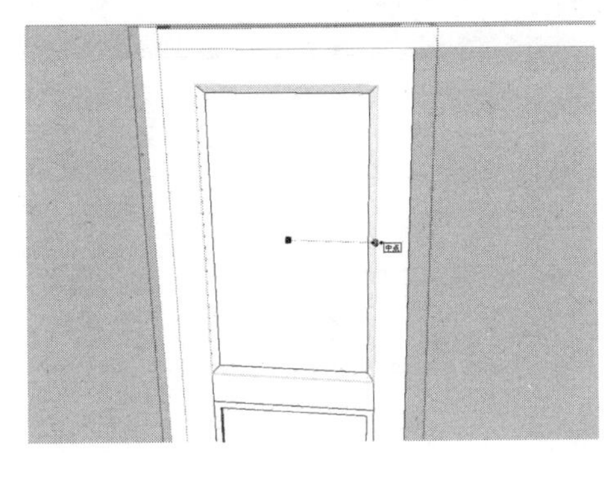

图 6-77

图 6-78

（17）使用相同的方法完成下侧门板上的细节制作，如图 6-79 所示。

（18）按住【Ctrl】键，使用“移动”工具将制作好的门板向右复制一份，如图 6-80 所示。

图 6-79

图 6-80

（19）使用“矩形”工具捕捉图中相应的端点绘制 615mm×400mm 的矩形，并将其创建为群组，如图 6-81 所示。

（20）双击上一步创建的组，进入组的内部编辑状态，使用“偏移”工具将矩形面向内偏移 25mm 的距离，如图 6-82 所示。

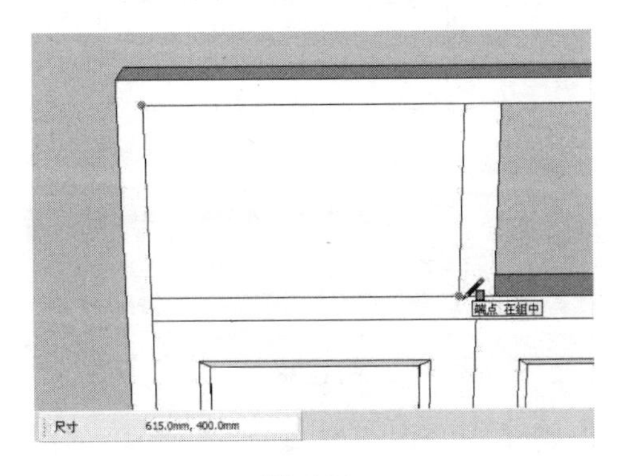

图 6-81

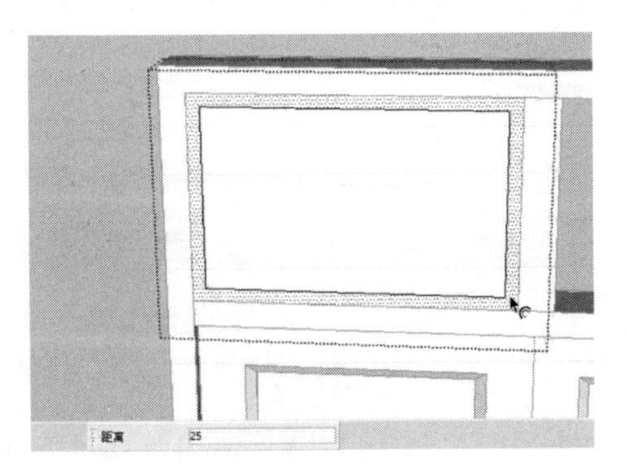

图 6-82

（21）使用“推/拉”工具将图中相应的面向内推拉 10mm 的距离，如图 6-83 所示。

（22）按住【Ctrl】键，使用“选择”工具选择图中相应的边线，如图 6-84 所示。

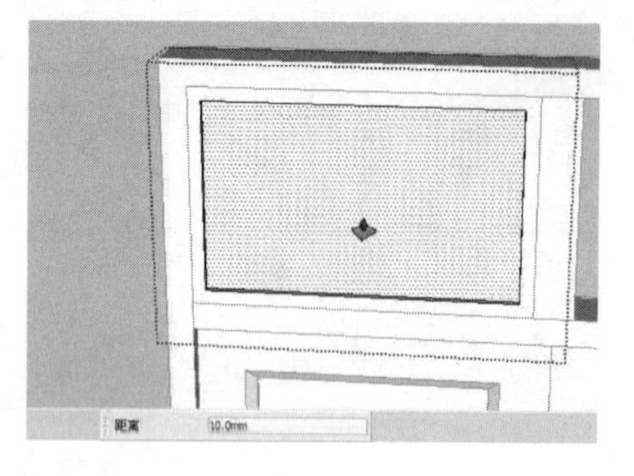

图 6-83

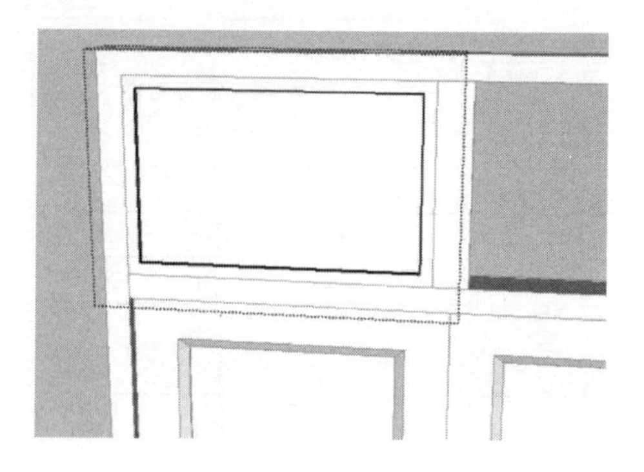
图 6-84

（23）按住【Ctrl】键，使用“缩放”工具对上一步选择的边线进行水平及垂直方向上的缩放，如图 6-85 所示。

（24）使用“推/拉”工具将图中相应的面向内推拉 10mm 的厚度，如图 6-86 所示。

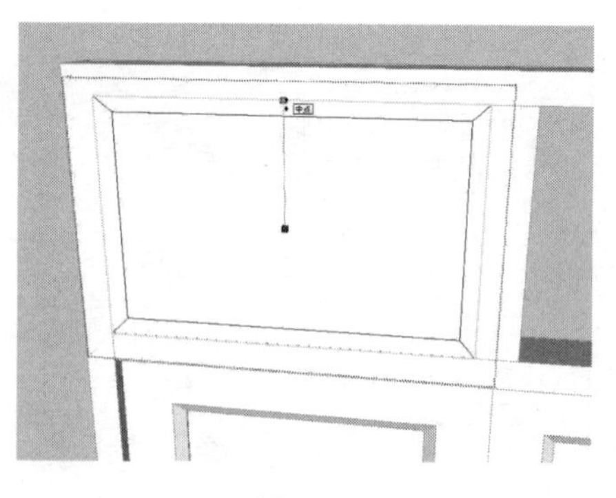
图 6-85

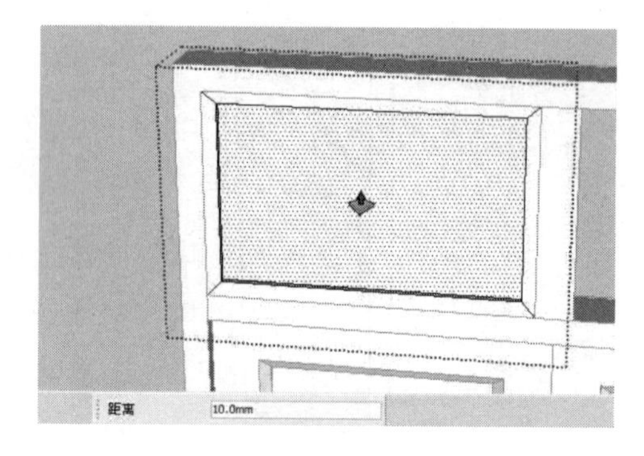

图 6-86

（25）使用“偏移”工具将图中相应的面向内偏移 10mm 的距离，如图 6-87 所示。

（26）使用“推/拉”工具将图中相应的造型面向外推拉 5mm 的厚度，如图 6-88 所示。

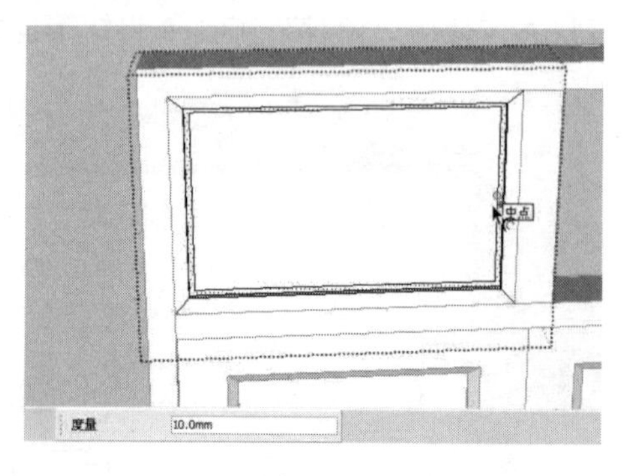

图 6-87

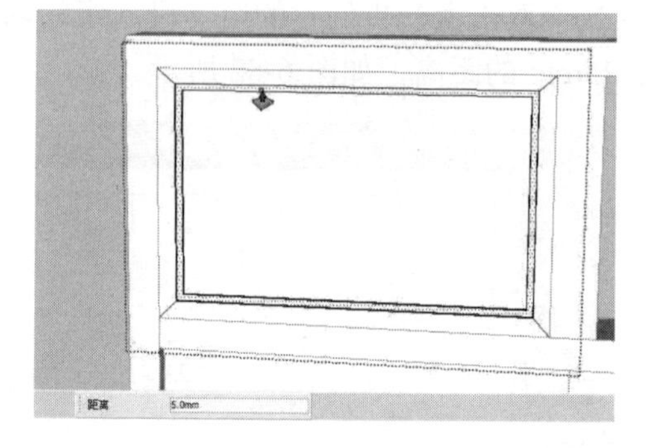

图 6-88

（27）按住【Ctrl】键，使用“移动”工具将创建好的窗户向右复制一份，如图 6-89 所示。

（28）使用“颜料桶”工具为制作的双开门模型赋予相应的材质，并打开阴影显示，如图 6-90 所示。

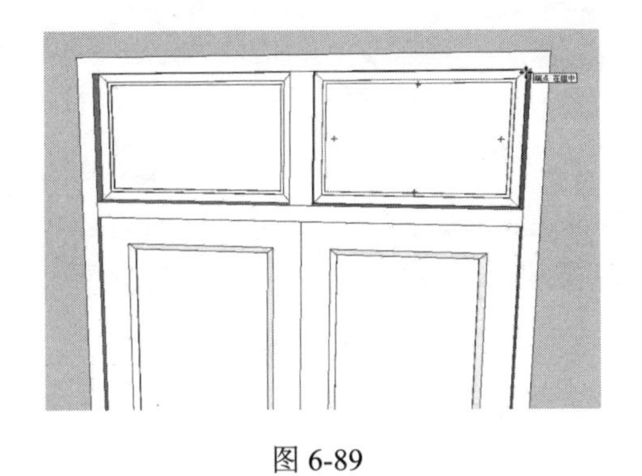

图 6-89

图 6-90

6.2　建筑屋顶的建模

本节主要针对建筑屋顶模型的创建进行详细讲解，包括创建四坡屋顶、山墙屋顶、锥形屋顶、中式古建屋顶、欧式建筑屋顶模型。

6.2.1　创建四坡屋顶

视频\06\创建四坡屋顶.avi
案例\06\最终效果\练习 6-5.skp

创建四坡屋顶的操作步骤如下：

（1）启动 SketchUp 软件，使用“矩形”工具绘制 10000mm×6000mm 的矩形面，如图 6-91 所示。

（2）使用“推/拉”工具将上一步绘制的矩形面向上推拉 200mm 的高度，如图 6-92 所示。

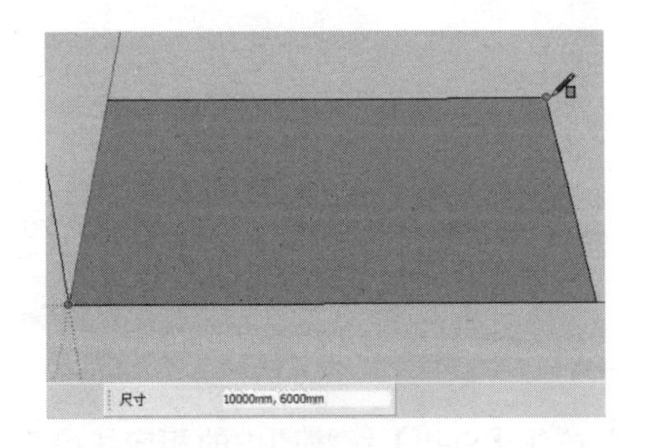

图 6-91

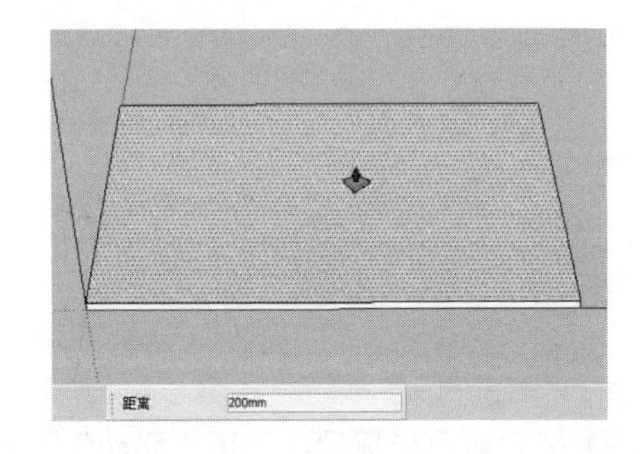

图 6-92

（3）按住【Ctrl】键，使用“移动”工具将立方体上侧表面的左侧垂直边向右复制一份，其移动的距离为 3000mm，如图 6-93 所示。

（4）使用“直线”工具捕捉相应线段上的端点及中点绘制两条斜线段，如图 6-94 所示。

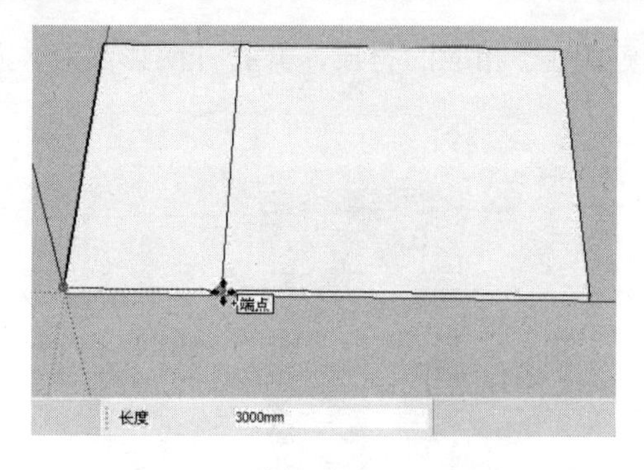

图 6-93

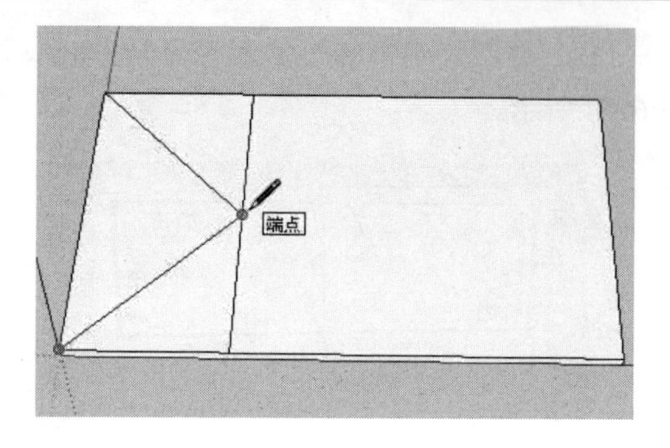

图 6-94

（5）按住【Ctrl】键，使用“移动”工具将立方体上侧表面的右侧垂直边向左复制一份，其移动的距离为 3000mm，如图 6-95 所示。

（6）使用“直线”工具捕捉相应线段上的端点及中点绘制两条斜线段，如图 6-96 所示。

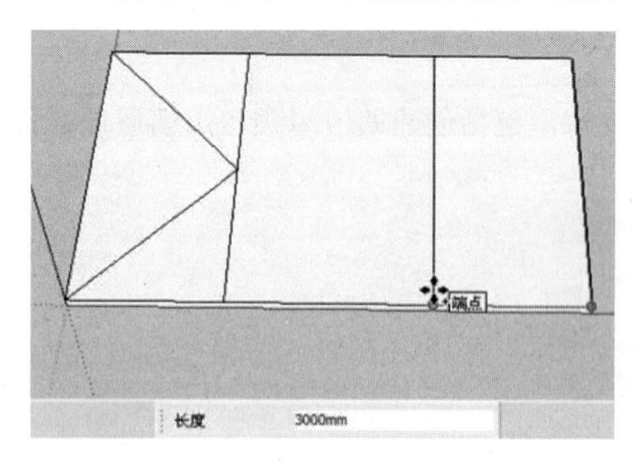

图 6-95

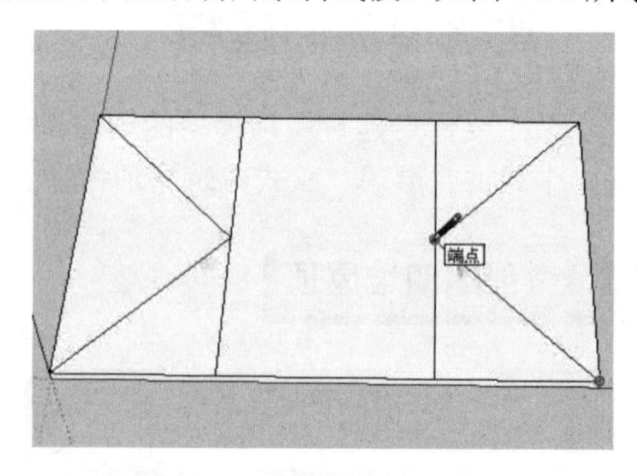

图 6-96

（7）使用“直线”工具捕捉相应线段的端点绘制一条水平线段，如图 6-97 所示。

（8）使用“橡皮擦”工具删除模型表面上的相应线段，如图 6-98 所示。

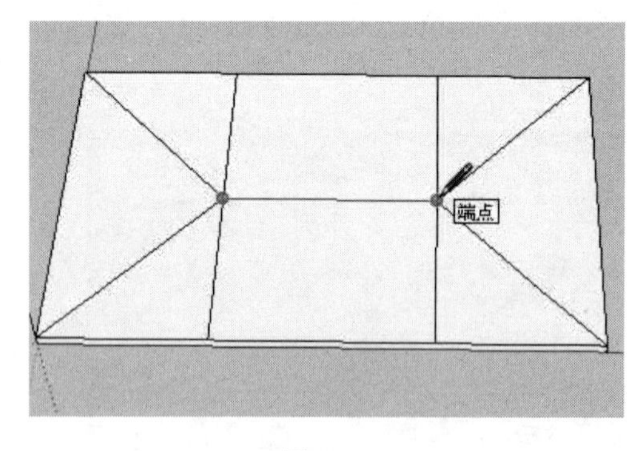

图 6-97

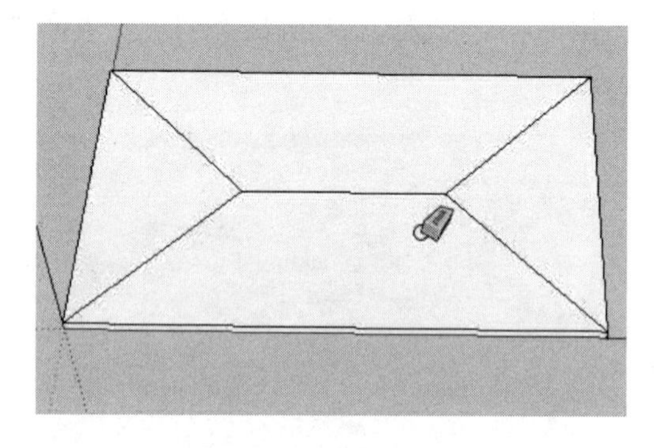

图 6-98

（9）锁定蓝色坐标轴，使用“移动”工具并按住【Shift】键将图中的相应线段垂直向上移动，如图 6-99 所示。

（10）使用“偏移”工具将屋顶的下侧矩形面向内偏移 200mm 的距离，如图 6-100 所示。

（11）使用“推/拉”工具将偏移后的内侧矩形面向下推拉 4000mm 的厚度，如图 6-101 所示。

（12）使用“颜料桶”工具为创建的屋顶模型赋予相应的瓦片材质，如图 6-102 所示。

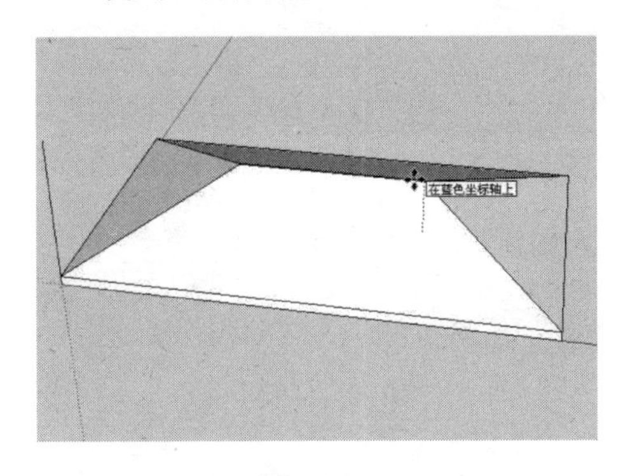

图 6-99

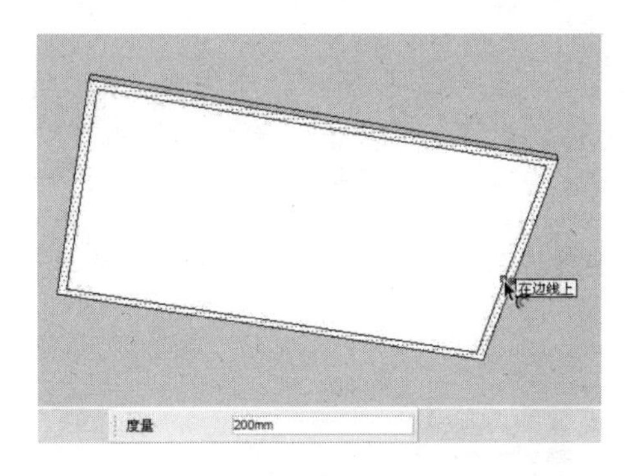

图 6-100

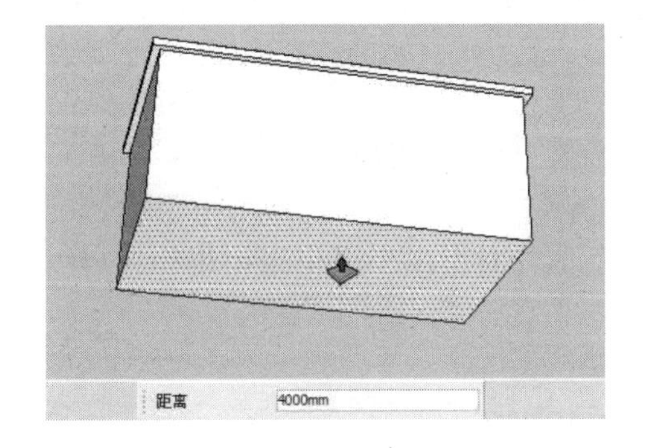

图 6-101

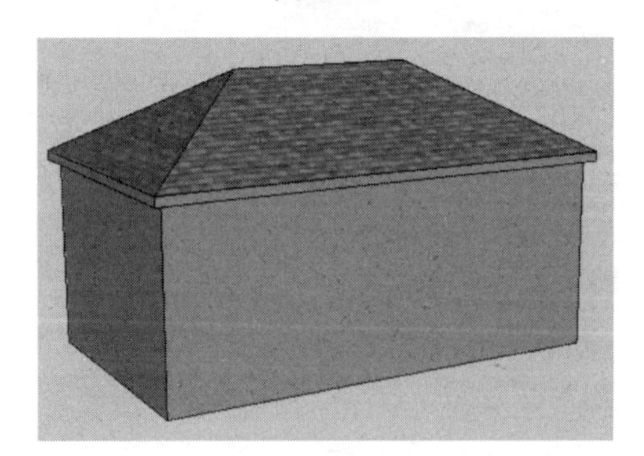

图 6-102

6.2.2　创建山墙屋顶

视频\06\创建山墙屋顶.avi
案例\06\最终效果\练习 6-6.skp

创建山墙屋顶的操作步骤如下：

（1）启动 SketchUp 软件，使用“矩形”工具绘制 5000mm×1400mm 的立面矩形，如图 6-103 所示。

（2）使用“直线”工具捕捉相应线段上的端点及中点绘制两条斜线段，如图 6-104 所示。

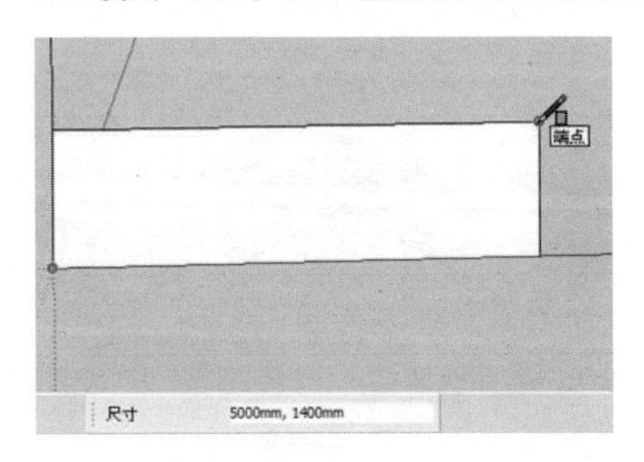

图 6-103

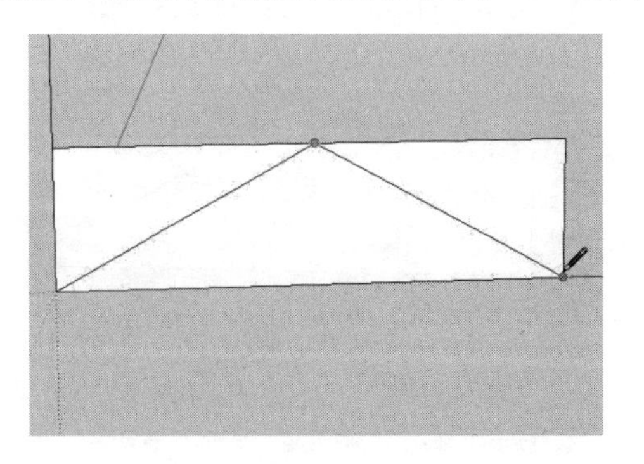

图 6-104

（3）使用“偏移”工具将上一步绘制的两条斜线段向上偏移 200mm 的距离，如图 6-105 所示。

（4）使用“橡皮擦”工具删除图中的相应线面，如图 6-106 所示。

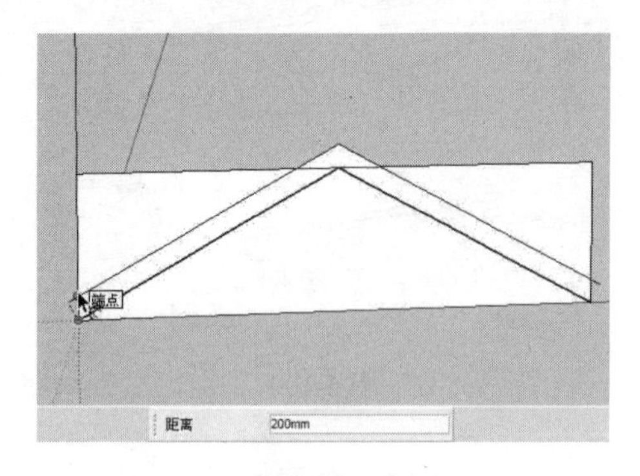

图 6-105

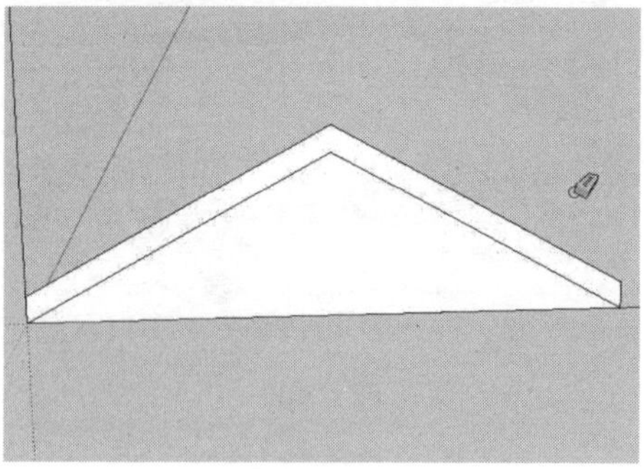

图 6-106

（5）使用“推/拉”工具将图中相应的造型面向外推拉 3800mm 的厚度，如图 6-107 所示。

（6）使用“推/拉”工具将图中相应的三角面向外推拉 3400mm 的厚度，如图 6-108 所示。

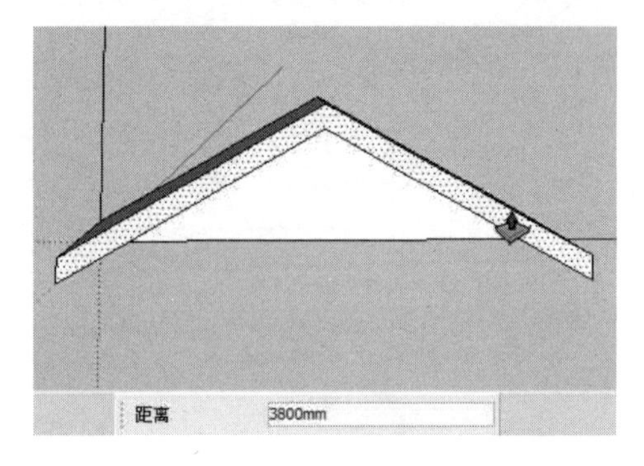

图 6-107

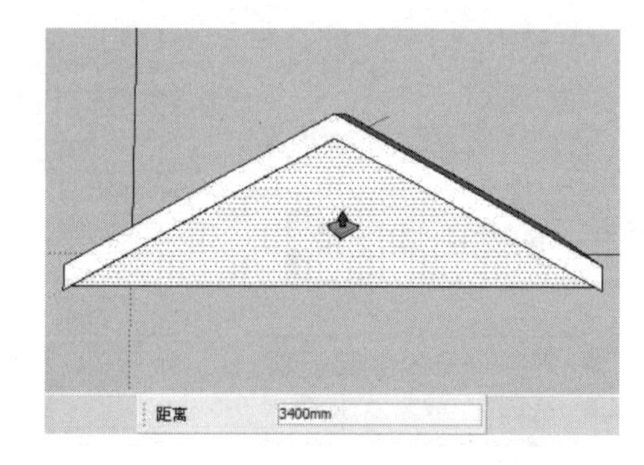

图 6-108

（7）使用“矩形”工具，在模型的后侧相应位置绘制 5000mm×1400mm 的立面矩形，如图 6-109 所示。

（8）使用“直线”工具捕捉相应线段上的端点及中点绘制两条斜线段，如图 6-110 所示。

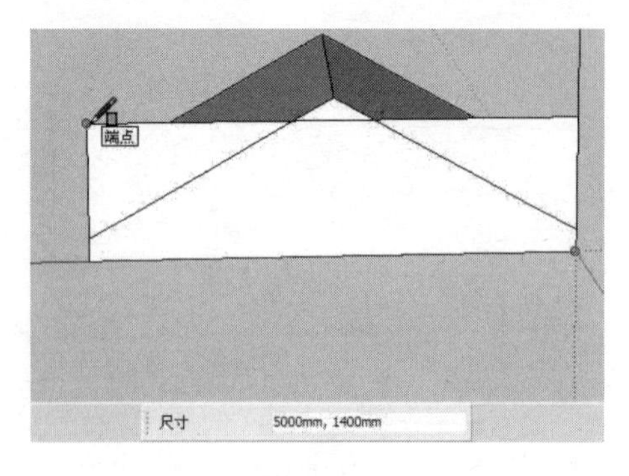

图 6-109

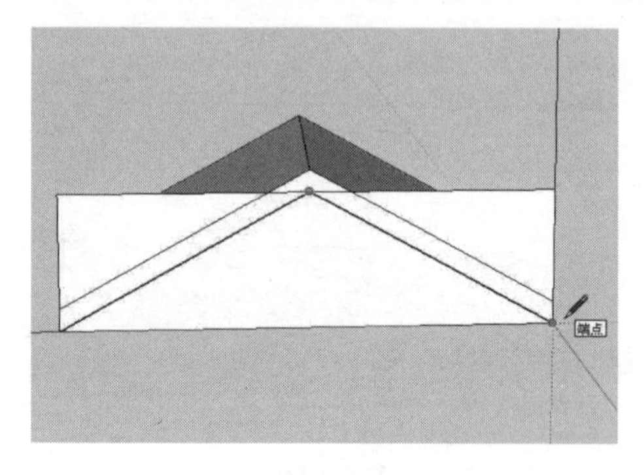

图 6-110

（9）使用“橡皮擦”工具删除图中的相应线面，如图 6-111 所示。

（10）使用“推/拉”工具将图中相应的三角面向内推拉 400mm 的距离，如图 6-112 所示。

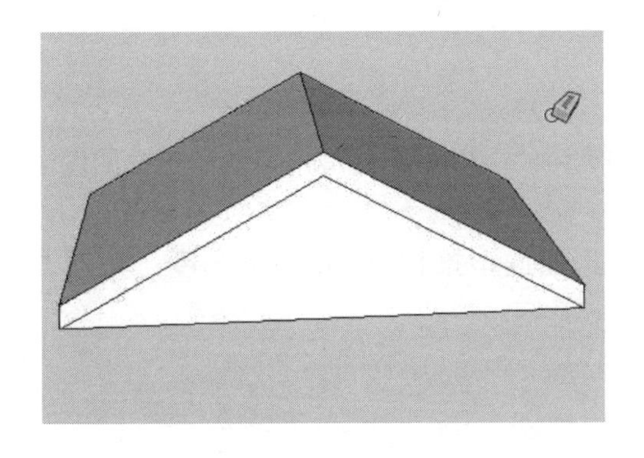

图 6-111

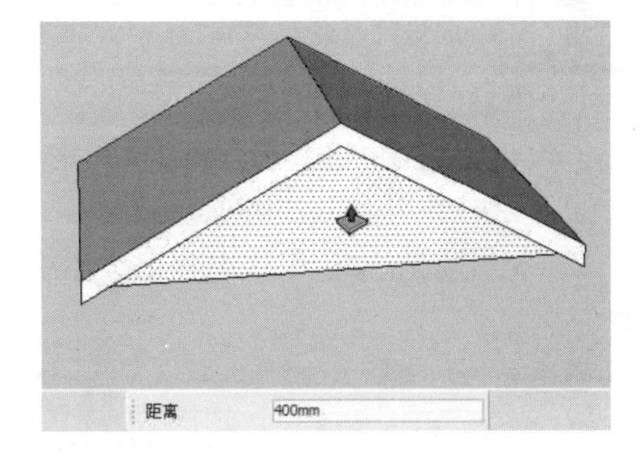

图 6-112

（11）使用“偏移”工具将屋顶的下侧矩形面向内偏移 100mm 的距离，如图 6-113 所示。

（12）使用“推/拉”工具将偏移后的内侧矩形面向下推拉 2800mm 的厚度，如图 6-114 所示。

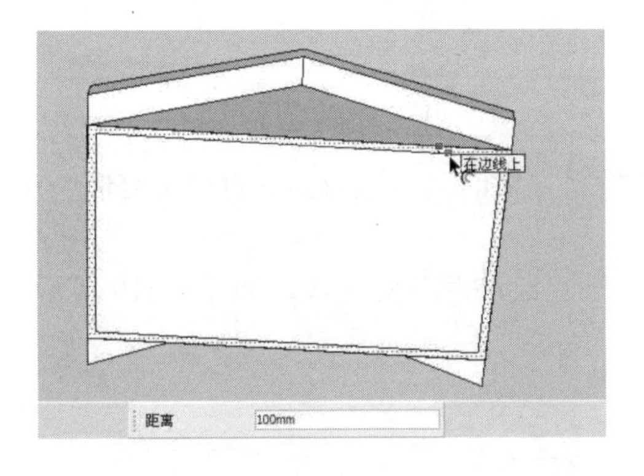

图 6-113

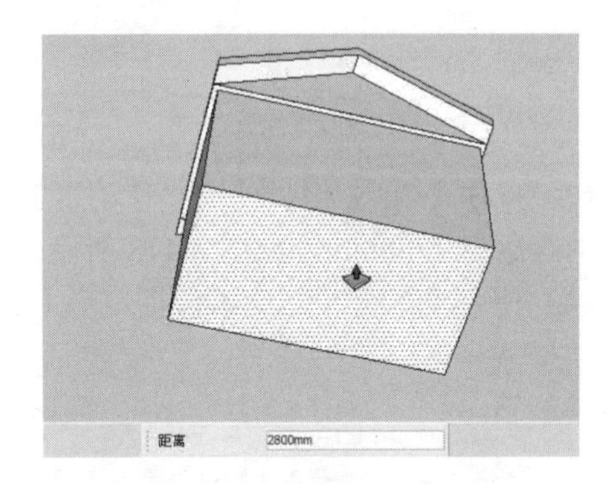

图 6-114

（13）使用“颜料桶”工具为创建的屋顶模型赋予相应的瓦片材质，如图 6-115 所示。

图 6-115

6.2.3 创建锥形屋顶

视频\06\创建锥形屋顶.avi
案例\06\最终效果\练习 6-7.skp

创建锥形屋顶的操作步骤如下：

（1）启动 SketchUp 软件，使用“矩形”工具绘制 7300mm×5800mm 的矩形，如图 6-116 所示。

（2）使用“推/拉”工具将上一步绘制的矩形面向上推拉 200mm 的高度，如图 6-117 所示。

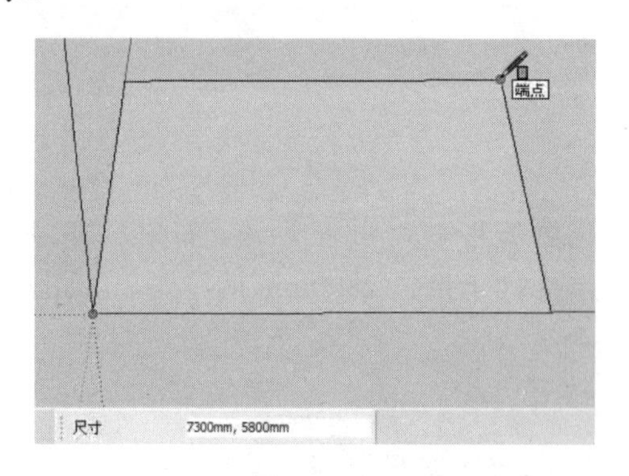

图 6-116

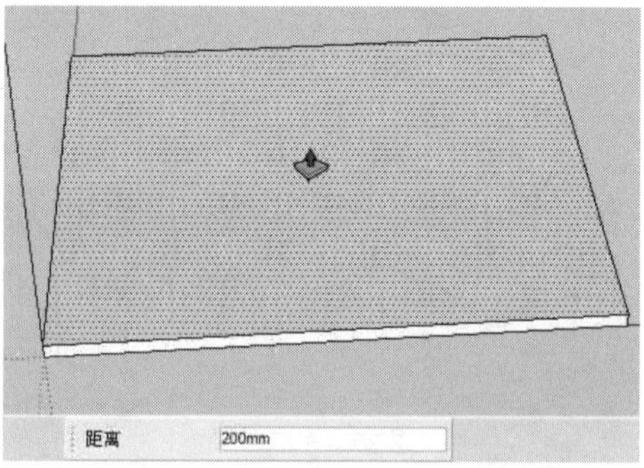

距离 200mm

图 6-117

（3）按住【Ctrl】键，使用“移动”工具将立方体的上侧矩形面垂直向上复制一份，其移动的距离为 1700mm，如图 6-118 所示。

（4）使用“直线”工具捕捉矩形上的相应端点绘制两条对角线，如图 6-119 所示。

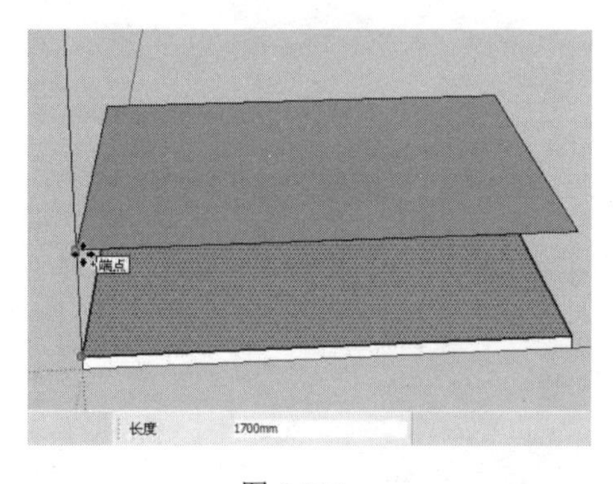

图 6-118

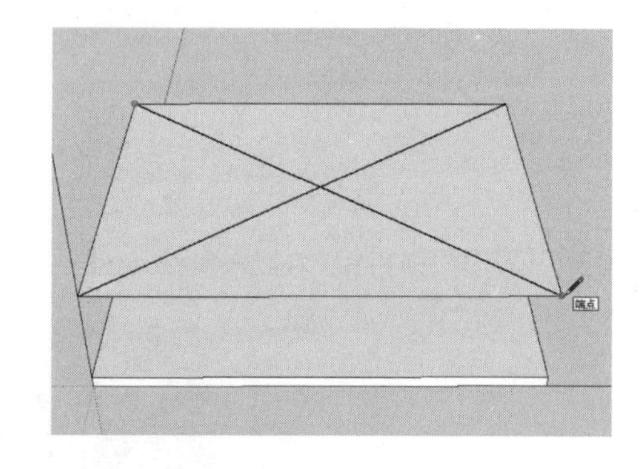

图 6-119

（5）使用“橡皮擦”工具删除矩形上的相应线面，如图 6-120 所示。

（6）使用“直线”工具以上侧交叉线的交点为起点向下绘制两条斜线段，以形成一个封闭的三角面，如图 6-121 所示。

（7）参考上一步的方法，绘制其他几个方向上的三角面，以形成锥形屋顶的造型，如图 6-122 所示。

（8）使用“偏移”工具将屋顶的下侧矩形面向内偏移 200mm 的距离，如图 6-123 所示。

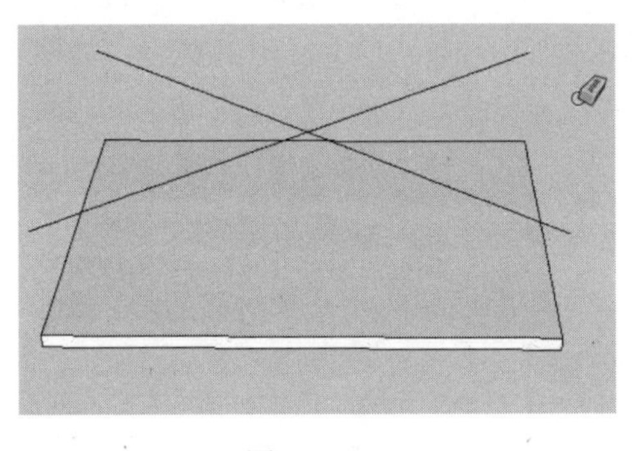

图 6-120

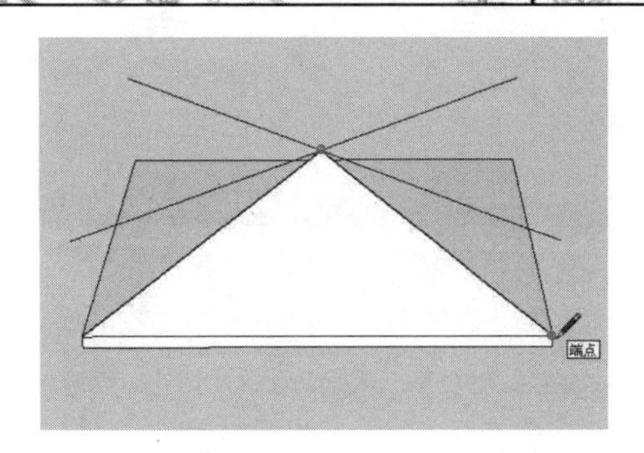

图 6-121

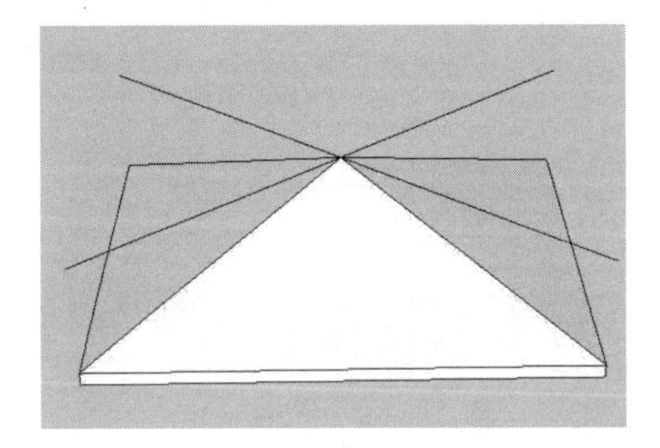

图 6-122

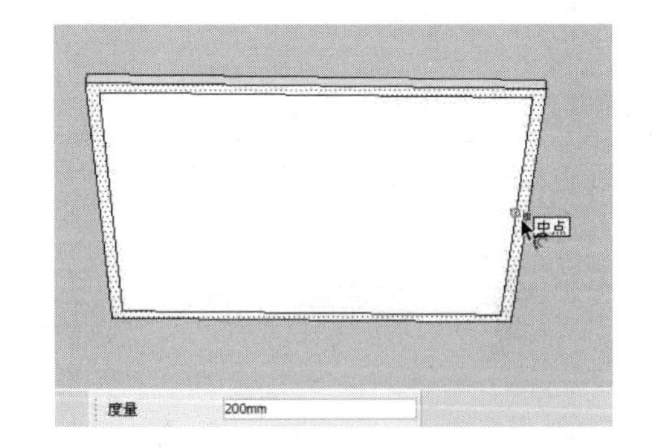

图 6-123

（9）使用“推/拉”工具将偏移后的内侧矩形面向下推拉 3500mm 的厚度，如图 6-124 所示。

（10）使用“颜料桶”工具为创建的屋顶模型赋予相应的瓦片材质，如图 6-125 所示。

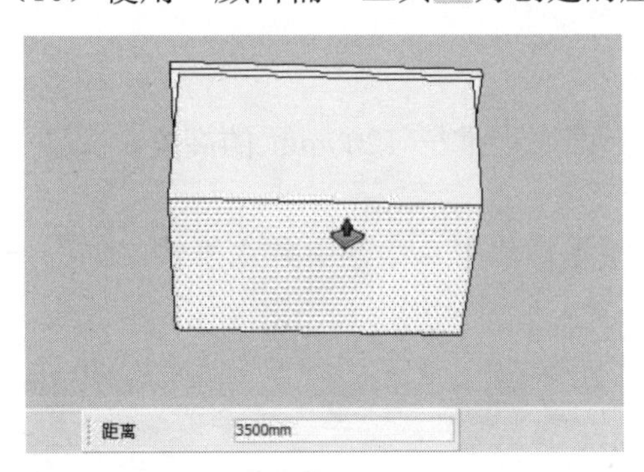

图 6-124

图 6-125

6.2.4　创建中式古建屋顶

视频\06\创建中式古建屋顶.avi
案例\06\最终效果\练习 6-8.skp

创建中式古建屋顶的操作步骤如下：

（1）启动 SketchUp 软件，使用“矩形”工具绘制 14000mm×9000mm 的矩形面，如图 6-126 所示。

（2）使用“推/拉”工具将上一步绘制的矩形面向上推拉 1700mm 的高度，如图 6-127 所示。

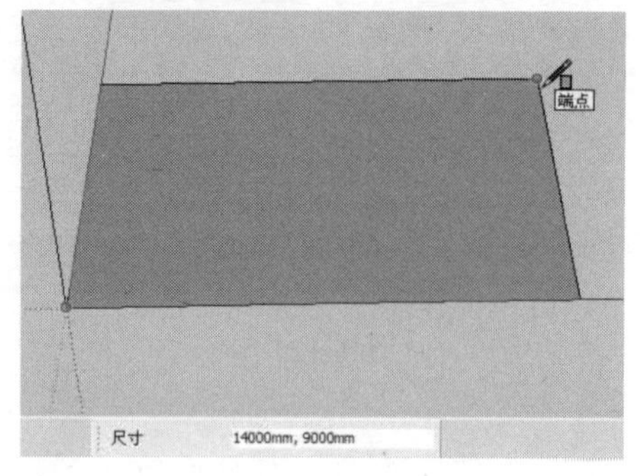

图 6-126

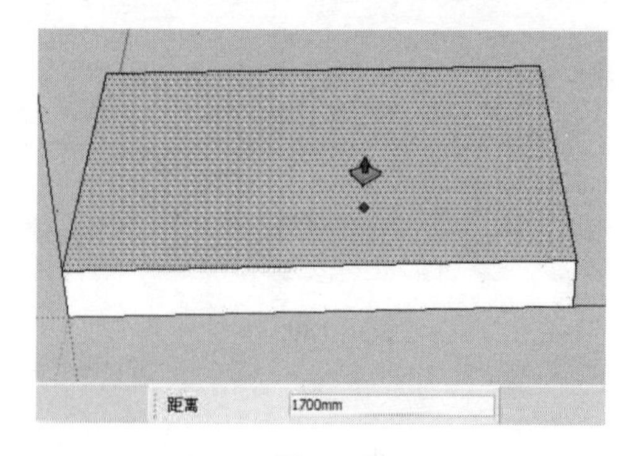

图 6-127

（3）使用“缩放”工具对上一步推拉后的立方体的上侧矩形面进行缩放，如图 6-128 所示。

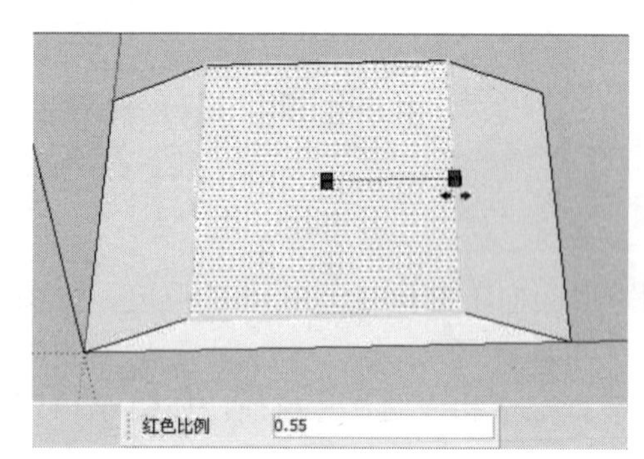

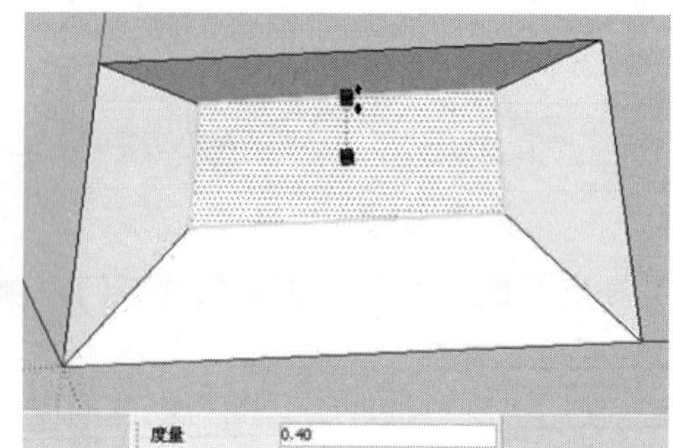

图 6-128

（4）使用“推/拉”工具将上一步缩放的矩形面向上推拉 1200mm 的高度，如图 6-129 所示。

（5）使用“直线”工具捕捉矩形面的左右侧垂直边中点绘制一条水平线，如图 6-130 所示。

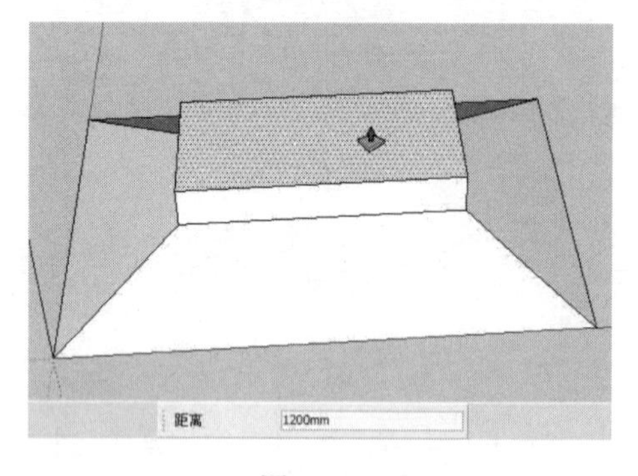

图 6-129

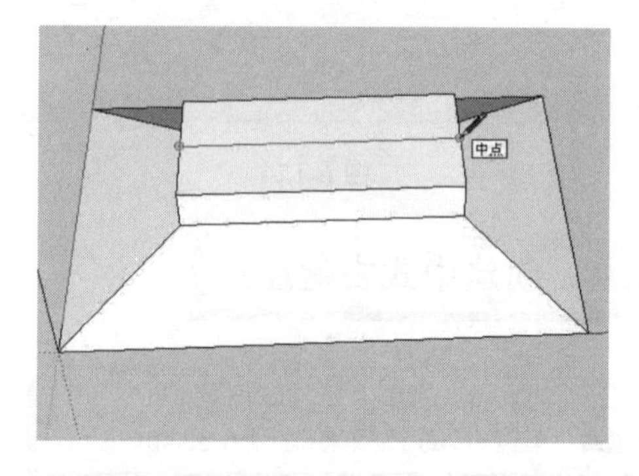

图 6-130

（6）使用“移动”工具将矩形面上的相应两条边移到上一步绘制的中线处，如图 6-131 所示。

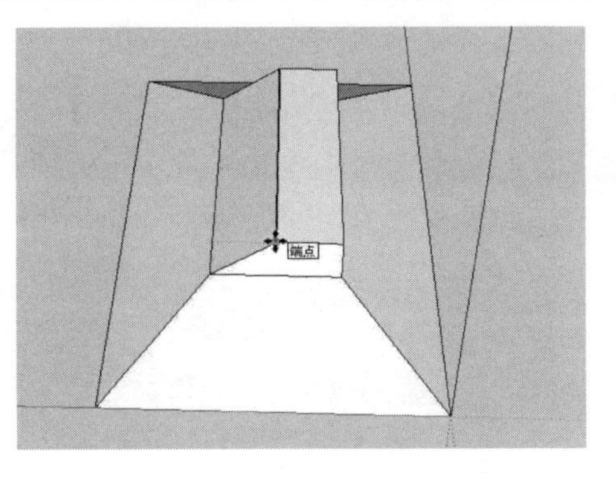

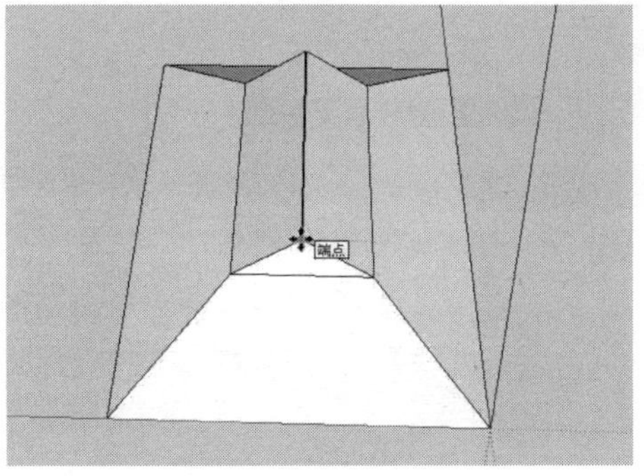

图 6-131

（7）使用“偏移”工具将屋顶侧面上的相应两条斜线段向内偏移，其偏移的距离为 300mm，如图 6-132 所示。

（8）使用“推/拉”工具将图中相应的三角面向内推拉 200mm 的距离，如图 6-133 所示。

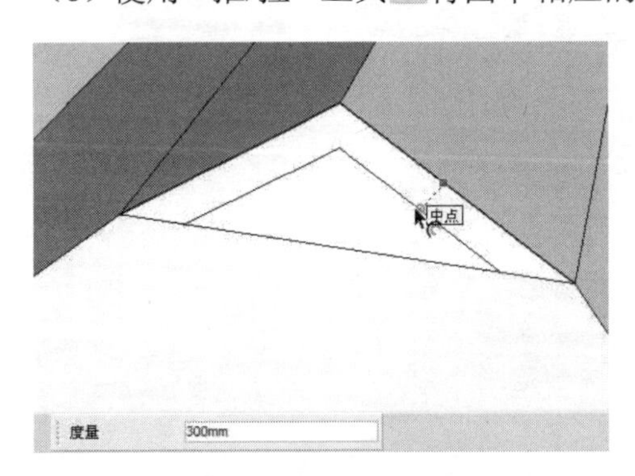

图 6-132

图 6-133

（9）使用相同的方法制作出屋顶另一侧面上的细节造型，如图 6-134 所示。

（10）使用“直线”工具及“圆弧”工具在屋顶的下侧边缘上绘制一个截面造型，如图 6-135 所示。

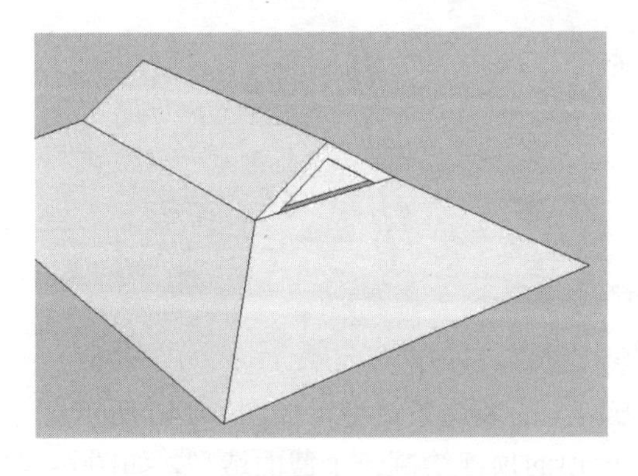

图 6-134

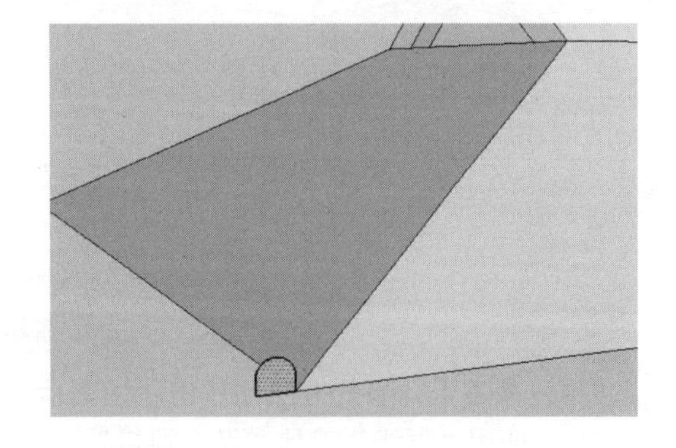

图 6-135

（11）按住【Ctrl】键，使用“选择”工具选择屋顶下侧的几条边缘线，如图 6-136 所示。然后使用“跟随路径”工具单击上一步绘制的截面造型，对其进行放样，如图 6-137 所示。

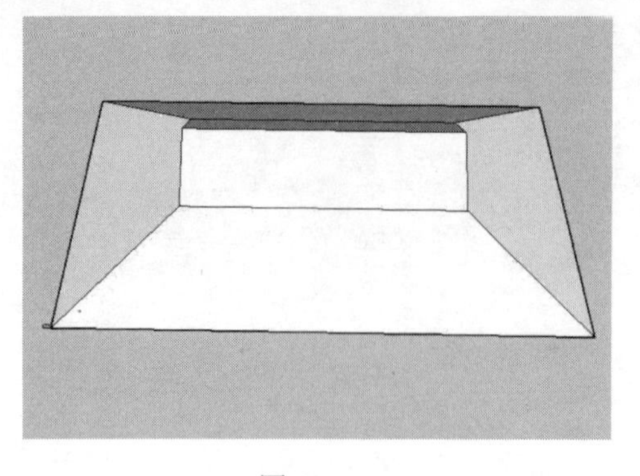
图 6-136

图 6-137

（12）使用“直线”工具及“圆弧”工具在屋顶的斜面边缘上绘制一个截面造型，如图 6-138 所示。

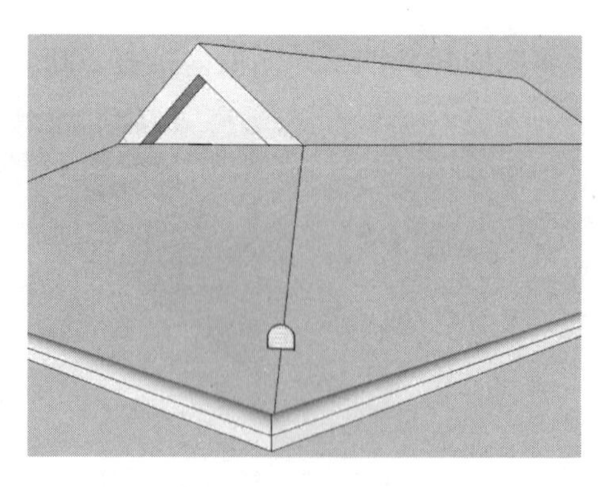
图 6-138

（13）按住【Ctrl】键，使用“选择”工具选择屋顶斜面上的几条边线，然后使用“跟随路径”工具单击上一步绘制的截面造型，对其进行放样，如图 6-139 所示。

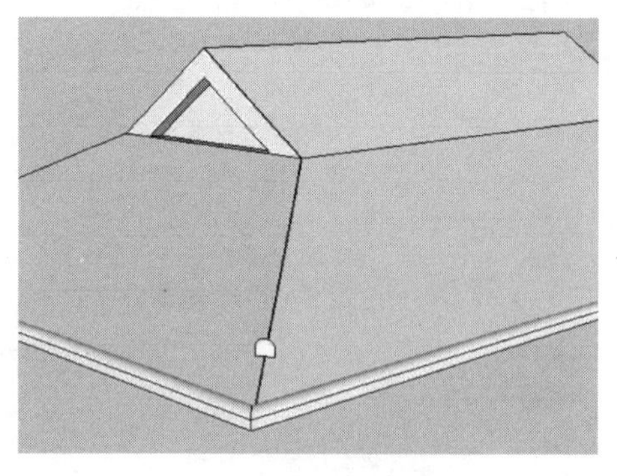
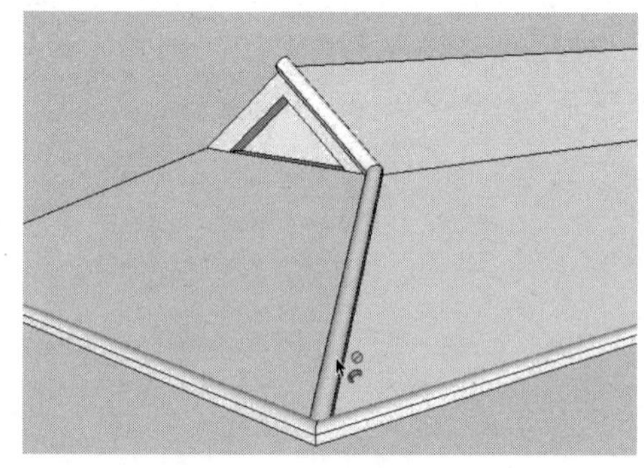
图 6-139

（14）参考上一步的方法制作出屋顶其他几个方向上的装饰条造型，如图 6-140 所示。

（15）使用“直线”工具及“圆弧”工具在屋顶的顶部绘制一个截面造型，如图 6-141 所示。

（16）使用“选择”工具选择屋顶上侧的一条边线，然后使用“跟随路径”工具单击上一步绘制的截面造型，对其进行放样，如图 6-142 所示。

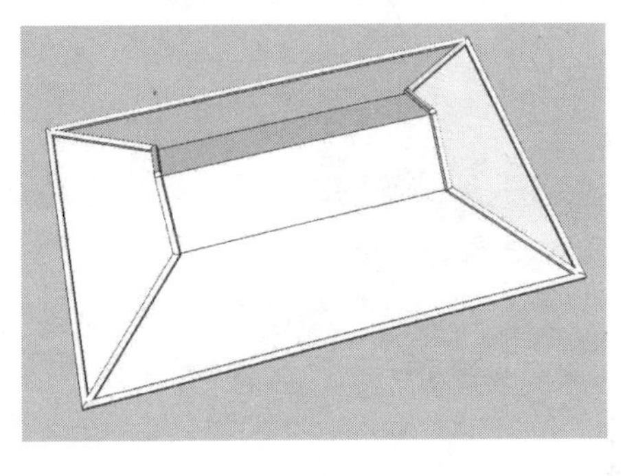

图 6-140

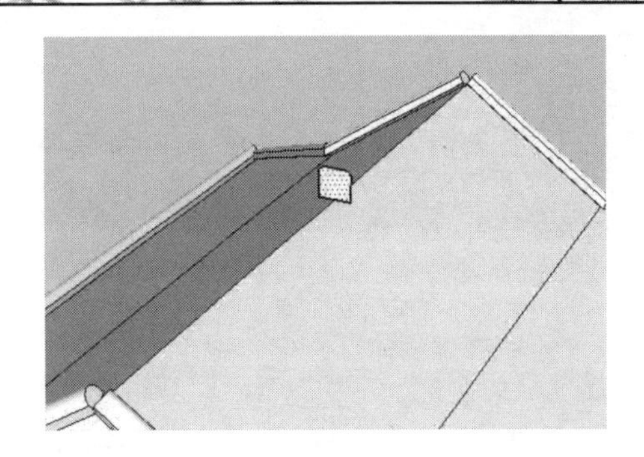

图 6-141

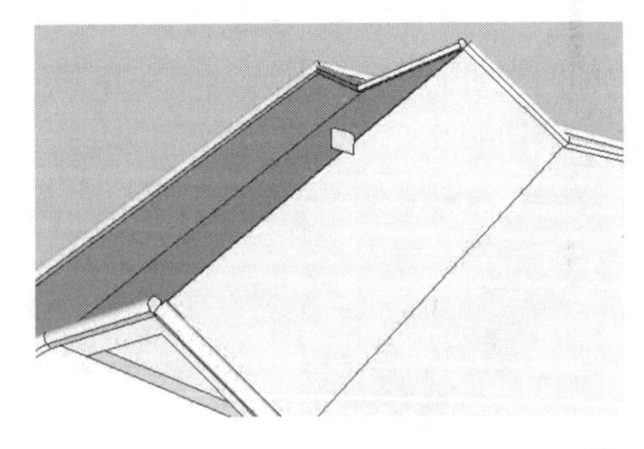

图 6-142

（17）使用“推/拉”工具将屋顶的底部面向下推拉 5000mm 的厚度，如图 6-143 所示。

（18）使用“颜料桶”工具为创建的屋顶模型赋予相应的瓦片材质，如图 6-144 所示。

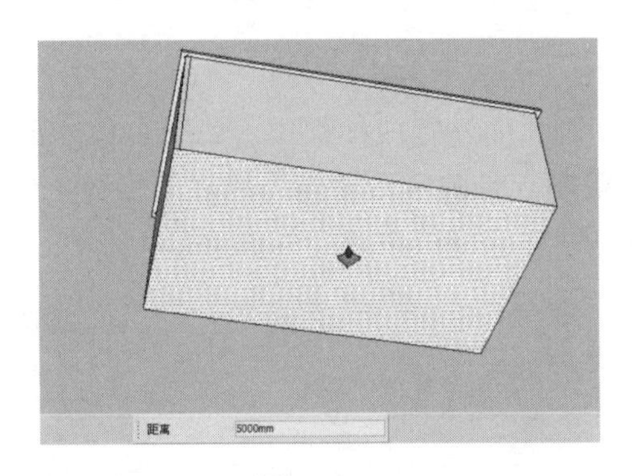

图 6-143

图 6-144

6.2.5　创建欧式建筑屋顶

视频\06\创建欧式建筑屋顶.avi
案例\06\最终效果\练习 6-9.skp

创建欧式建筑屋顶的操作步骤如下：

（1）启动 SketchUp 软件，使用“圆”工具绘制半径为 1500mm 的圆，如图 6-145 所示。

（2）使用“矩形”工具在上一步绘制的圆上绘制 1500mm×1500mm 的立面矩形，如图 6-146 所示。

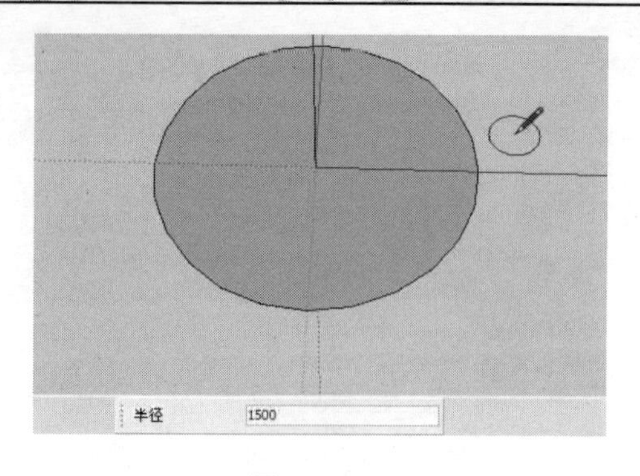

图 6-145

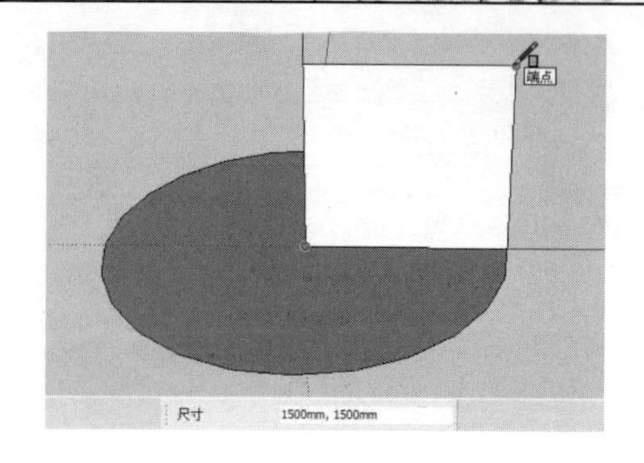

图 6-146

（3）使用“圆弧”工具在上一步绘制的矩形面上绘制一条圆弧，如图 6-147 所示。

（4）使用“橡皮擦”工具将矩形面上的多余线面删除，如图 6-148 所示。

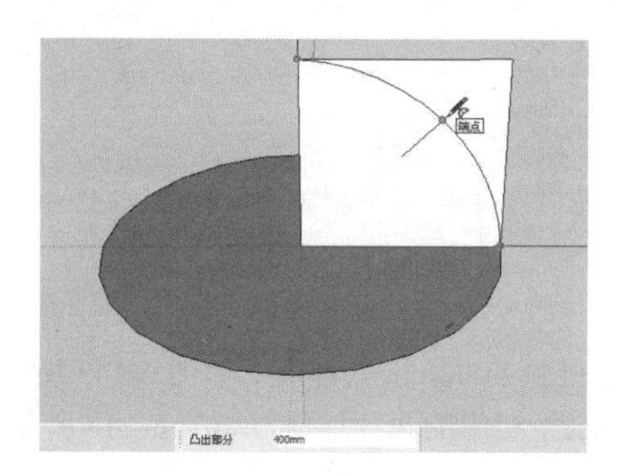

图 6-147

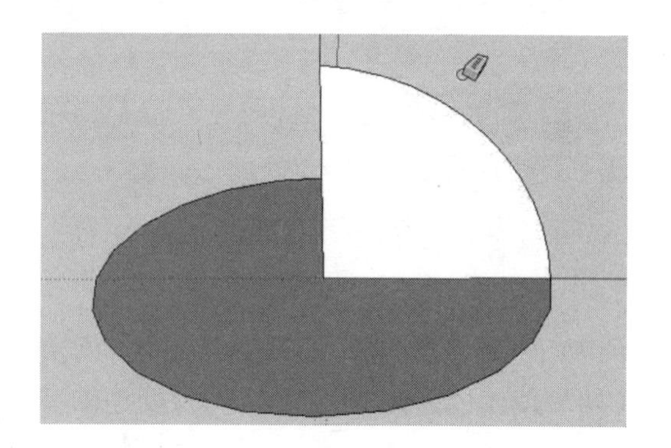

图 6-148

（5）使用“跟随路径”工具对上一步的圆及圆弧面进行放样操作，如图 6-149 所示。

（6）使用“圆弧”工具在放样后的模型上绘制一条圆弧对象作为放样的路径，然后使用“矩形”工具在圆弧的下侧绘制一个矩形面，作为放样的截面，如图 6-150 所示。

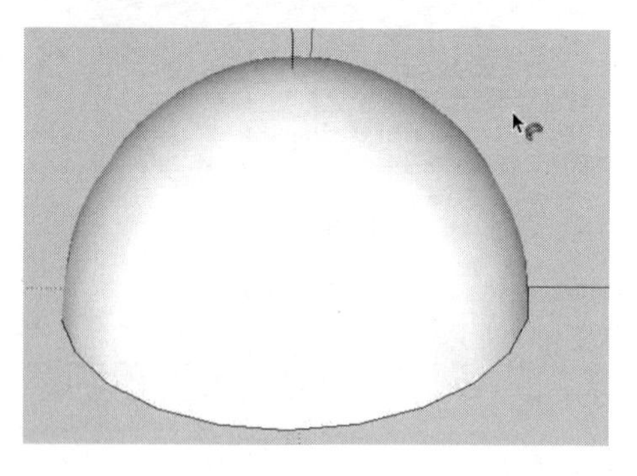

图 6-149

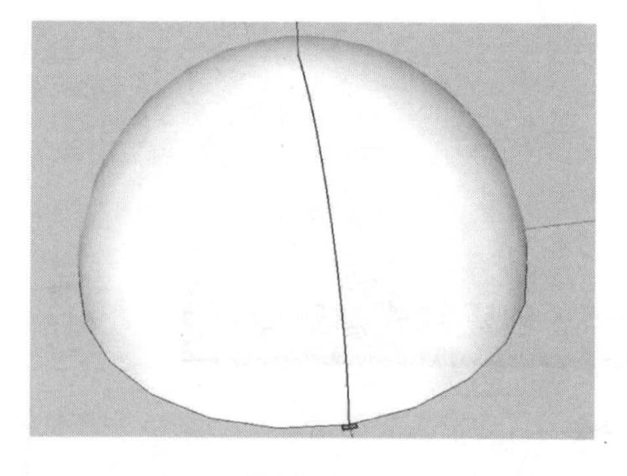

图 6-150

（7）使用“跟随路径”工具对上一步的圆弧及矩形截面进行放样操作，并将放样的模型创建为群组，如图 6-151 所示。

（8）按住【Ctrl】键，使用“旋转”工具将上一步放样后的模型绕着底部圆的圆心进行旋转，其旋转的角度为 45°，如图 6-152 所示。

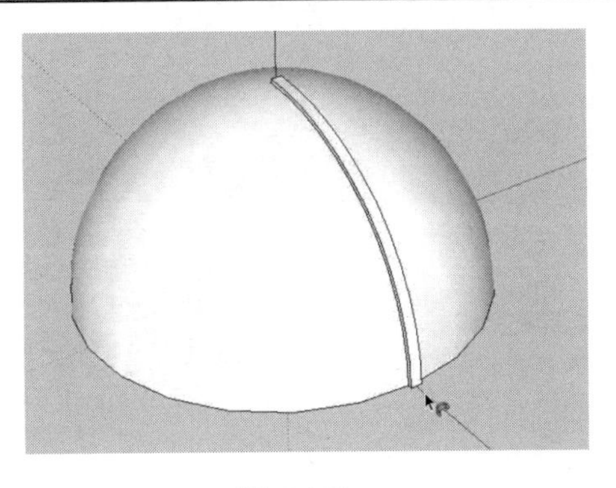

图 6-151

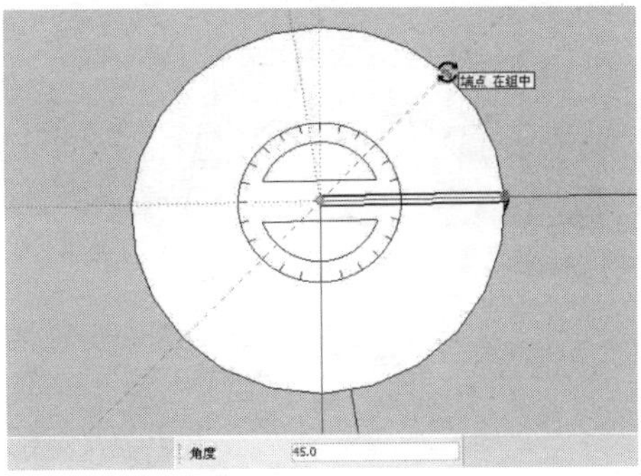

图 6-152

（9）在数值框中输入数字“8x”，将屋顶上的装饰条旋转复制 8 份，如图 6-153 所示。

（10）使用“圆”工具绘制半径为 200mm 的圆，如图 6-154 所示。

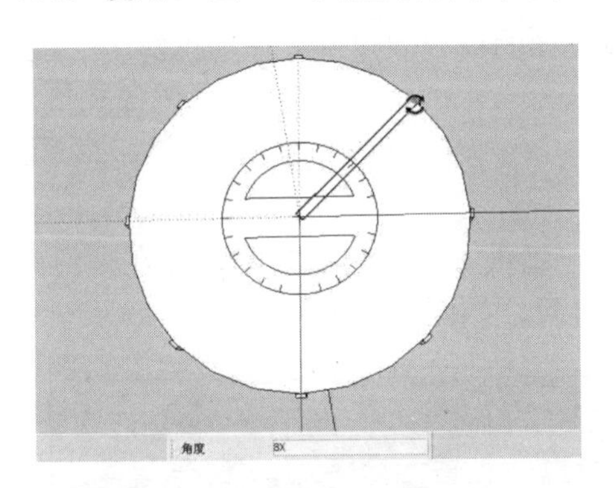

图 6-153

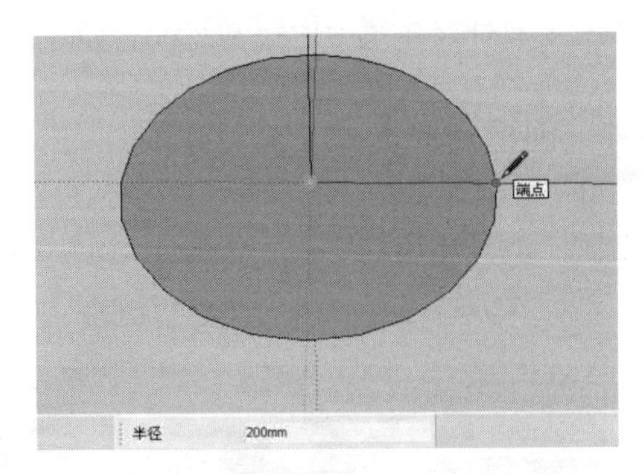

图 6-154

（11）继续使用“圆”工具在上一步绘制的圆上绘制半径为 200mm 的立面圆，如图 6-155 所示。

（12）使用“跟随路径”工具对绘制的两个圆进行放样操作，创建一个圆球对象，如图 6-156 所示。

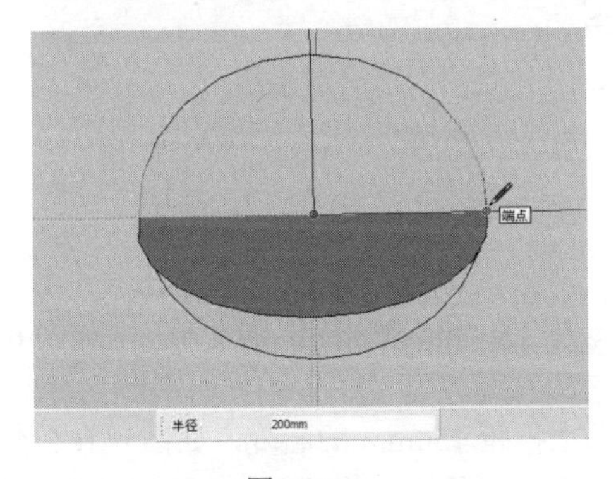

图 6-155

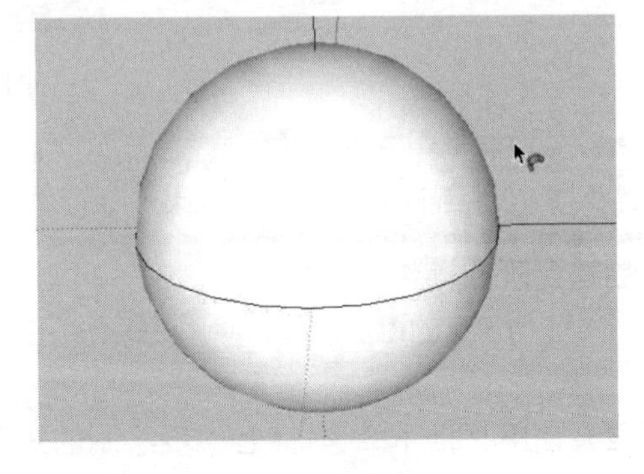

图 6-156

（13）选择上一步放样后的圆球后右击，在快捷菜单中执行“创建群组”命令，将其创建为群组，如图 6-157 所示。

（14）使用“移动”工具将创建的圆球移到建筑屋顶的顶部中间位置，如图 6-158 所示。

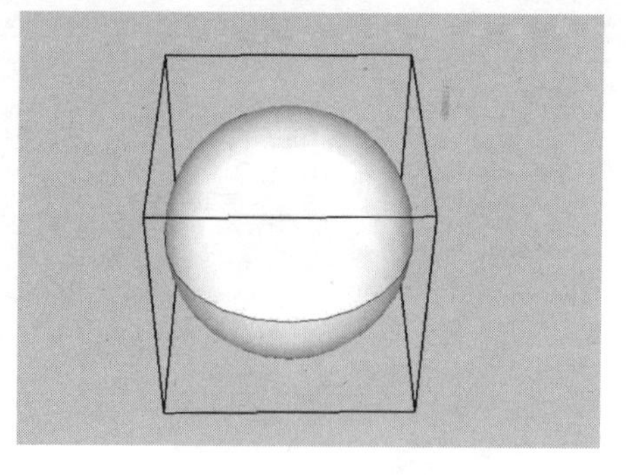

图 6-157

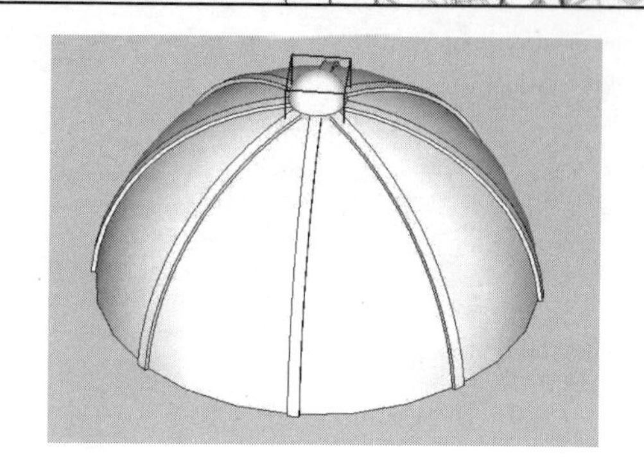

图 6-158

6.3 台阶、坡道和楼梯的建模

本节主要针对建筑中比较常见的台阶、坡道及楼梯的模型创建进行详细讲解。

6.3.1 创建台阶

台阶一般是指用砖、石、混凝土等筑成的一级一级供人上下的建筑物，多在大门前或坡道上，工程量的计算中一般会涉及台阶的工程量的计算，如图 6-159 所示。

图 6-159

视频\06\创建台阶.avi
案例\06\最终效果\练习 6-10.skp

创建台阶的操作步骤如下：

（1）启动 SketchUp 软件，使用“矩形”工具绘制 1500mm×300mm 的矩形面，如图 6-160 所示。

（2）使用“推/拉”将上一步绘制的矩形面向上推拉 150mm 的高度，如图 6-161 所示。

（3）双击选择上一步拉伸后的台阶，按住【Ctrl】键，使用“移动”工具捕捉相应的端点向上进行复制，然后在数值框中输入“9x”，将其向上复制 9 份，如图 6-162 所示。

（4）使用“直线”工具捕捉台阶上的相应端点分别绘制一条水平线及一条垂直线，将台阶的侧面进行封面，如图 6-163 所示。

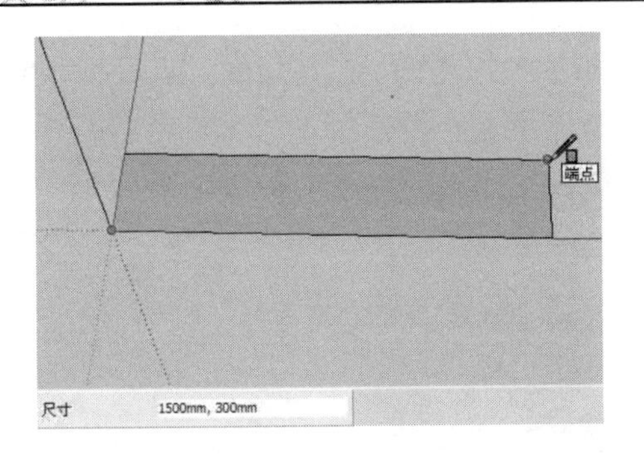

图 6-160

距离 150mm

图 6-161

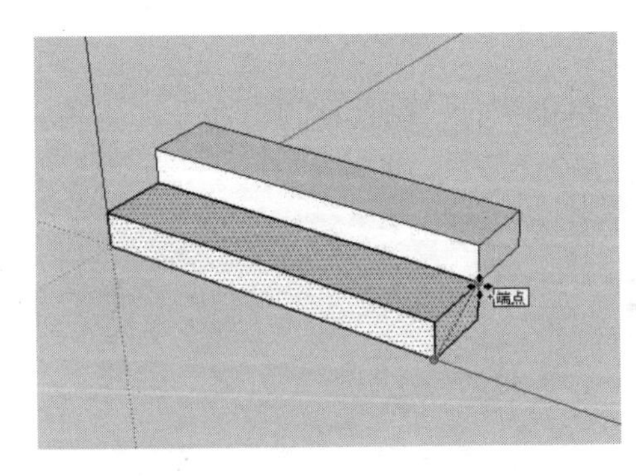

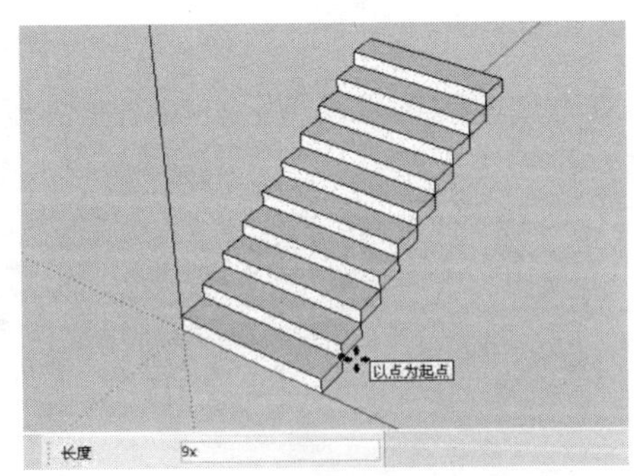

图 6-162

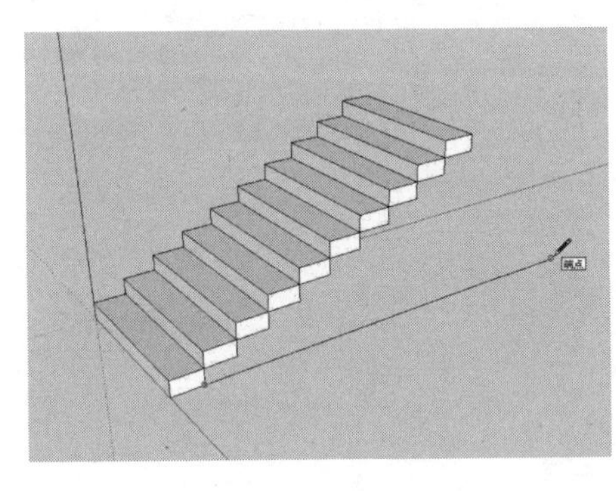

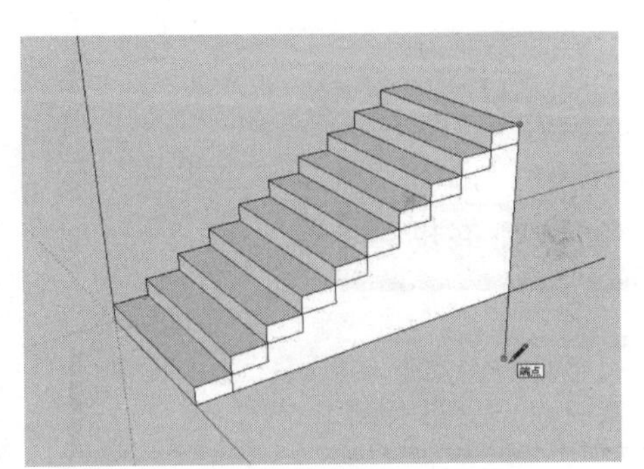

图 6-163

（5）使用“橡皮擦”工具对台阶侧面的相应边线进行删除，如图 6-164 所示。

（6）使用相同的方法对台阶的另一侧面进行封面，如图 6-165 所示。

图 6-164

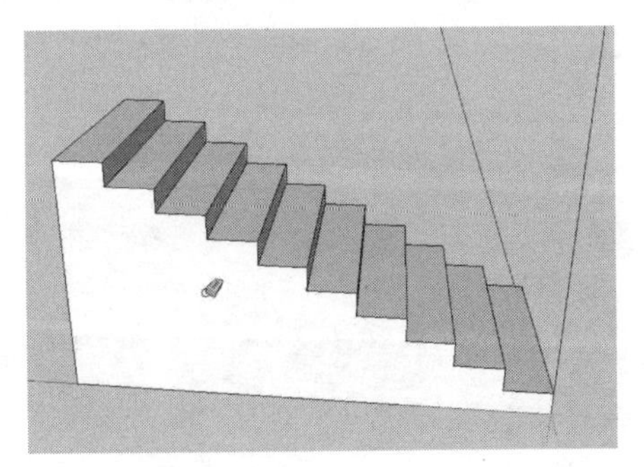

图 6-165

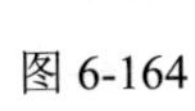

（7）使用“矩形”工具在台阶模型的背面绘制一个矩形面，将其封面，如图 6-166 所示。

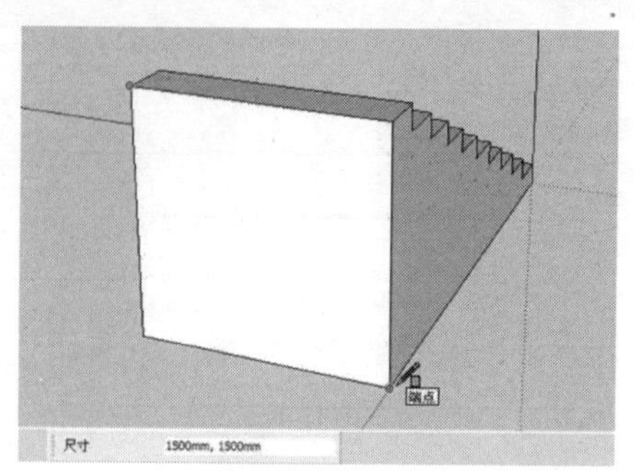

图 6-166

（8）双击创建的台阶模型后右击，在快捷菜单中执行“创建群组”命令，将其创建为组，如图 6-167 所示。

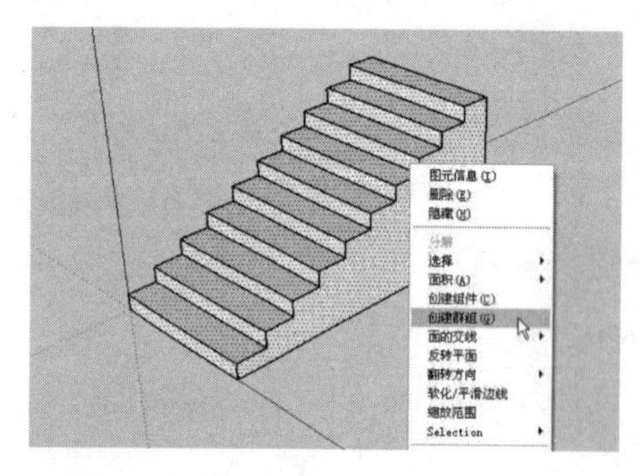

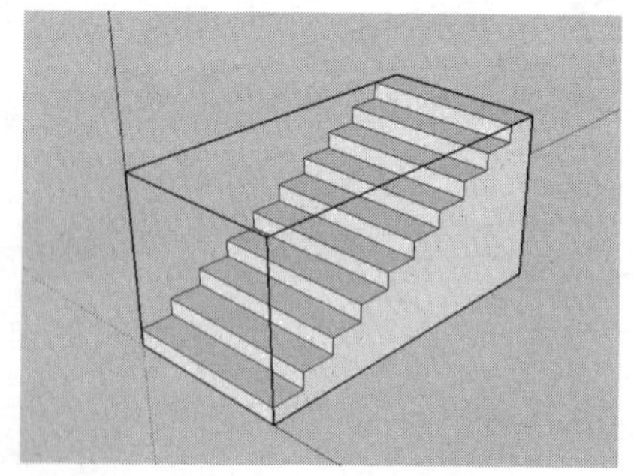

图 6-167

6.3.2 创建弧形坡道

视频\06\创建弧形坡道.avi
案例\06\最终效果\练习 6-11.skp

创建弧形坡道的操作步骤如下：

（1）启动 SketchUp 软件，使用“矩形”工具绘制 15000mm×10000mm 的矩形面，如图 6-168 所示。

（2）使用“圆弧”工具在上一步绘制的矩形面上绘制一条圆弧，如图 6-169 所示。

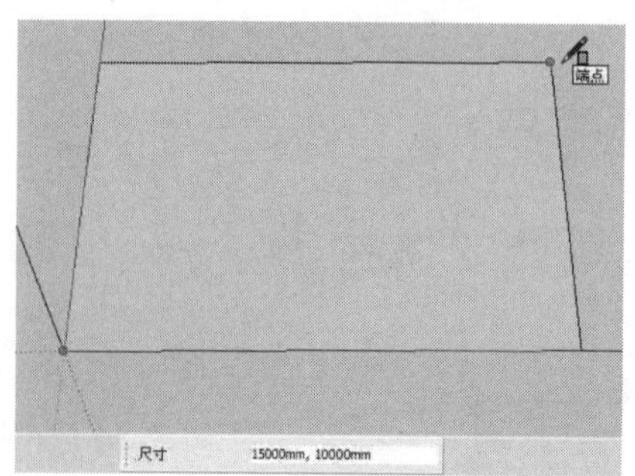

图 6-168

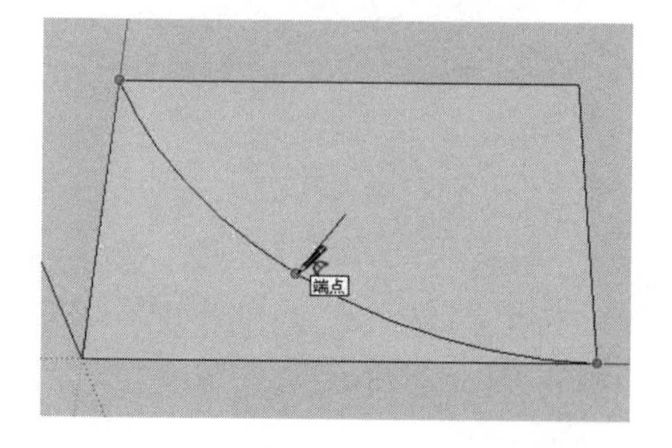

图 6-169

（3）使用“偏移”工具将上一步绘制的圆弧向上进行偏移，其偏移的距离为 3500mm，如图 6-170 所示。

（4）使用“橡皮擦”工具删除矩形上的相应线面，如图 6-171 所示。

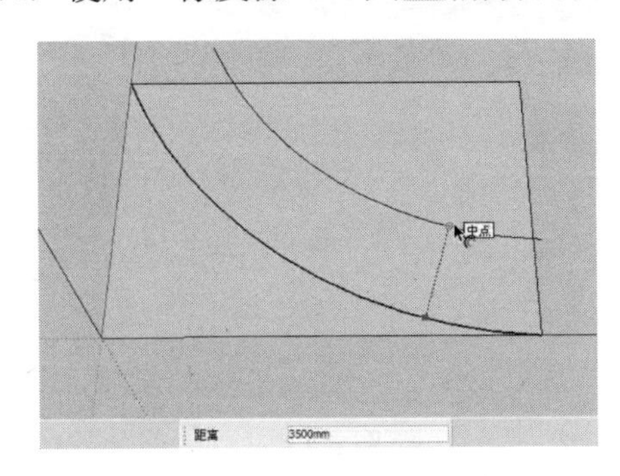

图 6-170

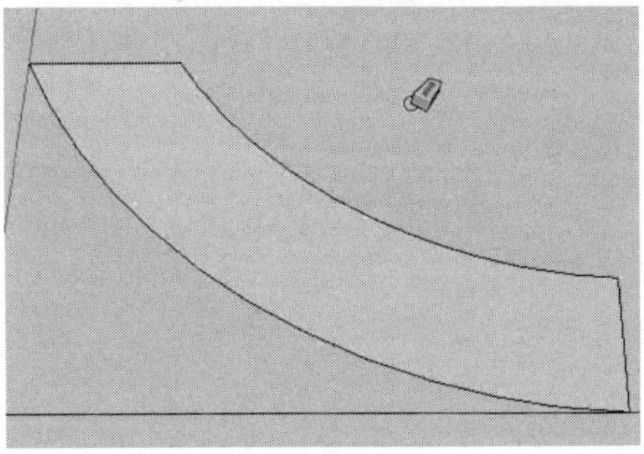

图 6-171

（5）使用“推/拉”工具将上一步的造型面向上推拉 4000mm 的高度，如图 6-172 所示。

（6）使用“移动”工具将模型的上侧相应边线向下进行移动，如图 6-173 所示。

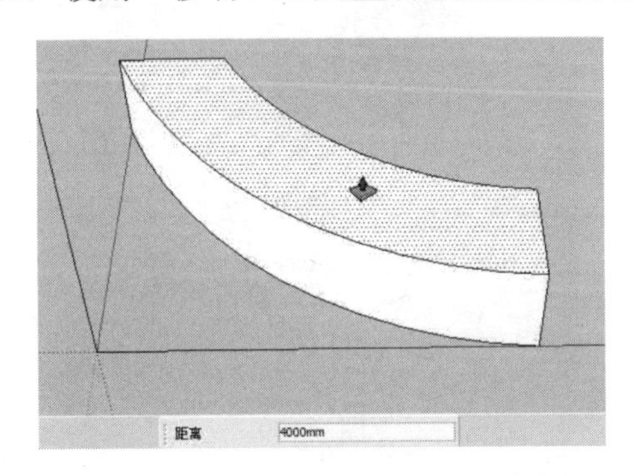

图 6-172

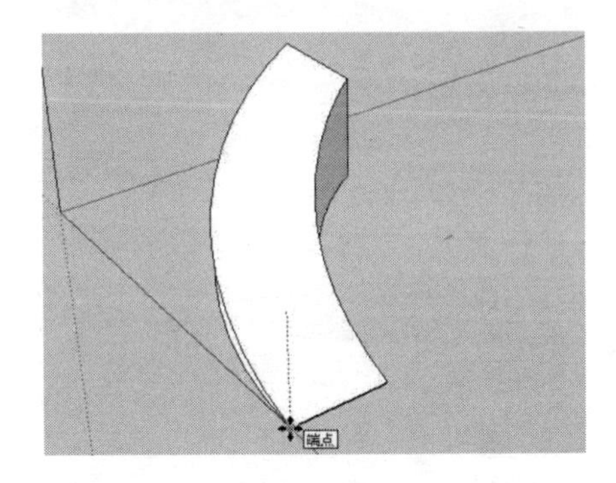

图 6-173

（7）使用“偏移”工具将图中的相应边线向上复制一份，如图 6-174 所示。

（8）再使用“偏移”工具将上一步复制后的边线向右偏移，偏移的距离为 300mm，如图 6-175 所示。

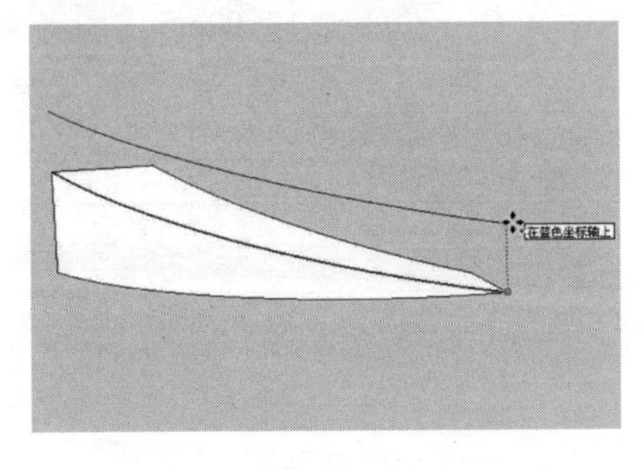

图 6-174

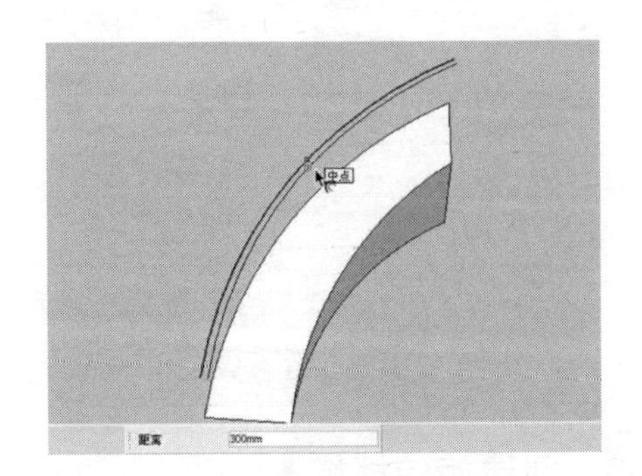

图 6-175

（9）使用“直线”工具对两条圆弧的两端进行封闭，使其成为一个圆弧面，如图 6-176 所示。

（10）使用“推/拉”工具将上一步封闭后的圆弧面向上推拉 400mm 的高度，并将推拉后的模型创建为群组，如图 6-177 所示。

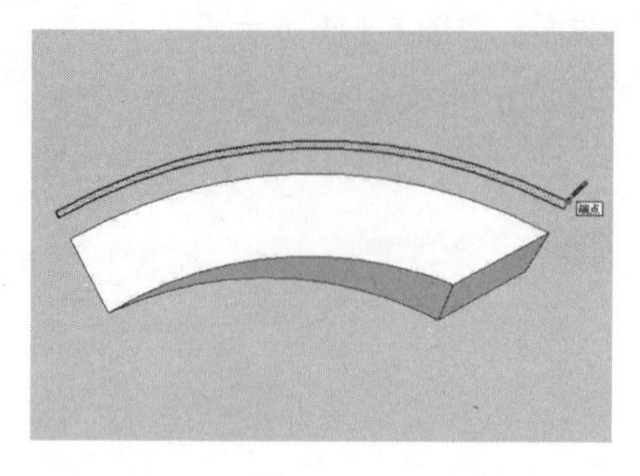

图 6-176

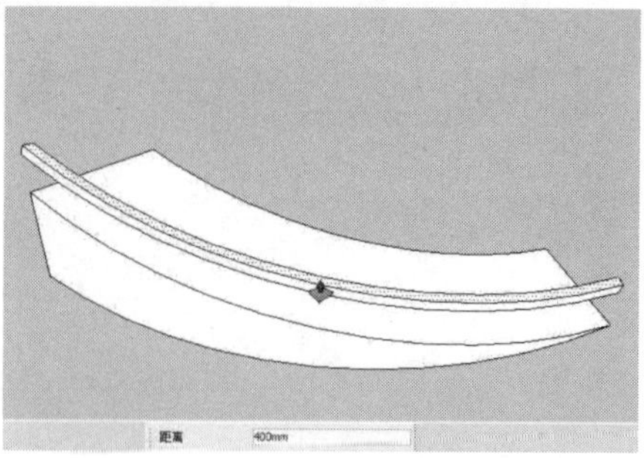

图 6-177

（11）使用“移动”工具将上一步的模型向下移动，如图 6-178 所示。

（12）使用相同的方法创建出坡道另一侧的挡墙造型，如图 6-179 所示。

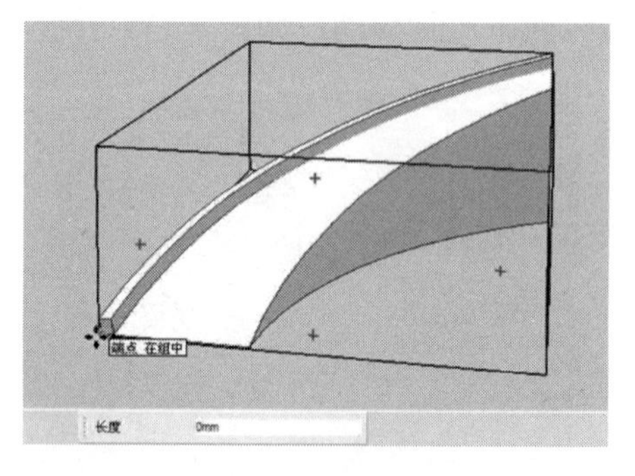

图 6-178

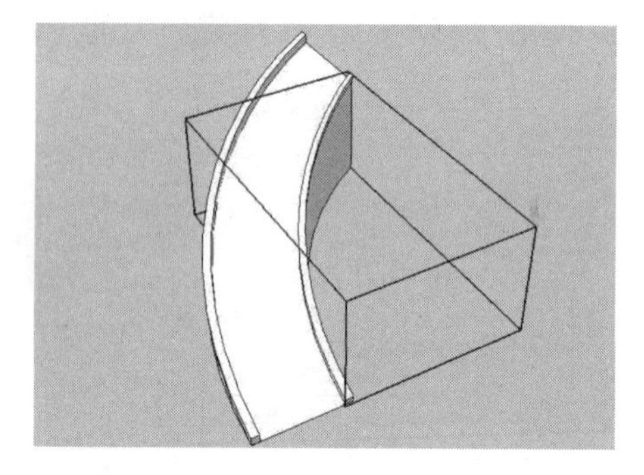

图 6-179

（13）使用相应的绘图工具，创建出坡道后侧的路面造型，如图 6-180 所示。

（14）使用“颜料桶”工具为创建的公路坡道模型赋予相应的材质，如图 6-181 所示。

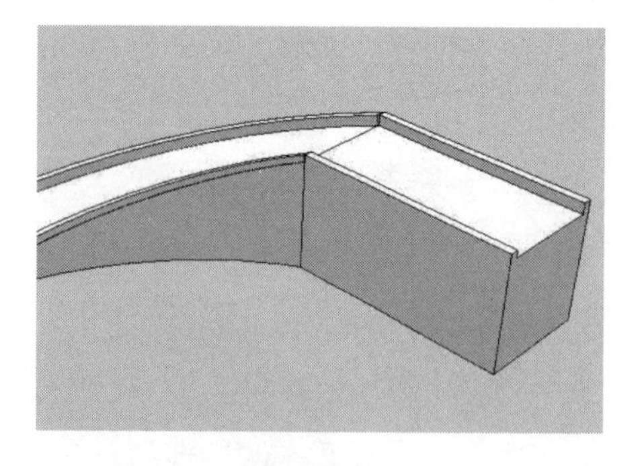

图 6-180

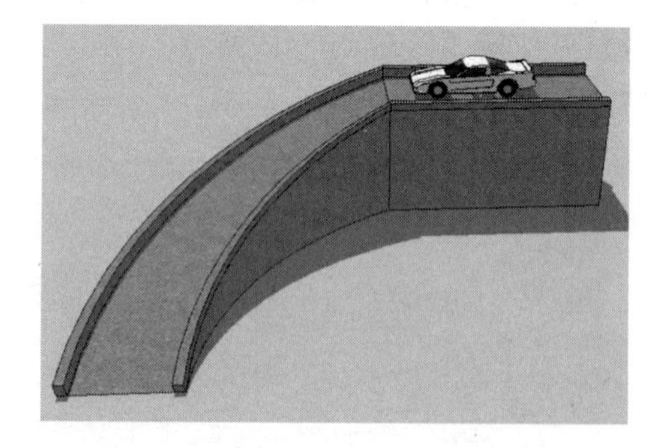

图 6-181

6.3.3 创建旋转楼梯

旋转楼梯也称为螺旋形或螺旋式楼梯，通常是围绕一根单柱布置。由于其流线造型美观、典雅，节省空间而受欢迎，如图 6-182 所示。

图 6-182

视频\06\创建旋转楼梯.avi
案例\06\最终效果\练习 6-12.skp

创建旋转楼梯的操作步骤如下：

（1）启动 SketchUp 软件，使用“直线”工具绘制长度为 2600mm 的垂直线段，如图 6-183 所示。

（2）使用“圆”工具，以上一步绘制垂直线段的下侧端点为圆心，分别绘制半径为 200mm 及 690mm 的两个同心圆，如图 6-184 所示。

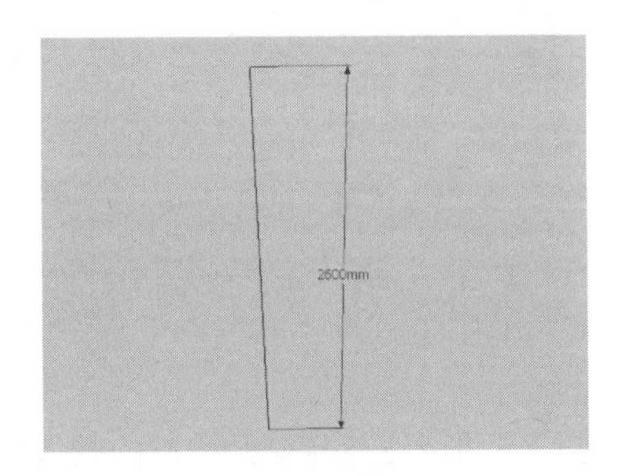

图 6-183

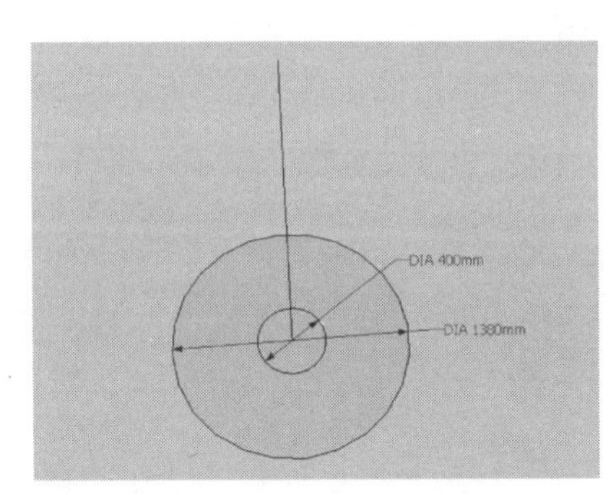

图 6-184

（3）使用“直线”工具捕捉上一步绘制的两个同心圆的相应端点绘制一条线段，如图 6-185 所示。

（4）按住【Ctrl】键，使用“旋转”工具将上一步绘制的线段绕着同心圆的圆心旋转，旋转的角度为 30°，如图 6-186 所示。

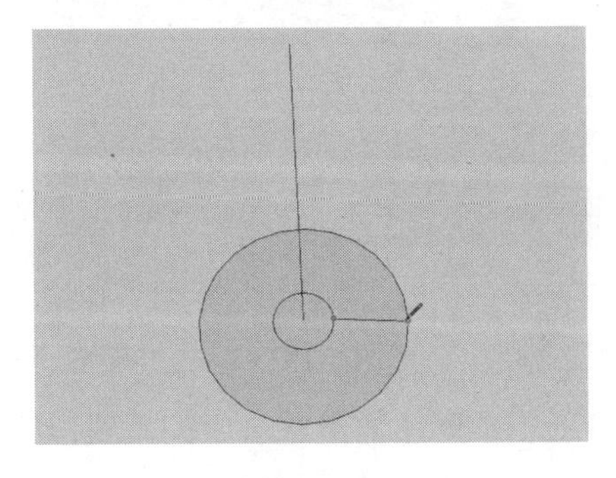

图 6-185

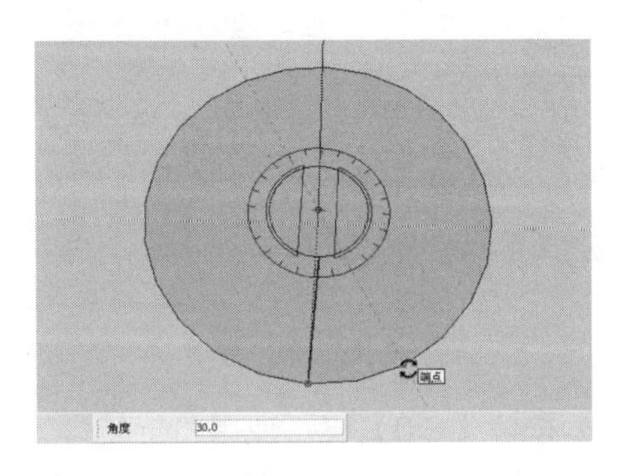

图 6-186

（5）使用“直线”工具捕捉图中相应的端点绘制一条线段，如图 6-187 所示。

（6）使用“圆”工具以上一步绘制线段的中点为圆心绘制一个圆，如图 6-188 所示。

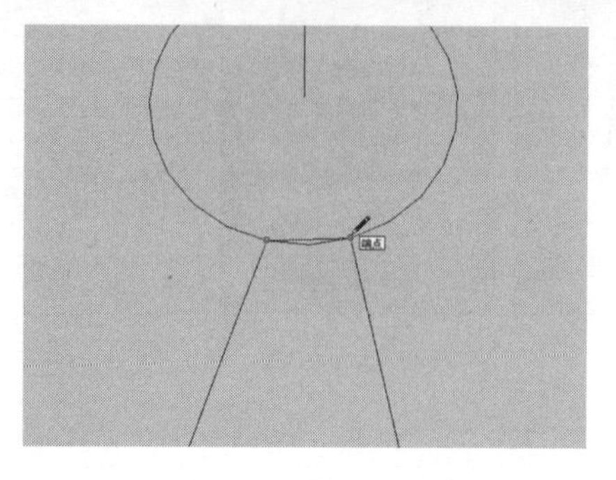

图 6-187

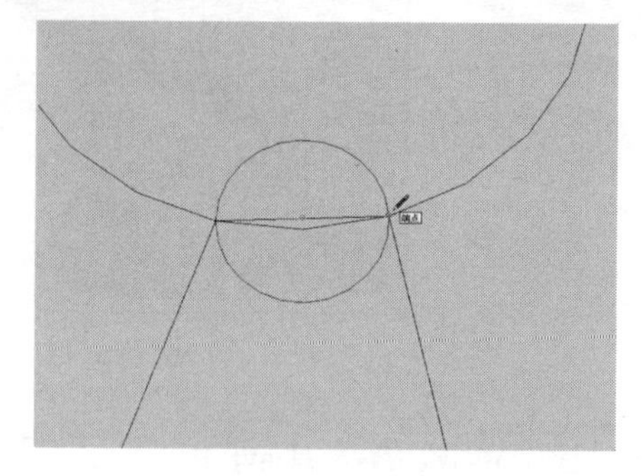

图 6-188

（7）使用“橡皮擦”工具删除图中多余的线面，如图 6-189 所示。

（8）使用“推/拉”工具将图中的造型面向上推拉 40mm 的厚度，并将模型创建为组，从而完成楼梯踏步的创建，如图 6-190 所示。

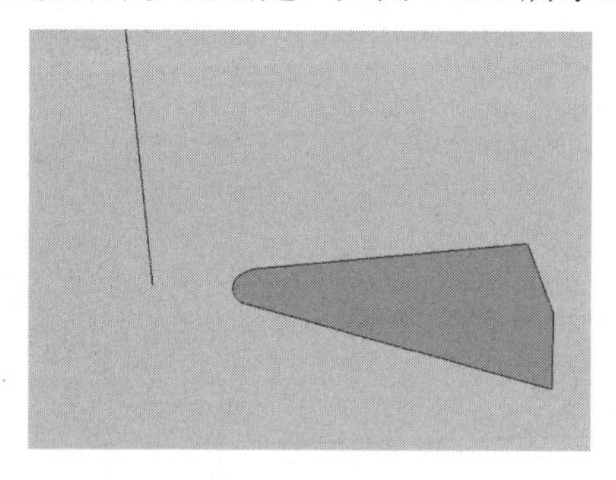

图 6-189

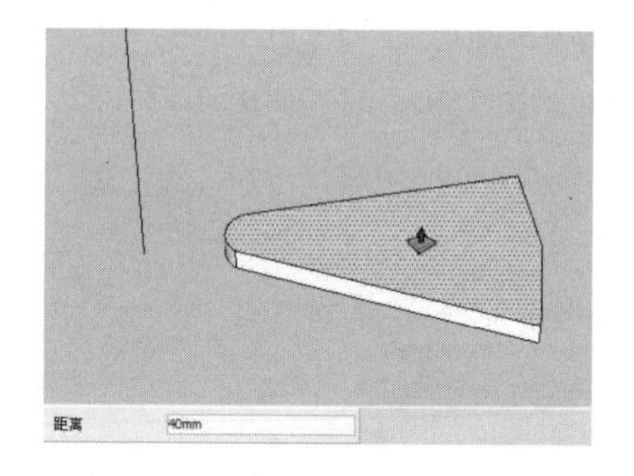

图 6-190

（9）使用“移动”工具将创建的楼梯踏步进行移动，使其与前面绘制的垂线段下侧端点距离为 250mm，如图 6-191 所示。

（10）结合“圆”工具、“推/拉”工具和“偏移”工具，在楼梯的踏步上创建出楼梯的栏杆造型，并将其和前面创建的楼梯踏步一起创建为群组，如图 6-192 所示。

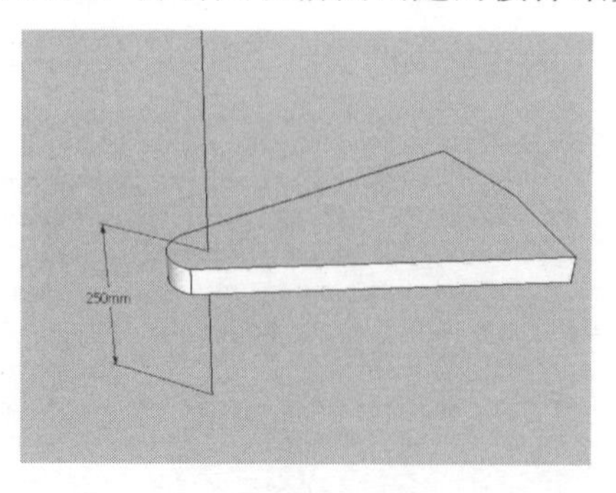

图 6-191

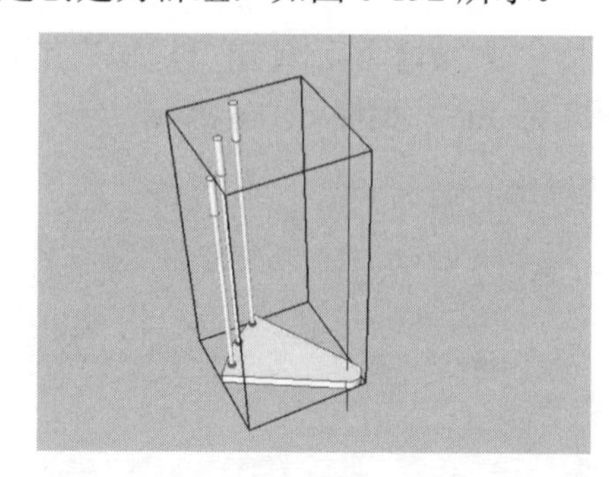

图 6-192

（11）按住【Ctrl】键，使用“旋转”工具将上一步创建的组绕着中间垂线段为旋转轴进行旋转，其旋转的角度为 40°，如图 6-193 所示。

（12）使用“移动”工具✥将上一步旋转复制的群组垂直向上移动 250mm 的距离，如图 6-194 所示。

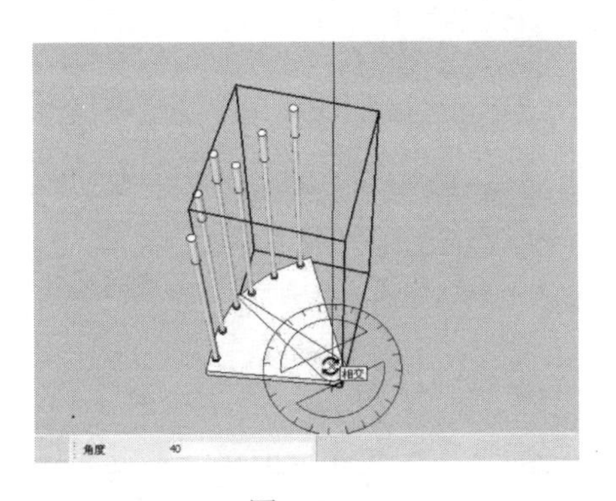

图 6-193

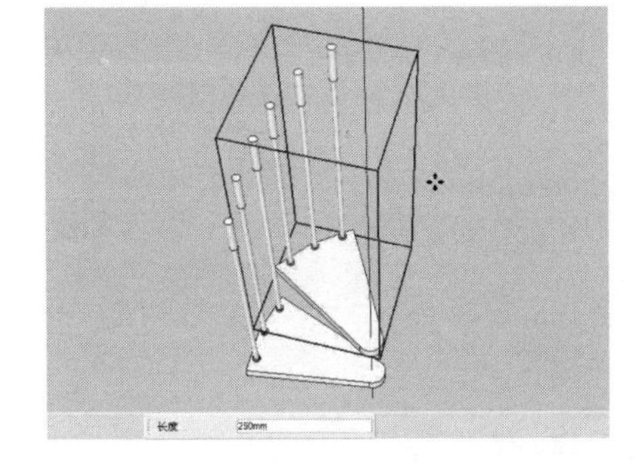

图 6-194

（13）使用相同的方法将楼梯及栏杆群组垂直向上复制 10 份，如图 6-195 所示。

（14）使用“圆”工具以中间垂线段的下侧端点为圆心绘制半径为 100mm 的圆，如图 6-196 所示。

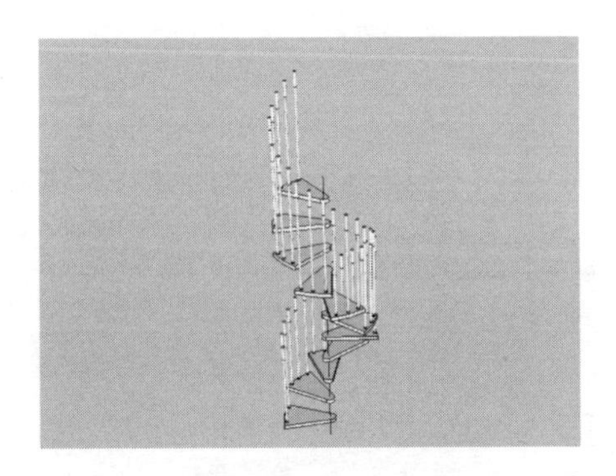

图 6-195

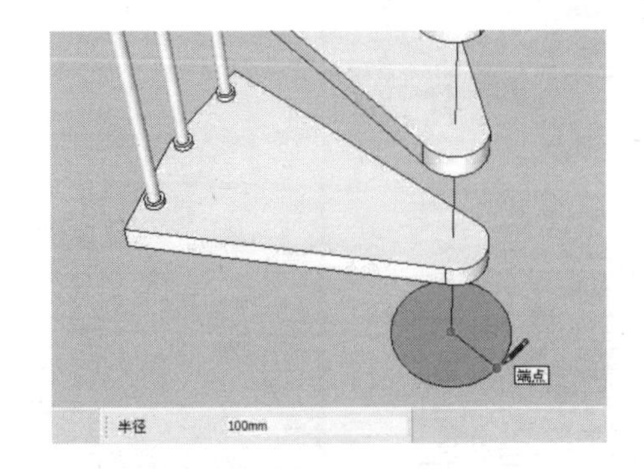

图 6-196

（15）使用“偏移”工具将上一步绘制的圆向内偏移 70mm 的距离，如图 6-197 所示。

（16）使用“推/拉”工具将上一步偏移后的圆向上推拉 4000mm 的高度，如图 6-198 所示。

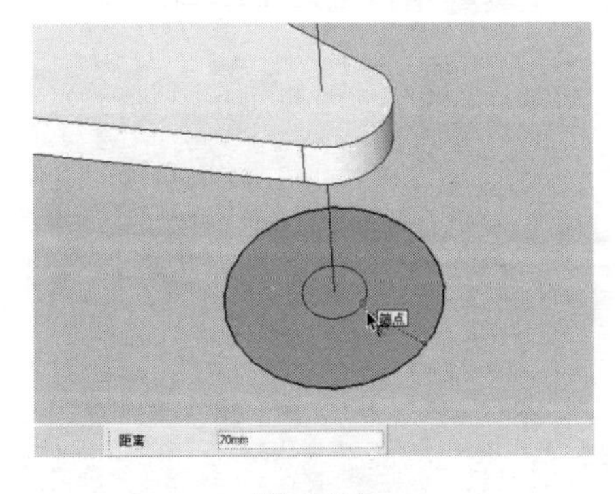

图 6-197

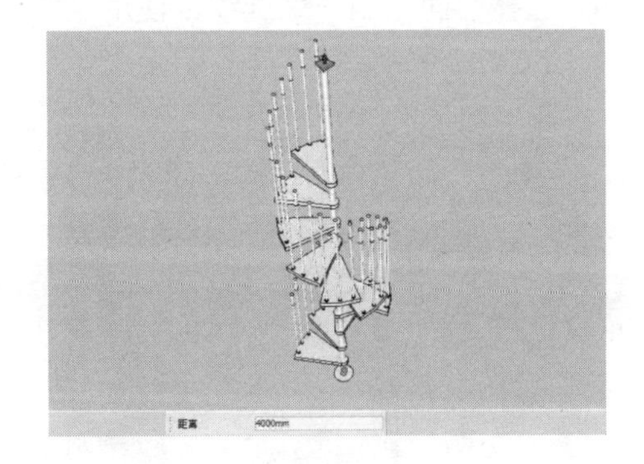

图 6-198

（17）使用“推/拉”工具将外侧的圆向上推拉 20mm 的高度，如图 6-199 所示。

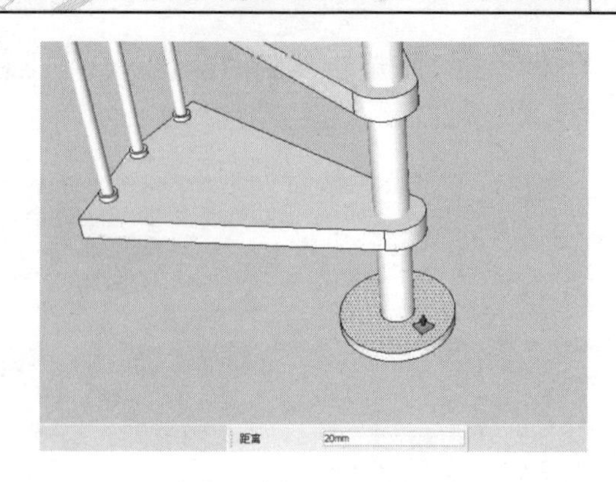

图 6-199

（18）执行“插件”→“SCF 绘图工具”→“螺旋线”命令，弹出“螺旋线参数设置”（Helix Dimensions）对话框，设置“末端半径”（Eng Radius）和“起始半径”（Start Radius）为 650，“偏移”（Pitch）为 2500，“总圆数”（No of Rotations）为 1，“每圆弧线段数“（Sections per Rotation）为 24，单击“确定”按钮，画出楼梯的外侧扶手螺旋线，如图 6-200 所示。

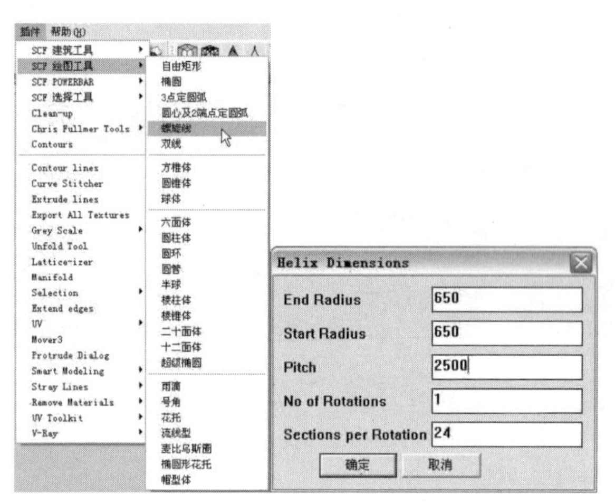

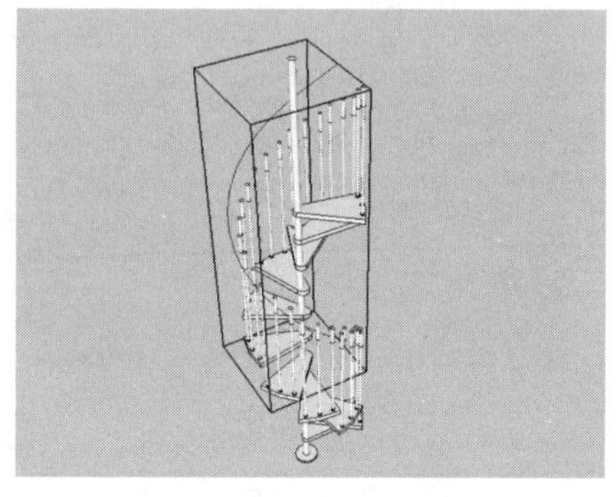

图 6-200

（19）使用“圆”工具在螺旋线的末端绘制半径为 30mm 的圆，如图 6-201 所示。

（20）选择前面绘制的螺旋线，使用“跟随路径”工具单击上一步绘制的圆，对其进行放样，如图 6-202 所示。

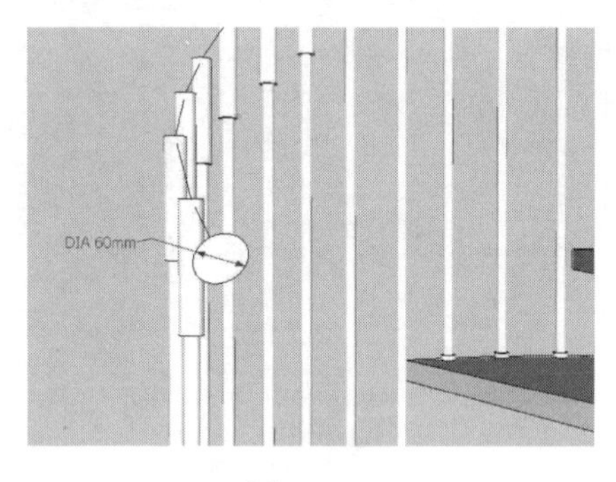

图 6-201

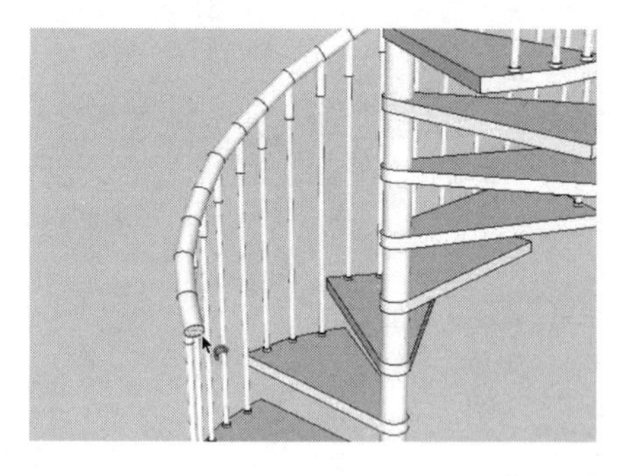

图 6-202

（21）双击选择放样后的扶手栏杆后右击，在快捷菜单中执行“软化/平滑边线”命令，在弹出的“柔化边线”对话框中对其进行边线柔化操作，如图 6-203 所示。

（22）使用“颜料桶”工具为制作的旋转楼梯模型赋予相应的材质，并打开阴影显示，如图 6-204 所示。

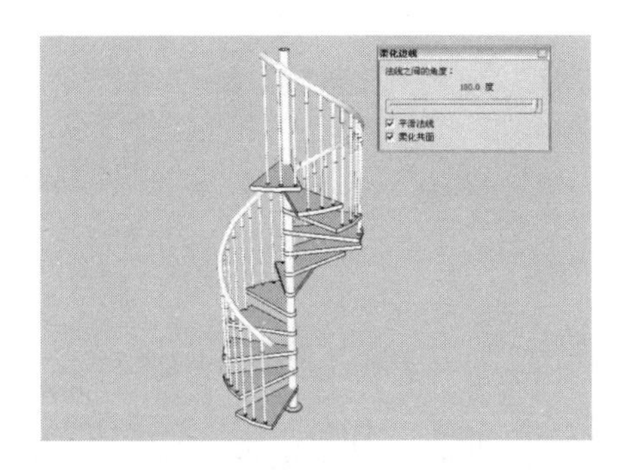

图 6-203

图 6-204

6.4　欧式建筑构件的建模

本节主要针对欧式建筑的一些构件进行详细讲解，包括创建欧式廊柱、方柱、圆柱、拱形窗户模型。

6.4.1　创建欧式廊柱

视频\06\创建欧式廊柱.avi
案例\06\最终效果\练习 6-13.skp

创建欧式廊柱的操作步骤如下：

（1）启动 SketchUp 软件，使用“矩形”工具绘制 120mm×120mm 的矩形面，如图 6-205 所示。

（2）使用“推/拉”工具将上一步的矩形面向上推拉 100mm 的高度，如图 6-206 所示。

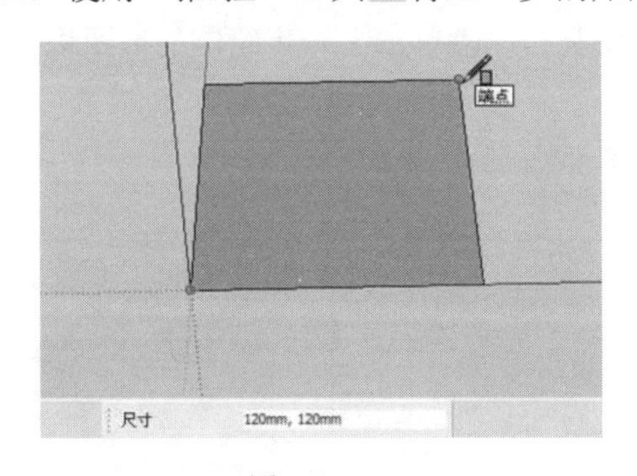

图 6-205

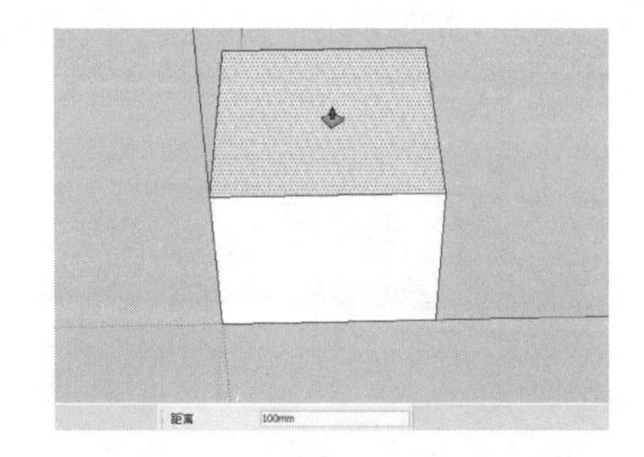

图 6-206

（3）使用“直线”工具在上一步推拉后的立方体的上侧表面上绘制两条对角线，如图 6-207 所示。

（4）使用“圆”工具以上一步绘制的两条对角线的交点为圆心，绘制半径为 50mm 的圆，如图 6-208 所示。

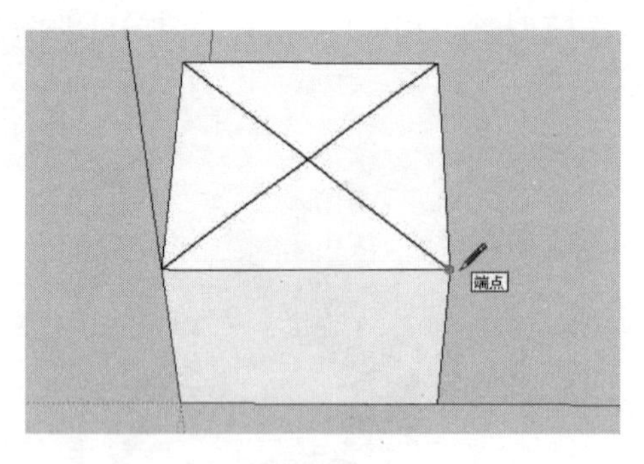

图 6-207

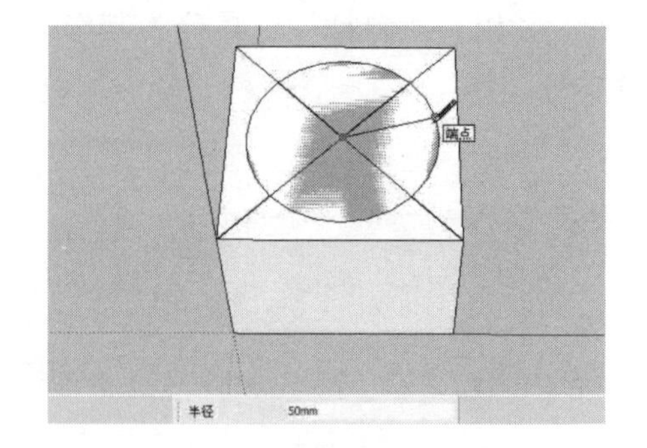

图 6-208

（5）使用“矩形”工具在上一步绘制的圆上绘制 600mm×50mm 的立面矩形，如图 6-209 所示。

（6）结合“直线”工具及“圆弧”工具，在上一步绘制的立面矩形内部绘制出廊柱的截面轮廓，如图 6-210 所示。

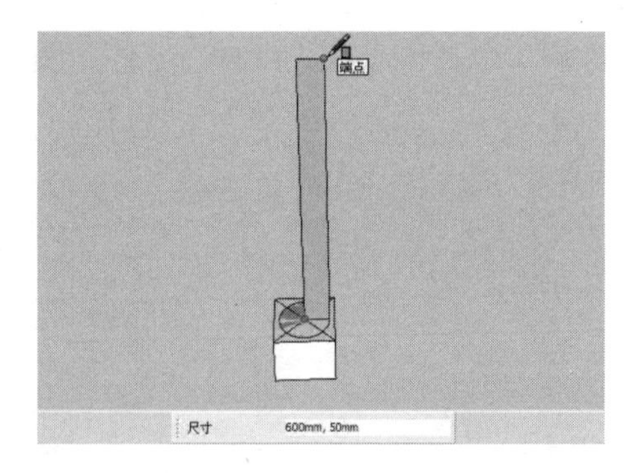

图 6-209

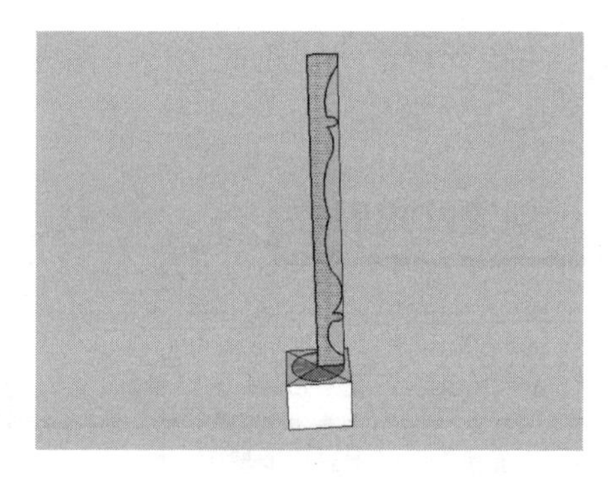

图 6-210

（7）使用“橡皮擦”工具删除立面矩形上的多余线面，保留下廊柱的截面轮廓造型，如图 6-211 所示。

（8）选择前面绘制的圆，然后使用“跟随路径”工具单击上一步绘制的截面进行放样，如图 6-212 所示。

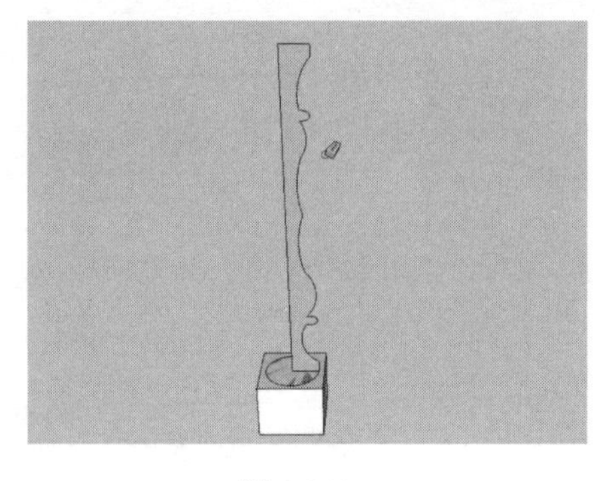

图 6-211

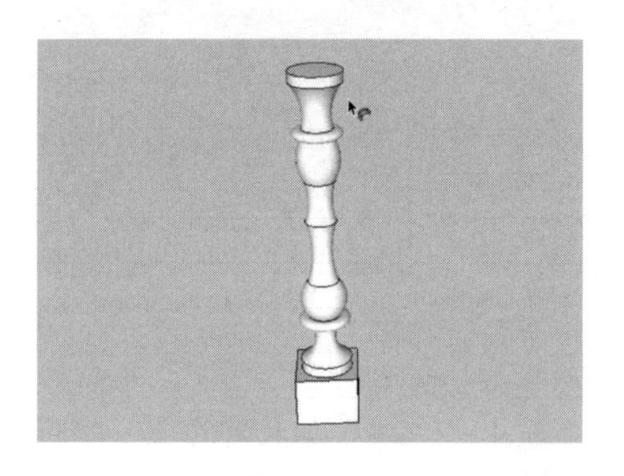

图 6-212

（9）选择上一步放样后的模型后右击，在快捷菜单中执行“柔化边线”命令，在弹出的“柔化边线”对话框中对模型进行柔化边线操作，如图 6-213 所示。

（10）按住【Ctrl】键，使用“移动”工具将下侧的立方体垂直向上复制一份，如图 6-214 所示。

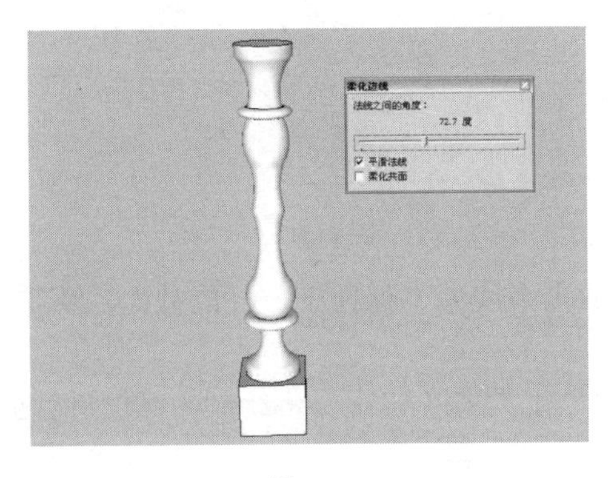

图 6-213

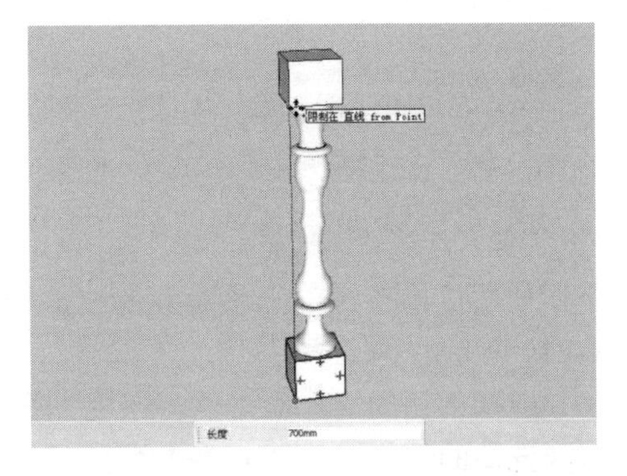

图 6-214

6.4.2　创建欧式方柱及圆柱

视频\06\创建欧式方柱及圆柱.avi
案例\06\最终效果\练习 6-14.skp

创建欧式方柱及圆柱的操作步骤如下：

（1）启动 SketchUp 软件，使用“矩形”工具绘制 600mm×600mm 的矩形，如图 6-215 所示。

（2）使用“直线”工具捕捉上一步绘制矩形的左右侧垂直边中点绘制一条水平线，如图 6-216 所示。

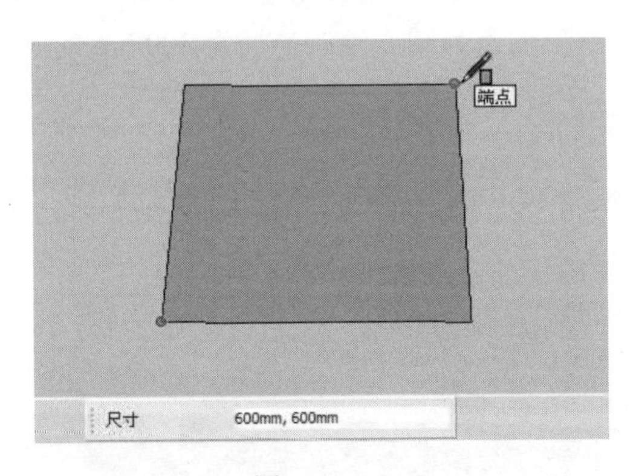

图 6-215

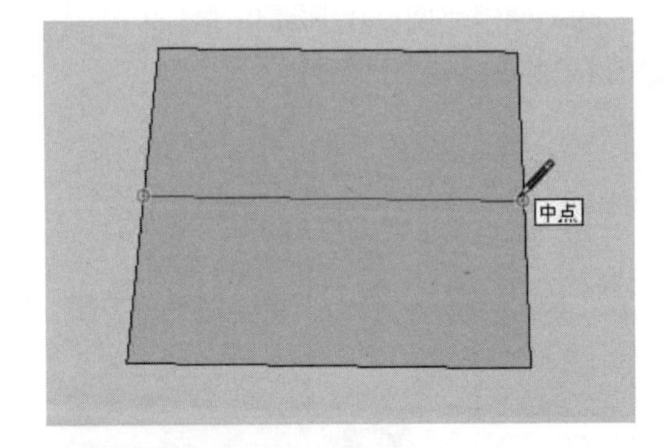

图 6-216

（3）使用“矩形”工具以上一步绘制水平线的中点为起点绘制 2850mm×300mm 的立面矩形，如图 6-217 所示。

（4）结合“直线”工具及“圆弧”工具，在上一步绘制的立面矩形内部绘制出方柱的截面轮廓，如图 6-218 所示。

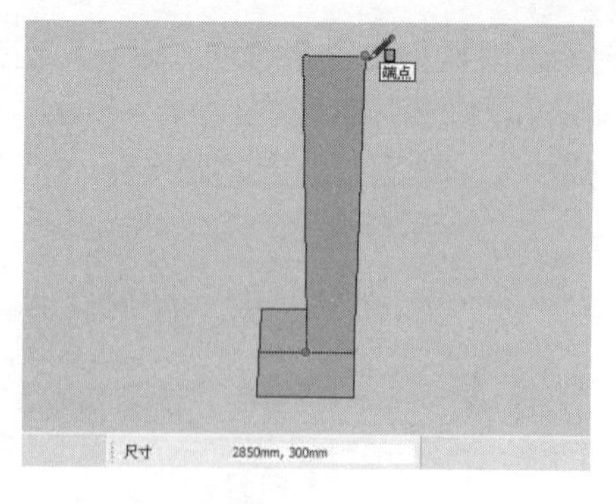

图 6-217

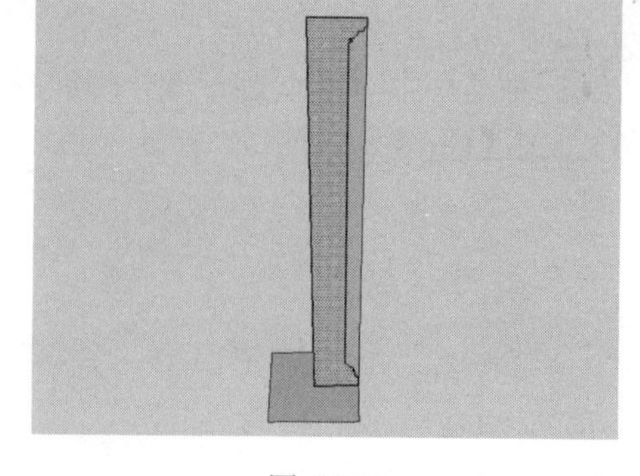

图 6-218

（5）使用“橡皮擦”工具删除立面矩形上的多余线面，保留下方柱的截面轮廓造型，如图 6-219 所示。

（6）选择下侧的矩形面，然后使用“跟随路径”工具单击上一步绘制的截面进行放样，从而得到方柱的造型，如图 6-220 所示。

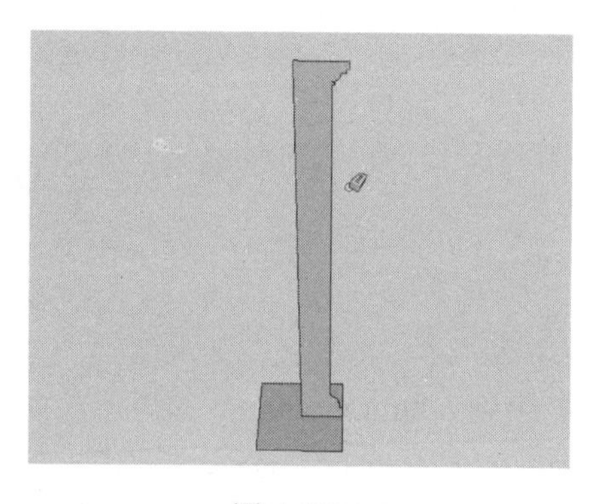

图 6-219

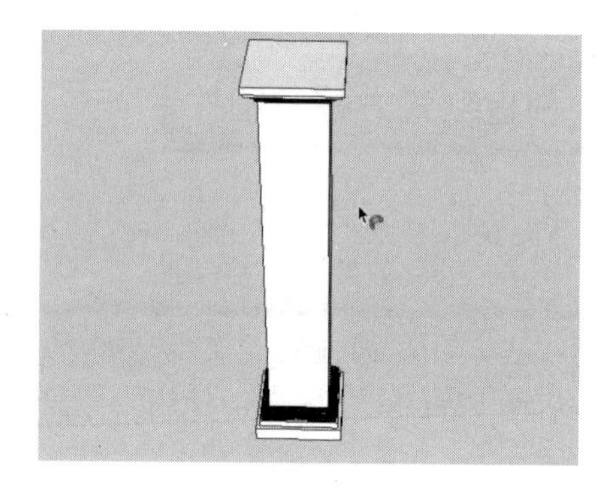

图 6-220

（7）使用“矩形”工具绘制 2850mm×300mm 的立面矩形，如图 6-221 所示。

（8）使用“圆”工具以上一步绘制矩形的左下角端点为圆心绘制半径为 300mm 的圆，如图 6-222 所示。

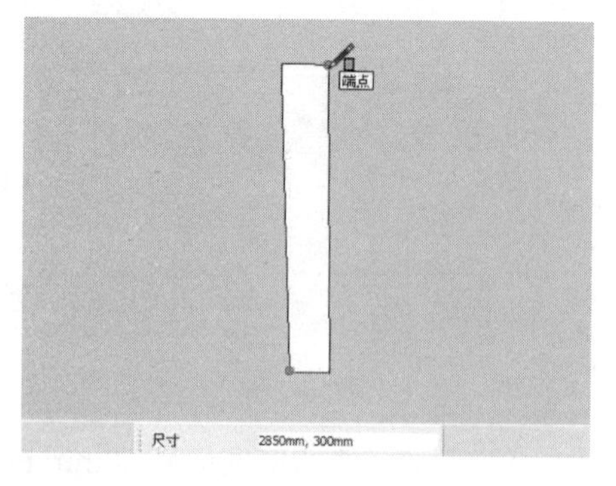

图 6-221

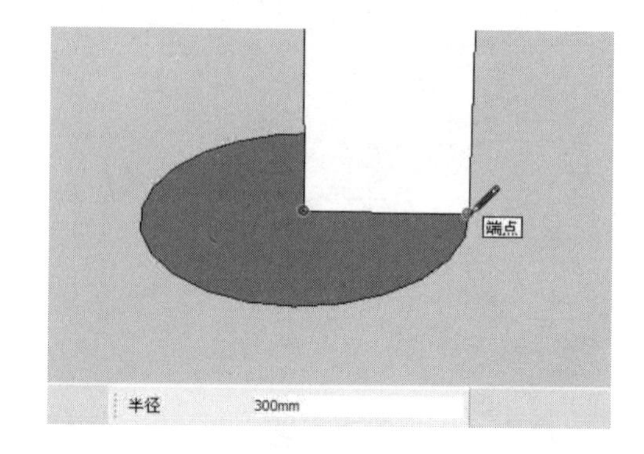

图 6-222

（9）结合“直线”工具及“圆弧”工具，在前面绘制的立面矩形内部绘制出圆柱的截面造型，如图 6-223 所示。

（10）使用“橡皮擦”工具删除立面矩形上的多余线面，保留下圆柱的截面轮廓造型，如图 6-224 所示。

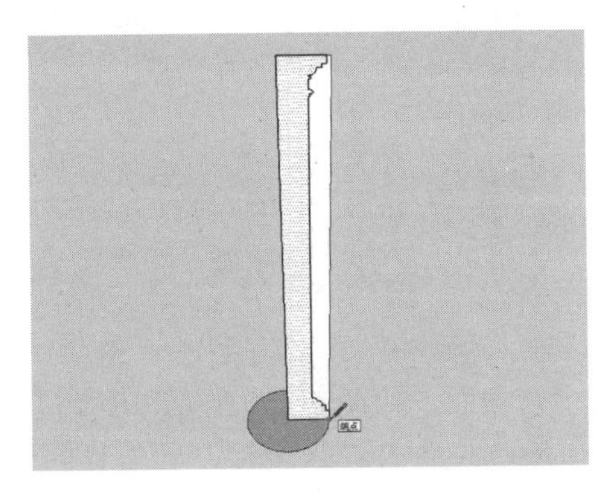

图 6-223

图 6-224

（11）选择下侧的圆面，然后使用“跟随路径”工具单击上一步绘制的截面进行放样，从而得到圆柱的造型，如图 6-225 所示。

（12）使用“颜料桶”工具为制作的方柱及圆柱模型赋予相应的材质，并打开阴影显示，如图 6-226 所示。

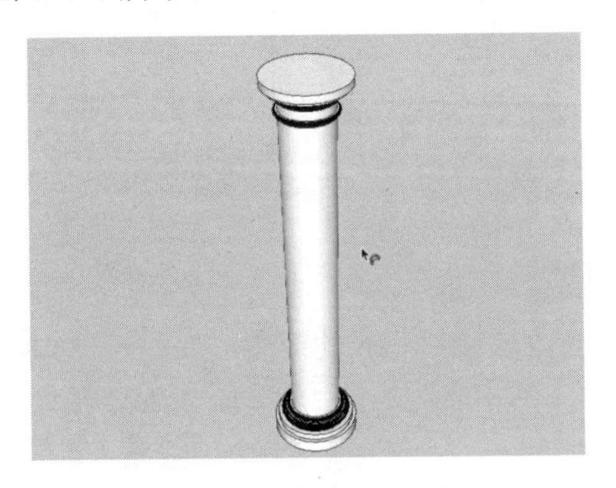

图 6-225

图 6-226

6.4.3　创建欧式拱形窗户

视频\06\创建欧式拱形窗户.avi
案例\06\最终效果\练习 6-15.skp

创建欧式拱形窗户的操作步骤如下：

（1）启动 SketchUp 软件，使用“矩形”工具绘制 1700mm×2050mm 的立面矩形，如图 6-227 所示。

（2）按住【Ctrl】键，使用“移动”工具将立面矩形的上侧水平边向下复制一份，其移动的距离为 250mm，如图 6-228 所示。

（3）使用“圆弧”工具捕捉图中相应线段上的端点及中点绘制一条圆弧，如图 6-229 所示。

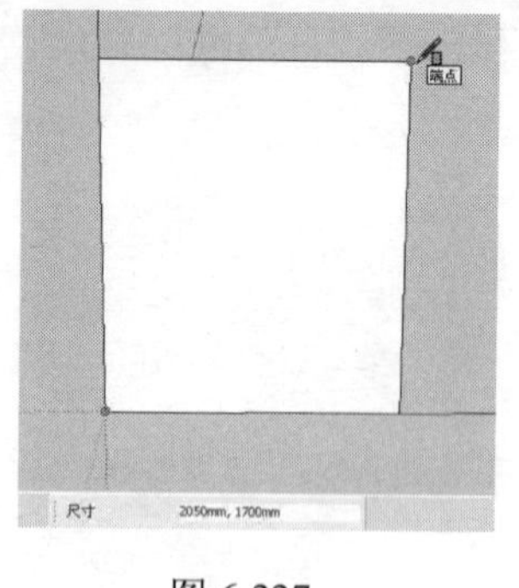

图 6-227

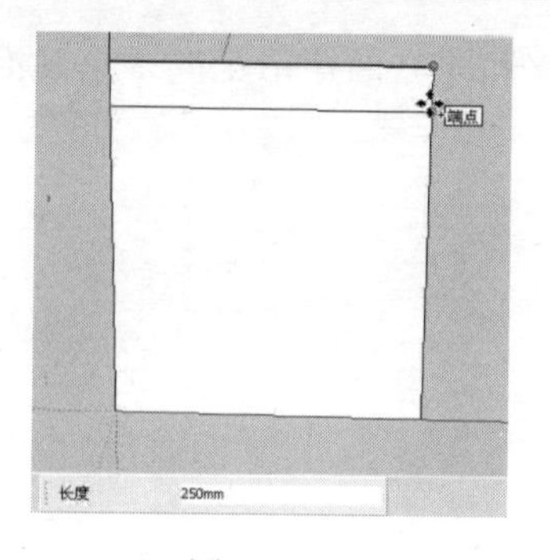

图 6-228

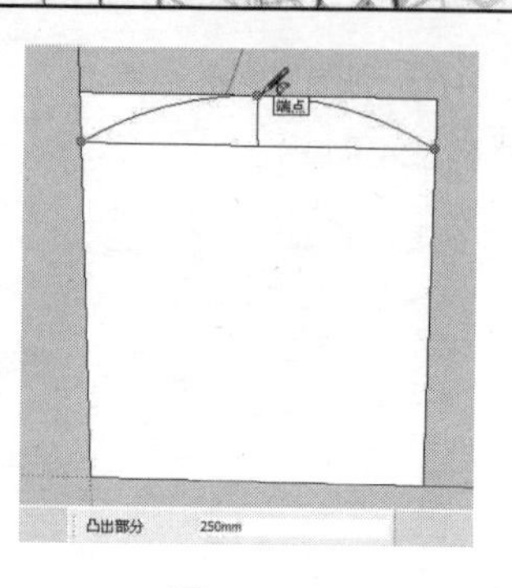

图 6-229

（4）使用“橡皮擦”工具删除立面矩形上的多余线面，如图 6-230 所示。

（5）使用“偏移”工具将造型面上的相应几条边线向内进行偏移，其偏移的距离为 200mm，如图 6-231 所示。

（6）使用“推/拉”工具将图中相应的造型面向外推拉 100mm 的厚度，如图 6-232 所示。

图 6-230

图 6-231

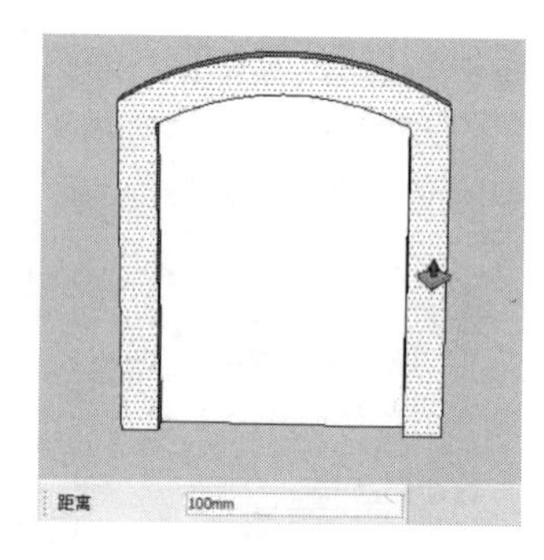

图 6-232

（7）使用“偏移”工具将图中相应的造型面向内偏移 60mm 的距离，如图 6-233 所示。

（8）按住【Ctrl】键，使用“移动”工具将图中的相应边线向上移动，其移动的距离为 1200mm，如图 6-234 所示。

（9）按住【Ctrl】键，使用“移动”工具将上一步复制的边线向上移动，其移动的距离为 60mm，如图 6-235 所示。

图 6-233

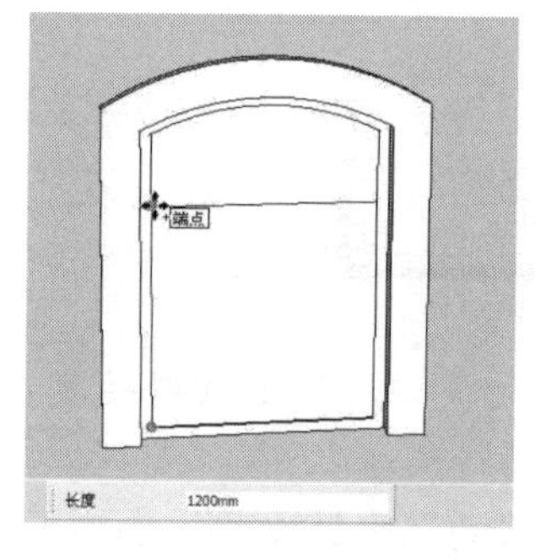

图 6-234

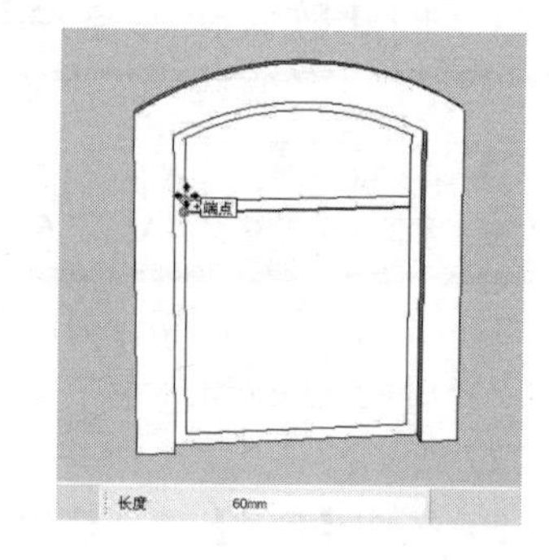

图 6-235

（10）使用“直线”工具捕捉图中相应圆弧的中点及水平线的中点绘制一条垂线段，如图 6-236 所示。

（11）按住【Ctrl】键，使用“移动”工具将上一步绘制的垂线段分别向左及向右移动，其移动的距离为30mm，如图6-237所示。

（12）使用“橡皮擦”工具删除图中多余的边线，如图6-238所示。

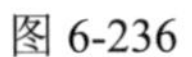

图6-236

图6-237

图6-238

（13）按住【Ctrl】键，使用“旋转”工具将中间的两条垂线段向左旋转，其旋转的角度为60°，如图6-239所示。

（14）按住【Ctrl】键，继续使用“旋转”工具将中间的两条垂线段向右旋转，其旋转的角度为60°，如图6-240所示。

（15）使用“直线”工具在前面绘制的几条斜线段的末端补上几条线段，如图6-241所示。

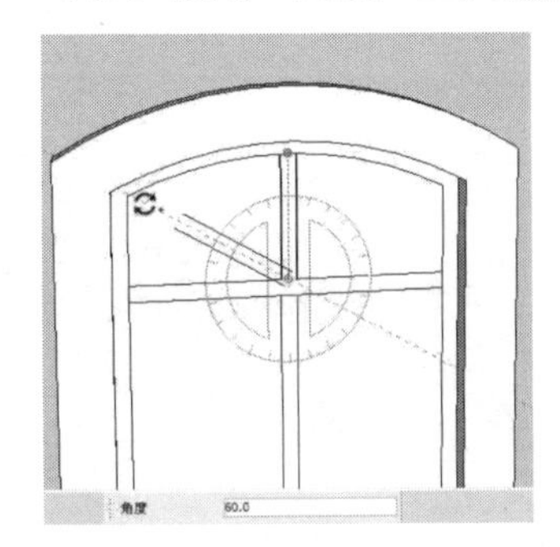

图6-239

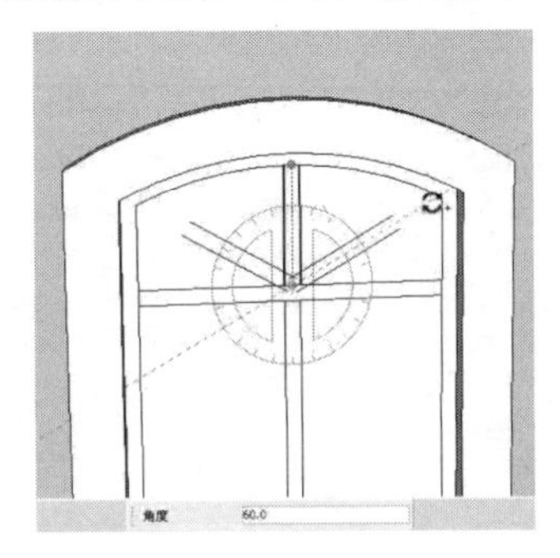

图6-240

图6-241

（16）使用“橡皮擦”工具删除图中多余的边线，如图6-242所示。

（17）使用“推/拉”工具将图中相应的造型面向外推拉50mm的厚度，如图6-243所示。

（18）使用“直线”工具及“推/拉”工具创建出窗户上的其他造型效果，如图6-244所示。

图6-242

图6-243

图6-244

（19）使用“颜料桶”工具为制作的窗户玻璃赋予一种半透明材质，如图 6-245 所示。

（20）使用“矩形”工具在窗户的后侧绘制一个立面矩形作为墙面，并为其赋予一种砖墙材质，如图 6-246 所示。

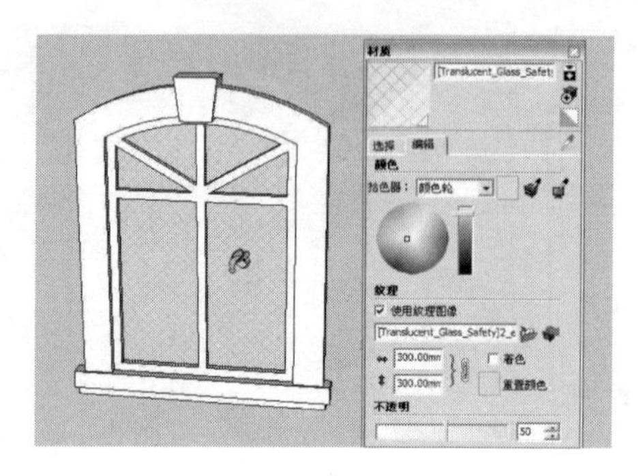

图 6-245

图 6-246

第7章 建筑实例建模

本章导读

本章通过以中国古典建筑及政府办公大楼的建模为例，详细讲解建筑模型的建模方法及相关技巧，以提高读者的建模水平。

主要内容

- 创建中国古典建筑
- 创建政府办公大楼

效果预览

7.1 创建中国古典建筑

视频\07\创建中国古典建筑.avi
案例\07\最终效果\练习 7-1.skp

中国园林所属性质、地域的不同，决定了建筑风格、空间细分形式和色彩的不同。例如，皇家园林建筑体量大，装饰豪华，色彩金碧辉煌，表现出恢弘堂皇的皇家气派；江南私家园林建筑则轻巧、玲珑、活泼、纤细、通透、朴素、淡雅，表现出秀丽、雅致的风格。但就园林总体而言，中国园林建筑与欧洲古典园林的以建筑为中心、不是建筑自然化不同，往往表现出建筑自然化的特点。从局部讲，建筑又往往成为景域构图的中心，这与英国、日本的风景式园林是完全异趣的，如图 7-1 所示。

图 7-1

7.1.1 创建建筑底座及台阶

创建建筑底座及台阶的操作步骤如下：

（1）启动 SketchUp 软件，新建一个空白的场景文件。

（2）使用“矩形”工具绘制 17090mm×15590mm 的矩形面，如图 7-2 所示。

（3）使用“推/拉”工具将上一步绘制的矩形面向上推拉 120mm 的厚度，如图 7-3 所示。

（4）使用“偏移”工具将立方体的上侧面向内偏移 745mm 的距离，如图 7-4 所示。

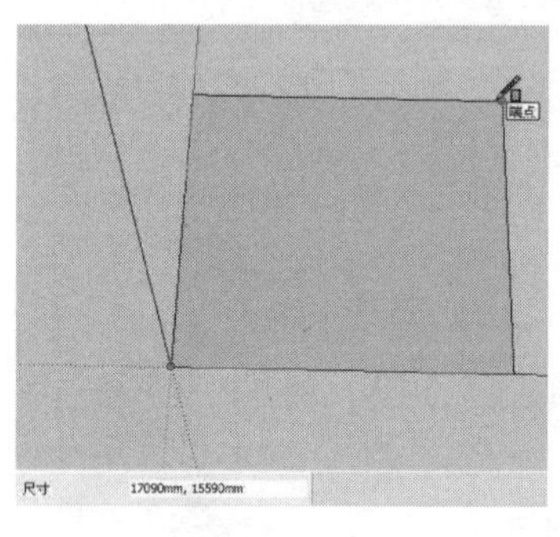

图 7-2

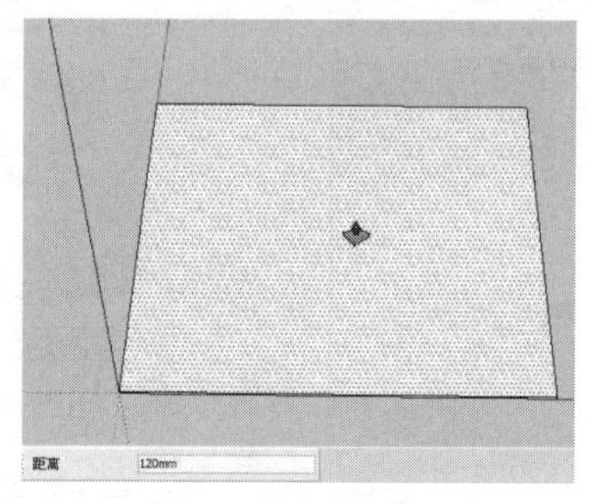

图 7-3

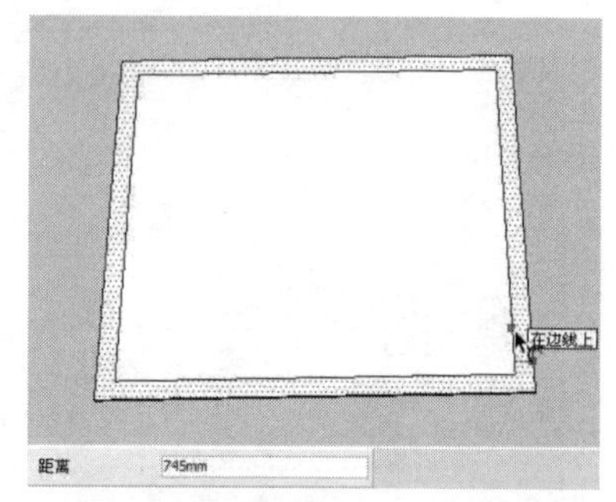

图 7-4

（5）使用“推/拉”工具将偏移后的内侧面向上推拉 880mm 的高度，如图 7-5 所示。

（6）使用“偏移”工具将图中最上侧的面向内偏移 150mm 的距离，如图 7-6 所示。

（7）继续使用“偏移”工具将图中相应的矩形边线向外偏移 200mm 的距离，如图 7-7 所示。

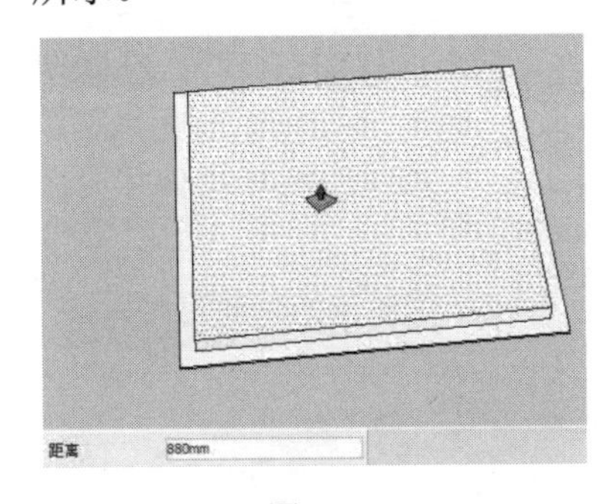

图 7-5

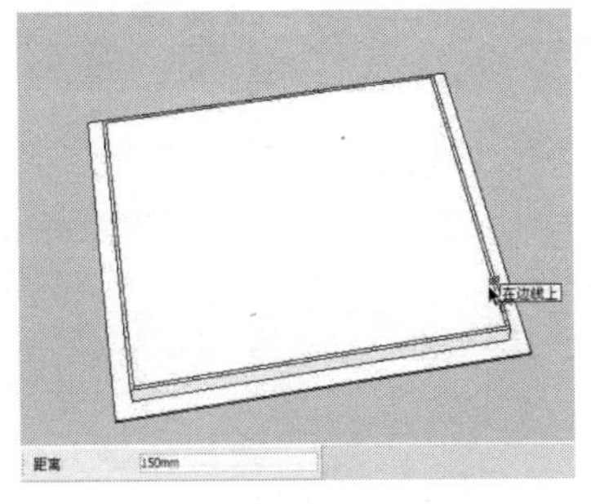

图 7-6

图 7-7

（8）使用“推/拉”工具将图中相应的面向上推拉 400mm 的高度，如图 7-8 所示。

（9）继续使用“推/拉”工具将外侧的造型面推拉捕捉至相应的边线上，如图 7-9 所示。

（10）使用“矩形”工具绘制 3000mm×1400mm 的矩形面，然后使用“直线”工具在矩形的内部绘制出台阶的护栏截面，如图 7-10 所示。

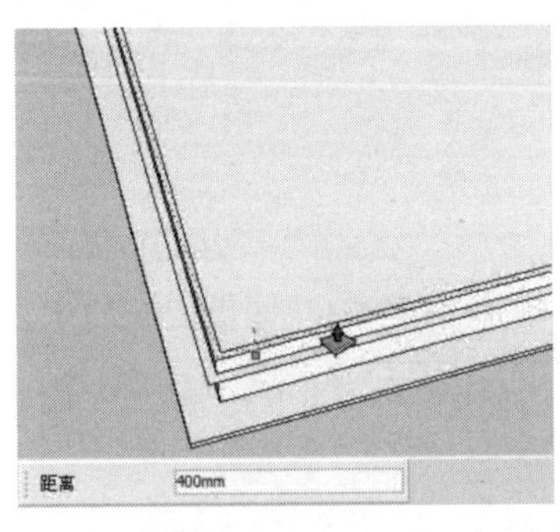

图 7-8

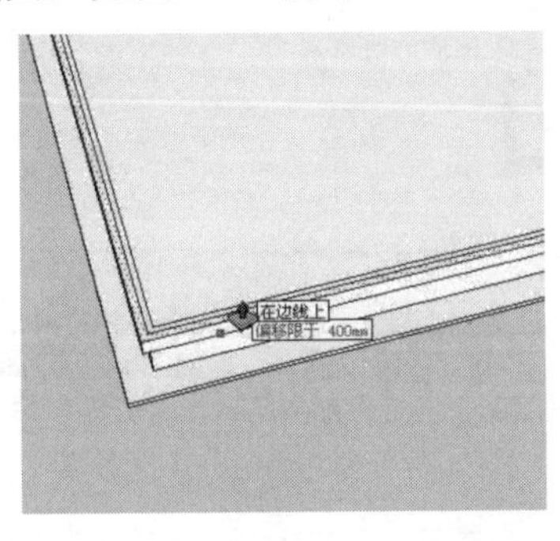

图 7-9

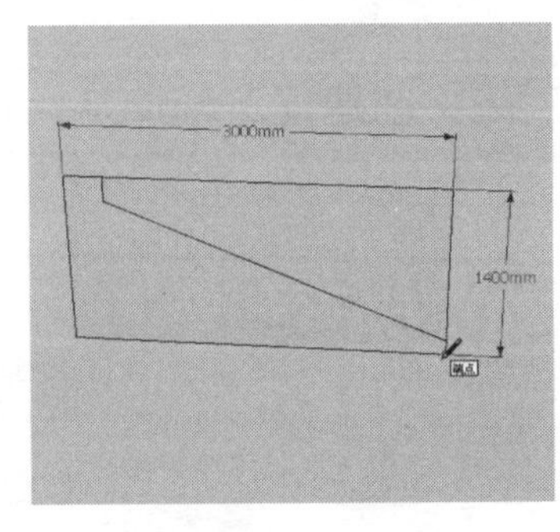

图 7-10

（11）使用“橡皮擦”工具将矩形面上的多余线面删除，然后使用“推/拉”工具将造型面推拉 300mm 的厚度，如图 7-11 所示。

（12）使用“矩形”工具捕捉护栏上的相应端点绘制 3000mm×300mm 的矩形面，如图 7-12 所示。

（13）使用“推/拉”工具将上一步绘制的矩形面向上推拉 120mm 的高度，并将推拉后的台阶创建为群组，如图 7-13 所示。

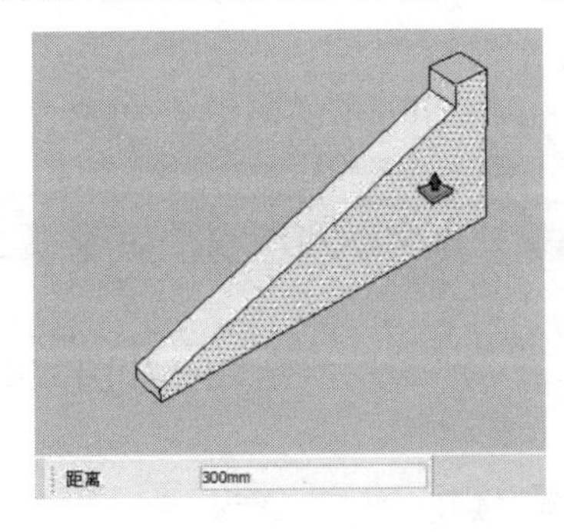

图 7-11

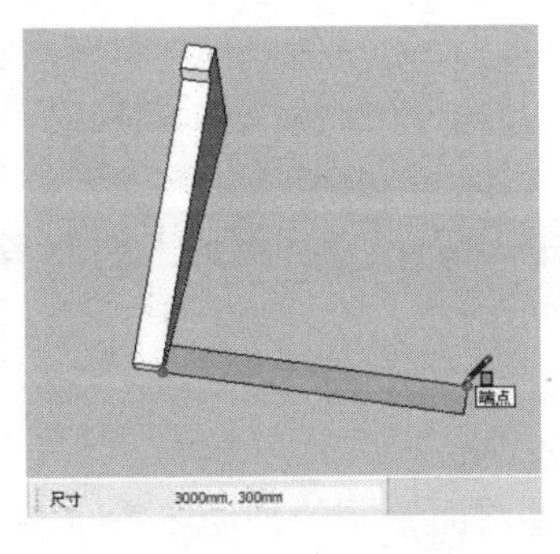

图 7-12

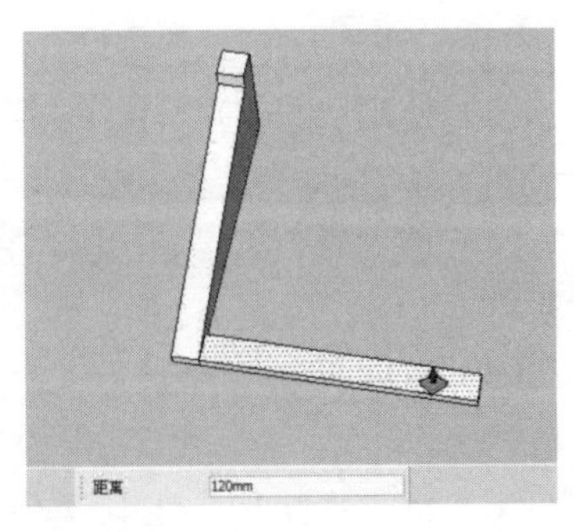

图 7-13

（14）按住【Ctrl】键，使用“移动”工具将上一步创建的台阶造型向上进行复制，如图 7-14 所示。

（15）按住【Ctrl】键，继续使用“移动”工具将左侧的台阶护栏向右复制一份，如图 7-15 所示。

（16）将创建好的台阶及护栏创建为群组，然后使用“移动”工具将其移到建筑底座的相应位置，如图 7-16 所示。

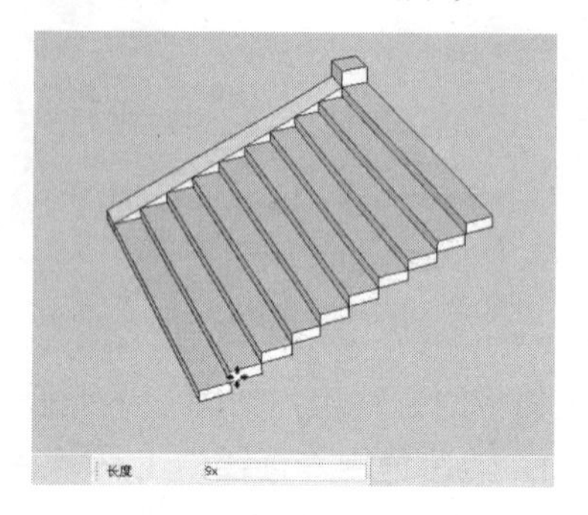
图 7-14

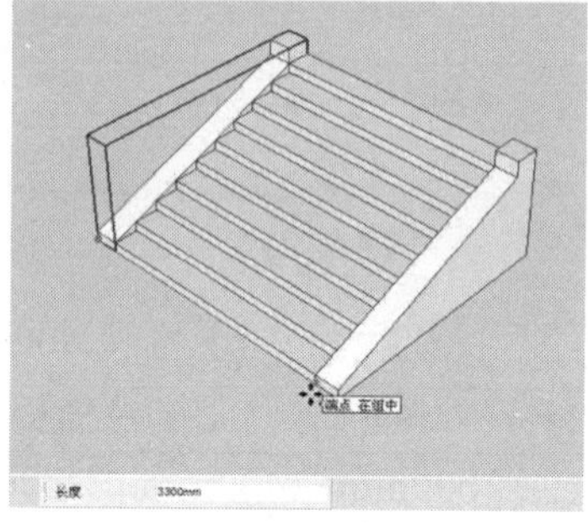
图 7-15

图 7-16

7.1.2 创建建筑墙体及门窗

创建建筑墙体及门窗的操作步骤如下：

（1）使用“卷尺”工具在建筑底座的上侧面上绘制 4 条辅助参考线，如图 7-17 所示。

（2）使用“矩形”工具捕捉上一步绘制的辅助参考线上的相应交点绘制一个矩形面，如图 7-18 所示。

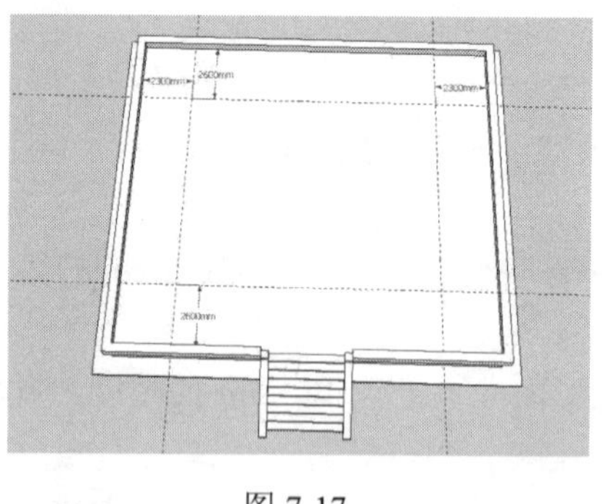
图 7-17

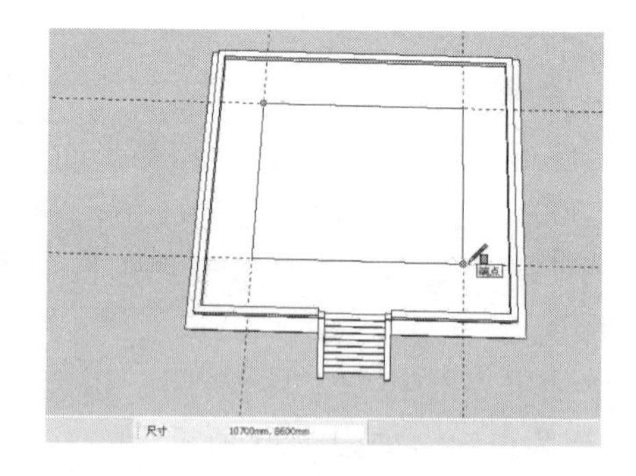
图 7-18

（3）使用“推/拉”工具将上一步绘制的矩形面向上推拉 7600mm 的高度，如图 7-19 所示。

（4）使用“卷尺”工具在图中的相应外侧面上绘制多条垂直辅助参考线，如图 7-20 所示。

（5）继续使用“卷尺”工具在图中相应的面上绘制多条水平辅助参考线，如图 7-21 所示。

（6）使用“矩形”工具借助前面绘制的辅助参考线在图中相应的面上绘制多个矩形，如图 7-22 所示。

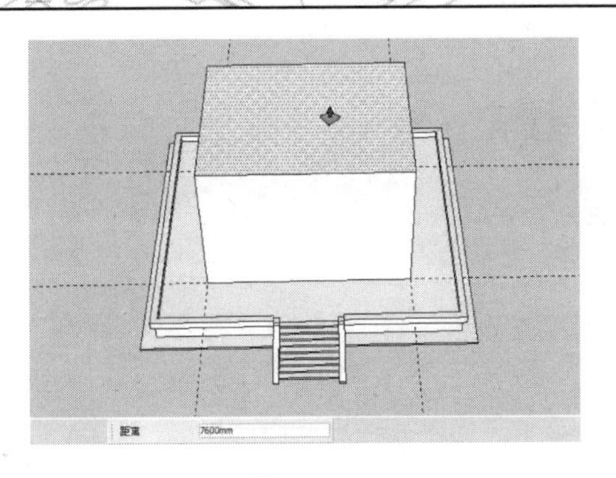

图 7-19

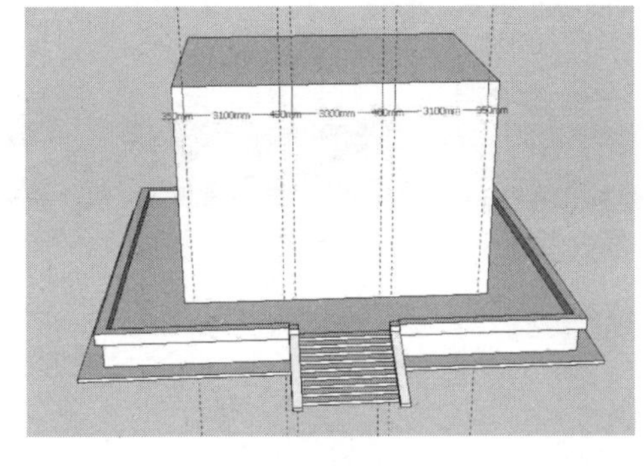

图 7-20

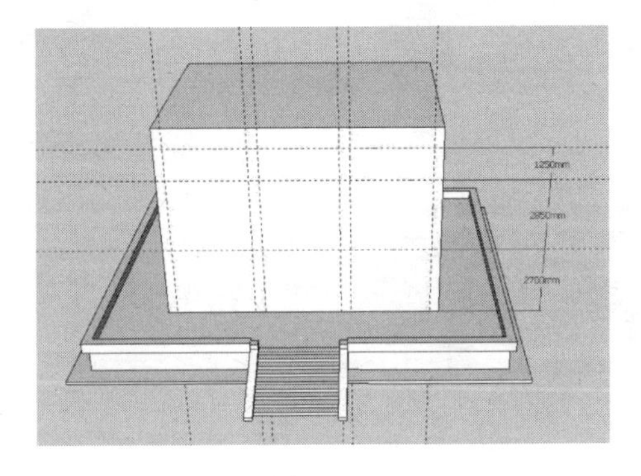

图 7-21

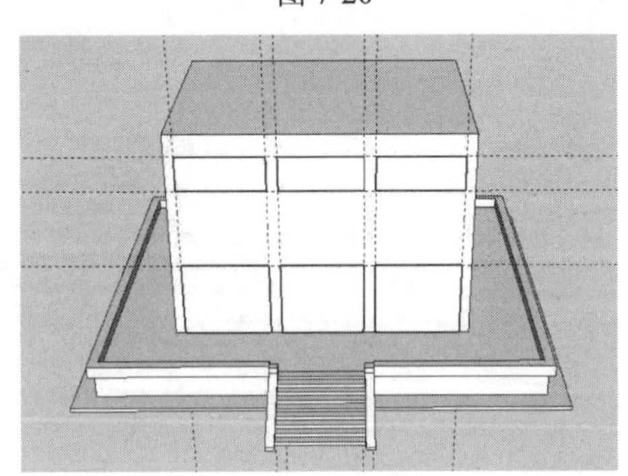

图 7-22

（7）按住【Ctrl】键，使用“选择”工具选择上一步绘制的多个矩形面，然后按【Delete】键将其删除，删除后的洞口作为门窗洞口，如图 7-23 所示。

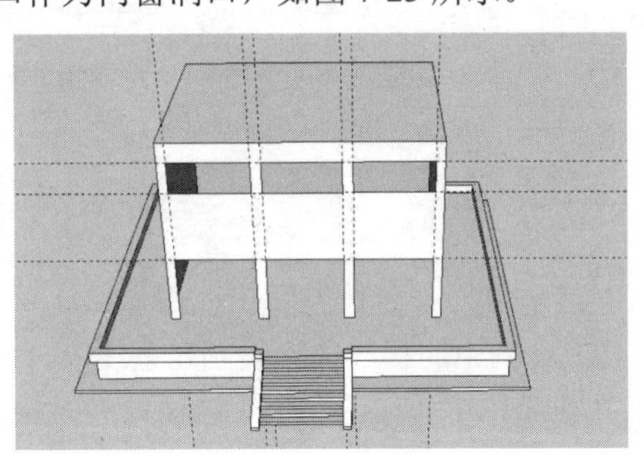

图 7-23

（8）执行“文件”→“导入”命令，弹出“打开”对话框，选择本书配套光盘中的“案例\07\素材文件\中式门.3ds”文件，单击“选项”按钮，弹出“3DS 导入选项”对话框，勾选“合并共面平面”复选框。单击“确定”按钮返回“打开”对话框，单击“打开”按钮，将文件导入图中相应的门洞口位置，如图 7-24 所示。

（9）按住【Ctrl】键，使用“移动”工具将上一步导入的中式门模型复制到图中的门洞口位置，如图 7-25 所示。

（10）使用相同的方法，将“案例\07\素材文件\中式窗.3ds”文件导入当前场景中，并复制到图中的窗洞口位置，如图 7-26 所示。

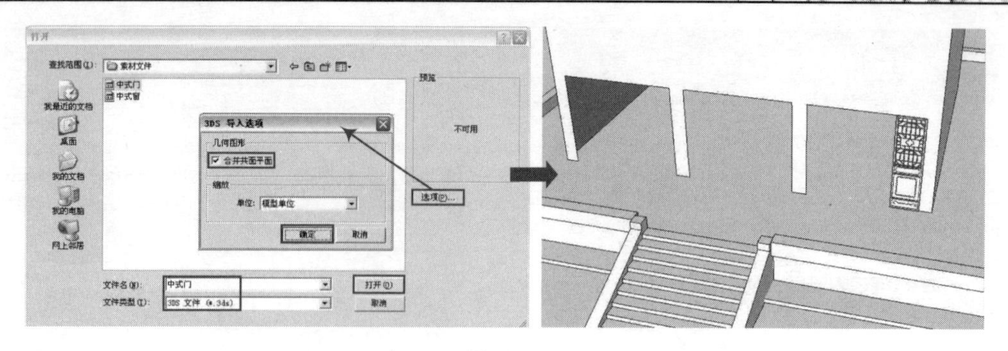

图 7-24

图 7-25

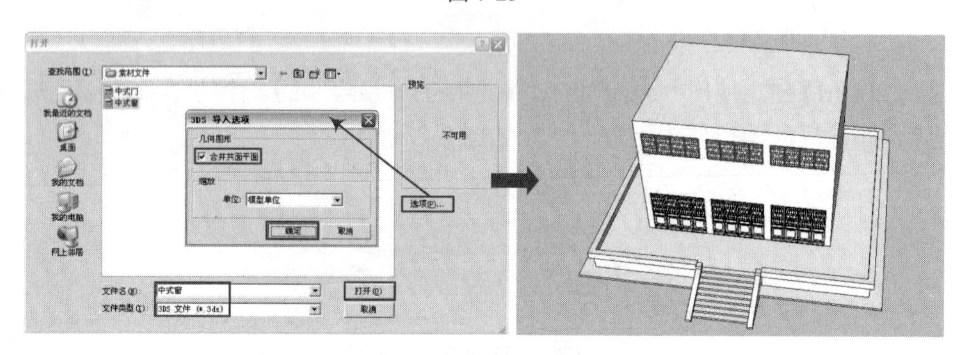

图 7-26

（11）使用“直线”工具在图中的相应位置绘制几条线段，如图 7-27 所示。

（12）使用“推/拉”工具将图中相应的几个矩形面向外推拉 100mm 的厚度，如图 7-28 所示。

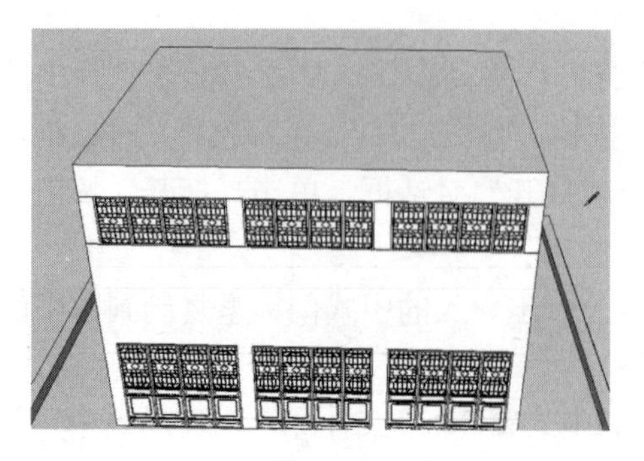

图 7-27

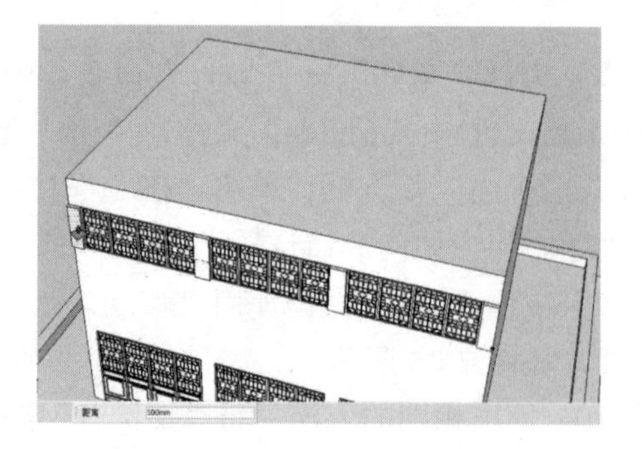

图 7-28

（13）使用“卷尺”工具在建筑的墙体四周绘制 3 条参考辅助线，如图 7-29 所示。

（14）使用“直线”工具借助上一步绘制的参考辅助线在建筑的四周墙体上分别绘制 3 条线段，如图 7-30 所示。

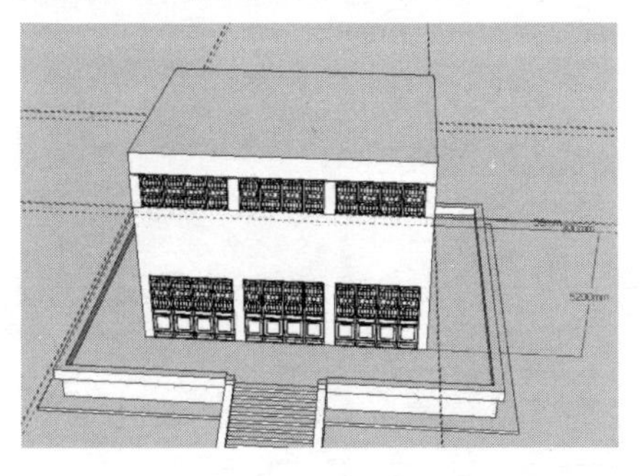

图 7-29

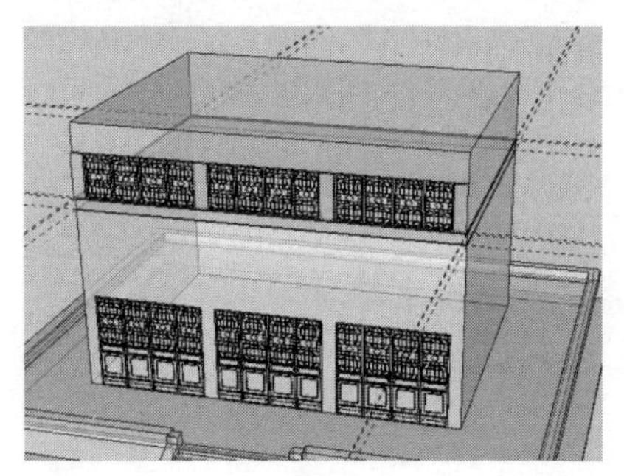

图 7-30

（15）首先删除前面绘制的辅助参考线，然后使用“推/拉”工具对上一步绘制的线条所形成的内部面进行推拉操作，以此作为建筑上的装饰条，如图 7-31 所示。

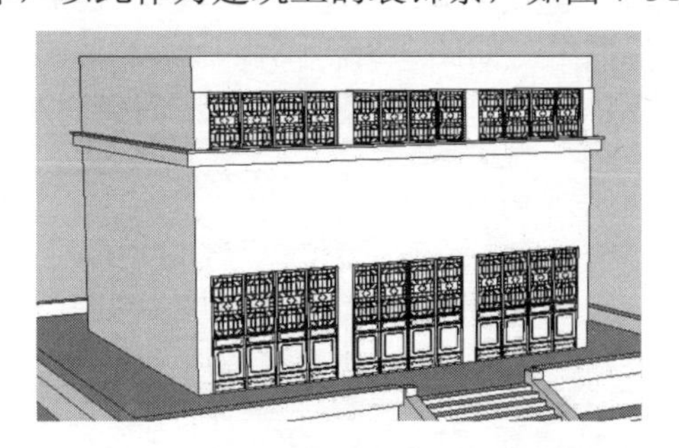

图 7-31

7.1.3 创建建筑梁柱

创建建筑梁柱的操作步骤如下：

（1）使用“矩形”工具绘制 400mm×3900mm 的矩形面，如图 7-32 所示。

（2）按住【Ctrl】键，使用“移动”工具将上一步绘制矩形的左右两侧垂直边向内复制一份，移动的距离为 50mm，如图 7-33 所示。

（3）按住【Ctrl】键，使用“移动”工具将矩形的下侧水平边向上复制一份，其移动的距离为 150mm，如图 7-34 所示。

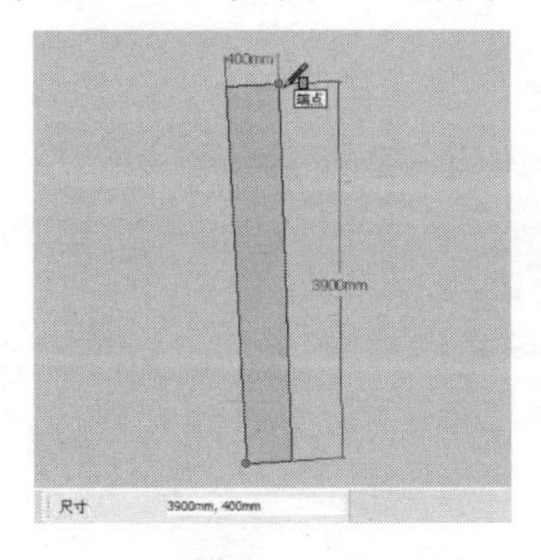

图 7-32

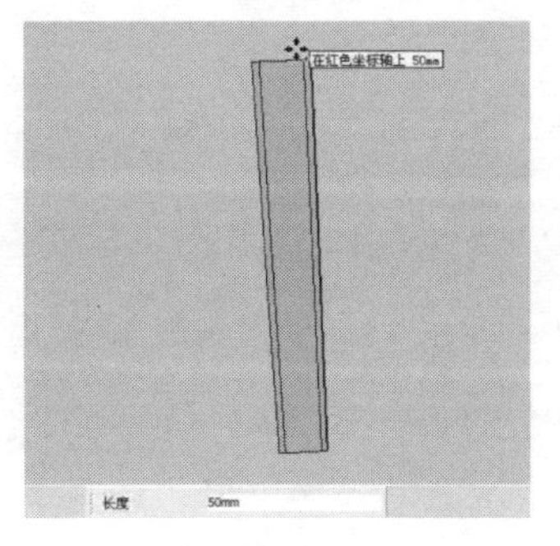

图 7-33

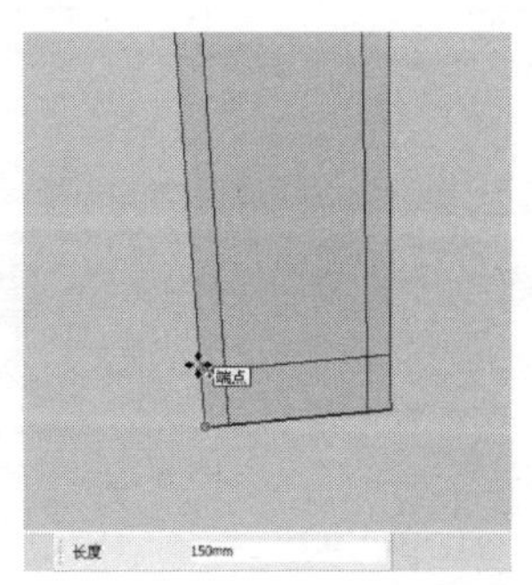

图 7-34

（4）使用“圆弧”工具捕捉图中相应的端点绘制两条圆弧，如图 7-35 所示。

（5）使用“橡皮擦”工具删除图中多余的线面，如图 7-36 所示。

（6）使用“圆”工具在截面造型的下侧绘制半径为 200mm 的圆，如图 7-37 所示。

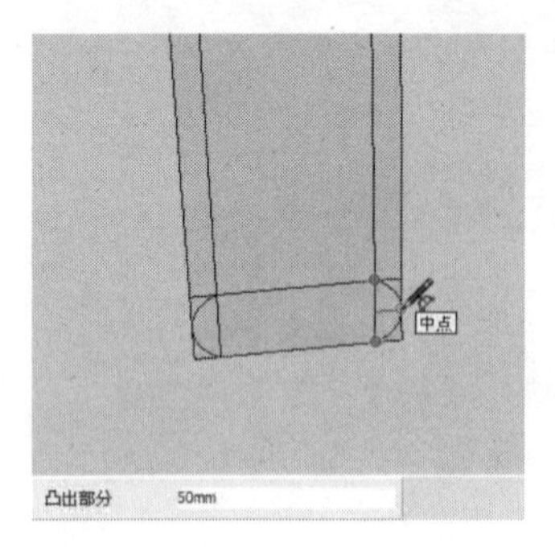

图 7-35

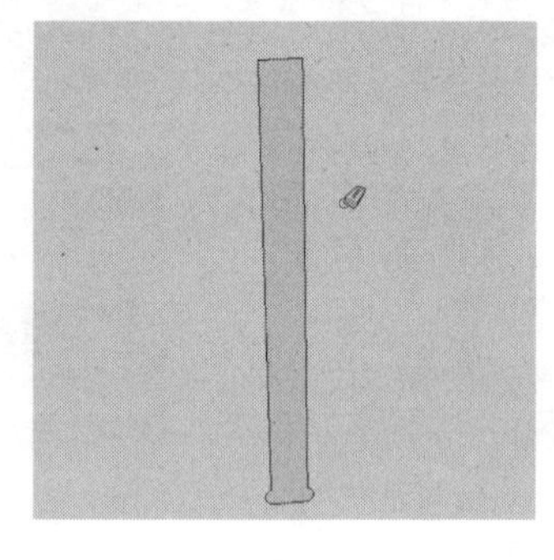

图 7-36

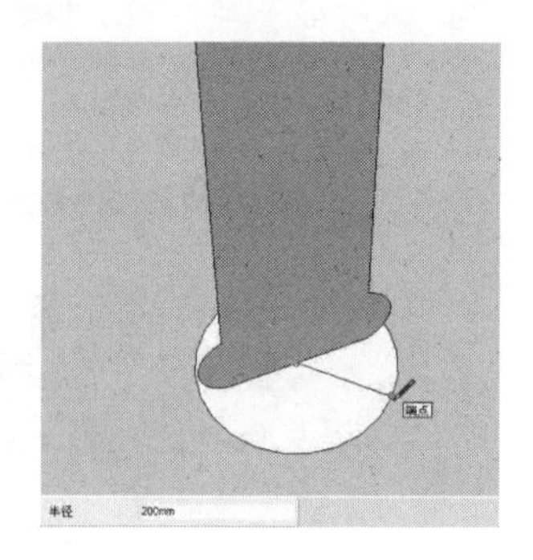

图 7-37

（7）选择上一步绘制的圆，然后使用“跟随路径”工具单击圆上的截面造型进行放样，并将放样后的圆柱造型创建为群组，如图 7-38 所示。

（8）按住【Ctrl】键，使用“移动”工具将上一步创建的圆柱复制并移动到建筑底座上的相应位置，如图 7-39 所示。

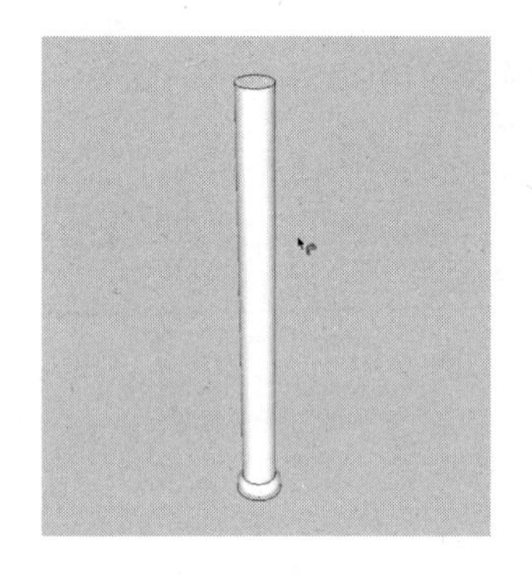

图 7-38

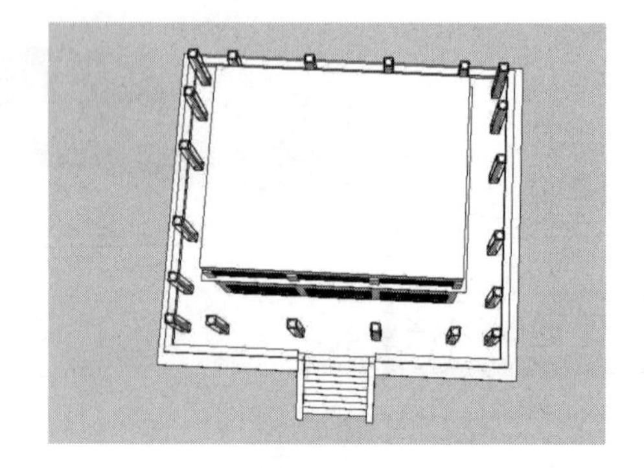

图 7-39

（9）使用“矩形”工具绘制 15100mm×300mm 的矩形面，如图 7-40 所示。

图 7-40

（10）使用“圆弧”工具在上一步绘制矩形面的左右两侧绘制如图 7-41 所示的圆弧造型。

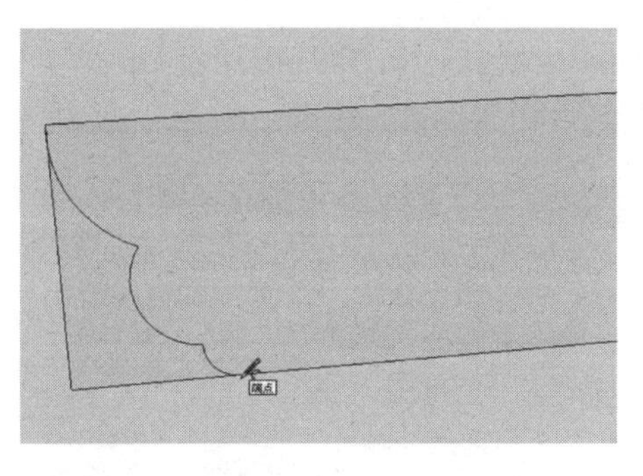

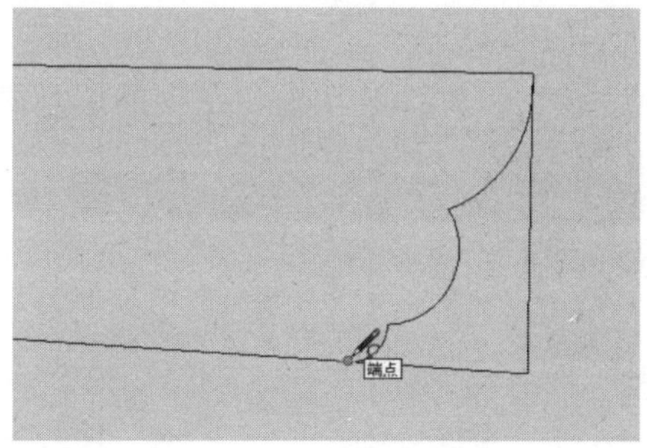

图 7-41

（11）首先删除矩形面上的相应线面，然后使用“推/拉”工具将造型面推拉 100mm 的厚度，并将推拉后的模型创建为群组，如图 7-42 所示。

（12）按住【Ctrl】键，使用“移动”工具将上一步创建的建筑梁复制并布置到建筑上的相应位置，如图 7-43 所示。

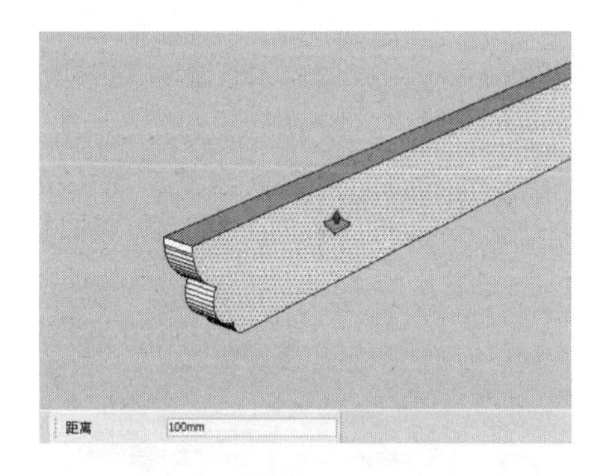

图 7-42

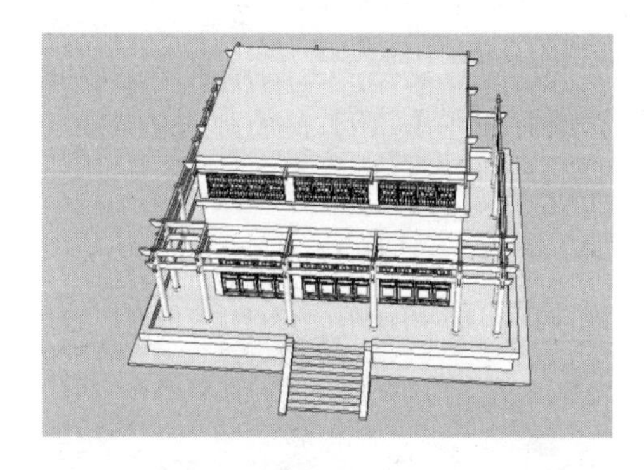

图 7-43

7.1.4 创建建筑一层屋顶

创建建筑一层屋顶的操作步骤如下：

（1）使用“矩形”工具绘制 2900mm×1600mm 的立面矩形，如图 7-44 所示。

（2）使用“圆弧”工具及“偏移”工具在上一步绘制的矩形面上绘制如图 7-45 所示的两条圆弧。

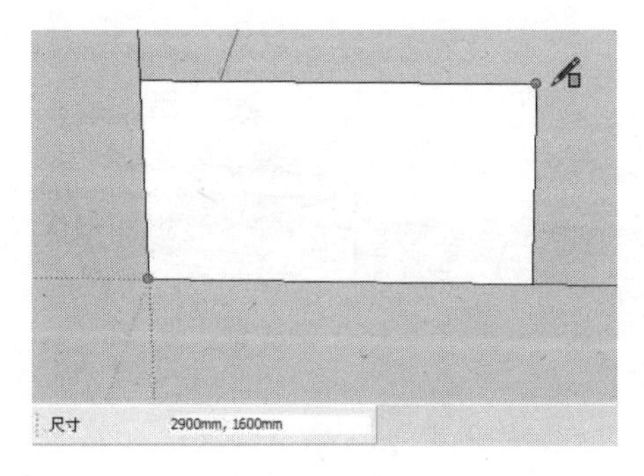

图 7-44

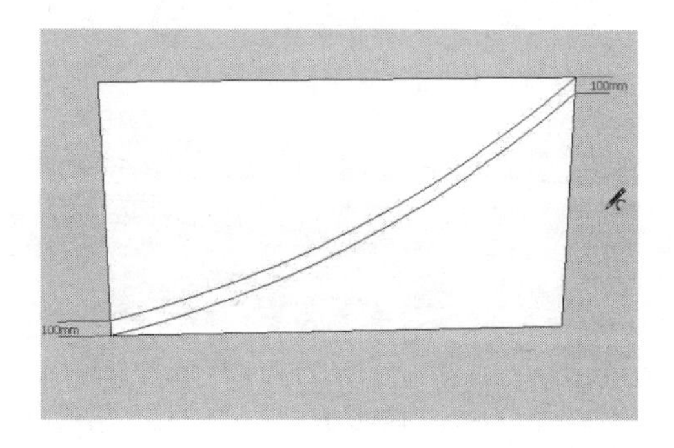

图 7-45

（3）使用“橡皮擦”工具删除矩形面上的相应线面，如图 7-46 所示。

（4）使用“推/拉”工具将图中的造型面推拉 8900mm 的距离，如图 7-47 所示。

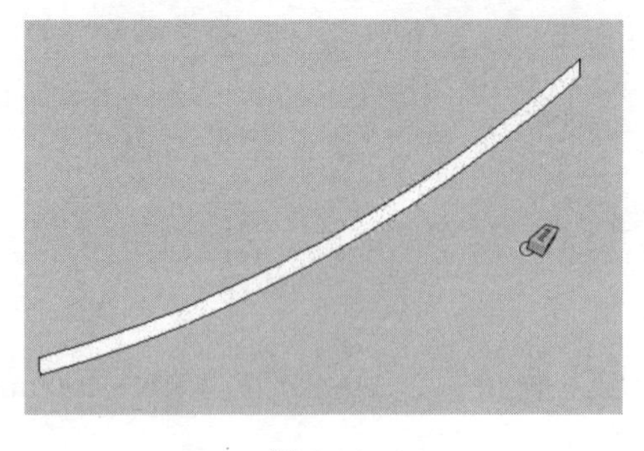

图 7-46

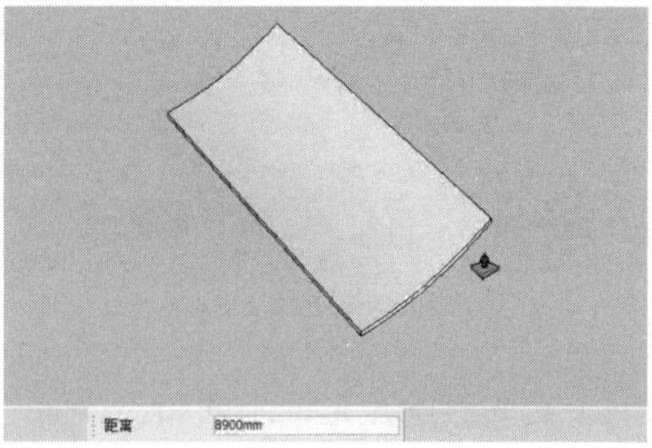

图 7-47

（5）使用“矩形”工具绘制 2900mm×250mm 的立面矩形参考面，然后使用“圆弧”工具在绘制的矩形面上绘制一条圆弧，如图 7-48 所示。

（6）使用“橡皮擦”工具删除矩形面上的相应线面，只保留圆弧路径，然后使用“移动”工具并按住【Ctrl】键将屋顶的侧面向右复制一份，如图 7-49 所示。

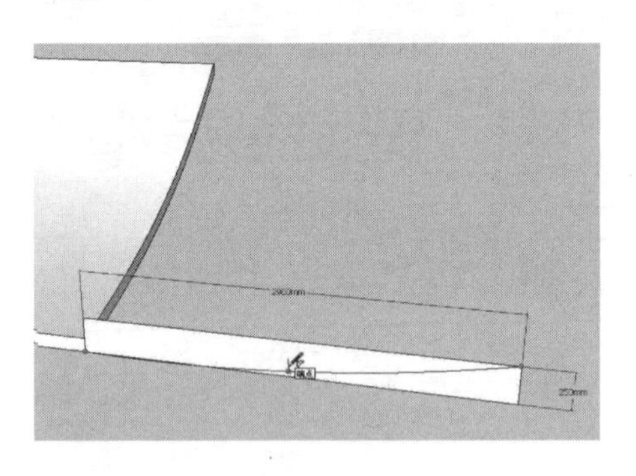

图 7-48

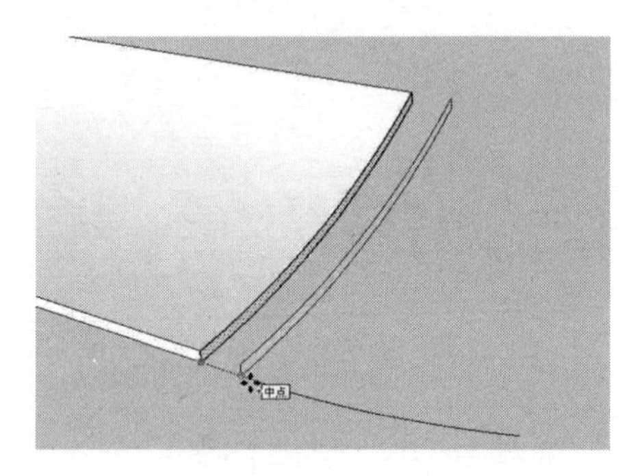

图 7-49

（7）选择前面绘制的圆弧路径，然后使用“跟随路径”工具单击复制的圆弧侧面对其进行放样，如图 7-50 所示。

（8）使用“直线”工具在放样后的造型上绘制如图 7-51 所示的三角面。

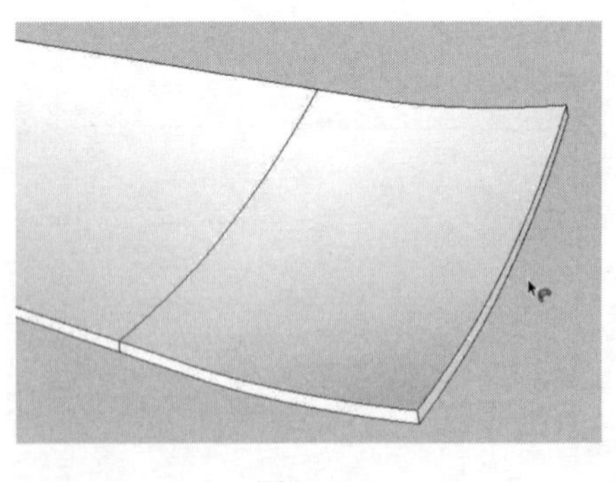

图 7-50

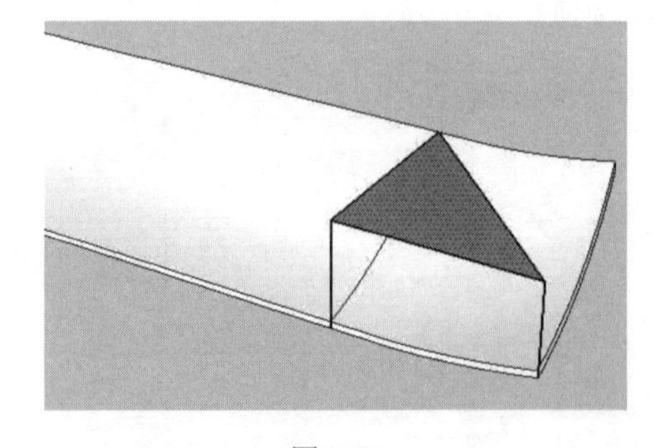

图 7-51

（9）使用“推/拉”工具将上一步绘制的三角面向下进行推拉使其与放样后的模型相交，

并将推拉后的模型创建为群组，如图 7-52 所示。

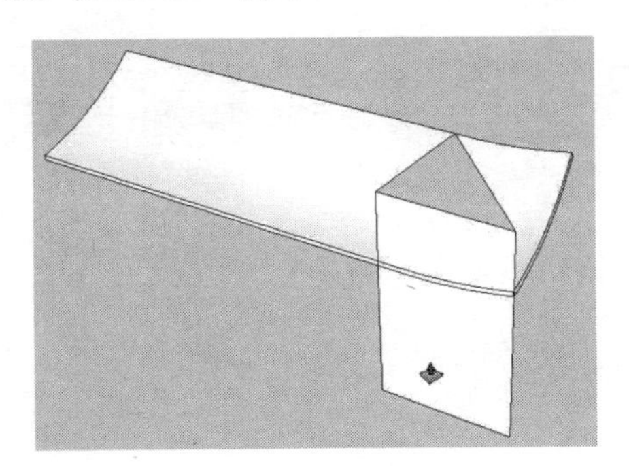

图 7-52

（10）使用 Solid Tools（实体）工具栏中的“交集”工具首先单击上一步推拉的三角面群组，再单击放样后的圆弧截面，使其成为一个三角形的圆弧造型，如图 7-53 所示。

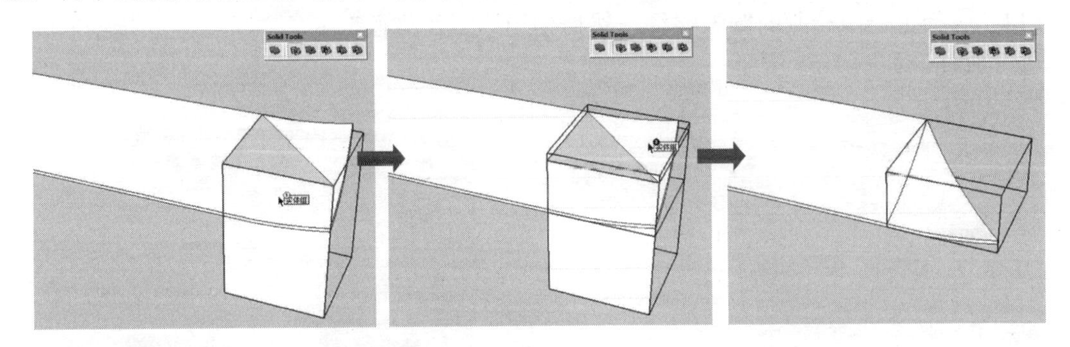

图 7-53

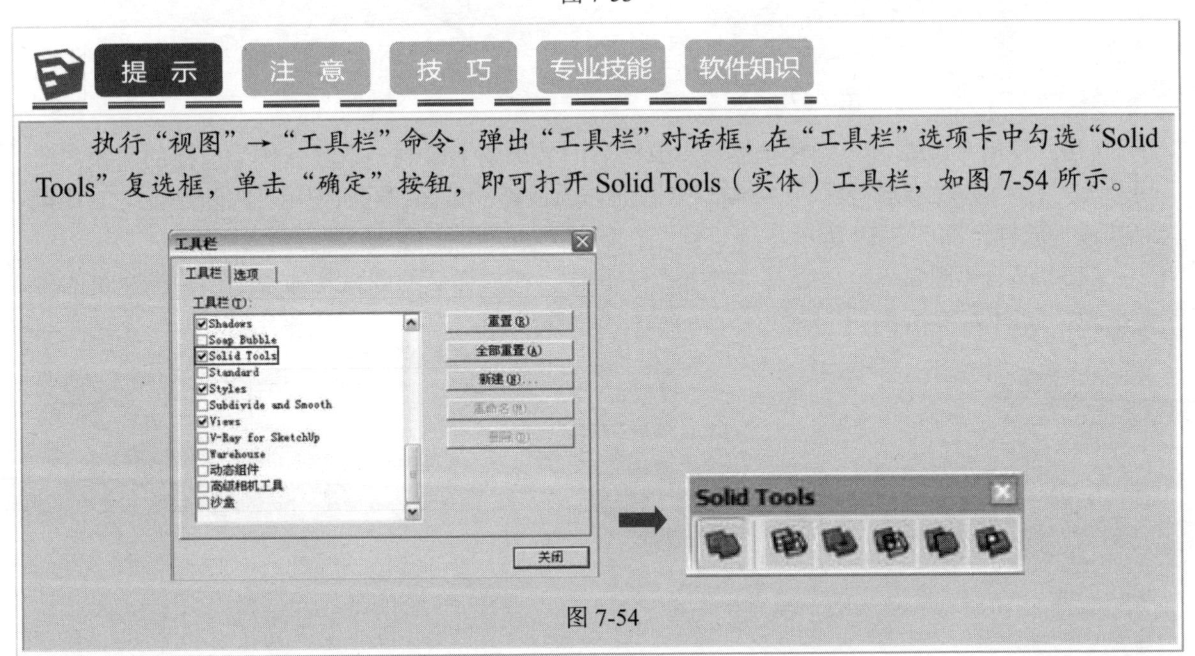

执行“视图”→“工具栏”命令，弹出“工具栏”对话框，在“工具栏”选项卡中勾选“Solid Tools”复选框，单击“确定”按钮，即可打开 Solid Tools（实体）工具栏，如图 7-54 所示。

图 7-54

（11）结合“移动”工具及“旋转”工具，将上一步进行交集运算后的模型复制到屋顶的左侧位置，如图 7-55 所示。

（12）结合“移动”工具及“旋转”工具，对建筑屋顶进行复制，如图 7-56 所示。

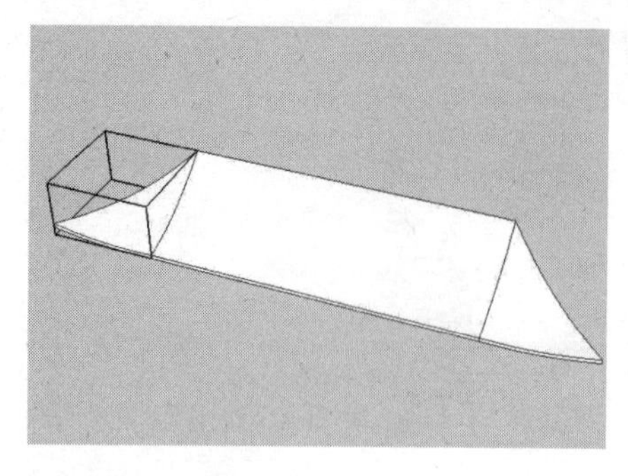
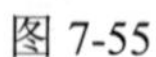
图 7-55

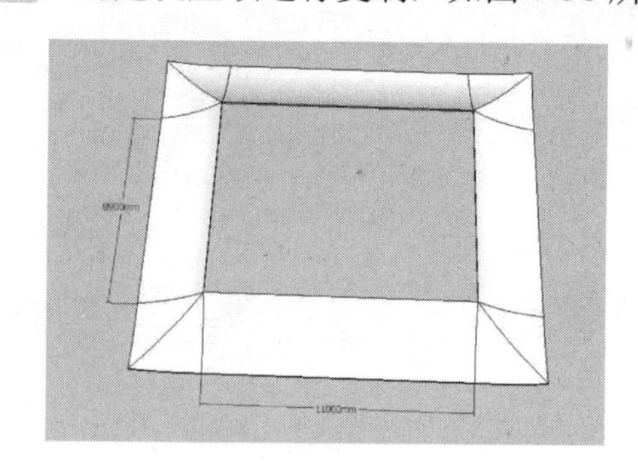
图 7-56

（13）使用“圆弧”工具在建筑的屋顶一角上绘制一条圆弧作为放样的路径，然后使用“圆”工具在绘制的圆弧上绘制一个圆面作为放样的截面，如图 7-57 所示。

（14）选择上一步绘制的圆弧路径，然后使用“跟随路径”工具单击上一步绘制的圆面对其进行放样，如图 7-58 所示。

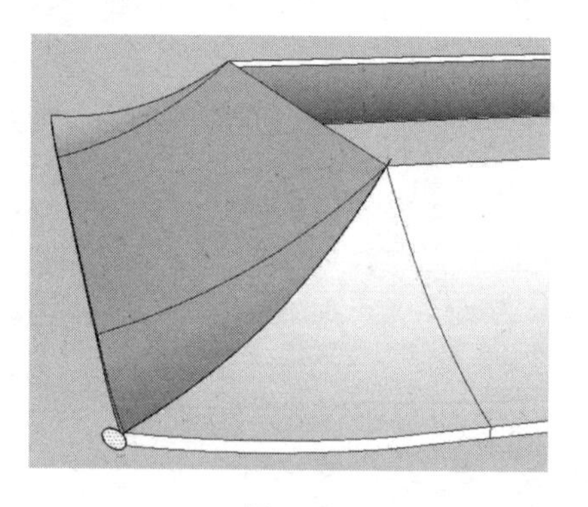
图 7-57

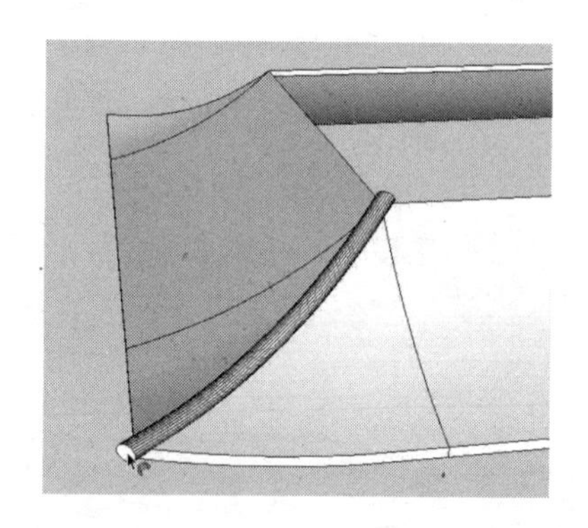
图 7-58

（15）使用“圆弧”工具在上一步放样后的装饰条上绘制一条圆弧作为放样的路径；使用“圆”工具在绘制的圆弧上绘制一个圆面作为放样的截面；然后使用“跟随路径”工具对其进行放样，如图 7-59 所示。

（16）结合“圆弧”工具及“推/拉”工具，在放样后的圆弧装饰条上创建出建筑的兽角造型，如图 7-60 所示。

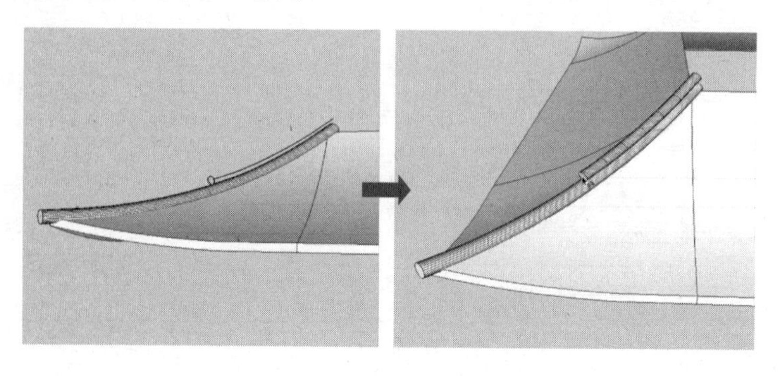
图 7-59

图 7-60

（17）结合“移动”工具及“旋转”工具，将创建的建筑屋顶装饰条及兽角造型复制到建筑屋顶的 4 个角上相应位置，如图 7-61 所示。

（18）使用“圆弧”工具在建筑的正面屋顶上绘制一条圆弧作为放样的路径，然后使用“圆”工具在绘制的圆弧上绘制一个圆面作为放样的截面，如图 7-62 所示。

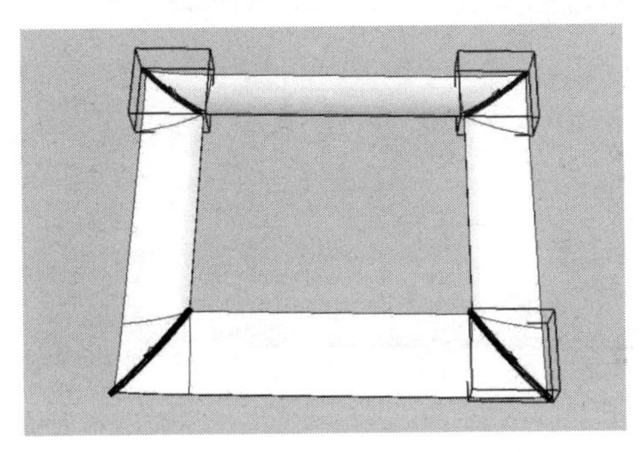

图 7-61

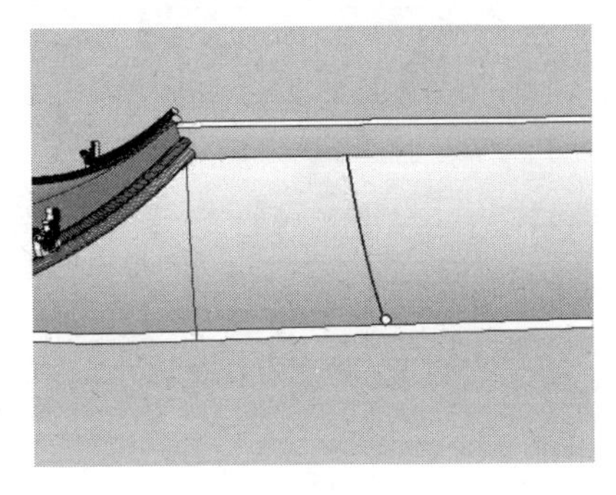

图 7-62

（19）选择上一步绘制的圆弧路径，然后使用“跟随路径”工具单击上一步绘制的圆面，对其进行放样，如图 7-63 所示。

（20）结合“偏移”工具及“推/拉”工具，制作装饰条头上的细节造型，如图 7-64 所示。

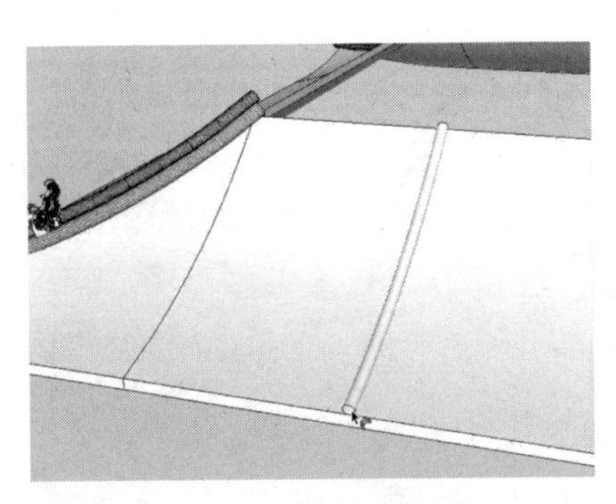

图 7-63

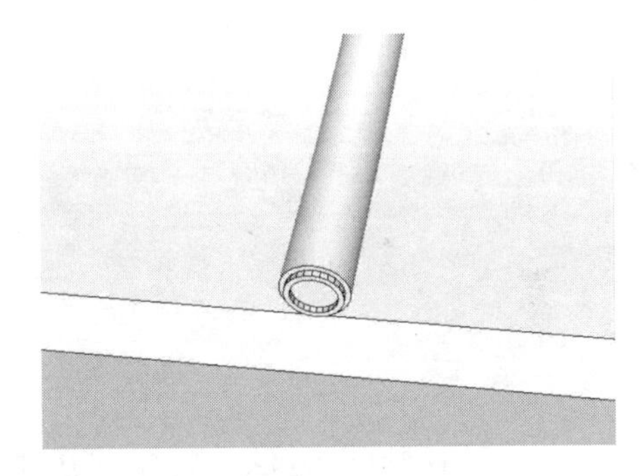

图 7-64

（21）按住【Ctrl】键，使用“移动”工具将装饰条造型在屋顶上进行复制，如图 7-65 所示。

（22）选择右侧相应的几个装饰条造型然后将其创建为群组，如图 7-66 所示。

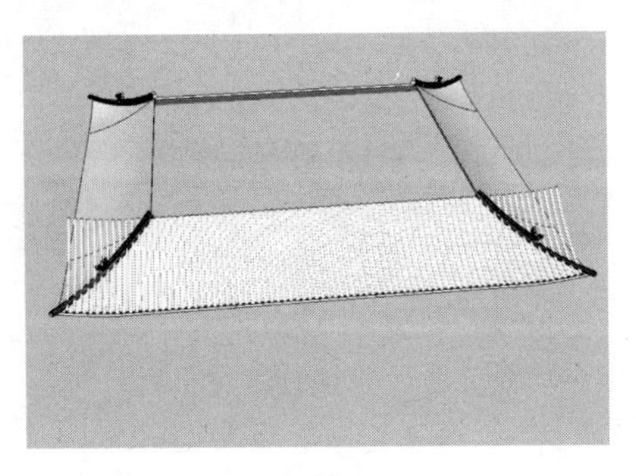

图 7-65

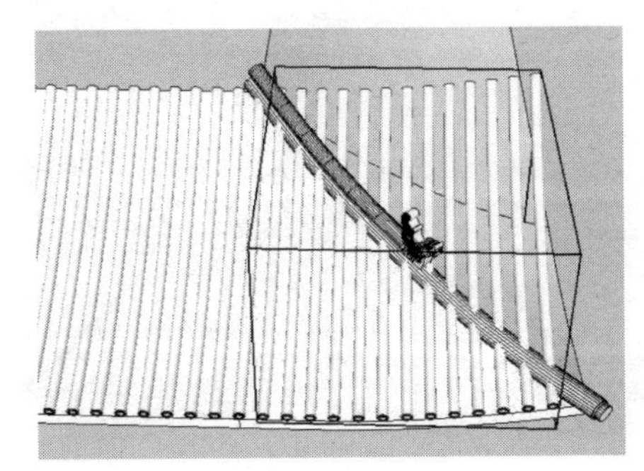

图 7-66

（23）使用 Solid Tools（实体）工具栏中的“保留计算体并计算差集”工具，首先单击屋檐上的装饰条群组，再单击上一步创建的群组，如图 7-67 所示。

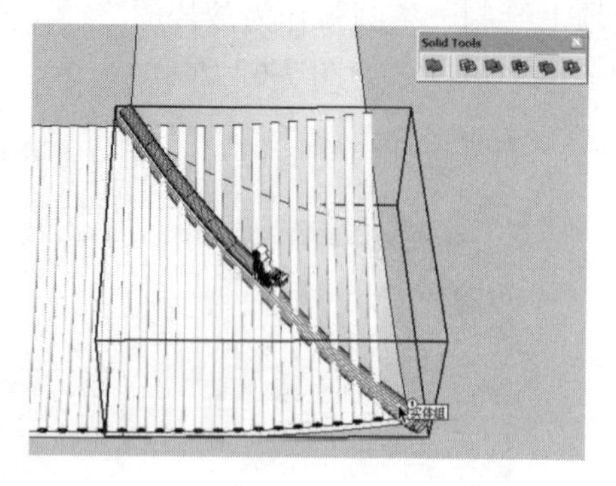

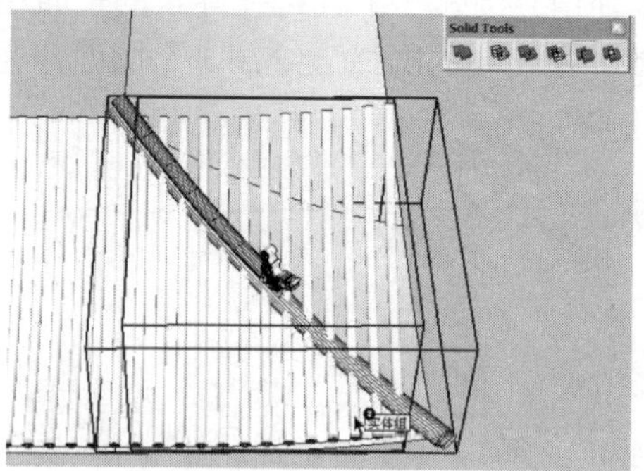

图 7-67

（24）选择上一步进行差集运算后的部分模型，然后按【Delete】键将其删除，如图 7-68 所示。

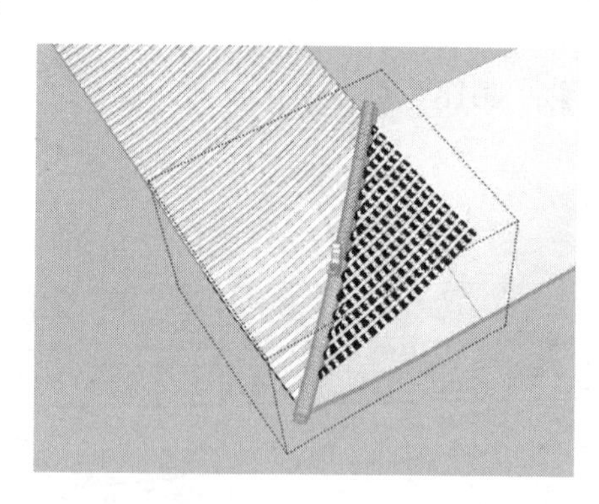
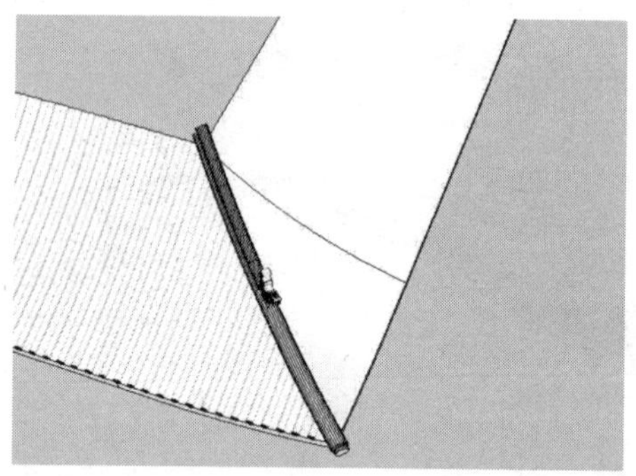

图 7-68

（25）参考使用相同的方法，将屋顶其他几个方向上的屋檐造型及装饰条创建完成，如图 7-69 所示。

（26）使用“移动”工具将创建完成的古典建筑一层屋顶移到建筑墙体上的相应位置，如图 7-70 所示。

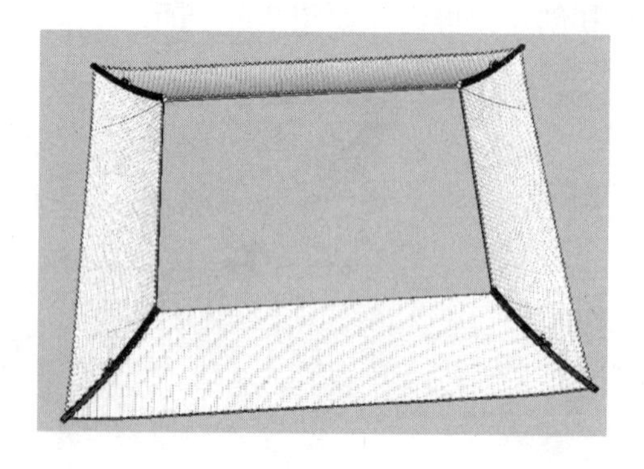

图 7-69

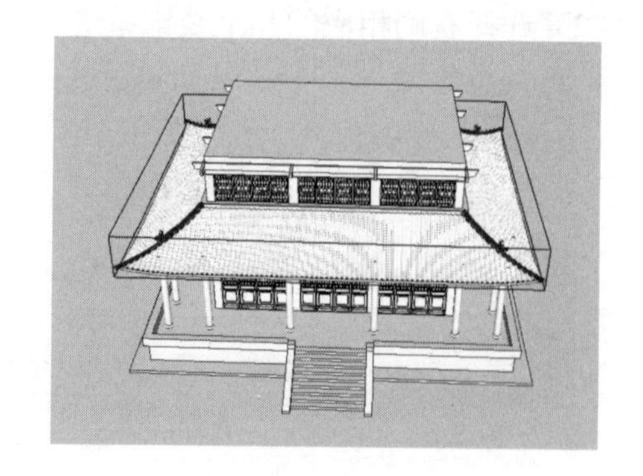

图 7-70

7.1.5 创建建筑二层屋顶

创建建筑二层屋顶的操作步骤如下：

（1）使用“偏移”工具将建筑上侧的顶面向内偏移 500mm 的距离，如图 7-71 所示。

（2）使用“推/拉”工具将上一步偏移后的内侧矩形面向上推拉 800mm 的高度，如图 7-72 所示。

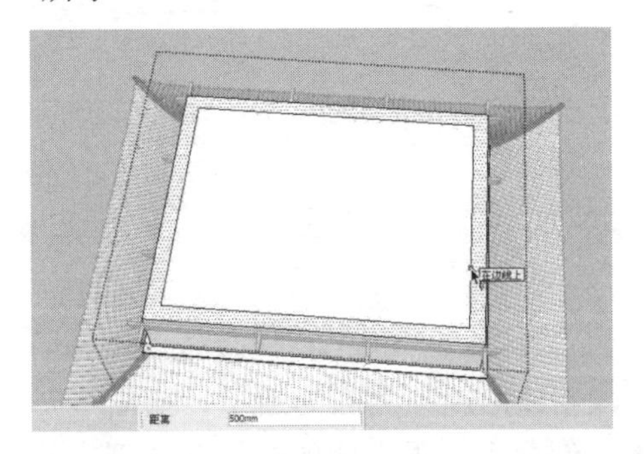

图 7-71

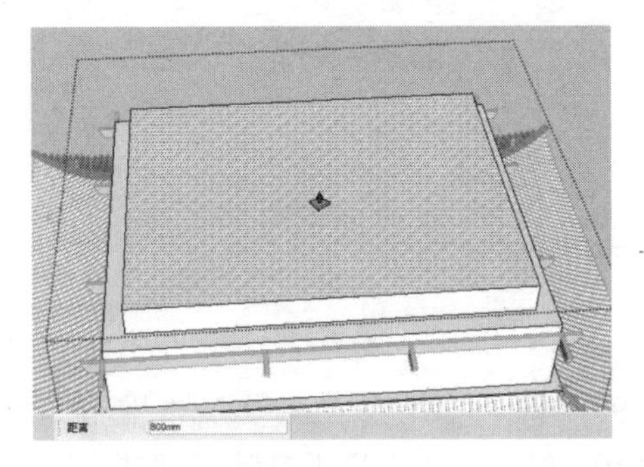

图 7-72

（3）参考前面创建古典建筑一层屋顶的方法，创建出古典建筑二层屋顶的造型效果，如图 7-73 所示。

（4）使用“矩形”工具在建筑的上侧绘制一个矩形面，如图 7-74 所示。

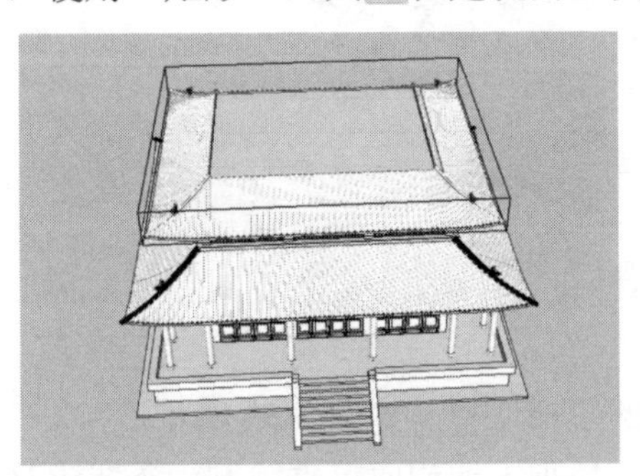

图 7-73

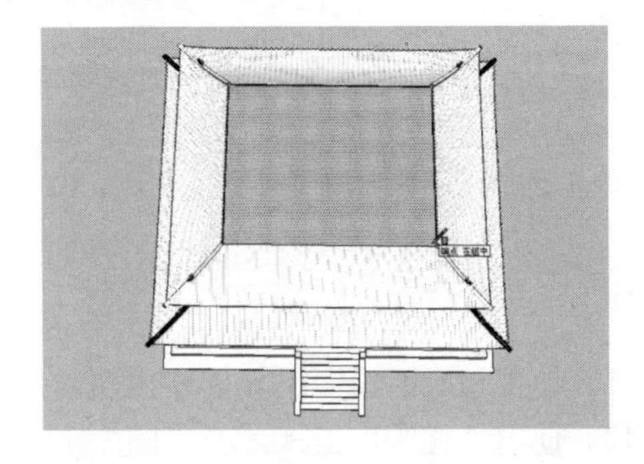

图 7-74

（5）使用“推/拉”工具将上一步绘制的矩形面向上推拉 2000mm 的高度，如图 7-75 所示。

（6）使用“缩放”工具对上一步推拉后的立方体的上侧表面进行缩放，如图 7-76 所示。

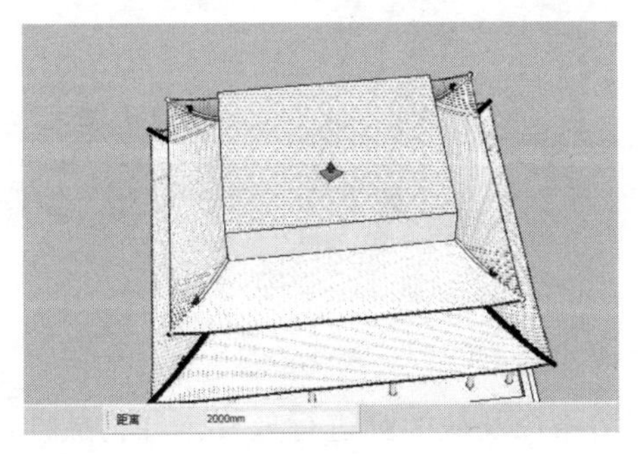

图 7-75

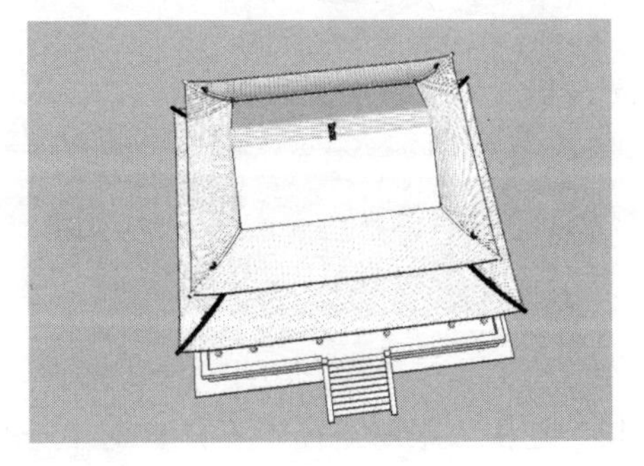

图 7-76

（7）使用“推/拉”工具将上一步缩放后的上侧面向上推拉 400mm 的高度，如图 7-77 所示。

（8）结合“偏移”工具及“推/拉”工具，对屋顶的上侧造型进行修改，如图 7-78 所示。

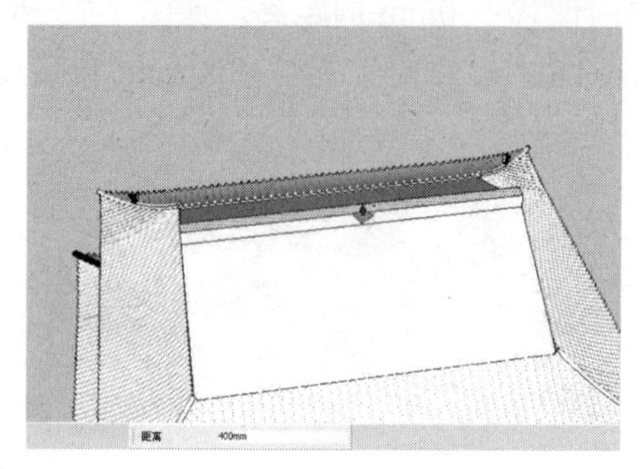

图 7-77

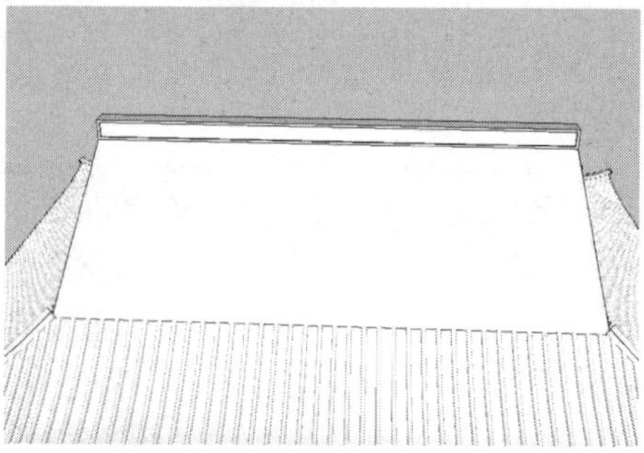

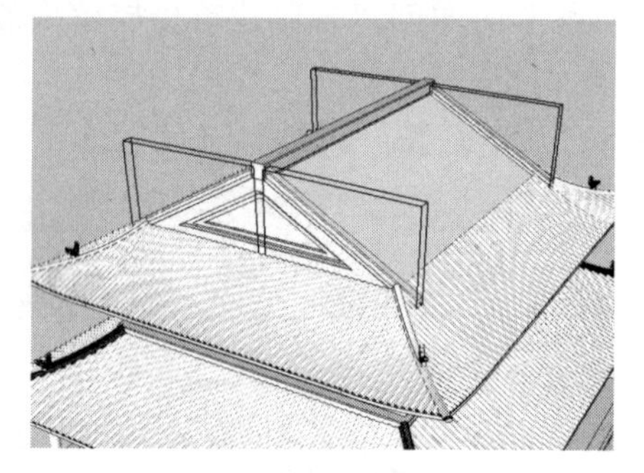

图 7-78

（9）结合“偏移”工具及“推/拉”工具，创建出屋顶侧面的造型，如图 7-79 所示。

（10）结合“矩形”工具及“推/拉”工具，创建出屋顶上侧的装饰条造型，并将其创建成群组，如图 7-80 所示。

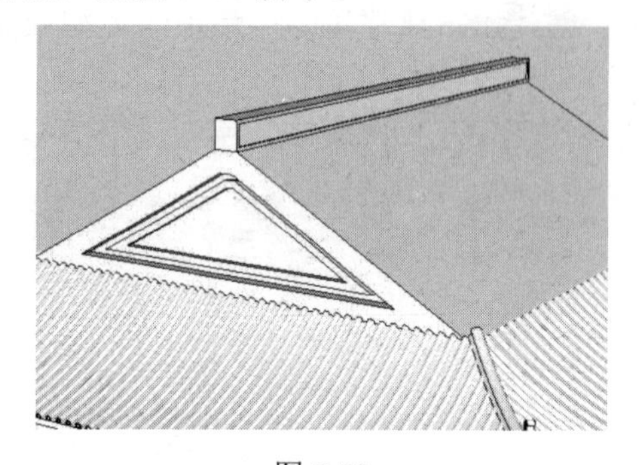

图 7-79

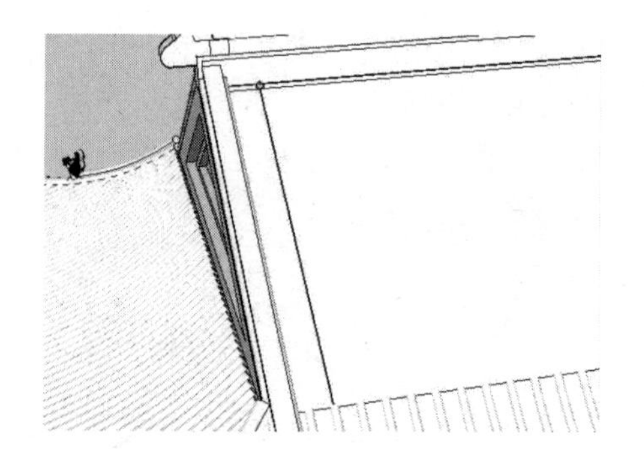

图 7-80

（11）使用相应的绘图工具创建出建筑屋顶上的装饰造型，如图 7-81 所示。

（12）使用“直线”工具及“圆”工具，在屋顶上的相应位置绘制一条线段及小圆作为放样的路径及截面，如图 7-82 所示。

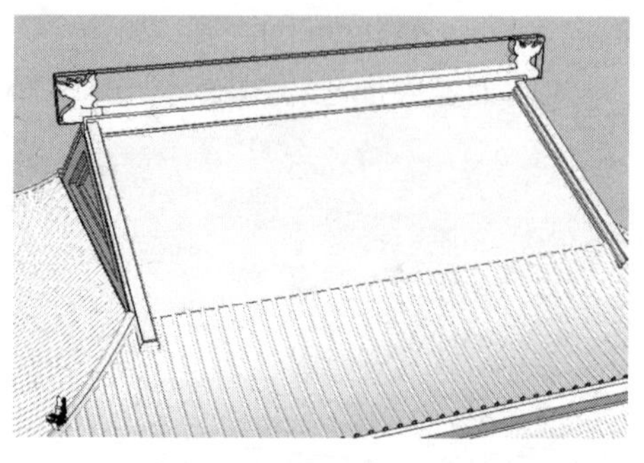

图 7-81

图 7-82

（13）使用“跟随路径”工具对上一步绘制的路径及截面圆进行放样，并将放样后的装饰条造型创建为群组，如图 7-83 所示。

（14）按住【Ctrl】键，使用“移动”工具将上一步创建的装饰条造型在建筑屋顶上进行复制，如图 7-84 所示。

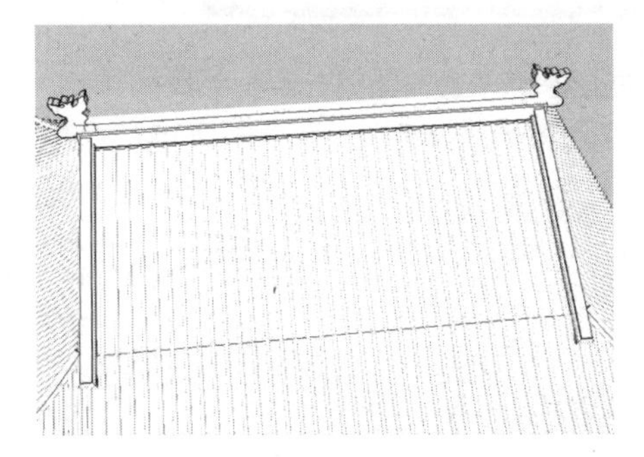

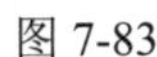

图 7-83　　　　图 7-84

（15）结合“移动”工具及“旋转”工具，将创建完成的装饰条造型复制到建筑屋顶上的另一侧，从而完成该中国古典建筑模型的创建，如图 7-85 所示。

（16）使用“颜料桶”工具为创建完成的中国古典建筑模型赋予相应的材质，如图 3- 86 所示。

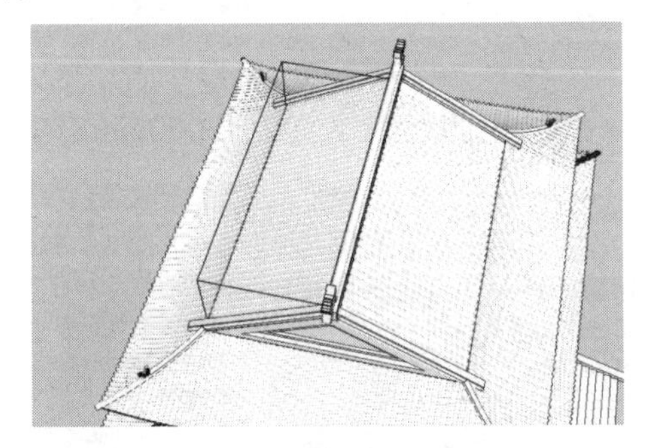

图 7-85　　　　图 7-86

7.2　创建政府办公大楼

视频\07\创建政府办公大楼.avi
案例\07\最终效果\练习 7-2.skp

政府办公大楼为当地政府部门进行办公及处理相关事务的工作场所，其建筑设计雄伟庄严，规整大气，常常给人一种庄重肃穆的敬畏感，如图 7-87 所示。

图 7-87

7.2.1 创建建筑主体造型

创建建筑主体造型的操作步骤如下：

（1）启动 SketchUp 软件，新建一个空白的场景文件。

（2）使用“矩形”工具绘制 31000mm×18000mm 的矩形面，如图 7-88 所示。

（3）使用“推/拉”工具将上一步绘制的矩形面向上推拉 15300mm 的高度，如图 7-89 所示。

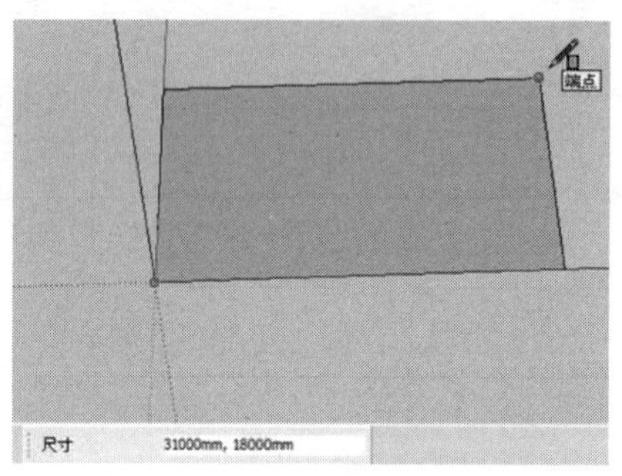

图 7-88

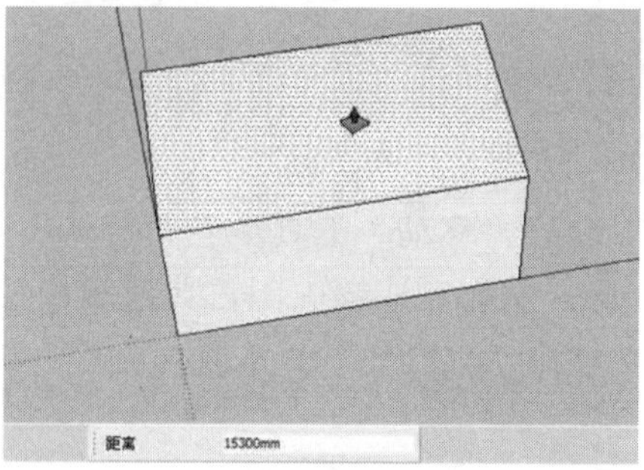

图 7-89

（4）使用“矩形”工具在上一步推拉立方体的左下侧相应位置绘制 6000mm×5000mm 的矩形面，如图 7-90 所示。

（5）使用“推/拉”工具将上一步绘制的矩形面向上推拉 3200mm 的高度，如图 7-91 所示。

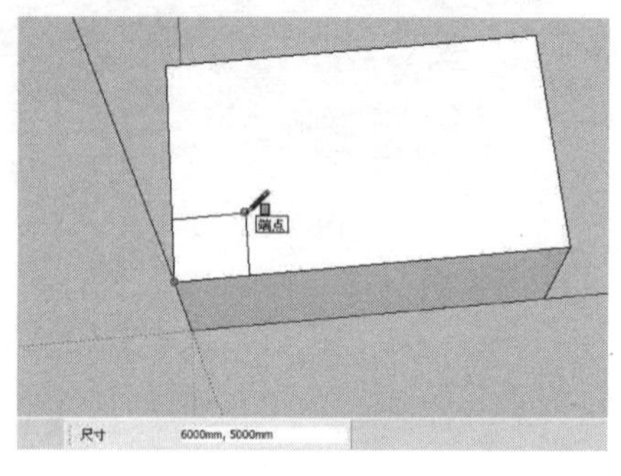

图 7-90

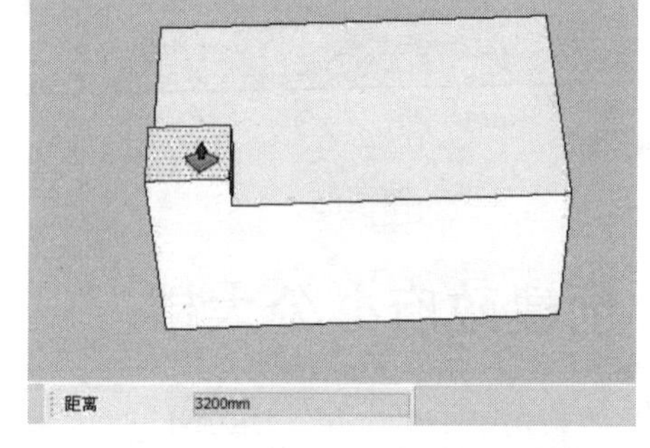

图 7-91

（6）使用“直线”工具捕捉图中相应的端点绘制两条垂线段，如图 7-92 所示。

（7）使用“卷尺”工具在建筑的正立面上绘制 3 条水平辅助参考线，如图 7-93 所示。

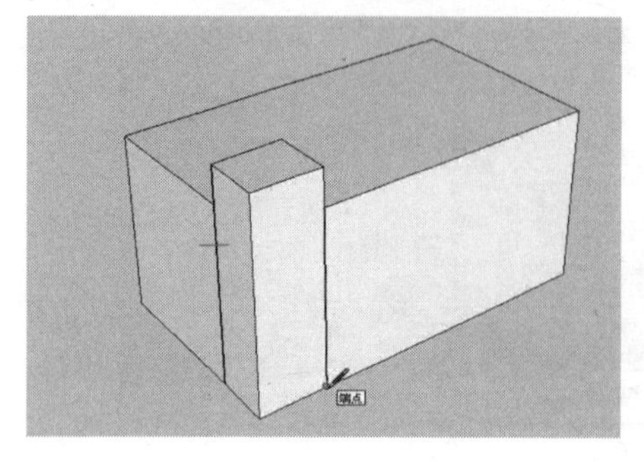

图 7-92

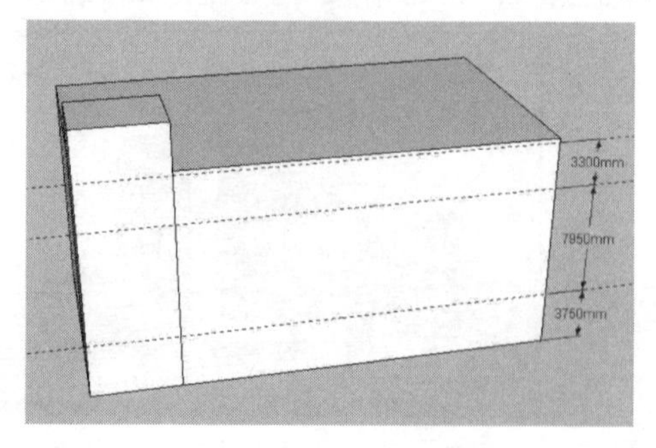

图 7-93

（8）使用“直线”工具借助上一步绘制的辅助线在建筑正立面上绘制两条水平线段，如图 7-94 所示。

（9）使用“推/拉”工具将图中相应的面向内推拉 1200mm 的距离，如图 7-95 所示。

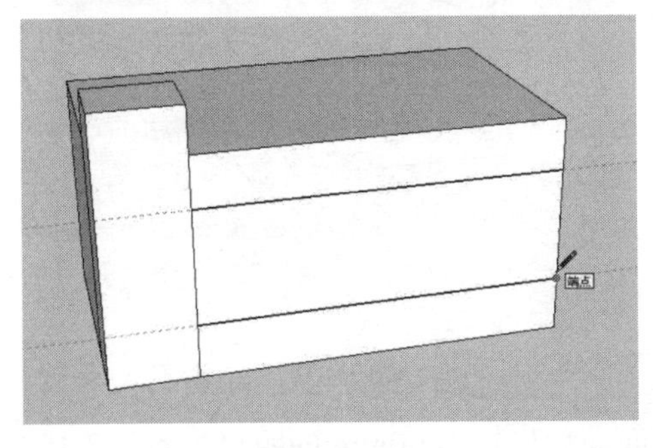

图 7-94

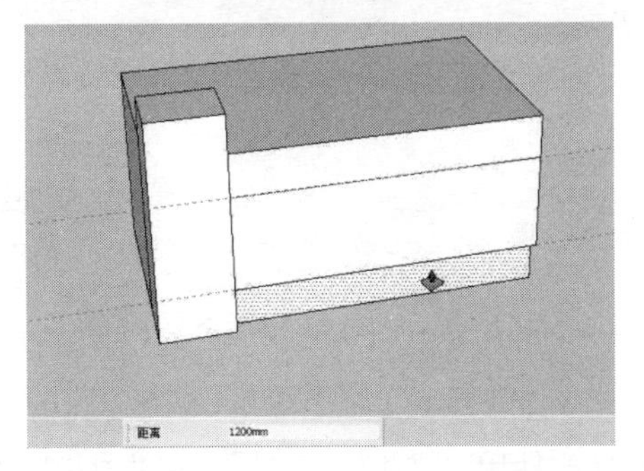

图 7-95

（10）继续使用“推/拉”工具将图中相应的面向内推拉 1600mm 的距离，如图 7-96 所示。

（11）使用“卷尺”工具在建筑的正立面上绘制多条参考辅助线，如图 7-97 所示。

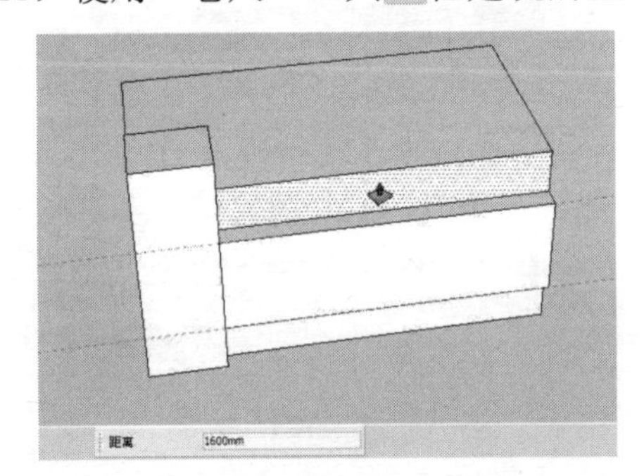

图 7-96

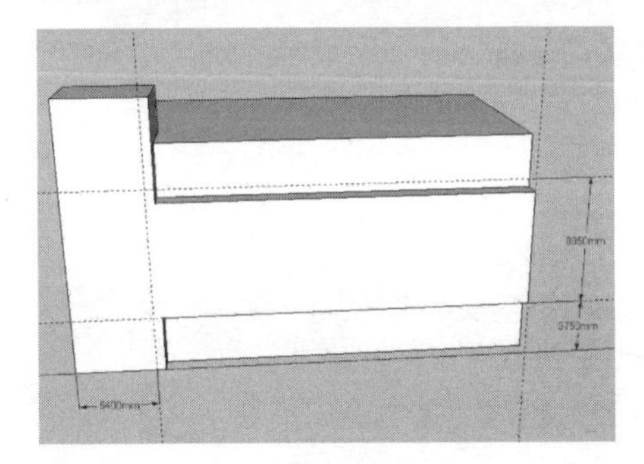

图 7-97

（12）使用“矩形”工具捕捉上一步绘制多条参考辅助线上的端点绘制一个矩形面，并将绘制的矩形面创建为群组，如图 7-98 所示。

（13）双击上一步创建的矩形面，进入组的内部编辑状态，然后使用“推/拉”工具将矩形面向外推拉 400mm 的距离，如图 7-99 所示。

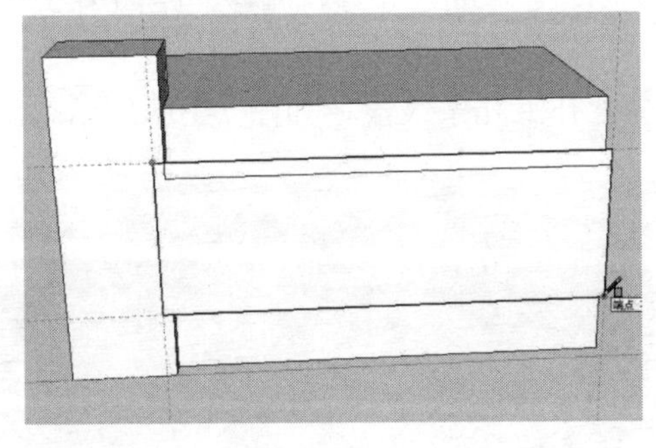

图 7-98

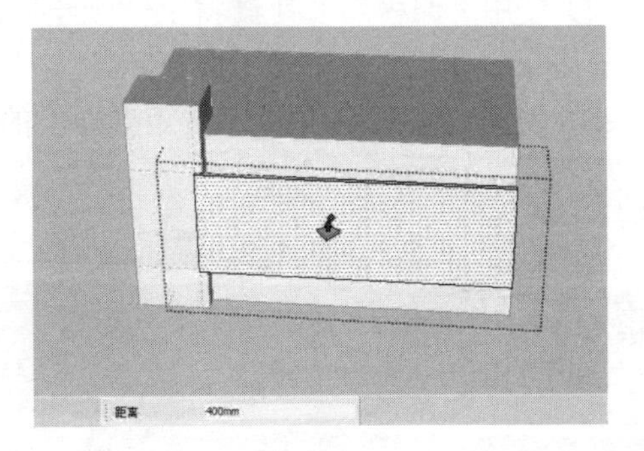

图 7-99

（14）使用“推/拉”工具将上一步推拉后的立方体右侧的矩形面向外推拉 400mm 的距离，如图 7-100 所示。

（15）使用“直线”工具在上一步推拉矩形面的后侧绘制一条垂线段，如图 7-101 所示。

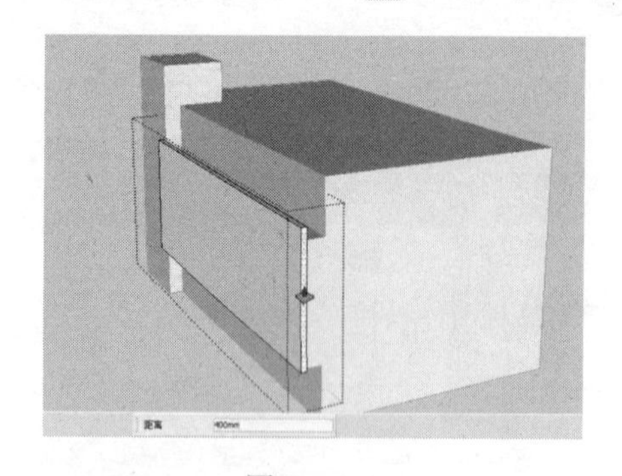

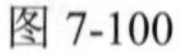

图 7-100

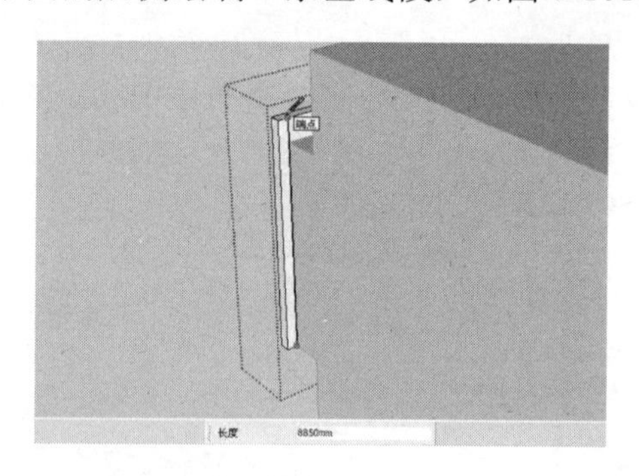

图 7-101

（16）使用“推/拉”工具将图中相应的矩形面向后推拉 2800mm 的距离，如图 7-102 所示。

（17）结合“卷尺”工具、“直线”工具及“推/拉”工具，创建出建筑上侧的屋檐造型，如图 7-103 所示。

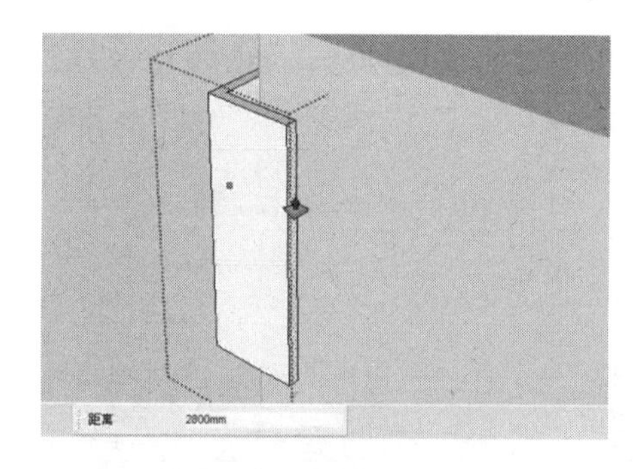

图 7-102

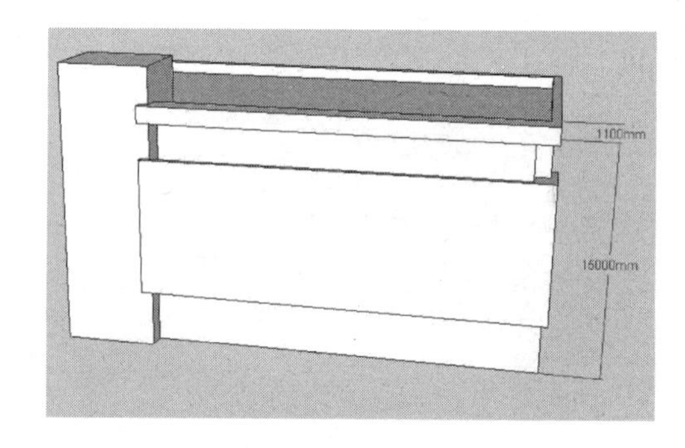

图 7-103

7.2.2 创建建筑正立面门窗造型

创建建筑正立面门窗造型的操作步骤如下：

（1）使用“矩形”工具绘制 5000mm×1700mm 的矩形，如图 7-104 所示。

（2）使用“偏移”工具将上一步绘制的矩形依次向内进行偏移，偏移的距离为 300mm，偏移的次数为两次，如图 7-105 所示。

（3）使用“直线”工具在矩形面上的相应位置补上几条线段，如图 7-106 所示。

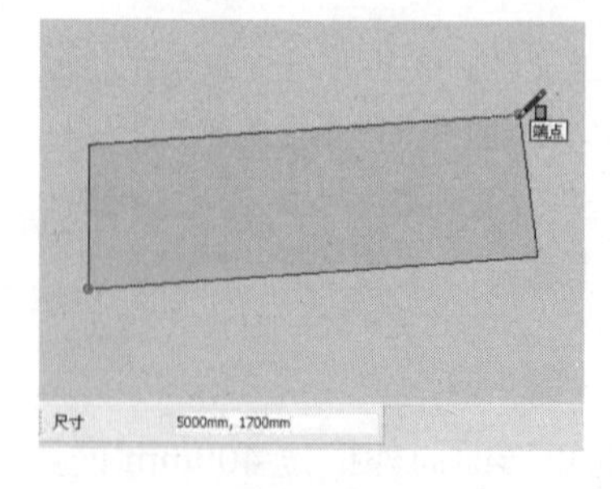

图 7-104

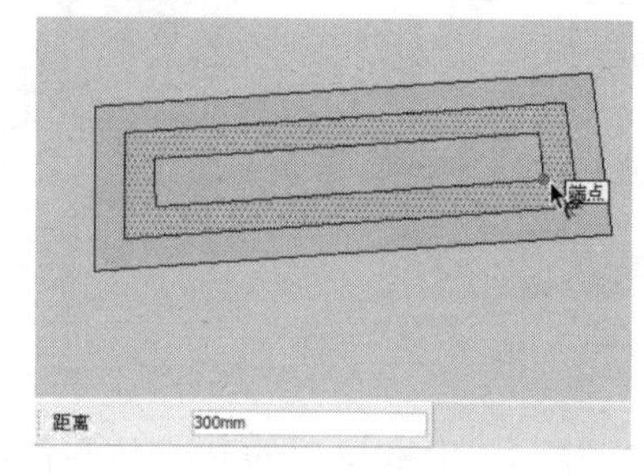

图 7-105

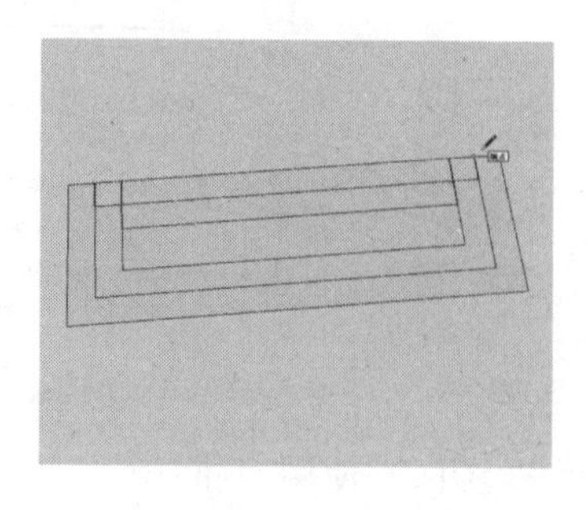

图 7-106

（4）使用“橡皮擦”工具将图中多余的线段删除掉，如图 7-107 所示。

（5）使用“推/拉”工具将内侧的矩形面向上推拉 450mm 的高度，如图 7-108 所示。

（6）继续使用“推/拉”工具将中间的造型面向上推拉 300mm 的高度，如图 7-109 所示。

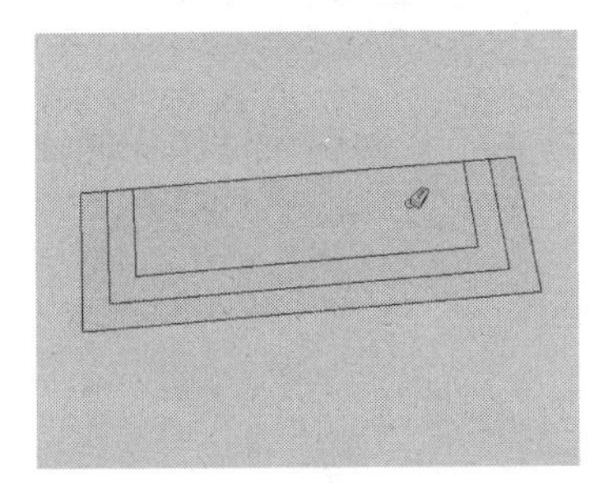

图 7-107

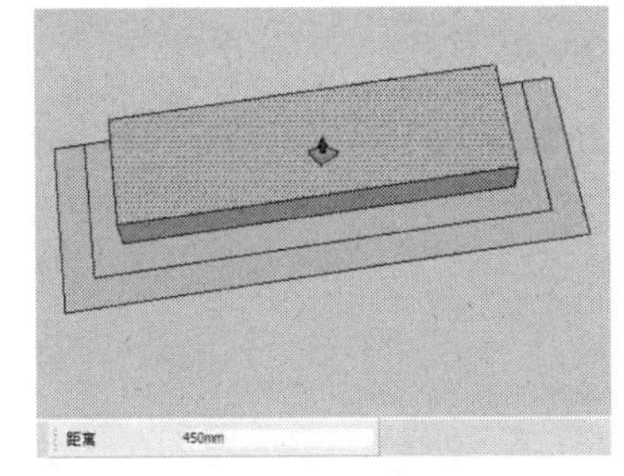

图 7-108

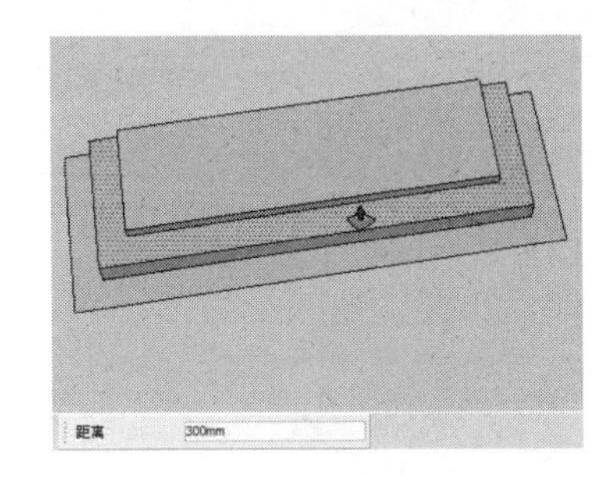

图 7-109

（7）继续使用“推/拉”工具将外侧的造型面向上推拉 150mm 的高度，如图 7-110 所示。

（8）双击选择创建的台阶模型后右击，在快捷菜单中执行“反转平面”命令，将模型进行反转平面操作，如图 7-111 所示。

（9）全选反转平面后的台阶模型，然后右击，在快捷菜单中执行“创建群组”命令，将其创建为群组，如图 7-112 所示。

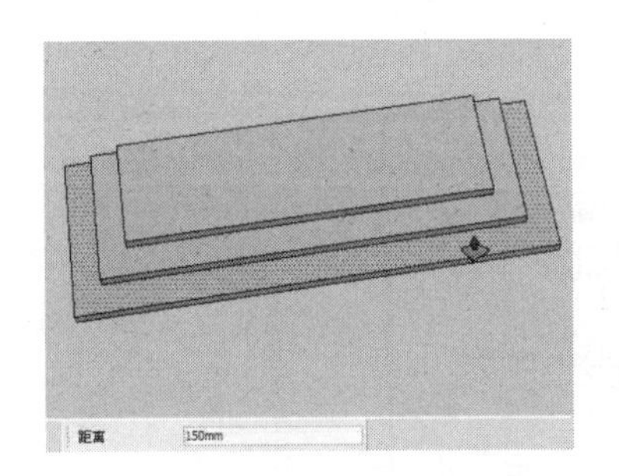

图 7-110

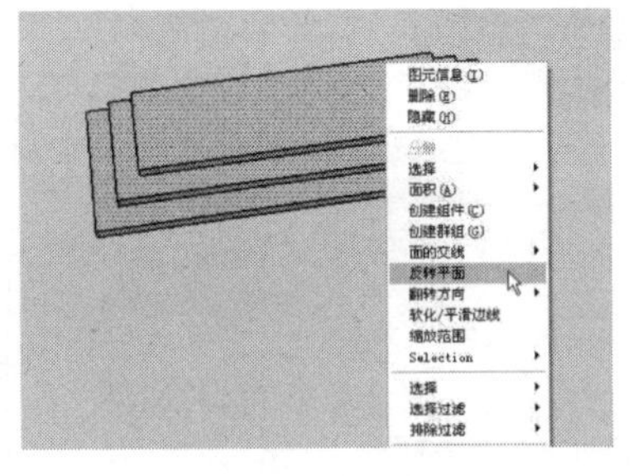

图 7-111

图 7-112

（10）使用“移动”工具将创建的台阶群组移到建筑正立面左侧墙面的相应位置，如图 7-113 所示。

（11）使用“卷尺”工具在建筑的正立面相应位置绘制一条水平参考辅助线及两条垂直参考辅助线，如图 7-114 所示。

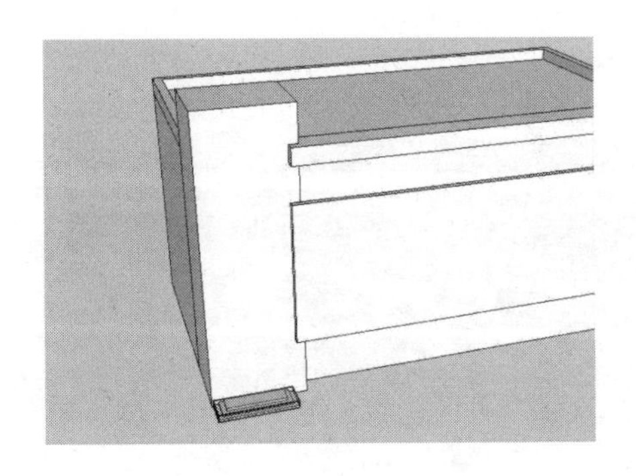

图 7-113

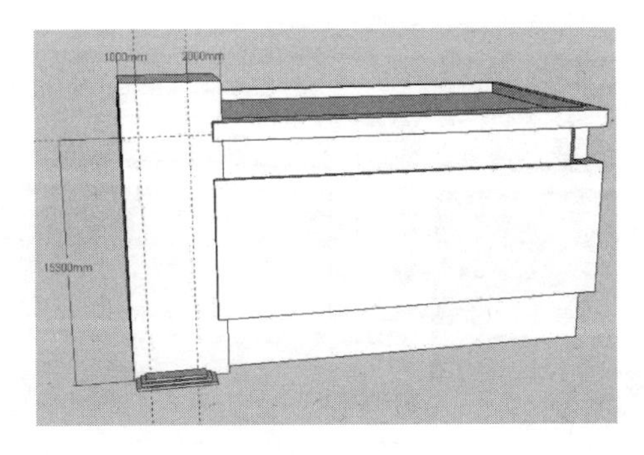

图 7-114

（12）使用“矩形”工具借助上一步绘制的参考辅助线绘制一个矩形面，如图 7-115 所示。

（13）使用“推/拉”工具将上一步绘制的矩形面向内推拉 200mm 的距离，如图 7-116 所示。

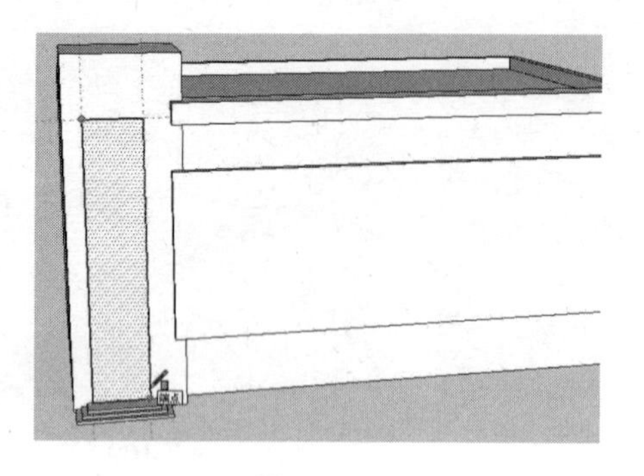

图 7-115

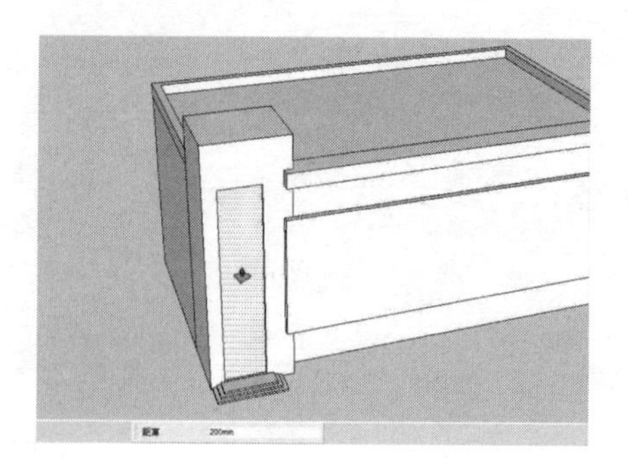

图 7-116

（14）使用“矩形”工具，在上一步推拉的矩形面上侧位置绘制 3000mm×3600mm 的矩形面，并将其创建为群组，如图 7-117 所示。

（15）双击上一步绘制的矩形面，进入群组的内部编辑状态，然后结合“矩形”工具和“推/拉”工具，创建出窗户的内部结构造型，如图 7-118 所示。

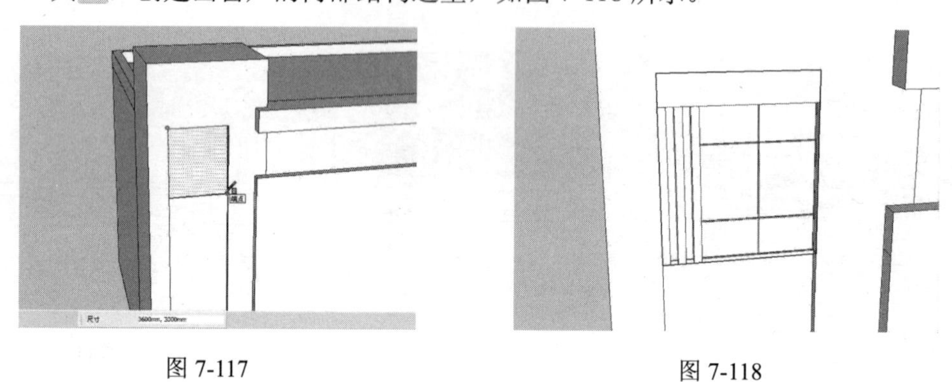

图 7-117　　图 7-118

（16）按住【Ctrl】键，使用“移动”工具将上一步创建的窗户向下复制 3 份，如图 7-119 所示。

（17）使用“矩形”工具绘制 4400mm×3200mm 的矩形面，然后使用“推/拉”工具将绘制的矩形面向上推拉 100mm 的距离，如图 7-120 所示。

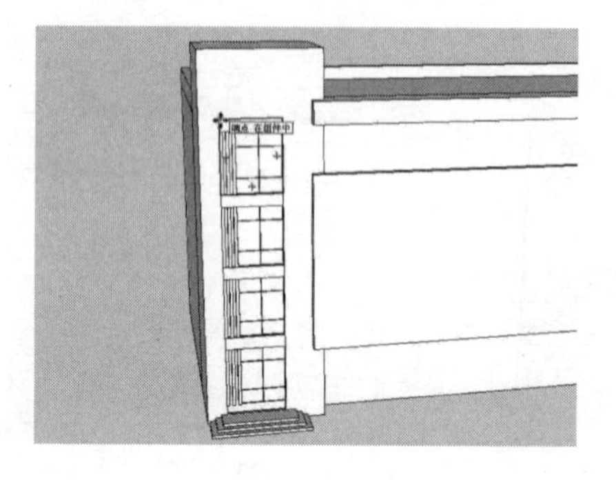

图 7-119

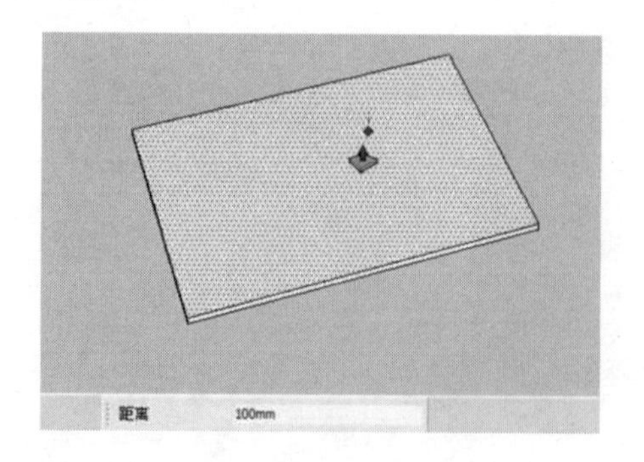

图 7-120

（18）使用“直线”工具在上一步推拉的立方体下侧绘制如图 7-121 所示的截面造型，然后将绘制的截面创建为群组。

（19）双击上一步创建的群组，进入组的内部编辑状态，然后使用“推/拉”工具将绘制的截面推拉 100mm 的厚度，如图 7-122 所示。

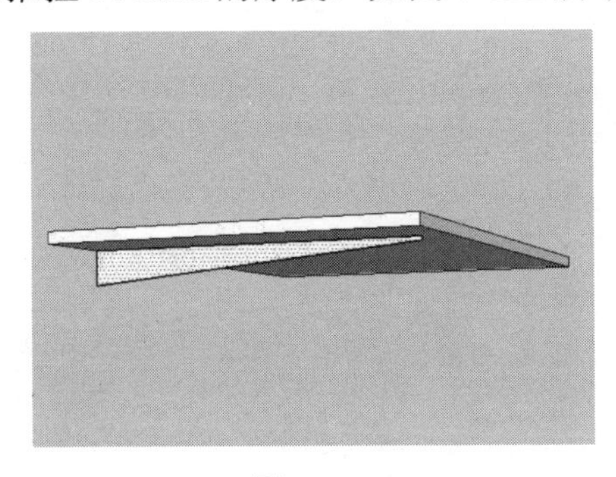

图 7-121

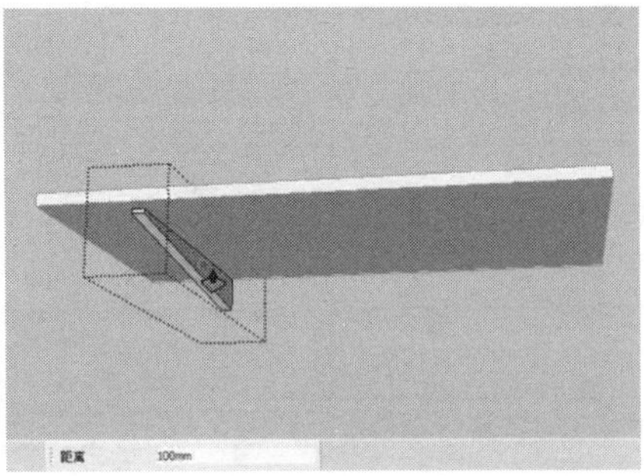

图 7-122

（20）按住【Ctrl】键，使用“移动”工具将上一步推拉的雨棚构件水平向右复制 3 份，如图 7-123 所示。

（21）结合“矩形”工具、“推/拉”工具及“移动”工具，创建出雨棚上的其他连接构件，如图 7-124 所示。

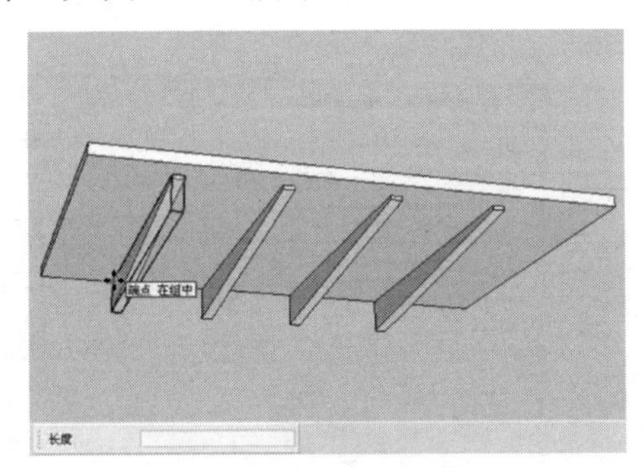

图 7-123

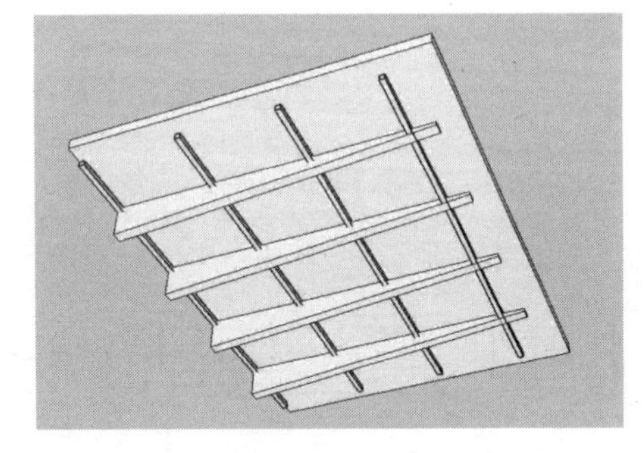

图 7-124

（22）将创建完成的雨棚创建为群组，然后使用“移动”工具将其移到建筑正立面上的相应位置，如图 7-125 所示。

（23）使用“卷尺”工具在建筑正立面的相应表面上绘制如图 7-126 所示的多条参考辅助线。

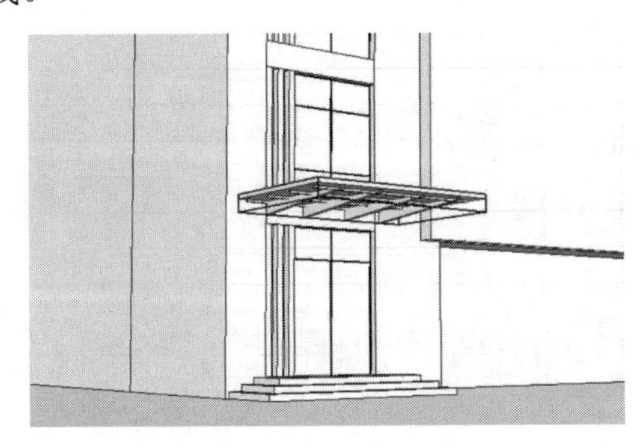

图 7-125

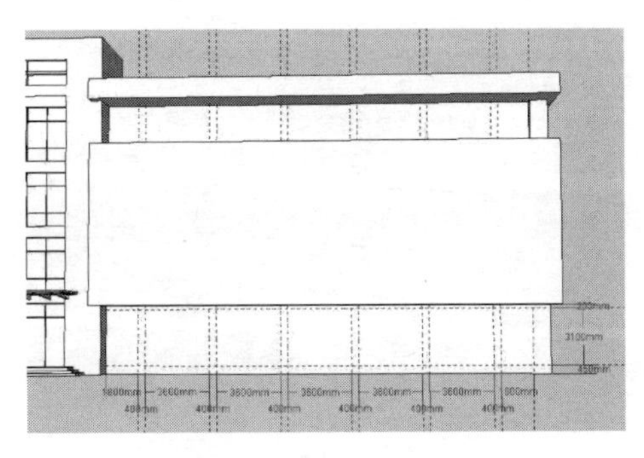

图 7-126

（24）使用“矩形”工具借助上一步绘制的参考辅助线，在图中相应的模型表面上绘制多个矩形面，如图 7-127 所示。

（25）使用“推/拉”工具将上一步绘制的多个矩形面向内推拉 200mm 的距离，如图 7-128 所示。

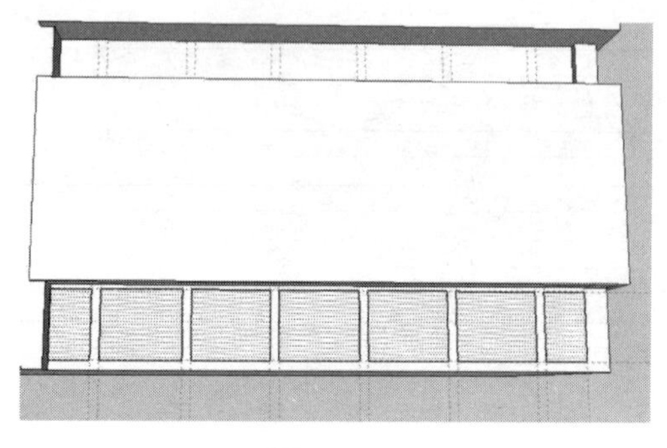

图 7-127

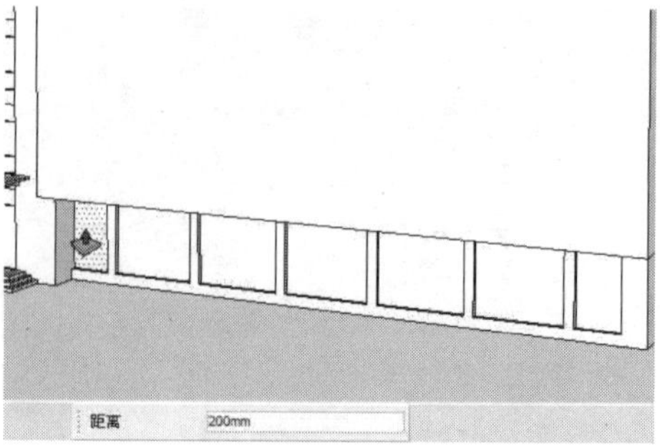

图 7-128

（26）结合“矩形”工具、“推/拉”工具及“移动”工具，在上一步推拉的窗洞口位置创建出玻璃窗的造型，如图 7-129 所示。

（27）使用“卷尺”及“矩形”工具在图中相应的模型表面上绘制如图 7-130 所示的两个矩形面。

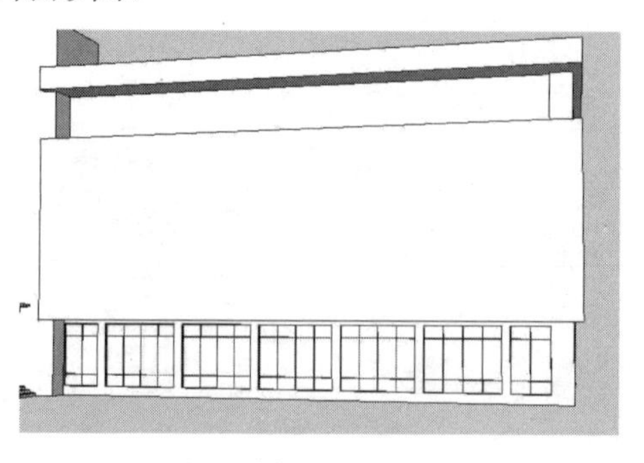

图 7-129

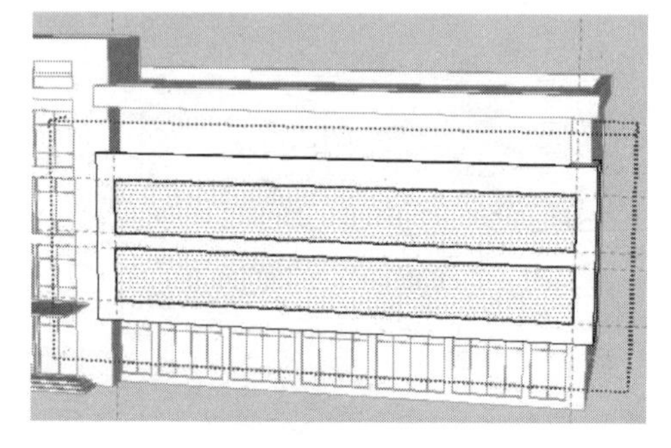

图 7-130

（28）使用“推/拉”工具将上一步绘制的两个矩形面向内推拉 300mm 的距离，如图 7-131 所示。

（29）结合“矩形”工具、“推/拉”工具及“移动”工具，在上一步推拉的两个矩形面上绘制如图 7-132 所示的窗玻璃造型。

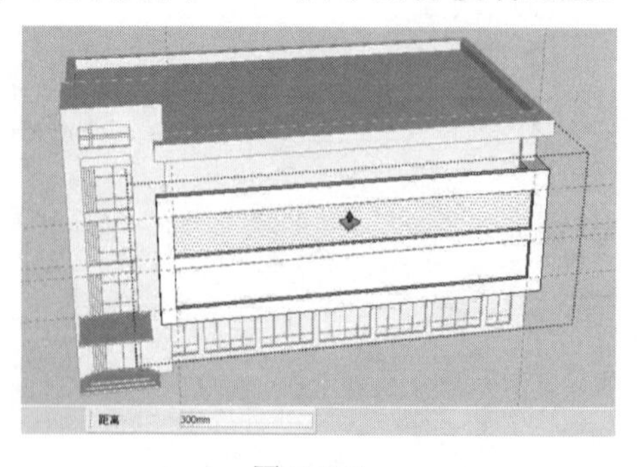

图 7-131

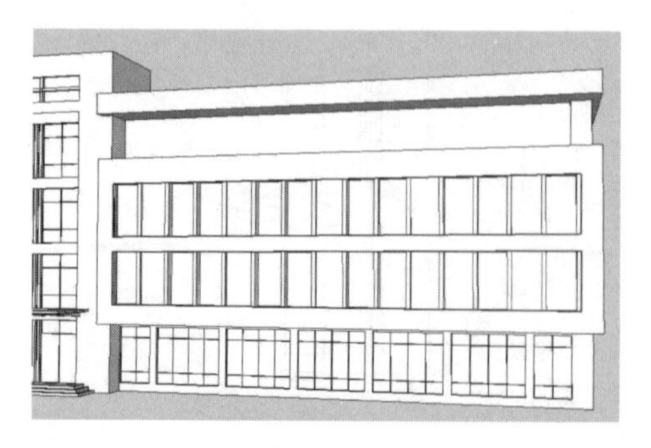

图 7-132

（30）结合“矩形”工具、“推/拉”工具及“移动”工具，创建出建筑顶层上的门窗造型，如图 7-133 所示。

（31）使用“圆”工具绘制半径为 200mm 的圆，如图 7-134 所示。

图 7-133

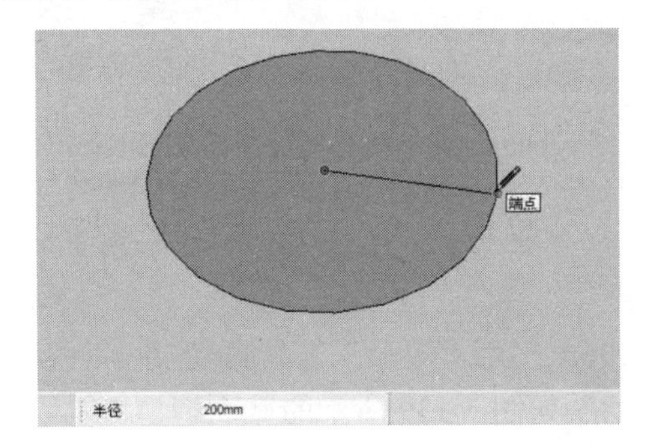

图 7-134

（32）使用“推/拉”工具将上一步绘制的圆向上推拉 3750mm 的高度，并将推拉后的圆柱体创建为群组，如图 7-135 所示。

（33）按住【Ctrl】键，使用“移动”工具将创建的圆柱体复制几份并布置到建筑正立面的相应位置，如图 7-136 所示。

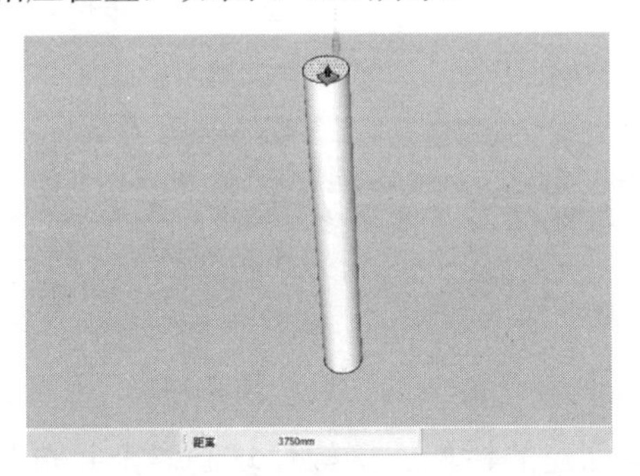

图 7-135

图 7-136

（34）使用“直线”工具在建筑上侧的阳台位置绘制放样路径，然后使用“圆”工具在放样路径上绘制一个半径为 50mm 的圆作为放样的截面，如图 7-137 所示。

图 7-137

（35）选择上一步绘制的栏杆放样路径，然后使用“跟随路径”工具单击上一步绘制的放样截面圆，放样出阳台位置的扶手栏杆造型，如图 7-138 所示。

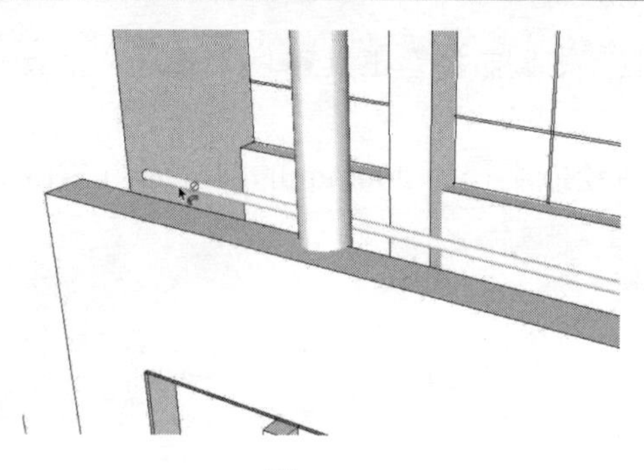

图 7-138

（36）使用“矩形”工具绘制一个矩形参考面，然后使用“直线”工具在绘制的参考面上绘制如图 7-139 所示的截面造型。

（37）使用“橡皮擦”工具将图中多余的线面删除，如图 7-140 所示。

（38）使用“推/拉”工具将造型面推拉 30mm 的厚度，并将推拉后的栏杆连接构件创建为群组，如图 7-141 所示。

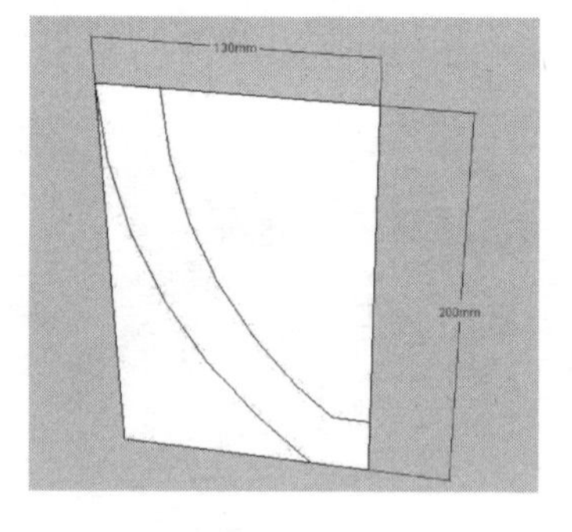

图 7-139

图 7-140

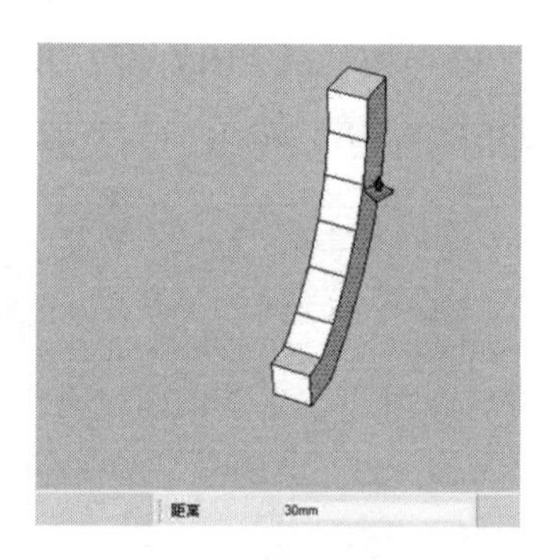

图 7-141

（39）按住【Ctrl】键，使用“移动”工具将创建的栏杆连接构件复制多个并布置到扶手栏杆上的相应位置，如图 7-142 所示。

图 7-142

7.2.3 创建建筑左右两侧墙面造型

创建建筑左右两侧墙面造型的操作步骤如下：

（1）使用“卷尺”工具在建筑的左侧墙面上绘制如图 7-143 所示的几条参考辅助线。

（2）使用“矩形”工具借助上一步绘制的参考辅助线绘制一个矩形面，如图 7-144 所示。

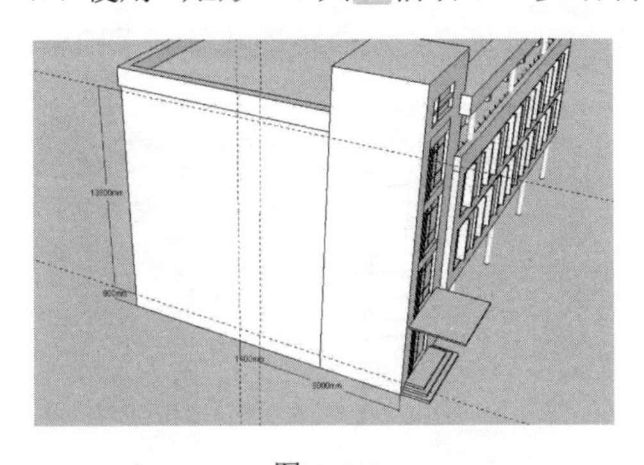

图 7-143

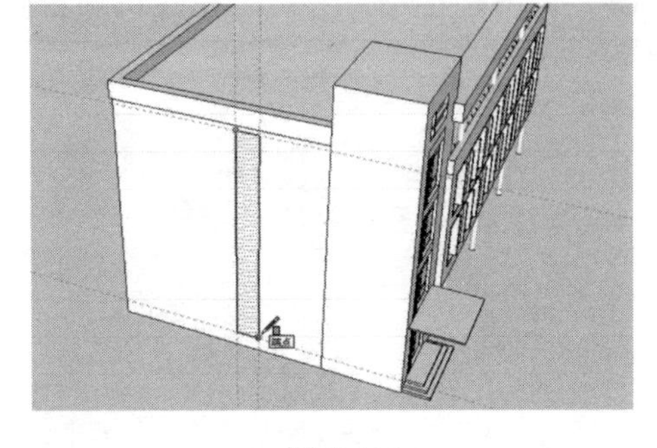

图 7-144

（3）使用“推/拉”工具将上一步绘制的矩形面向内推拉 150mm 的距离，如图 7-145 所示。

（4）结合“矩形”工具、“推/拉”工具及“移动”工具，在上一步推拉的窗洞口位置创建出玻璃窗的造型，如图 7-146 所示。

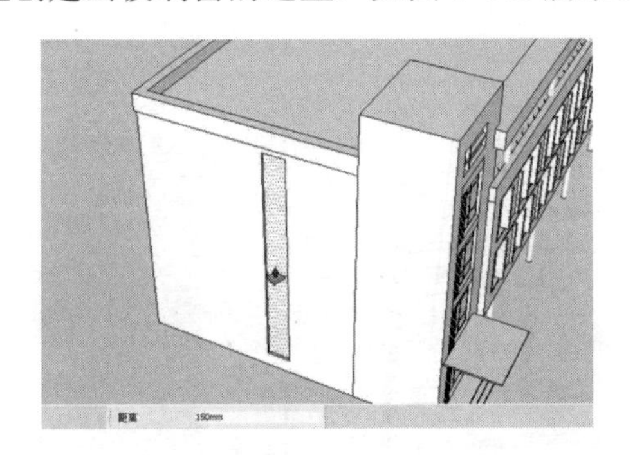

图 7-145

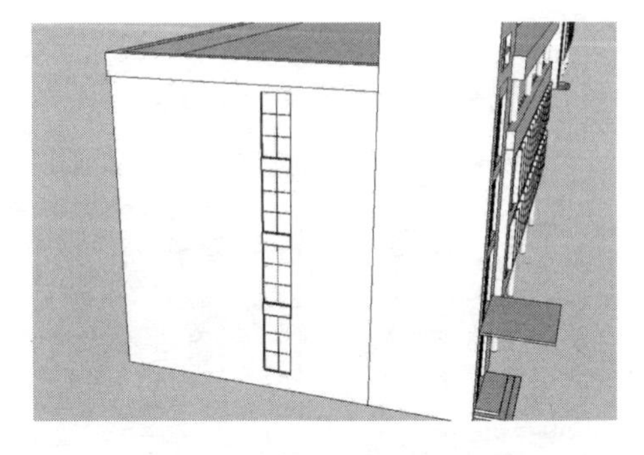

图 7-146

（5）使用“矩形”工具绘制 3000mm×3600mm 的矩形面，然后使用“推/拉”工具将绘制的矩形面向上推拉 17700mm 的高度，并将创建的立方体创建为群组，如图 7-147 所示。

（6）使用“移动”工具将上一步创建的立方体移到建筑右侧墙面上的相应位置，然后右击，在快捷菜单中执行“面的交线”→“与模型”命令，使其与相交模型产生交线，如图 7-148 所示。

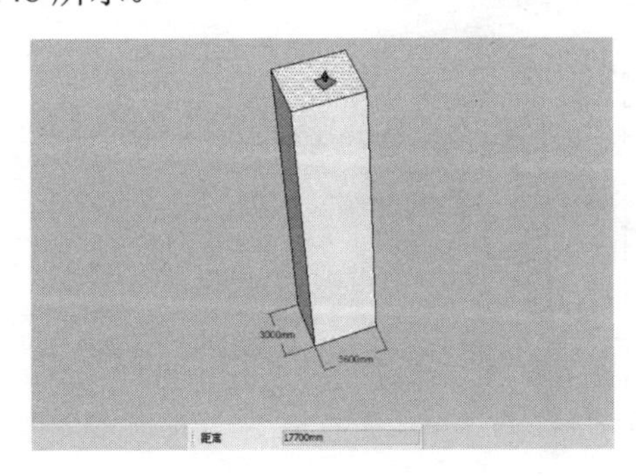

图 7-147

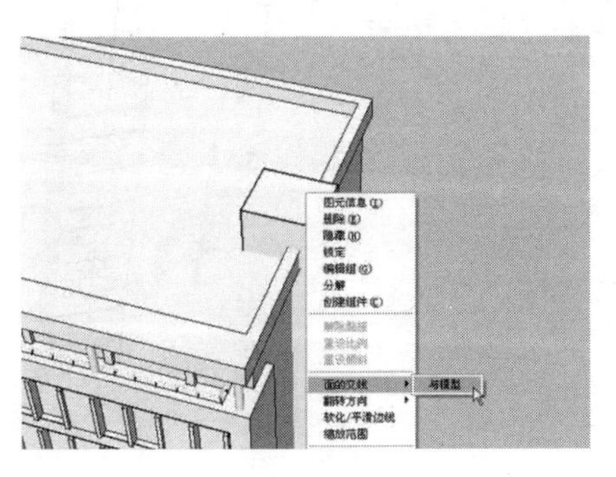

图 7-148

（7）结合“矩形”工具、“推/拉”工具及“移动”工具，在立方体上创建出其他装饰线条造型，如图 7-148 所示。

（8）使用“卷尺”工具在建筑的右侧墙面上绘制如图 7-150 所示的几条参考辅助线。

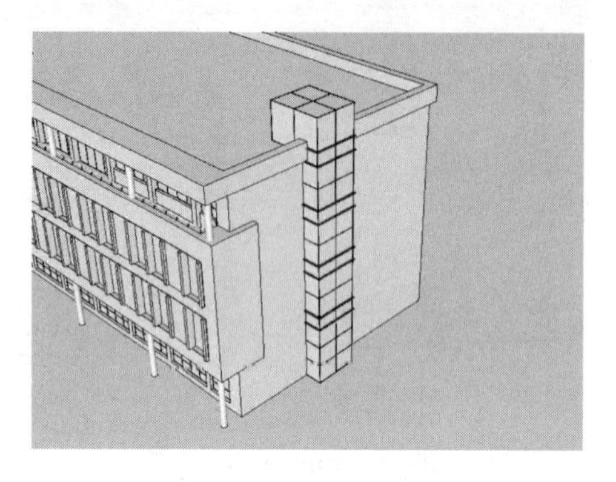

图 7-149

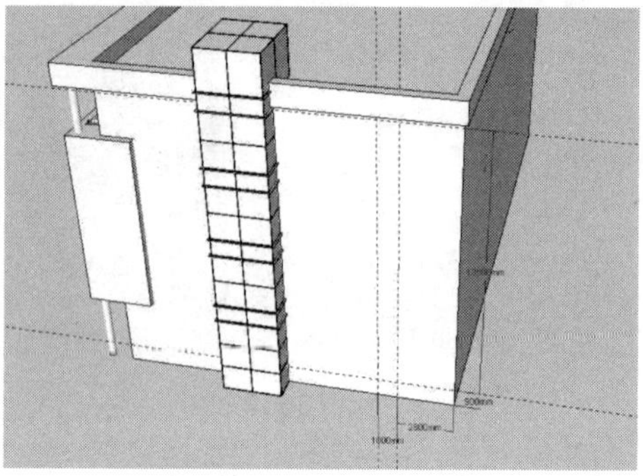

图 7-150

（9）使用“矩形”工具借助上一步绘制的参考辅助线绘制一个矩形面，如图 7-151 所示。

（10）使用“推/拉”工具将上一步绘制的矩形面向内推拉 150mm 的距离，如图 7-152 所示。

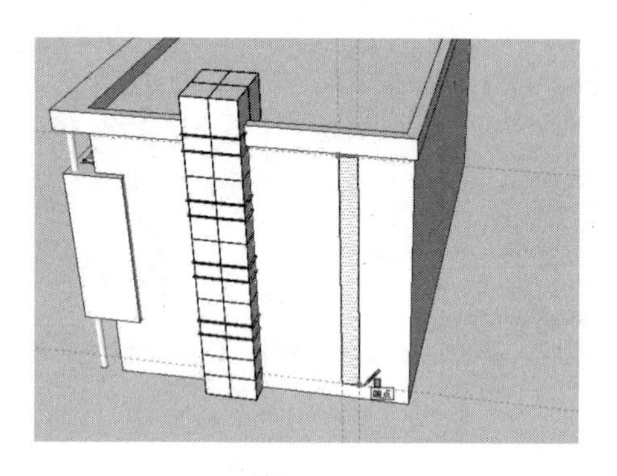

图 7-151

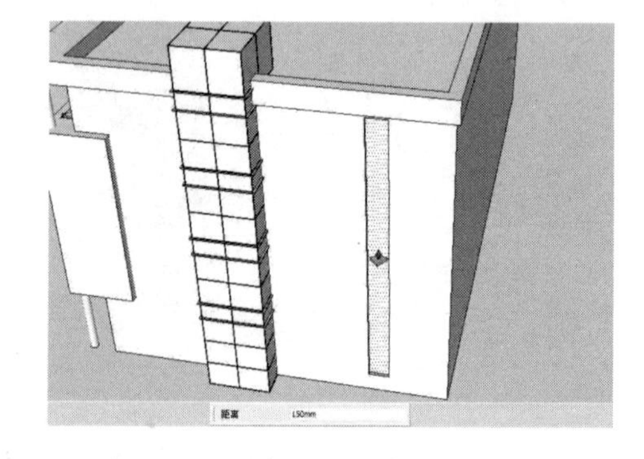

图 7-152

（11）结合“矩形”工具、“推/拉”工具及“移动”工具，在立方体上创建出其他装饰线条造型，如图 7-153 所示。

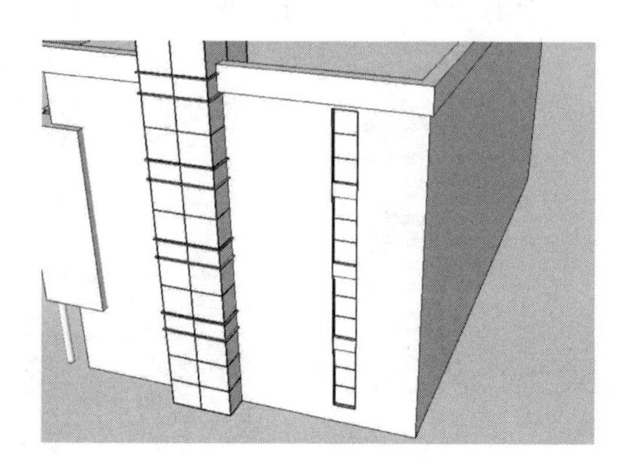

图 7-153

7.2.4 创建建筑背立面门窗造型

创建建筑背立面门窗造型的操作步骤如下：

（1）使用“卷尺”工具在建筑的背立面上绘制多条参考辅助线，如图 7-154 所示。

（2）使用“矩形”工具借助上一步绘制的参考辅助线绘制一个矩形面，如图 7-155 所示。

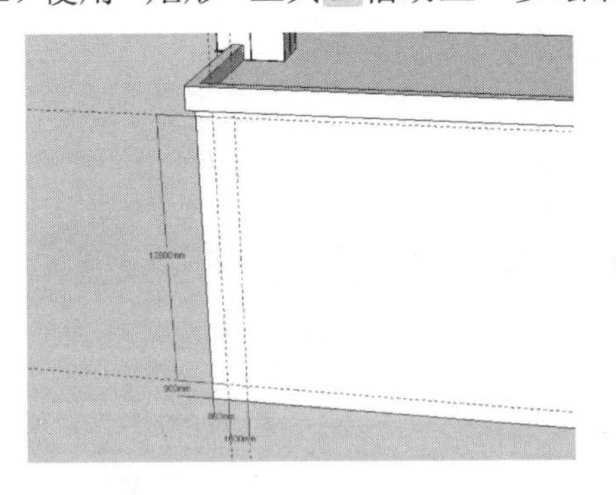

图 7-154

图 7-155

（3）使用“推/拉”工具将上一步绘制的矩形面向内推拉 150mm 的距离，如图 7-156 所示。

（4）结合“矩形”工具和“推/拉”工具，在上一步推拉后的窗洞口位置创建出玻璃窗的造型，如图 7-157 所示。

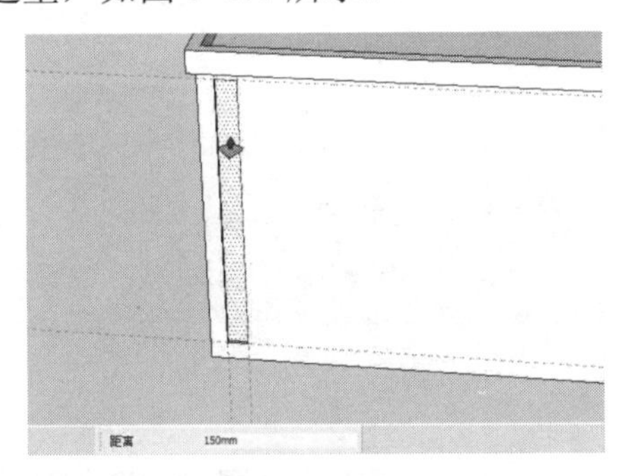

图 7-156

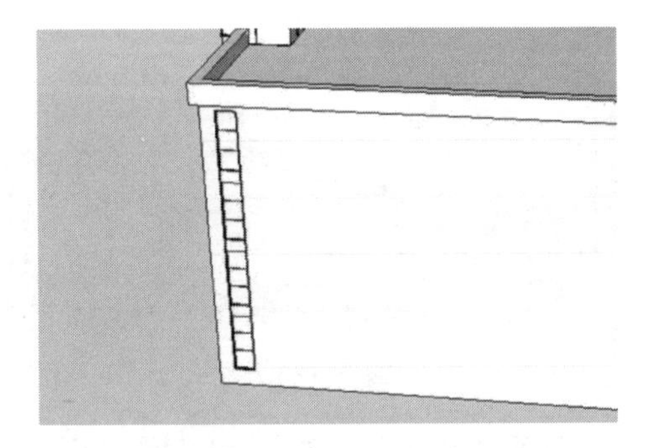

图 7-157

（5）使用“卷尺”工具在建筑的背立面上绘制多条参考辅助线，如图 7-158 所示。

（6）使用“矩形”工具，借助上一步绘制的参考辅助线，在图中相应的模型表面上绘制多个矩形面，如图 7-159 所示。

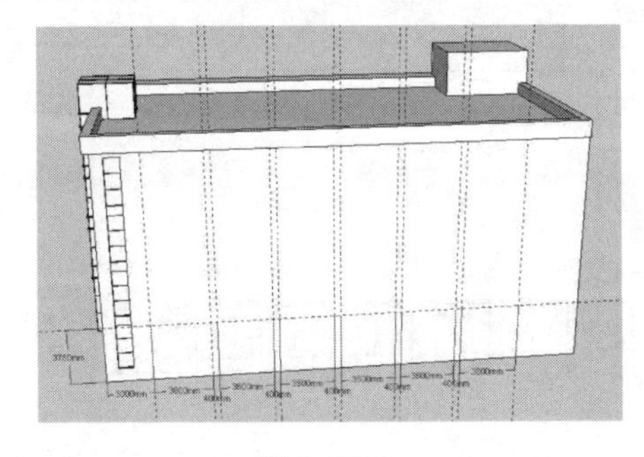

图 7-158

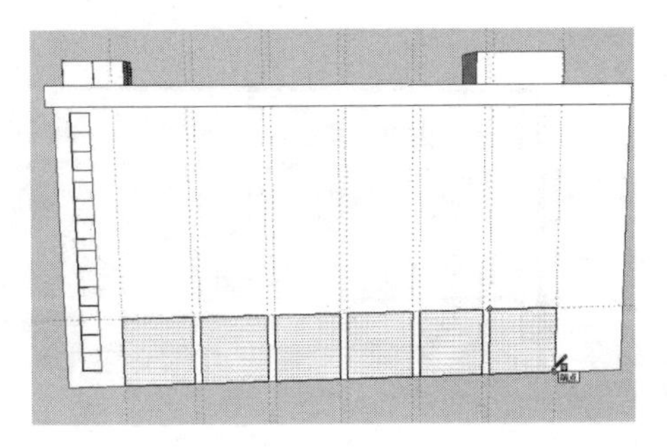

图 7-159

（7）使用“推/拉”工具将上一步绘制的多个矩形面向内推拉 400mm 的距离，如图 7-160 所示。

（8）使用“卷尺”工具在建筑的背立面上绘制多条参考辅助线，如图 7-161 所示。

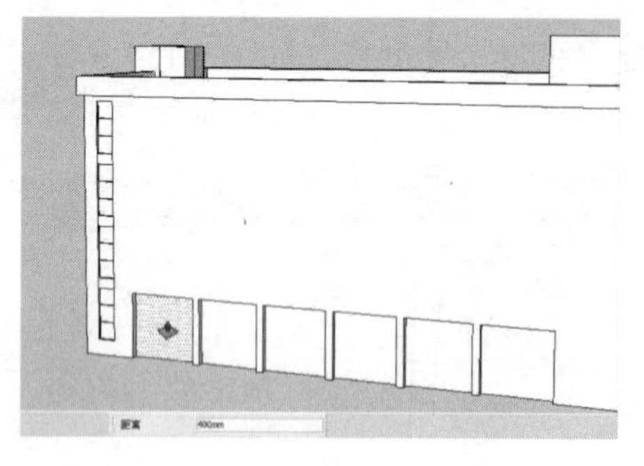

图 7-160

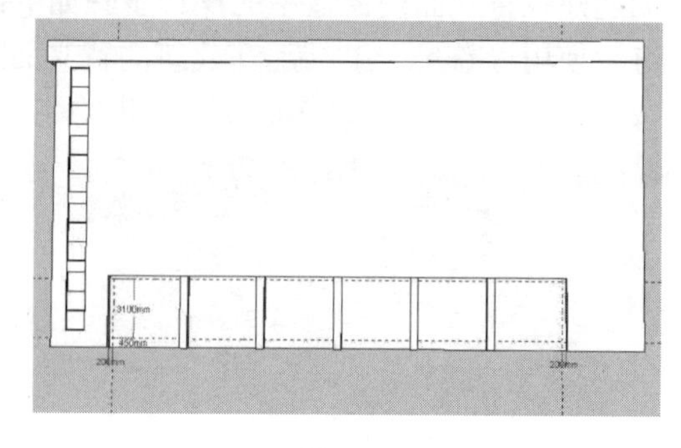

图 7-161

（9）使用“矩形”工具借助上一步绘制的参考辅助线，在图中相应的模型表面上绘制多个矩形面，如图 7-162 所示。

（10）使用“推/拉”工具将上一步绘制的多个矩形面向内推拉 200mm 的距离，如图 7-163 所示。

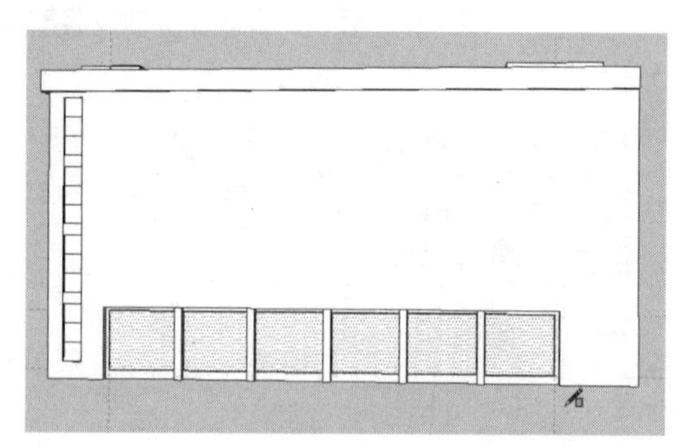

图 7-162

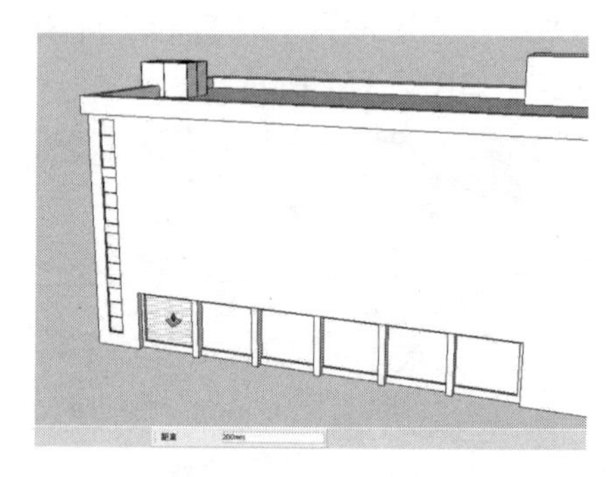

图 7-163

（11）结合“矩形”工具和“推/拉”工具，在上一步推拉后的窗洞口位置创建出玻璃窗的造型，如图 7-164 所示。

（12）按住【Ctrl】键，使用“移动”工具将上一步创建的玻璃窗造型复制到图中的多个窗洞口位置，如图 7-165 所示。

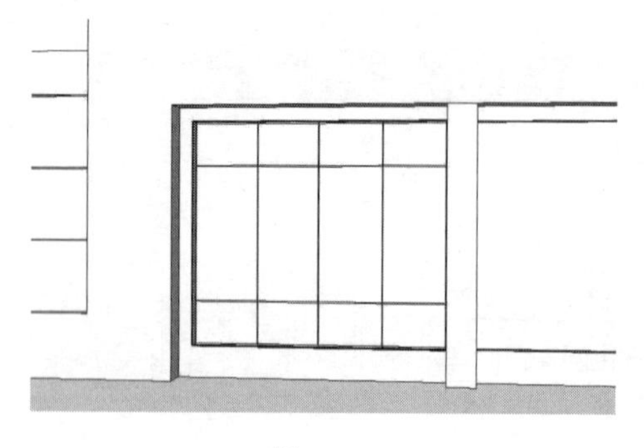

图 7-164

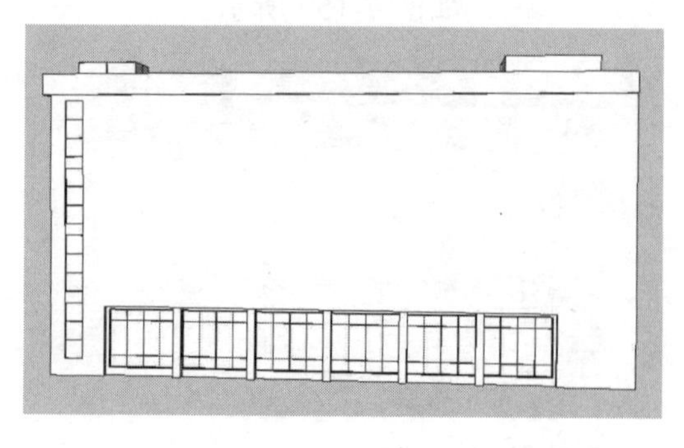

图 7-165

（13）使用“卷尺”工具在建筑的背立面上绘制多条参考辅助线，如图 7-166 所示。

（14）使用“矩形”工具借助上一步绘制的参考辅助线，在图中相应的模型表面上绘制多个矩形面，如图 7-167 所示。

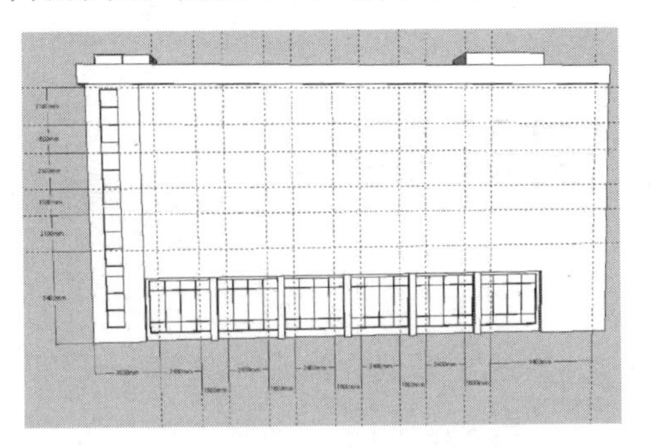

图 7-166

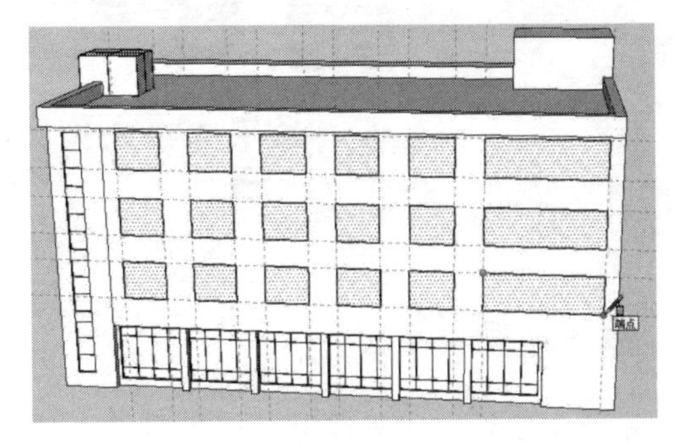

图 7-167

（15）使用“推/拉”工具将上一步绘制的多个矩形面向内推拉 100mm 的距离，如图 7-168 所示。

（16）结合“矩形”工具、“推/拉”工具，在上一步推拉后的窗洞口位置创建出玻璃窗的造型，并将创建的玻璃窗创建为群组，如图 7-169 所示。

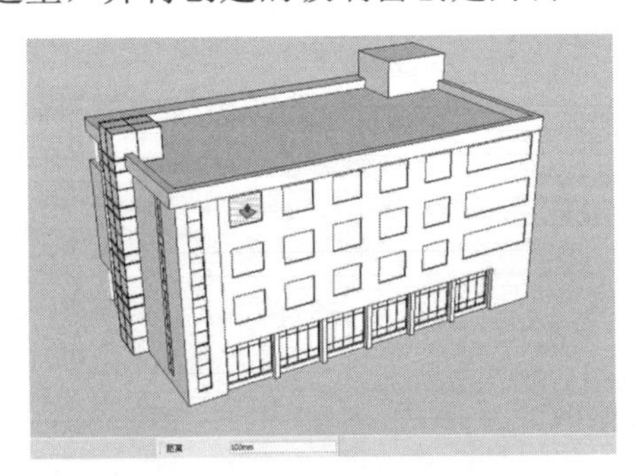

图 7-168

图 7-169

（17）按住【Ctrl】键，使用“移动”工具将上一步创建的玻璃窗复制到图中的多个窗洞口位置，如图 7-170 所示。

（18）使用“颜料桶”工具为创建完成的政府办公楼模型赋予相应的材质，并添加人物及树木等组件，如图 7-171 所示。

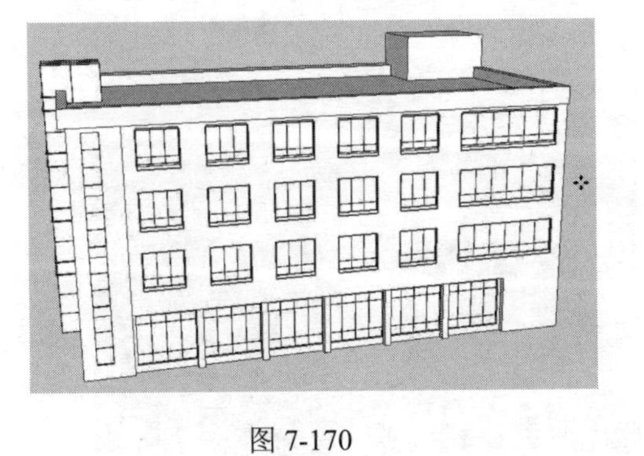

图 7-170

图 7-171

第 8 章 别墅室外效果图的制作

本章导读

本章主要通过室外简欧风格别墅的创建，讲解如何使用 SketchUp 进行图纸的导入、模型的创建、材质的赋予、图像的导出以及效果图的后期处理等相关知识及操作技巧。

主要内容

- 实例概述及效果预览
- 导入 SketchUp 前的准备工作
- 导入 CAD 图纸并进行调整
- 在 SketchUp 中创建别墅模型
- 在 SketchUp 中输出图像
- 在 PhotoShop 中后期处理

效果预览

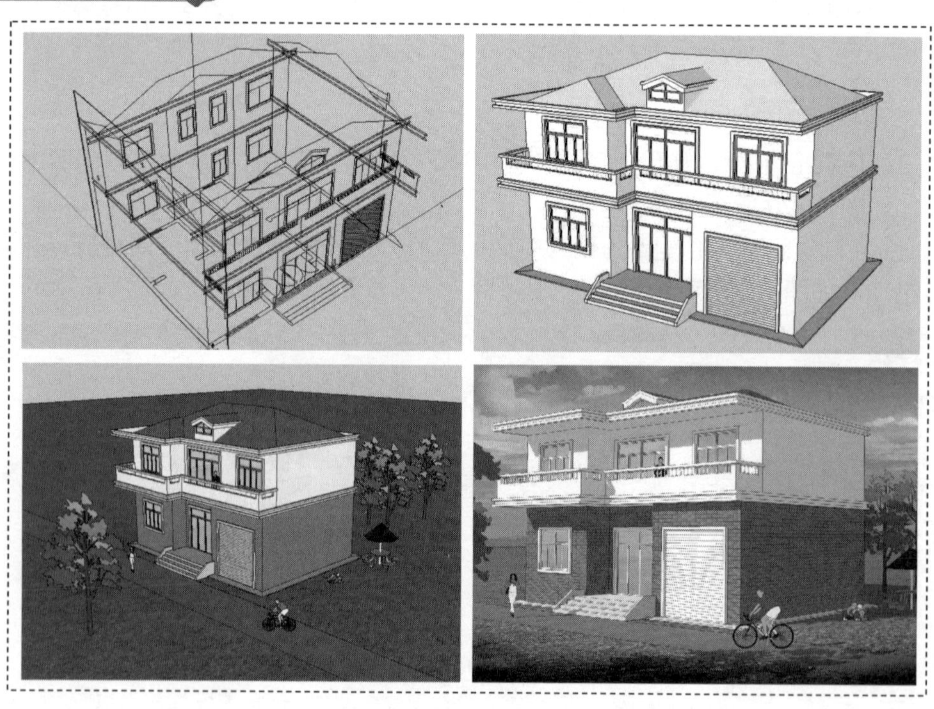

8.1　实例概述及效果预览

本章创建的是一室外的别墅建筑，该别墅建筑为简欧风格造型，共两层，大门位于一层的中间位置，大门的右侧为一车库，二层有一凸出阳台造型，其整体建筑造型大气沉稳，布局合理规范。如图 8-1 所示是其绘制完成的别墅效果图。

图 8-1

8.2　导入 SketchUp 前的准备工作

视频\08\导入 SketchUp 前的准备工作.avi
案例\08\素材文件\别墅处理图纸.dwg

在将图纸导入 SketchUp 软件之前，需要对相关的 CAD 图纸内容进行整理，然后再对 SketchUp 软件进行优化设置，下面将对这些内容进行详细讲解。

8.2.1　整理 CAD 图纸

在将 CAD 图纸导入 SketchUp 之前，需要在 AutoCAD 软件中对图纸内容进行整理，删除多余的图纸信息，保留对创建模型有用的图纸内容即可，操作步骤如下：

（1）运行 AutoCAD 软件，执行“文件”→“打开”命令，打开“案例\08\素材文件\别墅图纸.dwg”文件，如图 8-2 所示。

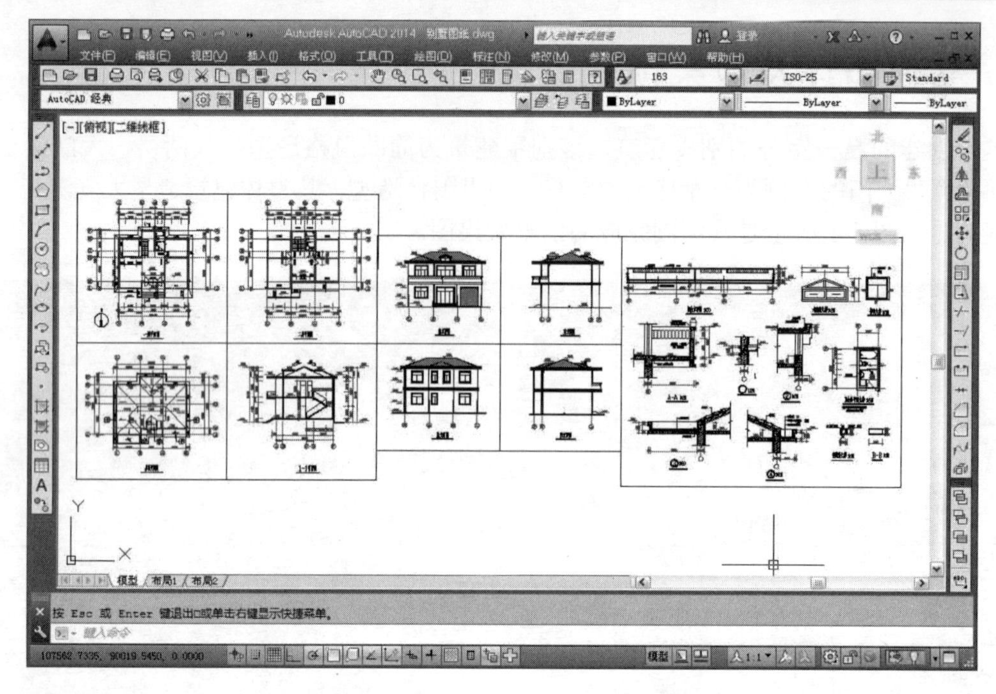

图 8-2

（2）将绘图区中多余的图纸内容删除，只保留别墅“一层平面图”、“二层平面图”、“屋顶平面图”、“东立面图”、“西立面图”、“南立面图”、“北立面图”图纸内容即可，如图 8-3 所示。

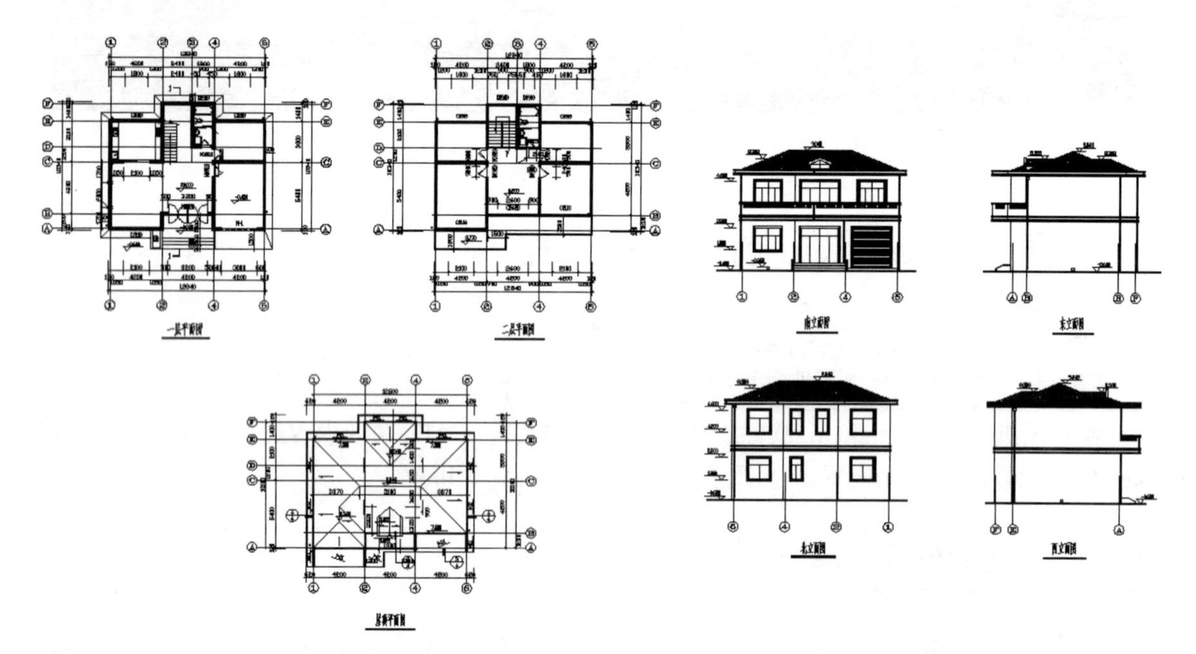

图 8-3

（3）对上一步保留的图纸内容进行简化操作，删除对建模没有参考意义的尺寸标注及文字信息，简化后的效果如图 8-4 所示。

图 8-4

（4）在 CAD 命令行中输入“Purge”，执行“Purge”清理命令，弹出“清理”对话框，单击“全部清理”按钮，弹出“清理-确认清理”对话框，然后单击“清理所有项目”选项，将多余的内容进行清理操作，如图 8-5 所示。

图 8-5

（5）执行“文件”→“另存为”命令，弹出“图形另存为”对话框，将文件另存为“案例\08\素材文件\别墅处理图纸.dwg”文件，如图 8-6 所示。

图 8-6

8.2.2 优化 SketchUp 的场景设置

在创建模型之前，需要对 SketchUp 软件的场景进行相关的设置，操作步骤如下：

（1）运行 SketchUp 软件，执行“窗口”→“模型信息”命令，如图 8-7 所示。

（2）在弹出的“模型信息”管理器中选择“单位”选项，设置系统单位参数。在此将“格式”设为“十进制”、“毫米”，勾选“启动角度捕捉”复选框，将角度捕捉设置为 5.0，如图 8-8 所示。

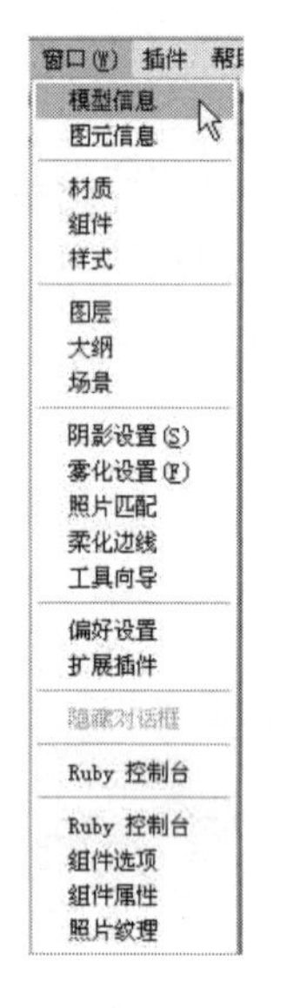

图 8-7

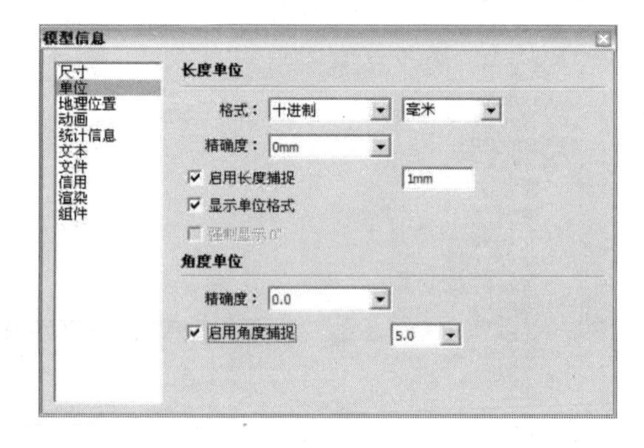

图 8-8

8.3 导入 CAD 图纸并进行调整

视频\08\导入 CAD 图纸并进行调整.avi
案例\08\最终效果\别墅.skp

本节主要讲解如何将前面整理好的 CAD 图纸导入 SketchuUp 软件中，并对导入后的图纸内容指定相应的图层及位置的调整。

8.3.1 导入图纸并指定图层

本节讲解如何将 CAD 的建筑平面图以及立面图导入 SketchUp 中，并为导入图纸指定相应的图层，操作步骤如下：

（1）执行“文件”→“导入”命令，弹出“打开”对话框，选择要导入的“案例\08\素材文件\别墅处理图纸.dwg”文件，然后单击“选项”按钮，在弹出的“导入选项”对话框中将单位设为“毫米”，单击“确定”按钮返回“打开”对话框，单击“打开”按钮，完成 CAD 图形的导入操作，如图 8-9 所示。

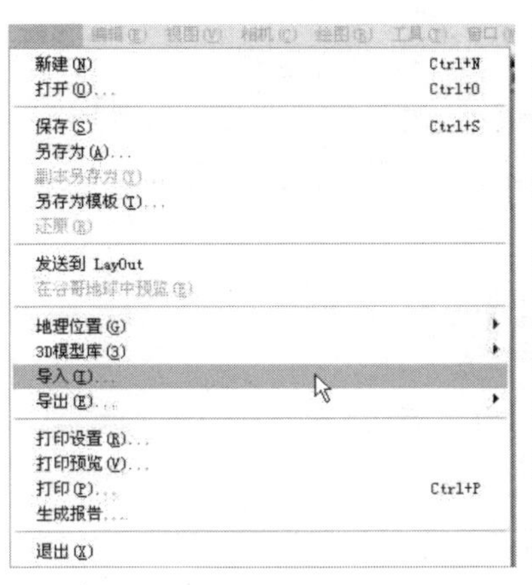

图 8-9

（2）CAD 图形导入 SketchUp 后的效果如图 8-10 所示。

（3）分别选择导入的各个图纸内容，将其分别创建为组，如图 8-11 所示。

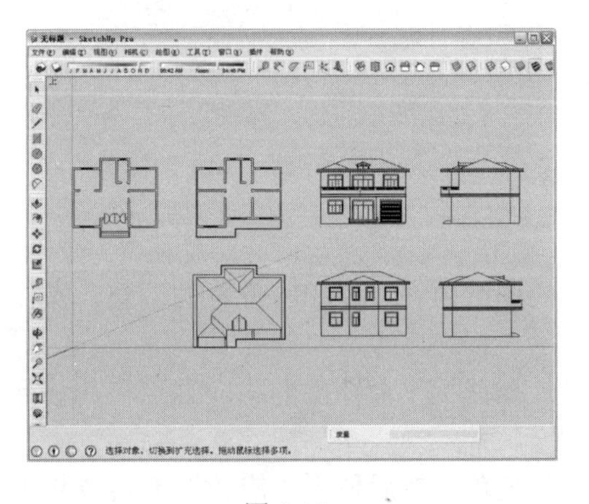

图 8-10

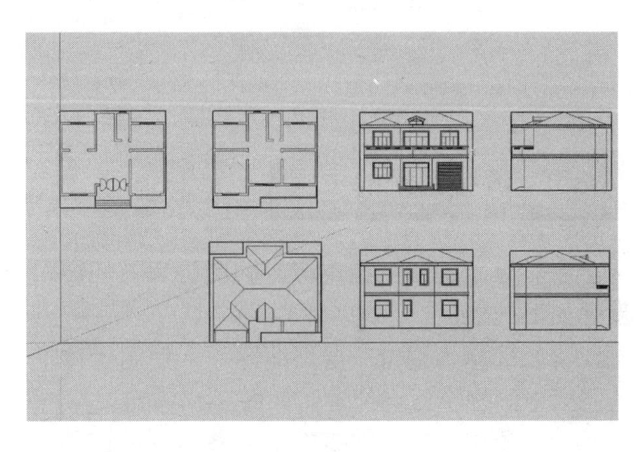

图 8-11

（4）执行“视图”→“工具栏”→“图层”命令，打开 Layers（图层）工具栏，然后分别新建“一层平面图”、“二层平面图”、“屋顶平面图”、“南立面图”、“北立面图”、“东立面图”、“西立面图”7 个图层，如图 8-12 所示。

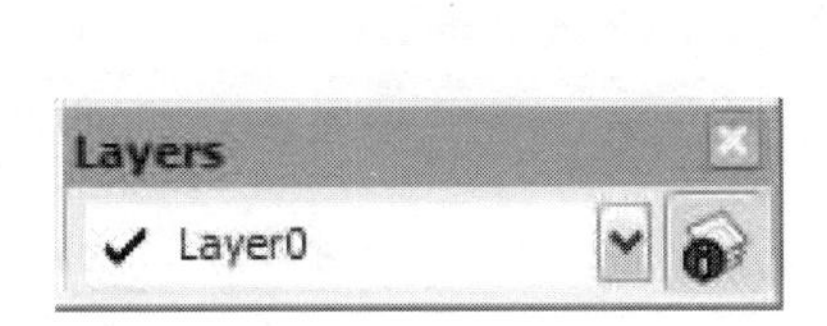

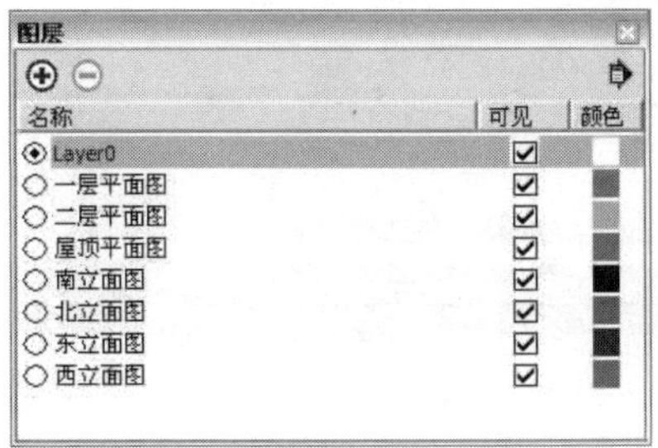

图 8-12

（5）将图中的平面图及立面图置于相应的图层之下，如图 8-13 所示。

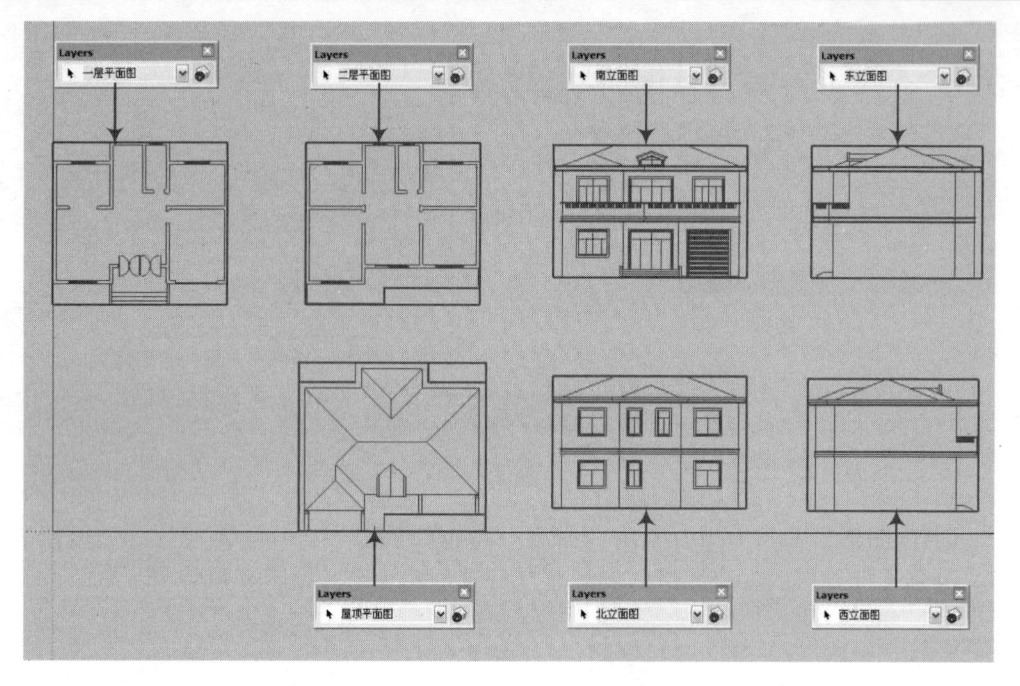

图 8-13

8.3.2 调整图纸的位置

在对导入的图纸指定相应的图层后，还要对导入的图纸内容进行相应位置的调整，操作步骤如下：

（1）选择“别墅一层平面图”，使用“移动”工具捕捉平面图上的相应端点将其移到绘图区中的坐标原点位置，如图 8-14 所示。

（2）使用“环绕观察”工具将视图调整到相应的视角，然后使用“旋转”工具将别墅“南立面图”旋转 90°，如图 8-15 所示。

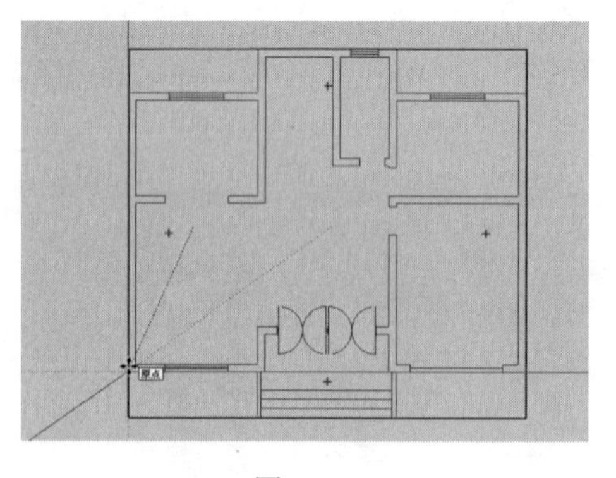

图 8-14

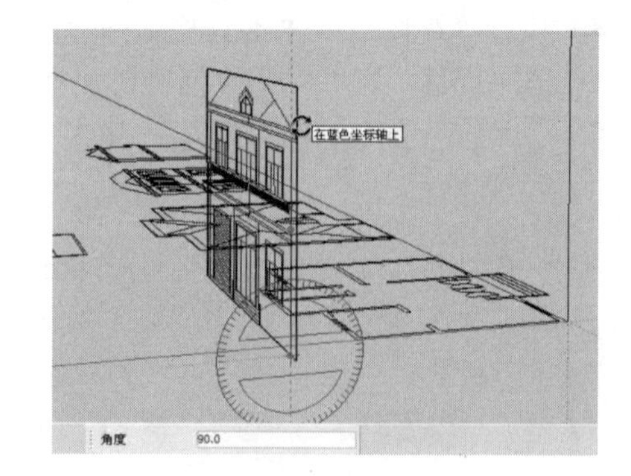

图 8-15

（3）捕捉别墅南立面图上相应的端点，使用“移动”工具将其移到别墅一层平面图上相应的端点位置。然后使用相同的方法，将别墅的其他立面图移动并对齐到平面图上相应的位置，如图 8-16 所示。

图 8-16

（4）首先选择前面对齐的各个立面图，然后右击，在快捷菜单中执行“隐藏”命令，将其暂时隐藏起来；接着使用“移动”工具将别墅二层平面图与别墅一层平面图进行对齐，然后将别墅二层平面图垂直向上移动 4400mm 的高度，如图 8-17 所示。

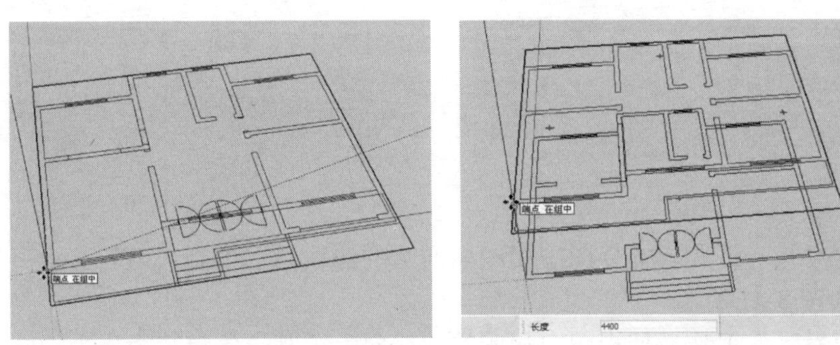

图 8-17

（5）使用“移动”工具将别墅屋顶平面图与别墅二层平面图进行对齐，然后将别墅屋顶平面图垂直向上移动 3400mm 的高度，如图 8-18 所示。

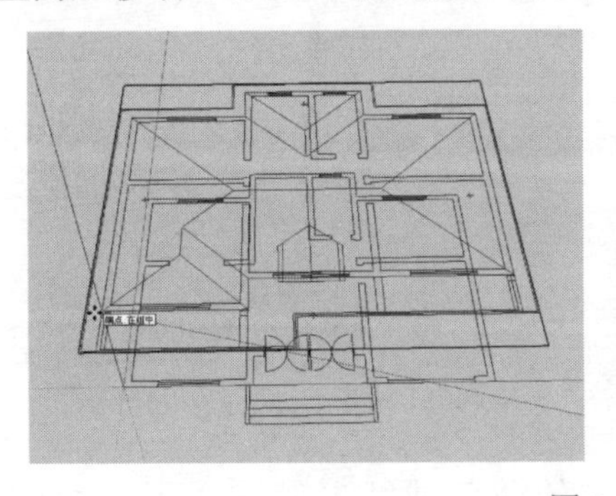

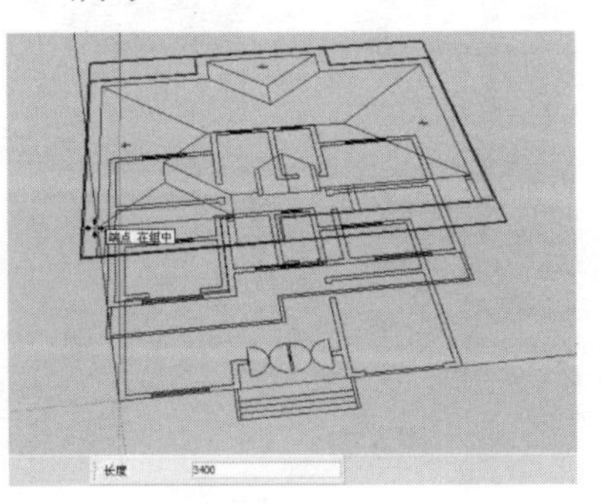

图 8-18

8.4 在 SketchUp 中创建别墅模型

视频\08\在 SketchUp 中创建别墅模型.avi
案例\08\最终效果\别墅.skp

本节讲解如何在 SketchUp 软件中参考导入的 CAD 图纸创建该别墅的模型，包括创建别墅一层模型、别墅二层模型、别墅坡屋顶等内容。

8.4.1 创建别墅一层模型

在对图纸内容进行位置调整后开始模型的创建，创建别墅一层模型的操作步骤如下：

（1）使用“直线”工具捕捉别墅一层平面图相应轮廓上的端点绘制如图 8-19 所示的造型面。

（2）使用“推/拉”工具将上一步绘制的造型面向上推拉 4400mm 的高度，作为别墅一层的墙体，如图 8-20 所示。

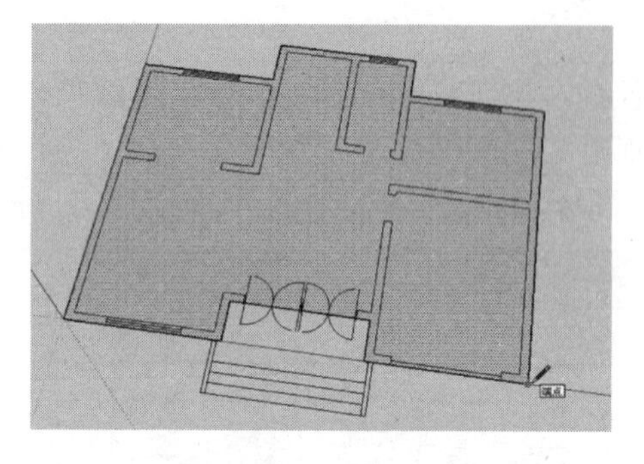

图 8-19

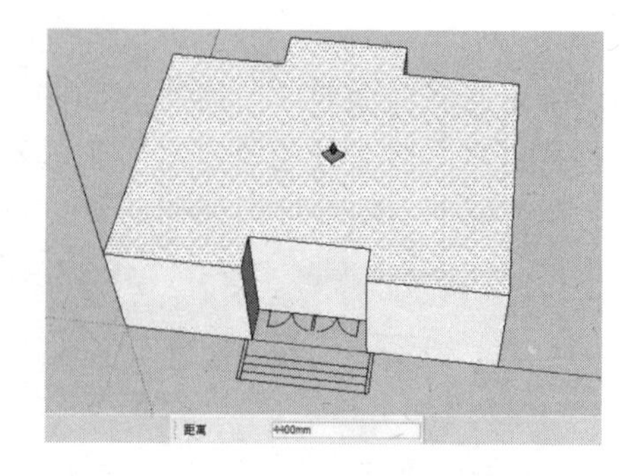

图 8-20

（3）使用“卷尺”工具捕捉图中相应墙面上的边线向上绘制一条与其距离为 600mm 的辅助参考线，如图 8-21 所示。

（4）继续“卷尺”工具捕捉图中相应的边线向上绘制一条与其距离为 600mm 的辅助参考线，如图 8-22 所示。

图 8-21

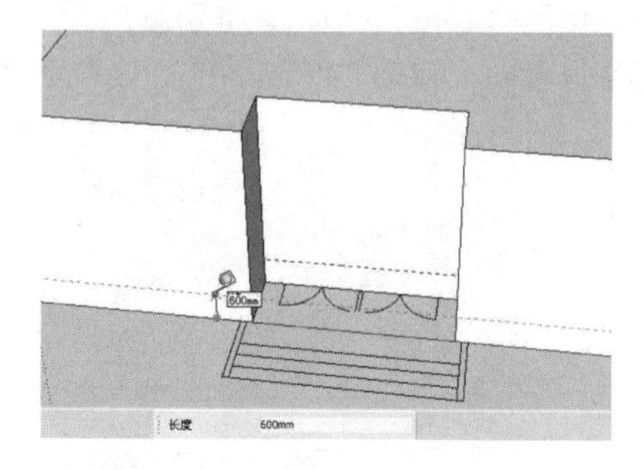

图 8-22

（5）使用“矩形”工具借助前面绘制的两条辅助参考线在图中相应的位置绘制

3960mm×1200mm 的矩形面，如图 8-23 所示。

（6）继续使用“矩形”工具捕捉图中相应的端点为起点绘制 1500mm×600mm 的立面矩形，如图 8-24 所示。

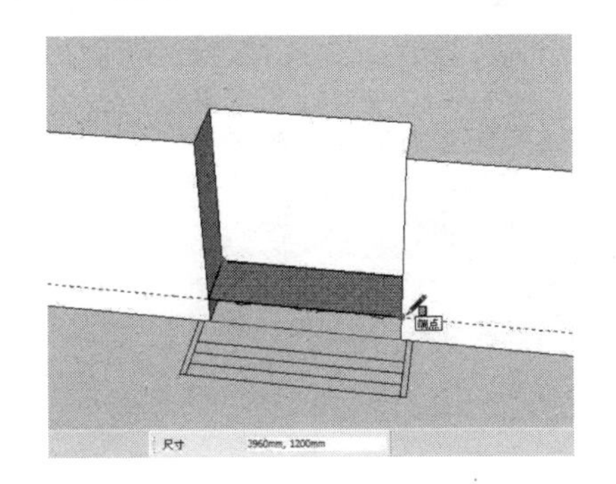

图 8-23

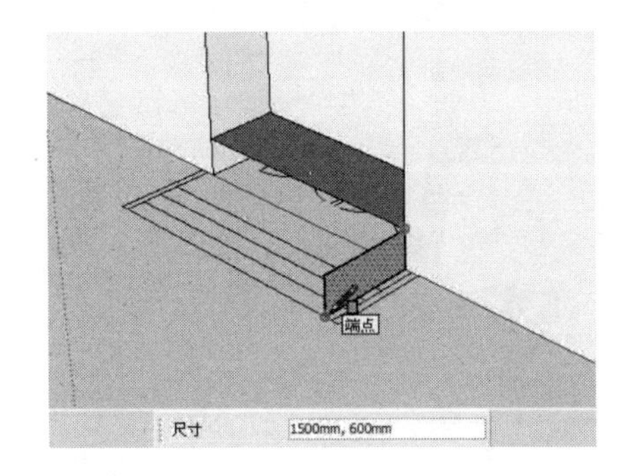

图 8-24

（7）使用“直线”工具在上一步绘制的立面矩形内部绘制别墅入口位置的台阶造型截面，如图 8-25 所示。

（8）使用“橡皮擦”工具删除立面矩形上多余的边线，从而形成入口处的台阶截面造型，如图 8-26 所示。

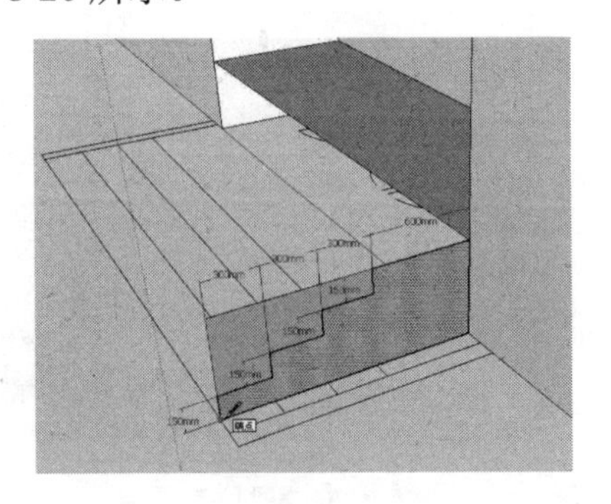

图 8-25

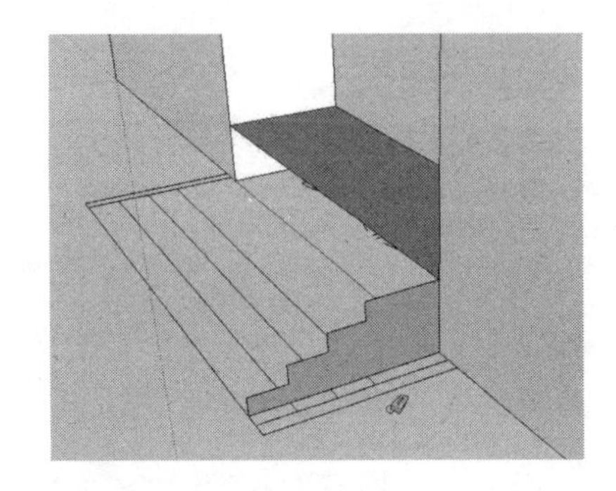

图 8-26

（9）使用“推/拉”工具将台阶截面向右推拉至别墅一层平面图相应的边线上，如图 8-27 所示。

（10）继续使用“推/拉”工具将台阶截面向左推拉至别墅一层平面图相应的边线上，如图 8-28 所示。

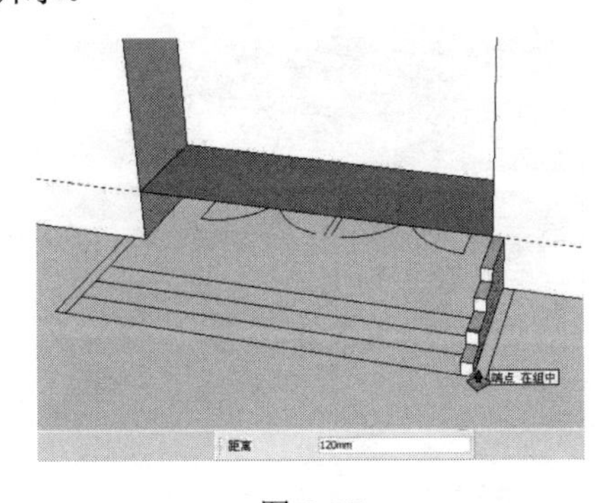

图 8-27

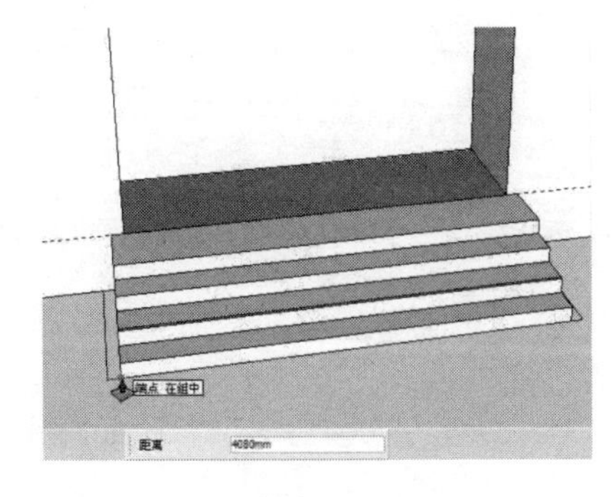

图 8-28

（11）使用“选择”工具选择图中相应的矩形面，然后右击，在快捷菜单中执行“反转平面”命令，将其进行平面反转操作，然后将创建的台阶创建为群组，如图 8-29 所示。

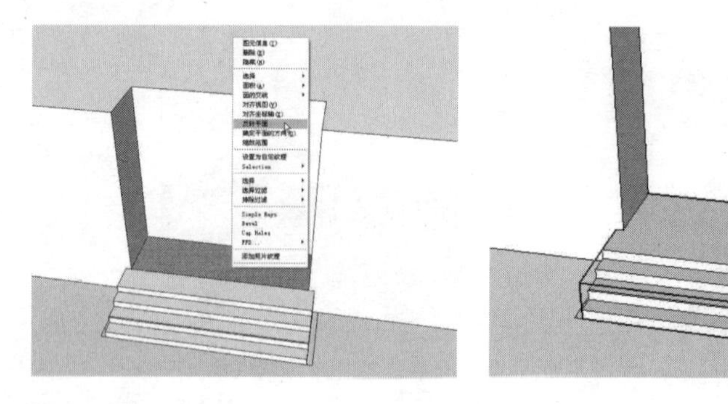

图 8-29

（12）使用“矩形”工具在台阶的侧面绘制 1500mm×850mm 的立面矩形，如图 8-30 所示。

（13）使用“直线”工具在上一步绘制的立面矩形内部绘制出台阶护栏的截面造型，如图 8-31 所示。

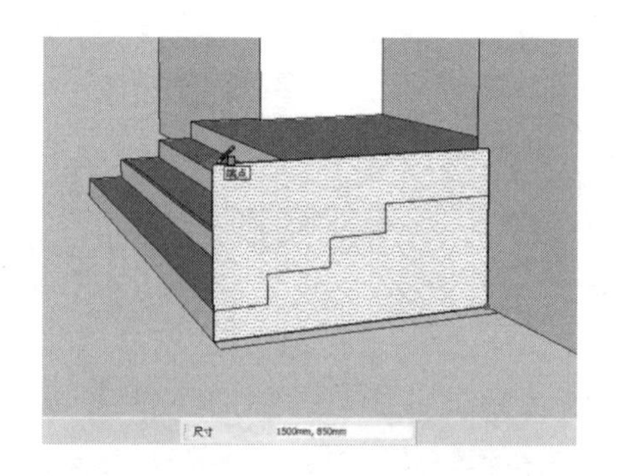

图 8-30

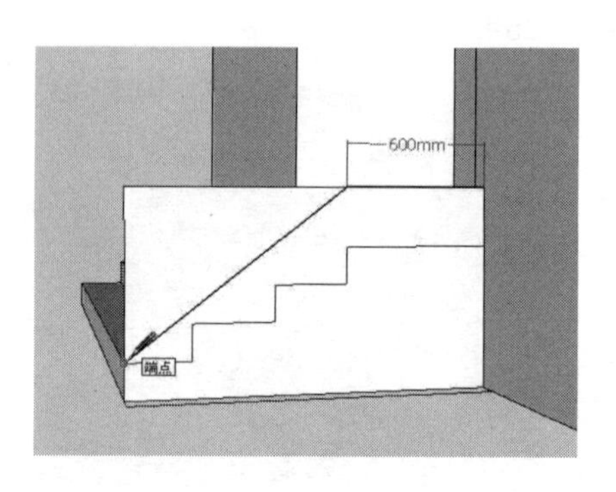

图 8-31

（14）使用“橡皮擦”工具删除立面矩形上多余的线面，保留下台阶护栏的截面，然后将该截面创建为群组，如图 8-32 所示。

（15）双击上一步创建的群组，进入组的内部编辑状态，然后使用“推/拉”工具将该截面向右推拉 120mm 的厚度，如图 8-33 所示。

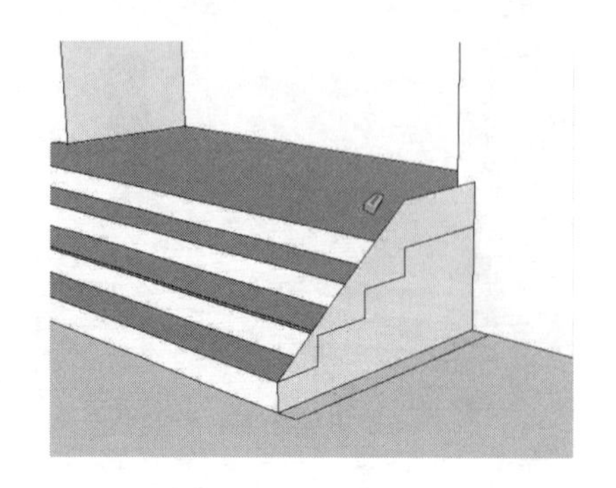

图 8-32

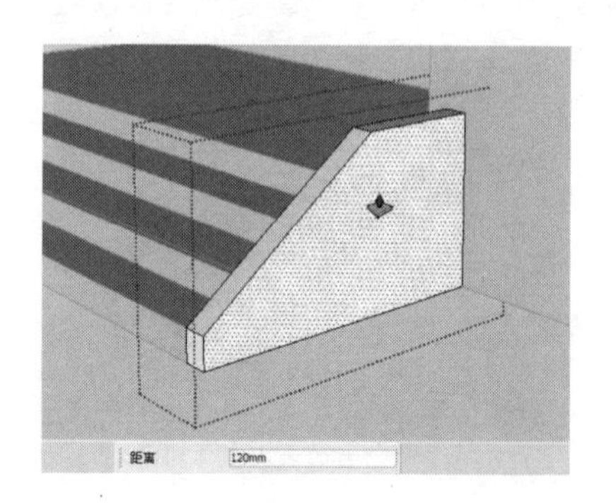

图 8-33

（16）按住【Ctrl】键，使用“移动”工具将上一步推拉的台阶护栏向左复制一份，如图 8-34 所示。

（17）按住【Ctrl】键，使用“选择”工具选择图中相应的边线，然后使用“偏移”工具将选择的边线向外偏移 600mm 的距离，如图 8-35 所示。

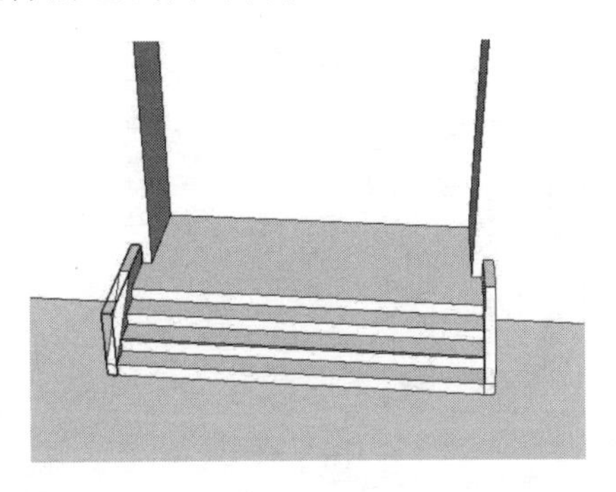

图 8-34

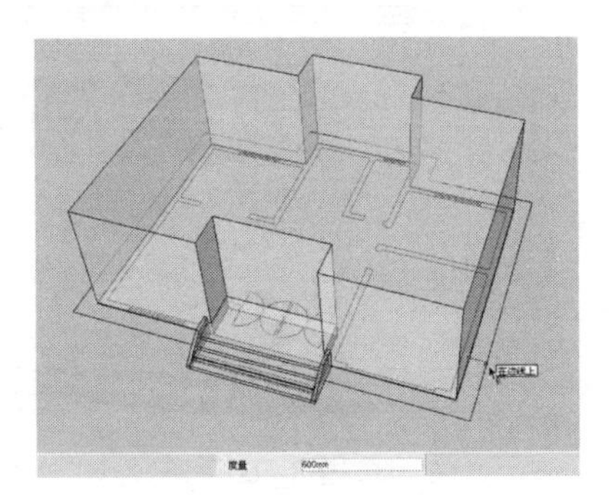

图 8-35

（18）使用“直线”工具对上一步选择的边线及偏移的边线进行封面，如图 8-36 所示。

（19）使用“推/拉”工具将上一步封闭的造型面向上推拉 50mm 的高度，如图 8-37 所示。

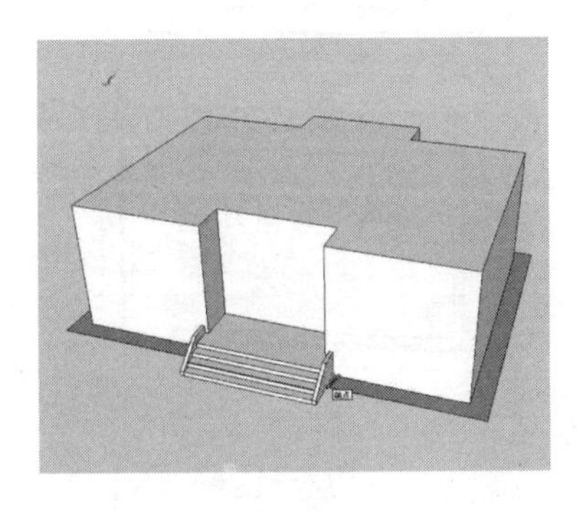

图 8-36

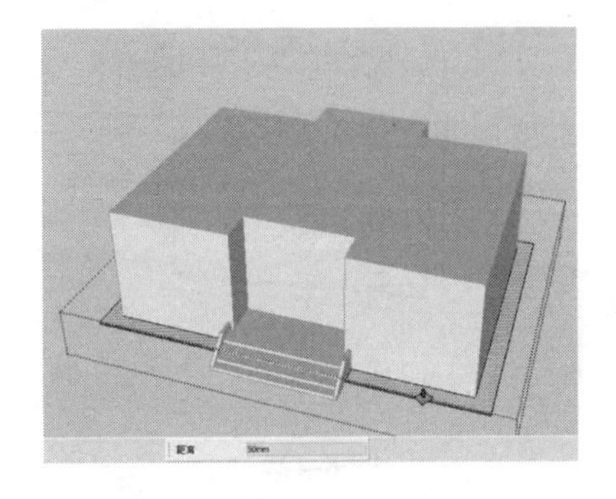

图 8-37

（20）使用“矩形”工具捕捉别墅南立面图上相应的端点绘制一个矩形面，如图 8-38 所示。

（21）选择上一步绘制的矩形面后右击，在快捷菜单中执行“创建组件”命令，如图 8-39 所示。

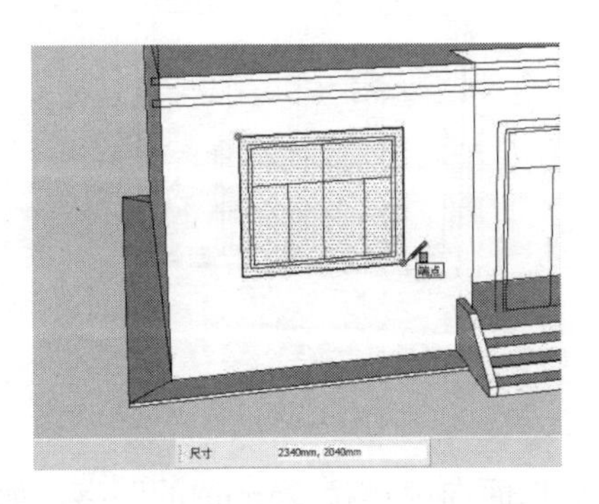

图 8-38

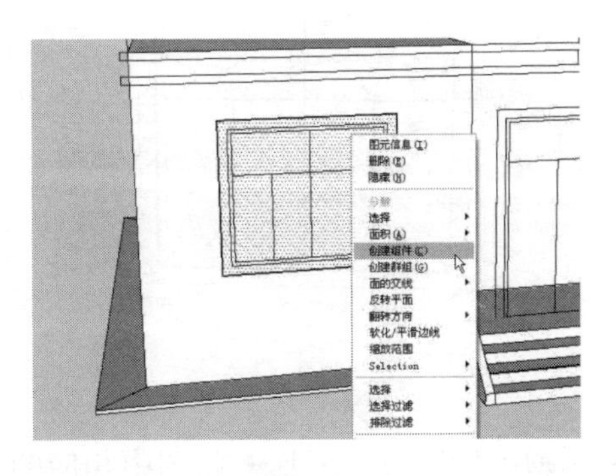

图 8-39

（22）在弹出的“创建组件”对话框中进行相关参数的设置，将该矩形面创建为一个组件，如图 8-40 所示。

（23）使用“偏移”工具将矩形向内偏移 120mm 的距离，如图 8-41 所示。

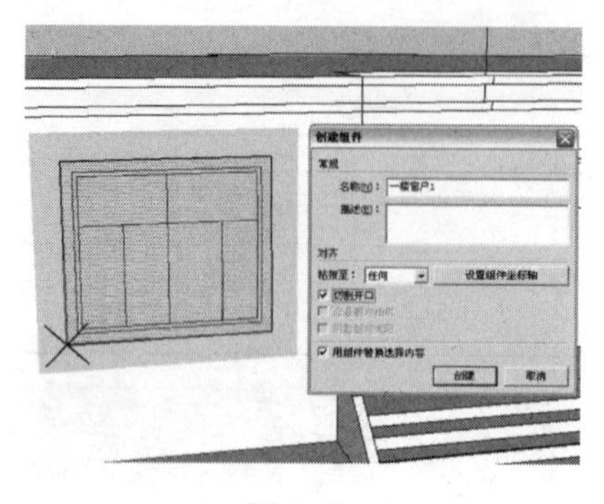

图 8-40

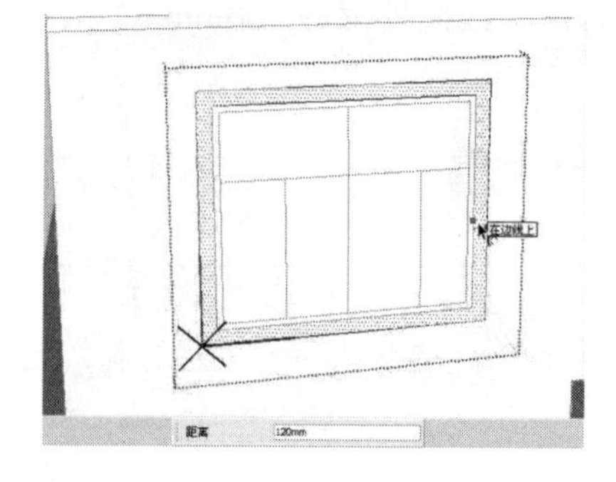

图 8-41

（24）使用“推/拉”工具将图中相应的造型面向外推拉 100mm 的厚度，以形成窗框的效果，如图 8-42 所示。

（25）使用“偏移”工具将窗框内的矩形向内偏移 50mm 的距离，如图 8-43 所示。

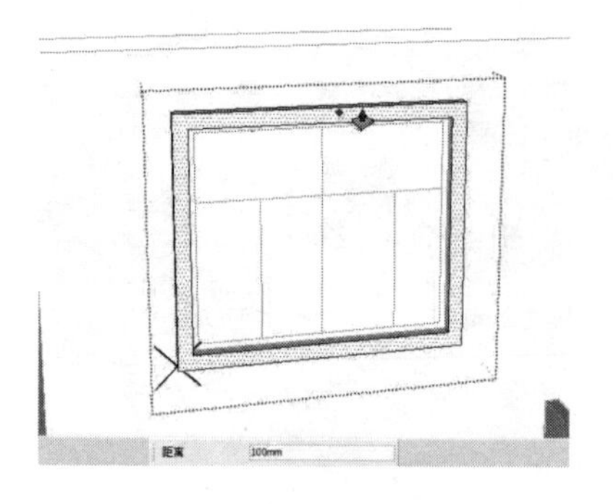

图 8-42

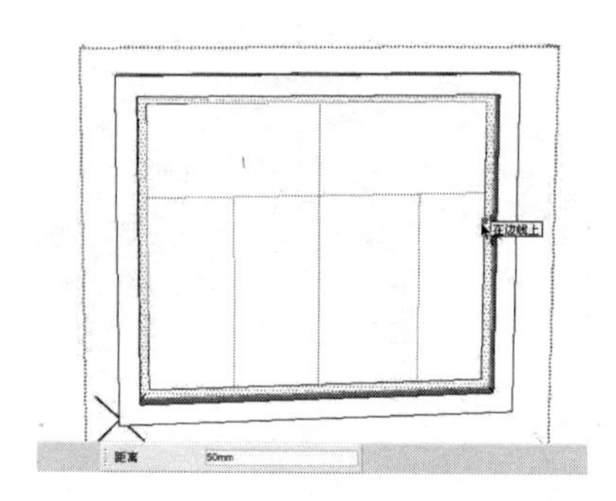

图 8-43

（26）使用“直线”工具捕捉图纸上的相应轮廓绘制如图 8-44 所示的几条线条。

（27）使用“偏移”工具将图中相应的几个矩形面向内偏移 50mm 的距离，如图 8-45 所示。

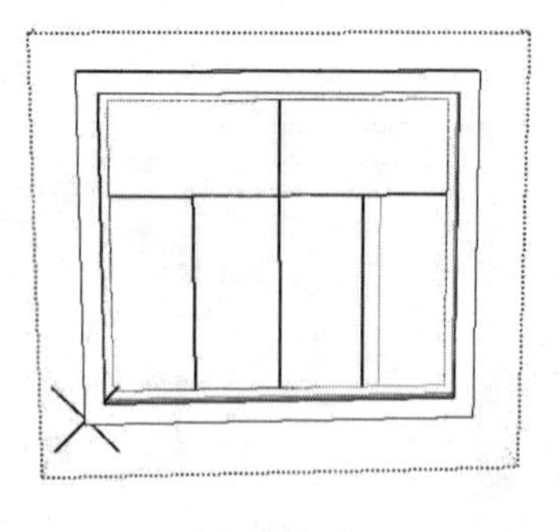

图 8-44

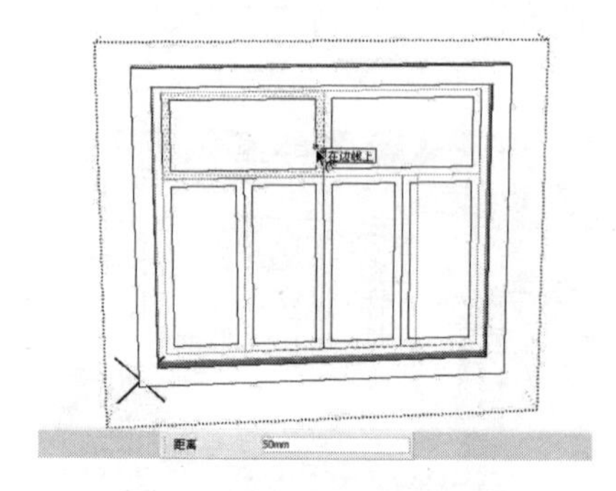

图 8-45

（28）使用“推/拉”工具将图中相应的几个矩形面向内推拉 25mm 的距离，如图 8-46

所示。

（29）使用“颜料桶”工具为图中相应的几个矩形面赋予一种透明玻璃材质，如图 8-47 所示。

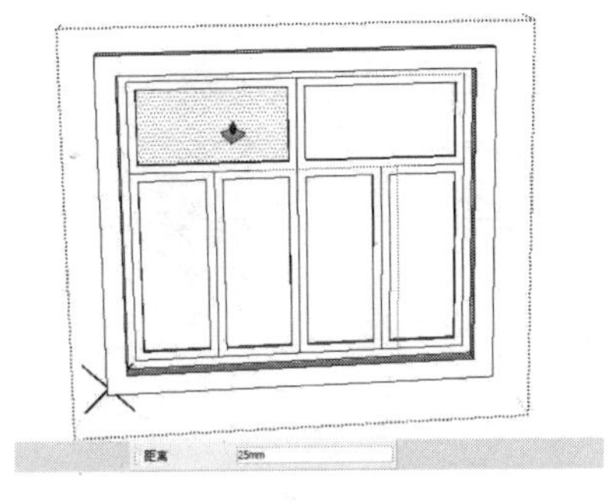

图 8-46

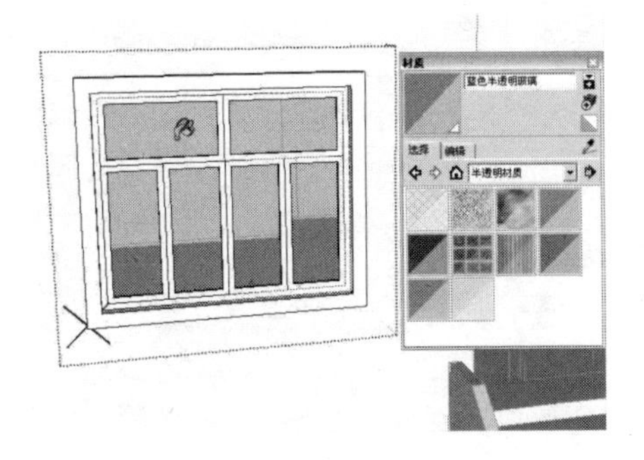

图 8-47

（30）使用“直线”工具捕捉别墅南立面图纸上的相应轮廓绘制如图 8-48 所示的几条线条。

（31）使用“偏移”工具将上一步绘制的几条线段向内偏移 110mm 的距离，如图 8-49 所示。

图 8-48

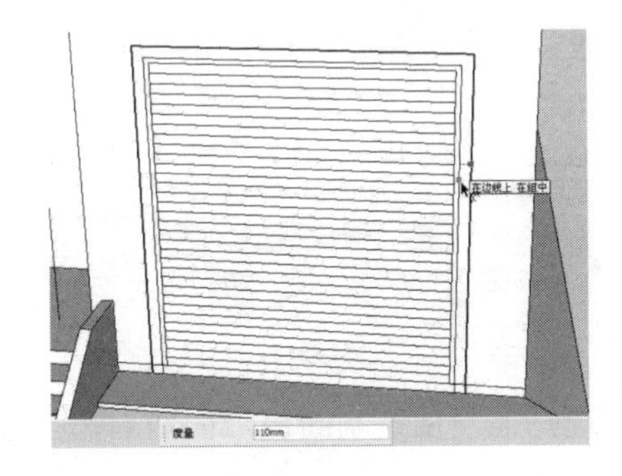

图 8-49

（32）使用“直线”工具在图中相应的位置补上一条线段，如图 8-50 所示。

（33）使用“推/拉”工具将图中相应的造型面向外推拉 100mm 的厚度，绘制出车库门框的效果，如图 8-51 所示。

图 8-50

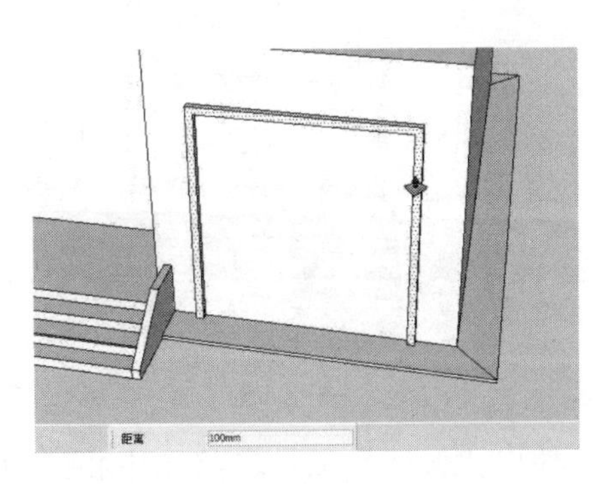

图 8-51

（34）按住【Ctrl】键，使用“移动”工具选择车库门框内的相应边线向下移动 100mm 的距离，然后在命令行中输入“33x”，将其垂直向下复制 33 份，如图 8-52 所示。

图 8-52

（35）使用“移动”工具对别墅的南立面图进行位置调整，如图 8-53 所示。

（36）使用“矩形”工具捕捉别墅南立面图上相应的端点绘制一个矩形面，如图 8-54 所示。

图 8-53

图 8-54

（37）选择上一步绘制的矩形面后右击，在快捷菜单中执行“创建组件”命令，如图 8-55 所示。

（38）在弹出的“创建组件”对话框中进行相关参数的设置，将该矩形面创建为一个组件，如图 8-56 所示。

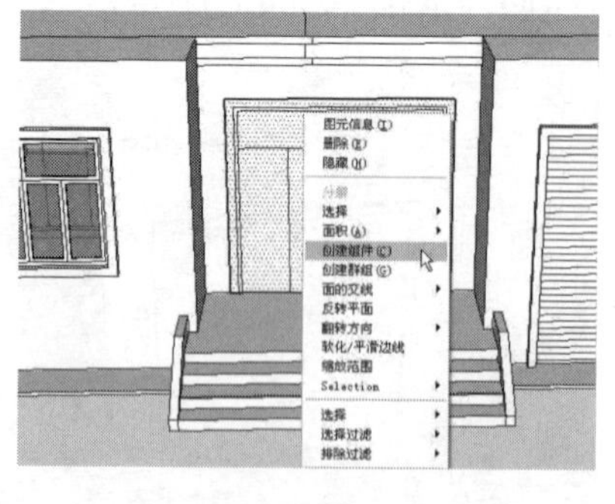

图 8-55

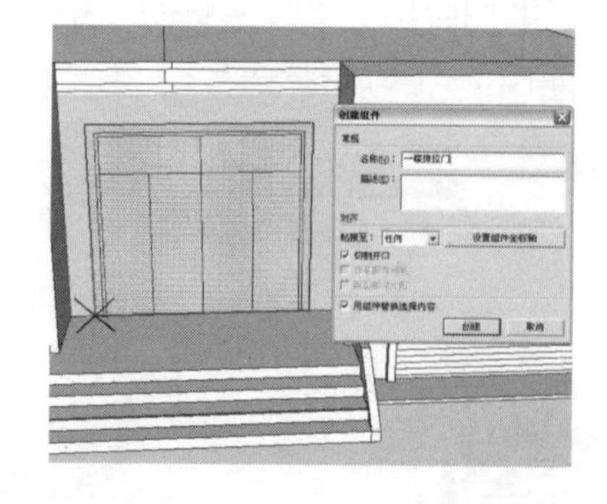

图 8-56

（39）使用“偏移”工具将图中相应的几条线段向内偏移 120mm 的距离，如图 8-57 所示。

（40）使用“推/拉”工具将图中相应的造型面向外推拉 100mm 的厚度，以形成门框的效果，如图 8-58 所示。

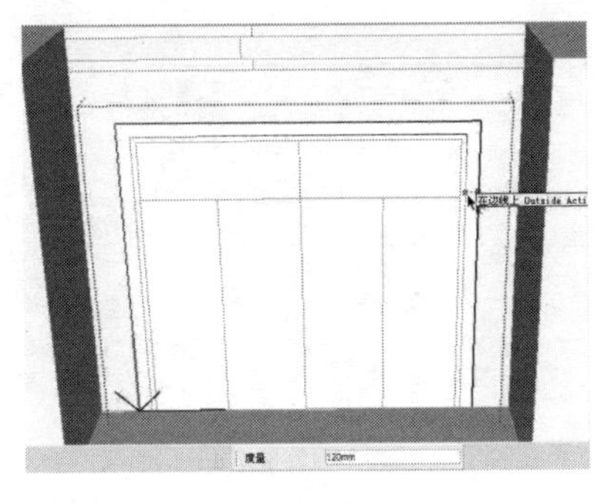

图 8-57

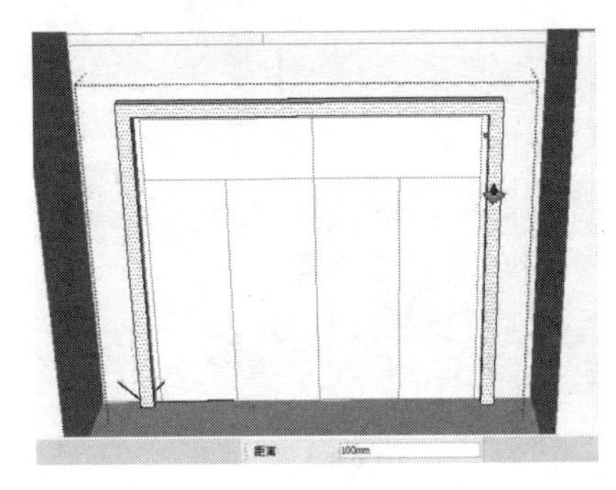

图 8-58

（41）使用“偏移”工具将门框内的相应几条线段向内偏移 50mm 的距离，如图 8-59 所示。

（42）使用“直线”工具捕捉图纸上的相应轮廓绘制如图 8-60 所示的几条线条。

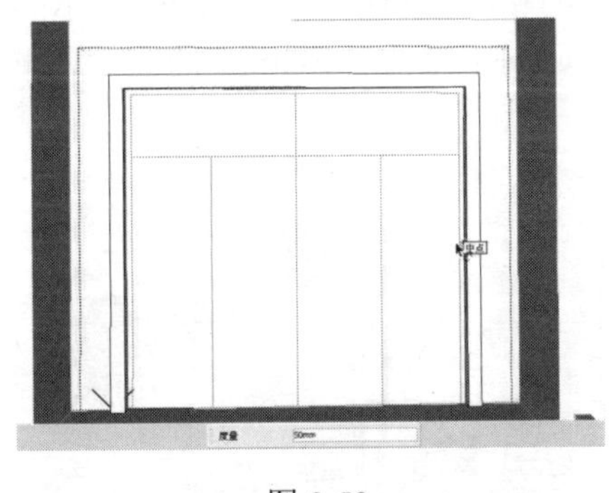

图 8-59

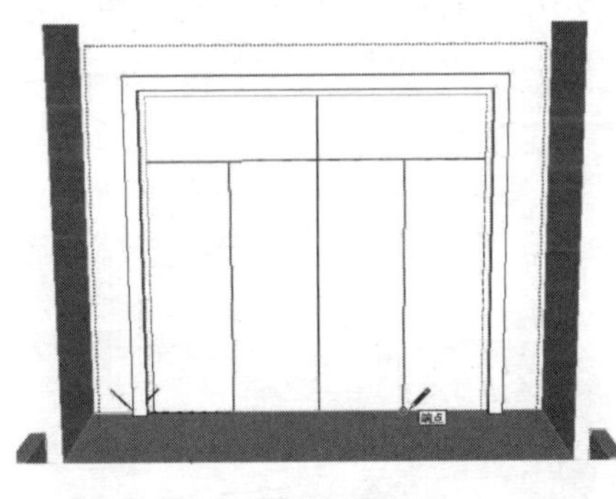

图 8-60

（43）使用“偏移”工具将图中相应的几个矩形面向内偏移 50mm 的距离，如图 8-61 所示。

（44）使用“推/拉”工具将图中相应的几个矩形面向内推拉 25mm 的距离，如图 8-62 所示。

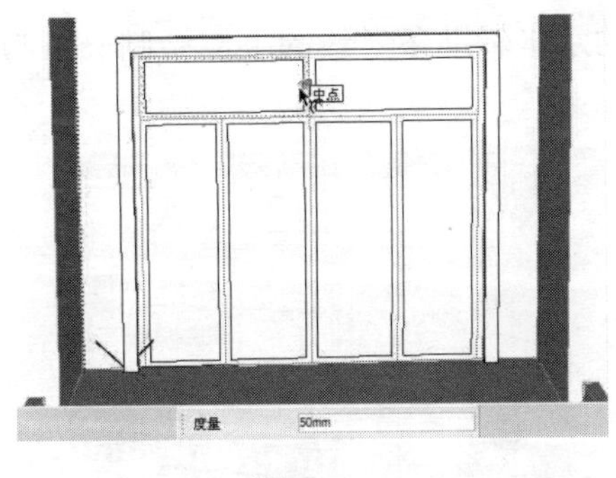

图 8-61

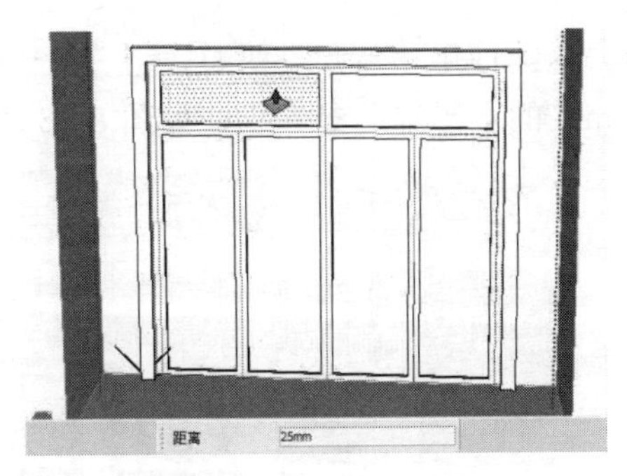

图 8-62

（45）使用“颜料桶”工具为图中相应的几个矩形面赋予一种透明玻璃材质，以完成别墅大门位置推拉门造型的创建，如图 8-63 所示。

（46）参考相同的方法，创建出别墅一层北立面上的几个玻璃窗造型，如图 8-64 所示。

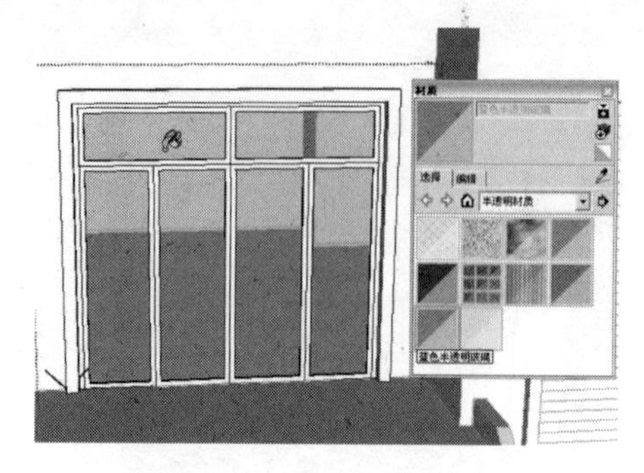

图 8-63

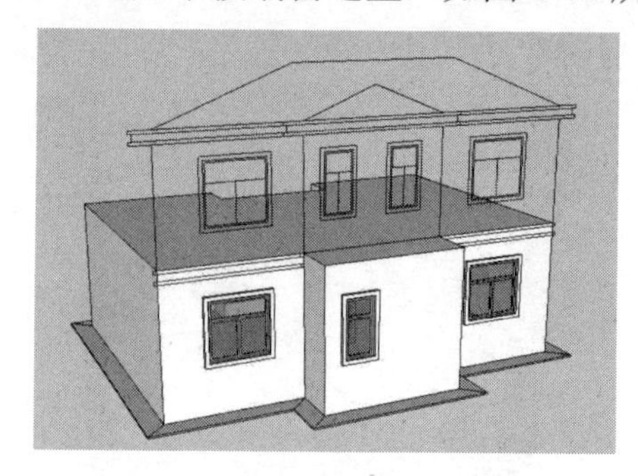

图 8-64

8.4.2 创建别墅二层模型

创建别墅二层模型的操作步骤如下：

（1）使用“直线”工具捕捉别墅二层平面图上的相应轮廓绘制如图 8-65 所示的造型面。

（2）使用“推/拉”工具将上一步绘制的造型面向上推拉 3400mm 的高度，如图 8-66 所示。

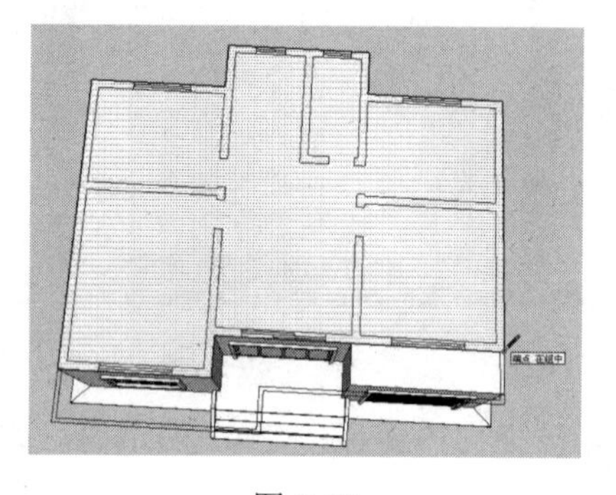

图 8-65

图 8-66

（3）使用“卷尺”工具捕捉别墅南立面上相应的轮廓绘制如图 8-67 所示的几条辅助参考线。

（4）继续使用“卷尺”工具在上一步绘制的水平辅助参考线的下侧绘制一条与其距离为 2040mm 的水平辅助参考线，如图 8-68 所示。

图 8-67

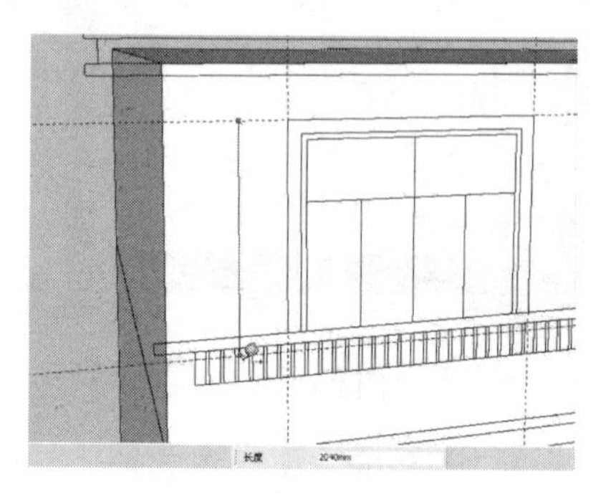

图 8-68

（5）使用“矩形”工具借助上一步绘制的辅助参考线绘制一个矩形面，然后按【Delete】键将绘制的矩形面删除，以形成一个窗洞口，如图 8-69 所示。

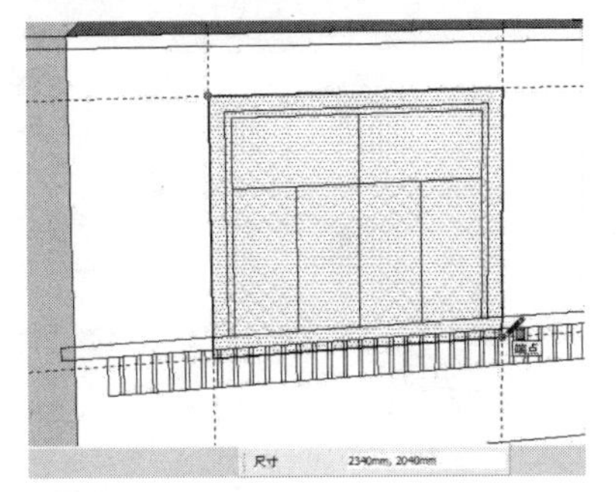
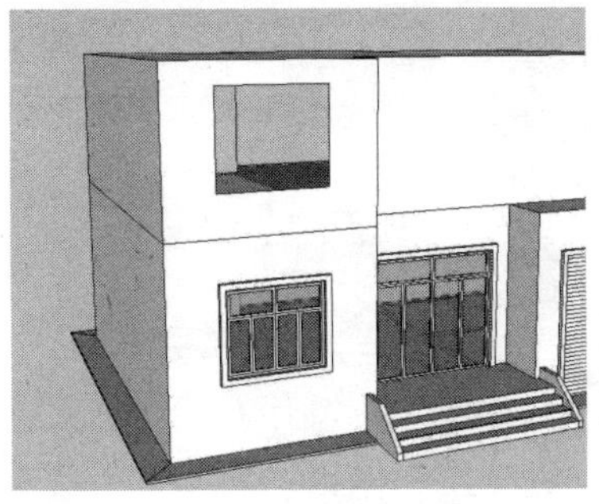

图 8-69

（6）按住【Ctrl】键，使用“移动”工具将下侧的窗户垂直向上复制一份到上侧的窗洞口位置，如图 8-70 所示。

（7）使用“卷尺”工具捕捉别墅南立面上的门窗轮廓绘制如图 8-71 所示的几条辅助参考线。

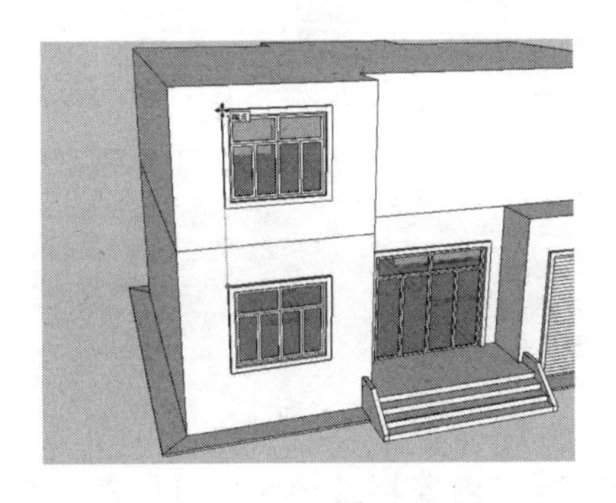

图 8-70　　　　图 8-71

（8）使用“矩形”工具借助上一步绘制的辅助参考线绘制两个矩形面，然后按【Delete】键将绘制的矩形面删除，从而形成一个门洞口及一个窗洞口造型，如图 8-72 所示。

图 8-72

（9）按住【Ctrl】键，使用“移动”工具将下侧的推拉门及窗户垂直向上复制到上侧的门窗洞口位置，如图 8-73 所示。

（10）参考相同的方法，创建出别墅二层北立面上的几个玻璃窗造型，如图 8-74 所示。

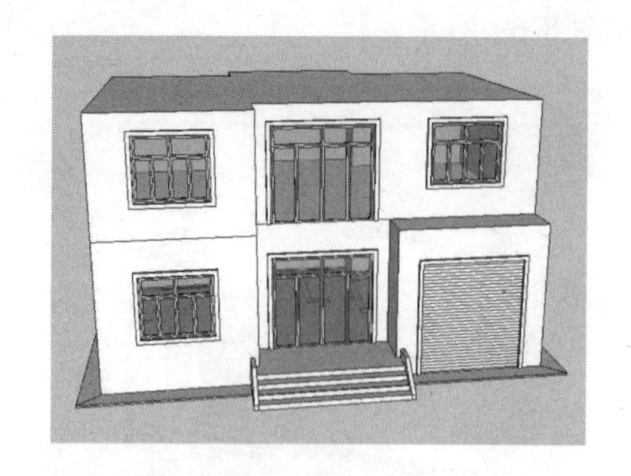

图 8-73

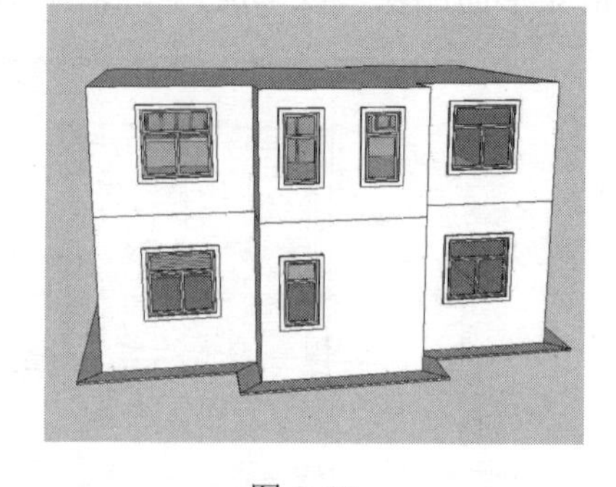

图 8-74

（11）使用“直线”工具捕捉别墅二层平面图上的相应轮廓绘制如图 8-75 所示的造型面。

（12）使用“推/拉”工具将上一步绘制的造型面向上推拉 100mm 的高度，如图 8-76 所示。

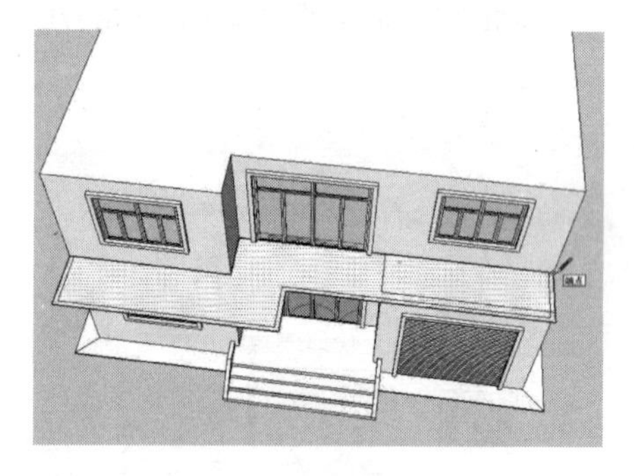

图 8-75

图 8-76

（13）使用“偏移”工具将图中相应的几条边线向内偏移 120mm 的距离，如图 8-77 所示。

（14）使用“推/拉”工具将上一步绘制的造型面向上推拉 1200mm 的高度，以形成阳台的护栏效果，如图 8-78 所示。

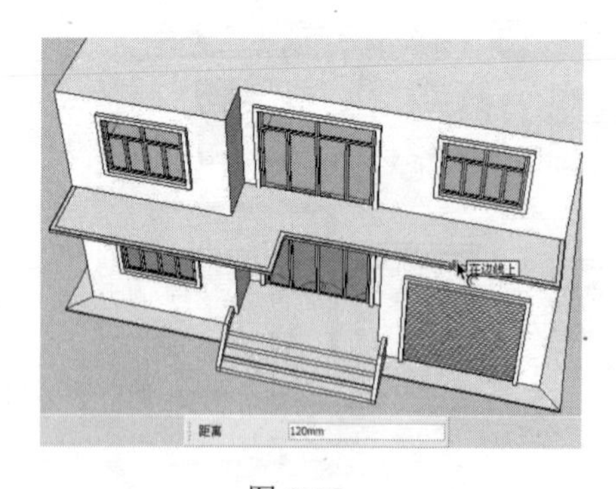

图 8-77

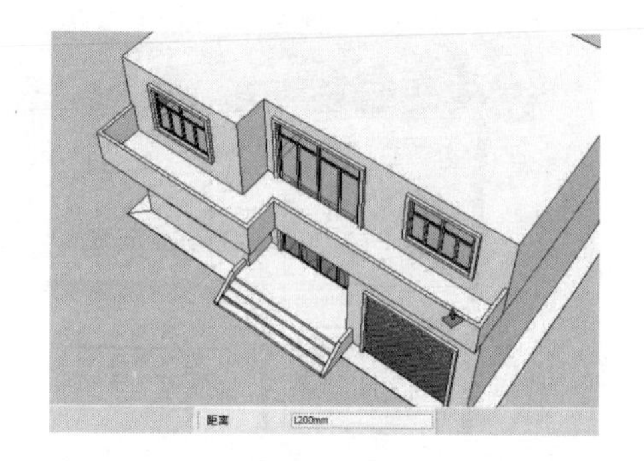

图 8-78

（15）使用“卷尺”工具捕捉阳台上的相应垂直边线向右绘制一条与其距离为 240mm 的辅助参考线，如图 8-79 所示。

（16）使用“卷尺”工具捕捉阳台上的相应垂直边线向左绘制一条与其距离为 240mm 的辅助参考线，如图 8-80 所示。

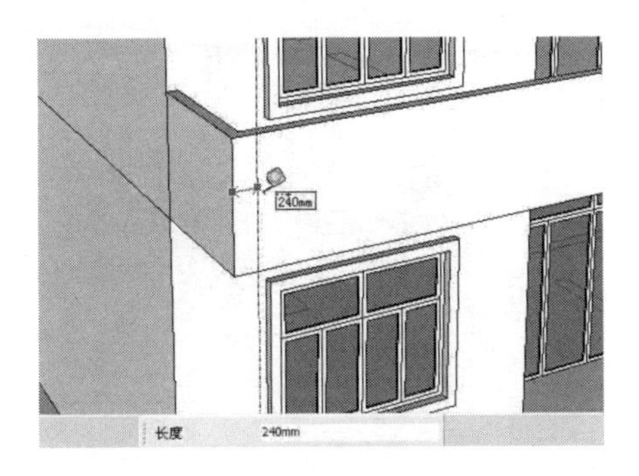

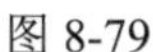
图 8-79

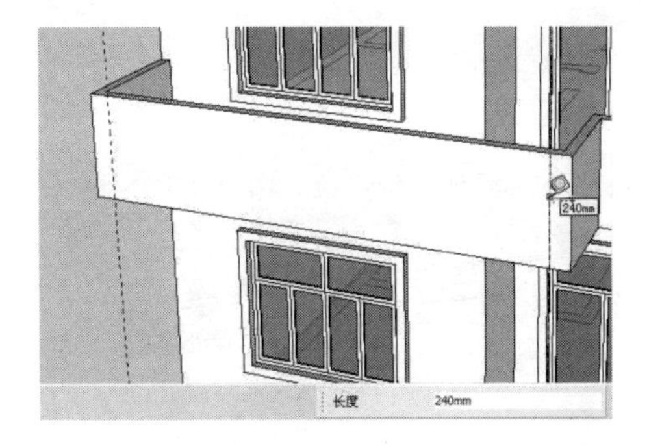

图 8-80

（17）使用“卷尺”工具捕捉阳台上的相应水平边线向下绘制一条与其距离为 300mm 的辅助参考线，如图 8-81 所示。

（18）使用“矩形”工具借助上一步绘制的辅助参考线在图中相应的表面上绘制一个矩形面，如图 8-82 所示。

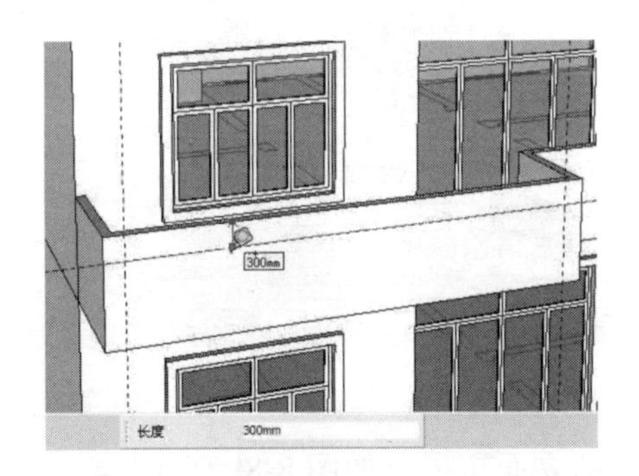

图 8-81

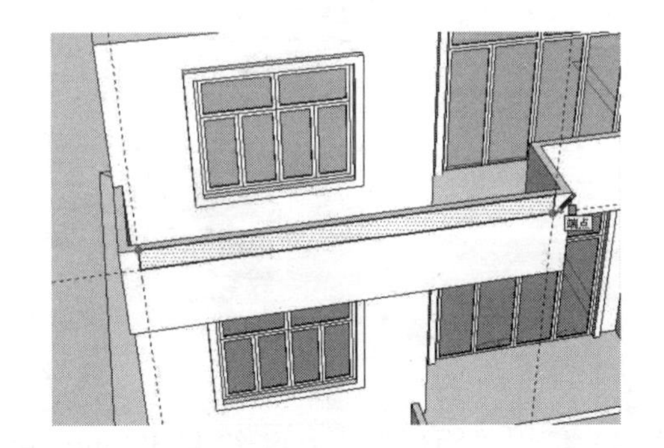

图 8-82

（19）使用“推/拉”工具将上一步绘制的矩形面向内推拉，使其成为阳台上的一个缺口造型，如图 8-83 所示。

（20）使用相同的方法，创建阳台上的其他几个缺口造型，如图 8-84 所示。

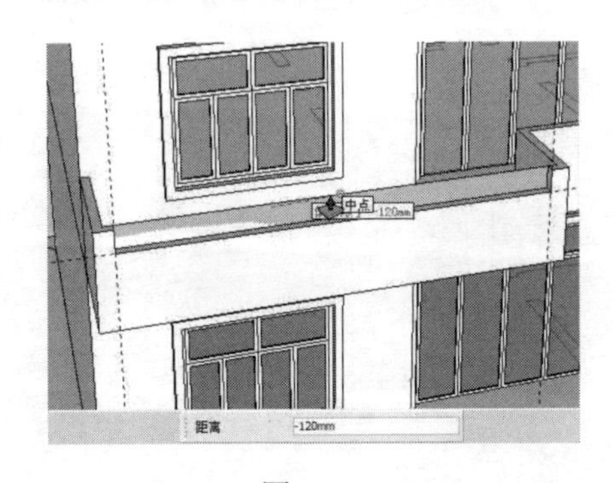

图 8-83

图 8-84

（21）使用“直线”工具在绘制的阳台护栏上绘制如图 8-85 所示的造型面。

（22）使用“推/拉”工具将上一步绘制的造型面向上推拉 100mm 的高度，如图 8-86 所示。

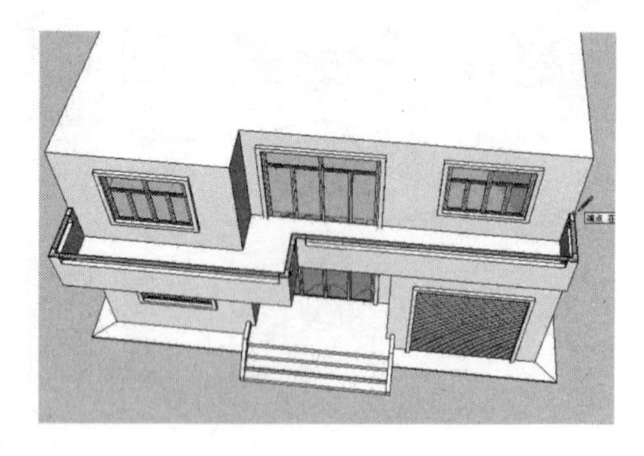

图 8-85

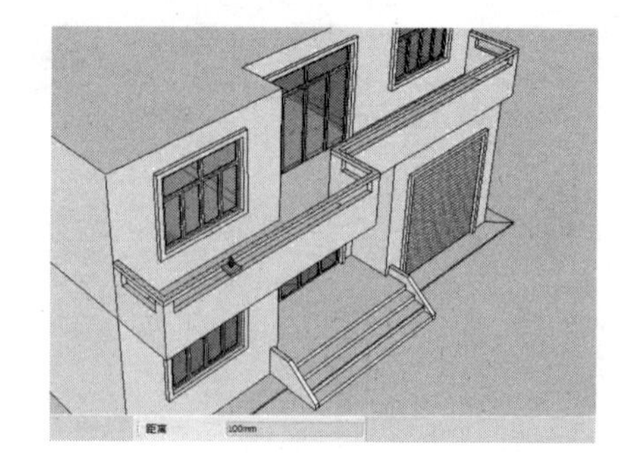

图 8-86

（23）继续使用“推/拉”工具将上一步推拉后模型的外侧边面向外进行推拉 100mm 的距离，如图 8-87 所示。

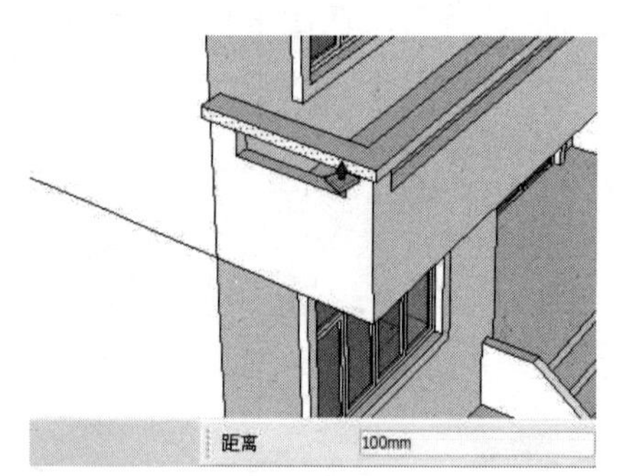

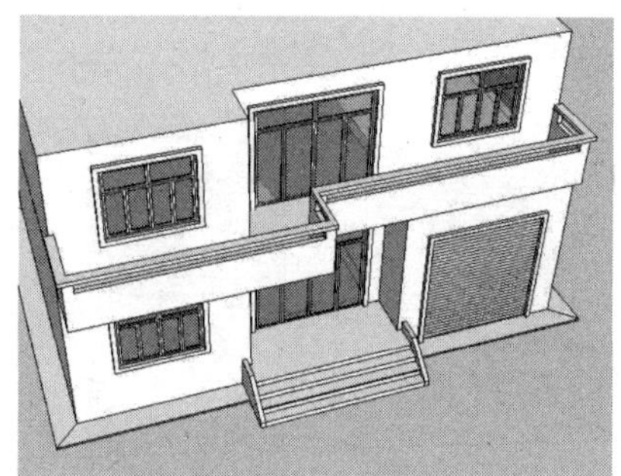

图 8-87

（24）使用“矩形”工具绘制 300mm×40mm 的立面矩形，如图 8-88 所示。

（25）使用“直线”工具在上一步绘制的面上绘制如图 8-89 所示的造型。

（26）使用“橡皮擦”工具删除立面矩形上的相应线面，然后使用“圆”工具在截面的下侧绘制半径为 40mm 的圆，如图 8-90 所示。

（27）选择上一步绘制的圆面，然后使用“跟随路径”工具单击圆上的放样截面对其进行放样操作，如图 8-91 所示。

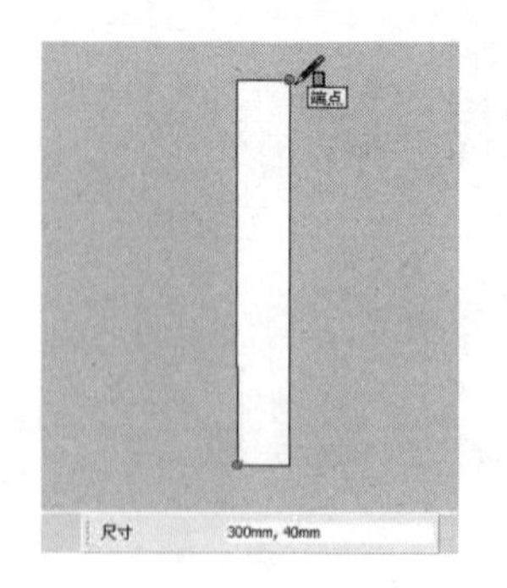

图 8-88

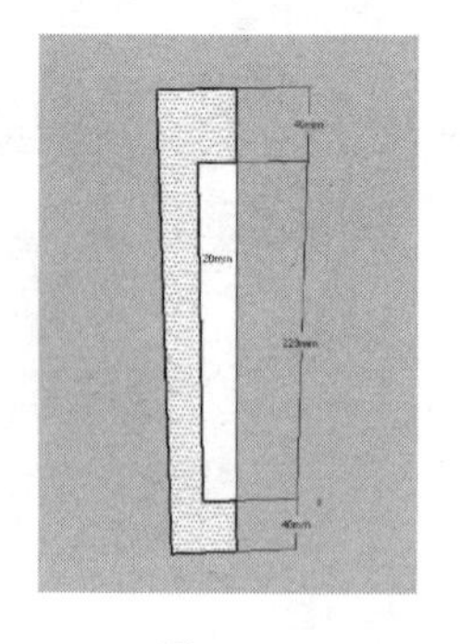

图 8-89

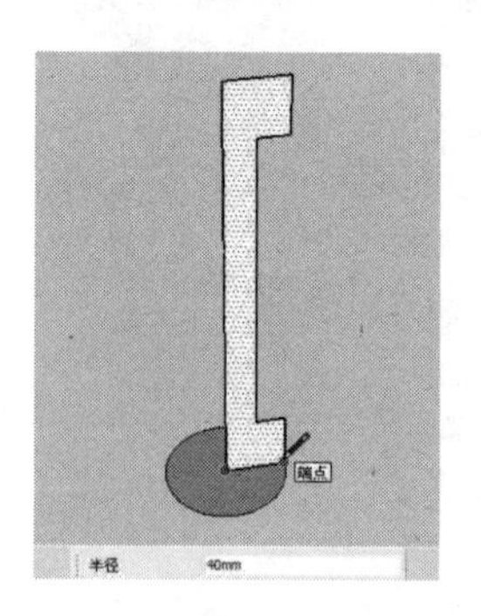

图 8-90

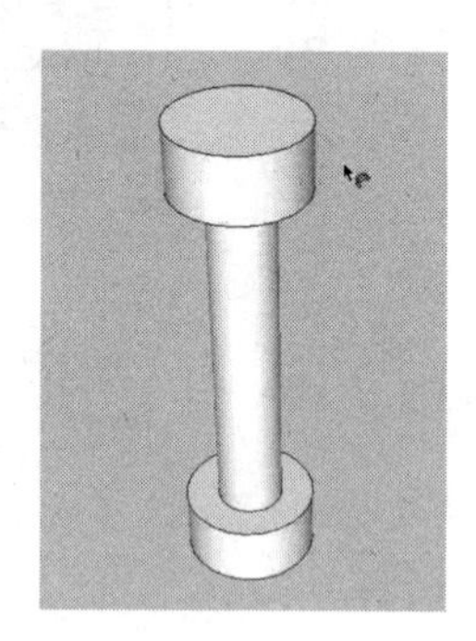

图 8-91

（28）将上一步放样后的圆柱创建为群组，然后将其移到阳台护栏上的相应位置，如图 8-92 所示。

（29）按住【Ctrl】键，使用“移动”工具将圆柱复制多个并放置到护栏上的相应位置，如图 8-93 所示。

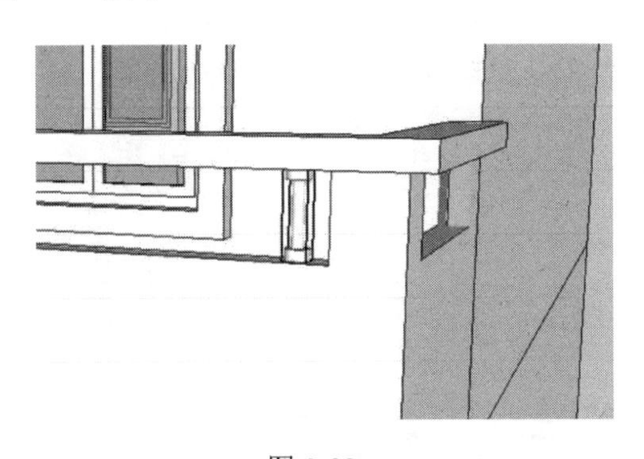

图 8-92

图 8-93

（30）使用“矩形”工具绘制 350mm×180mm 的立面矩形，如图 8-94 所示。

（31）使用“直线”工具在上一步绘制的立面矩形上绘制如图 8-95 所示的造型。

（32）使用“橡皮擦”工具删除立面矩形上的相应线面，如图 8-96 所示。

（33）使用“移动”工具将上一步的截面造型移到阳台下侧的相应位置，如图 8-97 所示。

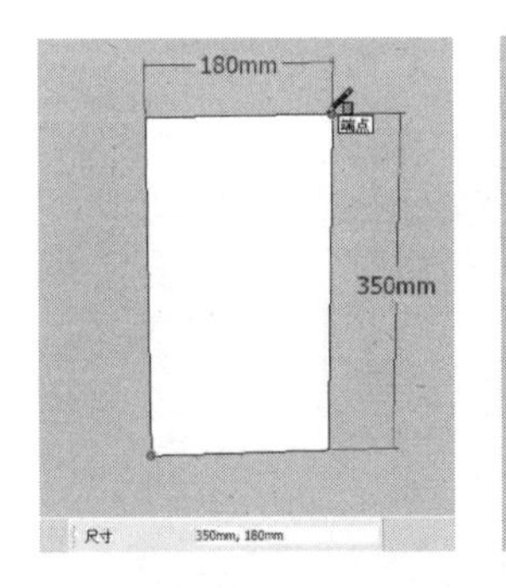

图 8-94

图 8-95

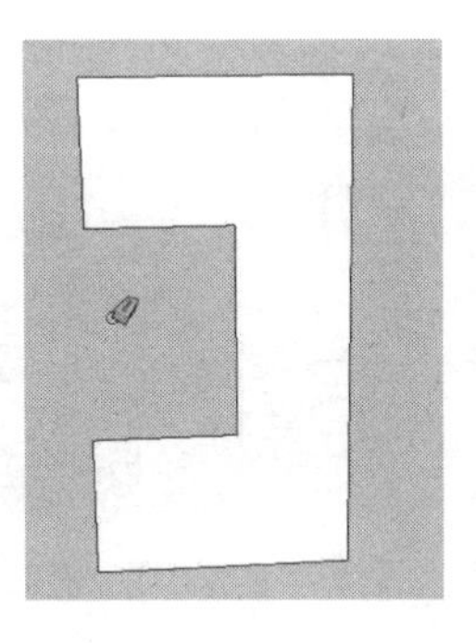

图 8-96

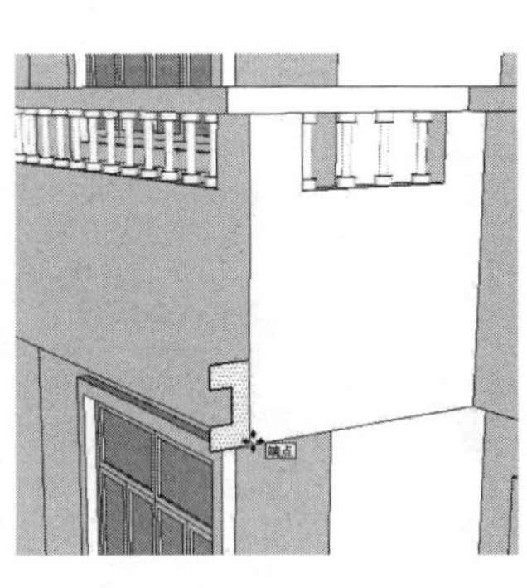

图 8-97

（34）按住【Ctrl】键，使用“选择”工具选择图中相应的边线，再使用“跟随路径”工具单击上一步放置的截面造型对其进行放样操作，如图 8-98 所示。

图 8-98

8.4.3 创建别墅坡屋顶

创建别墅坡屋顶造型的操作步骤如下：

（1）使用“偏移”工具将建筑顶部的造型面向外偏移1500mm的距离，如图8-99所示。

（2）使用“直线”工具在图中的相应位置补上几条线段，如图8-100所示。

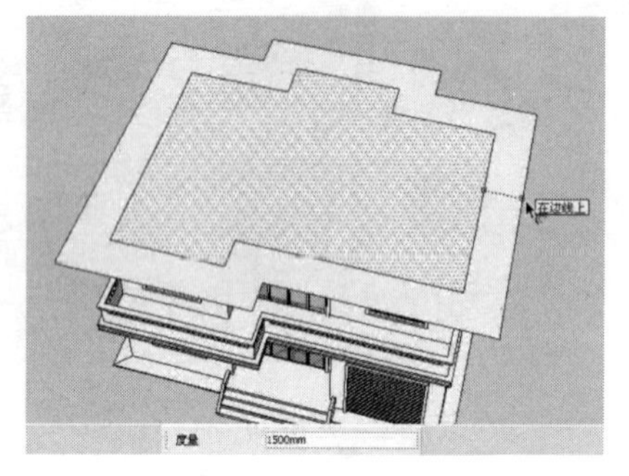
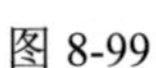

图 8-99

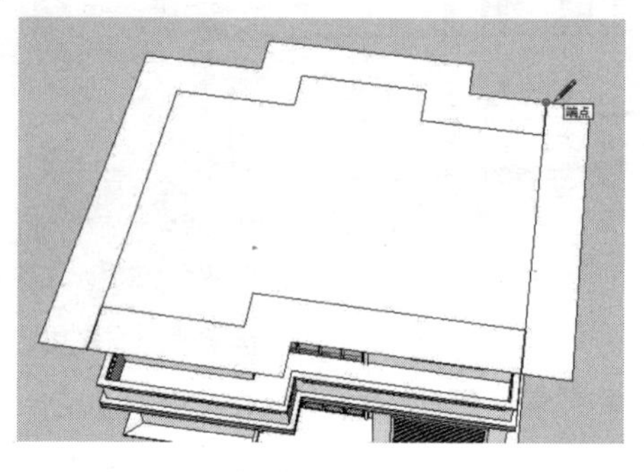

图 8-100

（3）使用“橡皮擦”工具删除建筑顶部的相应线面，如图8-101所示。

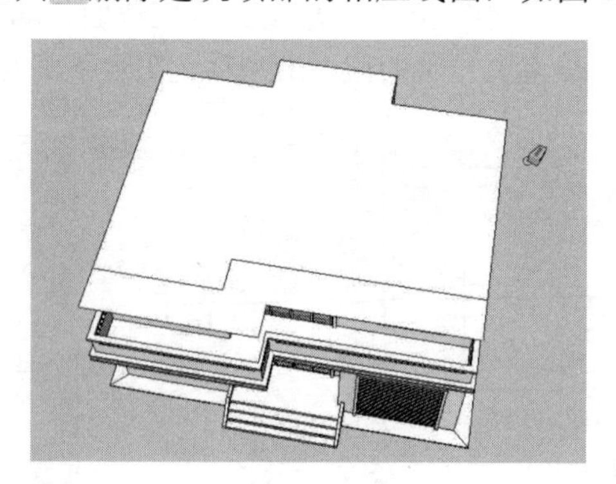

图 8-101

（4）使用“矩形”工具绘制350mm×180mm的立面矩形，如图8-102所示。

（5）使用“直线”工具在上一步绘制的立面矩形上绘制如图8-103所示的造型。

（6）使用“橡皮擦”工具删除立面矩形上的相应线面，如图8-104所示。

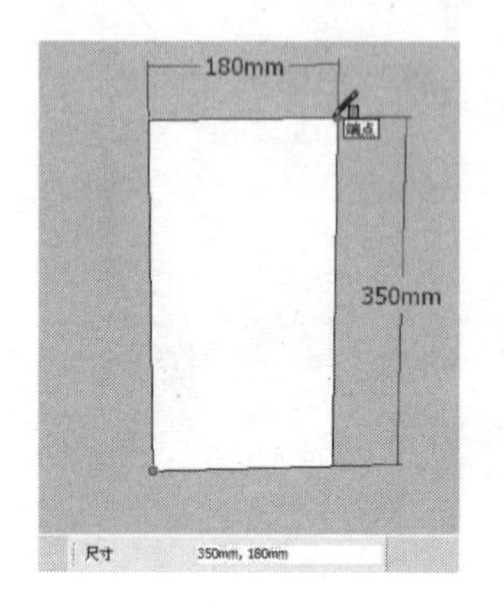

图 8-102

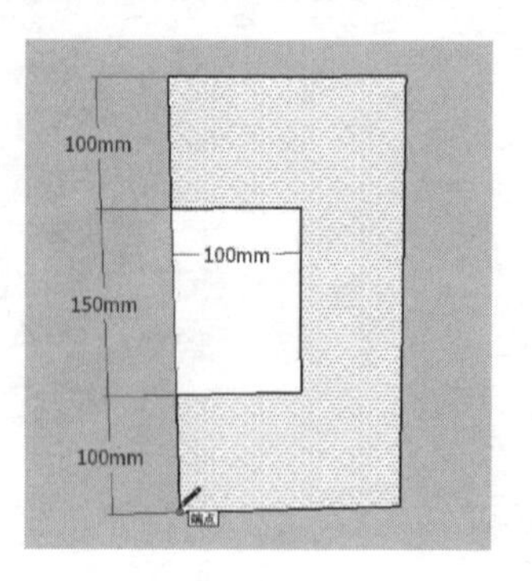

图 8-103

图 8-104

（7）使用“移动”工具将上一步的截面造型移到屋顶边缘的相应位置处，如图 8-105 所示。

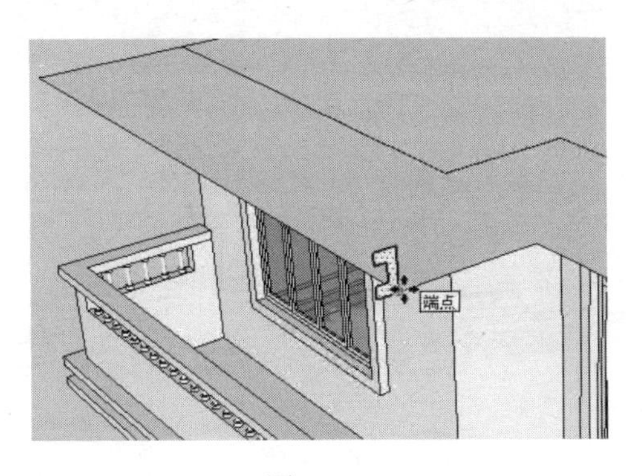

图 8-105

（8）按住【Ctrl】键，使用“选择”工具选择图中相应的边线，再使用“跟随路径”工具单击上一步放置的截面造型对其进行放样操作，如图 8-106 所示。

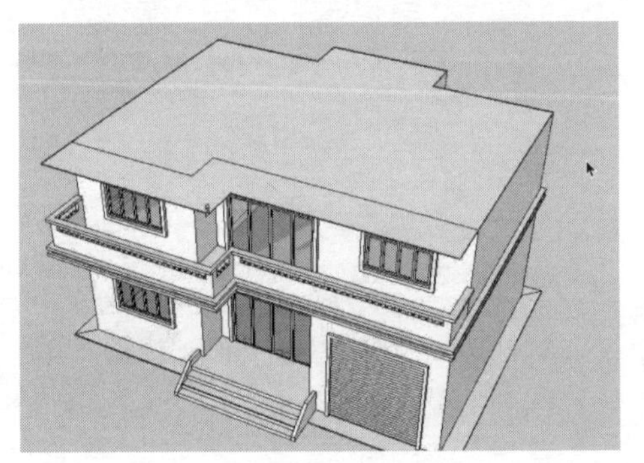

图 8-106

（9）使用“直线”工具在图中的相应位置补上几条线段，如图 8-107 所示。

（10）使用“卷尺”工具捕捉图中相应的边线分别向内绘制两条辅助参考线，如图 8-108 所示。

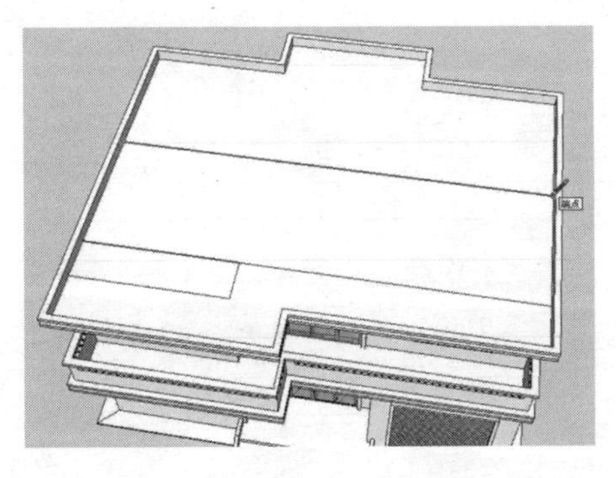

图 8-107

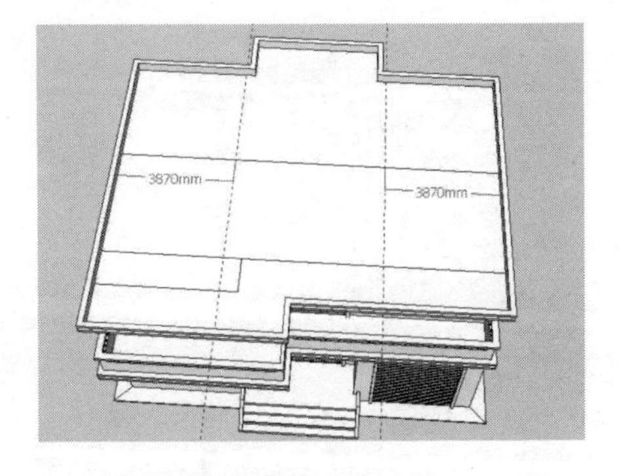

图 8-108

（11）使用“直线”工具借助上一步绘制的辅助参考线在图中相应的位置绘制几条斜线段，如图 8-109 所示。

（12）使用“橡皮擦”工具将图中多余的两条线段删除，如图 8-110 所示。

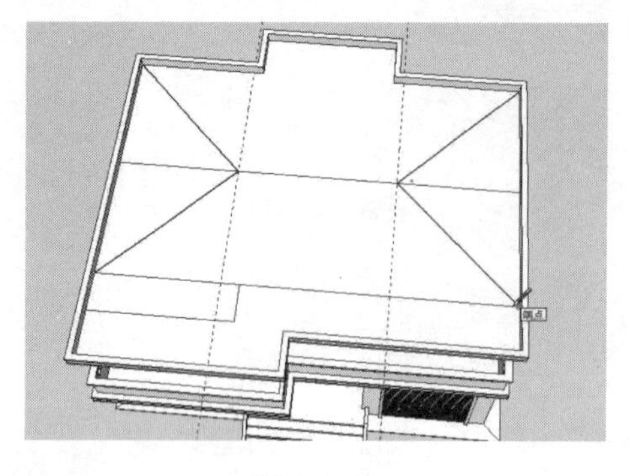

图 8-109

图 8-110

（13）使用“直线”工具在图中相应的位置补上一条线段，如图 8-111 所示。

（14）选择屋顶上的相应边线，然后使用“移动”工具并按住【Shift】键（锁定蓝色坐标轴）将其垂直向上移动 1950mm 的距离，如图 8-112 所示。

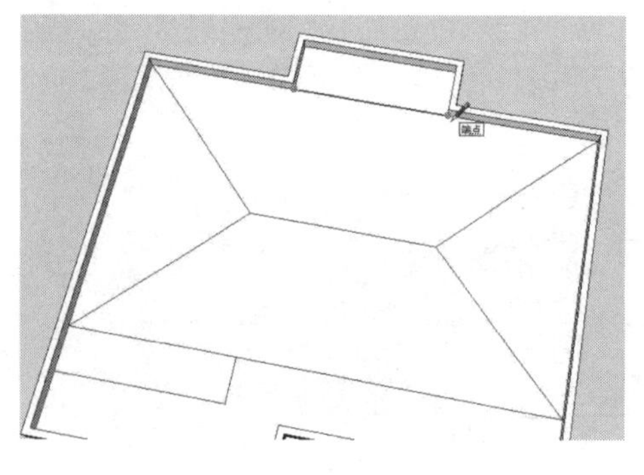

图 8-111

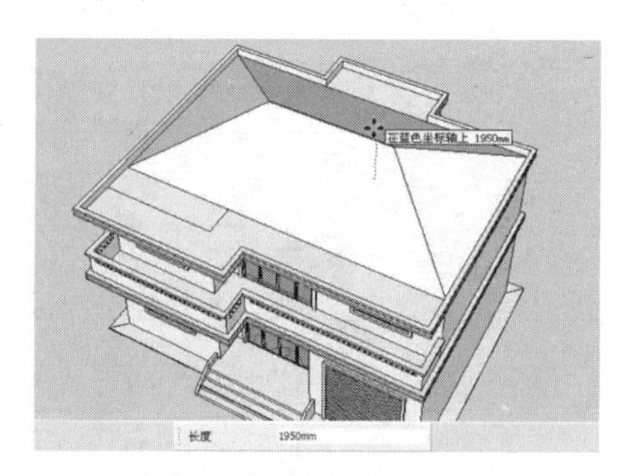

图 8-112

（15）使用“直线”工具捕捉图中相应边线的中点为起点绘制一条斜线段，如图 8-113 所示。

（16）按住【Ctrl】键，使用“移动”工具将上一步绘制的斜线段向外复制一份，如图 8-114 所示。

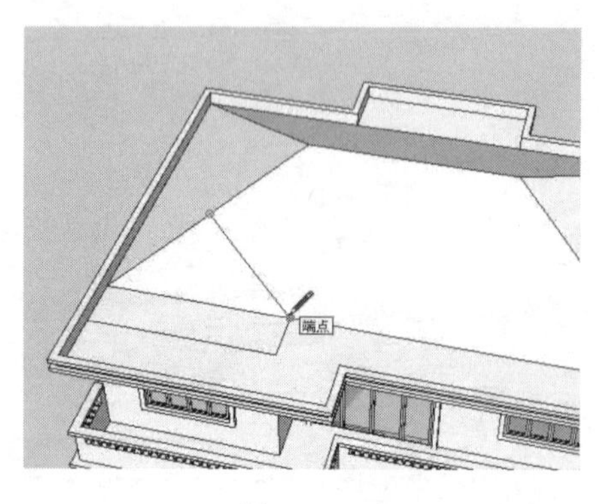

图 8-113

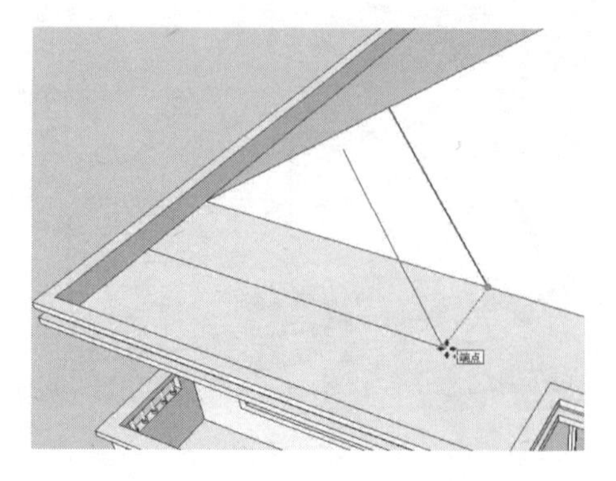

图 8-114

（17）使用“直线”工具对图中相应的造型进行封面，如图 8-115 所示。

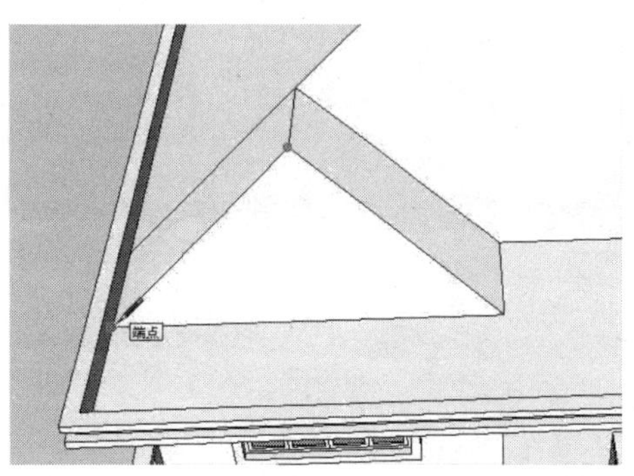

图 8-115

（18）使用“橡皮擦”工具删除图中的相应线面，如图 8-116 所示。

（19）使用“直线”工具捕捉图中相应的边线中点为起点绘制一条斜线段，如图 8-117 所示。

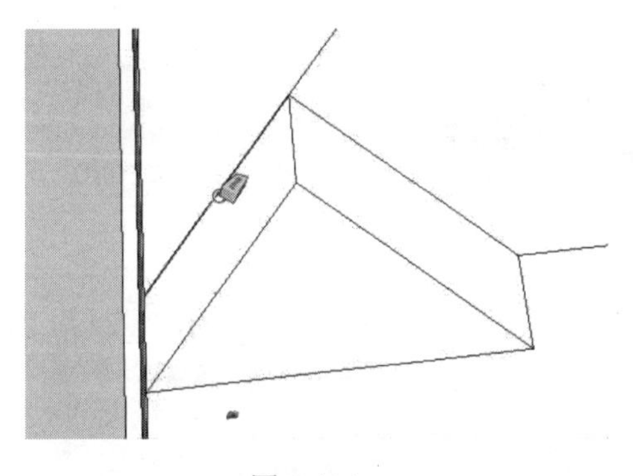

图 8-116

图 8-117

（20）使用“直线”工具捕捉图中相应的边线中点为起点绘制一条斜线段，如图 8-118 所示。

（21）按住【Ctrl】键，使用“移动”工具将上一步绘制的斜线段向外复制一份，如图 8-119 所示。

图 8-118

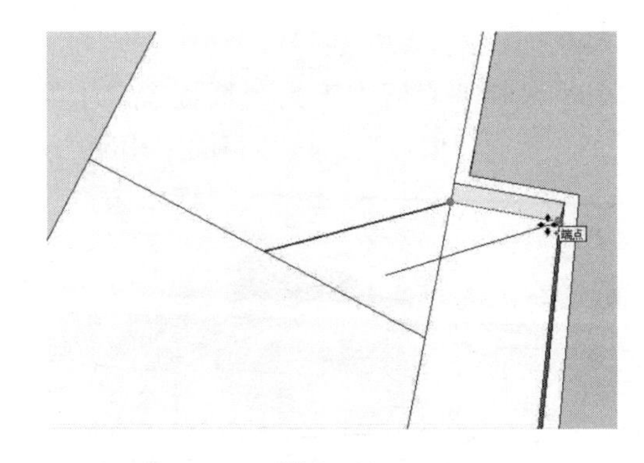

图 8-119

（22）使用“直线”工具对图中相应的造型进行封面，如图 8-120 所示。

（23）使用“橡皮擦”工具删除图中的相应线面，如图 8-121 所示。

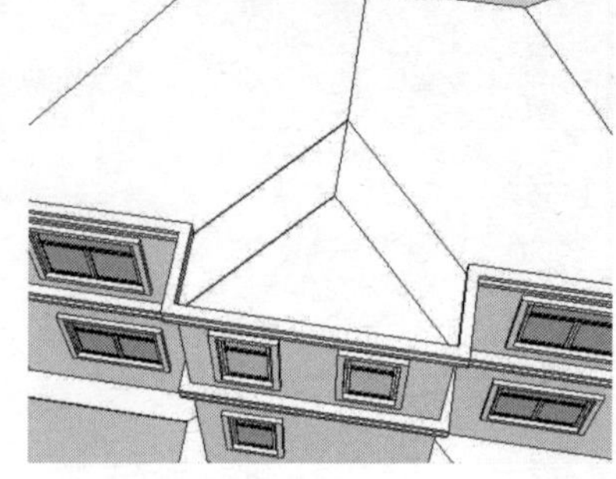

图 8-120

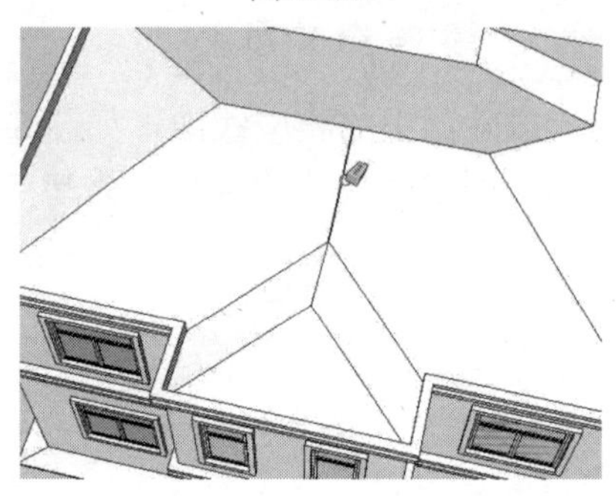

图 8-121

（24）使用“直线”工具捕捉别墅南立面图上的相应轮廓绘制如图 8-122 所示的造型面。

（25）使用“推/拉”工具将上一步绘制的造型面推拉至屋顶的内部，如图 8-123 所示。

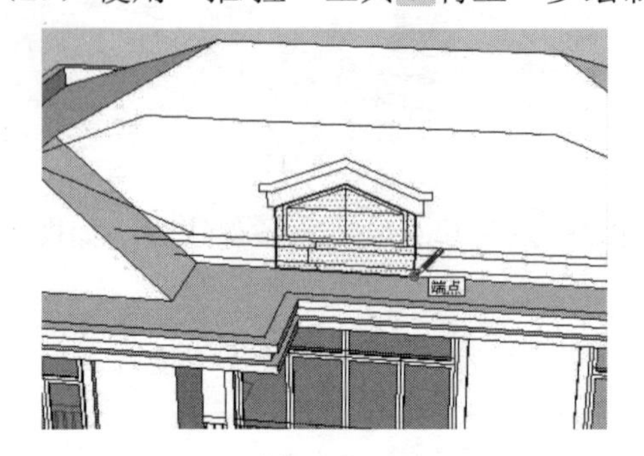

图 8-122

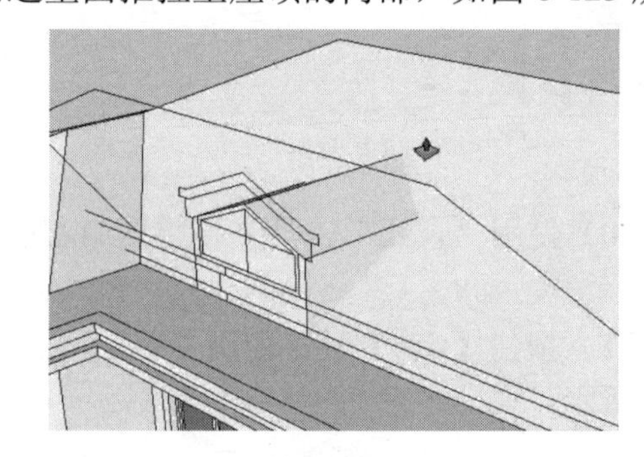

图 8-123

（26）使用“直线”工具捕捉窗户上的相应图纸轮廓绘制如图 8-124 所示的几条线段。

（27）使用“偏移”工具将图中相应的几条边线向内偏移 50mm 的距离，如图 8-125 所示。

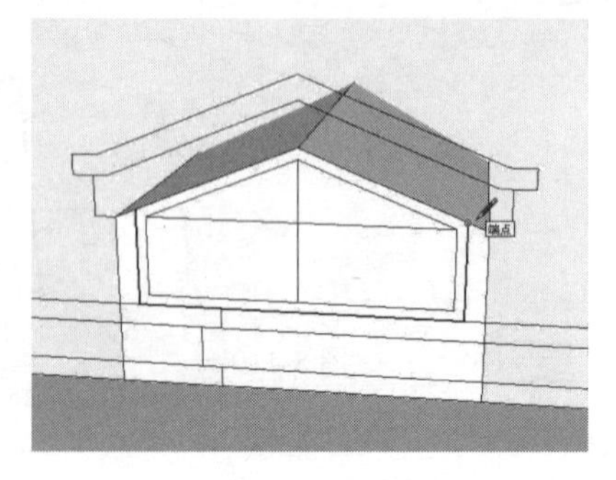

图 8-124

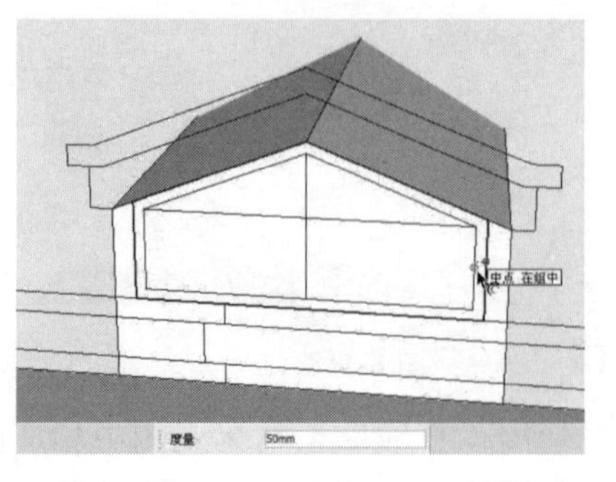

图 8-125

（28）使用“直线”工具捕捉窗户上的相应图纸轮廓绘制如图 8-126 所示的几条线段。

（29）使用“偏移”工具将图中相应的两个矩形面向内偏移 50mm 的距离，以形成窗框的造型效果，如图 8-127 所示。

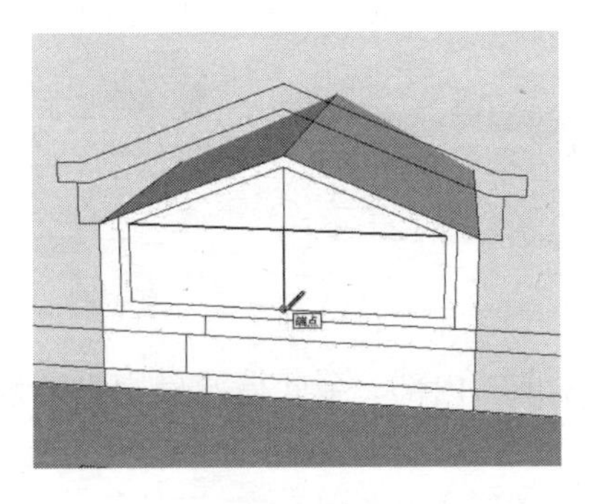

图 8-126

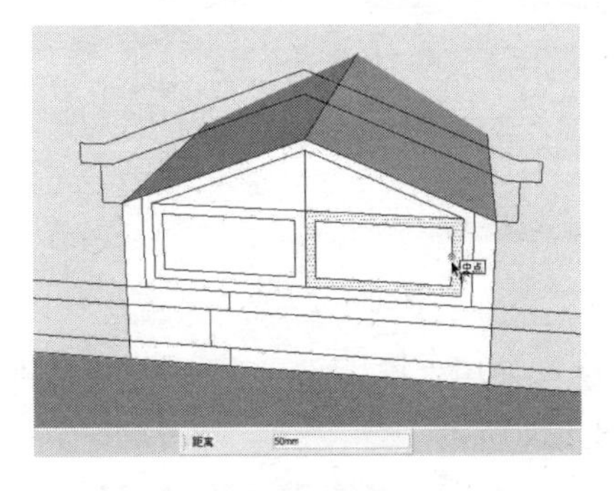

图 8-127

（30）使用“推/拉”工具将图中相应的几个面向内推拉 25mm 的距离，如图 8-128 所示。

（31）使用“直线”工具捕捉图纸上的相应轮廓绘制如图 8-129 所示的几条线段。

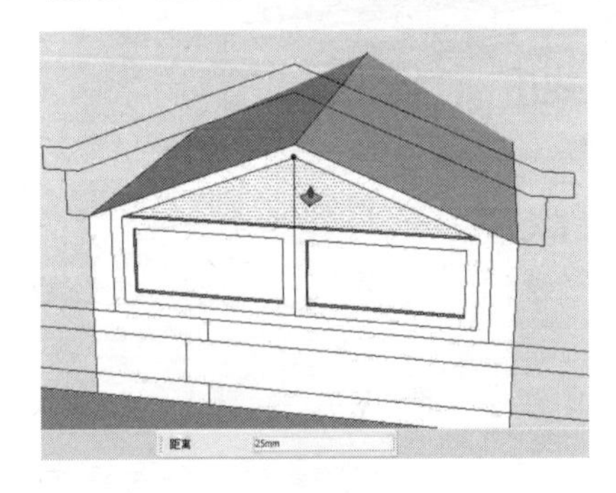

图 8-128

图 8-129

（32）使用“推/拉”工具将上一步绘制的造型面向外推拉 150mm 的距离，如图 8-130 所示。

（33）继续使用“推/拉”工具将造型推拉至屋顶的内部，如图 8-131 所示。

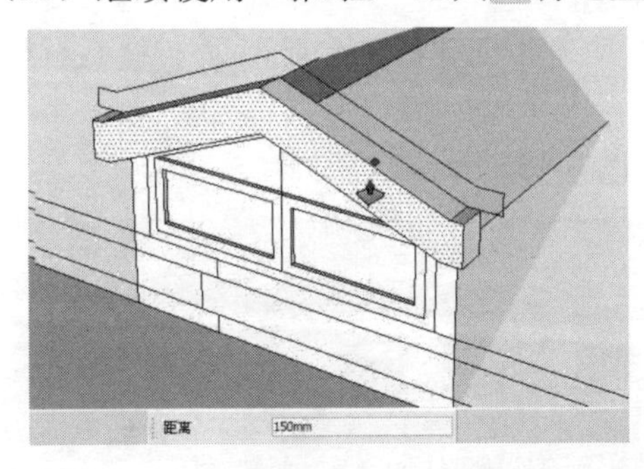

图 8-130

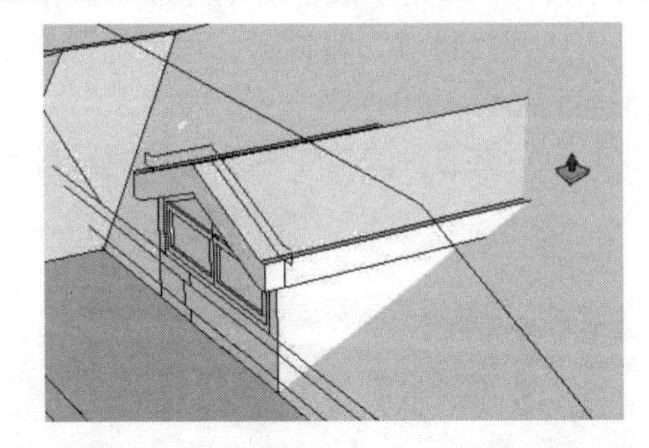

图 8-131

（34）使用“直线”工具捕捉图纸上的相应轮廓绘制如图 8-132 所示的造型面。

（35）使用“推/拉”工具将上一步绘制的造型面向外推拉 150mm 的距离，如图 8-133 所示。

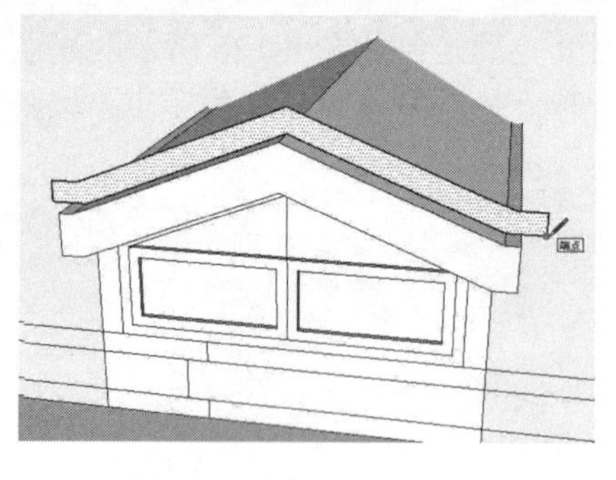

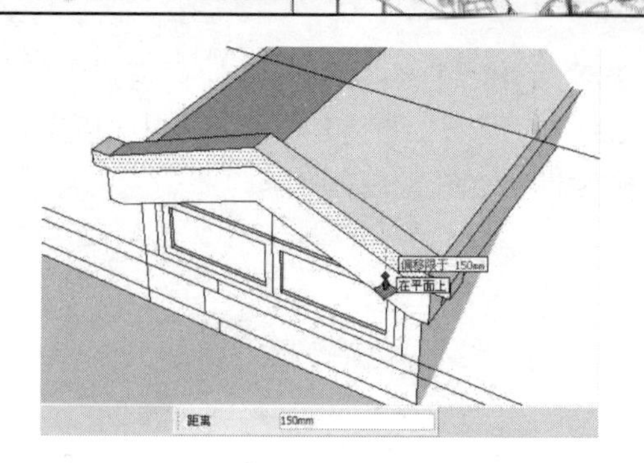

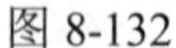

图 8-132　　　　图 8-133

（36）继续使用“推/拉”工具将造型推拉至屋顶的内部。至此该两层别墅的模型创建完成，如图 8-134 所示。

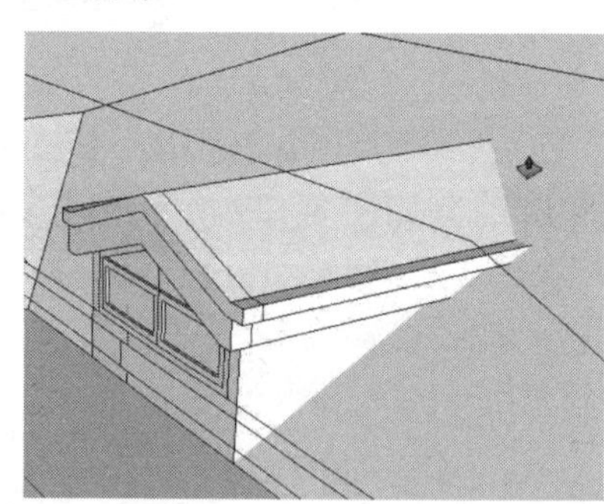

图 8-134

8.5　在 SketchUp 中输出图像

视频\08\在 SketchUp 中输出图像.avi
案例\08\最终效果\别墅 01.jpg 及别墅 02.jpg

创建完模型之后还需要对模型赋予相应的材质，指定相应的视角，然后将场景输出为相应的图像文件，以便于进行后期处理。操作步骤如下：

（1）打开“材质”编辑器，使用“颜料桶”工具为创建好的台阶赋予一种石材材质，如图 8-135 所示。

（2）为别墅的一层墙体赋予一种墙砖材质，如图 8-136 所示。

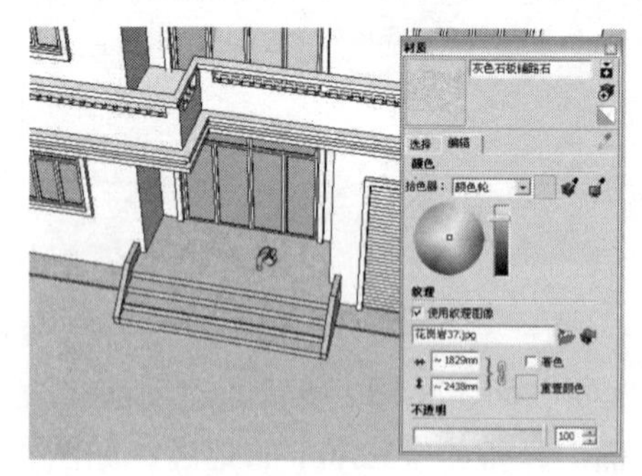

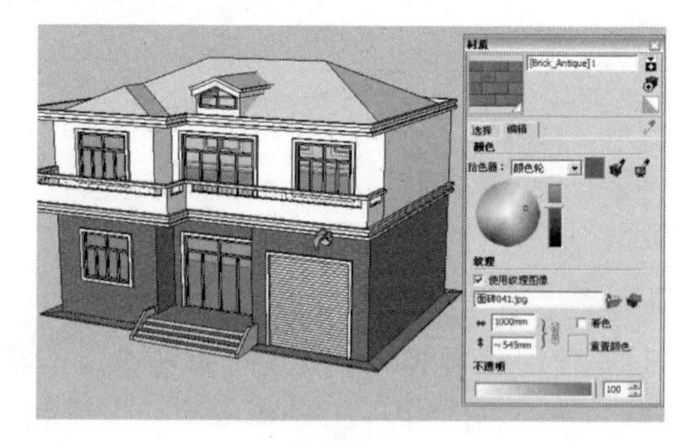

图 8-135　　　　图 8-136

（3）为别墅的屋顶赋予一种瓦片材质，如图 8-137 所示。

（4）使用“矩形”工具 在别墅模型的下侧绘制几个适当大小的矩形面作为草地及路面，并为其赋予相应的草地及路面材质，如图 8-138 所示。

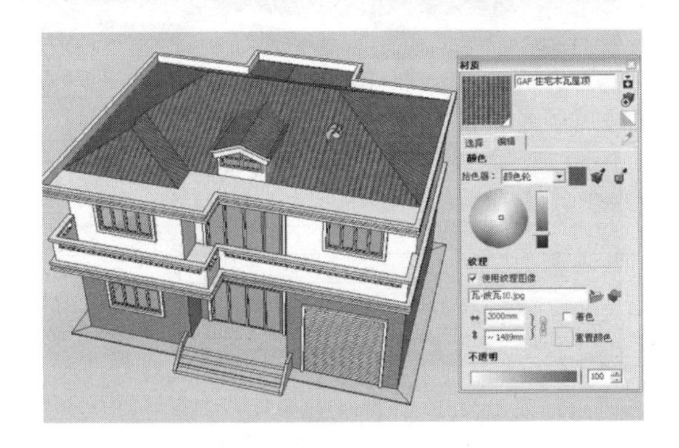

图 8-137

图 8-138

（5）执行“窗口”→“组件”命令，弹出“组件”编辑器，为场景添加一些树木、人物、动物等配景组件，如图 8-139 所示。

（6）调整场景的视角，执行“相机”→“两点透视图”命令，将视图的视角改为两点透视图效果；然后执行“视图”→“动画”→“添加场景”命令，为场景添加一个场景页面用来固定视角，如图 8-140 所示。

图 8-139

图 8-140

（7）执行“窗口”→“样式”命令，弹出“样式”编辑器，切换到“编辑”选项卡下的“背景设置”选项，取消勾选“天空”复选框，并设置“背景”的颜色为纯黑色，如图 8-141 所示。

（8）切换到“编辑”选项卡下的“边线设置”选项，取消勾选“显示边线”复选框，如图 8-142 所示。

（9）执行“视图”→“工具栏”→“阴影”命令，打开“阴影”工具栏，单击“显示/隐藏阴影”按钮 ，将阴影在视图中显示出来；然后单击“阴影设置”按钮 ，打开“阴影设置”面板，设置相关的参数，如图 8-143 所示。

（10）执行“文件”→“导出”→“二维图形”命令，弹出“输出二维图形”对话框，输入文件名“别墅 01”，文件格式设为“JPEG 图像（*.jpg）”，单击“选项”按钮，弹出“导出 JPG 选项”对话框，在其中输入输出文件的大小，单击“确定”按钮返回“导出二维图形”对话框。然后单击“输出”按钮，将文件输出到相应的存储位置，如图 8-144 所示。

图 8-141

图 8-142

图 8-143

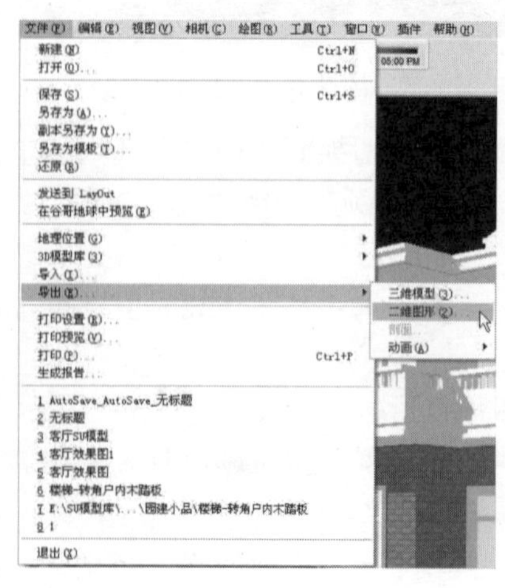

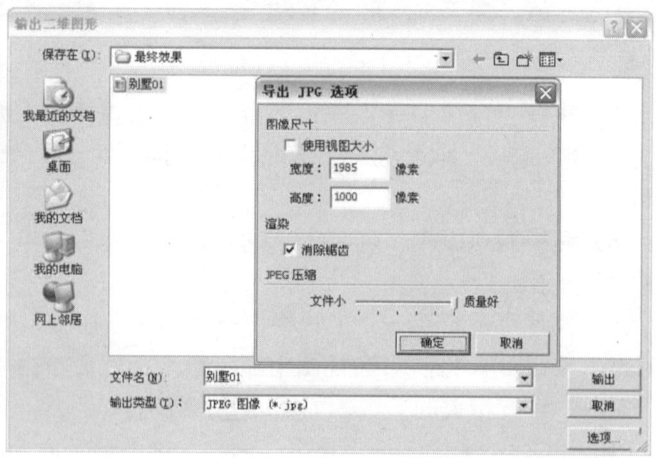

图 8-144

（11）单击“样式”工具栏上的“隐藏线”按钮，将视图的显示模式切换为“隐藏线”显示模式；然后单击“阴影”工具栏上的“显示/隐藏阴影”按钮，关闭阴影显示，如图 8-145 所示。

（12）执行“文件”→“导出”→“输入二维图形”命令，将图像文件输出到相应的存储位置，如图 8-146 所示。

图 8-145

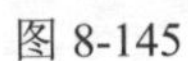

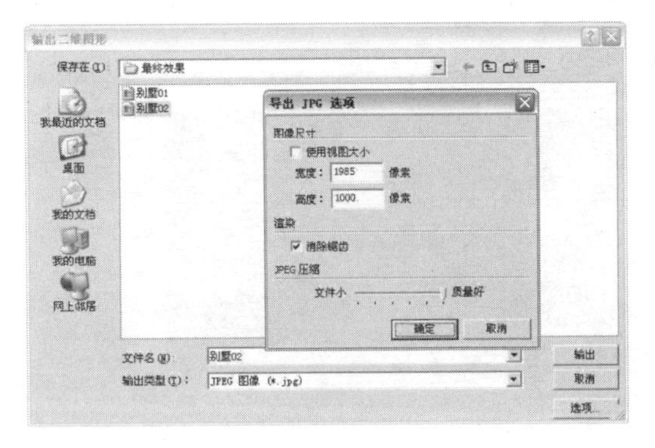

图 8-146

8.6　在 PhotoShop 中后期处理

视频\08\在 Photoshop 中后期处理.avi
案例\08\最终效果\别墅效果图.jpg

将文件导出为相应的图像文件后，还需要在 PhotoShop 软件中对导出的图像进行后期处理，使其符合要求，操作步骤如下：

（1）启动 PhotoShop 软件，执行“文件”→“打开”命令，弹出“打开”对话框，分别打开本书配套光盘中的“案例\08\最终效果\别墅 01.jpg”及“别墅 02.jpg”文件，如图 8-147 所示。

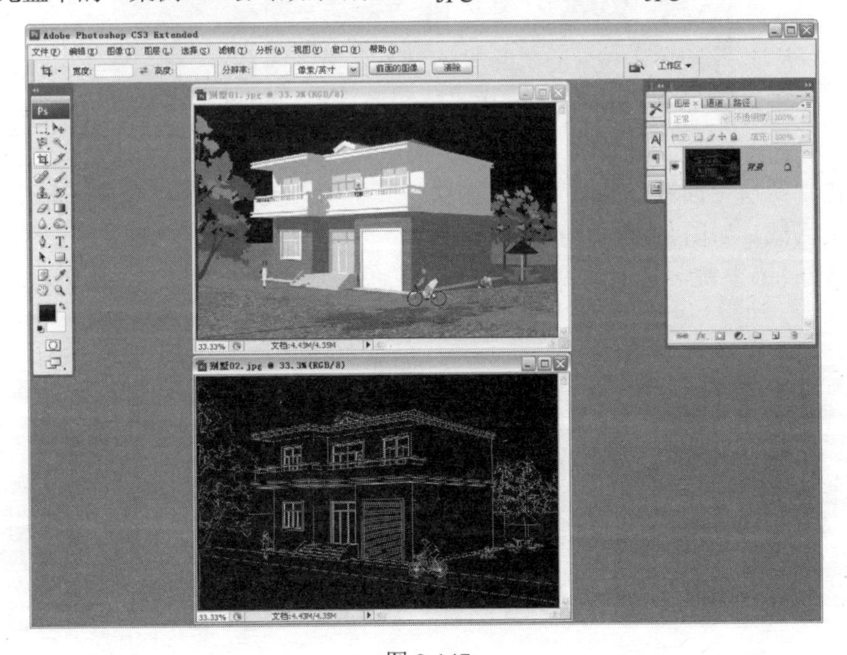

图 8-147

（2）使用“移动工具”将“别墅 02”图像文件拖到“别墅 01”图像文件中，然后再将“别墅 02”图像文件关闭，如图 8-148 所示。

（3）在“图层”面板中选择“黑白线稿”图层，然后按【Ctrl+I】组合键将其进行反相（即前景色与背景色的转换），如图 8-149 所示。

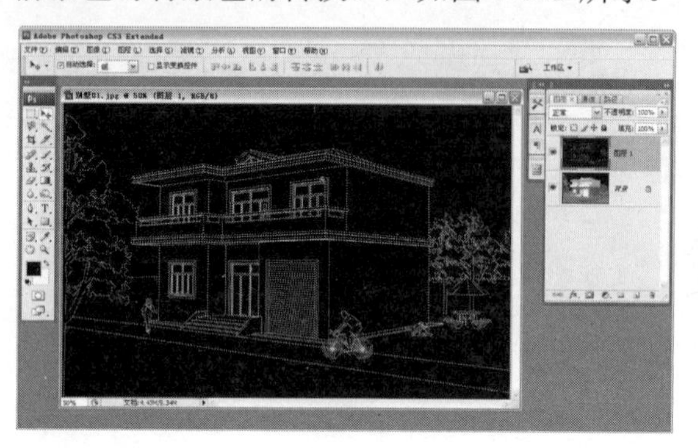

图 8-148

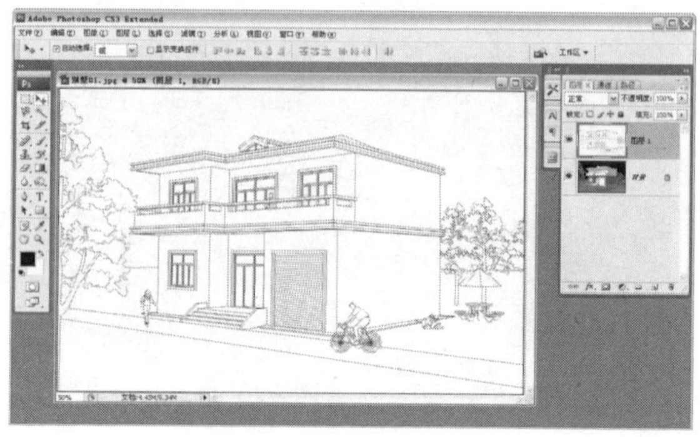

图 8-149

（4）将上一步进行反相后的“黑白线稿”图层的混合模式设为“正片叠底”，“不透明度”为 50%，如图 8-150 所示。

图 8-150

（5）双击“图层”面板中的“背景”图层将其解锁，然后使用“魔棒工具”选择图像中的背景黑色区域，如图 8-151 所示。

（6）按【Delete】键，将上一步选择的背景黑色区域删除，如图 8-152 所示。

图 8-151

图 8-152

（7）执行“文件”→“打开”命令，打开本书配套光盘中的“案例\08 素材文件\天空.jpg”图像文件，如图 8-153 所示。

（8）使用“移动工具”将打开的“天空.jpg”图像文件拖到“别墅 01.jpg”图像文件中，并对拖入的图像文件进行大小及图层前后位置的修改，如图 8-154 所示。

图 8-153

图 8-154

（9）执行“滤镜”→“艺术效果”→“干笔画”命令，弹出“干笔画”对话框，设置如图 8-155 所示，单击“确定”按钮。

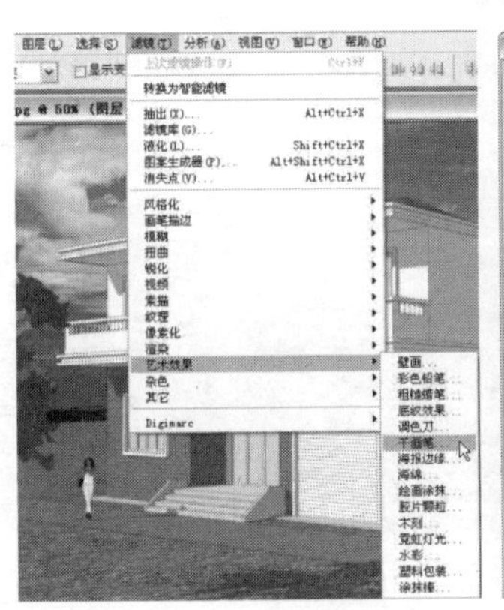

图 8-155

（10）单击“图层”面板中的“创建新图层”按钮，新建一个图层为“图层 3”，如图 8-156 所示。

（11）打开“渐变编辑器”对话框，设置一个从蓝色到白色的颜色渐变，如图 8-157 所示。

图 8-156

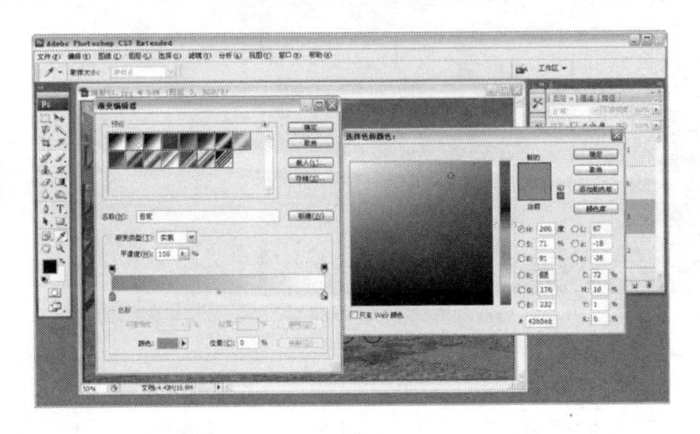

图 8-157

（12）设置好颜色渐变后，在图像上从上往下拖动，形成一个从上往下的蓝白的渐变效果，然后设置渐变的“不透明度”为 50%，如图 8-158 所示。

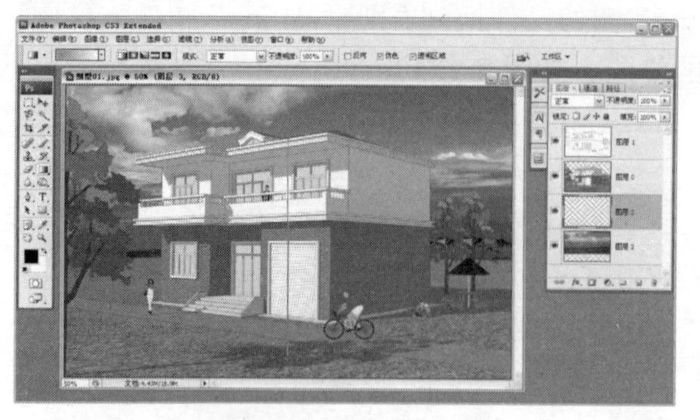

图 8-158

（13）按【Shift+Ctrl+E】组合键，将“图层”面板中的可见图层合并为一个图层，如图 8-159 所示。

（14）拖动“图层 3”到“创建新图层”按钮上，得到“图层 3 副本”图层，然后设置图层的混合模式为“柔光”，“不透明度”为 50%，如图 8-160 所示。

图 8-159

图 8-160

（15）使用“裁剪工具”对图像文件进行裁剪操作，使其符合要求，如图 8-161 所示。

（16）使用“魔棒工具”选择图像中的玻璃区域，如图 8-162 所示。

图 8-161

图 8-162

（17）将图像的前景色设置为一种蓝颜色，然后按【Alt+Delete】组合键对图中的玻璃区域进行填充，然后将图像的“不透明度”设置为 40%，如图 8-163 所示。

（18）执行“文件”→“打开”命令，弹出“打开”对话框，打开本书配套光盘中的“案例\08 素材文件\天空.jpg”图像文件，使用“移动工具”将“天空.jpg”图像文件拖到“别墅 01.jpg”图像文件中，如图 8-164 所示。

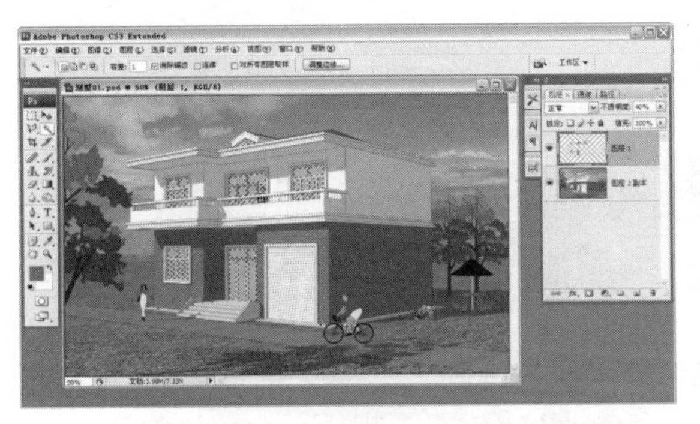

图 8-163

图 8-164

（19）按【Delete】键，将玻璃选区以外的天空图像区域删除，如图 8-165 所示。

（20）按【Shift+Ctrl+E】组合键将“图层”面板中的可见图层合并为一个图层，如图 8-166 所示。

图 8-165

图 8-166

（21）使用“加深工具”对图像的上下左右相应位置进行加深操作，使图像效果更加真实自然，如图 8-167 所示。

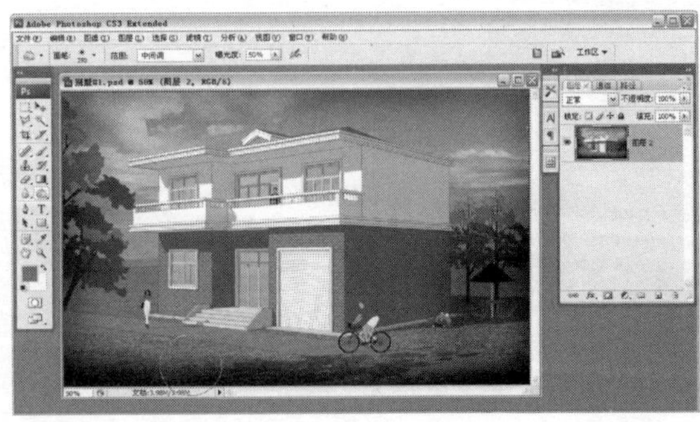

图 8-167

（22）至此该别墅的效果图制作完成，最终效果如图 8-168 所示。

图 8-168

第 9 章 创建地形场景模型

本章导读

本章主要讲解地形场景模型的创建，包括梯田式地形、等高线地形、网格地形、山地建筑基底图、山地道路、渐变山体、起伏的地形相关知识。

主要内容

- 创建梯田式地形
- 根据等高线生成地形
- 根据网格创建地形
- 创建山地建筑基底图
- 创建山地道路
- 创建颜色渐变的山体
- 制作起伏的地形场景

效果预览

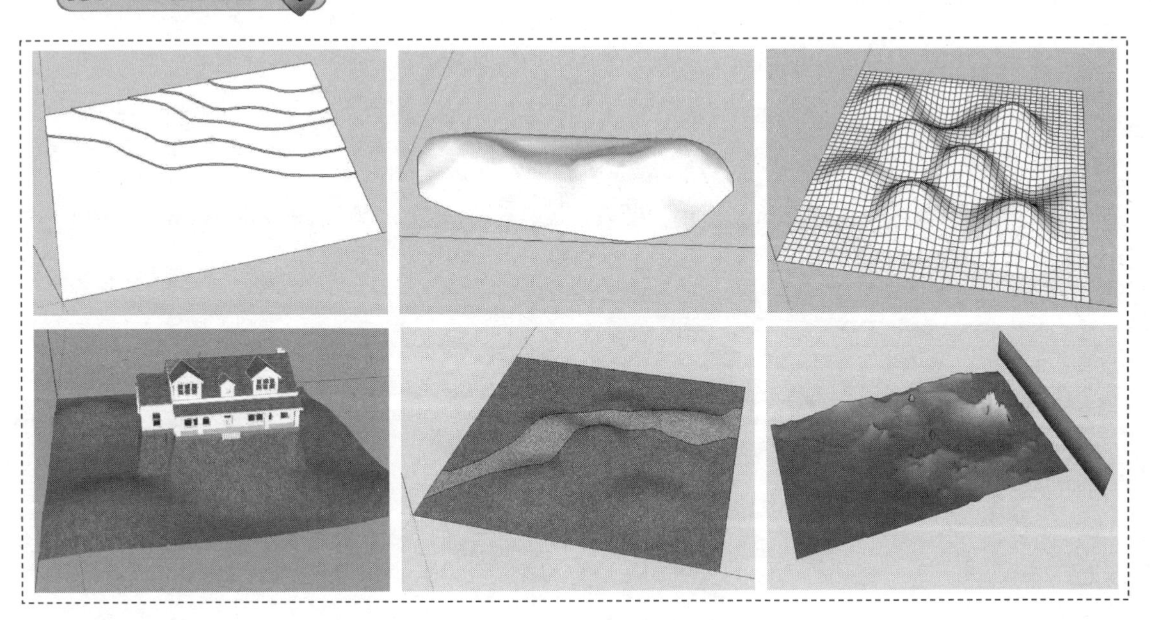

9.1 创建梯田式地形

可以使用“推/拉”工具创建梯田式地形，虽然创建的山体不是很精确，但却非常便捷，可以用来做概念性方案展示或者大面积梯田景观地带的景观设计，如图 9-1 所示。

图 9-1

视频\09\练习 9-1.avi
案例\09\最终效果\练习 9-1.skp

使用“推/拉”工具创建梯田式地形的操作步骤如下：

（1）启动 SketchUp 软件，执行“文件”→“打开”命令，弹出“打开”对话框，打开本书配套光盘中的“案例\09\素材文件\练习 9-1.skp”文件，如图 9-2 所示。

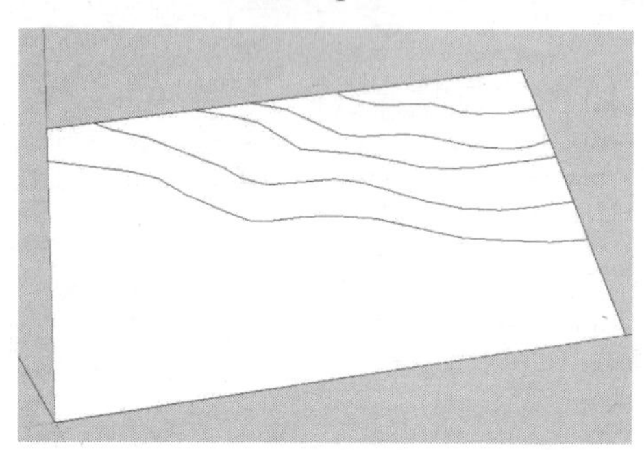

图 9-2

（2）假设等高线高差为 5m，使用“推/拉”工具依次将等高线多推拉 5m 的高度，如图 9-3 所示。

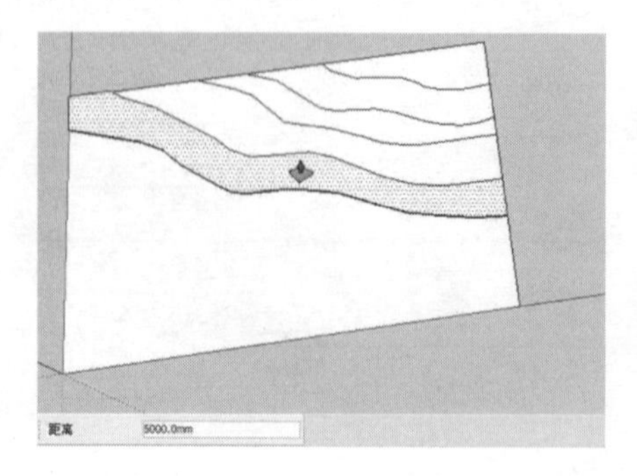

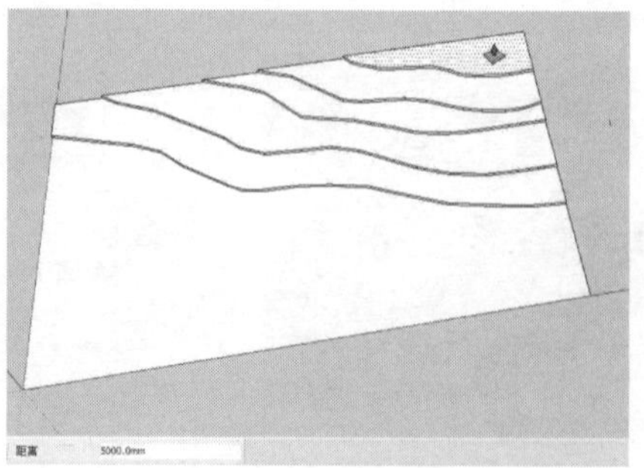

图 9-3

9.2　根据等高线生成地形

等高线是一组垂直间距相等且平行于水平面的假想面与自然地貌相交所得到的交线在平面上的投影。在同一条等高线上所有点的高程都相等，每一条等高线都是闭合的。在 SketchUp 中，可以使用“根据等高线创建”工具，根据等高线生成地形模型。

视频\09\练习 9-2.avi
案例\09\最终效果\练习 9-2.skp

根据等高线生成地形的操作步骤如下：

（1）启动 SketchUp 软件，执行“相机”→“标准视图”→“俯视图”命令，将视图调整为俯视图。然后使用“徒手画”工具根据地形文件绘制等高线，然后将等高线内部的面删除，如图 9-4 所示。

（2）使用“移动”工具在透视图中将等高线移至相应的高度，如图 9-5 所示。

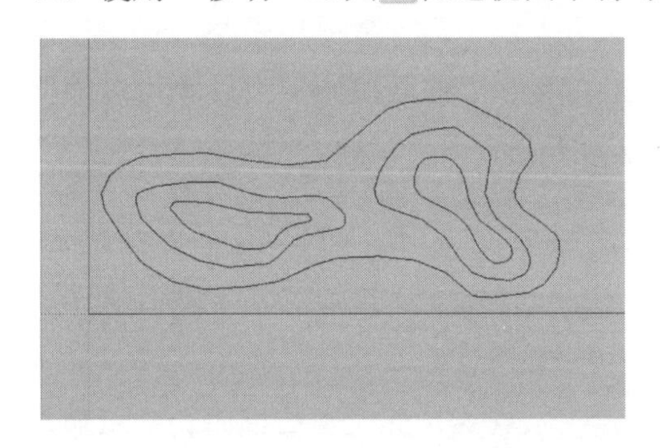
图 9-4

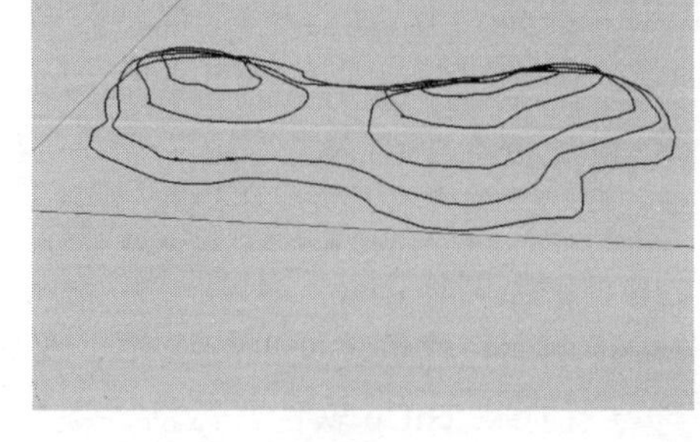
图 9-5

（3）选择绘制好的等高线，然后单击“沙盒”工具栏上的“根据等高线创建”工具，此时会出现生成地形的进度条，生成的等高线地形会自动形成一个组，然后在组外将等高线删除，如图 9-6 所示。

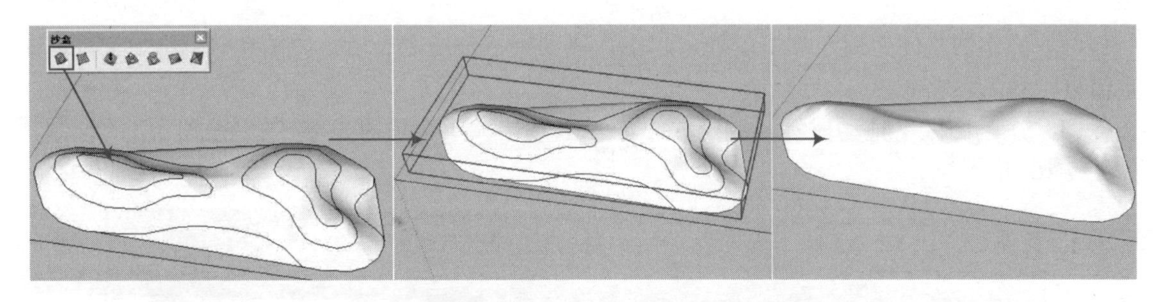
图 9-6

执行“视图”→“工具栏”命令，弹出“工具栏”对话框，选择“工具栏”选项卡，勾选“沙盒”复选框，单击“确定”按钮，即打开“沙盒”工具栏，如图 9-7 所示。

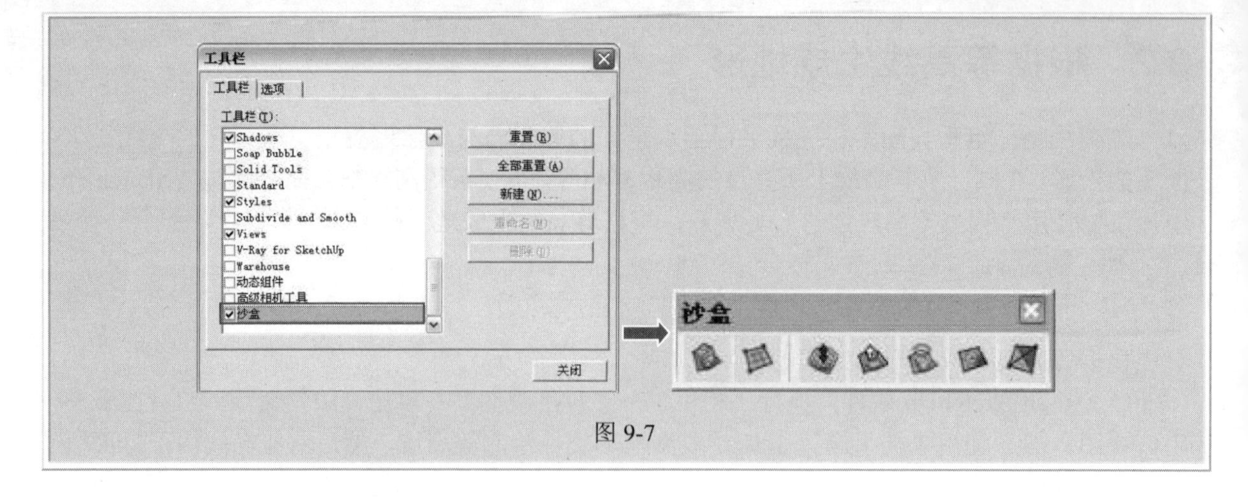

图 9-7

9.3 根据网格创建地形

使用“沙盒”工具栏上的“根据网格创建”工具和“曲面拉伸”工具可以根据网格创建地形，但创建的只是大体的地形空间，并不十分精确。

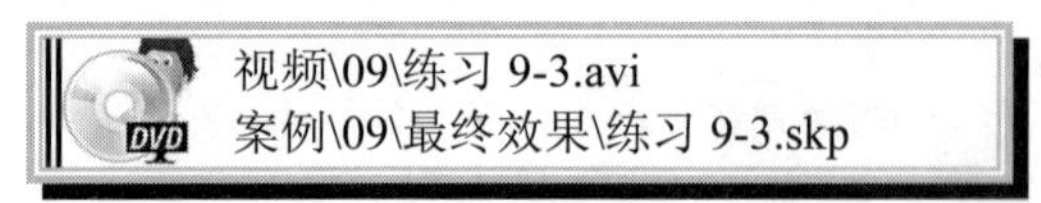

使用“根据网格创建”工具绘制网格平面，再使用“曲面拉伸”工具对网格中的相应部分进行曲面拉伸创建地形的操作步骤如下：

（1）启动 SketchUp 软件，激活“根据网格创建”工具，此时数值框内会提示输入网格间距，输入相应的数值后，按【Enter】键即可，如图 9-8 所示。

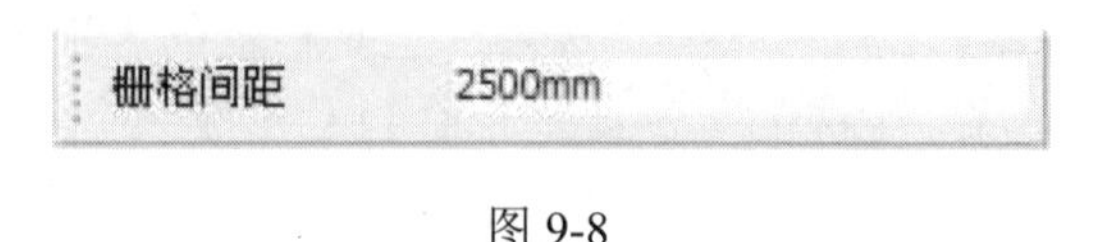

图 9-8

（2）确定网格间距后，单击以确定起点，移动鼠标至所需长度，如图 9-9 所示。也可以在数值框中输入网格长度。

（3）在绘图区中拖动鼠标绘制网格平面，当网格大小合适时，单击即完成网格的绘制，如图 9-10 所示。

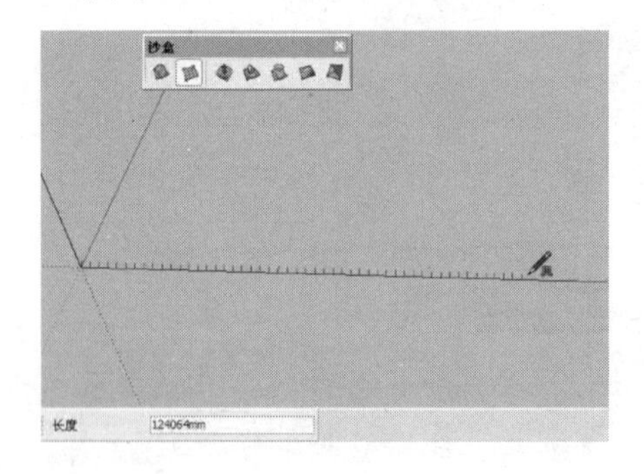

图 9-9

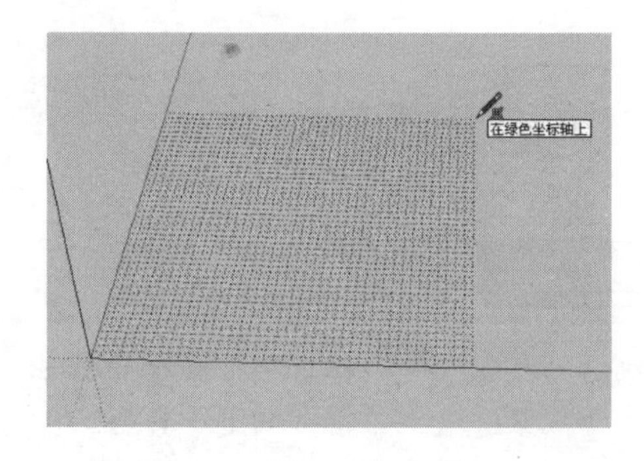

图 9-10

（4）完成绘制后，网格会自动封面，并形成一个组，如图 9-11 所示。

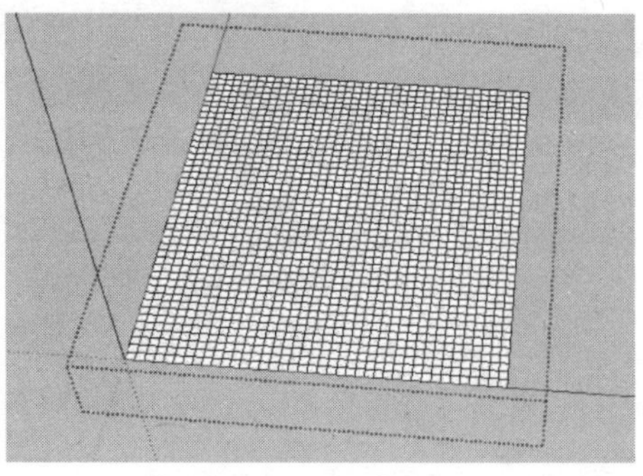

图 9-11

（5）双击网格平面群组，进入内部编辑状态（或者将其分解），激活“曲面拉伸”工具（或者执行“工具”→“沙盒”→“曲面拉伸”命令），并在数值框中输入变形框的半径，如图 9-12 所示。

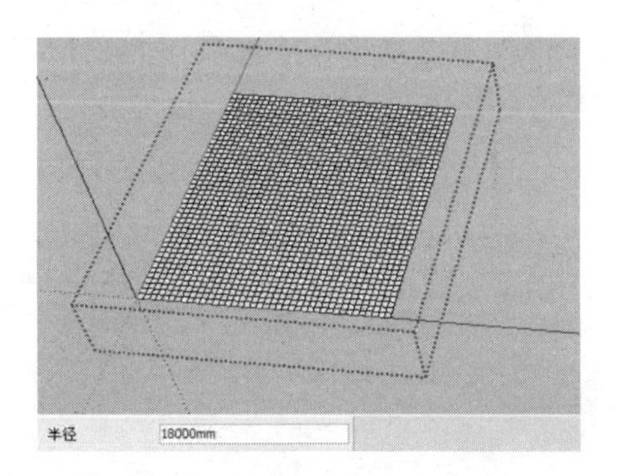

图 9-12

（6）激活“曲面拉伸”工具后，将鼠标指针指向网格平面时，会出现一个圆形的变形框。用户可以通过拾取一点进行变形，拾取的点就是变形的基点，包含在圆圈内的对象都将进行不同幅度的变化，如图 9-13 所示。

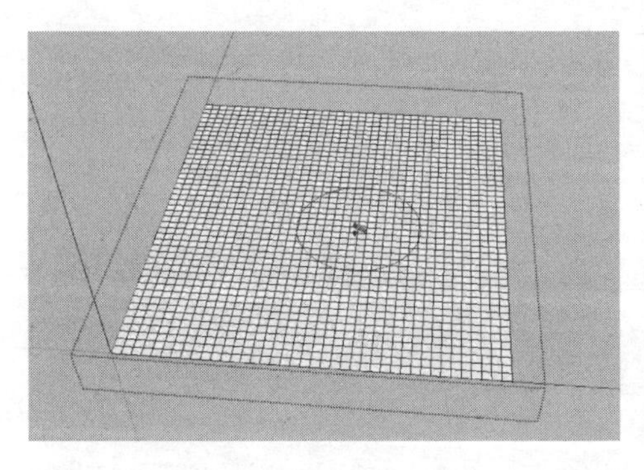
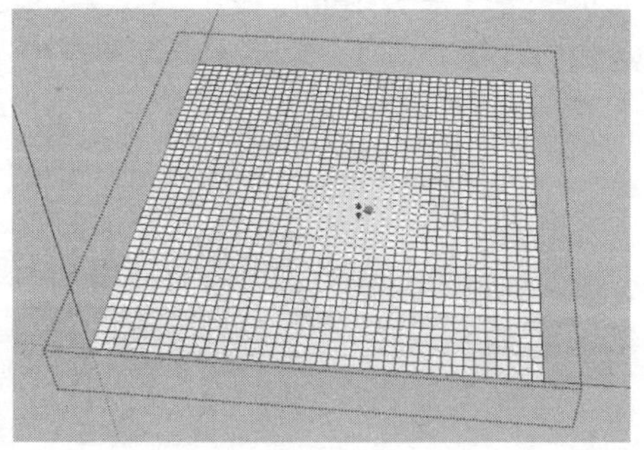

图 9-13

（7）在网格平面上拾取不同的点并上下拖动拉伸出理想的地形（也可通过数值框指定拉伸的高度），完成根据网格创建地形的操作，如图 9-14 所示。

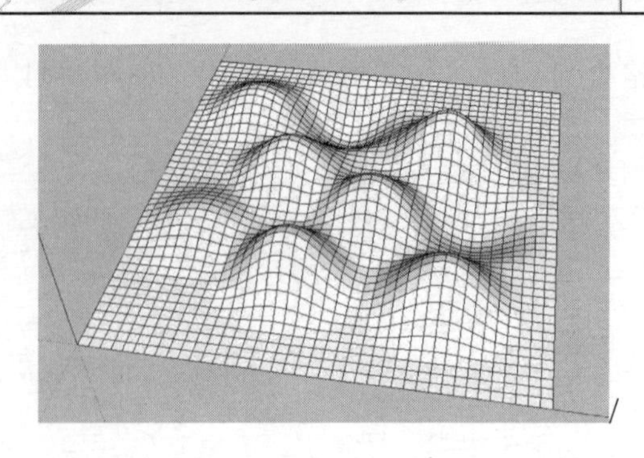

图 9-14

一般情况下，要想达到较好的预期山体效果，需要对地形网格进行多次推拉，而且要不断改变变形框的半径大小。

使用“曲面拉伸”工具进行拉伸时，拉伸的方向默认为 Z 轴（即使用户改变了默认的轴线）。如果想多方位拉伸，可以使用“旋转”工具将拉伸的组旋转至合适的角度，然后再进入群组的编辑状态进行拉伸，如图 9-15 所示。

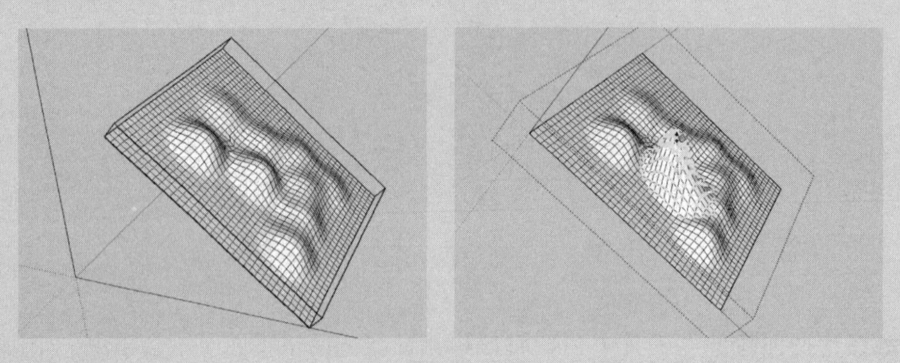

图 9-15

如果想只对个别的点、线或面进行拉伸，可以先将变形框的半径设置为一个正方形网格单位的数值或者设置为 1mm。完成设置后，退出工具状态，然后再选择点、线（两个顶点）、面（面边线所有的顶点），再激活“曲面拉伸”工具进行拉伸即可，如图 9-16 所示。

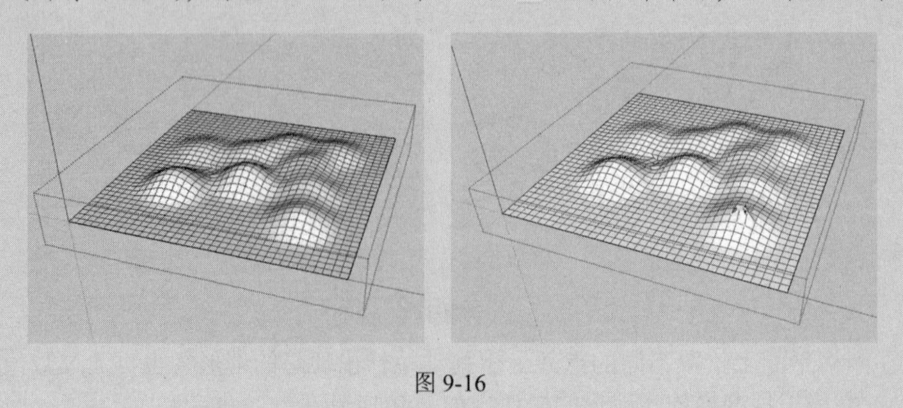

图 9-16

9.4　创建山地建筑基底面

创建完山体模型后，为了将建筑安置其上，需要使用“曲面平整”工具将建筑的基底面投影到山体之上，然后再拉伸一定的距离，创建出山地建筑的基底面。

使用“沙盒”工具栏上的“曲面平整”工具在复杂的地形表面上创建建筑基面和平整场地，以使建筑物能够与地面更好地结合，操作步骤如下：

（1）启动 SketchUp 软件，执行“文件”→“打开”命令，弹出“打开”对话框，打开本书配套光盘中的“案例\09\素材文件\练习 9-4.skp”场景文件，如图 9-17 所示。

（2）在视图中调整好建筑物与地面的位置，使建筑物正好位于将要创建的建筑基面的垂直上方，接着激活“曲面平整”工具，并单击建筑物的底面，此时会出现一个红色的线框，该线框表示投影面的外延距离，在数值框中可以指定线框外延距离的数值，线框会根据输入数值的变化而变化，这里输入偏移的距离为 2000mm，如图 9-18 所示。

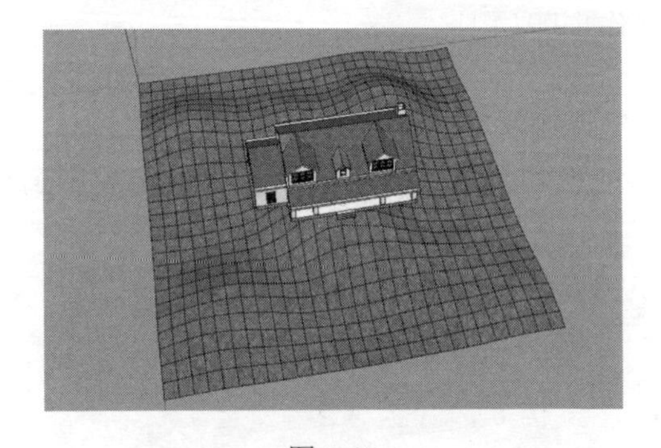

图 9-17

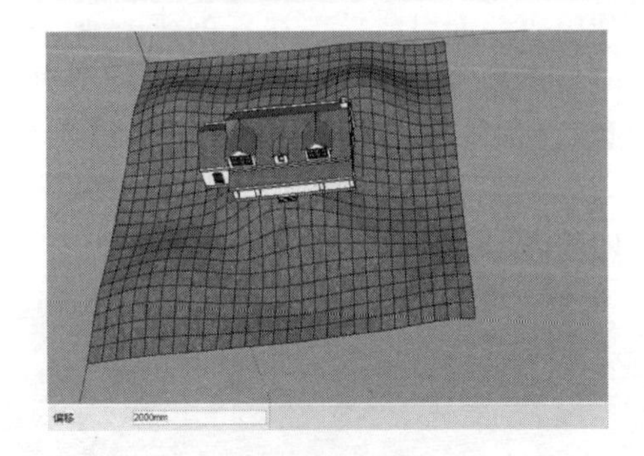

图 9-18

（3）确定外延距离后，将鼠标指针移到地形上，鼠标指针将变为，单击后将变为上下箭头状，拖动鼠标将地形拉伸一定的距离，如图 9-19 所示。

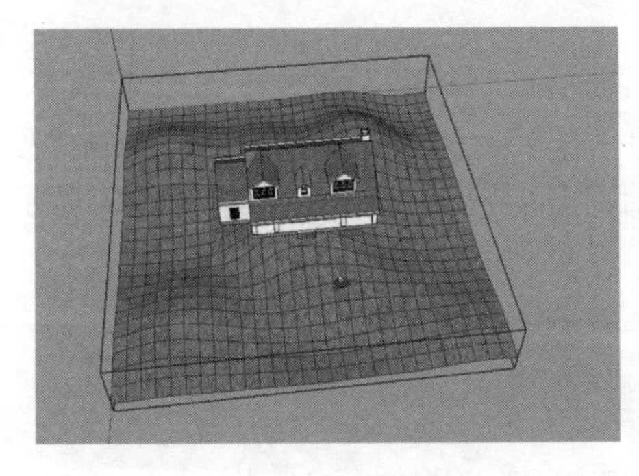

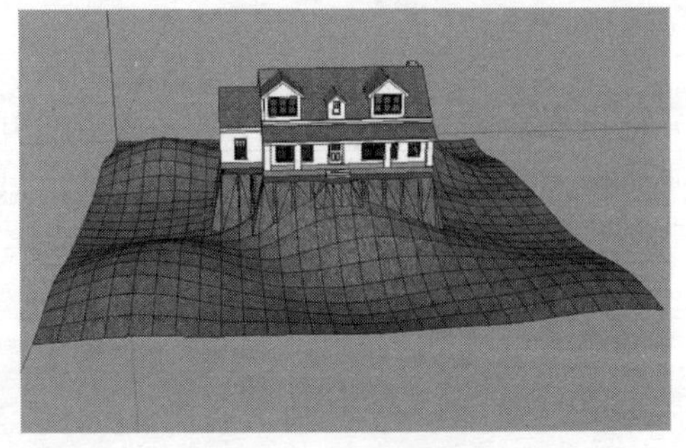

图 9-19

（4）使用“移动”工具将建筑物移到创建好的建筑基面上，如图 9-20 所示。

（5）选择地形，然后执行“窗口”→“柔化边线”命令，弹出“柔化边线”编辑器，将法线之间的角度调到最大值，并勾选“柔化共面”复选框，如图 9-21 所示。

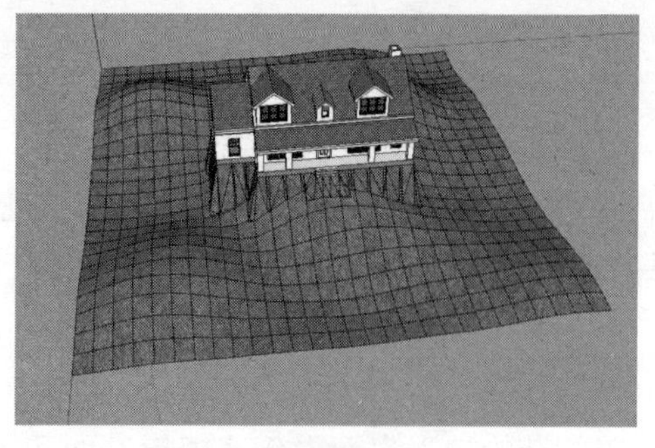

图 9-20

图 9-21

9.5 创建山地道路

由于山地模型每处标高都不同，因此在山体上直接绘制道路就变得非常困难，这就需要使用“曲面投射”工具将平面的道路投影到山体上，以形成随山体起伏的山体道路。

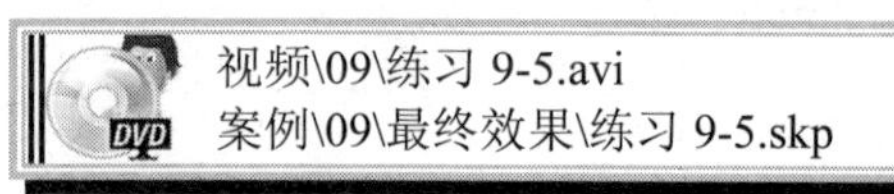

使用“曲面投射”工具创建山地道路的操作步骤如下：

（1）启动 SketchUp 软件，执行“文件”→“打开”命令，弹出“打开”对话框，打开本书配套光盘中的“案例\09\素材文件\练习 9-5.skp”场景文件，如图 9-22 所示。

（2）激活“曲面投射”工具，再依次单击地形和平面，此时地面的边界会投影到平面上，如图 9-23 所示。

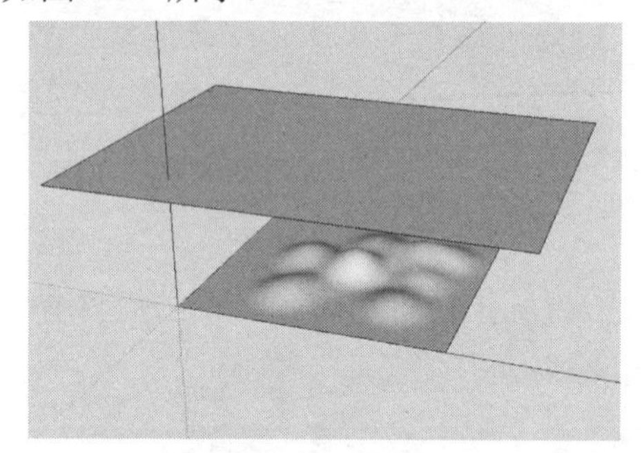

图 9-22

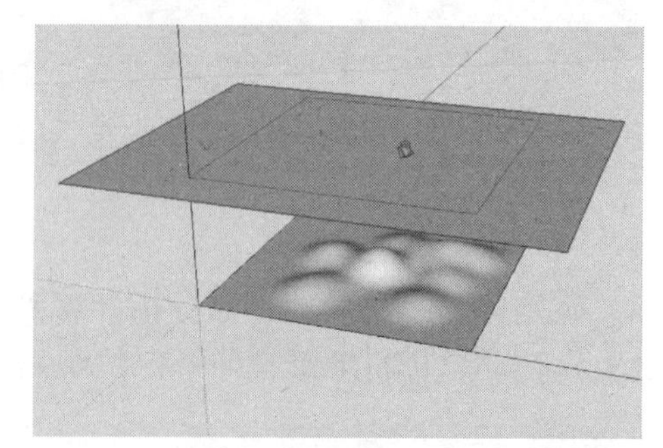

图 9-23

（3）将投影后的平面制作为组件，然后使用“徒手画”工具在组件内绘制需要投影的图形，使其封闭成面，接着删除多余的部分，只保留需要投影的部分，如图 9-24 所示。

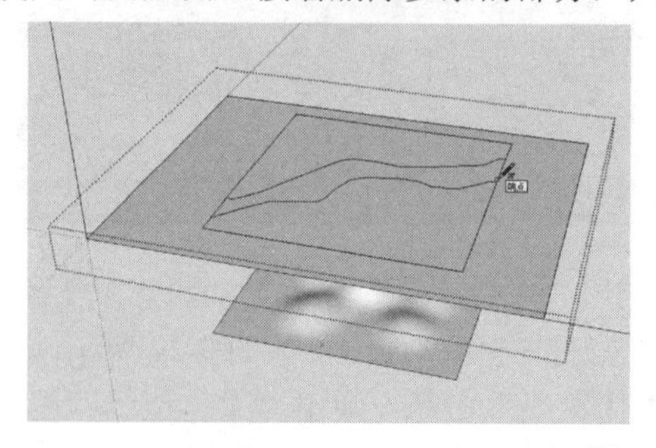

图 9-24

（4）选择需要投影的物体，然后激活“曲面投射”工具，在地形上单击，此时投影物体会按照地形的起伏自动投影到地形上，如图 9-25 所示。

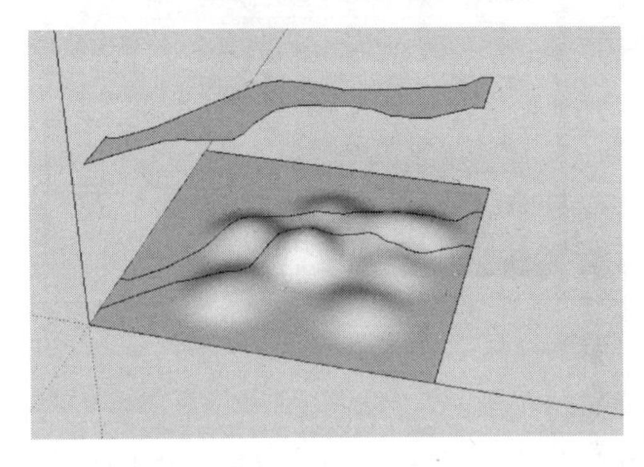
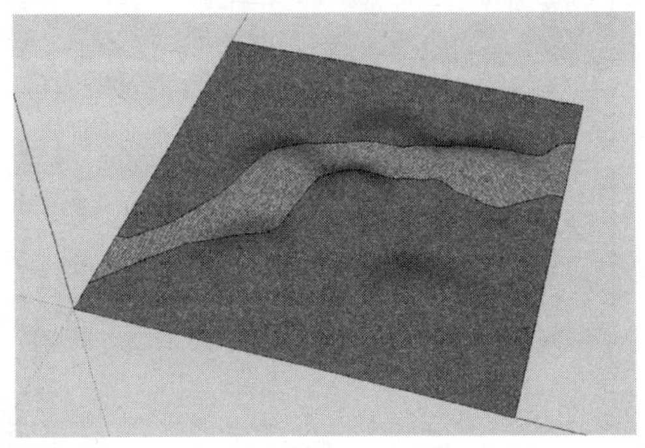

图 9-25

9.6　创建颜色渐变的山体

如果设计过程中不需要为地形场景赋予遥感影像，则可以简单地为地形赋予一个颜色，使山体的颜色从山底到山顶呈现渐变的效果。

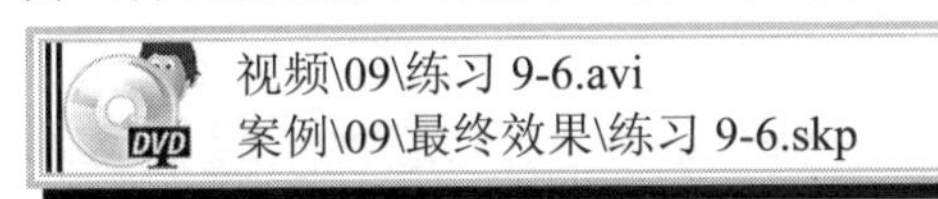
视频\09\练习 9-6.avi
案例\09\最终效果\练习 9-6.skp

创建颜色渐变的山体效果的操作步骤如下：

（1）运行 PhotoShop 软件，然后按【Ctrl+N】组合键，在弹出的“新建”对话框中设置文件大小为 1024 像素×768 像素、“分辨率”为 72、“颜色模式”为“RGB 颜色”模式，如图 9-26 所示。

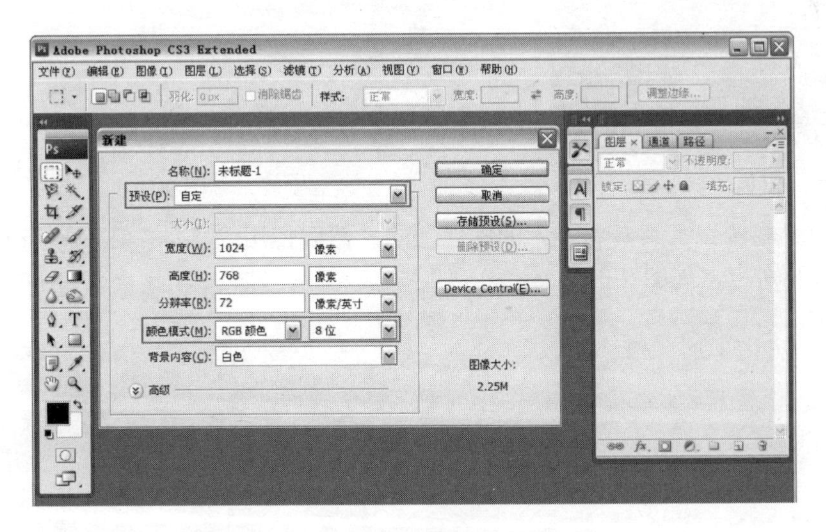

图 9-26

（2）单击前景色色块，设置其颜色为黄色；然后再单击背景色色块，设置其颜色为绿色，如图 9-27 所示。

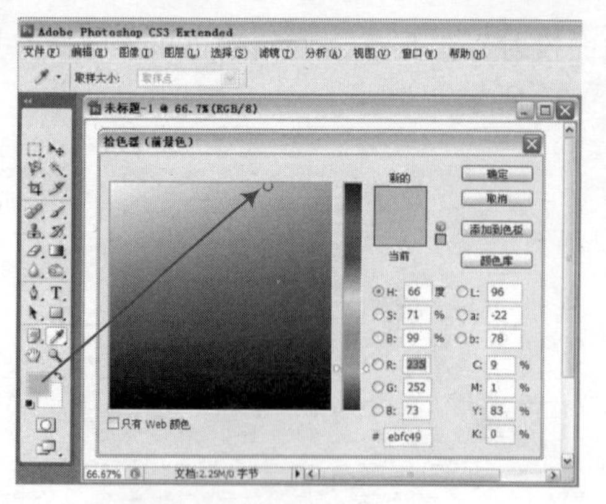
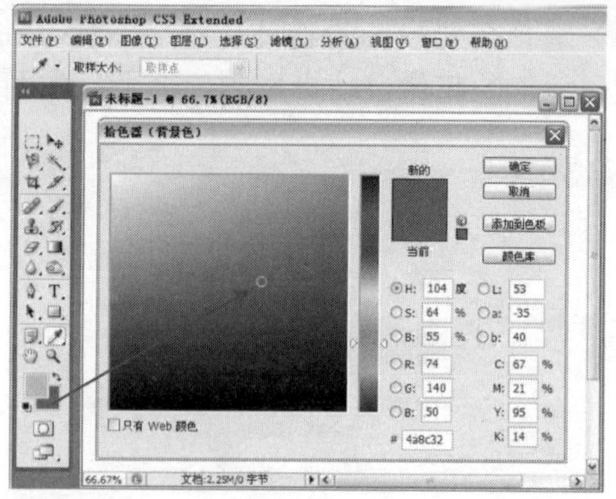

图 9-27

（3）单击“渐变”工具，按住【Shift】键的同时从上往下拖动鼠标，添加渐变效果，如图 9-28 所示。渐变的操作可以重复操作，直至达到满意的效果为止。完成后将文件保存为 JPG 格式。

（4）运行 SketchUp 软件，然后打开本书配套光盘中的“案例\09\素材文件\练习 9-6.skp”场景文件，接着执行“文件”→“导入”命令，并在弹出的“打开”对话框中选择制作好的 JPG 文件（案例\09\素材文件\渐变图片.jpg），并勾选“作为图像”复选框，单击“打开”按钮导入文件，如图 9-29 所示。

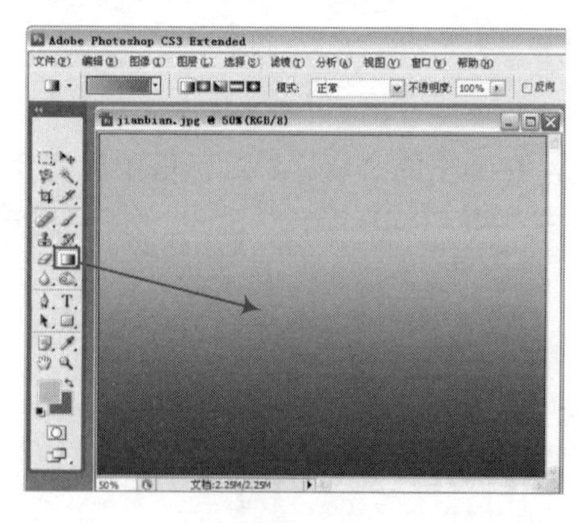

图 9-28

图 9-29

（5）使用“旋转”工具将导入的图像竖立，然后使用“移动”工具移动图像，使图像与模型位置相对应，如图 9-30 所示。

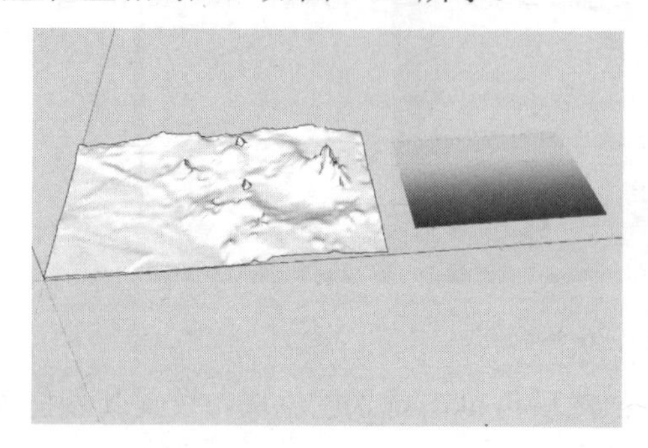
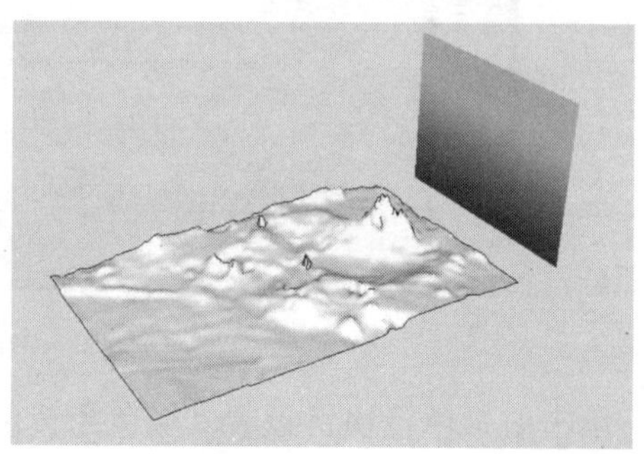

图 9-30

（6）使用“缩放”工具将图像调整到合适的高度，如图 9-31 所示。

（7）选择模型后右击，在快捷菜单中执行“分解”命令将模型分解，如图 9-32 所示。

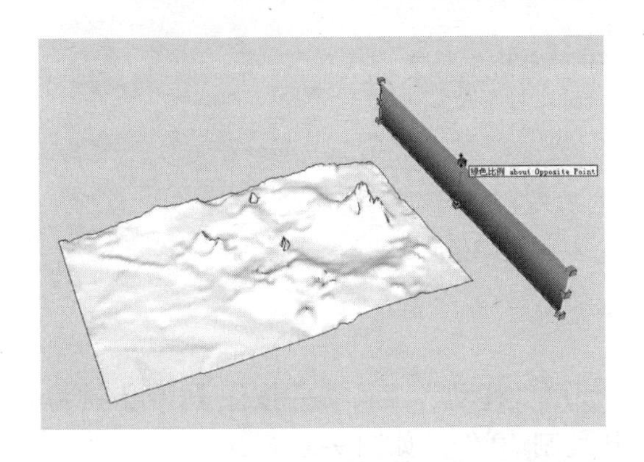

图 9-31

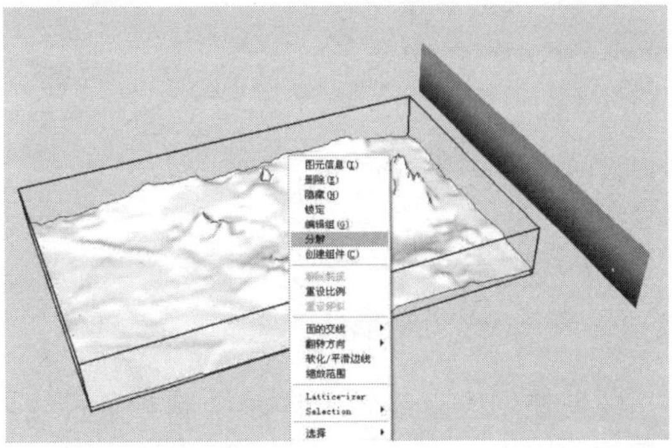

图 9-32

（8）执行“窗口”→“材质”命令，打开“材质”编辑器，单击“提取材质”按钮，接着单击分解后的图像后再单击模型，完成模型的上色，如图 9-33 和图 9-34 所示。

图 9-33

图 9-34

9.7　制作起伏的地形场景

使用“曲面拉伸”工具可以对地形进行局部拉伸，在快速粗略地创建起伏地形场景时非常简便。

视频\09\练习 9-7.avi
案例\09\最终效果\练习 9-7.skp

在 SketchUp 软件中创建起伏地形场景的操作步骤如下：

（1）启动 SketchUp 软件，执行“文件”→“打开”命令，弹出“打开”对话框，打开本书配套光盘中的“案例\09\素材文件\练习 9-7.skp”场景文件，这是一个已经封好面的规划场景，如图 9-35 所示。

（2）这里以其中一个块地为例讲解如何创建有地势起伏的地形，首先使用“移动”工具并按住【Ctrl】键将其中一块用地复制出来，如图 9-36 所示。

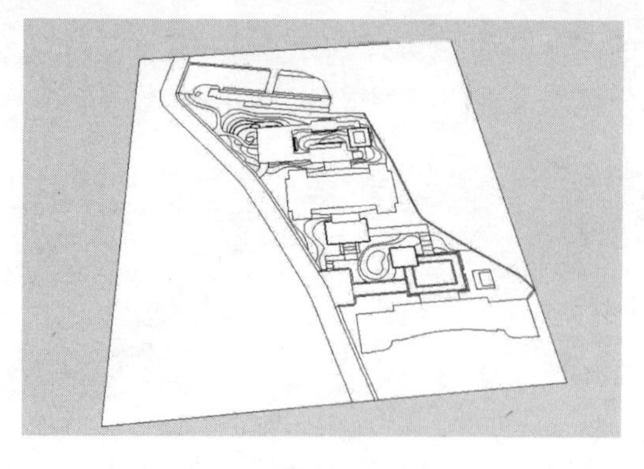

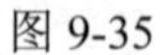

图 9-35

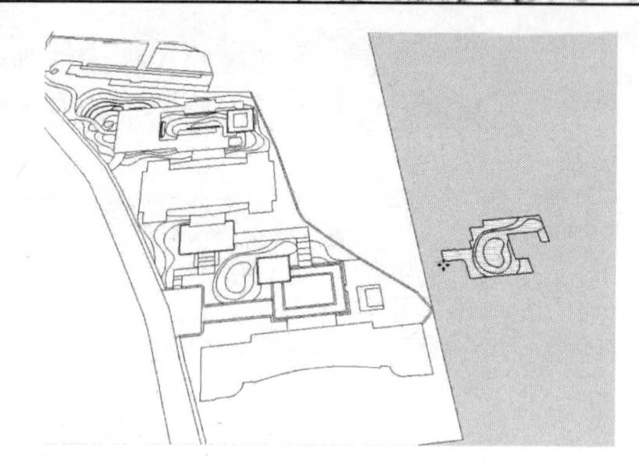

图 9-36

（3）使用“直线”工具绘制一条直线，然后使用“移动”工具并按住【Ctrl】键将其复制到这块用地上，并在数值框中输入“20/”将其复制 20 份，如图 9-37 所示。

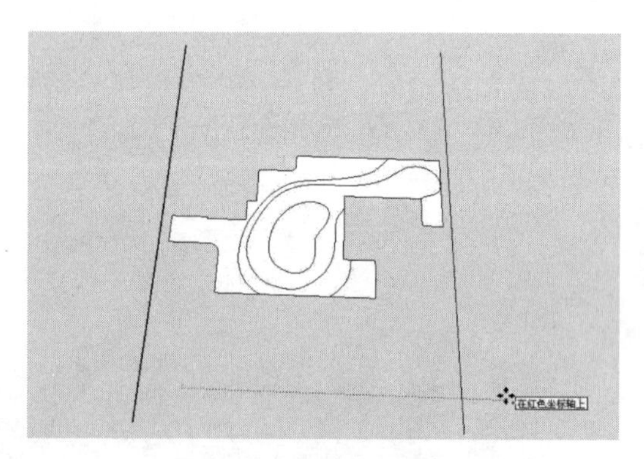

图 9-37

（4）使用“橡皮擦”工具删除多余的线条，如图 9-38 所示。

（5）使用“直线”工具绘制垂直线条，然后使用“移动”工具并按住【Ctrl】键将其复制到这块用地上，并在数值框中输入“20/”将其复制 20 份，如图 9-39 所示。

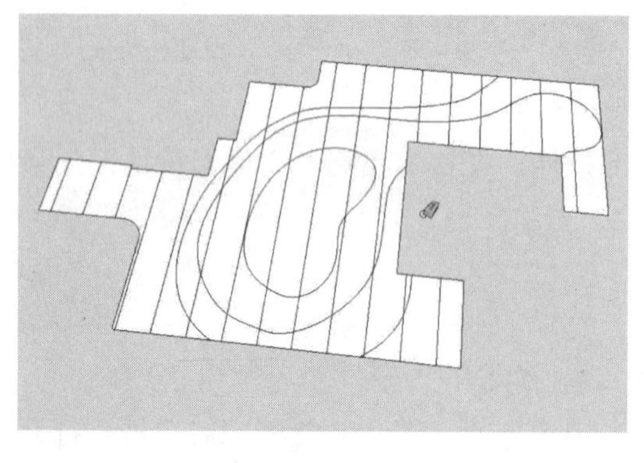

图 9-38

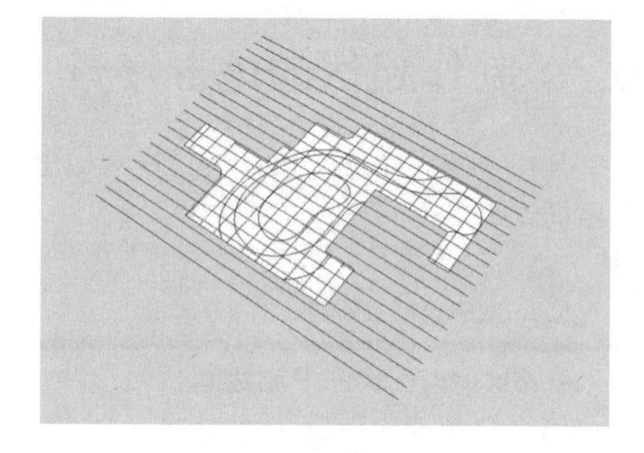

图 9-39

（6）使用“橡皮擦”工具删除多余的线条，将该地块进行网格划分，如图 9-40 所示。

（7）单击“沙盒”工具栏上的“曲面拉伸“工具，然后在数值框中输入 5000mm，如图 9-41 所示。

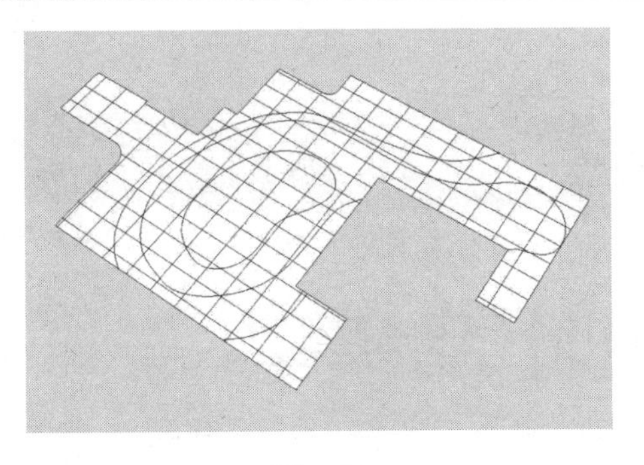

图 9-40

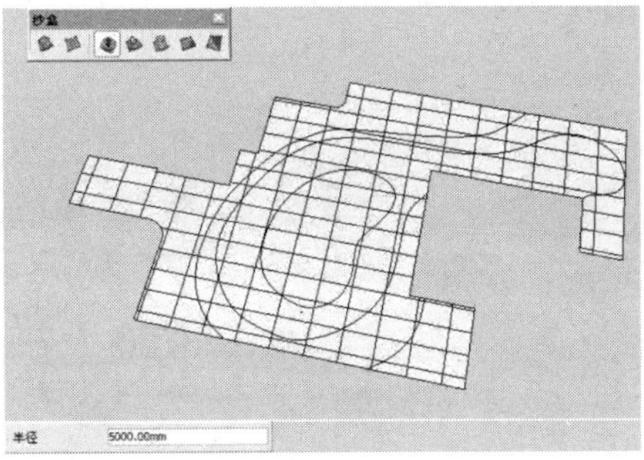

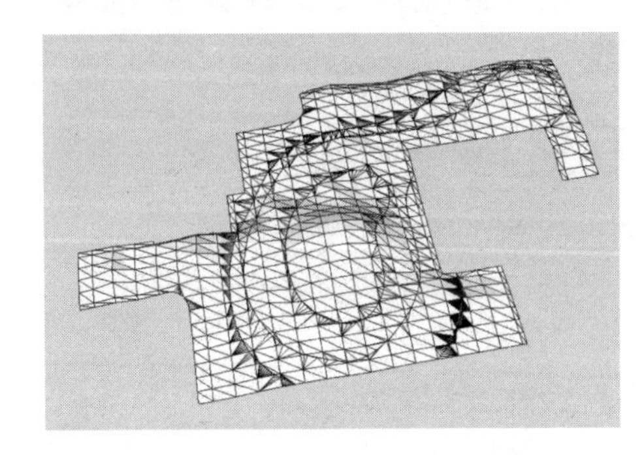

图 9-41

（8）将光标移到地形上，光标显示为 ，然后对地形的相应位置进行推拉，如图 9-42 所示。

（9）不断调整曲面拉伸半径的大小并进行推拉，如图 9-43 所示。

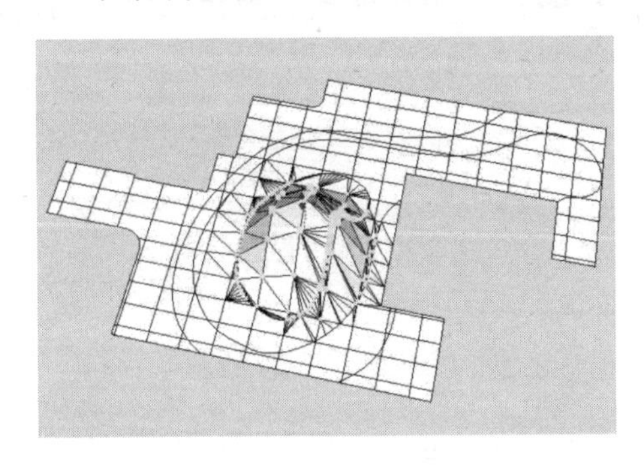

图 9-42

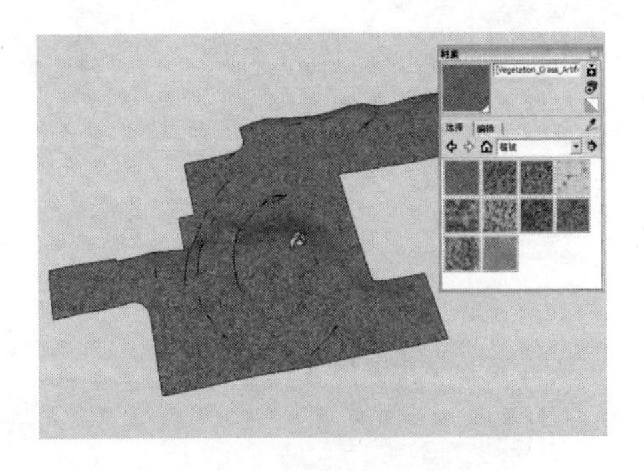

图 9-43

（10）将制作完成的模型创建为群组，然后在右键菜单中执行“软化/平滑边线”命令，弹出“柔化边线”编辑器，勾选“平滑法线”、“柔化共面”复选框，调整柔化的数值直至取得满意的柔化效果为止，如图 9-44 所示。

（11）打开“材质”编辑器，使用“颜料桶”工具 为制作好的起伏状地形赋予一种草皮材质，如图 9-45 所示。

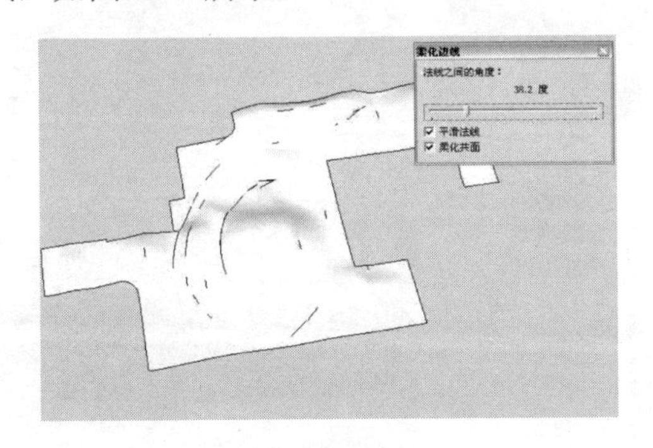

图 9-44

图 9-45

第 10 章 创建园林景观小品模型

本章导读

本章将对园林景观设计中的一些小品模型的创建进行讲解，其中包括园林水景设计建模、园林植物造景建模、园林景观小品建模、园林服务设施小品建模、园林照明小品建模相关知识。

主要内容

- 园林水景设计
- 园林植物造景
- 园林景观小品
- 园林服务设施小品
- 园林照明小品

效果预览

10.1　园林水景设计

水本身是没有造型的，置于不同的景观环境便形成不同的水景造型。除了喷泉，水景造型还有许多，如湖泊、溪流、水渠、瀑布、跌水等。在 SketchUp 中进行构思和建模之前，可以先了解有关水景的形态特点，再巧妙利用工具创作出生动的场景。

10.1.1　创建壁泉及落水

水体因重力下降，会形成各种各样的瀑布、水帘等景观，称为落水。落水结合雕塑墙体、动物造型等可以打造富有特色的壁泉小品，非常生动有趣，如图 10-1 所示。

图 10-1

视频\10\练习 10-1.avi
案例\10\最终效果\练习 10-1.skp

以某一壁泉为例讲解落水以及溅水的制作要点，操作步骤如下：

（1）启动 SketchUp 软件，打开本书配套光盘中的“案例\10\素材文件\练习 10-1.skp”文件，如图 10-2 所示。

（2）结合“圆弧”工具、“圆”工具和“缩放”工具，创建出放样的截面及路径，如图 10-3 所示。

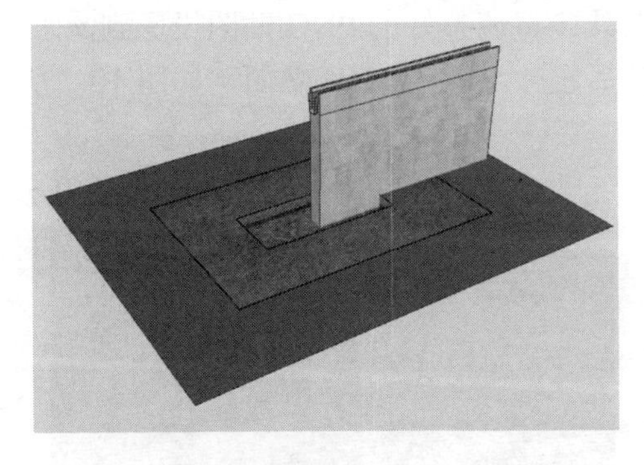

图 10-2

图 10-3

（3）使用“跟随路径”工具对上一步绘制的截面及路径进行放样操作，如图 10-4 所示。

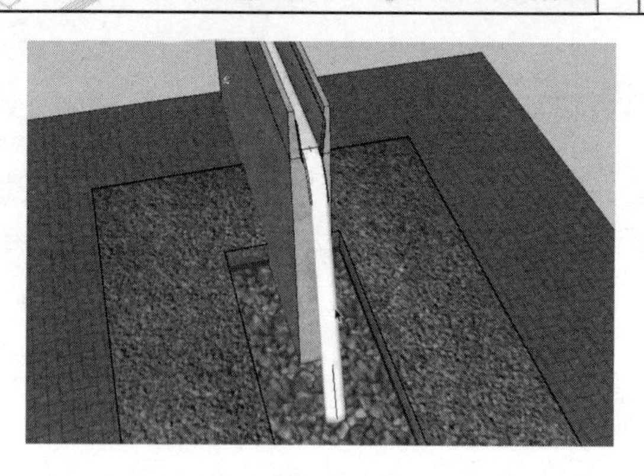

图 10-4

（4）执行“文件”→“导入”命令，弹出“打开”对话框，然后选择“案例\10\素材文件\流水 01.png”文件，单击“打开”按钮，将其导入当前场景中，如图 10-5 所示。

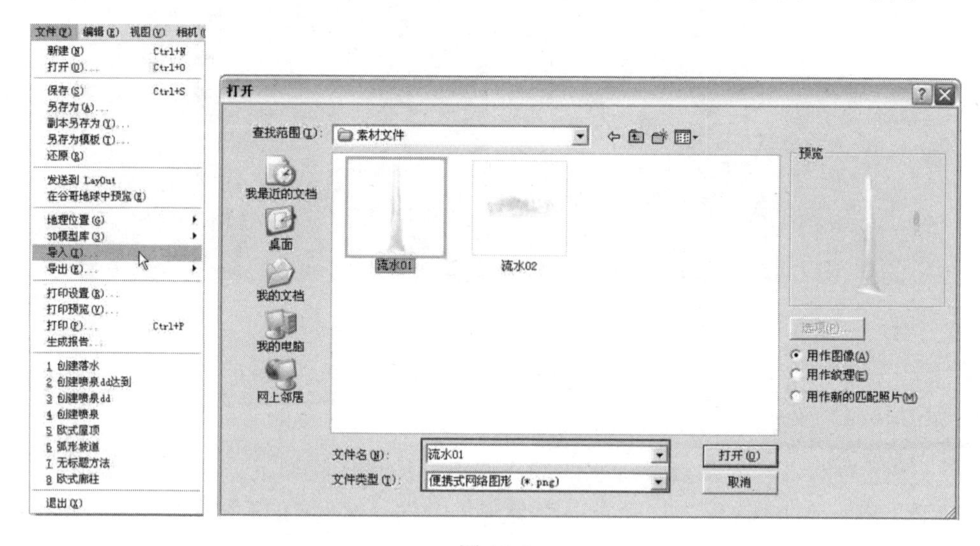

图 10-5

（5）结合“移动”工具及“缩放”工具，调整导入 PNG 贴图的位置及大小，使其与前方的落水体块相同，如图 10-6 所示。

（6）打开“材质”编辑器，使用“颜料桶”工具将调整好的 PNG 贴图投影到流水的模型上，调整其材质的透明度，并隐藏模型边线，然后删除导入的 PNG 贴图，如图 10-7 所示。

图 10-6

图 10-7

（7）执行“文件”→“导入”命令，弹出“打开”对话框，然后选择“案例\10\素材文件\流水 02.png”文件，单击“打开”按钮，将其导入当前场景中，如图 10-8 所示。

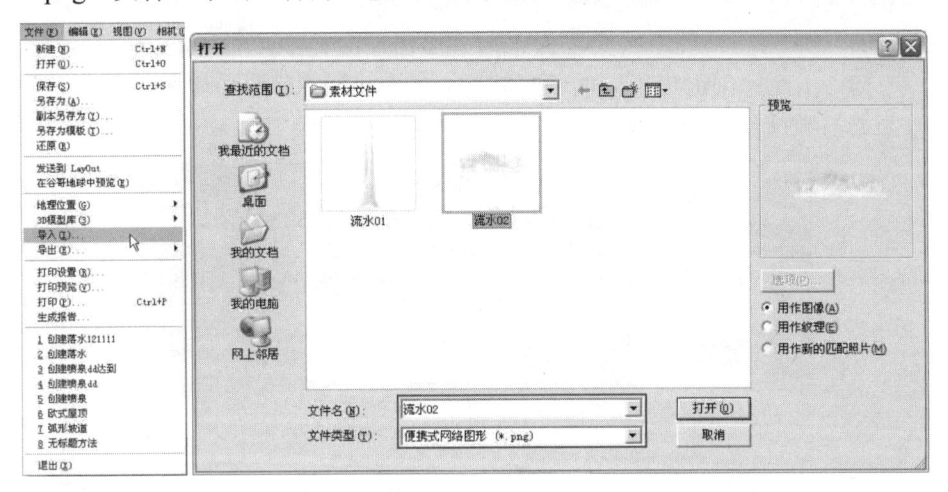

图 10-8

（8）结合“缩放”工具及“旋转”工具，调整导入 PNG 贴图的大小及位置，并将其移到流水体块的下侧相应位置，如图 10-9 所示。

（9）结合“移动”工具及“旋转”工具，对上一步调整好的 PNG 贴图进行旋转和复制，如图 10-10 所示。

图 10-9

图 10-10

（10）打开“材质”编辑器，使用“颜料桶”工具调整模型贴图的透明度，完成落水及溅水模型的创建，如图 10-11 所示。

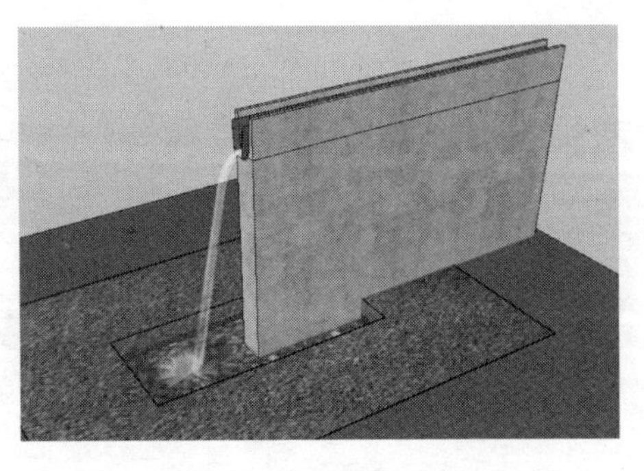

图 10-11

10.1.2 创建喷泉

喷泉是园林中常见的景观，主要以人工形式运用在园林中，利用动力驱动水流，根据喷射的速度、方向、水花等创造出不同的喷泉状态，如图 10-12 所示。喷泉类型有很多，包括普通装饰性喷泉、与雕塑结合的喷泉、水雕塑、自控喷泉等。

图 10-12

视频\10\练习 10-2.avi
案例\10\最终效果\练习 10-2.skp

以某一喷水池为例讲解喷泉景观的制作要点，操作步骤如下：

（1）启动 SketchUp 软件，使用"圆"工具绘制半径为 2000mm 的圆，如图 10-13 所示。

（2）使用"缩放"工具将上一步绘制的圆拉伸为椭圆形，如图 10-14 所示。

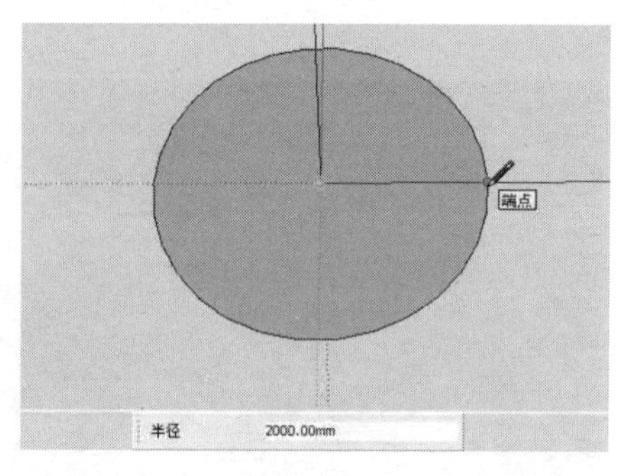

图 10-13

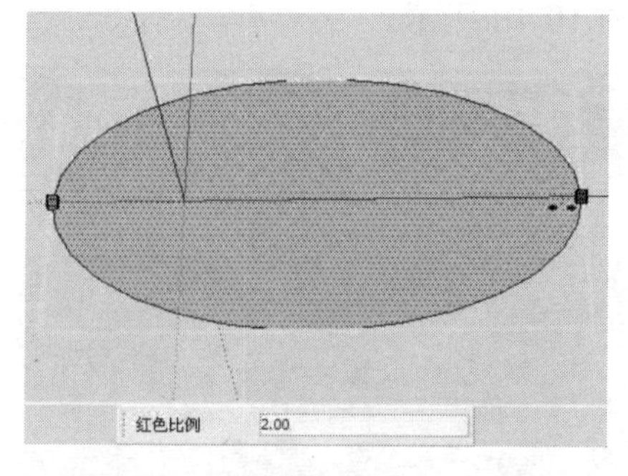

图 10-14

（3）使用"偏移"工具将上一步拉伸后的椭圆形向内偏移 50mm 的距离，如图 10-15 所示。

（4）使用"推/拉"工具将椭圆形上边缘的面向上推拉 450mm 的高度，如图 10-16 所示。

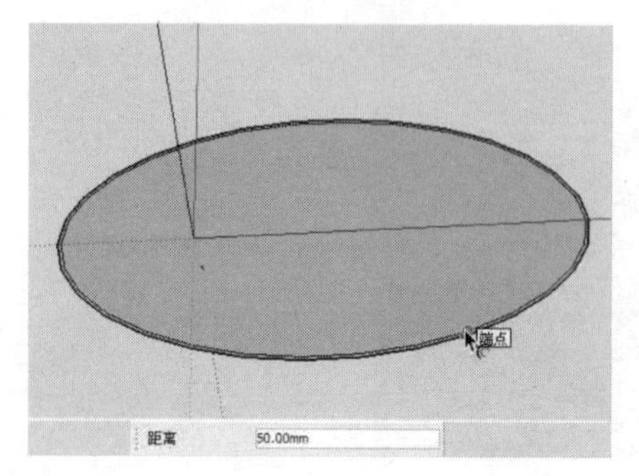

图 10-15

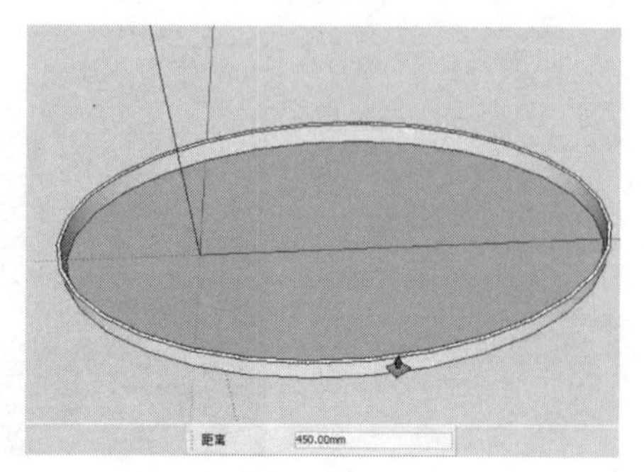

图 10-16

（5）打开“材质”编辑器，使用“颜料桶”工具为喷水池底部赋予一种鹅卵石材质，如图 10-17 所示。

（6）首先将喷水池的底部椭圆面创建为群组，接着将其向上复制两份，然后为其赋予一种水面的材质效果，如图 10-18 所示。

图 10-17

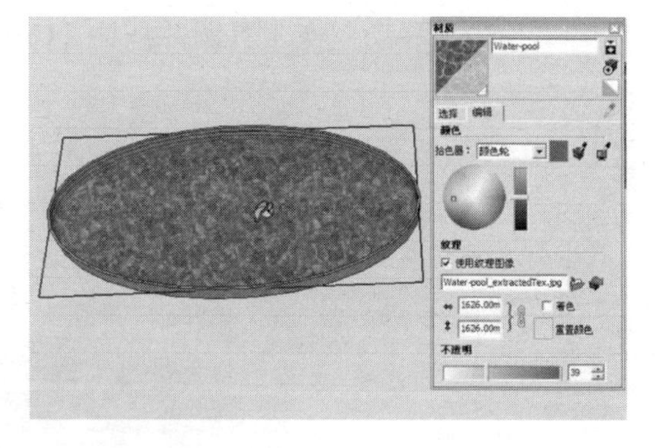

图 10-18

（7）在喷水池上方适当位置绘制一个矩形面，将其创建成群组，然后进行复制、缩放及旋转等操作，从此形成多个喷水柱的效果，如图 10-19 所示。

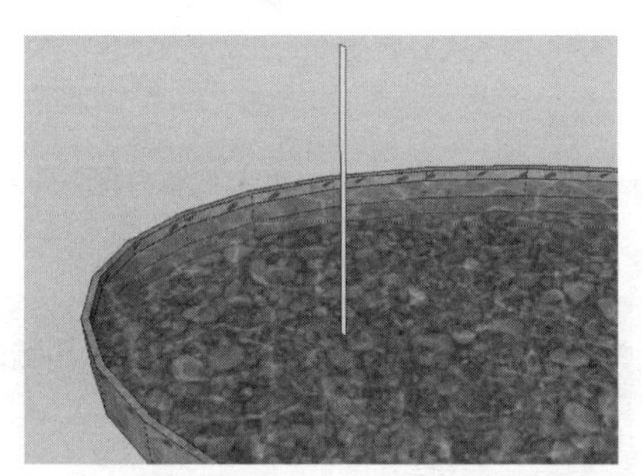

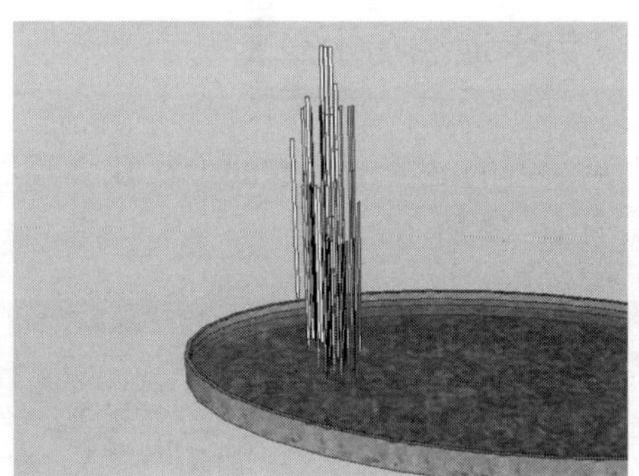

图 10-19

（8）在创建的喷水柱上右击，在快捷菜单中执行“显隐边线”命令将边线进行隐藏，然后赋予矩形面透明的白色材质，营造出喷水的效果，如图 10-20 所示。

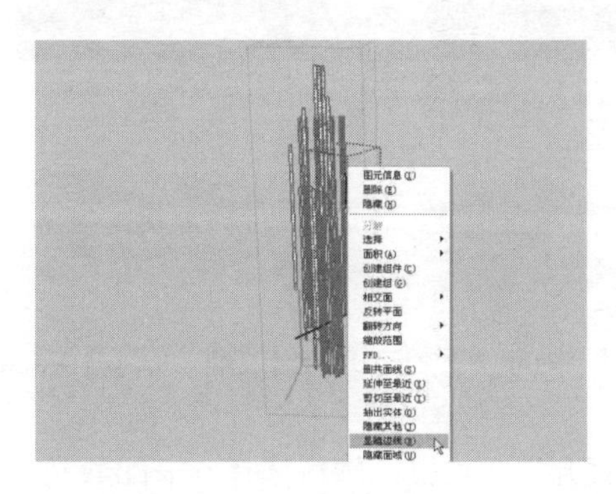

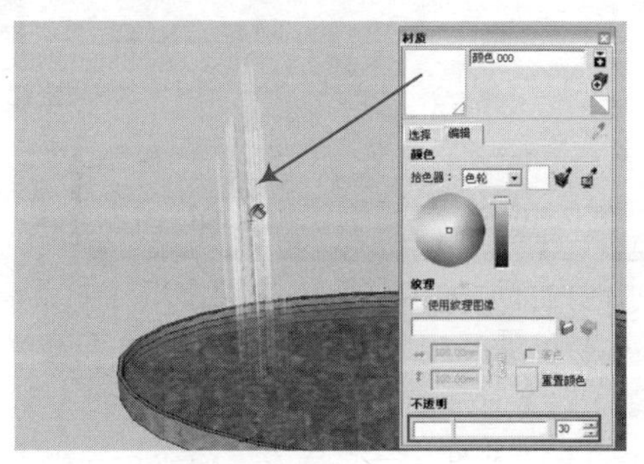

图 10-20

水体景观在表现场地环境中的作用非常重要，为了使水体看起来灵动活泼，往往会采用多层透明材质进行叠加的方法，如在石子层上叠加多层水面的方法。

（9）使用“移动”工具并按住【Ctrl】键，将喷水效果复制几个，如图 10-21 所示。

图 10-21

10.1.3 为水池添加水草

在水流缓慢的池塘中，水面上往往会浮着一层淡淡的水草或者是浮萍、莲叶之类的水生植物，如图 10-22 所示。

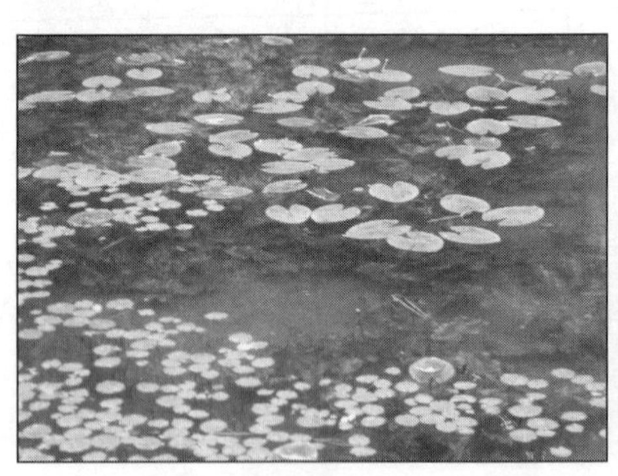

图 10-22

视频\10\练习 10-3.avi
案例\10\最终效果\练习 10-3.skp

为水池内部添加水草效果的操作步骤如下：

（1）启动 SketchUp 软件，打开本书配套光盘中的“案例\10\素材文件\练习 10-3.skp”文件，如图 10-23 所示。

（2）执行“文件”→“导入”命令，弹出“打开”对话框，然后选择本书配套光盘中“案例\10\素材文件\水草.png”文件，如图 10-24 所示。

图 10-23

图 10-24

（3）将导入的文件放置到水池的水面之上，如图 10-25 所示。

（4）结合“移动”工具及“缩放”工具，将水草多复制几份后放到水池内的相应位置，如图 10-26 所示。

图 10-25

图 10-26

10.1.4　创建石头

在滨水景观设计中，驳岸的处理是重点。通常的做法是用砌的方式将块石、砖、石笼等构筑成滨水的刚性驳岸。在使用 SketchUp 创建驳岸时，可以为驳岸赋予卵石的材质，并放置两三块大石呈现出自然的风貌，如图 10-27 所示。

图 10-27

视频\10\练习 10-4.avi
案例\10\最终效果\练习 10-4.skp

创建石头造型效果的操作步骤如下：

（1）使用“矩形”工具创建一个矩形面，再使用“推/拉”工具将该矩形面向上推拉一定的高度，从而创建一个立方体，如图 10-28 所示。

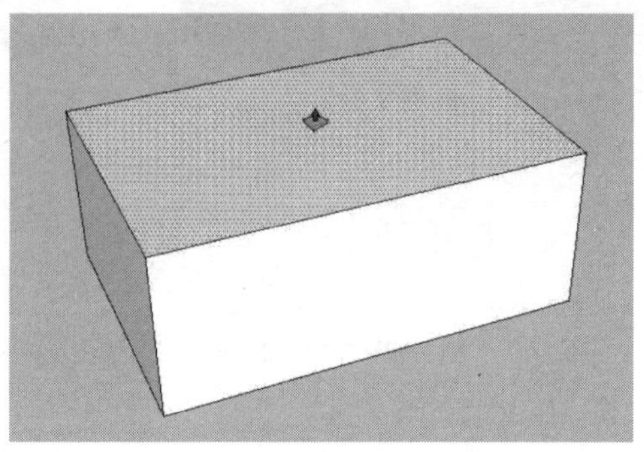

图 10-28

提 示　注 意　技 巧　专业技能　软件知识

本实例创建石头造型需要在 SketchUp 软件中安装 Subdivide and Smooth（细分和光滑）插件，然后执行“视图”→“工具栏”命令，通过“工具栏”对话框打开 Subdivide and Smooth（细分和光滑）工具栏，如图 10-29 所示。

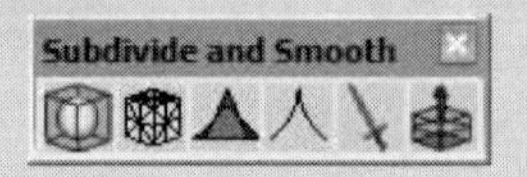

图 10-29

（2）单击 Subdivide and Smooth（细分和光滑）工具栏中的 Subdivide and Smooth（细分/光滑）按钮，在弹出的对话框中设置细分值为 2，然后单击“确定”按钮如图 10-30 所示。

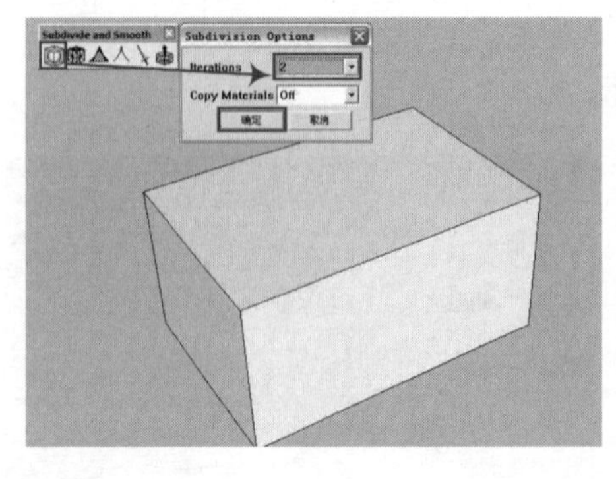

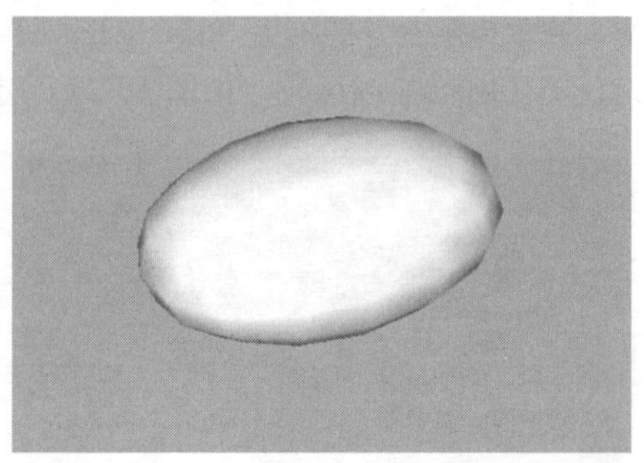

图 10-30

（3）执行“视图”→“虚显隐藏的几何图形”命令，然后使用“移动”工具调整节点，直至达到接近石头造型，如图 10-31 所示。

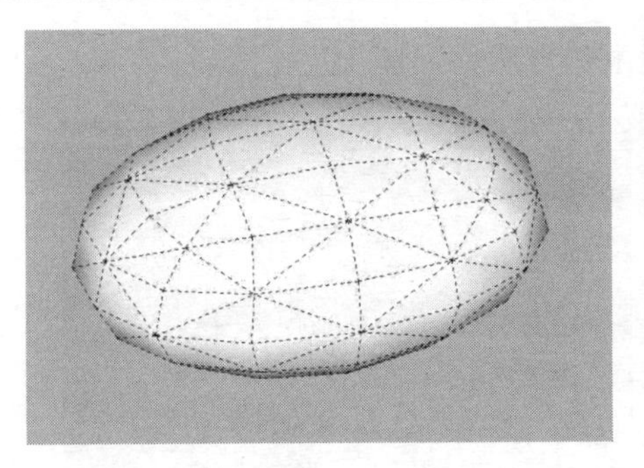
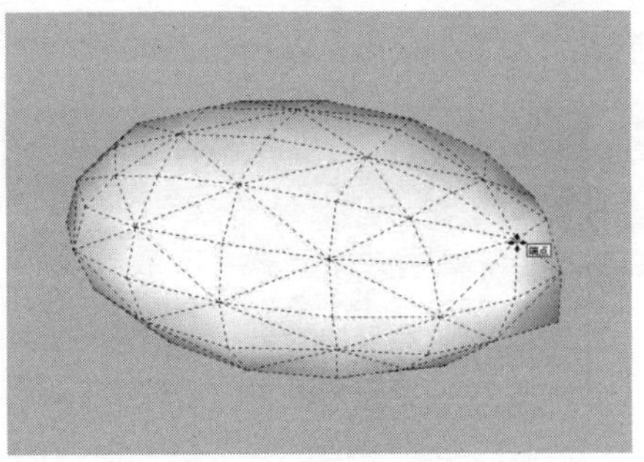

图 10-31

（4）打开“材质”编辑器，使用“颜料桶”工具为模型赋予相应的材质，完成石头模型的创建，如图 10-32 所示。

（5）按住【Ctrl】键，使用“移动”工具复制几个石头，并调整石头的造型，如图 10-33 所示。

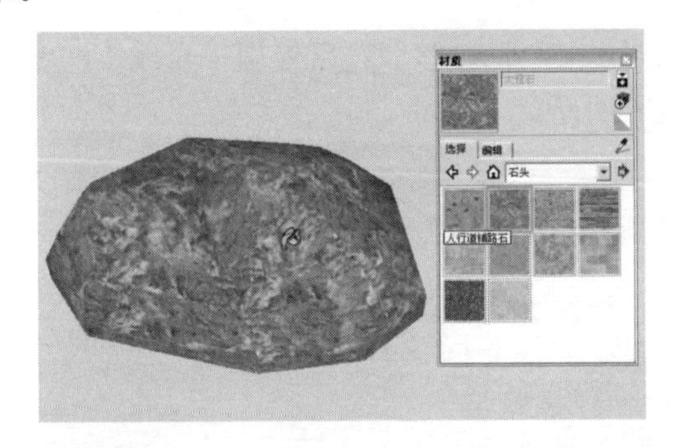

图 10-32

图 10-33

由于每块石头形体都不一样，所以在调整节点的步骤中有很大的随意性，只要外形比较像石头即可，不必拘泥于细节。

10.2　园林植物造景

植物是构成园林景观必不可少的要素，不仅园林披上自然绚丽的绿色，且可以保持水土，遮阳造氧，保持空气清新。在造园中，植物还有景观造型的作用，可以作为林荫道、灌木墙等，而植物花卉的四季色彩变化更增添了园林的魅力。

在使用 SketchUp 进行园林植物造型的过程中，往往先不追求绿化植物的逼真性，而是用比较简单的形体进行概括性表达，如二维树木组件、三维的冰棍树、用贴图表示的灌木丛等，这些植物组件制作简单、模型量小，非常适合在景观方案创作中使用。

10.2.1　创建草丛

草丛在场景中的布置比较自然灵活，繁简均宜，常布置在开阔的草坪周围或疏林中，也可点缀在院落中，或置于河边、石旁，使景观生动自然，如图 10-34 所示。

图 10-34

视频\10\练习 10-5.avi
案例\10\最终效果\练习 10-5.skp

创建草丛造型效果的操作步骤如下：

（1）使用“矩形”工具创建 250mm×270mm 的立面矩形，然后使用“直线”工具在绘制的参考面上绘制出草的截面样式，如图 10-35 所示。

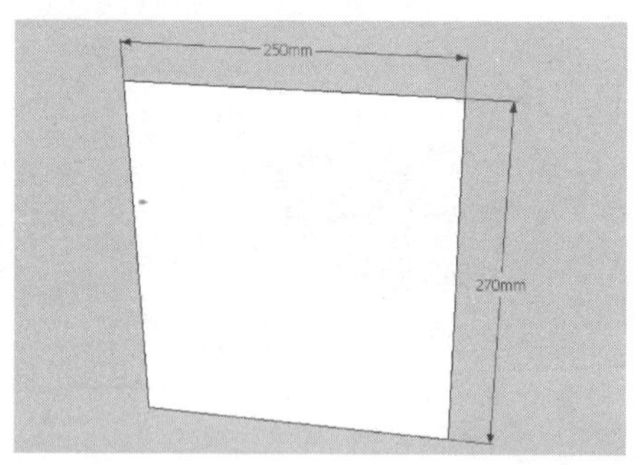

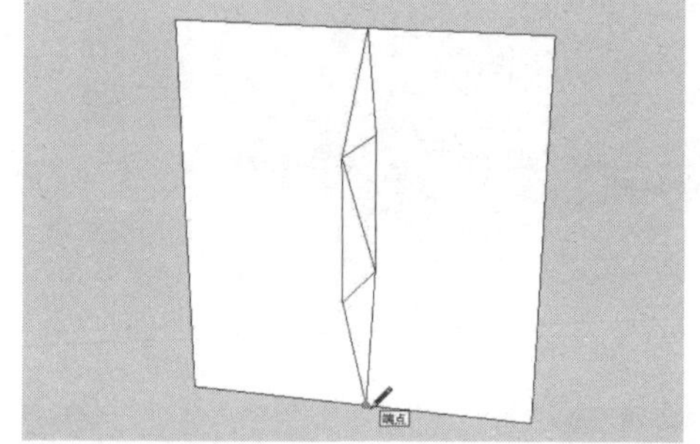

图 10-35

提 示　注 意　技 巧　专业技能　软件知识

为了避免后面对截面进行弯曲操作时所带来的面过多、模型量大的问题，在此用“直线”工具绘制 3 条短线将截面分为固定的 3 个面。

（2）删除参考面上的多余线，然后将保留的截面创建为群组，如图 10-36 所示。

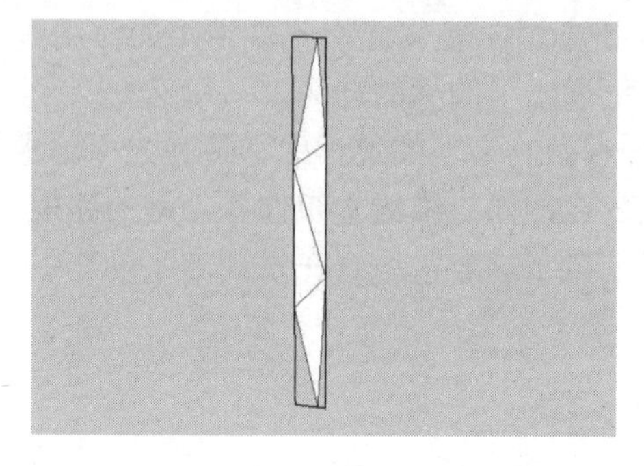

图 10-36

（3）选择上一步创建的群组，然后在右键菜单中执行 FFD|3×3FFD 命令，如图 10-37 所示。

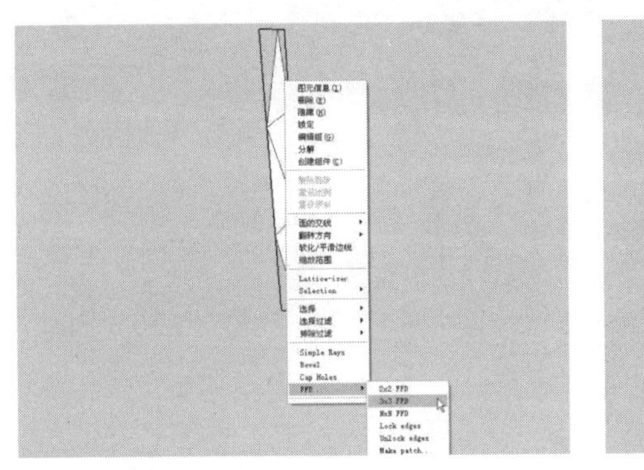

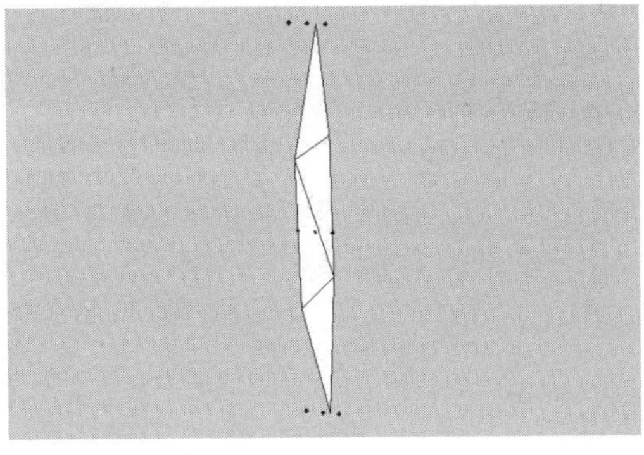

图 10-37

执行上一步的操作需要在 SketchUp 软件中安装自由变形插件 SketchyFFD，该插件的安装文件名为 SketchyFFD.rb。安装好 SketchyFFD 插件后，只能在右键菜单中执行该命令，该插件只有对群组才能添加 2×2 FFD、3×3 FFD 和 N×N FFD 控制器。选择一个群组对象后右击，弹出快捷菜单，如图 10-38 所示。

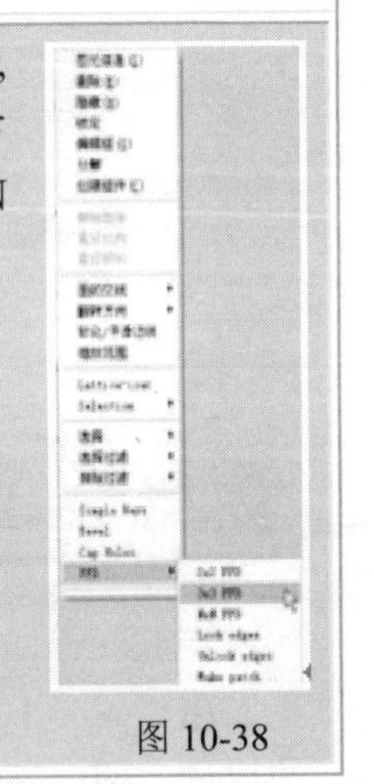

图 10-38

（4）双击进入 FFD 节点群组内进行编辑，选中并移动 FFD 节点，直到草的叶片显示出自然舒展的效果，如图 10-39 所示。

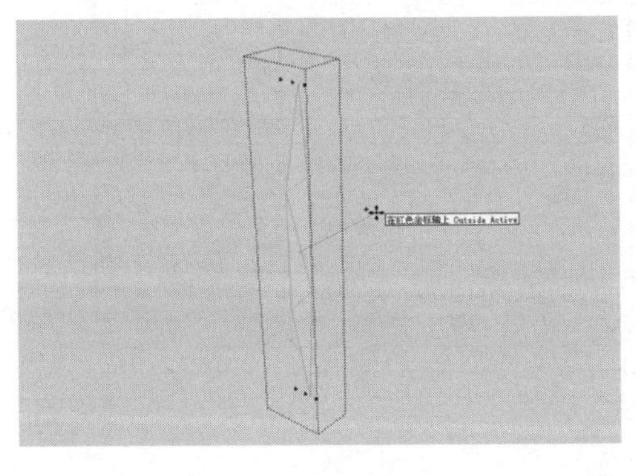

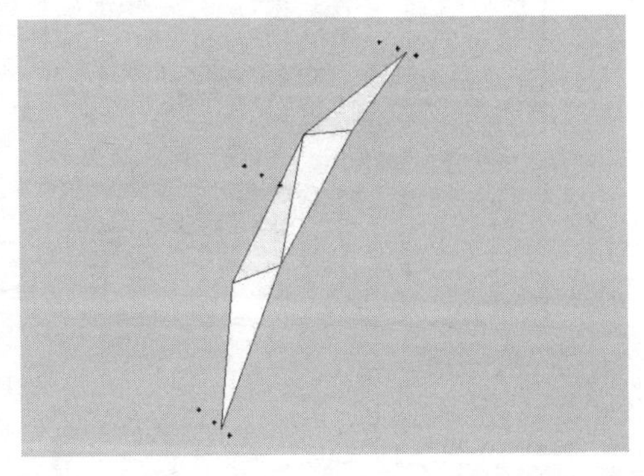

图 10-39

（5）删除 FFD 节点群组，对叶面进行复制、缩放及旋转等操作，如图 10-40 所示。

图 10-40

（6）最后为模型赋予草的材质，如图 10-41 所示。

图 10-41

10.2.2 创建二维仿真树木组件

在 SketchUp 的模型场景中，由于二维树木形态逼真、模型量小，所以在设计场景中被广泛应用，如图 10-42 所示。二维树木的制作较为容易，可以去网站下载，也可以自行制作喜欢的树种，但要注意树种配置的科学合理性。

图 10-42

视频\10\练习 10-6.avi
案例\10\最终效果\练习 10-6.skp

创建二维仿真树木组件的操作步骤如下：

（1）运行 PhothShop 软件，执行“文件”→“打开”命令，打开本书配套光盘中的“案例\10\素材文件\树木.jpg”文件，然后双击“背景”图层，将其转换为普通图层，如图 10-43 所示。

（2）使用“魔棒工具”，选择树木以外的蓝色区域，并右击鼠标，从弹出的快捷菜单中选择“选取相似”命令，然后按【Delete】键将其删除，如图 10-44 所示。

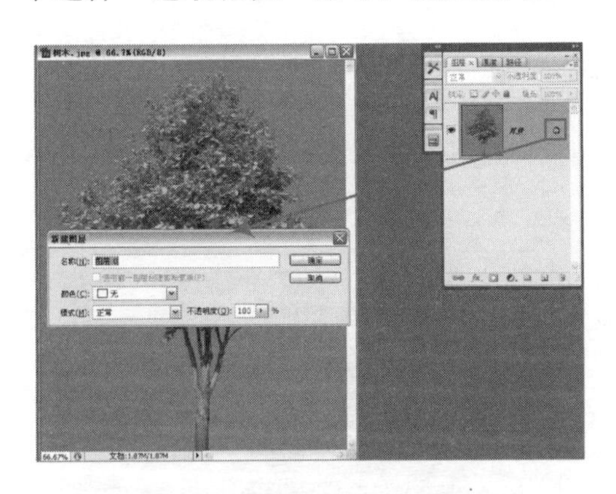

图 10-43

图 10-44

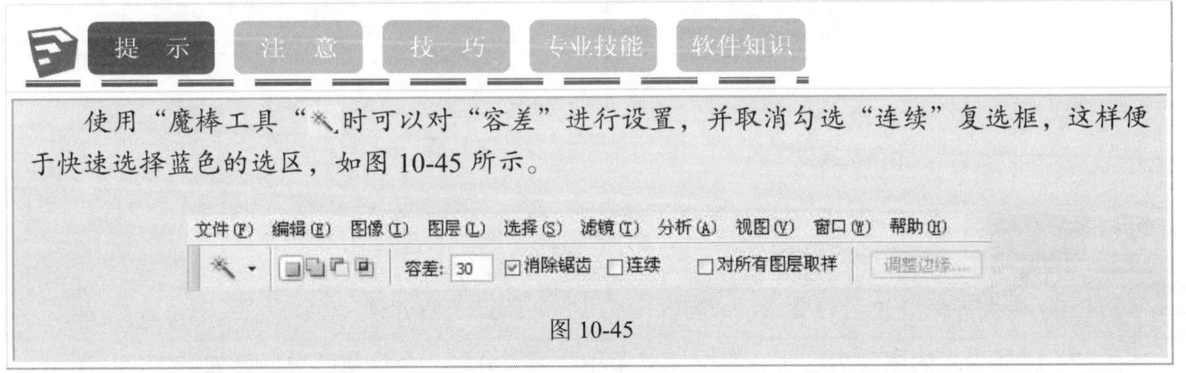

使用“魔棒工具“时可以对“容差”进行设置，并取消勾选“连续”复选框，这样便于快速选择蓝色的选区，如图 10-45 所示。

图 10-45

（3）取消对背景选区的选择（快捷键为【Ctrl+D】），然后按住【Ctrl】键的同时单击图层中的树木，接着调整树木的长宽和形状（快捷键为【Ctrl+T】），如图 10-46 所示。

（4）执行“文件”→“存储为”命令，如图 10-47 所示。

图 10-46

图 10-47

（5）在弹出的“存储为”对话框中，选择图片的存储格式为 PNG 格式，保存时注意在“PNG 选项”对话框中设置“交错”为“无”，如图 10-48 所示。

（6）运行 SketchUp 软件，执行“文件”→“导入”命令，导入本书配套光盘的“案例\10\素材文件\二维树木.png”文件，然后将树木主干的中心点对齐坐标轴的原点，如图 10-49 所示。

图 10-48

图 10-49

PNG 格式可保留透明的背景，而 JPG 格式不能保留透明背景。

（7）选择导入的图片后右击，在快捷菜单中执行“分解”命令将其分解，如图 10-50 所示。

（8）使用“直线”工具描绘出树木的轮廓，如图 10-51 所示。

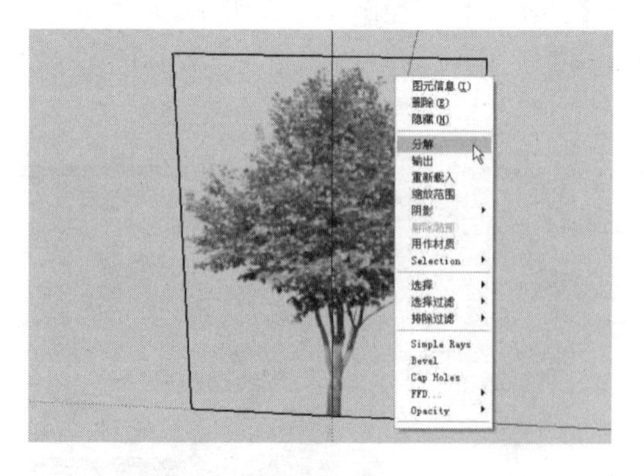

图 10-50

图 10-51

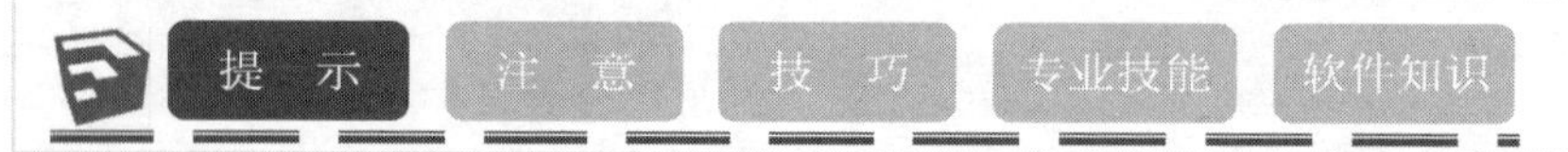

在此描出树的轮廓线主要是为了能投影出树木的大概形态，如果不描出轮廓线，投影会

呈现矩形形状。描绘的轮廓线在下面的步骤中会被隐藏，所以不需要描绘得太精细。

（9）全选树木后右击，在快捷菜单中执行“创建组件”命令，弹出“创建组件”对话框，将选择的对象创建为组件，命名为“二维树木”，并勾选“总是朝向相机”及“阴影朝向太阳”复选框，这样一个二维的树木组件即创建完成，如图 10-52 所示。

（10）单击“阴影”面板中的“显示阴影”按钮，将阴影显示出来，如图 10-53 所示。

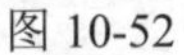
图 10-52

图 10-53

10.2.3　创建二维仿真灌木丛组件

灌木通常在 5m 以下，是指树体低矮、没有明显主干、多数呈丛生状或分支点较低的植物，如南天竹、月季、海桐等。灌木种类繁多，既有观花、观果的，也有花果叶兼美者。使用灌木与其他植物相结合，能丰富景观层次，创造优美的林缘线，提高植物群体的生态效益，如图 10-54 所示。

图 10-54

视频\10\练习 10-7.avi
案例\10\最终效果\练习 10-7.skp

创建二维仿真灌木丛组件的操作步骤如下：

（1）运行 PhothShop 软件，执行“文件”→“打开”命令，打开本书配套光盘中的“案例\10\素材文件\灌木丛.jpg”文件，双击“背景”图层，将其转换为普通图层，如图 10-55 所示。

（2）使用“魔棒工具”选中树木以外的蓝色区域，然后按【Delete】键将其删除，如图 10-56 所示。

图 10-55

图 10-56

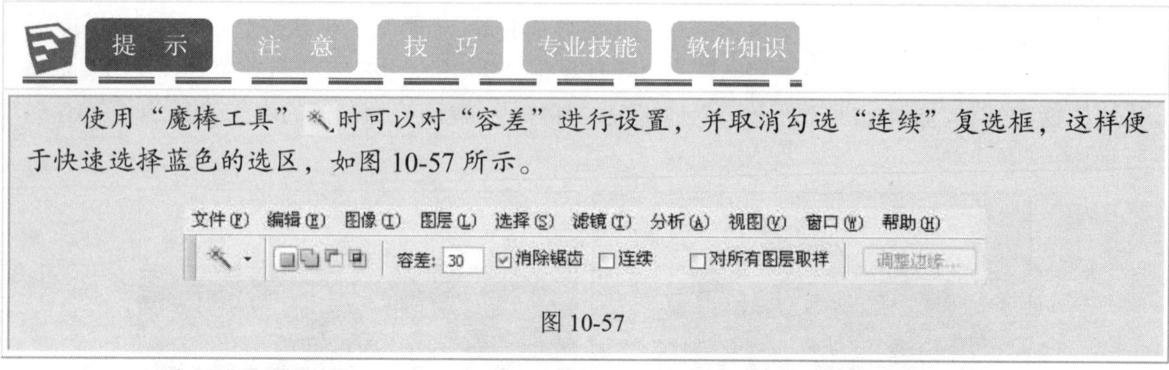

使用“魔棒工具”时可以对“容差”进行设置，并取消勾选“连续”复选框，这样便于快速选择蓝色的选区，如图 10-57 所示。

图 10-57

（3）取消对背景选区的选择（快捷键为【Ctrl+D】），然后按住【Ctrl】键的同时单击图层中的灌木，接着调整灌木的长宽和形状（快捷键为【Ctrl+T】），如图 10-58 所示。

（4）执行“文件”→“存储为”命令，如图 10-59 所示。

图 10-58

图 10-59

（5）在弹出的“存储为”对话框中，选择图片的存储格式为 PNG 格式，保存时注意在“PNG 选项”对话框中设置“交错”为“无”，如图 10-60 所示。

（6）运行 SketchUp 软件，执行“文件”→“导入”命令，导入本书配套光盘中的“案例\10\素材文件\灌木丛处理.png”文件，然后将灌木主干的中心点对齐坐标轴的原点，如图 10-61 所示。

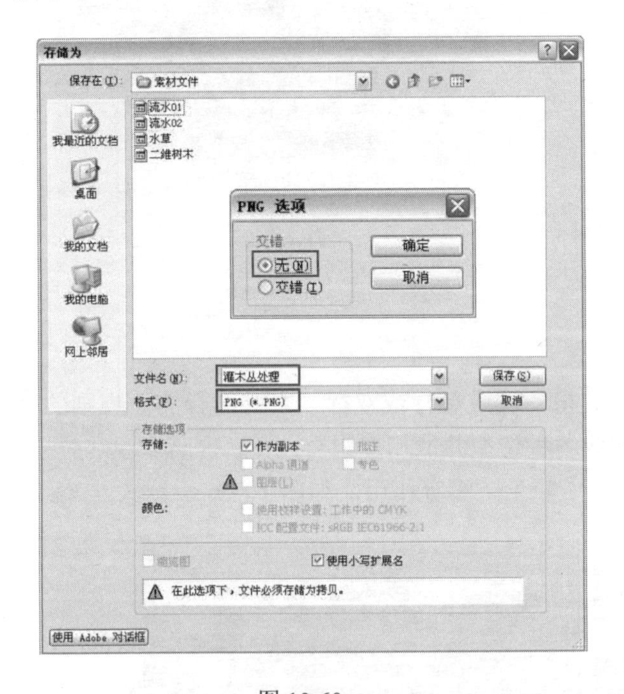

图 10-60

图 10-61

（7）选择导入的图片后右击，在快捷菜单中执行“分解”命令将其分解，如图 10-62 所示。

（8）使用“直线”工具描绘出树木的轮廓，如图 10-63 所示。

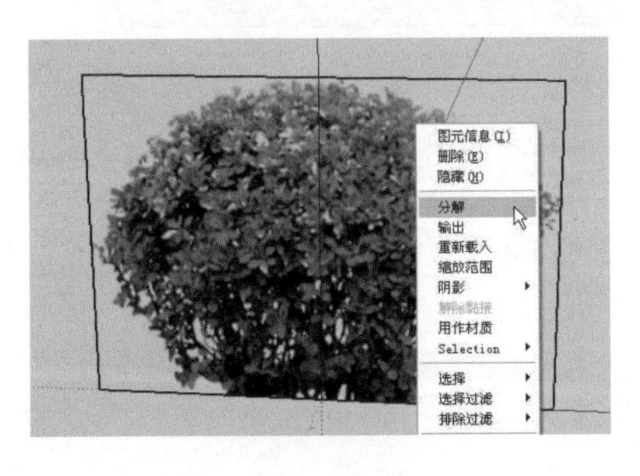

图 10-62

图 10-63

（9）全选灌木丛后右击，在快捷菜单中执行“创建组件”命令，弹出“创建组件”对话框，将选择的对象创建为组件，命名为“二维灌木丛”，并勾选“总是朝向相机”及“阴影朝向太阳”复选框，这样一个二维的灌木丛组件即创建完成，如图 10-64 所示。

（10）单击“阴影”面板中的“显示阴影”按钮，将阴影显示出来，如图 10-65 所示。

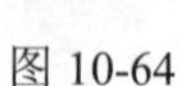
图 10-64

图 10-65

10.2.4　创建绿篱

凡是由灌木或小乔木以近距离的株行距密植，栽成单行或双行，紧密结合的、规则的种植形式，称为绿篱、植篱、生篱。因其可修剪成各种造型并能相互组合，从而提高了观赏效果。此外，绿篱还能起到遮盖不良视点、隔离防护、防尘防噪等作用，如图 10-66 所示。

图 10-66

根据高度的不同，绿篱可以分为绿墙（高度在 1.6m 以上）、高绿篱（高度在 1.2~1.6m）、中绿篱（高度在 0.5~1.2m）和矮绿篱（高度在 0.5m 以下）。由于绿篱一般修建得较为整齐，所以在 SketchUp 中，往往采取先创建体块，再赋予灌木材质的方法，如果有必要，还可以在后期处理中使用 PhotoShop 或 Painter 对其进行润色。

视频\10\练习 10-8.avi
案例\10\最终效果\练习 10-8.skp

创建绿篱的操作步骤如下：

（1）运行 SketchUp 软件，使用“矩形”工具绘制 2000mm×300mm 的矩形，然后使用“推/拉”工具将矩形向上推拉 400mm 的高度，如图 10-67 所示。

（2）按住【Ctrl】键，使用“推/拉”工具将上一步创建的立方体的上表面再向上推拉 40mm 的距离，如图 10-68 所示。

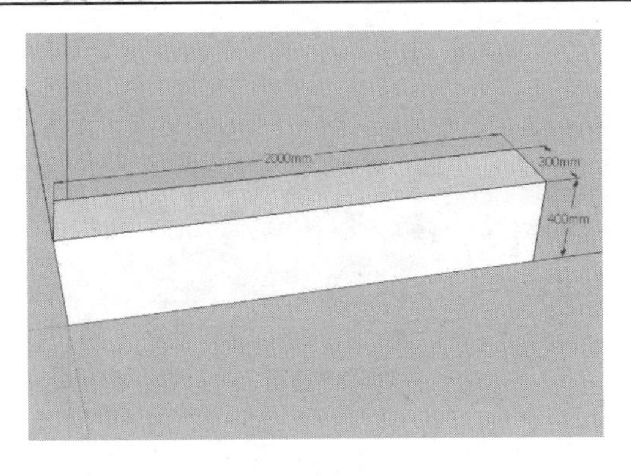

图 10-67

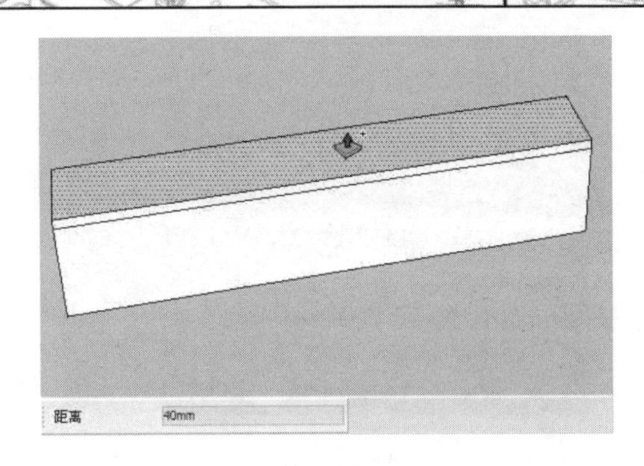

图 10-68

（3）删除立方体上侧的相应表面，如图 10-69 所示。

（4）打开“材质”编辑器，使用“颜料桶”工具，为模型赋予一种草皮贴图材质（本书配套光盘中的案例\10\素材文件\绿篱贴图.png）文件，如图 10-70 所示。

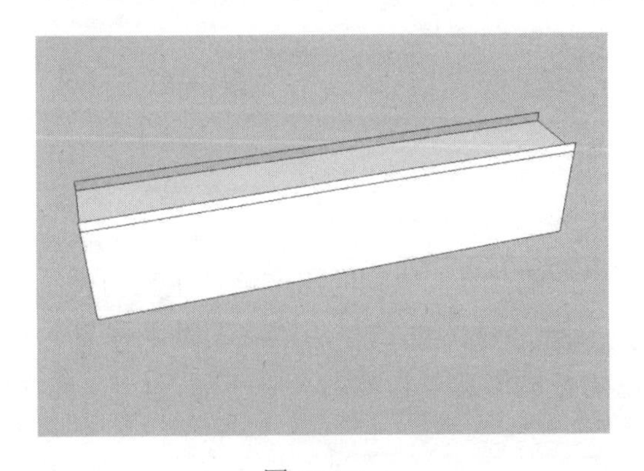

图 10-69

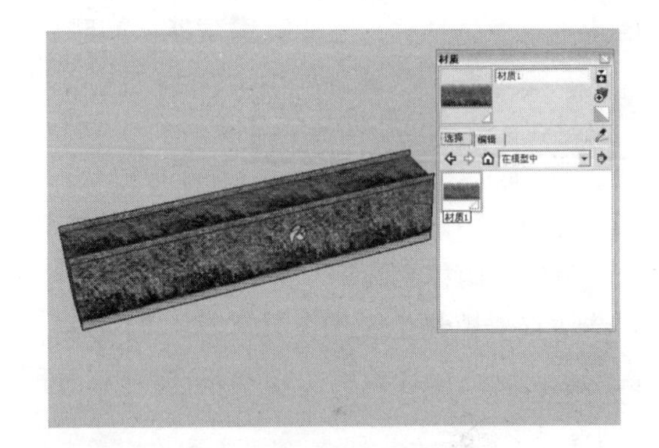

图 10-70

（5）选择其中一个面的贴图，然后在右键菜单中执行“纹理”→“位置”命令，并调整其贴图位置的坐标，直到绿篱外侧自然起伏的边缘与模型吻合，如图 10-71 所示。

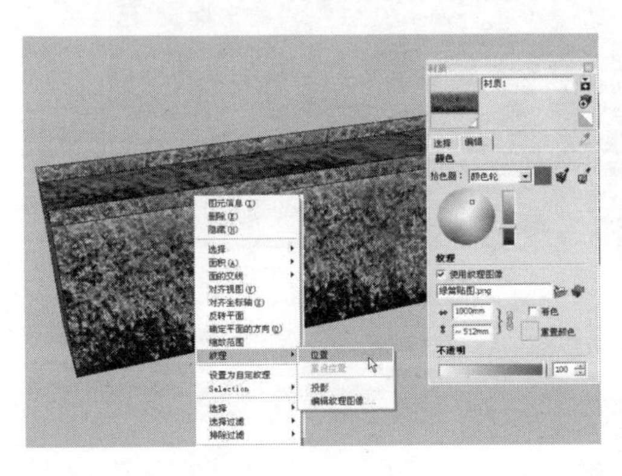

图 10-71

（6）按住【Shift】键，使用“橡皮擦”工具将边线删除，如图 10-72 所示。

（7）按住【Ctrl】键，使用“移动”工具将制作好的绿篱复制一个，并打开阴影显示，如图 10-73 所示。

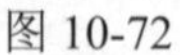

图 10-72

图 10-73

10.3 园林景观小品

在园林环境中随处可见很多的景观小品，包括花架、花钵、圆形拱顶、凉亭、景观桥等，这些景观小品具有一定的实用功能，同时也起到点缀空间的效果。

10.3.1 创建景观花架

花架是用刚性材料构成一定形状的格架供攀缘植物攀附的园林设施，又称棚架、绿廊。花架可作遮荫休息之用，并可点缀园景。花架设计要了解所配置植物的原产地和生长习性，以创造适宜于植物生长的条件和造型的要求。现在的花架有两方面的作用：供人歇足休息、欣赏风景；创造攀缘植物生长的条件。因此可以说花架是最接近于自然的园林小品，如图 10-74 所示。

图 10-74

视频\10\练习 10-9.avi
案例\10\最终效果\练习 10-9.skp

创建景观花架的操作步骤如下：

（1）运行 SketchUp 软件，使用“矩形”工具绘制 350mm×350mm 的矩形，然后使用“推/拉”工具将绘制的矩形面向上推拉 2500mm 的高度，如图 10-75 所示。

（2）使用“偏移”工具将立方体的上侧矩形面向内偏移 75mm 的距离，如图 10-76 所示。

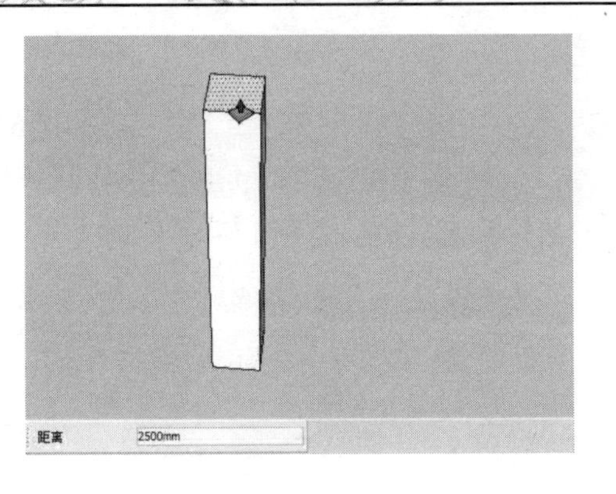

图 10-75

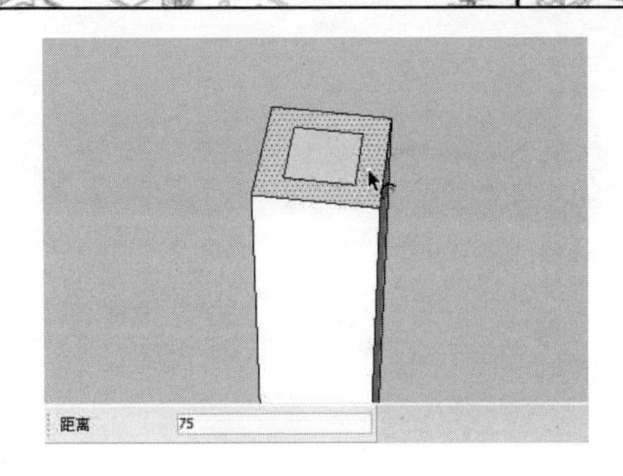

图 10-76

（3）使用“推/拉”工具将偏移后的内侧矩形面向上推拉 500mm 的高度，如图 10-77 所示。

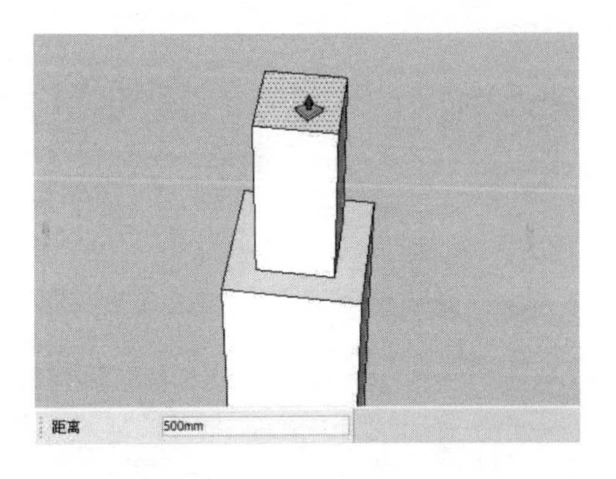

图 10-77

（4）将前面制作完成的花架立柱创建为群组，然后使用“移动”工具并按住【Ctrl】键将其向右复制两份，移动的间距为 3485mm，如图 10-78 所示。

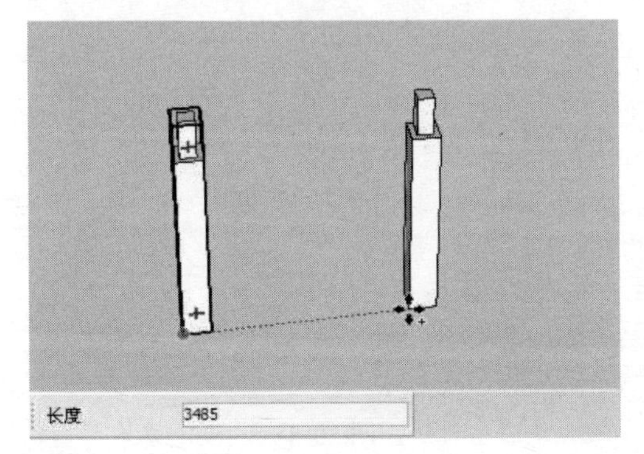

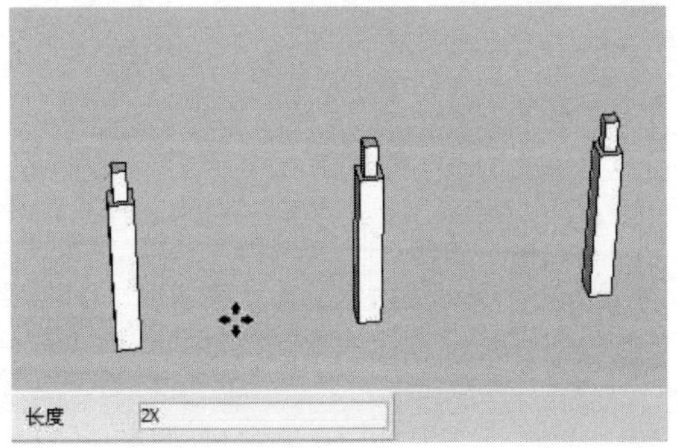

图 10-78

（5）使用“矩形”工具绘制一个矩形参考面，使用“直线”工具在参考面上绘制出花架横栏的截面轮廓，然后将参考面上多余的线面删除，如图 10-79 所示。

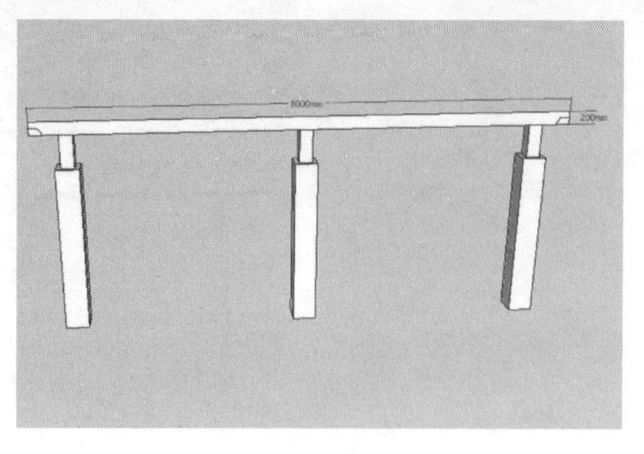
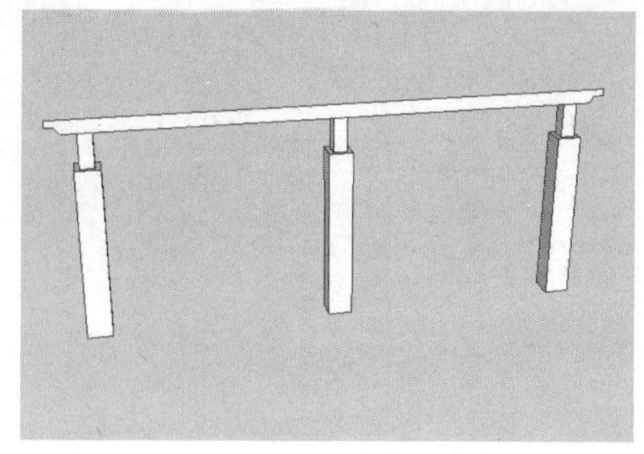

图 10-79

（6）使用“推/拉”工具将花架横梁的截面推拉出 100mm 的厚度，然后将其移到花架立柱的中间位置，如图 10-80 所示。

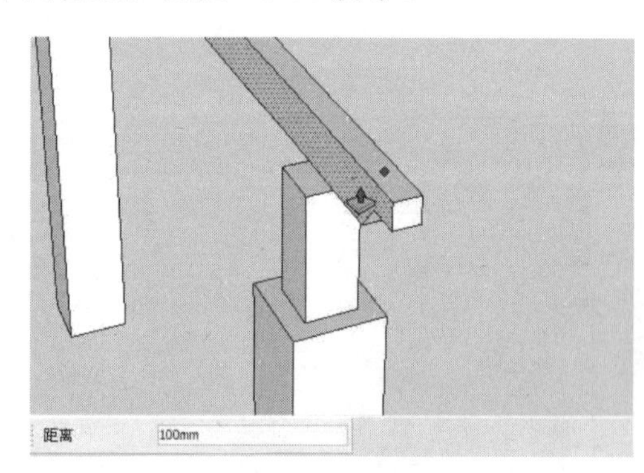

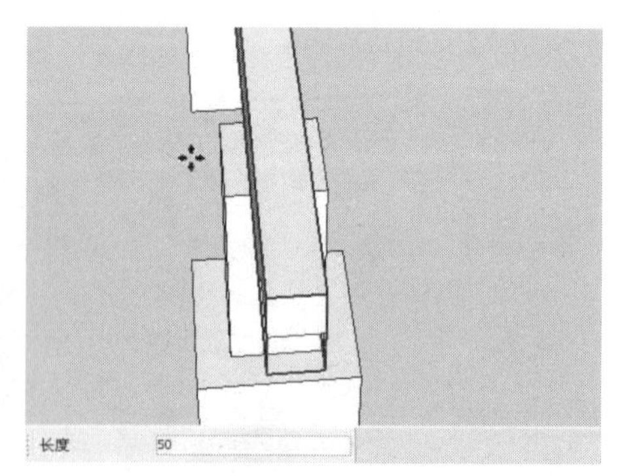

图 10-80

（7）按住【Ctrl】键，使用“移动”工具将花架立柱及横栏向左复制一份，移动的距离为 2400mm，如图 10-81 所示。

（8）结合“矩形”工具及“推拉”工具，创建出花架的竖梁造型，如图 10-82 所示。

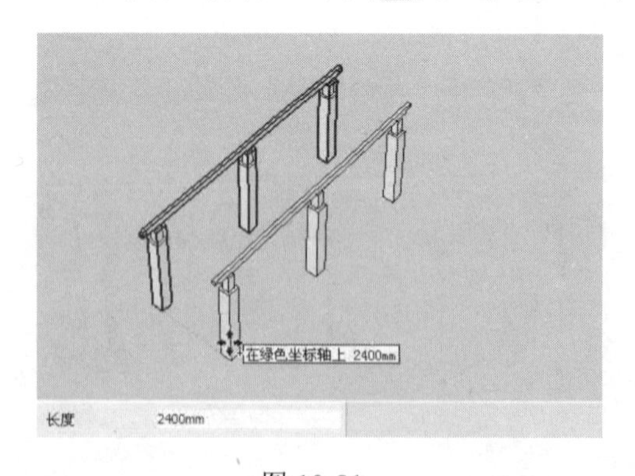

图 10-81

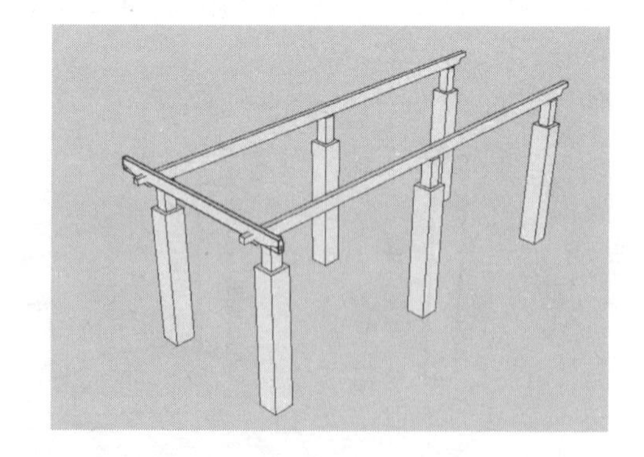

图 10-82

（9）按住【Ctrl】键，使用“移动”工具将上一步创建的花架竖梁向右进行复制，移动的距离为 400mm，一共复制 19 份，如图 10-83 所示。

（10）使用“颜料桶”工具为制作的景观花架赋予相应的材质，并在花架顶部添加藤蔓植物配景，如图 10-84 所示。

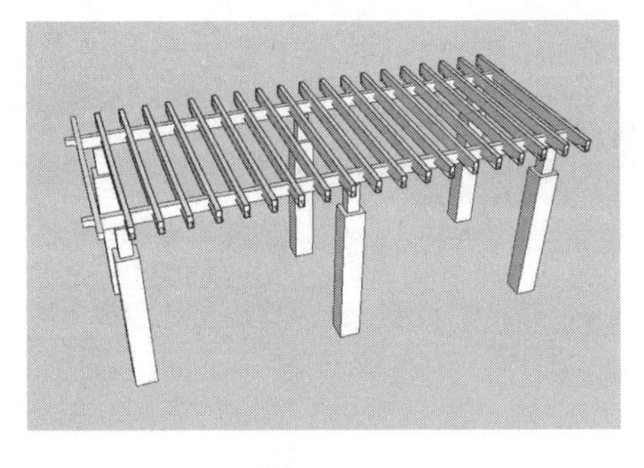

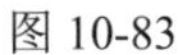

图 10-83

图 10-84

10.3.2　创建景观花钵

公园绿地中设置的大型花盆或花钵主要用来植栽一年生的草本花卉，使之常年保持花卉盛开。花盆和花钵有造型的要求，以便与花卉以及周围的园景相和谐。固定的花钵常用石材雕凿而成，可移动的花钵主要为陶制。由于大型花钵造型优美，其中的花卉艳丽多彩，所以常常被当作装饰性的雕塑安放于背景位置、入口处或重要轴线两侧，如图 10-85 所示。

图 10-85

视频\10\练习 10-10.avi
案例\10\最终效果\练习 10-10.skp

创建景观花钵的操作步骤如下：

（1）运行 SketchUp 软件，使用“圆”工具绘制半径为 222mm 的圆，如图 10-86 所示。

（2）使用“矩形”工具在上一步绘制的圆上绘制一个矩形参考面，如图 10-87 所示。

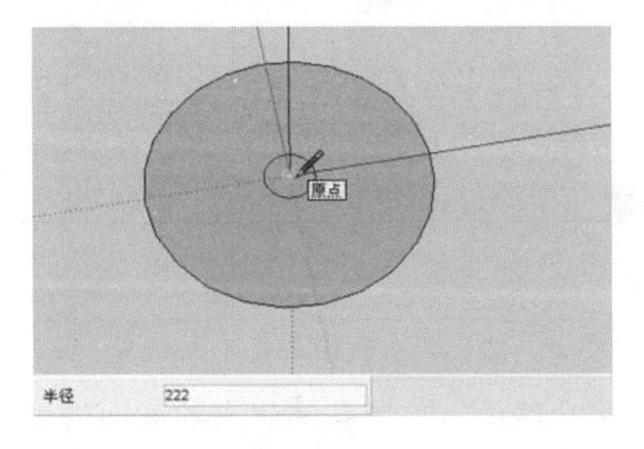

图 10-86

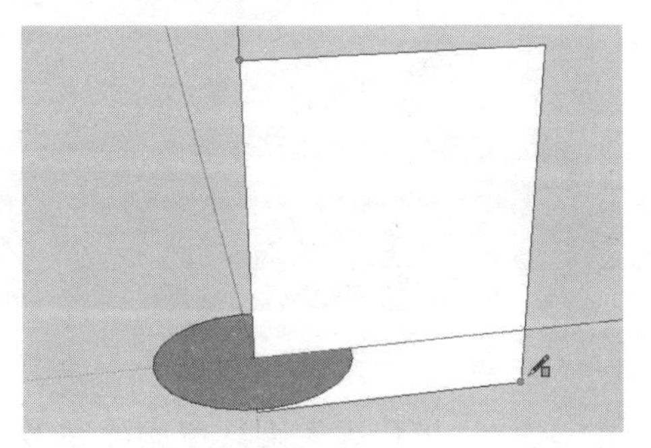

图 10-87

（3）结合“直线”工具及“圆弧”工具，在上一步绘制的参考面上绘制出花钵的截面造型，如图 10-88 所示。

（4）使用“橡皮擦”工具删除参考面上的多余线面，如图 10-89 所示。

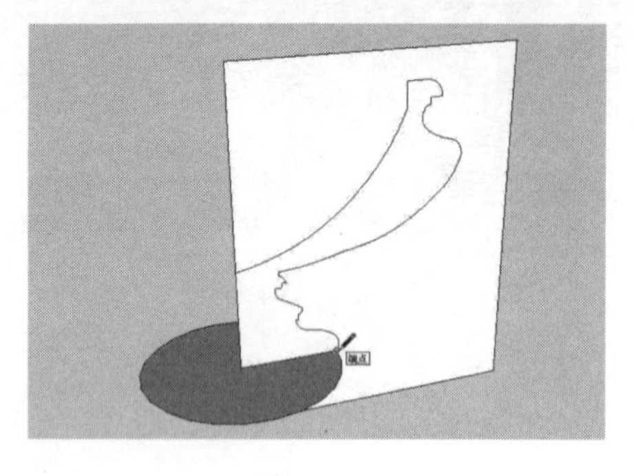

图 10-88

图 10-89

（5）选择圆面，使用“跟随路径”工具单击绘制的花钵截面将其放样，如图 10-90 所示。

（6）选择放样后的花钵后右击，在快捷菜单中执行“软化/平滑边线”命令，在弹出的“柔化边线”对话框中对花钵模型进行边线柔化操作，如图 10-91 所示。

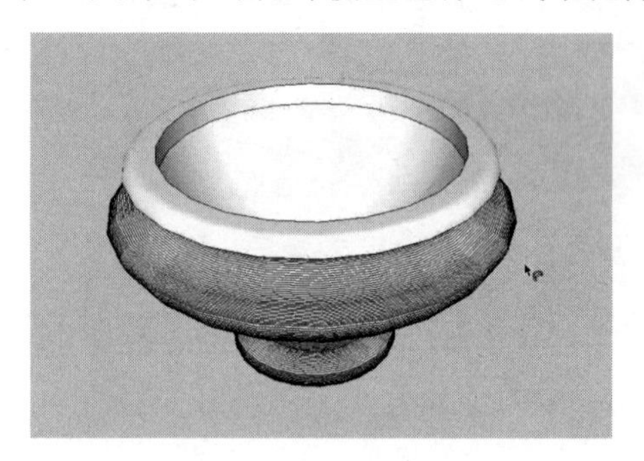

图 10-90

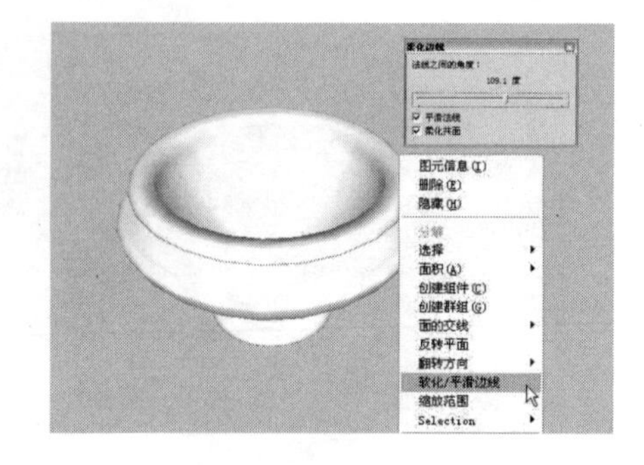

图 10-91

（7）使用“矩形”工具绘制 820mm×820mm 的矩形面，如图 10-92 所示。

（8）使用“矩形”工具在上一步绘制的矩形面上绘制一个参考面，然后结合“直线”工具及“圆弧”工具，在矩形参考面上绘制出花钵底座的截面造型，如图 10-93 所示。

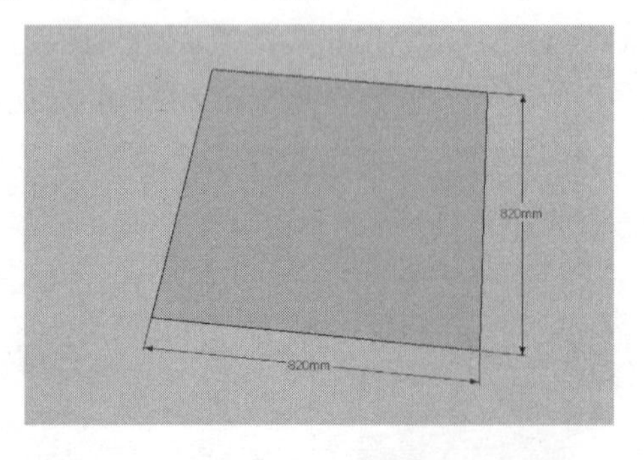

图 10-92

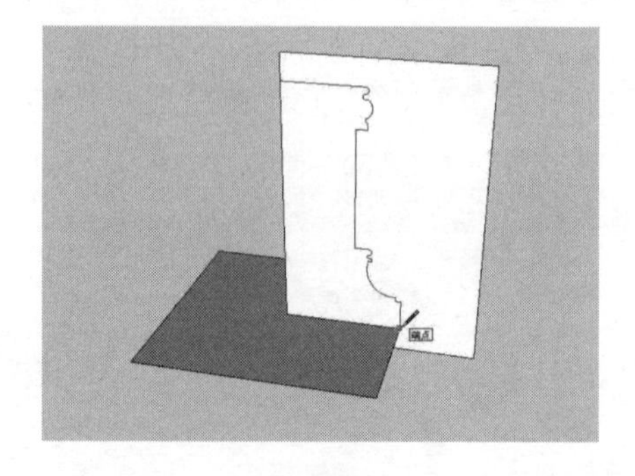

图 10-93

（9）使用“橡皮擦”工具删除参考面上的多余线面，保留花钵底座的截面造型，如图 10-94 所示。

（10）选择矩形面，使用“跟随路径”工具单击绘制的花钵底座截面将其放样，如图 10-95 所示。

图 10-94

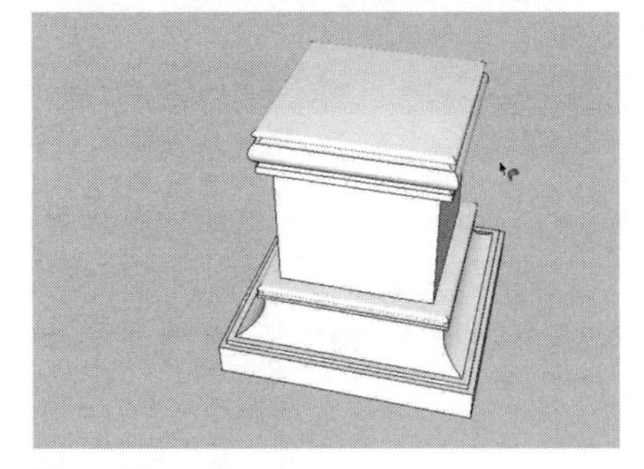

图 10-95

（11）使用“移动”工具将创建完成的花钵及底座进行组合，如图 10-96 所示。

（12）使用“颜料桶”工具为制作的花钵赋予相应的材质，并添加植物及人物配景组件，如图 10-97 所示。

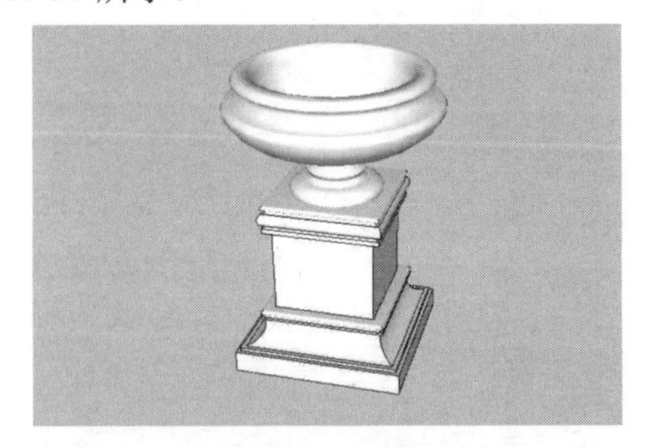

图 10-96

图 10-97

10.3.3　创建十字圆形拱顶

拱顶结构是欧洲中世纪建筑的一种常见结构形式，其外型美观且坚固，是技术与艺术的融合体，具有极佳的视觉效果，现在也被广泛应用于现代园林景观造景中，如图 10-98 所示。

图 10-98

视频\10\练习 10-11.avi
案例\10\最终效果\练习 10-11.skp

创建十字圆形拱顶的操作步骤如下：

（1）运行 SketchUp 软件，使用“矩形”工具绘制长度为 4100mm，高度分别为 2600mm 和 2000mm 的两个矩形，如图 10-99 所示。

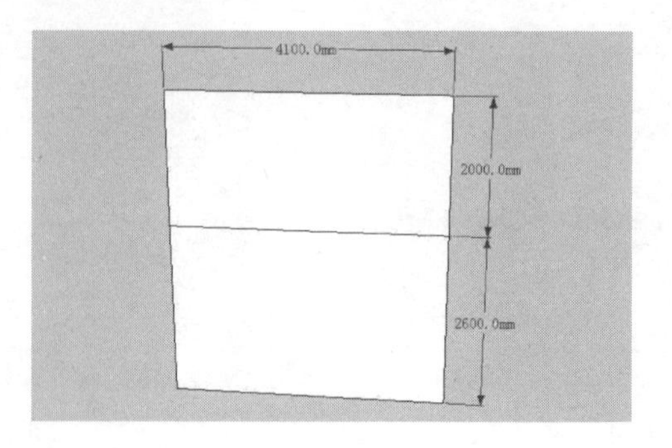

图 10-99

（2）单击“圆”工具，在数值框中输入 56 作为圆周上的分段数，接着以矩形的中心点为圆心绘制圆，圆要与顶边相切，即半径为 2000mm，如图 10-100 所示。

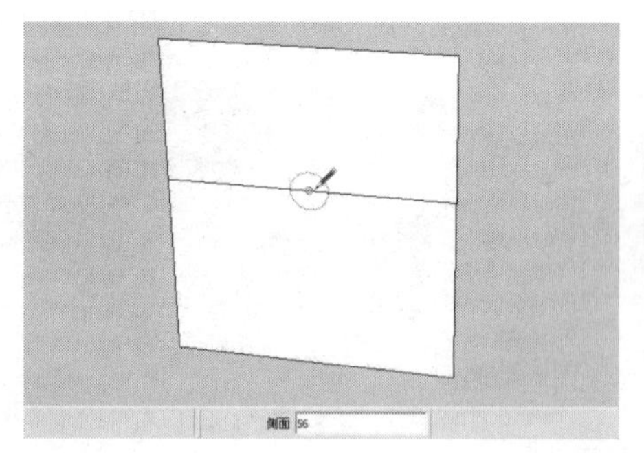

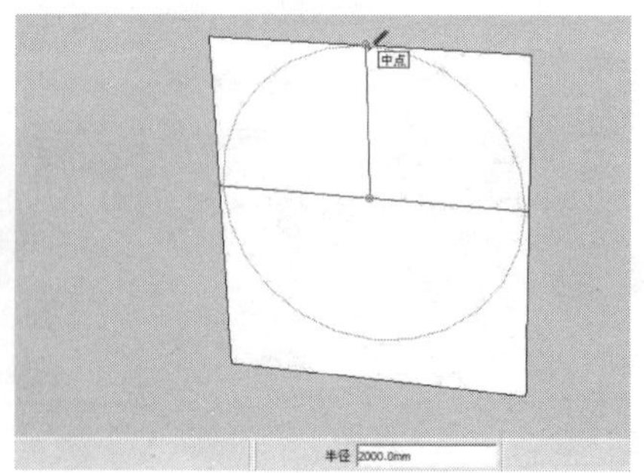

图 10-100

（3）删除圆形的下半部分以及矩形，然后使用“偏移”工具将半圆轮廓向内偏移 250mm。使用“线条”工具绘制一条线将内外轮廓线的两端连接成一个封闭的面（注意连接线要保持水平），如图 10-101 所示。

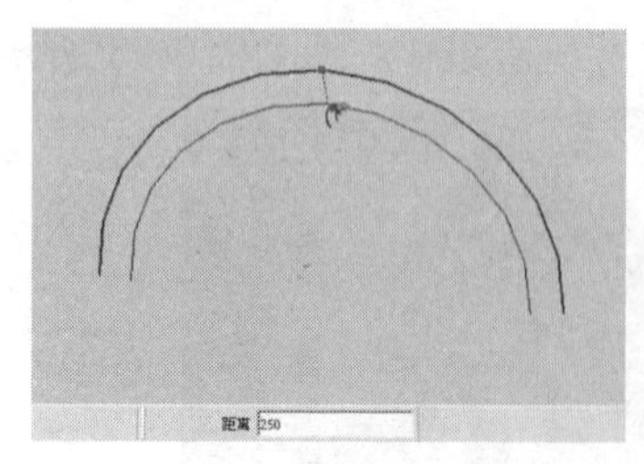

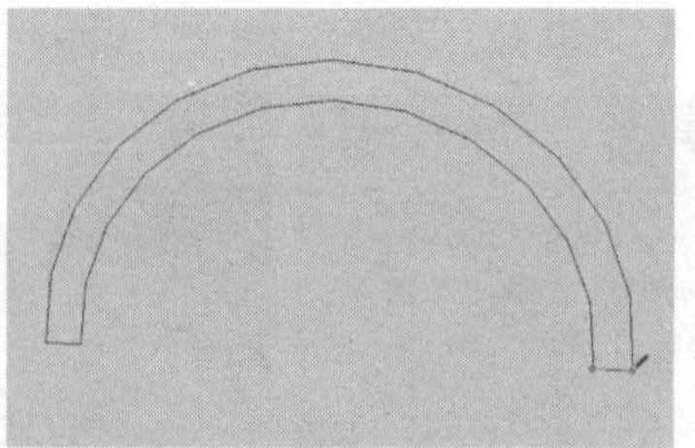

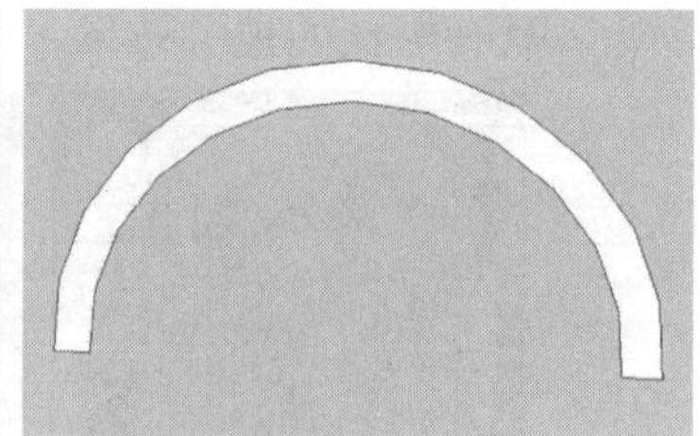

图 10-101

（4）使用“推拉”工具将半圆面推出 5000mm 的长度，以形成半圆拱，然后双击半圆拱以选中所有的表面，按住【Ctrl】键的同时使用“旋转”工具旋转并复制出另外一半圆拱（旋转时注意捕捉半圆上母线的中点，以保证对称性），如图 10-102 所示。

（5）选中所有物体的表面后右击，在弹出的快捷菜单中执行“相交面”→“与模型”命令，使两个半圆拱产生交线，然后删除中间的多余表面，如图 10-103 所示。

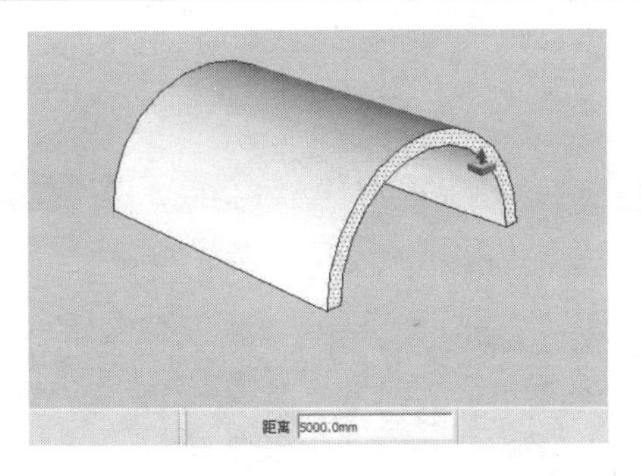

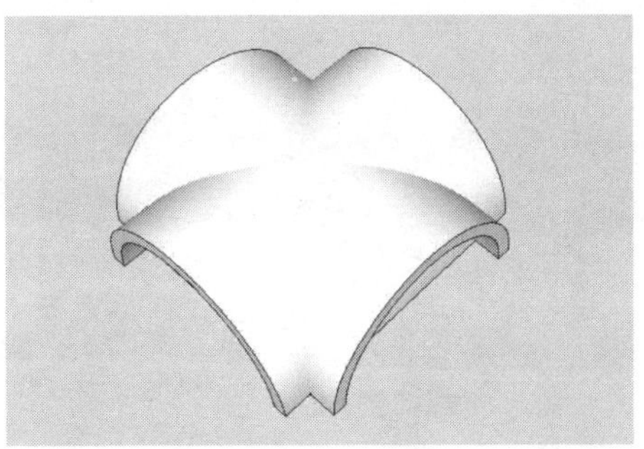

图 10-102

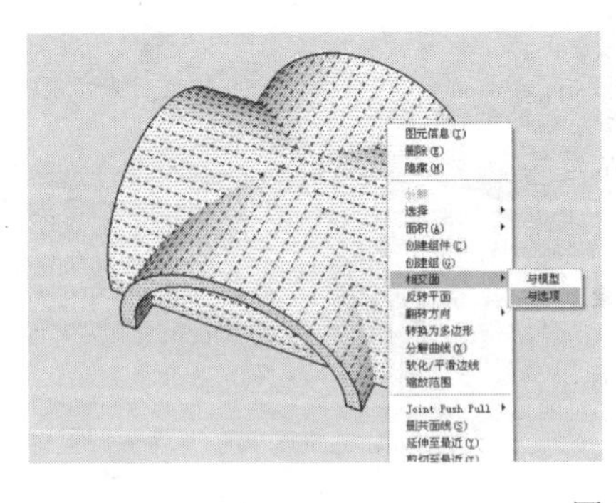

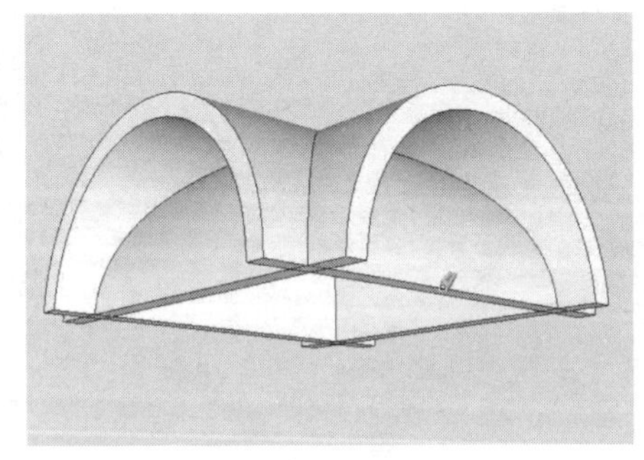

图 10-103

（6）选择所有的模型表面后右击，并在弹出的快捷菜单中执行“创建组件”命令，如图 10-104 所示。

（7）选择拱顶组件，然后按住【Ctrl】键的同时使用“移动”工具捕捉相应的端点进行复制，如图 10-105 所示。

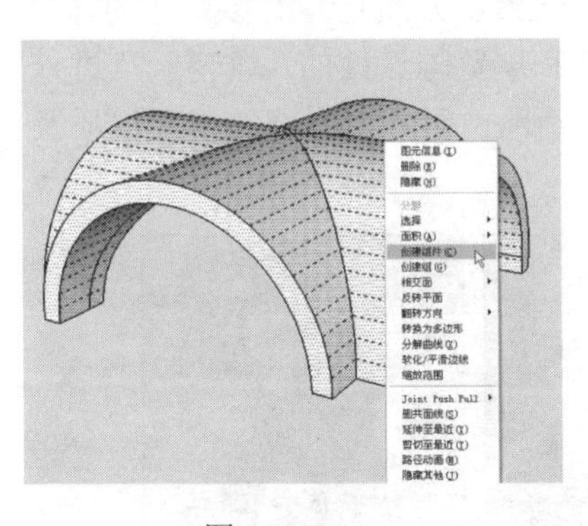

图 10-104

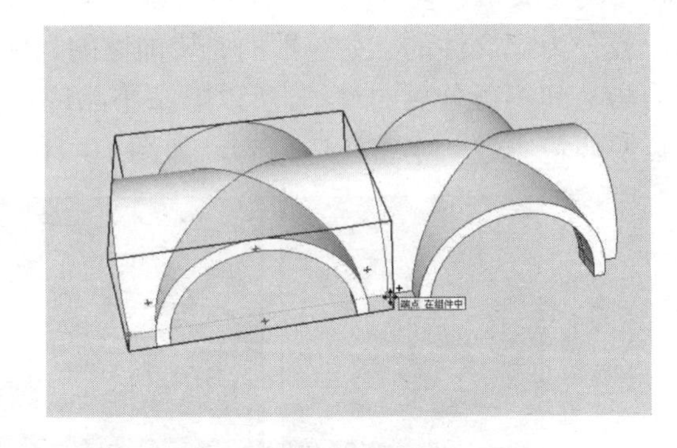

图 10-105

（8）在数值框中输入“4x”，将拱顶水平向右复制 4 个，如图 10-106 所示。

（9）结合“矩形”工具、“线条”工具、“圆弧”工具和“跟随路径”工具，完成柱子的创建，如图 10-107 所示。

（10）按住【Ctrl】键，使用“移动”工具将柱子复制到拱顶的下侧相应位置，如图 10-108 所示。

（11）最后使用“矩形”工具完成柱廊侧面墙体及地面的创建，最终效果如图 10-109 所示。

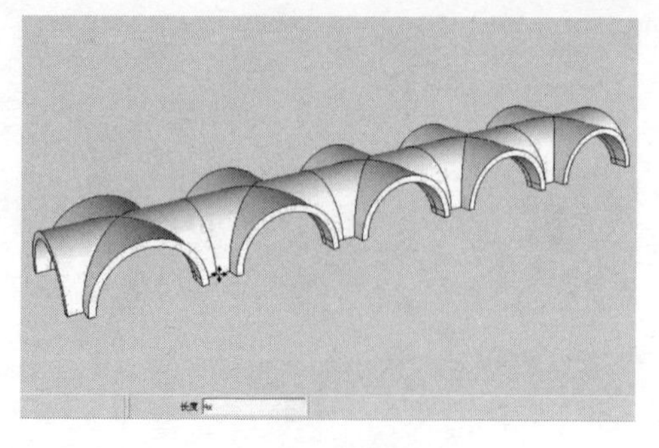

图 10-106

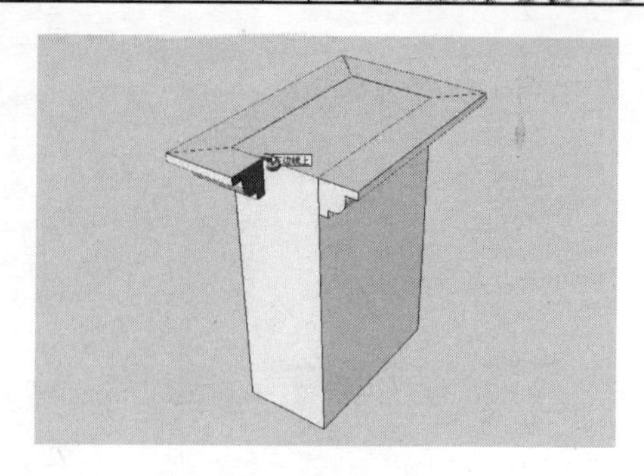

图 10-107

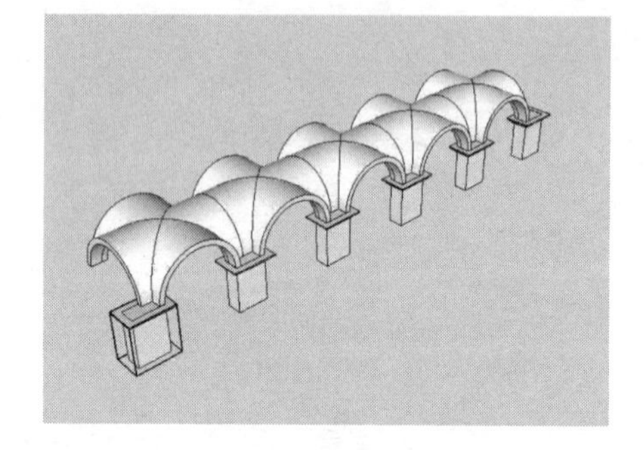

图 10-108

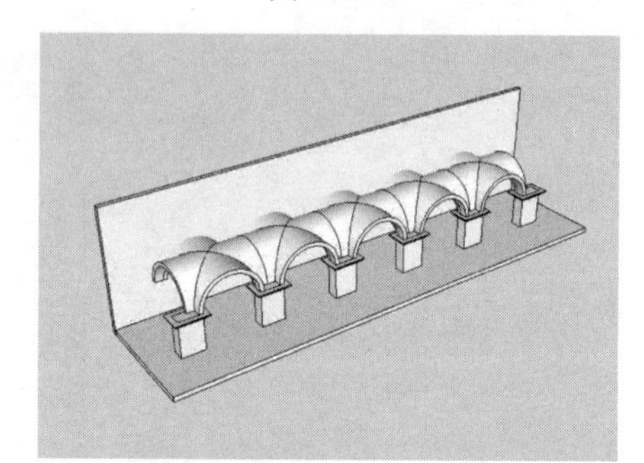

图 10-109

10.3.4 创建景观雕塑

景观雕塑小品一般位于城市的广场、公园、步行街、公共建筑或者某些具有纪念意义的场所，在美化城市、教育民众、提高大家审美情趣和文化素质方面起着潜移默化的作用。雕塑小品一般分为纪念性的、主题性的、装饰性的、标志性和展览陈设性的。雕塑一旦进入空间就会成为与空间不可分离的整体，所以雕塑小品应该能准确地说明环境空间的使用性质及使用特征，点明环境主题，丰富环境内容，如图 10-110 所示。

图 10-110

视频\10\练习 10-12.avi
案例\10\最终效果\练习 10-12.skp

创建景观雕塑小品的操作步骤如下：

（1）运行 SketchUp 软件，使用“矩形”工具绘制 3360mm×3360mm 的矩形，如图 10-111

所示。

（2）使用“推/拉”工具将上一步绘制的矩形面向上推拉 300mm 的高度，如图 10-112 所示。

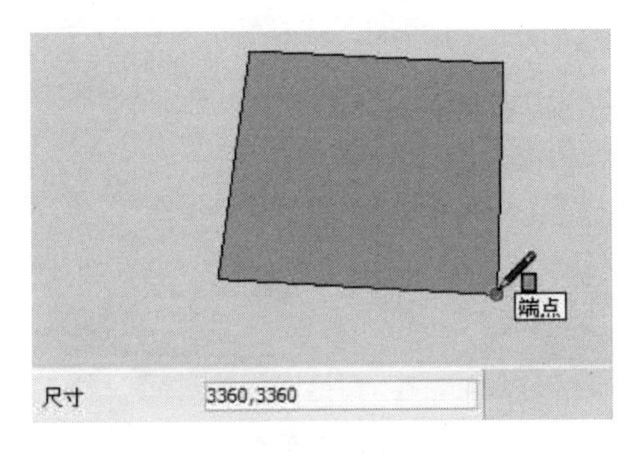

图 10-111

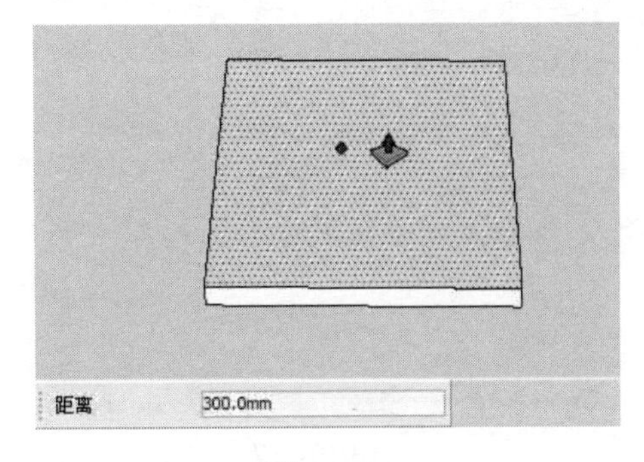

图 10-112

（3）使用“偏移”工具将立方体的上侧矩形面向内偏移 180mm 的距离，如图 10-113 所示。

（4）使用“推/拉”工具将图中相应的矩形面向上推拉 390mm 的高度，如图 10-114 所示。

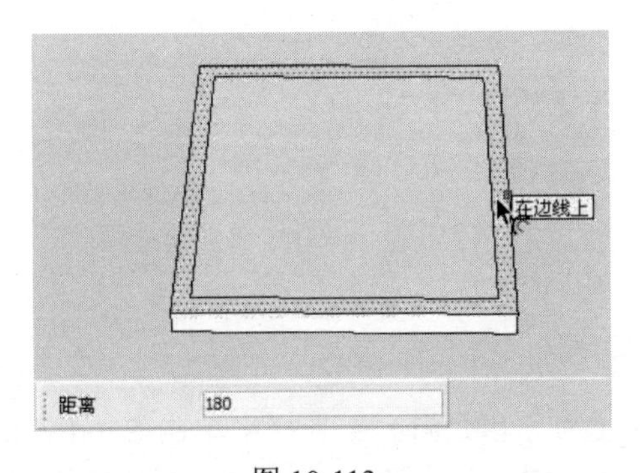

图 10-113

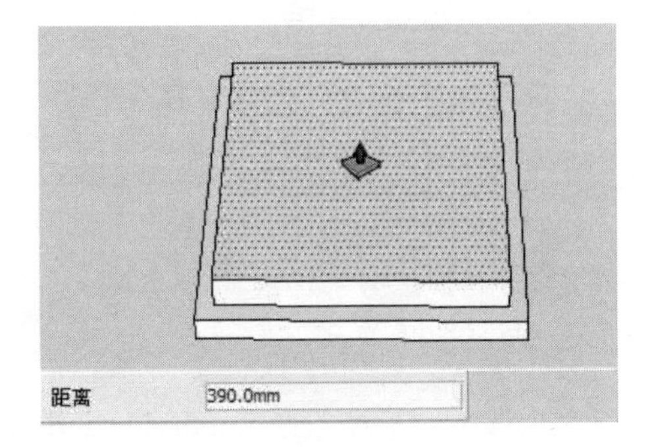

图 10-114

（5）使用“偏移”工具将图中相应的矩形面向内偏移 240mm 的距离，如图 10-115 所示。

（6）使用“推/拉”工具将图中相应的矩形面向下推拉 120mm 的高度，完成雕塑底座的创建，并将其创建为组，如图 10-116 所示。

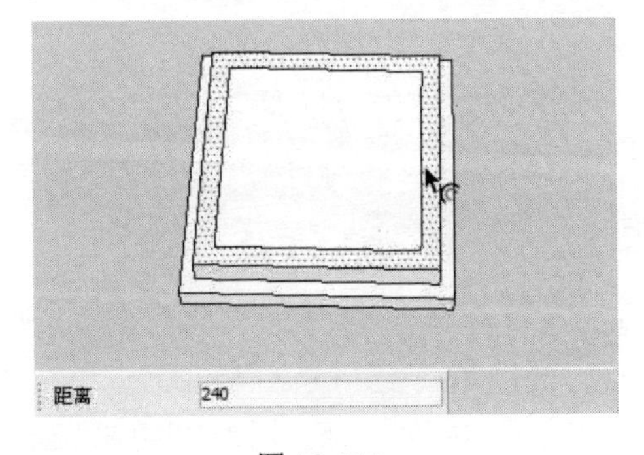

图 10-115

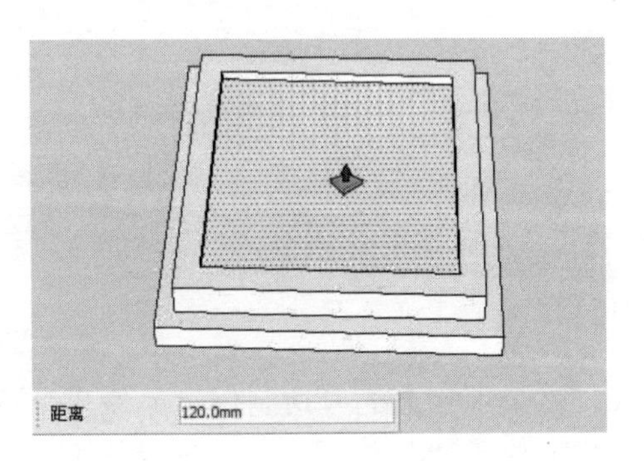

图 10-116

（7）使用“矩形”工具在雕塑的底座上方绘制一个矩形参考面，然后使用“直线”工具在参考面上绘制出雕塑的截面形状，如图 10-117 所示。

（8）将参考面上的多余线面删除，只保留雕塑的截面形状，如图 10-118 所示。

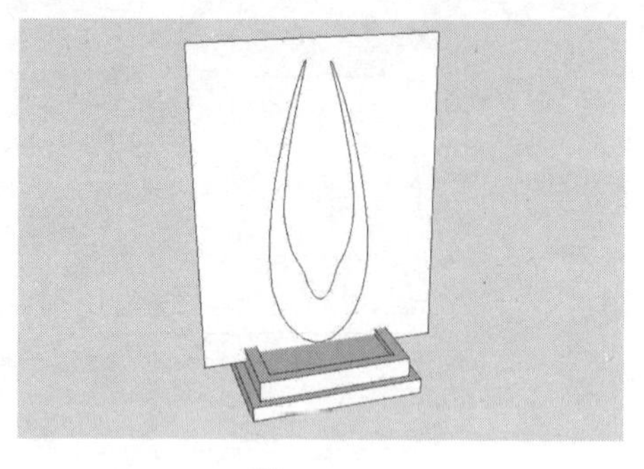

图 10-117

图 10-118

（9）使用“推/拉”工具将雕塑截面向外推拉 550mm 的厚度，如图 10-119 所示。

（10）使用“缩放”工具将推拉后的雕塑造型进行形状的缩放，使其顶部变小，如图 10-120 所示。

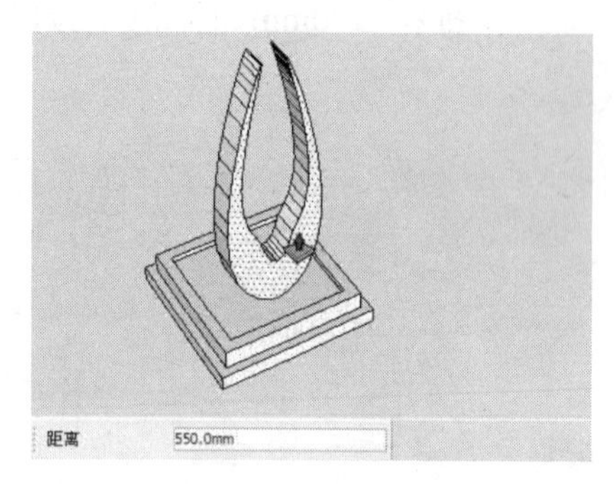

图 10-119

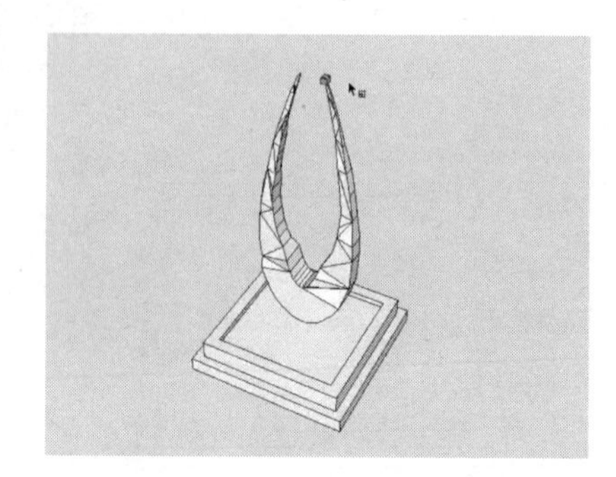

图 10-120

（11）全选雕塑模型，在 Subdivide and Smooth（细分和光滑）工具栏中单击 Subdivide and Smooth（细分/光滑）工具，对模型进行细分处理，细分值设置为 1，完成细分后将模型创建为群组，如图 10-121 所示。

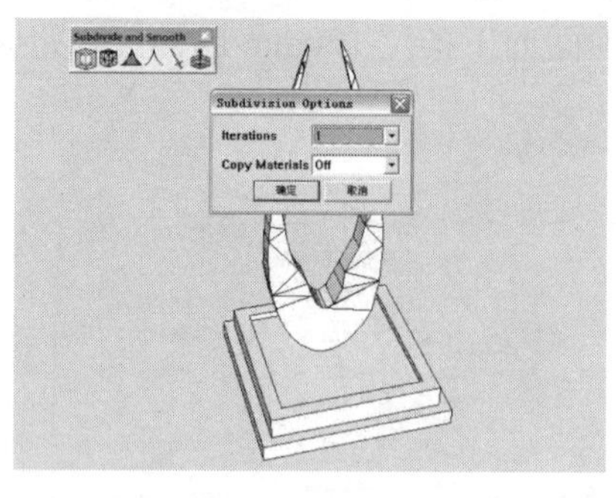

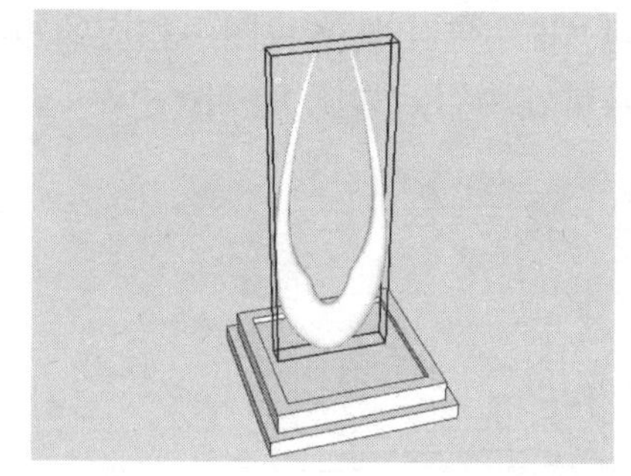

图 10-121

（12）采用相似的方法制作出另外几个弧形构件，如图 10-122 所示。

（13）使用“颜料桶”工具为制作的雕塑模型赋予相应的材质，并打开阴影显示，如图 10-123 所示。

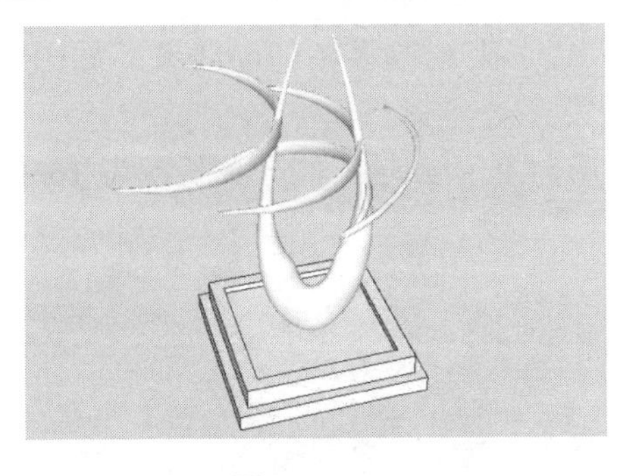

图 10-122

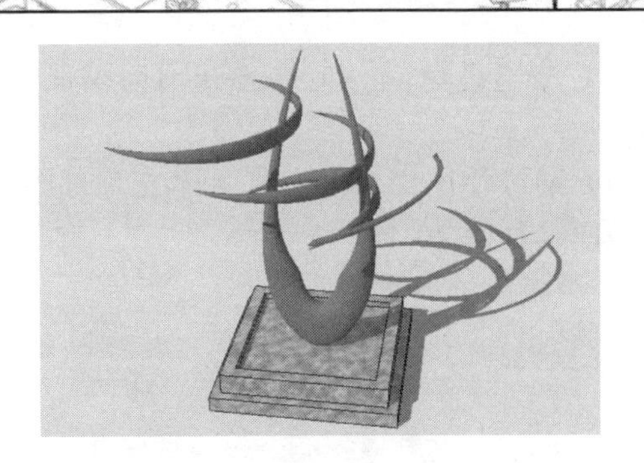

图 10-123

10.3.5　创建景观凉亭

亭（凉亭）多建于路旁，供行人休息、乘凉或观景用。亭一般为开敞性结构，没有围墙，顶部可分为六角、八角、圆形等多种形状，如图 10-124 所示。

图 10-124

视频\10\练习 10-13.avi
案例\10\最终效果\练习 10-13.skp

创建景观凉亭的操作步骤如下：

（1）运行 SketchUp 软件，使用“多边形”工具绘制半径为 2000mm 的正六边形，如图 10-125 所示。

（2）按住【Ctrl】键，使用“移动”工具将上一步绘制的六边形垂直向上复制一份，移动距离为 2800mm，如图 10-126 所示。

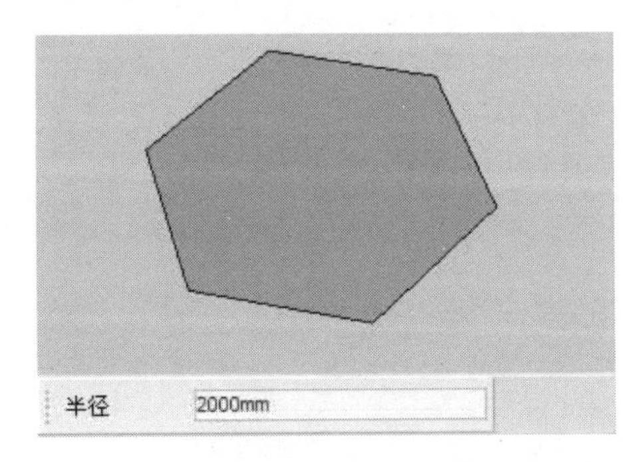

图 10-125

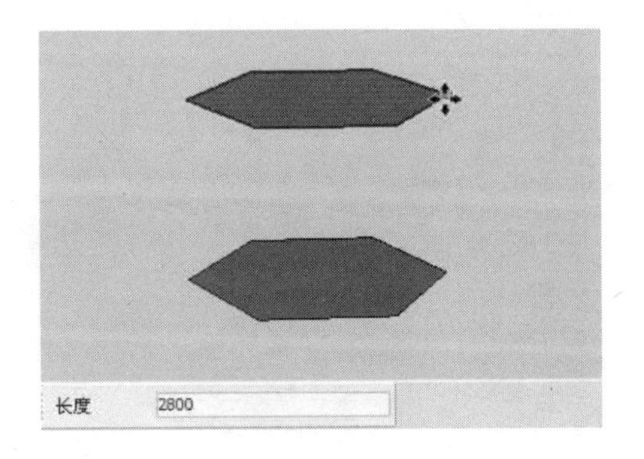

图 10-126

（3）使用“直线”工具在前面绘制的两个六边形上绘制多条辅助线条，如图 10-127 所示。

（4）继续使用“直线”工具在顶部的正六边形面上沿 Z 轴绘制一条长度为 1650mm 的垂直线段，如图 10-128 所示。

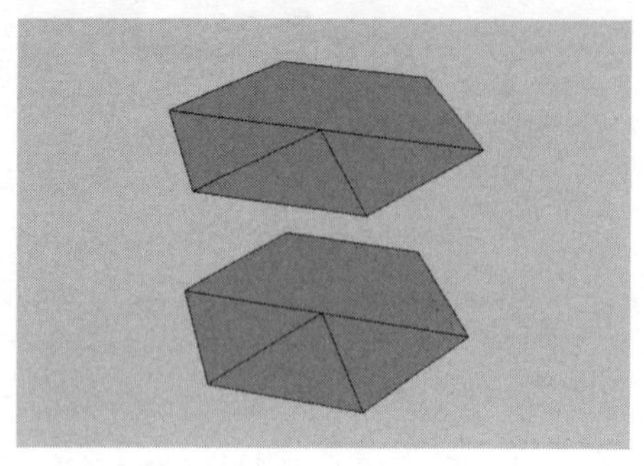

图 10-127

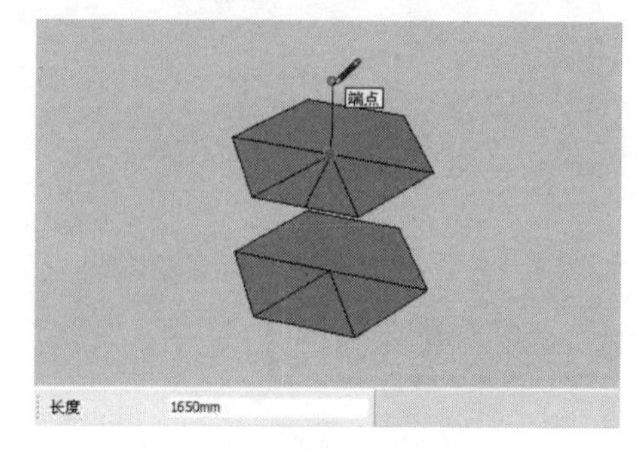

图 10-128

（5）使用“矩形”工具参照长度为 1650mm 的垂线绘制一个竖直的矩形参考面，如图 10-129 所示。

（6）使用“圆弧”工具在上一步绘制的矩形参考面上绘制一段圆弧作为屋顶截面放样的路径，如图 10-130 所示。

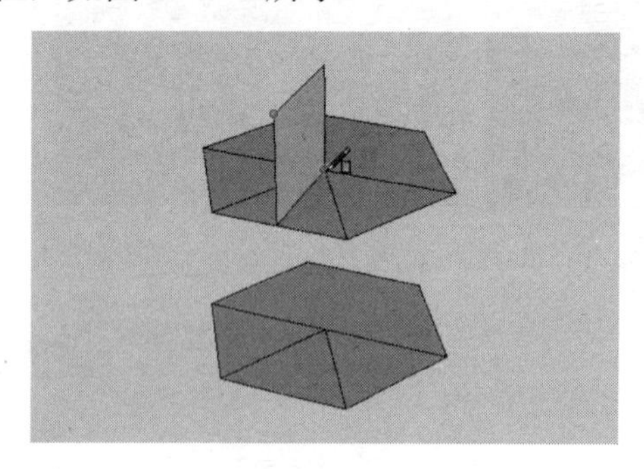

图 10-129

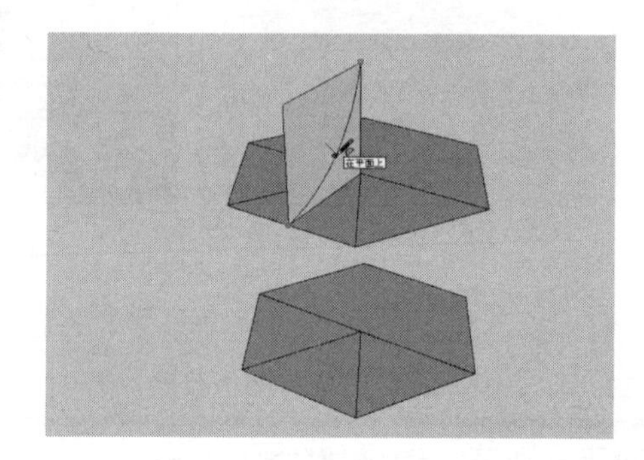

图 10-130

（7）使用“矩形”工具沿着顶部正六边形的一条边绘制一个竖直矩形面，如图 10-131 所示。

（8）使用“圆弧”工具在上一步绘制的矩形面上向下绘制一段半径为 300mm 的弧线，如图 10-132 所示。

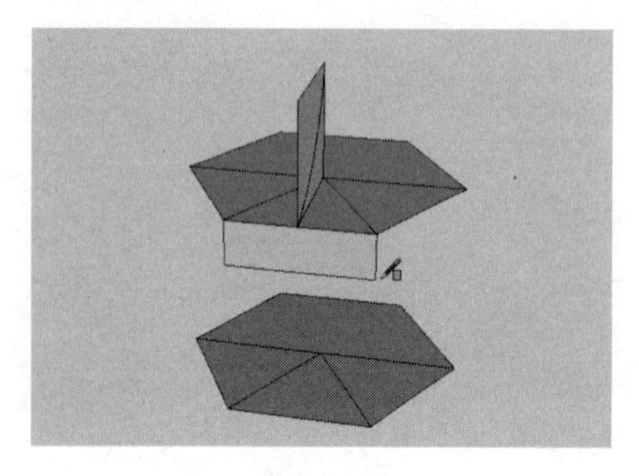

图 10-131

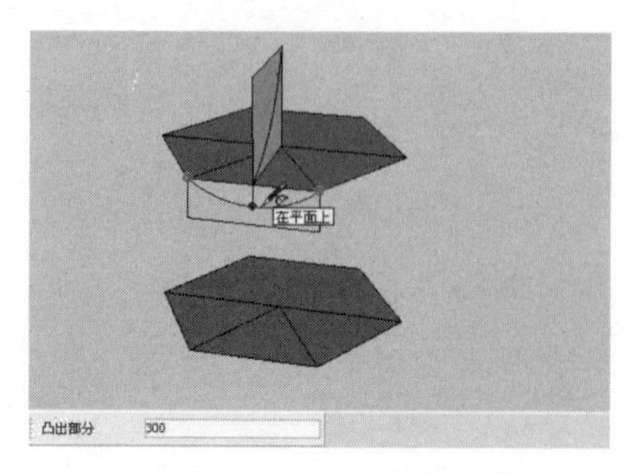

图 10-132

（9）使用“偏移”工具将上一步绘制的弧线向下偏移 120mm，然后删除多余的线面，只保留偏移出的弧形面及放样弧线，如图 10-133 所示。

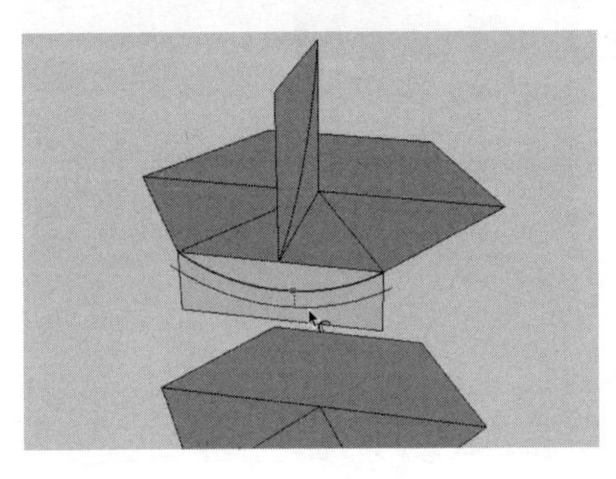
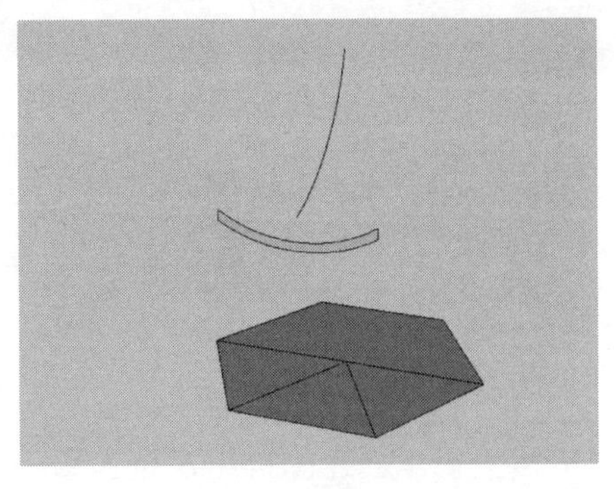

图 10-133

（10）使用“跟随路径”工具将弧形截面沿路径进行放样，并将放样后的屋顶造型制作为组件，如图 10-134 所示。

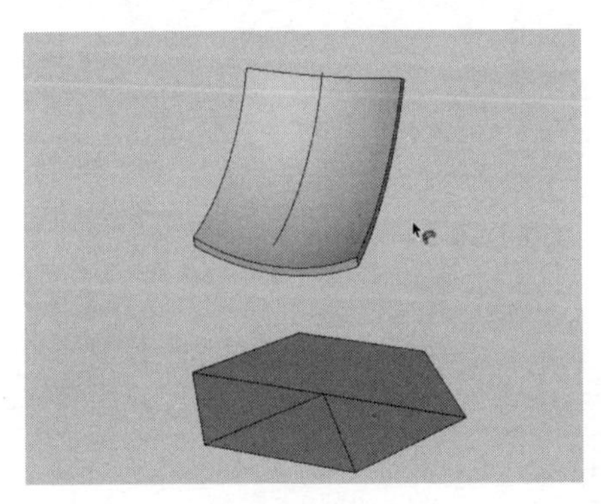
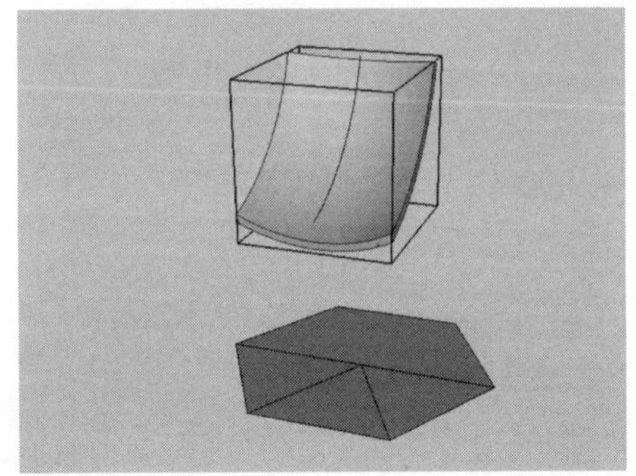

图 10-134

（11）双击上一步创建的屋顶组件，进入组的内部编辑状态，然后全选模型，单击鼠标右键，在弹出的快捷菜单中执行“反转平面”命令将面全部翻转，如图 10-135 所示。

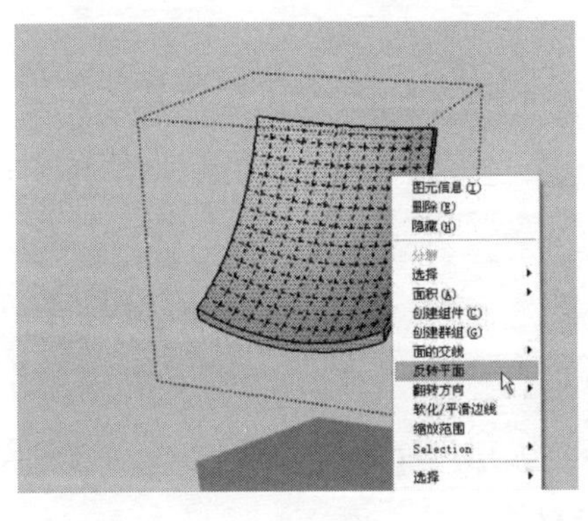

图 10-135

（12）使用“推/拉”工具将底面的等边三角形推拉到超过屋顶的位置，然后将拉伸的体块与屋顶创建为群组，如图 10-136 所示。

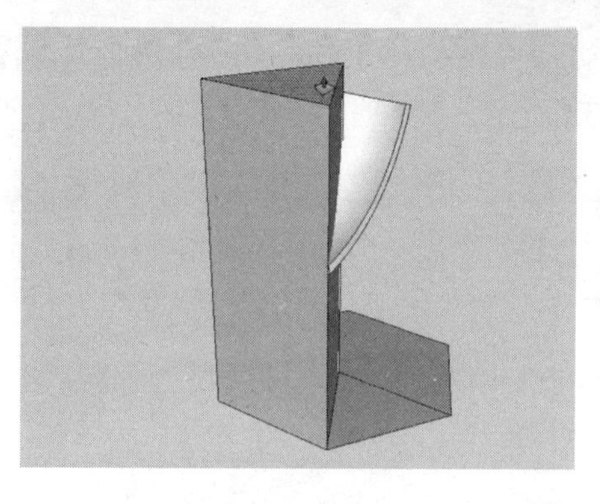
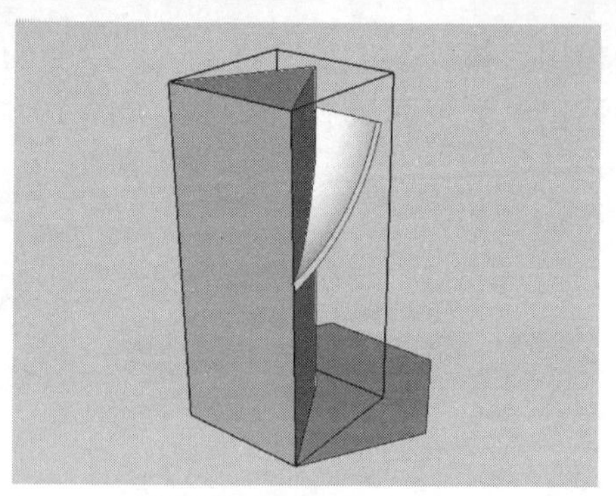

图 10-136

（13）双击上一步创建的群组，进入组的内部编辑状态，然后选择群组内的所有模型并分解，单击鼠标右键，在弹出的快捷菜单中选择“面的交线”→“与所选的面”命令，如图 10-137 所示。

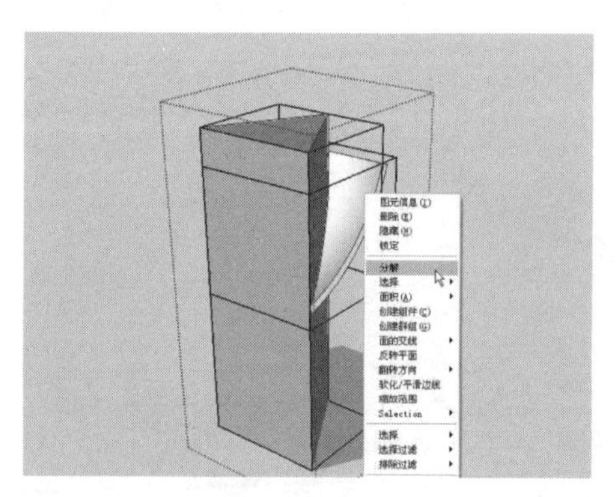
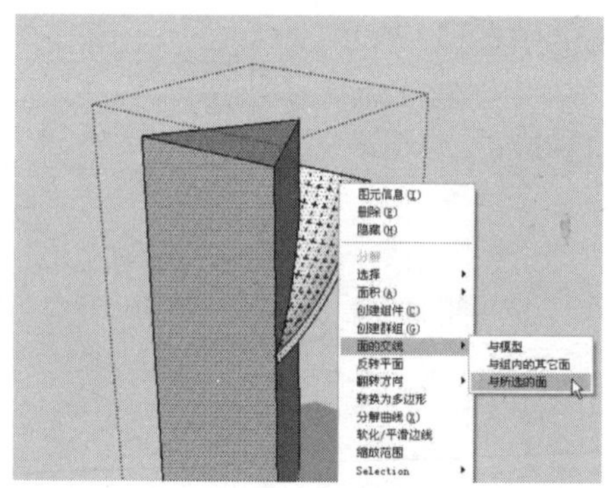

图 10-137

（14）删除多余的形体，得到三角弧形屋顶面，如图 10-138 所示。

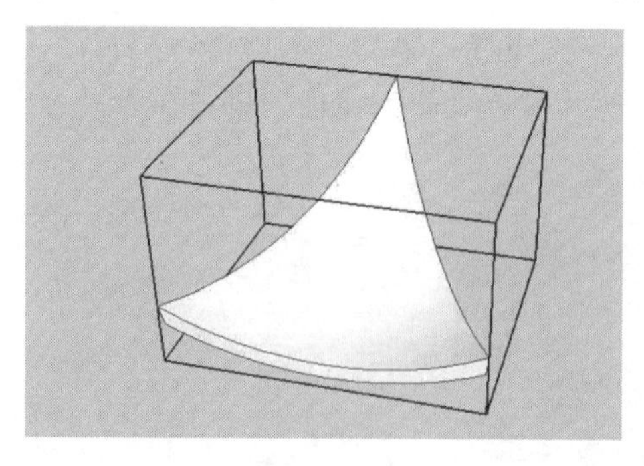

图 10-138

（15）按住【Ctrl】键，使用“旋转”工具将弧形屋面旋转复制 5 份，形成完整的六角亭屋面，如图 10-139 所示。

（16）双击进入屋面组件内部，然后将屋脊线复制一份并放置在合适的位置。再绘制出屋脊的截面，并旋转截面至与屋脊线的方向相垂直，如图 10-140 所示。

（17）使用“跟随路径”工具将屋脊截面沿屋脊线路径进行放样，如图 10-141 所示。

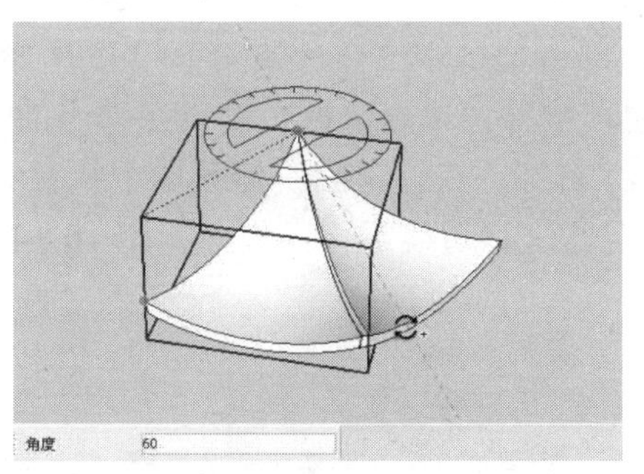

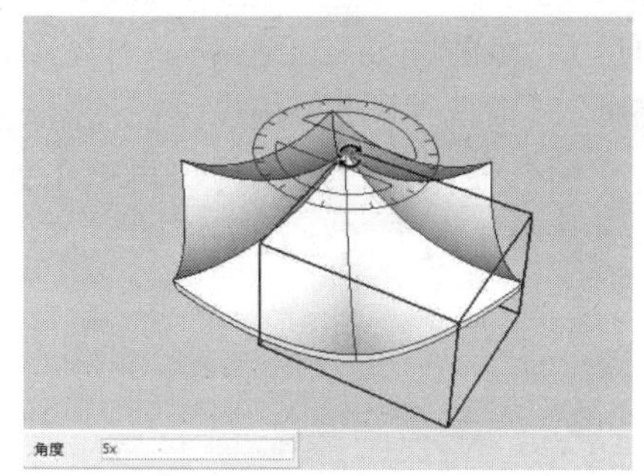

图 10-139

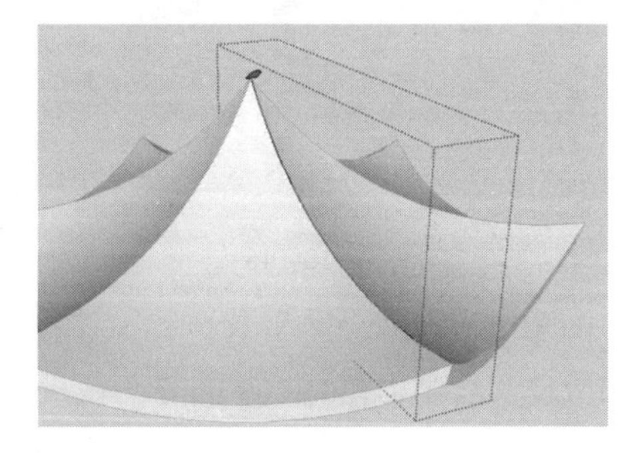

图 10-140

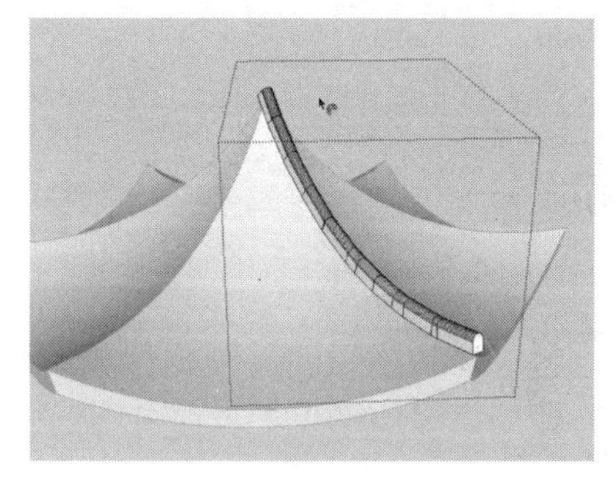

图 10-141

（18）结合“直线”工具和“推/拉”工具，细化处理屋脊的尾部造型，如图 10-142 所示。

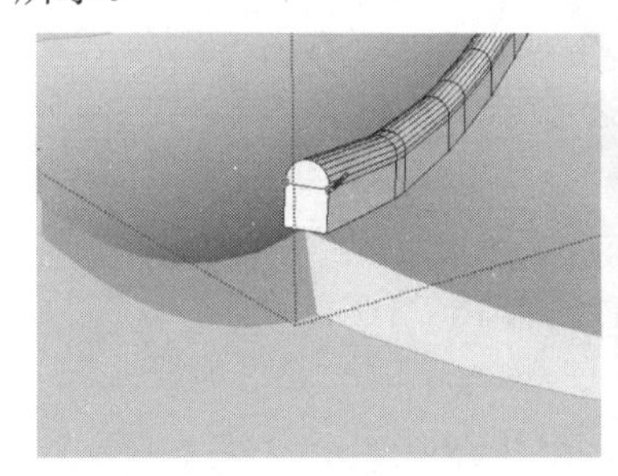

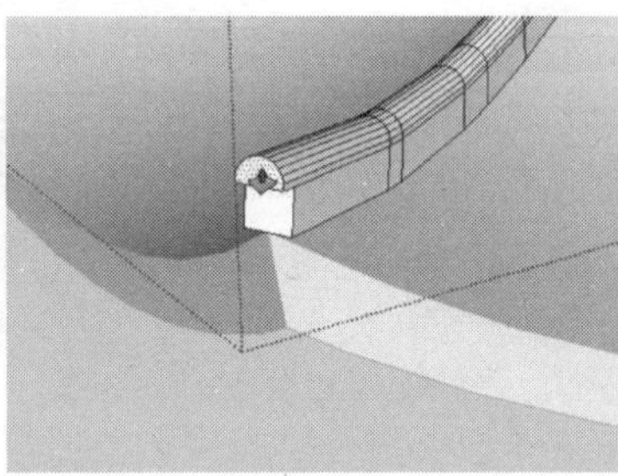

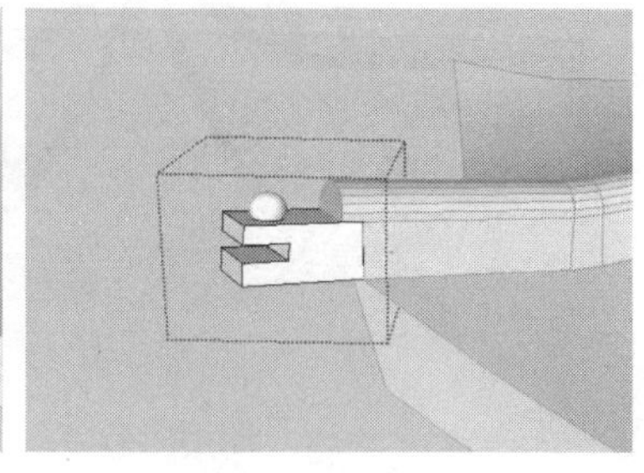

图 10-142

（19）按住【Ctrl】键，使用“旋转”工具将屋脊造型旋转复制 5 份，如图 10-143 所示。

（20）使用“圆”工具绘制一个适当大小的圆，然后结合“直线”及“圆弧”工具，在圆上绘制出屋顶顶部构件的截面造型，如图 10-144 所示。

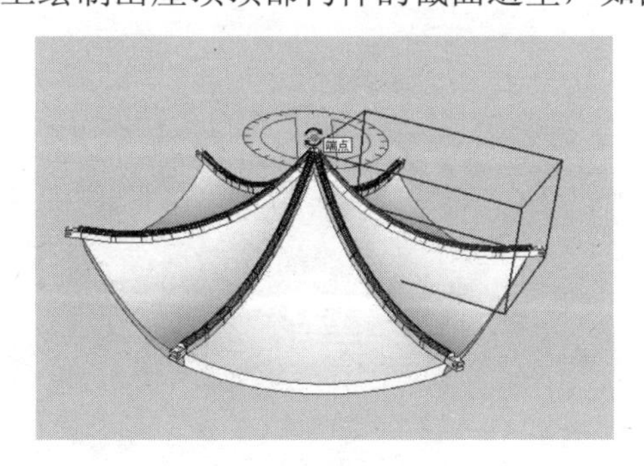

图 10-143

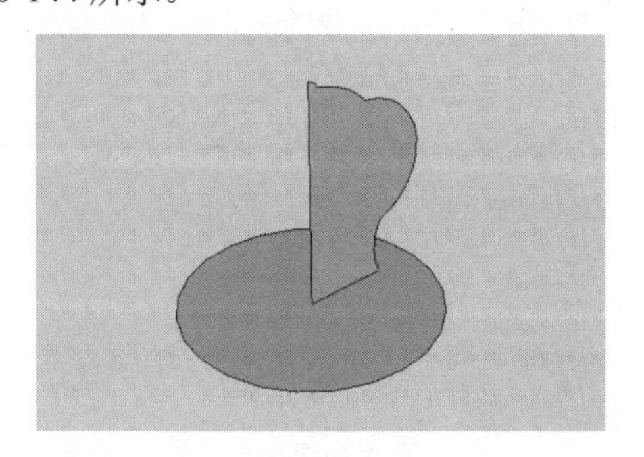

图 10-144

（21）使用“跟随路径”工具，对屋顶顶部造型进行放样，如图 10-145 所示。

（22）删除屋顶构件下侧的圆，然后选择屋顶构件，单击鼠标右键，在弹出的快捷菜单中执行“反转平面”命令，将面反转，再单击鼠标右键，在弹出的快捷菜单中执行“软化/平滑边线”命令，在弹出的“柔化边线”编辑器中对其进行边线柔化操作，如图 10-146 所示。

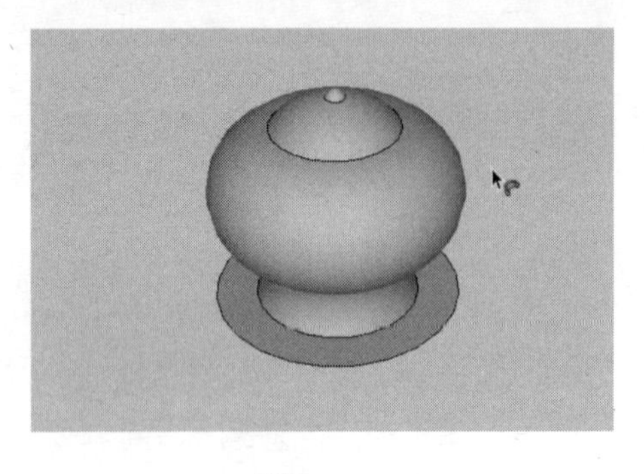

图 10-145

图 10-146

（23）将柔化边线后的屋顶构件放置到亭顶上的相应位置，如图 10-147 所示。

（24）使用“多边形”工具在亭顶的下侧相应位置绘制半径为 2000mm 的正六边形，如图 10-148 所示。

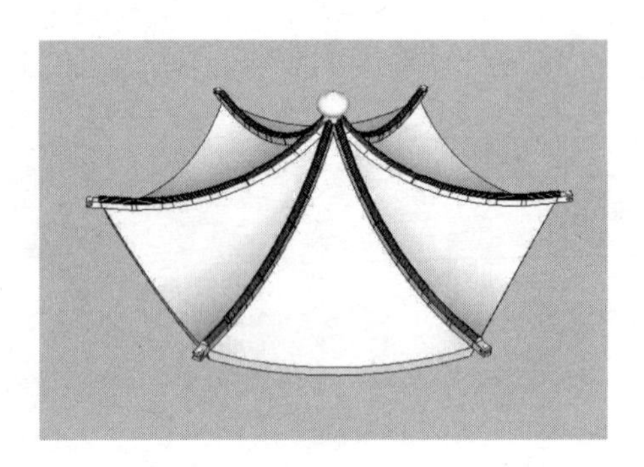

图 10-147

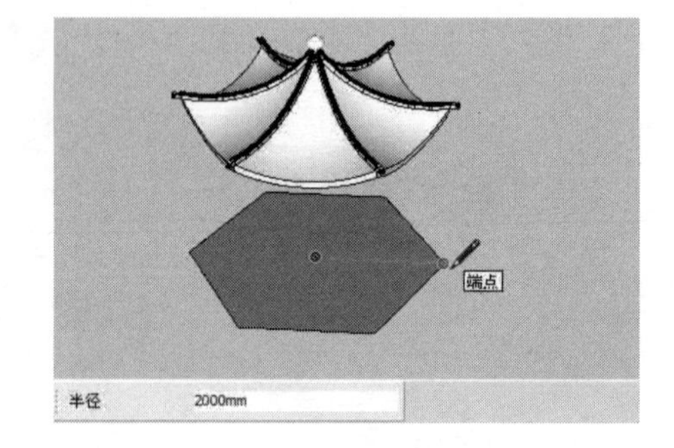

图 10-148

（25）使用“推/拉”工具将上一步绘制的正六边形向上推拉 150mm 的高度，如图 10-149 所示。

（26）使用“偏移”工具将推拉后的六角面向内偏移 300mm 的距离，如图 10-150 所示。

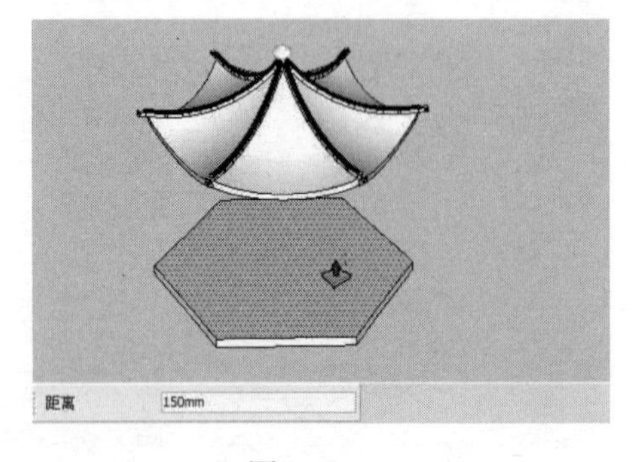

图 10-149

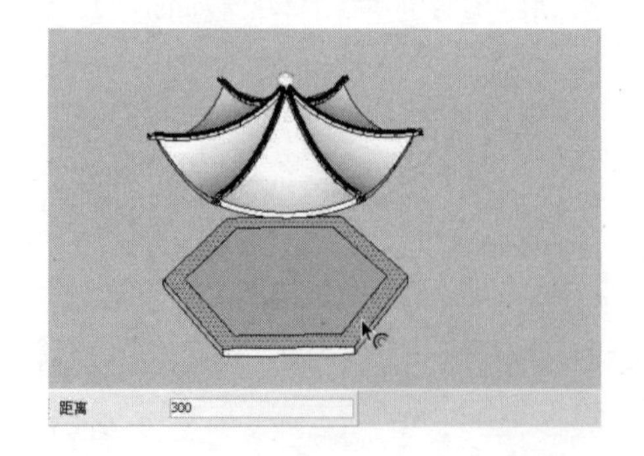

图 10-150

（27）使用“推/拉”工具将内侧的六角面向上推拉 150mm 的高度，如图 10-151 所示。

（28）结合“圆”工具及“推/拉”工具，制作一个圆柱体作为亭柱，如图 10-152 所示。

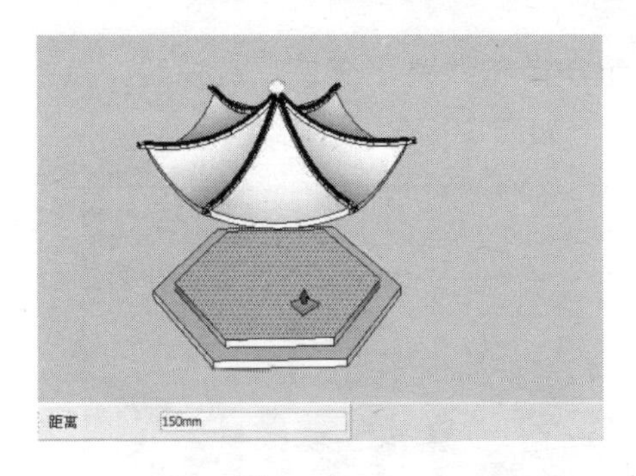

图 10-151

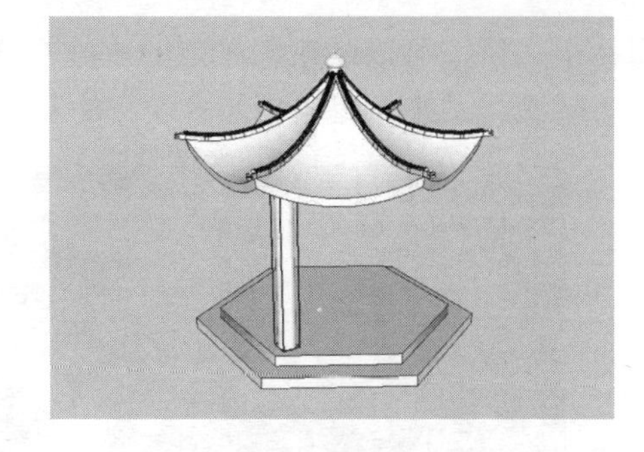

图 10-152

（29）按住【Ctrl】键，使用“旋转”工具将上一步制作的亭柱绕着下侧六边形的中心旋转并复制 5 份，如图 10-153 所示。

（30）结合“矩形”工具及“推拉”工具，绘制出两个立方体作为亭柱的连接柱造型，并将其分别创建为群组，如图 10-154 所示。

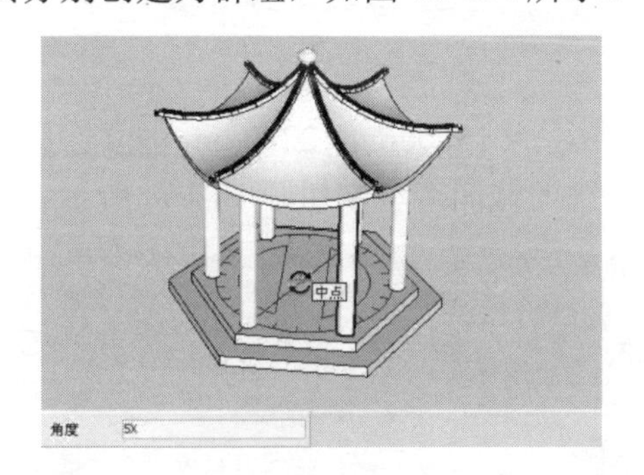

图 10-153

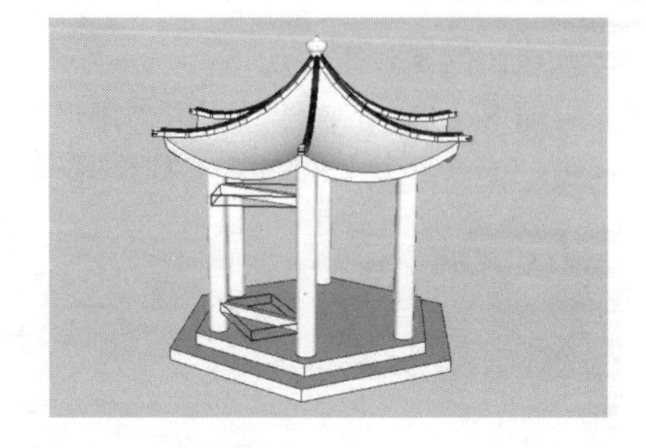

图 10-154

（31）按住【Ctrl】键，使用“旋转”工具将上一步制作的两个立方体绕着下侧六边形的中心旋转并复制 5 份，然后将下侧的其中一根连接柱删除，留出入口的位置，如图 10-155 所示。

（32）使用“颜料桶”工具为制作的景观亭模型赋予相应的材质，并添加树木组件配景及打开阴影显示，如图 10-156 所示。

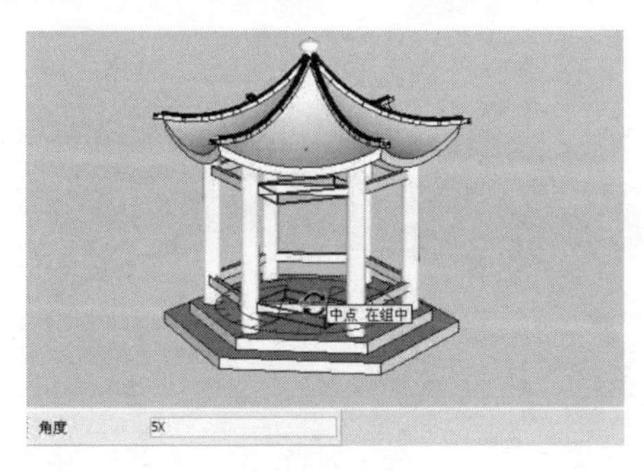

图 10-155

图 10-156

10.3.6　创建景观桥

园林中的桥，可以联系风景点的水陆交通，组织游览线路，交换观赏视线、点缀水景，增加水面层次，又兼有交通和艺术欣赏的双重作用，如图 10-157 所示。

图 10-157

视频\10\练习 10-14.avi
案例\10\最终效果\练习 10-14.skp

创建景观桥的操作步骤如下：

（1）启动 SketchUp 软件，使用“矩形”工具绘制 15000mm×2200mm 的立面矩形，并结合“直线”工具及“圆弧”工具，绘制出桥头的截面造型，如图 10-158 所示。

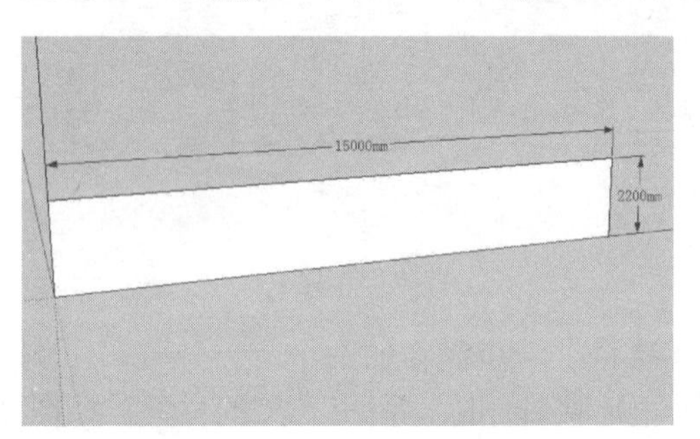

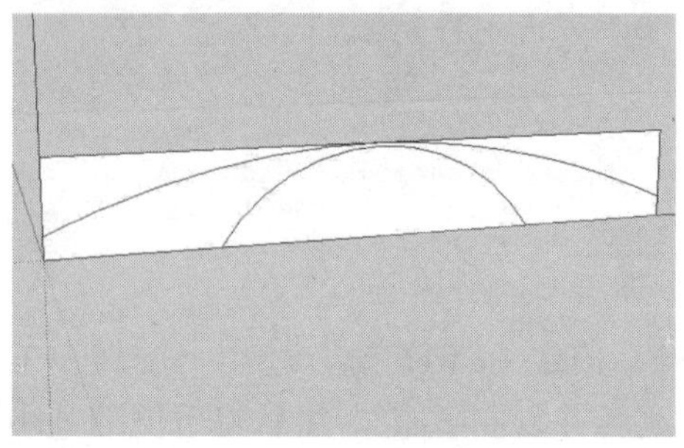

图 10-158

（2）首先删除多余的边线，然后使用“推/拉”工具将桥体截面推拉 10000mm 的厚度，并将其创建为群组，如图 10-159 所示。

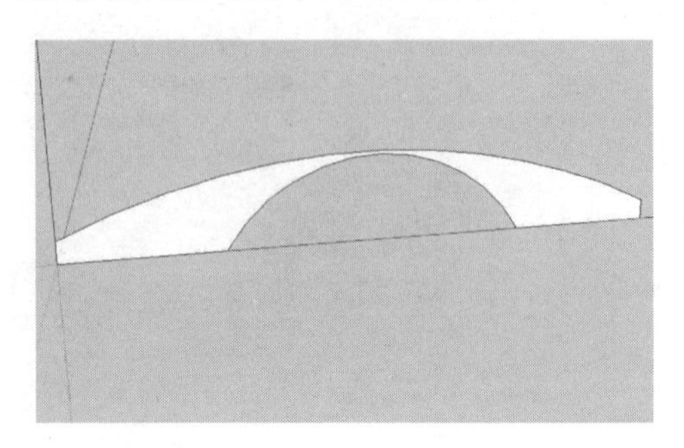
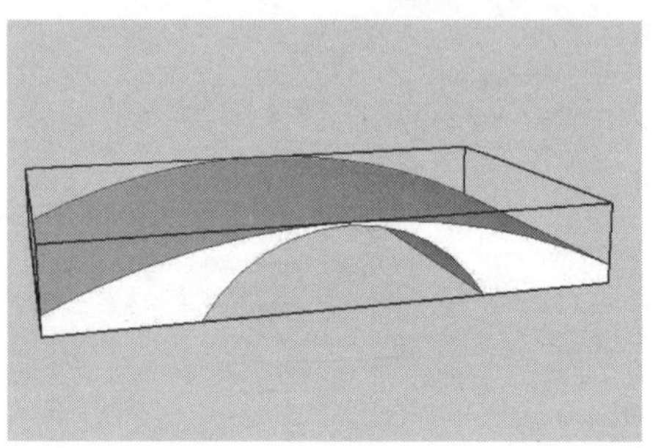

图 10-159

（3）结合“圆弧”工具、“线条”工具以及“推/拉”工具，创建桥洞的构件，并将其创建为群组，如图 10-160 所示。

（4）结合“矩形”工具以及“推/拉”，创建 350mm×350mm×1200mm 的护栏立方体，如图 10-161 所示。

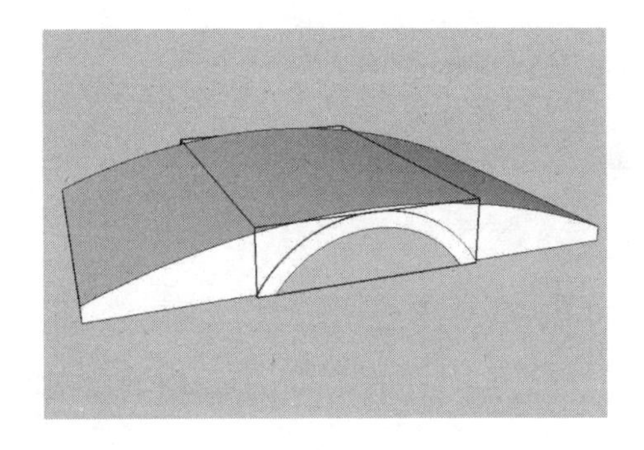

图 10-160

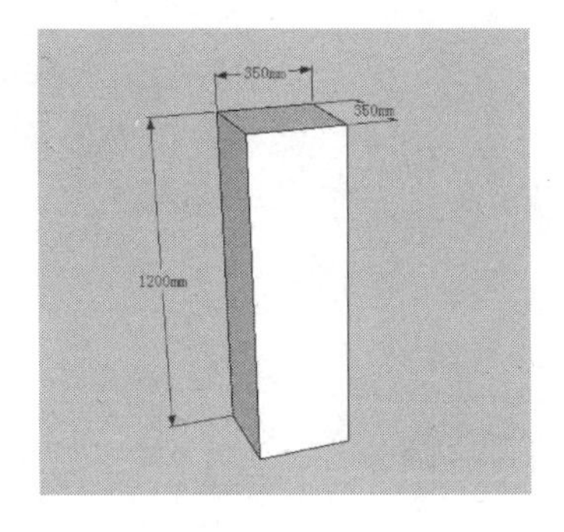

图 10-161

（5）选择立方体并单击插件 Round Corner 工具栏中的“倒圆角“按钮，将偏移参数设为 30mm，段数设为 6，单击“确定”按钮，然后按【Enter】键完成立方体的倒角操作，如图 10-162 所示。

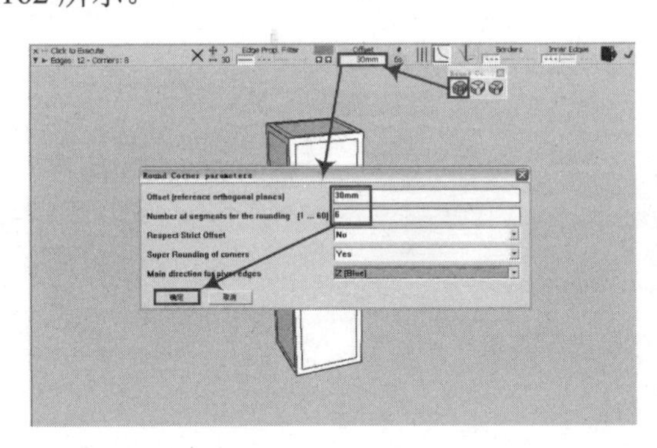

图 10-162

（6）采用相同的方法绘制出护栏上的圆柱形构件，如图 10-163 所示。

（7）将上面制作好的构件使用“移动”工具进行组合，然后将其制作成组件，如图 10-164 所示。

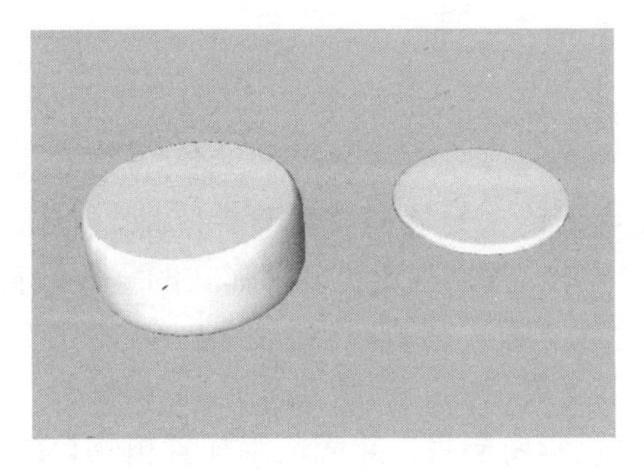

图 10-163

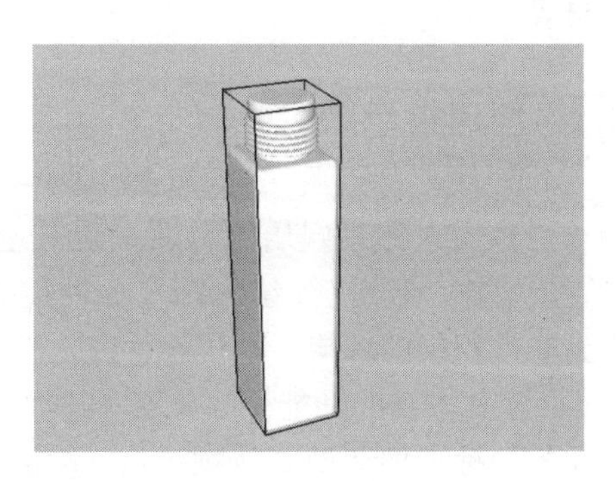

图 10-164

（8）将上面制作好的护栏构件进行复制并放置到桥面上的相应位置，如图 10-165 所示。

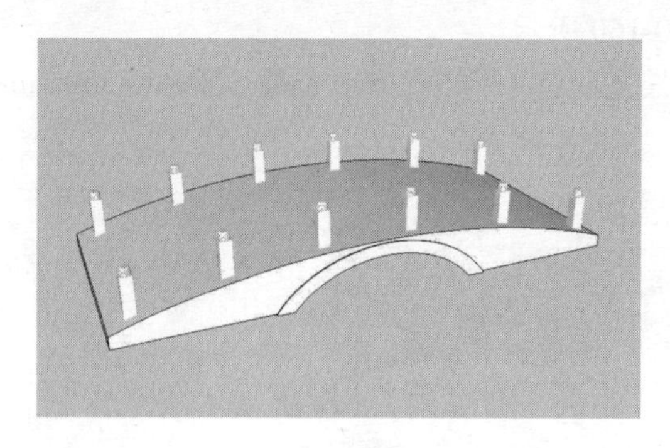

图 10-165

（9）结合“圆弧”工具及“推/拉”工具，创建护栏之间的墙体构件，如图 10-166 所示。

（10）使用“颜料桶”工具为制作的景观桥模型赋予相应的材质，添加人物组件配景并打开阴影显示，如图 10-167 所示。

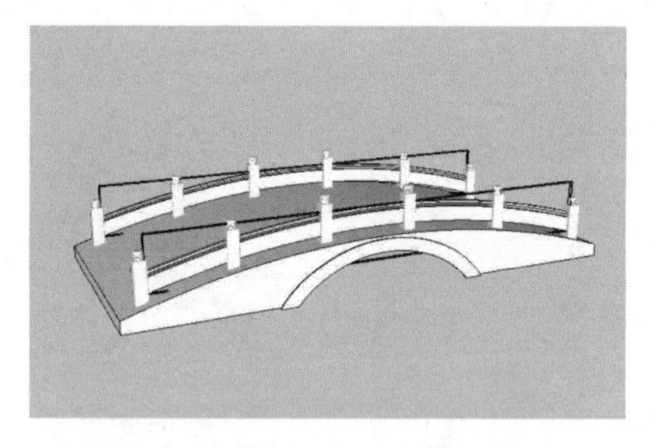

图 10-166

图 10-167

10.4 园林服务设施小品

景观环境中的服务设施小品各式各样，既能美化环境，丰富园趣，也为游人提供休息和公共活动的方便。本节主要介绍日常公共服务性小品的制作方法，如垃圾箱、座椅、指示牌和运动器材等。

10.4.1 创建指示牌

园林是供游人休息娱乐的场所，也是进行文化宣传、开展科普教育的阵地。在风景游览胜地设置展览馆、陈列室、纪念馆及各种类型的宣传廊、画廊，开展多种形式的宣传教育活动，可以收到非常积极的效果。宣传廊、宣传牌及各种标志牌有利用率高、占地少、变化少、造价低等特点。除其本身的功能外，它还以其优美的造型、灵活的布局特点美化园林环境。宣传廊、宣传牌及各种标志牌造型要新颖活泼、简洁大方，色彩要醒目，并应适当配置植物遮阳，其风格要与周围环境协调统一，如图 10-168 所示。

图 10-168

视频\10\练习 10-15.avi
案例\10\最终效果\练习 10-15.skp

创建指示牌的操作步骤如下：

（1）运行 SketchUp 软件，使用“矩形”工具绘制 700mm×150mm 的矩形面，如图 10-169 所示。

（2）使用“推/拉”工具将上一步绘制的矩形面向上推拉 1900mm 的高度，如图 10-170 所示。

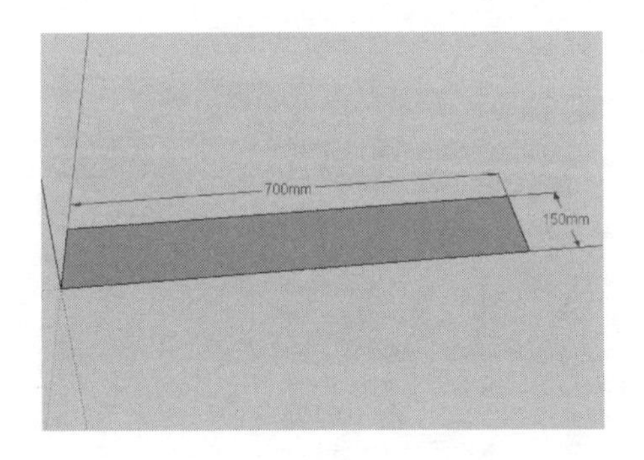

图 10-169

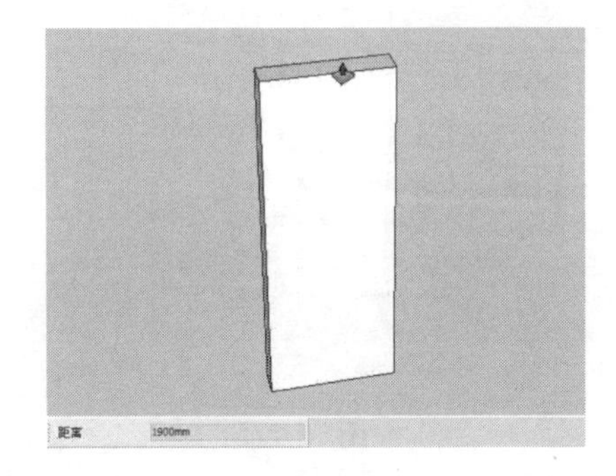

图 10-170

（3）使用“卷尺”工具在绘制立方体的相应表面上绘制如图 10-171 所示的几条辅助参考线。

（4）使用“直线”工具借助绘制的辅助参考线在立方体的相应表面上绘制如图 10-172 所示的几条线条。

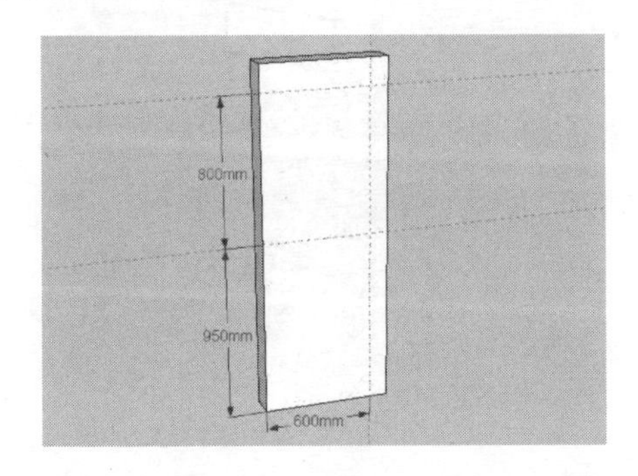

图 10-171

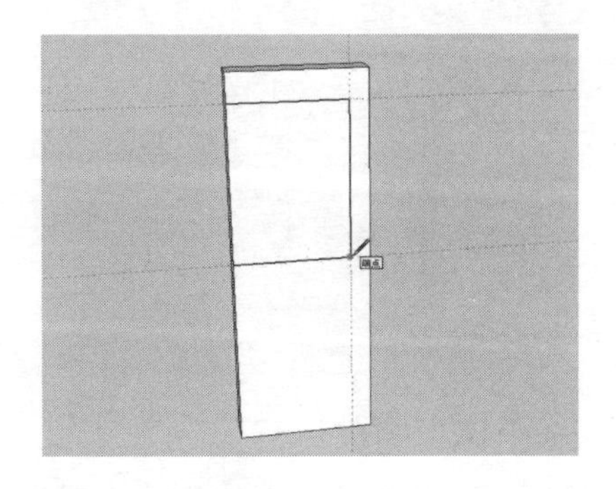

图 10-172

（5）使用“推/拉”工具将模型的相应表面向内推拉 40mm 的距离，如图 10-173 所示。

（6）使用“卷尺”工具在绘制立方体的相应表面上绘制如图 10-174 所示的几条辅助参考线。

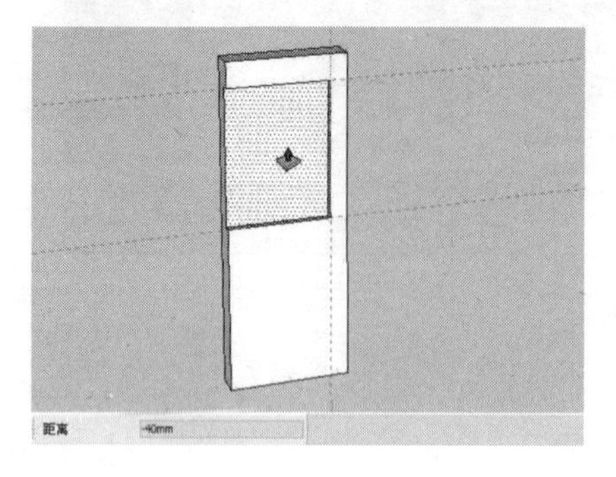

图 10-173

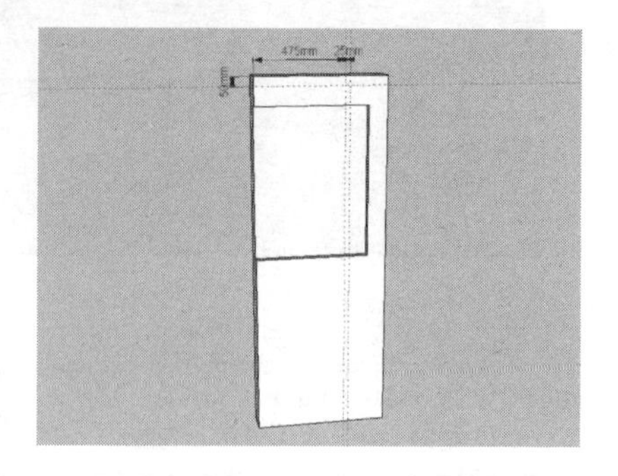

图 10-174

（7）使用“直线”工具借助绘制的辅助参考线在模型表面上绘制几条线条，然后使用“推/拉”工具将相应的表面向内推拉 20mm 的距离，如图 10-175 所示。

（8）将制作的指示牌主体模型创建为群组，并为其赋予一种石材材质，如图 10-176 所示。

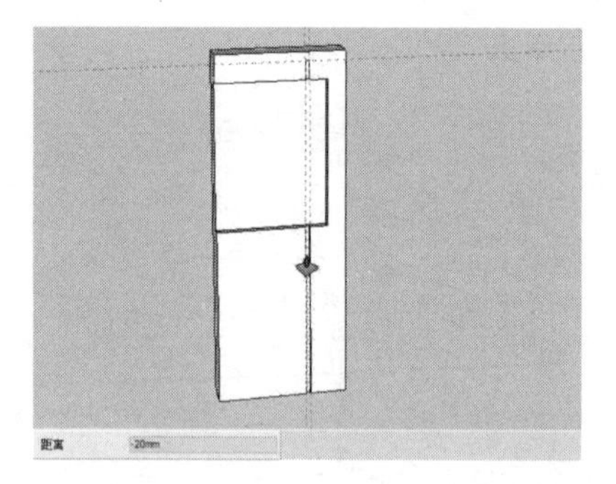

图 10-175

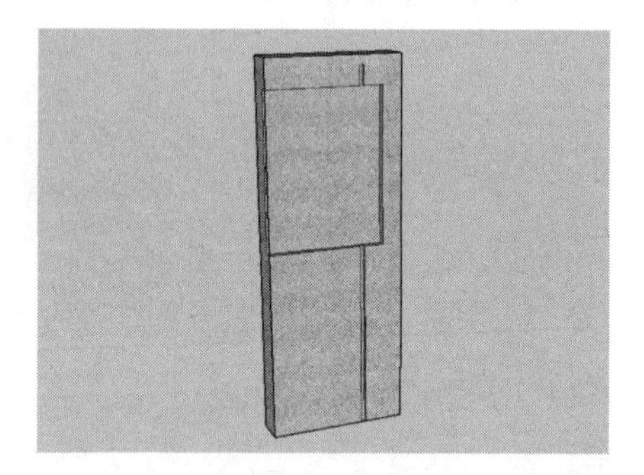

图 10-176

（9）使用“矩形”工具在模型的表面上绘制 600mm×200mm 的矩形面，如图 10-177 所示。

（10）使用“推/拉”工具将上一步绘制的矩形面向外推拉 20mm 的距离，如图 10-178 所示。

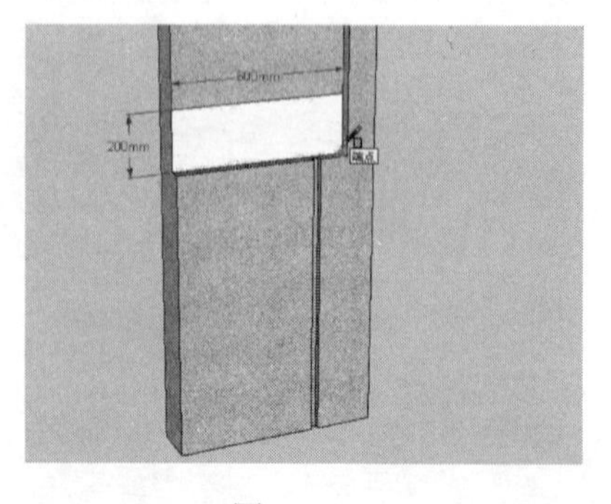

图 10-177

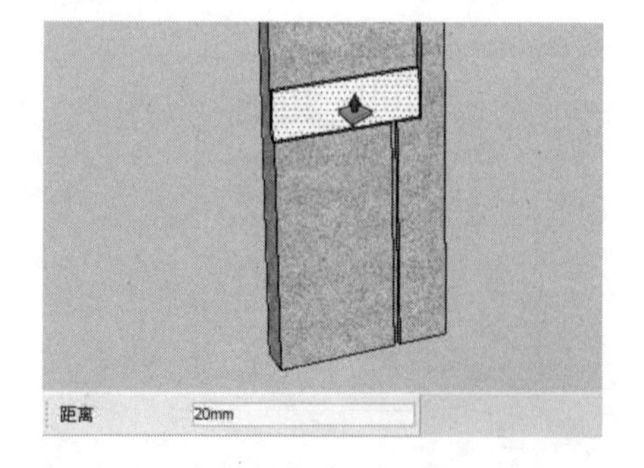

图 10-178

（11）将前面制作的立方体创建为群组，再使用“移动”工具并按住【Ctrl】键将其向上复制 3 个，如图 10-179 所示。

（12）双击最下侧的立方体进入群组内部编辑状态，结合“卷尺”工具及“矩形”工具，在其相应表面上绘制几个小矩形，如图 10-180 所示。

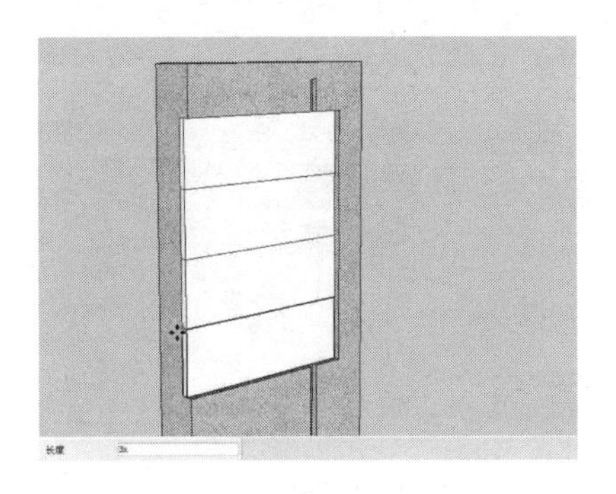

图 10-179

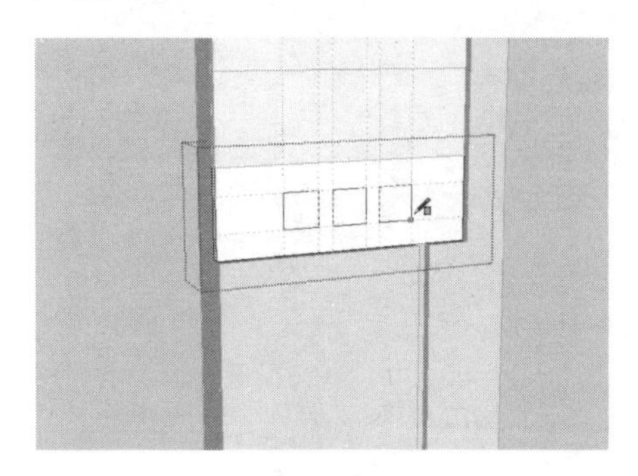

图 10-180

（13）使用“推/拉”工具将上一步绘制的几个矩形分别向内推拉 5mm 的距离，如图 10-181 所示。

（14）使用“直线”工具在指示牌的相应表面上绘制一个箭头符号，并将其创建为群组，如图 10-182 所示。

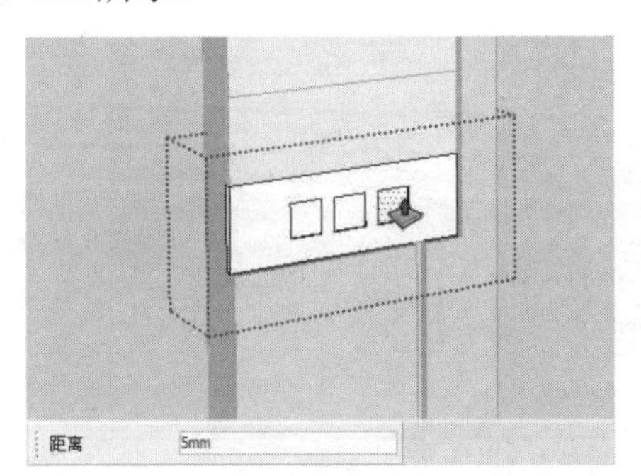

图 10-181

图 10-182

（15）双击上一步绘制的箭头符号，进入组的内部编辑状态，然后使用“推/拉”工具将其向外推拉 5mm 的距离，如图 10-183 所示。

（16）打开“材质”编辑器，使用“颜料桶”工具为制作的模型赋予一种颜色材质，如图 10-184 所示。

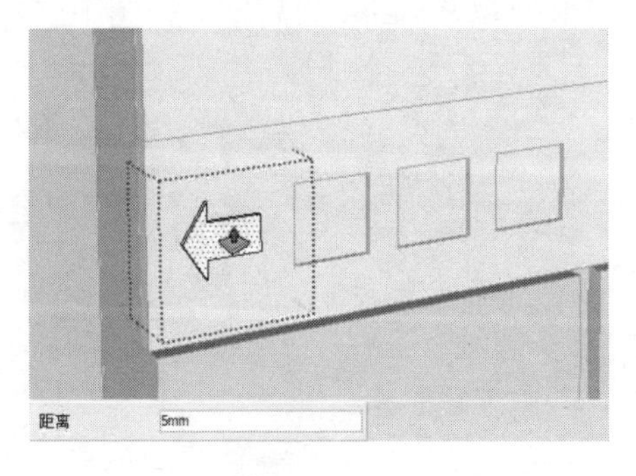

图 10-183

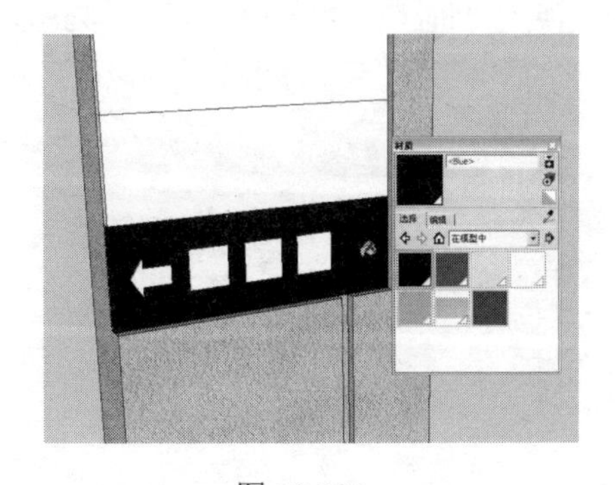

图 10-184

（17）使用相同的方法制作出其他指示牌上的矩形及箭头符号，如图 10-185 所示。

（18）打开“材质”编辑器，使用“颜料桶”工具为制作的模型赋予相应的颜色材质，并打开阴影显示，如图 10-186 所示。

图 10-185

图 10-186

10.4.2 创建垃圾桶

为了清洁和卫生，园林中必须设有一定数量的垃圾桶。垃圾桶一般设在人流较多的显眼位置，因此垃圾桶的造型和尺度非常重要，如图 10-187 所示。

图 10-187

视频\10\练习 10-16.avi
案例\10\最终效果\练习 10-16.skp

创建垃圾桶的操作步骤如下：

（1）运行 SketchUp 软件，使用“圆”工具绘制半径为 380mm 的圆，如图 10-188 所示。

（2）使用“推/拉”工具将上一步绘制的圆向上推拉 900mm 的高度，如图 10-189 所示。

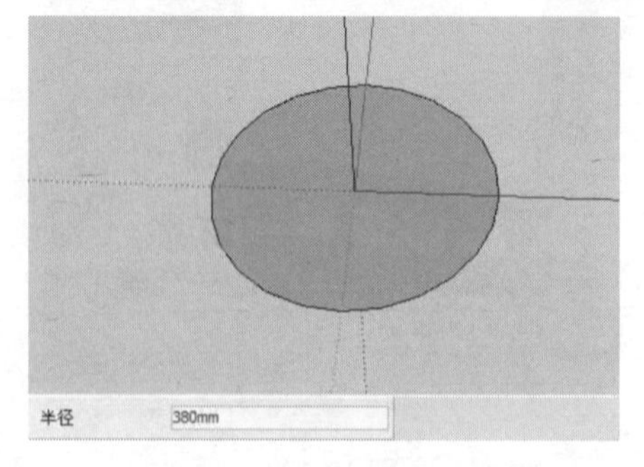

图 10-188

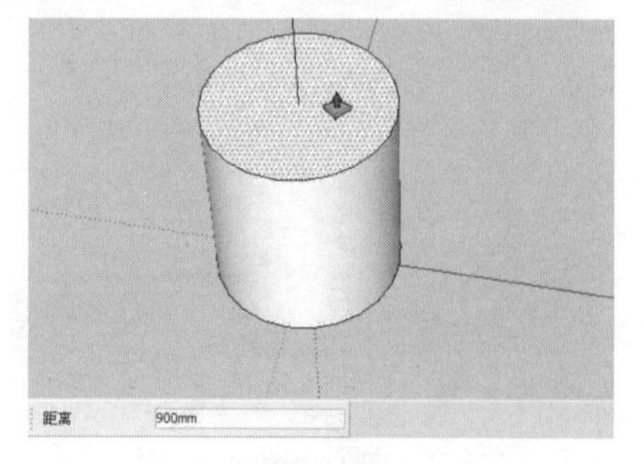

图 10-189

（3）结合“矩形”工具、“推拉”工具及“圆”工具，绘制垃圾桶外围的木板装饰，并将其创建成组件，如图 10-190 所示。

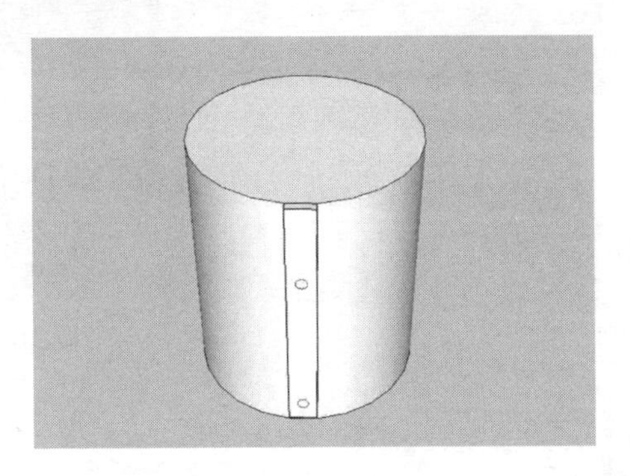

图 10-190

（4）选择木板装饰组件，然后使用“旋转”工具并按住【Ctrl】键以圆柱体上侧圆的圆心为旋转的中心，将其旋转并复制 18 份，如图 10-191 所示。

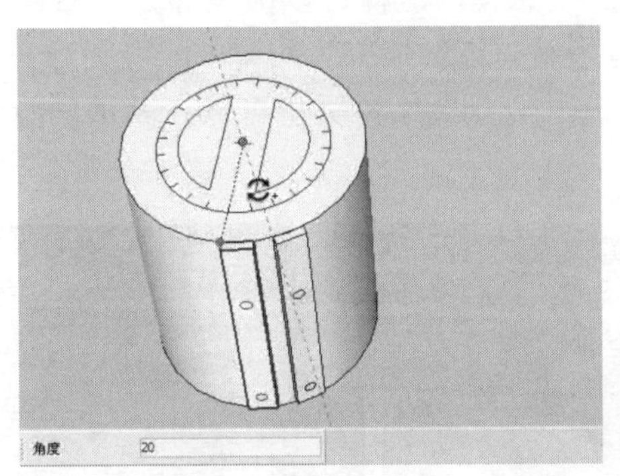

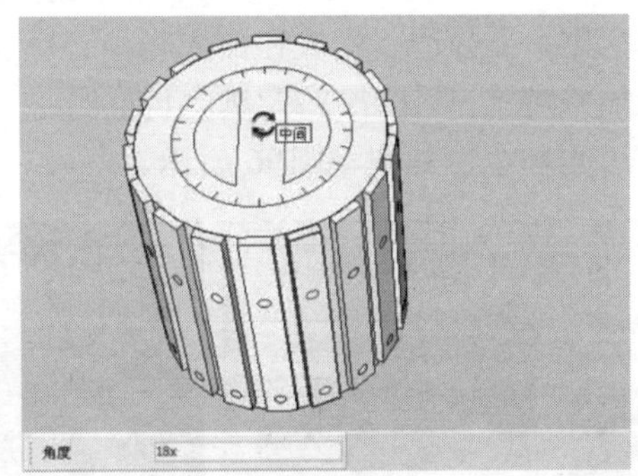

图 10-191

（5）使用“偏移”工具将圆柱体的上侧圆向内偏移 200mm 的距离，如图 10-192 所示。

（6）使用“推/拉”工具将内侧圆向上推拉 20mm 的高度，如图 10-193 所示。

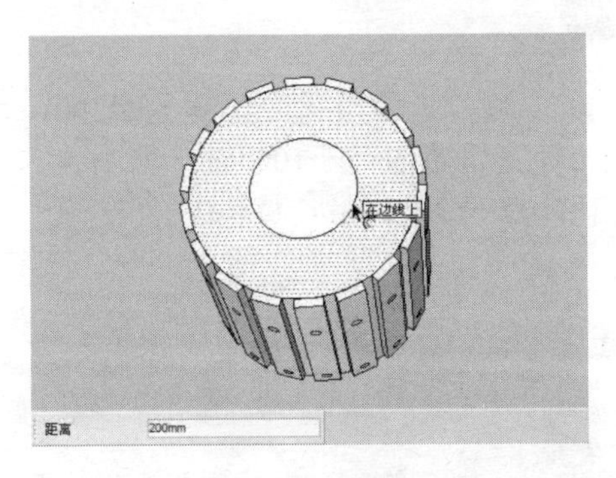

图 10-192

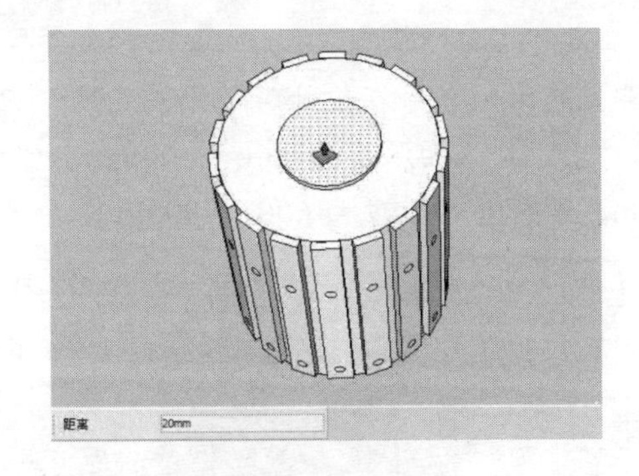

图 10-193

（7）按住【Ctrl】键，使用“缩放”工具对推拉后的上侧圆进行等比缩放，如图 10-194 所示。

（8）为制作好的垃圾桶模型赋予相应材质，并打开阴影显示，如图 10-195 所示。

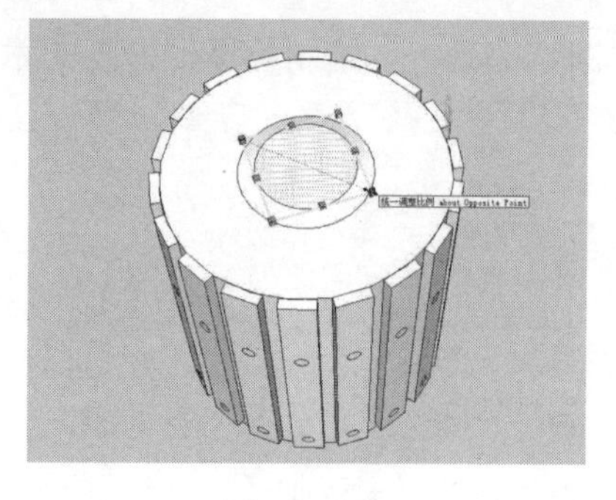

图 10-194

图 10-195

10.4.3 创建休闲座椅

为了方便游人休憩歇息，要在适当位置设置园林椅、凳。由于要考虑日晒雨淋等条件，因此固定安放在园林各处的园椅、园凳多由木、石、铁及钢筋混凝土构成。

现代公园一般以铸铁为架、以木板条为座面及靠背，这样可以减少养护维修量。石构的园凳坚固耐用，十分适于安置在露天场所；也有用石材雕琢成鼓形石凳，配以圆形石桌；有的对石材稍加修整堆砌，以得到天然的自然野趣。林林众众的座椅类型可以在满足功能使用的同时点缀周边的环境，如图 10-196 所示。

图 10-196

提 示　注 意　技 巧　专业技能　软件知识

常规的休闲座椅在设计时要满足一定的尺寸要求，椅的坐面高度为 350～450mm，坐面倾角为 6°～7°，坐面深度为 400～600mm，靠背与坐面夹角为 98°～105°，背靠高度为 350～650mm，座椅整体长度为 600～700mm/人，如图 10-197 所示。

图 10-197

视频\10\练习 10-17.avi
案例\10\最终效果\练习 10-17.skp

创建休闲座椅的操作步骤如下：

（1）运行 SketchUp 软件，使用“矩形”工具绘制 710mm×875mm 的矩形面，如图 10-198 所示。

（2）使用“圆弧”工具在矩形面上绘制座椅的椅子架轮廓，如图 10-199 所示。

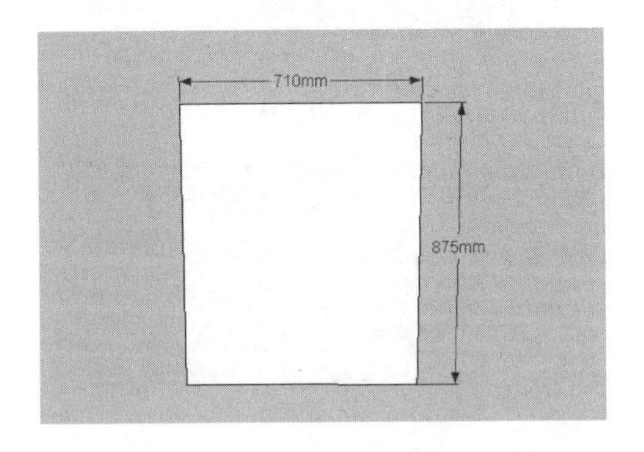

图 10-198

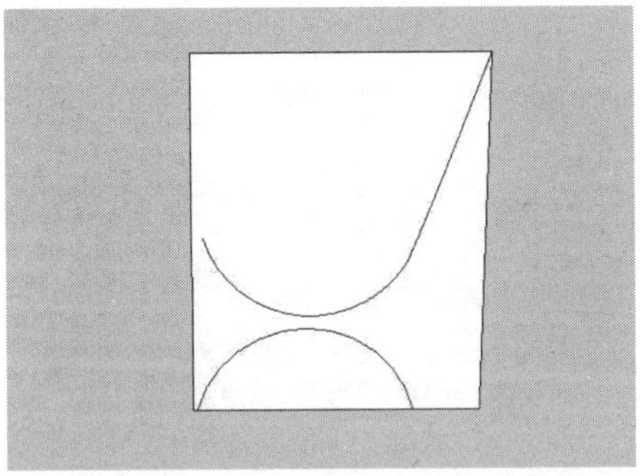

图 10-199

（3）删除矩形面上的多余部分，然后使用“矩形”工具在轮廓线上绘制两个小矩形作为放样的对象，如图 10-200 所示。

（4）使用“跟随路径”工具选择绘制的圆弧路径，再分别单击圆弧上的小矩形将其放样，如图 10-201 所示。

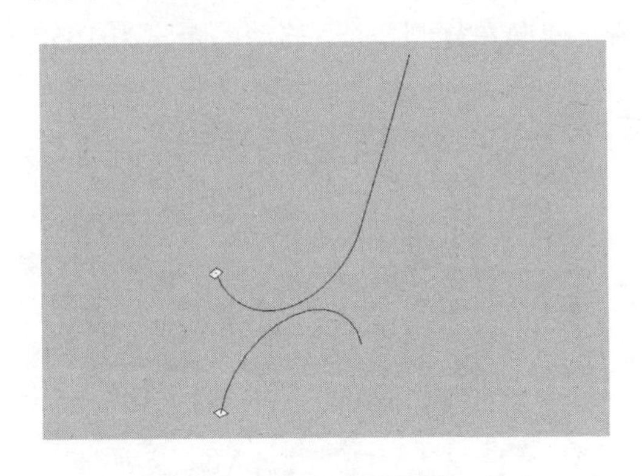
图 10-200

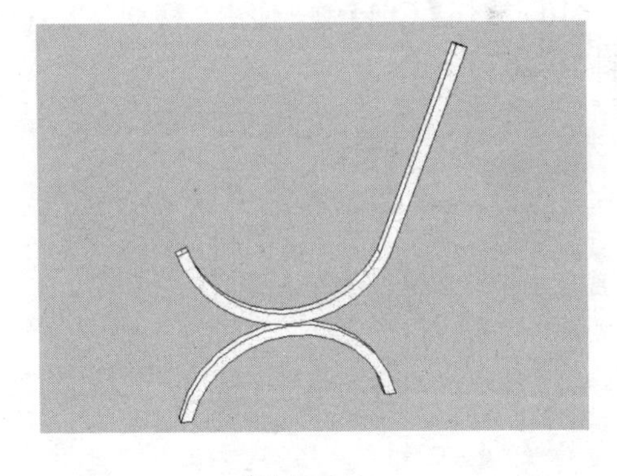
图 10-201

（5）按住【Ctrl】键，使用“移动”工具将放样模型上的相应表面向上推拉 10mm 的高度，如图 10-202 所示。

（6）按住【Ctrl】键，使用“缩放”工具将模型上的相应表面进行等比缩放，如图 10-203 所示。

（7）全选制作的模型后右击，在快捷菜单中执行“软化/平滑边线”命令，如图 10-204 所示。

（8）在弹出的“柔化边线”编辑器中对其进行边线柔化操作，如图 10-205 所示。

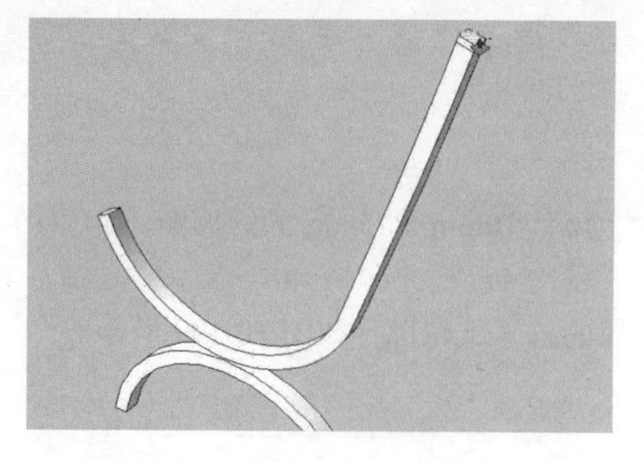

图 10-202

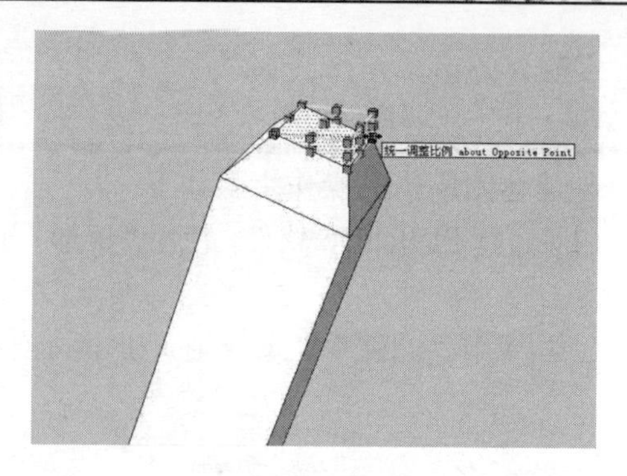

图 10-203

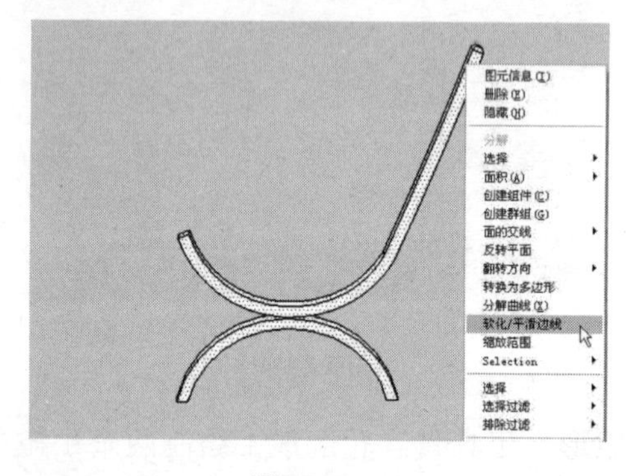

图 10-204

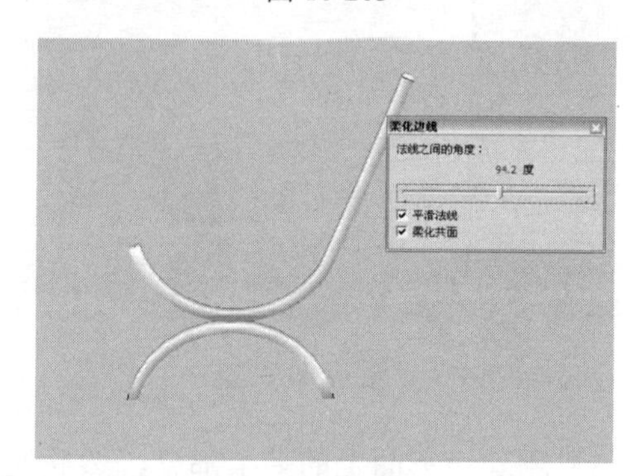

图 10-205

（9）在椅子架上的相应位置制作一个立方体作为连接件，并将制作的椅子架创建成组，如图 10-206 所示。

（10）按住【Ctrl】键，使用“移动”工具将椅子架向左复制一个，移动的距离为 1550mm，如图 10-207 所示。

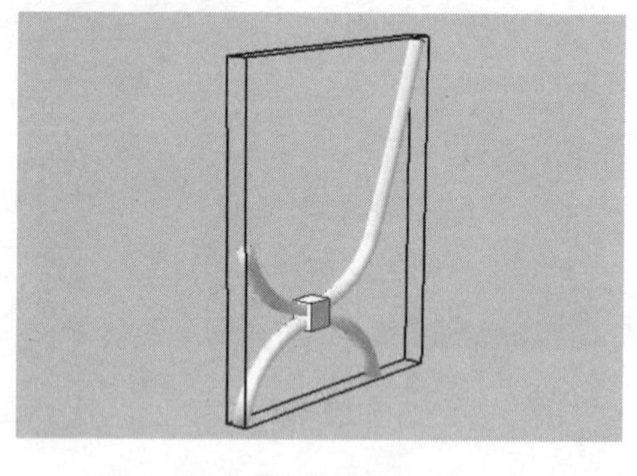

图 10-206

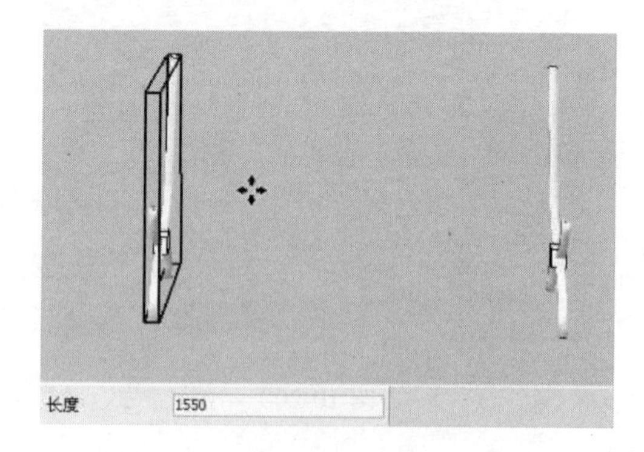

图 10-207

（11）结合“矩形”工具及“推/拉”工具，制作出椅子架的连接件，如图 10-208 所示。

（12）结合“矩形”工具及“推/拉”工具，制作出椅子的座凳条，并将其创建为组，如图 10-209 所示。

（13）结合“移动”工具及“旋转”工具，复制多个座凳条到相应位置，如图 10-210 所示。

（14）使用“颜料桶”工具为制作的园椅赋予相应的材质，并打开阴影显示，如图 10-211 所示。

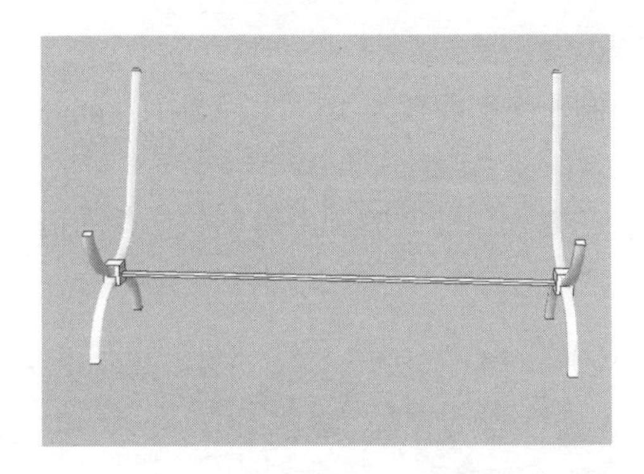

图 10-208

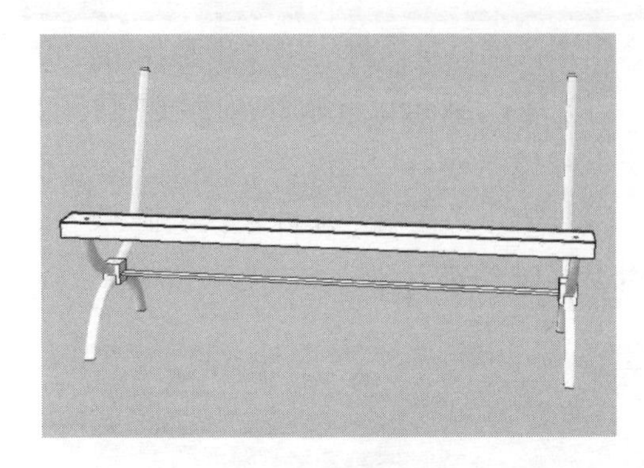

图 10-209

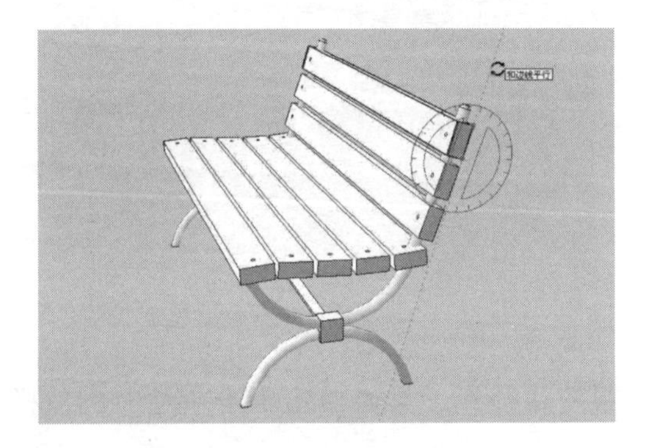

图 10-210

图 10-211

10.4.4　创建健身器材

公园绿地使用频率最高的一般是老人和儿童，所以在公园中通常都设有游戏和健身器材，传统的儿童游戏类设施主要是秋千、滑梯、沙坑及跷跷板之类。在现代公园中，人们会利用城市建设和日常生活中的余料，如水泥排水管、水泥砌块、钢管、铁链、废旧轮胎等进行精心组合设计，形成颇具特色的供人们爬、滑、钻、荡等活动要求的健身设施，这些健身设施形象生动，色彩鲜明，易于识别，具有很强的吸引力，如图 10-212 所示。

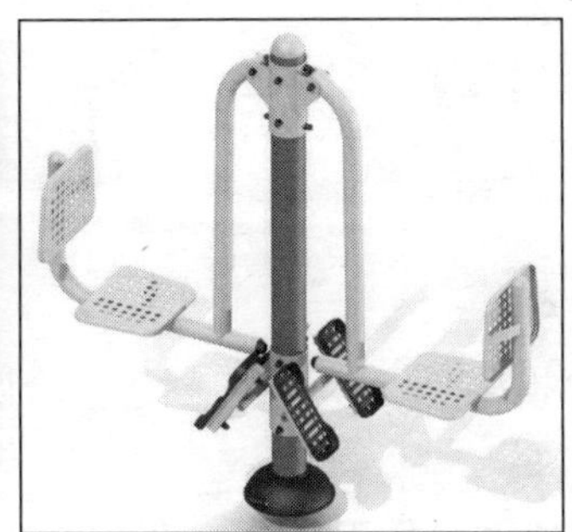
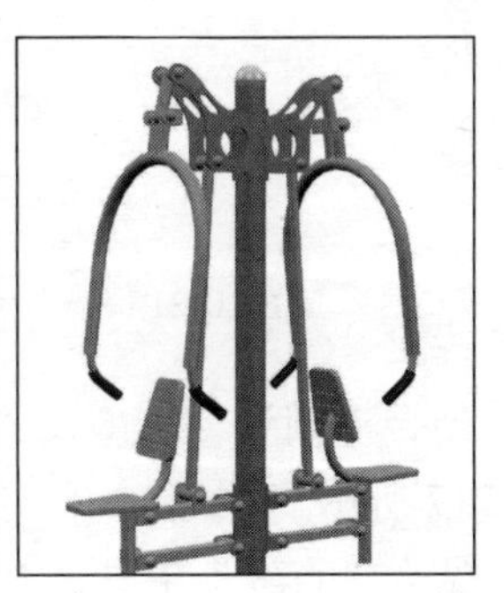

图 10-212

创建休闲健身器材的操作步骤如下：

（1）运行 SketchUp 软件，使用“圆”工具绘制一个侧面数为 16，半径为 150mm 的圆，如图 10-213 所示。

（2）结合“直线”工具及“圆弧”工具，在上一步绘制的圆上绘制放样截面造型，如图 10-214 所示。

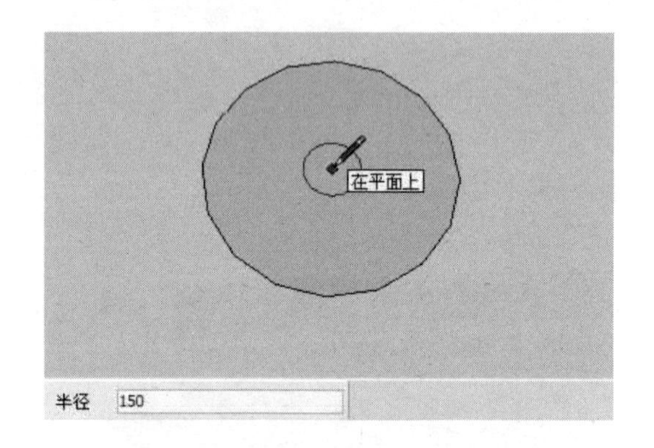

图 10-213

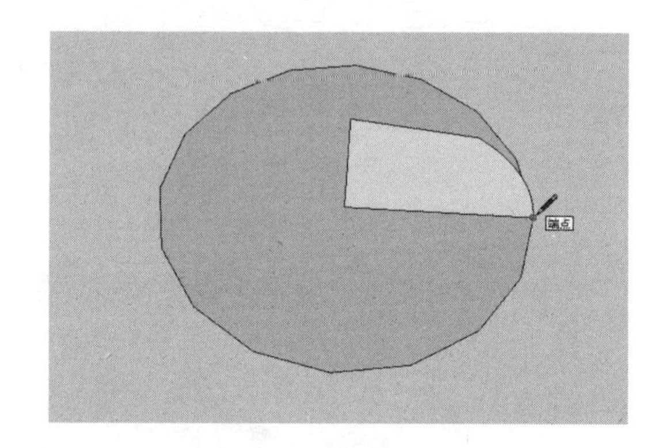

图 10-214

（3）单击上一步绘制截面下侧的圆，使用“跟随路径”工具单击上一步绘制的放样截面将其放样，如图 10-215 所示。

（4）选择放样后的模型右击，在弹出的快捷菜单中执行“软化/平滑边线”命令，在弹出“柔化边线”编辑器中对模型进行边线柔化操作，如图 10-216 所示。

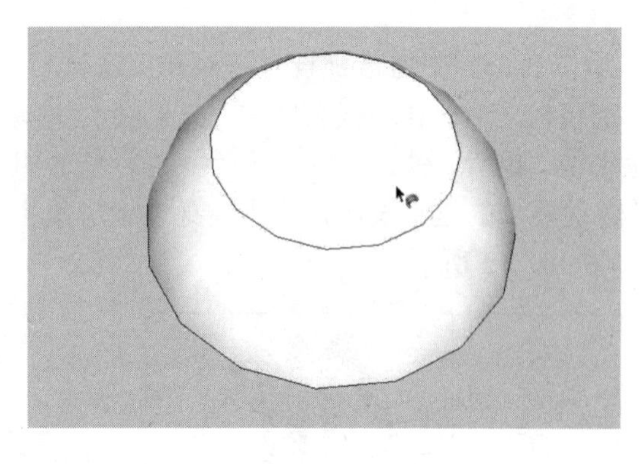

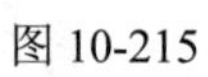

图 10-215

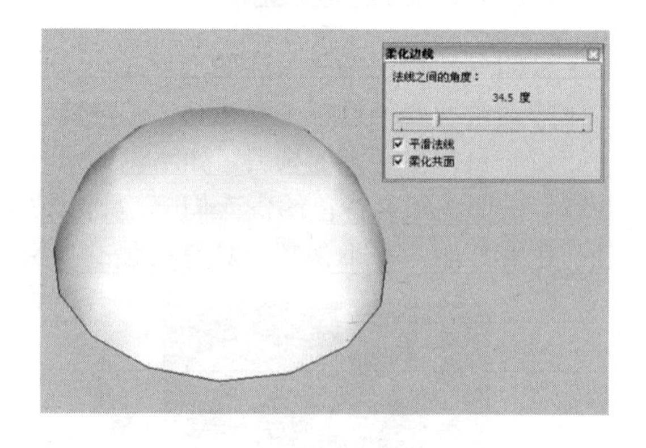

图 10-216

（5）结合“圆”工具及“推/拉”工具，创建一个圆柱体作为健身器材的支撑立柱，如图 10-217 所示。

（6）结合“直线”工具及“圆弧”工具，在圆柱体的上侧绘制一个放样的截面造型，如图 10-218 所示。

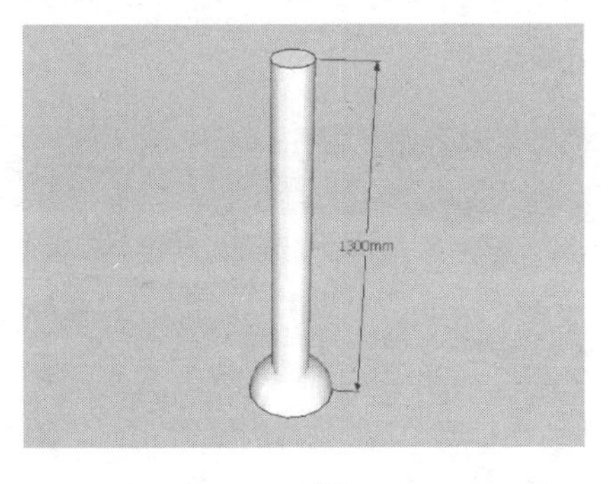

图 10-217

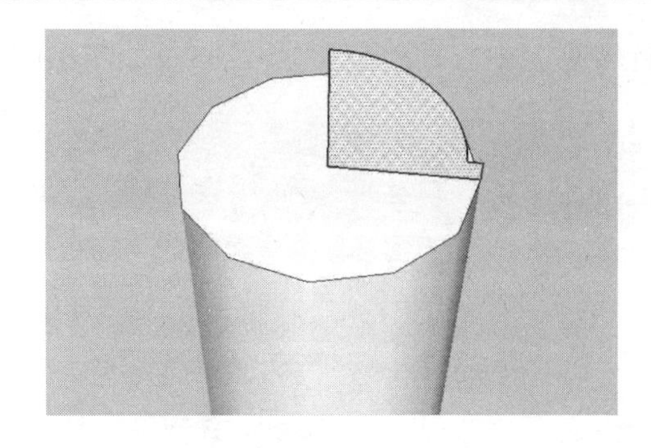

图 10-218

（7）单击圆柱体的上表面圆，使用“跟随路径”工具单击上一步绘制的放样截面将其放样，如图 10-219 所示。

（8）结合“圆”工具及“推/拉”工具，在支撑立柱上的相应位置创建一个圆柱体作为连接杆，并将其创建成组，如图 10-220 所示。

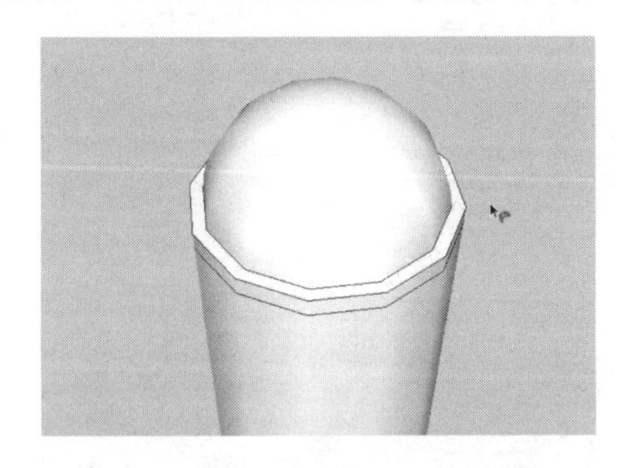

图 10-219

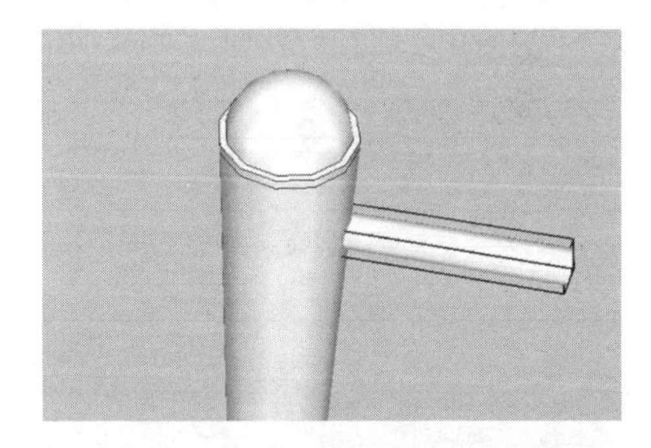

图 10-220

（9）结合“直线”工具及“圆”工具，在连接杆上的相应位置绘制一条路径及放样的截面圆，如图 10-221 所示。

（10）单击上一步绘制的放样路径，使用“跟随路径”工具单击上一步绘制的放样截面圆将其放样，如图 10-222 所示。

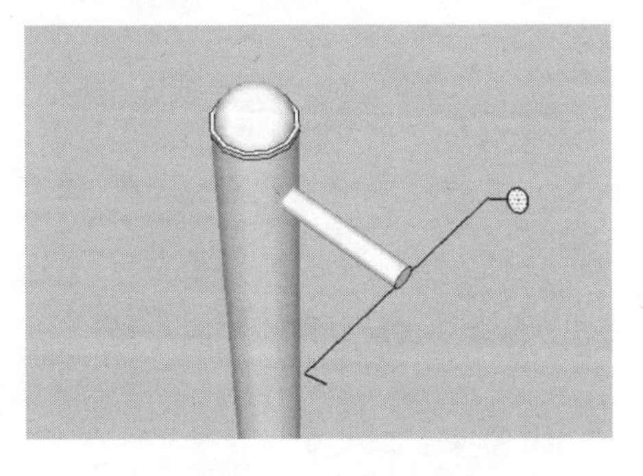

图 10-221

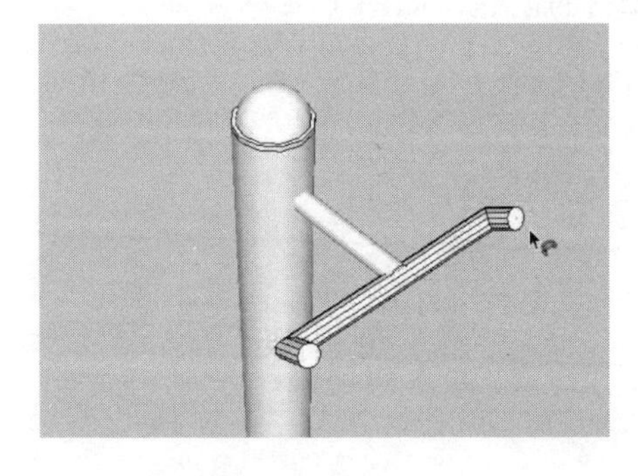

图 10-222

（11）结合“圆”工具及“推/拉”工具，在连接杆上的相应位置创建一个圆柱体作为健身转盘的连接件，并将其创建为组，如图 10-223 所示。

（12）按住【Ctrl】键，使用“旋转”工具将上一步创建的圆柱体绕着图中相应圆的圆心为旋转复制中心，将其旋转 120°，如图 10-224 所示。

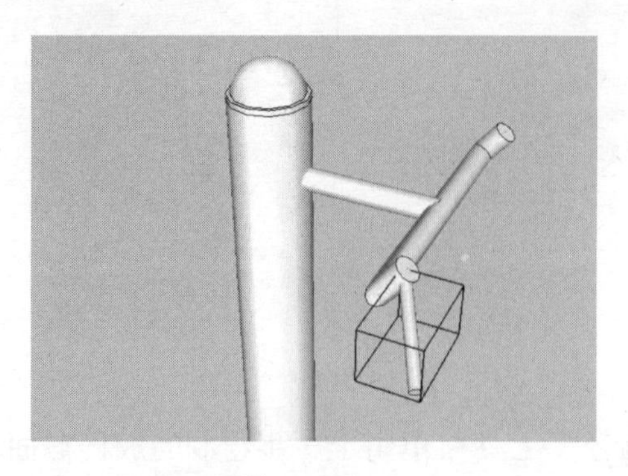

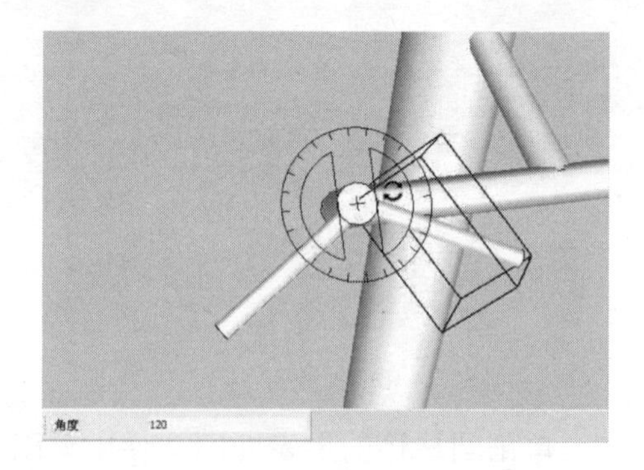

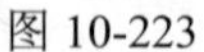

图 10-223　　　　图 10-224

（13）在数值框中输入“3x”，将连接件旋转并复制 3 份，如图 10-225 所示。

（14）使用“圆”工具在图中相应位置绘制一条圆线轮廓作为放样的路径，然后在路径上绘制一个小圆作为放样的截面，如图 10-226 所示。

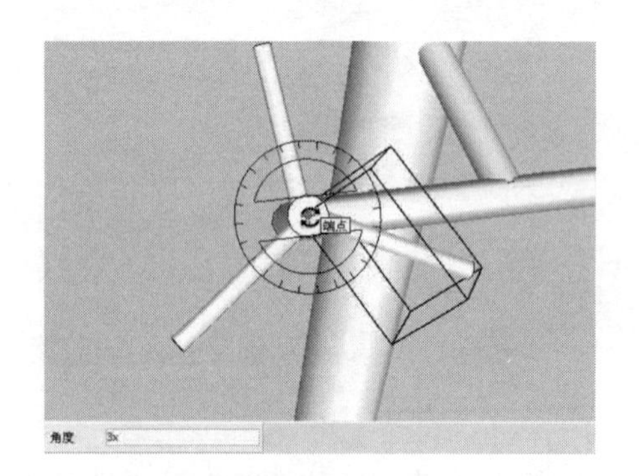

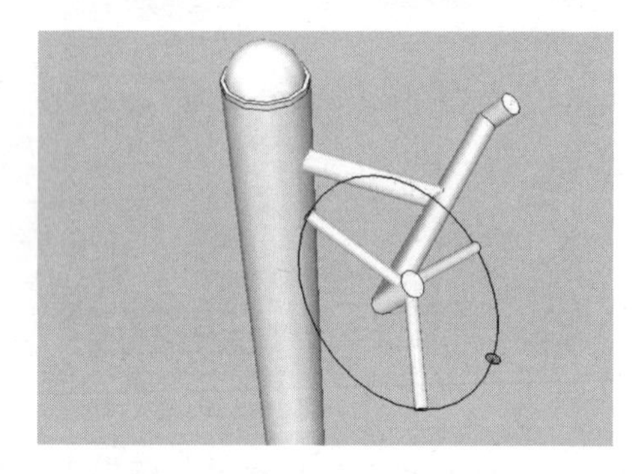

图 10-225　　　　图 10-226

（15）使用“跟随路径”工具对上一步绘制的造型进行放样，如图 10-227 所示。

（16）结合“移动”工具及“旋转”工具，对创建的健身器转盘进行复制，从而完成健身器材的创建，如图 10-228 所示。

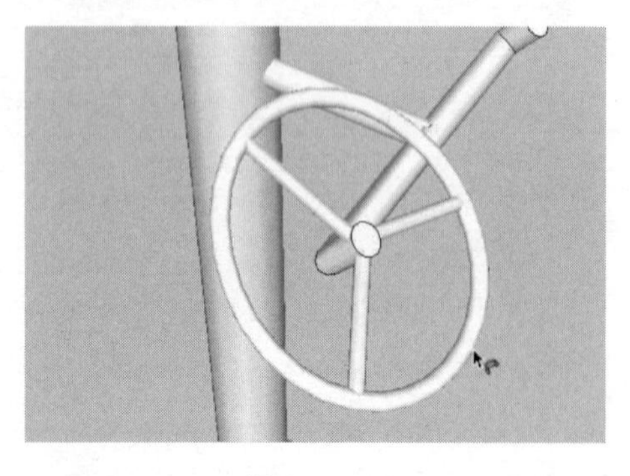

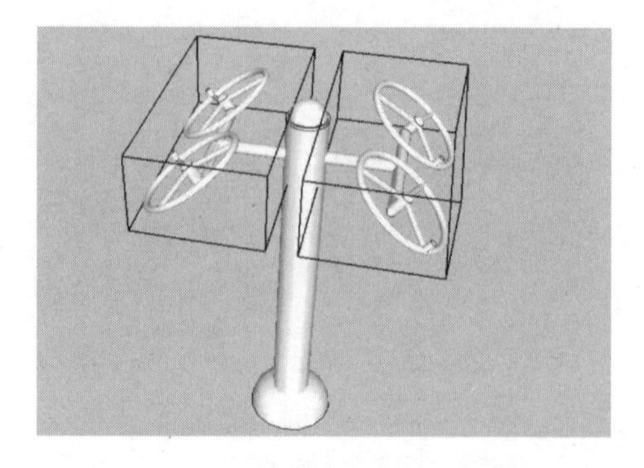

图 10-227　　　　图 10-228

（17）使用“颜料桶”工具为制作的健身器材赋予相应的材质，并打开阴影显示，如图 10-229 所示。

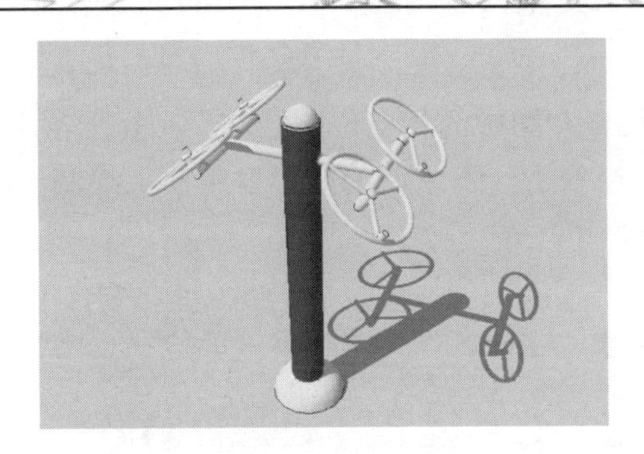

图 10-229

10.4.5 创建遮阳伞

遮阳伞也叫太阳伞，就是用于遮挡太阳光直接照射的伞，其结构原理类似于张拉膜，如图 10-230 所示。

图 10-230

视频\10\练习 10-19.avi
案例\10\最终效果\练习 10-19.skp

创建遮阳伞的操作步骤如下：

（1）运行 SketchUp 软件，使用“多边形”工具绘制一个侧面数为 8，半径为 1500mm 的圆，如图 10-231 所示。

（2）使用“直线”工具在上一步绘制的多边形上绘制几条辅助线条，如图 10-232 所示。

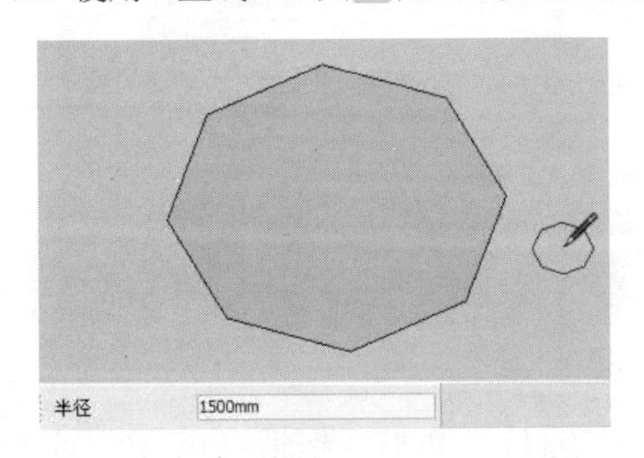

图 10-231

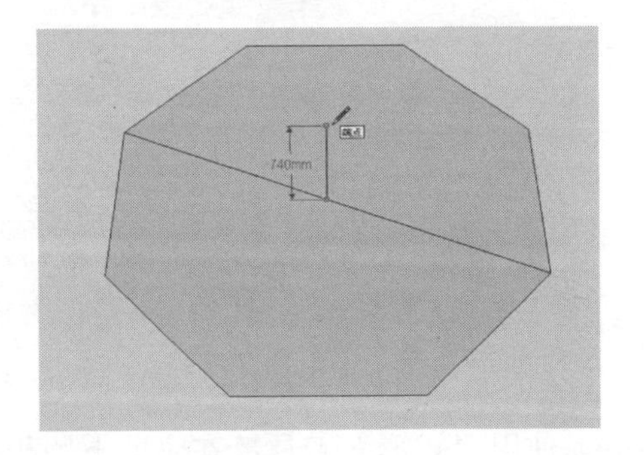

图 10-232

（3）使用“多边形”工具在垂线段的上侧绘制一个侧面数为 8，半径为 150mm 的多边形，如图 10-233 所示。

（4）使用“矩形”工具在图中的相应位置绘制一个矩形参考面，如图 10-234 所示。

（5）使用“圆弧”工具在上一步绘制的矩形参考面上绘制一段圆弧，如图 10-235 所示。

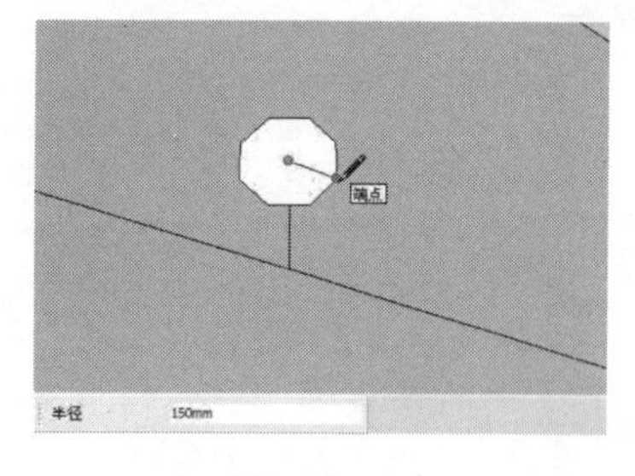

图 10-233

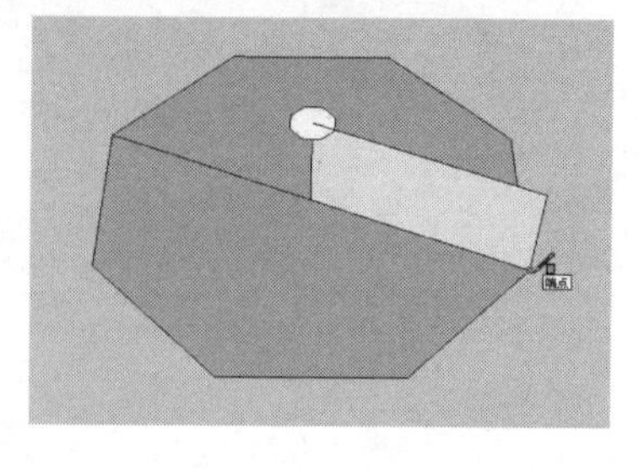

图 10-234

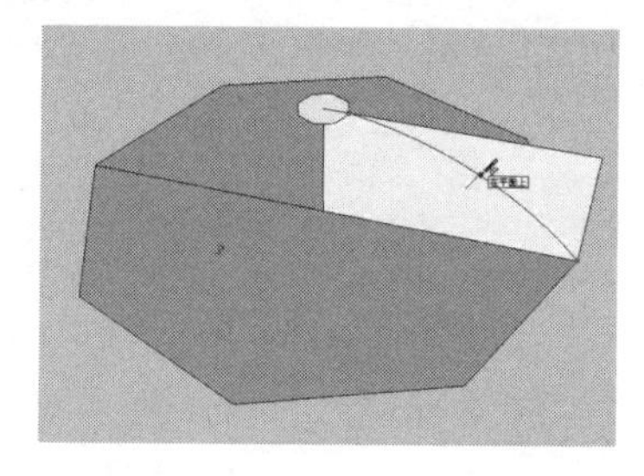

图 10-235

（6）将矩形参考面上的多余线面删除，然后使用“旋转”工具并按住【Ctrl】键将圆弧绕着多边形的中心旋转复制 45°，如图 10-236 所示。

（7）在数值框中输入“8x”，将圆弧旋转并复制 8 份，如图 10-237 所示。

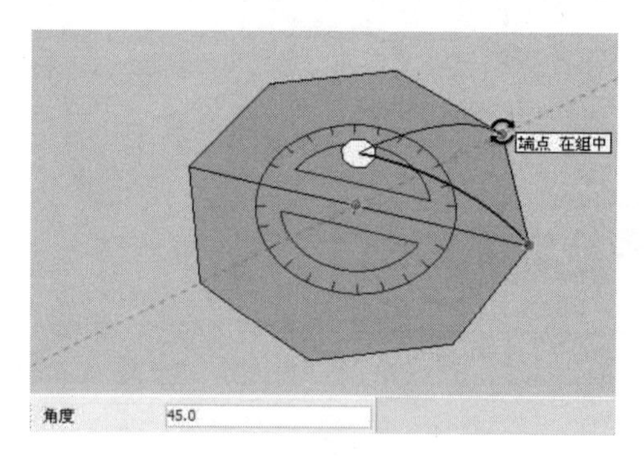

图 10-236

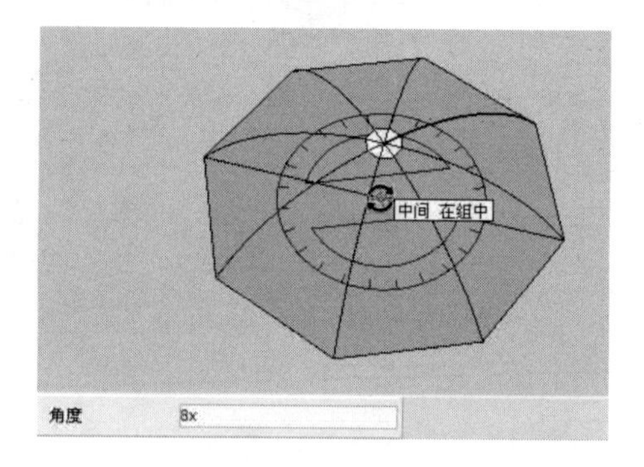

图 10-237

（8）删除模型上的多余面，然后全选剩下的线轮廓，再单击“沙盒”工具栏上的“根据等高线创建”工具完成遮阳伞伞面的创建，如图 10-238 所示。

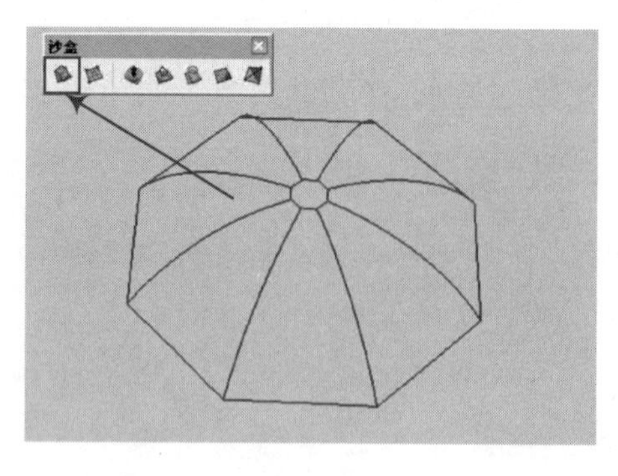

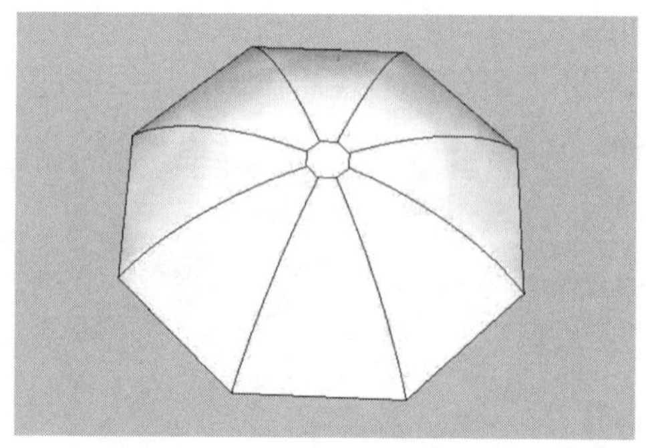

图 10-238

（9）使用“矩形”工具在伞面下侧相应位置绘制一个矩形参考面，如图 10-239 所示。

（10）使用“直线”工具在上一步绘制的矩形参考面上绘制多条辅助参考线，如图 10-240 所示。

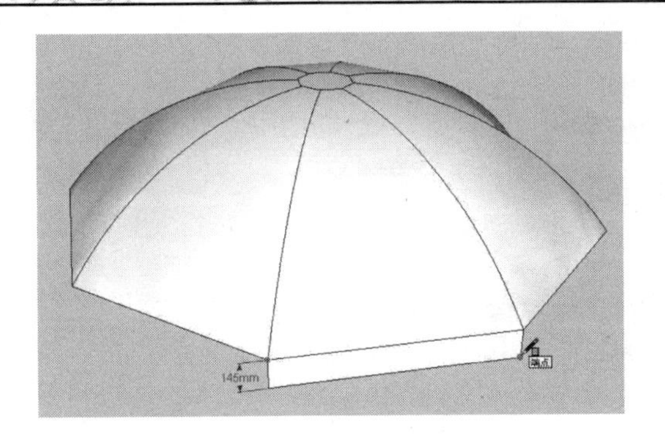

图 10-239

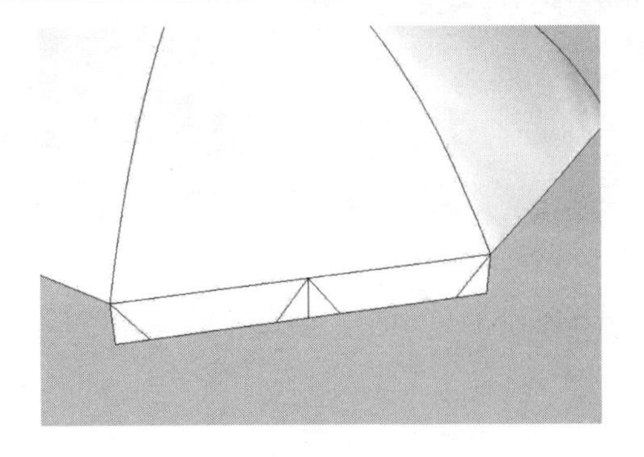

图 10-240

（11）将矩形参考面上的多余线面删除，并将其创建为群组，如图 10-241 所示。

（12）按住【Ctrl】键，使用“旋转”工具将上一步创建的群组绕着顶部多边形的中心旋转复制 45°，如图 10-242 所示。

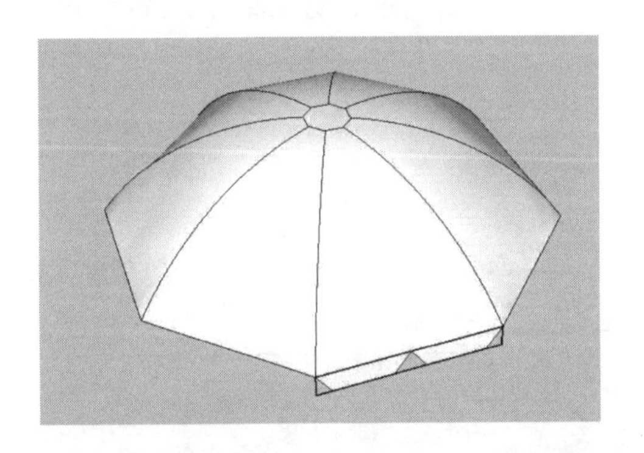

图 10-241

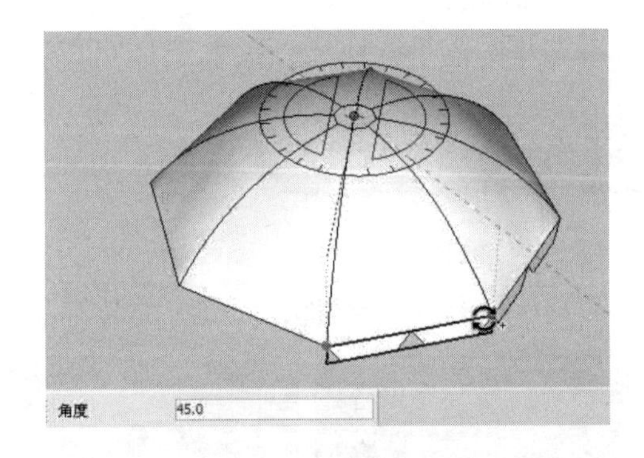

图 10-242

（13）在数值框中输入“8x”，将群组旋转并复制 8 份，如图 10-243 所示。

（14）创建如图 10-244 所示的伞柄，完成遮阳伞的创建。

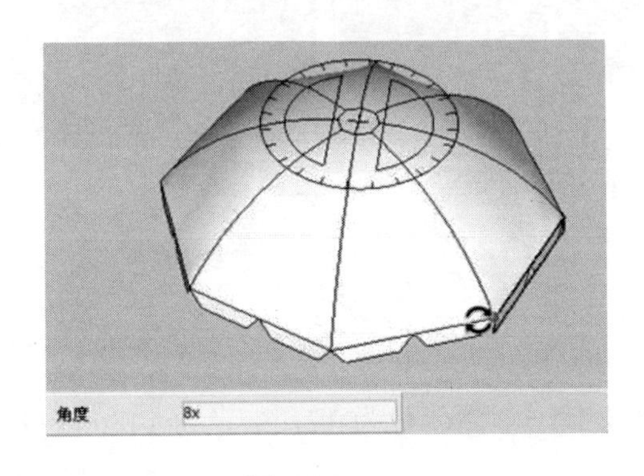

图 10-243

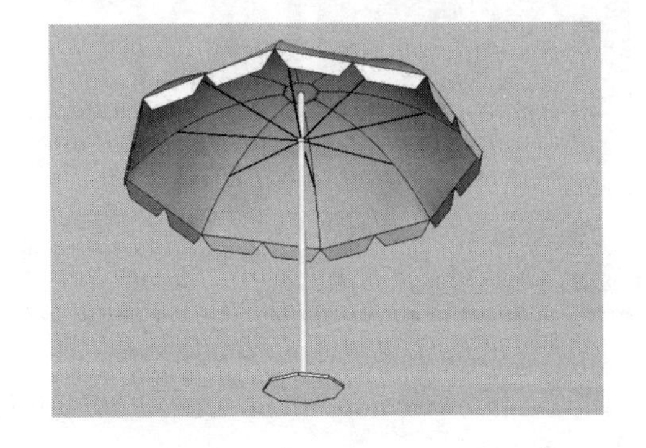

图 10-244

（15）使用“颜料桶”工具为制作的遮阳伞赋予相应的材质，并打开阴影显示，如图 10-245 所示。

图 10-245

10.5　园林照明小品

良好的园林景观照明品质涉及很多方面，如光的艺术表现、人的心理与情绪、光照水平的控制、光线的构图形式等，还要合理控制照明水平、照度均匀度、防止眩光、选择合理的光色等，这些都离不开照明灯具的选择和布局。

10.5.1　创建景观路灯

作为装饰性照明灯具，景观路灯不仅要保证照明的需要，还要讲究造型、材料、色彩、比例和尺度，是室外环境不可或缺的装饰品，如图 10-246 所示。

图 10-246

视频\10\练习 10-20.avi
案例\10\最终效果\练习 10-20.skp

创建景观路灯的操作步骤如下：

（1）运行 SketchUp 软件，使用“圆”工具绘制一个侧面数为 12，半径为 148mm 的圆，如图 10-247 所示。

（2）结合“推/拉”工具、“缩放”工具及“偏移”工具，完成景观灯灯柱的制作，如图 10-248 所示。

（3）结合“矩形”工具及“推/拉”工具，在灯柱的上侧制作两个立方体作为连接件，如图 10-249 所示。

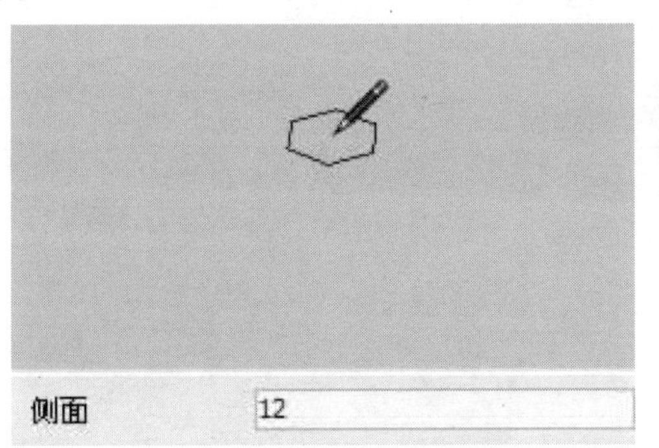

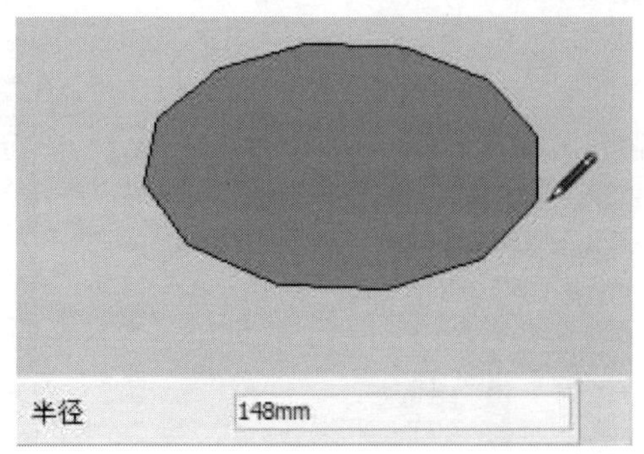

图 10-247

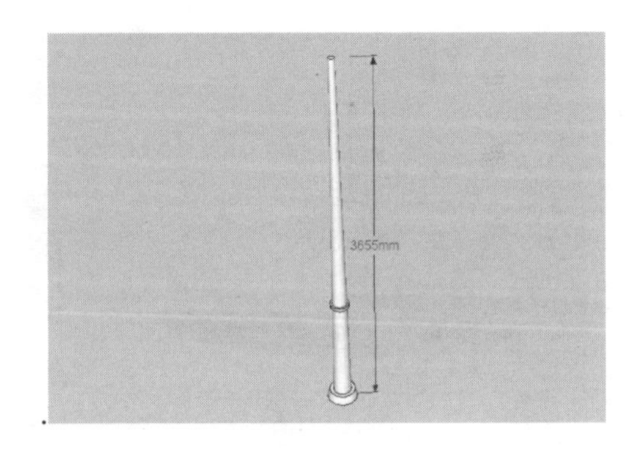

图 10-248

图 10-249

（4）结合“直线”工具及“圆弧”工具，绘制出景观灯的支架路径，再使用“多边形”工具绘制一个边数为 5，大小适当的多边形作为放样的对象，如图 10-250 所示。

（5）单击绘制的景观灯支架路径，使用“跟随路径”工具单击上一步绘制的 5 边形的表面将其放样，如图 10-251 所示。

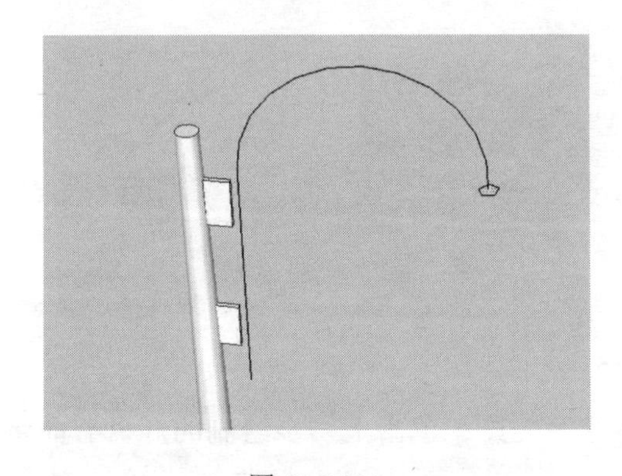

图 10-250

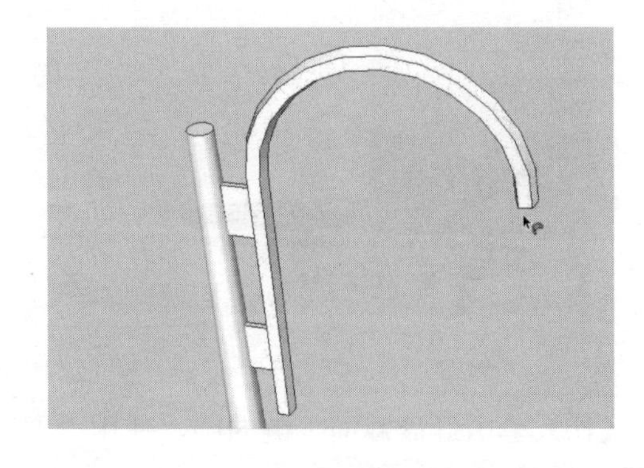

图 10-251

（6）选择放样后的景观灯支架右击，在弹出的快捷菜单中执行“软化/平滑边线”命令，然后在弹出的“柔化边线”编辑器中对其进行边线柔化操作，如图 10-252 所示。

（7）使用“圆”工具绘制一个侧面数为 16，半径为 297mm 的圆，如图 10-253 所示。

（8）使用“矩形”工具绘制一个边线穿过圆心的竖直矩形参考面，如图 10-254 所示。

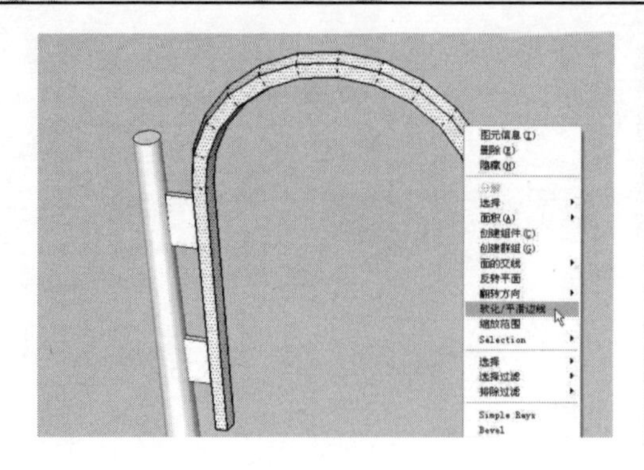
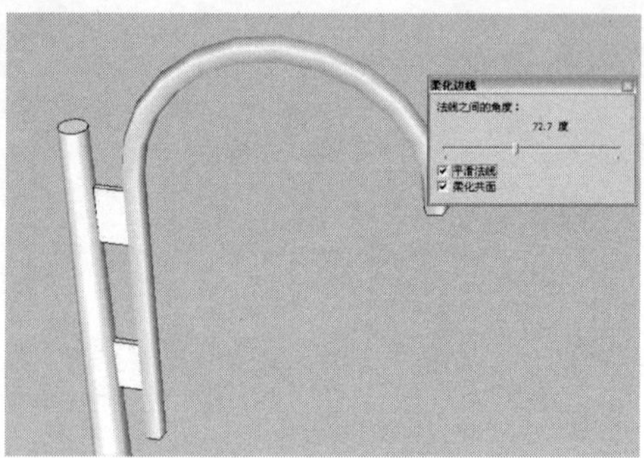

图 10-252

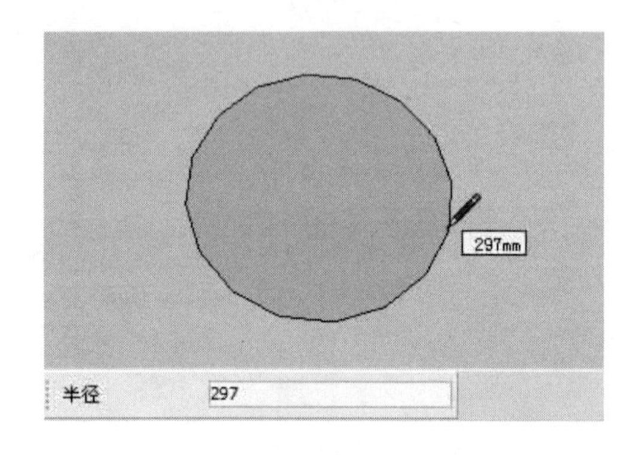

图 10-253

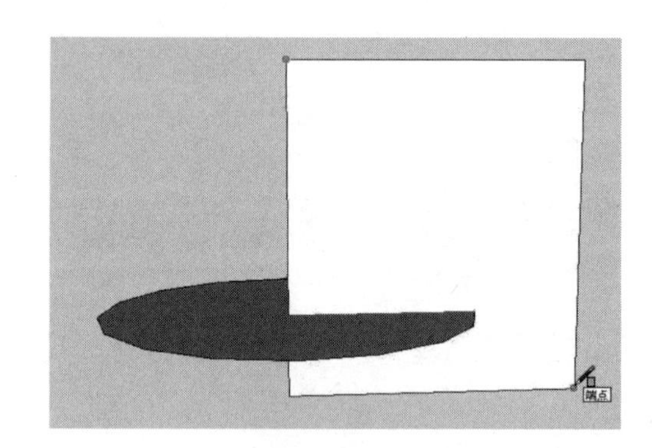

图 10-254

（9）结合“直线”工具及“圆弧”工具，在上一步绘制的矩形参考面上绘制出灯盘的截面，然后将多余的部分删除，如图 10-255 所示。

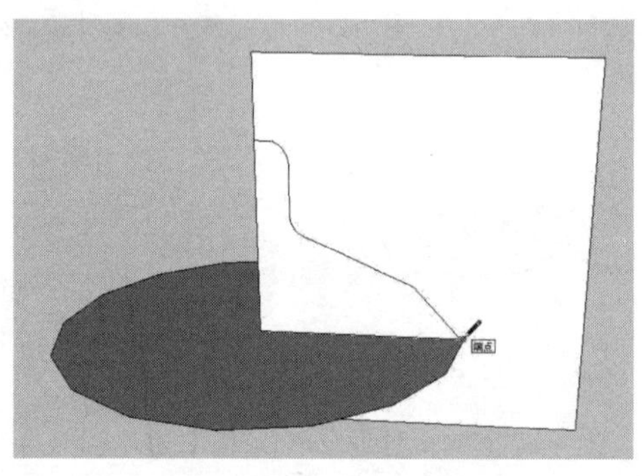

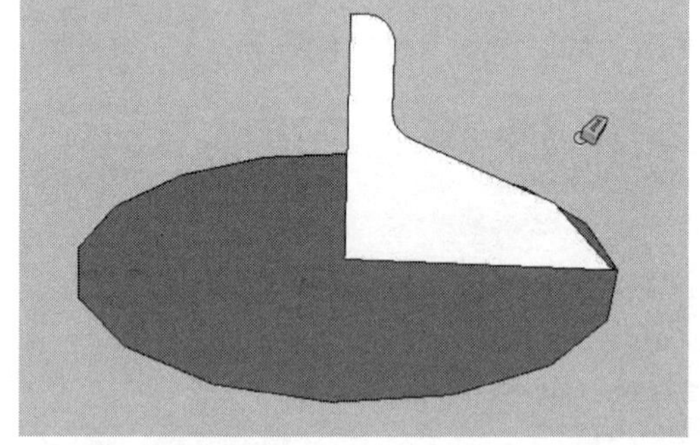

图 10-255

（10）单击灯盘截面下侧的圆，使用“跟随路径”工具单击上一步绘制的灯盘截面将其放样，如图 10-256 所示。

（11）选择放样后的灯盘模型右击，在弹出的快捷菜单中执行“软化/平滑边线”命令，然后在弹出的“柔化边线”编辑器中对其进行边线柔化操作，如图 10-257 所示。

（12）在灯盘的下方制作出灯泡造型，如图 10-258 所示。

（13）将制作完成的灯盘及灯泡创建为组，然后将其与路灯支架进行组合，如图 10-259 所示。

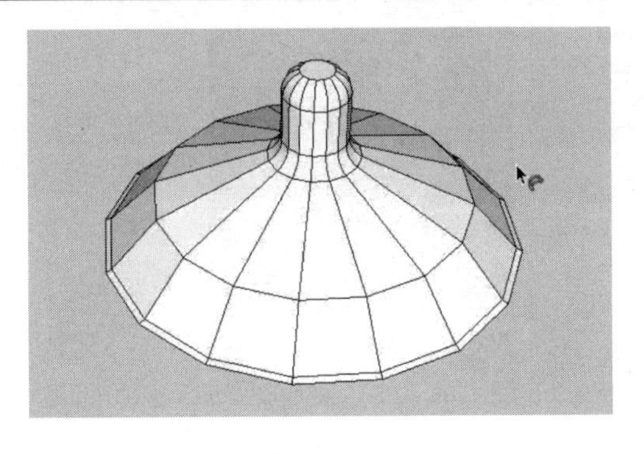

图 10-256

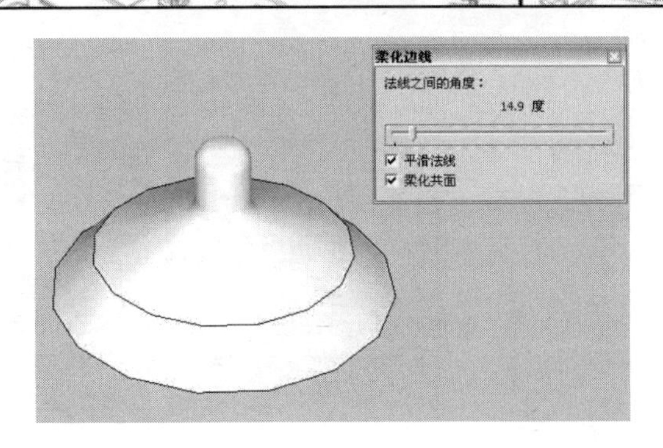

图 10-257

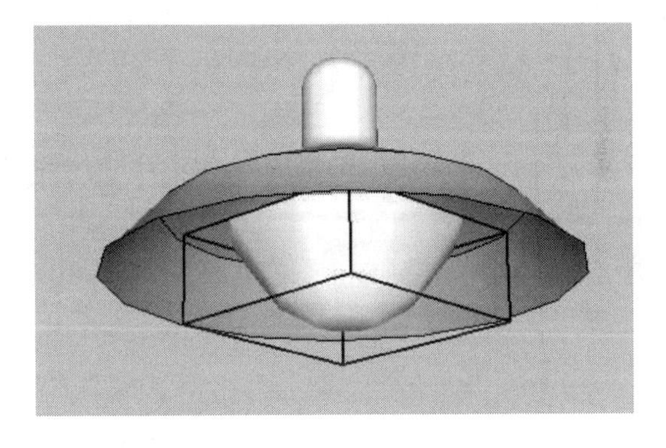

图 10-258

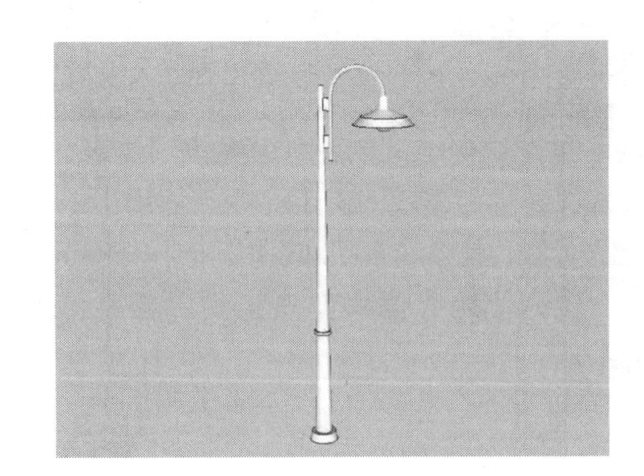

图 10-259

（14）结合“移动”工具及“选择”工具，将路灯支架和灯盘镜像复制一份到路灯灯座的左侧位置，如图 10-260 所示。

（15）使用“颜料桶”工具为制作的景观路灯赋予相应的材质，并打开阴影显示，如图 10-261 所示。

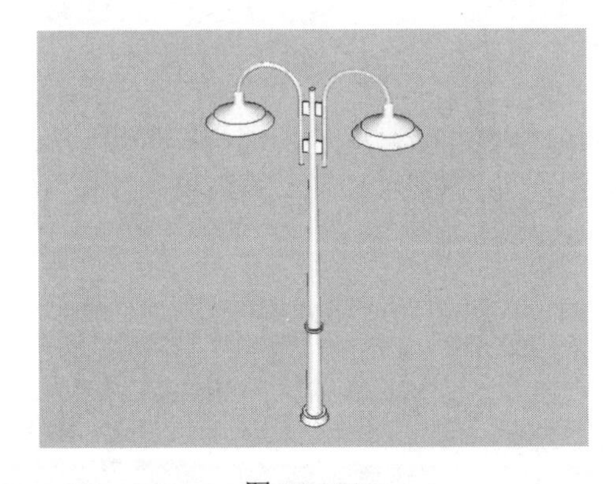

图 10-260

图 10-261

10.5.2　创建景观地灯

地灯主要是一些位于绿化小品或植被上的低位灯（草坪灯），其外观造型与环境相协调，在夜晚烘托怡情浪漫的气氛，如图 10-262 所示。

图 10-262

视频\10\练习 10-21.avi
案例\10\最终效果\练习 10-22.skp

创建景观地灯的操作步骤如下：

（1）运行 SketchUp 软件，使用“矩形”工具绘制 180mm×180mm 的矩形面，然后使用“推/拉”工具将矩形面向上推拉 18mm 的高度，如图 10-263 所示。

（2）使用“偏移”工具将立方体的上侧矩形面向内偏移 15mm 的距离，如图 10-264 所示。

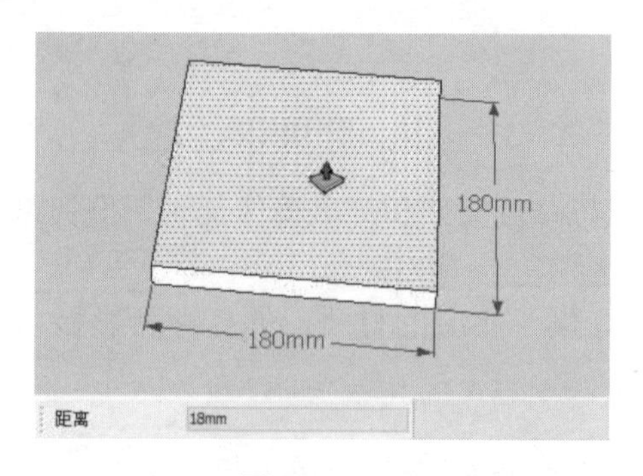

图 10-263

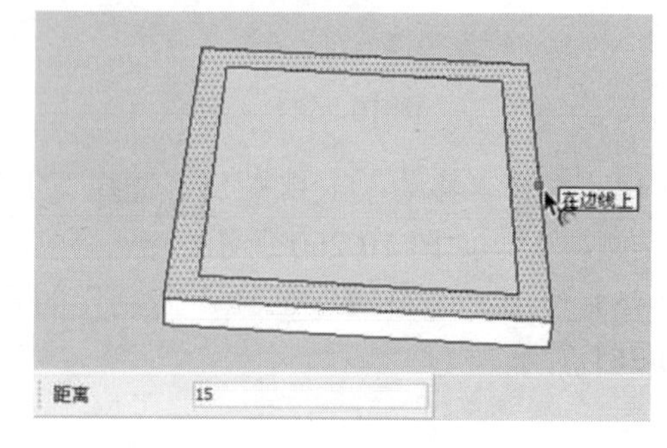

图 10-264

（3）使用“推/拉”工具将内侧矩形面向上推拉 10mm 的高度，如图 10-265 所示。

（4）使用“偏移”工具将立方体上的相应矩形面向内偏移 15mm 的距离，如图 10-266 所示。

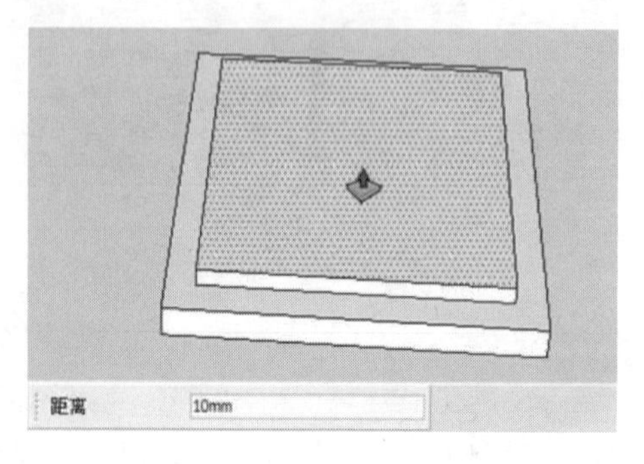

图 10-265

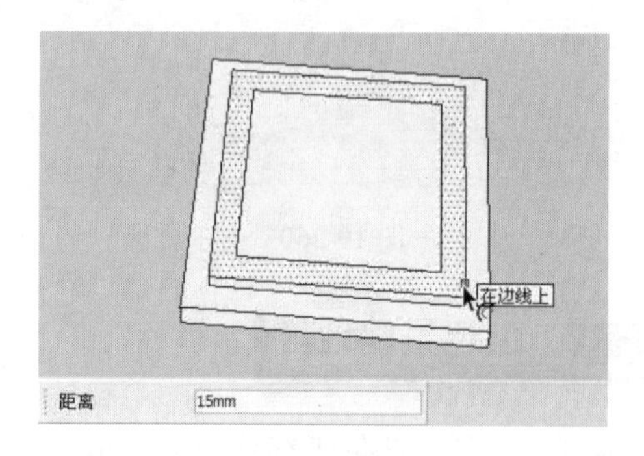

图 10-266

（5）使用“推/拉”工具将立方体上的相应矩形面向上推拉 442mm 的高度，如图 10-267 所示。

（6）使用“圆”工具在模型的上侧中心位置绘制直径为 60mm 的圆，再使用“推/拉”工具将绘制的圆向上推拉 120mm 的高度，如图 10-268 所示。

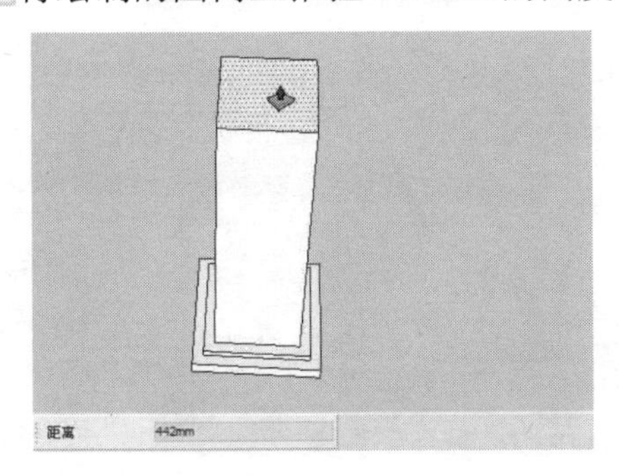

图 10-267

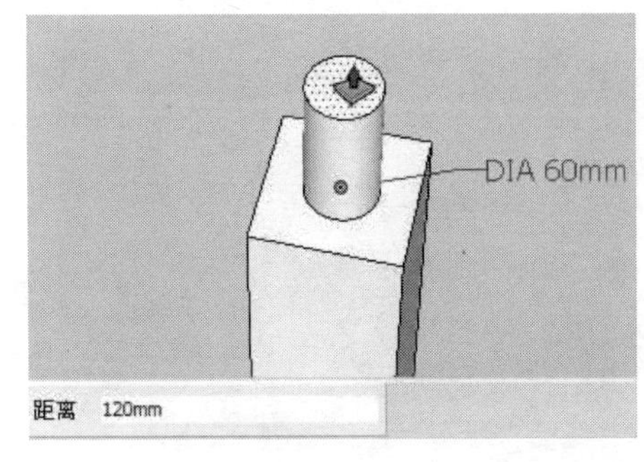

图 10-268

（7）结合“直线”工具及“圆弧”工具，在圆柱体的上侧绘制一个放样截面，如图 10-269 所示。

（8）单击上一步绘制截面下侧的圆柱体的上侧表面圆，使用“跟随路径”工具单击上一步绘制的放样截面将其放样，如图 10-270 所示。

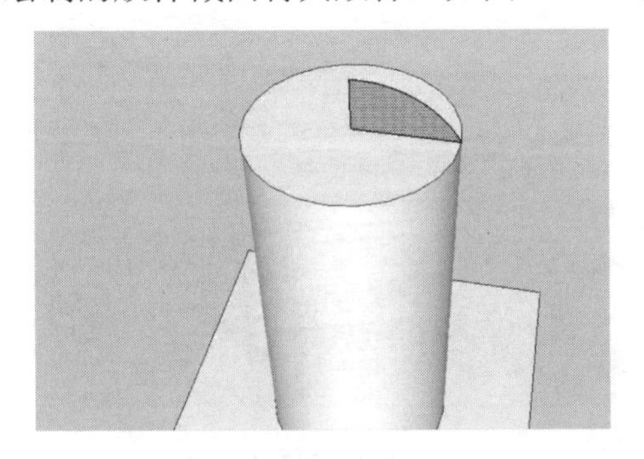

图 10-269

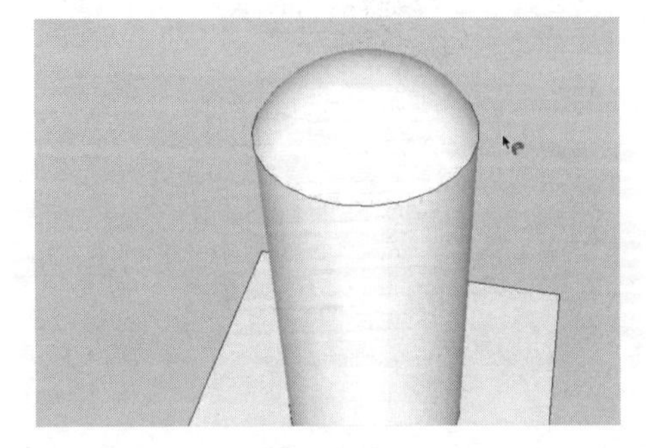

图 10-270

（9）使用“矩形”工具绘制 132mm×132mm 的矩形面，然后使用“推/拉”工具将矩形面向上推拉 8mm 的高度，如图 10-271 所示。

（10）使用“圆”工具在上一步绘制的立方体的上侧中心位置绘制直径为 90mm 的圆，如图 10-272 所示。

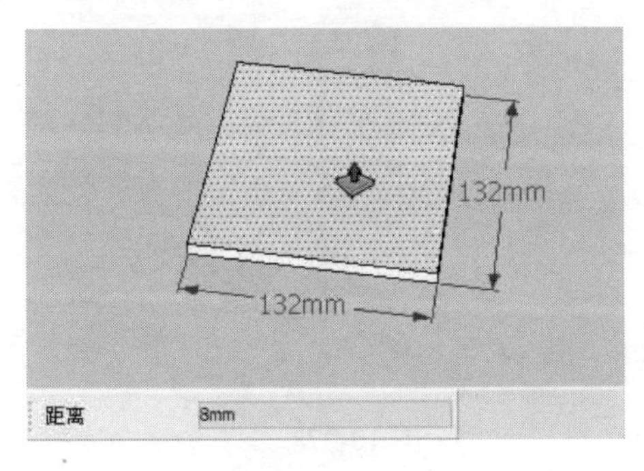

图 10-271

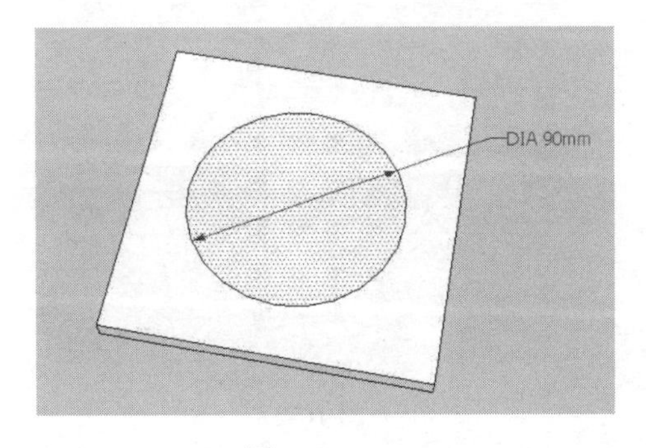

图 10-272

（11）使用“推/拉”工具将上一步绘制的圆向下进行推拉，使其成为镂空圆的效果，如图 10-273 所示。

（12）结合“圆”工具及“推/拉”工具，在模型的上侧创建 4 个直径为 10mm，高度为 20mm 的圆柱体，如图 10-274 所示。

图 10-273

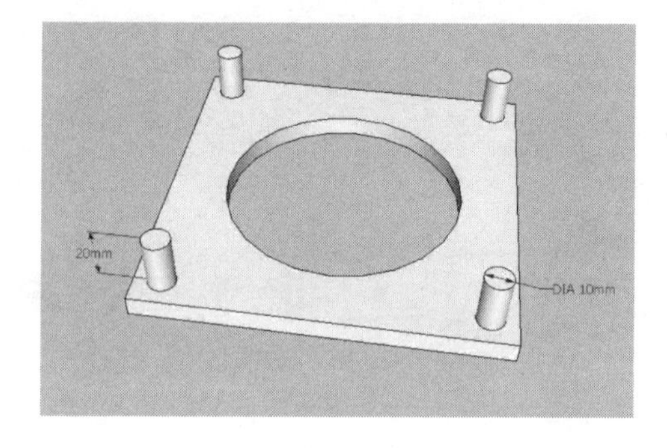

图 10-274

（13）选择创建的模型，然后使用“移动”工具并按住【Ctrl】键将其垂直向上复制 5 份，如图 10-275 所示。

（14）对上侧的镂空立方体及圆柱体进行编辑，使其符合要求，如图 10-276 所示。

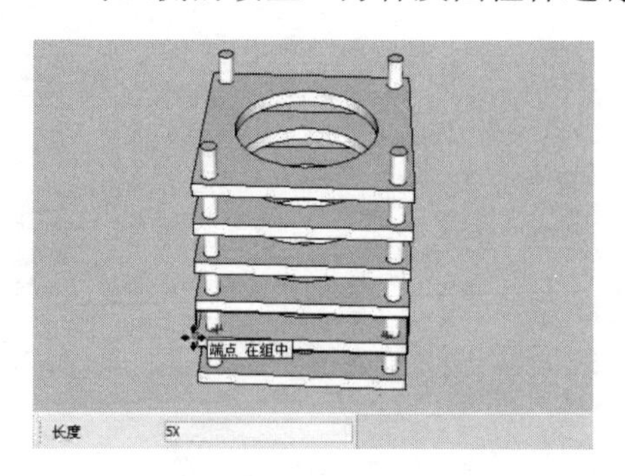

图 10-275

图 10-276

（15）使用“移动”工具对创建完成的模型进行组合，如图 10-277 所示。

（16）使用“颜料桶”工具为制作的景观地灯赋予相应的材质，并打开阴影显示，如图 10-278 所示。

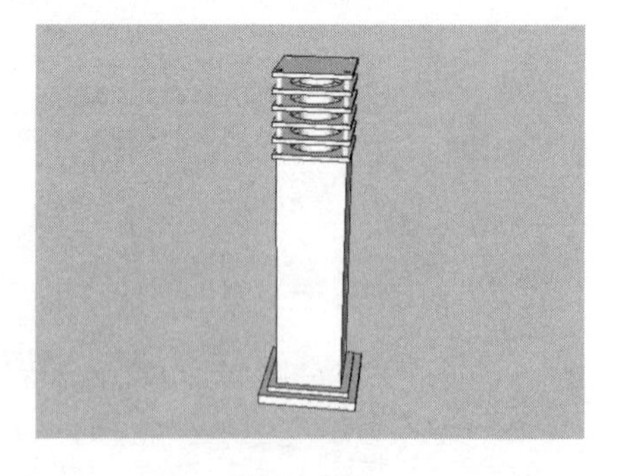

图 10-277

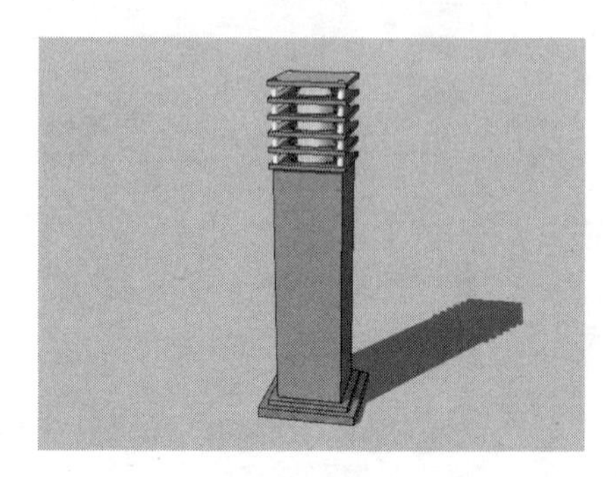

图 10-278

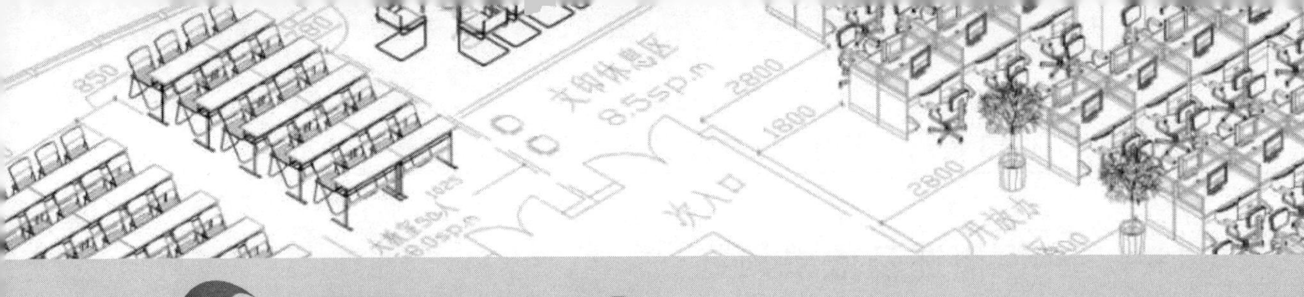

第 11 章 湖边小广场景观设计

本章导读

本章主要通过湖边小广场景观的创建，讲解如何使用 SketchUp 来进行图纸的导入、模型的创建、材质的赋予、图像的导出以及效果图的后期处理等相关知识及操作技巧。

主要内容

- 实例概述及效果预览
- 导入 SketchUp 前的准备工作
- 在 SketchUp 中创建湖边小广场模型
- 在 SketchUp 中输出图像
- 在 PhotoShop 中后期处理

效果预览

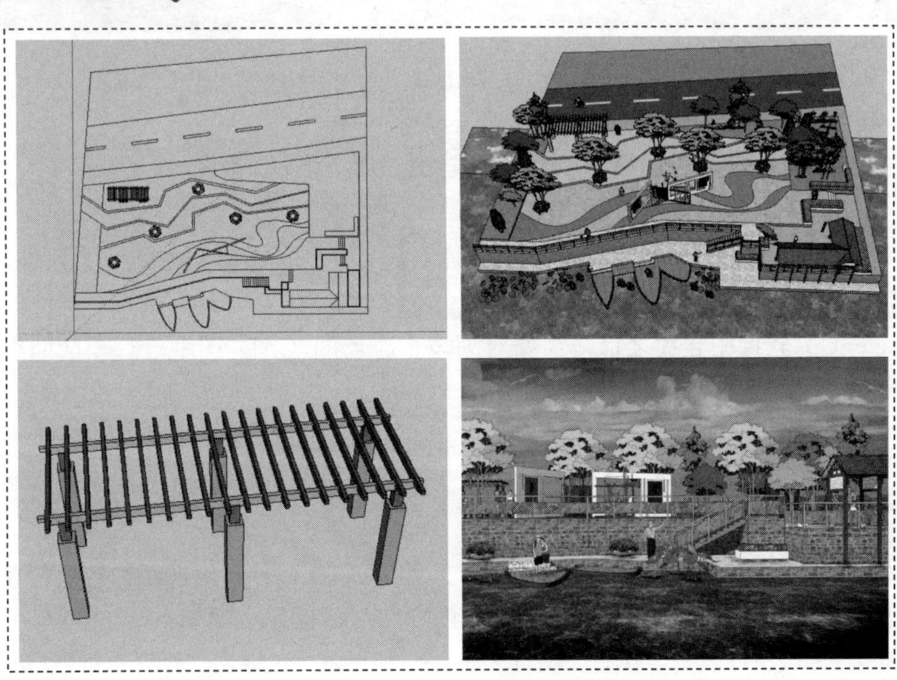

11.1 实例概述及效果预览

本章主要针对某地临水小广场的景观设计进行详细讲解，该湖边小广场设计新颖、环境幽静，是人们休闲散步纳凉的好去处，在广场内包含了多种景观小品，其中有木制观景台、景观花架、景观墙、树凳、花池及景观廊等，其最终效果如图 11-1 所示。

图 11-1

11.2 导入 SketchUp 前的准备工作

视频\11\导入 SketchUp 前的准备工作.avi
案例\11\素材文件\处理后图纸.dwg

在 SketchUp 软件中建模之前，需要对湖边小广场的 CAD 图纸进行相应的整理，并对 SketchUp 软件的运行环境进行优化设置。

11.2.1 整理 CAD 图纸

在将 CAD 图纸导入 SketchUp 之前，需要在 AutoCAD 软件中对图纸内容进行整理，删除多余的图纸信息，保留对创建模型有用的图纸内容即可，操作步骤如下：

（1）运行 AutoCAD 软件，执行“文件”→“打开”命令，弹出“打开”对话框，打开“案例\11\素材文件\湖边小广场图纸.dwg”文件，如图 11-2 所示。

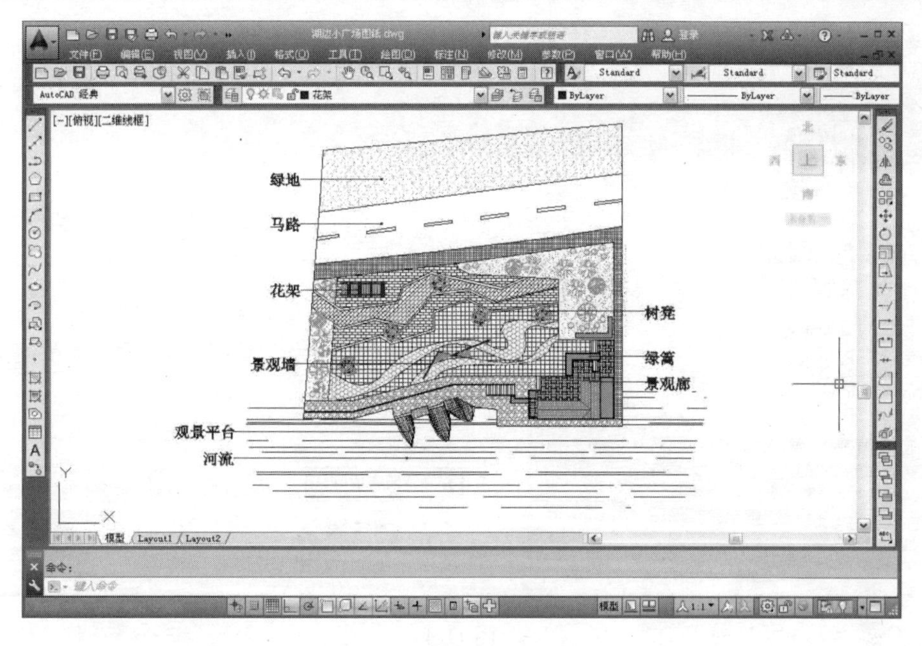

图 11-2

（2）将绘图区中多余的图纸内容删除，其中包括一些图案填充、文字内容及平面植物等，处理后的效果如图 11-3 所示。

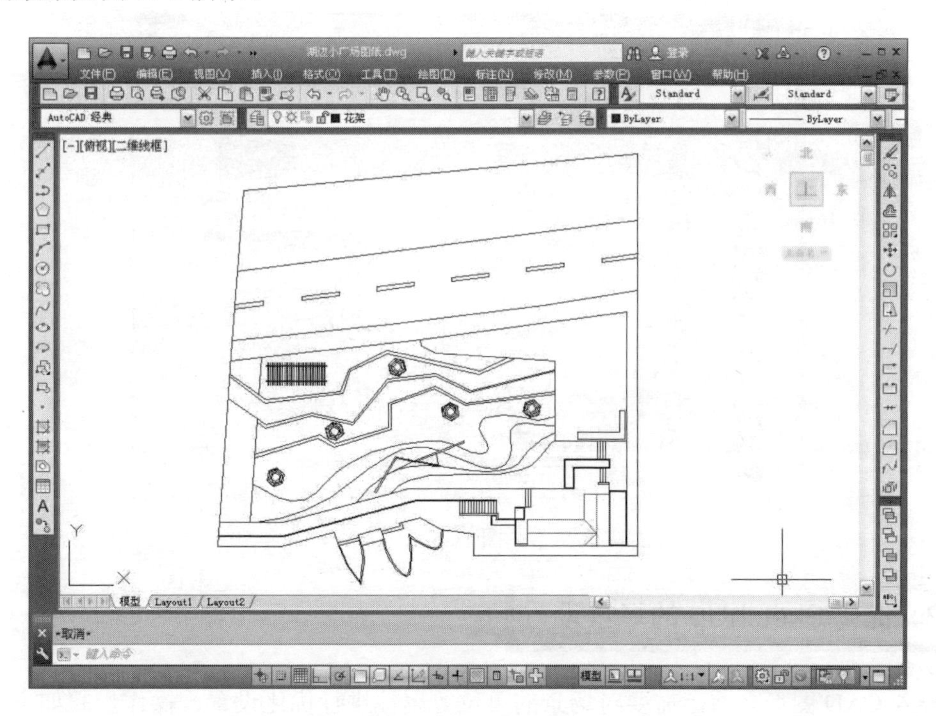

图 11-3

（3）在 CAD 的命令行中输入“Purge”，执行 Purge（清理）命令，弹出“清理”对话框，单击“全部清理”按钮，弹出“清理-确认清理”对话框，单击“清理所有项目”选项，将多余的内容进行清理操作，如图 11-4 所示。

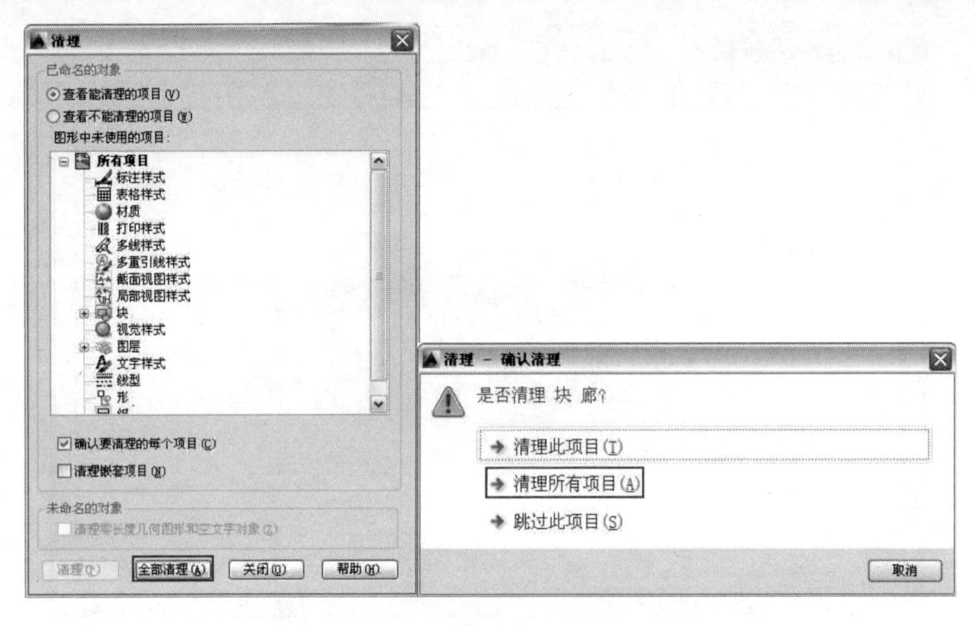

图 11-4

（4）执行“文件”→“另存为”命令，弹出“图形另存为”对话框，将文件另存为“案例\11\素材文件\处理后图纸.dwg”文件，如图 11-5 所示。

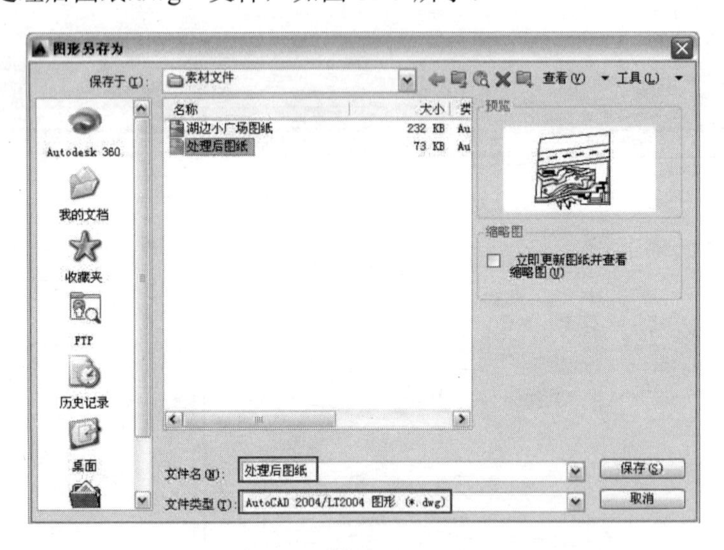

图 11-5

11.2.2 优化 SketchUp 的场景设置

在导入 CAD 图形之前，需要对场景的单位等属性进行优化设置，操作步骤如下：

（1）运行 SketchUp 软件，执行“窗口”→“模型信息”命令，如图 11-6 所示。

（2）在弹出的“模型信息”管理器中选择“单位”选项，设置系统单位参数。在此将“格式”设为十进制、毫米，勾选“启动角度捕捉”复选框，将角度捕捉设置为 5.0，如图 11-7 所示。

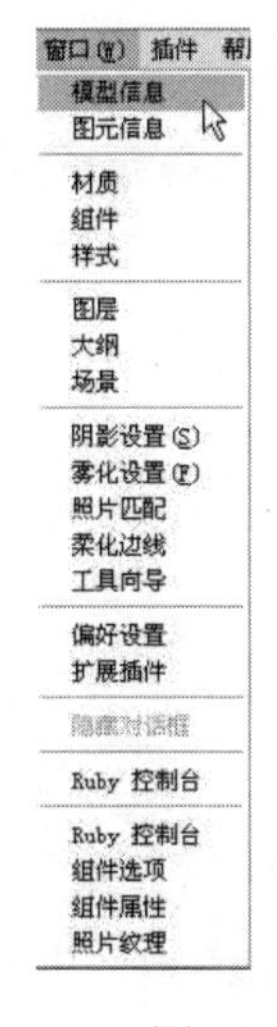

图 11-6

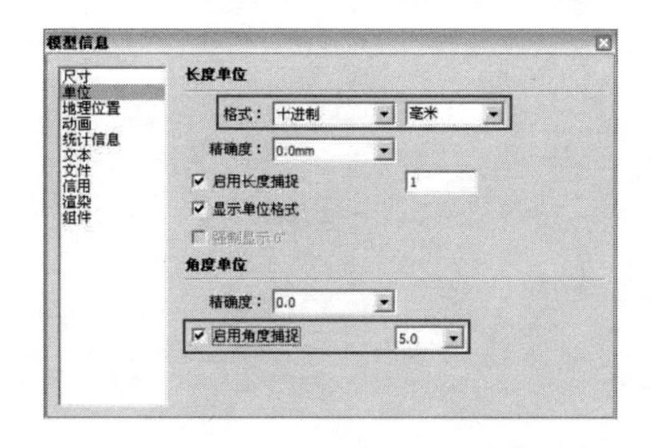

图 11-7

11.3　在 SketchUp 中创建湖边小广场模型

视频\11\在 SketchUp 中创建湖边小广场模型.avi
案例\11\素材文件\湖边小广场.dwg

在对湖边广场的 CAD 图纸进行整理及对 SketchUp 软件的运行环境进行优化设置以后，接下来讲解如何在 SketchUp 软件中创建湖边小广场的模型，其中包括将 AutoCAD 图纸导入 SketchUp 中、创建广场高差地形、创建木制观景台、创建楼梯及栏杆、创建花池及树凳、创建景观花架、创建景观墙及导入景观廊小品等内容。

11.3.1　将 AutoCAD 图纸导入 SketchUp 中

将整理后的图纸内容导入 SketchUp 软件中的操作步骤如下：

（1）执行“文件”→“导入”命令，弹出“打开”对话框，选择要导入的“案例\11\素材文件\处理后图纸.dwg”文件，单击“选项”按钮，如图 11-8 所示。

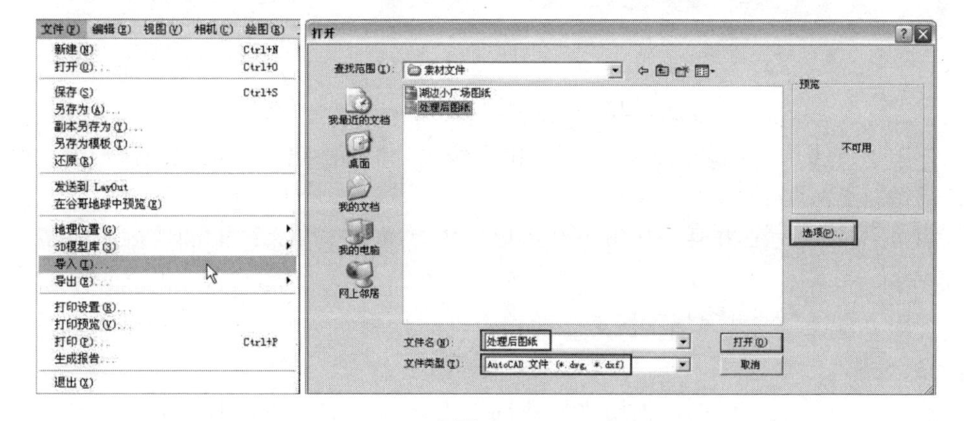

图 11-8

（2）在弹出的“导入 AutoCAD DWG/DXF 选项”对话框中将单位设为“毫米”，如图 11-9 所示。单击“确定”按钮，返回“打开”对话框，单击“打开”按钮，完成 CAD 图形的导入。

（3）CAD 图形导入 SketchUp 后的效果如图 11-10 所示。

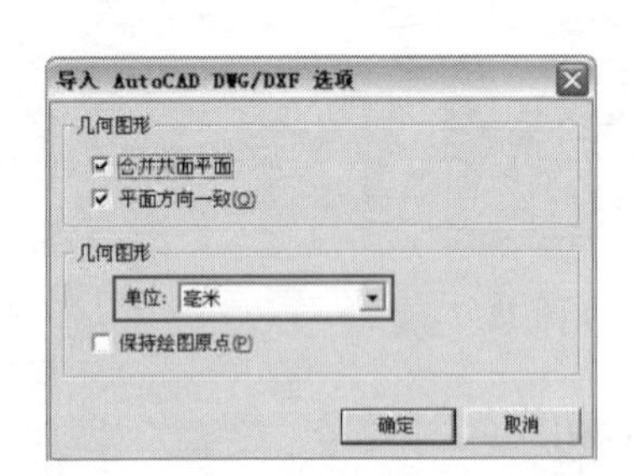

图 11-9

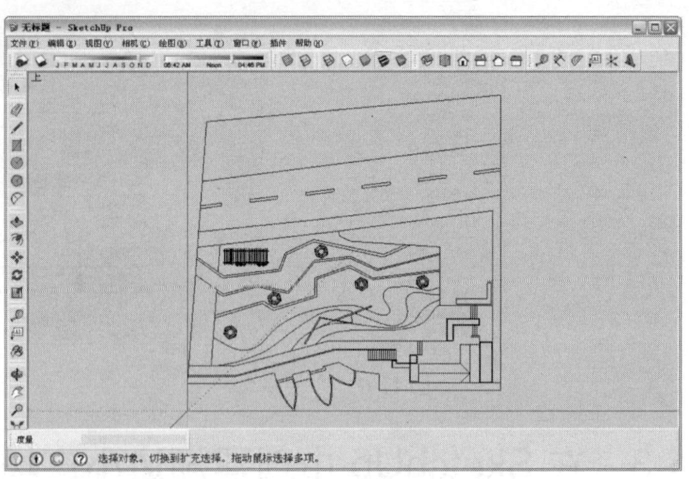

图 11-10

11.3.2　创建广场高差地形

首先创建该湖边小广场的高差地形模型，操作步骤如下：

（1）框选导入的 CAD 图纸内容，然后右击，在快捷菜单中执行“创建群组”命令，将其成组，如图 11-11 所示。

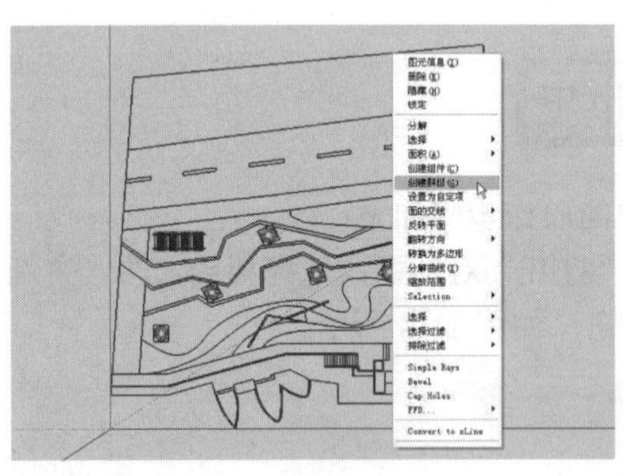

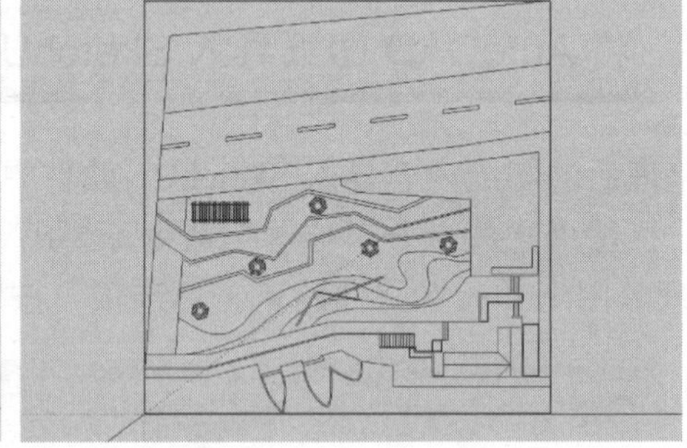

图 11-11

（2）使用“直线”工具捕捉图纸上的相应轮廓绘制如图 11-12 所示的造型面，作为广场上方的一般绿地。

（3）打开“材质”编辑器，使用“颜料桶”工具为上一步绘制的造型面赋予一种草地材质，如图 11-13 所示。

（4）使用“直线”工具捕捉图纸上的相应轮廓绘制如图 11-14 所示的造型面，作为广场上侧的一条公路。

（5）打开“材质”对话框，使用“颜料桶”工具为上一步绘制的造型面赋予一种路面材质，如图 11-15 所示。

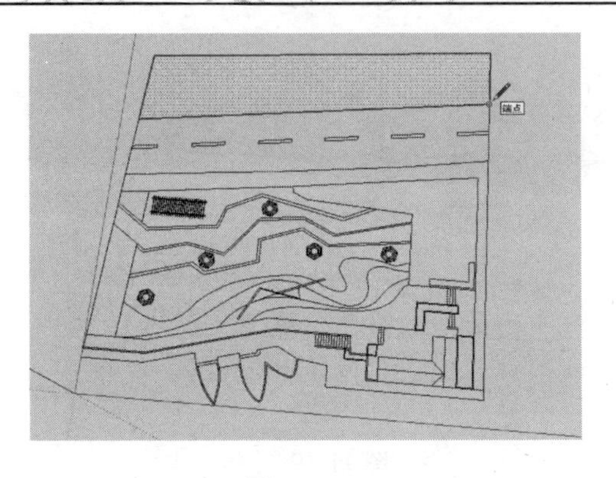

图 11-12

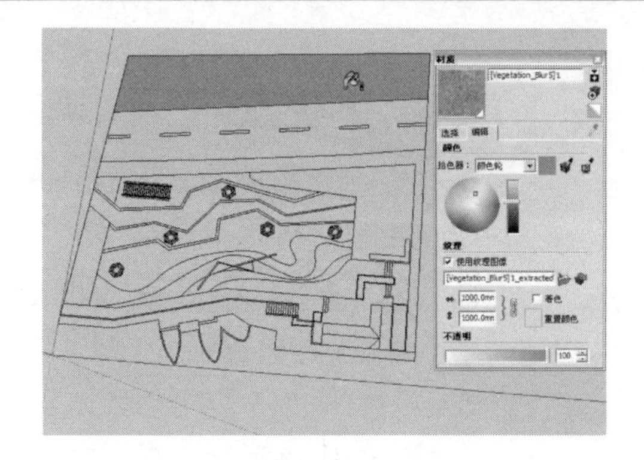

图 11-13

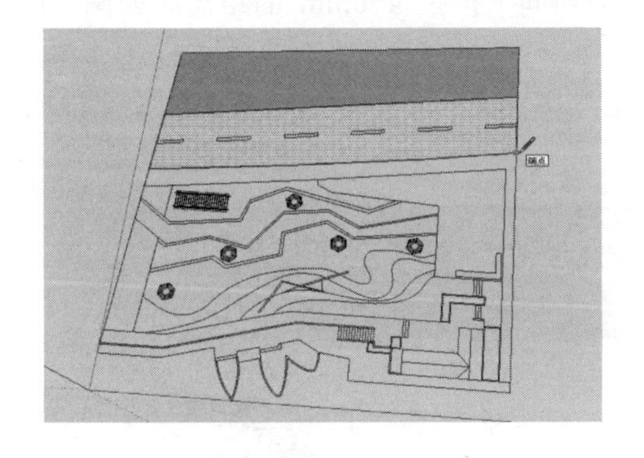

图 11-14

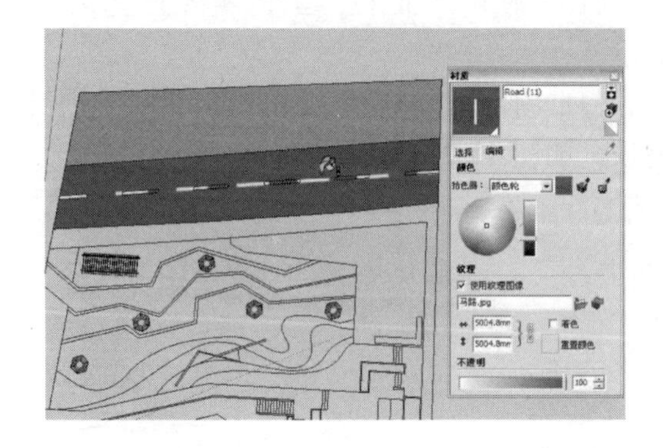

图 11-15

（6）使用“直线”工具捕捉图纸上的相应轮廓绘制如图 11-16 所示的造型面，作为广场上的一块地形。

（7）使用“推/拉”工具将上一步绘制的造型面向下推拉 1400mm 的厚度，如图 11-17 所示。

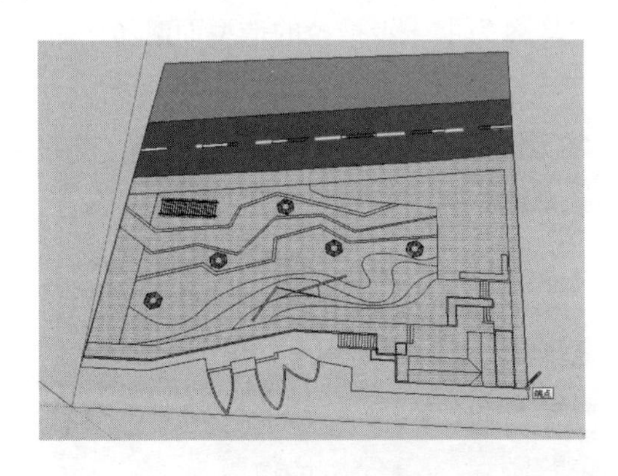

图 11-16

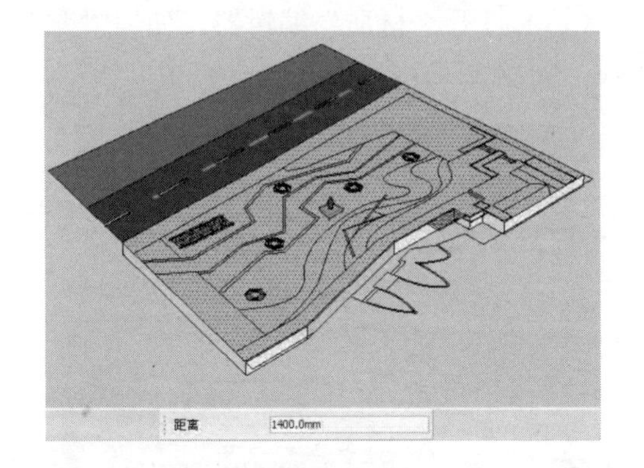

图 11-17

（8）按住【Ctrl】键，继续使用“推/拉”工具将上一步推拉模型的上侧造型面向上推拉 600mm 的高度，如图 11-18 所示。

（9）使用“直线”工具捕捉图纸上的相应轮廓绘制如图 11-19 所示的造型面，作为广场上的一块地形。

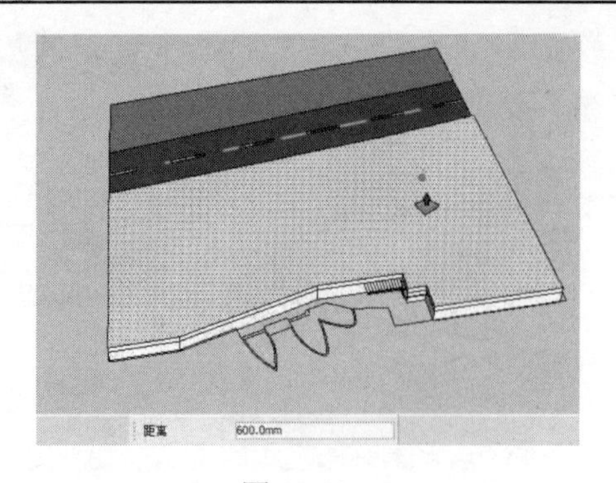

图 11-18

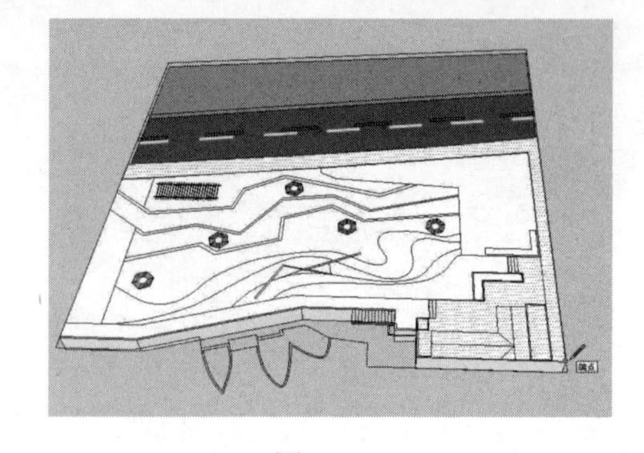

图 11-19

（10）使用“推/拉”工具将上一步绘制的造型面向下推拉 450mm 的距离，如图 11-20 所示。

（11）打开“材质”编辑器，使用“颜料桶”工具为上一步推拉的造型面赋予一种地砖材质，如图 11-21 所示。

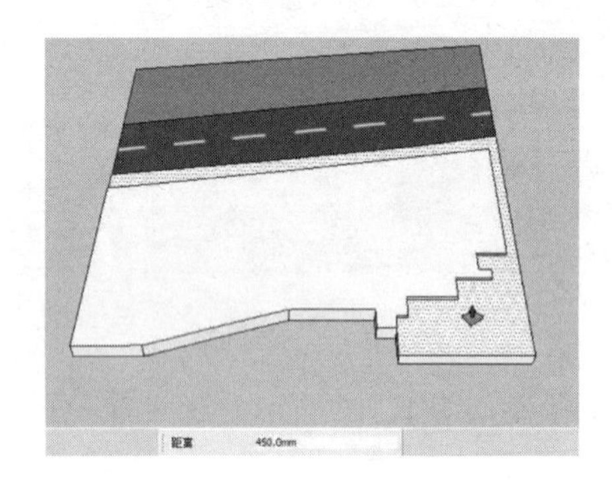

图 11-20

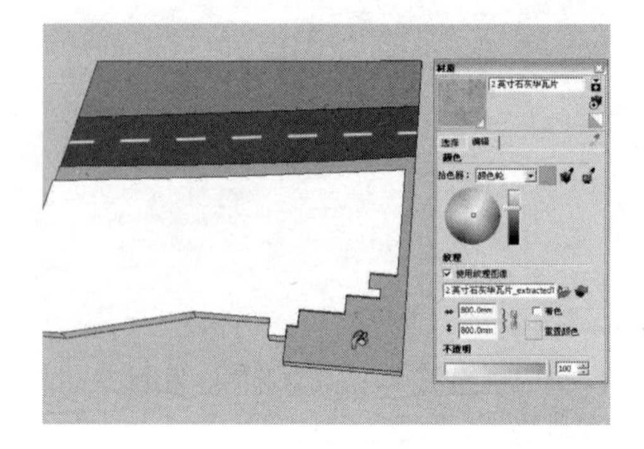

图 11-21

（12）使用“圆弧”工具捕捉图纸上的相应轮廓绘制如图 11-22 所示的造型面。

（13）打开“材质”编辑器，使用“颜料桶”工具为上一步推拉的造型面赋予一种地砖材质，如图 11-23 所示。

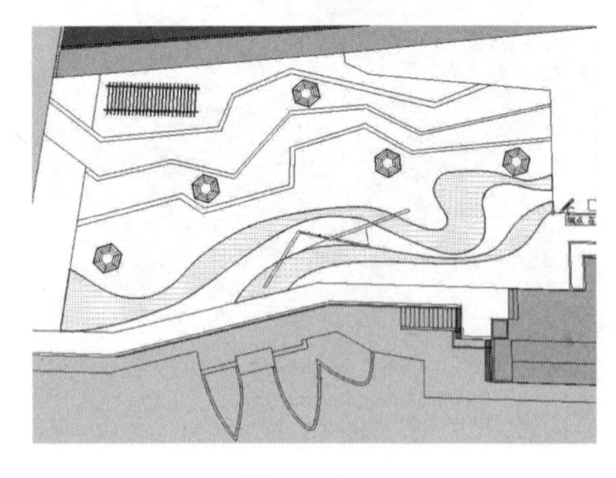

图 11-22

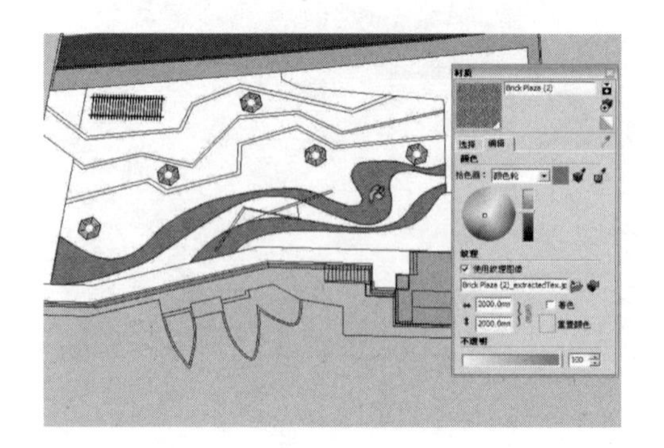

图 11-23

（14）使用“直线”工具捕捉图纸上的相应轮廓绘制如图 11-24 所示的造型面。

（15）打开“材质”编辑器，使用“颜料桶”工具为上一步推拉的造型面赋予相应的地砖材质，如图 11-25 所示。

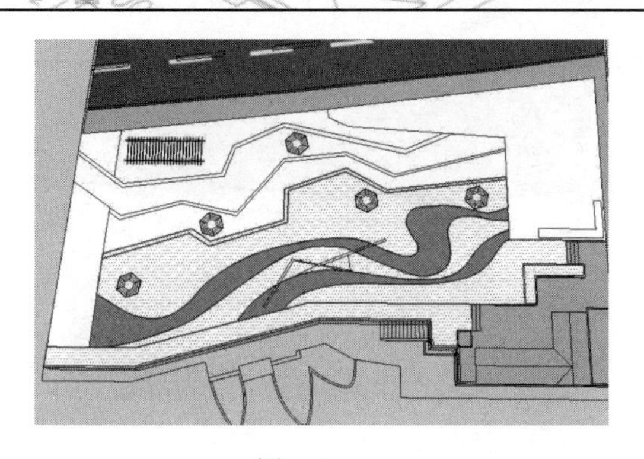

图 11-24

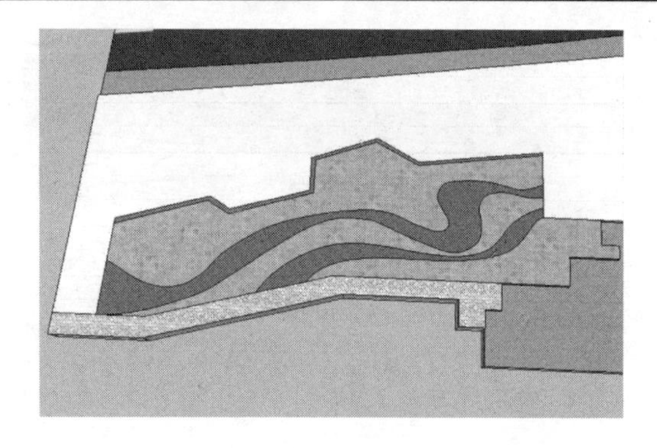

图 11-25

（16）使用“直线”工具捕捉图纸上的相应轮廓绘制如图 11-26 所示的造型面。

（17）使用“推/拉”工具将上一步绘制的造型面向下推拉 450mm 的距离，如图 11-27 所示。

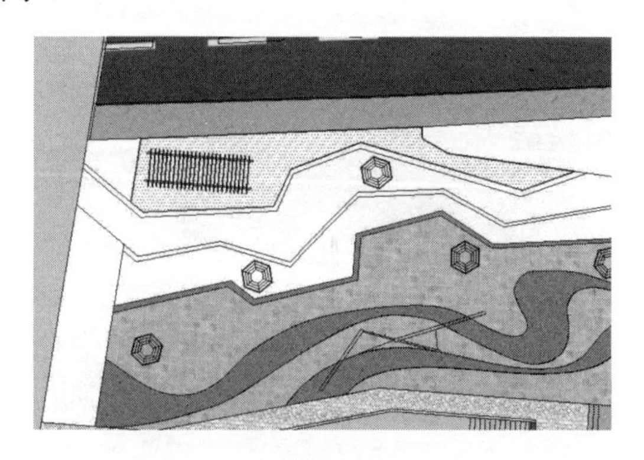

图 11-26

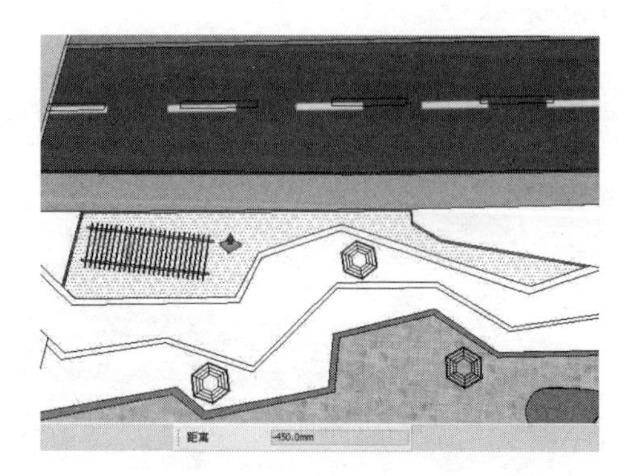

图 11-27

（18）使用“直线”工具捕捉图纸上的相应轮廓绘制如图 11-28 所示的两个造型面。

（19）使用“推/拉”工具将上一步绘制的两个造型面分别向下推拉 350mm 的距离，如图 11-29 所示。

图 11-28

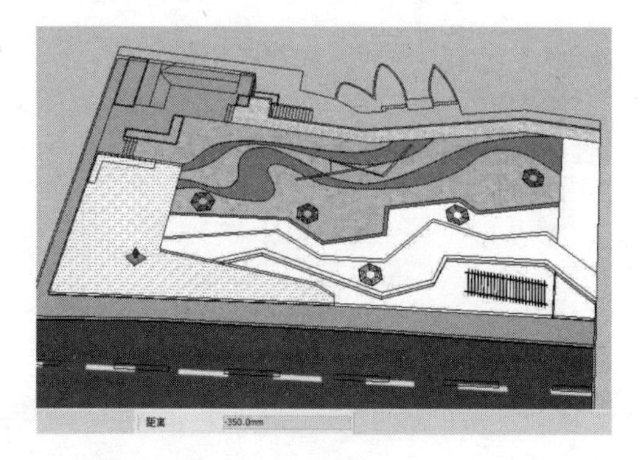

图 11-29

（20）使用“直线”工具捕捉图纸上的相应轮廓绘制如图 11-30 所示的造型面。

（21）使用“推/拉”工具将上一步绘制的造型面向下推拉 300mm 的距离，如图 11-31 所示。

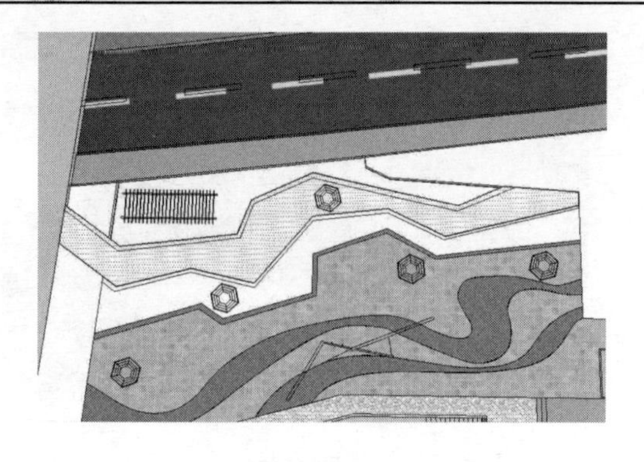

图 11-30

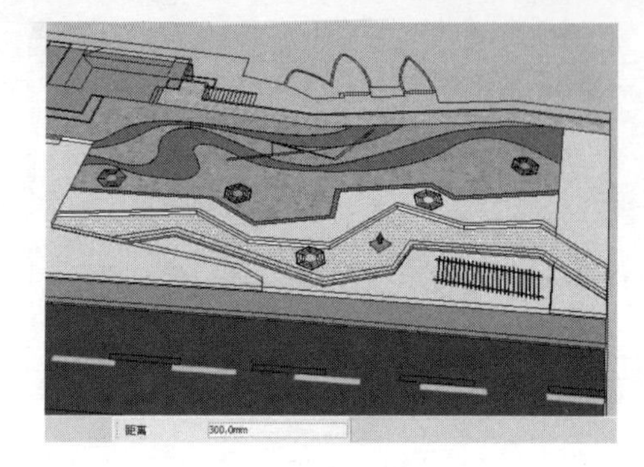

图 11-31

（22）使用“直线”工具捕捉图纸上的相应轮廓绘制如图 11-32 所示的造型面。

（23）使用“推/拉”工具将上一步绘制的造型面向下推拉 150mm 的距离，如图 11-33 所示。

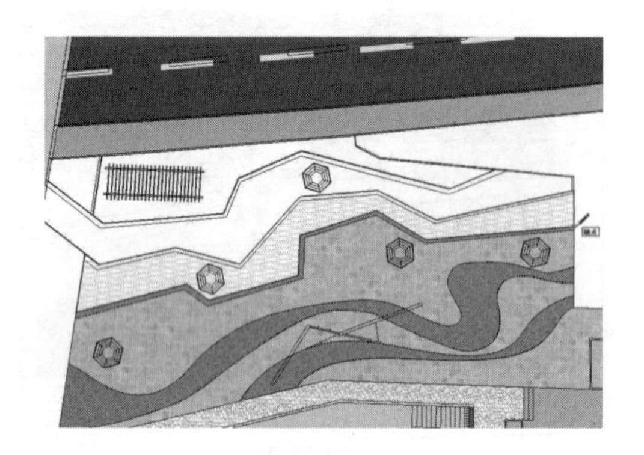

图 11-32

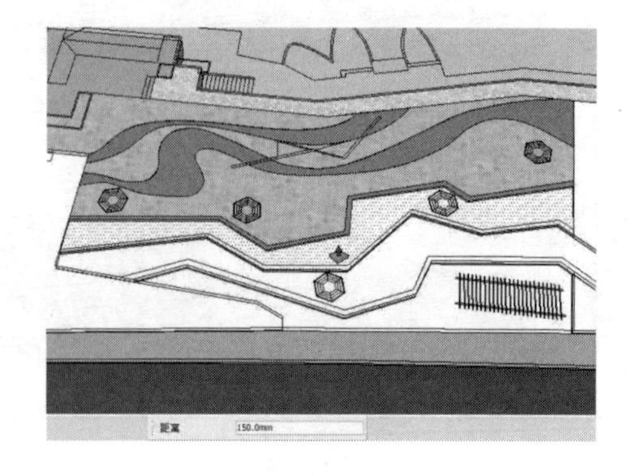

图 11-33

（24）继续使用“推/拉”工具将广场右侧的相应造型面向上推拉 300mm 的高度，然后使用“颜料桶”工具为图中的相应区域赋予一种草地材质，如图 11-34 所示。

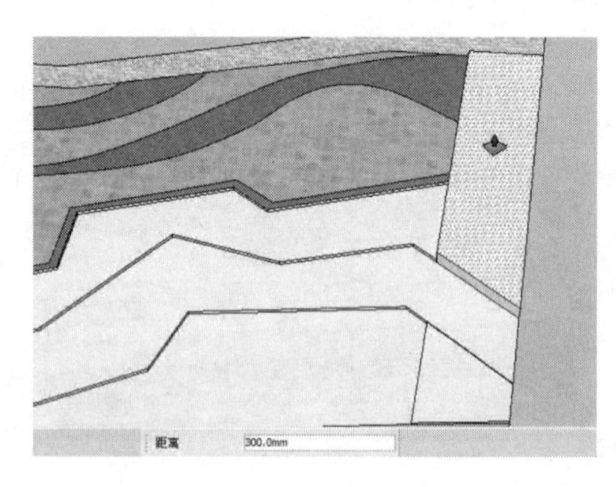

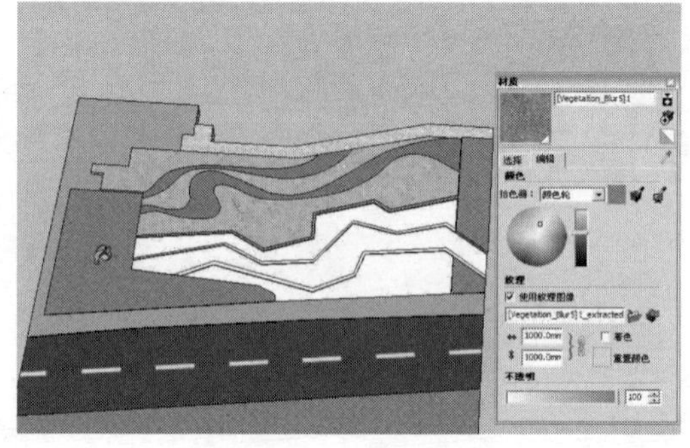

图 11-34

（25）打开“材质”编辑器，使用“颜料桶”工具为图中相应的区域赋予一种地砖材质，如图 11-35 所示。

（26）使用“直线”工具捕捉图纸上的相应轮廓绘制如图 11-36 所示的造型面。

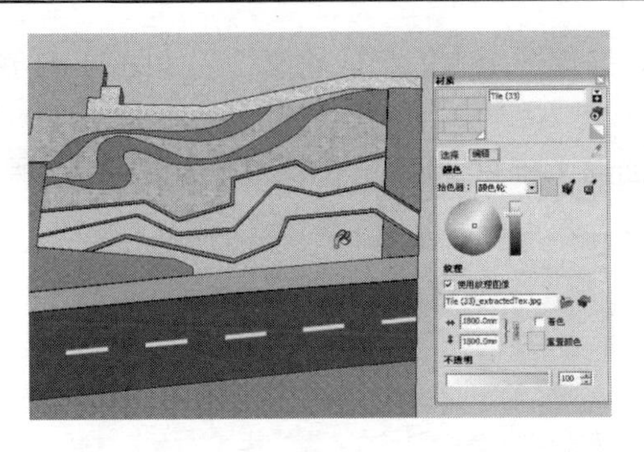

图 11-35

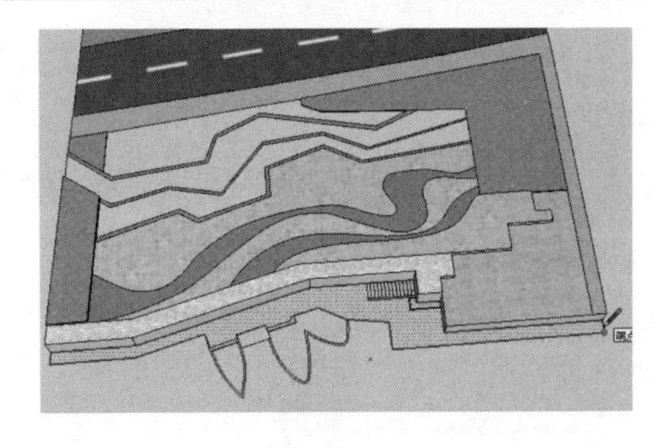

图 11-36

（27）使用“推/拉”工具将上一步绘制的造型面向下推拉 450mm 的高度，如图 11-37 所示。

（28）使用“直线”工具捕捉图纸上的相应轮廓绘制如图 11-38 所示的两个造型面。

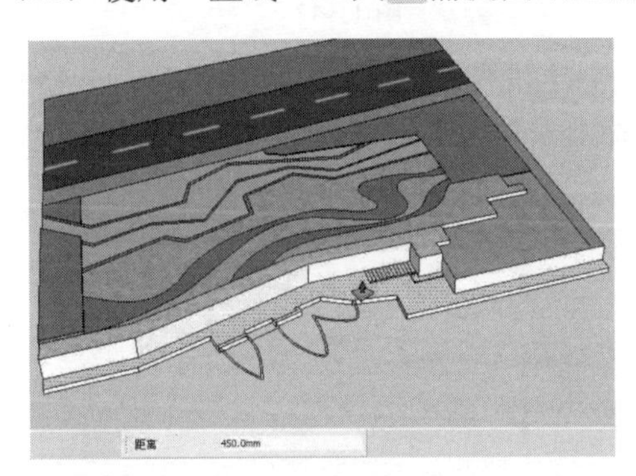

图 11-37

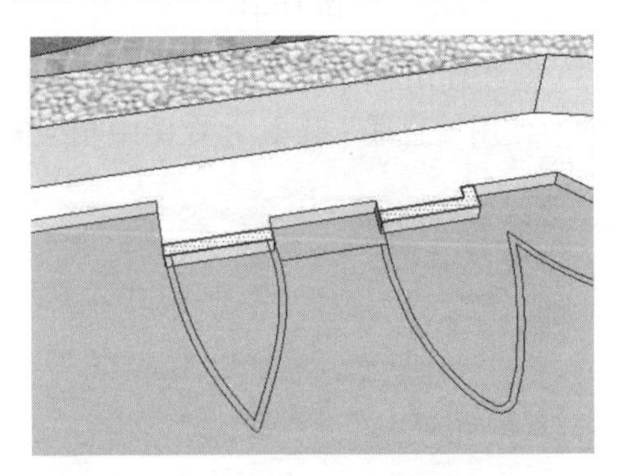

图 11-38

（29）使用“推/拉”工具将上一步绘制的造型面向下进行推拉，从而形成台阶的效果，如图 11-39 所示。

（30）打开“材质”编辑器，使用“颜料桶”工具为广场下侧的区域赋予相应的材质，如图 11-40 所示。

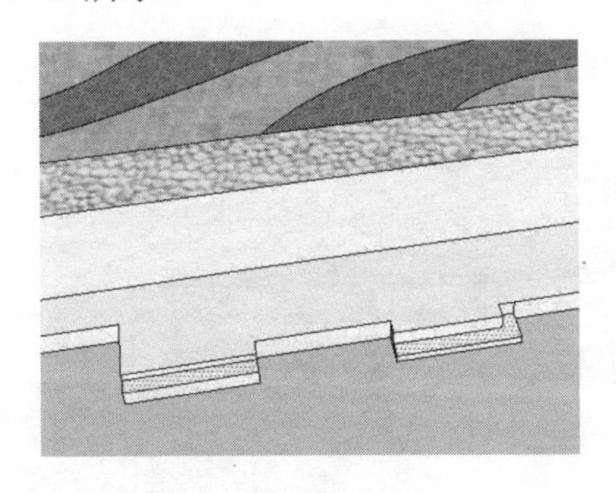

图 11-39

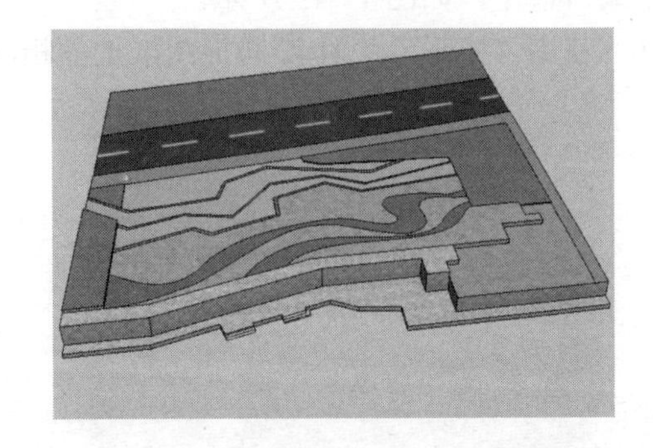

图 11-40

11.3.3　创建木制观景台

创建广场下侧的木制观景平台的操作步骤如下：

（1）结合“直线”工具及“圆弧”工具，捕捉图纸上的相应轮廓绘制如图 11-41 所示的造型面。

（2）使用“推/拉”工具将图中相应的造型面向上推拉 300mm 的高度，如图 11-42 所示。

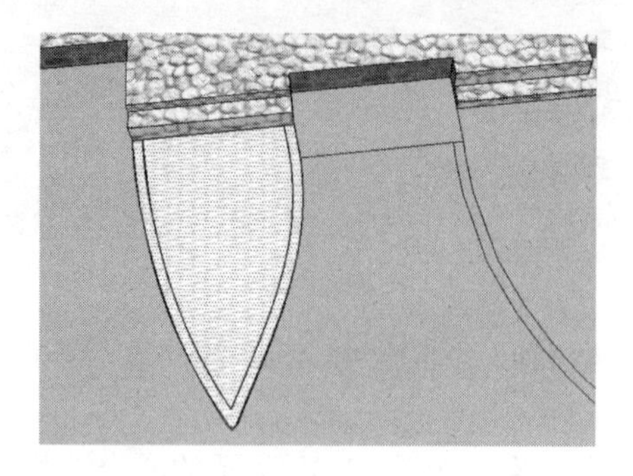

图 11-41

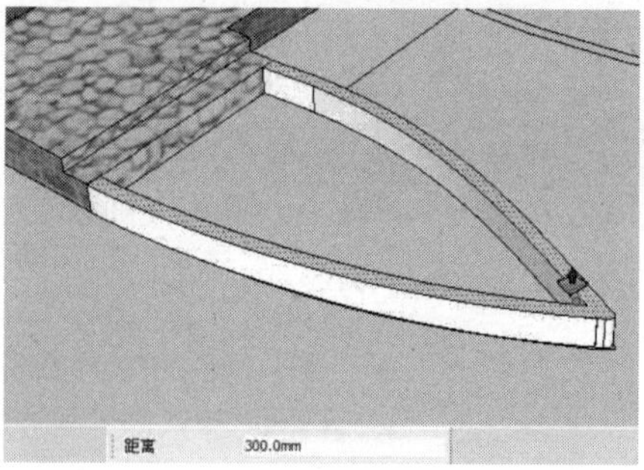

图 11-42

（3）继续使用“推/拉”工具将内侧的造型面向上推拉 150mm 的高度，如图 11-43 所示。

（4）使用“直线”工具在图中相应的位置补上一条水平线段，如图 11-44 所示。

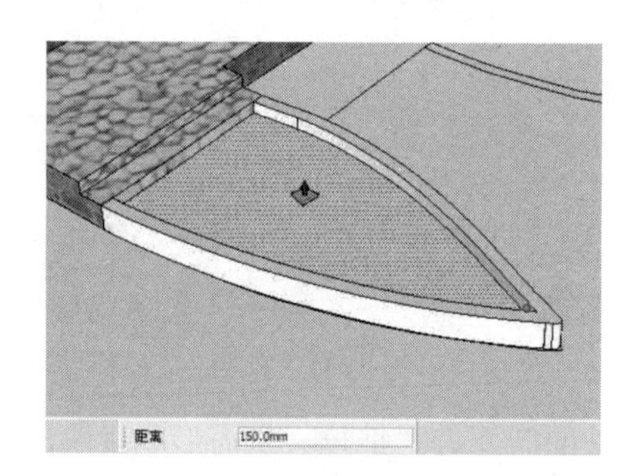

图 11-43

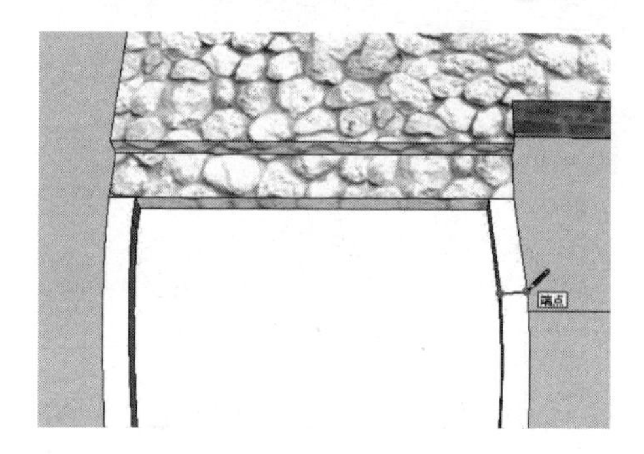

图 11-44

（5）使用“推/拉”工具将图中相应的面向下推拉 150mm 的距离，从而为该木制平台制作一个缺口造型，如图 11-45 所示。

（6）使用“矩形”工具捕捉图纸上的相应轮廓绘制一个矩形面，如图 11-46 所示。

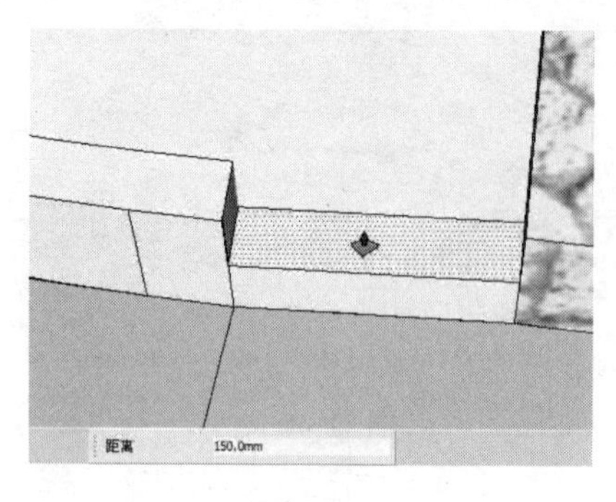

图 11-45

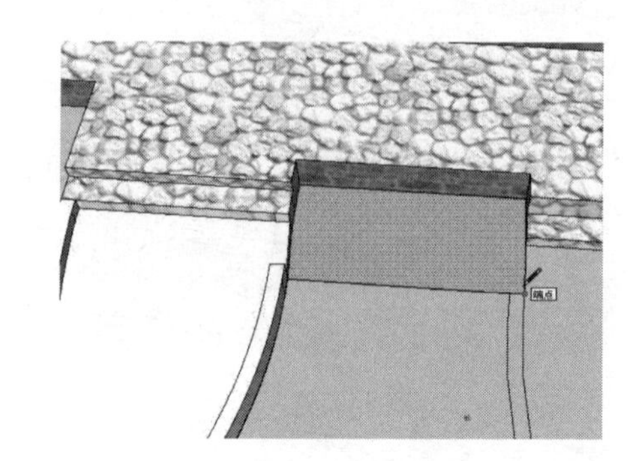

图 11-46

（7）使用“推/拉”工具将上一步绘制的矩形面向上推拉 50mm 的高度，如图 11-47 所示。

（8）结合“直线”工具及“圆弧”工具，捕捉图纸上的相应轮廓绘制如图 11-48 所示的造型面。

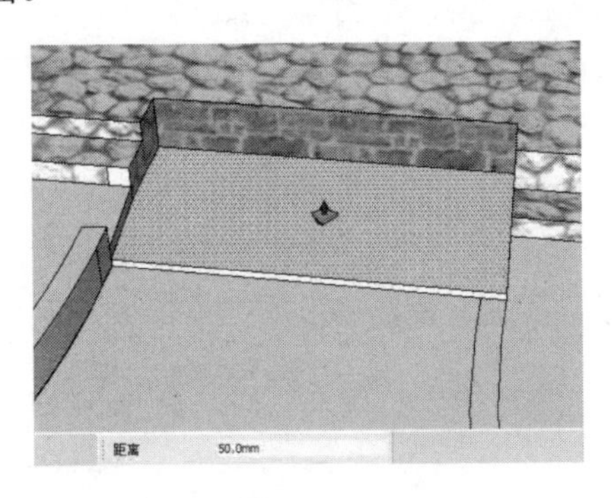

图 11-47

图 11-48

（9）使用“推/拉”工具将图中相应的造型面向上推拉 150mm 的高度，如图 11-49 所示。

（10）继续使用“推/拉”工具将内侧的造型面向上推拉 50mm，如图 11-50 所示。

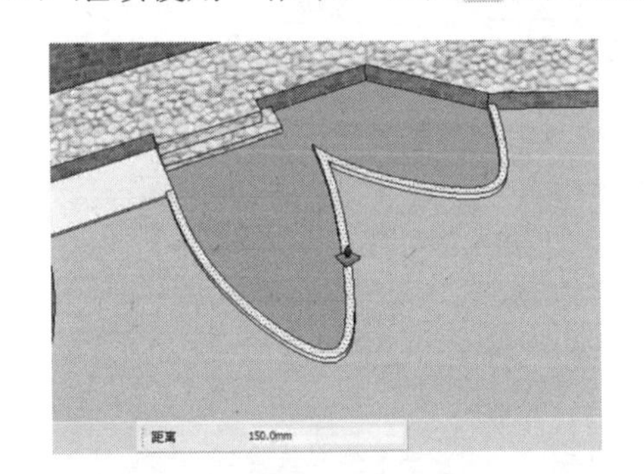

图 11-49

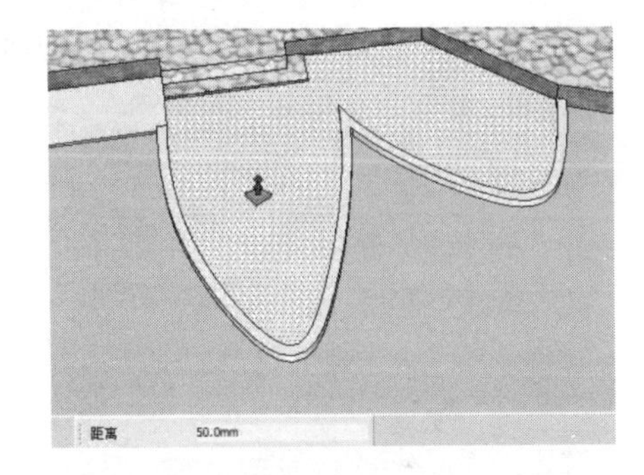

图 11-50

（11）打开“材质”编辑器，使用“颜料桶”工具为创建完成的木制观景台内部赋予一种木地板材质，再为木制观景台的外侧边缘赋予一种颜色材质，如图 11-51 所示。

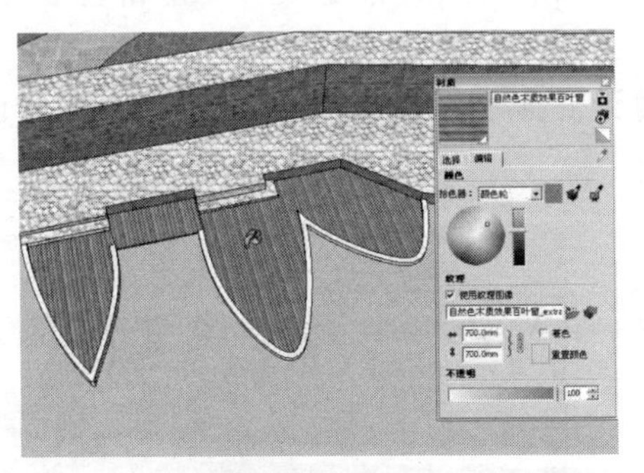

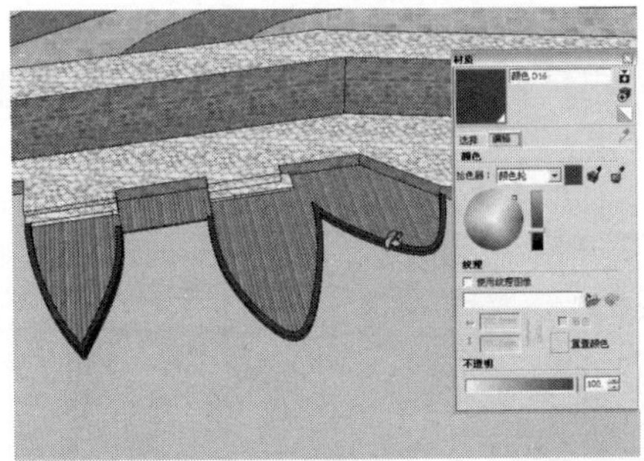

图 11-51

11.3.4　创建楼梯及栏杆

创建楼梯及栏杆的操作步骤如下：

（1）使用“矩形”工具绘制 3900mm×1950mm 的立面矩形，如图 11-52 所示。

（2）使用“直线”工具在上一步绘制的立面矩形内部绘制出台阶的剖面轮廓，如图 11-53 所示。

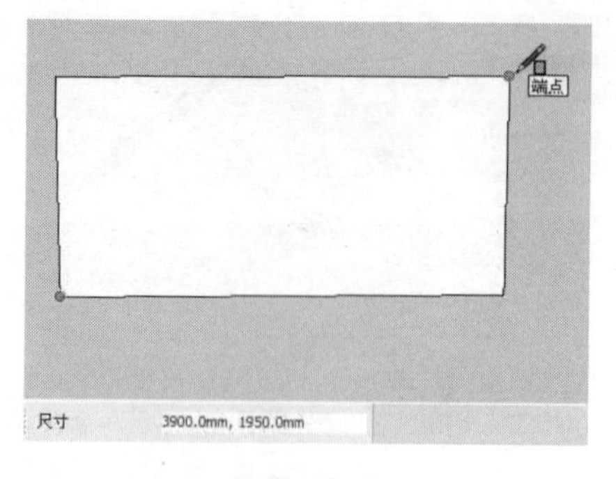

图 11-52

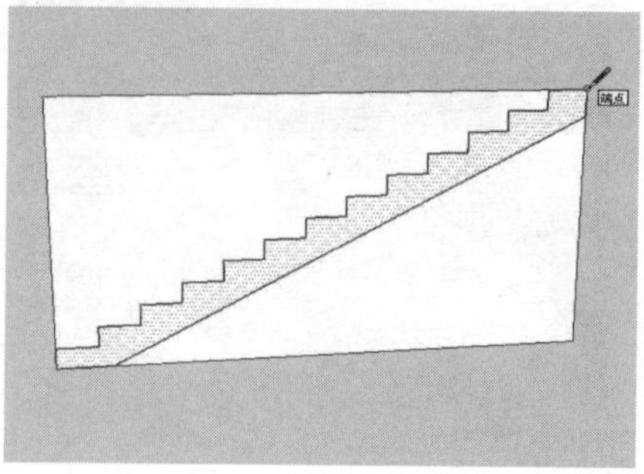

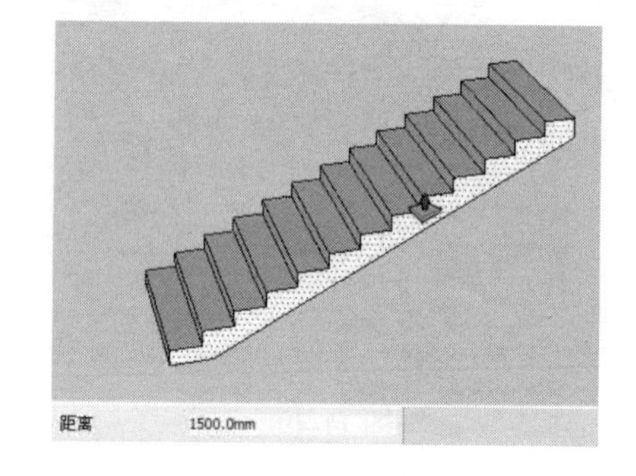

图 11-53

（3）使用“橡皮擦”工具将图中相应线面删除，只保留台阶的剖面轮廓，如图 11-54 所示。

（4）使用“推/拉”工具将台阶的剖面推拉出 1500mm 的厚度，如图 11-55 所示。

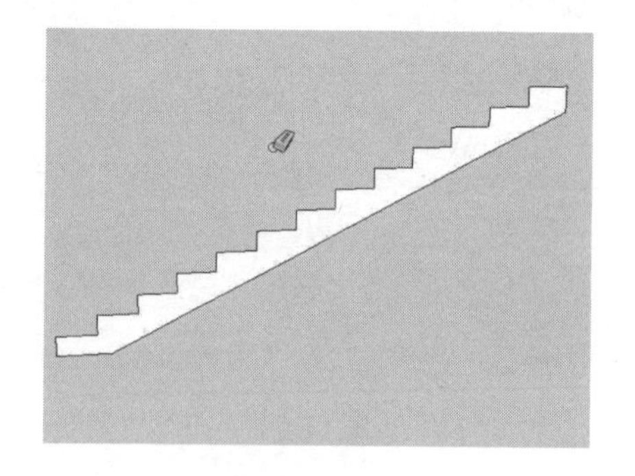

图 11-54

图 11-55

（5）将上一步创建完成的台阶创建为群组，然后使用“移动”工具将台阶移到广场下侧的相应位置，如图 11-56 所示。

（6）打开“材质”编辑器，使用“颜料桶”工具为创建的台阶赋予一种石材材质，如图 11-57 所示。

图 11-56

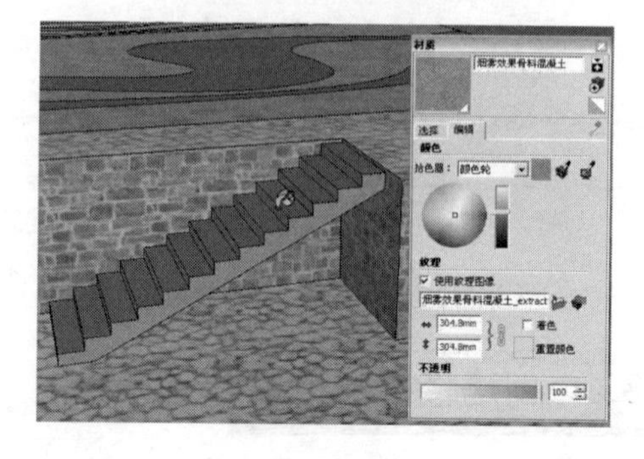

图 11-57

（7）使用“直线”工具在台阶的上侧绘制如图 11-58 所示的造型面。

（8）结合“直线”工具及“移动”工具，在上一步绘制的造型面内部绘制出栏杆的造型，如图 11-59 所示。

图 11-58

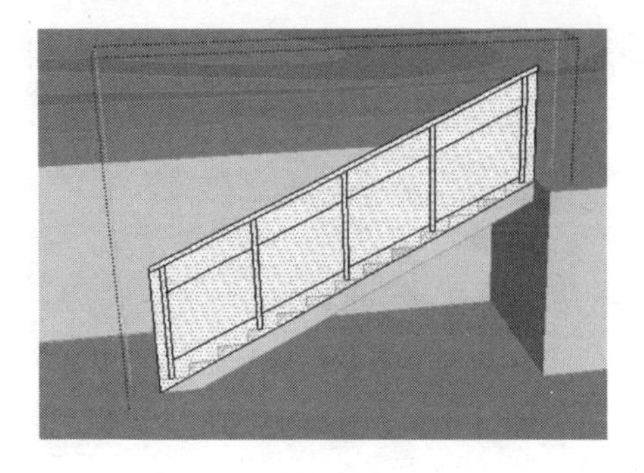

图 11-59

（9）使用“橡皮擦”工具将图中相应线面删除，只保留台阶的剖面轮廓，如图 11-60 所示。

（10）使用“推/拉”工具对栏杆剖面进行推拉，如图 11-61 所示。

图 11-60

图 11-61

（11）继续使用“推/拉”工具将栏杆扶手上侧的面向外推拉 100mm 的厚度，如图 11-62 所示。

（12）使用“直线”工具在如图 11-63 所示的位置补上一条垂线段。

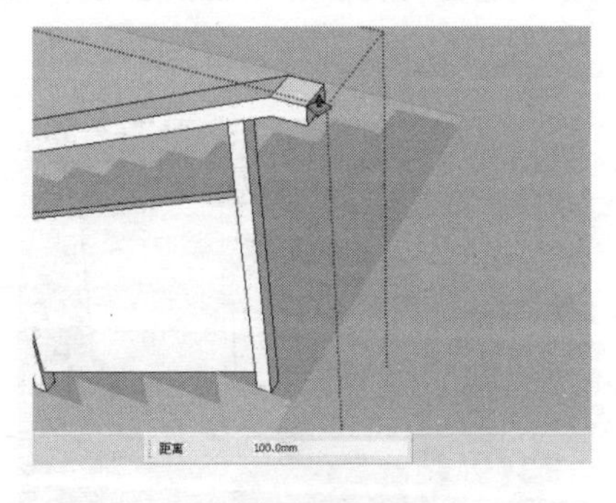

图 11-62

图 11-63

（13）使用“推/拉”工具将栏杆扶手上的相应矩形面向外推拉至图中相应的边线上，如图 11-64 所示。

（14）按住【Ctrl】键，使用“移动”工具将扶手上的相应垂线段向内复制一条，其移动的距离为 100mm，如图 11-65 所示。

图 11-64

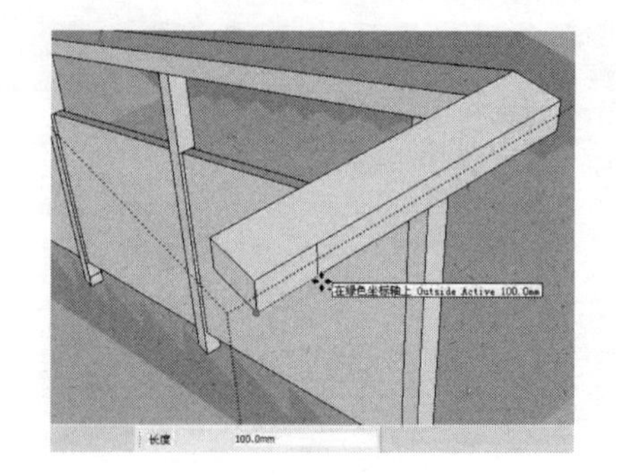

图 11-65

（15）使用“推/拉”工具将栏杆扶手上的相应矩形面向右推拉至图中相应的边线上，如图 11-66 所示。

（16）使用“矩形”工具在栏杆扶手的下侧绘制如图 11-67 所示的两个立面矩形。

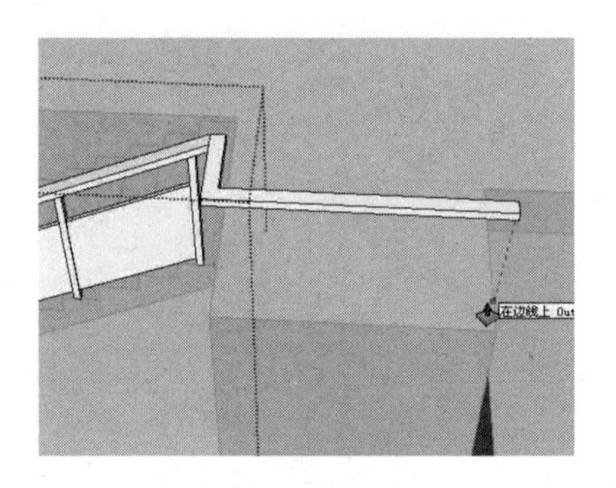

图 11-66

图 11-67

（17）结合“直线”工具及“移动”工具，在上一步绘制的矩形面内部绘制出栏杆的剖面轮廓，如图 11-68 所示。

（18）使用“推/拉”工具对栏杆剖面进行推拉，完成该段台阶护栏的创建，如图 11-69 所示。

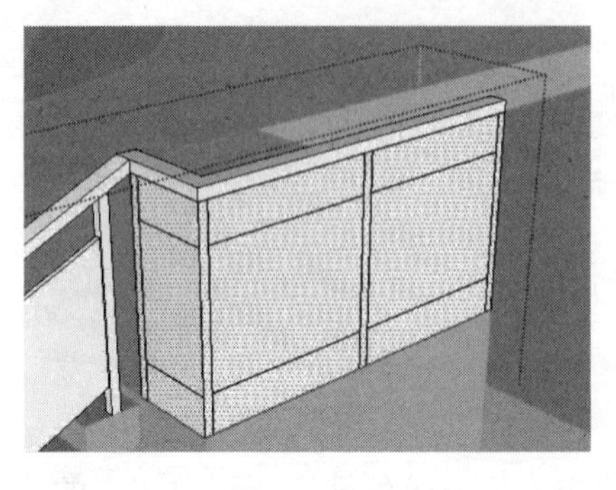

图 11-68

图 11-69

（19）打开“材质”编辑器，使用“颜料桶”工具为创建完成的台阶护栏赋予相应的材质，如图 11-70 所示。

（20）参考相同的方法，创建出广场下侧相应位置上的护栏造型，如图 11-71 所示。

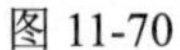
图 11-70

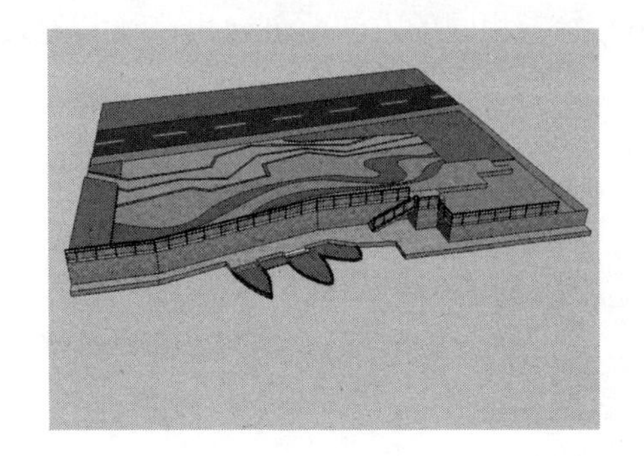

图 11-71

11.3.5　创建花池及树凳

在广场相应位置创建花池及树凳的操作步骤如下：

（1）使用“直线”工具绘制如图 11-72 所示的造型面。

（2）使用“推/拉”工具将上一步绘制的造型面向上推拉 400mm 的高度，如图 11-73 所示。

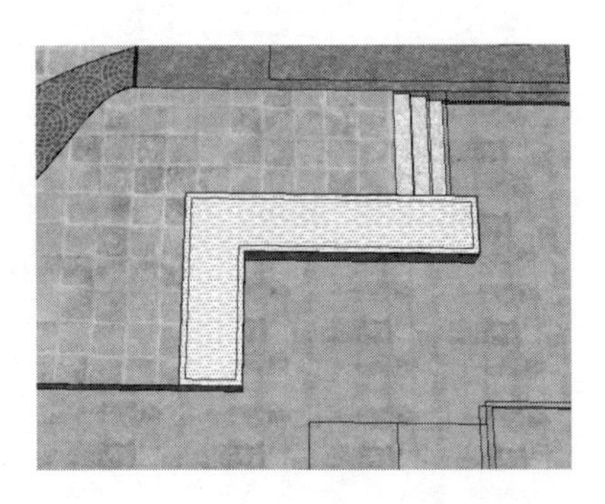

图 11-72

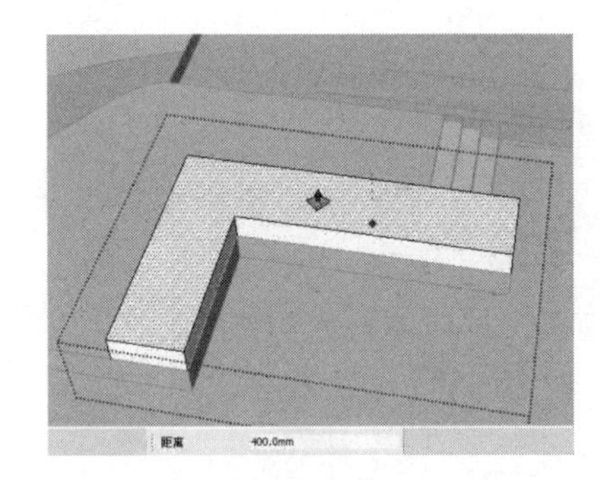

图 11-73

（3）使用“偏移”工具将花池上侧造型面向内偏移 100mm 的距离，如图 11-74 所示。

（4）使用“推/拉”工具将偏移的内侧面向上推拉 350mm 的高度，如图 11-75 所示。

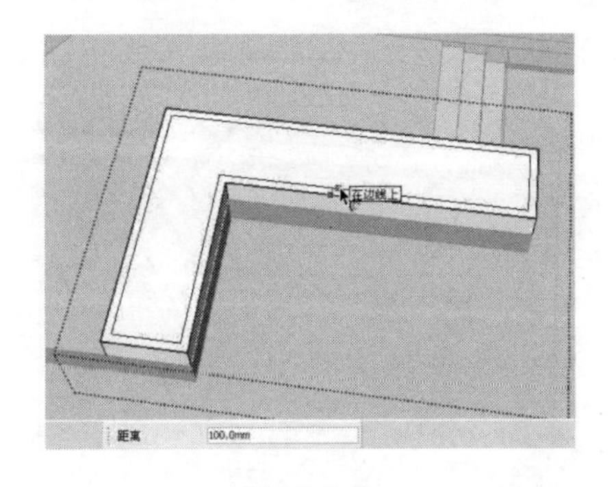

图 11-74

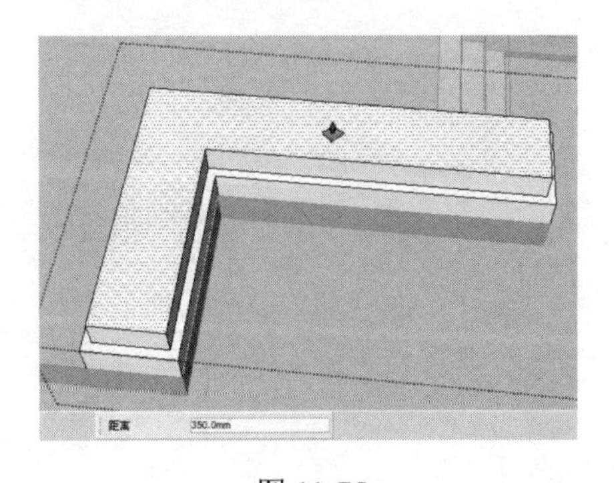

图 11-75

（5）打开“材质”编辑器，使用“颜料桶”工具为花池的上侧相应面赋予一种草丛材质，如图 11-76 所示。

（6）参考相同的方法，创建出广场其他几个位置上的花池造型，如图 11-77 所示。

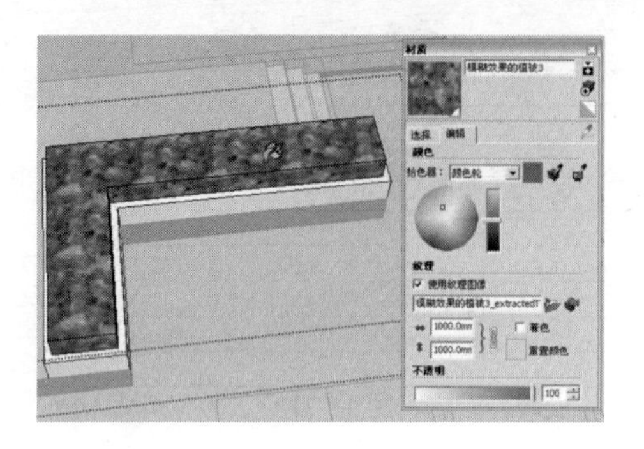

图 11-76

图 11-77

（7）使用“多边形”工具在绘图区中绘制半径为 1000mm，边数为 6 的正多边形，如图 11-78 所示。

（8）使用“偏移”工具将上一步绘制的多边形向内依次偏移 50mm、10mm、150mm、10mm、150mm、10mm、150mm 的距离，如图 11-79 所示。

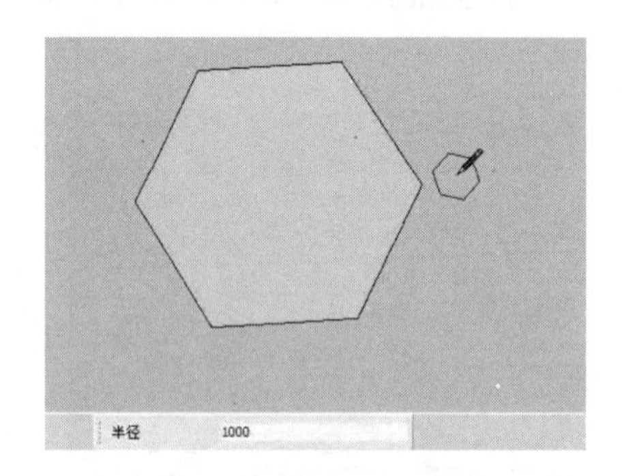

图 11-78

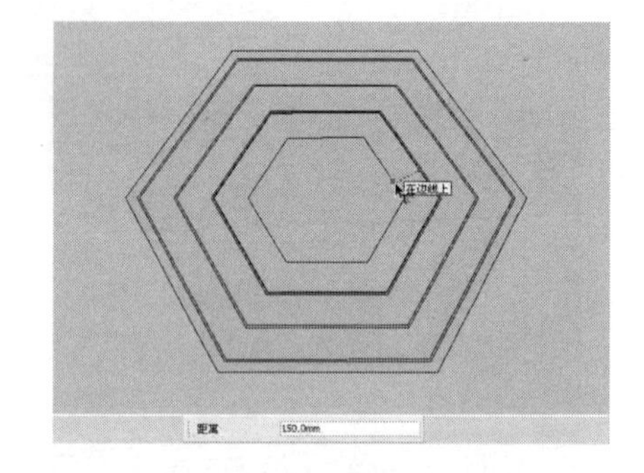

图 11-79

（9）按住【Ctrl】键，使用“选择”工具选择上一步偏移后的相应面，然后按【Delete】键将其删除，如图 11-80 所示。

（10）使用“推/拉”工具将图中的多个面向上推拉 100mm 的高度，如图 11-81 所示。

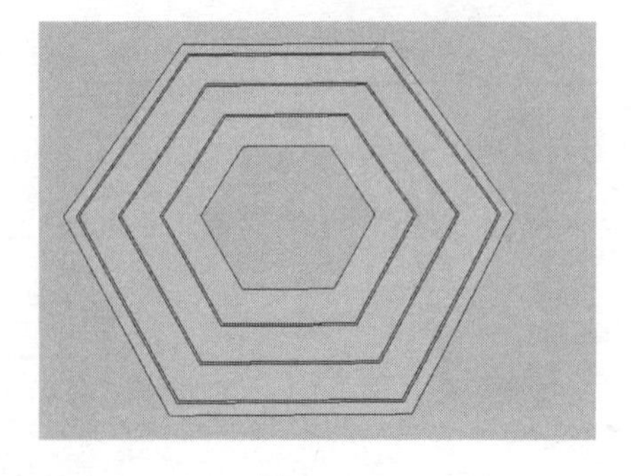

图 11-80

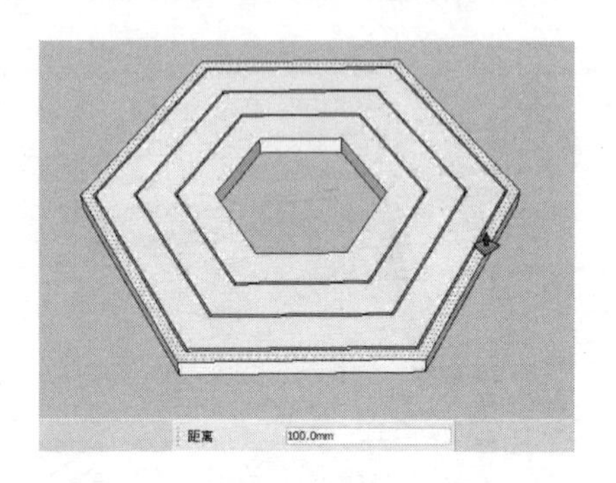

图 11-81

（11）使用“矩形”工具绘制 100mm×100mm 的矩形面，然后使用“推/拉”工具将矩形面向上推拉 350mm 的高度，并将推拉后的立方体创建为群组，如图 11-82 所示。

（12）使用“移动”工具将上一步创建的树凳凳脚移到树凳坐面下侧的相应位置，如图 11-83 所示。

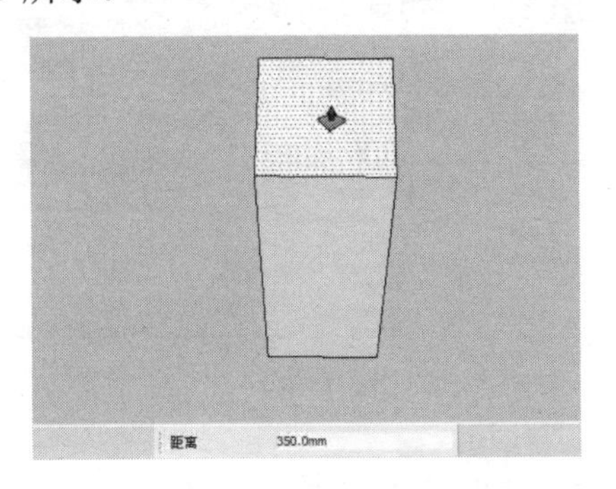

图 11-82

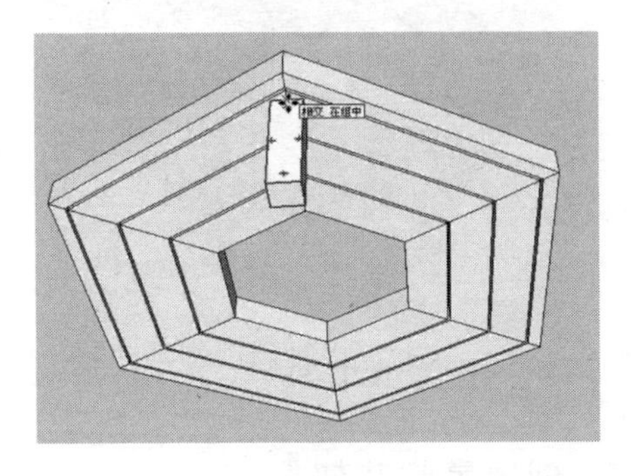

图 11-83

（13）使用“直线”工具捕捉图中相应的端点绘制一条斜线段，如图 11-84 所示。

（14）选择创建的树凳凳脚，然后使用“旋转”工具并按住【Ctrl】键将凳脚绕上一步绘制斜线段的中点旋转复制 60°，如图 11-85 所示。

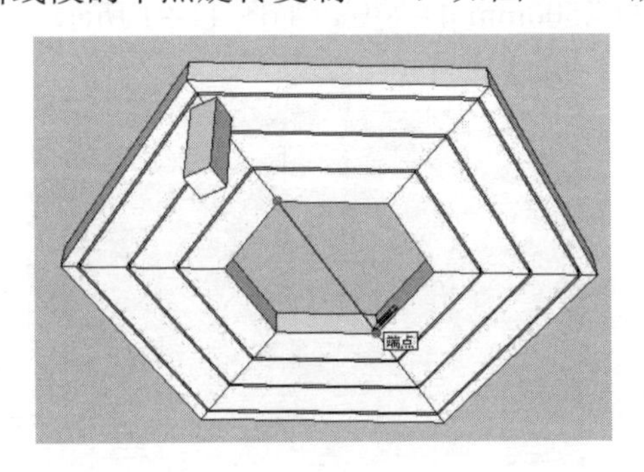

图 11-84

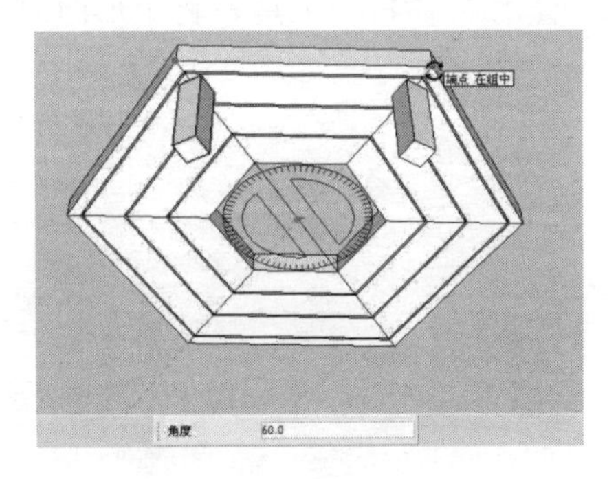

图 11-85

（15）在数值框中输入“6x”，将树凳凳脚旋转并复制 6 份，如图 11-86 所示。

（16）参考相同的方法，在树凳的内部创建出其他几个树凳凳脚造型，如图 11-87 所示。

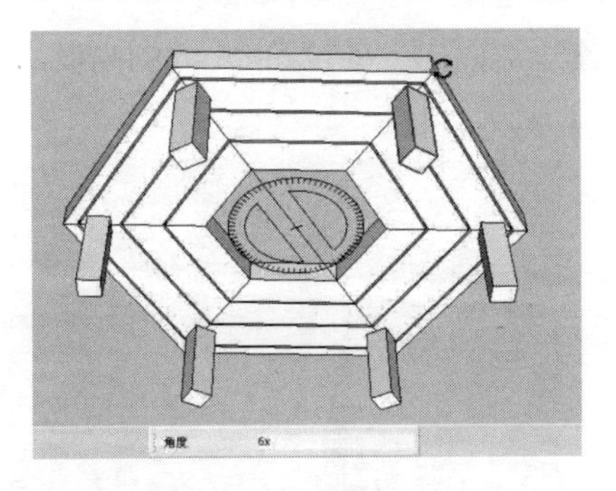

图 11-86

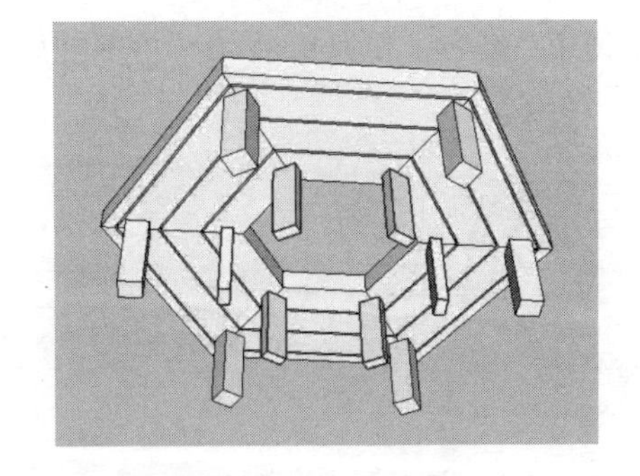

图 11-87

（17）打开“材质”编辑器，使用“颜料桶”工具为创建完成的树凳赋予一种颜色材质，如图 11-88 所示。

（18）按住【Ctrl】键，使用“移动”工具将创建的树凳复制几个到广场上的相应位置，如图 11-89 所示。

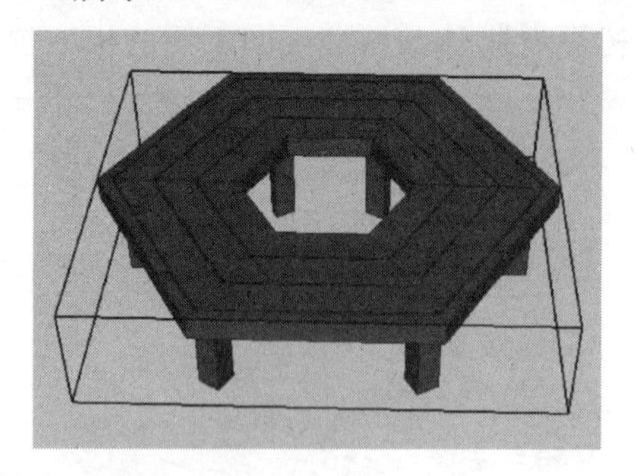

图 11-88

图 11-89

11.3.6 创建景观花架

创建景观花架的操作步骤如下：

（1）使用“矩形”工具绘制 350mm×350mm 的矩形面，如图 11-90 所示。

（2）使用“推/拉”工具将矩形面向上推拉 2500mm 的高度，如图 11-91 所示。

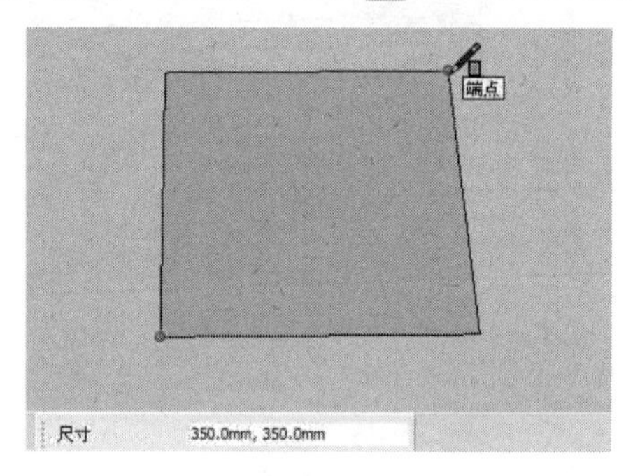

图 11-90

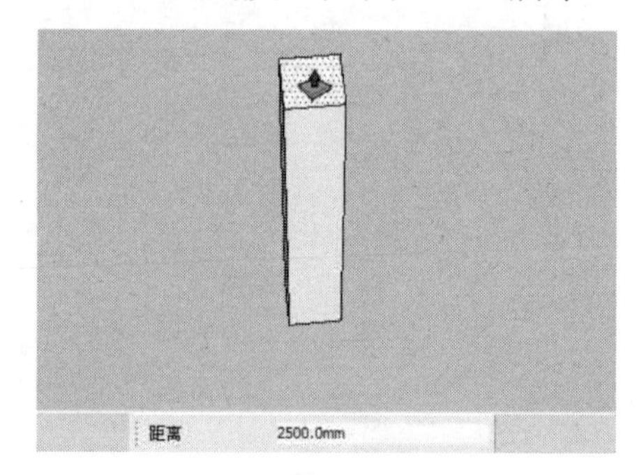

图 11-91

（3）使用“偏移”工具将上一步推拉立方体的上侧矩形面向内偏移 70mm 的距离，如图 11-92 所示。

（4）使用“推/拉”工具将上一步偏移后的内侧矩形面向上推拉 500mm 的高度，如图 11-93 所示。

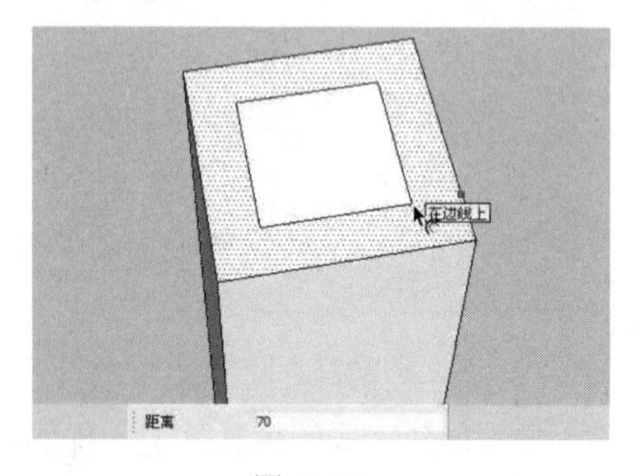

图 11-92

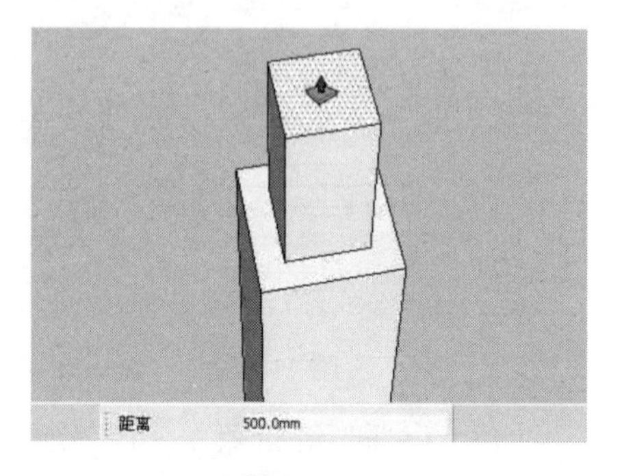

图 11-93

（5）将上一步创建的花架立柱创建为群组，使用“移动”并按住【Ctrl】键将创建的花架立柱向右水平复制一份，其移动的距离为 3500mm。然后在数值框中输入“2x”，将花架立柱向右复制 2 份，如图 11-94 所示。

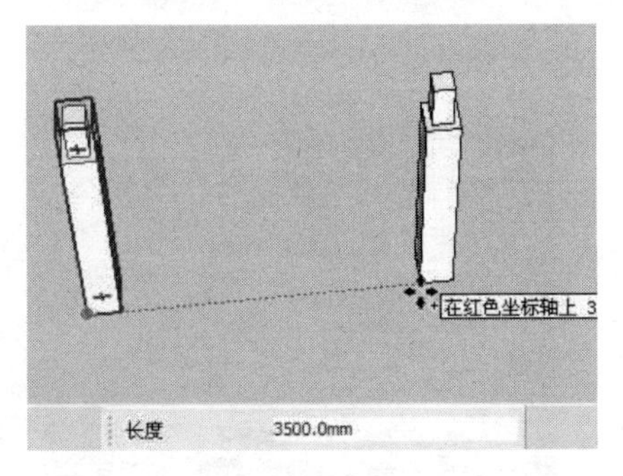

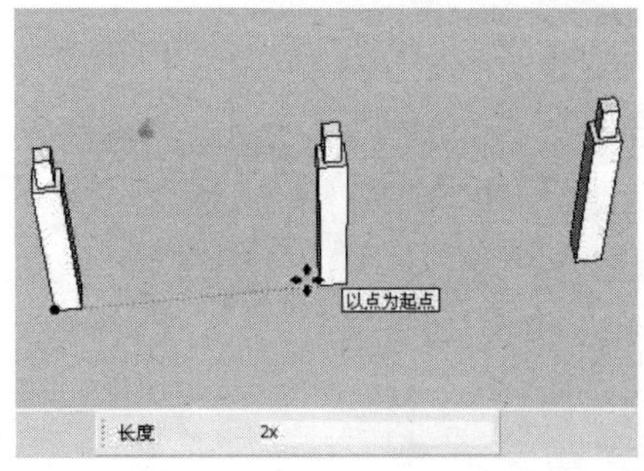

图 11-94

（6）结合“直线”工具及“推/拉”工具，在花架立柱的上方创建出花架横梁的造型效果，并将其创建为群组，如图 11-95 所示。

（7）按住【Ctrl】键，使用“移动”将创建的花架立柱及横梁向右复制一份，其移动的距离为 2400mm，如图 11-96 所示。

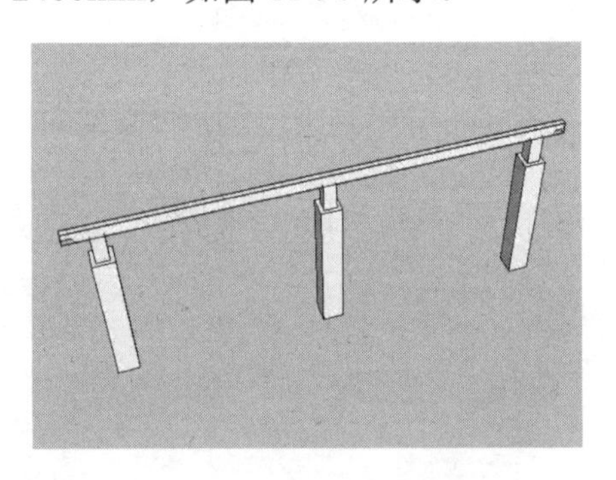

图 11-95

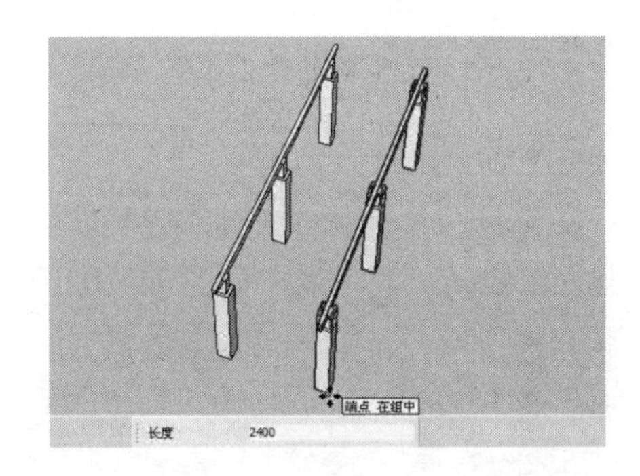

图 11-96

（8）结合“直线”工具及“推/拉”工具，在花架立柱的上方创建出花架竖梁的造型效果，并将其创建为群组，如图 11-97 所示。

（9）按住【Ctrl】键，使用“移动”工具将上一步创建的花架竖梁向右进行复制，如图 11-98 所示。

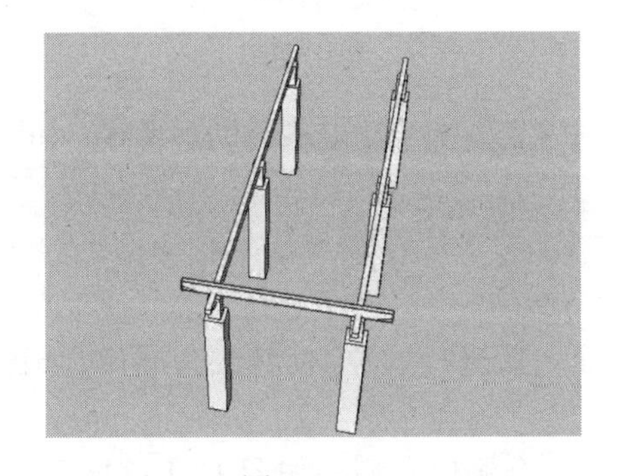

图 11-97

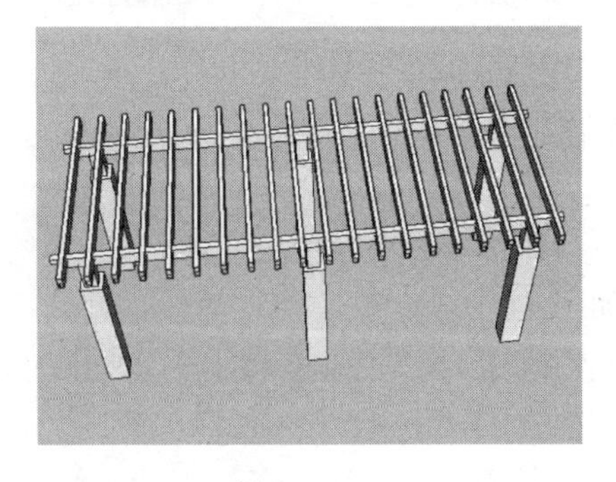

图 11-98

（10）打开“材质”编辑器，使用“颜料桶”工具为创建完成的景观花架模型赋予相应的材质，并将其创建为群组，如图 11-99 所示。

（11）使用“移动”工具将上一步创建群组后的花架移到广场上的相应位置，如图 11-100 所示。

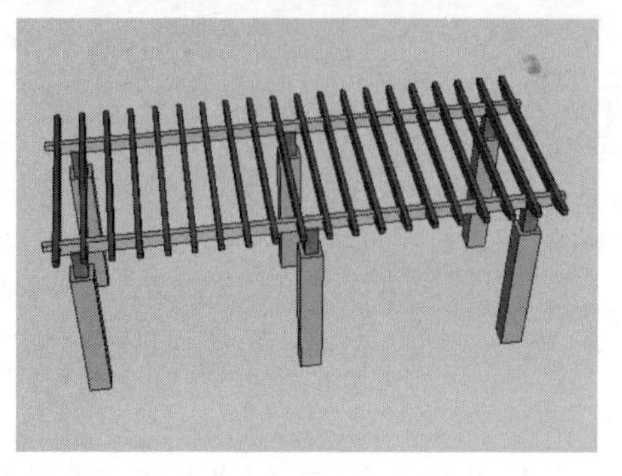

图 11-99

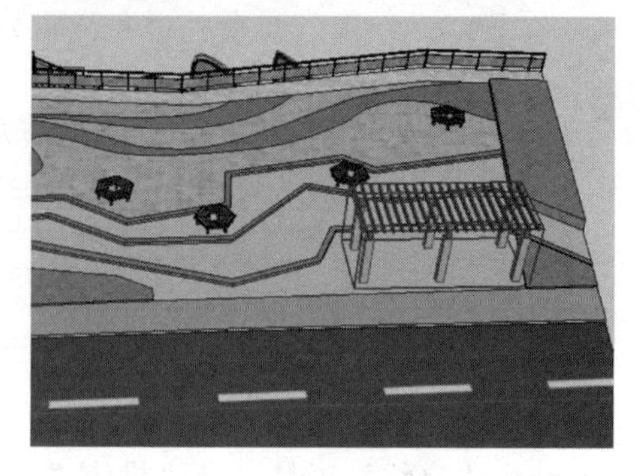

图 11-100

11.3.7 创建景观墙

创建景观墙的操作步骤如下：

（1）使用“直线”工具捕捉图纸上的相应轮廓绘制如图 11-101 所示的造型面，并将绘制的造型面创建为群组。

（2）双击上一步创建的群组，进入组的内部编辑状态，然后使用“推/拉”工具将造型面向上推拉 2900mm 的高度，如图 11-102 所示。

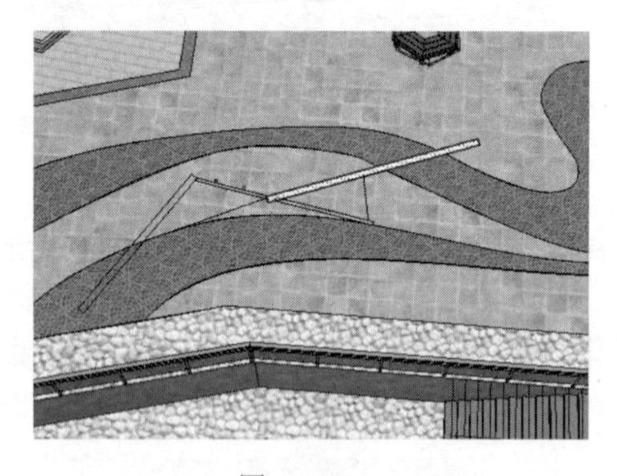

图 11-101

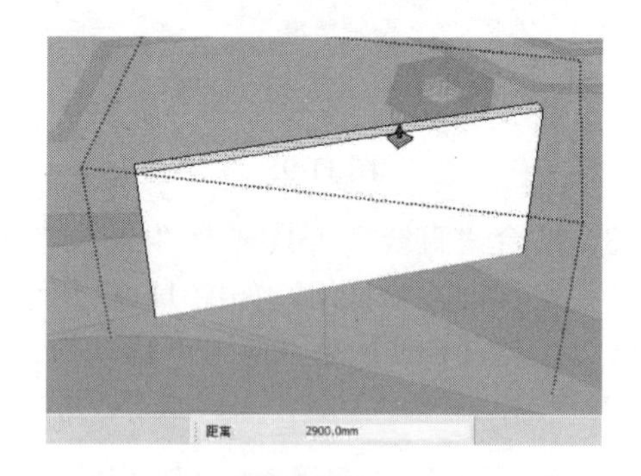

图 11-102

（3）使用“卷尺”工具在上一步推拉立方体的外立面上绘制多条辅助参考线，如图 11-103 所示。

（4）使用“矩形”工具借助上一步绘制的辅助参考线在景观墙的相应面上绘制一个矩形面，如图 11-104 所示。

（5）使用“推/拉”工具将上一步绘制的矩形面向后进行推拉，使其成为洞口，如图 11-105 所示。

（6）参考相同的方法，在景观墙上创建出其他几个洞口造型，如图 11-106 所示。

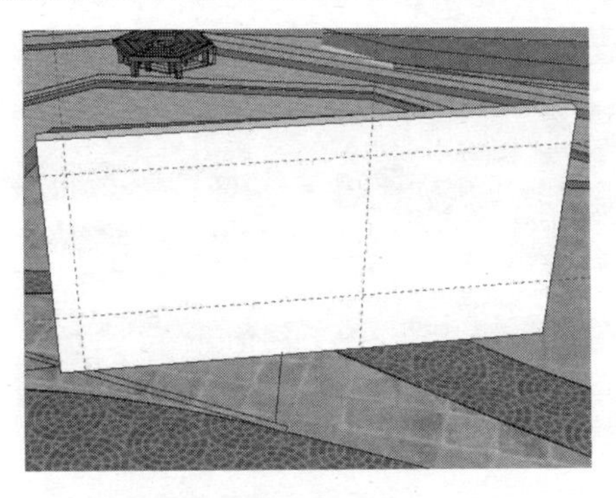

图 11-103

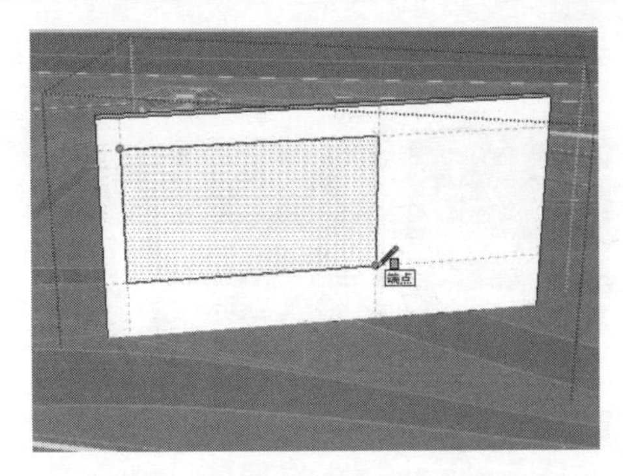

图 11-104

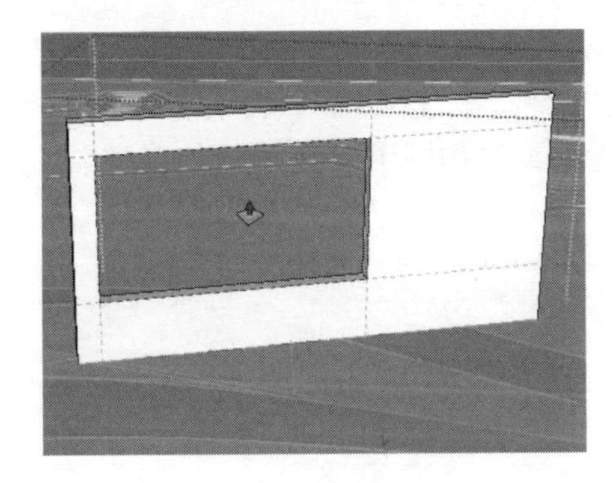

图 11-105

图 11-106

（7）执行“文件”→“导入”命令，弹出“打开”对话框，选择要导入的“案例\11\素材文件\景墙雕花.3ds”文件，然后单击“选项”按钮，在弹出的“3DS 导入选项”对话框中，勾选“合并共面平面”复选框，然后单击“确定”按钮，返回“打开”对话框，单击“打开”按钮，完成文件的导入，如图 11-107 所示。

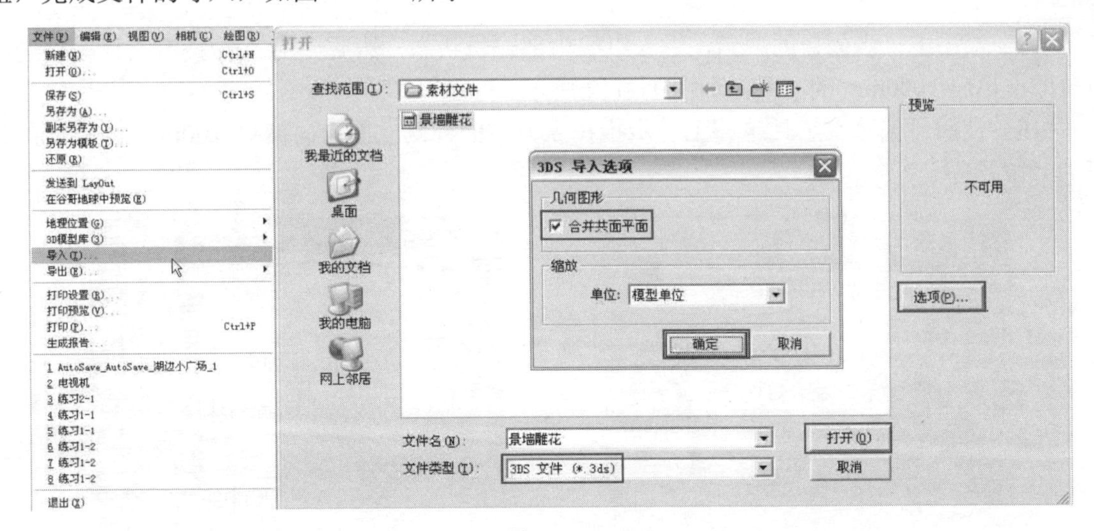

图 11-107

（8）使用“移动”工具将上一步导入的景观墙雕花移到创建的景观墙上的相应洞口位置，如图 11-108 所示。

（9）参考相同的方法，创建出左侧的另一处景观墙模型，如图 11-109 所示。

图 11-108

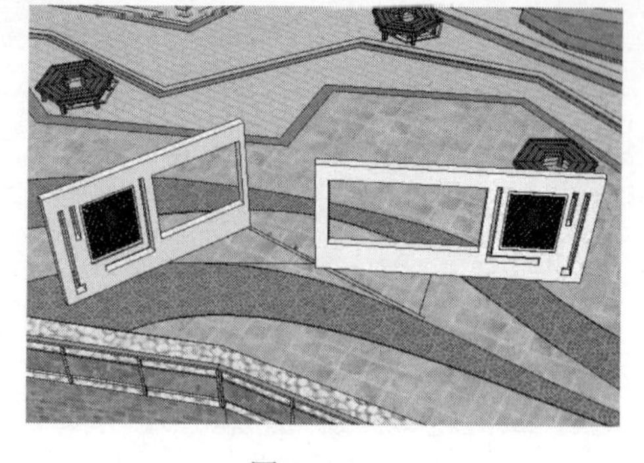

图 11-109

（10）结合“矩形”工具及“推/拉”工具，在图中的相应位置创建如图 11-110 所示的两根立柱。

（11）使用“直线”工具捕捉图纸上的相应轮廓绘制如图 11-111 所示的造型面，并将其创建为群组。

图 11-110

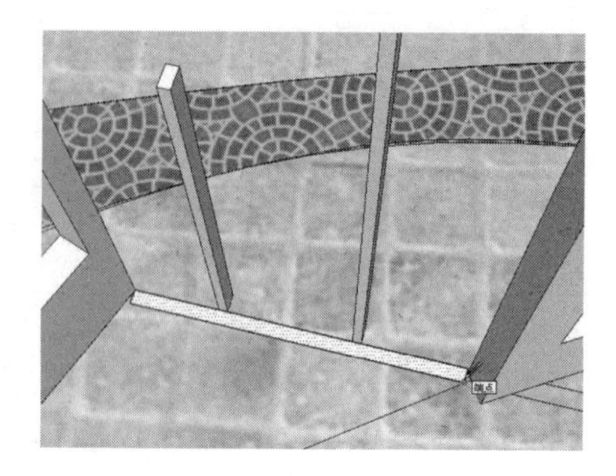

图 11-111

（12）双击上一步创建的群组，进入组的内部编辑状态，然后使用“推/拉”工具将造型面向上推拉出 2000mm 的高度，如图 11-112 所示。

（13）使用“偏移”工具将上一步推拉立方体的外侧立面向内偏移 100mm 的距离，如图 11-113 所示。

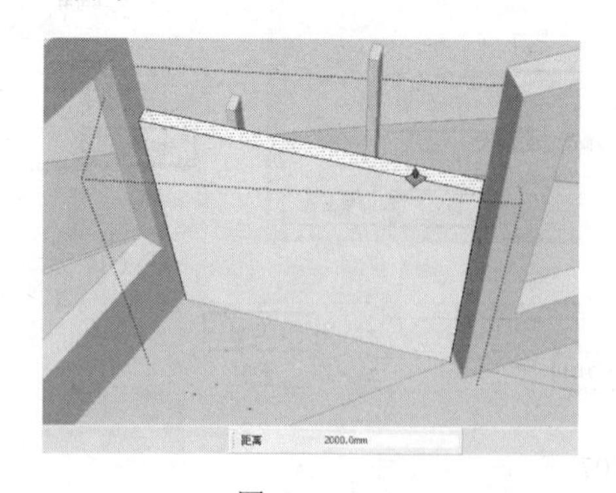

图 11-112

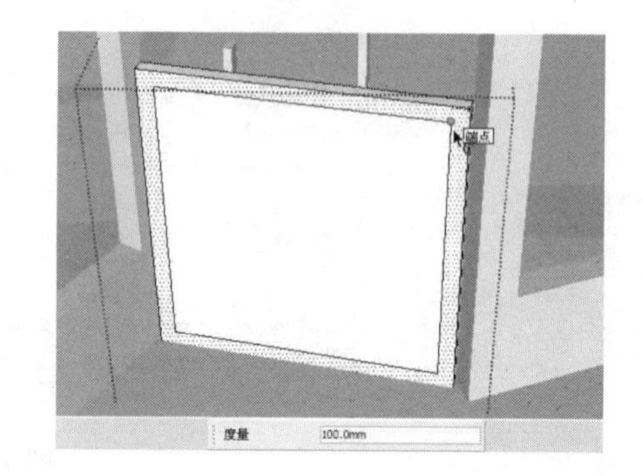

图 11-113

（14）使用“推/拉”工具将上一步偏移后的内侧矩形面向后进行推拉，使其成为洞口，如图 11-114 所示。

（15）使用“颜料桶”工具为图中相应的模型赋予一种木纹材质，如图 11-115 所示。

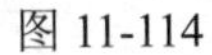
图 11-114

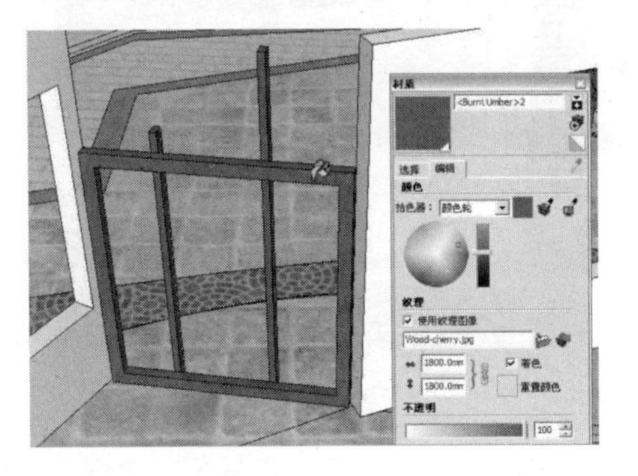

图 11-115

（16）使用“直线”工具捕捉图纸上的相应轮廓绘制如图 11-116 所示的造型面。

（17）使用“推/拉”工具将上一步绘制的造型面向上推拉出 2000mm 的高度，如图 11-117 所示。

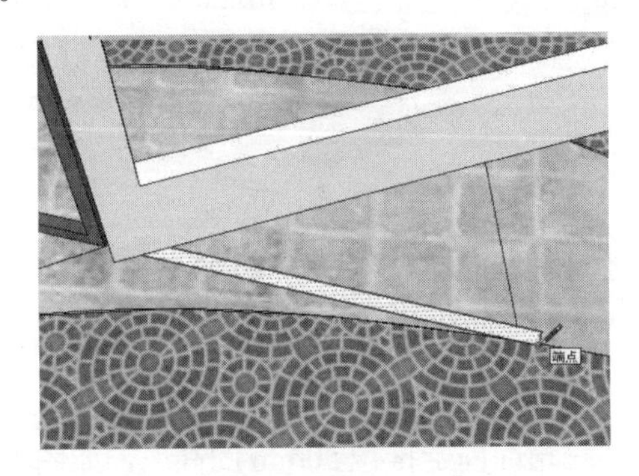

图 11-116

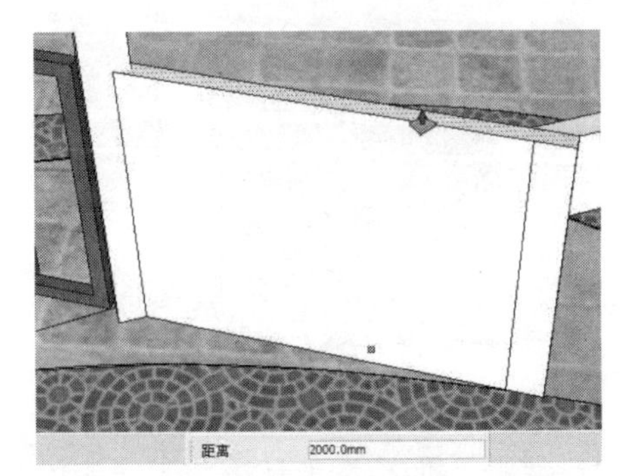

图 11-117

（18）使用“偏移”工具将上一步推拉立方体的外侧立面向内偏移 100mm 的距离，如图 11-118 所示。

（19）使用“直线”工具在立方体的外侧面上绘制如图 11-119 所示的轮廓。

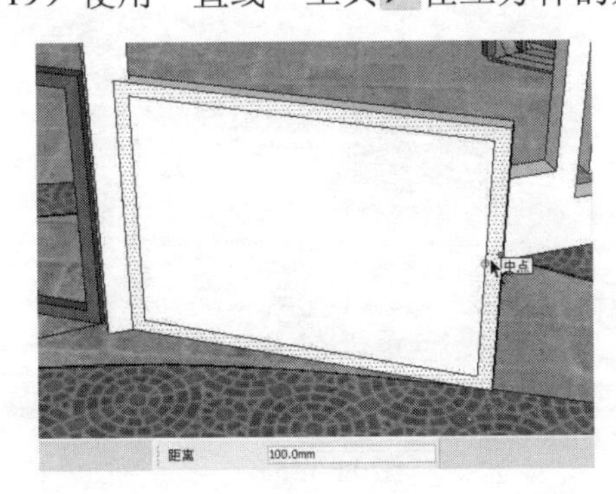

图 11-118

图 11-119

（20）使用“推/拉”工具将图中相应的面向后进行推拉，使其成为洞口，如图 11-120 所示。

（21）使用“颜料桶”工具为创建完成的模型赋予一种木纹材质，如图 11-121 所示。

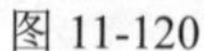
图 11-120

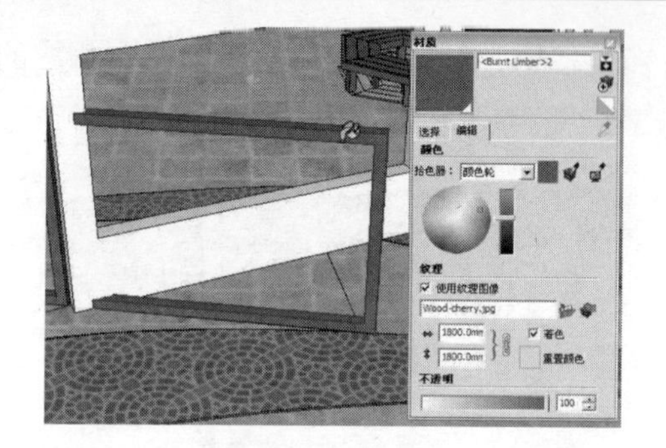

图 11-121

（22）执行“文件”→“导入”命令，弹出“打开”对话框，选择要导入的“案例\11\素材文件\景墙雕花 2.3ds”文件，将其导入进来，然后将其移到图中的相应位置，如图 11-122 所示。

（23）使用“直线”工具捕捉图纸上的相应轮廓绘制如图 11-123 所示的两个三角面。

图 11-122

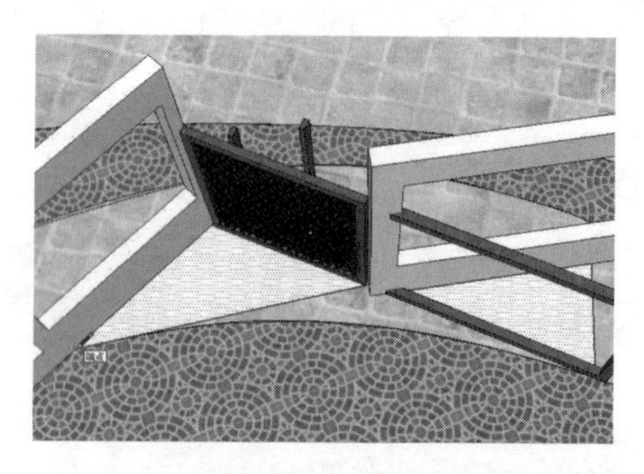

图 11-123

（24）使用“推/拉”工具将上一步绘制的两个三角面向上推拉 50mm 的高度，如图 11-124 所示。

（25）使用“颜料桶”工具为推拉后的两个三角面模型赋予一种草地材质，如图 11-125 所示。

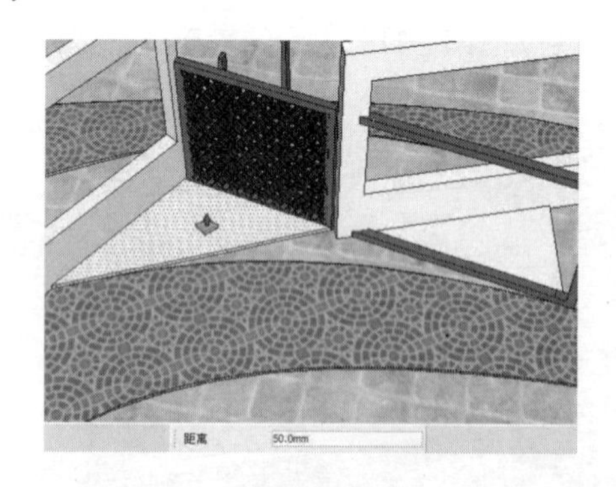

图 11-124

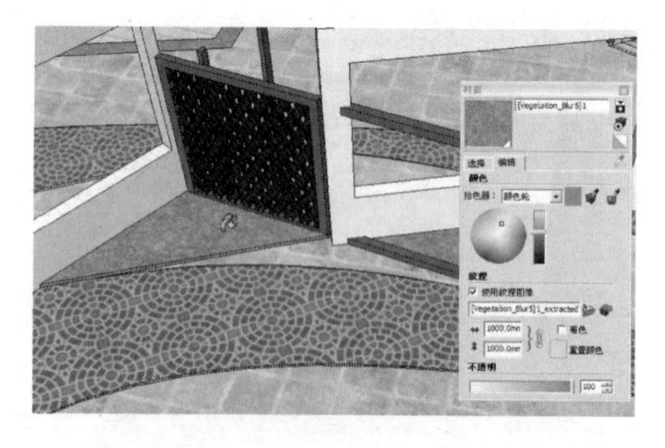

图 11-125

11.3.8　导入景观廊小品

导入景观廊小品的操作步骤如下：

（1）执行“文件”→“导入”命令，弹出“打开”对话框，选择要导入的“案例\11\素材文件\景观廊.3ds”文件，然后单击“打开”按钮，完成文件的导入，如图 11-126 所示。

图 11-126

（2）导入后的景观廊小品如图 11-127 所示。

（3）使用“移动“工具将导入的景观廊小品移到广场上的相应位置，如图 11-128 所示。

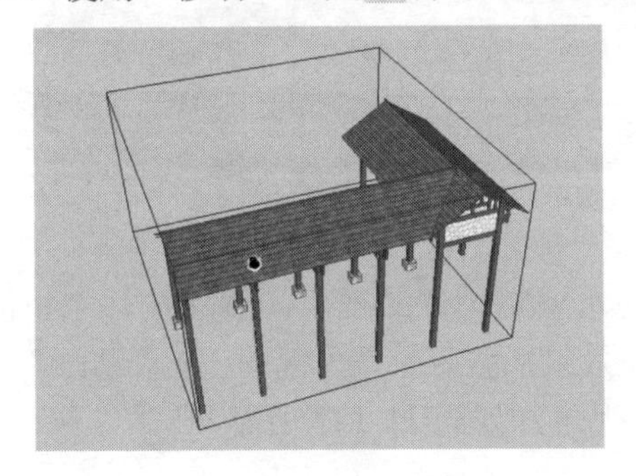

图 11-127

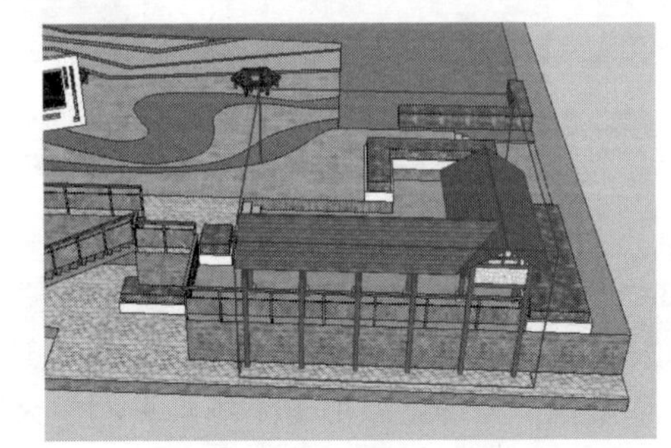

图 11-128

（4）使用“矩形”工具在广场的下侧绘制一个矩形面，然后为其赋予一种草地材质，如图 11-129 所示。

（5）使用“矩形”工具在上一步绘制矩形的上侧绘制一个矩形面，然后为其赋予一种水纹材质，如图 11-130 所示。

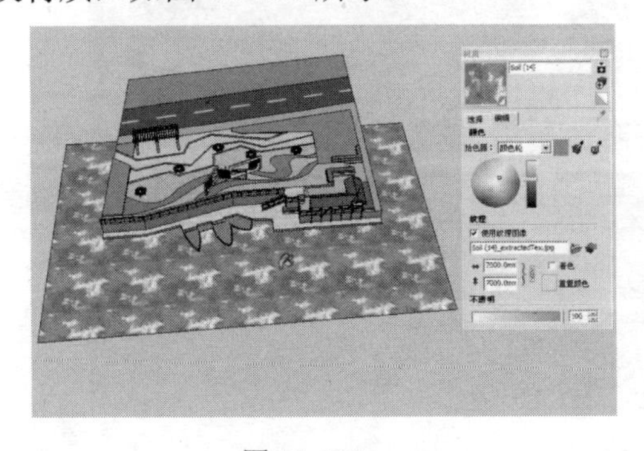

图 11-129

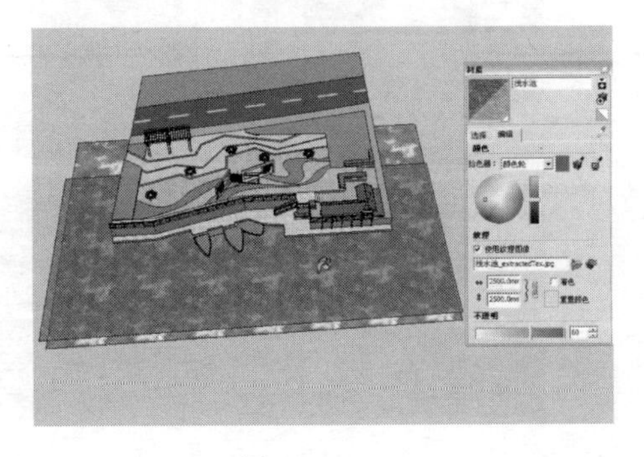

图 11-130

11.4　在 SketchUp 中输出图像

视频\11\在 SketchUp 中输出图像.avi
案例\11\最终效果\湖边小广场.jpg

在创建完湖边广场模型之后，还需要为场景添加一些配景，指定相应的视角，然后将场景输出为相应的图像文件，以便于进行后期处理，操作步骤如下：

（1）执行“窗口”→“组件”命令，弹出“组件”编辑器，为场景添加一些树木、人物、动物等配景组件，如图 11-131 所示。

（2）添加场景配景后的效果如图 11-132 所示。

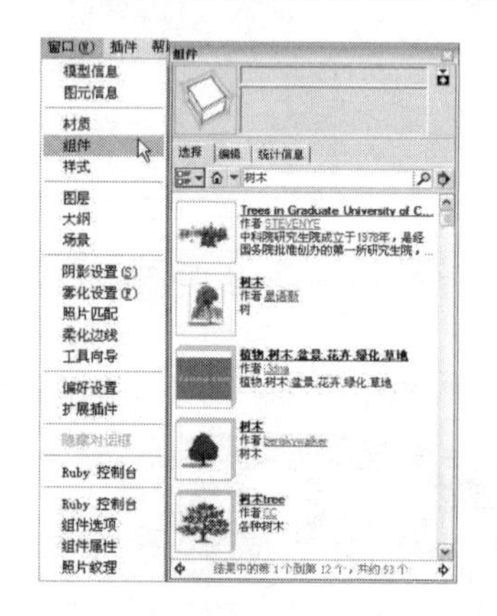

图 11-131

图 11-132

（3）使用“环绕观察”工具及“缩放”工具调整场景的视角，然后执行“相机”→“两点透视图”命令，将视图的视角改为两点透视图效果；然后执行“视图”→“动画”→“添加场景”命令，为场景添加一个场景页面用来固定视角，如图 11-133 所示。

图 11-133

（4）执行“窗口”→“样式”命令，弹出“样式”编辑器，选择“编辑”选项卡，单击“背景设置”按钮，取消勾选“天空”复选框，并设置“背景”的颜色为纯黑色，如图 11-134 所示。

图 11-134

（5）选择“编辑”选项卡，单击“边线设置”按钮，取消勾选“显示边线”复选框，如图 11-135 所示。

图 11-135

（6）执行“视图”→“工具栏”→“阴影”命令，打开“阴影”工具栏，单击“显示/隐藏阴影”按钮，将阴影在视图中显示出来。然后单击“阴影设置”按钮，弹出“阴影设置”编辑器，设置相关的参数，如图 11-136 所示。

图 11-136

（7）执行“文件”→“导出”→“二维图形”命令，弹出“输出二维图形”对话框，在其中输入文件名“湖边小广场”，文件格式为“JPEG 图像（*.jpg）”；单击“选项”按钮，弹出“导出 JPG 选项”对话框，在其中输入要输出文件的大小，再单击“确定”按钮返回“导出二维图形”对话框，单击“输出”按钮，将文件输出到相应的存储位置，如图 11-137 所示。

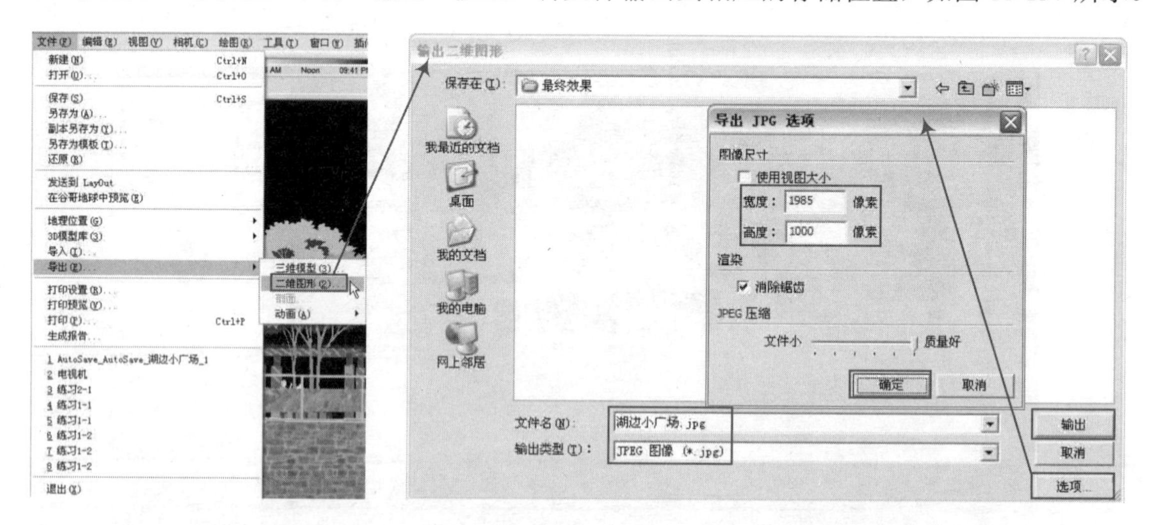

图 11-137

（8）单击“样式”工具栏上的“隐藏线”按钮，将视图的显示模式切换为“隐藏线”显示模式；然后单击“阴影”工具栏上的“显示/隐藏阴影”按钮，关闭阴影显示，如图 11-138 所示。

（9）执行“文件”→“导出”→“输出二维图形”命令，将图像文件输出到相应的存储位置，如图 11-139 所示。

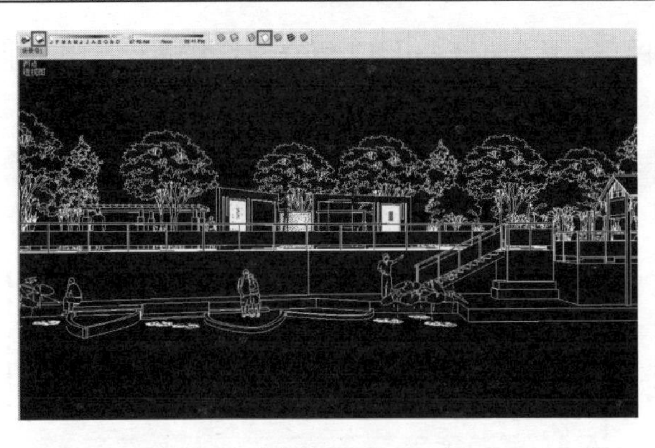

图 11-138

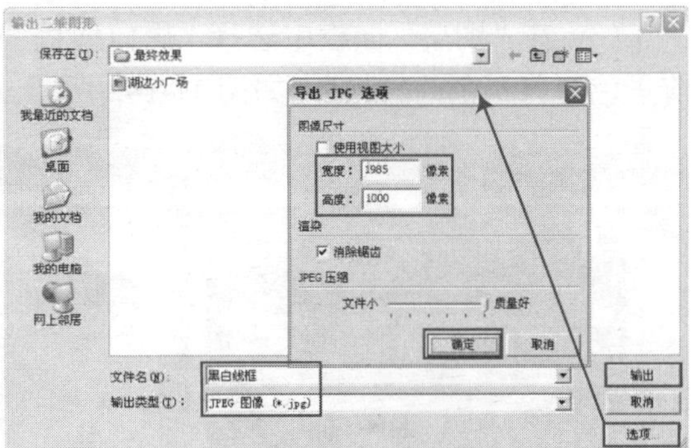

图 11-139

11.5　在 PhotoShop 中后期处理

视频\11\在 Photoshop 中后期处理.avi
案例\11\最终效果\湖边小广场效果.jpg

将文件导出为相应的图像文件后，还需要在 PhotoShop 中对导出的图像进行后期处理，使其符合要求，操作步骤如下：

（1）启动 PhotoShop 软件，执行“文件”→“打开”命令，弹出“打开”对话框，打开本书配套光盘中的“案例\11\最终效果\湖边小广场.jpg”及“黑白线框.jpg”图像文件，如图 11-140 所示。

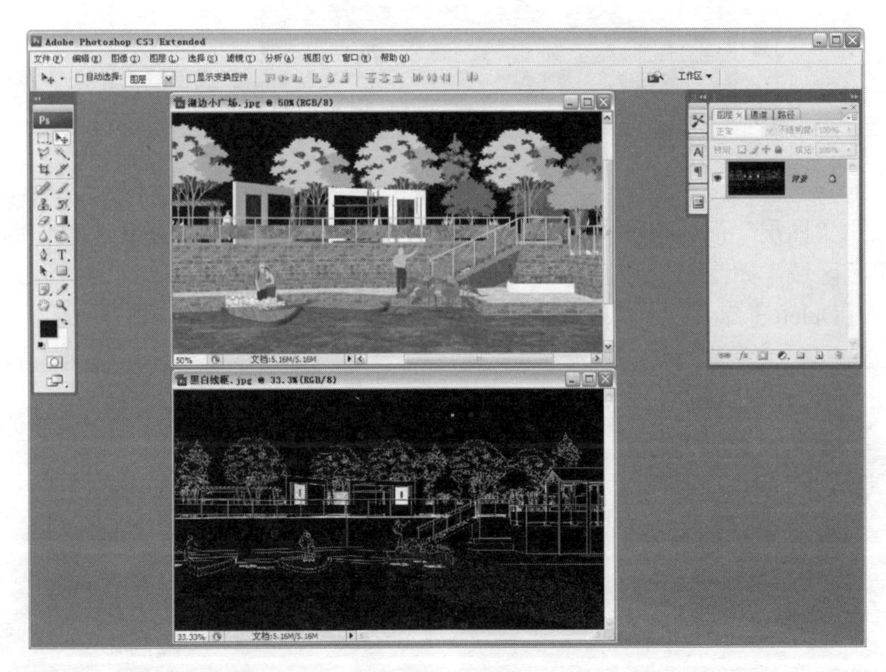

图 11-140

（2）使用“移动”工具将“黑白线稿.jpg”图像文件拖到“湖边小广场.jpg”图像文件中，然后再将“黑白线稿.jpg”图像文件关闭，如图 11-141 所示。

（3）在“图层”面板中选择“黑白线稿”图层，然后按【Ctrl+I】组合键将其进行反相（即前景色与背景色的转换），如图 11-142 所示。

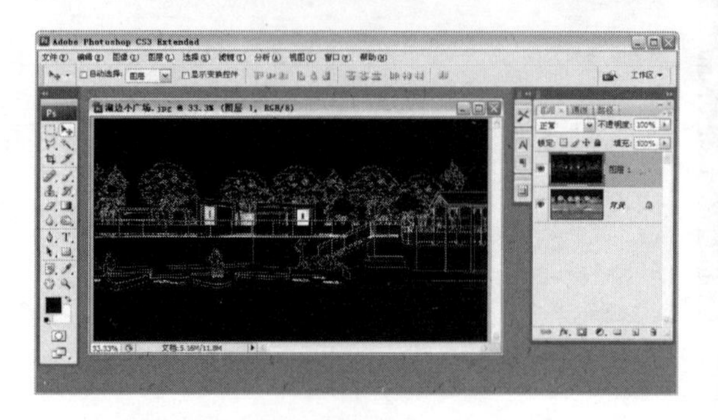

图 11-141

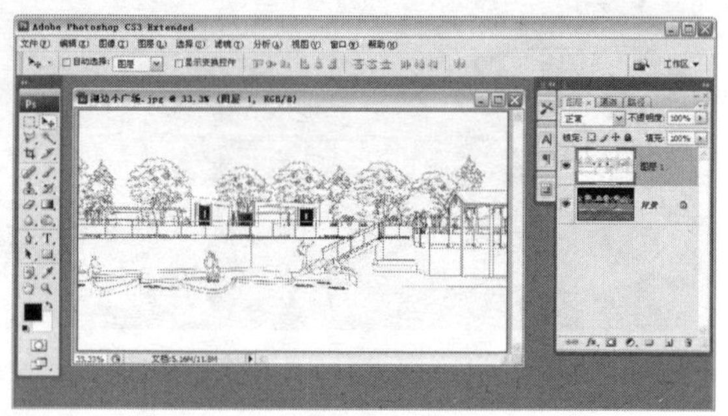

图 11-142

（4）将上一步进行反相后的“黑白线稿”图层选中，设置图层的混合模式为“正片叠底”，不透明度为 50%，如图 11-143 所示。

图 11-143

（5）双击“图层”面板中的“背景”图层将其解锁，然后使用“魔棒工具”选择图像中的背景黑色区域，如图 11-144 所示。

（6）按【Delete】键将上一步选择的背景黑色区域删除，如图 11-145 所示。

图 11-144

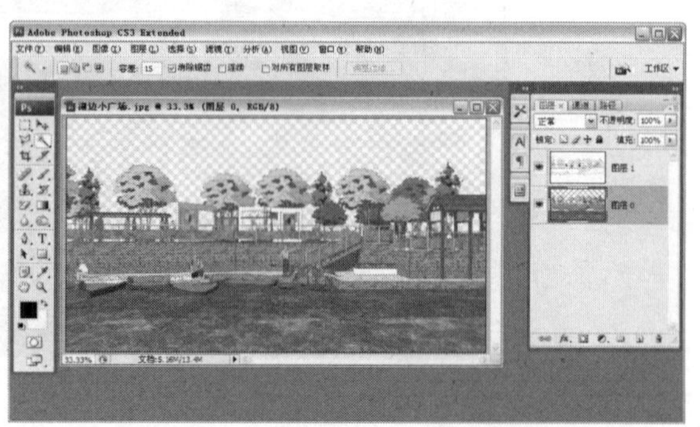

图 11-145

（7）执行“文件”→“打开”命令，弹出“打开”对话框，打开本书配套光盘中的“案例\11\素材文件\天空.jpg”图像文件，如图 11-146 所示。

（8）使用“移动”工具将打开的“天空.jpg”图像文件拖到“湖边小广场.jpg”图像文件中，并对拖入的图像文件进行大小及图层前后位置的调整，如图 11-147 所示。

图 11-146

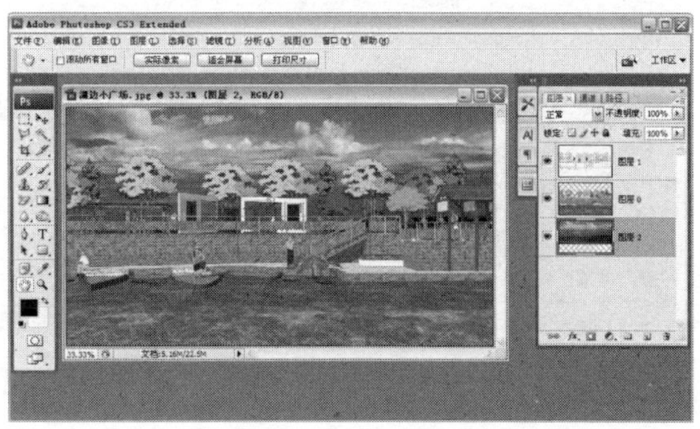

图 11-147

（9）执行“滤镜”→“艺术效果”→“干笔画”命令，然后在弹出的“干笔画”对话框中对天空图片进行干笔画艺术效果处理，再单击“确定”按钮，完成图像文件的处理，如图 11-148 所示。

图 11-148

（10）单击“图层”面板中的“创建新图层”按钮，新建“图层 3”，如图 11-149 所示。

（11）单击“渐变工具”栏中的渐变按钮，弹出“渐变编辑器”对话框，设置一个从蓝色到白色的颜色渐变，如图 11-150 所示。

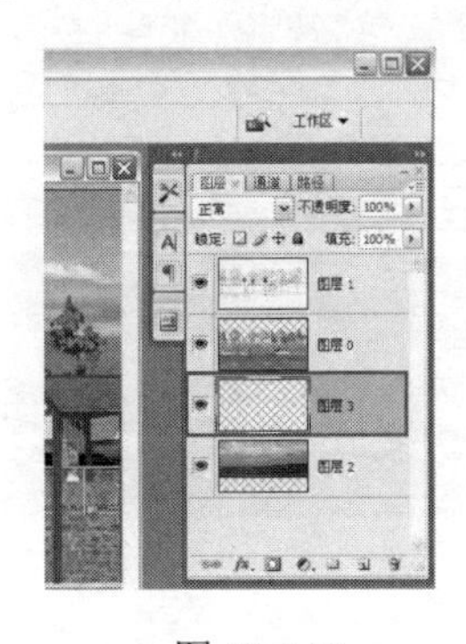

图 11-149

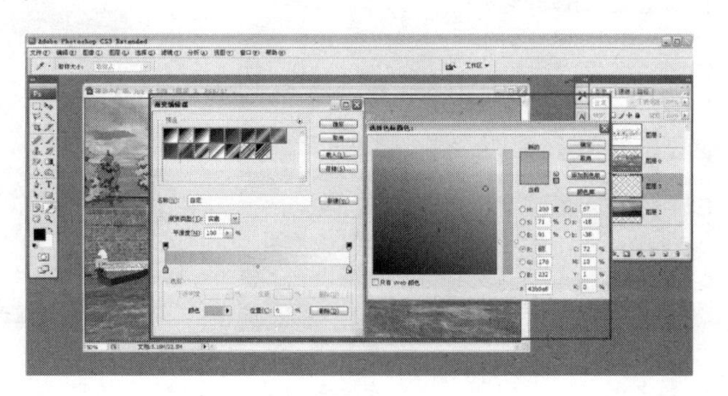

图 11-150

（12）设置好颜色渐变后，在图像上从上往下拖动，形成一个从上往下的从蓝色到白色的颜色渐变效果，然后设置渐变的“不透明度”为 50%，如图 11-151 所示。

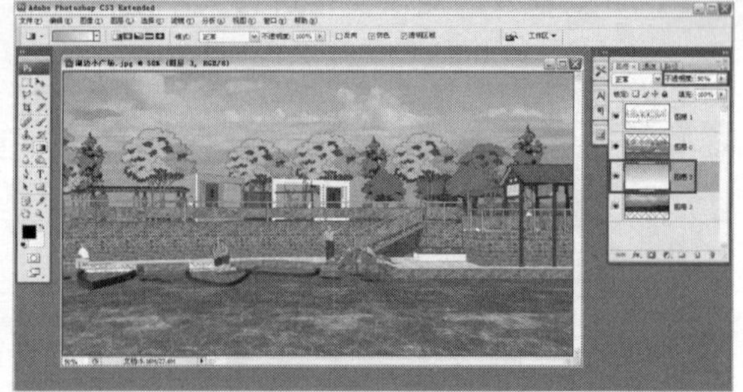

图 11-151

（13）执行“文件”→“打开”命令，弹出“打开”对话框，打开本书配套光盘中的“案例\11\素材文件\花钵.psd”图像文件，如图 11-152 所示。

（14）使用“移动工具” 将打开的“花钵.psd”图像文件拖到“湖边小广场.jpg”图像文件中，并按【Ctrl+T】组合键对图像进行大小调整，如图 11-153 所示。

图 11-152

图 11-153

（15）按【Ctrl+M】组合键打开“曲线”对话框，通过调整曲线提升花钵图像的亮度，如图 11-154 所示。

（16）按住【Alt】键，使用“移动”工具 将花钵复制一份，并放置到图中相应的位置，如图 11-155 所示。

图 11-154

图 11-155

（17）执行“文件”→“打开”命令，弹出“打开”对话框，打开本书配套光盘中的“案例\11\素材文件\飞鸟.psd”文件，使用“移动”工具将打开的“飞鸟.psd”图像文件拖到“湖边小广场.jpg”图像文件中，并按【Ctrl+T】组合键对图像进行大小调整，然后在“图层”面板中设置“不透明度”为 60%，如图 11-156 所示。

（18）按【Shift+Ctrl+E】组合键将“图层”面板中的可见图层合并为一个图层，拖动“图层”面板中的“图层 1”到“创建新图层”按钮上，得到“图层 1 副本”图层，然后设置图层的混合模式为“柔光”，“不透明度”为 50%，如图 11-157 所示。

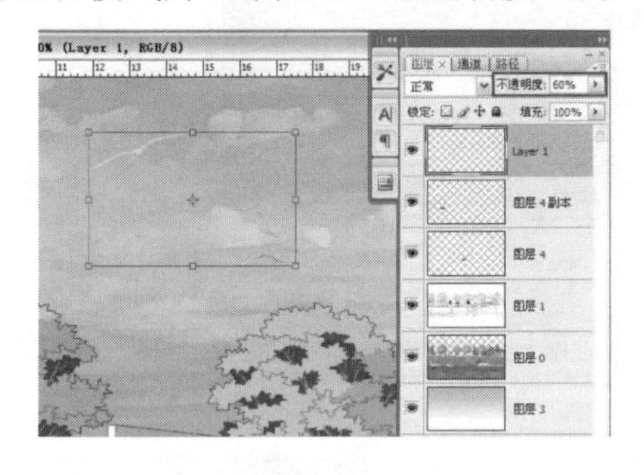

图 11-156

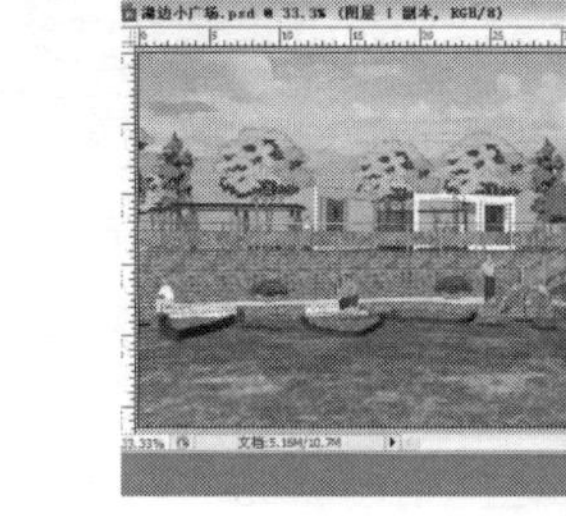

图 11-157

（19）按【Shift+Ctrl+E】组合键将图层面板中的可见图层合并为一个图层，如图 11-158 所示。

（20）使用“加深”工具对花钵的底部进行颜色加深操作，如图 11-159 所示。

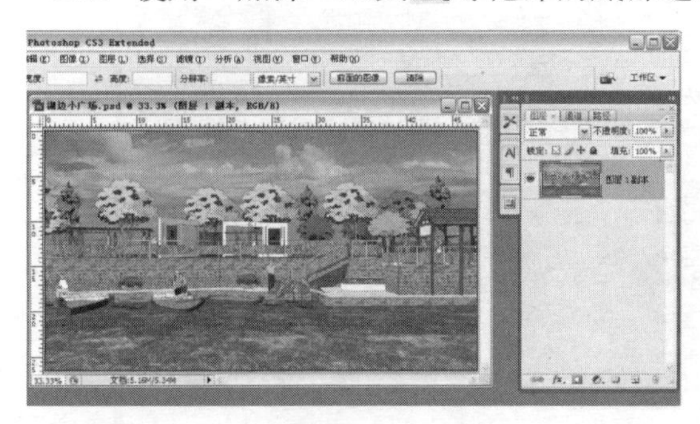

图 11-158

图 11-159

（21）执行“图像”→“调整”→“亮度/对比度”命令，弹出“亮度/对比度”对话框，通过拖动对话框中的颜色值滑块来调整图像的亮度及对比度，如图 11-160 所示。

图 11-160

（22）执行“滤镜”→“锐化”→“USM 锐化”命令，弹出“USM 锐化”对话框，通过拖动对话框中的滑块来调整图像的锐化效果，如图 11-161 所示。

图 11-161

（23）使用“加深”工具对图像的上下左右相应位置进行加深操作，使其图像效果更加真实自然，如图 11-162 所示。

图 11-162

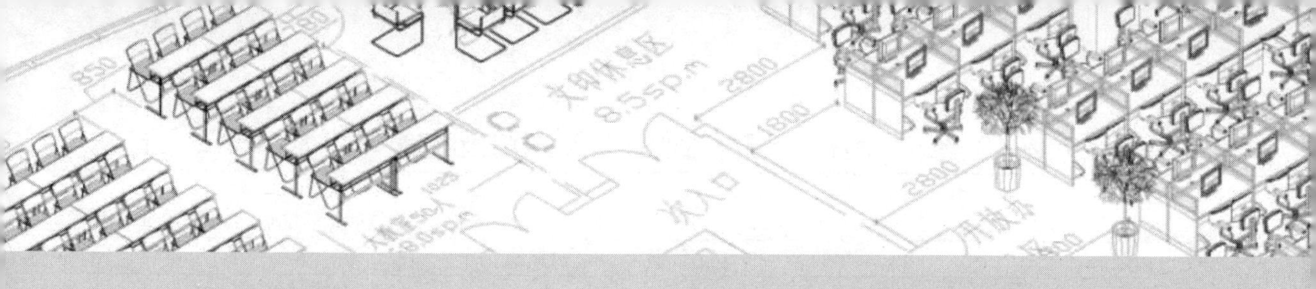

附录　SketchUp快捷键索引表

“文件（F）”菜单

快捷键	菜单位置	快捷键	菜单位置
Ctrl+N	文件（F）/新建（N）	Ctrl+2	文件（F）/导出（E）/2D图像（2）...
Ctrl+O	文件（F）/打开（O）...	Ctrl+3	文件（F）/导出（E）/3D模型（3）...
Ctrl+P	文件（F）/打印（P）...	Ctrl+1	文件（F）/导出（E）/二维剖切（S）...
Ctrl+S	文件（F）/保存（S）	Ctrl+4	文件（F）/导出（E）/动画（A）...
Ctrl+Shift+S	文件（F）/另存为（A）...	Ctrl+I	文件（F）/导入（I）...
=	文件（F）/保存备份（Y）...	Ctrl+Shift+T	文件（F）/另存为模板（T）...

“编辑（E）”菜单

快捷键	菜单位置	快捷键	菜单位置
Ctrl+A	编辑（E）/全选（S）	Ctrl+Shift+V	编辑（E）/粘贴原位（A）
Ctrl+C	编辑（E）/复制（C）	H	编辑（E）/隐藏（H）
Ctrl+X	编辑（E）/剪切（T）	Ctrl+H	编辑（E）/显示（E）/选定（S）
Ctrl+Y	编辑（E）/重复	Shift+H	编辑（E）/显示（E）/上一次（L）
Ctrl+Z	编辑（E）/撤销	Shift+A	编辑（E）/显示（E）/全部（A）
Ctrl+V	编辑（E）/粘贴（P）	K	编辑（E）/锁定（L）
Ctrl+T	编辑（E）/取消选择（N）	Shift+K	编辑（E）/解锁（K）/选定（S）
Alt+Backspace	编辑（E）/撤销	Alt+K	编辑（E）/解锁（K）/全部（A）
Delete	编辑（E）/删除（D）	Alt+I	编辑（E）/交错（I）/模型交错（M）
Shift+Delete	编辑（E）/剪切（T）	O	编辑（E）/制作组件（M）...
Ctrl+Insert	编辑（E）/复制（C）	G	编辑（E）/创建群组（G）
Shift+Insert	编辑（E）/粘贴（P）	Shift+G	编辑（E）/Item/炸开
Ctrl+Q	编辑（E）/删除辅助线（G）		

“查看（V）”菜单

快捷键	菜单位置	快捷键	菜单位置
PageDown	查看（V）/动画（N）/下一页（N）	Alt+`	查看（V）/面类型（Y）/X光模式（X）
PageUp	查看（V）/动画（N）/上一页（P）	Alt+1	查看（V）/面类型（Y）/线框（W）
Alt+H	查看（V）/虚显隐藏物体（H）	Alt+2	查看（V）/面类型（Y）/消隐（H）
;	查看（V）/显示剖切（P）	Alt+3	查看（V）/面类型（Y）/着色（S）
'	查看（V）/显示剖面（C）	Alt+4	查看（V）/面类型（Y）/贴图（T）
Alt+Y	查看（V）/坐标轴（A）	Alt+5	查看（V）/面类型（Y）/单色（M）
\	查看（V）/辅助线（G）	I	查看（V）/编辑组件（E）/隐藏剩余模型
Alt+S	查看（V）/阴影（S）	J	查看（V）/编辑组件（E）/隐藏相似组件
Ctrl+F	查看（V）/雾化（F）	Alt+A	查看（V）/动画（N）/添加场景（A）
Shift+2	查看（V）/边线类型（D）/显示边线	Alt+U	查看（V）/动画（N）/更新场景（U）
Shift+1	查看（V）/边线类型（D）/轮廓线	Alt+D	查看（V）/动画（N）/删除场景（D）
Shift+3	查看（V）/边线类型（D）/深粗线	Up	查看（V）/动画（N）/下一页（N）
Shift+4	查看（V）/边线类型（D）/延长线	Down	查看（V）/动画（N）/上一页（P）

（续表）

快捷键	菜单位置	快捷键	菜单位置
Alt+Space	查看（V）/动画（N）/播放（P）	[	查看（V）/场景（S）
Shift+T	查看（V）/动画（N）/演示设置（S）		

“相机（C）”菜单

快捷键	菜单位置	快捷键	菜单位置
Ctrl+Shift+E	相机（C）/充满视窗（E）	Alt+F3	相机（C）/平行投影显示（A）
Ctrl+Shift+W	相机（C）/窗口（W）	V	相机（C）/透视显示（E）
F9	相机（C）/上一次（R）	Alt+F2	相机（C）/两点透视（T）
Alt+9	相机（C）/下一次（X）	Alt+Z	相机（C）/实时缩放（Z）
F2	相机（C）/标准视图（S）/顶视图（T）	Alt+V	相机（C）/视野（F）
F3	相机（C）/标准视图（S）/前视图（F）	Z	相机（C）/窗口（W）
F4	相机（C）/标准视图（S）/左视图（L）	Shift+Z	相机（C）/充满视窗（E）
F5	相机（C）/标准视图（S）/右视图（R）	Alt+C	相机（C）/配置相机（M）
F6	相机（C）/标准视图（S）/后视图（B）	W	相机（C）/漫游（W）
F7	相机（C）/标准视图（S）/底视图（O）	Alt+L	相机（C）/绕轴旋转（L）
F8	相机（C）/标准视图（S）/等角透视（I）		

“绘图（D）”菜单

快捷键	菜单位置	快捷键	菜单位置
L	绘图（D）/直线（L）	B	绘图（D）/矩形（R）
A	绘图（D）/圆弧（A）	C	绘图（D）/圆形（C）
Alt+F	绘图（D）/徒手画（F）	Alt+B	绘图（D）/多边形（G）

“工具（T）”菜单

快捷键	菜单位置	快捷键	菜单位置
Space	工具（T）/选择（S）	F	工具（T）/偏移（O）
E	工具（T）/删除（E）	Q	工具（T）/辅助测量线（M）
X	工具（T）/材质（I）	Alt+P	工具（T）/辅助量角线（R）
M	工具（T）/移动（V）	Y	工具（T）/设置坐标轴（X）
R	工具（T）/旋转（T）	Alt+T	工具（T）/尺寸标注（D）
S	工具（T）/缩放（C）	T	工具（T）/文字（T）
U	工具（T）/推/拉（P）	Alt+Shift+T	工具（T）/3D 文字（3）
D	工具（T）/路径跟随（F）	P	工具（T）/剖切平面（N）

“窗口（W）”菜单

快捷键	菜单位置	快捷键	菜单位置
F12	窗口（W）/参数设置	Shift+S	窗口（W）/阴影
F10	窗口（W）/模型信息	Alt+8	窗口（W）/雾化
F11	窗口（W）/实体信息	Alt+0	窗口（W）/照片匹配
Shift+X	窗口（W）/材质	Shift+0	窗口（W）/边线柔化
Alt+O	窗口（W）/组件	Ctrl+`	窗口（W）/隐藏对话框
Shift+R	窗口（W）/风格	Ctrl+R	窗口（W）/Ruby 控制台
Shift+L	窗口（W）/图层管理	Ctrl+Shift+C	窗口（W）/组件设置
Shift+O	窗口（W）/管理目录	Ctrl+Shift+A	窗口（W）/组件属性
Shift+P	窗口（W）/场景管理		